朗道

ТЕОРЕТИЧЕСКАЯ ФИЗИКА ТОМ X
ФИЗИЧЕСКАЯ КИНЕТИКА
理论物理学教程 第十卷
物理动理学（第二版）

金兹堡

2003年诺贝尔物理学奖获得者
В.Л. ГИНЗБУРГ 著作选译
ТЕОРЕТИЧЕСКАЯ ФИЗИКА И АСТРОФИЗИКА
理论物理学和理论天体物理学

温伯格

1979年诺贝尔物理学奖获得者
STEVEN WEINBERG 著作选译
GRAVITATION AND COSMOLOGY
PRINCIPLES AND APPLICATIONS OF THE GENERAL THEORY OF RELATIVITY
引力论和宇宙论
广义相对论的原理和应用

ISBN: 978-7-04-023069-7

费曼

1965年诺贝尔物理学奖获得者
RICHARD P. FEYNMAN 著作选译 第一辑
QUANTUM ELECTRODYNAMICS
量子电动力学讲义

费曼

1965年诺贝尔物理学奖获得者
RICHARD P. FEYNMAN 著作选译 第二辑
QUANTUM MECHANICS AND PATH INTEGRALS
量子力学与路径积分

费曼

1965年诺贝尔物理学奖获得者
RICHARD P. FEYNMAN 著作选译 第三辑
STATISTICAL MECHANICS
A SET OF LECTURES
费曼统计力学讲义

U0351729

ISBN: 978-7-04-036960-1

海森伯

1932年诺贝尔物理学奖获得者
WERNER HEISENBERG 著作选译
DIE PHYSIKALISCHEN PRINZIPIEN DER QUANTENTHEORIE
量子论的物理原理

薛定谔

1933年诺贝尔物理学奖获得者
ERWIN SCHRÖDINGER 著作选译
STATISTICAL THERMODYNAMICS
统计热力学

费米

1938年诺贝尔物理学奖获得者
ENRICO FERMI 著作选译
QUANTUM MECHANICS
量子力学

ISBN: 978-7-04-039141-1

朗道（左）和栗弗席兹（右）

列夫·达维多维奇·朗道（1908—1968） 理论物理学家、苏联科学院院士、诺贝尔物理学奖获得者。1908 年 1 月 22 日生于今阿塞拜疆共和国的首都巴库，父母是工程师和医生。朗道 19 岁从列宁格勒大学物理系毕业后在列宁格勒物理技术研究所开始学术生涯。1929—1931 年赴德国、瑞士、荷兰、英国、比利时、丹麦等国家进修，特别是在哥本哈根，曾受益于玻尔的指引。1932—1937 年，朗道在哈尔科夫大担任乌克兰物理技术研究所理论部主任。从 1937 年起在莫斯科担任苏联科学院物理问题研究所理论部主任。朗道非常重视教学工作，曾先后在哈尔科夫大学、莫斯科大学等学校教授理论物理，撰写了大量教材和科普读物。

朗道的研究工作几乎涵盖了从流体力学到量子场论的所有理论物理学分支。1927 年朗道引入量子力学中的重要概念——密度矩阵；1930 年创立电子抗磁性的量子理论（相关现象被称为朗道抗磁性，电子的相应能级被称为朗道能级）；1935 年创立铁磁性的磁畴理论和反铁磁性的理论解释；1936—1937 年创立二级相变的一般理论和超导体的中间态理论（相关理论被称为朗道相变理论和朗道中间态结构模型）；1937 年创立原子核的概率理论；1940—1941 年创立液氦的超流理论（被称为朗道超流理论）和量子液体理论；1946 年创立等离子体振动理论（相关现象被称为朗道阻尼）；1950 年与金兹堡一起创立超导理论（金兹堡 – 朗道唯象理论）；1954 年创立基本粒子的电荷约束理论；1956—1958 年创立了费米液体的量子理论（被称为朗道费米液体理论）并提出了弱相互作用的 CP 不变性。

朗道于 1946 年当选为苏联科学院院士，曾 3 次获得苏联国家奖；1954 年获得社会主义劳动英雄称号；1961 年获得马克斯·普朗克奖章和弗里茨·伦敦奖；1962 年他与栗弗席兹合著的《理论物理学教程》获得列宁奖，同年，他因为对凝聚态物质特别是液氦的开创性工作而获得了诺贝尔物理学奖。朗道还是丹麦皇家科学院院士、荷兰皇家科学院院士、英国皇家学会会员、美国国家科学院院士、美国国家艺术与科学院院士、英国和法国物理学会的荣誉会员。

"朗道十诫"石板*

1958年苏联原子能研究所为庆贺朗道50岁寿辰，送给他的刻有朗道在物理学上最重要的10项科学成果的大理石板，这10项成果是：

1. 量子力学中的密度矩阵和统计物理学（1927年）
2. 自由电子抗磁性的理论（1930年）
3. 二级相变的研究（1936—1937年）
4. 铁磁性的磁畴理论和反铁磁性的理论解释（1935年）
5. 超导体的混合态理论（1934年）
6. 原子核的概率理论（1937年）
7. 氦Ⅱ超流性的量子理论（1940—1941年）
8. 基本粒子的电荷约束理论（1954年）
9. 费米液体的量子理论（1956年）
10. 弱相互作用的CP不变性（1957年）

---

*Бессараб М. Я. Ландау: Страницы жизни. Москва: Московский рабочий, 1988.

ТЕОРЕТИЧЕСКАЯ ФИЗИКА ТОМ **IV**

В.Б. БЕРЕСТЕЦКИЙ
Е.М. ЛИФШИЦ
Л.П. ПИТАЕВСКИЙ **КВАНТОВАЯ ЭЛЕКТРОДИНАМИКА**

理论物理学教程　第四卷

LIANGZI DIANDONG LIXUE

量子电动力学（第四版）

В.Б. 别列斯捷茨基　Е.М. 栗弗席兹　Л.П. 皮塔耶夫斯基　著　朱允伦译　庆承瑞校

俄罗斯联邦教育部推荐大学物理专业教学参考书

高等教育出版社·北京

图字：01-2007-0913 号

Л. Д. Ландау, Е. М. Лифшиц. Теоретическая физика. Учебное пособие для вузов в 10 томах

Copyright © FIZMATLIT ® PUBLISHERS RUSSIA, ISBN 5-9221-0053-X

The Chinese language edition is authorized by FIZMATLIT ® PUBLISHERS RUSSIA for publishing and sales in the People's Republic of China

图书在版编目（CIP）数据

理论物理学教程. 第 4 卷，量子电动力学：第 4 版 /
（俄罗斯）别列斯捷茨基，（俄罗斯）栗弗席兹，（俄罗斯）
皮塔耶夫斯基著 ； 朱允伦译 . -- 北京：高等教育出版
社，2015. 3（2022. 7 重印）

　ISBN 978－7－04－041597－1

　Ⅰ. ①理⋯　Ⅱ. ①别⋯　②栗⋯　③皮⋯　④朱⋯　Ⅲ.
①理论物理学－教材②量子电动力学－教材　Ⅳ. ① O41
② O413.2

中国版本图书馆 CIP 数据核字（2014）第 277813 号

策划编辑　王　超	责任编辑　王　超	封面设计　王　洋	版式设计　余　杨
插图绘制　杜晓丹	责任校对　王　雨	责任印制　韩　刚	

出版发行	高等教育出版社	咨询电话	400-810-0598
社　　址	北京市西城区德外大街 4 号	网　　址	http://www.hep.edu.cn
邮政编码	100120		http://www.hep.com.cn
印　　刷	涿州市星河印刷有限公司	网上订购	http://www.landraco.com
开　　本	787mm×1092mm　1/16		http://www.landraco.com.cn
印　　张	40.25		
字　　数	760 千字	版　　次	2015 年 3 月第 1 版
插　　页	1	印　　次	2022 年 7 月第 5 次印刷
购书热线	010-58581118	定　　价	109.00 元

本书如有缺页、倒页、脱页等质量问题，请到所购图书销售部门联系调换
版权所有　侵权必究
物 料 号　41597-00

目　　录

叶甫盖尼·米哈伊洛维奇·栗弗席兹 (1915–1985) 小传

А. Ф. 安德烈耶夫, А. С. 博洛维克–罗曼诺夫, В. Л. 金兹堡, Л. П. 戈里科夫, И. Е. 加洛辛斯基, Я. Б. 泽尔道维奇, М. И. 卡甘诺夫, Л. П. 皮塔耶夫斯基, Е. Л. 费因贝格, И. М. 哈拉特尼科夫 (俄文原载 Успехи Физических Наук, Том.148, вып.3, 1986, Март. 英文译文原载 Soviet Physics Uspekhi 29, 294–295, 1986. 译者为 J. G. Adashko)

苏联物理学在 1985 年 10 月 29 日因杰出理论物理学家叶甫盖尼·米哈伊洛维奇·栗弗席兹院士的去世而蒙受了重大的损失。

栗弗席兹 (Е. М. Лифшиц) 1915 年 2 月 21 日生于哈尔科夫。1933 年毕业于哈尔科夫工学院。1933—1938 年在哈尔科夫物理技术研究所工作,自 1939 年起他在苏联科学院物理问题研究所工作直至生命结束。栗弗席兹在 1966 年被选为苏联科学院通讯院士,1979 年被选为院士。

栗弗席兹的科学活动开始得很早。作为 Л. Д. 朗道院士的第一批学生,他 19 岁就与朗道合作发表了一篇关于在碰撞中电子对产生理论的论文。这篇文章至今仍然没有失去意义,它包含量子场论现代相对性协变技术的很多方法上的特征。特别是,该文还透彻地考虑了推迟效应。

现代铁磁理论的基础是朗道–栗弗席兹方程,该方程描述了铁磁体中磁矩的动力学。1935 年他关于此问题的一篇论文成为磁性现象物理学的最著名的论文之一。推导该方程的同时,还发展了铁磁共振理论以及铁磁体磁畴结构的理论。

1937 年栗弗席兹在关于电子在磁场中的玻尔兹曼动力学方程的论文中发展了很多年以后 (20 世纪 50 年代) 在等离子体理论中广泛采用的漂移近似方法。

　　1939 年他发表的关于在碰撞中氘离解的论文成为量子力学准经典近似方法应用的一个经典范例。

　　紧随 Л. Д. 朗道院士的工作, 发展二级相变理论最重要的一步是栗弗席兹关于在此类相变中晶体的对称性即其空间群变化的论文 (1941 年)。多年以后, 该文的结果得到了广泛的应用, 并且以此为基础所创立的术语 "栗弗席兹判据" 与 "栗弗席兹点" 已成为现代统计物理必不可缺少的一个部分。

　　栗弗席兹 1944 年发表的一篇论文在探测超流氦的一个重要物理现象 (次声) 方面起了决定性作用。该文表明, 次声可以由一个温度交变的加热器有效地激发。这正是两年后在实验中观察到次声所用的方法。

　　栗弗席兹在 1954—1959 年间对凝聚体之间相互作用的分子力理论开辟了一条崭新的途径。这个理论是建立在这些力是由于介质中电磁场的量子涨落与热涨落产生应力的表现这一深刻的物理思想的基础上的。沿着这个思路他发展了很优美普遍的理论, 其中相互作用力用电动力学材料性质 (例如复介电率) 来描述。栗弗席兹的这个理论刺激了很多研究并被实验证实。这项研究使他获得了 1958 年的罗蒙诺索夫奖。

　　栗弗席兹在现代物理的一个最重要的分支 —— 引力理论作出了基本的贡献。他进入这个领域的研究是从 1946 年一篇关于爱因斯坦引力理论的宇宙解的稳定性的论文开始的。他将微扰区分为几个确定的类: 描写密度变化的标量, 描写涡旋运动的矢量, 以及描写引力波的张量。这个分类方法至今在宇宙起源的分析中仍有决定性的意义。此后, 栗弗席兹致力于解决极为困难的该理论奇异性的普遍性质的问题。经过多年的努力终于使他 1972 年在与 В. А. 别林斯基以及 И. М. 哈拉特尼科夫合作的一篇文章中对这个问题给出了完全的解, 这篇文章使该文章作者荣获 1974 的朗道奖。他们发现奇异性有复杂的振荡特性并可以形象地表示为在空间的两个方向收缩, 又同时在第三个方向膨胀。收缩与膨胀按照一定的规律随时间变化。这些结果引起专家们巨大的反响, 根本上改变了人们关于相对论坍缩的观念, 并引出了一系列至今仍有待解决的数学物理问题。

　　栗弗席兹毕生的事业是著名的朗道–栗弗席兹《理论物理学教程》。他为这套教程工作了将近 50 年 (《统计物理》的第一版写于 1937 年, 弹性理论的新版则是在他最后得病之前)。这套教程的绝大部分是由他和他的老师与朋友 Л. Д. 朗道一起写成的。在一场汽车交通事故使得朗道不再能继续工作以后, 栗弗席兹和朗道的学生一起完成了这套教程的出版工作。以后, 他根据最新的科学进展继续修订已经写成的部分。即使在医院里, 他仍然和来访的朋友讨论教程中以后应该添加的论题。

　　这套理论物理学教程是闻名世界的。它被完整地翻译成六种语言。有的卷翻译成十种以上的语言。1972 年朗道与栗弗席兹由于该教程当时已出版的部分而荣获列宁奖。

《理论物理学教程》是栗弗席兹作为学者与教师的一个里程碑。这套教程教育了许多代的物理学家, 现在仍在教育并将继续教育后代的物理学家。

作为一个多面手的物理学家, 栗弗席兹还成功地研究了一些应用问题。他在 1954 年获得了苏联国家奖。

栗弗席兹将其巨大的劳动和精力奉献给了苏联科学期刊出版事业。从 1946 年到 1949 年以及从 1955 年直至去世他一直担任苏联《实验与理论物理杂志》(ЖЭТФ) 的责任主编。他对科学的忠诚, 原则性以及极端细心极大地帮助了该杂志, 并使其进入世界上最好的科学期刊行列。

栗弗席兹的一生完成了大量的工作。他将作为一个杰出的物理学家与学者留在我们的记忆里。他的名字将永远活在苏联物理学的历史里。

第三版序言

在《量子电动力学》目前的第三版中，对第二版中已经发现的一些错误和不妥之处进行了修订，并使有些文字更加确切。

我非常感谢对本书提出意见的读者。还要特别感谢 В. И. Коган，А. И. Никишов 和 В. И. Ритус。

Л. П. 皮塔耶夫斯基
1988 年 9 月

第二版序言

《理论物理学教程》这一卷的第一版曾以《相对论性量子理论》的书名分两部分 (1968 年与 1971 年) 出版。除基本内容 —— 量子电动力学外, 第一版还在一些章节里论述了弱相互作用理论和强相互作用理论的某些论题。现在看来包括这些章节是不适宜的。强相互作用和弱相互作用理论正在新的物理思想基础上飞快发展, 这一领域内的变化非常迅速, 因此, 对这部分理论做系统论述为时尚早。由于这个原因, 我们在这一版里只讲述量子电动力学, 相应地我们改了本卷的书名。

这一版除对第二版做了大量校勘外, 还做了一系列重要的增补, 其中有: 计算轫致辐射截面的算符方法, 光子产生粒子对的概率和磁场中光子衰变概率的计算, 高能条件下散射振幅渐近形式, 强子对电子非弹性散射过程和电子–正电子对转变成强子。

关于符号。本书与本教程其余各卷一样, 我们仍用戴"帽"的字母表示算符。对于四维矢量与矩阵矢量 γ^μ 的乘积 (在本书第一版中用戴帽字母表示) 没有引入专门的符号, 这类乘积是很明显的。

遗憾的是, В. Б. 别列斯捷茨基未能参加这一版的修订, 他于 1977 年去世了。但是上面所指出的增补有一部分是由我们三位作者早先共同拟定的。

我们诚恳感谢所有对本书第一版提出宝贵意见的读者。

我们要特别感谢 В. П. Крайнов, Л. Б. Окун, В. И. Ритус, М. И. Рязанов 和 И. С. Шапиро。

Е. М. 栗弗席兹, Л. П. 皮塔耶夫斯基

1979 年 7 月

第一版序言 (摘录)

按照《理论物理学教程》的总体计划, 这一卷专门讲述广泛含义的相对论性量子理论: 即所有与光速有限性相联系的现象的理论, 包括全部辐射理论。

理论物理学的这一部分内容现在还远没有完成, 甚至在其赖以建立的物理原理方面也是如此, 强相互作用和弱相互作用理论则更是如此。量子电动力学近二十年来尽管取得了辉煌的成就, 但其逻辑结构仍不能令人满意。

在材料的选择方面, 我们只考虑那些确信是足够可靠的成果。结果很自然, 本书的大部分内容属于量子电动力学。我们力图给出现实的阐述, 强调指出理论所采用的物理假设, 而不去深入论证它, 在理论发展的现阶段, 这些论证任何情形下也纯粹只是形式上的。

在讨论理论的具体应用时, 我们不想包罗数目巨大的所有有关效应, 而只选择其中最基本的部分, 附带给出包含更为详细的研究的原始文献。在进行冗长的一般计算时, 我们常常略去一些中间步骤, 但尽量指出所用方法上的一切新颖之处。

与本教程的其余各卷相比, 本卷在阐述时假定读者有更高程度的学识水平。我们假定读者在学习理论物理学的过程中已经达到了量子场论的水平, 而不需要给出预备性的材料。

本书是在我们的导师 Л. Д. 朗道没有直接参加的情况下写成的。但是我们力求遵循他对待理论物理的态度和方法, 这种态度和方法是他经常教导我们并贯彻在本教程其余各卷中的。我们常常自问: 朗道会如何处理这个或那个问题? 以力求从我们与他多年的合作中获得激励和启发。

我们要感谢 В. Н. Байер, 在编写 §90 和 §97 时他给了我们很大的帮助; 我们还要感谢 В. И. Ритус 在 §101 的写法上所给予的巨大帮助。我们感谢帮助我们进行了若干计算的 Б. Э. Мейерович。我们还要感谢 А. С. Компанейц,

他给我们提供了 1959/60 学年度 Л. Д. 朗道在国立莫斯科大学讲量子电动力学时他自己的课堂笔记。

В. Б. 别列斯捷茨基

Е. М. 栗弗席兹

Л. П. 皮塔耶夫斯基

1967 年 6 月

一 些 符 号

四维符号

四维张量指标用希腊字母表示: $\lambda, \mu, \nu, \cdots$, 它们的取值为 $0, 1, 2, 3$.

采用的四维度规为 $(+ - - -)$. 度规张量为 $g_{\mu\nu}(g_{00} = 1, g_{11} = g_{22} = g_{33} = -1)$.

四维矢量的分量为: $a^\mu = (a^0, \boldsymbol{a})$.

为简化公式书写, 四维矢量的分量指标常常略去不写[①], 这时四维矢量的标量积简写成 (ab) 或 ab: $ab \equiv a_\mu b^\mu = a_0 b_0 - \boldsymbol{a} \cdot \boldsymbol{b}$.

四维径矢为 $x^\mu = (t, \boldsymbol{r})$. 四维体积元为 $\mathrm{d}^4 x$.

对四维坐标的微分算符为 $\partial_\mu = \partial/\partial x^\mu$.

反对称四维单位张量为 $e^{\lambda\mu\nu\rho}$, 且 $e^{0123} = -e_{0123} = +1$.

四维 δ 函数为 $\delta^{(4)}(a) = \delta(a_0)\delta(\boldsymbol{a})$.

三维符号

三维张量指标用拉丁字母 $i, k, l, \cdots$ 表示, 它们的取值为 x, y, z.

三维矢量用黑体字母表示.

三维体积元为 $\mathrm{d}^3 x$.

算符

算符用斜体字母上加符号 ^ 来表示[②].

两个算符的对易子或反对易子写成: $\{\hat{f}, \hat{g}\}_{\pm} = \hat{f}\hat{g} \pm \hat{g}\hat{f}$.

转置算符为 $\tilde{\hat{f}}$.

[①] 这种写法广泛应用于现代文献, 这是为了解决字母数目和物理需要之间的矛盾而引入的, 务请读者特别注意.

[②] 然而, 为简化公式书写, 在自旋矩阵上不加这个符号, 而且在算符的矩阵元表示中也略去此符号.

厄米共轭算符为 $\hat{f}^{+}$.

矩阵元

算符 $\hat{F}$ 由初态 i 到终态 f 的矩阵元为 F_{fi} 或 $\langle f|F|i\rangle$.

记号 $|i\rangle$ 为态的抽象符号, 它与表示波函数的具体表象无关. 记号 $\langle f|$ 为终态 ("复共轭") 的符号[①].

相应地, 用 $\langle s|r\rangle$ 表示一组量子数为 r 的状态展开成量子数为 s 的另一组状态的叠加时的展开系数: $|r\rangle = \sum_{s} |s\rangle\langle s|r\rangle$.

球张量的约化矩阵元为: $\langle f\|F\|i\rangle$.

狄拉克方程

狄拉克矩阵为 γ^{μ}, 且 $(\gamma^0)^2 = 1, (\gamma^1)^2 = (\gamma^2)^2 = (\gamma^3)^2 = -1$. 矩阵 $\boldsymbol{\alpha} = \gamma^0 \boldsymbol{\gamma}$, $\beta = \gamma^0$. 在旋量表象与标准表象中的表示为: (21.3), (21.16), (21.20).

$\gamma^5 = -\mathrm{i}\gamma^0\gamma^1\gamma^2\gamma^3, (\gamma^5)^2 = 1$; 见 (22.18).

$\sigma^{\mu\nu} = \dfrac{1}{2}(\gamma^{\mu}\gamma^{\nu} - \gamma^{\nu}\gamma^{\mu})$; 见 (28.2).

狄拉克共轭: $\bar{\psi} = \psi^*\gamma^0$.

泡利矩阵: $\boldsymbol{\sigma} = (\sigma_x, \sigma_y, \sigma_z)$, 定义见 §20.

四维旋量指标为 $\alpha, \beta, \cdots$ 和 $\dot{\alpha}, \dot{\beta}, \cdots$, 取值为 $1, 2$ 和 $\dot{1}, \dot{2}$.

双旋量指标为 $i, k, l, \cdots$, 取值为 $1, 2, 3, 4$.

傅里叶展开式

三维展开式:

$$f(\boldsymbol{r}) = \int f(\boldsymbol{k})\mathrm{e}^{\mathrm{i}\boldsymbol{k}\cdot\boldsymbol{r}}\frac{\mathrm{d}^3 k}{(2\pi)^3}, \quad f(\boldsymbol{k}) = \int f(\boldsymbol{r})\mathrm{e}^{-\mathrm{i}\boldsymbol{k}\cdot\boldsymbol{r}}\mathrm{d}^3 x,$$

四维展开式与此类似.

单位

除非特别说明, 本书均采用相对论单位, 在相对论单位中 $\hbar = 1, c = 1$, 在此单位制中, 基本电荷的平方为 $e^2 = 1/137$.

原子单位: $e = 1, \hbar = 1, m = 1$. 在原子单位中 $c = 137$. 长度、时间和能量的原子单位分别是: $\hbar^2/me^2, \hbar^3/me^4$ 和 $me^4/\hbar^2$ (量 $Ry = me^4/2\hbar^2$ 称为里德伯).

通常的单位为绝对 (高斯) 单位制.

[①] 这种符号是狄拉克引入的.

常量

光速 $c = 2.998 \times 10^{10}$ cm/s.

基本电荷① $|e| = 1.602 \times 10^{-19}$ C.

电子质量 $m = 9.110 \times 10^{-31}$ kg.

普朗克常量 $\hbar = 1.055 \times 10^{-34}$ J · s.

精细结构常数 $\alpha = e^2/\hbar c$, $1/\alpha = 137.04$.

玻尔半径 $\hbar^2/me^2 = 5.292 \times 10^{-11}$ m.

电子的经典半径 $r_e = e^2/mc^2 = 2.818 \times 10^{-15}$ m.

电子的康普顿波长 $\hbar/mc = 3.862 \times 10^{-13}$ m.

电子的静质量 $mc^2 = 0.511 \times 10^6$ eV.

能量的原子单位 $me^4/\hbar^2 = 4.360 \times 10^{-18}$ J $= 27.21$ eV.

玻尔磁子 $|e|\hbar/2mc = 9.274 \times 10^{-24}$ J/Wb/m².

质子质量 $m_p = 1.673 \times 10^{-27}$ kg.

质子的康普顿波长 $\hbar/m_pc = 2.103 \times 10^{-16}$ m.

核磁子 $|e|\hbar/2m_pc = 5.051 \times 10^{-27}$ J/Wb/m².

μ 子和电子的质量比 $m_\mu/m = 2.068 \times 10^2$.

在引用本教程其它各卷的章节和公式时, 卷号与书名的对应关系为:

第一卷:《力学》, 俄文第五版, 中文第一版;

第二卷:《场论》, 俄文第八版, 中文第一版;

第三卷:《量子力学 (非相对论理论)》, 俄文第六版, 中文第一版;

第八卷:《连续介质电动力学》, 俄文第四版, 中文第一版;

第十卷:《物理动理学》, 俄文第二版, 中文第一版.

---

① 本书中 (除第十四章外) 粒子电荷的符号 e 中包含正负号, 因而, 对电子 $e = -|e|$.

绪　　论

§1　相对论范围的不确定度关系式

本教程第三卷所阐述的量子理论实质上是非相对论性的, 不适用于运动速度可与光速相比的那些现象. 乍一看来, 可能会认为, 通过直接将非相对论量子力学表述推广, 就可以过渡到相对论性理论. 但进一步的研究表明, 建立逻辑完整的相对论性理论要求引入一些新的物理原理.

我们来回顾一下非相对论量子力学基础的一些物理概念 (第三卷 §1). 我们看到, 在非相对论量子力学中起基本作用的一个概念是**测量**, 而测量被理解为量子系统和 "经典客体" (或**仪器**) 相互作用的过程; 其结果是量子系统得到某些动力学变量 (坐标、速度等) 的确定值. 我们还看到, 量子力学对电子[①]同时具有不同动力学变量的可能性加了很强的限制. 例如, 坐标和动量的不确定度 Δq 和 Δp, 如果同时存在则必定满足如下关系式 $\Delta q \Delta p \sim \hbar$[②]; 测量其中一个量的精确度越高, 则同时能够测量另一个量的精确度就愈低.

但是, 重要的是, 电子的每一个动力学变量都能够独立地在任意短的时间间隔内以任意高的精确度进行测量. 这种情形对于整个非相对论性量子力学起着基本的作用. 正因如此, 才能够引入波函数的概念, 而它是理论表述的基础. 波函数 $\psi(q)$ 的物理意义是: 其模的平方决定了在给定时刻对电子进行测量得到某特定坐标值的概率. 引入这种概率概念清楚地要求, 必须原则上能够以任意的精确性和速度测量坐标; 否则, 这个概念就因为没有对象而失去物理意义.

极限速度 (光速, 记作 c) 的存在对测量不同物理量的可能性给了原则上新的限制 (Л. Д. Ландау, R. Peierls, 1930).

---

① 和第三卷 §1 相同, 为简单起见, 我们说的 "电子" 可指任何量子系统.
② 本节中我们采用通常的单位.

在第三卷 §44, 曾推出如下关系式:

$$(v' - v)\Delta p \Delta t \sim \hbar, \tag{1.1}$$

此式将电子动量的不确定度 Δp 和测量过程的持续时间 Δt 联系起来; v 与 v' 为测量前后的电子速度. 从这个关系式得出, 要在很短的时间内对动量进行足够精确的测量 (即 Δp 与 Δt 都很小), 只有当测量过程本身使电子的速度改变足够大才有可能. 在非相对论理论中, 这种情况表明不可能在短时间内重复测量动量, 但是由于差 $v - v'$ 可以任意大, 这就完全不能够对动量进行任意精确测量的可能性有任何原则上的限制.

极限速度的存在从根本上改变了上述情形. 差 $v' - v$ 和速度本身一样, 现在不能超过 c (更确切地说, 不能超过 $2c$). 在 (1.1) 式中用 c 代替 $v' - v$, 我们得到关系式

$$\Delta p \Delta t \sim \hbar/c, \tag{1.2}$$

此式决定了在给定的时间间隔 Δt 内动量测量可能达到的理论最大精确度. 因此, 在相对性理论中, 对动量进行任意精确而迅速的测量, 原则上是不可能的. 只有当测量时间趋于无穷大时才能够精确地测量动量 ($\Delta p \to 0$).

有理由认为, 电子坐标本身的可测量性概念本身也同样必须发生变化. 在理论的数学表述上, 这个情形表现为坐标的精确测量和自由粒子具有恒正的能量是不相容的. 后面我们将会看到, 自由粒子的相对论波动方程的本征函数完备组中, 除了具有 "正确的" 时间关系的解外, 还包含有 "负频率" 的解. 这些函数一般将在限制在很小空间区域的电子波包的展开中出现.

我们将表明, "负频率" 的波函数和反粒子 (正电子) 的存在有关. 在波包的展开中出现这些函数 (一般地) 表示, 在测量电子坐标过程中不可避免地会形成电子–正电子对. 测量过程本身不能够探测到新粒子的形成, 这就使得电子坐标的测量毫无意义.

在电子的静止坐标系中, 测量其坐标的最小误差为

$$\Delta q \sim \hbar/mc. \tag{1.3}$$

这个值 (量纲分析表明这是唯一容许的值) 所对应的动量不确定度为 $\Delta p \sim mc$, 这个值对应产生粒子对的阈能.

在电子以能量 ε 运动的参考系中, (1.3) 式变成

$$\Delta q \sim c\hbar/\varepsilon. \tag{1.4}$$

特别是, 在极端相对论的极限情形下, 能量和动量的关系为 $\varepsilon \approx cp$, 因而

$$\Delta q \sim \hbar/p, \tag{1.5}$$

也就是说, 误差 Δq 与粒子的德布罗意波长相同 [①].

对光子而言, 永远是极端相对论情形, 因而表示式 (1.5) 总是成立的. 这意味着只有当问题的特征线度与波长相比很大时, 谈论光子的坐标才有意义. 而这正是和几何光学相应的 "经典" 极限情形; 在此情形辐射是沿一定的路径传播的. 然而, 在量子情形下, 波长不能看成很小, 光子坐标的概念就变得毫无意义. 我们以后 (§4) 将会看到, 在理论的数学表述上, 光子坐标的不可测量性是很明显的, 因为不可能由光子的波函数构成一个满足相对论不变性这个必要条件的概率密度.

以上的讨论建议, 理论将不考虑粒子相互作用过程的时间进程. 我们将证明, 在这些过程中并不存在可被准确测定的特征量 (即使在通常量子力学的限制范围内), 因而对时间过程的描述如同在非相对论量子力学中谈论经典轨道一样, 完全是不现实的. 可观察量只能是自由粒子的性质 (动量, 极化): 该自由粒子可以是进入相互作用的初态粒子或者是过程结束所产生的终态粒子 (Л. Д. Ландау, R. Peierls, 1930).

在相对论性量子理论表述中一个典型的问题是: 确定粒子系统在给定的初态与终态 $(t \to \pm\infty)$ 之间跃迁的概率振幅. 所有可能的状态之间的这种跃迁振幅的集合组成**散射矩阵**或 S **矩阵**. 这个矩阵将包含关于粒子间相互作用过程物理上有观测意义的全部信息 (W. Heisenberg, 1938).

现在, 还没有一个逻辑上一致且完备的相对论性量子理论. 我们将看到, 现有的理论引入了一些新的物理观点来描述粒子状态的性质, 这些性质具有某些场论特征 (参见 §10). 但是, 这种理论在很大程度上是借助通常的量子力学概念并按其模式建立起来的. 这种理论结构在量子电动力学领域内是成功的. 理论的这种完整的逻辑严密性的缺失表现在, 当直接应用其数学表述时, 出现了一些发散的表示式; 尽管现在有完全确定的方法来消除这些发散. 但是这些方法在很大程度上具有半经验的性质. 我们确信用这种方法所得到的结果是正确的, 并不是因为其理论基本原理的内在一致性和逻辑上的严密性, 而是因为所得到的结果与实验符合得很好.

---

① 这里讲的测量是根据实验的任何结果对电子状态作出结论的那种测量, 也就是说, 当在观测时间内结果不以概率 1 出现时, 我们不考虑采用碰撞来测量坐标的方法. 虽然在这种情形下, 根据测量粒子发生偏转能够对电子的位置做出结论, 但如这种偏转不出现, 就得不到任何结论.

第一章
光　　子

§2　自由电磁场的量子化

为将电磁场作为量子客体处理, 从场的经典描述出发较为方便, 也就是用无限多但是离散的变量集合来描述场. 这种描述使我们得以直接应用量子力学惯用的表述形式. 用空间中每个点上的势来描述场, 实质上就是用变量的一个连续集合来描述场.

设 $\boldsymbol{A}(\boldsymbol{r}, t)$ 为自由电磁场的矢势, 它满足 "横向条件"

$$\operatorname{div} \boldsymbol{A} = 0. \tag{2.1}$$

这时标势 $\Phi = 0$, 而场 $\boldsymbol{E}$ 和 $\boldsymbol{H}$ 为

$$\boldsymbol{E} = -\dot{\boldsymbol{A}}, \quad \boldsymbol{H} = \operatorname{rot} \boldsymbol{A}. \tag{2.2}$$

麦克斯韦方程组可化为 $\boldsymbol{A}$ 的波动方程:

$$\Delta \boldsymbol{A} - \frac{\partial^2 \boldsymbol{A}}{\partial t^2} = 0. \tag{2.3}$$

在经典电动力学中 (参见第二卷 §52), 用一个变量的离散集合描述场的方法, 是通过在一个很大但有限的体积 V① 中研究场来引入的. 这个方法的引入过程简述如下.

有限区域中的场可以展开成平面行波, 于是其势可以表示成级数

$$\boldsymbol{A} = \sum_{\boldsymbol{k}} (a_{\boldsymbol{k}} e^{i \boldsymbol{k} \cdot \boldsymbol{r}} + a_{\boldsymbol{k}}^* e^{-i \boldsymbol{k} \cdot \boldsymbol{r}}), \tag{2.4}$$

---

① 为简化公式中的因子, 我们取 $V = 1$.

其中系数 a_k 为时间的函数:

$$a_k \sim e^{-i\omega t}, \quad \omega = |k|. \tag{2.5}$$

由于条件 (2.1), 复矢量 a_k 与相应的波矢正交: $a_k \cdot k = 0$.

(2.4) 式中的求和是对波矢 (即它的三个分量 k_1, k_2, k_3) 的无限多个离散值进行的. 对连续分布情形, 可利用如下表示式

$$d^3 k/(2\pi)^3$$

变为对连续分布的积分, 此式表示 k 空间中属于体积元 $d^3 k = dk_x dk_y dk_z$ 的 k 值的数目.

给定矢量集合 a_k, 该区域内的场就完全确定. 于是, 这些量就可以作为一组离散的经典 "场变量". 但是, 为了阐明向量子理论过渡的方法, 还需要对这些变量进行某种变换, 使得场方程在形式上类似于经典力学中的正则方程 (哈密顿方程). 场的正则变量定义为

$$\begin{aligned} Q_k &= \frac{1}{\sqrt{4\pi}}(a_k + a_k^*), \\ P_k &= -\frac{i\omega}{\sqrt{4\pi}}(a_k - a_k^*) = \dot{Q}_k \end{aligned} \tag{2.6}$$

(这些量显然是实数). 利用正则变量. 矢势可表示成

$$A = \sqrt{4\pi} \sum_k \left(Q_k \cos k \cdot r - \frac{1}{\omega} P_k \sin k \cdot r \right). \tag{2.7}$$

为了求出哈密顿量 H, 必须计算场的总能量

$$\frac{1}{8\pi} \int (E^2 + H^2) d^3 x,$$

并且用 Q_k, P_k 表示. 将 A 表示成 (2.7) 的展开式, 再由 (2.2) 式求出 E 与 H 并进行积分, 就得到

$$H = \frac{1}{2} \sum_k (P_k^2 + \omega^2 Q_k^2).$$

每个矢量 P_k, Q_k 都垂直于波矢量 k, 即有两个独立的分量. 这些矢量的方向决定了相应的波的极化 (偏振) 方向. 用 $Q_{k\alpha}, P_{k\alpha}(\alpha = 1, 2)$ 表示矢量 Q_k, P_k 的两个分量 (在垂直于 k 的平面内), 就可将哈密顿量改写成

$$H = \sum_{k,\alpha} \frac{1}{2}(P_{k\alpha}^2 + \omega^2 Q_{k\alpha}^2). \tag{2.8}$$

由此可见, 哈密顿量可以写成一系列独立项的求和, 其中的每一项只包含一对 $Q_{k\alpha}$ 与 $P_{k\alpha}$. 每一个这样的项都对应着一个具有确定波矢量和极化的行波, 其形式和一维谐振子的哈密顿量相同. 所以, 称 (2.8) 式为场的**谐振子**展开式.

现在来讨论自由电磁场的量子化. 上述场的经典描述使得过渡到量子理论的方法变得很明显. 现在将正则变量 (广义坐标 $Q_{k\alpha}$ 与广义动量 $P_{k\alpha}$) 看成满足如下对易关系的算符:

$$\widehat{P}_{k\alpha}\widehat{Q}_{k\alpha} - \widehat{Q}_{k\alpha}\widehat{P}_{k\alpha} = -\mathrm{i} \tag{2.9}$$

具有不同 k, α 的算符都可互相对易. 势 $\boldsymbol{A}$ 和场 $\boldsymbol{E}$, $\boldsymbol{H}$ (按 (2.2) 式) 也都成了 (厄米) 算符.

确定哈密顿量要求计算积分

$$\widehat{H} = \frac{1}{8\pi} \int (\widehat{\boldsymbol{E}}^2 + \widehat{\boldsymbol{H}}^2)\mathrm{d}^3 x, \tag{2.10}$$

其中的 $\widehat{\boldsymbol{E}}$ 与 $\widehat{\boldsymbol{H}}$ 是用算符 $\widehat{P}_{k\alpha}, \widehat{Q}_{k\alpha}$ 表示的. 不过, 这时 $\widehat{P}_{k\alpha}$ 和 $\widehat{Q}_{k\alpha}$ 不可对易性实际上并不重要, 因为乘积 $\widehat{Q}_{k\alpha}\widehat{P}_{k\alpha}$ 中有因子 $\cos(\boldsymbol{k}\cdot\boldsymbol{r})\cdot\sin(\boldsymbol{k}\cdot\boldsymbol{r})$, 而它对整个区域的积分为零. 所以, 哈密顿量的最后表示式为

$$\widehat{H} = \sum_{k,\alpha} \frac{1}{2}\left(\widehat{P}_{k\alpha}^2 + \omega^2 \widehat{Q}_{k\alpha}^2\right). \tag{2.11}$$

如我们所期待的, 它和经典哈密顿量的形式完全相同.

确定这个哈密顿算符的本征值不用特别计算, 因为它等同于线性振子的能级问题 (参见第三卷 §23), 因此我们可直接写出场的能级:

$$E = \sum_{k,\alpha}\left(N_{k\alpha} + \frac{1}{2}\right)\omega, \tag{2.12}$$

其中 $N_{k\alpha}$ 为整数.

在下一节将对此公式作进一步的讨论; 这里我们写出量 $Q_{k\alpha}$ 的矩阵元. 它可用熟知的振子的坐标矩阵元 (参见第三卷 §23) 立即写出, 其非零的矩阵元为

$$\langle N_{k\alpha}|Q_{k\alpha}|N_{k\alpha} - 1\rangle = \langle N_{k\alpha} - 1|Q_{k\alpha}|N_{k\alpha}\rangle = \sqrt{\frac{N_{k\alpha}}{2\omega}}. \tag{2.13}$$

量 $P_{k\alpha} = \dot{Q}_{k\alpha}$ 的矩阵元和 $Q_{k\alpha}$ 的矩阵元只相差一个因子 $\pm\mathrm{i}\omega$.

然而, 在下面的计算中, 更为方便的做法是用线性组合 $\omega Q_{k\alpha} \pm \mathrm{i}P_{k\alpha}$ 代替 $Q_{k\alpha}$ 与 $P_{k\alpha}$, 这个线性组合只对 $N_{k\alpha} \to N_{k\alpha} \pm 1$ 的跃迁有非零的矩阵元. 因此,

我们定义算符

$$\hat{c}_{\boldsymbol{k}\alpha} = \frac{1}{\sqrt{2\omega}}(\omega\hat{Q}_{\boldsymbol{k}\alpha} + \mathrm{i}\hat{P}_{\boldsymbol{k}\alpha}), \quad \hat{c}_{\boldsymbol{k}\alpha}^{+} = \frac{1}{\sqrt{2\omega}}(\omega\hat{Q}_{\boldsymbol{k}\alpha} - \mathrm{i}\hat{P}_{\boldsymbol{k}\alpha}) \tag{2.14}$$

(经典量 $c_{\boldsymbol{k}\alpha}$, $c_{\boldsymbol{k}\alpha}^{*}$ 与展开式 (2.4) 中的系数 $a_{\boldsymbol{k}\alpha}$, $a_{\boldsymbol{k}\alpha}^{*}$ 只相差一个因子 $\sqrt{2\pi/\omega}$). 这些算符的矩阵元为

$$\langle N_{\boldsymbol{k}\alpha} - 1|\hat{c}_{\boldsymbol{k}\alpha}|N_{\boldsymbol{k}\alpha}\rangle = \langle N_{\boldsymbol{k}\alpha}|\hat{c}_{\boldsymbol{k}\alpha}^{+}|N_{\boldsymbol{k}\alpha} - 1\rangle = \sqrt{N_{\boldsymbol{k}\alpha}}. \tag{2.15}$$

根据定义 (2.14) 和对易关系 (2.9), 可得到 $\hat{c}_{\boldsymbol{k}\alpha}$ 和 $\hat{c}_{\boldsymbol{k}\alpha}^{+}$ 的对易关系:

$$\hat{c}_{\boldsymbol{k}\alpha}\hat{c}_{\boldsymbol{k}\alpha}^{+} - \hat{c}_{\boldsymbol{k}\alpha}^{+}\hat{c}_{\boldsymbol{k}\alpha} = 1. \tag{2.16}$$

对于矢势, 我们仍回到 (2.4) 型的展开式, 但系数变成了算符. 我们把它写成

$$\hat{\boldsymbol{A}} = \sum_{\boldsymbol{k},\alpha}(\hat{c}_{\boldsymbol{k}\alpha}\boldsymbol{A}_{\boldsymbol{k}\alpha} + \hat{c}_{\boldsymbol{k}\alpha}^{+}\boldsymbol{A}_{\boldsymbol{k}\alpha}^{*}), \tag{2.17}$$

其中

$$\boldsymbol{A}_{\boldsymbol{k}\alpha} = \sqrt{4\pi}\frac{\boldsymbol{e}^{(\alpha)}}{\sqrt{2\omega}}\mathrm{e}^{\mathrm{i}\boldsymbol{k}\cdot\boldsymbol{r}}. \tag{2.18}$$

符号 $\boldsymbol{e}^{(\alpha)}$ 是振子极化方向的单位矢量, 与波矢 $\boldsymbol{k}$ 垂直; 而且对每个 $\boldsymbol{k}$, 有两个独立的极化方向.

类似地, 我们写出算符 $\hat{\boldsymbol{E}}$ 和 $\hat{\boldsymbol{H}}$:

$$\hat{\boldsymbol{E}} = \sum_{\boldsymbol{k},\alpha}(\hat{c}_{\boldsymbol{k}\alpha}\boldsymbol{E}_{\boldsymbol{k}\alpha} + \hat{c}_{\boldsymbol{k}\alpha}^{+}\boldsymbol{E}_{\boldsymbol{k}\alpha}^{*}), \quad \hat{\boldsymbol{H}} = \sum_{\boldsymbol{k},\alpha}(\hat{c}_{\boldsymbol{k}\alpha}\boldsymbol{H}_{\boldsymbol{k}\alpha} + \hat{c}_{\boldsymbol{k}\alpha}^{+}\boldsymbol{H}_{\boldsymbol{k}\alpha}^{*}), \tag{2.19}$$

其中

$$\boldsymbol{E}_{\boldsymbol{k}\alpha} = \mathrm{i}\omega\boldsymbol{A}_{\boldsymbol{k}\alpha}, \quad \boldsymbol{H}_{\boldsymbol{k}\alpha} = \boldsymbol{n} \times \boldsymbol{E}_{\boldsymbol{k}\alpha} \quad (\boldsymbol{n} = \boldsymbol{k}/\omega). \tag{2.20}$$

不同下标的矢量 $\boldsymbol{A}_{\boldsymbol{k}\alpha}$ 在下述意义上是互相正交的:

$$\int \boldsymbol{A}_{\boldsymbol{k}\alpha} \cdot \boldsymbol{A}_{\boldsymbol{k}'\alpha'}^{*} \mathrm{d}^3x = \frac{2\pi}{\omega}\delta_{\alpha\alpha'}\delta_{\boldsymbol{k}\boldsymbol{k}'}. \tag{2.21}$$

因为, 如果 $\boldsymbol{A}_{\boldsymbol{k}\alpha}$ 与 $\boldsymbol{A}_{\boldsymbol{k}'\alpha'}^{*}$ 属于不同的波矢, 那么它们的乘积中就包含一个对体积积分为零的因子 $\mathrm{e}^{\mathrm{i}(\boldsymbol{k}-\boldsymbol{k}')\cdot\boldsymbol{r}}$; 如果它们的差别只是极化不同, 由于两个独立的极化方向互相正交, 则有 $\boldsymbol{e}^{(\alpha)} \cdot \boldsymbol{e}^{(\alpha')*} = 0$. 类似的论证对矢量 $\boldsymbol{E}_{\boldsymbol{k}\alpha}$ 与 $\boldsymbol{H}_{\boldsymbol{k}\alpha}$ 也成立. 它们的归一化可通过加上如下条件而方便地实现:

$$\frac{1}{4\pi}\int (\boldsymbol{E}_{\boldsymbol{k}\alpha} \cdot \boldsymbol{E}_{\boldsymbol{k}'\alpha'}^{*} + \boldsymbol{H}_{\boldsymbol{k}\alpha} \cdot \boldsymbol{H}_{\boldsymbol{k}'\alpha'}^{*})\mathrm{d}^3x = \omega\delta_{\boldsymbol{k}\boldsymbol{k}'}\delta_{\alpha\alpha'}. \tag{2.22}$$

将算符 (2.19) 代入 (2.10) 式, 并利用 (2.22) 式进行积分, 就得到用算符 $\widehat{c}, \widehat{c}^+$ 表示的场哈密顿量:

$$\widehat{H} = \sum_{\boldsymbol{k},\alpha} \frac{1}{2}\omega(\widehat{c}_{\boldsymbol{k}\alpha}\widehat{c}_{\boldsymbol{k}\alpha}^+ + \widehat{c}_{\boldsymbol{k}\alpha}^+\widehat{c}_{\boldsymbol{k}\alpha}). \tag{2.23}$$

在所考虑的表象中 (由式 (2.15) 给出算符 $\widehat{c}$ 与 $\widehat{c}^+$ 的矩阵元), 这个算符是对角化的, 其本征值自然与 (2.12) 一致.

在经典理论中, 场的动量定义为积分

$$\boldsymbol{P} = \frac{1}{4\pi} \int \boldsymbol{E} \times \boldsymbol{H} \mathrm{d}^3 x.$$

过渡到量子理论时, 我们用算符 (2.19) 代替 $\boldsymbol{E}$ 与 $\boldsymbol{H}$, 并且容易求出

$$\widehat{\boldsymbol{P}} = \sum_{\boldsymbol{k},\alpha} \frac{1}{2}(\widehat{P}_{\boldsymbol{k}\alpha}^2 + \omega^2\widehat{Q}_{\boldsymbol{k}\alpha}^2)\boldsymbol{n} \tag{2.24}$$

这和熟知的平面波的能量与动量的经典关系一致. 此算符的本征值为

$$\boldsymbol{P} = \sum_{\boldsymbol{k},\alpha} \boldsymbol{k} \left(N_{\boldsymbol{k}\alpha} + \frac{1}{2} \right). \tag{2.25}$$

用矩阵元 (2.15) 建立的算符表象为 "占有数表象", 即通过给出量子数 $N_{\boldsymbol{k}\alpha}$ (**占有数**) 来描写系统 (场) 的状态. 在此表象中, 场算符 (2.19) 以及与之相应的哈密顿量 (2.11), 作用于通过数 $N_{\boldsymbol{k}\alpha}$ 表示的系统波函数, 取为 $\varPhi(N_{\boldsymbol{k}\alpha}, t)$. 场算符 (2.19) 不是时间的显函数. 这与非相对论量子力学中惯用的算符的薛定谔绘景是一致的. 而系统的状态 $\varPhi(N_{\boldsymbol{k}\alpha}, t)$ 却是依赖于时间的, 其依赖关系由薛定谔方程决定

$$\mathrm{i}\frac{\partial \varPhi}{\partial t} = \widehat{H}\varPhi.$$

场的这种描写就其本质而言是相对论不变的, 因为它是以相对论不变的麦克斯韦方程为基础的. 但是这个不变性并未明显地表现出来, 主要是由于空间坐标和时间是以极不对称的形式出现的.

在相对论性理论中, 要使场的描写形式具有更明显的不变性是很方便的. 为此, 必须采用所谓的海森伯绘景, 在海森伯绘景中, 算符本身随时间变化 (参见第三卷 §13). 采用这个绘景, 时间和坐标平等地出现在场算符的表示式中, 而系统的状态 $\varPhi$ 则只是占有数的函数.

对算符 $\widehat{\boldsymbol{A}}$ 而言, 向海森伯绘景的过渡归结为将 (2.17) 式求和中每一个 $\boldsymbol{A}_{\boldsymbol{k}\alpha}$ 的因子 $\mathrm{e}^{\mathrm{i}\boldsymbol{k}\cdot\boldsymbol{r}}$ 换成 $\mathrm{e}^{\mathrm{i}(\boldsymbol{k}\cdot\boldsymbol{r}-\omega t)}$, 即将 $\boldsymbol{A}_{\boldsymbol{k}\alpha}$ 看成时间的函数:

$$\boldsymbol{A}_{\boldsymbol{k}\alpha} = \sqrt{4\pi}\frac{e^{(\alpha)}}{\sqrt{2\omega}}\mathrm{e}^{-\mathrm{i}(\omega t - \boldsymbol{k}\cdot\boldsymbol{r})}. \tag{2.26}$$

这一点容易证明, 注意到海森伯绘景由初态到终态的跃迁 $i \to f$ 的矩阵元必然包含一个因子 $\exp\{-i(E_i - E_f)t\}$, 其中 E_i 与 E_f 分别为初态与终态的能量 (参见第三卷 §13). 对于 N_k 减少或增加 1 的跃迁, 这个因子应分别变为 $e^{-i\omega t}$ 与 $e^{i\omega t}$. 这个条件在进行上述代换后就自动得到满足了.

今后, 不管研究的是电磁场还是粒子的场, 我们将总假设采用的是算符的海森伯绘景.

§3 光子

现在对上面得到的场的量子化公式作进一步的分析.

首先, 场的能量公式 (2.12) 引起了如下困难. 场的最低能级对应所有振子的量子数 $N_{k\alpha}$ 等于零的状态 (称为**电磁场真空**态). 但是, 即使在这个状态中, 每个振子还具有非零的 "零点能量" $\omega/2$. 它对无限多个振子求和, 就得到无限大的结果. 这样, 我们就碰到了 "发散" 困难中的一种, 它是由于现有理论缺乏逻辑严密与一致性而产生的.

如果所谈论的只是场能量的本征值, 那么只要删去零点振动能量, 就能消除这个困难, 即把场的能量和动量写成 [1]

$$E = \sum_{k,\alpha} N_{k\alpha}\omega, \quad P = \sum_{k,\alpha} N_{k\alpha}k. \tag{3.1}$$

这两个公式使我们能够引进**辐射量子**或**光子**的概念, 这是一个贯穿量子电动力学始终的基本概念 [2]. 也就是说, 我们可以把自由电磁场看成为粒子的集合, 每个粒子都具有能量 $\omega (= \hbar\omega)$ 和动量 $k (= n\hbar\omega/c)$. 光子的能量与动量之间的关系和相对论力学中具有零静质量并以光速运动的粒子相同. 占有数 $N_{k\alpha}$ 则表示具有给定动量 k 和极化 $e^{(\alpha)}$ 的光子数. 光子的极化类似于其它粒子的自旋 (光子在这方面的具体性质将在 §6 中讨论).

容易看到, 上节所建立起来的全部数学表述与把电磁场描述为光子的集合是完全一致的, 这正是应用于光子系统的二次量子化方法 [3]. 在这个方法中 (参见第三卷 §64), 独立变量是状态的占有数, 而算符作用在占有数的函数上.

---

[1] 只要把 (2.10) 式中算符的乘积看成 "正规积", 即算符 $\hat{c}^+$ 总是在算符 $\hat{c}$ 的左边, 就可以在形式上消除发散困难而不引起矛盾. 这时, 公式 (2.23) 变为

$$\hat{H} = \sum_{k,\alpha}(\omega\hat{c}_{k\alpha}^+\hat{c}_{k\alpha}).$$

[2] 光子的概念是爱因斯坦首先引入的 (A. Einstein, 1905).
[3] 狄拉克首先将二次量子化方法应用于辐射理论 (P. A. M. Dirac, 1927).

这时起主要作用的是粒子的"湮没"与"产生"算符, 它们分别使占有数减少与增加 1; $\widehat{c}_{k\alpha}, \widehat{c}_{k\alpha}^+$ 就是这类算符: $\widehat{c}_{k\alpha}$ 消灭一个状态为 k、α 的光子, 而 $\widehat{c}_{k\alpha}^+$ 产生一个这种状态的光子.

对易关系 (2.16) 对应于服从玻色统计的粒子. 因此, 光子是玻色子, 这正如我们所预料的, 这是因为任一状态中可容许的光子数不受限制 (在 §5 中我们还要进一步讨论这个性质的意义).

平面波 $A_{k\alpha}$ (2.26) 作为光子湮没算符的系数出现在算符 $\widehat{A}$ ((2.17) 式) 中, 可以将其看成具有给定动量 k 与极化 $e^{(\alpha)}$ 的光子的波函数. 这种看法对应于在非相对论二次量子化方法中将 ψ 算符按粒子的定态波函数展开; (但是, 不同的是, 在 (2.17) 的展开式中, 既包含粒子的湮没算符, 又包含粒子的产生算符; 这种差别的意义将在后面阐述, 参见 §12).

波函数 (2.26) 的归一化条件为

$$\int \frac{1}{4\pi}(|E_{k\alpha}|^2 + |H_{k\alpha}|^2)\mathrm{d}^3x = \omega \tag{3.2}$$

此处取归一化为"在 $V = 1$ 的体积中有一个光子": 实际上, 等式左边的积分是在给定波函数的状态中光子能量的量子力学平均值 [①], 而 (3.2) 式的右边则正是一个光子的能量.

光子的"薛定谔方程"可用麦克斯韦方程组表示. 在现在的情形 (即当势 $A(r, t)$ 满足条件 (2.1) 时), 这就导致波动方程:

$$\frac{\partial^2 A}{\partial t^2} - \Delta A = 0.$$

在任意定态的一般情形, 光子的"波函数"为此方程的复数解, 其对时间的依赖关系由因子 $e^{-i\omega t}$ 给出.

谈到光子的波函数, 我们必须再次强调, 绝对不能把它看成是光子在空间局部出现的概率振幅, 这一点和非相对论量子力学中波函数的基本意义根本不同. 这是因为 (如 §1 中所指出的), 光子的坐标概念根本没有物理意义. 我们将在 §4 的末尾进一步讨论这个问题的数学方面.

函数 $A(r, t)$ 对坐标作傅里叶展开时的分量, 构成动量表象中光子的波函数, 表示成 $A(k, t) = A(k)e^{-i\omega t}$. 例如, 对于一个给定动量 k 与极化 $e^{(\alpha)}$ 的状态, 动量表象中的波函数简单地由 (2.26) 式中指数因子的系数给出:

$$A_{k\alpha}(k', \alpha') = \sqrt{4\pi}\frac{e^{(\alpha)}}{\sqrt{2\omega}}\delta_{k'k}\delta_{\alpha\alpha'}. \tag{3.3}$$

---

① 注意, 积分 (3.2) 式中的系数 $1/4\pi$ 两倍于 (2.10) 式中通常的系数 $1/8\pi$. 这种差别归根底是由于 $E_{k\alpha}, H_{k\alpha}$ 是复矢量, 区别于厄米的场算符 $\widehat{E}, \widehat{H}$.

　　由于自由粒子的动量是可测量的, 动量表象中的波函数就比坐标表象中的波函数有更为深刻的物理意义: 由它可以计算一定状态的光子具有各种动量和极化值的概率 $w_{\boldsymbol{k}\alpha}$. 按照量子力学的一般规则, 将 $\boldsymbol{A}(\boldsymbol{k}')$ 按一定 $\boldsymbol{k}$ 和 $\boldsymbol{e}^{(\alpha)}$ 值的状态波函数展开, $w_{\boldsymbol{k}\alpha}$ 即为展开式系数的模的平方:

$$w_{\boldsymbol{k}\alpha} \propto \left| \sum_{\boldsymbol{k}',\alpha'} \boldsymbol{A}^*_{\boldsymbol{k}\alpha}(\boldsymbol{k}',\alpha') \cdot \boldsymbol{A}(\boldsymbol{k}') \right|^2$$

(比例系数由函数的归一化方式决定). 将 (3.3) 式代入, 就得到:

$$w_{\boldsymbol{k}\alpha} \propto |\boldsymbol{e}^{(\alpha)} \cdot \boldsymbol{A}(\boldsymbol{k})|^2. \tag{3.4}$$

对两种极化状态求和, 就给出光子动量为 $\boldsymbol{k}$ 的概率:

$$w_{\boldsymbol{k}} \propto |\boldsymbol{A}(\boldsymbol{k})|^2. \tag{3.5}$$

§4　规范不变性

　　众所周知, 经典电动力学中场的势是有选择自由的: 四维势 A_μ 的分量可以进行任何形如

$$A_\mu \to A_\mu + \partial_\mu \chi, \tag{4.1}$$

的**规范变换**, 其中 χ 为坐标与时间的任意函数 (参见第二卷 §18).

　　对平面波而言, 如果只考虑不改变势的形式 (与因子 $\exp(-\mathrm{i}k_\mu x^\mu)$ 成正比) 的变换, 这个自由选择性可归结为可以给波幅加上一个与 k^μ 成正比的任意四维矢量.

　　这种势的自由选择性在量子理论中继续存在, 当然, 在这里它与场算符或光子波函数相关. 为避免预先确定势的选择方式, 就必须用算符四维势的相应展开式

$$\widehat{A}^\mu = \sum_{\boldsymbol{k},\alpha} (\widehat{c}_{\boldsymbol{k}\alpha} A^\mu_{\boldsymbol{k}\alpha} + \widehat{c}^+_{\boldsymbol{k}\alpha} A^{\mu*}_{\boldsymbol{k}\alpha}), \tag{4.2}$$

代替 (2.17) 式, 其中波函数 $A^\mu_{\boldsymbol{k}\alpha}$ 为如下形式的四维矢量:

$$A^\mu_{\boldsymbol{k}} = \sqrt{4\pi}\, \frac{e^\mu}{\sqrt{2\omega}} \mathrm{e}^{-\mathrm{i}k_\nu x^\nu}, \quad e_\mu e^{\mu*} = -1,$$

或省去四维矢量指标, 写成更为简洁的形式:

$$A_{\boldsymbol{k}} = \sqrt{4\pi}\, \frac{e}{\sqrt{2\omega}} \mathrm{e}^{-\mathrm{i}kx}, \quad ee^* = -1. \tag{4.3}$$

其中, 四维动量 $k^\mu = (\omega, \boldsymbol{k})$ (因此 $kx = \omega t - \boldsymbol{k} \cdot \boldsymbol{r}$), 而 e 为四维单位极化矢量[①].

如果我们只选择不改变函数 (4.3) 对坐标和时间的依赖关系的规范变换, 这样的变换必定是

$$e_\mu \to e_\mu + \chi k_\mu, \tag{4.4}$$

其中 $\chi = \chi(k^\mu)$ 为任意函数. 由于极化是横向的, 因此总可以选择一个规范使得四维矢量 e 的形式为:

$$e^\mu = (0, \boldsymbol{e}), \quad \boldsymbol{e} \cdot \boldsymbol{k} = 0, \tag{4.5}$$

这种规范我们称之为**三维横向**规范. 将其写成四维协变形式, 这个条件就变成**四维横向性**条件:

$$ek = 0. \tag{4.6}$$

应该指出, 由于 $k^2 = 0$, 这个条件 (如归一化条件 $ee^* = -1$ 那样) 在变换 (4.4) 下仍保持不变. 假如粒子的四维动量的平方等于零, 其质量也必定等于零. 这就揭示了规范不变性与光子的零质量之间的联系 (这种联系的其它方面将在 §14 中讨论).

对参与某过程的光子的波函数进行规范变换时, 任何可观测的物理量都不应该改变. 在量子电动力学中, 此**规范不变性**要求所起作用甚至比在经典理论中还要大. 我们将在许多例子中看到, 规范不变性与相对论不变性一样, 是一种强有力的启发性原则.

另外, 理论的规范不变性本身又和电荷守恒定律有紧密的联系; 我们将在 §43 中讨论这方面的问题.

我们在上一节已经指出, 光子的坐标波函数不能解释成它在空间局部的概率振幅. 数学上, 这表现为不可能用这种波函数构成哪怕是形式上具有概率密度性质的量. 这样的量必须用波函数 A_μ 及其复共轭的正定的双线性组合来表示. 此外, 它必须满足一定的相对论协变性要求 —— 即它应该是四维矢量的时间分量 (这是因为, 表示粒子数守恒的连续性方程的四维形式是四维流矢量的散度为零; 在这里, 四维流矢量的时间分量就是粒子在空间各处出现的概率密度, 参见第二卷 §29). 另一方面, 规范不变性要求四维矢量 A_μ 只能以反对称张量 $F_{\mu\nu} = \partial_\mu A_\nu - \partial_\nu A_\mu = -\mathrm{i}(k_\mu A_\nu - k_\nu A_\mu)$ 的形式出现在四维流矢量中. 因此, 四维流矢量应该是 $F_{\mu\nu}$ 和 $F_{\mu\nu}^*$ (以及四维矢量 k_μ 的分量) 的双线性组合. 但是, 这样的四维矢量一般不可能构成, 这是由于满足这个条件的任何

[①] 表示式 (4.3) 不是完全相对论协变的 (四维矢量) 形式; 这是由于我们所用的归一化条件 (归一化为有限体积 $V = 1$) 不是协变的. 但这并没有原则上的重要性, 并可完全由这种归一化方法所提供的方便所补偿. 以后我们将看到, 这使得我们得以简单而直截了当地以必要的不变形式推出实际的物理量.

表示式 (例如, $k^\lambda F^*_{\mu\nu} F^\nu_\chi$) 都因横向性条件 ($k^\lambda F_{\nu\lambda} = 0$) 而等于零, 并且它在任何情形下已不再为正定的了 (因为它包含分量 k_μ 的奇次幂).

§5　量子理论中的电磁场

电磁场是光子的集合, 这是与量子理论中电磁场的物理意义完全一致的唯一描述, 它代替了用场强描述场的经典方法. 在描写光子的数学表述中, 场强是作为二次量子化的算符出现的.

众所周知, 当决定系统定态的量子数很大时, 量子系统的性质便类似于经典性质. 对一个自由电磁场 (在给定体积内) 而言, 这意味着振子的量子数 —— 即光子数 $N_{k\alpha}$ 必定很大. 在这方面, 光子服从玻色统计这个事实是非常重要的. 在理论的数学表述上, 玻色统计与经典场性质的关系表现在算符 $\hat{c}_{k\alpha}, \hat{c}^+_{k\alpha}$ 的对易关系上. 当 $N_{k\alpha}$ 很大时, 这些算符的矩阵元也变得很大, 对易关系 (2.16) 右端的 1 便可忽略, 从而得到

$$\hat{c}_{k\alpha}\hat{c}^+_{k\alpha} \simeq \hat{c}^+_{k\alpha}\hat{c}_{k\alpha},$$

即这些算符变成为互相可对易的经典量 $c_{k\alpha}, c^*_{k\alpha}$, 它们决定了经典的场强.

但是, 场的准经典性条件还需要更加准确地确定. 问题在于, 如果所有的 $N_{k\alpha}$ 都很大, 那么对所有状态 k, α 求和时, 场的能量必定变为无穷大, 因而, 准经典性条件也就变得没有意义了.

关于准经典条件, 一个具有明确物理意义的提法可以基于对场在某个短的时间间隔 Δt 内求平均的考虑. 如果将经典电场 $\boldsymbol{E}$ (或磁场 $\boldsymbol{H}$) 表示成对时间的傅里叶积分, 那么, 当它在时间间隔 Δt 内求平均时, 只有那些频率满足 $\omega\Delta t \lesssim 1$ 的傅里叶分量才对平均值 $\overline{E}$ 有明显的贡献, 否则, 振荡因子 $e^{-i\omega t}$ 的平均值几乎等于零. 所以, 在确定平均场的准经典条件时, 只需考虑 $\omega \lesssim 1/\Delta t$ 的那些量子振子, 只要这些振子的量子数很大就行了.

频率在零和 $\omega \sim 1/\Delta t$ 之间的振子数 (在 $V = 1$ 的体积中) 具有数量级[①]

$$\left(\frac{\omega}{c}\right)^3 \sim \frac{1}{(c\Delta t)^3}. \tag{5.1}$$

单位体积中的总能量 $\sim \overline{\boldsymbol{E}^2}$. 这个量除以振子数和单个光子的某个平均能量值 ($\sim \hbar\omega$), 我们得到光子数的数量级为

$$N_{\boldsymbol{k}} \sim \frac{\overline{\boldsymbol{E}^2}c^3}{\hbar\omega^4}.$$

---

① 本节采用通常的单位.

由于要求这个数很大的条件, 我们便得到不等式

$$|\boldsymbol{E}| \gg \frac{\sqrt{\hbar c}}{(c\Delta t)^2}. \tag{5.2}$$

这就是我们所要求的将 (在时间间隔 Δt 内平均的) 场当成经典场的条件. 我们看到, 场必须达到一定的强度, 并且当平均时间间隔 Δt 减小时, 要求这个场增强. 对变化着的场, 这个时间间隔当然不应超过场有显著变化的时间间隔. 因此, 如果变化场足够弱, 则永远不能看成为准经典场. 只有对静态场 (不随时间变化), 我们才能假设 $\Delta t \to \infty$, 从而使不等式 (5.2) 的右边趋近于零. 所以, 静态场永远是经典的.

我们已经指出, 以平面波叠加形式出现的电磁场的经典表示式, 在量子理论中必须看成算符的表示式. 然而, 这些算符只有很有限的物理意义. 有物理意义的场算符在光子真空态的场值必须为零, 但是, 场平方算符 $\widehat{E}^2$ 在基态的平均值却是无穷大, 虽然它和场的零点能量只差一个因子; (此处的 "平均值" 指的是量子力学平均值, 即算符的相应对角矩阵元). 即使采用某个形式上的抵消算符 (如对场的能量所做的那样), 这个无穷大也是避免不了的, 因为在现在的情形下, 要做到这一点, 就必须对算符 $\widehat{E}, \widehat{H}$ 本身 (而不是它们的平方) 作某种适当的改变, 但这是不可能的.

§6 光子的角动量和宇称

光子和任何其它粒子一样, 可以具有一定的角动量. 为了确定光子角动量的性质, 我们先回顾一下在量子力学的数学表述中粒子波函数的性质和粒子的角动量之间的联系.

粒子的角动量 j 由其轨道角动量 l 和内禀角动量 (或自旋) s 组成. 自旋为 s 的粒子的波函数是秩为 $2s$ 的对称旋量, 即一个有 $2s+1$ 个分量的集合; 当坐标系转动时, 这些分量变换成它们之间的另外一个组合. 轨道角动量则和波函数对坐标的依赖关系的方式相关: 轨道角动量为 l 的态对应于其分量为 l 阶球谐函数的线性组合的波函数.

自旋和轨道角动量之间有本质上的区别, 这就要求波函数的 "自旋" 性质和 "坐标" 性质是互相独立的: 在给定时刻旋量分量对坐标的依赖关系必须没有任何附加的限制.

在波函数的动量表象中, 其对坐标的依赖关系变为对动量 $\boldsymbol{k}$ 的依赖关系. 光子波函数 (在三维横向规范中) 是矢量 $\boldsymbol{A}(\boldsymbol{k})$. 这个矢量等价于一个二秩旋量, 在这个意义上可以说光子的自旋为 1. 但是, 这个矢量波函数满足横向性

条件: $k \cdot A(k) = 0$, 这是对函数 $A(k)$ 附加的进一步限制条件. 这样, 这个函数就不能够在同一时刻任意地指定矢量的所有分量, 因此就不能够严格地区分轨道角动量和自旋.

我们看到, 自旋是静止粒子的角动量这个定义也不适用于光子, 因为光子以光速运动, 其静止参考系是不存在的.

因此, 对于光子只有其总角动量是有意义的. 由于描述光子的量中没有任何秩为奇数的旋量, 因此很显然, 其总角动量必定为整数.

与其它任何粒子一样, 光子的状态还可以用其宇称来描述, 宇称是指波函数在坐标反演时的行为 (参见第三卷 §30). 在动量表象中, 坐标符号的改变可用 k 的所有分量改变符号来代替. 反演算符 $\widehat{P}$ 作用于标量函数 $\varphi(k)$ 上所起的效应只是简单地产生符号的改变: $\widehat{P}\varphi(k) = \varphi(-k)$. 当作用于矢量函数 $A(k)$ 时, 还必须考虑到: 坐标轴方向的改变使得矢量的各个分量的符号也改变了, 因此[①],

$$\widehat{P}A(k) = -A(-k). \tag{6.1}$$

尽管将角动量分为轨道角动量和自旋的做法对光子没有物理意义, 但是, 作为形式上的辅助量, 引入 "自旋" s 和 "轨道角动量" l 来描述波函数的转动变换性质仍是比较方便的: $s = 1$ 对应波函数是一个矢量的事实, 而 l 的值出现在波函数中的球谐函数的阶数. 这里我们考虑的是光子具有一定角动量的状态的波函数; 对一个自由粒子而言, 就是球面波. 特别是, l 的数值确定了光子状态的宇称:

$$P = (-1)^{l+1} \tag{6.2}$$

用相同的方式, 可以将角动量算符 $\widehat{\boldsymbol{j}}$ 表示求和 $\widehat{\boldsymbol{s}} + \widehat{\boldsymbol{l}}$. 我们知道, 角动量算符与坐标系的无限小转动算符相联系; 在现在的情形下, 又和这个算符对矢量场的作用相联系. 在求和 $\widehat{\boldsymbol{s}} + \widehat{\boldsymbol{l}}$ 中, 算符 $\widehat{\boldsymbol{s}}$ 作用于矢量指标上, 使矢量的分量变换成它们的相互组合; 而算符 $\widehat{\boldsymbol{l}}$ 作用在这些分量上就如同作用在动量 (或坐标) 的函数上一样.

我们可以计算 (给定能量下) 对于给定的光子角动量值 j 可能的状态数 (不考虑相对于角动量方向的 $2j+1$ 重简并).

当 l 和 s 互相独立时, 这种计算很简单: 将矢量 l 和 s 按矢量模型规则相加, 看有多少种相加方式即可得到所求的 j 值. 对自旋 $s = 1$ 的粒子, 并给定非

---

① 我们将选定, 按照反演算符对极矢量, 如 A (相应的电矢量 $E = \mathrm{i}\omega A$) 作用的效应来定义状态的宇称. 这在符号上与对轴矢量 $H = \mathrm{i}(k \times A)$ 的作用的效应不同, 因为反演不改变轴矢量的方向:

$$\widehat{P}H(k) = H(-k).$$

零的 j 值, 这个方法将给出具有下列 l 值和宇称的三个状态:

$$l = j, \quad P = (-1)^{l+1} = (-1)^{j+1};$$
$$l = j \pm 1, \quad P = (-1)^{l+1} = (-1)^{j}.$$

然而, 如 $j = 0$, 则只得到 $l = 1$ 并且宇称为 $P = +1$ 的一个状态.

在此计算中, 没有考虑矢量 $\boldsymbol{A}$ 的横向性条件; 假设其所有三个分量都是互相独立的. 因此, 还必须从上面得到的状态数中减去纵向矢量所对应的状态数. 纵向矢量可以写成 $\boldsymbol{k}\varphi(\boldsymbol{k})$ 的形式, 因此, 就其对转动的变换性质而言, 它的三个分量等价于单个标量 φ[①]. 因此我们可以说, 与横向性条件不相容的额外状态对应于具有标量波函数 (零秩旋量), 即有 "零自旋"[②]. 因此, 这个状态的角动量 j 等于 φ 中所含球谐函数的阶数. 光子状态的宇称则由反演算符对矢量函数 $\boldsymbol{k}\varphi$ 的作用确定:

$$\widehat{P}(\boldsymbol{k}\varphi) = -(-\boldsymbol{k})\varphi(-\boldsymbol{k}) = (-1)^{j}\boldsymbol{k}\varphi(\boldsymbol{k}),$$

因此宇称为 $(-1)^{j}$. 我们必须从上面得到的宇称为 $(-1)^{j}$ 的状态数 (即 $j \neq 0$ 时为两个, $j = 0$ 时为一个) 中再减去 1.

这样我们就得出结论: 当光子的角动量 j 非零时, 存在一个偶宇称态和一个奇宇称态. 而当 $j = 0$ 时则得不到任何状态. 这意味着光子不可能有零角动量; 因此 j 只能取 $1, 2, 3, \cdots$. 不可能存在 $j = 0$ 的状态这一点实际上是显然的, 因为角动量为零的状态的波函数必须是球对称的, 而对于横波这明显是不可能的.

通常用下面的术语来标记光子的各种状态. 角动量为 j、宇称为 $(-1)^{j}$ 的光子称为**电 2^j 极光子** (或 Ej 光子); 而宇称为 $(-1)^{j+1}$ 的光子称为**磁 2^j 极光子** (或 Mj 光子). 例如, $j = 1$ 的奇宇称态对应电偶极光子, $j = 2$ 的偶宇称态对应电四极光子, 而 $j = 1$ 的偶宇称态则对应磁偶极光子[③].

[①] 这是因为一个量在转动下的变换, 指的是绕给定点的, 即对给定 $\boldsymbol{k}$ 值的变换. 在这种变换下, $\boldsymbol{k}\varphi(\boldsymbol{k})$ 是不变的, 即其行为如同一个标量.

[②] 应该再次强调, 这里所指的并不是任何实际粒子的状态, 这里的计算是形式上的, 在数学上相当于将一组在转动变换下相互重新组合的量用转动群的不可约表示进行分类.

[③] 这些名称与经典辐射理论的术语一致; 我们将在后面 (§46, §47) 看到, 电型光子和磁型光子的辐射分别由电荷系统的电矩和磁矩决定.

§7　光子的球面波

确定光子角动量的可能取值后, 应该确定相应的波函数 [1].

我们先考虑一个形式上的问题: 确定可作为算符 $\widehat{\boldsymbol{j}}^2$ 与 $\widehat{j}_z$ 的本征函数的矢量函数, 先不管这些函数中的哪一些将会出现在我们所要求的光子波函数中, 也不考虑横向性条件.

我们将在动量表象中寻找这样的函数. 在此表象中, 坐标算符为 $\widehat{\boldsymbol{r}} = \mathrm{i}\partial/\partial\boldsymbol{k}$ (参见第三卷 (15.12) 式). 轨道角动量算符为

$$\widehat{\boldsymbol{l}} = \widehat{\boldsymbol{r}} \times \boldsymbol{k} = -\mathrm{i}\boldsymbol{k} \times \partial/\partial\boldsymbol{k},$$

和坐标表象中的角动量算符比较, 区别只是字母 $\boldsymbol{r}$ 换成了 $\boldsymbol{k}$. 因此, 所提问题在两个表象中的解在形式上是一样的.

所求的本征函数用 $\mathbf{Y}_{jm}$ 标记, 并称之为**球谐矢量**. 它们须满足条件

$$\widehat{\boldsymbol{j}}^2 = j(j+1)\mathbf{Y}_{jm}, \quad \widehat{j}_z\mathbf{Y}_{jm} = m\mathbf{Y}_{jm} \tag{7.1}$$

(z 轴为空间中给定的方向). 我们将证明, 任何形如 $\boldsymbol{a}\mathrm{Y}_{jm}$ 的函数都满足这些方程, 其中 $\boldsymbol{a}$ 是由单位矢量 $\boldsymbol{n} = \boldsymbol{k}/\omega$ 构成的任意矢量, 而 Y_{jm} 则为通常的 (标量) 球谐函数. 后者我们将按第三卷 §28 来定义:

$$\mathrm{Y}_{lm}(\boldsymbol{n}) = (-1)^{\frac{m+|m|}{2}}\mathrm{i}^l\sqrt{\frac{(2l+1)(l-|m|)!}{4\pi(l+|m|)!}}\mathrm{P}_l^{|m|}(\cos\theta)\mathrm{e}^{\mathrm{i}m\varphi} \tag{7.2}$$

(其中 θ, φ 为沿 $\boldsymbol{n}$ 方向的球坐标的极角) [2]

为此我们引用对易关系 (见第三卷, (29.4) 式):

$$\{\widehat{l}_i, a_k\}_- = \mathrm{i}e_{ikl}a_l.$$

等式右边可写成 $-\widehat{s}_i a_k$, 其中 $\widehat{s}$ 是自旋为 1 的算符 (这个算符对矢量函数的作用由等式 $\widehat{s}_i a_k = -\mathrm{i}e_{ikl}a_l$ 给出; 参见第三卷 §57, 习题 2). 因此我们有

$$\widehat{l}_i a_k - a_k\widehat{l}_i = -\widehat{s}_i a_k.$$

---

[1] 这个问题是 Heitler 首先研究的 (W. Heitler, 1936). 这里给出的解是由 В. Б. 别列斯捷茨基作出的 (1947).

[2] 为后面引用方便起见, $\theta = 0$ ($\boldsymbol{n}$ 沿 z 轴) 的函数值为:

$$\mathrm{Y}_{lm}(\boldsymbol{n}_z) = \mathrm{i}^l\sqrt{\frac{2l+1}{4\pi}}\delta_{m0}. \tag{7.2a}$$

应用这个等式我们求出

$$\widehat{j}_i a_k = (\widehat{l}_i + \widehat{s}_i)a_k = a_k \widehat{l}_i.$$

可见,

$$\widehat{j}^2(\boldsymbol{a}Y_{jm}) = \boldsymbol{a}\widehat{l}^2 Y_{jm}, \quad \widehat{j}_z(\boldsymbol{a}Y_{jm}) = \boldsymbol{a}\widehat{l}_z Y_{jm}.$$

由于球谐函数 Y_{jm} 是算符 $\widehat{l}^2$ 与 l_z 的本征值分别为 $j(J+1)$ 与 m 的本征函数, 我们就得出 (7.1) 式.

通过取如下三个矢量:

$$\frac{\nabla_n}{\sqrt{j(j+1)}}, \quad \frac{\boldsymbol{n} \times \nabla_n}{\sqrt{j(j+1)}}, \quad \boldsymbol{n}. \tag{7.3}$$

作为矢量 $\boldsymbol{a}$[①] 我们得到实质上不同的三个类型的球谐矢量. 这些球谐矢量可定义为:

$$\begin{aligned}
\mathbf{Y}_{jm}^{(\mathrm{E})} &= \frac{1}{\sqrt{j(j+1)}} \nabla_{\boldsymbol{n}} Y_{jm}, \quad P = (-1)^j; \\
\mathbf{Y}_{jm}^{(\mathrm{M})} &= \boldsymbol{n} \times \mathbf{Y}_{jm}^{(\mathrm{E})}, \quad P = (-1)^{j+1}; \\
\mathbf{Y}_{jm}^{(\mathrm{L})} &= \boldsymbol{n} Y_{jm}, \quad P = (-1)^j.
\end{aligned} \tag{7.4}$$

此式还给出了每个矢量的宇称 P. 这三个类型的矢量互相正交, 且 $\mathbf{Y}_{jm}^{(\mathrm{L})}$ 相对于 $\boldsymbol{n}$ 为纵矢量, 而 $\mathbf{Y}_{jm}^{(\mathrm{E})}$ 与 $\mathbf{Y}_{jm}^{(\mathrm{M})}$ 为横矢量.

这些球谐矢量可用标量球谐函数表示: $\mathbf{Y}_{jm}^{(\mathrm{M})}$ 只用 $l = j$ 阶球谐函数表示, 而 $\mathbf{Y}_{jm}^{(\mathrm{E})}$ 与 $\mathbf{Y}_{jm}^{(\mathrm{L})}$ 则要用 $l = j \pm 1$ 阶球谐函数表示. 这一点是显而易见的, 只要将 (7.4) 式给出的宇称和用相关球谐函数的阶数表示的矢量场的宇称 $(-1)^{l+1}$ 互相比较即可.

任何一个类型的球谐矢量都是按下式互相正交归一的:

$$\int \mathbf{Y}_{jm} \cdot \mathbf{Y}_{j'm'}^* \mathrm{d}o = \delta_{jj'} \delta_{mm'}. \tag{7.5}$$

---

① 算符 $\nabla_n \equiv |\boldsymbol{k}|\nabla_k$ 作用在只与方向 $\boldsymbol{n}$ 有关的函数上. 在球坐标中, 其两个分量为:

$$\nabla_{\boldsymbol{n}} = \left(\frac{\partial}{\partial \theta}, \frac{1}{\sin \theta} \frac{\partial}{\partial \varphi} \right).$$

用 Δ_n 标记的算符为拉普拉斯算符的角度部分:

$$\Delta_{\boldsymbol{n}} = \frac{1}{\sin \theta} \frac{\partial}{\partial \theta} \sin \theta \frac{\partial}{\partial \theta} + \frac{1}{\sin^2 \theta} \frac{\partial^2}{\partial \varphi^2}.$$

对矢量 $\mathbf{Y}_{jm}^{(\mathrm{L})}$, 由球谐函数 Y_{jm} 的归一化条件, 这是显然的. 对于矢量 $\mathbf{Y}_{jm}^{(\mathrm{E})}$, 归一化积分为

$$\frac{1}{j(j+1)}\int\nabla_{\boldsymbol{n}}\mathbf{Y}_{jm}\cdot\nabla_{\boldsymbol{n}}\mathrm{Y}_{j'm'}^{*}\mathrm{d}o = -\frac{1}{j(j+1)}\int\mathrm{Y}_{j'm'}^{*}\Delta_{\boldsymbol{n}}\mathrm{Y}_{jm}\mathrm{d}o,$$

并且, 由 $\Delta_{\boldsymbol{n}}\mathrm{Y}_{jm} = -j(j+1)\mathrm{Y}_{jm}$ 得到 (7.5) 式. 矢量 $\mathbf{Y}_{jm}^{(\mathrm{M})}$ 的归一化也归结为一个类似的积分.

其实, 只要利用有关函数转换性质的一般论断, 便可得到球谐矢量 (7.4), 而并不需要对方程 (7.1) 进行上述的直接验证. 在上节我们曾利用这些论断说明: 一个矢量函数 $\boldsymbol{n}\varphi$ 对应于角动量值 j, 它和 φ 中出现的球谐函数的阶数相同. 如果简单地取 $\varphi = \mathrm{Y}_{jm}$, 那么函数 $\boldsymbol{n}\varphi$ 也将对应着一个确定的角动量分量值 m. 这样一来, 我们就立即导出球谐矢量 $\mathbf{Y}_{jm}^{(\mathrm{L})}$. 但是如果用矢量 ∇_{n} 或 $\boldsymbol{n}\times\nabla_{n}$ 代替乘积 $\boldsymbol{n}\varphi$ 中的 $\boldsymbol{n}$, 那么, §6 中关于变换性质的讨论不受影响. 这样我们就得到另外两类球谐矢量.

现在我们来考虑光子的波函数. 对一个电型光子 (Ej), 矢量 $\boldsymbol{A}(\boldsymbol{k})$ 应该有宇称 $(-1)^{j}$. 球谐矢量 $\mathbf{Y}_{jm}^{(\mathrm{E})}$ 和 $\mathbf{Y}_{jm}^{(\mathrm{L})}$ 都具有这样的宇称, 但只有前者满足横向条件. 对一个磁型光子 (Mj), 矢量 $\boldsymbol{A}(\boldsymbol{k})$ 应该有宇称 $(-1)^{j+1}$; 只有 $\mathbf{Y}_{jm}^{(\mathrm{M})}$ 有这种宇称. 因此, 一个具有给定角动量 j 及其分量 m (和能量 ω) 的光子的波函数为:

$$\boldsymbol{A}_{\omega jm}(\boldsymbol{k}) = \frac{4\pi^{2}}{\omega^{3/2}}\delta(|\boldsymbol{k}| - \omega)\mathbf{Y}_{jm}(\boldsymbol{n}), \tag{7.6}$$

其中 $\mathbf{Y}_{jm}$ 对电型光子与磁型光子必须分别取为 $\mathbf{Y}_{jm}^{(\mathrm{E})}$ 与 $\mathbf{Y}_{jm}^{(\mathrm{M})}$. 给定的能量值由因子 $\delta(|\boldsymbol{k}| - \omega)$ 考虑.

函数 (7.6) 的归一化条件为

$$\frac{1}{(2\pi)^{4}}\int\omega\omega'\boldsymbol{A}_{\omega'j'm'}^{*}(\boldsymbol{k})\cdot\boldsymbol{A}_{\omega jm}(\boldsymbol{k})\mathrm{d}^{3}k = \omega\delta(\omega' - \omega)\delta_{jj'}\delta_{mm'}. \tag{7.7}$$

对于坐标表象中的波函数, 条件 (7.7) 等价于如下条件[①]

$$\frac{1}{4\pi}\int\{\boldsymbol{E}_{\omega'j'm'}^{*}(\boldsymbol{r})\cdot\boldsymbol{E}_{\omega jm}(\boldsymbol{r}) + \boldsymbol{H}_{\omega'j'm'}^{*}(\boldsymbol{r})\cdot\boldsymbol{H}_{\omega jm}(\boldsymbol{r})\}\mathrm{d}^{3}x = \omega\delta(\omega' - \omega)\delta_{jj'}\delta_{mm'}. \tag{7.8}$$

当用势表示时, 左边的积分为

$$\frac{1}{2\pi}\int\boldsymbol{A}_{\omega'j'm'}^{*}(\boldsymbol{r})\cdot\boldsymbol{A}_{\omega jm}(\boldsymbol{r})\omega'\omega\mathrm{d}^{3}x,$$

---

① 这个条件和 (2.22) 是相同类型. 等式右边出现因子 $\delta(\omega' - \omega)$ 是由于此处研究的场 (球面波) 存在于整个无限大空间, 而不是在有限体积 $V = 1$.

其中

$$
\begin{aligned}
A_{\omega j m}(r) &= \int A_{\omega j m}(k) e^{i k \cdot r} \frac{d^3 k}{(2\pi)^3}, \\
A^*_{\omega' j' m'}(r) &= \int A^*_{\omega' j' m'}(k') e^{-i k' \cdot r} \frac{d^3 k'}{(2\pi)^3}.
\end{aligned}
\tag{7.9}
$$

对 d^3x 的积分给出 δ 函数 $(2\pi)^3 \delta(k' - k)$, 它又被对 $d^3 k$ 的积分消去, 因而积分变成 (7.7) 的形式.

到现在为止, 我们一直假设势是横向规范的, 在此规范中, 标量势 $\Phi = 0$. 但是, 在某些应用中, 球面波的其它规范也许更为方便.

在动量表象中所容许的势变换为

$$
A \to A + n f(k), \quad \Phi \to \Phi + f(k),
$$

其中 $f(k)$ 为任意函数. 在现在的情形下, 我们将如此选取 $f(k)$, 使得新的势用相同的球谐函数表示, 并仍具有确定的宇称. 对电型光子, 这些条件限定势的选择只能为如下函数:

$$
\begin{aligned}
A^{(E)}_{\omega j m}(k) &= \frac{4\pi^2}{\omega^{3/2}} \delta(|k| - \omega)(\mathbf{Y}^{(E)}_{j m} + C n Y_{j m}), \\
\Phi^{(E)}_{\omega j m}(k) &= \frac{4\pi^2}{\omega^{3/2}} \delta(|k| - \omega) C Y_{j m},
\end{aligned}
\tag{7.10}
$$

其中 C 为任意常数. 对磁型光子, 对 $A^{(M)}(k)$ 的这种附加项使它失去确定的宇称, 因此, 在上述条件下, (7.6) 式是唯一可能的选择.

按照 (3.5) 与 (7.6) 式, 具有确定角动量与宇称的光子沿方向 n 运动且处于立体角元 do 中的概率为

$$
w(n) do = |\mathbf{Y}^{(E)}_{j m}|^2 do.
\tag{7.11}
$$

这是对 E 型光子写出的表示式, 但是, 因为 $|\mathbf{Y}^{(M)}_{j m}|^2 = |\mathbf{Y}^{(E)}_{j m}|^2$, 两类光子的概率分布 $\omega(n)$ 是相同的.

模平方 $|\mathbf{Y}^{(E)}_{j m}|^2$ 和方位角 φ 无关 (球谐函数中的因子 $e^{\pm i m \varphi}$ 被消去了), 因此, 概率分布 $\omega(n)$ 对 z 轴是对称的. 而且, 既然每个球谐矢量都具有确定的宇称, 其模平方就不受空间反演的影响, 反演就是对极角作变换 $\theta \to \pi - \theta$; 这意味着函数 $\omega(\theta)$ 展成勒让德多项式时只包含偶数阶的项. 展开式系数的确定, 等价于计算三个球谐函数乘积积分, 然后对分量求和. 这些积分与求和可利用

第三卷 §107, §108 中的公式进行, 其结果为:

$$w(\theta) = (-1)^{m+1}\frac{(2j+1)^2}{4\pi}\sum_{n=0}^{\infty}(4n+1)\begin{pmatrix} j & j & 2n \\ 0 & 0 & 0 \end{pmatrix}\begin{pmatrix} j & j & 2n \\ m & -m & 0 \end{pmatrix}$$

$$\times \begin{Bmatrix} j & j & 1 \\ j & j & 2n \end{Bmatrix} \mathrm{P}_{2n}(\cos\theta). \tag{7.12}$$

最后, 我们来推导球谐矢量的分量按球谐函数展开的表示式. 为此, 我们利用第三卷 §107 中定义的矢量的 "球分量". 一个矢量 $\boldsymbol{f}$ 的球分量 f_λ 为:

$$f_0 = \mathrm{i}f_z, \quad f_{+1} = -\frac{\mathrm{i}}{\sqrt{2}}(f_x + \mathrm{i}f_y), \quad f_{-1} = \frac{\mathrm{i}}{\sqrt{2}}(f_x - \mathrm{i}f_y). \tag{7.13}$$

如引入 "球单位矢量":

$$\boldsymbol{e}^{(0)} = \mathrm{i}\boldsymbol{e}^{(z)}, \quad \boldsymbol{e}^{(+1)} = -\frac{\mathrm{i}}{\sqrt{2}}(\boldsymbol{e}^{(x)} + \mathrm{i}\boldsymbol{e}^{(y)}), \quad \boldsymbol{e}^{(-1)} = \frac{\mathrm{i}}{\sqrt{2}}(\boldsymbol{e}^{(x)} - \mathrm{i}\boldsymbol{e}^{(y)}) \tag{7.14}$$

$\boldsymbol{e}^{(x,y,z)}$ 分别为 x, y, z 轴的单位矢量, 于是

$$\boldsymbol{f} = \sum_\lambda (-1)^{1-\lambda}f_{-\lambda}\boldsymbol{e}^{(\lambda)}, \quad f_\lambda = (-1)^{1-\lambda}\boldsymbol{f}\cdot\boldsymbol{e}^{(-\lambda)*} = \boldsymbol{f}\cdot\boldsymbol{e}^{(\lambda)}. \tag{7.15}$$

球谐矢量的球分量可用 $3j$ 符号和球谐函数表示成如下表示式:

$$(-1)^{j+m+\lambda+1}(\mathbf{Y}_{jm}^{(\mathrm{E})})_\lambda = -\sqrt{j}\begin{pmatrix} j+1 & 1 & j \\ m+\lambda & -\lambda & -m \end{pmatrix}\mathrm{Y}_{j+1,m+\lambda}$$

$$+\sqrt{j+1}\begin{pmatrix} j-1 & 1 & j \\ m+\lambda & -\lambda & -m \end{pmatrix}\mathrm{Y}_{j-1,m+\lambda},$$

$$(-1)^{j+m+\lambda+1}(\mathbf{Y}_{jm}^{(\mathrm{M})})_\lambda = -\sqrt{2j+1}\begin{pmatrix} j & 1 & j \\ m+\lambda & -\lambda & -m \end{pmatrix}\mathrm{Y}_{j,m+\lambda}, \tag{7.16}$$

$$(-1)^{j+m+\lambda+1}(\mathbf{Y}_{jm}^{(\mathrm{L})})_\lambda = \sqrt{j+1}\begin{pmatrix} j+1 & 1 & j \\ m+\lambda & -\lambda & -m \end{pmatrix}\mathrm{Y}_{j+1,m+\lambda}$$

$$+\sqrt{j}\begin{pmatrix} j-1 & 1 & j \\ m+\lambda & -\lambda & -m \end{pmatrix}\mathrm{Y}_{j-1,m+\lambda}.$$

这些公式是用下述方法推导出来的: 三个球谐矢量的每一个都有 $\mathbf{Y}_{jm} = \boldsymbol{a}\mathrm{Y}_{jm}$ 的形式, 其中 $\boldsymbol{a}$ 为 (7.3) 式中三个矢量中的一个. 因此

$$\mathbf{Y}_{jm} = \sum_{lm'}\langle lm'|\boldsymbol{a}|jm\rangle\mathrm{Y}_{lm'},$$

这样一来, 问题就归结为求矢量 $\boldsymbol{a}$ 对于轨道角动量本征函数的矩阵元, 按第三卷 (107.6) 式, 我们有

$$\langle lm'|a_\lambda|jm\rangle = \mathrm{i}(-1)^{j_{\max}-m'} \begin{pmatrix} l & 1 & j \\ -m' & \lambda & m \end{pmatrix} \langle l\|a\|j\rangle,$$

其中 $j_{\max}$ 为 l 和 j 中的较大者. 因此, 只要知道非零的约化矩阵元 $\langle l\|a\|j\rangle$ 就足够了. 对它们有如下公式:

$$\begin{aligned}
\langle l-1\|n\|l\rangle &= \langle l\|n\|l-1\rangle^* = \mathrm{i}\sqrt{l}, \\
\langle l\|\nabla_n\|l-1\rangle &= \mathrm{i}(l-1)\sqrt{l}, \\
\langle l-1\|\nabla_n\|l\rangle &= \mathrm{i}(l+1)\sqrt{l}, \\
\langle l\|\boldsymbol{n}\times\nabla_n\|l\rangle &= \mathrm{i}\sqrt{l(l+1)(2l+1)}.
\end{aligned} \tag{7.17}$$

§8 光子的极化

对于光子, 极化矢量 $\boldsymbol{e}$ 起着 "自旋部分" 波函数的作用 (§6 中给出了其限制条件, 它和光子的自旋概念相关联).

在光子极化中出现的各种情形和经典电磁波极化的可能类型相同 (参见第二卷 §48).

任何极化 $\boldsymbol{e}$ 都可以表示为用某个确定方式选取的两个互相正交的极化 $\boldsymbol{e}^{(1)}$ 和 $\boldsymbol{e}^{(2)}(\boldsymbol{e}^{(1)} \cdot \boldsymbol{e}^{(2)} = 0)$ 的叠加. 在分解式

$$\boldsymbol{e} = e_1\boldsymbol{e}^{(1)} + e_2\boldsymbol{e}^{(2)} \tag{8.1}$$

中, 系数 e_1 与 e_2 的模的平方分别为光子具有极化 $\boldsymbol{e}^{(1)}$ 与 $\boldsymbol{e}^{(2)}$ 的概率.

可以选两个互相垂直的线极化作为 $\boldsymbol{e}^{(1)}$ 或 $\boldsymbol{e}^{(2)}$, 也可以把任一极化分解成两个旋转方向相反的圆极化. 右旋圆极化和左旋圆极化的矢量分别用 $\boldsymbol{e}^{(+1)}$ 和 $\boldsymbol{e}^{(-1)}$ 表示. 在坐标系 $\xi\eta\zeta$ 中, 若 ζ 轴沿光子方向 $\boldsymbol{n} = \boldsymbol{k}/\omega$, 则

$$\boldsymbol{e}^{(+1)} = -\frac{\mathrm{i}}{\sqrt{2}}(\boldsymbol{e}^{(\xi)} + \mathrm{i}\boldsymbol{e}^{(\eta)}), \quad \boldsymbol{e}^{(-1)} = \frac{\mathrm{i}}{\sqrt{2}}(\boldsymbol{e}^{(\xi)} - \mathrm{i}\boldsymbol{e}^{(\eta)}). \tag{8.2}$$

换句话说, 光子可以有两种不同的极化 (在给定动量下), 这意味着动量的每一个本征值都是二重简并的. 这个性质和光子的零质量有着紧密的联系.

对一个自由运动的质量非零的粒子, 总存在一个静止参考系. 显然, 正是在这个特殊的参考系中, 粒子本身固有的对称性质才能显现出来. 在这种情况下, 必须考虑对于绕中心所有可能的转动 (即对于完全球对称群) 的对称性.

表征粒子对这个群的对称性的特征量就是其自旋 s; 自旋决定简并度 (即可变换为相互的线性组合的不同波函数的数目 $2s+1$). 特别是, 具有矢量 (三个分量) 波函数的粒子所对应的自旋为 1.

但是, 对于零质量的粒子, 就不存在静止参考系 —— 它在任何参考系中都以光速运动. 对于这样的粒子, 总有一个空间的特定方向 —— 动量矢量 k 的方向 (ζ 轴). 很明显, 在这种情形下, 对整个三维转动群的对称不再存在, 而只剩下相对这个特定方向的轴对称.

在轴对称情形下, 守恒量只有粒子的**螺旋性** —— 角动量在 ζ 轴上的投影; 记作 λ[①]. 如果还要求对通过 ζ 轴的平面有反射对称, 则符号不同的 λ 值所对应的状态将是互相简并的; 因而当 $\lambda \neq 0$ 时将有二重简并[②]. 事实上, 有确定动量的光子态对应着这类二重简并态中的一种类型的态, 它用 "自旋" 波函数 (平面 $\xi\eta$ 中的矢量 e) 来描述; 对绕 ζ 轴的任何转动和通过此轴的平面的反射的操作, 这个矢量的两个分量变换为它们的相互组合.

光子极化的各种情形和其螺旋性的可能值有确定的对应关系. 这种对应关系可按第三卷的公式 (57.9) 来确立, 该公式将一个矢量波函数的分量和与其等价的二秩旋量联系起来[③]. 投影 $\lambda = +1$ 或 $\lambda = -1$ 对应的矢量 e 可能非零分量只有 $e_\xi - \mathrm{i}e_\eta$ 或 $e_\xi + \mathrm{i}e_\eta$, 即分别对应 $e = e^{(+1)}$ 或 $e = e^{(-1)}$. 换句话说, $\lambda = +1$ 与 $\lambda = -1$ 分别对应着光子的右旋圆极化与左旋圆极化 (在 §16 中我们将根据对自旋分量算符的本征函数的直接计算得到这个结果).

由此可见, 光子的角动量在其运动方向上的分量只有两个可能值 (± 1), 而零值是不可能的.

光子具有一定动量与极化的态是一种纯态 (在第三卷 §14 中所阐明的意义上); 纯态可用波函数描述, 对应于粒子 (光子) 状态的量子力学的完全描述. 也可能存在光子的 "混合" 态, 它对应于不能用波函数而只能用一个密度矩阵的不完全描述.

我们来研究光子的这样一种状态: 它在极化方面是混合态, 但是却有确定的动量值 k. 这种状态被称为**部分极化态**, 在这种状态中存在 "坐标" 波函数.

光子的极化密度矩阵是一个二秩张量 $\rho_{\alpha\beta}$, 它在一个垂直于矢量 n 的平面内 (平面 $\xi\eta$; 其指标 α, β 只能取两个值). 这个张量是厄米的:

$$\rho_{\alpha\beta} = \rho_{\beta\alpha}^*, \tag{8.3}$$

---

①这和上节中角动量在空间中一个指定方向 (z) 上的分量 m 是不同的.

②顺便指出, 这就是对双原子分子的电子谱项进行分类的方法 (第三卷 §78).

③记住: 波函数的分量作为粒子角动量投影不同值的概率振幅 (这里所说的), 对应的是逆变旋量分量.

归一化条件为

$$\rho_{\alpha\alpha} = \rho_{11} + \rho_{22} = 1. \tag{8.4}$$

由 (8.3) 式可知, 对角分量 ρ_{11} 和 ρ_{22} 为实的, 并且其中一个可由 (8.4) 式给出另一个. 分量 ρ_{12} 为复的, 并且 $\rho_{21} = \rho_{12}^*$. 因此, 密度矩阵由三个实参数决定.

如果极化密度矩阵已知, 我们就能求出光子具有任何确定极化 e 的概率. 这个概率由张量 $\rho_{\alpha\beta}$ 在矢量 e 方向上的 "投影" 给出:

$$\rho_{\alpha\beta} e_\alpha^* e_\beta. \tag{8.5}$$

例如, 分量 ρ_{11} 与 ρ_{22} 就是沿 ξ 轴与 η 轴的线极化概率. 在矢量 (8.2) 上的投影则给出两个圆极化的概率:

$$\frac{1}{2}[1 \pm \mathrm{i}(\rho_{12} - \rho_{21})]. \tag{8.6}$$

张量 $\rho_{\alpha\beta}$ 的性质不论在形式上还是在实质上都和经典理论中描述部分极化的张量 $J_{\alpha\beta}$ 相同 (参见第二卷 §50). 下面列出其中的几条性质.

对具有确定极化 e 的纯态, 张量 $\rho_{\alpha\beta}$ 可化为矢量 e 的分量的乘积:

$$\rho_{\alpha\beta} = e_\alpha e_\beta^*. \tag{8.7}$$

并且行列式 $|\rho_{\alpha\beta}| = 0$. 在非极化光子的相反情形, 所有极化方向都有相等的概率, 即

$$\rho_{\alpha\beta} = \delta_{\alpha\beta}/2, \tag{8.8}$$

并且 $|\rho_{\alpha\beta}| = 1/4$.

在一般情形下, 用三个斯托克斯实参数 ξ_1, ξ_2, ξ_3[①] 来描写部分极化是比较方便的, 利用它们, 密度矩阵可写成如下形式

$$\rho_{\alpha\beta} = \frac{1}{2} \begin{pmatrix} 1 + \xi_3 & \xi_1 - \mathrm{i}\xi_2 \\ \xi_1 + \mathrm{i}\xi_2 & 1 - \xi_3 \end{pmatrix}. \tag{8.9}$$

三个参数都在 –1 与 +1 之间取值. 在非极化状态中, $\xi_1 = \xi_2 = \xi_3 = 0$; 对一个完全极化光子, 则有 $\xi_1^2 + \xi_2^2 + \xi_3^2 = 1$.

参数 ξ_3 描写沿 ξ 轴或 η 轴的线极化; 光子沿这两个轴上线极化的概率分别为 $\frac{1}{2}(1 + \xi_3)$ 与 $\frac{1}{2}(1 - \xi_3)$. 因此, $\xi_3 = +1$ 与 –1 对应于这两个方向上的完全极化.

参数 ξ_1 描写沿和 ξ 轴夹角为 $\varphi = \pm\frac{1}{4}\pi$ 的方向上的线极化. 光子在这两

---

① 不要把参数符号与坐标轴 ξ 的符号混淆.

个方向上线极化的概率分别等于 $\frac{1}{2}(1+\xi_1)$ 与 $\frac{1}{2}(1-\xi_1)$. 只要将张量 $\rho_{\alpha\beta}$ 投影到 $e = (1, \pm 1)/\sqrt{2}$ 方向上, 就很容易证明这一点.

最后, 参数 ξ_2 表示圆极化度: 按照 (8.6) 式, 光子具有右旋与左旋圆极化的概率分别为 $\frac{1}{2}(1+\xi_2)$ 与 $\frac{1}{2}(1-\xi_2)$. 由于这两种极化对应螺旋性 $\lambda = \pm 1$, 因此很明显, 在一般情形下, ξ_2 为光子螺旋性的平均值. 我们还注意到, 在极化为 e 的纯态的情形,

$$\xi_2 = \mathrm{i} e \times e^* \cdot n. \tag{8.10}$$

值得注意 (参见第二卷 §50): 量 ξ_2 与 $\sqrt{\xi_1^2 + \xi_3^2}$ 在洛伦兹变换下是不变的.

后面我们还将遇到斯托克斯参数在时间反演下的行为问题. 容易看出, 它们在这种变换下是不变的. 这个性质和其极化状态显然是无关的, 因此, 只需要对纯态证明即可. 在量子力学中, 时间反演对应于将波函数换成其复共轭 (第三卷 §18). 对于平面极化波, 这意味着要作如下变换 [1]

$$k \to -k, \quad e \to -e^*. \tag{8.11}$$

在此变换下, 密度矩阵的对称部分 $\left(\dfrac{1}{2}\right)(e_\alpha e_\beta^* + e_\beta e_\alpha^*)$ 保持不变, 并因此参数 ξ_1 与 ξ_3 也不改变. 参数 ξ_2 在同一变换中的不变性可以由 (8.10) 式看出, 也可以从 ξ_2 为螺旋性的平均值明显看出: 实际上, 螺旋性就是角动量 j 在方向 n 上的分量, 即乘积 $j \cdot n$, 而这两个矢量在时间反演下都要改变符号.

在后面的计算中, 我们需要写成四维形式的光子密度矩阵, 即某个四维张量 $\rho_{\mu\nu}$. 对于用四维矢量 e_μ 描述的极化光子, 这个张量自然地定义为

$$\rho_{\mu\nu} = e_\mu e_\nu^*. \tag{8.12}$$

在三维横向规范中, $e = (0, e)$, 如果有一个空间坐标轴取为沿 n 的方向, 这个四维张量的非零分量就和 (8.7) 式相同.

对于非极化光子, 三维横向规范对应于一个张量 $\rho_{\mu\nu}$, 其分量为:

$$\rho_{ik} = \frac{1}{2}(\delta_{ik} - n_i n_k), \quad \rho_{0i} = \rho_{i0} = \rho_{00} = 0 \tag{8.13}$$

(如果一个轴在 n 方向上, 就又回到了 (8.8) 式). 但是, 直接利用这种三维形式的张量并不方便. 不过, 我们可以利用密度矩阵的如下规范变换

$$\rho_{\mu\nu} \to \rho_{\mu\nu} + \chi_\mu k_\nu + \chi_\nu k_\mu, \tag{8.14}$$

---

[1] e 的符号的改变是由于时间反演改变了电磁场矢势的符号, 而标势不改变符号. 所以, 时间反演对四维矢量 e 的效果就是如下变换

$$(e_0, e) \to (e_0^*, -e^*). \tag{8.11a}$$

其中 χ_μ 为任意函数. 假设

$$\chi_0 = -1/(4\omega), \quad \chi_i = k_i/(4\omega^2),$$

就得到简单的四维表示式

$$\rho_{\mu\nu} = -g_{\mu\nu}/2 \tag{8.15}$$

以替代 (8.13) 式.

部分极化光子的密度矩阵的四维形式容易得出, 首先将二维张量 (8.9) 改写成三维形式:

$$\rho_{ik} = (1/2)(e_i^{(1)} e_k^{(1)} + e_i^{(2)} e_k^{(2)}) + (\xi_1/2)(e_i^{(1)} e_k^{(2)} + e_i^{(2)} e_k^{(1)})$$
$$- (\mathrm{i}\xi_2/2)(e_i^{(1)} e_k^{(2)} - e_i^{(2)} e_k^{(1)}) + (\xi_3/2)(e_i^{(1)} e_k^{(1)} - e_i^{(2)} e_k^{(2)}),$$

其中 $e^{(1)}$ 与 $e^{(2)}$ 为沿 ξ 轴与 η 轴的单位矢量. 然后, 用互相正交并和光子的四维动量 k 正交的类空的实四维单位矢量 $e^{(1)}$ 与 $e^{(2)}$ 代换这些三维矢量, 就可得到所要求的推广:

$$e^{(1)2} = e^{(2)2} = -1, \quad e^{(1)}e^{(2)} = 0, \quad e^{(1)}k = e^{(2)}k = 0. \tag{8.16}$$

在三维横向规范中, $e^{(1)} = (0, e^{(1)})$, $e^{(2)} = (0, e^{(2)})$. 因此光子的四维密度矩阵为

$$\rho_{\mu\nu} = (1/2)(e_\mu^{(1)} e_\nu^{(1)} + e_\mu^{(2)} e_\nu^{(2)}) + (\xi_1/2)(e_\mu^{(1)} e_\nu^{(2)} + e_\mu^{(2)} e_\nu^{(1)})$$
$$- (\mathrm{i}\xi_2/2)(e_\mu^{(1)} e_\nu^{(2)} - e_\mu^{(2)} e_\nu^{(1)}) + (\xi_3/2)(e_\mu^{(1)} e_\nu^{(1)} - e_\mu^{(2)} e_\nu^{(2)}). \tag{8.17}$$

四维矢量 $e^{(1)}, e^{(2)}$ 的任何特定选取是否方便, 依赖于所研究问题的具体条件.

必须指出, 条件 (8.16) 并不能唯一地确定 $e^{(1)}$ 与 $e^{(2)}$ 的选取. 如果一个四维矢量 e_μ 满足这些条件, 那么, 任何一个形如 $e_\mu + \chi k_\mu$ 的四维矢量也将满足这些条件, 因为 $k^2 = 0$. 出现这种非唯一性是因为密度矩阵在规范变换下也不是不变的.

(8.17) 式中的第一项对应非极化态. 因此按照 (8.15) 式, 它可以换成 $-\frac{1}{2}g_{\mu\nu}$. 这样的代换仍等价于某个规范变换. 当利用形如 (8.17) 式那样的四维张量 (由两个独立的四维矢量表示) 进行运算时, 下面的形式手段是有用的. 将张量 (8.17) 写成如下形式:

$$\rho_{\mu\nu} = \sum_{a,b=1}^{3} \rho^{(ab)} e_\mu^{(a)} e_\nu^{(b)},$$

并将系数 $\rho^{(ab)}$ 写成一个二阶矩阵:

$$\rho = \begin{pmatrix} \rho^{(11)} & \rho^{(12)} \\ \rho^{(21)} & \rho^{(22)} \end{pmatrix}.$$

和任何二行厄米矩阵一样, 它可以用四个独立的二阶矩阵表示: 即泡利矩阵 $\sigma_x, \sigma_y, \sigma_z$ 和单位矩阵 1. 结果为

$$\rho = (1/2)(1 + \boldsymbol{\xi} \cdot \boldsymbol{\sigma}), \quad \boldsymbol{\xi} = (\xi_1, \xi_2, \xi_3), \tag{8.18}$$

只要利用熟知的泡利矩阵表示式 (18.5), 并和 (8.17) 式直接进行比较, 就很容易得出上述结果. 当然, 将三个量 ξ_1, ξ_2, ξ_3 组合成一个 "矢量" ξ 纯粹是形式上的, 只是为了便于标记.

习　　题

对坐标 "轴" 为圆极化单位矢量 (8.2) 的情形, 写出光子的密度矩阵.

解: 张量在新坐标轴 $(\alpha, \beta = \pm 1)$ 上的分量 $\rho'_{\alpha\beta}$ 通过将张量 (8.9) 在单位矢量 (8.2) 上作投影得到:

$$\rho'_{11} = \rho_{\alpha\beta} e_\alpha^{(+1)*} e_\beta^{(+1)}, \quad \rho'_{1-1} = \rho_{\alpha\beta} e_\alpha^{(+1)*} e_\beta^{(-1)}, \cdots,$$

$$\rho' = \frac{1}{2} \begin{pmatrix} 1 + \xi_2 & -\xi_3 + \mathrm{i}\xi_1 \\ -\xi_3 - \mathrm{i}\xi_1 & 1 - \xi_2 \end{pmatrix}.$$

§9　双光子系统

用类似于 §6 中的方法, 我们可以计算较复杂情形双光子系统中可能状态的数目 (Л. Ландау, 1948).

我们将在其质心坐标系中考虑两个光子; 它们的动量为 $\boldsymbol{k}_1 = -\boldsymbol{k}_2 \equiv \boldsymbol{k}$[①]. 双光子系统的波函数 (在动量表象中) 可以表示成二秩三维张量 $A_{ik}(\boldsymbol{n})$ 的形式, 它是由两个光子矢量波函数的双线性组合构成的一个张量. 这个张量的每一个下标对应一个光子 ($\boldsymbol{n}$ 为 $\boldsymbol{k}$ 方向上的单位矢量). 每个光子的横向性可由张量 A_{ik} 和矢量 $\boldsymbol{n}$ 的正交性表示:

$$A_{il}n_l = 0, \quad A_{lk}n_l = 0. \tag{9.1}$$

---

① 这样的参考系总是存在的, 除非两个光子在同一方向上运动. 这种双光子的总动量 $\boldsymbol{k}_1 + \boldsymbol{k}_2$ 与总能量 $\omega_1 + \omega_2$ 之间的关系和单个光子相同, 因此, 没有参考系能使得 $\boldsymbol{k}_1 + \boldsymbol{k}_2 = 0$.

光子的互相交换对应于张量 A_{ik} 的下标交换并同时改变 $\boldsymbol{n}$ 的符号. 由于光子服从玻色统计, 我们有

$$A_{ik}(-\boldsymbol{n}) = A_{ki}(\boldsymbol{n}). \tag{9.2}$$

张量 A_{ik} 对其下标一般不是对称的. 我们可以将其分解为对称部分 (s_{ik}) 与反对称部分 (a_{ik}): $A_{ik} = s_{ik} + a_{ik}$. 很明显, 这两个部分必须分别满足关系式 (9.2) 与正交性条件 (9.1). 因此我们有:

$$s_{ik}(-\boldsymbol{n}) = s_{ik}(\boldsymbol{n}), \tag{9.3}$$
$$a_{ik}(-\boldsymbol{n}) = -a_{ik}(\boldsymbol{n}). \tag{9.4}$$

坐标反演并不改变二秩张量分量的符号, 但会改变 $\boldsymbol{n}$ 的符号. 因此, 由 (9.3) 式, 波函数 s_{ik} 在反演下是对称的, 即它对应双光子系统的偶宇称态, 而波函数 a_{ik} 对应奇宇称态.

二秩反对称张量等价于 (对偶于) 某个轴矢量 $\boldsymbol{a}$, 其分量可由张量的分量给出: $a_i = \frac{1}{2} e_{ikl} a_{kl}$, 其中 e_{ikl} 为单位反对称张量 (参见第二卷 §6). 张量 a_{kl} 与矢量 $\boldsymbol{n}$ 的正交性意味着矢量 $\boldsymbol{a}$ 与 $\boldsymbol{n}$ 是平行的[①]. 因此, 可以写出 $\boldsymbol{a} = \boldsymbol{n}\varphi(\boldsymbol{n})$, 其中 φ 为一个标量. 按照 (9.4) 式, 必须有 $\boldsymbol{a}(-\boldsymbol{n}) = -\boldsymbol{a}(\boldsymbol{n})$, 因此

$$\varphi(-\boldsymbol{n}) = \varphi(\boldsymbol{n}).$$

这个等式意味着标量 φ 只能由偶数阶 L (包括零阶) 球谐函数线性地构成.

我们看到, 反对称张量 a_{ik} 在转动下的变换性质等价于一个单个的标量 (参见 §6 第 2 个脚注). 如令后者为零"自旋", 则该状态的角动量为 $J = L$. 因此, 张量 a_{ik} 对应偶数角动量 J 的光子系统的奇宇称态.

现在我们来考虑对称张量 s_{ik}. 由于它在 $\boldsymbol{n}$ 变号时保持不变, 它对应光子系统的偶宇称态. 因此, s_{ik} 的所有分量都可以用偶数阶 L (包括 0) 的球谐函数表示. 众所周知, 任何对称的二秩张量 s_{ik} 都可表示为一个标量 (s_{ii}) 和一个迹为零 ($s'_{ii} = 0$) 的对称张量 s'_{ik} 之和的形式.

标量 s_{ii} 对应零"自旋", 因此它对应具有偶数角动量 $J = L$ 的态; 而张量 s'_{ik} 具有"自旋" 2 (参见第三卷 §57). 按照角动量加法法则, 将此"自旋"和偶数"轨道角动量" L 相加, 我们得出: 当 J 为 $J \neq 0$ 的偶数时, 可有三个状态 ($L = J \pm 1, J$), 而当 J 为 $J \neq 1$ 的奇数时, 可有两个状态 ($L = J \pm 1$). 例外的情形是 $J = 0$ 只有一个状态 ($L = 2$) 以及 $J = 1$ 也只有一个状态 ($L = 2$).

①由于 $a_{ik} = e_{ikl} a_l$, 正交性条件给出 $a_{ik} n_k = e_{ikl} a_l n_k = (\boldsymbol{n} \times \boldsymbol{a})_i = 0$.

但是, 在这些计算中尚未考虑张量 s_{ik} 和矢量 n 的正交性条件. 因此, 还必须从上面所求得的状态数中减去 "平行" 于矢量 n 的二秩对称张量所对应的状态数. 这样的张量 (记作 s''_{ik}) 可以表示成

$$s''_{ik} = n_i b_k + n_k b_i,$$

其中 b 为某确定的矢量. 按照 (9.3) 式, 这个矢量必须使得 $b(-n) = -b(n)$. 因此, 给出 "多余" 状态的张量 s''_{ik} 等价于一个奇矢量. 这个矢量必须用奇数 L 阶的球谐函数表示. 而且这个矢量有 "自旋" 1, 因此, 对任何 $J \neq 0$ 的偶数角动量, 可能有两个状态 ($L = J \pm 1$), 而对任何奇数 J, 则只有一个状态 ($L = J$); 一个例外是 $J = 0$ 情形, 也只有一个状态 ($L = 1$).

将所得到的结果汇总到一起, 我们得到下表, 它给出双光子系统 (总动量为零) 总角动量 J 为不同值时, 宇称为偶和奇的可能状态数:

J	偶宇称	奇宇称
0	1	1
1	—	—
$2k$	2	1
$2k+1$	1	—

$$(9.5)$$

(k 为非零正整数). 我们看到, J 为奇数时没有奇宇称态, 并且 $J = 1$ 是不可能出现的[①].

双光子系统的波函数 A_{ik} 决定了它们的极化之间的相互关联. 两个光子同时具有一定极化 e_1 和 e_2 的概率正比于

$$A_{ik} e^*_{1i} e^*_{2k}.$$

换句话说, 如果已知一个光子的极化 e_1, 则另一个光子的极化 e_2 正比于

$$e_{2k} \propto A_{ik} e^*_{1i}. \tag{9.6}$$

当系统为奇宇称时, A_{ik} 等于反对称张量 a_{ik}, 这时

$$e_2 \cdot e^*_1 \propto a_{ik} e^*_{1i} e^*_{1k} = 0,$$

即这两个光子的极化是互相正交的. 在线极化的情形下, 这意味着它们的极化方向互相垂直; 而在圆极化的情况下, 则意味着它们的旋转方向相反.

---

① 这些结果的另一种推导方法可参见 §70 的习题 1.

$J = 0$ 的偶宇称态用对称张量描述, 这个张量可简化为一个标量

$$s_{ik} = \mathrm{const} \cdot (\delta_{ik} - n_i n_k).$$

因此, 从 (9.6) 式得出 $e_1 = e_2^*$. 在线极化的情形下, 这意味着两个光子的极化方向互相平行; 而在圆极化的情形下, 则意味着它们的旋转方向仍然是相反的. 这后一结果是显而易见的, 因为 $J = 0$ 时两个光子的角动量在同一方向 k 上的投影之和必须永远等于零 (由于它们在相反方向 k_1 和 k_2 上的投影, 即螺旋性, 是相等的).

第二章
玻 色 子

§10 零自旋粒子的波动方程

在第一章中, 已经表明如何根据场在经典极限的已知性质和普通的量子力学概念, 建立自由电磁场的量子描述. 所得到的将场看成为由光子组成的系统的描述, 包含了粒子的相对论性量子理论中也具有的许多特征.

电磁场是一个具有无限多自由度的系统. 对此系统, 粒子 (光子) 数守恒定律不再成立, 它可以处于具有任意粒子数的状态[①]. 在相对论性理论中, 由任何粒子组成的系统一般都应该具有这样的性质. 在非相对论性理论中, 粒子数守恒是和质量守恒定律相联系的: 粒子的总 (静止) 质量不会因为它们的相互作用而改变; 譬如说, 一个电子系统的总质量守恒意味着电子的数目也不改变. 但是, 在相对论力学中没有质量守恒定律; 只有系统的总能量 (包括粒子的静止能量) 守恒. 因此, 粒子数不再守恒, 所以, 每个粒子的相对论性理论都必须是有无限多自由度的系统的理论. 也就是说, 任何这样的粒子理论必定是一个场论.

二次量子化方法 (参见第三卷 §64, §65) 是描述粒子数可变系统的一个令人满意的数学工具. 在电磁场的量子描述中, 二次量子化算符是四维势 $\hat{A}$. 它由各个粒子 (光子) 的 (坐标) 波函数及其产生、湮没算符表示. 在粒子系统的描述中, 起类似作用的是量子化波函数算符. 为推出这个算符, 首先必须知道单个自由粒子的波函数形式以及这个函数所满足的方程.

必须强调指出, 自由粒子的场只是个辅助概念. 真实的粒子总处于相互作用中, 理论的任务就是研究这些相互作用. 但是任何相互作用都等价于碰

---

① 实际上, 光子的数目只可能作为各种相互作用过程的结果而改变.

撞, 碰撞前与后的系统可以看成自由粒子的集合. 我们在 §1 中曾指出, 这是唯一可以测量的客体. 因此, 我们用自由粒子的场作为描述初态与终态的工具.

我们先考虑零自旋粒子的相对论性描述. 这种情形数学上很简单, 可以最清楚地解释这种描述的基本思想和典型特征.

自由粒子 (无自旋) 的状态可以通过指定其动量 $\boldsymbol{p}$ 而完全确定. 粒子的能量 $\varepsilon^{①}$ 由 $\varepsilon^2 = \boldsymbol{p}^2 + m^2$ 给定 (其中 m 为粒子的质量), 或写成四维形式:

$$p^2 = m^2. \tag{10.1}$$

我们知道, 动量守恒定律与能量守恒定律和空间与时间的均匀性相联系, 也就是说, 和对四维坐标系的任何平移的对称性相联系. 在量子描述中, 这个对称性的要求意味着, 在四维坐标平移变换下, 给定四维动量的粒子的波函数只能乘以一个相因子 (模为 1). 满足这个要求的波函数只能是指数为对四维坐标线性的指数函数. 因此, 具有给定四维动量 $p^\mu = (\varepsilon, \boldsymbol{p})$ 的自由粒子的波函数必定是平面波:

$$\text{const} \cdot \mathrm{e}^{-\mathrm{i}px}, \qquad px = \varepsilon t - \boldsymbol{p} \cdot \boldsymbol{r} \tag{10.2}$$

(在相对论性理论中指数上的符号选取是任意的, 这里的取法和非相对论情形保持一致).

对于满足条件 (10.1) 的任意四维矢量 p, 波动方程应该有函数 (10.2) 作为其特解. 方程必须是线性的, 因为根据叠加原理: 函数 (10.2) 的任意线性组合也描述粒子可能的状态, 因而也必定是方程的解. 最后, 方程的阶应该尽可能低; 任何较高的阶会产生多余的解.

自旋是粒子在其静止参考系中的角动量. 如果粒子的自旋为 s, 那么在静止参考系中, 其波函数是 $2s$ 秩三维旋量, 而要描述任意参考系中的粒子, 其波函数必须用四维量表示.

一个自旋为零的粒子在其静止参考系中用三维标量描述. 但是这样的标量可以有不同的四维 "来源": 可以是四维标量 ψ 也可以是类时四维矢量 ψ_μ 的第四分量. 而在静止参考系中, 四维矢量 ψ_μ 唯一的非零分量是 $\psi_0^{②}$.

对一个自由粒子, 唯一能出现在波动方程中的算符为四维动量算符 $\hat{p}$, 其分量为对坐标与时间的微分算符:

$$\hat{p}^\mu = \mathrm{i}\partial^\mu = \left(\mathrm{i}\frac{\partial}{\partial t}, -\mathrm{i}\nabla \right). \tag{10.3}$$

---

① 我们用 ε 表示一个粒子的能量, 以区别粒子系统的能量 E.

② 与此类似, 较高秩四维张量的时间分量也是其 "来源"; 但这会导致较高阶的方程.

波动方程必须是量 ψ 与 ψ_μ 之间通过算符 $\widehat{p}$ 相联系的一个微分关系. 这个关系当然必须由相对论不变的表示式给出. 这种表示式为

$$m\psi_\mu = \widehat{p}_\mu\psi, \qquad \widehat{p}^\mu\psi_\mu = m\psi, \tag{10.4}$$

其中 m 为粒子有量纲的特征常量 [①].

将 (10.4) 式的第一个方程中的 ψ_μ 代入第二个方程, 我们得到

$$(\widehat{p}^2 - m^2)\psi = 0 \tag{10.5}$$

(O. K1ein, B. A. Фок, 1926; W. Gordon, 1927), 这个方程的明显形式为

$$-\partial_\mu\partial^\mu\psi \equiv \left(-\frac{\partial^2}{\partial^2 t} + \Delta\right)\psi = m^2\psi. \tag{10.6}$$

将平面波 (10.2) 作为 ψ 代入, 给出 $p^2 = m^2$, 由此看出, m 为粒子的质量. 我们看到, 方程 (10.5) 的形式在任何情形下都是显而易见的, 因为 $\widehat{p}^2$ 是由 $\widehat{p}$ 组成的唯一可能的标量算符 (由于同样原因, 对具有任意自旋的粒子, 其波函数的每一个分量都满足类似的方程, 我们在后面将多次看到这点).

因此, 零自旋粒子实质上可用一个满足二阶方程 (10.5) 的单一 (四维) 标量 ψ 描述. 在一阶方程 (10.4) 中, 波函数用量 ψ 与 ψ_μ 的组合表示, 四维矢量 ψ_μ 为标量 ψ 的四维梯度. 在静止参考系中, 粒子的波函数和 (空间) 坐标无关, 因而四维矢量 ψ_μ 的空间分量为零 (应该如此).

为继续进行二次量子化步骤, 将粒子的能量和动量表示成 (ψ 和 ψ^* 的) 某个双线性组合的空间积分, 此双线性组合代表这些量的空间密度. 换句话说, 必须求出方程 (10.5) 所对应的能量动量张量 $T_{\mu\nu}$. 借助这个张量, 能量和动量守恒定律可以表示成方程

$$\partial_\mu T^\mu_\nu = 0. \tag{10.7}$$

按照场论的一般步骤 (参见第二卷 §32), 我们先写出能导出方程 (10.5) 的变分原理. 变分原理要求, 对某个实四维标量 L 场的拉格朗日函数密度[②]的作用量积分

$$S = \int L\mathrm{d}^4 x \tag{10.8}$$

应取最小值. 用标量 ψ (和算符 ∂^μ) 可以组成实双线性标量表示

$$L = \partial_\mu\psi^* \cdot \partial^\mu\psi - m^2\psi^*\psi, \tag{10.9}$$

---

① (10.4) 式中引入的常数 m 应使 ψ_μ 和 ψ 有相同量纲. 在这两个方程中引入不同的常数 m_1 和 m_2 是没有意义的, 因为通过重新定义 ψ 和 ψ_μ 总可以使它们相同.

② 相应的二次量子化算符 $\widehat{L}$ 叫做场的**拉格朗日量**. 为简化术语, 不管是对量子化的还是对非量子化的拉格朗日函数密度, 我们都将用拉格朗日量这个术语.

其中 m 为一个有量纲的常数. 将 ψ 和 ψ^* 看成描写场的独立变量 (场的 "广义坐标" q), 我们容易看出拉格朗日方程

$$\frac{\partial}{\partial x^\mu} \frac{\partial L}{\partial q_{,\mu}} = \frac{\partial L}{\partial q} \tag{10.10}$$

(其中 $q_{,\mu} \equiv \partial_\mu q$) 实际上和对 ψ 和 ψ^* 的方程 (10.5) 相同, 并且 m 为粒子的质量. 我们还看到, 表示式 (10.9) 中的符号取法应使对时间微商的平方 $|\partial\psi/\partial t|^2$ 在 L 中以正号出现; 否则, 作用量不可能取最小值 (参见第二卷 §27). L 中数值因子的选择是任意的 (仅影响 ψ 的归一化因子).

能量动量张量则可根据以下公式计算

$$T^\nu_\mu = \sum q_{,\mu} \frac{\partial L}{\partial q_{,\mu}} - L\delta^\nu_\mu \tag{10.11}$$

求和对所有的 q 进行. 将 (10.9) 式代入给出

$$T_{\mu\nu} = \partial_\mu\psi^* \cdot \partial_\nu\psi + \partial_\nu\psi^* \cdot \partial_\mu\psi - Lg_{\mu\nu} \tag{10.12}$$

这些量都是实的 (应该如此), 因为 L 是实的. 特别是,

$$T_{00} = 2\frac{\partial\psi^*}{\partial t}\frac{\partial\psi}{\partial t} - L = \frac{\partial\psi^*}{\partial t}\frac{\partial\psi}{\partial t} + \nabla\psi^* \cdot \nabla\psi + m^2\psi^*\psi, \tag{10.13}$$

$$T_{i0} = \frac{\partial\psi^*}{\partial t}\frac{\partial\psi}{\partial x^i} + \frac{\partial\psi^*}{\partial x^i}\frac{\partial\psi}{\partial t}. \tag{10.14}$$

场的四维动量由积分

$$P_\mu = \int T_{\mu 0} \mathrm{d}^3 x \tag{10.15}$$

给出, 也就是说, T_{00} 与 T_{0i} 起着能量密度与动量密度的作用. 我们看到, 量 T_{00} 必定是正的.

公式 (10.13) 可用于波函数的归一化. 归一为 "在体积 $V = 1$ 中有一个粒子" 的平面波是:

$$\psi_p = \frac{1}{\sqrt{2\varepsilon}}\mathrm{e}^{-\mathrm{i}px}. \tag{10.16}$$

实际上, 对此函数 $T_{00} = \varepsilon$, 因此 $V = 1$ 的体积中的总能量等于一个粒子的能量.

角动量, 其守恒由于空间的各向同性, 也可表示成空间积分的形式, 但是我们并不需要这种形式.

除了和空–时对称性直接相联系的守恒定律外, 方程 (10.4) 还容许存在另一个守恒定律. 容易看出, 由这些方程以及对 ψ^* 的同样方程可推出方程

$$\partial_\mu j^\mu = 0, \tag{10.17}$$

其中

$$j_\mu = m(\psi^*\psi_\mu + \psi^*_\mu\psi) = i[\psi^*\partial_\mu\psi - (\partial_\mu\psi^*)\psi]. \tag{10.18}$$

因此, j^μ 起着四维流密度矢量的作用, 并且 (10.17) 式就是连续性方程, 它表示量

$$Q = \int j_0 d^3x \tag{10.19}$$

的守恒定律, 其中

$$j_0 = j^0 = i\left(\psi^*\frac{\partial\psi}{\partial t} - \frac{\partial\psi^*}{\partial t}\psi\right). \tag{10.20}$$

必须指出, j_0 并不一定是正定的. 这表明, j_0 一般不能解释成粒子空间位置的概率密度. 方程 (10.17) 所表示的守恒定律的意义将在下一节阐述.

§11 粒子和反粒子

按照二次量子化方法的一般步骤, 我们必须把任意波函数按一个自由粒子可能状态完备集合的本征函数展开, 例如, 按平面波 ψ_p 展开:

$$\psi = \sum_{\boldsymbol{p}} a_{\boldsymbol{p}}\psi_p, \quad \psi^* = \sum_{\boldsymbol{p}} a^*_{\boldsymbol{p}}\psi^*_p.$$

然后将系数 $a_{\boldsymbol{p}}$, $a^*_{\boldsymbol{p}}$ 理解为粒子在相应状态的湮没算符 $\hat{a}_{\boldsymbol{p}}$ 与产生算符 $\hat{a}^+_{\boldsymbol{p}}$[①].

但是, 这里立即碰到和非相对论性理论相比较一个原理上的不同之处. 在作为方程 (10.5) 的解的平面波中, 能量 ε (对给定的动量 $\boldsymbol{p}$) 只需要满足条件 $\varepsilon^2 = \boldsymbol{p}^2 + m^2$, 即它可能有两个值: $\pm\sqrt{\boldsymbol{p}^2 + m^2}$. 只有正的 ε 值才有作为自由粒子的能量的物理意义. 但是, 负值不能简单地略去: 因为波动方程的通解只有通过将其全部独立的特解叠加才能得到. 这表明, 在二次量子化方法中, 对 ψ 和 ψ^* 的展开系数必须作某种不同的解释.

我们把这个展开写成

$$\psi = \sum_{\boldsymbol{p}} \frac{1}{\sqrt{2\varepsilon}} a^{(+)}_{\boldsymbol{p}} e^{i(\boldsymbol{p}\cdot\boldsymbol{r}-\varepsilon t)} + \sum_{\boldsymbol{p}} \frac{1}{\sqrt{2\varepsilon}} a^{(-)}_{\boldsymbol{p}} e^{i(\boldsymbol{p}\cdot\boldsymbol{r}+\varepsilon t)}, \tag{11.1}$$

其中第一个求和包含按照 (10.16) 式归一化的正 "频率" 平面波, 而第二个求和则包含负 "频率" 平面波, ε 总表示正量 $+\sqrt{\boldsymbol{p}^2 + m^2}$. 在二次量子化时, 第一个求和中的系数 $a^{(+)}_{\boldsymbol{p}}$ 通常换成粒子的湮没算符 $\hat{a}_{\boldsymbol{p}}$. 在第二个求和中, 我们

---

① 这里我们用四维动量 p 作为 ψ 函数的下标, 因为后面我们要将 "负频率" 的函数记作 ψ_{-p}. 算符 $\hat{a}$ 与 $\hat{a}^+$ 则用三维动量 $\boldsymbol{p}$ 作为下标, 因为它能够完全决定实际粒子的状态.

强调指出, 在随后导出矩阵元时将会看到, 各项与时间的依赖关系将对应的是粒子的产生, 而不是粒子的湮没: 因子 $e^{i\varepsilon t} = (e^{-i\varepsilon t})^*$ 对应终态中一个额外的能量为 ε 的粒子 (和 §2 末相比较). 相应地, 系数 $a_{\boldsymbol{p}}^{(-)}$ 换成某种其它粒子的产生算符 $\widehat{b}_{-\boldsymbol{p}}^+$. 如果将 (11.1) 中第二个求和的求和变量 $\boldsymbol{p}$ 换成 $-\boldsymbol{p}$, 以便使指数因子具有 $e^{-i(\boldsymbol{p}\cdot\boldsymbol{r}-\varepsilon t)}$ 的形式, 就得到如下形式的 ψ 算符:

$$\widehat{\psi} = \sum_{\boldsymbol{p}} \frac{1}{\sqrt{2\varepsilon}}(\widehat{a}_{\boldsymbol{p}} e^{-ipx} + \widehat{b}_{\boldsymbol{p}}^+ e^{ipx}),$$

$$\widehat{\psi}^+ = \sum_{\boldsymbol{p}} \frac{1}{\sqrt{2\varepsilon}}(\widehat{a}_{\boldsymbol{p}}^+ e^{ipx} + \widehat{b}_{\boldsymbol{p}} e^{-ipx}). \tag{11.2}$$

于是, 所有的算符 $\widehat{a}_{\boldsymbol{p}}, \widehat{b}_{\boldsymbol{p}}$ 都和 "正确的" 时间依赖关系的函数 ($\sim e^{-i\varepsilon t}$) 相乘, 而算符 $\widehat{a}_{\boldsymbol{p}}^+, \widehat{b}_{\boldsymbol{p}}^+$ 则和它们的复共轭函数相乘. 这就有可能与一般规则相一致, 将算符 $\widehat{a}_{\boldsymbol{p}}, \widehat{b}_{\boldsymbol{p}}$ 解释为具有动量 $\boldsymbol{p}$ 与能量 ε 的粒子的湮没算符, 而 $\widehat{a}_{\boldsymbol{p}}^+, \widehat{b}_{\boldsymbol{p}}^+$ 则可解释为这样粒子的产生算符.

用此方法, 我们得到两类粒子的概念, 它们同时且平等地出现. 这两类粒子分别称为**粒子**与**反粒子** (这个名称的含义将在后面阐明). 一类对应二次量子化算符 $\widehat{a}_{\boldsymbol{p}}, \widehat{a}_{\boldsymbol{p}}^+$, 另一类对应 $\widehat{b}_{\boldsymbol{p}}, \widehat{b}_{\boldsymbol{p}}^+$. 既然两类粒子的算符出现在同一个 ψ 算符中, 它们就具有相同的质量.

我们还可以从相对论不变性的观点来考察出现这些结果的原因.

从数学上讲, 洛伦兹变换为四维坐标系的转动, 它可以改变时间轴的方向; 它们和不改变时间轴的纯空间转动一起, 组成一个变换群, 称为**洛伦兹群**[①]. 所有洛伦兹变换都要保持 t 轴在相应的光锥之内, 这表示一个物理原理——存在信号传播的一个最大可能的速度.

在纯数学的意义上, 同时改变所有四个坐标的符号也是一个转动 (**四维反演**), 因为这个变换的行列式和任何转动变换一样也等于 $+1$. 在此变换中, 时间轴从一个光锥转到另一个光锥. 尽管这样的变换 (作为参考系的变换) 在物理上是不可能的, 但是数学上唯一的差别是: 由于度规是赝欧几里得的, 如果不容许坐标的复变换, 这样的转动就不可能实现.

当然, 有理由假设这种差别对于四维不变性并不重要. 于是在洛伦兹变换下不变的任何表示式在四维反演下也必须是不变的. 对于标量 ψ 算符, 这一要求的准确表述将在 §13 给出, 但在这里我们可以指出的是, 由于在代换 $t \to -t$ 下指数上 ε 的符号将改变, 这个条件必定对指数上 ε 有两种不同符号的项的 ψ 算符同时成立.

----

① 所有三维 (空间) 转动的集合本身构成一个群, 它是洛伦兹群的一个子群. 洛伦兹变换的集合本身并不是一个群, 这是因为, 连续进行洛伦兹变换的结果, 可以是一个纯粹的空间转动.

现在我们回到表示式 (11.2)，并由它推导出算符 $\hat{a}_{\boldsymbol{p}}, \hat{a}_{\boldsymbol{p}}^+$ (与 $\hat{b}_{\boldsymbol{p}}, \hat{b}_{\boldsymbol{p}}^+$) 之间的对易关系. 对于光子 (对于算符 $\hat{c}_{\boldsymbol{p}}, \hat{c}_{\boldsymbol{p}}^+$), 其对易关系是根据和谐振子的相似性来得出的, 实质上也就是根据电磁场在经典极限情形下的性质得出的. 但这里没有这样的类比. 在推出 (玻色或费米) 算符的对易关系中, 我们唯一能够依据的只有由这些算符构成的哈密顿算符的形式.

这个哈密顿可通过用 $\hat{\psi}$ 与 $\hat{\psi}^+$ 取代积分 $\int T_{00}\mathrm{d}^3x$ 中 ψ 与 ψ^* 来得到 (见第三卷 §64)[①]. 于是我们求出

$$\hat{H} = \sum_{\boldsymbol{p}} \varepsilon(\hat{a}_{\boldsymbol{p}}^+ \hat{a}_{\boldsymbol{p}} + \hat{b}_{\boldsymbol{p}} \hat{b}_{\boldsymbol{p}}^+). \tag{11.3}$$

容易看出, 要使这个哈密顿算符的本征值得到合理的结果, 只有当算符满足玻色对易关系才有可能:

$$\{\hat{a}_{\boldsymbol{p}}, \hat{a}_{\boldsymbol{p}}^+\}_- = \{\hat{b}_{\boldsymbol{p}}, \hat{b}_{\boldsymbol{p}}^+\}_- \tag{11.4}$$

(所有其余对算符都互相对易, 包括每个粒子算符 $\hat{a}_{\boldsymbol{p}}, \hat{a}_{\boldsymbol{p}}^+$ 以及每个反粒子算符 $\hat{b}_{\boldsymbol{p}}, \hat{b}_{\boldsymbol{p}}^+$). 在此情形下,

$$\hat{H} = \sum_{\boldsymbol{p}} \varepsilon(\hat{a}_{\boldsymbol{p}}^+ \hat{a}_{\boldsymbol{p}} + \hat{b}_{\boldsymbol{p}}^+ \hat{b}_{\boldsymbol{p}} + 1).$$

乘积 $\hat{a}_{\boldsymbol{p}}^+ \hat{a}_{\boldsymbol{p}}$ 与 $\hat{b}_{\boldsymbol{p}}^+ \hat{b}_{\boldsymbol{p}}$ 的本征值分别等于正整数 $N_{\boldsymbol{p}}$ 与 $\overline{N}_{\boldsymbol{p}}$ (粒子数与反粒子数). 无限大的相加常数 $\sum \varepsilon$ ("真空的能量") 仍可略去:

$$E = \sum_{\boldsymbol{p}} \varepsilon(N_{\boldsymbol{p}} + \overline{N}_{\boldsymbol{p}}) \tag{11.5}$$

(和 (3.1) 式及其注解比较). 这个表示式是恒正的, 对应存在两类实际粒子的概念. 类似地, 我们得到粒子系统的总动量

$$\boldsymbol{P} = \sum_{\boldsymbol{p}} \boldsymbol{p}(N_{\boldsymbol{p}} + \overline{N}_{\boldsymbol{p}}). \tag{11.6}$$

如果不采用 (11.4) 式, 而采用费米对易关系 (即用反对易子代替对易子), 我们将得到

$$\hat{H} = \sum_{\boldsymbol{p}} \varepsilon(\hat{a}_{\boldsymbol{p}}^+ \hat{a}_{\boldsymbol{p}} - \hat{b}_{\boldsymbol{p}}^+ \hat{b}_{\boldsymbol{p}} + 1),$$

---

① 在非相对论性理论中, 习惯上将共轭算符 $\hat{\psi}^+$ 写在 $\hat{\psi}$ 的左边. 在这里顺序并不重要, 因为交换 $\hat{\psi}^+$ 与 $\hat{\psi}$ 只会引起等效算符 $\hat{a}_{\boldsymbol{p}}$ 与 $\hat{b}_{\boldsymbol{p}}$ 的交换. 然而, 一旦选定某种特定顺序, 就必须始终采用同样顺序.

这时, 替代 (11.5) 式的就变为物理上没有意义的表示式 $\sum \varepsilon(N_{\boldsymbol{p}} - \overline{N}_{\boldsymbol{p}})$, 这个表示式不是正定的, 因此不可能表示自由粒子系统的能量.

由此可见, 自旋为零的粒子一定是玻色子.

下面我们来考虑积分 Q (10.19) 式. 用算符 $\widehat{\psi}$ 与 $\widehat{\psi}^+$ 代替 j^0 中的函数 ψ 与 ψ^*, 并进行积分, 我们得到

$$\widehat{Q} = \sum_{\boldsymbol{p}}(\widehat{a}_{\boldsymbol{p}}^+ \widehat{a}_{\boldsymbol{p}} - \widehat{b}_{\boldsymbol{p}} \widehat{b}_{\boldsymbol{p}}^+) = \sum_{\boldsymbol{p}}(\widehat{a}_{\boldsymbol{p}}^+ \widehat{a}_{\boldsymbol{p}} - \widehat{b}_{\boldsymbol{p}}^+ \widehat{b}_{\boldsymbol{p}} - 1). \tag{11.7}$$

这个算符的本征值 (略去无关紧要的相加常数 $\sum 1$) 为

$$Q = \sum_{\boldsymbol{p}}(N_{\boldsymbol{p}} - \overline{N}_{\boldsymbol{p}}), \tag{11.8}$$

并因此等于粒子总数和反粒子总数之差.

只要我们考虑的是自由粒子且不考虑它们之间的任何作用, 量 Q 的守恒定律当然在很大程度上是可信的 (就像总能量 (11.5) 和总动量 (11.6) 守恒定律一样): 实际上守恒的不仅是总和 Q, 而且数 $N_{\boldsymbol{p}}$ 和 $\overline{N}_{\boldsymbol{p}}$ 也分别都守恒. 相互作用的性质决定量 Q 是否仍然守恒. 如果 Q 守恒 (即算符 $\widehat{Q}$ 和相互作用的哈密顿算符对易), 则表示 (11.8) 式给出了这个守恒定律对粒子数的可能改变所加的限制: 只可能是 "粒子–反粒子" 成对地产生或湮没.

如果粒子是带电的, 则其反粒子必定带符号相反的电荷: 假如粒子和反粒子的电荷相同, 它们成对地产生或湮没就和一条严格的自然规律 —— 总电荷守恒矛盾了. 以后 (§32) 我们将看到, 理论如何自动地得出这种电荷的相反性 (当粒子和电磁场相互作用时).

量 Q 有时称为该粒子场的**电荷**. 特别是, 对带电粒子来说, Q 给出系统的总电荷 (以基本电荷 e 为单位). 但是我们要强调指出, 粒子与反粒子也可以是电中性的.

于是, 我们看到, 能量和动量的相对论性关系的性质 (方程 $\varepsilon^2 = \boldsymbol{p}^2 + m^2$ 的根的双值性) 和相对论不变性的要求一起, 在量子理论中导致一个粒子分类的新原理: 可能存在各种不同的粒子对 (粒子与反粒子), 它们按上面所描述的方式相互关联. 这个著名的预言是狄拉克 1930 年 (对自旋 $\frac{1}{2}$ 粒子) 首次做出的, 此后才发现第一个反粒子 —— 正电子[1].

---

[1] Weisskopf 与泡利将反粒子的概念推广应用于玻色子 (V. Weisskopf, W. Pauli, 1934).

§12 真中性粒子

对 ψ 函数 (11.1) 进行二次量子化时, 系数 $a_{\boldsymbol{p}}^{(+)}$ 与 $a_{\boldsymbol{p}}^{(-)}$ 被看成不同粒子的算符. 但这并不是必需的. 在特定情况下, $\widehat{\psi}$ 中所含的湮没算符与产生算符可以属于同一种粒子, 如对于光子 (和 (2.17) 式比较). 这时, 用 $\widehat{c}_{\boldsymbol{p}}$ 与 $\widehat{c}_{\boldsymbol{p}}^{+}$ 分别表示湮没算符与产生算符, ψ 算符可以写成

$$\widehat{\psi} = \sum_{\boldsymbol{p}} \frac{1}{\sqrt{2\varepsilon}} (\widehat{c}_{\boldsymbol{p}} \mathrm{e}^{-\mathrm{i}px} + \widehat{c}_{\boldsymbol{p}}^{+} \mathrm{e}^{\mathrm{i}px}). \tag{12.1}$$

用这种算符所描述的场, 是仅由一种粒子组成的系统, 即粒子可以说成是其自己的反粒子.

算符 (12.1) 是厄米的 ($\widehat{\psi}^{+} = \widehat{\psi}$), 在此意义上这样的场和 $\widehat{\psi}$ 与 $\widehat{\psi}^{+}$ 不相同的复场比较, "自由度"减少了一半.

因此, 用厄米算符 $\widehat{\psi}$ 表示场的拉格朗日算符必须增加一个因子 $\frac{1}{2}$ (和 (10.9) 式比较)[①]:

$$\widehat{L} = (1/2)(\partial_{\mu}\widehat{\psi} \cdot \partial^{\mu}\widehat{\psi} - m^2\widehat{\psi}^2). \tag{12.2}$$

相应的能量动量张量为

$$\widehat{T}_{\mu\nu} = \partial_{\mu}\widehat{\psi} \cdot \partial_{\nu}\widehat{\psi} - \widehat{L}g_{\mu\nu}, \tag{12.3}$$

因此能量密度算符为

$$\widehat{T}_{00} = \left(\frac{\partial\widehat{\psi}}{\partial t}\right)^2 - \widehat{L} = \frac{1}{2}\left[\left(\frac{\partial\widehat{\psi}}{\partial t}\right)^2 + (\nabla\widehat{\psi})^2 + m^2\widehat{\psi}^2\right]. \tag{12.4}$$

将 (12.1) 式代入积分 $\int \widehat{T}_{00}\mathrm{d}^3x$, 就得到场的哈密顿算符:

$$\widehat{H} = \frac{1}{2}\sum_{\boldsymbol{p}} \varepsilon(\widehat{c}_{\boldsymbol{p}}^{+}\widehat{c}_{\boldsymbol{p}} + \widehat{c}_{\boldsymbol{p}}\widehat{c}_{\boldsymbol{p}}^{+}). \tag{12.5}$$

由此, 我们再一次看到必须采用玻色量子化:

$$\{\widehat{c}_{\boldsymbol{p}}, \widehat{c}_{\boldsymbol{p}}^{+}\}_{-} = 1, \tag{12.6}$$

[①] 将电磁场的能量密度算符 (2.10) (场用厄米算符 $\widehat{E}$ 与 $\widehat{H}$ 表示) 和光子的能量密度 (3.2) (用复波函数表示) 比较, 就会发现也有类似的额外因子 $\frac{1}{2}$; 参见 §3 最后一个注解.

能量本征值为 (仍略去相加常数)

$$E = \sum_{\boldsymbol{p}} \varepsilon_{\boldsymbol{p}} N_{\boldsymbol{p}}. \tag{12.7}$$

而费米子量子化将导致 E 和 $N_{\boldsymbol{p}}$ 无关的荒谬结果.

这种场的 "电荷" Q 为零, 这一点可以从粒子变换成反粒子时 Q 要变号, 而在现在情形粒子和反粒子没有区别的事实明显看出. 四维流密度矢量不再存在. 实际上, 表示式

$$\widehat{j}_{\mu} = \mathrm{i}[\widehat{\psi}^{+} \partial_{\mu} \widehat{\psi} - (\partial_{\mu} \widehat{\psi}^{+}) \widehat{\psi}] \tag{12.8}$$

对守恒的四维矢量 $\widehat{j}$ 当 $\widehat{\psi} = \widehat{\psi}^{+}$ 时为零 (矢量 $\widehat{\psi} \partial_{\mu} \widehat{\psi}$ 本身并不守恒). 这又意味着没有特别的守恒定律限制粒子数的可能改变. 这种粒子很明显必定是电中性的.

我们称这种类型的粒子为**真中性粒子**, 它和反粒子不是其本身的电中性粒子相反. 后者只能成对地湮没 (转化成光子), 而真中性粒子则可以单个地湮没.

ψ 算符 (12.1) 的结构和电磁场算符 (2.17)—(2.20) 类似. 在这个意义上, 我们可以说, 光子本身就是真中性粒子. 对电磁场, 算符是厄米的, 因为场强是可测量的物理量 (在经典极限), 并因此是实的. 而对粒子的 ψ 算符, 不存在这样的联系, 因为它们并不对应任何直接可测量的物理量.

不存在守恒的四维流矢量, 是真中性粒子的普遍性质, 并不要求自旋为零; 例如, 光子就是如此. 物理上, 这表示不存在相应的对粒子数改变的禁戒. 在不存在守恒流和场为实的事实 (即算符 $\widehat{\psi}$ 为厄米的) 之间有直接的形式上的联系.

复场的拉格朗日量

$$\widehat{L} = \partial_{\mu} \widehat{\psi}^{+} \cdot \partial^{\mu} \widehat{\psi} - m^2 \widehat{\psi}^{+} \widehat{\psi} \tag{12.9}$$

对 ψ 算符乘以任意相因子的变换, 即在**规范变换**

$$\widehat{\psi} \to \mathrm{e}^{\mathrm{i}\alpha} \widehat{\psi}, \quad \widehat{\psi}^{+} \to \mathrm{e}^{-\mathrm{i}\alpha} \widehat{\psi}^{+} \tag{12.10}$$

下是不变的. 特别是, 拉格朗日量在无限小规范变换

$$\widehat{\psi} \to \widehat{\psi} + \mathrm{i}\delta\alpha \cdot \widehat{\psi}, \quad \widehat{\psi}^{+} \to \widehat{\psi}^{+} - \mathrm{i}\delta\alpha \cdot \widehat{\psi}^{+} \tag{12.11}$$

下是不变的.

当"广义坐标"q 有一无限小变化时, 拉格朗日量的变化为

$$\delta\widehat{L} = \sum\left(\frac{\partial\widehat{L}}{\partial q}\delta q + \frac{\partial\widehat{L}}{\partial q_{,\mu}}\delta q_{,\mu}\right)$$

$$= \sum\left(\frac{\partial\widehat{L}}{\partial q} - \frac{\partial}{\partial x^\mu}\frac{\partial\widehat{L}}{\partial q_{,\mu}}\right)\delta q + \sum\frac{\partial}{\partial x^\mu}\left(\frac{\partial\widehat{L}}{\partial q_{,\mu}}\delta q\right)$$

(对所有的 q 求和). 第一项由"运动方程"(拉格朗日方程) 为零. 如果将"坐标" q 取为算符 $\widehat{\psi}$ 与 $\widehat{\psi}^+$, 并且

$$\delta\widehat{\psi} = \mathrm{i}\delta\alpha\cdot\widehat{\psi}, \quad \delta\widehat{\psi}^+ = -\mathrm{i}\delta\alpha\cdot\widehat{\psi}^+,$$

得到

$$\delta\widehat{L} = \mathrm{i}\delta\alpha\frac{\partial}{\partial x^\mu}\left(\widehat{\psi}\frac{\partial\widehat{L}}{\partial\widehat{\psi}_{,\mu}} - \widehat{\psi}^+\frac{\partial\widehat{L}}{\partial\widehat{\psi}^+_{,\mu}}\right).$$

由此看出, 拉格朗日不变 ($\delta\widehat{L} = 0$) 的条件等价于四维矢量

$$\widehat{j}^\mu = \mathrm{i}\left(\widehat{\psi}^+\frac{\partial\widehat{L}}{\partial\widehat{\psi}^+_{,\mu}} - \widehat{\psi}\frac{\partial\widehat{L}}{\partial\widehat{\psi}_{,\mu}}\right) \tag{12.12}$$

的连续性方程 ($\partial_\mu\widehat{j}^\mu = 0$). 容易证实, 对拉格朗日量 (12.9), 由此公式可得出流 (12.8) 式.

这样一来, 在理论的数学表述上, 守恒流的存在和拉格朗日量在规范变换下的不变性相联系 (W. Pauli, 1941), 而真中性场的拉格朗日量 (12.2) 不具有这种对称性.

§13 *C, P, T* 变换

和四维反演不同, 三维 (空间) 反演不能约化为四维坐标系的任何转动. 这个变换的行列式不是 +1, 而是 −1. 因而, 在反演 (P 变换) 下粒子的对称性已不能由相对论不变性确定 [1].

对标量波函数进行反演运算为如下变换

$$\widehat{P}\psi(t, \boldsymbol{r}) = \pm\psi(t, -\boldsymbol{r}), \tag{13.1}$$

其中右边的 "+" 号与 "−" 号分别对应真标量与赝标量.

---

[1] 包含空间反演的洛伦兹群叫**扩展洛伦兹群** (以便和不包含 P 的原群区别; 在此意义上, 原群被称为**固有洛伦兹群**). 扩展群包括了保持 t 轴在相应光锥内的所有变换.

因此我们看到, 波函数在反演变换下行为的两个特征必须区分开来. 其中一个特征和波函数对坐标的依赖关系相联系. 在非相对论性量子力学中只考虑这个特征; 并由此引出描述粒子运动对称性质的态的宇称概念 (我们在这里称它为**轨道宇称**). 如果态具有一定的轨道宇称 (+1 或 –1), 这就意味着

$$\psi(t, -\boldsymbol{r}) = \pm\psi(t, \boldsymbol{r}).$$

另一个特征是在坐标轴反演下波函数在给定点 (为方便起见, 取此点为坐标原点) 的行为, 由此引出粒子**内禀宇称**的概念. 对于自旋为零的粒子, (13.1) 式中的两种符号对应内禀宇称 +1 与 –1. 粒子系统的总宇称等于它们的内禀宇称和相对运动的轨道宇称的乘积.

各种粒子的 "内禀" 对称性质当然只在这些粒子的相互转换的过程中才显现出来. 在非相对论性量子力学中, 和内禀宇称类似的东西是一个复合系统 (例如原子核) 的束缚态的宇称. 在相对论性理论中, 复合粒子和基本粒子之间没有原则上的区别, 因此它们的内禀宇称和那些在非相对论性理论中基本粒子的内禀宇称没有什么不同. 在非相对论范围内, 基本粒子被认为是不可改变的, 观察不到它们的内禀对称性, 因而讨论内禀对称性就失去物理意义.

在二次量子化中, 内禀宇称由反演变换下 ψ 算符的行为表示. 与标量场和赝标量场对应的变换规则为

$$P : \widehat{\psi}(t, \boldsymbol{r}) \to \pm\widehat{\psi}(t, -\boldsymbol{r}). \tag{13.2}$$

反演对 ψ 算符作用的实际意义必须表述成粒子湮没算符与产生算符的一个特定变换, 这样的变换应该导致 (13.2) 的结果. 容易看出, 这样的变换为

$$P : \widehat{a}_{\boldsymbol{p}} \to \pm\widehat{a}_{-\boldsymbol{p}}, \quad \widehat{b}_{\boldsymbol{p}} \to \pm\widehat{b}_{-\boldsymbol{p}} \tag{13.3}$$

(对共轭算符也同样). 实际上, 在算符

$$\widehat{\psi}(t, \boldsymbol{r}) = \sum_{\boldsymbol{p}} \frac{1}{\sqrt{2\varepsilon}} (\widehat{a}_{\boldsymbol{p}} e^{-i\omega t + i\boldsymbol{p}\cdot\boldsymbol{r}} + \widehat{b}_{\boldsymbol{p}}^{+} e^{i\omega t - i\boldsymbol{p}\cdot\boldsymbol{r}}) \tag{13.4}$$

中进行这种变换, 然后改写求和变量 ($\boldsymbol{p} \to -\boldsymbol{p}$), 我们可将它变成 $\pm\widehat{\psi}(t, -\boldsymbol{r})$ 的形式. 因此, 如果用 $\widehat{\psi}^{P}(t, \boldsymbol{r})$ 标记按 (13.3) 代换过的算符, 我们有

$$\widehat{\psi}^{P}(t, \boldsymbol{r}) = \pm\widehat{\psi}(t, -\boldsymbol{r}). \tag{13.5}$$

变换 (13.3) 完全是合理的, 因为反演改变极矢量 $\boldsymbol{p}$ 的符号, 使动量为 $\boldsymbol{p}$ 的粒子变成动量为 $-\boldsymbol{p}$ 的粒子.

在 (13.3) 式中, 算符 $\hat{a}_{\boldsymbol{p}}$ 与 $\hat{b}_{\boldsymbol{p}}$ 变换时, 二者要么都取上面的符号, 要么都取下面的符号. 在二次量子化表述中, 这表示粒子与反粒子 (自旋为零) 有相同的内禀宇称, 这是一个明显的结果, 因为它们用同样的 (标量或赝标量) 波函数描述.

ψ 算符 (13.4) 还在另一种非相对论理论中没有类比的变换下是对称的, 这种变换就是**电荷共轭** (*C* 变换). 如果将所有的算符 $\hat{a}_{\boldsymbol{p}}$ 与 $\hat{b}_{\boldsymbol{p}}$ 分别交换:

$$C : \hat{a}_{\boldsymbol{p}} \to \hat{b}_{\boldsymbol{p}}, \quad \hat{b}_{\boldsymbol{p}} \to \hat{a}_{\boldsymbol{p}} \tag{13.6}$$

(即粒子和反粒子互相交换), 那么 $\hat{\psi}$ 变成 "电荷共轭" 算符 $\hat{\psi}^C$, 其中

$$\hat{\psi}^C(t, \boldsymbol{r}) = \hat{\psi}^+(t, \boldsymbol{r}). \tag{13.7}$$

这个等式表示理论中粒子和反粒子的概念是对称的.

在电荷共轭变换的定义中仍存在某种不重要的形式上的任意性. 如果在 (13.6) 式的定义中引入一个任意的相因子, 变换的意义并不改变:

$$\hat{a}_{\boldsymbol{p}} \to \mathrm{e}^{\mathrm{i}\alpha}\hat{b}_{\boldsymbol{p}}, \quad \hat{b}_{\boldsymbol{p}} \to \mathrm{e}^{-\mathrm{i}\alpha}\hat{a}_{\boldsymbol{p}}.$$

由此得到

$$\hat{\psi} \to \mathrm{e}^{\mathrm{i}\alpha}\hat{\psi}^+, \quad \hat{\psi}^+ \to \mathrm{e}^{-\mathrm{i}\alpha}\hat{\psi},$$

两次重复这个变换, 将回到原状 ($\hat{\psi} \to \hat{\psi}$). 然而所有这些定义都是互相等价的. 由于 $\hat{\psi}$ 算符的性质不因乘以相因子而改变 (与上节末比较), 所以我们可以将 $\hat{\psi}$ 改写成 $\hat{\psi}\mathrm{e}^{\mathrm{i}\alpha/2}$. 这样, 我们又得到电荷共轭的定义 (13.6), (13.7).

由于电荷共轭将粒子换成其反粒子, 二者一般是不同的, 一般情况下不会出现粒子或粒子系统新的性质.

由相同数目的粒子与反粒子组成的系统是一个例外. 算符 $\hat{C}$ 将这样的系统变换成其本身, 因此在此情况下, 这个算符具有对应本征值 $C = \pm 1$ (因为 $\hat{C}^2 = 1$) 的本征态. 为了描述电荷对称性, 我们可以将粒子与反粒子看成同一粒子的两个不同的 "电荷态", 其区别是电荷量子数不同 $Q = \pm 1$. 系统的波函数是轨道函数和 "电荷态" 函数的乘积, 并且当同时交换任一对粒子的所有变量 (坐标与电荷) 时, 该波函数必须是对称的. "电荷态" 函数的对称性决定系统的电荷宇称 (参见习题)[①].

[①] 我们在这里讨论的是零自旋粒子, 但所用的方法可以直接推广到其它自旋的情形. 作为例子, 可参见 §27 的习题.

　　对"真中性"系统以自然方式产生的电荷宇称概念, 也必须适用于真中性的"基本"粒子. 在二次量子化表述中, 这个概念由如下方程表示:

$$\widehat{\psi}^C = \pm\widehat{\psi};\tag{13.8}$$

其中 "+" 号与 "−" 号分别对应电荷偶宇称的粒子与电荷奇宇称的粒子.

　　相对论不变性意味着在四维反演下的不变性 (参见 §11). 对于标量场算符 (在四维转动意义上), 这意味着四维反演变换必须给出

$$\widehat{\psi}(t,\boldsymbol{r}) = \widehat{\psi}(-t,-\boldsymbol{r}),$$

右边总是正的. 用算符 $\widehat{a}_{\boldsymbol{p}}, \widehat{b}_{\boldsymbol{p}}$ 的变换术语来说, $\widehat{\psi}(t,\boldsymbol{r})$ 变换为 $\widehat{\psi}(-t,-\boldsymbol{r})$ 是通过交换 (13.4) 中 e^{-ipx} 与 e^{ipx} 的系数, 即通过如下代换实现的:

$$\widehat{a}_{\boldsymbol{p}} \to \widehat{b}_{\boldsymbol{p}}^{+}, \quad \widehat{b}_{\boldsymbol{p}} \to \widehat{a}_{\boldsymbol{p}}^{+}\tag{13.9}$$

由于 a 算符变为 b 算符, 这个变换包含着粒子变为反粒子. 我们看到, 在相对论性理论中, 自然而然地要求在空间反演 (P), 时间反演 (T) 和电荷共轭 (C) 的联合变换下的不变性, 这叫做 **CPT 定理**[①].

　　然而, 在这里必须强调指出, 尽管在 §11, §12 与本节中给出的论据是通常量子力学与经典相对论概念的自然发展, 但是由此得到的结论, 不论在形式上 (ψ 算符同时包含粒子的产生算符与湮没算符), 还是在内容上 (粒子与反粒子), 都超出了通常量子力学与经典相对论的范围. 因此, 这些结论不可能看作是逻辑上的必然, 而包含着新的物理原理, 这些原理正确与否只能由实验来检验.

　　如果将经过变换 (13.9) 的算符 (13.4) 记作 $\widehat{\psi}^{CPT}(t,\boldsymbol{r})$, 我们可以写出:

$$\widehat{\psi}^{CPT}(t,\boldsymbol{r}) = \widehat{\psi}(-t,-\boldsymbol{r}).\tag{13.10}$$

　　这样一来, 如果将四维反演表述为变换 (13.9), 我们就还能建立对 ψ 算符的时间反演变换的表述: 与**联合反演** CP 变换一起, 它必须给出 (13.9) 式. 利用定义 (13.3) 与 (13.6), 我们求出

$$T : \widehat{a}_{\boldsymbol{p}} \to \pm\widehat{a}_{-\boldsymbol{p}}^{+}, \quad \widehat{b}_{\boldsymbol{p}} \to \pm\widehat{b}_{-\boldsymbol{p}}^{+}\tag{13.11}$$

其中符号 ± 与 (13.3) 式中的符号对应. 这个变换的意义是明显的: 时间反演不仅将动量为 $\boldsymbol{p}$ 的运动变成动量为 $-\boldsymbol{p}$ 的运动, 而且还交换矩阵元中的初态与

[①] 这个定理是由 *G. Lüders* (1954) 和 *W. Pauli* (1955) 阐明的.

终态. 因此, 动量为 p 的粒子的湮没算符换成动量为 $-p$ 的粒子的产生算符. 在 (13.4) 式中作代换 (13.11) 并改变求和变量的标记 $(p \to -p)$, 我们得到[1]

$$\widehat{\psi}^T(t, r) = \pm \widehat{\psi}^+(-t, r). \tag{13.12}$$

这类似于量子力学中时间反演的一般规则: 如果某个状态用波函数 $\psi(t, r)$ 描述, 那么其 "时间反演" 态就由函数 $\psi^*(-t, r)$ 描述. 变成复共轭函数是因为: 必须恢复因 t 的变号而被破坏的 "正确的" 对时间的依赖关系 (E. P. Wigner, 1932).

由于变换 T (并因此有 CPT) 将初态与终态交换, 它们就没有本征态和本征值, 因而也就不能给粒子本身带来新的特性. 将此应用于散射过程的结果, 将在 §69 与 §71 中讨论.

现在我们来看看在 C, P 与 T 变换时, 四维流矢量算符 $\widehat{j}^\mu$ (12.8) 将如何变化. 变换 (13.2) 和代换 $(\partial_0, \partial_i) \to (\partial_0, -\partial_i)$ 一起给出

$$P: (\widehat{j}^0, \widehat{\boldsymbol{j}})_{t, r} \to (\widehat{j}^0, -\widehat{\boldsymbol{j}})_{t, -r}, \tag{13.13}$$

正如真四维矢量一样. 如果算符 $\widehat{\psi}$ 和 $\widehat{\psi}^+$ 对易, 则变换 (13.7) 简单地给出

$$C: (\widehat{j}^0, \widehat{\boldsymbol{j}})_{t, r} \to (-\widehat{j}^0, -\widehat{\boldsymbol{j}})_{t, r}, \tag{13.14}$$

但是, 这些算符的不对易仅仅是由于其中具有相同 p 的算符 $\widehat{a}_p$ 与 $\widehat{a}_p^+$ (或 $\widehat{b}_p$ 与 $\widehat{b}_p^+$) 是不对易的. 按对易关系 (11.4), 交换这些算符只会产生与占有数 (即与场的状态) 无关的项. 略去这些无关紧要的项 (如在 (11.5) 与 (11.6) 式中那样), 我们就又回到 (13.14) 式, 其物理意义是明显的: 电荷共轭将粒子变成反粒子并改变四维流每个分量的符号.

由于时间反演运算包含初态与终态的交换, 它也将改变算符乘积中因子的顺序. 例如,

$$(\widehat{\psi}^+ \partial_\mu \widehat{\psi})^T = (\partial_\mu \widehat{\psi})^T (\widehat{\psi}^+)^T.$$

但在这里它并不重要: 由于 ψ 算符 (在以上解释的意义上) 对易, 结果并不受到因子回到原来的顺序的影响. 又由于在时间反演下 $(\partial_0, \partial_i) \to (-\partial_0, \partial_i)$, 流的变换规则为

$$T: (\widehat{j}^0, \widehat{\boldsymbol{j}})_{t, r} \to (\widehat{j}^0, -\widehat{\boldsymbol{j}})_{-t, r}. \tag{13.15}$$

---

[1] 如果定义运算 T 时不管其它变换, 那么相因子的选择就存在和定义运算 C 时同样的任意性. 要求 CPT 的对称性意味着, 只能对变换 C 与变换 T 中的一个任意选择相因子.

三维矢量 $\hat{\boldsymbol{j}}$ 变号, 和其经典意义一致.

最后, 当进行 CPT 变换时,

$$CPT : (\hat{j}^0, \hat{\boldsymbol{j}})_{t,\boldsymbol{r}} \rightarrow (-\hat{j}^0, -\hat{\boldsymbol{j}})_{-t,-\boldsymbol{r}}, \tag{13.16}$$

和这个运算作为四维反演的意义一致. 这里必须强调, 由于四维反演也是四维坐标系的一个转动, 所以它不对应两种类型 (真张量和赝张量) 的任意秩四维张量.

迄今为止, 我们研究的都是自由粒子; 但是宇称量子数要有实在的意义只有当我们考虑相互作用的粒子并加上一定选择定则, 这些选择定则允许或禁止一些特定的过程. 但是, 只有守恒的性质才能够具有这种意义; 也就是那些和相互作用粒子的哈密顿量对易的算符的本征值.

由于相对论不变性, CPT 变换算符总是与哈密顿量对易的. 对于 C 和 P (以及 T) 单独的变换, 实验表明, 电磁相互作用和强相互作用是不变的, 因此相应的宇称量子数在这些相互作用中是守恒的, 而在弱相互作用中, 这些守恒定律不再成立[①].

我们预先指出: 带电粒子与电磁场的相互作用算符由四维矢量算符 $\hat{A}$ 与 $\hat{j}$ 的乘积给出. 由于电荷共轭改变 $\hat{j}$ 的符号, 电磁相互作用在此变换下的不变性意味着 $\hat{A}$ 的符号也必须改变. 因此, 光子是电荷宇称为奇的粒子.

算符 $\hat{A}$ 的这个行为和经典理论中四维势的性质一致: 由变换

$$C : (\hat{A}_0, \hat{\boldsymbol{A}}) \rightarrow (-\hat{A}_0, -\hat{\boldsymbol{A}})_{t,\boldsymbol{r}},$$

$$P : (\hat{A}_0, \hat{\boldsymbol{A}}) \rightarrow (\hat{A}_0, -\hat{\boldsymbol{A}})_{t,-\boldsymbol{r}},$$

$$CPT : (\hat{A}_0, \hat{\boldsymbol{A}}) \rightarrow (-\hat{A}_0, -\hat{\boldsymbol{A}})_{-t,-\boldsymbol{r}},$$

可以得出:

$$T : (\hat{A}_0, \hat{\boldsymbol{A}}) \rightarrow (\hat{A}_0, -\hat{\boldsymbol{A}})_{-t,\boldsymbol{r}},$$

这和时间反演下电磁场势变换的经典规则一致.

要求 CPT 不变性并不对粒子的性质本身有任何限制, 但是它在粒子与反粒子的性质之间建立了某种联系. 首先, 它们的质量必须相等, 这一点从 §11 中曾阐明的四维反演和粒子反粒子概念的引入之间的联系可以很明显地看出.

其次, 由 CPT 不变性得出, 粒子与反粒子的电矩与磁矩矢量和它们的自旋矢量之间的比例系数只相差一个符号. 实际上, 磁矩在 C 变换与 T 变换下

---

① 弱相互作用中宇称不守恒的思想是李政道和杨振宁首先提出的 (T. D. Lee, C. N. Yang, 1956). 物理学定律不一定具有 P 与 T 不变性的一般思想是狄拉克早先提出的 (1949).

要改变符号, 但是 (作为一个轴矢量) 在 P 变换下却是不变的. 因此, CPT 变换在将粒子变成反粒子的同时并不改变磁矩的符号, 而自旋矢量却要变号. 同样的道理, 对于电矩而言, 它在时间反演下不变号而在 C 变换下和空间反演下 (作为一个极矢量) 要变号.

要求 P 不变性和 T 不变性 (假如遵从这种不变性的话) 对每种粒子的性质都有限制: 它们禁止粒子具有电偶极矩: 事实上, 对静止的基本粒子来说, 由它的 ψ 算符所能组成的唯一矢量, 就是它的自旋算符矢量. 这个矢量对 P 变换是偶的而对 T 变换是奇的, 所以只能用它定义磁矩而不能用它定义电矩. 我们必须强调指出, 只要 P 不变性或 T 不变性中有一个成立就足以产生这种禁戒.

习　题

设有一个由零自旋粒子与其反粒子组成的二粒子系统, 其相对运动的轨道角动量为 l, 试确定此系统的电荷宇称与空间宇称.

解: 交换二粒子的坐标等价于对质心的反演, 因此轨道波函数将乘以 $(-1)^l$; 交换电荷变量等价于电荷共轭, 波函数中的 "电荷" 因子将乘以所求的宇称 C. 根据条件 $C(-1)^l = 1$, 我们有

$$C = (-1)^l.$$

此系统的空间宇称 P 等于二粒子的轨道宇称与内禀宇称的乘积. 由于粒子与反粒子的内禀宇称相同, 所以在此情形下, P 就等于轨道宇称:

$$P = (-1)^l.$$

§14　自旋为 1 的粒子的波动方程

自旋为 1 的粒子在其静止参考系中可用一个三分量波函数 (即三维矢量) 描述; 这样的粒子常称为**矢量粒子**. 这个矢量的四维来源, 可以是类空的四维矢量 ψ^μ 的三个空间分量; 也可以是二秩的四维反对称张量 $\psi^{\mu\nu}$ 的混合分量; 在静止参考系中, 时间分量 ψ^0 与空间分量 ψ^{ik} 为零①.

波动方程为量 ψ^μ 与量 $\psi^{\mu\nu}$ 之间的微分关系, 可写出如下方程:

$$i\psi_{\mu\nu} = \hat{p}_\mu \psi_\nu - \hat{p}_\nu \psi_\mu, \tag{14.1}$$

---

① 我们提前指出, 四维矢量 ψ_μ 与四维张量 $\psi^{\mu\nu}$ 的集合对应二秩四维旋量 $\xi^{\alpha\beta}, \eta_{\dot{\alpha}\dot{\beta}}, \zeta^{\alpha\beta}$ 的集合, 其中 $\xi^{\alpha\beta}$ 与 $\eta_{\dot{\alpha}\dot{\beta}}$ 是反演变换下可以互相转换的对称旋量 (参见 §19).

$$\mathrm{i}m^2\psi_\mu = \widehat{p}^\nu\psi_{\mu\nu}, \tag{14.2}$$

其中 $\widehat{p} = \mathrm{i}\partial$ (A. Proca, 1936). 将算符 $\widehat{p}^\mu$ 作用于方程 (14.2) 的两边, 我们得到

$$\widehat{p}^\mu\psi_\mu = 0, \tag{14.3}$$

由于 $\psi_{\mu\nu}$ 是反对称的.

将方程 (14.1) 代入 (14.2) 消去 $\psi_{\mu\nu}$, 并利用 (14.3) 式, 我们得到:

$$(\widehat{p}^2 - m^2)\psi_\mu = 0, \tag{14.4}$$

由此再次明显看出 (与 §10 比较), m 为粒子的质量. 因此, 自旋为 1 的自由粒子可以用一个四维矢量 ψ^μ 描述, 其分量满足二阶方程 (14.4) 以及条件 (14.3), 后者从 ψ^μ 中去除掉属于零自旋的部分.

在静止系中, ψ_μ 和空间坐标无关, 我们求出: $\widehat{p}^0\psi_0 = 0$, 又由于 $\widehat{p}^0\psi_0 = m\psi_0$, 因此我们看到, 在静止系中, $\psi_0 = 0$, 这正如应该期待的, 并且 ψ_{ik} 也为零.

自旋为 1 的粒子可以具有不同的内禀宇称, 由 ψ^μ 是真矢量还是赝矢量决定. 在真矢量的情形下,

$$\widehat{P}\psi^\mu = (\psi^0, -\psi^i),$$

而在赝矢量的情形下,

$$\widehat{P}\psi^\mu = (-\psi^0, \psi^i).$$

方程 (14.1), (14.2) 可由拉格朗日函数

$$L = \frac{1}{2}\psi_{\mu\nu}\psi^{\mu\nu*} - \frac{1}{2}\psi^{\mu\nu*}(\partial_\mu\psi_\nu - \partial_\nu\psi_\mu)$$
$$\quad -\frac{1}{2}\psi^{\mu\nu}(\partial_\mu\psi_\nu^* - \partial_\nu\psi_\mu^*) + m^2\psi_\mu\psi^{\mu*} \tag{14.5}$$

用变分原理得到. 这里独立的广义坐标采用 ψ_μ, ψ_μ^*, $\psi_{\mu\nu}$, $\psi_{\mu\nu}^*$ 表示[①].

为了求出能量动量张量, 公式 (10.11) 在这里并不完全合适, 因为它会导致一个需要进一步对称化的非对称的张量. 作为替代, 我们可以采用公式

$$\frac{1}{2}T_{\mu\nu}\sqrt{-g} = -\frac{\partial}{\partial x^\lambda}\frac{\partial\sqrt{-g}L}{\partial g^{\mu\nu}_{,\lambda}} + \frac{\partial\sqrt{-g}L}{\partial g^{\mu\nu}}, \tag{14.6}$$

[①] 如果我们只对 ψ_μ 作变分 (假定 $\psi_{\mu\nu}$ 已按照 (14.1) 用 ψ_μ 表示), 那么方程 (14.3) 作为和变分原理无关的附加条件应该是必需的.

其中假设 L 被表示成适用于任意曲线坐标的形式 (参见第二卷 §94), 如果 L 只包含度规张量 $g_{\mu\nu}$ 的分量, 而没有它们对坐标的微商, 那么公式就简单地变成

$$T_{\mu\nu} = \frac{2}{\sqrt{-g}} \frac{\partial \sqrt{-g}L}{\partial g^{\mu\nu}} = 2\frac{\partial L}{\partial g^{\mu\nu}} - g_{\mu\nu}L$$

(因为 $\mathrm{d}\ln g = -g_{\mu\nu}\mathrm{d}g^{\mu\nu}$).

由于公式 (14.6) 中的微商不是对量 ψ_μ 和 $\psi_{\mu\nu}$, 在应用此式时就不必将这些量看成是独立的; 我们可以直接利用关系式 (14.1) 将拉格朗日函数 (14.5) 改写成:

$$L = -\frac{1}{2}\psi_{\mu\nu}\psi^*_{\lambda\rho}g^{\mu\lambda}g^{\nu\rho} + m^2\psi_\mu\psi^*_\nu g^{\mu\nu}. \tag{14.7}$$

于是

$$T_{\mu\nu} = -\psi_{\mu\lambda}\psi^{\lambda*}_\nu - \psi^*_{\mu\lambda}\psi^\lambda_\nu + m^2(\psi^*_\mu\psi_\nu + \psi^*_\nu\psi_\mu)$$
$$+ g_{\mu\nu}\left(\frac{1}{2}\psi_{\lambda\rho}\psi^{\lambda\rho*} - m^2\psi^*_\lambda\psi^\lambda\right). \tag{14.8}$$

特别是, 能量密度由如下恒正的表示式给出:

$$T_{00} = \frac{1}{2}\psi_{ik}\psi^*_{ik} + \psi_{0i}\psi^*_{0i} + m^2(\psi_0\psi^*_0 + \psi_i\psi^*_i). \tag{14.9}$$

守恒的四维流密度矢量为

$$j^\mu = \mathrm{i}(\psi^{\mu\nu*}\psi_\nu - \psi^{\mu\nu}\psi^*_\nu). \tag{14.10}$$

这个结果也可以按照 (12.12) 式, 通过将拉格朗日 (14.5) 对导数 $\partial_\mu\psi_\mu$ 微商得到. 特别是

$$j^0 = \mathrm{i}(\psi^{0k*}\psi_k - \psi^{0k}\psi^*_k), \tag{14.11}$$

而且它不是一个恒正的量.

归一化为体积 $V = 1$ 中有一个粒子的平面波为

$$\psi_\mu = \frac{1}{\sqrt{2\varepsilon}}u_\mu\mathrm{e}^{-\mathrm{i}px}, \qquad u_\mu u^{\mu*} = -1, \tag{14.12}$$

其中 u_μ 为四维单位极化矢量, 由 (14.3) 式可知, 它满足四维横向条件

$$u_\mu p^\mu = 0. \tag{14.13}$$

将函数 (14.12) 代入 (14.9) 与 (14.11) 式, 我们得到

$$T_{00} = -2\varepsilon^2\psi_\mu\psi^{\mu*} = \varepsilon, \qquad j^0 = 1.$$

和光子不同, 一个质量非零的矢量粒子有三个独立的极化方向, 相应的振幅由 (16.21) 式给出.

对部分极化的矢量粒子, 密度矩阵的定义应该使其在纯态中简化为乘积

$$\rho_{\mu\nu} = u_\mu u_\nu^*$$

(类似于对光子的表示式 (8.7)). 按照 (14.12) 式与 (14.13) 式, 它满足条件

$$p^\mu \rho_{\mu\nu} = 0, \qquad \rho_\mu^\mu = -1. \tag{14.14}$$

对于非极化粒子, $\rho_{\mu\nu}$ 的形式必须是 $a g_{\mu\nu} + b p_\mu p_\nu$. 系数 a 与 b 由 (14.14) 式确定后, 得到结果为

$$\rho_{\mu\nu} = -\frac{1}{3}\left(g_{\mu\nu} - \frac{p_\mu p_\nu}{m^2}\right). \tag{14.15}$$

矢量粒子场的量子化和标量的情形完全类似, 毋须重复. 矢量场 ψ 算符为

$$\widehat{\psi}_\mu = \sum_{\bm{p}\alpha} \frac{1}{\sqrt{2\varepsilon}}(\widehat{a}_{\bm{p}\alpha} u_\mu^{(\alpha)} \mathrm{e}^{-\mathrm{i}px} + \widehat{b}_{\bm{p}\alpha}^+ u_\mu^{(\alpha)*} \mathrm{e}^{\mathrm{i}px}),$$

$$\widehat{\psi}_\mu^+ = \sum_{\bm{p}\alpha} \frac{1}{\sqrt{2\varepsilon}}(\widehat{a}_{\bm{p}\alpha}^+ u_\mu^{(\alpha)*} \mathrm{e}^{\mathrm{i}px} + \widehat{b}_{\bm{p}\alpha} u_\mu^{(\alpha)} \mathrm{e}^{-\mathrm{i}px}), \tag{14.16}$$

其中下标 α 为三个独立极化的标号.

对 T_{00} 的表示式 (14.9) 是恒正的, 而 (14.11) 式表示的 j^0 不是恒正的, 如同标量情形那样, 这导致玻色量子化的必要性.

在真中性矢量场的性质和电磁场的性质之间存在紧密的联系. 中性矢量场用厄米算符 ψ 描述:

$$\widehat{\psi}_\mu = \sum_{\bm{p}\alpha} \frac{1}{\sqrt{2\varepsilon}}(\widehat{c}_{\bm{p}\alpha} u_\mu^{(\alpha)} \mathrm{e}^{-\mathrm{i}px} + \widehat{c}_{\bm{p}\alpha}^+ u_\mu^{(\alpha)*} \mathrm{e}^{\mathrm{i}px}). \tag{14.17}$$

这个场的拉格朗日量为

$$\widehat{L} = \frac{1}{4}\widehat{\psi}_{\mu\nu}\widehat{\psi}^{\mu\nu} - \frac{1}{2}\widehat{\psi}^{\mu\nu}(\partial_\mu\widehat{\psi}_\nu - \partial_\nu\widehat{\psi}_\mu) + \frac{1}{2}m^2\widehat{\psi}_\mu\widehat{\psi}^\mu. \tag{14.18}$$

电磁场对应于 $m = 0$ 的情形. 这时四维矢量 ψ^μ 变成四维势 A^μ, 而四维张量 $\psi^{\mu\nu}$ 变成场的张量 $F^{\mu\nu}$, 它由 (14.1) 式和位势的定义相联系. 方程 (14.2) 变成 $\partial^\nu\psi_{\mu\nu} = 0$, 对应第二对麦克斯韦方程. 由此不能得出条件 (14.3), 因此, 该条件不再是必要的了. 由于不再存在附加条件, 就不需要将拉格朗日中的 $\widehat{\psi}_\mu$ 与 $\widehat{\psi}_{\mu\nu}$ 看成独立的 "坐标", (14.18) 式变为

$$\widehat{L} = -\frac{1}{4}\widehat{\psi}_{\mu\nu}\widehat{\psi}^{\mu\nu}, \tag{14.19}$$

此式和熟知的电磁场拉格朗日的经典表示式一致. 这个拉格朗日和张量 $\widehat{\psi}_{\mu\nu}$ 一样, 在 "势" ψ_μ 的任何规范变换下都是不变的. 这个性质和零质量之间有明显的联系: 拉格朗日 (14.18) 因为有一项 $m^2\widehat{\psi}_\mu\widehat{\psi}^\mu$ 而不具有这个性质.

§15 具有最高整数自旋的粒子的波动方程

由于给出粒子的质量和自旋就可直接得出波动方程 (14.3) 与 (14.4), 所以拉格朗日量的实际用途与其说是导出这些方程, 不如说是确定场的能量、动量与电荷的表示式.

为此, 如前所述, 我们可以用表示式 (14.7) 代替 (14.5) 式, 再将 (14.7) 作如下变化. 由 (14.1) 式可将 (14.7) 式重写成

$$L = -(\partial_\mu\psi_\nu^*)(\partial^\mu\psi^\nu) + (\partial_\nu\psi_\mu^*)(\partial^\mu\psi^\nu) + m^2\psi_\mu\psi^{\mu*}$$
$$= -(\partial_\mu\psi_\nu^*)(\partial^\mu\psi^\nu) + m^2\psi_\mu^*\psi^\mu + \partial_\nu(\psi_\mu^*\partial^\mu\psi^\nu) - \psi_\mu^*\partial^\mu\partial_\nu\psi^\nu.$$

由 (14.3) 式, 其中的最后一项为零, 而倒数第二项是一个全微商. 略去此项, 得到拉格朗日

$$L' = -(\partial_\mu\psi_\nu^*)(\partial^\mu\psi^\nu) + m^2\psi_\mu^*\psi^\mu. \tag{15.1}$$

它和零自旋粒子的拉格朗日 (10.9) 有同样的形式, 唯一的区别是用四维矢量 ψ_μ 代替标量 ψ 并变号. 符号的改变是因为 ψ_μ 为类空矢量, 所以 $\psi_\mu\psi^{\mu*} < 0$, 而对于一个标量粒子 $\psi\psi^* > 0$.

由拉格朗日 (15.1) 建立四维能量动量张量与四维流矢量, 我们便得到和标量场的 (10.12) 与 (10.18) 相同形式的表示式:

$$T_{\mu\nu} = -\partial_\mu\psi^{\lambda*} \cdot \partial_\nu\psi_\lambda - \partial_\nu\psi^{\lambda*} \cdot \partial_\mu\psi_\lambda - L'g_{\mu\nu}, \tag{15.2}$$
$$j_\mu = -\mathrm{i}[\psi_\lambda^*\partial_\mu\psi^\lambda - (\partial_\mu\psi_\lambda^*)\psi^\lambda]. \tag{15.3}$$

此二式和 (14.8), (14.10) 式的区别仍然在于全微商. 但是这些量的局域值 (如前面已强调指出的) 没有深刻的物理意义. 只有体积分 P_μ (10.15) 与 Q (10.19) 是重要的, 并且它们对于 $T_{\mu\nu}$ 与 j_μ 的两种选择是相同的.

这种描述方法可以直接推广到有任意 (整数) 自旋的粒子. 自旋为 s 的粒子的波函数是 s 秩不可约四维张量, 即一个对其所有指标都对称的张量, 而且它对任何一对指标收缩时都变为零:

$$\psi_{\cdots\mu\cdots\nu\cdots} = \psi_{\cdots\nu\cdots\mu\cdots}, \qquad \psi_{\cdots\mu\cdots}{}^\mu{}_{\cdots} = 0. \tag{15.4}$$

这个张量必须满足附加的四维横向条件:

$$\widehat{p}^{\mu}\psi_{\dots\mu\dots} = 0, \tag{15.5}$$

其每个分量都必须满足二阶方程:

$$(\widehat{p}^2 - m^2)\psi_{\dots} = 0. \tag{15.6}$$

在静止系中, 条件 (15.5) 意味着四维张量的每个含零指标的分量都必定为零. 因此, 在静止系中 (即在非相对论极限时) 的波函数, 就等价于一个不可约的 s 秩三维张量 (应该如此), 而其独立分量的数目为 $2s+1$.

对一个自旋为 s 的粒子的场, 其拉格朗日、能量动量张量与流矢量的表示式和 (15.1)—(15.3) 的差别只是将 ψ_{λ} 换成了 $\psi_{\lambda\mu\dots}$.

归一化的平面波为

$$\psi^{\mu\nu\dots} = \frac{1}{\sqrt{2\varepsilon}}u^{\mu\nu\dots}\mathrm{e}^{-\mathrm{i}px}, \qquad u^*_{\mu\nu\dots}u^{\mu\nu\dots} = -1, \tag{15.7}$$

波幅满足如下条件:

$$u^{\dots\mu\dots}p_{\mu} = 0. \tag{15.8}$$

有 $2s+1$ 个独立的极化态.

场的量子化可以从自旋为 0 或 1 的情形通过显而易见的推广来得出.

上面给出的方法对于所设定的目标是完全足够了, 即用来描述自由粒子的场. 如果要描述粒子与电磁场的相互作用, 情形就不同了. 这个相互作用必须包含在拉格朗日内, 以便从它得到所有的方程式而毋须附加条件. 但是在实际上发现, 相互作用的这种描述仅适用于电子, 即自旋为 $\frac{1}{2}$ 的粒子 (参见 §32). 对于其余自旋值, 这个问题只有方法上的兴趣.

对任何 $s > 1$ 的 (整数与半整数) 自旋而言, 已经证明, 仅用一个秩数和给定自旋值相对应的张量函数或旋量函数, 是不能表述变分原理的. 为此还必须引入辅助的秩数较低的张量或旋量. 这时, 拉格朗日函数的选择必须使得这些辅助量由于自由粒子的场方程根据变分原理得出而自动为零 [①].

[①] 参见 M. Fierz, W. Pauli, Proceedings of the Royal Society A173, 211, 1939. 此论文将上述方法应用于自旋为 3/2 与 2 的粒子.

§16 粒子的螺旋性状态[①]

在相对论性理论中, 运动粒子的轨道角动量 l 和自旋 s 分别都不守恒. 守恒的只有总角动量 $j = l + s$. 因此, 自旋在任何特定方向 (取为 z 轴) 上的投影也不守恒, 因此它不能用来对运动粒子的极化 (自旋) 状态编号.

但是, 自旋在动量方向上的投影是守恒量. 又因为 $l = r \times p$, 所以乘积 $s \cdot n$ 等于守恒的乘积 $j \cdot n(n = p/|p|)$. 这个量称为**螺旋性** (我们在 §8 中已经研究过光子的螺旋性). 其本征值用字母 $\lambda(\lambda = -s, \cdots, +s)$ 标记, 而具有确定 λ 值的粒子状态称为螺旋性状态.

设 $\psi_{p\lambda}$ 为描述具有确定 p 值与确定 λ 值的粒子状态的波函数 (平面波), 而 $u^{(\lambda)}(p)$ 为其振幅; 为简化符号, 我们略去这个函数的分量指标 (对整数自旋的粒子, 它就是四维张量的指标).

在前几节中已经表明, 为了对非零 (整数) 自旋粒子给出相对论性的描述, 波函数需要多于 $2s + 1$ 个的分量. 但是独立的分量数仍旧等于 $2s + 1$, "多余的" 分量可通过附加条件消去; 在静止系中, 附加条件使这些多余的分量都消失 (在下一章我们将看到, 对半整数自旋 s 也是如此情形).

按照角动量变换公式 (参见第二卷 §14), 螺旋性在不改变 p 方向的洛伦兹变换下, 是不变的. 因此, 在这种变换下, λ 是一个好量子数, 研究螺旋性状态的对称性质, 可以采用动量 $|p| \ll m$ 的参考系 (极限情形为静止系). 这时, $\psi_{p\lambda}$ 简化为 $2s + 1$ 个分量的非相对论性波函数. 设其振幅用 $w^{(\lambda)}(n)$ 标记, 其宗量为方向 $n = p/|p|$, 即对角动量进行量子化的方向. 振幅 $w^{(\lambda)}$ 为算符 $n \cdot \hat{s}$ 的本征函数:

$$(n \cdot \hat{s})w^{(\lambda)}(n) = \lambda w^{(\lambda)}(n) \tag{16.1}$$

在旋量表示中, $w^{(\lambda)}$ 为 $2s$ 秩逆变对称旋量; 按照对应公式 (见第三卷 (57.2) 式), 其分量也可以按照在一固定 z 轴上的自旋分量 σ 的对应值编号[②].

在动量表象中, 所研究状态的波函数和振幅 $u^{\lambda}(p)$ 实质上相同. 即

$$\psi_{p\lambda}(k) = u^{(\lambda)}(k)\delta^{(2)}(\nu - n) = u^{(\lambda)}(p)\delta^{(2)}(\nu - n), \tag{16.2}$$

---

① 本节讨论有任意 (整数或半整数) 自旋的粒子.

② 这些论证, 和 λ 的可能取值一样, 适用于质量不为零的粒子. 对零质量粒子而言, 不存在静止系, 螺旋性只能取两个值 $\lambda = \pm s$. 这是因为 §8 已经阐明的事实: 这种粒子的状态要按它们对轴对称群的行为分类, 而这种群只容许能级有二重简并 (从波动方程的性质来看, 这意味着在取 $m \to 0$ 的极限时, 自旋为 s 的粒子的方程组分解为一些独立的方程, 它们分别对应着自旋为 $s, s-1, \cdots$ 的零质量粒子). 例如, 对光子有 $\lambda = \pm 1$, 而对应的 $w^{(\lambda)}$ 为三维矢量 $e^{(\pm 1)}$ (8.2).

其中动量作为独立变量, 记作 k, 以区别于其本征值 p, 而 $\nu = k/|k|$, 以区别于 $n = p/|p|$ [①]. 在非相对论极限,

$$\psi_{n\lambda}(\nu) = w_\sigma^{(\lambda)}(\nu)\delta^{(2)}(\nu - n) = w^{(\lambda)}(n)\delta^{(2)}(\nu - n). \tag{16.3}$$

此表示式应更详细地写成

$$\psi_{n\lambda}(\nu, \sigma) = w_\sigma^{(\lambda)}(\nu)\delta^{(2)}(\nu - n),$$

其中明显地标明了离散的独立变量 σ.

螺旋性算符 $\hat{s} \cdot n$ 和算符 $\hat{j}_z$ 以及 $\hat{j}^2$ 对易. 实际上, 角动量算符和坐标系的无限小转动相联系, 两个矢量的标量积对任何转动都是不变的. 因此, 存在着一些定态, 在这些定态中, 粒子同时具有确定的角动量值 j, 确定的角动量投影值 $j_z = m$ 以及确定的螺旋性 λ. 这样的态称为**球螺旋性态**.

我们来求出动量表象中这种态的波函数. 这只要和第三卷 §103 中推出的对称陀螺波函数的公式直接类比就可得到. 那些公式是根据波函数在有限转动下的变换公式得出的 (参见第三卷 §58). 而这些变换公式本身所依据的仅仅是对转动的对称性质; 因此, 它们可应用于动量表象中的函数, 正如它们可应用于坐标函数一样.

除了空间中固定的坐标系 x, y, z (函数 $\psi_{jm\lambda}$ 就是对这个坐标系写出的) 以外, 还要用到 "动" 坐标系 ξ, η, ζ, 其 ζ 轴在 ν 的方向. 无须重复论证过程 (比较第三卷 (103.8) 式的推导), 我们可以写出

$$\psi_{jm\lambda}(k) = \psi_{j\lambda}^{(0)} D_{\lambda m}^{(j)}(\nu),$$

其中 $\psi_{j\lambda}^{(0)}$ 为 "动" 坐标系中的波函数, 它描述一个其角动量在 ζ 轴上的投影有确定值的粒子的状态: $j_\zeta = \lambda$; 在动量表象中, 这个函数自然和振幅 $u^{(\lambda)}$ 相同. 归一化的波函数 (见下面) 为

$$\psi_{jm\lambda}(k) = \sqrt{\frac{2j+1}{4\pi}} D_{\lambda m}^{(j)}(\nu) u^{(\lambda)}(k). \tag{16.4}$$

但是, 这里有一个相位选择的问题, 它和下面的非单值性相联系. 因为坐标系 $\xi\eta\zeta$ 相对 xyz 的转动由三个欧拉角 α, β, γ 确定, 而决定粒子波函数的方向 ν 仅由两个球面角 $\alpha \equiv \varphi$ 与 $\beta \equiv \theta$ 确定. 因此就必须约定 γ 角的某种选择. 这里我们将取 $\gamma = 0$, 即将 $D_{\lambda m}^{(j)}(\nu)$ 定义为

$$D_{\lambda m}^{(j)}(\nu) = D_{\lambda m}^{(j)}(\varphi, \theta, 0) = e^{im\varphi} d_{\lambda m}^{(j)}(\theta). \tag{16.5}$$

---

① 此处 δ 函数 $\delta^{(2)}$ 的定义, 使得 $\int \delta^{(2)}(\nu - n)\mathrm{d}o_\nu = 1$. 在 (16.2) 式中略去了保证能量取给定值的 δ 函数, 下面在 (16.4) 式中也类似处理.

由第三卷 (58.21) 式, 函数 (16.5) 满足正交归一条件

$$\int D^{(j_1)*}_{\lambda_1 m_1}(\boldsymbol{\nu}) D^{(j_2)}_{\lambda_2 m_2}(\boldsymbol{\nu}) \frac{\mathrm{d}o_{\boldsymbol{\nu}}}{4\pi} = \frac{1}{2j+1}\delta_{j_1 j_2}\delta_{m_1 m_2} \tag{16.6}$$

$(\mathrm{d}o_{\boldsymbol{\nu}} = \sin\theta\mathrm{d}\theta\mathrm{d}\varphi)$. 函数 $\psi_{jm\lambda}$ 对下标 λ 的正交性由因子 $u^{(\lambda)}$ 保证. 由此可见, 函数 $\psi_{jm\lambda}$ 必定对三个下标 $jm\lambda$ 都正交 (应该如此), 且在 (16.4) 式所选定的系数下, 它们按

$$\int |\psi_{jm\lambda}|^2 \mathrm{d}o_{\boldsymbol{\nu}} = 1 \tag{16.7}$$

归一化. 这里我们假定振幅 $u^{(\lambda)}$ 已归一化: $u^{(\lambda)}u^{(\lambda)*} = 1$.

现在我们来研究螺旋性状态波函数在坐标反演下的行为. 极矢量 $\boldsymbol{\nu}$ 和轴矢量 $\boldsymbol{j}$ 的乘积是一个赝标量. 不难看出, 反演变换使螺旋性为 λ 的状态变成螺旋性为 $-\lambda$ 的状态, 因此仅需确定这些变换中的相因子即可.

在反演变换下, $\boldsymbol{\nu} \to -\boldsymbol{\nu}$. 矢量 $\boldsymbol{\nu}$ 是由两个角度 φ 与 θ 确定的, 变换 $\boldsymbol{\nu} \to -\boldsymbol{\nu}$ 通过代换 $\varphi \to \varphi + \pi, \theta \to \pi - \theta$ 来实现. 这样就确定了 ζ 轴, 但 ξ 轴与 η 轴的位置仍然不确定, 还依赖于第三个欧拉角 γ; 在这个意义上, 仅用 θ 与 φ 的变换不可能将坐标系的反射和 ζ 轴的转动区分开来. 用三个欧拉角来表述, 反演就是变换

$$\alpha \equiv \varphi \to \varphi + \pi, \quad \beta \equiv \theta \to \pi - \theta, \quad \gamma \to \pi - \gamma. \tag{16.8}$$

因此, 如果 $D^{(j)}_{\lambda m}(\boldsymbol{\nu})$ 按 (16.5) 式定义 (即取 $\gamma = 0$), 并将变换 $\boldsymbol{\nu} \to -\boldsymbol{\nu}$ 看成反演的结果, 那么

$$D^{(j)}_{\lambda m}(-\boldsymbol{\nu}) = D^{(j)}_{\lambda m}(\varphi + \pi, \pi - \theta, \pi). \tag{16.9}$$

因此, 利用第三卷的 (58.9)、(58.16) 与 (58.18) 式, 我们求出

$$D^{(j)}_{\lambda m}(-\boldsymbol{\nu}) = \mathrm{e}^{\mathrm{i}\lambda\pi}d^{(j)}_{\lambda m}(\pi - \theta)\mathrm{e}^{\mathrm{i}m(\varphi+\pi)}$$
$$= (-1)^{j-\lambda}\mathrm{e}^{\mathrm{i}m\varphi}d^{(j)}_{-\lambda m}(\theta) = (-1)^{j-\lambda}D^{(j)}_{-\lambda m}(\varphi, \theta, 0),$$

或者

$$D^{(j)}_{\lambda m}(-\boldsymbol{\nu}) = (-1)^{-\lambda}D^{(j)}_{-\lambda m}(\boldsymbol{\nu}) \tag{16.10}$$

其中 $j - \lambda$ 为一整数.

对旋量 $w^{(\lambda)}$ 也可得到类似的公式, 只要注意到此旋量的分量 $w^{(\lambda)}_{\sigma}$ 和函数只相差一个因子

$$w^{(\lambda)}_{\sigma}(\boldsymbol{\nu}) \propto D^{(s)}_{\lambda\sigma}(\boldsymbol{\nu})^*. \tag{16.11}$$

实际上, 对自旋本征函数应用第三卷的变换公式 (58.7), 并假设自旋在 ζ 轴的分量有确定值 λ (即在第三卷 (58.7) 式的右边用 $\delta_{m'\lambda}$ 代替 $\psi_{jm'}$), 我们发现,

$D^{(s)}_{\lambda\sigma}(\boldsymbol{\nu})$ 为对应自旋的 z 分量与 ζ 分量具有确定值 (σ 与 λ) 的自旋波函数. σ 为 $-s,\cdots,+s$ 的函数集合 (按第三卷的对应公式 (57.6)) 组成一个 $2s$ 秩协变旋量. 逆变旋量的分量, 按第三卷的 (57.2) 式, 对应于分量 $w^{(\lambda)}_{\sigma}$, 在变换时和同秩的协变旋量分量的复共轭一样变换.

由 (16.10) 与 (16.11) 式, 我们有

$$w^{(\lambda)}(-\boldsymbol{\nu}) = (-1)^{s-\lambda} w(-\lambda)(\boldsymbol{\nu}) \tag{16.12}$$

其中 $s-\lambda$ 为一整数. 但是将反演操作应用于 $w^{(\lambda)}$ 不仅将 $\boldsymbol{\nu}$ 变成 $-\boldsymbol{\nu}$, 而且要乘以一个公共相因子 (粒子的 "内禀宇称"), 我们记作 η:

$$\widehat{P} w^{(\lambda)}(\boldsymbol{\nu}) = \eta w^{(\lambda)}(-\boldsymbol{\nu}) = \eta(-1)^{s-\lambda} w(-\lambda)(\boldsymbol{\nu}). \tag{16.13}$$

对于相对论性振幅 $u^{(\lambda)}(\boldsymbol{k})$, 这个变换变为

$$\widehat{P} u^{(\lambda)}(\boldsymbol{k}) = \eta \beta u^{(\lambda)}(-\boldsymbol{k}) = \eta(-1)^{s-\lambda} u^{(-\lambda)}(\boldsymbol{k}), \tag{16.14}$$

其中 β 为某个矩阵, 对于 $|\boldsymbol{p}| \to 0$ 的极限下仍然存在的 $u^{(\lambda)}$ 分量, 它是一个单位矩阵. 重要的是, 这个矩阵和状态的量子数无关, 在此意义上可以说, (16.13) 和 (16.14) 之间的差别是不重要的 [①].

将 (16.14) 式应用于 (16.2), 我们得到状态 $|\boldsymbol{n}\lambda\rangle$ 波函数的变换规则:

$$\widehat{P} \psi_{\boldsymbol{n}\lambda}(\boldsymbol{\nu}) = \eta(-1)^{s-\lambda} \psi_{-\boldsymbol{n}-\lambda}(\boldsymbol{\nu}). \tag{16.15}$$

对球螺旋性态, 利用 (16.10) 式与 (16.12) 式, 我们得到变换规则

$$\widehat{P} \psi_{jm\lambda}(\boldsymbol{\nu}) = \eta(-1)^{j-s} \psi_{jm-\lambda}(\boldsymbol{\nu}). \tag{16.16}$$

按照 (16.16), 状态 ψ_{jm0} 变换为其自身, 即该状态有确定的宇称. 但是, 如果 $\lambda \neq 0$, 就只有螺旋性相反的状态的叠加才具有确定的宇称:

$$\psi^{(\pm)}_{jm|\lambda|} = \frac{1}{\sqrt{2}} (\psi_{jm\lambda} \pm \psi_{jm-\lambda}). \tag{16.17}$$

在反演变换下, 它们变换为其自身:

$$\widehat{P} \psi^{(\pm)}_{jm|\lambda|}(\boldsymbol{\nu}) = \pm\eta(-1)^{j-s} \psi^{(\pm)}_{jm|\lambda|}(\boldsymbol{\nu}). \tag{16.18}$$

[①] 例如, $s=1$ 时的振幅 $u^{(\lambda)}$ 为四维矢量 (16.22); 于是, β 对四维矢量指标完全是一个单位矩阵: $\beta_{\mu\nu} = \delta_{\mu\nu}$. 当 $s=\frac{1}{2}$ 时, 如下一章将要看到的, $u^{(\lambda)}$ 为一个双旋量; 其相因子 $\eta = i$, 而 β 为狄拉克矩阵 γ^0 (见 (21.10) 式).

应该指出, 在本节中我们对具有给定角动量的自由粒子的状态进行分类时, 只用到守恒量而没有涉及轨道角动量的概念 (在 §6, §7 两节对光子态分类时用到了这一概念).

作为一个例子, 我们来研究自旋为 1 的情形. 在静止系中, 振幅 $u^{(\lambda)}$ (四维矢量) 变为三维矢量 $e^{(\lambda)}$, 它在这里起振幅 $w^{(\lambda)}$ 的作用. 自旋为 1 的算符对矢量函数 e 的作用由如下公式给出:

$$(\widehat{s}_i \boldsymbol{e})_k = -\mathrm{i}e_{ikl}e_l \tag{16.19}$$

(见第三卷 §57, 习题 2). 于是, 方程 (16.1) 变为

$$\mathrm{i}\boldsymbol{n} \times \boldsymbol{e}^{(\lambda)} = \lambda \boldsymbol{e}^{(\lambda)}. \tag{16.20}$$

这个方程 (在 ζ 轴沿 $\boldsymbol{n}$ 方向的坐标系 $\xi\eta\zeta$ 中) 的解和球单位矢量 (7.14) 相同[①]:

$$\boldsymbol{e}^{(0)} = \mathrm{i}(0,0,1), \quad \boldsymbol{e}^{(\pm 1)} = \mp\frac{\mathrm{i}}{\sqrt{2}}(1,\pm\mathrm{i},0). \tag{16.21}$$

在粒子动量为 $\boldsymbol{p}$ 的参考系中, 螺旋性状态的振幅为四维矢量

$$u^{(0)\mu} = \left(\frac{|\boldsymbol{p}|}{m}, \frac{\varepsilon}{m}\boldsymbol{e}^{(0)}\right), \quad u^{(\pm 1)\mu} = (0, \boldsymbol{e}^{(\pm 1)}). \tag{16.22}$$

如果 e 为极矢量, 则 $\eta = -1$, 这时函数 (16.17) (当 $s = 1$ 时为三维矢量) 有如下宇称:

$$\begin{aligned}
\psi_{jm|\lambda|}^{(+)} : \quad & P = (-1)^j, \\
\psi_{jm|\lambda|}^{(-)} : \quad & P = (-1)^{j+1}, \\
\psi_{jm0} : \quad & P = (-1)^j.
\end{aligned}$$

将此式和球谐矢量的定义 (7.4) 相比较, 我们看到, 这些函数分别和 $\mathbf{Y}_{jm}^{(e)}$, $\mathbf{Y}_{jm}^{(m)}$, $\mathbf{Y}_{jm}^{(l)}$ 相同 (除相因子外). 确定相因子 (如通过比较 $\theta = 0$ 的函数值) 后, 我们得到如下公式:

$$\begin{aligned}
\mathbf{Y}_{jm}^{(e)} &= \mathrm{i}^{j-1}\sqrt{\frac{2j+1}{8\pi}}(\boldsymbol{e}^{(1)}D_{1m}^{(j)} + \boldsymbol{e}^{(-1)}D_{-1m}^{(j)}), \\
\mathbf{Y}_{jm}^{(m)} &= \mathrm{i}^{j-1}\sqrt{\frac{2j+1}{8\pi}}(\boldsymbol{e}^{(1)\prime}D_{1m}^{(j)} + \boldsymbol{e}^{(-1)\prime}D_{-1m}^{(j)}), \\
\mathbf{Y}_{jm}^{(l)} &= \mathrm{i}^{j-1}\sqrt{\frac{2j+1}{4\pi}}\boldsymbol{e}^{(0)}D_{0m}^{(j)}
\end{aligned} \tag{16.23}$$

---

① 相因子的选择由如下条件确定: 用本征函数 (16.21) 计算的自旋算符矩阵元必须和量子力学的一般定义相符 (见第三卷 §27 与 §107).

其中 j 为一整数; $e^{(\lambda)'} = \boldsymbol{n} \times \boldsymbol{e}^{(\lambda)}$ 为沿 ξ', η', ζ 轴的球单位矢量; ξ', η', ζ 轴由 ξ, η, ζ 轴绕 ζ 轴转动 $90°$ 得到.

(16.23) 的最后一个公式等价于第三卷中 $d_{0m}^{(j)}$ 的表示式 (58.23). 而从 (16.23) 中第一个 (或第二个) 公式, 可以得出函数 $d_{\pm 1m}^{(j)}$ 的简单表示式. 我们有

$$i^{j-1}\sqrt{\frac{2j+1}{8\pi}}D_{\pm 1m}^{(j)} = \mathbf{Y}_{jm}^{(e)}\boldsymbol{e}^{(\pm 1)*} = \frac{1}{\sqrt{j(j+1)}}\boldsymbol{e}^{(\pm 1)*}\nabla\mathbf{Y}_{jm}.$$

右边的标量积可以在坐标系 ξ, η, ζ 中明显写出来, 且有

$$\left(\frac{\partial}{\partial\xi}, \frac{\partial}{\partial\eta}\right) \to \left(\frac{\partial}{\partial\theta}, \frac{1}{\sin\theta}\frac{\partial}{\partial\varphi}\cdot\right)$$

由函数 $\mathbf{Y}_{jm}$ 的定义 (7.2) 和定义 (16.5) 式, 我们得到结果

$$d_{\pm 1m}^{(j)}(\theta) = (-1)^{m+1}\sqrt{\frac{(j-m)!}{(j+m)!j(j+1)}}\left(\pm\frac{\partial}{\partial\theta} + \frac{m}{\sin\theta}\right)\mathbf{P}_j^m(\cos\theta), \quad m \geqslant 0.$$

$$\text{(16.24)}$$

第三章
费 米 子

§17 四维旋量

在非相对论性理论中, 一个任意自旋 s 的粒子用一个有 $2s+1$ 个分量的量 $-2s$ 秩对称旋量来描述. 数学上, 这个旋量是空间转动群不可约表示的实现.

在相对论性理论中, 这个群只是更广泛的四维转动群 —— 洛伦兹群的一个子群. 与此相联系, 必须建立四维旋量的理论, 四维旋量是洛伦兹群不可约表示的实现. 我们将在 §17—§19 阐述这个理论. 在 §17 和 §18 中我们将只研究不含空间反演的固有洛伦兹群, 在 §19 中再讨论空间反演.

四维旋量理论可类似于三维旋量理论来建立 (B. L. van der Waerden, 1929; G. E. Uhlenbeck, O. Laporte, 1931).

旋量 ξ^α 是一个二分量的量 $(\alpha = 1, 2)$; 作为 $1/2$ 自旋粒子波函数的分量, ξ^1 与 ξ^2 分别对应于自旋 z 分量本征值 $+1/2$ 与 $-1/2$. 在 (固有) 洛伦兹群的任何变换下, ξ^1 与 ξ^2 两个量变换为它们自身的线性组合:

$$\xi^{1'} = \alpha\xi^1 + \beta\xi^2, \quad \xi^{2'} = \gamma\xi^1 + \delta\xi^2. \tag{17.1}$$

系数 $\alpha, \beta, \gamma, \delta$ 为四维坐标系转动角度的确定函数, 它们必须满足如下条件

$$\alpha\delta - \beta\gamma = 1, \tag{17.2}$$

即二元变换 (17.1) 的行列式必须等于 1, 这和洛伦兹群的坐标变换的行列式相同.

由于条件 (17.2) 式, 二次型 $\xi^1 \Xi^2 - \xi^2 \Xi^1$(其中 ξ^α 与 Ξ^α 为两个旋量) 在变换 (17.1) 下不变, (这对应着一个零自旋粒子由两个 1/2 自旋粒子 "组成"). 为了以一种自然的方式写出这种不变表示式, 除了旋量的 "反变" 分量 ξ^α 外, 还要引入 "协变" 分量 ξ_α. 它们可通过 "度规旋量" $g_{\alpha\beta}$ 相互转换[①]:

$$\xi_\alpha = g_{\alpha\beta}\xi^\beta, \tag{17.3}$$

其中

$$g_{\alpha\beta} = \begin{pmatrix} 0 & 1 \\ -1 & 0 \end{pmatrix}, \tag{17.4}$$

因此

$$\xi_1 = \xi^2, \quad \xi_2 = -\xi^1. \tag{17.5}$$

这时不变量 $\xi^1 \Xi^2 - \xi^2 \Xi^1$ 可写成标量积 $\xi^\alpha \Xi_\alpha$ 的形式, 并且 $\xi^\alpha \Xi_\alpha = -\xi_\alpha \Xi^\alpha$.

上述性质在形式上和三维旋量相同. 但在研究复共轭旋量时, 就有了区别.

在非相对论性理论中, 和式

$$\psi^1 \psi^{1*} + \psi^2 \psi^{2*}, \tag{17.6}$$

决定粒子的空间局域概率密度, 它必须是标量, 故分量 $\psi^{\alpha*}$ 应按旋量的协变分量变换; 换句话说, 变换 (17.1) 应该是幺正的 ($\alpha = \delta^*, \beta = -\gamma^*$). 但在相对论性理论中, 粒子密度不是标量, 而是四维矢量的时间分量. 与此相联系, 上述要求不再满足, 变换系数不需要满足除 (17.2) 式外的其余任何补充条件. 四个复量 $\alpha, \beta, \gamma, \delta$ 在条件 (17.2) 下等价于 8–2=6 个实参量 —— 和决定四维坐标系一个转动所需的角度数目一致 (在六个坐标面上转动).

这样, 复共轭的二元变换是完全不同的, 故在相对论性理论中有两类旋量. 为了区分这两类旋量, 按惯例采用一种专门的标记: 按 (17.1) 式的复共轭公式变换的旋量, 在其指标上方加点 (称为**带点指标**). 因此, 按定义,

$$\eta^{\dot\alpha} \sim \xi^{\alpha^*}, \tag{17.7}$$

其中符号 $\sim$ 表示 "被变换为", 换句话说, "带点" 旋量的变换公式为:

$$\eta^{\dot1'} = \alpha^* \eta^{\dot1} + \beta^* \eta^{\dot2}, \quad \eta^{\dot2'} = \gamma^* \eta^{\dot1} + \delta^* \eta^{\dot2}. \tag{17.8}$$

升高和降低带点指标的运算和不带点指标按同样方式进行;

$$\eta_{\dot1} = \eta^{\dot2}, \quad \eta_{\dot2} = -\eta^{\dot1}. \tag{17.9}$$

[①] 旋量的指标用头几个希腊字母 $\alpha, \beta, \gamma, \cdots$ 标记.

四维旋量在空间转动下的行为和三维旋量相同. 对三维旋量, 我们知道, $\psi_\alpha^* \sim \psi^\alpha$. 按定义 (17.7), 四维旋量 $\eta_{\dot\alpha}$ 在转动时的行为和三维反变旋量 ψ^α 相同. 故协变分量 $\eta_{\dot 1}$ 与 $\eta_{\dot 2}$ 对应着 1/2 自旋粒子自旋分量本征值为 1/2 与 −1/2 的波函数的分量.

高秩旋量定义为按若干一秩旋量分量之积变换的量的集合. 这些高秩旋量的指标可以是有的带点, 有的不带点. 例如, 可以有下面三类二秩旋量:

$$\xi^{\alpha\beta} \sim \xi^\alpha \Xi^\beta, \quad \zeta^{\alpha\dot\beta} \sim \xi^\alpha \eta^{\dot\beta}, \quad \eta^{\dot\alpha\dot\beta} \sim \eta^{\dot\alpha} H^{\dot\beta}.$$

因此, 仅仅给出一个旋量的总秩数还不能唯一地确定一个高秩旋量; 必要时, 我们将用一对数 (k, l) 分别标明不带点指标数与带点指标数以便明确标明这个旋量的秩数.

由于变换 (17.1) 与 (17.8) 代数上是独立的, 故没有必要指明带点指标与不带点指标的次序 (例如, $\zeta^{\alpha\dot\beta}$ 和 $\zeta^{\dot\beta\alpha}$ 两个旋量是相同的).

为使理论具有不变性, 每个旋量方程的两边都必须包含相同数目的不带点指标与带点指标, 否则, 在由一个参考系过渡到另一个参考系的时候, 等式将明显遭到破坏. 这里必须记住, 取复共轭意味着交换不带点指标与带点指标. 因此, 两个旋量之间的关系式 $\eta^{\dot\alpha\dot\beta} = (\xi^{\alpha\beta})^*$ 保持不变.

旋量或旋量积的缩并只能对同类指标 (带点或不带点) 成对地进行; 一对不同类指标的求和不是不变的运算. 因此, 由旋量

$$\zeta^{\alpha_1\alpha_2\cdots\alpha_k\dot\beta_1\dot\beta_2\cdots\dot\beta_l} \tag{17.10}$$

(其中对 k 个不带点指标与 l 个带点指标都是对称的) 就不可能构成较低秩的旋量 (由于对旋量的一对对称指标进行缩并的结果为零). 因此, 我们不可能由量 (17.10) 构成一个较小数目的线性组合, 它们在群的每一变换下都变换为它们自身的线性组合. 也就是说, 对称四维旋量是固有洛伦兹群不可约表示的实现. 每个不可约表示都可用一对数 (k, l) 标定.

由于每个旋量指标可取两个值, 所以在量 (17.10) 中有 $k+1$ 个不同的数组选择 $\alpha_1, \alpha_2, \cdots, \alpha_k$ (含有 $0, 1, 2, \cdots, k$ 个 1 与 $k, k-1, \cdots, 0$ 个 2) 和 $l+1$ 个不同数组选择 $\dot\beta_1, \dot\beta_2, \cdots, \dot\beta_l$. 因此, (k, l) 秩对称旋量总共有 $(k+1)(l+1)$ 个独立分量; 这也正是相应的不可约表示的维数.

§18 旋量与四维矢量的联系

有一个带点指标和一个不带点指标的旋量 $\zeta^{\alpha\dot\beta}$ 具有 $2 \times 2 = 4$ 个独立分

量, 和四维矢量的分量数相同. 很明显, 二者都是固有洛伦兹群相同不可约表示的实现. 它们的分量之间应该有某种联系.

为确立这种联系, 我们先考虑三维情形中的相应联系, 利用三维旋量和四维旋量对纯空间转动的行为相同这个事实.

对三维旋量 $\psi^{\alpha\beta}$, 有相应的公式 (参见第三卷 §57), 我们将它写成如下形式:

$$a_x = \frac{1}{2}(\psi^{22} - \psi^{11}) = \frac{1}{2}(\psi_1^2 + \psi_2^1),$$

$$a_y = -\frac{i}{2}(\psi^{22} + \psi^{11}) = \frac{i}{2}(\psi_2^1 - \psi_1^2),$$

$$a_z = \frac{1}{2}(\psi^{12} + \psi^{21}) = \frac{1}{2}(\psi_1^1 - \psi_2^2),$$

其中 a_x, a_y, a_z 为一个三维矢量 $\boldsymbol{a}$ 的分量. 过渡到四维情形, ψ_β^α 必须换成 $\zeta^{\alpha\dot\beta}$, 而 a_x, a_y, a_z 必须理解成一个四维矢量的反变分量 a^1, a^2, a^3. 至于其第四分量 a^0, 那么其形式由如下事实是很明显的, 如 §17 指出的, 量 (17.6) 应该按 a^0 变换. 因此 $a^0 \sim \zeta^{1\dot1} + \zeta^{2\dot2}$, 其中比例系数的确定应该使得标量 $\zeta_{\alpha\dot\beta}\zeta^{\alpha\dot\beta}$ 和标量 $2a_\mu a^\mu \equiv 2a^2$ 相等.

这样, 我们就得到下列对应公式:

$$a^1 = \frac{1}{2}(\zeta^{1\dot2} + \zeta^{2\dot1}), \quad a^2 = \frac{i}{2}(\zeta^{1\dot2} - \zeta^{2\dot1}),$$

$$a^3 = \frac{1}{2}(\zeta^{1\dot1} - \zeta^{2\dot2}), \quad a^0 = \frac{1}{2}(\zeta^{1\dot1} + \zeta^{2\dot2}), \tag{18.1}$$

其逆公式为

$$\zeta^{1\dot1} = \zeta_{2\dot2} = a^3 + a^0, \quad \zeta^{2\dot2} = \zeta_{1\dot1} = a^0 - a^3,$$

$$\zeta^{1\dot2} = -\zeta_{2\dot1} = a^1 - ia^2, \quad \zeta^{2\dot1} = -\zeta_{1\dot2} = a^1 + ia^2. \tag{18.2}$$

这里

$$\zeta_{\alpha\dot\beta}\zeta^{\alpha\dot\beta} = 2a^2. \tag{18.3}$$

而且还有

$$\zeta_{\alpha\dot\beta}\zeta^{\gamma\dot\beta} = \delta_\alpha^\gamma a^2. \tag{18.4}$$

这是由于二秩旋量 $\zeta_{\alpha\dot\beta}\zeta_\gamma^{\dot\beta}$ 对指标 α, γ 是反对称的, 故和度规旋量成正比.

旋量 $\zeta^{\alpha\dot\beta}$ 和四维矢量的对应关系是下述一般规则的一个特殊情形: 任何 (k, k) 秩的对称旋量都等价于一个 k 秩对称且不可约 (即按任何一对指标缩并均为零) 的四维张量.

旋量和四维矢量间的关系可以通过如下二行的泡利矩阵写成更紧凑的形式[1]:

$$\sigma_x = \begin{pmatrix} 0 & 1 \\ 1 & 0 \end{pmatrix}, \quad \sigma_y = \begin{pmatrix} 0 & -i \\ i & 0 \end{pmatrix}, \quad \sigma_z = \begin{pmatrix} 1 & 0 \\ 0 & -1 \end{pmatrix}. \tag{18.5}$$

如果将有上升指标且第一个指标不带点的量 $\zeta^{\alpha\dot\beta}$ 的矩阵用符号 ζ 表示, (18.2) 式就可写成如下形式

$$\zeta = \boldsymbol{a} \cdot \boldsymbol{\sigma} + a^0 \tag{18.6}$$

(第二项当然指的是 a^0 与单位矩阵的乘积). 其逆公式为

$$\boldsymbol{a} = \frac{1}{2}\mathrm{tr}\,(\zeta\boldsymbol{\sigma}), \quad a^0 = \frac{1}{2}\mathrm{tr}\,\zeta. \tag{18.7}$$

利用公式 (18.6) 和 (18.7) 可以确立四维矢量和旋量的变换规则之间的关系, 并因此将旋量的变换规则用四维坐标系的转动参数表示出来.

我们将旋量 ξ^α 的变换写成如下形式:

$$\xi^{\alpha'} = (B\xi)^\alpha, \quad B = \begin{pmatrix} \alpha & \beta \\ \gamma & \delta \end{pmatrix}, \tag{18.8}$$

其中 B 是由二元变换的系数构成的二阶矩阵. 于是, 带点旋量的变换为

$$\eta^{\dot\beta'} = (B^*\eta)^{\dot\beta} = (\eta B^+)^{\dot\beta}, \tag{18.9}$$

二秩旋量 $\zeta^{\alpha\dot\beta} \sim \zeta^\alpha \eta^{\dot\beta}$ 的变换可以符号地写成 $\zeta' = B\zeta B^+$[2]. 对于无限小变换 $B = 1 + \lambda$, 其中 λ 为一小矩阵, 精确到一级小量时, 我们有

$$\zeta' = \zeta + (\lambda\zeta + \zeta\lambda^+). \tag{18.10}$$

我们先研究参考系以无限小速度 $\delta\boldsymbol{V}$ 运动时的洛伦兹变换 (不改变空间坐标轴的方向). 这时, 四维矢量 $a^\mu = (a^0, \boldsymbol{a})$ 以如下方式变换

$$\boldsymbol{a}' = \boldsymbol{a} - a^0\delta\boldsymbol{V}, \quad a^{0'} = a^0 - \boldsymbol{a}\cdot\delta\boldsymbol{V}. \tag{18.11}$$

现在, 我们用到 (18.7) 式. a^0 的变换一方面可写成

$$a^{0'} = a^0 - \boldsymbol{a}\cdot\delta\boldsymbol{V} = a^0 - \frac{1}{2}\mathrm{tr}\,(\zeta\boldsymbol{\sigma}\cdot\delta\boldsymbol{V}),$$

---

[1] 为简化符号, 作用于自旋变量上的算符 (矩阵) 用不带帽的字母表示.
[2] 对于协变分量我们有:

$$\xi'_\alpha = (\widetilde{B}^{-1}\xi)_\alpha = (\xi B^{-1})_\alpha, \quad \eta'_{\dot\alpha} = (\eta B^{*-1})_{\dot\alpha} \tag{18.8a}$$

因此两个旋量之积 $\xi_\alpha \Xi^\alpha$ 保持不变.

另一方面又可写成

$$a^{0'} = \frac{1}{2}\mathrm{tr}\,\zeta' = a^0 + \frac{1}{2}\mathrm{tr}\,(\lambda\zeta + \zeta\lambda^+) = a^0 + \frac{1}{2}\mathrm{tr}\,\zeta(\lambda + \lambda^+).$$

这两个表示式必须对任意 ζ 值都是相等的. 由此我们得到等式

$$\lambda + \lambda^+ = -\boldsymbol{\sigma} \cdot \delta\boldsymbol{V}.$$

用同样的方法处理 $\boldsymbol{a}$ 的变换, 我们得到

$$\boldsymbol{\sigma}\lambda + \lambda^+\boldsymbol{\sigma} = -\delta\boldsymbol{V}.$$

作为 λ 的方程式, 其解为

$$\lambda = \lambda^+ = -\frac{1}{2}\boldsymbol{\sigma} \cdot \delta\boldsymbol{V}.$$

因此对旋量 ξ^α 的无限小洛伦兹变换有矩阵

$$B = 1 - \frac{1}{2}\boldsymbol{\sigma} \cdot \boldsymbol{n}\delta V, \tag{18.12}$$

其中 $\boldsymbol{n}$ 为速度 $\delta\boldsymbol{V}$ 方向上的单位矢量. 由此不难求出对有限速度 $\boldsymbol{V}$ 的变换. 为此我们应该记得, 洛伦兹变换在几何上意味着四维坐标系在 t、$\boldsymbol{n}$ 平面内转动 φ 角, φ 和速度 $\boldsymbol{V}$ 的关系为[①] $\tanh\varphi = V$. 无限小变换则对应角 $\delta\varphi = \delta V$, 而转动有限角 φ 是将转动 $\delta\varphi$ 重复 $\varphi/\delta\varphi$ 次. 将算符 (18.12) 自乘 $\varphi/\delta\varphi$ 次并取极限 $\delta\varphi \to 0$, 我们得到

$$B = \mathrm{e}^{-\frac{\varphi}{2}\boldsymbol{n}\cdot\boldsymbol{\sigma}}. \tag{18.13}$$

这个算符的数学意义通过注意到如下事实看出: 由泡利矩阵的性质: $\boldsymbol{n}\cdot\boldsymbol{\sigma}$ 的所有偶次幂都等于 1, 而奇次幂都等于 $\boldsymbol{n}\cdot\boldsymbol{\sigma}$. 由于双曲余弦函数和双曲正弦函数展开后分别是宗量的偶次幂与奇次幂, 我们最后得到

$$B = \cosh\frac{\varphi}{2} - \boldsymbol{n} \cdot \boldsymbol{\sigma}\sinh\frac{\varphi}{2}, \qquad \tanh\varphi = V. \tag{18.14}$$

我们指出, 洛伦兹变换的矩阵 B 是厄米的: $B = B^+$.

现在我们来研究空间坐标系的一个无限小转动. 三维矢量 $\boldsymbol{a}$ 变换如下:

$$\boldsymbol{a}' = \boldsymbol{a} - \delta\boldsymbol{\theta} \times \boldsymbol{a}, \tag{18.15}$$

其中 $\delta\boldsymbol{\theta}$ 为无限小转动角矢量. 旋量的相应变换可用类似方法求出. 但在此没必要这样做, 因为在空间转动时四维旋量的行为和三维旋量的完全一样, 而三维旋量的变换由自旋算符和无限小转动算符的一般关系为:

$$B = 1 + \frac{\mathrm{i}}{2}\boldsymbol{\sigma} \cdot \delta\boldsymbol{\theta}. \tag{18.16}$$

---

① 在包含时间轴的平面内, 度规是赝欧几里得的.

过渡到有限角 θ 的转动类似于从 (18.12) 到 (18.14) 的过渡:

$$B = \exp\left(\frac{\mathrm{i}\theta}{2}\boldsymbol{n}\cdot\boldsymbol{\sigma}\right) = \cos\frac{\theta}{2} + \mathrm{i}\boldsymbol{n}\cdot\boldsymbol{\sigma}\sin\frac{\theta}{2}, \tag{18.17}$$

其中 $\boldsymbol{n}$ 为转动轴的单位矢量. 此矩阵是幺正的 $(B^+ = B^{-1})$, 空间转动本应如此.

§19 旋量的反演

在第三卷中阐述旋量的三维理论时, 没有考虑旋量在空间反演下的行为, 因为在非相对论性理论中, 这不会导致任何新的物理结果. 现在考察这个问题, 是为使接下来对四维旋量反演性质的分析更为清晰明了.

反演运算并不改变自旋矢量 (或任何轴矢量) 的符号, 因而自旋分量 s_z 的值也不改变. 由此得出, 旋量的每一个分量 ψ^α 在反演时只能变为自身的倍数, 即

$$\psi^\alpha \to P\psi^\alpha, \tag{19.1}$$

其中 P 为常系数. 反演两次, 就回到原来的坐标系. 但对一个旋量, 回到初始位置可以有两种不同的看法: 看成坐标系转动 0° 或 360°. 这两种定义对旋量并不等价, 因为 ψ^α 在转动 360° 时要变号. 这样, 对反演可以有两种看法: 一种是

$$P^2 = 1, \quad P = \pm 1, \tag{19.2}$$

而另一种是

$$P^2 = -1, \quad P = \pm\mathrm{i}. \tag{19.3}$$

这里重要的是要指出, 反演概念对一切旋量必须有同样的定义. 对不同的旋量在反演下有不同的行为 (即按 (19.2) 式或 (19.3) 式进行变换) 是不允许的, 因为那样就不能由任意一对旋量构成标量 (或赝标量): 如果旋量 ψ^α 按 (19.2) 式变换而 φ_α 按 (19.3) 式变换, 那么量 $\psi^\alpha\varphi_\alpha$ 在反演时需乘以 $\pm\mathrm{i}$ 而不是保持不变 (或只改变符号).

应该强调指出, 无论怎样定义反演, 给旋量以某种确定的宇称 P 没有绝对的意义, 这是因为坐标系转动 2π 时旋量将改变符号, 并且这样的转动总是与反演同时进行的. 但是, 如果定义由两个旋量组成的标量 $\psi^\alpha\varphi_\alpha$ 的宇称为这两个旋量的 "相对宇称", 则因为转动 2π 时两个旋量同时改变符号, 与此相联系的不确定性并不影响这个标量的宇称, 因而, 两个旋量的 "相对宇称" 具有绝对意义.

现在我们继续讨论四维旋量.

首先我们指出, 既然反演只改变四个坐标 (t, x, y, z) 中三个 (x, y, z) 指标的符号, 它和空间转动是对易的, 而和转动 t 轴的变换是不对易的. 如果 $\widehat{L}$ 是对以速度 $\boldsymbol{V}$ 运动的参考系的洛伦兹变换, 那么 $\widehat{P}\widehat{L} = \widehat{L'}\widehat{P'}$, 其中 $\widehat{L'}$ 是对以速度 $-\boldsymbol{V}$ 运动的参考系的变换.

由此得出, 四维旋量 ξ^α 的分量在反演变换下不可能变换成它们自身的倍数. 如果旋量 ξ^α 的反演仍然由变换 (19.1) 给出 (即变换用一个和单位矩阵成正比的矩阵表示), 那么它显然应该和每个洛伦兹变换对易, 但这绝不可能, 因为算符 $\widehat{L}$ 和 $\widehat{L'}$ 在作用于 ξ^α 时显然是不同的.

因此, 旋量 ξ^α 的分量经反演变换的结果中一定含有其它量. 这样的量只能是变换性质和 ξ^α 不同的某个别的旋量 $\eta^{\dot\alpha}$ 的分量. 由于反演不改变自旋的 z 分量 (如上所述), 分量 ξ^1 与 ξ^2 在反演时只能变成 $\eta_{\dot1}$ 与 $\eta_{\dot2}$, 它们分别对应相同的 $s_z = \dfrac{1}{2}$ 与 $s_z = -\dfrac{1}{2}$ 值. 如果将反演取为重复两次结果不变的运算, 那么其效果可用如下公式表示

$$\xi^\alpha \to \eta_{\dot\alpha}, \quad \eta_{\dot\alpha} \to \xi^\alpha. \tag{19.4}$$

对于协变分量 ξ_α 和反变分量 $\eta^{\dot\alpha}$ 而言, 这种变换将改变符号:

$$\xi_\alpha \to -\eta^{\dot\alpha}, \quad \eta^{\dot\alpha} \to -\xi_\alpha, \tag{19.4a}$$

这是因为降低与升高同一指标时要改变符号, 参见 (17.5) 与 (17.9) 式[①]. 但是如果将反演的含义取成 $P^2 = -1$, 则其作用为

$$\xi^\alpha \to i\eta_{\dot\alpha}, \quad \eta_{\dot\alpha} \to i\xi^\alpha \tag{19.5}$$

或等价地,

$$\xi_\alpha \to -i\eta^{\dot\alpha}, \quad \eta^{\dot\alpha} \to -i\xi_\alpha. \tag{19.5a}$$

反演的这两种定义之间存在一定的差别, 在第二种定义的反演下, 复共轭旋量以相同方式变换. 如果 $\Xi_\alpha = \eta^*_{\dot\alpha}, H^{\dot\alpha} = \xi^{\alpha*}$, 那么根据 (19.5) 式, 将有 $\Xi_\alpha \to -iH^{\dot\alpha}, H^{\dot\alpha} \to -i\Xi_\alpha$, 即和 $\xi_\alpha, \eta^{\dot\alpha}$ 的变换相同. 而在按 (19.4) 式定义的反演下, 我们将得到变换 $\Xi_\alpha \to H^{\dot\alpha}, H^{\dot\alpha} \to \Xi_\alpha$, 和旋量 $\xi_\alpha, \eta^{\dot\alpha}$ 的变换比较, 其符号是相反的. 我们将在 §27 中讨论这种差别的一些可能的物理后果.

---

　　① 当然, 由于量 ξ^α 和 $\eta_{\dot\alpha}$ 是独立的, (19.4) 的定义在某个范围内是任意的. 例如, 假如引入一个新的旋量 $\eta'_{\dot\alpha} = e^{i\delta}\eta_{\dot\alpha}$ 代替 $\eta_{\dot\alpha}$, (19.4) 式就被如下等价的定义代替:

$$\xi^\alpha \to e^{-i\delta}\eta'_{\dot\alpha}, \quad \eta'_{\dot\alpha} \to e^{i\delta}\xi^\alpha.$$

下面我们将采用 (19.5) 式的定义进行讨论.

我们知道, 旋量 ξ^α 和 $\eta_{\dot\alpha}$ 对转动子群是以相同方式变换的. 取其组合

$$\xi^\alpha \pm \eta_{\dot\alpha}, \tag{19.6}$$

我们就会得到在反演下按 (19.1) 式变换的量, 且 $P = \pm\mathrm{i}$. 但是, 这种组合对洛伦兹群的所有变换行为和旋量并不一样.

因此, 为将反演包含到对称群中, 必须同时处理一对旋量 $(\xi^\alpha, \eta_{\dot\alpha})$, 这样的一对旋量叫**双旋量** (秩为 1). 双旋量的四个分量构成广义洛伦兹群的不可约表示的一个实现.

两个双旋量 $(\xi^\alpha, \eta_{\dot\alpha})$ 和 $(\varXi^\alpha, H_{\dot\alpha})$ 的标量积可以用两种方法构成. 量

$$\xi^\alpha \varXi_\alpha + \eta_{\dot\alpha} H^{\dot\alpha} \tag{19.7}$$

对反演是不变的, 因此它是真标量; 而量

$$\xi^\alpha \varXi_\alpha - \eta_{\dot\alpha} H^{\dot\alpha} \tag{19.8}$$

在四维坐标系的转动时也是不变的, 但在反演时要变号, 即它是赝标量.

二秩旋量 $\zeta^{\alpha\dot\beta}$ 也可以用两种方法定义. 若用如下变换规则

$$\zeta^{\alpha\dot\beta} \sim \xi^\alpha H^{\dot\beta} + \varXi^\alpha \eta^{\dot\beta} \tag{19.9}$$

来定义, 所得到的量在反演时变换如下

$$\zeta^{\alpha\dot\beta} \to \zeta_{\dot\alpha\beta}. \tag{19.10}$$

和这样的旋量等价的四维矢量 α^μ, 根据 (18.1) 式, 按照 $(a^0, \boldsymbol{a}) \to (a^0, -\boldsymbol{a})$ 变换, 即它是真四维矢量, 而三维矢量 $\boldsymbol{a}$ 是极矢量.

但是, 也可以这样来定义 $\zeta^{\alpha\dot\beta}$ 使得:

$$\zeta^{\alpha\dot\beta} \sim \xi^\alpha H^{\dot\beta} - \varXi^\alpha \eta^{\dot\beta}. \tag{19.11}$$

这时[1]

$$\zeta^{\alpha\dot\beta} \to -\zeta_{\dot\alpha\beta}. \tag{19.12}$$

这种旋量对应一个四维矢量, 其在反演变换下 $(a^0, \boldsymbol{a}) \to (-a^0, \boldsymbol{a})$, 即它是一个四维赝矢量 (三维矢量 $\boldsymbol{a}$ 是轴矢量).

---

[1] 必须强调的是, 变换规则 (19.10) 和 (19.12) 右边的符号不同, 由于等式的两边是同一旋量的分量, 因而它们绝不是等价的 (参见本节的上一脚注).

具有同类指标的二秩对称旋量按下面的变换规则定义:

$$\xi^{\alpha\beta} \sim \xi^\alpha \Xi^\beta + \xi^\beta \Xi^\alpha, \qquad \eta_{\dot\alpha\dot\beta} \sim \eta_{\dot\alpha} H_{\dot\beta} + \eta_{\dot\beta} H_{\dot\alpha}. \tag{19.13}$$

在反演时, 它们相互转换:

$$\xi^{\alpha\beta} \to -\eta_{\dot\alpha\dot\beta}. \tag{19.14}$$

对 $(\xi^{\alpha\beta}, \eta_{\dot\alpha\dot\beta})$ 构成一个二秩双旋量, 其独立分量数为 $3 + 3 = 6$; 四维二秩反对称张量 $a^{\mu\nu}$ 的独立分量数也是这么多. 因此它们之间应该存在一定的对应关系 (二者都是广义洛伦兹群的等价不可约表示的实现).

由于旋量 $\xi^{\alpha\beta}$ 和 $\eta_{\dot\alpha\dot\beta}$ 对固有洛伦兹群的变换是相互独立的, 我们可以由四维张量 $a^{\mu\nu}$ 的分量构成两组量, 这两组量对四维坐标系的任何转动只能互相变换. 其划分方法如下.

定义一个三维极矢量 $\boldsymbol{p}$ 与一个三维轴矢量 $\boldsymbol{a}$, 它们和四维张量 $a^{\mu\nu}$ 的分量之间的关系为:

$$a^{\mu\nu} = \begin{pmatrix} 0 & p_x & p_y & p_z \\ -p_x & 0 & -a_z & a_y \\ -p_y & a_z & 0 & -a_x \\ -p_z & -a_y & a_x & 0 \end{pmatrix} \equiv (\boldsymbol{p}, \boldsymbol{a}) \tag{19.15}$$

其中 $(\boldsymbol{p}, \boldsymbol{a})$ 是一种我们用于标明这种张量的分量的简明记法. 而 $a_{\mu\nu} = (-\boldsymbol{p}, \boldsymbol{a})$, 并且在下面两个量

$$\boldsymbol{a}^2 - \boldsymbol{p}^2 = \frac{1}{2} a_{\mu\nu} a^{\mu\nu}, \qquad \boldsymbol{a} \cdot \boldsymbol{p} = \frac{1}{8} e_{\mu\nu\rho\sigma} a^{\mu\nu} a^{\rho\sigma}$$

中, 第一个是标量, 第二个是赝标量; 二者对固有洛伦兹群都是不变的. 三维矢量 $\boldsymbol{f}^\pm = \boldsymbol{p} \pm \mathrm{i}\boldsymbol{a}$ 的平方也是不变的. 因此, 对于矢量 $\boldsymbol{f}^\pm$, 四维空间的任何转动都等价于三维空间中的一个 "转动", 其转动的角度一般是复的 (四维空间中的六个转动角相当于三维系统的三个复 "转动角"). 空间反演操作改变 $\boldsymbol{p}$ 的符号, 但不改变 $\boldsymbol{a}$ 的符号, 因而它使矢量 $\boldsymbol{f}^+$ 和 $-\boldsymbol{f}^-$ 互相转换. 这些矢量的分量就是我们要求的由张量 $a^{\mu\nu}$ 的分量构成的两组量.

这样, 四维张量 $a^{\mu\nu}$ 的分量和旋量 $\xi^{\alpha\beta}$、$\eta_{\dot\alpha\dot\beta}$ 之间的对应关系就变得很明显. 由于将空间转动作为一个子群包含在洛伦兹群中, 此旋量的分量与三维矢量的分量间的关系应该和三维旋量的情形相同:

$$\begin{aligned} f_x^+ &= \frac{1}{2}(\xi^{22} - \xi^{11}), \qquad f_y^+ = \frac{\mathrm{i}}{2}(\xi^{22} + \xi^{11}), \qquad f_z^+ = \xi^{12}; \\ f_x^- &= \frac{1}{2}(\eta_{\dot2\dot2} - \eta_{\dot1\dot1}), \qquad f_y^- = \frac{\mathrm{i}}{2}(\eta_{\dot2\dot2} + \eta_{\dot1\dot1}), \qquad f_z^- = \eta_{\dot1\dot2}. \end{aligned} \tag{19.16}$$

习　题

试推导偶秩旋量和四维张量之间的一般对应关系.

解: 具有偶数 $k+l$ 秩的所有旋量是广义洛伦兹群的单值不可约表示的实现, 因而等价于按同一表示变换的四维张量 [1].

一个 (k,k) 秩旋量在反演时按下式变换:

$$\zeta^{\alpha\beta\cdots\dot{\gamma}\dot{\delta}\cdots} \to \pm\zeta_{\dot{\alpha}\dot{\beta}\cdots\gamma\delta\cdots} \tag{1}$$

这样的一个旋量等价于一个 k 秩对称不可约四维张量, 这个张量是真张量还是赝张量取决于 (1) 式中的符号.

组成双旋量的 (k,l) 与 (l,k) 秩旋量在反演下变换如下:

$$\overbrace{\zeta^{\alpha\beta}\cdots}^{k}\overbrace{{}^{\dot{\gamma}\dot{\delta}}\cdots}^{l} \to (-1)^{\frac{k-l}{2}}\chi_{\underbrace{\dot{\alpha}\dot{\beta}\cdots}_{k}\underbrace{\gamma\delta\cdots}_{l}} \tag{2}$$

当 $l=k+2$ 时, 这个双旋量等价于 $k+2$ 秩不可约四维张量 $a_{[\mu\nu]\rho\sigma\cdots}$, 这个张量对指标 $[\mu\nu]$ 是反对称的而对其余所有指标是对称的. 这个张量的不可约性意味着该张量对任意一对指标的缩并为零, 将任意三个指标配对时也为零 (即 $e^{\lambda\mu\nu\rho}a_{[\mu\nu]\rho\sigma\cdots}=0$); 这后一条件又意味着张量对三个指标 ($\mu\nu$ 和其余任何一个) 循环求和时为零.

当 $l=k+4$ 时, 该双旋量等价于 $k+4$ 秩不可约四维张量 $a_{[\lambda\mu][\nu\rho]\sigma\tau\cdots}$, 这个张量具有下列性质: 对指标 $[\lambda\mu]$ 与 $[\nu\rho]$ 是反对称的而对所有其余指标则是对称的, 对交换 $[\lambda\mu]$ 和 $[\nu\rho]$ 是对称的, 对任何一对指标的缩并以及将任意三个指标配对时均为零.

一般地, 当 $l=k+2n$ 时, 双旋量等价于 $k+2n$ 秩不可约四维张量, 这个张量对 n 对指标是反对称的, 而对其余 k 个指标是对称的. 在这种分类法中, 不出现对更大数目 (三个, 四个, 等等) 的指标反对称的四维张量, 原因很明显: 一个三秩反对称张量等价 (对偶) 于一个赝矢量, 而四秩反对称张量可约化为一个标量 (正比于单位赝张量 $e^{\lambda\mu\nu\rho}$); 所以, 在四维空间中, 对更多指标反对称是不可能的.

---

[1] 奇数秩旋量是群的双值表示: 空间转动 $360°$ 旋量变号, 因而群的每一个元素对应着符号相反的两个矩阵.

§20　旋量表示的狄拉克方程

自旋 $\frac{1}{2}$ 的粒子在其静止参考系中用一个二分量波函数即一个三维旋量描述. 其 "四维根源", 可以是一个不带点的四维旋量, 也可以是一个带点的四维旋量. 这两种四维旋量在任一参考系的粒子描述中都会出现: 我们将它们标记为 ξ^α 与 $\eta_{\dot\alpha}$[①].

对自由粒子而言, 波动方程中可能出现的唯一算符 (如在 §10 中已经指出的) 是四维动量算符 $\widehat{p}_\mu = \mathrm{i}\partial_\mu$. 在旋量写法中, 这个四维矢量对应于旋量算符 $\widehat{p}_{\alpha\dot\beta}$, 并且

$$
\begin{aligned}
\widehat{p}^{1\dot 1} = \widehat{p}_{2\dot 2} = \widehat{p}_0 + \widehat{p}_z, \qquad & \widehat{p}^{2\dot 2} = \widehat{p}_{1\dot 1} = \widehat{p}_0 - \widehat{p}_z, \\
\widehat{p}^{1\dot 2} = -\widehat{p}_{2\dot 1} = \widehat{p}_x - \mathrm{i}\widehat{p}_y, \quad & \widehat{p}^{2\dot 1} = -\widehat{p}_{1\dot 2} = \widehat{p}_x + \mathrm{i}\widehat{p}_y.
\end{aligned} \tag{20.1}
$$

波动方程是用算符 $\widehat{p}_{\alpha\dot\beta}$ 表示的旋量分量之间的一种线性微分关系. 由相对论不变性的要求导出如下方程组:

$$
\widehat{p}^{\alpha\dot\beta}\eta_{\dot\beta} = m\xi^\alpha, \qquad \widehat{p}_{\dot\beta\alpha}\xi^\alpha = m\eta_{\dot\beta}, \tag{20.2}
$$

其中 m 为一有量纲的常数. 在这两个方程中引入不同的常数 m_1 和 m_2 (或改变 m 前面的符号) 都是没有意义的, 因为通过适当地变换 ξ^α 或 $\eta_{\dot\alpha}$, 总可以将方程变为上面的形式.

通过将由 (20.2) 的第二个方程求得的 $\eta_{\dot\beta}$ 代入第一个方程, 可以消去其中一个旋量:

$$
\widehat{p}^{\alpha\dot\beta}\eta_{\dot\beta} = \frac{1}{m}\widehat{p}^{\alpha\dot\beta}\widehat{p}_{\gamma\dot\beta}\xi^\gamma = m\xi^\alpha.
$$

由 (18.4) 式, $\widehat{p}^{\alpha\dot\beta}\widehat{p}_{\gamma\dot\beta} = \widehat{p}^2\delta^\alpha_\gamma$, 我们得到:

$$
(\widehat{p}^2 - m^2)\xi^\gamma = 0, \tag{20.3}
$$

由此明显可见, m 是粒子的质量.

应当指出, 在波动方程中引入质量意味着要同时考虑两个旋量 (ξ^α 与 $\eta_{\dot\alpha}$): 只用一个旋量不可能构成包含一个有量纲参数的相对论不变的方程式. 如将空间反演下波函数的变换定义为

$$
P : \xi^\alpha \to \mathrm{i}\eta_{\dot\alpha}, \qquad \eta_{\dot\alpha} \to \mathrm{i}\xi^\alpha. \tag{20.4}
$$

[①] 一个一秩三维旋量也可 "起源" 于较高奇数秩四维旋量, 在静止参考系中, 这个四维旋量对于一对或数对指标是反对称的. 但是, 这会导致更高阶的方程 (参见 §10 的第三个脚注).

波动方程就必然对空间反演不变. 不难看出, 进行这样的代换 (并同时进行代换 $\widehat{p}^{\alpha\beta} \to \widehat{p}_{\alpha\dot\beta}$, 由 (20.1) 式这是明显的), (20.2) 式的两个方程将互换. 在反演变换下能够互换的两个旋量构成一个四分量的量, 即一个双旋量.

由方程组 (20.2) 表示的相对论性波动方程称为**狄拉克方程** (它是由狄拉克在 1928 年建立的). 为进一步研究和应用这个方程, 我们来看看它的各种形式.

利用公式 (18.6), 我们将方程 (20.2) 改写成

$$(\widehat{p}_0 + \widehat{\boldsymbol{p}} \cdot \boldsymbol{\sigma})\eta = m\xi, \quad (\widehat{p}_0 - \widehat{\boldsymbol{p}} \cdot \boldsymbol{\sigma})\xi = m\eta. \tag{20.5}$$

其中符号 ξ 与 η 标记二分量的量——旋量

$$\xi = \begin{pmatrix} \xi^1 \\ \xi^2 \end{pmatrix}, \quad \eta = \begin{pmatrix} \eta_{\dot{1}} \\ \eta_{\dot{2}} \end{pmatrix} \tag{20.6}$$

(第一个有上指标, 而第二个有下指标), 今后矩阵 σ 乘以任何一个二分量的量 f, 均按通常的矩阵法则相乘:

$$(\sigma f)_\alpha = \sigma_{\alpha\beta} f_\beta. \tag{20.7}$$

将 f 写成竖列的形式 $\begin{pmatrix} f_1 \\ f_2 \end{pmatrix}$ 意味着 σ 中的每一行都与 f 的竖列相乘.

为今后引用方便起见, 我们再一次写出泡利矩阵:

$$\sigma_x = \begin{pmatrix} 0 & 1 \\ 1 & 0 \end{pmatrix}, \quad \sigma_y = \begin{pmatrix} 0 & -\mathrm{i} \\ \mathrm{i} & 0 \end{pmatrix}, \quad \sigma_z = \begin{pmatrix} 1 & 0 \\ 0 & -1 \end{pmatrix} \tag{20.8}$$

其基本性质为:

$$\sigma_i \sigma_k + \sigma_k \sigma_i = 2\delta_{ik}, \quad \sigma_i \sigma_k = \mathrm{i} e_{ikl} \sigma_l + \delta_{ik} \tag{20.9}$$

(参见第三卷 §55).

我们还要写出由旋量

$$\xi^* = (\xi^{1^*}, \xi^{2^*}), \quad \eta^* = (\eta_{\dot{1}}^*, \eta_{\dot{2}}^*). \tag{20.10}$$

构成的复共轭波函数满足的波动方程. 由于所有算符 $\widehat{p}_\mu$ 都含有因子 i, 所以 $\widehat{p}_\mu^* = -\widehat{p}_\mu$. 方程 (20.5) 两边取复共轭时还必须考虑到, 由于矩阵 σ 是厄米的 $(\sigma^* = \widetilde{\sigma})$,

$$(\sigma f)_\alpha^* = \sigma_{\alpha\beta}^* f_\beta^* = f_\beta^* \sigma_{\beta\alpha} = (f^* \sigma)_\alpha,$$

结果得到如下形式的方程:

$$\eta^*(\widehat{p}_0 + \widehat{\boldsymbol{p}} \cdot \boldsymbol{\sigma}) = -m\xi^*, \quad \xi^*(\widehat{p}_0 - \widehat{\boldsymbol{p}} \cdot \boldsymbol{\sigma}) = -m\eta^*. \tag{20.11}$$

这种写法的意思是算符 $\widehat{p}^\mu$ 作用在它左面的函数上. 将 ξ^* 和 η^* 写成横行是为了和这两个方程中的矩阵乘法一致: f 的行与矩阵 σ 的列相乘:

$$(f^*\sigma)_\alpha = f^*_\beta \sigma_{\beta\alpha}. \tag{20.12}$$

ξ^*, η^* 的反演变换则定义为变换 (20.4) 的复共轭:

$$P : \xi^{\alpha^*} \to -\mathrm{i}\eta^*_{\dot{\alpha}}, \quad \eta^*_{\dot{\alpha}} \to -\mathrm{i}\xi^{\alpha^*}. \tag{20.13}$$

§21　狄拉克方程的对称形式

狄拉克方程的旋量形式是最自然的形式, 因为它最直接地表现了相对论不变性. 但在具体应用中, 波动方程的其它形式可能更加方便, 它可通过另行选择波函数的四个独立分量来得到.

我们用符号 ψ (其分量为 ψ_i, $i = 1, 2, 3, 4$) 标记四分量的波函数, 在旋量表示中, 这就是双旋量

$$\psi = \begin{pmatrix} \xi \\ \eta \end{pmatrix}. \tag{21.1}$$

但是, 同样可以选择旋量 ξ 和 η 的分量的任何线性独立组合作为 ψ 的独立分量[①]. 这时, 只有幺正性条件能限制所容许的线性变换, 这种变换使得由 ψ 和 ψ^* 组成的双线性形式保持不变 (§28).

在任意选择 ψ 分量的一般情形下, 狄拉克方程可取为如下形式:

$$\widehat{p}_\mu \gamma^\mu_{ik} \psi_k = m\psi_i,$$

其中 $\gamma^\mu (\mu = 0, 1, 2, 3)$ 是某四阶矩阵 (**狄拉克矩阵**). 通常我们略去矩阵指标, 将此方程写成符号形式:

$$(\gamma\widehat{p} - m)\psi = 0, \tag{21.2}$$

其中

$$\gamma\widehat{p} \equiv \gamma^\mu \widehat{p}_\mu = \widehat{p}_0\gamma^0 - \widehat{\boldsymbol{p}} \cdot \boldsymbol{\gamma} = \mathrm{i}\gamma^0 \frac{\partial}{\partial t} + \mathrm{i}\boldsymbol{\gamma} \cdot \boldsymbol{\nabla}, \quad \boldsymbol{\gamma} = (\gamma^1, \gamma^2, \gamma^3).$$

---

① 为简洁计, 我们将四分量量 ψ 在其非旋量表示中也称为双旋量.

例如, 当 ψ 的分量为 (21.1) 式时, 方程的旋量形式所对应的矩阵为 [1]

$$\gamma^0 = \begin{pmatrix} 0 & 1 \\ 1 & 0 \end{pmatrix}, \quad \boldsymbol{\gamma} = \begin{pmatrix} 0 & -\boldsymbol{\sigma} \\ \boldsymbol{\sigma} & 0 \end{pmatrix}, \tag{21.3}$$

只要把方程 (20.5) 写成如下形式

$$\begin{pmatrix} 0 & \widehat{p}_0 + \widehat{\boldsymbol{p}} \cdot \boldsymbol{\sigma} \\ \widehat{p}_0 - \widehat{\boldsymbol{p}} \cdot \boldsymbol{\sigma} & 0 \end{pmatrix} \begin{pmatrix} \xi \\ \eta \end{pmatrix} = m \begin{pmatrix} \xi \\ \eta \end{pmatrix}$$

并和 (21.2) 式比较, 就不难看出这一点.

　　在一般情形下, γ 矩阵需要满足一些条件以保证 $\widehat{p}^2 = m^2$. 为求出这些条件, 对方程 (21.2) 左乘以 $\gamma\widehat{p}$:

$$(\gamma^\mu \widehat{p}_\mu)(\gamma^\nu \widehat{p}_\nu)\psi = m(\widehat{p}_\mu \gamma^\mu)\psi = m^2\psi.$$

由于 $\widehat{p}_\mu \widehat{p}_\nu$ 为对称张量 (所有的 $\widehat{p}_\mu$ 算符都对易), 这个等式可改写成

$$\frac{1}{2}\widehat{p}_\mu \widehat{p}_\nu (\gamma^\mu \gamma^\nu + \gamma^\nu \gamma^\mu) = m^2\psi,$$

因此, 我们必须有

$$\gamma^\mu \gamma^\nu + \gamma^\nu \gamma^\mu = 2g^{\mu\nu}. \tag{21.4}$$

因此, 任何两个不同的 γ^μ 矩阵都必须是反对易的, 而各个矩阵的平方为

$$(\gamma^1)^2 = (\gamma^2)^2 = (\gamma^3)^2 = -1, \quad (\gamma^0)^2 = 1. \tag{21.5}$$

　　当对 ψ 的分量进行任何幺正变换 ($\psi' = U\psi$, 其中 U 为四行幺正矩阵) 时, 矩阵 γ 按下式变换

$$\gamma' = U\gamma U^{-1} = U\gamma U^+ \tag{21.6}$$

(因而方程 $(\gamma\widehat{p} - m)\psi = 0$ 变为 $(\gamma'\widehat{p} - m)\psi' = 0$). 对易关系 (21.4) 当然保持不变.

　　(21.3) 的矩阵 γ^0 是厄米的, 而矩阵 γ 是反厄米的. 这些性质在进行任何幺正变换 (21.6) 下保持不变, 因此我们总有 [2]:

$$\gamma^+ = -\gamma, \quad \gamma^{0+} = \gamma^0. \tag{21.7}$$

----

　　[1] 今后, 我们利用二阶矩阵简化四阶矩阵的写法: (21.3) 式中的每一个符号都是二阶矩阵.

　　[2] 这两个方程可合并为

$$\gamma^{\lambda+} = \gamma^0 \gamma^\lambda \gamma^0. \tag{21.7a}$$

我们还要给出复共轭函数 ψ^* 的方程. 取方程 (21.2) 的复共轭, 并利用性质 (21.7), 我们得到

$$(\widehat{p}_0\widetilde{\gamma}^0 - \widehat{\boldsymbol{p}}\cdot\widetilde{\boldsymbol{\gamma}} - m)\psi^* = 0.$$

按照 $\widetilde{\gamma}^\mu\psi^* = \psi^*\gamma^\mu$ 来移动 ψ^*, 然后对整个方程右乘以 γ^0, 由于 $\gamma\gamma^0 = -\gamma^0\gamma$, 并借助于新的双旋量

$$\overline{\psi} = \psi^*\gamma^0, \quad \psi^* = \overline{\psi}\gamma^0, \tag{21.8}$$

我们得到结果为

$$\overline{\psi}(\gamma\widehat{p} + m) = 0. \tag{21.9}$$

如 (21.11) 式一样, 此处算符 $\widehat{p}$ 也作用在其左边的函数上. 函数 $\overline{\psi}$ 称为 ψ 的**狄拉克共轭** (或相对论性共轭) 函数. 按定义, 因子 γ^0 的作用是 (在旋量表示中) 旋量 ξ^* 和 η^* 对换; 因此, $\overline{\psi} = (\eta^*, \xi^*)$ 中第一个旋量是不带点的 (和 ψ 中一样), 而第二个旋量是带点的. 由于这个原因, 和 ψ^* 相比较, $\overline{\psi}$ 是 ψ 更为自然的 "伴侣"; 例如, 它们一起在各种双线性组合中出现 (见 §28).

波函数的反演变换可写成

$$P : \psi \to i\gamma^0\psi, \quad \overline{\psi} \to -i\overline{\psi}\gamma^0. \tag{21.10}$$

在 ψ 的旋量表示中, 矩阵 γ^0 将分量 ξ 和 η 对换, 在反演时本应如此. 在一般情形下, 狄拉克方程在变换 (21.10) 下的不变性是直接明显的: 在方程 (21.2) 中同时进行代换 $\widehat{\boldsymbol{p}} \to -\widehat{\boldsymbol{p}}$ 和 $\psi \to i\gamma^0\psi$, 我们有

$$(\widehat{p}_0\gamma^0 + \widehat{\boldsymbol{p}}\cdot\boldsymbol{\gamma} - m)\gamma^0\psi = 0.$$

对此方程左乘以 γ^0 并考虑到 γ^0 和 γ 反对易, 就回到了原方程.

对方程 $(\gamma\widehat{p} - m)\psi = 0$ 左乘以 $\overline{\psi}$, 对方程 $\overline{\psi}(\gamma\widehat{p} + m) = 0$ 右乘以 ψ, 再将它们相加, 我们得到

$$\overline{\psi}\gamma^\mu(\widehat{p}_\mu\psi) + (\widehat{p}_\mu\overline{\psi})\gamma^\mu\psi = \widehat{p}_\mu(\overline{\psi}\gamma^\mu\psi) = 0,$$

其中的括号指明算符 $\widehat{p}$ 所作用的函数. 这个方程具有连续性方程 $\partial_\mu j^\mu = 0$ 的形式, 因而量

$$j^\mu = \overline{\psi}\gamma^\mu\psi = (\psi^*\psi, \psi^*\gamma^0\boldsymbol{\gamma}\psi) \tag{21.11}$$

为粒子的流密度四维矢量. 我们指出其时间分量 $j^0 = \psi^*\psi$ 是正定的.

狄拉克方程可以表示成对时间微商的形式:

$$i\frac{\partial\psi}{\partial t} = \widehat{H}\psi, \tag{21.12}$$

其中的 $\widehat{H}$ 为粒子的哈密顿量[①]. 为了得到这个形式, 只需对方程 (21.2) 左乘以 γ^0. 哈密顿量的表示式为

$$\widehat{H} = \boldsymbol{\alpha} \cdot \widehat{\boldsymbol{p}} + \beta m, \tag{21.13}$$

其中

$$\boldsymbol{\alpha} = \gamma^0 \boldsymbol{\gamma}, \qquad \beta = \gamma^0 \tag{21.14}$$

为相关矩阵的惯用符号.

我们注意到,

$$\alpha_i \alpha_k + \alpha_k \alpha_i = 2\delta_{ik}, \qquad \beta\boldsymbol{\alpha} + \boldsymbol{\alpha}\beta = 0, \qquad \beta^2 = 1, \tag{21.15}$$

即所有矩阵 $\boldsymbol{\alpha}$、β 都是互相反对易的, 而它们的平方都是单位矩阵; 并且它们都是厄米的. 在旋量表示中,

$$\boldsymbol{\alpha} = \begin{pmatrix} \boldsymbol{\sigma} & 0 \\ 0 & -\boldsymbol{\sigma} \end{pmatrix}, \qquad \beta = \begin{pmatrix} 0 & 1 \\ 1 & 0 \end{pmatrix}. \tag{21.16}$$

在低速极限的情形下, 和非相对论性理论中一样, 粒子应该只用一个二分量的旋量描述. 实际上, 在方程 (20.5) 中取极限 $\boldsymbol{p} \to 0, \varepsilon \to m$, 得到 $\xi = \eta$, 即构成双旋量的两个旋量完全相等. 但是, 这显示出狄拉克方程旋量形式的一个缺点: 在上述极限情形下, ψ 的四个分量都不为零, 尽管实际上其中只有两个是独立的. 波函数 ψ 更方便的表述应该是在低速极限下其中两个分量为零.

为此, 我们用线性组合 φ 和 χ

$$\psi = \begin{pmatrix} \varphi \\ \chi \end{pmatrix}, \qquad \varphi = \frac{1}{\sqrt{2}}(\xi + \eta), \qquad \chi = \frac{1}{\sqrt{2}}(\xi - \eta) \tag{21.17}$$

来替代 ξ 和 η. 这时, 对静止的粒子, $\chi = 0$. ψ 的这种表示我们称之为**标准表示**. 在反演时, φ 和 χ 按下式变换:

$$P: \varphi \to i\varphi, \qquad \chi \to -i\chi. \tag{21.18}$$

对方程组 (20.5) 进行加减, 就得到对 φ 和 χ 的方程组:

$$\widehat{p}_0\varphi - \widehat{\boldsymbol{p}} \cdot \boldsymbol{\sigma}\chi = m\varphi, \qquad -\widehat{p}_0\chi + \widehat{\boldsymbol{p}} \cdot \boldsymbol{\sigma}\varphi = m\chi. \tag{21.19}$$

---

① 零自旋粒子的波动方程不能写成这种形式: 对标量 ψ 的方程 (10.5) 是时间的二阶方程, 而对五分量 (ψ, ψ_μ) 的一阶方程组 (10.4) 不包含所有分量对时间的微商.

由此可见, 标准表示对应的矩阵为

$$\gamma^0 \equiv \beta = \begin{pmatrix} 1 & 0 \\ 0 & -1 \end{pmatrix}, \quad \boldsymbol{\gamma} = \begin{pmatrix} 0 & \boldsymbol{\sigma} \\ -\boldsymbol{\sigma} & 0 \end{pmatrix}, \quad \boldsymbol{\alpha} = \begin{pmatrix} 0 & \boldsymbol{\sigma} \\ \boldsymbol{\sigma} & 0 \end{pmatrix}. \tag{21.20}$$

由于 (21.17) 式中 ξ 和 η 的第一个和第二个分量分别相加, 所以, 和旋量表示一样, 在标准表示中, 分量 ψ_1 和 ψ_3 也对应着自旋分量的本征值 $+\frac{1}{2}$, 而 ψ_2 和 ψ_4 对应着 $-\frac{1}{2}$. 因此, 如引入矩阵

$$\boldsymbol{\Sigma} = \begin{pmatrix} \boldsymbol{\sigma} & 0 \\ 0 & \boldsymbol{\sigma} \end{pmatrix}, \tag{21.21}$$

那么, 在两种表示中, 矩阵 $\frac{1}{2}\boldsymbol{\Sigma}$ 都是一个三维自旋算符: 当 $\frac{1}{2}\boldsymbol{\Sigma}_z$ 作用在只包含分量 ψ_1、ψ_3 或 ψ_2、ψ_4 的双旋量上时, 该双旋量就乘以 $+\frac{1}{2}$ 或 $-\frac{1}{2}$. 在任一表示中, 矩阵 (21.21) 都可写成

$$\boldsymbol{\Sigma} = -\boldsymbol{\alpha}\gamma^5 = -\frac{\mathrm{i}}{2}\boldsymbol{\alpha} \times \boldsymbol{\alpha} \tag{21.22}$$

(γ^5 的定义参看下面的 (22.14) 式).

习　　题

1. 求波函数在无限小洛伦兹变换和无限小空间转动下的变换公式.

解: 在 ψ 的旋量表示中, 无限小洛伦兹变换给出

$$\xi' = \left(1 - \frac{1}{2}\boldsymbol{\sigma} \cdot \delta\boldsymbol{V}\right)\xi, \quad \eta' = \left(1 + \frac{1}{2}\boldsymbol{\sigma} \cdot \delta\boldsymbol{V}\right)\eta$$

(参见 (18.8), (18.8a), (18.12) 式). 这两个公式可以合并写成

$$\psi' = \left(1 - \frac{1}{2}\boldsymbol{\alpha} \cdot \delta\boldsymbol{V}\right)\psi. \tag{1}$$

类似地, 无限小转动下的变换为

$$\psi' = \left(1 + \frac{\mathrm{i}}{2}\boldsymbol{\Sigma} \cdot \delta\boldsymbol{\theta}\right)\psi. \tag{2}$$

公式的这种形式在 ψ 的任何表象中都是正确的, 只要 $\boldsymbol{\alpha}$ 和 $\boldsymbol{\Sigma}$ 为同一表象中的矩阵.

容易证明, 矩阵 $\boldsymbol{\alpha}$ 与 $\boldsymbol{\Sigma}$ 是一个反对称 "矩阵四维张量" 的分量:

$$\sigma^{\mu\nu} = \frac{1}{2}(\gamma^\mu\gamma^\nu - \gamma^\nu\gamma^\mu) = (\boldsymbol{\alpha}, \mathrm{i}\boldsymbol{\Sigma})$$

(分量按规则 (19.15) 排列). 再引入无限小反对称张量 $\delta\varepsilon^{\mu\nu} = (\delta\boldsymbol{V}, \delta\boldsymbol{\theta})$. 我们有

$$\sigma^{\mu\nu}\delta\varepsilon_{\mu\nu} = 2\mathrm{i}\boldsymbol{\Sigma}\cdot\delta\boldsymbol{\theta} - 2\boldsymbol{\alpha}\cdot\delta\boldsymbol{V}$$

且公式 (1) 与 (2) 两式可统一写成如下形式

$$\psi' = \left(1 + \frac{1}{4}\sigma^{\mu\nu}\delta\varepsilon_{\mu\nu}\right)\psi. \tag{3}$$

2. 在一个表示中写出狄拉克方程, 使其不包含虚的系数 (E. Majorana, 1937).

解: 在标准表示中, 方程

$$\left(\frac{\partial}{\partial t} + \alpha_x\frac{\partial}{\partial x} + \alpha_y\frac{\partial}{\partial y} + \alpha_z\frac{\partial}{\partial z} + im\beta\right)\psi = 0$$

中只有矩阵 α_y 与 $\mathrm{i}\beta$ 为虚量. 这些虚量可通过这样一个变换 $\psi' = U\psi$ 消除, 这个变换使虚矩阵 α_y 和实矩阵 β 对换. 为此必须取

$$U = \frac{1}{\sqrt{2}}(\alpha_y + \beta) = U^{-1}$$

于是

$$\alpha'_x = U\alpha_x U = -\alpha_x, \quad \alpha'_y = \beta, \quad \alpha'_z = -\alpha_z, \quad \beta' = \alpha_y,$$

并且狄拉克方程变为

$$\left(\frac{\partial}{\partial t} - \alpha_x\frac{\partial}{\partial x} + \beta\frac{\partial}{\partial y} - \alpha_z\frac{\partial}{\partial z} + im\alpha_y\right)\psi' = 0,$$

其中所有的系数都是实的.

§22 狄拉克矩阵代数

在用到狄拉克方程的计算中, γ 矩阵会反复出现, 而和它在特定表示中的具体形式无关. 含有这些矩阵的运算规则完全由对易关系

$$\gamma^\mu\gamma^\nu + \gamma^\nu\gamma^\mu = 2g^{\mu\nu}, \quad \mu,\nu = 0,1,2,3 \tag{22.1}$$

给定, 对易关系决定了这些矩阵的普遍性质.

在本节中, 我们将给出 γ 矩阵代数的一系列公式和规则, 它们在各种运算中将会用到.

γ 矩阵和其自身的 "标量积" 是 $g_{\mu\nu}\gamma^\mu\gamma^\nu = 4$. 为简洁计, 类似于四维矢量的协变分量, 引入标记 $\gamma_\mu = g_{\mu\nu}\gamma^\nu$. 于是

$$\gamma_\mu\gamma^\mu = 4. \tag{22.2}$$

如果矩阵 γ_μ 和 γ^μ 被一个或几个 γ 因子分隔开, 那么可以利用法则 (22.1), 通过因子的一次或几次互换位置而使 γ_μ 和 γ^μ 相邻, 然后按照 (22.2) 式对 μ 求和. 用这个方法可以得到下列公式:

$$
\begin{aligned}
\gamma_\mu\gamma^\nu\gamma^\mu &= -2\gamma^\nu, \\
\gamma_\mu\gamma^\lambda\gamma^\nu\gamma^\mu &= 4g^{\lambda\nu}, \\
\gamma_\mu\gamma^\lambda\gamma^\nu\gamma^\rho\gamma^\mu &= -2\gamma^\rho\gamma^\nu\gamma^\lambda, \\
\gamma_\mu\gamma^\lambda\gamma^\nu\gamma^\rho\gamma^\sigma\gamma^\mu &= 2(\gamma^\sigma\gamma^\lambda\gamma^\nu\gamma^\rho + \gamma^\rho\gamma^\nu\gamma^\lambda\gamma^\sigma).
\end{aligned}
\tag{22.3}
$$

因子 $\gamma_\mu, \cdots$ 通常以 "标量积"[①] 的形式出现在与各种四维矢量的组合中:

$$\gamma a \equiv \gamma^\mu a_\mu. \tag{22.4}$$

用此标量积, 公式 (22.1) 可写成:

$$(a\gamma)(b\gamma) + (b\gamma)(a\gamma) = 2(ab), \quad (a\gamma)(a\gamma) = a^2 \tag{22.5}$$

而公式 (22.3) 则可写成

$$
\begin{aligned}
\gamma_\mu(a\gamma)\gamma^\mu &= -2(a\gamma), \\
\gamma_\mu(a\gamma)(b\gamma)\gamma^\mu &= 4(ab), \\
\gamma_\mu(a\gamma)(b\gamma)(c\gamma)\gamma^\mu &= -2(c\gamma)(b\gamma)(a\gamma), \\
\gamma_\mu(a\gamma)(b\gamma)(c\gamma)(d\gamma)\gamma^\mu &= 2[(d\gamma)(a\gamma)(b\gamma)(c\gamma) + (c\gamma)(b\gamma)(a\gamma)(d\gamma)].
\end{aligned}
\tag{22.6}
$$

一个常用的运算是求若干个 γ 矩阵的乘积之阵迹. 我们来研究量

$$T^{\mu_1\mu_2\cdots\mu_n} \equiv \frac{1}{4}\mathrm{tr}\,(\gamma^{\mu_1}\gamma^{\mu_2}\cdots\gamma^{\mu_n}). \tag{22.7}$$

---

① 在本书的这一版中, 对这种乘积我们没有用任何专门的符号表示, 在文献中常常用带帽字母或加重字母表示.

根据矩阵乘积之阵迹的已知性质, 这个张量对指标 $\mu_1, \mu_2, \cdots, \mu_n$ 的循环交换是对称的.

由于 γ 矩阵在任意参考系中都有相同形式, 量 T 也和参考系的选择无关, 因此它们构成一个可以只用同样具有这个性质的度规张量 $g_{\mu\nu}$ 表示的张量.

但是, 由二秩张量 $g_{\mu\nu}$ 只能构成偶秩张量. 由此立即得出, 任何奇数个 γ 因子的乘积之阵迹等于零. 特别是, 每一个 γ 的阵迹都等于零 [①]:

$$\mathrm{tr}\, \gamma^\mu = 0. \tag{22.8}$$

单位四阶矩阵 (对易关系 (22.1) 右边的矩阵) 的阵迹为 4. 对 (22.1) 式两边取阵迹, 我们求出

$$T^{\mu\nu} = g^{\mu\nu}. \tag{22.9}$$

四个矩阵乘积之阵迹为

$$T^{\lambda\mu\nu\rho} = g^{\lambda\mu} g^{\nu\rho} - g^{\lambda\nu} g^{\mu\rho} + g^{\lambda\rho} g^{\mu\nu}. \tag{22.10}$$

这个公式可以这样推出, 例如, 利用对易关系 (22.1) 将 $\mathrm{tr}\, \gamma^\lambda \gamma^\mu \gamma^\nu \gamma^\rho$ 中的因子 γ^λ 换到右边, 每换位一次, 在 (22.10) 中就出现一项:

$$T^{\lambda\mu\nu\rho} = 2g^{\lambda\mu} T^{\nu\rho} - T^{\mu\lambda\nu\rho} = 2g^{\lambda\mu} g^{\nu\rho} - T^{\mu\lambda\nu\rho}.$$

全部换位后, 右边剩下 $-T^{\mu\nu\rho\lambda} = -T^{\lambda\mu\nu\rho}$, 再把它移到左边. 用这种方法, 六个 γ 乘积之阵迹就化为四个 γ 乘积之阵迹, 等等. 例如,

$$T^{\lambda\mu\nu\rho\sigma\tau} = g^{\lambda\mu} T^{\nu\rho\sigma\tau} - g^{\lambda\nu} T^{\mu\rho\sigma\tau} + g^{\lambda\rho} T^{\mu\nu\sigma\tau}$$
$$- g^{\lambda\sigma} T^{\mu\nu\rho\tau} + g^{\lambda\tau} T^{\mu\nu\rho\sigma}. \tag{22.11}$$

从以上公式可明显地看出, 只要每个矩阵 $\gamma^0 \gamma^1, \cdots$ 在乘积中出现偶数次, 阵迹 $T^{\lambda\mu\cdots}$ 就都是实的且不为零. 我们也不难发现, 当全部因子的次序颠倒过来时, 阵迹并不改变:

$$T^{\lambda\mu\cdots\rho\sigma} = T^{\sigma\rho\cdots\mu\lambda}. \tag{22.12}$$

如上所述, 因子 γ 通常出现在同各种四维矢量的"标量积"中. 在这种情况下, 像公式 (22.9) 和 (22.10), 就意味着

$$\frac{1}{4} \mathrm{tr}\, (a\gamma)(b\gamma) = ab,$$
$$\frac{1}{4} \mathrm{tr}\, (a\gamma)(b\gamma)(c\gamma)(d\gamma) = (ab)(cd) - (ac)(bd) + (ad)(bc). \tag{22.13}$$

---

① 矩阵的阵迹对变换 $\gamma = U\gamma U^{-1}$ 是不变的. 因此, 结果 (22.8) 从矩阵的具体表示 (21.3) 看是很明显的.

乘积 $\gamma^0\gamma^1\gamma^2\gamma^3$ 起着特别重要的作用. 对它通常采用一个专门的标记:

$$\gamma^5 = -i\gamma^0\gamma^1\gamma^2\gamma^3. \tag{22.14}$$

容易看出,

$$\gamma^5\gamma^\mu + \gamma^\mu\gamma^5 = 0, \quad (\gamma^5)^2 = 1, \tag{22.15}$$

即矩阵 γ^5 和所有的 γ^μ 反对易. 对矩阵 α 与 β, 规则为

$$\boldsymbol{\alpha}\gamma^5 - \gamma^5\boldsymbol{\alpha} = 0, \quad \beta\gamma^5 + \gamma^5\beta = 0 \tag{22.16}$$

(和 $\boldsymbol{\alpha}$ 的可对易性是由于 $\boldsymbol{\alpha} = \gamma^0\boldsymbol{\gamma}$ 为两个矩阵 γ^μ 的乘积).

矩阵 γ^5 是厄米的, 实际上

$$\gamma^{5+} = i\gamma^{3+}\gamma^{2+}\gamma^{1+}\gamma^{0+} = -i\gamma^3\gamma^2\gamma^1\gamma^0,$$

既然从序列 3210 变到序列 0123 要经过偶数次换位, 所以

$$\gamma^{5+} = \gamma^5. \tag{22.17}$$

这个矩阵在两个特别表示中的形式为:

$$
\begin{aligned}
\text{旋量型} \quad & \gamma^5 = \begin{pmatrix} -1 & 0 \\ 0 & 1 \end{pmatrix}; \\
\text{标准型} \quad & \gamma^5 = \begin{pmatrix} 0 & -1 \\ -1 & 0 \end{pmatrix}.
\end{aligned} \tag{22.18}
$$

矩阵 γ^5 的阵迹为零:

$$\operatorname{tr}\gamma^5 = 0 \tag{22.19}$$

(这从 (22.18) 式看, 是很明显的). 乘积 $\gamma^5\gamma^\mu\gamma^\nu$ 之阵迹也等于零. 而对 γ^5 和 4 个因子 γ^μ 的乘积, 我们有

$$\frac{1}{4}\operatorname{tr}\gamma^5\gamma^\lambda\gamma^\mu\gamma^\nu\gamma^\rho = ie^{\lambda\mu\nu\rho}. \tag{22.20}$$

我们指出还有公式:

$$\gamma N = i\gamma^5(\gamma a)(\gamma b)(\gamma c), \quad N^\lambda = e^{\lambda\mu\nu\rho}a_\mu b_\nu c_\rho, \tag{22.21}$$

对相互正交的四维矢量 $a, b, c(ab = ac = bc = 0)$ 是正确的.

在某些情形下 (包含非相对论性粒子的问题), 可能需要计算分别含有 γ^0 和三维 "矢量" $\boldsymbol{\gamma}$ 的乘积之阵迹. 只有偶数个因子 γ^0 与 $\boldsymbol{\gamma}$ 的乘积之阵迹不为

零. 这时所有的因子 γ^0 变为 1, 而且有两个与四个因子 γ 的乘积之阵迹分别由下列公式给出:

$$\left.\begin{array}{l} \dfrac{1}{4}\mathrm{tr}\,(\boldsymbol{a}\cdot\boldsymbol{\gamma})(\boldsymbol{b}\cdot\boldsymbol{\gamma}) = -\boldsymbol{a}\cdot\boldsymbol{b}, \\[2mm] \dfrac{1}{4}\mathrm{tr}\,(\boldsymbol{a}\cdot\boldsymbol{\gamma})(\boldsymbol{b}\cdot\boldsymbol{\gamma})(\boldsymbol{c}\cdot\boldsymbol{\gamma})(\boldsymbol{d}\cdot\boldsymbol{\gamma}) = (\boldsymbol{a}\cdot\boldsymbol{b})(\boldsymbol{c}\cdot\boldsymbol{d}) - (\boldsymbol{a}\cdot\boldsymbol{c})(\boldsymbol{b}\cdot\boldsymbol{d}) + (\boldsymbol{a}\cdot\boldsymbol{d})(\boldsymbol{b}\cdot\boldsymbol{c}). \end{array}\right\} \tag{22.22}$$

§23 平面波

一个动量与能量具有确定值的自由粒子的状态用如下形式

$$\psi_p = \frac{1}{\sqrt{2\varepsilon}} u_p \mathrm{e}^{-\mathrm{i}px} \tag{23.1}$$

的平面波描述. 下标 p 表示四维动量的值; 波幅 u_p 为一个适当归一化的双旋量.

在进一步二次量子化时, 我们不仅需要 (23.1) 形式的波函数, 而且还需要 "负频率" 的波函数, 正如 §11 所述, 在相对论性理论中出现 "负频率" 的波函数是由于根的双值性 $\pm\sqrt{\boldsymbol{p}^2+m^2}$. 如在 §11 那样, 我们将把 ε 理解为正量 $\varepsilon = +\sqrt{\boldsymbol{p}^2+m^2}$, 而 "负频率" 为 $-\varepsilon$; 改变 $\boldsymbol{p}$ 的符号我们得到一个函数, 自然将其记作 ψ_{-p}:

$$\psi_{-p} = \frac{1}{\sqrt{2\varepsilon}} u_{-p} \mathrm{e}^{\mathrm{i}px}. \tag{23.2}$$

这两个函数的含义将在 §26 中解释. 下面我们将平行地写出 ψ_p 与 ψ_{-p} 的公式.

双旋量波幅 u_p 和 u_{-p} 的分量满足代数方程组

$$(\gamma p - m)u_p = 0, \qquad (\gamma p + m)u_{-p} = 0, \tag{23.3}$$

这些方程组是通过将 (23.1) 式与 (23.2) 式代入狄拉克方程得到的 (这等价于在狄拉克方程中用 $\pm p$ 代替算符 $\widehat{p}$)[1]. $p^2 = m^2$ 是和这一对方程中每一个相容的条件. 我们将始终用如下不变性条件对双旋量波幅归一化

$$\overline{u}_p u_p = 2m, \qquad \overline{u}_{-p} u_{-p} = -2m \tag{23.4}$$

---

① 对复共轭函数, 也可根据狄拉克方程 (21.9) 写出类似的方程组:

$$\overline{u}_p(\gamma p - m) = 0, \qquad \overline{u}_{-p}(\gamma p + m) = 0. \tag{23.3a}$$

(此处和别处一样, 用字母上方加一短划标记狄拉克共轭: $\bar{u} = u^*\gamma^0$). 对方程 (23.3) 左乘以 $\bar{u}_{\pm p}$, 得到 $(\bar{u}_{\pm p}\gamma u_{\pm p})p = 2m^2 = 2p^2$, 由此可见,

$$\bar{u}_p\gamma u_p = \bar{u}_{-p}\gamma u_{-p} = 2p \tag{23.5}$$

我们看到, 从对 u_p 的公式过渡到对 u_{-p} 的公式仅需改变 m 的符号.

四维流密度矢量为:

$$j = \bar{\psi}_{\pm p}\gamma\psi_{\pm p} = \frac{1}{2\varepsilon}\bar{u}_{\pm p}\gamma u_{\pm p} = \frac{p}{\varepsilon}, \tag{23.6}$$

即 $j^\mu = (1, \boldsymbol{v})$, 其中 $\boldsymbol{v} = \boldsymbol{p}/\varepsilon$ 为粒子的速度. 由此可见, 函数 ψ_p 归一化为 "$V = 1$ 的体积中有一个粒子".

方程 (23.3) 表明, 波幅的分量是相互有关系的, 这种关系的具体形式当然依赖于如何选取 ψ 的表示. 下面我们对标准表示求这种关系.

由方程 (21.19), 对平面波我们有

$$(\varepsilon - m)\varphi - \boldsymbol{p}\cdot\boldsymbol{\sigma}\chi = 0, \quad (\varepsilon + m)\chi - \boldsymbol{p}\cdot\boldsymbol{\sigma}\varphi = 0. \tag{23.7}$$

由这些等式我们求出 φ 与 χ 之间的两个等价的关系式:

$$\varphi = \frac{\boldsymbol{p}\cdot\boldsymbol{\sigma}}{\varepsilon - m}\chi, \quad \chi = \frac{\boldsymbol{p}\cdot\boldsymbol{\sigma}}{\varepsilon + m}\varphi \tag{23.8}$$

(这两个公式的等价性很明显: 对其中第一个等式左乘以 $\boldsymbol{p}\cdot\boldsymbol{\sigma}/(\varepsilon+m)$; 考虑到 $(\boldsymbol{p}\cdot\boldsymbol{\sigma})^2 = \boldsymbol{p}^2$ 和 $\varepsilon^2 - m^2 = \boldsymbol{p}^2$ 就得到第二个等式). φ 与 χ 中公共因子的选择应该满足归一化条件 (23.4). 结果, 对 u_p (以及类似地对 u_{-p}) 我们得到下列表示式:

$$u_p = \begin{pmatrix} \sqrt{\varepsilon+m}\,w \\ \sqrt{\varepsilon-m}(\boldsymbol{n}\cdot\boldsymbol{\sigma})w \end{pmatrix}, \quad u_{-p} = \begin{pmatrix} \sqrt{\varepsilon-m}(\boldsymbol{n}\cdot\boldsymbol{\sigma})w' \\ \sqrt{\varepsilon+m}\,w' \end{pmatrix} \tag{23.9}$$

(第二个公式是通过改变第一个公式中 m 前的符号并进行代换 $w \to (\boldsymbol{n}\cdot\boldsymbol{\sigma})w'$ 得到的). 其中 $\boldsymbol{n}$ 为矢量 $\boldsymbol{p}$ 的基矢, 而 w 为仅满足归一化条件的任意二分量的量,

$$w^*w = 1. \tag{23.10}$$

对 $\bar{u} = u^*\gamma^0$ (γ^0 按 (21.20) 式), 我们有

$$\begin{aligned} \bar{u}_p &= (\sqrt{\varepsilon+m}\,w^*, -\sqrt{\varepsilon-m}\,w^*(\boldsymbol{n}\cdot\boldsymbol{\sigma})), \\ \bar{u}_{-p} &= (\sqrt{\varepsilon-m}\,w'^*(\boldsymbol{n}\cdot\boldsymbol{\sigma}), -\sqrt{\varepsilon+m}\,w'^*) \end{aligned} \tag{23.11}$$

两式相乘, 以证实一定有 $\bar{u}_{\pm p} u_{\pm p} = \pm 2m$.

在静止参考系中, $\varepsilon = m$, 我们有

$$u_p = \sqrt{2m} \begin{pmatrix} w \\ 0 \end{pmatrix}, \quad u_{-p} = \sqrt{2m} \begin{pmatrix} 0 \\ w' \end{pmatrix} \tag{23.12}$$

即 w 为三维旋量, 在非相对论极限下, 每一个波的振幅都简化为 w. 我们看到, 在静止参考系中, 双旋量 u_{-p} 中为零的是前两个分量, 而不是后两个分量. 有"负频率"解的狄拉克方程的解的这个性质是很明显的: 在 (23.7) 式中取 $\boldsymbol{p} = 0$ 并进行代换 $\varepsilon \to -m$, 就得到 $\varphi = 0$[①].

平面波的振幅包含一个任意的二分量的量. 因此, 对给定的动量, 有两个独立的态, 对应于自旋分量的两个可能值. 但是, 在任意 z 轴上的自旋分量不可能有确定值. 这是很显然的, 因为具有一定 $\boldsymbol{p}$ 的粒子的哈密顿算符 (即矩阵 $H = \boldsymbol{\alpha} \cdot \boldsymbol{p} + \beta m$) 和矩阵 $\Sigma_z = -\mathrm{i}\alpha_x \alpha_y$ 是不对易的. 然而, 按照 §16 的一般结论, 螺旋性 λ —— 自旋在 $\boldsymbol{p}$ 方向上的分量是守恒量: 哈密顿算符和矩阵 $\boldsymbol{n} \cdot \boldsymbol{\Sigma}$ 对易.

在螺旋性态对应的平面波中, 三维旋量 $w = w^{(\lambda)}(\boldsymbol{n})$ 是算符 $\boldsymbol{n} \cdot \boldsymbol{\sigma}$ 的一个本征函数:

$$\frac{1}{2}(\boldsymbol{n} \cdot \boldsymbol{\sigma}) w^{(\lambda)} = \lambda w^{(\lambda)}. \tag{23.13}$$

这两个旋量的明显形式为

$$w^{(\lambda=1/2)} = \begin{pmatrix} \mathrm{e}^{-\mathrm{i}\varphi/2} \cos \dfrac{\theta}{2} \\ \mathrm{e}^{\mathrm{i}\varphi/2} \sin \dfrac{\theta}{2} \end{pmatrix}, \quad w^{(\lambda=-1/2)} = \begin{pmatrix} -\mathrm{e}^{-\mathrm{i}\varphi/2} \sin \dfrac{\theta}{2} \\ \mathrm{e}^{\mathrm{i}\varphi/2} \cos \dfrac{\theta}{2} \end{pmatrix}, \tag{23.14}$$

其中 θ 与 φ 为方向 $\boldsymbol{n}$ 相对固定坐标轴 xyz 的极角和方位角[②].

给定 $\boldsymbol{p}$ 的自由粒子的两个独立状态的另一种可能的选择 (比较简单, 但不太直观), 是让它们对应静止参考系中的自旋 z 方向投影的两个值, 自旋 z 方向投影用 σ 标记. 相应的旋量为:

$$w^{(\sigma=1/2)} = \begin{pmatrix} 1 \\ 0 \end{pmatrix}, \quad w^{(\sigma=-1/2)} = \begin{pmatrix} 0 \\ 1 \end{pmatrix}. \tag{23.15}$$

作为有"负频率"的两个线性独立的解, 我们取其三维旋量为

$$w^{(\sigma)'} = -\sigma_y w^{(-\sigma)} = 2\sigma \mathrm{i} w^{(\sigma)} \tag{23.16}$$

---

① 在旋量表示中我们有 $\xi = -\eta$ 而不是 $\xi = \eta$, 后者对静止系中"正频率"的解是正确的.

② 方程 (23.13) 的解可以乘以任意相因子, 这和绕方向 $\boldsymbol{n}$ 可以任意转动相联系.

的平面波 (这种选择的含义将在 §26 中解释).

可以找到这样一种平面波的表示, 其中平面波在任何参考系 (不只是静止参考系) 都只有两个分量对应着同一物理量 (在静止参考系是自旋分量) 的两个确定值 (L. Foldy, S. A. Wouthuysen, 1950).

从标准表示中的振幅 u_p (23.9) 出发, 我们来求这种表示的幺正变换:

$$u'_p = U u_p, \quad U = \mathrm{e}^{W \boldsymbol{\gamma} \cdot \boldsymbol{n}},$$

其中 W 为实的量; 既然 $\gamma^+ = -\gamma$, 自然就有 $U^+ = U^{-1}$. 展成级数并考虑到 $(\boldsymbol{\gamma} \cdot \boldsymbol{n})^2 = -1$, U 可以表示成

$$U = \cos W + \boldsymbol{\gamma} \cdot \boldsymbol{n} \sin W$$

(比较从 (18.13) 式到 (18.14) 式的推导). 要求变换振幅 u'^p 中第二分量为零的条件给出

$$\tan W = \frac{|\boldsymbol{p}|}{m + \varepsilon},$$

因而

$$U = \frac{m + \varepsilon + (\boldsymbol{\gamma} \cdot \boldsymbol{n})|\boldsymbol{p}|}{\sqrt{2\varepsilon(\varepsilon + m)}}.$$

在新的表示中,

$$u'_p = \sqrt{2\varepsilon} \begin{pmatrix} w \\ 0 \end{pmatrix}. \tag{23.17}$$

在这个表示中, 粒子的哈密顿算符取如下形式:

$$\widehat{H}' = U(\boldsymbol{\alpha} \cdot \boldsymbol{p} + \beta m)U^{-1} = \beta \varepsilon \tag{23.18}$$

(β, α, γ 都是标准表示中的矩阵). 这个哈密顿算符和矩阵

$$\boldsymbol{\Sigma} = -\boldsymbol{\alpha}\gamma^5 = \begin{pmatrix} \boldsymbol{\sigma} & 0 \\ 0 & \boldsymbol{\sigma} \end{pmatrix}$$

是对易的, $\boldsymbol{\Sigma}$ 为新表示中的守恒量 —— 静止参考系中的自旋.

§24　球面波

一个具有确定角动量 j 的自由粒子 $\left(\text{自旋为} \dfrac{1}{2}\right)$, 其状态波函数为旋量球

面波. 为了确定这种球面波的形式, 我们首先回顾一下非相对论性理论中的类似公式.

非相对论性波函数是一个三维旋量 $\psi = \begin{pmatrix} \psi^1 \\ \psi^2 \end{pmatrix}$. 对一个具有确定的能量 ε(因而也具有确定的动量 p[①])、轨道角动量 l、总角动量 j 及其分量 m 的状态, 波函数为

$$\psi = R_{pl}(r)\Omega_{jlm}(\theta, \varphi). \tag{24.1}$$

角度部分 Ω_{jlm} 为三维旋量, 其分量 $\left(l \text{ 给定后有两个可能的 } j \text{ 值}: j = l \pm \frac{1}{2}\right)$, Ω_{jlm} 由如下公式给出

$$\begin{aligned} \Omega_{l+1/2,l,m} &= \begin{pmatrix} \sqrt{\dfrac{j+m}{2j}}Y_{l,m-1/2} \\ \sqrt{\dfrac{j-m}{2j}}Y_{l,m+1/2} \end{pmatrix}, \\ \Omega_{l-1/2,l,m} &= \begin{pmatrix} -\sqrt{\dfrac{j-m+1}{2j+2}}Y_{l,m-1/2} \\ \sqrt{\dfrac{j+m+1}{2j+2}}Y_{l,m+1/2} \end{pmatrix} \end{aligned} \tag{24.2}$$

(参见第三卷 §106, 习题). 我们称 Ω_{jlm} 为**球谐旋量**, 其归一化条件为

$$\int \Omega_{jlm}^* \Omega_{j'l'm'}\mathrm{d}o = \delta_{jj'}\delta_{ll'}\delta_{mm'}. \tag{24.3}$$

径向函数 R_{pl} 是旋量 ψ 的两个分量的公因子, 由第三卷的公式 (33.10) 给出为:

$$R_{pl} = \sqrt{\frac{2\pi p}{r}}J_{l+1/2}(pr). \tag{24.4}$$

其归一化条件为

$$\int_0^\infty r^2 R_{p'l}R_{pl}\mathrm{d}r = 2\pi\delta(p'-p). \tag{24.5}$$

现在回到相对论情形. 我们首先指出, 自旋和轨道角动量分别的守恒定律这时不再成立: 算符 $\hat{s}$ 与 $\hat{l}$ 分别都和哈密顿算符不对易. 但是, 态的宇称仍然是守恒的 (对自由粒子). 因此, 量子数 l 失去了轨道角动量确定值的意义, 但它仍决定态的宇称 (见下面).

---

① 在本节中, p 表示 $|\boldsymbol{p}|$.

我们来研究所求的标准表示中的波函数 (双旋量):

$$\psi = \begin{pmatrix} \varphi \\ \chi \end{pmatrix}.$$

在转动变换下, φ 和 χ 的行为和三维旋量相同. 因此它们和角度的依赖关系由同样的球谐旋量 Ω_{jlm} 给出. 设 $\varphi \sim \Omega_{jlm}$, 其中 l 为 $j + \frac{1}{2}$ 与 $j - \frac{1}{2}$ 两个值中的某个确定值. 在反演变换下 $\varphi(\boldsymbol{r}) \to \mathrm{i}\varphi(-\boldsymbol{r})$ (参见 (21.18) 式), 且 $\Omega_{jlm}(-\boldsymbol{n}) = (-1)^l \Omega_{jlm}(\boldsymbol{n})$, 所以

$$\varphi(\boldsymbol{r}) \to \mathrm{i}(-1)^l \varphi(\boldsymbol{r}).$$

分量 χ 在反演时按 $\chi(\boldsymbol{r}) \to -\mathrm{i}\chi(-\boldsymbol{r})$ 变换. 为使态有确定的宇称 (即所有分量在反演时都乘以同样的因子), 必须使 χ 的角度依赖关系由 l 为另一可能值的球旋量 $\Omega_{jl'm}$ 给出. 由于这两个值相差 1, 所以 $(-1)^{l'} = -(-1)^l$.

其次, φ 与 χ 的径向依赖关系由同样的函数 R_{pl} 与 $R_{pl'}$ 给出 (l 与 l' 的值给出 Ω_{jlm} 中所含球谐函数的阶数). 这是很明显的, 因为 ψ 每个分量都满足二阶方程 $(\hat{p}^2 - m^2)\psi = 0$, 对一个给定的 $|\boldsymbol{p}|$ 值, 此方程变为

$$(\Delta + \boldsymbol{p}^2)\psi = 0,$$

这个方程形式上和自由粒子的非相对论性薛定谔方程完全一致.

于是,

$$\varphi = A R_{pl} \Omega_{jlm}, \quad \chi = B R_{pl'} \Omega_{jl'm}, \tag{24.6}$$

剩下的问题是要确定其中的常系数 A 和 B. 为此, 我们考虑一个很远的区域, 在那里, 球面波可看成一个平面波. 按照渐近公式 (第三卷 (33.12) 式)

$$R_{pl} \approx \frac{1}{\mathrm{i}r} \left\{ \mathrm{e}^{\mathrm{i}\left(pr - \frac{\pi l}{2}\right)} - \mathrm{e}^{-\mathrm{i}\left(pr - \frac{\pi l}{2}\right)} \right\}, \tag{24.7}$$

所以 φ 是在方向 $\pm \boldsymbol{n}$ ($\boldsymbol{n} = \boldsymbol{r}/r$) 上传播的两个平面波之差. 对每个平面波, 由 (23.8) 式, 有

$$\chi = \frac{p}{\varepsilon + m}(\pm \boldsymbol{n} \cdot \boldsymbol{\sigma})\varphi.$$

由前面的结果 ((24.6) 式), 显然有 $(\boldsymbol{n} \cdot \boldsymbol{\sigma})\Omega_{jlm} = a\Omega_{jl'm'}$, 其中 a 为一常数. 这个常数很容易通过比较 $m = \frac{1}{2}$ 且 $\boldsymbol{n}$ 沿 z 轴时此等式的两边求出. 利用 (7.2a) 式, 我们求出

$$(\boldsymbol{n} \cdot \boldsymbol{\sigma})\Omega_{jlm} = \mathrm{i}^{l'-l}\Omega_{jl'm}. \tag{24.8}$$

将所得公式汇总起来并和 (24.6) 式比较, 得到

$$B = -\frac{p}{\varepsilon + m} A.$$

最后, 系数 A 由 ψ 的归一化确定. 按条件

$$\int \psi^*_{pjlm} \psi_{p'j'l'm'} \mathrm{d}^3 x = 2\pi \delta_{jj'} \delta_{ll'} \delta_{mm'} \delta(p - p'), \tag{24.9}$$

对 ψ 归一化, 我们最后求出

$$\psi_{pjlm} = \frac{1}{\sqrt{2\varepsilon}} \begin{pmatrix} \sqrt{\varepsilon + m} R_{pl} \Omega_{jlm} \\ -\sqrt{\varepsilon - m} R_{pl'} \Omega_{jl'm} \end{pmatrix}, \quad l' = 2j - l. \tag{24.10}$$

这样一来, 对给定的 j 与 m (及能量 ε) 值, 存在两个宇称不同的状态. 宇称由量子数 l 单值地决定, l 的取值为 $j \pm \frac{1}{2}$: 反演时双旋量 (24.10) 乘以 $\mathrm{i}(-1)^l$. 但是, 这个双旋量的分量含有 l 阶与 l' 阶的两种球函数, 这表明轨道角动量没有确定值.

当 $r \to \infty$ 时, 在每一个不大的空间区域内, 球面波 (24.7) 可以看成动量为 $\boldsymbol{p} = \pm p\boldsymbol{n}$ 的平面波. 所以很清楚, 动量表象中的波函数和 (24.10) 式的差别实质上只在于没有径向因子并且 $\boldsymbol{n}$ 标记动量的方向.

为了直接变到动量表象, 必须进行傅里叶变换:

$$\psi(\boldsymbol{p}') = \int \psi(\boldsymbol{r}) \mathrm{e}^{-\mathrm{i}\boldsymbol{p}' \cdot \boldsymbol{r}} \mathrm{d}^3 x, \tag{24.11}$$

积分通过将平面波按球面波展开来计算 (参见第三卷 (34.3) 式):

$$\mathrm{e}^{\mathrm{i}\boldsymbol{p} \cdot \boldsymbol{r}} = \frac{2\pi}{p} \sum_{l=0}^{\infty} \sum_{m=-l}^{l} \mathrm{i}^l R_{pl}(r) \mathrm{Y}^*_{lm} \left(\frac{\boldsymbol{p}}{p} \right) \mathrm{Y}_{lm} \left(\frac{\boldsymbol{r}}{r} \right). \tag{24.12}$$

将 (24.11) 式中的因子 $\mathrm{e}^{-\mathrm{i}\boldsymbol{p}' \cdot \boldsymbol{r}}$ 这样展开, 并利用 (24.5) 式, 我们求出函数

$$\psi(\boldsymbol{r}) = R_{pl}(r) \Omega_{jlm} \left(\frac{\boldsymbol{r}}{r} \right)$$

的傅里叶分量为

$$\psi(\boldsymbol{p}') = \frac{(2\pi)^2}{p} \delta(p' - p) \mathrm{i}^{-l} \mathrm{Y}_{lm'} \left(\frac{\boldsymbol{p}'}{p'} \right) \int \Omega_{jlm} \left(\frac{\boldsymbol{r}}{r} \right) \mathrm{Y}^*_{lm'} \left(\frac{\boldsymbol{r}}{r} \right) \mathrm{d}o.$$

其中的积分等于球谐旋量定义 (24.2) 式中球谐函数的系数, 和因子 $\mathrm{Y}_{lm'}(\boldsymbol{p}'/p')$ 一起重新构成同样的球谐旋量, 但宗量变成了 $\boldsymbol{p}'/p'$:

$$\psi(\boldsymbol{p}') = \frac{(2\pi)^2}{p} \delta(p' - p) \mathrm{i}^{-l} \Omega_{jlm} \left(\frac{\boldsymbol{p}'}{p'} \right).$$

将此结果应用于双旋量波函数 (24.10), 我们得到其动量表象的波函数:

$$\psi_{pjlm}(\boldsymbol{p}') = \delta(p' - p)\frac{(2\pi)^2}{p\sqrt{2\varepsilon}}\left(\begin{array}{c}\sqrt{\varepsilon + m}\,\mathrm{i}^{-l}\,\Omega_{jlm}(\boldsymbol{p}'/p')\\\sqrt{\varepsilon - m}\,\mathrm{i}^{-l'}\,\Omega_{jl'm}(\boldsymbol{p}'/p')\end{array}\right). \tag{24.13}$$

状态 $|pjlm\rangle$ 和 §16 中研究过的状态 $|pjm|\lambda\rangle$ (其中 $|\lambda| = \frac{1}{2}$) 是一样的: 两者都具有确定的 pjm 值与宇称. 所以, 球谐旋量 Ω_{jlm} 可通过函数 $D_{\lambda m}^{(j)}$ 来表示 (二者的宗量都是 $\boldsymbol{p}/p$). 当 $p \to 0$ 时, 波函数 (24.13) 简化为三维旋量 Ω_{jlm}, 其宇称为 $P = \eta(-1)^l$ (其中 $\eta = \mathrm{i}$ 为旋量的 "内禀宇称"). 和 §16 的结果比较, 给出如下公式:

$$\Omega_{jlm} = \mathrm{i}^l\sqrt{\frac{2j+1}{8\pi}}(w^{(-1/2)}D_{-1/2\,m}^{(j)} \pm w^{(1/2)}D_{1/2\,m}^{(j)}) \tag{24.14}$$

其中 $l = j \mp \frac{1}{2}$, 而 $w^{(\lambda)}$ 则为三维旋量 (23.14).

§25 自旋和统计的联系

自旋 $\frac{1}{2}$ 粒子的场 (旋量场) 的二次量子化采用和 §11 中标量场二次量子化类似的方法进行.

这里不重复推导过程, 我们直接写出和公式 (11.2) 完全类似的场算符表示式:

$$\begin{aligned}\widehat{\psi} &= \sum_{\boldsymbol{p}\sigma}\frac{1}{\sqrt{2\varepsilon}}(\widehat{a}_{\boldsymbol{p}\sigma}u_{p\sigma}\mathrm{e}^{-\mathrm{i}px} + \widehat{b}_{\boldsymbol{p}\sigma}^{+}u_{-p-\sigma}\mathrm{e}^{\mathrm{i}px}),\\\widehat{\overline{\psi}} &\equiv \widehat{\psi}^{+}\gamma^0 = \sum_{\boldsymbol{p}\sigma}\frac{1}{\sqrt{2\varepsilon}}(\widehat{a}_{\boldsymbol{p}\sigma}^{+}\overline{u}_{p\sigma}\mathrm{e}^{\mathrm{i}px} + \widehat{b}_{\boldsymbol{p}\sigma}\overline{u}_{-p-\sigma}\mathrm{e}^{-\mathrm{i}px});\end{aligned} \tag{25.1}$$

其中求和对动量 $\boldsymbol{p}$ 的所有值及 $\sigma = \pm\frac{1}{2}$ 进行. 反粒子的湮没算符 $\widehat{b}_{\boldsymbol{p}\sigma}$ (和粒子的湮没算符 $\widehat{a}_{\boldsymbol{p}\sigma}$ 一样) 作为函数的系数出现, 此函数与坐标的依赖关系 ($\mathrm{e}^{\mathrm{i}\boldsymbol{p}\cdot\boldsymbol{r}}$) 对应一个动量为 $\boldsymbol{p}$ 的态[①].

为计算旋量场的哈密顿算符, 并不需要确定其能量动量张量 (如对标量场那样), 因为在这种情况下存在着一个粒子的哈密顿, 借助它就可导出波动方程 (狄拉克方程)(21.12). 这个粒子在波函数为 ψ 的状态中的平均能量为积分

$$\int\psi^*\widehat{H}\psi\mathrm{d}^3x = \mathrm{i}\int\psi^*\frac{\partial\psi}{\partial t}\mathrm{d}^3x = \mathrm{i}\int\overline{\psi}\gamma^0\frac{\partial\psi}{\partial t}\mathrm{d}^3x. \tag{25.2}$$

[①] 两个函数还都对应静止系中的同一自旋分量值 σ; 对函数 $\overline{\psi}_{-p-\sigma}$, 将在 §26 中证明这一点 (参见 (26.10)).

值得注意的是, "能量密度" (被积函数) 在这里不是一个正定的量.

在 (25.2) 式中将函数 ψ 和 $\overline{\psi}$ 换成 ψ 算符, 利用不同 $\boldsymbol{p}$ 值或 σ 值的波函数的正交性, 并应用波幅的关系式 $\overline{u}_{\pm p\sigma}\gamma^0 u_{\pm p\sigma} = 2\varepsilon$, 我们得到场的哈密顿算符为

$$\widehat{H} = \sum_{p\sigma} \varepsilon(\widehat{a}_{p\sigma}^+ \widehat{a}_{p\sigma} - \widehat{b}_{p\sigma} \widehat{b}_{p\sigma}^+). \tag{25.3}$$

由此可见, 在此情形必须采用费米量子化:

$$\{\widehat{a}_{p\sigma}, \widehat{a}_{p\sigma}^+\}_+ = 1, \quad \{\widehat{b}_{p\sigma}, \widehat{b}_{p\sigma}^+\}_+ = 1, \tag{25.4}$$

并且其余各对算符 $\widehat{a}, \widehat{a}^+, \widehat{b}, \widehat{b}^+$ 互相之间都是反对易的 (参见第三卷, §65), 实际上, 哈密顿算符 (25.3) 这时可改写为

$$\widehat{H} = \sum_{p\sigma} \varepsilon(\widehat{a}_{p\sigma}^+ \widehat{a}_{p\sigma} + \widehat{b}_{p\sigma}^+ \widehat{b}_{p\sigma} - 1),$$

而能量本征值 (和通常一样, 略去无限大的相加常数) 为

$$E = \sum_{p\sigma} \varepsilon(N_{p\sigma} + \overline{N}_{p\sigma}), \tag{25.5}$$

它应该是, 也确实是一个正定的量. 而在玻色量子化时, 根据 (25.3), 我们将得到本征值

$$\sum \varepsilon(N_{p\sigma} - \overline{N}_{p\sigma}),$$

它不是正定的量, 因此是没有意义的.

对于系统的动量可得到一个与 (25.5) 式类似的表示式, 即算符 $\int \widehat{\psi}^+ \widehat{\boldsymbol{p}} \widehat{\psi} \mathrm{d}^3 x$ 的本征值:

$$\boldsymbol{P} = \sum_{p\sigma} \boldsymbol{p}(N_{p\sigma} + \overline{N}_{p\sigma}) \tag{25.6}$$

四维流算符为

$$\widehat{j}^\mu = \widehat{\overline{\psi}} \gamma^\mu \widehat{\psi}, \tag{25.7}$$

对场的 "电荷" 算符我们得到

$$\widehat{Q} = \int \widehat{\overline{\psi}} \gamma^0 \widehat{\psi} \mathrm{d}^3 x = \sum_{p\sigma} (\widehat{a}_{p\sigma}^+ \widehat{a}_{p\sigma} + \widehat{b}_{p\sigma} \widehat{b}_{p\sigma}^+) = \sum_{p\sigma} (\widehat{a}_{p\sigma}^+ \widehat{a}_{p\sigma} - \widehat{b}_{p\sigma}^+ \widehat{b}_{p\sigma} + 1), \tag{25.8}$$

其本征值为

$$Q = \sum_{p\sigma} (N_{p\sigma} - \overline{N}_{p\sigma}) \tag{25.9}$$

这样, 我们再次遇到粒子与反粒子的概念, §11 中对其的全部讨论在这里仍适用.

然而, 零自旋粒子是玻色子, 而自旋 $\frac{1}{2}$ 的粒子是费米子. 假如我们考察这种差别的形式上的起源, 就会看到这个差别的产生是由于标量场和旋量场的 "能量密度" 表示式的性质不同. 在标量场的情况下, 这个表示式是正定的, 因而哈密顿算符 (11.3) 中的两项 ($\hat{a}^+\hat{a}$ 与 $\hat{b}^+\hat{b}$) 都是正号, 为保证能量本征值是正的, $\hat{b}\hat{b}^+$ 换成 $\hat{b}^+\hat{b}$ 必须不变号, 即按照玻色对易法则进行. 而在旋量场的情形下, "能量密度" 不是正定的量, 因而哈密顿算符 (25.3) 中的项 $\hat{b}^+\hat{b}$ 是负号; 为了得到正的本征值, $\hat{b}\hat{b}^+$ 换成 $\hat{b}^+\hat{b}$ 必须伴随符号的改变, 即按费米子对易法则进行.

另一方面, 能量密度的形式直接依赖于波函数的变换性质与相对论不变性的要求. 在这个意义上可以说, 自旋与粒子所遵守的统计学的关系也是这些要求的直接结果.

从自旋为 $\frac{1}{2}$ 的粒子是费米子这一事实还可得出一个普遍的结论: 所有半整数自旋的粒子都是费米子, 而所有整数自旋的粒子都是玻色子 (包括零自旋粒子, 在 §11 中曾证明)[1].

这是很明显的, 因为自旋为 s 的粒子可以想象成是由 $2s$ 个 $\frac{1}{2}$ 自旋粒子 "组成" 的. 当 s 为半整数时, $2s$ 为奇数, s 为整数时 $2s$ 为偶数. 包含偶数个费米子的 "复合" 粒子是玻色子, 而包含奇数个费米子的 "复合" 粒子是费米子[2].

如果一个系统由不同类型的粒子组成, 那么对各种粒子应该分开定义其产生算符与湮没算符. 这时, 属于不同玻色子的算符或属于玻色子与费米子的算符是互相对易的. 至于属于不同费米子的算符, 在非相对论性理论中, 可以认为它们或者是对易的, 或者是反对易的 (第三卷, §65). 在相对论性理论中, 允许粒子互相转变, 不同费米子的产生算符与湮没算符必须看成是反对易的, 如同属于同一费米子的不同状态一样.

---

① 粒子的自旋和它所遵守的统计学的关系的起源, 是泡利首先阐明的 (W. Pauli, 1940).

② 这里假设所有自旋相同的粒子应服从相同的统计学 (不管它们是如何 "组成" 的). 这个假设的正确性可由如下论证看出. 例如, 若存在自旋为零的费米子, 那么, 由一个自旋为零的费米子和一个自旋为 $\frac{1}{2}$ 的费米子将组成一个自旋为 $\frac{1}{2}$ 的粒子, 它应该是玻色子, 这和对 $\frac{1}{2}$ 自旋所证明过的一般结论相矛盾.

习   题

求旋量场的拉格朗日算符.

解: 狄拉克方程对应的拉格朗日函数由实的标量表示式给出:

$$L = \frac{i}{2}(\overline{\psi}\gamma^\mu \partial_\mu \psi - \partial_\mu\overline{\psi} \cdot \gamma^\mu\psi) - m\overline{\psi}\psi. \tag{1}$$

取 ψ 与 $\overline{\psi}$ 的分量为"广义坐标" q, 容易看出, 相应的拉格朗日方程 (10.10) 和 ψ 和 $\overline{\psi}$ 的狄拉克方程相同. 拉格朗日函数的总符号 (如同它的总系数一样) 在此情形是任意的. 由于 L 是 ψ 和 $\overline{\psi}$ 的微商的一次式, 作用量 $S = \int L \mathrm{d}^4 x$ 在任何情形下都不会有极小值或极大值. 这里条件 $\delta S = 0$ 给出的只能是积分的稳定点, 而不是极值.

在 (1) 式中用算符 $\widehat{\psi}$ 代替 ψ 便得到旋量场的拉格朗日算符. 将此拉格朗日算符应用于 (12.12) 式, 便得到流算符 (25.7) 式.

§26 电荷共轭和旋量的时间反演

在 (25.1) 式中和算符 $\widehat{a}_{p\sigma}$ 相乘的因子 $\psi_{p\sigma} = u_{p\sigma}\mathrm{e}^{-ipx}$ 是动量为 $\boldsymbol{p}$、极化为 σ 的自由粒子 (例如说, 电子) 的波函数:

$$\psi_{p\sigma}^{(e)} = \psi_{p\sigma}.$$

而和算符 $\widehat{b}_{p\sigma}$ 相乘的因子 $\overline{\psi}_{-p-\sigma}$ 应该看成是具有同样 $\boldsymbol{p}$、σ 的正电子的波函数. 但是这时电子和正电子的波函数是在不同的双旋量表示中表示的. 这是很明显的, 因为 ψ 和 $\overline{\psi}$ 的变换性质不同, 它们的分量满足不同的方程组. 为了消除这个缺点, 必须对分量 $\overline{\psi}_{-p-\sigma}$ 进行某个幺正变换, 使得新的四分量函数满足和 $\psi_{p\sigma}$ 相同的方程[①]. 这样的函数我们称为 (动量为 $\boldsymbol{p}$, 极化为 σ 的) 正电子的波函数. 用 U_C 标记需要的幺正变换矩阵, 我们写出

$$\psi_{p\sigma}^{(p)} = U_C \overline{\psi}_{-p-\sigma}. \tag{26.1}$$

由 $\psi_{-p-\sigma}$ 得出这个函数的操作 C 称为波函数的 **电荷共轭** (H. A. Kramers, 1937). 当然, 这个概念的应用不限于平面波. 对任何函数 ψ 都存在一个与其 "电荷共轭" 的函数

$$\widehat{C}\psi(t, \boldsymbol{r}) = U_C \overline{\psi}(t, \boldsymbol{r}), \tag{26.2}$$

[①] 对于自旋为零的粒子, 一般不会发生这个问题, 因为标量函数 ψ 与 ψ^* 满足同一方程, ψ_{-p}^* 和 ψ_p 是一样的.

它和 ψ 一样变换, 并满足同样的方程.

矩阵 U_C 的性质可以由这个定义得出. 若 ψ 为狄拉克方程 $(\gamma\widehat{p} - m)\psi = 0$ 的解, 则 $\overline{\psi}$ 满足方程

$$\overline{\psi}(\gamma\widehat{p} + m) = 0, \quad \text{或} \quad (\widetilde{\gamma}\widehat{p} + m)\overline{\psi} = 0.$$

对此方程左乘以 U_C:

$$U_C\widetilde{\gamma}\widehat{p}\,\overline{\psi} + mU_C\overline{\psi} = 0,$$

我们要求函数 $U_C\overline{\psi}$ 满足和 ψ 同样的方程:

$$(\gamma\widehat{p} - m)U_C\overline{\psi} = 0.$$

比较两个方程, 我们求出 U_C 和矩阵 γ^μ 之间如下的 "对易关系" [①]:

$$U_C\widetilde{\gamma}^\mu = -\gamma^\mu U_C. \tag{26.3}$$

我们进一步假设波函数是在旋量表示或标准表示中给出的 (只是在本节的末尾我们才回到任意表示的一般情形). 在这两种表示中,

$$\gamma^{0,2} = \widetilde{\gamma}^{0,2}, \quad \gamma^{1,3} = -\widetilde{\gamma}^{1,3},$$
$$(\gamma^{0,1,3})^* = \gamma^{0,1,3}, \quad \gamma^{2*} = -\gamma^2. \tag{26.4}$$

这时, 满足条件 (26.3) 的矩阵为 $U_C = \eta_C\gamma^2\gamma^0$, 其中 η_C 为任意常数. 由要求 $\widehat{C}^2 = 1$ 得出, $|\eta_C|^2 = 1$, 因此矩阵 U_C 只能确定到相差一个相因子. 下面我们取 $\eta_C = 1$, 因而

$$U_C = \gamma^2\gamma^0 = -\alpha_y. \tag{26.5}$$

再注意到 $\overline{\psi} = \psi^*\gamma^0 = \widetilde{\gamma}^0\psi^* = \gamma^0\psi^*$, 算符 $\widehat{C}$ 的作用可写成如下形式:

$$\widehat{C}\psi = \gamma^2\gamma^0\overline{\psi} = \gamma^2\psi^*. \tag{26.6}$$

在旋量表示中, 变换 (26.6) 的明显形式为

$$C: \xi^\alpha \to -i\eta^{\dot{\alpha}*}, \quad \eta_{\dot{\alpha}} \to -i\xi^*_\alpha, \tag{26.7a}$$

或等价地,

$$C: \xi_\alpha \to -i\eta^*_{\dot{\alpha}}, \quad \eta^{\dot{\alpha}} \to -i\xi^{\alpha*}. \tag{26.7b}$$

[①] 由此我们还得到等式:

$$U_C\widetilde{\gamma}^5 = \gamma^5 U_C. \tag{26.3a}$$

平面波 $\psi_{\pm p\sigma}$ 的电荷共轭是容易做的, 采用其明显形式 (23.9) 和标准表示中的矩阵 U_C:

$$U_C = \begin{pmatrix} 0 & -\sigma_y \\ -\sigma_y & 0 \end{pmatrix}. \tag{26.8}$$

我们指出,

$$\sigma_y \boldsymbol{\sigma}^* = -\boldsymbol{\sigma}\sigma_y,$$

在 $w^{(\sigma)'}$ 按 (23.16) 式定义的情形下, 我们得到,

$$U_C \overline{u}_{-p-\sigma} = u_{p\sigma}, \qquad U_C u_{-p-\sigma} = \overline{u}_{p\sigma}. \tag{26.9}$$

因此,

$$\widehat{C}\psi_{-p-\sigma} = \psi_{p\sigma}, \tag{26.10}$$

因而, 和算符 $\widehat{b}_{p\sigma}$ 一起出现在 ψ 算符 (25.1) 中的函数 $\psi_{-p-\sigma}$ 确实对应着一个动量为 $\boldsymbol{p}$ 并且极化为 σ 的粒子状态. 我们还将看到, 电子和正电子的状态是用同一函数描述的:

$$\psi_{p\sigma}^{(e)} = \psi_{p\sigma}^{(p)} = \psi_{p\sigma}.$$

这是很自然的, 因为函数 $\psi_{p\sigma}$ 只包含粒子的动量与极化的信息.

时间反演的操作可以用类似的方法处理. 改变时间的符号, 波函数应变成其复共轭函数. 为了在与原 ψ 相同的表示中得到 "时间反演" 波函数 $(\widehat{T}\psi)$, 还必须对 ψ^* (或 $\overline{\psi}$) 的分量进行某种幺正变换. 这样, 和 (26.2) 式类似, 算符 $\widehat{T}$ 对 ψ 的作用可以写成

$$\widehat{T}\psi(t,\boldsymbol{r}) = U_T \overline{\psi}(-t,\boldsymbol{r}), \tag{26.11}$$

其中 U_T 为幺正矩阵.

重新写出 ψ 所满足的狄拉克方程:

$$\left(\mathrm{i}\gamma^0 \frac{\partial}{\partial t} + \mathrm{i}\boldsymbol{\gamma} \cdot \nabla - m \right) \psi(t,\boldsymbol{r}) = 0,$$

以及 $\overline{\psi}$ 所满足的狄拉克方程:

$$\left(\mathrm{i}\widetilde{\gamma}^0 \frac{\partial}{\partial t} + \mathrm{i}\widetilde{\boldsymbol{\gamma}} \cdot \nabla + m \right) \overline{\psi}(t,\boldsymbol{r}) = 0.$$

在后一方程中作代换 $t \to -t$ 并左乘以 $-U_T$:

$$\left(\mathrm{i}U_T\widetilde{\gamma}^0 \frac{\partial}{\partial t} - \mathrm{i}U_T\widetilde{\boldsymbol{\gamma}} \cdot \nabla \right) \overline{\psi}(-t,\boldsymbol{r}) - m U_T \overline{\psi}(-t,\boldsymbol{r}) = 0.$$

我们想让函数 $U_T\overline{\psi}(-t, \boldsymbol{r})$ 和 $\psi(t, \boldsymbol{r})$ 满足同样的方程:

$$\left(\mathrm{i}\gamma^0 \frac{\partial}{\partial t} + \mathrm{i}\boldsymbol{\gamma} \cdot \nabla\right) U_T\overline{\psi}(-t, \boldsymbol{r}) - m U_T\overline{\psi}(-t, \boldsymbol{r}) = 0.$$

比较这两个方程, 我们求出矩阵 U_T 应该满足的条件为:

$$U_T\widetilde{\gamma}^0 = \gamma^0 U_T, \qquad U_T\widetilde{\gamma} = -\gamma U_T. \tag{26.12}$$

在旋量表示和标准表示中, 满足这些条件的矩阵是 [①]

$$U_T = \mathrm{i}\gamma^3\gamma^1\gamma^0. \tag{26.13}$$

因此, 算符 $\widehat{T}$ 的作用由如下公式给出

$$\widehat{T}\psi(t, \boldsymbol{r}) = \mathrm{i}\gamma^3\gamma^1\gamma^0\overline{\psi}(-t, \boldsymbol{r}) = \mathrm{i}\gamma^3\gamma^1\psi^*(-t, \boldsymbol{r}). \tag{26.14}$$

这个变换在旋量表示中的明显形式为

$$T : \xi^\alpha \to -\mathrm{i}\xi_\alpha^*, \qquad \eta_{\dot\alpha} \to \mathrm{i}\eta^{\dot\alpha*} \tag{26.15a}$$

或

$$T : \xi_\alpha \to \mathrm{i}\xi^{\alpha*}, \qquad \eta^{\dot\alpha} \to -\mathrm{i}\eta_{\dot\alpha}^*. \tag{26.15b}$$

在标准表示中,

$$U_T = \begin{pmatrix} \sigma_y & 0 \\ 0 & -\sigma_y \end{pmatrix}. \tag{26.16}$$

我们来研究所有 P, T, C 三个操作对 ψ 作用的结果, 为此我们依次写出

$$\widehat{T}\psi(t, \boldsymbol{r}) = -\mathrm{i}\gamma^1\gamma^3\psi^*(-t, \boldsymbol{r}),$$
$$\widehat{P}\widehat{T}\psi(t, \boldsymbol{r}) = \mathrm{i}\gamma^0(\widehat{T}\psi) = \gamma^0\gamma^1\gamma^3\psi^*(-t, -\boldsymbol{r}),$$
$$\widehat{C}\widehat{P}\widehat{T}\psi(t, \boldsymbol{r}) = \gamma^2(\gamma^0\gamma^1\gamma^3\psi^*)^* = \gamma^2\gamma^0\gamma^1\gamma^3\psi(-t, -\boldsymbol{r}),$$

或

$$\widehat{C}\widehat{P}\widehat{T}\psi(t, \boldsymbol{r}) = \mathrm{i}\gamma^5\psi(-t, -\boldsymbol{r}). \tag{26.17}$$

在旋量表示中,

$$CPT : \xi^\alpha \to -\mathrm{i}\xi^\alpha, \qquad \eta_{\dot\alpha} \to \mathrm{i}\eta_{\dot\alpha}, \tag{26.18}$$

---

① (26.13) 式中的相因子的选择和 (26.5) 式中相因子的选择有关, 参见 §27 第二个脚注.

这从变换规则 (20.4), (26.7), (26.15) 是不难证明的[①].

上面对矩阵 U_C 和 U_T 给出的表示式是采用 ψ 的旋量表示或标准表示的. 最后我们来看看这些表示式的哪些性质在 ψ 的任意表示中仍然保持.

如果对 ψ 作一个幺正变换:

$$\psi' = U\psi, \quad \gamma' = U\gamma U^{-1}, \quad \overline{\psi}' = \psi'^* \gamma^{0'} = \overline{\psi} U^+ = \overline{\psi} \widetilde{U}^{-1}, \quad (26.19)$$

那么在新的表象中, 我们有

$$(\widehat{C}\psi)' = U(C\psi) = UU_C\overline{\psi} = UU_C(\overline{\psi}'U) = UU_C\widetilde{U}\overline{\psi}'.$$

和矩阵 U_C' 在新表象中的定义 $((\widehat{C}\psi)' = U_C'\overline{\psi})$ 比较, 我们求出

$$U_C' = UU_C\widetilde{U}. \quad (26.20)$$

只有当 U 是实的时, 变换 (26.20) 才和 γ 矩阵的变换相同. 因此, 表示式 (26.5) 也只有在那些在旋量表示或标准表示的变换为实的表象中才是正确的. 矩阵 (26.5) 是幺正的, 并在转置时变号:

$$U_C U_C^+ = 1, \quad \widetilde{U}_C = -U_C. \quad (26.21)$$

这些性质对变换 (26.20) 不变, 因而在任何表象中都成立. 矩阵 (26.5) 也是厄米的 $(U_C = U_C^+)$, 但在一般情况下, 这一性质将被变换 (26.20) 破坏.

上述讨论与 (26.21) 式同样也可应用于矩阵 U_T 的性质.

在二次量子化方法中, ψ 算符的变换 C, P, T 必须表述为粒子的产生和湮没算符的变换规则. 这些规则 (类似于 §13 中对零自旋粒子所做的那样) 可以从如下条件来建立: 变换的 ψ 算符必须能够写成如下形式:

$$\widehat{\psi}^C(t, \boldsymbol{r}) = U_C\overline{\widehat{\psi}}(t, \boldsymbol{r}),$$
$$\widehat{\psi}^P(t, \boldsymbol{r}) = \mathrm{i}\gamma^0\widehat{\psi}(t, -\boldsymbol{r}), \quad (26.22)$$
$$\widehat{\psi}^T(t, \boldsymbol{r}) = U_T\overline{\widehat{\psi}}(-t, \boldsymbol{r}).$$

习 题

求 Majorana 表象中的电荷共轭算符 (参见 §21, 习题 2).

解: 在 Majorana 表象中, 矩阵 U_C' 可通过变换 (26.20) 由标准表示中的矩阵 $U_C = -\alpha_y$ 得到, 这时的 $U = (\alpha_y + \beta)/\sqrt{2}$; 求出的 $U_C' = \alpha_y$ (α_y 和

[①] 标记 $\widehat{C}\widehat{P}\widehat{T}$ 的写法意味着算符按从右至左的顺序操作的. 由于 $\widehat{T}$ 与 $\widehat{C}$ 以及 $\widehat{P}$ 互相是不对易的 (在它们对双旋量的作用上), (26.17) 式与 (26.18) 式中的符号是和它们的操作顺序有关的.

β 都是标准表示中的矩阵). 如果 Majorana 表象中的量用带撇表示, 我们有 $\widehat{C}\psi' = U_C'(\psi'^*\beta')$; 由于 $\beta' = \alpha_y$, 所以

$$\widehat{C}\psi' = \alpha_y(\psi'^*\alpha_y) = \alpha_y\widetilde{\alpha}_y\psi'^* = \psi'^*,$$

也就是说, 取电荷共轭等价于取复共轭.

§27　粒子和反粒子的内禀对称性

自旋 $\frac{1}{2}$ 的粒子在其静止系中的波函数是一单个的三维旋量 (用 $\boldsymbol{\Phi}^\alpha$ 标记). 这个旋量在反演下的行为和粒子的内禀宇称概念相联系. 然而, 如 §19 中所述, 尽管三维旋量的两种可能的变换规则 ($\boldsymbol{\Phi}^\alpha \to \pm i\boldsymbol{\Phi}^\alpha$) 是互相不等价的, 对一个旋量指定特定的宇称仍没有绝对的意义. 因此, 我们不能谈论任何一个 $\frac{1}{2}$ 自旋粒子的内禀宇称, 但是我们可以指定两个这种粒子之间的相对内禀宇称.

由两个三维旋量 $\boldsymbol{\Phi}^{(1)}$ 和 $\boldsymbol{\Phi}^{(2)}$ 可组成一个标量 $\boldsymbol{\Phi}_\alpha^{(1)}\boldsymbol{\Phi}^{(2)\alpha}$. 如果它是真标量, 就说这两个旋量所描写的粒子有相同的内禀宇称; 如果它是赝标量, 就说这两个粒子具有相反的内禀宇称.

我们将证明, 自旋为 $\frac{1}{2}$ 的粒子和反粒子的内禀宇称是相反的 (В. Б. Берестецкий, 1948).

首先, 如果将操作 C (26.7) 应用于旋量表示中的 P 变换 (19.5)

$$P : \xi^\alpha \to i\eta_{\dot\alpha}, \quad \eta_{\dot\alpha} \to i\xi^\alpha \tag{27.1}$$

的两边, 我们得到

$$\eta^{c\dot\alpha*} \to i\xi_\alpha^{c*}, \quad \xi_\alpha^{c*} \to i\eta^{c\dot\alpha*},$$

其中指标 c 标志和 $\psi = \begin{pmatrix} \xi \\ \eta \end{pmatrix}$ 电荷共轭的双旋量 $\psi^c = \begin{pmatrix} \xi^c \\ \eta^c \end{pmatrix}$ 的分量. 取复共轭并交换指标, 我们求出

$$P : \eta_{\dot\alpha}^c \to i\xi^{c\alpha}, \quad \xi^{c\alpha} \to i\eta_{\dot\alpha}^c. \tag{27.2}$$

我们看到, 电荷共轭的双旋量在反演时按同一规则变换.

设 $\psi^{(e)}$ 为粒子 (例如, 一个电子) 的波函数, 而 $\psi^{(p)}$ 为反粒子 (例如, 一个正电子) 的波函数. 后者是一个双旋量, 它描述的是和狄拉克方程的 "负频率" 解电荷共轭的态. 在静止系中, 它们中的每一个都变成三维旋量:

$$\xi^{(e)\alpha} = \eta_{\dot\alpha}^{(e)} = \boldsymbol{\Phi}^{(e)\alpha}, \quad \xi^{(p)\alpha} = \eta_{\dot\alpha}^{(p)} = \boldsymbol{\Phi}^{(p)\alpha}.$$

按照 (27.1) 与 (27.2) 式, 这些旋量在反演下的变换规则如下

$$\boldsymbol{\Phi}^{\alpha} \to \mathrm{i}\boldsymbol{\Phi}^{\alpha}, \tag{27.3}$$

对 $\boldsymbol{\Phi}^{(e)}$ 与 $\boldsymbol{\Phi}^{(p)}$ 相同. 然而乘积 $\boldsymbol{\Phi}^{(e)}\boldsymbol{\Phi}^{(p)}$ 要变号, 这就证实了上面所做的论断.

真中性粒子是和自己的反粒子完全相同的粒子 (参见 §12), 这种粒子场的 ψ 算符满足如下条件

$$\widehat{\psi}(t, \boldsymbol{r}) = \widehat{\psi}^{C}(t, \boldsymbol{r}).$$

对于自旋为 $\frac{1}{2}$ 的粒子, 这意味着如下条件 (在旋量表示中) [1]

$$\widehat{\xi}^{\alpha} = -\mathrm{i}\widehat{\eta}^{\dot{\alpha}+}, \qquad \widehat{\eta}_{\dot{\alpha}} = -\mathrm{i}\widehat{\xi}_{\alpha}^{+}. \tag{27.4}$$

和任何一个表达物理性质的关系式一样, 这两个条件对 CPT 变换是不变的[2]. 不难证明, 事实上它们不仅对 CPT 变换不变, 而且对三种变换中的每一个单独变换也是不变的.

在 §19 中我们曾将旋量的反演定义为 $\widehat{P}^{2} = -1$ 的变换, 并一直用到现在. 不难看出, 上面得出的关于粒子与反粒子相对宇称的结论应该和反演的定义方式无关.

如果按条件 $\widehat{P}^{2} = 1$ 定义反演, 则 (27.1) 式将变成

$$P: \xi^{\alpha} \to \eta_{\dot{\alpha}}, \qquad \eta_{\dot{\alpha}} \to \xi^{\alpha}. \tag{27.5}$$

这时, 电荷共轭函数按照

$$\xi^{c\alpha} \to -\eta_{\dot{\alpha}}^{c}, \qquad \eta_{\dot{\alpha}}^{c} \to -\xi^{c\alpha}$$

变换, 和 (27.5) 式相差一个符号. 因此, 三维旋量 $\boldsymbol{\Phi}$ 将按照

$$\boldsymbol{\Phi}^{(e)\alpha} \to \boldsymbol{\Phi}^{(e)\alpha}, \qquad \boldsymbol{\Phi}^{(p)\alpha} \to -\boldsymbol{\Phi}^{(p)\alpha}$$

变换, 因而乘积 $\boldsymbol{\Phi}^{(e)}\boldsymbol{\Phi}^{(p)}$ 将依然是赝标量.

反演的这两种概念在物理后果上唯一可能的区别是: 按照 (27.5) 式的定义, 真中性场的条件对这种变换 (或 CP 变换) 不是不变的, 而要改变等式 (27.4) 两边的相对符号. 实际上, 已知的真中性粒子中没有自旋为 $\frac{1}{2}$ 的粒子, 现在还不能说两种反演定义的上述区别有没有实际的物理意义[3].

---

[1] 在 Majorana 表象中, 真中性只不过意味着算符 $\widehat{\psi}$ 的厄米性 (参见 §26 习题).

[2] 更确切地说, CPT 变换的定义在这里应该使类型 (27.4) 的关系式保持不变, 适当选择矩阵 U_{T} 定义中的相因子就能做到这一点 (参看 §26 第三个脚注).

[3] 两种反演定义的不完全等价性是由 Racah 首先指出的 (G. Racah, 1937).

习　题

求电子偶素 (由电子和正电子组成的类氢系统) 的电荷宇称.

解: 两个费米子的波函数对同时交换两粒子的坐标、自旋和电荷变量应该是反对称的 (比较 §13 的习题). 交换坐标要给波函数乘以 $(-1)^l$, 交换自旋乘以 $(-1)^{1+S}$ (这里 $S = 0$ 或 1, 为系统的总自旋), 交换电荷再乘以待求的 C. 由条件 $(-1)^l(-1)^{1+S}C = -1$, 我们求出

$$C = (-1)^{l+S}.$$

既然电子和正电子的内禀宇称相反, 系统的空间宇称为 $P = (-1)^{l+1}$. 组合宇称为: $CP = (-1)^{S+1}$.

§28　双线性式

我们来研究由函数 ψ 与 ψ^* 的分量组成的各种双线性式的变换性质. 这类双线性式在量子力学中是非常重要的. 四维流密度矢量 (21.11) 就属于这类双线性式.

由于 ψ 与 ψ^* 各有四个分量, 由它们可以组成 $4 \times 4 = 16$ 个独立的双线性组合. 根据 §19 中任意两个双旋量 (在这里就是 ψ 和 ψ^*) 的相乘方式, 这 16 个组合式按其变换性质的分类是显而易见的, 即: 可以组成标量 (用 S 表示), 赝标量 (P), 和真四维矢量 V^μ (4 个独立量) 等价的二秩混合旋量, 和赝四维矢量 A^μ (4 个量) 等价的二秩混合旋量, 以及和反对称四维张量 $T^{\mu\nu}$ (6 个量) 等价的二秩双旋量.

写成对称形式 (在 ψ 的任何表象中), 这些组合可写成如下形式:

$$S = \overline{\psi}\psi, \qquad P = \mathrm{i}\overline{\psi}\gamma^5\psi,$$
$$V^\mu = \overline{\psi}\gamma^\mu\psi, \qquad A^\mu = \overline{\psi}\gamma^\mu\gamma^5\psi, \qquad T^{\mu\nu} = \mathrm{i}\overline{\psi}\sigma^{\mu\nu}\psi, \tag{28.1}$$

其中

$$\sigma^{\mu\nu} = \frac{1}{2}(\gamma^\mu\gamma^\nu - \gamma^\nu\gamma^\mu) = (\boldsymbol{\alpha}, \mathrm{i}\boldsymbol{\Sigma}) \tag{28.2}$$

((28.2) 式中的分量已在 (19.15) 式给出)[①]. 以上所有表示式都是实的.

[①] 对 ψ 进行幺正变换 (表象变换) 时, 我们有:

$$\psi \to U\psi, \quad \gamma \to U\gamma U^{-1}, \quad \overline{\psi} \to \overline{\psi}U^{-1},$$

显然, 双线性式对这种变换是不变的.

量 S 为标量和量 P 为赝标量的事实由其旋量表示看是很明显的:

$$S = \xi^*\eta + \eta^*\xi, \qquad P = \mathrm{i}(\xi^*\eta - \eta^*\xi),$$

这些公式和表示式 (19.7) 与 (19.8) 一致. 量 V^μ 构成一个矢量由如下推导也是明显的: 对狄拉克方程 $\widehat{p}_\mu\gamma^\mu\psi = m\psi$ 左乘以 $\overline{\psi}$, 得到

$$(\overline{\psi}\widehat{p}_\mu\gamma^\mu\psi) = m\overline{\psi}\psi;$$

因为等式右边是标量, 所以左边的表示式也应该是标量.

(28.1) 式各量的组成规则是很明显的: 如果矩阵 γ^μ 构成一个四维矢量, γ^5 是一个赝标量, 和两边的 ψ 与 $\overline{\psi}$ 一起就形成一个标量[1]. 双线性式中不存在对称的四维张量, 这一点从旋量表示可看出, 也可由下述规则看出: 由于矩阵的对称组合为 $\gamma^\mu\gamma^\nu + \gamma^\nu\gamma^\mu = 2g^{\mu\nu}$, 而这种形式总可简化为一个标量.

将 (28.1) 式中的 ψ 函数换成 ψ 算符, 就得到二次量子化的双线性式. 为使讨论更为普遍, 我们将假设两个 ψ 算符属于不同粒子的场, 并用下标 a 与 b 标记. 现在我们来看看这样的算符形式在电荷共轭下是如何变换的. 我们有[2]

$$\widehat{\psi}^C = U_C\widehat{\overline{\psi}}, \qquad \widehat{\overline{\psi}}^C = U_C^+\widehat{\psi}, \tag{28.3}$$

利用 (26.3) 与 (26.21) 式, 我们有:

$$\widehat{\overline{\psi}}_a^C\widehat{\psi}_b^C = \widehat{\psi}_a U_C^*U_C\widehat{\overline{\psi}}_b = -\widehat{\psi}_a U_C^+U_C\widehat{\overline{\psi}}_b = -\widehat{\psi}_a\widehat{\overline{\psi}}_b,$$

$$\widehat{\overline{\psi}}_a^C\gamma^\mu\widehat{\psi}_b^C = \widehat{\psi}_a U_C^*\gamma^\mu U_C\widehat{\overline{\psi}}_b = -\widehat{\psi}_a U_C^+\gamma^\mu U_C\widehat{\overline{\psi}}_b = \widehat{\psi}_a\widetilde{\gamma}^\mu\widehat{\overline{\psi}}_b.$$

当算符按原来次序排列时 ($\widehat{\overline{\psi}}$ 在 $\widehat{\psi}$ 左边), 由于费米对易法则 (25.4), 乘积要变号 (此外, 出现与场的状态无关的一些项; 我们略去了这些项, 和在 §13 中类似的处理一样). 这样, 我们得到

$$\widehat{\overline{\psi}}_a^C\widehat{\psi}_b^C = \widehat{\overline{\psi}}_b\widehat{\psi}_a, \qquad \widehat{\overline{\psi}}_a^C\gamma^\mu\widehat{\psi}_b^C = -\widehat{\overline{\psi}}_b\gamma^\mu\widehat{\psi}_a.$$

对其它双线性式作类似处理, 我们就求出在电荷共轭下的结果[3]

$$C: \quad \begin{aligned} &\widehat{S}_{ab} \to \widehat{S}_{ba}, \quad \widehat{P}_{ab} \to \widehat{P}_{ba}, \quad \widehat{V}_{ab}^\mu \to -\widehat{V}_{ba}^\mu, \\ &\widehat{A}_{ab}^\mu \to \widehat{A}_{ba}^\mu, \quad \widehat{T}_{ab}^{\mu\nu} \to -\widehat{T}_{ba}^{\mu\nu}. \end{aligned} \tag{28.4}$$

---

[1] 由于 $\gamma^5 = \dfrac{\mathrm{i}}{24}e_{\lambda\mu\nu\rho}\gamma^\lambda\gamma^\mu\gamma^\nu\gamma^\rho$, γ^5 本身的 "赝标量性" 和这些规则是一致的.

[2] 为从第一式推出第二式, 我们写出

$$\widehat{\overline{\psi}}^C = [U_C^*(\widehat{\psi}\gamma^{0*})]\gamma^0 = \widetilde{\gamma}^0 U_C^*\gamma^0\widehat{\psi} = -\widetilde{\gamma}^0 U_C^+\gamma^0\widehat{\psi} = \widetilde{\gamma}^0\gamma^{0*}U_C^+\widehat{\psi} = U_C^+\widehat{\psi}$$

(利用了 (26.3), (26.21) 式和 γ^0 的厄米性).

[3] 必须注意, 对于由 ψ 函数 (而不是 ψ 算符) 组成的双线性式, 变换 (28.4) 有相反的符号, 因为函数因子 $\overline{\psi}$ 与 ψ 回到原来次序时并不会伴随符号的改变.

这些双线性式在时间反演下的行为可以类似地确定, 这时必须记住 (见 §13), 这个操作会引起算符次序改变, 因此, 例如,

$$(\widehat{\overline{\psi}}_a \psi_b)^T = \widehat{\psi}_b^T \widehat{\overline{\psi}}_a^T.$$

在此式中代入

$$\widehat{\psi}^T = U_T \widehat{\overline{\psi}}, \quad \widehat{\overline{\psi}}^T = -U_T^+ \widehat{\psi}, \tag{28.5}$$

我们得到

$$(\widehat{\overline{\psi}}_a \widehat{\psi}_b)^T = -\widehat{\overline{\psi}}_b \widetilde{U}_T U_T^+ \widehat{\psi}_a = \widehat{\overline{\psi}}_b U_T U_T^+ \widehat{\psi}_a = \widehat{\overline{\psi}}_b \widehat{\psi}_a.$$

用同样的方法研究其余的双线性式, 我们得到

$$T: \begin{array}{l} \widehat{S}_{ab} \to \widehat{S}_{ba}, \quad \widehat{P}_{ab} \to -\widehat{P}_{ba}, \quad (\widehat{V}^0, \widehat{\boldsymbol{V}})_{ab} \to (\widehat{V}^0, -\widehat{\boldsymbol{V}})_{ba}, \\ (\widehat{A}^0, \widehat{\boldsymbol{A}})_{ab} \to (\widehat{A}^0, -\widehat{\boldsymbol{A}})_{ba}, \quad \widehat{T}_{ab}^{\mu\nu} = (\widehat{\boldsymbol{p}}, \widehat{\boldsymbol{a}})_{ab} \to (\widehat{\boldsymbol{p}}, -\widehat{\boldsymbol{a}})_{ba} \end{array} \tag{28.6}$$

($\widehat{\boldsymbol{p}}, \widehat{\boldsymbol{a}}$ 为三维矢量, 按 (19.15) 式, 它们等价于 $\widehat{T}^{\mu\nu}$ 的分量).

在空间反演时, 根据张量的性质, 我们有[1]

$$P: \begin{array}{l} \widehat{S}_{ab} \to \widehat{S}_{ab}, \quad \widehat{P}_{ab} \to -\widehat{P}_{ab}, \quad (\widehat{V}^0, \widehat{\boldsymbol{V}})_{ab} \to (\widehat{V}^0, -\widehat{\boldsymbol{V}})_{ab}, \\ (\widehat{A}^0, \widehat{\boldsymbol{A}})_{ab} \to (-\widehat{A}^0, \widehat{\boldsymbol{A}})_{ab}, \quad \widehat{T}_{ab}^{\mu\nu} = (\widehat{\boldsymbol{p}}, \widehat{\boldsymbol{a}})_{ab} \to (-\widehat{\boldsymbol{p}}, \widehat{\boldsymbol{a}})_{ab}. \end{array} \tag{28.7}$$

最后, 联合进行所有这三个操作, $\widehat{S}_{ab}$, $\widehat{P}_{ab}$, $\widehat{T}_{ab}^{\mu\nu}$ 均保持不变, 而 $\widehat{V}_{ab}^\mu$, $\widehat{A}_{ab}^\mu$ 均改变符号. 这和此变换是四维反演是一致的: 由于四维反演等价于四维坐标系的转动, 所以任何秩真张量和赝张量对这种转动没有区别.

现在我们来考虑由四个不同函数 ψ^a, ψ^b, ψ^c, ψ^d 组成的双线性式的成对乘积. 其结果依赖于什么对的函数相乘在一起. 但是, 有可能把任何这种乘积都化为具有指定因子对的双线性式的乘积 (W. Pauli, M. Fierz, 1936). 我们来推导进行这种约化所依据的关系式.

我们来研究四阶矩阵的集合

$$1, \quad \gamma^5, \quad \gamma^\mu, \quad \mathrm{i}\gamma^\mu\gamma^5, \quad \mathrm{i}\sigma^{\mu\nu} \tag{28.8}$$

(1 为单位矩阵). 给这 16 个 (=1+1+4+4+6) 矩阵按任意确定的序列编号, 并用 $\gamma^A(A = 1, \cdots, 16)$ 标记它们. 并用 γ_A 标记四维张量指标 (μ, ν) 在下面的相

---

[1] 为避免误解, 应该提请注意: 变换 T 与 P 还包含函数宗量的改变; 若 (28.6) 与 (28.7) 式的左边为 $x = (t, \boldsymbol{r})$ 的函数, 右边 (变换了的双线性式) 则分别是依赖于

$$x^T = (-t, \boldsymbol{r}), \quad x^P = (t, -\boldsymbol{r})$$

的函数.

同矩阵. 它们具有如下性质:

$$\operatorname{tr} \gamma^A = 0 \ (\gamma^A \neq 1), \quad \gamma^A \gamma_A = 1, \quad \frac{1}{4} \operatorname{tr} \gamma^A \gamma_B = \delta_B^A. \tag{28.9}$$

最后的这个性质表明, 矩阵 γ^A 是线性独立的. 又因为它们的数目等于四阶矩阵的基的数目 (4×4), 所以, 矩阵 γ^A 构成一个可以表示任意四行矩阵 Γ 的完备集:

$$\Gamma = \sum_A c_A \gamma^A, \quad c_A = \frac{1}{4} \operatorname{tr} \gamma_A \Gamma, \tag{28.10}$$

或写成带矩阵下标 $(i, k = 1, 2, 3, 4)$ 的明显形式

$$\Gamma_{ik} = \frac{1}{4} \sum_A \Gamma_{lm} \gamma_{ml}^A \gamma_{Aik}.$$

特别是, 假设矩阵 Γ 只包含一个元素 (Γ_{lm}) 是非零的, 我们就得到所求的关系式 ("完备性条件"):

$$\delta_{il}\delta_{km} = \frac{1}{4} \sum_A \gamma_{Aik} \gamma_{ml}^A. \tag{28.11}$$

对方程两边乘以 $\overline{\psi}_i^a \psi_k^b \overline{\psi}_m^c \psi_l^d$, 我们有

$$(\overline{\psi}^a \psi^d)(\overline{\psi}^c \psi^b) = \frac{1}{4} \sum_A (\overline{\psi}^a \gamma_A \psi^b)(\overline{\psi}^c \gamma^A \psi^d). \tag{28.12}$$

这是我们要推导的一个方程, 它将两个标量双线性式之积约化为包含另一对因子组成的双线性式的乘积[1].

相同类型的其它方程可由 (28.12) 式得到, 为此, 需进行代换

$$\psi^d \to \gamma^B \psi^d, \quad \psi^b \to \gamma^C \psi^b$$

并用到展开式

$$\gamma^A \gamma^B = \sum_R c_R \gamma^R, \quad c_R = \frac{1}{4} \operatorname{tr} \gamma^A \gamma^B \gamma_R.$$

(参见习题).

为了后面引用方便, 这里我们还要给出和 (28.11) 式对应的二阶矩阵的关系式. 线性独立的二行矩阵 $\sigma^A (A = 1, \cdots, 4)$ 的完备集是

$$1, \sigma_x, \sigma_y, \sigma_z. \tag{28.13}$$

---

[1] 为避免误解, 应该说明, 我们在这里指的是由 ψ 函数构成的双线性式. 对于由反对易 ψ 算符组成的双线性式, 变换的符号是相反的.

它们具有性质

$$\operatorname{tr}\sigma^A = 0(\sigma^A \neq 1), \qquad \frac{1}{2}\operatorname{tr}\sigma^A\sigma^B = \delta_{AB}. \tag{28.14}$$

其完备性条件为:

$$\delta_{\alpha\gamma}\delta_{\beta\delta} = \frac{1}{2}\sum_A \sigma^A_{\alpha\beta}\sigma^A_{\delta\gamma} = \frac{1}{2}\boldsymbol{\sigma}_{\alpha\beta}\cdot\boldsymbol{\sigma}_{\delta\gamma} + \frac{1}{2}\delta_{\alpha\beta}\delta_{\delta\gamma} \tag{28.15}$$

$(\alpha, \beta, \gamma, \delta = 1, 2)$, 或写成:

$$\boldsymbol{\sigma}_{\alpha\beta}\cdot\boldsymbol{\sigma}_{\delta\gamma} = -\frac{1}{2}\boldsymbol{\sigma}_{\alpha\gamma}\cdot\boldsymbol{\sigma}_{\delta\beta} + \frac{3}{2}\delta_{\alpha\gamma}\delta_{\delta\beta}. \tag{28.16}$$

习 题

对两个双线性式 P, V, A, T 的标量积推出和 (28.12) 式类似的公式.

解: 我们采用符号

$$J_S = (\overline{\psi}^a\psi^b)(\overline{\psi}^c\psi^d), \qquad J_P = (\overline{\psi}^a\gamma^5\psi^b)(\overline{\psi}^c\gamma^5\psi^d).$$
$$J_V = (\overline{\psi}^a\gamma^\mu\psi^b)(\overline{\psi}^c\gamma_\mu\psi^d), \quad J_A = (\overline{\psi}^a\mathrm{i}\gamma^\mu\gamma^5\psi^b)(\overline{\psi}^c\mathrm{i}\gamma_\mu\gamma^5\psi^d),$$
$$J_T = (\overline{\psi}^a\mathrm{i}\sigma^{\mu\nu}\psi^b)(\overline{\psi}^c\mathrm{i}\sigma_{\mu\nu}\psi^d),$$

而用带撇的相同字母表示交换了 ψ^b 和 ψ^d 位置的乘积. 采用上述方法, 我们得到

$$
\begin{aligned}
4J'_S &= \;J_S \;+\; J_V \;+\; J_T \;+\; J_A \;+\; J_P\,, \\
4J'_V &= 4J_S - 2J_V \qquad\quad + 2J_A - 4J_P\,, \\
4J'_T &= 6J_S \qquad\quad - 2J_T \qquad\quad + 6J_P\,, \\
4J'_A &= 4J_S + 2J_V \qquad\quad - 2J_A - 4J_P\,, \\
4J'_P &= \;J_S \;-\; J_V \;+\; J_T \;-\; J_A \;+\; J_P
\end{aligned}
$$

(其中第一个方程和 (28.12) 式相同).

§29 极化密度矩阵

描述动量为 $\boldsymbol{p}$ 的自由运动 (平面波) 粒子的波函数 ψ, 其与坐标的依赖关系归结为一个公因子 $\mathrm{e}^{\mathrm{i}\boldsymbol{p}\cdot\boldsymbol{r}}$, 而振幅 u_p 作为一个自旋波函数. 在这样的状态 (纯态) 中, 粒子是完全极化的 (参见第三卷, §59). 在非相对论性理论中, 这意味着粒子自旋具有确定的空间方向 (更确切地说, 存在着自旋分量为确定值 $+\dfrac{1}{2}$ 的方向). 在相对论性理论中, 在 §23 已指出, 由于自旋矢量不守恒, 在任何参考

系中这样描述一个状态已不可能. 纯态仅仅意味着在粒子静止的参考系中, 自旋才具有确定的方向.

在一个部分极化的状态中, 不存在确定的振幅, 而只有 **极化密度矩阵** ρ_{ik} ($i, k = 1, 2, 3, 4$ 为双旋量指标). 我们这样定义这个矩阵, 使得它在纯态中简化为乘积

$$\rho_{ik} = u_{pi}\overline{u}_{pk}. \tag{29.1}$$

相应地, 矩阵 ρ 的归一化条件为

$$\mathrm{tr}\,\rho = 2m \tag{29.2}$$

(参见 (23.4) 式).

在纯态中, 自旋平均值由量

$$\overline{\boldsymbol{s}} = \frac{1}{2}\int \psi^*\Sigma\psi\mathrm{d}^3x = \frac{1}{4\varepsilon}u_p^*\Sigma u_p = \frac{1}{4\varepsilon}\overline{u}_p\gamma^0\Sigma u_p \tag{29.3}$$

给出. 对于部分极化状态, 相应的表示式为

$$\overline{\boldsymbol{s}} = \frac{1}{4\varepsilon}\mathrm{tr}\,(\rho\gamma^0\Sigma) = \frac{1}{4\varepsilon}\mathrm{tr}\,(\rho\gamma^5\gamma). \tag{29.4}$$

振幅 u_p 与 $\overline{u}_p$ 满足代数方程组

$$(\gamma p - m)u_p = 0, \qquad \overline{u}_p(\gamma p - m) = 0.$$

所以矩阵 (29.1) 满足方程

$$(\gamma p - m)\rho = 0, \qquad \rho(\gamma p - m) = 0. \tag{29.5}$$

在混合态 (对自旋而言) 的一般情况下, 密度矩阵应该满足类似的线性方程 (比较第三卷 §14 中类似的论证).

如果我们在静止参考系中研究自由粒子, 非相对论性理论是可以应用的. 在这个理论中, 部分极化态由三个参量 —— 平均自旋矢量 $\overline{\boldsymbol{s}}$ 的分量完全确定. 因此很明显, 同样的参量将确定经任意洛伦兹变换后的极化态, 即运动粒子的极化态.

我们用 ζ 标记静止参考系中的二倍平均自旋矢量值 (在纯态中, $|\zeta| = 1$, 在混合态中, $|\zeta| < 1$). 为对极化态作四维描述, 定义一个四维矢量 a^μ 是较为方便的, 在静止参考系中它和三维矢量 ζ 相同; 既然 ζ 是轴矢量, a^μ 就是一个四维赝矢量. 这个四维矢量和静止参考系中的四维动量正交 (在该参考系中, $a^\mu = (0, \zeta), p^\mu = (m, 0)$), 因此, 在任意参考系中, 我们有

$$a^\mu p_\mu = 0. \tag{29.6}$$

在任意参考系中还将有

$$a_\mu a^\mu = -\zeta^2. \tag{29.7}$$

在粒子以速度 $\boldsymbol{v} = \boldsymbol{p}/\varepsilon$ 运动的参考系中, 四维矢量 a^μ 的分量可以由静止参考系通过洛伦兹变换推出, 为

$$a^0 = \frac{|\boldsymbol{p}|}{m}\zeta_\|, \quad \boldsymbol{a}_\perp = \boldsymbol{\zeta}_\perp, \quad a_\| = \frac{\varepsilon}{m}\zeta_\|, \tag{29.8}$$

其中的下标 $\|$ 与 $\perp$ 分别表示与方向 $\boldsymbol{p}$ 平行与垂直的分量[①]. 这些公式可以写成矢量形式:

$$\boldsymbol{a} = \boldsymbol{\zeta} + \frac{\boldsymbol{p}(\boldsymbol{\zeta}\cdot\boldsymbol{p})}{m(\varepsilon+m)}, \quad a^0 = \frac{\boldsymbol{a}\cdot\boldsymbol{p}}{\varepsilon} = \frac{\boldsymbol{p}\cdot\boldsymbol{\zeta}}{m}, \quad \boldsymbol{a}^2 = \boldsymbol{\zeta}^2 + \frac{(\boldsymbol{p}\cdot\boldsymbol{\zeta})^2}{m^2}. \tag{29.9}$$

我们首先研究非极化态 ($\zeta = 0$). 在这种情形下, 密度矩阵中只能够包含四维动量 p 作为参量出现. 满足方程 (29.5) 的这种矩阵的唯一形式是

$$\rho = \frac{1}{2}(\gamma p + m) \tag{29.10}$$

(И. Е. Тамм, 1930, H. B. G. Casimir, 1933). 其中常系数是按照归一化条件 (29.2) 选择的.

在部分极化 ($\zeta \neq 0$) 的一般情形下, 我们来求如下形式的密度矩阵

$$\rho = \frac{1}{4m}(\gamma p + m)\rho'(\gamma p + m), \tag{29.11}$$

它自动满足方程 (29.5). 当 $\zeta = 0$ 时, 辅助矩阵 ρ' 必须变成单位矩阵; 由于

$$(\gamma p + m)^2 = 2m(\gamma p + m),$$

所以, 表示式 (29.11) 和 (29.10) 相同. 其次, 矩阵 ρ' 还必须线性地包含四维矢量 a 作为一个参量, 即必须有如下形式

$$\rho' = 1 - A\gamma^5(\gamma a); \tag{29.12}$$

[①] 在相对论力学中, 和任何角动量的分量一样, 平均自旋矢量 $\bar{\boldsymbol{s}}$ 的分量就其变换性质而言, 是反对称张量 $S^{\lambda\mu}$ 的空间分量. 四维矢量 a^λ 和这个张量的关系由如下方程给出:

$$S^{\lambda\mu} = \frac{1}{2m}e^{\lambda\mu\nu\rho}a_\nu p_\rho, \quad a^\lambda = -\frac{2}{m}e^{\lambda\mu\nu\rho}S_{\mu\nu}p_\rho.$$

必须强调指出, 在任意参考系中, 四维矢量 a^λ 的空间部分 $\boldsymbol{a}$ 绝不等于 $2\bar{\boldsymbol{s}}$. 不难看出,

$$2\bar{\boldsymbol{s}}_\| = \frac{1}{m}(a_\|\varepsilon - a^0|\boldsymbol{p}|) = \zeta_\|, \quad 2\bar{\boldsymbol{s}}_\perp = \frac{\varepsilon}{m}\boldsymbol{a}_\perp = \frac{\varepsilon}{m}\boldsymbol{\zeta}_\perp.$$

在第二项中包含赝矢量 a 和 "四维矩阵赝矢量" $\gamma^5\gamma$ 的 "标量" 积. 为了确定系数 A, 我们写出静止系中的密度矩阵:

$$\rho = \frac{m}{4}(1+\gamma^0)(1+A\gamma^5\boldsymbol{\gamma}\cdot\boldsymbol{\zeta})(1+\gamma^0) = \frac{m}{2}(1+\gamma^0)(1+A\gamma^5\boldsymbol{\gamma}\cdot\boldsymbol{\zeta}),$$

并按 (29.4) 式计算自旋平均值. 利用 §22 中的法则不难发现, 阵迹中的唯一非零项是

$$2\overline{\boldsymbol{s}} = \frac{1}{2m}\mathrm{tr}\,(\rho\gamma^5\boldsymbol{\gamma}) = -\frac{A}{4}\mathrm{tr}\,((\boldsymbol{\gamma}\cdot\boldsymbol{\zeta})\boldsymbol{\gamma}) = A\boldsymbol{\zeta}.$$

令这个表示式等于 $\boldsymbol{\zeta}$, 我们得到 $A = 1$. 把 (29.12) 式代入 (29.11) 式并交换因子 ρ' 和 $(\gamma p + m)$, 就得到 ρ 的最后表示式. 由于 a 和 p 正交, 乘积 γp 和 γa 反对易:

$$(\gamma a)(\gamma p) = 2ap - (\gamma p)(\gamma a) = -(\gamma p)(\gamma a),$$

因此和 $\gamma^5(\gamma a)$ 对易.

这样, 部分极化电子的密度矩阵可表示为

$$\rho = \frac{1}{2}(\gamma p + m)[1 - \gamma^5(\gamma a)] \tag{29.13}$$

(L. Michel, A. S. Wightman, 1955). 如果矩阵 ρ 已知, 则描述状态的四维矢量 a 可由下面公式求出:

$$a^\mu = \frac{1}{2m}\mathrm{tr}\,(\rho\gamma^5\gamma^\mu). \tag{29.14}$$

并因此矢量 $\boldsymbol{\zeta}$ 也可求出.

正电子的密度矩阵公式和电子完全类似. 如果一个具有四维动量 p 的正电子用其振幅 $u_p^{(\mathrm{pos})}$ 与由此振幅定义的密度矩阵 $\rho^{(\mathrm{pos})}$ 来描述, 那就和电子的情形没有任何区别, 且矩阵 $\rho^{(\mathrm{pos})}$ 将由同一公式 (29.13) 给出. 但是, 在实际计算有正电子参加的散射过程的截面时, 必须 (如下面将看到的) 处理的不是 $u_p^{(\mathrm{pos})}$, 而是 "负频率" 的振幅 u_{-p}. 所以, 极化密度矩阵 (用 $\rho^{(-)}$ 标记) 的定义必须能使它在纯态时化为 $u_{-pi}\overline{u}_{-pk}$.

按照 (26.1) 式, 正电子的振幅为 $u_p^{(\mathrm{pos})} = U_C\overline{u}_{-p}$. 相反地,

$$u_{-p} = U_C\overline{u}_p^{(\mathrm{pos})}, \qquad \overline{u}_{-p} = U_C^+ u_p^{(\mathrm{pos})} = u_p^{(\mathrm{pos})}U_C^*$$

(参见 (28.3) 式). 如果

$$\rho_{ik}^{(-)} = u_{-pi}\overline{u}_{-pk}, \qquad \rho_{ik}^{(\mathrm{pos})} = u_{pi}^{(\mathrm{pos})}\overline{u}_{pk}^{(\mathrm{pos})},$$

那么这些公式给出

$$\rho^{(-)} = U_C\widetilde{\rho}^{(\mathrm{pos})}U_C^*. \tag{29.15}$$

代入 $\rho^{(\mathrm{pos})}$ 的表示式 (29.13) 并利用 (26.3), (26.21) 式进行简单的整理, 我们得到

$$\rho^{(-)} = \frac{1}{2}(\gamma p - m)[1 - \gamma^5(\gamma a)]. \tag{29.16}$$

特别是, 对于非极化态,

$$\rho^{(-)} = \frac{1}{2}(\gamma p - m). \tag{29.17}$$

以下在谈到正电子密度矩阵时, 我们将指的是矩阵 $\rho^{(-)}$ 并略去指标 $(-)$ (矩阵 $\rho^{(\mathrm{pos})}$ 实际上并不需要).

在各种计算中, 我们常常需要计算形如 $\bar{u}Fu(\equiv \bar{u}_i F_{ik} u_k)$ 的表示式对自旋态的平均值, 其中 F 是某一个 (四行) 矩阵, 而 u 是具有确定四维动量 p 状态的双旋量振幅. 这种求平均等价于用一个部分极化态的密度矩阵 ρ_{ki} 代替乘积 $u_k \bar{u}_i$.

特别是, 对两个独立自旋态的完全平均等价于变成一个非极化态, 按 (29.10) 式, 我们有

$$\frac{1}{2} = \sum_{\mathrm{polar.}} \bar{u}_p F u_p = \frac{1}{2}\mathrm{tr}\,(\gamma p + m)F. \tag{29.18}$$

类似地, 对负频率的波函数,

$$\frac{1}{2} = \sum_{\mathrm{polar.}} \bar{u}_{-p} F u_{-p} = \frac{1}{2}\mathrm{tr}\,(\gamma p - m)F. \tag{29.19}$$

如果这里指的不是求平均, 而是对所有自旋态求和, 其结果将增大一倍.

现在我们来看看密度矩阵 (29.13) 如何过渡到其非相对论极限. 为此, 我们采用电子的静止参考系. 在波函数的标准表示中, 此参考系内的振幅 u_p 在非相对论极限下有两个分量, 因此, 密度矩阵应该是二行的. 实际上, 在静止参考系中,

$$\rho = \frac{m}{2}(\gamma^0 + 1)(1 + \gamma^5 \boldsymbol{\gamma} \cdot \boldsymbol{\zeta}),$$

利用 γ 矩阵的表示式 (21.20) 与 (22.18), 我们求出

$$\rho = \begin{pmatrix} \rho_{\mathrm{non\text{-}r}} & 0 \\ 0 & 0 \end{pmatrix}, \quad \rho_{\mathrm{non\text{-}r}} = m(1 + \boldsymbol{\sigma} \cdot \boldsymbol{\zeta}), \tag{29.20}$$

零代表二行的零矩阵. 如果我们采用非相对论理论中通常的归一化, 密度矩阵归一化为 1 $(\mathrm{tr}\,\rho_{\mathrm{non\text{-}r}} = 1)$, 而不是归一化为 $2m$, 则上式必须除以 $2m$, 得到

$$\frac{1}{2}(1 + \boldsymbol{\sigma} \cdot \boldsymbol{\zeta}).$$

和第三卷的 (59.6) 式一致.

类似地, 正电子密度矩阵的非相对论极限是

$$\rho = \begin{pmatrix} 0 & 0 \\ 0 & \rho_{\text{non-r}} \end{pmatrix}, \quad \rho_{\text{non-r}} = -m(1 + \boldsymbol{\sigma} \cdot \boldsymbol{\zeta}).$$

最后, 我们写出极端相对论情况下密度矩阵的简化表示式. 在 (29.8) 式中取 $|\boldsymbol{p}| \approx \varepsilon$ (忽略 $(m/\varepsilon)^2$ 级的小量), 并将结果代入 (29.13) 式或 (29.16) 式, 取 $\boldsymbol{p}$ 的方向为 x 轴, 可写出:

$$\rho = \frac{1}{2}[\varepsilon(\gamma^0 - \gamma^1) \pm m]\left[1 - \gamma^5\left(\frac{\varepsilon}{m}(\gamma^0 - \gamma^1)\zeta_{\parallel} - \boldsymbol{\zeta}_{\perp} \cdot \boldsymbol{\gamma}_{\perp}\right)\right],$$

其中上面的符号属于电子情形, 下面的符号属于正电子情形. 在乘积展开时, 其中的领头项消去, 次级项给出

$$\rho = \frac{1}{2}\varepsilon(\gamma^0 - \gamma^1)[1 + \gamma^5(\pm\zeta_{\parallel} + \boldsymbol{\zeta}_{\perp} \cdot \boldsymbol{\gamma}_{\perp})]$$

或将 $\varepsilon(\gamma^0 - \gamma^1)$ 重新写成 γp 的形式:

$$\rho = \frac{1}{2}(\gamma p)[1 + \gamma^5(\pm\zeta_{\parallel} + \boldsymbol{\zeta}_{\perp} \cdot \boldsymbol{\gamma}_{\perp})]. \tag{29.21}$$

这就是所求的极端相对论情形下的密度矩阵的表示式. 我们要提请注意的是, 极化矢量 $\boldsymbol{\zeta}$ 的所有分量以相同的数量级平等地包含在这个表示式中. 我们还记起, $\zeta_{\parallel}$ 是极化矢量和粒子的动量相平行 ($\zeta_{\parallel} > 0$) 或反平行 ($\zeta_{\parallel} < 0$) 的分量. 特别是对粒子的螺旋性态, $\zeta_{\parallel} = 2\lambda = \pm 1$; 这时, 密度矩阵具有特别简单的形式:

$$\rho = \frac{1}{2}(\gamma p)(1 \pm 2\lambda\gamma^5), \tag{29.22}$$

和中微子或反中微子的密度矩阵的形式相同, 正如应该的那样, 这是因为, 中微子或反中微子是质量为零且具有确定螺旋性的粒子 (参见 §30).

§30 二分量费米子

我们在 §20 中看到, 描述自旋为 $\frac{1}{2}$ 的粒子要用两个旋量 (ξ 与 η), 这是和粒子的质量相联系的. 如果粒子的质量为零, 就失去这个必要性了. 描述这种粒子的波动方程只需要一个旋量, 比如说, 带点的旋量 η:

$$\widehat{p}^{\alpha\dot{\beta}}\eta_{\dot{\beta}} = 0, \tag{30.1}$$

或等价地,

$$(\widehat{p}_0 + \widehat{\boldsymbol{p}} \cdot \boldsymbol{\sigma})\eta = 0. \tag{30.2}$$

在 §20 中还曾指出, 包含质量 m 的波动方程对反演 (变换 (20.4)) 必定是对称的. 当用一个旋量描述粒子时, 这种对称性不再存在. 但是这并不重要, 因为对反演的对称性不是自然界的普遍性质.

$m = 0$ 的粒子的能量和动量之间存在着联系 $\varepsilon = |\boldsymbol{p}|$, 所以, 对于平面波 ($\eta_p \sim \mathrm{e}^{-\mathrm{i}px}$), 方程 (30.2) 给出

$$(\boldsymbol{n} \cdot \boldsymbol{\sigma})\eta_p = -\eta_p, \tag{30.3}$$

其中 $\boldsymbol{n}$ 为矢量 $\boldsymbol{p}$ 方向的单位矢量. 类似的方程

$$(\boldsymbol{n} \cdot \boldsymbol{\sigma})\eta_{-p} = -\eta_{-p} \tag{30.4}$$

对 "负频率" 的波 ($\eta_{-p} \sim \mathrm{e}^{\mathrm{i}px}$) 成立. 二次量子化的 ψ 算符为:

$$\widehat{\eta} = \sum_{\boldsymbol{p}}(\eta_p \widehat{a}_{\boldsymbol{p}} + \eta_{-p} \widehat{b}_{\boldsymbol{p}}^+), \quad \widehat{\eta}^+ = \sum_{\boldsymbol{p}}(\eta_p^* \widehat{a}_{\boldsymbol{p}}^+ + \eta_{-p}^* \widehat{b}_{\boldsymbol{p}}). \tag{30.5}$$

如通常一样, 由此得出, η_{-p}^* 为反粒子的波函数.

由算符 $\widehat{p}^{\alpha\dot{\beta}}$ 的定义 (20.1) 可看出, $\widehat{p}^{\alpha\dot{\beta}*} = -\widehat{p}^{\dot{\alpha}\beta}$. 因此, 复共轭旋量 η^* 满足方程 $\widehat{p}^{\dot{\alpha}\beta}\eta_{\dot{\beta}}^* = 0$, 或等价地,

$$\widehat{p}_{\dot{\alpha}\beta}\eta^{\dot{\beta}*} = 0.$$

我们写成 $\eta^{\dot{\beta}*} = \xi^{\beta}$ 是要表示这样的一个事实: 复共轭将带点的旋量变成为不带点的旋量. 于是, 反粒子的波函数满足方程

$$\widehat{p}_{\dot{\alpha}\beta}\xi^{\beta} = 0, \tag{30.6}$$

或

$$(\widehat{p}_0 - \widehat{\boldsymbol{p}} \cdot \boldsymbol{\sigma})\xi = 0. \tag{30.7}$$

因此, 对于平面波,

$$(\boldsymbol{n} \cdot \boldsymbol{\sigma})\xi_p = \xi_p. \tag{30.8}$$

但是, $\frac{1}{2}(\boldsymbol{n} \cdot \boldsymbol{\sigma})$ 是自旋在运动方向上的投影算符, 所以, 方程 (30.3) 与 (30.8) 意味着, 具有一定动量的粒子的状态必然是螺旋性态, 自旋在运动方向上的分量有确定值. 这时, 如果粒子的自旋和动量反方向 $\left(\text{螺旋性为} -\frac{1}{2}\right)$, 则反粒子的自旋沿着动量方向 $\left(\text{螺旋性为} +\frac{1}{2}\right)$.

自然界存在的**中微子**看来就是具有这种性质的粒子. 习惯上将螺旋性为 $-\frac{1}{2}$ 的粒子称为中微子, 而螺旋性为 $+\frac{1}{2}$ 的粒子叫反中微子 [①].

中微子状态在自旋方向上是非简并的, 与此相联系, 我们在 §8 中说过, 一个质量为零的粒子只具有对动量方向的轴对称性. 对一个真中性粒子 —— 光子, 这种对称性既包括绕此轴的转动对称, 又包括在穿过此轴的平面内的反射对称. 对中微子不存在反射对称, 只有绕轴的转动群, 它保持角动量沿该轴的分量守恒且不变号. 只有同时将粒子变为反粒子, 才会有反射对称性.

还必须指出, 中微子必然是纵向极化的, 这意味着无法将其自旋和轨道角动量区别开来 (如同光子必然是横向极化一样, 参见 §6).

由一个旋量 η (或 ξ) 可构成全部四个双线性组合, 它们一起构成四维矢量

$$j^\mu = (\eta^*\eta, \eta^*\boldsymbol{\sigma}\eta). \tag{30.9}$$

容易证实, 方程

$$(\widehat{p}_0 + \widehat{\boldsymbol{p}}\cdot\boldsymbol{\sigma})\eta = 0, \qquad \eta^*(\widehat{p}_0 - \widehat{\boldsymbol{p}}\cdot\boldsymbol{\sigma}) = 0$$

意味着连续性方程 $\partial_\mu j^\mu = 0$ 成立, 即 j^μ 起着粒子的四维流密度矢量的作用.

中微子平面波可采用和 §23 中对有质量粒子用过的方法类似的方法归一化:

$$\eta_p = \frac{1}{\sqrt{2\varepsilon}}u_p\mathrm{e}^{-\mathrm{i}px}, \qquad \eta_{-p} = \frac{1}{\sqrt{2\varepsilon}}u_{-p}\mathrm{e}^{\mathrm{i}px}, \tag{30.10}$$

而旋量振幅由不变性条件

$$u_{\pm p}^*(1, \boldsymbol{\sigma})u_{\pm p} = 2(\varepsilon, \boldsymbol{p}) \tag{30.11}$$

归一化. 这时, 粒子密度与粒子流密度为 $j^0 = 1, \boldsymbol{j} = \boldsymbol{p}/\varepsilon = \boldsymbol{n}$.

既然给定动量的自由中微子永远是完全极化的, 那就不存在 (对自旋而言) 混合态. 但引入一个二行极化"密度矩阵"仍然是方便的, 它可简单地定义为二秩旋量

$$\rho_{\dot{\alpha}\beta} = u_{\dot{\alpha}}u_{\dot{\beta}}^* \tag{30.12}$$

(这时 $\mathrm{tr}\,\rho = 2\varepsilon$). 这个矩阵的表示式可通过要求其满足方程

$$(\varepsilon + \boldsymbol{p}\cdot\boldsymbol{\sigma})\rho = \rho(\varepsilon + \boldsymbol{p}\cdot\boldsymbol{\sigma}) = 0$$

[①] 泡利为解释 β 衰变的性质从理论上预言了中微子的存在 (1931). 方程 (30.1) 是由 Weyl 首先讨论的 (H. Weyl, 1929). 以这些方程为基础的中微子理论后来由朗道、李政道、杨振宁与萨拉姆发展 (1957).

关于中微子质量等于零的问题, 迄今为止还没有从实验上最终查明. 为标识由方程 (30.3) 所描述的粒子, 后面我们将采用"中微子"这个术语.

得出. 因此我们有

$$\rho = \varepsilon - \boldsymbol{p} \cdot \boldsymbol{\sigma}. \tag{30.13}$$

当研究各种相互作用过程时, 中微子可能和其它自旋为 $\frac{1}{2}$、质量不为零的粒子一起出现, 而那些粒子要用四分量波函数描述. 在这种情形下为保持标记一致, 可在形式上为中微子也定义一个 "双旋量" 波函数, 只不过其中两个分量为零: $\psi = \begin{pmatrix} 0 \\ \eta \end{pmatrix}$. 但是, 当过渡到其它 (非旋量) 表示时, ψ 的这种形式一般来说将被破坏. 这个困难是可以避免的, 我们知道, 在旋量表示中存在恒等式

$$\frac{1+\gamma^5}{2} \begin{pmatrix} \xi \\ \eta \end{pmatrix} = \begin{pmatrix} 0 \\ \eta \end{pmatrix}, \quad (\eta^* \eta^*) \frac{1-\gamma^5}{2} = (\eta^* 0),$$

其中 ξ 是一个任意的 "辅助" 旋量, 它在最后结果中并不出现; (矩阵 γ^5 由 (22.18) 式给出). 因此, 只要将 ψ 取为 $m = 0$ 时的狄拉克方程

$$(\gamma p)\psi = 0 \tag{30.14}$$

的解, 而且满足补充条件 $\frac{1}{2}(1 + \gamma^5)\psi = \psi$, 或者

$$\gamma^5 \psi = \psi. \tag{30.15}$$

那么, 在任何表示中用四分量的 ψ 描述中微子时, 其作为真正的 "二分量" 中微子的条件将保持不变.

将此条件考虑在内的方法是, 在每当出现 ψ 与 $\overline{\psi}$ 时, 都进行下列代换:

$$\psi \to \frac{1+\gamma^5}{2}\psi, \quad \overline{\psi} \to \overline{\psi}\frac{1-\gamma^5}{2}. \tag{30.16}$$

例如, 四维流密度矢量可以写成 (在表示式 $\overline{\psi}\gamma^\mu\psi$ 中作代换 (30.16)):

$$j^\mu = \frac{1}{4}\overline{\psi}(1-\gamma^5)\gamma^\mu(1+\gamma^5)\psi = \frac{1}{2}\overline{\psi}\gamma^\mu(1+\gamma^5)\psi. \tag{30.17}$$

用同样方法, 中微子的四行密度矩阵可写成

$$\rho = \frac{1}{4}(1+\gamma^5)(\gamma p)(1-\gamma^5) = \frac{1}{2}(1+\gamma^5)(\gamma p). \tag{30.18}$$

在旋量表示中, 它应该化为二行矩阵 (30.13) 式

$$\rho = \begin{pmatrix} 0 & 0 \\ \varepsilon - \boldsymbol{\sigma} \cdot \boldsymbol{p} & 0 \end{pmatrix}.$$

对反中微子有类似的公式, 区别只是 γ^5 前面的符号要改变.

中微子是电中性的粒子. 但是具有上述性质的中微子不是一个真正中性的粒子. 这里必须指出, 在可能的粒子状态数 (而不是别的物理性质) 方面, 用二分量旋量描述的 "中微子场", 等价于用四分量双旋量描述的真中性场. 对这种真中性场, 在这里不是指有确定螺旋性的粒子与反粒子的状态, 而是指螺旋性有两种可能值的一种粒子同样数目的状态, 并且反演对称性将自动保证. 但是我们看到, "四分量" 中微子的质量等于零可以说是 "偶然的", 这是因为中微子的零质量并不和其波动方程的对称性相关 (质量不为零是允许的). 所以, 这种粒子的各种相互作用必然意味着虽很小、但仍不是严格为零的静质量的存在.

§31 自旋为 3/2 的粒子的波动方程

自旋为 3/2 的粒子在其静止参考系中用三秩的三维对称旋量描述 (有 $2s+1 = 4$ 个独立分量). 相应地, 在任意参考系中, 对其的描述可包含四维旋量 $\xi^{\alpha\beta\dot{\gamma}}, \eta_{\dot{\alpha}\beta\gamma}$ 与 $\zeta^{\alpha\beta\gamma}, \chi_{\dot{\alpha}\dot{\beta}\dot{\gamma}}$, 其中每一个四维旋量对同类 (带点的或不带点的) 的所有指标都是对称的; 在反演时, 每一对中的两个旋量将互相交换.

为使静止参考系中的四维旋量 $\xi^{\alpha\beta\dot{\gamma}}$ 与 $\eta_{\dot{\alpha}\beta\gamma}$ 变成对所有三个指标都对称的三维旋量, 它们必须满足如下条件

$$\widehat{p}^{\dot{\alpha}\beta}\eta_{\dot{\alpha}\beta\gamma} = 0, \quad \widehat{p}_{\alpha\dot{\beta}}\xi^{\alpha\dot{\beta}\dot{\gamma}} = 0. \tag{31.1}$$

实际上, 在静止参考系中, 我们有

$$\widehat{p}^{\dot{\alpha}\beta} \to \widehat{p}_0\delta_\alpha^\beta = m\delta_\alpha^\beta$$

(如由 (20.1) 式看出的). 因此, 条件 (31.1) 归结为方程:

$$\delta_\alpha^\beta\eta'^\alpha{}_{\beta\gamma} = 0, \quad \delta_\alpha^\beta\xi'^\alpha{}_{\beta\gamma} = 0,$$

其中带撇的字母标记对应的三维旋量; 换句话说, 这些旋量对指标 α, β 缩并时结果为零, 这就意味着它们对这两个指标是对称的, 因而对所有三个指标都是对称的.

旋量 ξ 和 η 之间的微分关系为

$$\widehat{p}^{\delta\dot{\gamma}}\eta_{\alpha\delta}^{\dot{\beta}} = m\xi_\alpha^{\dot{\beta}\dot{\gamma}}, \quad \widehat{p}_{\delta\dot{\gamma}}\xi_\alpha^{\dot{\beta}\dot{\gamma}} = m\eta_{\alpha\delta}^{\dot{\beta}}. \tag{31.2}$$

此方程的左边的对称性 (对指标 $\dot{\beta}, \dot{\gamma}$ 或 α, δ) 由条件 (31.1) 所保证, 由此条件它们在所有指标缩并时都为零. 在静止参考系中, 由于方程 (31.2), 三维旋量

ξ' 和 η' 是相同的. 从方程 (31.2) 中消去 η 或 ξ, 我们发现, 旋量 ξ 和 η 的每一个分量都满足二阶方程

$$(\widehat{p}^2 - m^2)\xi^{\alpha\dot{\beta}\dot{\gamma}} = 0. \tag{31.3}$$

(31.1) 和 (31.2) 的全部方程构成自旋为 3/2 的粒子波动方程的完全集 [①]. 引入旋量 ζ 和 χ 没有产生任何新的结果. 它们是按照下列关系式建立的:

$$m\zeta^{\alpha\beta\gamma} = \widehat{p}^{\alpha\dot{\delta}}\eta_{\dot{\delta}}^{\beta\gamma}, m\chi_{\dot{\alpha}\dot{\beta}\dot{\gamma}} = \widehat{p}_{\dot{\alpha}\delta}\xi_{\dot{\beta}\dot{\gamma}}^{\delta}.$$

利用旋量的矢量性质可将自旋为 3/2 的粒子的方程表述成另一种形式 (W. Rarita, J. Schwinger, 1941; А. С. Давыдов, И. Е. Тамм, 1942). 一对旋量指标 $\alpha\dot{\beta}$ 相当于一个四维矢量指标 μ. 因此, 三秩旋量的分量 $\xi^{\alpha\dot{\beta}\dot{\gamma}}$ 可对应于具有一个矢量指标和一个旋量指标的 "混合" 量 $\psi_\mu^{\dot{\gamma}}$ 的分量. 类似地, 旋量 $\eta^{\dot{\beta}\alpha\gamma}$ 对应于量 ψ_μ^{γ}, 而两个旋量一起和 "矢量性" 双旋量 ψ_μ (双旋量指标未写出) 相对应. 这时, 波动方程变成每个矢量分量 ψ_μ 的 "狄拉克方程":

$$(\gamma\widehat{p} - m)\psi_\mu = 0 \tag{31.4}$$

其补充条件为

$$\gamma^\mu \psi_\mu = 0. \tag{31.5}$$

利用旋量表示中矩阵 γ^μ 的表示式和旋量与矢量分量之间的关系式 (18.6), (18.7), 我们不难证实, 方程 (31.4) 意味着方程 (31.2), 而条件 (31.5) 等价于旋量 $\xi^{\alpha\dot{\beta}\dot{\gamma}}$ 和 $\eta^{\dot{\alpha}\beta\gamma}$ 对指标 $\dot{\beta}\dot{\gamma}$ 或 $\beta\gamma$ 是对称的条件. 方程 (31.4) 乘以 γ^μ, 再应用条件 (31.5), 我们得到

$$\gamma^\mu \gamma^\nu \widehat{p}_\nu \psi_\mu = 0$$

或利用矩阵 γ^μ 的对易关系,

$$2g^{\mu\nu}\widehat{p}_\nu \psi_\mu - \gamma^\nu \widehat{p}_\nu \gamma^\mu \psi_\mu = 0. \tag{31.6}$$

第二项根据 (31.5) 又等于零, 而第一项给出

$$\widehat{p}^\mu \psi_\mu = 0. \tag{31.7}$$

不难看出, 由 (31.4) 式和 (31.5) 式自动得出的这个条件和条件 (31.1) 是等价的.

最后, 波动方程还有一个表述方法, 即采用量 ψ_{ikl} ($i, k, l = 1, 2, 3, 4$), 它有三个双旋量指标并对这三个指标是对称的 (V. Bargmann, E. P. Wigner, 1948).

---

① 关于这些方程的拉格朗日表述, 请参见 §15 中引用的 Fierz 与 Pauli 的文章.

这一组量等价于全部四个旋量 ξ, η, ζ, χ 的分量. 波动方程变成一组 "狄拉克方程":

$$\widehat{p}_\mu \gamma^\mu_{im} \psi_{mkl} = m\psi_{ikl}. \tag{31.8}$$

容易看出, 这组方程已能得到所必需的独立分量 ψ_{ikl} 的数目 (四个), 所以, 就不需要进一步的附加条件. 实际上, 在静止参考系中, (31.8) 式归结为等式

$$\gamma^0_{im} \psi_{mkl} = \psi_{ikl},$$

按照这个等式, (在标准表示中) $i, k, l = 3, 4$ 的所有分量都为零, 即 ψ_{ikl} 简化为一个三秩三维旋量的分量.

以上结果显然可以推广到任何半整数自旋 s 的粒子. 当用形如 (31.4) 式与 (31.5) 式的方程描述时, 波函数将是有一个双旋量指标的 $(2s-1)/2$ 秩的对称四维旋量. 而用形如 (31.8) 式的方程描述时, 波函数将有 $2s$ 个双旋量指标, 并且对这些指标是对称的.

第四章

外场中的粒子

§32 外场中电子的狄拉克方程

从本质上讲, 自由粒子的波动方程描述的只是和时空对称性的普遍要求相联系的那些性质. 这些粒子参与的物理过程则依赖于它们相互作用的性质.

将经典理论与非相对论性量子理论中描述粒子电磁相互作用的方法加以推广就可用来描述相对论性量子理论中粒子的电磁相互作用.

但是, 这种方法只适用于描述一些不参与强相互作用的粒子的电磁相互作用. 这包括电子 (与正电子), 因此, 电子的量子电动力学的很广泛领域是可以接受现有理论的. 不参与强相互作用的还有一些不稳定的粒子, 例如 μ 子, 它们也可用上述同样的量子电动力学描述, 但只能用于处理一些在比寿命 (和弱相互作用相关的) 短得多的时间里发生的现象.

在本章中, 我们将讨论完全属于单粒子理论范围内的量子电动力学问题. 在这些问题中, 粒子数不变, 而相互作用可借助外电磁场的概念来引入. 在这样的理论中, 外场被认为是已知的; 此外, 和 "辐射修正" 相联系的一些条件也限制了这种理论的应用范围.

推导电子在一已知外场中的波动方程的方法, 是和非相对论性理论中一样 (第三卷, §111) 的. 设 $A^\mu = (\varPhi, \boldsymbol{A})$ 为外电磁场的四维势 ($\boldsymbol{A}$ 为矢量势, $\varPhi$ 为标量势). 为了得到所求的方程, 只需在狄拉克方程中将四维动量算符 $\widehat{p}$ 换成 $\widehat{p} - eA$:

$$[\gamma(\widehat{p} - eA) - m]\psi = 0. \tag{32.1}$$

这里 e 为粒子电荷①. 在 (21.13) 式中作同样的代换, 可得到相应的哈密顿算符:

$$\widehat{\boldsymbol{H}} = \boldsymbol{\alpha} \cdot (\widehat{\boldsymbol{p}} - e\boldsymbol{A}) + \beta m + e\boldsymbol{\Phi}. \tag{32.2}$$

狄拉克方程对电磁场势规范变换的不变性表示为: 在作变换 $A \to A + \mathrm{i}\widehat{p}\chi$(其中 χ 为任意函数) 的同时, 波函数也作如下变换

$$\psi \to \psi \mathrm{e}^{\mathrm{i}e\chi} \tag{32.3}$$

(比较薛定谔方程的类似变换, 见第三卷, §111)②, 则方程的形式不变.

用波函数表示的电流密度公式和无外场时的公式 (21.11) 相同, 即 $j = \overline{\psi}\gamma\psi$. 不难看出, 应用方程 (32.1) (和下面的方程 (32.4)), 将推导 (22.11) 式的那些计算重复一遍, 就会看到: 消去外场, 连续性方程对于先前的电流表示式也是正确的.

我们来对方程 (32.1) 进行电荷共轭操作. 为此我们写出方程

$$\overline{\psi}[\gamma(\widehat{p} + eA) + m] = 0, \tag{32.4}$$

得到此式的方法和前面推导方程 (21.9) 的方法一样, 对 (32.1) 式取复共轭即可 (这时应记住, 四维矢量 A 是实的). 将此方程写成

$$[\widetilde{\gamma}(\widehat{p} + eA) + m]\overline{\psi} = 0,$$

左乘以矩阵 U_C 并利用关系式 (26.3), 我们求出

$$[\gamma(\widehat{p} + eA) - m](\widehat{C}\psi) = 0. \tag{32.5}$$

因此, 电荷共轭波函数所满足的方程和原方程的区别在于电荷的符号有改变. 然而, 电荷共轭操作对应于从粒子变成反粒子. 我们看到, 如果粒子具有电荷, 则电子和正电子电荷的符号一定是相反的.

一阶方程 (32.1) 可变成二阶方程, 只要对其应用算符 $\gamma(\widehat{p} - eA) + m$ 即可:

$$[\gamma^{\mu}\gamma^{\nu}(\widehat{p}_{\mu} - eA_{\mu})(\widehat{p}_{\nu} - eA_{\nu}) - m^2]\psi = 0.$$

乘积 $\gamma^{\mu}\gamma^{\nu}$ 可以写成

$$\gamma^{\mu}\gamma^{\nu} = \frac{1}{2}(\gamma^{\mu}\gamma^{\nu} + \gamma^{\nu}\gamma^{\mu}) + \frac{1}{2}(\gamma^{\mu}\gamma^{\nu} - \gamma^{\nu}\gamma^{\mu}) = g^{\mu\nu} + \sigma^{\mu\nu},$$

---

① 电荷包括它的符号; 对电子而言, $e = -|e|$.

② 带有函数 $\chi(t, \boldsymbol{r})$ 的变换 (32.3) 有时称为 "定域规范变换", 以区别含有常数相位角 α 的 "整体规范变换" (12.10) 式.

其中 $\sigma^{\mu\nu}$ 为反对称的"四维矩阵张量"(28.2). 在乘以 $\sigma^{\mu\nu}$ 时, 通过如下代换即可实现反对称化:

$$(\widehat{p}_\mu - eA_\mu)(\widehat{p}_\nu - eA_\nu) \rightarrow \frac{1}{2}\{(\widehat{p}_\mu - eA_\mu)(\widehat{p}_\nu - eA_\nu)\}_-$$

$$= \frac{1}{2}e(-A_\mu\widehat{p}_\nu + \widehat{p}_\nu A_\mu - \widehat{p}_\mu A_\nu + A_\nu\widehat{p}_\mu)$$

$$= \frac{1}{2}\mathrm{i}e(\partial_\nu A_\mu - \partial_\mu A_\nu) = -\frac{\mathrm{i}e}{2}F_{\mu\nu}$$

($F_{\mu\nu} = \partial_\mu A_\nu - \partial_\nu A_\mu$ 为电磁场张量). 结果, 我们得到如下形式的二阶方程

$$\left[(\widehat{p} - eA)^2 - m^2 - \frac{\mathrm{i}}{2}eF_{\mu\nu}\sigma^{\mu\nu}\right]\psi = 0. \tag{32.6}$$

乘积 $F_{\mu\nu}\sigma^{\mu\nu}$ 可以通过分量

$$\sigma^{\mu\nu} = (\boldsymbol{\alpha}, \mathrm{i}\boldsymbol{\Sigma}), \quad F^{\mu\nu} = (-\boldsymbol{E}, \boldsymbol{H})$$

写成三维形式, 这时

$$[(\widehat{p} - eA)^2 - m^2 + e\boldsymbol{\Sigma} \cdot \boldsymbol{H} - \mathrm{i}e\boldsymbol{\alpha} \cdot \boldsymbol{E}]\psi = 0, \tag{32.7}$$

或者用通常的单位,

$$\left[\left(\frac{\mathrm{i}\hbar}{c}\frac{\partial}{\partial t} - \frac{e}{c}\boldsymbol{\Phi}\right)^2 - \left(\mathrm{i}\hbar\nabla + \frac{e}{c}\boldsymbol{A}\right)^2 - m^2c^2 + \frac{e\hbar}{c}\boldsymbol{\Sigma} \cdot \boldsymbol{H} - \mathrm{i}\frac{e\hbar}{c}\boldsymbol{\alpha} \cdot \boldsymbol{E}\right]\psi = 0. \tag{32.7a}$$

方程中出现含 $\boldsymbol{E}$ 与 $\boldsymbol{H}$ 的项是和粒子的自旋相联系的, 这个问题我们将在下一节作进一步的讨论.

当然, 二阶方程的解中还有不满足原一阶方程 (32.1) 的"多余解"(它们是将 m 前面的符号相反的方程 (32.1) 的解). 在具体情形下如何选择合适的解, 通常是明显且没有困难的. 通常的选择方法是: 如果 φ 是二阶方程的任意解, 则正确的一阶方程的解是

$$\psi = [\gamma(\widehat{p} - eA) + m]\varphi. \tag{32.8}$$

实际上, 这个等式乘以 $\gamma(\widehat{p} - eA) - m$ 后, 如果 φ 满足方程 (32.6), 则右边为零.

必须强调指出, 通过代换 $\widehat{p} \rightarrow \widehat{p} - eA$ 将外场引入相对论波动方程这一方法本身并不是不言而喻的. 在这样做时, 我们实际上用到了一个补充的原则: 这个代换必须在一阶方程中进行. 正因如此, 方程 (32.6) 中出现了附加项. 如果在二阶方程中直接进行代换, 这些附加项就不会出现.

外场中狄拉克方程的定态解, 既可以有连续谱的态, 又可以有离散谱的态. 和在非相对论理论中一样, 连续谱的态对应无限运动, 粒子可以运动到无限远; 可看成一个自由粒子. 由于自由粒子哈密顿算符的本征值为 $\pm\sqrt{p^2 + m^2}$, 因此很清楚, 能量本征值连续谱出现的条件是 $\varepsilon \geqslant m$ 和 $\varepsilon \leqslant -m$. 如果 $-m < \varepsilon < m$, 则粒子不能处于无限远, 因而运动是有限的, 状态属于离散谱.

和自由粒子一样, 具有"正频率" ($\varepsilon > 0$) 与"负频率" ($\varepsilon < 0$) 的波函数可以以一定方式纳入二次量子化理论表述中. 对于外场中的粒子, 这种表述可自然地推广如下: 用狄拉克方程的归一化本征函数 $\psi_n^{(+)}$ 与 $\psi_n^{(-)}$ (分别对应正频率 ($\varepsilon_n^{(+)}$) 与负频率 ($-\varepsilon_n^{(-)}$)) 代替公式 (25.1) 中的平面波:

$$\widehat{\psi} = \sum_n \{\widehat{a}_n \psi_n^{(+)} \exp(-\mathrm{i}\varepsilon_n^{(+)}t) + \widehat{b}_n^+ \psi_n^{(-)} \exp(\mathrm{i}\varepsilon_n^{(-)}t)\},$$
$$\widehat{\overline{\psi}} = \sum_n \{\widehat{a}_n^+ \overline{\psi}_n^{(+)} \exp(\mathrm{i}\varepsilon_n^{(+)}t) + \widehat{b}_n \overline{\psi}_n^{(-)} \exp(-\mathrm{i}\varepsilon_n^{(-)}t)\}. \tag{32.9}$$

这时必须注意, 随着势阱的加深, 能级可能穿过边界 $\varepsilon = 0$, 即由正能级变成负能级 (或者对势的符号相反时, 由负能级变成正能级). 尽管如此, 从连续性考虑, 必须仍将它们看成是电子的 (而不是正电子的) 能级. 换句话说, 当无限缓慢地移去外场时, 趋于连续谱正界限 ($\varepsilon = m$) 的所有状态都是电子的状态.

虽然电子在外场中的狄拉克方程可以解决大部分的量子电动力学问题, 但同时应该强调, 在相对论性理论的单粒子问题范围内, 外场概念的适用性仍然要受到限制. 这个限制和在足够强的外场下电子–正电子对的自发产生有关 (参见下面的 §35 与 §36).

在本书中我们将不去研究在自旋不为 $\frac{1}{2}$ 的粒子的波动方程中引入外场的问题, 因为那些讨论没有直接的物理意义: 有这些自旋的真实粒子是强子, 而强子的电磁相互作用不能用波动方程来描述. 与此相联系必须指出, 这类方程还可能导致物理上互相矛盾的结果. 例如, 零自旋粒子的波动方程在足够深的势阱场中会出现复能级 (虚部有两种符号). 又如, 自旋为 3/2 的粒子的波动方程将导致因果性的破坏, 因为出现以超光速传播的解.

习　题

试确定电子在恒定磁场中的能级.

解: 矢量势为 $A_x = A_z = 0, A_y = Hx$ (场 H 沿 z 轴指向). 广义动量的分量 p_y, p_z (以及能量) 守恒.

利用辅助函数 φ 的二阶方程 (参见 (32.8) 式), 取 φ 为算符 $\varSigma_z$ (其本征值

为 $\sigma = \pm 1$) 及算符 $\hat{p}_y, \hat{p}_z$ 的本征函数. φ 的方程有如下形式

$$\left\{-\frac{\mathrm{d}^2}{\mathrm{d}x^2} + (eHx - p_y)^2 - eH\sigma\right\}\varphi = (\varepsilon^2 - m^2 - p_z^2)\varphi.$$

这个方程形式上和线性谐振子的薛定谔方程一样. 本征值 ε 由如下公式

$$\varepsilon^2 - m^2 - p_z^2 = |e|H(2n+1) - eH\sigma, \quad n = 0, 1, 2, \cdots$$

确定 (参见第三卷 §112). 我们指出, 按 (32.8) 式由 φ 确定的波函数 ψ 不是算符 Σ_z 的本征函数. 这和运动粒子的自旋不是守恒量一致.

§33 按 $1/c$ 的幂展开[①]

我们在 §21 中看到, 在非相对论极限下 $(v \to 0)$, 双旋量 $\psi = \begin{pmatrix} \varphi \\ \chi \end{pmatrix}$ 的两个分量 (χ) 为零. 所以, 当电子的速度很小时, $\chi \ll \varphi$. 这样, 只要把波函数按 $1/c$ 的幂作形式上的展开, 就有可能得到只包含二分量的量 φ 的近似方程.

外场中电子的狄拉克方程可以写为:

$$\mathrm{i}\hbar\frac{\partial\psi}{\partial t} = \left\{c\boldsymbol{\alpha} \cdot \left(\hat{\boldsymbol{p}} - \frac{e}{c}\boldsymbol{A}\right) + \beta mc^2 + e\Phi\right\}\psi. \tag{33.1}$$

粒子的相对论能量还包括静止能量 mc^2. 在非相对论近似时应该消去静止能量, 为此, 我们用函数 ψ' 来替代 ψ, 其定义如下:

$$\psi = \psi'\mathrm{e}^{-\mathrm{i}mc^2t/\hbar}.$$

于是

$$\left(\mathrm{i}\hbar\frac{\partial}{\partial t} + mc^2\right)\psi' = \left\{c\boldsymbol{\alpha} \cdot \left(\hat{\boldsymbol{p}} - \frac{e}{c}\boldsymbol{A}\right) + \beta mc^2 + e\Phi\right\}\psi'.$$

将 ψ' 写成 $\psi' = \begin{pmatrix} \varphi' \\ \chi' \end{pmatrix}$ 代入, 得到如下方程组

$$\left(\mathrm{i}\hbar\frac{\partial}{\partial t} - e\Phi\right)\varphi' = c\boldsymbol{\sigma} \cdot \left(\hat{\boldsymbol{p}} - \frac{e}{c}\boldsymbol{A}\right)\chi', \tag{33.2}$$

$$\left(\mathrm{i}\hbar\frac{\partial}{\partial t} - e\Phi + 2mc^2\right)\chi' = c\boldsymbol{\sigma} \cdot \left(\hat{\boldsymbol{p}} - \frac{e}{c}\boldsymbol{A}\right)\varphi'. \tag{33.3}$$

(以下我们略去 φ 和 χ 上的撇号. 由于在本节中我们只用被变换了的函数 ψ', 因此不会引起误解).

---

① 在这一节中采用通常的单位.

在一级近似下, 方程 (33.3) 左边只剩下 $2mc^2\chi$ 一项, 得到

$$\chi = \frac{1}{2mc}\boldsymbol{\sigma}\cdot\left(\widehat{\boldsymbol{p}} - \frac{e}{c}\boldsymbol{A}\right)\varphi \tag{33.4}$$

(因此, $\chi \sim \varphi/c$). 将此式代入 (33.2) 式得到

$$\left(\mathrm{i}\hbar\frac{\partial}{\partial t} - e\varPhi\right)\varphi = \frac{1}{2m}\left(\boldsymbol{\sigma}\cdot\left(\widehat{\boldsymbol{p}} - \frac{e}{c}\boldsymbol{A}\right)\right)^2\varphi.$$

对于泡利矩阵, 有如下关系式:

$$(\boldsymbol{\sigma}\cdot\boldsymbol{a})(\boldsymbol{\sigma}\cdot\boldsymbol{b}) = \boldsymbol{a}\cdot\boldsymbol{b} + \mathrm{i}\boldsymbol{\sigma}\cdot(\boldsymbol{a}\times\boldsymbol{b}), \tag{33.5}$$

其中 $\boldsymbol{a},\boldsymbol{b}$ 为任意矢量 (参见 (20.9) 式). 在我们现在的情形, $\boldsymbol{a} = \boldsymbol{b} = \widehat{\boldsymbol{p}} - e\boldsymbol{A}/c$, 但由于 $\widehat{\boldsymbol{p}}$ 和 $\boldsymbol{A}$ 不对易, 矢量积 $\boldsymbol{a}\times\boldsymbol{b}$ 并不等于零:

$$\left[\left(\widehat{\boldsymbol{p}} - \frac{e}{c}\boldsymbol{A}\right)\times\left(\widehat{\boldsymbol{p}} - \frac{e}{c}\boldsymbol{A}\right)\right]\varphi = \mathrm{i}\frac{e\hbar}{c}\{\boldsymbol{A}\times\nabla + \nabla\times\boldsymbol{A}\}\varphi$$
$$= \mathrm{i}\frac{e\hbar}{c}\mathrm{rot}\,\boldsymbol{A}\cdot\varphi.$$

因此,

$$\left(\boldsymbol{\sigma}\cdot\left(\widehat{\boldsymbol{p}} - \frac{e}{c}\boldsymbol{A}\right)\right)^2 = \left(\widehat{\boldsymbol{p}} - \frac{e}{c}\boldsymbol{A}\right)^2 - \frac{e\hbar}{c}\boldsymbol{\sigma}\cdot\boldsymbol{H}, \tag{33.6}$$

(其中 $\boldsymbol{H} = \mathrm{rot}\,\boldsymbol{A}$ 为磁场), 我们得到 φ 的方程为

$$\mathrm{i}\hbar\frac{\partial\phi}{\partial t} = \widehat{H}\phi = \left[\frac{1}{2m}\left(\widehat{\boldsymbol{p}} - \frac{e}{c}\boldsymbol{A}\right)^2 + e\varPhi - \frac{e\hbar}{2mc}\boldsymbol{\sigma}\cdot\boldsymbol{H}\right]\varphi. \tag{33.7}$$

这就是**泡利方程**, 它和非相对论性薛定谔方程的区别在于它的哈密顿算符中的最后一项, 这一项的形式是一个磁偶极子在外场中的势能 (比较第三卷 §111). 因此, 在按 $1/c$ 展开的一级近似中, 电子的行为像一个同时具有电荷和磁矩

$$\boldsymbol{\mu} = \frac{e}{mc}\hbar\boldsymbol{s} \tag{33.8}$$

的粒子. 自旋的核磁比 (e/mc) 要比轨道运动的核磁比大一倍[①].

密度 $\rho = \psi^*\psi = \varphi^*\varphi + \chi^*\chi$. 在一级近似中, 第二项应该略去, 因此 $\rho = |\varphi|^2$, 这正是薛定谔方程应有的结果.

流密度为

$$\boldsymbol{j} = c\psi^*\boldsymbol{\alpha}\psi = c(\varphi^*\boldsymbol{\sigma}\chi + \chi^*\boldsymbol{\sigma}\varphi).$$

[①] 这个著名的结论是**狄拉克**在 1928 年首次得到的. 满足方程 (33.7) 的二分量波函数是**泡利**在 1927 年引入的, 是在狄拉克发现他的方程之前.

按照 (33.4) 式, 在此式中代入

$$\chi = \frac{1}{2mc} \boldsymbol{\sigma} \cdot \left(-\mathrm{i}\hbar\nabla - \frac{e}{c}\boldsymbol{A}\right)\varphi,$$
$$\chi^* = \frac{1}{2mc}\left(\mathrm{i}\hbar\nabla - \frac{e}{c}\boldsymbol{A}\right)\varphi^* \cdot \boldsymbol{\sigma},$$

利用 (33.5) 式对含有两个 σ 因子的乘积进行变换, 为此将 (33.5) 式写成如下形式:

$$(\boldsymbol{\sigma}\cdot\boldsymbol{a})\boldsymbol{\sigma} = \boldsymbol{a} + \mathrm{i}\boldsymbol{\sigma}\times\boldsymbol{a}, \quad \boldsymbol{\sigma}(\boldsymbol{\sigma}\cdot\boldsymbol{a}) = \boldsymbol{a} + \mathrm{i}\boldsymbol{a}\times\boldsymbol{\sigma}. \tag{33.9}$$

结果得到

$$\boldsymbol{j} = \frac{\mathrm{i}\hbar}{2m}(\varphi\nabla\varphi^* - \varphi^*\nabla\varphi) - \frac{e}{mc}\boldsymbol{A}\varphi^*\varphi + \frac{\hbar}{2m}\mathrm{rot}\,(\varphi^*\boldsymbol{\sigma}\varphi), \tag{33.10}$$

和非相对论性理论的表示式 (第三卷 (115.4)) 一致.

现在我们来求二级近似, 继续展开到 $1/c^2$ 的项[1] 这时我们假设只有外电场 ($\boldsymbol{A} = 0$).

首先我们注意到, 当包含 $\sim 1/c^2$ 项时, 密度为

$$\rho = |\varphi|^2 + |\chi|^2 = |\varphi|^2 + \frac{\hbar^2}{4m^2c^2}|\boldsymbol{\sigma}\cdot\nabla\varphi|^2.$$

这和薛定谔表示式是不同的. 为在二级近似中求出与薛定谔方程对应的波动方程, 必须用另一个二分量的波函数 φ_s 来替代 φ, 它的和时间无关的积分形式为 $\int|\varphi_s|^2\mathrm{d}^3x$, 此式和薛定谔方程的积分形式一样.

为了得到所要求的变换, 我们写出条件

$$\int \varphi_s^*\varphi_s\mathrm{d}^3x = \int \left\{\varphi^*\varphi + \frac{\hbar^2}{4m^2c^2}(\nabla\varphi^*\cdot\boldsymbol{\sigma})(\boldsymbol{\sigma}\cdot\nabla\varphi)\right\}\mathrm{d}^3x$$

进行分部积分:

$$\int(\nabla\varphi^*\cdot\boldsymbol{\sigma})(\boldsymbol{\sigma}\cdot\nabla\varphi)\mathrm{d}^3x = -\int \varphi^*(\boldsymbol{\sigma}\cdot\nabla)(\boldsymbol{\sigma}\cdot\nabla)\varphi\mathrm{d}^3x$$
$$= -\int \varphi^*\Delta\varphi\mathrm{d}^3x$$

(或 φ^* 和 φ 互换的同样公式). 所以

$$\int \varphi_s^*\varphi_s\mathrm{d}^3x = \int \left\{\varphi^*\varphi - \frac{\hbar^2}{8m^2c^2}(\varphi^*\Delta\varphi + \varphi\Delta\varphi^*)\right\}\mathrm{d}^3x.$$

---

[1] 下面我们将仿效 Б. Б. 别列斯捷茨基和 Л. Д. 朗道的方法 (1949).

因此很明显,

$$\varphi_s = \left(1 + \frac{\widehat{\boldsymbol{p}}^2}{8m^2c^2}\right)\varphi, \quad \varphi = \left(1 - \frac{\widehat{\boldsymbol{p}}^2}{8m^2c^2}\right)\varphi_s. \tag{33.11}$$

为了简化标记, 我们将假设状态是稳定的, 因而可用能量 ε (已减去静止能量) 代替算符 $i\hbar\dfrac{\partial}{\partial t}$. 在比 (33.4) 式高一级的近似下, 由 (33.3) 式我们有

$$\chi = \frac{1}{2mc}\left(1 - \frac{\varepsilon - e\Phi}{2mc^2}\right)(\boldsymbol{\sigma} \cdot \widehat{\boldsymbol{p}})\varphi.$$

将其代入 (33.2) 式, 然后按 (33.11) 式用 φ_s 代替 φ, 并略去所有高于 $1/c^2$ 的项. 通过简单的计算, 就得到对 φ_s 的方程 $\varepsilon\varphi_s = \widehat{H}\varphi_s$, 其中哈密顿算符为

$$\widehat{H} = \frac{\widehat{\boldsymbol{p}}^2}{2m} + e\Phi - \frac{\widehat{\boldsymbol{p}}^4}{8m^3c^2} + \frac{e}{4m^2c^2}\{(\boldsymbol{\sigma} \cdot \widehat{\boldsymbol{p}})\Phi(\boldsymbol{\sigma} \cdot \widehat{\boldsymbol{p}}) - \frac{1}{2}(\widehat{\boldsymbol{p}}^2\Phi + \Phi\widehat{\boldsymbol{p}}^2)\}.$$

将大括号内的表示式利用如下公式作变换:

$$(\boldsymbol{\sigma} \cdot \widehat{\boldsymbol{p}})\Phi(\boldsymbol{\sigma} \cdot \widehat{\boldsymbol{p}}) = \Phi\widehat{\boldsymbol{p}}^2 + (\boldsymbol{\sigma} \cdot \widehat{\boldsymbol{p}}\Phi)(\boldsymbol{\sigma} \cdot \widehat{\boldsymbol{p}})$$

$$= \Phi\widehat{\boldsymbol{p}}^2 + i\hbar(\boldsymbol{\sigma} \cdot \boldsymbol{E})(\boldsymbol{\sigma} \cdot \widehat{\boldsymbol{p}}),$$

$$\widehat{\boldsymbol{p}}^2\Phi - \Phi\widehat{\boldsymbol{p}}^2 = -\hbar^2\Delta\Phi + 2i\hbar\boldsymbol{E} \cdot \widehat{\boldsymbol{p}}.$$

其中 $\boldsymbol{E} = -\nabla\Phi$ 为电场. 哈密顿算符的最终表示式为

$$\widehat{H} = \frac{\widehat{\boldsymbol{p}}^2}{2m} + e\Phi - \frac{\widehat{\boldsymbol{p}}^4}{8m^3c^2} - \frac{e\hbar}{4m^2c^2}\boldsymbol{\sigma} \cdot (\boldsymbol{E} \times \widehat{\boldsymbol{p}}) - \frac{e\hbar^2}{8m^2c^2}\text{div}\boldsymbol{E}. \tag{33.12}$$

后三项就是所求的 $1/c^2$ 级修正. 第一项来自动能和动量的相对论性关系 (差 $c\sqrt{p^2 + m^2c^2} - mc^2$ 的展开式). 第二项, 可称为**自旋轨道相互作用**能, 为运动磁矩与电场的相互作用能[①]. 最后一项只在建立外场的电荷所在点上不为零. 例如, 在点电荷 Ze 的库仑场中, $\Delta\Phi = -4\pi Ze\delta(r)$ (C. G. Darwin, 1928).

如果电场是中心对称的, 则

$$\boldsymbol{E} = -\frac{\boldsymbol{r}}{r}\frac{\mathrm{d}\Phi}{\mathrm{d}r},$$

---

① 利用磁矩 (33.8) 和速度 $\boldsymbol{v} = \boldsymbol{p}/m$, 这个能量变成 $-\dfrac{1}{2c}\boldsymbol{\mu} \cdot (\boldsymbol{E} \times \boldsymbol{v})$. 乍看起来这个结果似乎不对, 因为在变到随粒子一起运动的参考系时, 要出现磁场 $\boldsymbol{H} = \dfrac{1}{c}\boldsymbol{E} \times \boldsymbol{v}$; 在这个磁场中, 磁矩应具有能量 $-\boldsymbol{\mu} \cdot \boldsymbol{H}$. 实际上, 因子 $\dfrac{1}{2}$ ("托马斯一半", L. Thomas, 1926) 的出现与相对论不变性的普遍要求和电子的特殊性质 (电子是具有一定核磁比的 "旋量" 粒子) 相关 (参见 §41).

自旋轨道相互作用算符可以写成

$$\frac{e\hbar}{4m^2c^2r}\boldsymbol{\sigma}\cdot\boldsymbol{r}\times\widehat{\boldsymbol{p}}\frac{\mathrm{d}\Phi}{\mathrm{d}r}=\frac{\hbar^2}{2m^2c^2r}\frac{\mathrm{d}U}{\mathrm{d}r}\widehat{\boldsymbol{l}}\cdot\widehat{\boldsymbol{s}}, \tag{33.13}$$

其中 $\widehat{\boldsymbol{l}}$ 为轨道角动量算符, $\widehat{\boldsymbol{s}}=\dfrac{1}{2}\boldsymbol{\sigma}$ 为电子的自旋算符, 而 $U=e\Phi$ 为电子在场中的势能.

§34　氢原子能级的精细结构

我们来确定氢原子能级 (即静止核的库仑场中一个电子的能级) 的相对论修正[①]. 电子在氢原子中的速度 $v/c\sim\alpha\ll1$, 因此, 所求的修正可以用微扰论来计算, 即在非微扰态 (非相对论性波函数) 上求近似哈密顿量 (33.12) 中相对论项的平均值. 为了使结果具有较大的普遍性, 我们假设核电荷等于 Ze, 但同时假设 $Z\alpha\ll1$.

核的场强 $\boldsymbol{E}=Ze\boldsymbol{r}/r^3$, 而它的势满足方程 $\Delta\Phi=-4\pi Ze\delta(\boldsymbol{r})$. 将此式代入 (33.12) 式的最后三项, 并考虑到电子的电荷为负的, 我们得到微扰算符

$$\widehat{V}=-\frac{\widehat{\boldsymbol{p}}^4}{8m^3}+\frac{Z\alpha}{2r^3m^2}\widehat{\boldsymbol{l}}\cdot\widehat{\boldsymbol{s}}+\frac{Z\alpha\pi}{2m^2}\delta(\boldsymbol{r}). \tag{34.1}$$

因此, 按照非相对论薛定谔方程,

$$\widehat{\boldsymbol{p}}^2\psi=2m\left(\varepsilon_0+\frac{Z\alpha}{r}\right)\psi$$

(其中 $\varepsilon_0=-mZ^2\alpha^2/2n^2$ 为非微扰能级, n 为主量子数), 平均值为

$$\overline{\boldsymbol{p}^4}=4m^2\overline{\left(\varepsilon_0+\frac{Z\alpha}{r}\right)^2}.$$

这个量和 (34.1) 式中第二项的平均值一样, 是利用下列公式计算出来的 (参见第三卷 §36):

$$\overline{r^{-1}}=\frac{m\alpha Z}{n^2},\quad \overline{r^{-2}}=\frac{(m\alpha Z)^2}{n^3\left(l+\dfrac{1}{2}\right)},\quad \overline{r^{-3}}=\frac{(m\alpha Z)^3}{n^3l\left(l+\dfrac{1}{2}\right)(l+1)} \tag{34.2}$$

(最后的式子在 $l\neq0$ 时成立); 本征值为

$$\boldsymbol{l}\cdot\boldsymbol{s}=\frac{1}{2}\left[j(j+1)-l(l+1)-\frac{3}{4}\right]\quad\text{如果 }l\neq0,$$
$$\boldsymbol{l}\cdot\boldsymbol{s}=0\quad\text{如果 }l=0.$$

---

① 核运动对这些修正的影响是更高级小量, 这里我们不考虑.

最后, 第三项的平均利用了如下公式

$$\psi(0) = \begin{cases} \dfrac{1}{\sqrt{\pi}} \left(\dfrac{Z\alpha m}{n} \right)^{3/2}, & l = 0, \\ 0, & l \neq 0. \end{cases} \tag{34.3}$$

利用以上公式对所有的情形 (即对 j 和 l 的所有值) 进行简单计算的结果可写成

$$\Delta \varepsilon = -\frac{m(Z\alpha)^4}{2n^3} \left(\frac{1}{j + \dfrac{1}{2}} - \frac{3}{4n} \right). \tag{34.4}$$

公式 (34.4) 给出所求的氢能级能量的相对论修正, 即精细结构能量[①]. 这里提醒一句: 在非相对论性理论中, 既有对自旋取向的简并, 又有对 l 的库仑简并. 精细结构 (自旋轨道相互作用) 消除了这种简并, 但并不完全: 具有相同的 n, j, 但 $l = j \pm \dfrac{1}{2}$ 不同的能级仍然是二重简并的 (这时只有对给定 n, j 为最大可能值 $j = j_{\max} = l_{\max} + \dfrac{1}{2} = n - \dfrac{1}{2}$ 的能级是非简并的). 因此, 计及精细结构的氢能级的序列如下:

$$1s_{1/2};$$
$$\underbrace{2s_{1/2}, 2p_{1/2}}, \quad 2p_{3/2};$$
$$\underbrace{3s_{1/2}, 3p_{1/2}}, \quad \underbrace{3p_{3/2}, 3d_{3/2}}, \quad 3d_{5/2}.$$

主量子数为 n 的能级分裂成 n 个精细结构分量.

应该注意, 在非相对论力学中, 能级在库仑场中的 "偶然" 简并与该场存在特殊的守恒定律相关: 量 $\boldsymbol{A}$ 守恒, 其算符为

$$\widehat{\boldsymbol{A}} = \frac{\boldsymbol{r}}{r} + \frac{1}{2m\alpha}(\widehat{\boldsymbol{l}} \times \widehat{\boldsymbol{p}} - \widehat{\boldsymbol{p}} \times \widehat{\boldsymbol{l}});$$

(参见第三卷 (36.30)). 在相对论性情况下仍然存在的二重简并与特殊守恒定律的联系是: 狄拉克方程的哈密顿算符 $\widehat{H} = \boldsymbol{\alpha} \cdot \widehat{\boldsymbol{p}} + \beta m - e^2/r$ 和算符

$$\widehat{I} = \frac{\boldsymbol{r}}{r} \cdot \boldsymbol{\Sigma} + \frac{i}{m\alpha}\beta(\boldsymbol{\Sigma} \cdot \widehat{\boldsymbol{l}} + 1)\gamma^5(\widehat{H} - m\beta)$$

对易 (M. H. Johnson, B. A. Lippmann, 1950). 在非相对论极限下, 算符 $\widehat{I} \to \boldsymbol{\Sigma} \cdot \widehat{\boldsymbol{A}}$.

[①] 这个公式 (以及更精确的公式 (36.10)) 是索末菲 (A. Sommerfeld) 在量子力学建立以前根据玻尔的旧量子论得出的.

以后 (§123) 我们会看到, 剩下的二重简并被所谓的辐射修正 (**兰姆移动**) 去除, 这一修正在单电子问题的狄拉克方程中被略去了.

我们在这里提前指出, 这项修正的数量级为 $\sim mZ^4\alpha^5 \ln(1/\alpha)$. 自旋轨道相互作用的二级修正为 $\sim m(Z\alpha)^6$, 因而它与辐射修正之比为 $\sim Z^2\alpha/\ln(1/\alpha)$. 对于氢原子 $(Z=1)$, 这个比肯定很小因而在这种情形下精确求解狄拉克方程是没有意义的, 但是对 Z 很大的核场中电子的能级, 它是有意义的 (§36).

§35 在有心对称场中的运动

我们来研究电子在有心对称电场中的运动.

由于在有心场中运动的电子的角动量和宇称 (相对于场的中心, 取其为坐标原点) 是守恒的, 所以, 在 §24 中关于自由粒子球面波的讨论完全适用于有心场中电子波函数的角度依赖关系; 只有径向函数要改变. 因此, 我们将找出如下形式的定态波函数 (在标准表示中):

$$\varphi = \begin{pmatrix} \varphi \\ \chi \end{pmatrix} = \begin{pmatrix} f(r)\Omega_{jlm} \\ (-1)^{\frac{1+l-l'}{2}} \quad g(r)\Omega_{jl'm} \end{pmatrix}, \tag{35.1}$$

其中 $l = j \pm \dfrac{1}{2}, l' = 2j - l, (-1)$ 幂次的选取是为了简化后面的公式.

标准表示中的狄拉克方程给出 ψ 和 χ 的如下方程组:

$$\left. \begin{array}{l} (\varepsilon - m - U)\varphi = \boldsymbol{\sigma} \cdot \widehat{\boldsymbol{p}}\chi, \\ (\varepsilon + m - U)\chi = \boldsymbol{\sigma} \cdot \widehat{\boldsymbol{p}}\varphi, \end{array} \right\} \tag{35.2}$$

其中 $U(r) = e\Phi(r)$ 为电子在此场中的势能. 将 (35.1) 式代入的结果通过计算这两个方程的右边得到.

球谐旋量 $\Omega_{jl'm}$ 用 Ω_{jlm} 表示如下:

$$\Omega_{jl'm} = i^{l-l'} \left(\boldsymbol{\sigma} \cdot \frac{\boldsymbol{r}}{r} \right) \Omega_{jlm}$$

(参见 (24.8) 式), 我们可写出:

$$(\boldsymbol{\sigma} \cdot \widehat{\boldsymbol{p}})\chi = -\mathrm{i}(\boldsymbol{\sigma} \cdot \widehat{\boldsymbol{p}})(\boldsymbol{\sigma} \cdot \boldsymbol{r})\frac{g}{r}\Omega_{jlm}.$$

利用 (33.5) 式对乘积 $(\boldsymbol{\sigma} \cdot \boldsymbol{p})(\boldsymbol{\sigma} \cdot \boldsymbol{r})$ 作变换, 并将矢量算符展开, 我们求出

$$(\boldsymbol{\sigma} \cdot \widehat{\boldsymbol{p}})\chi = -\mathrm{i}\{\widehat{\boldsymbol{p}} \cdot \boldsymbol{r} + \mathrm{i}\boldsymbol{\sigma} \cdot (\widehat{\boldsymbol{p}} \times \boldsymbol{r})\}\frac{g}{r}\Omega_{jlm}$$

$$= \{-\mathrm{div}\,\boldsymbol{r} - (\boldsymbol{r} \cdot \nabla) - \boldsymbol{\sigma} \cdot (\boldsymbol{r} \times \widehat{\boldsymbol{p}})\}\frac{g}{r}\Omega_{jlm}$$

$$= -\left\{ g' + \frac{2}{r}g + \frac{g}{r}\boldsymbol{\sigma} \cdot \widehat{\boldsymbol{l}} \right\} \Omega_{jlm}.$$

其中 $\widehat{\boldsymbol{l}} = \boldsymbol{r} \times \widehat{\boldsymbol{p}}$ 为轨道角动量算符; 撇号表示对 r 微分. 乘积 $\boldsymbol{\sigma} \cdot \widehat{\boldsymbol{l}} = 2\widehat{\boldsymbol{l}} \cdot \widehat{\boldsymbol{s}}$ 的本征值为

$$
\begin{aligned}
2\boldsymbol{l} \cdot \boldsymbol{s} &= \boldsymbol{j}^2 - \boldsymbol{l}^2 - \boldsymbol{s}^2 \\
&= j(j+1) - l(l+1) - \frac{3}{4} \\
&= \begin{cases} j - \dfrac{1}{2} & \text{如果 } l = j - \dfrac{1}{2}, \\[2mm] -j - \dfrac{3}{2} & \text{如果 } l = j + \dfrac{1}{2}. \end{cases}
\end{aligned}
$$

为使公式的写法在 $l = j \pm \dfrac{1}{2}$ 的两种情形下相同, 引入符号

$$
\varkappa = \begin{cases} -(j+1/2) = -(l+1), & j = l + 1/2, \\ +(j+1/2) = l, & j = l - 1/2. \end{cases} \tag{35.3}
$$

数 $\varkappa$ 取除 0 以外的所有整数值 (正数对应于 $j - \dfrac{1}{2}$ 的情形, 负数对应于 $j = l + \dfrac{1}{2}$ 的情形). 这时 $\boldsymbol{l} \cdot \boldsymbol{\sigma} = -(1 + \varkappa)$, 因此

$$
(\boldsymbol{\sigma} \cdot \widehat{\boldsymbol{p}})\chi = -\left(g' + \frac{1 - \varkappa}{r} g \right) \Omega_{jlm}.
$$

将此式代入 (35.2) 式的第一个方程时, 方程两边的球谐旋量 Ω_{jlm} 相消. 对第二个方程进行类似的计算, 结果, 对径向函数得到如下方程组:

$$
\begin{aligned}
f' + \frac{1 + \varkappa}{r} f - (\varepsilon + m - U)g &= 0, \\
g' + \frac{1 - \varkappa}{r} g + (\varepsilon - m - U)f &= 0,
\end{aligned} \tag{35.4}
$$

或者

$$
\begin{aligned}
(fr)' + \frac{\varkappa}{r}(fr) - (\varepsilon + m - U)gr &= 0, \\
(gr)' - \frac{\varkappa}{r}(gr) + (\varepsilon - m - U)fr &= 0.
\end{aligned} \tag{35.5}
$$

我们来研究 f 和 g 在小距离上的行为, 假设当 $r \to 0$ 时场 $U(r)$ 比 $1/r$ 增长得更快. 于是对很小的 r, 方程 (35.4) 变为:

$$
f' + Ug = 0, \quad g' - Uf = 0.
$$

这些方程有如下形式的实解

$$
f = \text{const} \cdot \sin\left(\int U \mathrm{d}r + \delta \right), \quad g = \text{const} \cdot \cos\left(\int U \mathrm{d}r + \delta \right), \tag{35.6}
$$

其中 δ 为任意常数. 这两个函数在 $r \to 0$ 时是振荡的, 不趋于任何极限. 不难看出, 这种情形对应于非相对论理论中粒子"落"到中心的情形.

首先我们指出, 距离很小这个条件对解的选择并没有附加任何限制: 振荡函数没有 $r = 0$ 的条件, 常数 δ 的选择仍然是任意的 (在 r 大的区域内, 对 ε 的任何值, 适当选择 δ 就可以使波函数有正确的行为). 为了消除这种不确定性, 可将 $r = 0$ 的奇异势看成 $r \to 0$ 时在某个 r_0 点被"截断"的势的极限 (即当 $r > r_0$ 时等于 $U(r)$ 而当 $r < r_0$ 时等于 $U(r_0)$). 当 r_0 有限时, 当然会得到确定的能级系列, 但是当 $r_0 \to 0$ 时, 基态的能量将趋于 $-\infty$.

在非相对论理论中这意味着"落"到中心, 因为一个在深能级的粒子局限在 $r = 0$ 附近很小的区域内. 在相对论理论中, 这种情形是不可能的, 因为这意味着系统将是不稳定的, 它会自发地产生电子–正电子对. 实际上, 如果在真空中产生这样的粒子对需要超过 $2m$ 的能量, 那么在场中, 较小的能量就够了. 当电子处于能量 $\varepsilon < m$ 的束缚态时, 只要花费 $\varepsilon + m < 2m$ 的能量就能产生粒子对, 而且是在束缚态中产生自由的正电子和电子. 如果束缚态能级的能量 $\varepsilon < -m$, 这样的场可以自发地产生正电子 (具有能量 $-\varepsilon > m$) 而无须消耗外来的能量. 在我们所研究的场中, 当 $r_0 \to 0$ 时, 有无限多个这样的"反常"能级 ($\varepsilon < -m$). 因此, 如果 $r \to 0$ 时势 $\Phi(r)$ 比 $1/r$ 增长得更快, 就无法用狄拉克理论处理. 应当着重指出, 这适用于任何一种符号的势. 虽然粒子"落"到中心只发生在吸引的情形下, 但是由于 $U = e\Phi$ 的符号也与电荷的符号有关, 所以, 在一种情形下反常的是电子的能级, 而在另一种情形下反常的则是正电子的能级; 在后一情形, 场产生的是自由电子.

其次, 我们来研究波函数在大距离上的行为. 如果 $r \to \infty$ 时势 $U(r)$ 衰减得足够快, 那么, 在确定波函数在大距离上的渐近形式时, 就可以完全忽略方程中的势. 当 $\varepsilon > m$ 时, 即在连续谱的区域内, 我们回到自由运动的方程. 这时, 波函数的渐近形式 (球面波) 与自由粒子的区别仅仅是出现了额外的"相移", 其值由势在近距离上的形式决定[1]. 相移和 j 及 l 的值有关; 或者说依赖于上面所引入的数 $\varkappa$ (当然也依赖于能量 ε). 用 $\delta_\varkappa$ 表示这个相移并利用自由球面波的表示式 (24.7), 我们可以立即写出所求的渐近公式

$$\psi \approx \frac{2}{r} \frac{1}{\sqrt{2\varepsilon}} \begin{pmatrix} \sqrt{\varepsilon + m}\, \Omega_{jlm} \sin\left(pr - \dfrac{\pi l}{2} + \delta_\varkappa\right) \\ -\sqrt{\varepsilon - m}\, \Omega_{jl'm} \sin\left(pr - \dfrac{\pi l'}{2} + \delta_\varkappa\right) \end{pmatrix}, \tag{35.7}$$

---

[1] 参见第三卷 §33. 和非相对论理论一样, $U(r)$ 应该比 $1/r$ 衰减得快. $U \sim 1/r$ 的情形将在 §36 中研究.

或者, 考虑到定义 (35.1) 式:

$$\left.\begin{array}{c} f \\ g \end{array}\right\} = \frac{\sqrt{2}}{r}\sqrt{\frac{\varepsilon \pm m}{\varepsilon}}\begin{array}{c} \sin \\ \cos \end{array}\left(pr - \frac{\pi l}{2} + \delta_\varkappa\right), \tag{35.8}$$

其中 $p = \sqrt{\varepsilon^2 - m^2}$. 共同的系数在这里对应径向函数按 (24.5) 式来归一化.

离散谱 $(\varepsilon < m)$ 的波函数在 $r \to \infty$ 时按照

$$f = -\sqrt{\frac{m + \varepsilon}{m - \varepsilon}}g = \frac{A_0}{r}\exp(-r\sqrt{m^2 - \varepsilon^2}) \tag{35.9}$$

指数衰减, 式中的 A_0 为一常数.

和非相对论理论一样, 相移 $\delta_\varkappa$ (更确切地, 是量 $\mathrm{e}^{2\mathrm{i}\delta_\varkappa} - 1$) 决定在该场中的散射振幅 (关于这一点将在 §37 中进一步讨论). 在这里我们并不着手研究这些量的解析性质 (比较第三卷 §128), 我们只是指出, $\mathrm{e}^{2\mathrm{i}\delta_\varkappa}$ 作为能量的函数, 在粒子束缚态能级的对应点上如以前一样仍具有极点. 函数 $\mathrm{e}^{2\mathrm{i}\delta_\varkappa}$ 在这种极点上的留数, 按一定的方式与相应的离散谱波函数的渐近表示式中的系数相联系. 将第三卷的非相对论公式 (128.17) 加以推广, 我们就可找到这个联系. 必要的计算和第三卷 §128 中完全类似.

将方程 (35.5) 对能量微分, 得到

$$\left(\frac{\partial(rf)}{\partial\varepsilon}\right)' + \frac{\varkappa}{r}\frac{\partial(rf)}{\partial\varepsilon} - (\varepsilon + m - U)\frac{\partial(rg)}{\partial\varepsilon} = rg,$$

$$\left(\frac{\partial(rg)}{\partial\varepsilon}\right)' - \frac{\varkappa}{r}\frac{\partial(rg)}{\partial\varepsilon} + (\varepsilon - m - U)\frac{\partial(rf)}{\partial\varepsilon} = -rf.$$

这两个方程分别乘以 rg 和 $-rf$, 而 (35.5) 式的两个方程分别乘以 $-rg$ 和 rf, 然后将四个方程逐项相加. 全部约简后我们得到

$$\frac{\partial}{\partial r}\left[r^2\left(g\frac{\partial f}{\partial\varepsilon} - f\frac{\partial g}{\partial\varepsilon}\right)\right] = r^2(f^2 + g^2).$$

将这个等式对 r 积分:

$$r^2\left(g\frac{\partial f}{\partial\varepsilon} - f\frac{\partial g}{\partial\varepsilon}\right) = \int_0^r (f^2 + g^2)r^2\mathrm{d}r,$$

然后过渡到 $r \to \infty$ 的极限. 由于归一化条件, 等式右边的积分等于 1. 而等式左边, 函数 f 和 g 在渐近区域内由等式

$$rg = \frac{(rf)'}{\varepsilon + m}$$

相联系 (这个等式是在忽略了有 U 和有 $1/r$ 的项的条件下由 (35.5) 式得出的). 结果我们得到

$$\frac{1}{\varepsilon + m}\left[(rf)'\frac{\partial(rf)}{\partial\varepsilon} - rf\left(\frac{\partial(rf)}{\varepsilon}\right)'\right] = 1. \tag{35.10}$$

这个公式和类似的非相对论公式 (对函数 χ) 的区别只是系数不同 (用 $\varepsilon + m$ 代替 $2m$). 因此, 不必重复随后的计算我们就可立即写出, 在点 $\varepsilon = \varepsilon_0$ (ε_0 为能级) 附近成立的最后公式:

$$e^{2i\delta_{\varkappa}} = (-1)^l \frac{2A_0^2}{\varepsilon - \varepsilon_0}\sqrt{\frac{m - \varepsilon_0}{m + \varepsilon_0}}, \tag{35.11}$$

其中 A_0 为渐近表示式 (35.9) 中的系数.

习　　题

求在场 $U \sim r^{-s}(s < 1)$ 中的波函数在 r 很小时的极限形式.

解: 对一个自由粒子, 当 r 很小时我们有: $f \sim r^l, g \sim r^{l'}$, 因而当 $l < l'$ 时: $f \gg g$, 而当 $l > l'$ 时: $f \ll g$. 我们假设 (其结果被证实) 在所研究的场中这个关系式也是成立的. 当 $l < l'$ (即 $l = j - \frac{1}{2}, \varkappa = -l - 1$) 时, (35.4) 式的第一个方程中含 g 的项可以略去, 因而, 与前一样, 仍有 $f \sim r^l$. 第二个方程给出 $g \sim rfU$, 所以 $g \sim r^{l+1-s} = r^{l'-s}$. 可用类似的方法研究 $l > l'$ 的情形. 结果我们求出:

$$当 \ l < l': f \sim r^l, \quad g \sim r^{l'-s};$$
$$当 \ l > l': f \sim r^{l-s}, \quad g \sim r^{l'}.$$

§36　在库仑场中的运动

我们从波函数在很小距离上的行为着手来研究在库仑场这种最重要情形中的运动性质. 为确定起见, 我们假设势为吸引力: $U = -Z\alpha/r$[①].

当 r 很小时, 方程 (35.5) 中的 $\varepsilon \pm m$ 项可以忽略; 这时

$$(fr)' + \frac{\varkappa}{r}fr - \frac{Z\alpha}{r}gr = 0,$$
$$(gr)' - \frac{\varkappa}{r}gr + \frac{Z\alpha}{r}fr = 0.$$

---

① 在通常的单位中, $U = -Ze^2/r$. 过渡到相对论单位时, e^2 写成无量纲的量 α.

两个函数 fr 和 gr 平等地出现在这两个方程中. 因此它们有 r 的相等幂次: $fr = ar^\gamma, gr = br^\gamma$. 将它们代入方程给出

$$a(\gamma + \varkappa) - bZ\alpha = 0, \quad aZ\alpha + b(\gamma - \varkappa) = 0,$$

由此得到

$$\gamma^2 = \varkappa^2 - (Z\alpha)^2. \tag{36.1}$$

设 $(Z\alpha)^2 < \varkappa^2$. 这时 γ 为实数而且应该取正值: 相应的解要么在 $r = 0$ 时不发散, 要么比另一个发散得更慢. 这种选择的合理性可通过研究在某个很小的 r_0 上截断的势 (如上一节中所阐明的那样) 并取极限 $r_0 \to 0$ (比较第三卷 §35 中类似的讨论) 得到证实. 这样,

$$f = \frac{Z\alpha}{\gamma + \varkappa} g = \text{const} \cdot r^{-1+\gamma},$$

$$\gamma = \sqrt{\varkappa^2 - Z^2\alpha^2} = \sqrt{(j+1/2)^2 - Z^2\alpha^2}. \tag{36.2}$$

虽然波函数在 $r = 0$ 时可能变成无限大 (如果 $\gamma < 1$), 但是对 $|\psi|^2$ 的积分自然仍是有限的.

如果 $(Z\alpha)^2 > \varkappa^2$, 则由 (36.2) 式给出的两个 γ 值是虚的. 对应的解当 $r \to 0$ 时像 $r^{-1}\cos(|\gamma|\ln r)$ 一样振荡: 这又一次对应于在相对论性理论中不能容许的情形, 如前面已经阐述过的. 由于 $\varkappa^2 \geqslant 1$, 这意味着在狄拉克理论中只有当 $Z\alpha < 1$, 即 $Z < 137$ 时, 才能讨论纯库仑场.

现在对 $Z > 137$ 时出现的情形作一点定性的描述. 为避免 $r = 0$ 处边界条件的不确定性, 应再次考虑在某个 r_0 上的截断的势 (И. Я. Померанчук, Я. А. Смородинский, 1945). 这不仅有形式上的意义, 而且有直接的物理意义. $Z > 137$ 的电荷事实上只可能集中在某个有限半径的 "超重" 核内. 因此我们来研究对给定的 r_0, 能级分布如何随着 Z 的增加而改变.

在 "非截断" 库仑场中, 当 $Z\alpha = 1$ 时最低能级的能量 ε_1 趋于零, 且 $\varepsilon_1(Z)$ 的曲线中断, 当 $Z\alpha > 1$ 时能级 ε_1 变成虚的 (见下面的 (36.10) 式). 在 "截断" 的场中, 对给定的 $r_0 \neq 0$, 只在某个 $Z\alpha > 1$ 时, 能级 ε_1 才通过零点. 但是 $\varepsilon_1 = 0$ 的意义在物理上是不清楚的; 而当 $r_0 \neq 0$ 时, 形式上的意义也不清楚 —— $\varepsilon_1(Z)$ 的相关曲线在这里不中断. 当 Z 进一步增加时, 能级继续下降; 在达到某个确定的 "临界" 值 $Z = Z_c(r_0)$ 时, 能量 ε_1 达到低能级连续谱的边界 $(-m)$. 如上节所述, 这意味着产生自由正电子所要求的能量为零. 所以, 临界值 Z_c 是给定 r_0 时 "裸" 核可能具有的最大电荷.

当 $Z > Z_c$ 时, $\varepsilon_1 < -m$ 的能级从能量上讲有利于产生两个电子-正电子对. 两个正电子到达无穷远处且带走 $2(|\varepsilon_1| - m)$ 的动能, 而两个电子填充

能级 ε_1. 结果形成 K 壳层被填满、有效电荷 $Z_{ef} = Z - 2$ 的 "离子"(С. С. Герштейн, Я. Б. Зельдович, 1969). 一直到 Z 达到下一个能级的边界 $-m$ 所对应的 Z 值, 这个系统对 $Z > Z_c$ 都是稳定的[①].

最后我们指出, 即使在点电荷的情形下, 小距离上势的分布也因辐射修正而受到影响, 但是辐射修正的计算对 $Z_c\alpha$ 的修正量仅为 $\sim \alpha$ 量级.

现在我们来研究波动方程的精确解 (G. Darwin, 1928; W. Gordon, 1928).

(a) **离散谱** $(\varepsilon < m)$. 我们要寻找的函数 f 和 g 是

$$f = \sqrt{m + \varepsilon}\,\mathrm{e}^{-\rho/2}\rho^{\gamma-1}(Q_1 + Q_2),$$
$$g = -\sqrt{m - \varepsilon}\,\mathrm{e}^{-\rho/2}\rho^{\gamma-1}(Q_1 - Q_2), \tag{36.3}$$

式中引入了符号

$$\rho = 2\lambda r, \quad \lambda = \sqrt{m^2 - \varepsilon^2}, \quad \gamma = \sqrt{\varkappa^2 - Z^2\alpha^2}. \tag{36.4}$$

由于我们已经知道函数在 $\rho \to 0$ 时的行为 (36.2) 和 $\rho \to \infty$ 时的指数衰减 $(\sim \mathrm{e}^{-\rho/2})$, 因此, 这种形式是合理的. 又由于在库仑场的情形下, 当 $\rho \to \infty$ 时 (35.9) 的第一个等式应该满足, 所以, 当 $\rho \to \infty$ 时, $Q_1 \gg Q_2$.

将 (36.3) 式代入 (35.4) 式, 我们得到方程

$$\rho(Q_1 + Q_2)' + (\gamma + \varkappa)(Q_1 + Q_2) - \rho Q_2 + Z\alpha\sqrt{\frac{m-\varepsilon}{m+\varepsilon}}(Q_1 - Q_2) = 0,$$
$$\rho(Q_1 - Q_2)' + (\gamma - \varkappa)(Q_1 - Q_2) + \rho Q_2 - Z\alpha\sqrt{\frac{m+\varepsilon}{m-\varepsilon}}(Q_1 + Q_2) = 0$$

(撇号表示对 ρ 微分). 它们的和与差给出

$$\rho Q_1' + \left(\gamma - \frac{Z\alpha\varepsilon}{\lambda}\right)Q_1 + \left(\varkappa - \frac{Z\alpha m}{\lambda}\right)Q_2 = 0,$$
$$\rho Q_2' + \left(\gamma + \frac{Z\alpha\varepsilon}{\lambda} - \rho\right)Q_2 + \left(\varkappa + \frac{Z\alpha m}{\lambda}\right)Q_1 = 0, \tag{36.5}$$

或者, 消去 Q_1 或 Q_2,

$$\rho Q_1'' + (2\gamma + 1 - \rho)Q_1' - \left(\gamma - \frac{Z\alpha\varepsilon}{\lambda}\right)Q_1 = 0,$$
$$\rho Q_2'' + (2\gamma + 1 - \rho)Q_2' - \left(\gamma + 1 - \frac{Z\alpha\varepsilon}{\lambda}\right)Q_2 = 0$$

[①] 譬如说, 如果核电荷均匀地发布在半径 $r_0 = 1.2 \times 10^{-12}$cm 的球内, 临界值 $Z_c = 170$, 下一个能级在 $Z = 185$ 时到达边界 $-m$ (В. С. Попов, 1970). 定量理论的详细论述可参见 Я. Б. Зельдович 和 В. С. Попов 的概述性文章 (УФН, 1971, Т. 105, С. 403).

这里用到 $\gamma^2 - (Z\alpha\varepsilon/\lambda)^2 = \varkappa^2 - (Z\alpha m/\lambda)^2$ 这个事实. 这两个方程的解在 $\rho = 0$ 是有限的:

$$
\begin{aligned}
Q_1 &= A\mathrm{F}\left(\gamma - \frac{Z\alpha\varepsilon}{\lambda}, 2\gamma + 1, \rho\right), \\
Q_2 &= B\mathrm{F}\left(\gamma + 1 - \frac{Z\alpha\varepsilon}{\lambda}, 2\gamma + 1, \rho\right),
\end{aligned}
\tag{36.6}
$$

其中 $\mathrm{F}(\alpha, \beta, z)$ 为合流超几何函数. 在 (36.5) 式任何一个方程中取 $\rho = 0$, 我们求出常数 A 和 B 之间的关系:

$$
B = -\frac{\gamma - Z\alpha\varepsilon/\lambda}{\varkappa - Z\alpha m/\lambda}A.
\tag{36.7}
$$

(36.6) 式中的两个超几何函数必须化为多项式 (否则当 $\rho \to \infty$ 时它们将按 e^ρ 增长, 因而所有的波函数都将按 $e^{\rho/2}$ 增长). 如果参数 α 等于负整数或零, 则函数 $\mathrm{F}(\alpha, \beta, z)$ 化为多项式. 我们引入符号 n_r:

$$
\gamma - Z\alpha\varepsilon/\lambda = -n_r.
\tag{36.8}
$$

如果 $n_r = 1, 2, \cdots$, 则两个超几何函数都化为多项式. 如果 $n_r = 0$, 则其中只有一个是多项式. 但是等式 $n_r = 0$ 意味着 $\gamma = Z\alpha\varepsilon/\lambda$, 这时不难证明, $Z\alpha m/\lambda = |\varkappa|$. 如果 $\varkappa < 0$, 则系数 B 等于零, 因而 $Q_2 = 0$, 所要求的条件被满足. 而如果 $\varkappa > 0$, 则 $B = -A$, $n_r = 0$ 时 Q_2 仍然发散. 由此可见, 量子数 n_r 的容许值为

$$
n_r = \begin{cases} 0, 1, 2, \cdots & \text{当 } \varkappa < 0; \\ 1, 2, 3, \cdots & \text{当 } \varkappa > 0. \end{cases}
\tag{36.9}
$$

根据定义 (36.8), 我们求出离散能级的表示式如下:

$$
\frac{\varepsilon}{m} = \left[1 + \frac{(Z\alpha)^2}{(\sqrt{\varkappa^2 - (Z\alpha)^2} + n_r)^2}\right]^{-1/2}.
\tag{36.10}
$$

特别是, 基态能级 $1s_{\frac{1}{2}}(|\varkappa| = 1, n_r = 0)$ 的能量为:

$$
\varepsilon_1 = m\sqrt{1 - (Z\alpha)^2}.
$$

当 $Z\alpha \ll 1$ 时, (36.10) 展开式的领头项为

$$
\frac{\varepsilon}{m} - 1 = -\frac{(Z\alpha)^2}{2(|\varkappa| + n_r)^2}\left\{1 + \frac{(Z\alpha)^2}{|\varkappa| + n_r}\left[\frac{1}{|\varkappa|} - \frac{3}{4(|\varkappa| + n_r)}\right]\right\}.
$$

利用符号 $n_r + |\varkappa| = n(=1, 2, \cdots)$ 并注意到 $|\varkappa| = j + \dfrac{1}{2}$, 我们就回到前面用微

扰论推出的公式 (34.4). 正如在 §34 末所指出的, 这个展开式后面的项没有意义, 因为辐射修正肯定要超过这些项. 但是, (36.10) 式在 $Z\alpha \sim 1$ 时的精确形式是有意义的. 我们看到, 近似公式 (34.4) 所显示的能级的二重简并在精确公式中仍存在: 因为精确公式中只含 $|\varkappa|$, 所以 j 相同而 l 不同的能级仍然是重合的.

在波函数中我们还要确定共有的归一化系数 A. 离散谱波函数的归一化条件如通常那样为 $\int |\psi|^2 \mathrm{d}^3 x = 1$; 对于函数 f 和 g, 相应的条件为

$$\int_0^\infty (f^2 + g^2) r^2 \mathrm{d}r = 1.$$

求 A 的最简单方法是由函数在 $r \to \infty$ 时的渐近形式来确定. 利用渐近公式

$$\mathrm{F}(-n_r, 2\gamma + 1, \rho) \approx \frac{\Gamma(2\gamma + 1)}{\Gamma(n_r + 2\gamma + 1)} (-\rho)^{n_r}$$

(参见第三卷 (d, 14) 式), 我们求出

$$f \approx (-1)^{n_r} A \sqrt{m + \varepsilon} \frac{\Gamma(2\gamma + 1)}{\Gamma(n_r + 2\gamma + 1)} \mathrm{e}^{-\lambda r} (2\lambda r)^{\gamma + n_r - 1}.$$

将此式和下面将要导出的表示式 (36.22) 比较. 就可确定 A. 然后将以上公式收集在一起, 我们就可完整地写出归一化波函数的最终表示式:

$$\left.\begin{array}{c} f \\ g \end{array}\right\} = \frac{\pm(2\lambda)^{3/2}}{\Gamma(2\gamma + 1)} \left[\frac{(m \pm \varepsilon)\Gamma(2\gamma + n_r + 1)}{4m(Z\alpha m/\lambda)(Z\alpha m/\lambda - \varkappa)n_r!} \right]^{1/2} (2\lambda r)^{\gamma - 1} \mathrm{e}^{-\lambda r}$$

$$\times \left\{ \left(\frac{Z\alpha m}{\lambda} - \varkappa \right) \mathrm{F}(-n_r, 2\gamma + 1, 2\lambda r) \mp n_r \mathrm{F}(1 - n_r, 2\gamma + 1, 2\lambda r) \right\} \tag{36.11}$$

(其中上面的符号属于 f, 而下面的属于 g).

(b) **连续谱** ($\varepsilon > m$). 没有必要重新解连续谱的波动方程. 这个情形的波函数可通过代换[①]

$$\sqrt{m - \varepsilon} \to -\mathrm{i}\sqrt{\varepsilon - m}, \quad \lambda \to -\mathrm{i}p, \quad -n_r \to \gamma - \mathrm{i}\frac{Z\alpha\varepsilon}{p} \tag{36.12}$$

由离散谱波函数得到 (关于根 $\sqrt{m - \varepsilon}$ 在解析延拓时的符号选择, 参见第三卷 §128). 但是波函数的归一化必须重新进行.

----

① 在本节的以下部分, p 代表 $|\boldsymbol{p}| = \sqrt{\varepsilon^2 - m^2}$.

在 (36.11) 式中作这些代换, 函数 f 和 g 可写成

$$\left.\begin{array}{c} f \\ g \end{array}\right\} = \left.\begin{array}{c} \sqrt{\varepsilon + m} \\ i\sqrt{\varepsilon - m} \end{array}\right\} \cdot A' e^{ipr}(2pr)^{\gamma-1}$$

$$\times [e^{i\xi} F(\gamma - i\nu, 2\gamma + 1, -2ipr) \mp e^{-i\xi} F(\gamma + 1 - i\nu, 2\gamma + 1, -2ipr)],$$

其中 A' 为新的归一化常数, 而且

$$\nu = \frac{Z\alpha\varepsilon}{p}, \quad e^{-2i\xi} = \frac{\gamma - i\nu}{\varkappa - i\nu m/\varepsilon} \tag{36.13}$$

(由于 $\gamma^2 + (Z\alpha\varepsilon/p)^2 = \varkappa^2 + (Z\alpha m/p)^2$, ξ 为实的).

根据公式

$$F(\alpha, \beta, z) = e^z F(\beta - \alpha, \beta, -z)$$

(参见第三卷 (d. 10), 我们有

$$F(\gamma + 1 - i\nu, 2\gamma + 1, -2ipr) = e^{-2ipr} F(\gamma + i\nu, 2\gamma + 1, 2ipr)$$
$$= e^{-2ipr} F^*(\gamma - i\nu, 2\gamma + 1, -2ipr),$$

因此

$$\left.\begin{array}{c} f \\ g \end{array}\right\} = 2iA'\sqrt{\varepsilon \pm m}(2pr)^{\gamma-1} \begin{array}{c} \text{Im} \\ \text{Re} \end{array} \left\{ e^{i(pr+\xi)} F(\gamma - i\nu, 2\gamma + 1, -2ipr) \right\}. \tag{36.14}$$

将这个函数的渐近表达式和归一化球面波的一般表示式 (35.7) 进行比较, 就可以确定归一化系数 A'. 得到的连续谱波函数的表示式 (以后将对它加以验证) 为[①]:

$$\left.\begin{array}{c} f \\ g \end{array}\right\} = 2^{3/2} \sqrt{\frac{m \pm \varepsilon}{\varepsilon}} e^{\frac{\pi\nu}{2}} \frac{|\Gamma(\gamma + 1 + i\nu)|}{\Gamma(2\gamma + 1)} \frac{(2pr)^\gamma}{r}$$

$$\times \begin{array}{c} \text{Im} \\ \text{Re} \end{array} \left\{ e^{i(pr+\xi)} F(\gamma - i\nu, 2\gamma + 1, -2ipr) \right\}. \tag{36.15}$$

此函数的渐近表示式可利用第三卷 (d. 14) 式推出, 而现在只有其中的第一项有意义, 第二项按 $1/r$ 的更高次幂减小:

$$\left.\begin{array}{c} f \\ g \end{array}\right\} = \frac{\sqrt{2}}{r} \sqrt{\frac{\varepsilon \pm m}{\varepsilon}} \begin{array}{c} \sin \\ \cos \end{array} \left(pr - \frac{\pi l}{2} + \delta_\varkappa + \nu \ln 2pr - \frac{\pi l}{2} \right), \tag{36.16}$$

---

① 斥力场中的波函数可改变 $Z\alpha$ 前的符号 (即改变 ν 的符号) 得到.

其中

$$\delta_{\varkappa} = \xi - \arg\Gamma(\gamma+1+\mathrm{i}\nu) - \frac{\pi\gamma}{2} + \frac{\pi l}{2}, \tag{36.17}$$

或

$$\mathrm{e}^{2\mathrm{i}\delta_{\varkappa}} = \frac{\varkappa - \mathrm{i}\nu m/\varepsilon}{\gamma - \mathrm{i}\nu} \frac{\Gamma(\gamma+1-\mathrm{i}\nu)}{\gamma+1+\mathrm{i}\nu} \mathrm{e}^{\mathrm{i}\pi(l-\gamma)}. \tag{36.18}$$

为以后参考方便, 我们给出极端相对论情形 $(\varepsilon \gg m, \nu \approx Z\alpha)$ 下的相位表示式:

$$\mathrm{e}^{2\mathrm{i}\delta_{\varkappa}} = \frac{\varkappa}{\gamma - \mathrm{i}Z\alpha} \frac{\Gamma(\gamma+1-\mathrm{i}Z\alpha)}{\Gamma(\gamma+1+\mathrm{i}Z\alpha)} \mathrm{e}^{\mathrm{i}\pi(l-\gamma)}. \tag{36.19}$$

表示式 (36.16) 与式 (35.8) 的区别只是三角函数宗量中的对数项. 如在薛定谔方程中那样, 库仑势的缓慢衰减影响波的相位, 使其变成一个随 r 缓慢变化的函数.

在 $\varepsilon < m$ 的区域内进行解析延拓时, 表示式 (36.18) 换成:

$$\mathrm{e}^{2\mathrm{i}\delta_{\varkappa}} = \frac{\varkappa - Z\alpha m/\lambda}{\gamma - Z\alpha\varepsilon/\lambda} \frac{\Gamma(\gamma+1-Z\alpha\varepsilon/\lambda)}{\Gamma(\gamma+1+Z\alpha\varepsilon/\lambda)} \mathrm{e}^{\mathrm{i}\pi(l-\gamma)}. \tag{36.20}$$

这个表示式在下列各点上有极点: $\gamma+1-Z\alpha\varepsilon/\lambda = 1 - n_r, n_r = 1, 2, \cdots$ (即分子的 Γ 函数的极点), 还有点 $\gamma - Z\alpha\varepsilon = -n_r = 0$(如果还有 $\varkappa < 0$); 如所期待的, 这些点和离散能级一致.

在 $n_r \neq 0$ 的任何极点附近, 我们有

$$\mathrm{e}^{2\mathrm{i}\delta_{\varkappa}} \approx \frac{\left(\dfrac{Z\alpha m}{\lambda} - \varkappa\right) \mathrm{e}^{\mathrm{i}\pi(l-\gamma)}}{n_r \Gamma(2\gamma+1+n_r)} \Gamma\left(\gamma+1-\frac{Z\alpha\varepsilon}{\lambda}\right).$$

其极点附近的 Γ 函数形式, 可利用熟知的公式 $\Gamma(z)\Gamma(1-z) = \pi/\sin\pi z$ 求出:

$$\Gamma\left(\gamma+1-\frac{Z\alpha\varepsilon}{\lambda}\right) \approx \frac{\pi}{\Gamma(n_r)\sin\pi(\gamma+1-Z\alpha\varepsilon/\lambda)},$$

$$\sin\pi\left(\gamma+1-\frac{Z\alpha\varepsilon}{\lambda}\right) \approx \pi\cos\pi n_r \frac{\mathrm{d}}{\mathrm{d}\varepsilon}\left(\frac{Z\alpha\varepsilon}{\lambda}\right)(\varepsilon-\varepsilon_0)$$

$$= (-1)^{n_r} \frac{\pi Z\alpha m^2}{\lambda^3}(\varepsilon-\varepsilon_0)$$

其中 ε_0 为能级. 因此我们有[①],

$$\mathrm{e}^{2\mathrm{i}\delta_{\varkappa}} \approx (-1)^{l+n_r} \frac{\mathrm{e}^{-\mathrm{i}\pi\gamma}\left(\dfrac{Z\alpha m}{\lambda} - \varkappa\right)}{n_r! \Gamma(2\gamma+1+n_r)} \frac{\lambda^3}{Z\alpha m^2} \frac{1}{\varepsilon-\varepsilon_0}. \tag{36.21}$$

---

① 不难看出, 此式甚至在 $n_r = 0$ 的情形下仍成立.

在上节末曾推出公式 (35.11), 它将函数 $e^{2i\delta_\varkappa}$ 在其极点上的留数和相应束缚态波函数渐近表示式中的系数联系起来. 但是在库仑场的情形下, 这个公式应该稍加改变, 因为 (35.7) 式中的恒定相移 $\delta_\varkappa$ 在 (36.16) 式中被 $\delta_\varkappa + \nu \ln(2pr)$ 代替, 所以 (35.11) 式的左边必须用下式代替 $e^{2i\delta_\varkappa}$,

$$\exp[2i\delta_\varkappa + 2i\nu \ln(2pr)] \to e^{2i\delta_\varkappa}(2i\lambda r)^{2(n_r+\gamma)}.$$

利用 (36.21) 式并由 (35.11) 式定出系数 A_0 (它现在将是 r 的幂函数), 我们求出离散谱归一化波函数的渐近形式:

$$f = \left[\frac{(Z\alpha m/\lambda - \varkappa)(m+\varepsilon)\lambda^2}{2n_r! Z\alpha m^2 \Gamma(2\gamma + 1 + n_r)}\right]^{1/2} \frac{e^{-\lambda r}}{r}(2\lambda r)^{n_r+\gamma}. \tag{36.22}$$

此式在确定 (36.11) 式中的系数时已用过.

§37　在有心对称场中的散射

粒子在力心固定的场中散射时, 波函数的渐近表示式可写成 [1]

$$\psi = u_{\varepsilon \boldsymbol{p}} e^{ipz} + u'_{\varepsilon \boldsymbol{p}'} e^{ipr}/r. \tag{37.1}$$

这里 $u_{\varepsilon \boldsymbol{p}}$ 为入射平面波的双旋量振幅. 双旋量 $u'_{\varepsilon \boldsymbol{p}'}$ 为散射方向 $\boldsymbol{n}'$ 的函数, 对每个给定的 $\boldsymbol{n}'$ 值, 其形式 (当然不是其归一化形式) 都和 $\boldsymbol{n}'$ 方向上传播的平面波的双旋量振幅相同.

我们在 §24 中曾经看到, 平面波的双旋量振幅完全决定于二分量的量 —— 三维旋量 w, 它是粒子在静止参考系中的非相对论性波函数. 流密度可用同样旋量表示: 它正比于 w^*w (其比例系数仅仅依赖于能量 ε, 因而对于入射粒子和散射粒子是相同的). 因此, 散射截面 $d\sigma = (w'^*w'/w^*w)do$, 或者像 §24 中那样, 由入射波的归一化条件 $w^*w = 1$ 得

$$d\sigma = w'^*w' do.$$

我们引入散射算符 $\widehat{f}$, 其定义为

$$w' = \widehat{f} w. \tag{37.2}$$

由于量 w, w' 有两个分量, 这样定义的算符就和非相对论散射理论中考虑了自旋的散射振幅算符完全相似 (见第三卷 §140). 因此, 可直接应用在那里所得到

---

[1] 在 §37 与 §38 中, p 代表 $|\boldsymbol{p}|$, 而 ε 与 $\boldsymbol{p}$ 是分别作为振幅的指标写出的.

的通过波函数在散射场中的相移来表示算符的公式, 为此只需将第三卷 §140 中引入的相移 δ_l^+ 和 δ_l^- 用相对论公式 (35.7) 中所出现的 $\delta_\varkappa$ 表示出来. 值得注意的是, δ_l^+ 和 δ_l^- 是轨道角动量为 l, 总角动量为 $j = l + \frac{1}{2}$ 和 $j = l - \frac{1}{2}$ 的状态的相位. 按照定义 (35.3), $j = l + \frac{1}{2}$ 时 $\varkappa = -l - 1$, $j = l - \frac{1}{2}$ 时 $\varkappa = l$. 因此我们应该进行如下代换

$$\delta_l^+ \to \delta_{-(l+1)}, \quad \delta_l^- \to \delta_l$$

(请注意, δ 的下标现在代表的是 $\varkappa$ 的值). 这样, 我们得到下列公式:

$$\widehat{f} = A + B\boldsymbol{\nu} \cdot \boldsymbol{\sigma}, \tag{37.3}$$

$$A = \frac{1}{2ip} \sum_{l=0}^{\infty} [(l+1)(e^{2i\delta_{-l-1}} - 1) + l(e^{2i\delta_l} - 1)] P_l(\cos\theta), \tag{37.4}$$

$$B = \frac{1}{2p} \sum_{l=1}^{\infty} (e^{2i\delta_{-l-1}} - e^{2i\delta_l}) P_l^1(\cos\theta), \tag{37.5}$$

其中 $\boldsymbol{\nu}$ 为方向 $\boldsymbol{n} \times \boldsymbol{n}'$ 上的单位矢量.

既然 w 为静止参考系中的旋量波函数, 散射的极化性质就要借助 $\widehat{f}$ 用和第三卷 §140 中同样的公式来描述.

在库仑场的情形下, 有可能将 $A(\theta)$ 与 $B(\theta)$ 用一个函数表示出来, 其计算过程简述如下 [①]:

对于库仑场, 相位 $\delta_\varkappa$ 由 (36.18) 式给出, 它可写成如下形式

$$e^{2i\delta_\varkappa} = -\left(\varkappa - i\frac{Ze^2 m}{p}\right) \frac{\varkappa}{|\varkappa|} C_\varkappa,$$
$$C_\varkappa = -\frac{\Gamma(\gamma - i\nu)}{\Gamma(\gamma + 1 + i\nu)} e^{i\pi(|\varkappa| - \gamma)} \tag{37.6}$$

(注意到, $\varkappa > 0$ 时 $e^{i\pi l} = e^{i\pi\varkappa}$, $\varkappa < 0$ 时 $e^{i\pi l} = -e^{i\pi\varkappa}$). 利用如此引入的量, 可将级数 (37.4), (37.5) 写成如下形式

$$A(\theta) = \frac{1}{p} G(\theta) - i\frac{Ze^2 m}{p^2} F(\theta),$$
$$B(\theta) = -\frac{i}{p} \tan\frac{\theta}{2} G(\theta) + \frac{Ze^2 m}{p^2} \cot\frac{\theta}{2} F(\theta), \tag{37.7}$$

其中

$$G(\theta) = \frac{i}{2} \sum_{l=1}^{\infty} l^2 C_l (P_l + P_{l-1}), \quad F(\theta) = \frac{i}{2} \sum_{l=1}^{\infty} l C_l (P_l - P_{l-1}). \tag{37.8}$$

---

① Gluckstern R. L., Lin S. R., J. Math. Phys., 1964, V. 5, p. 1594.

在级数 $B(\theta)$ 的变换时利用了勒让德多项式之间的如下递推公式:

$$P_l^1 + P_{l-1}^1 = -\cot\frac{\theta}{2} \cdot l(P_l - P_{l-1}), \tag{37.9}$$

$$P_l^1 - P_{l-1}^1 = \tan\frac{\theta}{2} \cdot l(P_l + P_{l-1}). \tag{37.10}$$

另一方面, 按照恒等式

$$(1 + \cos\theta)\frac{d}{d\cos\theta}[P_l(\cos\theta) - P_{l-1}(\cos\theta)] = l[P_l(\cos\theta) + P_{l-1}(\cos\theta)] \tag{37.11}$$

函数 $F(\theta)$ 和 $G(\theta)$ 用关系式

$$G = (1 - \cos\theta)\frac{dF}{d\cos\theta} = -\cot\frac{\theta}{2} \cdot \frac{dF}{d\theta} \tag{37.12}$$

互相联系. 这样, $A(\theta)$ 和 $B(\theta)$ 就都用一个函数 $F(\theta)$ 表示出来[①].

§38　极端相对论情形中的散射

现在我们研究极端相对论情形 $(\varepsilon \gg m)$ 的散射. 在一级近似中, 我们在波动方程中可完全忽略质量 m. 对 ψ 采用旋量表示 $\psi = \begin{pmatrix} \xi \\ \eta \end{pmatrix}$ 比较方便, 因为 ξ 和 η 的方程当 $m = 0$ 时可以分开:

$$-i\boldsymbol{\sigma} \cdot \nabla\xi = (\varepsilon - U)\xi, \quad -i\boldsymbol{\sigma} \cdot \nabla\eta = -(\varepsilon - U)\eta \tag{38.1}$$

(为 "中微子" 形式, §30).

极化处于 $\boldsymbol{p}$ 方向上的电子的螺旋性状态对应于波函数 $\psi = \begin{pmatrix} \xi \\ 0 \end{pmatrix}$, 而对于和 $\boldsymbol{p}$ 相反的极化方向上的电子则对应于 $\psi = \begin{pmatrix} 0 \\ \eta \end{pmatrix}$. 由于 ξ 和 η 的方程可以分开, 并且很明显这个性质不会受到散射的影响. 因此, 在极端相对论电子的散射中, 螺旋性是守恒的. 由对称性 (纵向极化) 考虑, 在纵向极化的螺旋性粒子的散射中显然没有方位角的对称性. 我们还可以断言, 螺旋性电子的散射截面和螺旋性的符号无关; 这是因为有心力场对反演变换不变, 而螺旋性在反演时要变号.

在极端相对论情形, 公式 (37.3)—(37.5) 可以大大简化 (D. R. Yennie, D. G. Ravenhall, R. N. Wilson, 1954).

---

① 函数 $F(\theta)$ 不能通过基本函数表示成封闭形式, 但是可以写成确定的二重积分的形式 —— 参见上一注解所引用的论文.

譬如说, 设入射电子的极化沿着运动方向 n. 对于有确定 $n \cdot \boldsymbol{\sigma}$ 值的平面波而言, 旋量 $\xi(=(\varphi + \chi)/\sqrt{2})$ 和波的标准表示中出现的相同三维旋量 w 成正比. 因此, 在新的表示中, 入射波和散射波的旋量振幅之间的关系仍由同样的算符 $\widehat{f}$ 给出.

作为散射的一个结果, 极化矢量随动量一起转到方向 n' 上. 所以, 算符 $\widehat{f}$ 对电子自旋波函数的作用归结为自旋绕 $\boldsymbol{\nu}$ 轴转动 θ 角 (n 和 n' 的夹角). 这个转动本身等价于坐标系绕同一轴在相反方向上转动, 即转动 $-\theta$ 角. 由此得出, 算符 $\widehat{f}$ 应该与坐标系作上述改变时波函数的变换算符 (即作代换 $\theta \to -\theta$ 的算符 (18.17)) 相同 (只可能差一个系数). 将 (37.3) 式和 (18.17) 式比较, 我们求出:

$$\frac{B}{A} = -\mathrm{i} \tan \frac{\theta}{2}. \tag{38.2}$$

所以, 在极端相对论极限下,

$$\widehat{f} = A(\theta) \left[1 - \mathrm{i} \tan \frac{1}{2}\theta \cdot \boldsymbol{\nu} \cdot \boldsymbol{\sigma} \right]. \tag{38.3}$$

如果利用同一极限下相位 $\delta_{\varkappa}$ 和 $\delta_{-\varkappa}$ 之间的关系式, $A(\theta)$ 的表示式 (37.4) 也可以简化. 为了推导这个关系式, 我们注意到, 当删去有 m 的项以后, 函数 f 和 g 的方程 (35.4) 对代换

$$\varkappa \to -\varkappa, \quad f \to g, \quad g \to -f$$

不变, 这种代换并不影响粒子或场本身的参数. 所以, 必定有 $f_{\varkappa}/g_{\varkappa} = -g_{-\varkappa}/f_{-\varkappa}$, 代入渐近表示式后给出

$$\tan\left(pr - \frac{l\pi}{2} + \delta_{\varkappa}\right) = -\cot\left(pr - \frac{l'\pi}{2} + \delta_{-\varkappa}\right),$$

$$\delta_{\varkappa} = \delta_{-\varkappa} - (l' - l)\frac{\pi}{2} + \left(n + \frac{1}{2}\right)\pi,$$

由此得出

$$\mathrm{e}^{2\mathrm{i}\delta_{\varkappa}} = \mathrm{e}^{2\mathrm{i}\delta_{-\varkappa}}. \tag{38.4}$$

利用这个关系式 (并在 (37.4) 式的第一项中的求和指标由 l 换成 $l-1$), 我们求出

$$A(\theta) = \frac{1}{2\mathrm{i}p} \sum_{l=1}^{\infty} l(\mathrm{e}^{2\mathrm{i}\delta_l} - 1)[\mathrm{P}_l(\cos\theta) + \mathrm{P}_{l-1}(\cos\theta)]. \tag{38.5}$$

由 (38.2) 式得出, $\mathrm{Re}\,(AB^*) = 0$. 这意味着在所考虑的近似下, 截面和粒子的初始极化无关, 并且非极化束在散射后仍然是非极化的 (参见第三卷

(140.8)—(140.10) 式). 我们还看到, 当 $\theta \to \pi$ 时, $A(\theta)$ 的表示式 (38.5) 和 $(\pi - \theta)^2$ 一样趋于零 (由于 $P_l(-1) = (-1)^l$). 因此截面

$$\frac{\mathrm{d}\sigma}{\mathrm{d}o} = |A|^2 + |B|^2 = \frac{|A(\theta)|^2}{\cos^2(\theta/2)} \tag{38.6}$$

也趋于零. 这些性质在对小量 m/ε 的更高级近似中自然不会出现. 特别是, 分析表明, 当 $\theta \to \pi$ 时, 截面趋于正比于 $(m/\varepsilon)^2$ 的极限.

对于极端相对论情形中的库仑场, 相位 $\delta_\varkappa$ 是和能量无关的, 如由 (36.19) 式所见[①]. 因此, 在纯库仑场中, 当 $\varepsilon \gg m$ 时, 散射截面有如下形式

$$\mathrm{d}\sigma = \frac{\tau(\theta)}{\varepsilon^2} \mathrm{d}o, \tag{38.7}$$

其中 τ 只是角度的函数.

§39　库仑场中散射的连续谱波函数

我们将在以后 (§95, §96) 研究极端相对论电子在重核 ($Z\alpha \sim 1$) 的场中散射时出现的各种非弹性过程. 为计算相应的矩阵元, 我们需要的波函数是这样的: 它们在 $r \to \infty$ 时的渐近形式应该是平面波和球面波的叠加.

我们将看到, 在极端相对论情形下 (电子能量 $\varepsilon \gg m$), 由电子给核的动量转移 $q = |\boldsymbol{p}' - \boldsymbol{p}| \sim m$ 在散射中起着最主要的作用. 和这个 q 值对应的 "碰撞参量" 为 $\rho \sim 1/q \sim 1/m$, 电子的偏转角度为[②]

$$\theta \sim \frac{q}{p} \sim \frac{m}{\varepsilon}. \tag{39.1}$$

用坐标 r (到中心的距离) 和 $z = r\cos\theta$ 表示, 这个区域可表示为

$$\rho \equiv r\sin\theta \sim 1/m, \quad p(r - z) = pr(1 - \cos\theta) \sim 1. \tag{39.2}$$

并且 $r \sim \varepsilon/m^2$, 可见所涉及的距离是很大的.

我们将狄拉克方程写成

$$(\varepsilon - U - m\beta + \mathrm{i}\boldsymbol{\alpha} \cdot \nabla)\psi = 0, \quad U = -Z\alpha/r, \tag{39.3}$$

为将其变成二阶方程, 用算符 $(\varepsilon - U + m\beta - \mathrm{i}\boldsymbol{\alpha} \cdot \nabla)$ 作用于 (39.3):

$$(\Delta + p^2 - 2\varepsilon U)\psi = (-\mathrm{i}\boldsymbol{\alpha} \cdot \nabla U - U^2)\psi. \tag{39.4}$$

---

① 这由方程 (38.1) 也可直接看出, 因为对库仑场来说, 能量 ε 一般可以通过代换 $\boldsymbol{r} \to \boldsymbol{r}'/\varepsilon$ 从方程中消去.

② 在本节中, 用 p 标记 $|\boldsymbol{p}|$.

由于在所考虑的区域内 $r \gg Z\alpha/\varepsilon$, 所以 $U \ll \varepsilon$. 在一级近似中, (39.4) 式的右边可以忽略, 剩下的方程为

$$\left(\Delta + p^2 + \frac{2\varepsilon Z\alpha}{r}\right)\psi = 0, \tag{39.5}$$

其形式和库仑场中的非相对论性薛定谔方程

$$\left(\frac{1}{2m}\Delta + \frac{p^2}{2m} + \frac{Z\alpha}{r}\right)\psi = 0 \tag{39.5a}$$

相同, 区别只是参数的标记有明显改变 (在 "势能" 中包含一个额外因子 ε/m). 因此, 我们可以直接写出具有所要求的渐近形式的解 (参见第三卷 §136).

例如, 包含渐近平面波 ($\propto e^{i\boldsymbol{p}\cdot\boldsymbol{r}}$) 和射出球面波的波函数具有如下形式:

$$\psi_{\varepsilon\boldsymbol{p}}^{(+)} = C\frac{u_{\varepsilon\boldsymbol{p}}}{\sqrt{2\varepsilon}}e^{i\boldsymbol{p}\cdot\boldsymbol{r}}F\left(\frac{iZ\alpha\varepsilon}{p}, 1, i(pr - \boldsymbol{p}\cdot\boldsymbol{r})\right)$$

$$C = e^{\pi Z\alpha\varepsilon/2p}\Gamma(1 - iZ\alpha\varepsilon/p), \tag{39.6}$$

式中 F 为合流超几何函数, $u_{\varepsilon\boldsymbol{p}}$ 为平面波的常数双旋量振幅, 其归一化条件是我们先前在 (23.4) 式中所采用过的:

$$\overline{u}_{\varepsilon\boldsymbol{p}}u_{\varepsilon\boldsymbol{p}} = 2m. \tag{39.7}$$

波函数 (39.6) 的归一化应该使平面波在其渐近极限具有通常的形式,

$$\frac{u_{\varepsilon\boldsymbol{p}}}{\sqrt{2\varepsilon}}e^{i\boldsymbol{p}\cdot\boldsymbol{r}}.$$

这对应于在单位体积中有一个粒子. 由于在极端相对论情形下 $p \approx \varepsilon$, 我们可以在 (39.6) 式中作近似 $Z\alpha\varepsilon/p \approx Z\alpha$:

$$\left.\begin{array}{l}\psi_{\varepsilon\boldsymbol{p}}^{(+)} = C\dfrac{u_{\varepsilon\boldsymbol{p}}}{\sqrt{2\varepsilon}}e^{i\boldsymbol{p}\cdot\boldsymbol{r}}F(iZ\alpha, 1, i(pr - \boldsymbol{p}\cdot\boldsymbol{r})), \\ C = e^{Z\alpha\pi/2}\Gamma(1 - iZ\alpha).\end{array}\right\} \tag{39.8}$$

应该指出, 尽管我们研究的距离足够大, 使得 $pr \gg 1$, 但是 (39.8) 式中的合流超几何函数还不能用其渐近形式代替: 函数 F 的宗量并不是 pr, 而是 $pr(1 - \cos\theta)$, 我们不能假定它是一个很大的量 [①].

在应用中, 还需要 ψ 的下一级近似, 它具有和 (39.8) 式不同的旋量结构, (后者可化为因子 $u_{\varepsilon\boldsymbol{p}}$). 为计算这个近似, 我们将 ψ 写成

$$\psi = \frac{C}{\sqrt{2\varepsilon}}e^{i\boldsymbol{p}\cdot\boldsymbol{r}}(u_{\varepsilon\boldsymbol{p}}F + \varphi).$$

[①] 在第三卷 §135 中, 我们关心的是任意大的 r, 因此, 这个近似对角度 θ 的所有值都是允许的.

在方程 (39.4) 的右边只留下和 U 成线性的项, 对函数 φ 得到方程

$$(\Delta + 2\mathrm{i}\boldsymbol{p}\cdot\nabla - 2\varepsilon U)\varphi = -\mathrm{i}u_{\varepsilon\boldsymbol{p}}\boldsymbol{\alpha}\cdot\nabla U. \tag{39.9}$$

其解可通过函数 F 满足的如下方程

$$(\Delta + 2\mathrm{i}\boldsymbol{p}\cdot\nabla - 2\varepsilon U)\mathrm{F} = 0$$

求出 (将 (39.6) 式代入 (39.5) 式即可看出). 将算符 ∇ 作用于此方程, 得到

$$(\Delta + 2\mathrm{i}\boldsymbol{p}\cdot\nabla - 2\varepsilon U)\nabla\mathrm{F} = 2\varepsilon\mathrm{F}\nabla U.$$

再和方程 (39.9) 比较, 我们求出

$$\varphi = -\frac{\mathrm{i}}{2\varepsilon}(\boldsymbol{\alpha}\cdot\nabla)u_{\varepsilon\boldsymbol{p}}\mathrm{F}.$$

$\psi^{(+)}$ 和与其类似的函数 $\psi^{(-)}$ (其渐近表式中包含一个入射的球面波) 的最终表示式为

$$\left.\begin{aligned}
\psi_{\varepsilon\boldsymbol{p}}^{(+)} &= \frac{C}{\sqrt{2\varepsilon}}\mathrm{e}^{\mathrm{i}\boldsymbol{p}\cdot\boldsymbol{r}}\left(1 - \frac{\mathrm{i}}{2\varepsilon}\boldsymbol{\alpha}\cdot\nabla\right)\mathrm{F}(\mathrm{i}Z\alpha, 1, \mathrm{i}(pr - \boldsymbol{p}\cdot\boldsymbol{r}))u_{\varepsilon\boldsymbol{p}}, \\
\psi_{\varepsilon\boldsymbol{p}}^{(-)} &= \frac{C^*}{\sqrt{2\varepsilon}}\mathrm{e}^{\mathrm{i}\boldsymbol{p}\cdot\boldsymbol{r}}\left(1 - \frac{\mathrm{i}}{2\varepsilon}\boldsymbol{\alpha}\cdot\nabla\right)\mathrm{F}(-\mathrm{i}Z\alpha, 1, -\mathrm{i}(pr + \boldsymbol{p}\cdot\boldsymbol{r}))u_{\varepsilon\boldsymbol{p}}, \\
C &= \mathrm{e}^{\pi Z\alpha/2}\Gamma(1 - \mathrm{i}Z\alpha)
\end{aligned}\right\} \tag{39.10}$$

(W. H. Furry, 1934). 我们还要写出具有 "负频率" 的类似函数 $(\psi_{-\varepsilon,-\boldsymbol{p}})$, 在处理有正电子参加的过程时就需要这样的函数. 这可以由在函数 $\psi_{\varepsilon\boldsymbol{p}}$ 中作代换 $\boldsymbol{p}\to-\boldsymbol{p}$, $\varepsilon\to-\varepsilon$, 而 $p = |\boldsymbol{p}|$ 不变来得到 (从原始表示式 (39.6) 将可看出, 超几何函数的参量 $\mathrm{i}Z\alpha$ 要变号; 在 (39.6) 式中, 此参量以 $\mathrm{i}Z\alpha\varepsilon/p$ 的形式出现). 这样一来, 我们就得到

$$\left.\begin{aligned}
\psi_{-\varepsilon,-\boldsymbol{p}}^{(+)} &= \frac{C}{\sqrt{2\varepsilon}}\mathrm{e}^{-\mathrm{i}\boldsymbol{p}\cdot\boldsymbol{r}}\left(1 + \frac{\mathrm{i}}{2\varepsilon}\boldsymbol{\alpha}\cdot\nabla\right)\mathrm{F}(-\mathrm{i}Z\alpha, 1, \mathrm{i}(pr + \boldsymbol{p}\cdot\boldsymbol{r}))u_{-\varepsilon,-\boldsymbol{p}}, \\
\psi_{-\varepsilon,-\boldsymbol{p}}^{(-)} &= \frac{C^*}{\sqrt{2\varepsilon}}\mathrm{e}^{-\mathrm{i}\boldsymbol{p}\cdot\boldsymbol{r}}\left(1 + \frac{\mathrm{i}}{2\varepsilon}\boldsymbol{\alpha}\cdot\nabla\right)\mathrm{F}(\mathrm{i}Z\alpha, 1, -\mathrm{i}(pr - \boldsymbol{p}\cdot\boldsymbol{r}))u_{-\varepsilon,-\boldsymbol{p}}, \\
C &= \mathrm{e}^{-\pi Z\alpha/2}\Gamma(1 + \mathrm{i}Z\alpha).
\end{aligned}\right\} \tag{39.11}$$

对上面的计算还必须作下面的说明. 我们的渐近条件本身对于唯一地确定波动方程的解是完全不够的 (这很显然, 因为我们总可以给 ψ 加上任何一个射出的库仑球面波而不破坏此条件). 将方程 (39.5) 的解写成 (39.6) 的形式就默默地满足了解在 $r = 0$ 时是有限的条件. 这个要求在第三卷 §135,§136 中

是必须的, 在那里, 所研究的是对整个空间都成立的精确薛定谔方程的解[①]. 而现在, 方程 (39.5) 仅对大距离成立, 因此解的选择需要作进一步的说明.

这可由如下事实提供: 大的 "碰撞参量" $\rho = r\sin\theta$ 对应大的轨道角动量 l 和小的散射角 θ: 当 $\rho \sim 1/m$ 时我们有

$$l \sim \rho p \sim \rho\varepsilon \sim \varepsilon/m \gg 1,$$

角度 θ 可用准经典方法估计:

$$\theta \sim \frac{1}{p}\int \frac{\mathrm{d}U}{\mathrm{d}r}\mathrm{d}t \sim \frac{U'(\rho)\rho}{p} \sim \frac{m}{\varepsilon} \ll 1.$$

因此, 在 ψ 的球面波展开式中, 主要贡献 (在所研究的 r 和 θ 范围内) 来自上述较大 l 值的波. 但是具有较大 l 值的球面波在坐标原点附近 "经典不可到达的" 距离 $r \ll l/\varepsilon$ (由于离心势垒) 区域内必将迅速衰减到很小的值. 因此, 如果我们要将方程 (39.5) 的解和精确方程 (39.4) 的解在 $r \sim r_1$ (其中 $l/\varepsilon \gg r_1 \gg Z\alpha/\varepsilon$) 的小距离上 "联结" 到一起, 那么方程 (39.5) 的解的边界条件就要求它是很小的, 这证实了我们的选择.

习　题

对 $Z\alpha \ll 1$ 的吸引力库仑场求非相对论离散谱波函数的修正 (相对于 $Z\alpha$ 的级数).

解: 电子在束缚态的速度为 $v \sim Z\alpha$, 因而当 $Z\alpha \ll 1$ 时, 零级近似波函数是非相对论的, 即

$$\psi = u\psi_{\text{non-r}},$$

其中 $\psi_{\text{non-r}}$ 为满足非相对论性薛定谔方程的函数, 而 u 为双旋量: $u = \begin{pmatrix} w \\ 0 \end{pmatrix}$, 其中 w 是描述电子极化态的旋量. 在下一级近似中我们写出 $\psi = u\psi_{\text{non-r}} + \psi^{(1)}$, 代入 (39.4) 式, 求出 $\psi^{(1)}$ 的方程

$$\left(\frac{1}{2m}\Delta - |\varepsilon_n| + \frac{Z\alpha}{r}\right)\psi^{(1)} = \mathrm{i}\frac{Z\alpha}{2m}\left(\nabla\frac{1}{r}\right)\cdot(\boldsymbol{\alpha}u)\psi_{\text{non-r}},$$

其中 ε_n 为非相对论离散谱能级. 这里略去了相对级数为 $(Z\alpha)^2$ 的项 (应该指出, 在非相对论情形中重要的距离具有玻尔半径的数量级: $r \sim 1/mZ\alpha$). 这个方程的解为 $\psi^{(1)} = -\dfrac{\mathrm{i}}{2m}\boldsymbol{\alpha}u\cdot\nabla\psi_{\text{non-r}}$, 因此

$$\psi = \left(1 - \frac{\mathrm{i}}{2m}\boldsymbol{\alpha}\cdot\nabla\right)u\psi_{\text{non-r}}.$$

---

① 在第三卷 §135 的求解过程中, 这个条件由于选择的是 (135.1) 式那样的特解而得到保证, 而不是不同 β_1, β_2 的值的积分的总和.

§40　平面电磁波场中的电子

对于在平面电磁波场中运动的电子, 狄拉克方程可以精确求解 (Д. М. Волков, 1937).

四维波矢量为 $k(k^2 = 0)$ 的平面波场对四维坐标的依赖关系只是在组合 $\varphi = kx$ 中, 所以四维势为

$$A^\mu = A^\mu(\varphi), \tag{40.1}$$

它满足洛伦兹规范条件

$$\partial_\mu A^\mu = k_\mu A^{\mu'} = 0$$

(撇号表示对 φ 微分). 由于 A 中的常数项是不重要的, 我们可略去撇号而将此条件写成

$$kA = 0. \tag{40.2}$$

我们从二阶方程 (32.6) 出发, 该式中的场张量为

$$F_{\mu\nu} = k_\mu A'_\nu - k_\nu A'_\mu. \tag{40.3}$$

在对 $(i\partial - eA)^2$ 作展开时必须考虑到: 由 (40.2) 式, $\partial_\mu(A^\mu \psi) = A^\mu \partial_\mu \psi$. 结果, 得到方程

$$[-\partial^2 - 2ie(A\partial) + e^2 A^2 - m^2 - ie(\gamma k)(\gamma A')]\psi = 0 \tag{40.4}$$

$(\partial^2 = \partial_\mu \partial^\mu)$.

我们来求这个方程如下形式的解:

$$\psi = e^{-ipx} F(\varphi), \tag{40.5}$$

其中 p 为四维矢量. ψ 函数这种形式在对 p 加上一个 k 的任何常数倍的矢量时都是不会改变的 (只要对函数 $F(\varphi)$ 作适当的改写). 因此我们可以给 p 附加一个补充条件而并不失去其普遍性. 令

$$p^2 = m^2. \tag{40.6}$$

这时如果移去外场, 量子数 p^μ 就变成自由粒子四维动量的分量. 当有外场存在时, 如果选择 $A_0 = 0$ 的特殊参考系, 四维矢量 p 的分量的意义就变得更加清楚. 设矢量 $\boldsymbol{A}$ 在这个参考系中指向 x^1 轴, 而 $\boldsymbol{k}$ 指向 x^3 轴 (即波的电场沿 x^1 方向, 磁场沿 x^2 方向, 波自身沿 x^3 方向传播). 于是 (40.5) 式将是算符

$$\widehat{p}_1 = i\frac{\partial}{\partial x^1}, \quad \widehat{p}_2 = i\frac{\partial}{\partial x^2}, \quad \widehat{p}_0 - \widehat{p}_3 = i\left(\frac{\partial}{\partial x^0} - \frac{\partial}{\partial x^3}\right)$$

的本征函数, 本征值分别是 $p_1, p_2, p_0 - p_3$ (不难看出, 这些算符本身是和狄拉克方程的哈密顿算符对易的). 由此可见, 在该参考系中 p^1, p^2 分别为广义动量沿 x^1, x^2 轴的分量; 而 $p^0 - p^3$ 为总能量和广义动量在 x^3 轴的分量之差.

将 (40.5) 代入 (40.4), 注意到

$$\partial^\mu F = k^\mu F', \quad \partial_\mu \partial^\mu F = k^2 F'' = 0,$$

我们得到 $F(\varphi)$ 的方程

$$2\mathrm{i}(kp)F' + [-2e(pA) + e^2 A^2 - \mathrm{i}e(\gamma k)(\gamma A')]F = 0.$$

这个方程的形式解为

$$F = \exp\left\{ -\mathrm{i} \int_0^{kx} \left[\frac{e}{(kp)}(pA) - \frac{e^2}{2(kp)} A^2 \right] \mathrm{d}\varphi + \frac{e(\gamma k)(\gamma A)}{2(kp)} \right\} \frac{u}{\sqrt{2p_0}},$$

其中 $u/\sqrt{2p_0}$ 为任意的恒定双旋量 (将其写成此形式的原因见后).

由于

$$(\gamma k)(\gamma A)(\gamma k)(\gamma A) = -(\gamma k)(\gamma k)(\gamma A)(\gamma A) + 2(kA)(\gamma k)(\gamma A) = -k^2 A^2 = 0.$$

所有 $(\gamma k)(\gamma A)$ 的高于一级的幂次都等于零. 因此, 我们可以进行替换

$$\exp \frac{e(\gamma k)(\gamma A)}{2(kp)} = 1 + \frac{e}{2(kp)}(\gamma k)(\gamma A),$$

因而 ψ 变成

$$\psi_p = \left[1 + \frac{e}{2(kp)}(\gamma k)(\gamma A) \right] \frac{u}{\sqrt{2p_0}} \mathrm{e}^{\mathrm{i}S}, \tag{40.7}$$

其中[①]

$$S = -px - \int_0^{kx} \frac{e}{(kp)} \left[(pA) - \frac{e}{2} A^2 \right] \mathrm{d}\varphi. \tag{40.8}$$

为了确定恒定双旋量 u 应满足的条件, 必须假设波是由 $t = -\infty$ 时无限缓慢地 "引入" 的. 当 $kx \to -\infty$ 时, $A \to 0$, 而 ψ 应该变成自由狄拉克方程的解. 因此, $u = u(p)$ 必须满足方程

$$(\gamma p - m)u = 0. \tag{40.9}$$

这个条件排除了二阶方程 "多余" 的解. 由于 u 和时间无关, 这个条件对于有限的 kx 仍然成立. 所以, $u(p)$ 和自由平面波的双旋量振幅相同; 我们将按同样的条件 (23.4) 归一化: $\bar{u}u = 2m$.

[①] S 的表示式和在波场中运动的粒子的经典作用量相同. 请比较第二卷 §47, 习题 2.

上述讨论也直接给出波函数 (40.7) 的归一化. 无限缓慢地引入场并不改变归一化积分. 由此得出, 函数 (40.7) 满足和自由平面波同样的归一化条件

$$\int \psi_{p'}^* \psi_p \mathrm{d}^3 x = \int \overline{\psi}_{p'} \gamma^0 \psi_p \mathrm{d}^3 x = (2\pi)^3 \delta(\boldsymbol{p}' - \boldsymbol{p}). \tag{40.10}$$

我们来求函数 (40.7) 所对应的流密度. 注意到

$$\overline{\psi}_p = \frac{\overline{u}}{\sqrt{2p_0}} \left[1 + \frac{e}{2(kp)}(\gamma A)(\gamma k) \right] \mathrm{e}^{-\mathrm{i}S},$$

由直接相乘, 我们得到

$$j^\mu = \overline{\psi}_p \gamma^\mu \psi_p = \frac{1}{p_0} \left\{ p^\mu - eA^\mu + k^\mu \left(\frac{e(pA)}{(kp)} - \frac{e^2 A^2}{2(kp)} \right) \right\}. \tag{40.11}$$

如果 A^μ 是周期函数, 它们对时间的平均值为零, 则流密度的平均值为

$$\overline{j^\mu} = \frac{1}{p_0} \left(p^\mu - \frac{e^2}{2(kp)} \overline{A^2} k^\mu \right). \tag{40.12}$$

我们还可以求出态 ψ_p 中的动力学动量密度. 动力学动量算符为 $\widehat{p} - eA = \mathrm{i}\partial - eA$. 通过直接计算, 我们求出

$$\psi_p^*(\widehat{p}^\mu - eA^\mu)\psi_p = \overline{\psi}_p \gamma^0(\widehat{p}^\mu - eA^\mu)\psi_p$$

$$= p^\mu - eA^\mu + k^\mu \left(\frac{e(pA)}{(kp)} - \frac{e^2 A^2}{2(kp)} \right) + k^\mu \frac{\mathrm{i}e}{8(kp)p_0} F_{\lambda\nu}(u^* \sigma^{\lambda\nu} u). \tag{40.13}$$

用 q^μ 表示这个四维矢量对时间的平均值, 则有

$$q^\mu = p^\mu - \frac{e^2 \overline{A^2}}{2(kp)} k^\mu. \tag{40.14}$$

其平方为:

$$q^2 = m_*^2, \quad m_* = m\sqrt{1 - \frac{e^2}{m^2} \overline{A^2}}; \tag{40.15}$$

m_* 起着电子在场中的 "有效质量" 的作用. 比较 (40.14) 和 (40.12) 式, 我们看到,

$$\overline{j^\mu} = q^\mu/p_0. \tag{40.16}$$

我们还要指出, 用矢量 $\boldsymbol{q}$ 表示的归一化条件 (40.10) 的形式为

$$\int \psi_{p'}^* \psi_p \mathrm{d}^3 x = (2\pi)^3 \frac{q_0}{p_0} \delta(\boldsymbol{q}' - \boldsymbol{q}) \tag{40.17}$$

(由 (40.10) 式过渡到 (40.17) 式的最简单方法, 是在上面所指出的特殊参考系中进行).

§41 自旋在外场中的运动

狄拉克方程中的准经典近似可以用在非相对论理论中的同样方法得到. 在二阶方程 (32.7a) 式中代入[1]

$$\psi = u e^{iS/\hbar},$$

其中 S 为一个标量, u 为一个缓慢变化的双旋量. 假定通常的准经典性条件被满足: 粒子的动量在大约等于波长 $\hbar/|\boldsymbol{p}|$ 的距离范围只有一点变化.

在相对于 $\hbar$ 的零级近似中, 对作用量 S 我们得到通常的经典相对论的哈密顿–雅可比方程. 运动方程中不包含所有有自旋 (且正比于 $\hbar$) 的项. 自旋只出现在相对于 $\hbar$ 的下一级近似中, 换句话说, 电子的磁矩对其运动的影响总是和量子修正有相同的数量级. 这个结论是很自然的, 因为自旋角动量具有纯量子的性质, 并且其大小是和 $\hbar$ 成正比的.

因此, 当电子在一个外场中做给定的准经典运动时, 提出电子自旋的行为问题是有意义的. 这个问题的解已经包含在狄拉克方程相对于 $\hbar$ 的下一级近似中. 不过, 我们将采取另一种和狄拉克方程没有直接联系但更为直观的方法. 这种方法的优点是可以处理任何粒子的运动, 包括不能用狄拉克方程描述的具有 "反常" 旋磁比的粒子.

我们的目标是建立粒子做任意 (给定) 运动时自旋的 "运动方程". 我们从非相对论情形出发.

粒子在外场中的非相对论哈密顿算符为

$$\hat{H} = \hat{H}' - \mu\boldsymbol{\sigma}\cdot\boldsymbol{H}, \tag{41.1}$$

其中 $\hat{H}'$ 包括所有和自旋无关的项 (参见第三卷 §111), μ 为粒子的磁矩. 这种形式的哈密顿算符适用于任何种类的粒子. 对电子, $\mu = e\hbar/2mc$ (电子的电荷为 $e = -|e|$), 对核子, μ 还包含 "反常" 部分[2]

$$\mu' = \mu - \frac{e\hbar}{2mc}. \tag{41.2}$$

按照量子力学的一般法则, 自旋运动的算符方程可以由公式

$$\dot{\hat{\boldsymbol{s}}} = \frac{\mathrm{i}}{\hbar}(\hat{H}\hat{\boldsymbol{s}} - \hat{\boldsymbol{s}}\hat{H}) = \frac{\mathrm{i}}{2\hbar}(\hat{H}\boldsymbol{\sigma} - \boldsymbol{\sigma}\hat{H}) \tag{41.3}$$

得到. 将 (41.1) 式代入此式, 给出

$$\dot{\hat{\boldsymbol{s}}}_i = -\frac{\mathrm{i}\mu}{2\hbar}H_k(\sigma_k\sigma_i - \sigma_i\sigma_k) = -\frac{\mu}{\hbar}e_{ikl}H_k\sigma_l,$$

---

[1] 在开头, 我们使用通常的单位制.

[2] 当考虑辐射修正时, 电子磁矩中还包含很小的 "反常部分".

或

$$\widehat{\dot{s}} = \frac{2\mu}{\hbar}\widehat{s} \times \boldsymbol{H}. \tag{41.4}$$

我们将这个算符方程对在给定轨道运动的准经典波包状态求平均. 这个运算等价于自旋算符用其平均值 $\bar{s}$ 代替, 矢量 $\boldsymbol{H}$ 用函数 $\boldsymbol{H}(t)$ 代替; $\boldsymbol{H}(t)$ 表示粒子 (或波包) 沿着轨道运动时在其所在位置磁场的变化. 在非相对论近似中, 即在泡利方程的范围内, $\bar{s} = \boldsymbol{\sigma}/2$ 是粒子在其静止参考系中的自旋算符, 其平均值在 §29 中我们用 $\boldsymbol{\zeta}/2$ 表示. 因此, 我们得到方程

$$\frac{\mathrm{d}\boldsymbol{\zeta}}{\mathrm{d}t} = \frac{2\mu}{\hbar}\boldsymbol{\zeta} \times \boldsymbol{H}(t). \tag{41.5}$$

方程的这种形式实质上是纯经典的, 它意味着磁矩矢量围绕场的方向以角速度 $-2\mu\boldsymbol{H}/\hbar$ 作旋进运动, 而大小保持不变 [1].

同样, 在非相对论情形下, 粒子的速度 $\boldsymbol{v}$ 按照方程

$$\mathrm{d}\boldsymbol{v}/\mathrm{d}t = e\boldsymbol{v} \times \boldsymbol{H}/mc$$

变化, 即矢量 $\boldsymbol{v}$ 围绕 $\boldsymbol{H}$ 方向以角速度 $-e\boldsymbol{H}/mc$ 转动. 如果 $\mu' = 0$, 则 $\mu = e\hbar/2mc$, 这个角速度和矢量 $\boldsymbol{\zeta}$ 的转动速度 $-2\mu\boldsymbol{H}/\hbar$ 相同, 换句话说, 极化矢量和运动方向保持恒定的角度 (下面我们将看到, 这个结果在相对论情形下仍然成立).

现在我们对方程 (41.5) 作相对论推广. 为了对极化进行协变描述, 必须利用 §29 中引入的四维矢量 a, 而自旋的运动方程将决定它对固有时间 τ 的微商 $\dfrac{\mathrm{d}a}{\mathrm{d}\tau}$ [2].

从相对论不变性考虑, 可以确定这个方程的可能形式: 它的右边应该是电磁场张量 $F^{\mu\nu}$ 和四维矢量 a^μ 的线性齐次式, 此外, 只可能包含四维速度 $u^\mu = p^\mu/m$. 满足这些条件的方程的唯一形式为

$$\frac{\mathrm{d}a^\mu}{\mathrm{d}\tau} = \alpha F^{\mu\nu}a_\nu + \beta u^\mu F^{\nu\lambda}u_\nu a_\lambda, \tag{41.6}$$

其中 α 与 β 为常系数. 不难看出, 由于条件 $a_\mu u^\mu = 0$ 和张量 $F^{\mu\nu}$ 的反对称性 (因而 $F^{\mu\nu}u_\mu u_\nu = 0$), 再也不可能构造出具有所要求的性质的其它表示式.

---

[1] 经典方程 (41.5) 可以由如下方程

$$\mathrm{d}\boldsymbol{M}/\mathrm{d}t = \boldsymbol{\mu} \times \boldsymbol{H}$$

直接推出, 式中的 $\boldsymbol{M}$ 为系统的角动量, $\boldsymbol{\mu}$ 为其磁矩, $\boldsymbol{\mu} \times \boldsymbol{H}$ 为作用于系统上的力矩. 设 $\boldsymbol{M} = \frac{1}{2}\hbar\boldsymbol{\zeta}, \boldsymbol{\mu} = \dfrac{\mu}{2s}\boldsymbol{\zeta} = \mu\boldsymbol{\zeta}$, 我们便得出 (41.5) 式.

[2] 此后我们仍然取 $c = 1, \hbar = 1$.

当 $v \to 0$ 时, 这个方程必须和 (41.5) 式相同. 设 $a^\mu = (0, \boldsymbol{\zeta}), u^\mu = (1, 0), \tau = t$, 我们有

$$d\boldsymbol{\zeta}/dt = \alpha \boldsymbol{\zeta} \times \boldsymbol{H}.$$

和 (41.5) 式比较, 给出: $\alpha = 2\mu$.

为了确定 β, 我们利用事实 $a^\mu u_\mu = 0$. 将此等式对 τ 微分, 利用电荷在场中的经典运动方程:

$$m \frac{du^\mu}{d\tau} = eF^{\mu\nu}u_\nu$$

(参见第二卷 §23), 我们得到

$$u_\mu \frac{da^\mu}{d\tau} = -a_\mu \frac{du^\mu}{d\tau} = -a_\mu \frac{e}{m} F^{\mu\nu}u_\nu = \frac{e}{m} F^{\mu\nu}u_\mu a_\nu.$$

因此, 对方程 (41.6) 的两边乘以 u_μ, 考虑到等式 $u_\mu u^\mu = 1$, 并消去公共因子 $F^{\mu\nu}u_\mu a_\nu$, 我们得到

$$\beta = -2\left(\mu - \frac{e}{2m}\right) = -2\mu'.$$

由此可见, 自旋的相对论运动方程为

$$\frac{da^\mu}{d\tau} = 2\mu F^{\mu\nu}a_\nu - 2\mu' u^\mu F^{\nu\lambda}u_\nu a_\lambda \tag{41.7}$$

(V. Bargmann, L. Michel, V. Telegdi, 1959)[1].

我们可以由四维矢量 a 变为量 $\boldsymbol{\zeta}$, 它直接表征粒子在其 "瞬时" 静止参考系中的极化; a 和 $\boldsymbol{\zeta}$ 之间的关系由公式 (29.7)—(29.9) 给出. 首先, 由 (41.7) 式必定有 $a_\mu da^\mu/d\tau = 0$, 即 $a_\mu a^\mu = \text{constant}$. 既然 $a_\mu a^\mu = -\boldsymbol{\zeta}^2$, 这就意味着, 粒子的极化 $\boldsymbol{\zeta}$ 在运动时其大小保持不变.

可以利用 (41.7) 式中的三维部分得到决定极化方向变化的方程. 写出这个方程的空间分量, 得到

$$\frac{d\boldsymbol{a}}{dt} = \frac{2\mu m}{\varepsilon} \boldsymbol{a} \times \boldsymbol{H} + \frac{2\mu m}{\varepsilon}(\boldsymbol{a} \cdot \boldsymbol{v})\boldsymbol{E} - \frac{2\mu'\varepsilon}{m} \boldsymbol{v}(\boldsymbol{a} \cdot \boldsymbol{E}) + \frac{2\mu'\varepsilon}{m} \boldsymbol{v}(\boldsymbol{v} \cdot \boldsymbol{a} \times \boldsymbol{H})$$
$$+ \frac{2\mu'\varepsilon}{\mu} \boldsymbol{v}(\boldsymbol{a} \cdot \boldsymbol{v})(\boldsymbol{v} \cdot \boldsymbol{E}).$$

这里我们必须代入 (29.9) 式, 微分时要考虑到等式 $\boldsymbol{p} = \varepsilon\boldsymbol{v}$, $\varepsilon^2 = \boldsymbol{p}^2 + m^2$ 和运动方程

$$d\boldsymbol{p}/dt = e\boldsymbol{E} + e\boldsymbol{v} \times \boldsymbol{H}, \quad d\varepsilon/dt = e\boldsymbol{v} \cdot \boldsymbol{E}. \tag{41.8}$$

---

[1] 这个方程的另一种形式是 Я. И. Френкель 首先导出的 (1926).

经过一些初等的但足够长的运算, 得到如下方程 ①

$$\frac{\mathrm{d}\boldsymbol{\zeta}}{\mathrm{d}t} = \frac{2\mu m + 2\mu'(\varepsilon - m)}{\varepsilon}\boldsymbol{\zeta} \times \boldsymbol{H} + \frac{2\mu'\varepsilon}{\varepsilon + m}(\boldsymbol{v} \cdot \boldsymbol{H})\boldsymbol{v} \times \boldsymbol{\zeta} + \frac{2\mu m + 2\mu'\varepsilon}{\varepsilon + m}\boldsymbol{\zeta} \times (\boldsymbol{E} \times \boldsymbol{v}).$$
(41.9)

极化方向相对于运动方向的变化比其在空间中绝对位置的变化更有意义. 将 $\boldsymbol{\zeta}$ 写成

$$\boldsymbol{\zeta} = \boldsymbol{n}\zeta_{\parallel} + \boldsymbol{\zeta}_{\perp}$$
(41.10)

(式中 $\boldsymbol{n} = \boldsymbol{v}/v$), 并推出极化在运动方向上的分量 $\zeta_{\parallel}$ 的方程. 利用 (41.8) 式与 (41.9) 式进行计算, 可得到如下结果 ②:

$$\frac{\mathrm{d}\zeta_{\parallel}}{\mathrm{d}t} = 2\mu'\boldsymbol{\zeta}_{\perp} \cdot \boldsymbol{H} \times \boldsymbol{n} + \frac{2}{v}\left(\frac{\mu m^2}{\varepsilon^2} - \mu'\right)\boldsymbol{\zeta}_{\perp} \cdot \boldsymbol{E}.$$
(41.11)

在本节末的习题中给出了应用上述公式的几个例子. 这里我们仅仅指出, 在纯磁场中运动时, 无反常磁矩的粒子的极化和速度保持恒定角度 ($\zeta_{\parallel} =$ const). 这个结果在上面已对非相对论情形指出过, 事实上这是普遍的.

可以更为准确地阐明上述方程可应用的条件. 起初提出的粒子动量变化非常缓慢这一要求等价于场 $\boldsymbol{E}$ 和 $\boldsymbol{H}$ 应该很小的条件; 特别是, 磁场中的拉莫尔半径 ($\sim p/eH$) 和粒子的波长相比要很大. 然而, 严格说来, 除此以外还应该满足一个条件: 场在空间上的变化不能太快, 即在准经典波包的范围内, 场的变化应该很小. 也就是说, 在数量级为粒子波长 ($1/p$) 和康普顿波长 $1/m$ 的距离上, 场的变化应该很小 ③.

不过, 在宏观场中运动的实际问题中, 缓慢变化的条件显然能够满足, 因而, 事实上只要求它们非常小.

在 §33 中, 我们求出了电子在外场中运动时的哈密顿量的第一级相对论修正. 对于在电场中运动的电子, 近似哈密顿算符的形式为 (参见 (33.12)):

$$\widehat{H} = \widehat{H}' - \frac{e}{4m}\boldsymbol{\sigma} \cdot \boldsymbol{E} \times \widehat{\boldsymbol{p}}/m, \quad \widehat{\boldsymbol{p}} = -\mathrm{i}\boldsymbol{\nabla},$$
(41.12)

---

① 如果像通常所做的那样, 按照 $\mu = g\frac{e}{2m}\frac{1}{2}\left(= g\frac{e}{2mc}\frac{\hbar}{2}\right)$, 引入带电粒子的旋磁比 (朗德因子), 这个方程可以写成

$$\frac{\mathrm{d}\boldsymbol{\zeta}}{\mathrm{d}t} = \frac{e}{2m}\left(g - 2 + 2\frac{m}{\varepsilon}\right)\boldsymbol{\zeta} \times \boldsymbol{H} + \frac{e}{2m}(g - 2)\frac{\varepsilon}{\varepsilon + m}(\boldsymbol{v} \cdot \boldsymbol{H})\boldsymbol{v} \times \boldsymbol{\zeta} + \frac{e}{2m}\left(g - \frac{2\varepsilon}{\varepsilon + m}\right)\boldsymbol{\zeta} \times (\boldsymbol{E} \times \boldsymbol{v}).$$
(41.9a)

② 通过明显写出 (41.7) 式的时间分量, 可以更直接地得出此方程.

③ 后一要求是因为在波包中 (在其静止参考系中), 传播的速度必定比 c 小, 否则, 在这个参考系中就不能应用非相对论公式.

如果场变化太快, 方程中就会出现不可忽视的附加项, 其中包含场对坐标的微商.

这里 $\widehat{H}'$ 包括不含自旋的项. 现在, 由于场变化缓慢, 我们略去 $\widehat{H}'$ 中 $\boldsymbol{E}$ 的微商项 (即含 $\operatorname{div}\boldsymbol{E}$ 的项); 小项 $\widehat{p}^4$ 和我们这里感兴趣的场效应没有关系, 也可以略去. 这样, 当磁场不存在时, $\widehat{H}'$ 就简化为非相对论性的哈密顿算符 $\widehat{H}' = \widehat{\boldsymbol{p}}^2/2m + e\varPhi$.

公式 (41.12) 也可以由方程 (41.9) 得出, 而不必直接应用狄拉克方程. 这个方法足以使得它 (在准经典情形下) 可以推广到具有反常磁矩的粒子.

电场中自旋的运动方程, 精确到速度 v 的一级项, 可以由写成如下形式的 (41.9) 式得到:

$$\frac{\mathrm{d}\boldsymbol{\zeta}}{\mathrm{d}t} = (\mu + \mu')\boldsymbol{\zeta} \times (\boldsymbol{E} \times \boldsymbol{v}) = \left(\frac{e}{2m} + 2\mu'\right)\boldsymbol{\zeta} \times (\boldsymbol{E} \times \boldsymbol{v}).$$

不难看出, 如果要求通过自旋算符和哈密顿算符作对易来 (按 (41.3) 式) 从量子力学得到这个方程, 我们必须假定

$$\widehat{H} = \widehat{H}' - \left(\mu' + \frac{e}{4m}\right)\boldsymbol{\sigma} \cdot \boldsymbol{E} \times \widehat{\boldsymbol{p}}/m. \tag{41.13}$$

这就是所求的表示式. 当 $\mu' = 0$ 时, 我们回到 (41.12) 式. 应该指出, "正常" 磁矩 $e/2m$ 比反常磁矩 μ' 多出一个因子 $\dfrac{1}{2}$[①].

习　题

1. 粒子在垂直于均匀磁场的平面内运动 ($\boldsymbol{v} \perp \boldsymbol{H}$), 试确定其极化方向的改变.

解: 方程 (41.9) 的右边只剩下第一项, 所以矢量 $\boldsymbol{\zeta}$ 以角速度

$$-\frac{2\mu m + 2\mu'(\varepsilon - m)}{\varepsilon}\boldsymbol{H} = -\left(\frac{e}{\varepsilon} + 2\mu'\right)\boldsymbol{H}.$$

绕 $\boldsymbol{H}$ 方向 (z 轴) 旋进. $\boldsymbol{\zeta}$ 在 xy 平面上的投影 (记作 ζ_1) 在该平面内以同一角速度转动, 而矢量 $\boldsymbol{v}$ 以角速度 $-e\boldsymbol{H}/\varepsilon$ 在同一平面内转动 (这可从运动方程 $\dot{\boldsymbol{p}} = \varepsilon\dot{\boldsymbol{v}} = e(\boldsymbol{v} \times \boldsymbol{H})$ 看出). 因此, ζ_1 以角速度 $-2\mu'\boldsymbol{H}$ 相对 $\boldsymbol{v}$ 方向转动.

2. 同上题, 但粒子在平行于磁场的方向上运动.

解: 当 $\boldsymbol{v}$ 和 $\boldsymbol{H}$ 的方向一致时, 方程 (41.9) 化为

$$\frac{\mathrm{d}\boldsymbol{\zeta}}{\mathrm{d}t} = \frac{2\mu m}{\varepsilon}\boldsymbol{\zeta} \times \boldsymbol{H},$$

即 $\boldsymbol{\zeta}$ 绕 $\boldsymbol{v}$ 和 $\boldsymbol{H}$ 的共同方向以角速度 $-2\mu m\boldsymbol{H}/\varepsilon$ 旋进.

---

① 这正是在 §33 最后的注解中提到过的 "托马斯一半", 这里给出的推导清楚地表明了其来源所在.

3. 同上题, 但粒子在均匀电场中运动.

解: 设场 E 沿 x 轴指向, 而粒子在 xy 平面内运动 (这时 $p_y = \text{const}$). 由 (41.9) 式可见, 矢量 $\boldsymbol{\zeta}$ 以瞬时角速度

$$-\left(\frac{e}{\varepsilon+m}+2\mu'\right)E\frac{p_y}{\varepsilon}$$

绕 z 轴进动.

我们再将 $\boldsymbol{\zeta}$ 分解成 ζ_z 与 ζ_1 (在 xy 平面内的), 这时

$$\zeta_{\|} = \zeta_| \cos\phi, \quad \boldsymbol{\zeta}_\perp \cdot \boldsymbol{E} = -\zeta_| \sin\varphi \cdot \frac{v_y}{v}.$$

由 (41.11) 式我们得出, ζ_1 以瞬时角速度

$$\dot{\varphi} = \frac{2v_y}{v^2}\left(\frac{\mu m^2}{\varepsilon^2}-\mu'\right) = \frac{p_y}{\varepsilon}\left(\frac{em}{p^2}-2\mu'\right).$$

相对 v 方向转动.

§42 中子在电场中的散射

在中子与原子核碰撞中, 大角度散射由主要的相互作用 —— 核力决定. 对小角度散射, 我们将看到, 中子的磁矩和原子核电场的相互作用变得很重要 (J. Schwinger, 1948).

我们将假设中子是非相对论的, 因而所研究的相互作用可以用近似哈密顿算符 (41.13) 描述. 电中性粒子的所有磁矩都是 "反常的". 在这种情况下, 算符 $\widehat{H}'$ 就是动能算符[①]:

$$\widehat{H} = -\frac{\hbar^2}{2m}\Delta + \mathrm{i}\frac{\mu\hbar}{mc}\boldsymbol{\sigma}\cdot\boldsymbol{E}\times\nabla. \tag{42.1}$$

由于中子的电磁相互作用很小, 由它决定的散射振幅 f_{em} 可以用玻恩近似法计算:

$$f_{\mathrm{em}} = -\frac{m}{2\pi\hbar^2}\int \mathrm{e}^{-\mathrm{i}\boldsymbol{p}'\cdot\boldsymbol{r}/\hbar}\left(\mathrm{i}\frac{\mu\hbar}{mc}\boldsymbol{\sigma}\cdot\boldsymbol{E}\times\nabla\right)\mathrm{e}^{\mathrm{i}\boldsymbol{p}\cdot\boldsymbol{r}/\hbar}\mathrm{d}^3x$$

(参见第三卷 §126), 或者

$$f_{\mathrm{em}} = \frac{\mu}{2\pi c\hbar^2}\boldsymbol{\sigma}\cdot\boldsymbol{E_q}\times\boldsymbol{p}, \quad \boldsymbol{E_q} = \int \boldsymbol{E}(\boldsymbol{r})\mathrm{e}^{-\mathrm{i}\boldsymbol{q}\cdot\boldsymbol{r}}\mathrm{d}^3x, \tag{42.2}$$

[①] 本节用通常的单位, 字母 m 代表中子的质量.

(p, p' 分别为中子在散射前、后的动量, $\hbar q = p' - p$). 写成这种形式, 振幅 f_{em} 是和自旋变量有关的算符.

在进行下一步计算之前, 我们作如下说明. 公式 (42.1) 已经在 §41 中对变化缓慢的场推导过了 (实际上这意味着略去了哈密顿算符中场对坐标微商的项). 应用于原子核的库仑场, 这意味着波长 $\hbar/p$ 必须比积分 E_q 中的重要距离 $r \sim 1/q$ 小. 由此得出 $\hbar q \ll p$, 因而散射角 $\theta \sim \hbar q/p \ll 1$. 这样一来, 所要求的条件对小角度散射, 事实上是满足的.

对于具有势 $\Phi = Ze/r$ 的库仑场来说, 场强的傅里叶分量为

$$\boldsymbol{E_q} = -\mathrm{i}\boldsymbol{q}\,\Phi_q = -\mathrm{i}\boldsymbol{q}\frac{4\pi Ze}{q^2};$$

(参见第二卷 (51.5)). 代入 (42.2) 式给出

$$f_{em} = \mathrm{i}\frac{2Ze\mu}{q^2c\hbar^3}\boldsymbol{\sigma}\cdot\boldsymbol{p}\times\boldsymbol{p}'.$$

当散射角度很小时, $\hbar q \approx p\theta$, $\boldsymbol{p}\times\boldsymbol{p}' \approx p^2\theta\boldsymbol{\nu}$, 其中 $\boldsymbol{\nu}$ 为 $\boldsymbol{p}\times\boldsymbol{p}'$ 方向上的单位矢量. 于是

$$f_{em} = \mathrm{i}\frac{2Ze\mu}{\theta\hbar c}\boldsymbol{\sigma}\cdot\boldsymbol{\nu}.$$

对这个表示式必须加上一个核散射振幅. 由于核力随距离衰减很快, 这个振幅在角度很小时趋于一个有限的 (和能量有关的) 复数极限, 我们记作 a. 因此, 总散射振幅为

$$f = a + \mathrm{i}\frac{b}{\theta}\boldsymbol{\sigma}\cdot\boldsymbol{\nu}, \quad b = \frac{2Ze\mu}{c\hbar} = 2Z\alpha\mu/e. \tag{42.3}$$

我们看到, 当角度很小时, 电磁散射实际上是主要的.

表示式 (42.3) 和第三卷 §140 中所讨论的一致, 因而我们可以直接应用在那里所推导出的公式. 对所有可能的极化终态求和的散射截面为

$$\frac{\mathrm{d}\sigma}{\mathrm{d}o} = |a|^2 + \frac{b^2}{\theta^2} + 2b\mathrm{Im}\,a\cdot\boldsymbol{\nu}\cdot\boldsymbol{\zeta}, \tag{42.4}$$

其中 $\boldsymbol{\zeta}$ 是中子束的初始极化 (第三卷 §140 中称为 $\boldsymbol{P}$). 如果初态是未极化的 ($\boldsymbol{\zeta} = 0$), 则散射后的极化为

$$\boldsymbol{\zeta}' = \frac{2b\mathrm{Im}\,a\cdot\theta}{|a|^2\theta^2 + b^2}\boldsymbol{\nu}. \tag{42.5}$$

当 $\theta = b/|a|$ 时, 这个极化达到最大值, 并且 $\zeta'_{max} = \mathrm{Im}\,a/|a|$.

第五章

辐　　射

§43　电磁相互作用算符

电子和电磁场的相互作用通常可以用微扰论来处理. 这是因为电磁相互作用比较弱. 也就是说, 相应的无量纲 "耦合常数" (即精细结构常数 $\alpha = e^2/\hbar c = 1/137$) 是个小量. 这一点在量子电动力学中是非常重要的.

在经典电动力学中 (参见第二卷 §28), 电磁相互作用可以用 "场 + 电荷" 系统的拉格朗日密度函数中的一项

$$-ej^\mu A_\mu \tag{43.1}$$

来描述 (A 为场的四维势, j 为粒子的四维流密度矢量). 流密度满足连续性方程

$$\partial_\mu j^\mu = 0, \tag{43.2}$$

此式表示电荷的守恒定律. 我们知道 (参见第二卷 §29), 经典电磁理论的规范不变性和这个定律有紧密的联系. 实际上, 在进行变换 $A_\mu \to A_\mu + \partial_\mu \chi$ (4.1) 时, 拉格朗日密度函数 (43.1) 中增加了一项 $-ej^\mu \partial_\mu \chi$, 由于 (43.2) 该项可以写成四维散度形式:

$$-e\partial_\mu(\chi j^\mu);$$

因此, 作用量 $S = \int L \mathrm{d}^4 x$ 中对 $\mathrm{d}^4 x$ 的积分自然使该项消失.

在量子电动力学中, 四维矢量 j 和 A 换成相应的二次量子化算符. 这时, 将流算符用 ψ 算符表示为 $\hat{j} = \widehat{\bar{\psi}} \gamma \hat{\psi}$. 在拉格朗日量

$$\int \hat{L}_{\mathrm{inter}} \mathrm{d}^3 x = -e \int (\hat{j}\hat{A}) \mathrm{d}^3 x$$

中起广义"坐标" q 作用的是每个空间点上 $\widehat{\overline{\psi}}$, $\widehat{\psi}$, $\widehat{A}$ 的值. 由于拉格朗日密度只和"坐标" q 本身 (而不是其对 x 的微商) 有关, 按公式 (10.11) 变换得到哈密顿密度, 只需简单地变一下拉格朗日密度的符号[①]. 由此可见, 电磁相互作用算符 (相互作用哈密顿密度的空间积分) 为如下形式:

$$\widehat{V} = e \int (\widehat{j}\widehat{A}) \mathrm{d}^3 x. \tag{43.3}$$

自由电磁场算符为

$$\widehat{A} = \sum_n [\widehat{c}_n A_n(x) + \widehat{c}_n^+ A_n^*(x)], \tag{43.4}$$

它包含各种状态 (用下标 n 表示) 中光子的产生算符与湮没算符, 其中每个算符只对相应的占有数 N_n 增加或减小 1 (而其余占有数不变) 有非零矩阵元. 所以, 算符 $\widehat{A}$ 只对光子数改变 1 的跃迁有非零矩阵元. 换句话说, 在微扰论的第一级近似中, 只会发生发射或吸收单个光子的过程.

按照 (2.15) 式, 矩阵元为

$$\langle N_n - 1|c_n|N_n \rangle = \langle N_n|c_n^+|N_n - 1 \rangle = \sqrt{N_n}. \tag{43.5}$$

如果在场的初态中没有 (n 态) 光子, 则有 $\langle 1|c_n^+|0 \rangle = 1$. 发射光子的算符 (43.3) 的矩阵元为

$$V_{fi}(t) = e \int (j_{fi} A_n^*) \mathrm{d}^3 x, \tag{43.6}$$

其中 $A_n(x)$ 为所发射光子的波函数, j_{fi} 为发射体从初态 i 跃迁到终态 f 的算符 j 的矩阵元[②]. 四维矢量 $j_{fi}^\mu(\rho_{fi}, \boldsymbol{j}_{fi})$ 通常称为**跃迁流**.

类似地, 我们可以求出光子吸收的矩阵元:

$$V_{fi}(t) = e \int (j_{fi} A_n) \mathrm{d}^3 x. \tag{43.7}$$

此式和 (43.6) 式的区别只是用 $A_n(x)$ 取代了 $A_n^*(x)$.

将 V_{fi} 的宗量 t 表示出来是为了强调此矩阵元是和时间有关的. 将波函数中的时间因子分离出来, 就可变为通常的不依赖于时间的矩阵元:

$$V_{fi}(t) = V_{fi}\mathrm{e}^{-i(E_i - E_f \mp \omega)t} \tag{43.8}$$

[①] 和这些论证相独立, 我们指出, 如果只考虑一级小量修正, 那么, 拉格朗日量中的任一小的修正都以相反的符号出现在哈密顿量中 (参见第一卷 §40).

[②] (43.6) 式等式两边的下标含义稍有区别. V_{fi} 的下标是指整个"发射体 + 场"系统的状态, 而 j_{fi} 的下标则仅指发射体的状态.

(E_i, E_f 为发射系统的初态能量与终态能量, $\mp\omega$ 分别对应于发射和吸收一个光子 ω).

有确定动量 $\boldsymbol{k}$ 与确定极化的光子波函数为

$$A^\mu = \sqrt{4\pi}\frac{e^\mu}{\sqrt{2\omega}}e^{i\boldsymbol{k}\cdot\boldsymbol{r}} \tag{43.9}$$

(见 (4.3) 式; 略去了时间因子). 代入 (43.6) 式, 我们求出发射这种光子的矩阵元:

$$V_{fi} = e\sqrt{4\pi}\frac{1}{\sqrt{2\omega}}e_\mu^* j_{fi}^\mu(\boldsymbol{k}), \tag{43.10}$$

其中 $j_{fi}(\boldsymbol{k})$ 为动量表象中的跃迁流, 即傅里叶分量

$$j_{fi}(\boldsymbol{k}) = \int j_{fi}(\boldsymbol{r})e^{-i\boldsymbol{k}\cdot\boldsymbol{r}}d^3x. \tag{43.11}$$

吸收光子的相应公式为

$$V_{fi} = e\sqrt{4\pi}\frac{1}{\sqrt{2\omega}}e_\mu j_{fi}^\mu(-\boldsymbol{k}). \tag{43.12}$$

动量表象中的流守恒方程就是跃迁流的四维横向性条件:

$$k_\mu j_{fi}^\mu = \omega\rho_{fi}(\boldsymbol{k}) - \boldsymbol{k}\cdot\boldsymbol{j}_{fi}(\boldsymbol{k}) = 0. \tag{43.13}$$

本节中的公式没有假设流算符的任何具体形式, 因而对带电粒子参加的任何电磁过程都普遍成立. 现有理论只能对电子确定其流算符的形式 (因而原则上能够计算其矩阵元). 对强相互作用粒子的系统 (包括原子核), 我们将采用半唯象理论, 在该理论中, 跃迁流是从经验上确定的一个量, 只要求它满足时–空对称性条件与连续性方程.

§44 发射和吸收

在微扰 $\hat{V}$ 的作用下的跃迁概率的一级近似由熟知的微扰论公式给出 (第三卷 §42). 设发射系统的初态与终态属于离散谱[①], 这时, 在单位时间里发射一个光子的跃迁 $i \to f$ 的概率为

$$dw = 2\pi|V_{fi}|^2\delta(E_i - E_f - \omega)d\nu, \tag{44.1}$$

其中 ν 取一系列连续值, 是描述光子状态的量的集合 (假设光子波函数归一化为 "ν 标度" 的 δ 函数).

---

① 这无疑意味着反冲被忽略: 发射体整体保持不动.

如果所发射的光子有确定的角动量, 那么唯一的连续变量是频率 ω. 公式 (44.1) 对 $\mathrm{d}\nu \equiv \mathrm{d}\omega$ 积分, 消去了 δ 函数 (ω 由 $E_i - E_f$ 代替), 则跃迁概率为

$$w = 2\pi|V_{fi}|^2. \tag{44.2}$$

然而, 如果发射的光子有确定的动量 $\boldsymbol{k}$, 那么 $\mathrm{d}\nu = \mathrm{d}^3k/(2\pi)^3 = \omega^2\mathrm{d}\omega\mathrm{d}o/(2\pi)^3$. 本书中处处假定光子的波函数 (平面波) "归一化为 $V = 1$ 的体积内有一个光子"; $\mathrm{d}\nu$ 为相体积 $V\mathrm{d}^3k$ 中的状态数. 因此, 发射具有给定动量的光子的概率为

$$\mathrm{d}w = 2\pi|V_{fi}|^2\delta(E_i - E_f - \omega)\frac{\mathrm{d}^3k}{(2\pi)^3}, \tag{44.3}$$

或对 $\mathrm{d}\omega$ 积分后,

$$\mathrm{d}w = \frac{1}{4\pi^2}|V_{fi}|^2\omega^2\mathrm{d}o. \tag{44.4}$$

我们必须将由 (43.10) 式得到的矩阵元 V_{fi} 代入此式.

在下一节, 我们将利用这些公式计算各种具体情形中的发射概率. 这里我们将给出各种辐射过程之间的一些普遍关系式.

如果场的初态中已经有非零的 N_n 个给定光子, 则跃迁矩阵元还必须乘以

$$\langle N_n + 1|c_n^+|N_n\rangle = \sqrt{N_n + 1}, \tag{44.5}$$

即跃迁概率要乘以 $N_n + 1$. 这个因子中的 1 对应着 $N_n = 0$ 时也发生的自发辐射, 而项 N_n 描述**受激** (或**感生**) 辐射: 我们看到, 在场的初态中存在的光子能够激励同类光子的进一步发射.

系统状态反向变化 ($f \to i$) 的跃迁矩阵元 V_{if} 和 V_{fi} 的区别是 (44.5) 式换成为

$$\langle N_n - 1|c_n|N_n\rangle = \sqrt{N_n}$$

(其余各量由其复共轭代替). 这个相反的跃迁是系统吸收一个光子, 由能级 E_f 跃迁到能级 E_i. 所以, 对于给定的一对状态 i, f 而言, 光子的发射与吸收概率之间有如下关系式 [1]:

$$\frac{w^{(\mathrm{e})}}{w^{(\mathrm{a})}} = \frac{N_n + 1}{N_n} \tag{44.6}$$

(这个关系式是**爱因斯坦**在 1916 年首先推出的).

光子数可以和入射在系统上的外来辐射强度相联系. 设

$$I_{\boldsymbol{k}e}\mathrm{d}\omega\mathrm{d}o \tag{44.7}$$

---

[1] 本节中的以下部分采用通常的单位.

为单位时间内入射到单位面积上的辐射能量, 此辐射的极化为 e, 频率范围为 $d\omega$ 并且波矢方向在立体角元 do 内. 这些范围对应于 $k^2 dk do/(2\pi)^3$ 个场振子, 每个振子上有 N_{ke} 个给定极化的光子. 因此, 和 (44.7) 式相同的能量可以由乘积

$$c\frac{k^2 dk do}{(2\pi)^3} N_{ke}\hbar\omega = \frac{\hbar\omega^3}{8\pi^3 c^2} N_{ke} d\omega do$$

给出. 由此得到所求的关系式:

$$N_{ke} = \frac{8\pi^3 c^2}{\hbar\omega^3} I_{ke}. \tag{44.8}$$

设 $dw_{ke}^{(\mathrm{sp})}$ 为立体角 do 内极化为 e 的光子的自发辐射概率, 而上标 (in) 和 (a) 分别表示受激辐射和吸收的概率. 按照 (44.6) 与 (44.8) 式, 这些概率之间的关系式为:

$$dw_{ke}^{(\mathrm{a})} = dw_{ke}^{(\mathrm{in})} = dw_{ke}^{(\mathrm{sp})} \cdot \frac{8\pi^3 c^2}{\hbar\omega^3} I_{ke}. \tag{44.9}$$

如果入射的辐射是各向同性的, 而且是非极化的 (I_{ke} 和 k 与 e 的方向无关), 则 (44.9) 式对 do 积分并对 e 求和给出 (在系统给定的状态 i 和 f 之间) 辐射跃迁总概率之间的类似关系式

$$w^{(\mathrm{a})} = w^{(\mathrm{in})} = w^{(\mathrm{sp})}\frac{\pi^2 c^2}{\hbar\omega^3} I, \tag{44.10}$$

其中 $I = 2 \times 4\pi I_{ke}$ 为入射辐射的总谱强度.

如果发射 (或吸收) 系统的状态 i 和 f 是简并的. 那么相关光子的发射 (或吸收) 总概率可通过对所有互相简并的终态求和并对所有可能的初态平均而得到. 设状态 i 和 f 的简并度 (统计权重) 分别为 g_i 和 g_f. 对于自发或受激辐射过程而言, i 态为初态, 而对于吸收过程而言, f 态为初态. 假设在每个情形中所有的 g_i 或 g_f 个初态是等概率的, 显然, 代替 (44.10), 我们有如下关系式:

$$g_f w^{(\mathrm{a})} = g_i w^{(\mathrm{in})} = g_i w^{(\mathrm{sp})}\frac{\pi^2 c^2}{\hbar\omega^3} I. \tag{44.11}$$

在文献中常常用到所谓的 **爱因斯坦系数**, 其定义为

$$A_{if} = w^{(\mathrm{sp})}, \quad B_{if} = w^{(\mathrm{in})}\frac{c}{I}, \quad B_{fi} = w^{(\mathrm{a})}\frac{c}{I} \tag{44.12}$$

(量 I/c 为辐射能量的空间谱密度), 它们之间的关系为

$$g_f B_{fi} = g_i B_{if} = g_i A_{if}\frac{\pi^2 c^3}{\hbar\omega^3}. \tag{44.13}$$

§45 偶极辐射

我们将上面得到的公式应用于相对论电子在给定外场中发射光子的情形. 在这种情形, 跃迁流为算符

$$\hat{j} = \hat{\overline{\psi}}\gamma\hat{\psi}$$

的矩阵元, 这里假定 ψ 算符是按电子在给定场中的定态波函数展开的 (§32). 矩阵元 $\langle 0_i 1_f | j | 1_i 0_f \rangle$ 对应于电子由 i 态到 f 态的跃迁. 占有数的这种改变是通过算符 $\hat{a}_f^+ \hat{a}_i$ 实现的, 而跃迁流为

$$j_{fi}^{\mu} = \overline{\psi}_f \gamma^{\mu} \psi_i = (\psi_f^* \psi_i, \psi_f^* \boldsymbol{\alpha} \psi_i), \tag{45.1}$$

其中 ψ_i 与 ψ_f 为电子的初态与终态波函数.

我们在三维横向规范中来选择光子的波函数 (四维极化矢量 $e = (0, \boldsymbol{e})$). 于是 (43.10) 式中的乘积 $j_{fi}e^* = -\boldsymbol{j}_{fi} \cdot \boldsymbol{e}^*$. 将 V_{fi} 代入 (44.4) 式, 我们得到单位时间内发射极化为 $\boldsymbol{e}$ 的光子到立体角元 do 内的概率公式如下:

$$\mathrm{d}w_{en} = e^2 \frac{\omega}{2\pi} |\boldsymbol{e}^* \cdot \boldsymbol{j}_{fi}(\boldsymbol{k})|^2 \mathrm{d}o, \tag{45.2}$$

其中

$$\boldsymbol{j}_{fi}(\boldsymbol{k}) = \int \psi_f^* \boldsymbol{\alpha} \psi_i \cdot \mathrm{e}^{-\mathrm{i}\boldsymbol{k}\cdot\boldsymbol{r}} \mathrm{d}^3 x. \tag{45.3}$$

对光子的极化求和通过对方向 $\boldsymbol{e}$ 求平均来实现 (在垂直于给定方向 $\boldsymbol{n} = \boldsymbol{k}/\omega$ 的平面内), 然后再乘以 2, 因为光子可以有两个独立的横向极化[①]. 于是我们得到公式

$$\mathrm{d}w_{\boldsymbol{n}} = e^2 \frac{\omega}{2\pi} |\boldsymbol{n} \times \boldsymbol{j}_{fi}(\boldsymbol{k})|^2 \mathrm{d}o. \tag{45.4}$$

一个很重要的情形是: 光子的波长 λ 比辐射系统的线度 a 大. 这个情形通常意味着粒子速度和光速相比是小量. 在 a/λ 的一级近似中 (对应偶极辐射, 比较第二卷 §67), 跃迁流 (45.3) 中的因子 $\mathrm{e}^{-\mathrm{i}\boldsymbol{k}\cdot\boldsymbol{r}}$ 可以用 1 代替, 因为在 ψ_i

---

① 求平均时可利用公式

$$\overline{e_i e_k^*} = \frac{1}{2}(\delta_{ik} - n_i n_k) \tag{45.4a}$$

或

$$\overline{(\boldsymbol{a} \cdot \boldsymbol{e})(\boldsymbol{b} \cdot \boldsymbol{e}^*)} = \frac{1}{2}\{\boldsymbol{a} \cdot \boldsymbol{b} - (\boldsymbol{a} \cdot \boldsymbol{n})(\boldsymbol{b} \cdot \boldsymbol{n})\}$$
$$= \frac{1}{2}(\boldsymbol{a} \times \boldsymbol{n}) \cdot (\boldsymbol{b} \times \boldsymbol{n}), \tag{45.4b}$$

其中 $\boldsymbol{a}, \boldsymbol{b}$ 为常矢量.

或 ψ_f 明显不为零的区域内它几乎没有变化. 这意味着光子的动量和系统中粒子的动量相比可以忽略.

在相同的近似下, 积分 $\boldsymbol{j}_{fi}(0)$ 可以用其非相对论表示式, 即电子速度对薛定谔波函数的矩阵元 $\boldsymbol{v}_{fi}$ 来代替. 这个矩阵元为 $\boldsymbol{v}_{fi} = -i\omega \boldsymbol{r}_{fi}$, 而 $e\boldsymbol{r}_{fi} = \boldsymbol{d}_{fi}$, 其中 $\boldsymbol{d}$ 为电子 (在其轨道运动中) 的偶极矩. 这样, 我们就得到如下偶极辐射概率的公式:

$$\mathrm{d}w_{en} = \frac{\omega^3}{2\pi} |\boldsymbol{e}^* \cdot \boldsymbol{d}_{fi}|^2 \mathrm{d}o \tag{45.5}$$

(这里暗含着方向 $\boldsymbol{n}$: 矢量 $\boldsymbol{e}$ 必须垂直于 $\boldsymbol{n}$). 对极化求和给出

$$\mathrm{d}w_{n} = \frac{\omega^3}{2\pi} |\boldsymbol{n} \times \boldsymbol{d}_{fi}|^2 \mathrm{d}o. \tag{45.6}$$

由于这些公式的非相对论性 (对电子) 性质, 显然可以将它们推广到任何电子系统: 这时必须将 $\boldsymbol{d}_{fi}$ 看成系统总偶极矩的矩阵元.

公式 (45.6) 对所有方向积分, 求出总的辐射概率:

$$w = \frac{4\omega^3}{3} |\boldsymbol{d}_{fi}|^2, \tag{45.7}$$

或写成通常的单位:

$$w = \frac{4\omega^3}{3\hbar c^3} |\boldsymbol{d}_{fi}|^2. \tag{45.7a}$$

辐射强度 I 由概率乘以 $\hbar\omega$ 得到:

$$I = \frac{4\omega^4}{3c^3} |\boldsymbol{d}_{fi}|^2. \tag{45.8}$$

这个公式直接类似于作周期性运动的粒子系统的经典偶极辐射强度公式 (参见第二卷 (67.11) 式): 频率 $\omega_s = s\omega$ (ω 为粒子运动的频率, s 为整数) 的辐射强度等于

$$I_s = \frac{4\omega_s^4}{3c^3} |\boldsymbol{d}_s|^2, \tag{45.9}$$

其中 $\boldsymbol{d}_s$ 为偶极矩的傅里叶分量, 即展开式

$$\boldsymbol{d}(t) = \sum_{s=-\infty}^{\infty} \boldsymbol{d}_s \mathrm{e}^{-is\omega t} \tag{45.10}$$

的系数. 用相应跃迁的矩阵元代替 (45.9) 式中的傅里叶分量, 就得到量子公式 (45.8). 这个法则 (这是玻尔**对应原理**的表示) 是经典量的傅里叶分量和准经典情形中的量子矩阵元之间一般对应关系的一个特殊情形 (参见第三卷 §48). 对于量子数很大的状态之间的跃迁, 辐射是准经典的; 这时跃迁能量 $\hbar\omega = E_i - E_f$ 比辐射体的能量 E_i 与 E_f 小. 然而, 这种情形不会使公式 (45.8)

有任何形式上的改变, 它对任何跃迁都成立. 这就解释了下面的事实 (在某种意义上多少有点偶然): 辐射强度的对应原理不仅在准经典情形是正确的, 而且在一般的量子情形中也是正确的.

§46 电多极辐射

现在, 我们来研究角动量 j 及其在某个给定方向 z 上的分量 m 都具有确定值的光子的发射, 而不是研究在给定方向上 (即有给定动量的) 光子的发射. 在 §6 中我们已经看到, 这样的光子可有两种类型 —— 电型和磁型; 我们首先研究电型光子的发射. 我们仍假定辐射系统的线度比波长小.

借助动量表象中的光子波函数 (即将四维矢量 $A^\mu(\boldsymbol{r})$ 写成傅里叶积分的形式) 来进行计算比较方便. 这时, 矩阵元为

$$V_{fi} = e \int j_{fi}^\mu(\boldsymbol{r}) A_\mu^*(\boldsymbol{r}) \mathrm{d}^3 x = e \int \mathrm{d}^3 x \cdot j_{fi}^\mu(\boldsymbol{r}) \int \frac{\mathrm{d}^3 k}{(2\pi)^3} A^*(\boldsymbol{k}) \mathrm{e}^{-\mathrm{i}\boldsymbol{k}\cdot\boldsymbol{r}} \tag{46.1}$$

(为简化书写, 我们略去光子波函数的下标 $\omega j m$).

对于 Ej 型光子, 我们取 (7.10) 式的波函数, 选取任意常数 C 等于

$$C = -\sqrt{\frac{j+1}{j}}.$$

这样选取的好处是可使波函数 ($\boldsymbol{A}$) 的空间分量中含 $j-1$ 阶球函数的项能被消去 (如由公式 (7.16) 式所可看到的). 这样, $\boldsymbol{A}$ 中将只含 $j+1$ 阶球函数, 因此和含较低的 j 阶球函数的分量 $A^0 \equiv \varPhi$ 相比, 对 V_{fi} 的贡献是 a/λ 的较高阶的小量 (这一点将从以下计算看出).

因此, 我们设

$$A^\mu = (\varPhi, 0), \quad \varPhi = -\sqrt{\frac{j+1}{j}} \frac{4\pi^2}{\omega^{3/2}} \delta(|\boldsymbol{k}| - \omega) \mathrm{Y}_{jm}(\boldsymbol{n})$$

($\boldsymbol{n} = \boldsymbol{k}/\omega$). 将此式代入 (46.1) 式并对 $\mathrm{d}|\boldsymbol{k}|$ 积分, 我们得到

$$V_{fi} = -e\sqrt{\frac{j+1}{j}} \frac{\sqrt{\omega}}{2\pi} \int \mathrm{d}^3 x \cdot \rho_{fi}(\boldsymbol{r}) \int \mathrm{d}o_{\boldsymbol{n}} \mathrm{e}^{-\mathrm{i}\boldsymbol{k}\cdot\boldsymbol{r}} \mathrm{Y}_{jm}^*(\boldsymbol{n}). \tag{46.2}$$

为计算其中的内部积分, 我们利用展开式 (24.12), 写成

$$\mathrm{e}^{\mathrm{i}\boldsymbol{k}\cdot\boldsymbol{r}} = 4\pi \sum_{l=0}^{\infty} \sum_{-l}^{l} \mathrm{i}^l g_l(kr) \mathrm{Y}_{lm}^*\left(\frac{\boldsymbol{k}}{k}\right) \mathrm{Y}_{lm}\left(\frac{\boldsymbol{r}}{r}\right), \tag{46.3}$$

其中

$$g_l(kr) = \sqrt{\pi/(2kr)}\,\mathrm{J}_{l+1/2}(kr) \tag{46.4}$$

(参见第三卷 (34.3) 式)[①]. 将此展开式代入 (46.2) 式, 得到

$$\int \mathrm{e}^{-\mathrm{i}\boldsymbol{k}\cdot\boldsymbol{r}} \mathrm{Y}_{jm}^*(\boldsymbol{n})\mathrm{do}_{\boldsymbol{n}} = 4\pi\mathrm{i}^{-j} g_j(kr)\mathrm{Y}_{jm}^*\left(\frac{\boldsymbol{r}}{r}\right)$$

(其余项由于球函数的正交性而等于零). 由于条件 $a/\lambda \ll 1$, 对 d^3x 的积分中只有满足 $kr \ll 1$ 的距离起作用. 因此, 在函数 $g_j(kr)$ 展开为 kr 的幂级数中, 可以用其第一项:

$$g_j(kr) \approx \frac{(kr)^j}{(2j+1)!!} \tag{46.5}$$

来代替函数 $g_j(kr)$[②].

结果, 我们得到

$$V_{fi} = (-1)^{m+1}\mathrm{i}^j \sqrt{\frac{(2j+1)(j+1)}{\pi j}} \frac{\omega^{j+1/2}}{(2j+1)!!} e(Q_{j,-m}^{(\mathrm{E})})_{fi}, \tag{46.6}$$

其中引入了标记

$$(Q_{jm}^{(\mathrm{E})})_{fi} = \sqrt{\frac{4\pi}{2j+1}} \int \rho_{fi}(\boldsymbol{r}) r^j \mathrm{Y}_{jm}\left(\frac{\boldsymbol{r}}{r}\right)\mathrm{d}^3x \tag{46.7}$$

(请记住: $\mathrm{Y}_{j,-m} = (-1)^{j-m}\mathrm{Y}_{jm}^*$). 量 (46.7) 称为系统的 **电 2^j 极跃迁矩**, 它和对应的经典量相类似 (第二卷 §41)[③].

对于外场中的一个电子, $\rho_{fi} = \psi_f^*\psi_i$, 于是量 (46.7) 是作为经典量

$$Q_{jm}^{(\mathrm{E})} = \sqrt{\frac{4\pi}{2j+1}} r^j \mathrm{Y}_{jm}$$

的矩阵元来计算的.

在非相对论情形中 (对粒子速度而言), 对于 N 个相互作用粒子组成的任意系统, 跃迁矩原则上可以按类似的方法计算. 这时, 跃迁密度可通过系统的

---

① 函数 g_l 的归一化是这样的: 当 $kr \to \infty$ 时, 其渐近形式为

$$g_l(kr) \approx \frac{\sin(kr - \pi l/2)}{kr}. \tag{46.4a}$$

② kr 的幂次等于和 g_j 相乘的函数 Y_{jm} 的阶数. 这就证明略去 $\boldsymbol{A}$ 中含较高阶球函数的项是正确的.

③ 多极矩的定义中没有因子 e, 这是由于本书关于流的定义中也没有这个电荷因子.

波函数表示:

$$\rho_{fi}(\boldsymbol{r}) = \int \psi_f^*(\boldsymbol{r}_1, \cdots, \boldsymbol{r}_N) \psi_i(\boldsymbol{r}_1, \cdots, \boldsymbol{r}_N) \sum_{n=1}^N \delta(\boldsymbol{r} - \boldsymbol{r}_n) \cdot \mathrm{d}^3 x_1 \cdots \mathrm{d}^3 x_N, \quad (46.8)$$

其中积分对整个位形空间进行 [①].

我们在这里所用的光子波函数, 如在 (44.2) 式假设的一样, 对应于 (在坐标表象中) 归一化为按 ω 标度的 δ 函数. 将 (46.6) 式代入, 我们得到 E_j 辐射的概率[②]

$$w_{jm}^{(\mathrm{E})} = \frac{2(2j+1)(j+1)}{j[(2j+1)!!]^2} \omega^{2j+1} e^2 |(Q_{j,-m}^{(\mathrm{E})})_{fi}|^2. \quad (46.9)$$

特别地, 对 $j = 1$, 我们有

$$w_{1m}^{(\mathrm{E})} = \frac{4\omega^3}{3} e^2 |(Q_{1,-m}^{(\mathrm{E})})_{fi}|^2. \quad (46.10)$$

量 $Q_{1m}^{(\mathrm{E})}$ 和电偶极矩矢量的分量通过如下关系式相联系:

$$eQ_{10}^{(\mathrm{E})} = \mathrm{i}d_z, \quad eQ_{1\pm 1}^{(\mathrm{E})} = \mp \frac{\mathrm{i}}{\sqrt{2}}(d_x \pm \mathrm{i}d_y). \quad (46.11)$$

将 (46.10) 式对 m 求和, 就自然得到熟知的偶极辐射总概率的公式 (45.7).

多极辐射的角分布由公式 (7.11) 给出. 将其归一化为总发射概率 ω_{jm} 时, 我们有

$$dw_{jm} = |\mathbf{Y}_{jm}^{(\mathrm{E})}(\boldsymbol{n})|^2 w_{jm} \mathrm{d}o = \frac{w_{jm}}{j(j+1)} |\nabla_{\boldsymbol{n}} Y_{jm}|^2 \mathrm{d}o. \quad (46.12)$$

特别地, 对 $j = 1$,

$$Y_{10} = \mathrm{i}\sqrt{\frac{3}{4\pi}} \cos\theta, \quad Y_{1,\pm 1} = \mp \mathrm{i}\sqrt{\frac{3}{8\pi}} \sin\theta \cdot \mathrm{e}^{\pm \mathrm{i}\varphi},$$

其中 θ 与 φ 分别为方向 $\boldsymbol{n}$ 对 z 轴的极角与方位角. 计算梯度, 我们求出具有一定 m 值的偶极辐射的角分布为

$$dw_{10} = w_{10} \frac{3}{8\pi} \sin^2\theta \mathrm{d}o, \quad dw_{1,\pm 1} = w_{1,\pm 1} \frac{3}{8\pi} \frac{1 + \cos^2\theta}{2} \mathrm{d}o. \quad (46.13)$$

当然, 这些表示式也可以由 (45.6) 式得出: 先 (对 $m = 0$) 设 $d_x = d_y = 0$, $d_z = d$; 然后 (对 $m = \pm 1$) 设 $d_y = \mp \mathrm{i}d_x = d/\sqrt{2}$, $d_z = 0$.

---

① 可能会出现这样的情形: 根据近似选择定则, 跃迁概率为零, 但近似选择定则仅当忽略电子的自旋–轨道相互作用才是正确的. 这时, 要得到非零的结果, 我们必须采用考虑这种相互作用相对论修正的波函数.

② 乍看起来, 由于空间的各向同性, 光子发射的总概率应该不依赖于 m 的值. 但是, 这个结论是不对的, 只要注意到以下情形就不难理解: 对给定的初态, 不同的终态对应着发射有不同 m 值的光子; 和下面的法则 (46.16) 比较.

如果系统 (原子或原子核) 线度的数量级为 a, 则电多极矩的数量级一般来说为 $Q_{jm}^{(\mathrm{E})} \sim a^j$. 多极辐射的概率为

$$w_{jm}^{(\mathrm{E})} \sim \alpha k (ka)^{2j}. \tag{46.14}$$

当极数增加 1 时, 辐射概率就要减小一个因子 $\sim (ka)^2$.

从角动量与宇称的守恒定律引出一定的选择定则, 它们限制了辐射系统状态可能发生的变化. 如果系统的初始角动量为 J_i, 那么, 发射角动量为 j 的光子后, 系统的角动量只能取角动量加法法则 ($\boldsymbol{J}_i - \boldsymbol{J} = \boldsymbol{j}$) 所决定的那些 J_f 值:

$$|J_i - J_f| \leqslant j \leqslant J_i + J_f. \tag{46.15}$$

对给定的 J_i 和 J_f 值, 光子角动量的可能值 j 由相同的法则 (46.15) 决定. 但是, 由于辐射概率随 j 的增加而迅速衰减, 所以辐射基本上以最低可能的极数进行.

角动量 $\boldsymbol{J}_i$ 与 $\boldsymbol{J}_f$ 的分量 M_i 与 M_f 和光子角动量的分量 m (根据同样的角动量加法法则) 满足关系

$$M_i - M_f = m. \tag{46.16}$$

辐射系统的初态与终态的宇称 P_i 和 P_f 必须满足条件 $P_f P_\gamma = P_i$, 其中 P_γ 为发射光子的宇称. 由于宇称只可能有 ± 1 值, 这个条件也可写成

$$P_i P_f = P_\gamma. \tag{46.17}$$

对于电型光子, $P_\gamma = (-1)^j$, 因此电多极辐射的宇称选择定则为

$$P_i P_f = (-1)^j. \tag{46.18}$$

总角动量和宇称的选择定则是非常严格的, 任何系统在发射时都必须遵守. 与此同时, 还可能有另外一些较有限制的选择定则, 它们和特定辐射系统的某些结构特征相关. 这样的选择定则必定有一定程度的近似性质, 我们将在本章的后面几节中讨论.

发射概率对量子数 m, M_i, M_f 的依赖关系完全由多极矩的张量性质决定. 具有给定 j 的量 Q_{jm} 构成 j 秩球张量, 其矩阵元对这些量子数的依赖关系由如下公式

$$|\langle n_f J_f M_f | Q_{j,-m} | n_i J_i M_i \rangle|^2 = \begin{pmatrix} J_f & j & J_i \\ M_f & m & -M_i \end{pmatrix}^2 |\langle n_f J_f \| Q_j \| n_i J_i \rangle|^2 \tag{46.19}$$

给出 (参见第三卷 (107.6) 式), 其中字母 n 按惯例表示除了 J 与 M 以外系统状态的所有其余的量子数. 等式 (46.19) 右边的约化矩阵元不依赖于量子数 m, M_i, M_f. 将此式代入 (46.9) 就得到所求的依赖关系, 它正比于

$$\begin{pmatrix} J_f & j & J_i \\ M_f & m & -M_i \end{pmatrix}^2$$

(这里自然假设辐射体不处于外场中, 所以跃迁频率 ω 和 M_i 与 M_f 无关).

　　将概率对所有的 M_f 值求和 (对给定的 M_i), 我们就得到从系统的初态能级 n_i, J_i 发射给定频率光子的总概率. 很明显, 由于空间的各向同性, 这个量也必定和初值 M_i 无关. 这个求和用到如下公式

$$\sum_{M_f} |\langle n_f J_f M_f | Q_{j,-m} | n_i J_i M_i \rangle|^2 = \frac{1}{2J_i + 1} |\langle n_f J_f \| Q_j \| n_i J_i \rangle|^2 \qquad (46.20)$$

(参见第三卷 (107.11)).

§47　磁多极辐射

　　磁型光子的波函数为 $A^\mu = (0, \boldsymbol{A})$, 其中 $\boldsymbol{A}$ 由 (7.6) 式给出. 将其代入 (46.1) 式, 我们得到跃迁矩阵元

$$V_{fi} = -e \frac{\sqrt{\omega}}{2\pi} \int \mathrm{d}^3 x \cdot \boldsymbol{j}_{fi}(\boldsymbol{r}) \int \mathrm{d}o_{\boldsymbol{n}} \cdot \mathrm{e}^{-i\boldsymbol{k} \cdot \boldsymbol{r}} \mathbf{Y}_{jm}^{(\mathrm{M})*}(\boldsymbol{n}). \qquad (47.1)$$

矢量 $\mathbf{Y}_{jm}^{(\mathrm{M})}$ 的分量可用 j 阶球谐函数表示, 如 (7.16) 式那样. 再次利用展开式 (46.3), 我们得到内部的积分

$$\int \mathrm{e}^{-i\boldsymbol{k} \cdot \boldsymbol{r}} \mathbf{Y}_{jm}^{(\mathrm{M})*}(\boldsymbol{n}) \mathrm{d}o_{\boldsymbol{n}} = 4\pi i^{-j} g_j(kr) \mathbf{Y}_{jm}^{(\mathrm{M})*}\left(\frac{\boldsymbol{r}}{r}\right),$$

将 (46.5) 式的 g_j 代入[1],

$$V_{fi} = -e i^{-j} \frac{2\omega^{j+1/2}}{(2j+1)!!} \int \boldsymbol{j}_{fi}(\boldsymbol{r}) r^j \mathbf{Y}_{jm}^{(\mathrm{M})*}\left(\frac{\boldsymbol{r}}{r}\right) \mathrm{d}^3 x.$$

　　按照定义 (7.4), 我们必须代入

$$\mathbf{Y}_{jm}^{(\mathrm{M})}\left(\frac{\boldsymbol{r}}{r}\right) = \frac{1}{\sqrt{j(j+1)}} \boldsymbol{r} \times \nabla \mathrm{Y}_{jm};$$

---

[1] 请勿将表示流的 $\boldsymbol{j}$ 和表示角动量的 j 混淆!

然后应用公式

$$r^j \boldsymbol{j}_{fi} \cdot (\boldsymbol{r} \times \nabla \mathrm{Y}_{jm}^*) = -(\boldsymbol{r} \times \boldsymbol{j}_{fi}) \cdot \nabla(r^j \mathrm{Y}_{jm}^*)$$

将被积函数变换, 我们得到

$$V_{fi} = (-1)^m i^j \sqrt{\frac{(2j+1)(j+1)}{\pi j}} \frac{\omega^{j+1/2}}{(2j+1)!!} e(Q_{j,-m}^{(\mathrm{M})})_{fi}, \tag{47.2}$$

其中引入标记

$$(Q_{jm}^{(\mathrm{M})})_{fi} = \frac{1}{j+1} \sqrt{\frac{4\pi}{2j+1}} \int (\boldsymbol{r} \times \boldsymbol{j}_{fi}) \cdot \nabla(r^j \mathrm{Y}_{jm}) \mathrm{d}^3 x. \tag{47.3}$$

这些量称为**磁 2^j 极跃迁矩**.

利用发射概率的表示式 (47.2) 和 (46.6) 之间的相似性, 我们得到和 (46.9) 式类似的公式, 区别只是用磁矩代替了电矩. 角分布的公式 (46.12) 也仍然成立 (这一点已在 (7.11) 式的讨论时指出过).

我们来分析 $j = 1$ 时表示式 (47.3) 的形式. 在此情形, 函数为

$$\sqrt{\frac{4\pi}{3}} r \mathrm{Y}_{10} = \mathrm{i} z, \quad \sqrt{\frac{4\pi}{3}} r \mathrm{Y}_{1,\pm 1} = \mp \frac{\mathrm{i}}{\sqrt{2}} (x \pm \mathrm{i} y).$$

它们的梯度就等于 (7.14) 式中的球坐标单位矢量 $\boldsymbol{e}^{(0)}$, $\boldsymbol{e}^{(\pm 1)}$. 因此量 $e(Q_{1m}^{(\mathrm{M})})_{fi}$ 为矢量

$$\boldsymbol{\mu}_{fi} = \frac{1}{2} e \int \boldsymbol{r} \times \boldsymbol{j}_{fi} \mathrm{d}^3 x \tag{47.4}$$

的球分量. 这个矢量在形式上和经典磁矩相似 (参见第二卷 §44). 通过这个量可以用如下公式 (采用通常的单位) 求出 $M1$-辐射的总概率:

$$w = \frac{4\omega^3}{3\hbar c^3} |\boldsymbol{\mu}_{fi}|^2. \tag{47.5}$$

我们将表明, 公式 (47.4) 是如何和通常的非相对论量子力学的磁矩算符的表示式相联系的.

跃迁流的表示式 (参见第三卷 §115) 为

$$\boldsymbol{j}_{fi} = -\frac{i}{2m} (\psi_f^* \nabla \psi_i - \psi_i \nabla \psi_f^*) + \frac{\mu}{es} \mathrm{rot}\, (\psi_f^* \hat{\boldsymbol{s}} \psi_i), \tag{47.6}$$

其中 μ 为粒子的磁矩, s 为其自旋. 因此

$$\boldsymbol{\mu}_{fi} = -\frac{\mathrm{i}e}{4m} \int \psi_f^* (\boldsymbol{r} \times \nabla) \psi_i \mathrm{d}^3 x + \frac{\mathrm{i}e}{4m} \int \psi_i (\boldsymbol{r} \times \nabla) \psi_f^* \mathrm{d}^3 x + \frac{\mu}{2s} \int \boldsymbol{r} \times \mathrm{rot}\, (\psi_f^* \hat{\boldsymbol{s}} \psi_i) \mathrm{d}^3 x. \tag{47.7}$$

在第二项中我们写出

$$\int \psi_i(\boldsymbol{r} \times \nabla)\psi_f^* \mathrm{d}^3 x = -\int \psi_f^*(\boldsymbol{r} \times \nabla)\psi_i \mathrm{d}^3 x + \int \mathrm{rot}\,(\boldsymbol{r}\psi_f^*\psi_i)\mathrm{d}^3 x.$$

最后的积分可变换成对无限远的面积分, 因而等于零. 这样 (47.7) 式中的头两项是相等的. 在第三项中, 我们将积分作如下变换 (临时采用标记 $\boldsymbol{F} = \psi_f^* \widehat{\boldsymbol{s}} \psi_i$):

$$\int \boldsymbol{r} \times (\nabla \times \boldsymbol{F})\mathrm{d}^3 x = \oint \boldsymbol{r} \times (\mathrm{d}\boldsymbol{f} \times \boldsymbol{F}) - \int (\boldsymbol{F} \times \nabla) \times \boldsymbol{r}\mathrm{d}^3 x.$$

其中面积分等于零, 而在最后一个积分中我们有:

$$(\boldsymbol{F} \times \nabla) \times \boldsymbol{r} = -\boldsymbol{F}\mathrm{div}\boldsymbol{r} + \boldsymbol{F} = -2\boldsymbol{F}.$$

于是,

$$\int \boldsymbol{r} \times \mathrm{rot}\,\boldsymbol{F}\mathrm{d}^3 x = 2 \int \boldsymbol{F}\mathrm{d}^3 x.$$

因此, μ_{fi} 的表示式变为

$$\boldsymbol{\mu}_{fi} = \int \psi_f^* \left(\frac{e}{2m}\widehat{\boldsymbol{L}} + \frac{\mu}{s}\widehat{\boldsymbol{s}} \right) \psi_i \mathrm{d}^3 x, \tag{47.8}$$

其中 $\widehat{\boldsymbol{L}} = -\mathrm{i}(\boldsymbol{r} \times \nabla)$ 为粒子的轨道角动量算符. 如应该的那样, μ_{fi} 为算符

$$\widehat{\boldsymbol{\mu}} = \frac{e}{2m}\widehat{\boldsymbol{L}} + \frac{\mu}{s}\widehat{s} \tag{47.9}$$

的矩阵元, 它包含粒子的轨道磁矩算符和内禀磁矩算符.

磁多极辐射的选择定则和电多极辐射相似: 选择定则 (46.15)、(46.16) 对总角动量仍成立, 但宇称的选择定则为

$$P_i P_f = (-1)^{j+1}, \tag{47.10}$$

它是通过将 Mj 光子的宇称 $P_\gamma = (-1)^{j+1}$ 代入 (46.17) 式得到的.

§48 角分布和辐射的极化

§46 和 §47 中所推导的公式属于具有一定角动量 j 及其分量 m 的光子的发射. 相应地, 可以假设辐射系统 (譬如原子核) 在辐射前后不仅具有一定的角动量值 J, 而且具有一定的极化, 即一定的 M 值.

现在我们来研究部分极化核辐射更一般的情形 (仍假设核的线度比波长小). 设所发射的光子仍具有一定的角动量 j, 但可以是部分极化的. 我们来求

作为光子方向 $\boldsymbol{n}$ 的函数的发射概率. 它必须由描述核和光子极化状态的密度矩阵来表示.

为此目的, 对初、终态原子核都具有确定的 J_iM_i 和 J_fM_f 值的情形, 我们首先将发射概率写成光子方向 $\boldsymbol{n}$ 和螺旋性 $\lambda(\lambda = \pm 1)$ 的函数.

发射 jm 一定的光子的矩阵元正比于原子核的 2^j 极矩 (电矩或磁矩) 的矩阵元:

$$\langle J_fM_f; jm|V|J_iM_i\rangle \propto (-1)^m\langle J_fM_f|Q_{j,-m}|J_iM_i\rangle. \quad (48.1)$$

发射光子的波函数 (在动量表象中) 正比于 $\mathbf{Y}_{jm}^{(\mathrm{E})}(\boldsymbol{n})$ 或 $\mathbf{Y}_{jm}^{(\mathrm{M})}(\boldsymbol{n})$. 动量方向为 $\boldsymbol{n}$、螺旋性为 λ 的光子波函数正比于极化矢量 $\boldsymbol{e}^{(\lambda)}$. 发射 $\boldsymbol{n}\lambda$ 光子的矩阵元由 (48.1) 式乘以状态 $|jm\rangle$ 的波函数在状态 $|\boldsymbol{n}\lambda\rangle$ 上的分量得到:

$$\langle J_fM_f; \boldsymbol{n}\lambda|V|J_iM_i\rangle \propto (-1)^m\langle J_fM_f|Q_{j,-m}|J_iM_i\rangle\boldsymbol{e}^{(\lambda)*}\cdot\mathbf{Y}_{jm}.$$

按照 (16.23) 式, 对于两种类型的光子,

$$\boldsymbol{e}^{(\lambda)*}\cdot\mathbf{Y}_{jm}(\boldsymbol{n}) \propto D_{\lambda m}^{(j)}(\boldsymbol{n}). \quad (48.2)$$

多极矩的矩阵元通常用约化矩阵元表示. 结果, 我们得到跃迁概率幅为

$$\langle J_fM_f; \boldsymbol{n}\lambda|V|J_iM_i\rangle \propto (-1)^{J_f-M_f+m}\begin{pmatrix} J_f & j & J_i \\ -M_f & -m & M_i \end{pmatrix}QD_{\lambda m}^{(j)}(\boldsymbol{n}), \quad (48.3)$$

其中 Q 标记 $\langle J_f\|Q\|J_i\rangle$.

现在我们可以研究混合极化态的一般情形. 按照量子力学的一般法则, 跃迁概率正比于如下表示式 [1]

---

[1] 如果系统的初态和终态通过叠加

$$\psi^{(i)} = \sum_n a_n\psi_n^{(i)}, \quad \psi^{(f)} = \sum_m b_m\psi_m^{(f)}$$

来描述, 那么矩阵元为

$$\langle f|V|i\rangle = \sum_{mn} b_m^* a_n V_{mn},$$

它的平方为

$$|\langle f|V|i\rangle|^2 = \sum_{nn'mm'} V_{mn}V_{m'n'}^* a_n a_{n'}^* b_{m'} b_m^*.$$

通过作变换

$$a_n a_{n'}^* \to \rho_{nn'}^{(i)}, \quad b_{m'} b_m^* \to \rho_{m'm}^{(f)}$$

可以得到混合态, 因此

$$|\langle f|V|i\rangle|^2 \to \sum_{nn'mm'} V_{mn}V_{m'n'}^*\rho_{nn'}^{(i)}\rho_{m'm}^{(f)}.$$

$$\sum_{(m)} \langle J_f M_f; \boldsymbol{n}\lambda|V|J_i M_i\rangle \langle J_f M'_f; \boldsymbol{n}\lambda'|V|J_i M'_i\rangle^*$$

$$\times \langle M_i|\rho^{(i)}|M'_i\rangle \langle M'_f|\rho^{(f)}|M_f\rangle \langle \lambda'|\rho^{(\gamma)}|\lambda\rangle, \tag{48.4}$$

其中 $\rho^{(i)}$, $\rho^{(f)}$, $\rho^{(\gamma)}$ 分别为初态核、终态核与发射光子的密度矩阵; 求和号下的 (m) 表示求和对所有重复出现两次的 m 型指标 $(M_i M'_i M_f M'_f \lambda\lambda')$ 进行. 然后将 (48.3) 式代入 (48.4) 式.

设进入立体角 do 内光子的发射概率用 $w(\boldsymbol{n})$do 表示. 很明显, 在任何方向上以及对于光子和终态核的任何极化, 总发射概率和核的初始极化状态无关, 这已由我们熟知的公式给出, 这里不再去研究了. 我们将概率 $w(\boldsymbol{n})$ 归一化为 1, 结果得到[①]

$$w(\boldsymbol{n}) = \frac{(2j+1)(2J_i+1)}{8\pi} \sum_{(m)} (-1)^{2J_i-M_i-M'_i} D^{(j)}_{\lambda m} D^{(j)*}_{\lambda' m'}$$

$$\times \begin{pmatrix} J_f & j & J_i \\ -M_f & -m & M_i \end{pmatrix} \begin{pmatrix} J_f & j & J_i \\ -M'_f & -m' & M'_i \end{pmatrix}$$

$$\times \langle M_i|\rho^{(i)}|M'_i\rangle \langle M'_i|\rho^{(f)}|M_f\rangle \langle \lambda'|\rho^{(\gamma)}|\lambda\rangle$$

(下面我们将看到这个归一化是正确的). 此公式可利用两个 D 函数之积的级数展开 (第三卷 (11.02) 式) 作变换:

$$D^{(j)}_{\lambda m} D^{(j)*}_{\lambda' m'} = (-1)^{\lambda'+m'} D^{(j)}_{\lambda m} D^{(j)}_{-\lambda'-m'}$$

$$= (-1)^{\lambda+m} \sum_L (2L+1) \begin{pmatrix} j & j & L \\ \lambda & -\lambda' & -\Lambda \end{pmatrix} \begin{pmatrix} j & j & L \\ m & -m' & -\mu \end{pmatrix} D^{(L)}_{\Lambda\mu},$$

$(\Lambda = \lambda - \lambda'$, $\mu = m - m'$; L 为整数且 $L \geqslant 2j$). 这样一来, 我们就最后得到

$$w(\boldsymbol{n}) = \frac{(2j+1)(2J_i+1)}{8\pi} \sum_L \sum_{(m)} (-1)^{2J_i-M_i-M'_i+m+1}(2L+1)$$

$$\times \begin{pmatrix} j & j & L \\ \lambda & -\lambda' & -\Lambda \end{pmatrix} \begin{pmatrix} j & j & L \\ m & -m' & -\mu \end{pmatrix} \begin{pmatrix} J_f & j & J_i \\ -M_f & -m & M_i \end{pmatrix}$$

$$\times \begin{pmatrix} J_f & j & J_i \\ -M'_f & -m' & M'_i \end{pmatrix} D^{(L)}_{\Lambda\mu}(\boldsymbol{n}) \langle M_i|\rho^{(i)}|M'_i\rangle$$

$$\times \langle M'_i|\rho^{(f)}|M_f\rangle \langle \lambda'|\rho^{(\gamma)}|\lambda\rangle. \tag{48.5}$$

[①] 在得出符号因子时, 应注意到 $2J_i, 2J_f, 2M_i, 2M_f$ 有相同的宇称, 并且 j, m 为整数, $\lambda = \pm 1$.

和上面一样, $\displaystyle\sum_{(m)}$ 表示对所有出现两次的 m 型指标求和. 这里必须指出, λ, λ' 与其它 m 型指标不同, 它们只有两个值: $\lambda, \lambda' = \pm 1$, 这两个值对应着光子的两种极化; 而不是 $2j+1$ 个值 (对给定的 j).

公式 (48.5) 包含着所发射光子的角分布、它们的极化以及次级核 (发射光子以后的核) 的极化等全部信息, 这里我们假设初始密度矩阵是给定的.

角 分 布

光子的角分布可通过对光子和次级核的所有极化求和得到. 对极化的平均通过代入非极化态的密度矩阵:

$$\langle\lambda|\rho^{(\gamma)}|\lambda'\rangle = \frac{1}{2}\delta_{\lambda\lambda'}, \quad \langle M_f|\rho^{(f)}|M_f'\rangle = \frac{1}{2J_f+1}\delta_{M_f M_f'}, \tag{48.6}$$

然后, 求和就是乘以 2 (对光子) 或 $2J_f + 1$ (对核). 因此, 求和就是简单地作变换

$$\langle\lambda|\rho^{(\gamma)}|\lambda'\rangle \to \delta_{\lambda\lambda'}, \quad \langle M_f|\rho^{(f)}|M_f'\rangle \to \delta_{M_f M_f'}. \tag{48.7}$$

所以, 角分布为

$$\overline{w}(\boldsymbol{n}) = \frac{(2j+1)(2J_i+1)}{8\pi} \sum_L \sum_{(m)} (-1)^{m'+1}(2L+1)D_{0\mu}^{(L)}(\boldsymbol{n})$$

$$\times \begin{pmatrix} j & j & L \\ \lambda & -\lambda & 0 \end{pmatrix} \begin{pmatrix} j & j & L \\ m & -m' & -\mu \end{pmatrix} \begin{pmatrix} J_f & j & J_i \\ -M_f & -m & M_i \end{pmatrix}$$

$$\times \begin{pmatrix} J_f & j & J_i \\ -M_f & -m' & M_i' \end{pmatrix} \langle M_i|\rho^{(i)}|M_i'\rangle.$$

此公式可通过对 m 型指标求和而大大简化. 首先, 我们指出

$$\begin{pmatrix} j & j & L \\ \lambda & -\lambda & 0 \end{pmatrix} = (-1)^L \begin{pmatrix} j & j & L \\ -\lambda & \lambda & 0 \end{pmatrix}, \tag{48.8}$$

因此求和为

$$\sum_{\lambda=\pm 1} \begin{pmatrix} j & j & L \\ \lambda & -\lambda & 0 \end{pmatrix} = \begin{cases} 2\begin{pmatrix} j & j & L \\ 1 & -1 & 0 \end{pmatrix} & L \text{ 为偶数}, \\ 0 & L \text{ 为奇数}. \end{cases}$$

这样, 对 L 的求和只剩下 L 为偶数的项, 即其中只包含偶阶球谐函数 $D_{0\mu}^{(L)}$. 这个结果是可以预见的: 由于宇称守恒, 概率必须在反演下保持不变, 即对变换 $\boldsymbol{n} \to -\boldsymbol{n}$ 保持不变.

因此, 我们有

$$\overline{w}(\boldsymbol{n}) = \frac{(2j+1)(2J_i+1)}{8\pi} \sum_L (2L+1) \begin{pmatrix} j & j & L \\ 1 & -1 & 0 \end{pmatrix} D_{0\mu}^{(L)}(\boldsymbol{n})$$

$$\times \sum_{(m)} (-1)^{m'+1} \begin{pmatrix} j & j & L \\ m & -m' & -\mu \end{pmatrix} \begin{pmatrix} J_f & j & J_i \\ -M_f & -m & M_i \end{pmatrix}$$

$$\times \begin{pmatrix} J_f & j & J_i \\ -M_f & -m' & M_i' \end{pmatrix} \langle M_i | \rho^{(i)} | M_i' \rangle.$$

在这里的归一化是很容易证实的: 由于公式

$$\int D_{0\mu}^{(L)}(\boldsymbol{n}) \frac{\mathrm{d}o}{4\pi} = \delta_{L0} \delta_{\mu 0}$$

对所有方向积分后, 只保留 $L = \mu = 0$ 项. 利用公式

$$\begin{pmatrix} j & j & 0 \\ m & -m & 0 \end{pmatrix} = (-1)^{j-m} \frac{1}{\sqrt{2j+1}},$$

$$\sum_{M_f m} \begin{pmatrix} J_f & j & J_i \\ -M_f & -m & M_i \end{pmatrix}^2 = \frac{1}{2J_i+1}, \quad \mathrm{tr}\, \rho^{(i)} = 1$$

就可证实此积分等于 1.

在 $\overline{w}(\boldsymbol{n})$ 的内求和中, 利用第三卷 (108.4) 式实现进一步对 m, m', M_f 的求和. 光子角分布的最后公式为

$$\overline{w}(\boldsymbol{n}) = (-1)^{1+J_i+J_f} \frac{(2j+1)\sqrt{2J_i+1}}{4\pi} \sum_{L \text{偶}} (-\mathrm{i})^L \sqrt{2L+1}$$

$$\times \begin{pmatrix} j & j & L \\ 1 & -1 & 0 \end{pmatrix} \begin{Bmatrix} J_i & J_i & L \\ j & j & J_f \end{Bmatrix} \sum_{\mu} \mathcal{P}_{L\mu}^{(i)*} D_{0\mu}^{(L)}(\boldsymbol{n}), \qquad (48.9)$$

其中

$$\mathcal{P}_{L\mu}^{(i)} = \mathrm{i}^L \sqrt{(2L+1)(2J_i+1)} \sum_{M_i M_i'} (-1)^{J_i-M_i'} \begin{pmatrix} J_i & L & J_i \\ -M_i' & \mu & M_i \end{pmatrix} \times \langle M_i | \rho^{(i)} | M_i' \rangle,$$

$$\mathcal{P}_{L\mu}^{(i)*} = (-1)^{L-\mu} \mathcal{P}_{L,-\mu}^{(i)}. \qquad (48.10)$$

(48.9) 式中的内求和是对所有的 $|\mu| \leqslant L$ 进行的, 而外求和是对所有满足条件

$$L \leqslant 2j, \quad L \leqslant 2J_i \qquad (48.11)$$

的偶数值 L 进行的 (这些条件来自 (48.9), (48.10) 式的 $3j$ 符号中 j 应满足的三角形法则). 由于这些条件, 求和中的项数通常是很少的. 例如, 当 $J_i = 0$ 或 $1/2$ 时, 只留下 $L = 0$ 的项, 因而辐射是各向同性的 (不难证明, 按照归一化条件, $L = 0$ 的项应该等于 $1/4$). 当 $J_i = 1, 3/2$ 或 $j = 1$ 时, 对 L 的求和只留下两项: $L = 0, 2$. 如果密度矩阵 $\rho^{(i)}$ 是对角化的 $(M_i = M_i')$, 则 $\mu = 0$, 分布函数 (48.9) 取勒让德多项式的展开形式 (按照 (16.5) 式和第三卷的 (58.23) 式, 函数 $D_{00}^{(L)}$ 就是函数 $P_L(\cos\theta)$). 最后, 如果

$$\langle M_i | \rho^{(i)} | M_i' \rangle = \frac{1}{2J_i + 1} \delta_{M_i M_i'},$$

即如果初态核是非极化的, 那么除 $\mathcal{P}_{00}^{(i)} = 1$ 以外, 所有的 $\mathcal{P}_{L\mu}^{(i)} = 0$.[1]

量 $\mathcal{P}_{L\mu}$ 是表征核极化态一个方便的量, 我们称其为**极化矩**, 公式 (48.10) 通过密度矩阵 $\rho_{MM'}$ 定义了它. 不难证实, 用极化矩表示密度矩阵的逆公式为

$$\rho_{MM'} = \sum_{L\mu} \sqrt{\frac{2L+1}{2J+1}} \mathrm{i}^{-L} (-1)^{j-M'} \begin{pmatrix} J & L & J \\ -M' & \mu & M \end{pmatrix} \mathcal{P}_{L\mu}. \tag{48.12}$$

设 $f_{L\mu}$ 为依赖于核极化态的某个球张量. 按照一般法则 (参见第三卷 (14.8) 式), 它在密度矩阵为 $\rho_{MM'}$ 的状态中的平均值等于

$$\overline{f}_{L\mu} = \sum_{MM'} \rho_{MM'} \langle JM' | f_{L\mu} | JM \rangle. \tag{48.13}$$

根据公式

$$\langle JM' | f_{L\mu} | JM \rangle = \mathrm{i}^L (-1)^{J-M'} \begin{pmatrix} J & L & J \\ -M' & \mu & M \end{pmatrix} \langle J \| f_L \| J \rangle$$

用约化矩阵元 $\langle J \| f_L \| J \rangle$ 表示 $f_{L\mu}$ 的矩阵元, 并根据所引入的极化矩的定义 (48.10), 我们得到

$$\overline{f}_{L\mu} = \frac{\langle J \| f_L \| J \rangle}{\sqrt{(2L+1)(2J+1)}} \mathcal{P}_{L\mu}. \tag{48.14}$$

---

[1] 实际上, 利用结果

$$\begin{pmatrix} J & 0 & J \\ -M' & 0 & M \end{pmatrix} = (-1)^{J-M} \frac{1}{\sqrt{2J+1}} \delta_{MM'},$$

我们有

$$\sum_{MM'} (-1)^{J-M'} \begin{pmatrix} J & L & J \\ -M' & \mu & M \end{pmatrix} \delta_{MM'}$$

$$= \sqrt{2J+1} \sum_{MM'} \begin{pmatrix} J & L & L \\ -M' & \mu & M \end{pmatrix} \begin{pmatrix} J & 0 & J \\ -M' & 0 & M \end{pmatrix} = \sqrt{2J+1} \delta_{L0} \delta_{\mu 0},$$

然后根据定义 (48.10) 就可得出上述结论.

光子的极化

当矩阵 $\rho^{(\gamma)}$ 和 $\rho^{(f)}$ 以及 $\rho^{(i)}$ 给定后, 公式 (48.5) 确定了发射光子的跃迁概率, 在此跃迁中核处于确定的极化态. 这种状态实质上并不是表征这种发射过程的特性, 而是表征记录光子和反冲核并识别它们确定极化的探测器的特性. 这个问题的另一种更自然的表述是: "核 + 光子" 系统的终态不是一开始就能确定的, 只有在给定光子发射的方向后, 才能确定终态的极化密度矩阵.

这个问题的答案还可由同样的公式 (48.5) 给出. 如将其写成

$$w = \overline{w}(\boldsymbol{n}) \sum_{(m)} \langle M_f; \boldsymbol{n}\lambda | \rho | M'_f; \boldsymbol{n}\lambda' \rangle \langle \lambda' | \rho^{(\gamma)} | \lambda \rangle \langle M'_f | \rho^{(f)} | M_f \rangle, \tag{48.15}$$

则表示式 $\langle M_f; \boldsymbol{n}\lambda | \rho | M'_f; \boldsymbol{n}\lambda' \rangle$ 将是所求的密度矩阵, 因为按照量子力学的一般法则, 跃迁到已知状态的概率 w 由它在给定的 $\rho^{(\gamma)}$, $\rho^{(f)}$ 上的 "投影" 给出. 在公式 (48.15) 中分离出因子 $\overline{w}(\boldsymbol{n})$ 是为了使这个矩阵能够按照通常的条件归一化:

$$\sum_{\lambda M_f} \langle M_f; \boldsymbol{n}\lambda | \rho | M_f; \boldsymbol{n}\lambda \rangle = 1.$$

如果我们想单独考虑光子的极化, 则必须对 $M_f = M'_f$ 求和:

$$\langle \boldsymbol{n}\lambda | \rho | \boldsymbol{n}\lambda' \rangle = \sum_{M_f} \langle M_f; \boldsymbol{n}\lambda | \rho | M_f; \boldsymbol{n}\lambda' \rangle.$$

经过和公式 (48.9) 完全类似的推导, 我们得到

$$
\begin{aligned}
\langle \boldsymbol{n}\lambda | \rho | \boldsymbol{n}\lambda' \rangle = {} & (-1)^{1+J_i+J_f} \frac{(2j+1)\sqrt{2J_i+1}}{8\pi \overline{w}(\boldsymbol{n})} \\
& \times \sum_L (-\mathrm{i})^L \sqrt{2L+1} \begin{pmatrix} j & j & L \\ \lambda & -\lambda' & -\Lambda \end{pmatrix} \\
& \times \begin{Bmatrix} J_i & J_i & L \\ j & j & J_f \end{Bmatrix} \sum_\mu \mathcal{P}_{L\mu}^{(i)*} D_{\Lambda\mu}^{(L)}(\boldsymbol{n})
\end{aligned}
\tag{48.16}
$$

$(\Lambda = \lambda - \lambda')$, 求和是对满足条件 (48.11) 的所有整数 L 值进行的.

特别是, 圆极化由斯托克斯参量

$$\xi_2 = \langle \boldsymbol{n}1 | \rho | \boldsymbol{n}1 \rangle - \langle \boldsymbol{n}, -1 | \rho | \boldsymbol{n}, -1 \rangle$$

决定 (参见 §8 习题). 由于关系式 (48.8), 在这个差中所有含偶数 L 的项均为零, 所得到的 ξ_2 表示式和 (48.9) 式的区别仅仅是对奇数 (而不是偶数) L 值求和.

二次核的极化

最后, 如果我们只研究核的终态极化, 必须令 $\rho^{(\gamma)} \to \delta$. 这时如果还要对光子的方向积分, 那么终态核的密度矩阵将是

$$\langle M_f | \rho | M_f' \rangle = \int \overline{w}(\boldsymbol{n}) \langle M_f \boldsymbol{n} | \rho | M_f' \boldsymbol{n} \rangle \mathrm{d}o$$

$$= (2J_i + 1) \sum_{mM_iM_i'} (-1)^{2J_i - M_i - M_i'} \begin{pmatrix} J_f & j & J_i \\ -M_f & -m & M_i \end{pmatrix}$$

$$\times \begin{pmatrix} J_f & i & J_i \\ -M_f' & -m & M_i' \end{pmatrix} \langle M_i | \rho^{(i)} | M_i' \rangle.$$

用这个矩阵计算出的极化矩为

$$\mathcal{P}_{L\mu}^{(f)} = (-1)^{J_i + J_f + L + j} \sqrt{(2J_i + 1)(2J_f + 1)} \begin{Bmatrix} J_i & J_i & L \\ J_f & J_f & j \end{Bmatrix} \mathcal{P}_{L\mu}^{(i)}. \tag{48.17}$$

如果初态核是非极化的, 则终态核也将是非极化的. 但此时将存在关联极化, 即发射给定方向的辐射后的核也是极化的. 令 $\rho^{(i)} \to \delta/(2J_i + 1)$ (相应地, $\overline{w}(\boldsymbol{n}) = 1/4\pi$) 并进行和公式 (48.9) 类似的推导, 就得到描述这种极化的密度矩阵

$$\langle M_f; \boldsymbol{n} | \rho | M_f'; \boldsymbol{n} \rangle = (2j + 1)(-1)^{J_i + M_f' + 1}$$

$$= \sum_{L \text{ 偶}} (2L + 1) \begin{pmatrix} j & j & L \\ 1 & -1 & 0 \end{pmatrix} \begin{pmatrix} J_f & L & J_f \\ -M_f' & \mu & M_f \end{pmatrix}$$

$$\times \begin{Bmatrix} J_f & J_f & L \\ j & j & J_i \end{Bmatrix} D_{0\mu}^{(L)}(\boldsymbol{n}). \tag{48.18}$$

相应于此矩阵的极化矩为

$$\mathcal{P}_{L\mu}^{(f)} = \mathrm{i}^L (-1)^{1 + J_i + J_f} (2j + 1) \sqrt{(2L + 1)(2J_f + 1)}$$

$$\times \begin{pmatrix} j & j & L \\ 1 & -1 & 0 \end{pmatrix} \begin{Bmatrix} J_f & J_f & L \\ j & j & J_i \end{Bmatrix} D_{0\mu}^{(L)}(\boldsymbol{n}). \tag{48.19}$$

只出现偶数阶的极化矩 (这也是宇称守恒的结果).

如果二次核反过来发射光子, 那么由于它已经极化, 将产生各向异性的光子分布. 因为极化矩 (48.19) 依赖于第一次衰变时所发射的光子的方向 $\boldsymbol{n}$, 所

以此后发射的光子的方向之间存在一定的关联 (一次核是非极化的). 级联发射的其它关联效应 (极化等的) 可用类似方法处理.[①]

习　　题

求极化矩 $\mathcal{P}_{1\mu}$, $\mathcal{P}_{2\mu}$ 和角动量矢量 $\boldsymbol{J}$ 与四极矩张量 Q_{ik} 的平均值之间的关系.

解: 矢量 $\boldsymbol{J}$ 和张量 Q_{ik} 的约化矩阵元由下式决定:

$$\overline{\boldsymbol{J}^2} = \frac{\langle J\|J\|J\rangle^2}{2J+1}, \quad \overline{Q_{ik}^2} = \frac{\langle J\|Q\|J\rangle^2}{2J+1}$$

(和第三卷 (107.10), (107.11) 式比较). 算符 $\widehat{Q}_{ik}$ 可通过第三卷的 (75.2) 式用角动量算符表示:

$$\widehat{Q}_{ik} = \frac{3Q}{2J(2J-1)} \left(\widehat{J}_i\widehat{J}_k + \widehat{J}_k\widehat{J}_i - \frac{2}{3}\widehat{\boldsymbol{J}}^2\delta_{ik} \right).$$

由此求出平均值

$$\overline{Q_{ik}^2} = \frac{3Q^2}{2J^2(2J-1)^2} \boldsymbol{J}^2(4\boldsymbol{J}^2 - 3) = Q^2\frac{3(J+1)(2J+3)}{2J(2J-1)}.$$

约化矩阵元为

$$\langle J\|J\|J\rangle = \sqrt{J(J+1)(2J+1)},$$
$$\langle J\|Q\|J\rangle = Q\sqrt{\frac{3(2J+1)(J+1)(2J+3)}{2J(2J-1)}}.$$

根据 (48.14) 式, 极化矩 $\mathcal{P}_{1\mu}$ 等于矢量

$$\sqrt{\frac{3}{J(J+1)}}\,\overline{\boldsymbol{J}}$$

的球分量, 而极化矩 $\mathcal{P}_{2\mu}$ 等于张量

$$\sqrt{\frac{10J(2J-1)}{3(J+1)(2J+3)}}\,\frac{\overline{Q_{ik}}}{Q}$$

的球分量.

[①] 这个问题的详细论述可参阅 "γ 射线" ("Гамма-лучи" АН СССР, 1961) 一书中 А. З. Долгинов 的论文.

§49 原子辐射: 电型[①]

原子外层 (参加光辐射跃迁的) 电子的能量粗略估计数量级大约为 $E \sim me^4/\hbar^2$, 因此所辐射的光波长大约为 $\lambda \sim \hbar c/E \sim \hbar^2/\alpha me^2$. 原子的线度 $a \sim \hbar^2/me^2$. 所以在原子光谱中, 不等式 $a/\lambda \sim \alpha \ll 1$ 照例成立. 比值 $v/c \sim \alpha$ 有同样的数量级, 这里 v 为光电子的速度.

因此, 在原子光谱中, 所满足的条件意味着电偶极辐射 (如选择定则容许) 的概率大大超过多极跃迁的概率[②]. 由于这个原因, 在原子光谱中, 最重要的正是电偶极跃迁.

我们已经说过, 这种跃迁遵从原子总角动量 J 和宇称 P 的严格的选择定则[③]

$$|J' - J| \leqslant 1 \leqslant J + J', \tag{49.1}$$

$$PP' = -1. \tag{49.2}$$

不等式 $|J' - J| \leqslant 1$ 意味着角动量 J 只能改变 $0, \pm 1$; 而由于 $J + J' \geqslant 1$, $0 \to 0$ 跃迁是禁戒的. 初态和终态的宇称应该相反.[④]

$nJM \to n'J'M'$ 跃迁的发射概率由原子偶极矩的相应矩阵元确定如下:

$$w(nJM \to n'J'M') = \frac{4\omega^3}{3\hbar c^3} |\langle n'J'M'|d_{-m}|nJM\rangle|^2, \tag{49.3}$$
$$\omega = \omega(nJ \to n'J').$$

当 M 给定时, 公式 (49.3) 对 $M' = M - m$ 的所有值求和, 可以得到由原子能级 nJ 发射已知频率的总概率. 求和时, 利用 (46.20) 式, 结果为

$$w(nJ \to n'J') = \frac{4\omega^3}{3\hbar c^3} \frac{1}{2J+1} |\langle n'J'\|d\|nJ\rangle|^2. \tag{49.4}$$

式中的约化矩阵元的模的平方有时称为**跃迁谱线强度**, 它对于初态和终态是对称的.

观察到的辐射强度等于 w 乘以 $\hbar\omega$, 再乘以辐射源中处于该激发能级上的原子数 N_{nJ}. 所以, 在温度为 T 的气体中,

$$N_{nJ} \propto (2J+1)\exp(-E_{nJ}/T);$$

[①] 在 §49—§51,§53—§55 中采用通常的单位.

[②] 在原子光谱的光学区域内, 偶极跃迁概率的典型数值约为 10^8 s^{-1}

[③] 现在我们用不带撇和带撇的字母分别表示初态和终态的量子数, 用字母 n, n' 表示决定系统状态的所有其它 (除明显指出的以外) 量子数.

[④] 宇称选择定则是 Laporte 首先建立的 (O. Laporte, 1924).

因子 $(2J+1)$ 是角动量为 J 的能级的统计权重.

原子光谱跃迁概率的进一步推导需要具体指定原子的状态. 这里我们将不讨论矩阵元的计算方法, 因为它的近似程度没有明显的理论意义. 我们将只对 LS 耦合的大多数状态 (特别是在轻原子中) 推导出若干关系式 (参见第三卷 §72). 描述这样的状态除了用角动量以外, 还需要轨道角动量 L 和自旋 S 的确定值, 这时 L 和 S 都是守恒量.

由于偶极矩是一个纯轨道的量, 所以它的算符与自旋算符对易, 即它的矩阵对于数 S 是对角化的. 对于数 L, 偶极矩所遵从的选择定则与任意轨道矢量相同 (参看第三卷 §29). 所以, LS 型各态之间的跃迁除遵从选择定则 (49.1) 和 (49.2) 外, 还要遵从以下选择定则:

$$S' - S = 0, \tag{49.5}$$

$$|L' - L| \leqslant 1 \leqslant L + L'. \tag{49.6}$$

我们再次着重指出, 这些定则是近似的, 当考虑自旋轨道相互作用时就不再成立.

我们看到, 选择定则 (49.5)(它禁止不同多重态之间的跃迁) 不仅适用于电偶极跃迁, 而且适用于一切电型跃迁: 所有级的电多极矩都是轨道张量, 因而它们的矩阵对自旋是对角化的. 例如, 对于电四极跃迁, 除了一般的选择定则

$$|J' - J| \leqslant 2 \leqslant J + J', \quad PP' = 1 \tag{49.7}$$

外, 在 LS 耦合情形下还有附加选择定则

$$S' - S = 0, \quad |L' - L| \leqslant 2 \leqslant L + L'. \tag{49.8}$$

发射概率可写成 S, J, J' 的显函数形式. 当角动量相加时, 利用球张量矩阵元的一般公式, 就可直接做到这一点. 按照第三卷的公式 (109.3), 我们有[①]

$$|\langle n'L'SJ' \| d \| nLSJ \rangle|^2$$
$$= (2J+1)(2J'+1) \left\{ \begin{matrix} L' & J' & S \\ J & L & 1 \end{matrix} \right\}^2 |\langle n'L' \| d \| nL \rangle|^2. \tag{49.9}$$

将此式代入 (49.4), 我们得到

$$w(nLSJ \to n'L'SJ') = \frac{4\omega^3}{3\hbar c^3}(2J'+1) \left\{ \begin{matrix} L' & J' & S \\ J & L & 1 \end{matrix} \right\}^2 |\langle n'L' \| d \| nL \rangle|^2, \tag{49.10}$$

---

① 第三卷 §109 的公式中, "子系统 1 和 2 的角动量" 现在必须理解成原子的轨道角动量和自旋, 它们之间的相互作用被忽略. 量 $f_{1q}^{(1)}$ 用轨道矢量 d_q 表示.

并且 $\omega = \omega(nLS \to n'L'S')$.[①]

对这些概率可以导出一个求和法则. $6j$ 符号的平方满足求和公式 (第三卷 (108.7) 式)

$$\sum_{J'}(2J'+1)\left\{\begin{matrix} L' & J' & S \\ J & L & 1 \end{matrix}\right\}^2 = \frac{1}{2L+1}. \tag{49.11}$$

借助它可以由 (49.10) 式求出

$$\sum_{J'} w(nLSJ \to n'L'SJ') = \frac{4\omega^3}{3\hbar c^3}\frac{1}{2L+1}|\langle n'L'\|d\|nL\rangle|^2. \tag{49.12}$$

我们看到, 这个量与 J 的初值无关.

对于气体辐射, 如果气体的温度比原子项 nSL 的精细结构间隔大得多, 那么, 不同 J 的状态被均匀占据, 即所有的 J 值都是等概率的. 在这种情况下, 原子处在某个确定 J 值能级上的概率等于

$$\frac{2J+1}{(2L+1)(2S+1)}, \tag{49.13}$$

即等于这个能级的统计权重与原子项 nSL 的总统计权重之比. 表达式 (49.10) 或它们的和 (49.12) 对这些概率的平均归结为乘以因子 (49.13), 这个平均用字母上加一短横表示. 光谱多重线中所有谱线 (由两个原子项 nSL 和 $n'SL'$ 的精细结构分量之间的一切可能跃迁所形成) 的总发射概率为

$$\overline{w}(nLS \to n'L'S) = \sum_J\sum_{J'}\overline{w}(nLSJ \to n'L'SJ'). \tag{49.14}$$

自然, 由于 $\sum_J(2J+1) = (2S+1)(2L+1)$, 所得的总概率表达式与 (49.12) 式一致. 所以, 一条单线的相对概率 (即相对强度) 为

$$\frac{\overline{w}(nLSJ \to n'L'SJ')}{\overline{w}(nLS \to n'L'S)} = \frac{(2J+1)(2J'+1)}{(2S+1)}\left\{\begin{matrix} L' & J' & S \\ J & L & 1 \end{matrix}\right\}^2. \tag{49.15}$$

分析这个公式所给出的数值, 可以看出: 多重谱线中 $\Delta J = \Delta L$ 的那些谱线最强 (叫做**主线**, 其余的叫做**伴线**). J 的初值越大, 则主线的强度越大.

[①] 计算矩阵元时忽略自旋轨道相互作用, 还可以忽略频率对 J 和 J' 的依赖关系, 即忽略原子初态和终态能级的精细结构.

量 (49.15) 对 J 和 J' 求和分别给出

$$\frac{\sum_{J'} \overline{w}(nLSJ \to n'L'SJ')}{\overline{w}(nLS \to n'L'S)} = \frac{2J+1}{(2L+1)(2S+1)},$$

$$\frac{\sum_{J} \overline{w}(nLSJ \to n'L'SJ')}{\overline{w}(nLS \to n'L'S)} = \frac{2J'+1}{(2L+1)(2S+1)}.$$

(49.16)

由此可见, 具有同一初态能级 (或终态能级) 的光谱多重线中, 所有谱线的总强度和初态能级 (或终态能级) 的统计权重成正比.

我们还可以考虑原子光谱线的超精细结构. 我们知道, 原子能级的超精细分裂是电子与原子核的自旋 (假如它不为零) 相互作用的结果 (参见第三卷 §122). 原子 (包括原子核) 的总角动量 $\boldsymbol{F}$ 等于电子的总角动量 $\boldsymbol{J}$ 和原子核的总角动量 $\boldsymbol{I}$ 的叠加. 能级 nJ 的每一个超精细结构分量都可用一个量子数 F 表征.

现在, 角动量的严格守恒导致关于总角动量 F 的严格的选择定则: 对于电偶极辐射,

$$|F' - F| \leqslant 1 \leqslant F + F'.$$

(49.17)

但是, 由于电子与原子核自旋的相互作用极其微弱, 在计算原子中电子壳层的电矩 (和磁矩) 的矩阵元时, 完全可以忽略. 所以, 电子角动量 J 和电子宇称的选择定则也仍然成立. 特别是, 电子宇称的选择定则禁止同一项的超精细结构各分量间的电偶极跃迁: 这些能级有相同的宇称, 而这种跃迁只可能发生在不同宇称的状态之间.

由于偶极矩算符和原子核自旋算符对易, 所以, 跃迁矩阵元对量子数 I 与 F 的依赖关系可以写成明显的形式; 这些计算与上面对 LS 耦合所进行的计算的区别, 只是符号上的明显改变而已. 通过对总角动量 $\boldsymbol{F}$ 的终态分量求和, 就得到发射概率

$$w(nJIF \to n'J'IF') = \frac{4\omega^3}{3\hbar c^3} \frac{1}{2F+1} |\langle n'J'IF' \| d \| nJIF \rangle|^2,$$

$$\omega = \omega(nJ \to n'J'),$$

(49.18)

而约化矩阵元的平方为

$$|\langle n'J'IF' \| d \| nJIF \rangle|^2 = (2F+1)(2F'+1) \begin{Bmatrix} J' & F' & I \\ F & J & 1 \end{Bmatrix}^2 |\langle n'J' \| d \| nJ \rangle|^2.$$

(49.19)

习 题

碱金属光谱中的大部分谱线可以描述成一个外层电子 (光电子) 在原子的其余部分 (形成闭合组态) 的自洽场中跃迁的结果, 原子的状态按 LS 耦合决定. 在这些条件下, 试确定光谱线精细结构分量的相对强度.

解: 原子的总角动量 L 和 $S = \frac{1}{2}$ 等于光电子的轨道角动量和自旋. 所以, 状态的宇称等于 $(-1)^L$ (原子其余部分闭合组态的宇称为正). 所以, 宇称选择定则禁止 $L' = L$ 的偶极跃迁, 因而只可能发生 $L' - L = \pm 1$ 的跃迁. 由于 J 的选择定则, 双线能级 n, L 和 $n', L - 1$ 间的跃迁共给出三条谱线 (图 1), 它们的相对强度 (记作 a, b, c) 可根据 (49.16) 确定 (而不直接采用公式 (49.15)), 按初态 (或终态) 划分谱线, 不同初态 (或终态) 谱线的总强度之比给出两个方程:

$$\frac{b+c}{a} = \frac{2L}{2L+2}, \quad \frac{a+b}{c} = \frac{2L}{2L-2},$$

由此得出

$$a : b : c = [(L+1)(2L-1)] : 1 : [(L-1)(2L+1)].$$

如果 $L = 1$, 较低能级不分裂, 谱线 c 不会出现, 因而, $a/b = 2$.

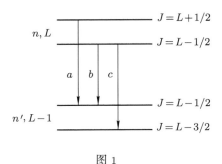

图 1

§50 原子辐射: 磁型

原子磁矩的数量级等于玻尔磁子: $\mu = e\hbar/mc$. 它和电偶极矩 ($d \sim ea \sim \hbar^2/me$) 的数量级相差一个因子 α (因为 $v/c \sim \alpha$, 所以, $\mu \sim dv/c$, 这正是所期待的). 由此得出, 原子的磁偶极 ($M1$) 辐射的概率大约是同频率的电偶极发射概率的 $1/\alpha^2$. 所以, 实际上只对那些电辐射选择定则所禁戒的跃迁, 磁辐射才是重要的.

至于电四极 ($E2$) 辐射, 它的概率和 $M1$ 辐射概率之比的数量级为

$$\frac{E2}{M1} \sim \frac{(ea^2)^2\omega^2/c^2}{\not{\mu}^2} \sim \frac{a^4m^2\omega^2}{\hbar^2} \sim \left(\frac{\Delta E}{E}\right)^2 \tag{50.1}$$

(四极矩 $\sim ea^2$, $E \sim \hbar^2/ma^2$ 为原子能量, ΔE 为跃迁时能量的变化). 我们看到, 对于平均原子频率 (即 $\Delta E \sim E$ 时), $E2$ 和 $M1$ 辐射的概率有相同数量级 (当然, 假定两者都是选择定则所容许的). 然而, 如果 $\Delta E \ll E$ (例如, 对于同一原子谱项的精细结构组分之间的跃迁), 则 $M1$ 辐射的概率比 $E2$ 辐射的概率大.

磁偶极跃迁服从如下严格的选择定则

$$|J' - J| \leqslant 1 \leqslant J + J', \tag{50.2}$$
$$PP' = 1. \tag{50.3}$$

对于 LS 耦合, 有比电情形更具约束性的附加选择定则. 这种情形和原子磁矩的一个特殊性质有关, 此性质是由于系统中所有粒子 (电子) 的全同性产生的: 即原子的磁矩算符可通过其总轨道角动量与自旋角动量算符表示:

$$\widehat{\boldsymbol{\mu}} = -\mu_0(\widehat{\boldsymbol{L}} + 2\widehat{\boldsymbol{S}}) = -\mu_0(\widehat{\boldsymbol{J}} + \widehat{\boldsymbol{S}}), \tag{50.4}$$

其中 $\mu_0 = |e|\hbar/2mc$ 为玻尔磁子 (参见第三卷 §113). 由于总角动量守恒, 算符 $\widehat{\boldsymbol{J}}$ 对能量一般没有非对角矩阵元; 因此在辐射理论中仅需写出 $\widehat{\boldsymbol{\mu}} = -\mu_0\widehat{\boldsymbol{S}}$ 就够了.[①]

当忽略自旋轨道相互作用时, 角动量 $\widehat{\boldsymbol{L}}$ 和 $\widehat{\boldsymbol{S}}$ 分别都是守恒的. 因而, 自旋算符对表征非分裂项的所有量子数 n, S, L 都是对角化的. 为了使跃迁发生, 必须改变量子数 J. 因此, 我们有选择定则:

$$n' = n, \quad S' = S, \quad L' = L, \quad J' - J = \pm 1, \tag{50.5}$$

也就是说, 跃迁只可能发生在同一原子谱项的精细结构组分之间.

在这种情形下, 发射概率可以精确地计算. 适当改变公式 (49.10) 中的标记, 我们有

$$w(nLSJ \to nLSJ') = \frac{4\omega^3\mu_0^2}{3\hbar c^3}(2J'+1)\left\{\begin{matrix} S & J' & L \\ J & S & 1 \end{matrix}\right\}^2 |\langle S\|S\|S\rangle|^2.$$

---

① 例外发生在原子的电子角动量 $\boldsymbol{J}$ 不守恒的一些情形中, 即: 当考虑超精细结构时, 还有当有外场时, 等等 (参见习题).

这里所包含的自旋对其本征函数的约化矩阵元为

$$\langle S\|S\|S\rangle = \sqrt{S(S+1)(2S+1)} \tag{50.6}$$

(参见第三卷 (29.13) 式). 我们所需要的 $6j$ 符号等于

$$\begin{Bmatrix} S & J-1 & L \\ J & S & 1 \end{Bmatrix}^2 = \frac{(L+S+J+1)(L+S-J+1)(L-S+J)(S-L+J)}{S(2S+1)(2S+2)(2J-1)2J(2J+1)} \tag{50.7}$$

(参见第三卷 §108 的表 10). 于是得到结果为

$$\begin{aligned} w(nLSJ \to nLS, J-1) &= \frac{2J+1}{2J-1} w(nLS, J-1 \to nLSJ) \\ &= \frac{\omega^3 \mu_0^2}{3\hbar c^3 (2J+1)J}(L+S+J+1)(L+S-J+1) \\ &\quad \times (J+S-L)(J+L-S). \end{aligned} \tag{50.8}$$

同一能级的超精细结构各组分之间的跃迁 (其频率在无线电波范围内) 一般是不可能作为电偶极跃迁出现的, 因为这些组分具有相同的宇称. $E2$ 与 $M1$ 跃迁都不需要改变宇称. 但是由于超精细结构间隔非常小, $E2$ 辐射的概率要比 $M1$ 小得多 (比较 (50.1) 式), 因此, 这些跃迁是作为磁偶极跃迁实现的.

习　　题

1. 求单一能级的超精细结构组分之间 $M1$ 跃迁的概率.

解: 跃迁概率由公式 (49.18) 和 (49.19) 给出. 在此二公式中会出现磁矩的对角化的约化矩阵元 $\langle nJ\|\mu\|nJ\rangle$, 其值可以直接写出来, 因为总的 (非约化的) 矩阵元 $\langle nJM|\mu_z|nJM\rangle$ 正好决定了该能级在塞曼效应中的分裂 (参见第三卷 §113) 且等于 $-\mu_0 gM$(g 为朗德因子). 约化矩阵元为 (见第三卷 (29.7))

$$\langle nJ\|\mu\|nJ\rangle = \frac{1}{M}\sqrt{J(J+1)(2J+1)}\langle nJM|\mu_z|nJM\rangle = -\mu_0 g\sqrt{J(J+1)(2J+1)}.$$

结果, 我们得到所求的概率为 [1]:

$$w(nJIF \to nJI, F-1) = \frac{2F+1}{2F-1} w(nJI, F-1 \to nJIF)$$

---

[1] 氢原子的基态能级 ($1s_{\frac{1}{2}}$) 的超精细结构分量之间的跃迁是一个有趣的例子. 这里, $E1$ 跃迁和 $E2$ 跃迁是严格禁戒的 (后者是由于 $J+J'=1$ 的四极跃迁禁戒的选择定则). 这个跃迁的频率为 $\omega = 2\pi \times 1.42 \times 10^9$ s^{-1} (波长 $\lambda = 21$ cm). 设 $g=2$, $I=\frac{1}{2}$, $J=\frac{1}{2}$, $F=1$, $F'=0$ 我们得到

$$w = \frac{4\omega^3 \mu_0^2}{3\hbar c^3} = 2.85 \times 10^{-15} \text{s}^{-1}.$$

$$= \frac{\omega^3 \mu_0^2 g^2}{3\hbar c^3 (2F+1)F}(J+I+F+1)(J+I-F+1)$$
$$\times (F+J-I)(F-J+I).$$

此式和 (50.8) 式的区别仅仅是标记的变化, 并多了一个因子 g^2.

2. 求单一原子能级的塞曼组分之间 $M1$ 跃迁的概率.

解: 这是指 n, J 值都不变时的 $M \to M-1$ 跃迁. 跃迁频率为 (参见下面的 (51.3) 式): $\hbar\omega = \mu_0 gH$ (g 为朗德因子). 矢量 $\boldsymbol{\mu}$ 的球分量 μ_{-1} 的矩阵元为

$$|\langle nJ, M-1|\mu_{-1}|nJM\rangle| = \sqrt{\frac{(J-M+1)(J+M)}{2J(J+1)(2J+1)}}|\langle nJ\|\mu\|nJ\rangle|$$

$$= -\mu_0 g\sqrt{\frac{1}{2}(J-M+1)(J+M)}$$

(参见第三卷 (27.12) 和上题). 跃迁概率为

$$w = \frac{4\omega^3}{3\hbar c^3}|\langle nJ, M-1|\mu_{-1}|nJM\rangle|^2 = \frac{2\mu_0^5 H^3}{3\hbar^4 c^3}(J-M+1)(J+M).$$

§51   原子辐射: 塞曼效应和斯塔克效应

在外磁场 H (假定它很弱) 中, 每一个总角动量为 J 的原子能级分裂为 $2J+1$ 个能级

$$E_M = E^{(0)} + \mu_0 gMH, \tag{51.1}$$

式中 $E^{(0)}$ 为非微扰能级, μ_0 为玻尔磁子, g 为朗德因子, M 为角动量 J 在磁场方向上的分量 (参见第三卷 §113). 因此, 角动量方向上的简并被完全解除.

由两个分裂能级之间的跃迁而产生的谱线也相应地发生分裂. 谱线的组分数由量子数 M 的选择定则决定. 按照这个定则, 对偶极辐射必定有

$$m = M - M' = 0, \pm 1. \tag{51.2}$$

除此定则外, 如 $J' = J$, 则 $M = M' = 0$ 的跃迁也是被禁戒的. 这一点可从第三卷中任意矢量的矩阵元的一般表达式 (29.7) 直接看出.

由 $m = 0$ 与 $m = \pm 1$ 的跃迁所产生的组分分别称为 π 组分与 σ 组分, 它们的频率为

$$\hbar\omega_\pi = \hbar\omega^{(0)} + \mu_0 H(g-g')M,$$
$$\hbar\omega_\sigma = \hbar\omega^{(0)} + \mu_0 H[gM - g'(M \pm 1)]. \tag{51.3}$$

在 $g = g'$ 的特殊情形下, 不管 M 值是多少, 我们有

$$\hbar\omega_\pi = \hbar\omega^{(0)}, \quad \hbar\omega_\sigma = \hbar\omega^{(0)} \mp \mu_0 g H, \tag{51.4}$$

所以在此情形下, 谱线分裂成三重线: π 组分在原来位置, 而两个 σ 组分则对称地分布在其两边 (所谓正常**塞曼效应**).

在所有方向上辐射的总概率正比于模的平方 $|\langle n'J'M'|d_{-m}|nJM\rangle|^2$. 所以, 利用 $j = 1$ 的公式 (46.19) 可知, 光谱线的每个塞曼分量的相对辐射概率等于

$$\begin{pmatrix} J' & 1 & J \\ M' & m & -M \end{pmatrix}^2. \tag{51.5}$$

在 "正常" 塞曼效应的特殊情形下, 总共只有三个组分, 每一个组分都是在 m 给定的条件下由 M 的所有初值的跃迁产生的. 由于

$$\sum_{MM'} \begin{pmatrix} J' & 1 & J \\ M' & m & -M \end{pmatrix} = \frac{1}{3} \tag{51.6}$$

(参见第三卷 (106.12) 式), 所以, 在此情形下, 三个组分的发射是等概率的.

然而, 当在特定方向 (相对于辐射源的外磁场方向) 上进行观察时, 我们最感兴趣的是塞曼组分的相对强度. 按照 (45.5) 式, 在已知方向 $\boldsymbol{n}$ 上的发射概率 (也是相应的谱线强度) 和 $\sum |\boldsymbol{e}^* \cdot \boldsymbol{d}_{fi}|^2$ 成正比, 其中, 求和是对已知 $\boldsymbol{n}$ 的两个独立的极化 $\boldsymbol{e}$ 进行的.

当沿着场 (z 轴) 观察时, 这个求和为

$$|(d_x)_{fi}|^2 + |(d_y)_{fi}|^2.$$

或写成球分量

$$|(d_1)_{fi}|^2 + |(d_{-1})_{fi}|^2.$$

这意味着在纵的 (沿着场) 方向上只能观察到两个 σ 分量 ($m = \pm 1$). 它们的强度正比于

$$\begin{pmatrix} J' & 1 & J \\ M \mp 1 & \pm 1 & -M \end{pmatrix}^2. \tag{51.7}$$

这两条谱线具有确定的 m 值 (角动量在传播方向上的投影), 或为右旋 ($m = 1$) 圆极化, 或为左旋 ($m = -1$) 圆极化 (见 §8).

在垂直于场的方向 (例如沿 x 轴) 观察时, 谱线强度正比于求和

$$|(d_z)_{fi}|^2 + |(d_y)_{fi}|^2 = |(d_0)_{fi}|^2 + \frac{1}{2}\{|(d_1)_{fi}|^2 + |(d_{-1})_{fi}|^2\}.$$

因此, 在横的方向上观察到两个 σ 分量和一个 π 分量, 它们的强度分别正比于

$$\frac{1}{2}\begin{pmatrix} J' & 1 & J \\ M\mp 1 & \pm 1 & -M \end{pmatrix}^2 \text{ 和 } \begin{pmatrix} J' & 1 & J \\ M & 0 & -M \end{pmatrix} \tag{51.8}$$

(σ 组分的强度是纵向观察时的 $\frac{1}{2}$). π 组分沿 z 轴极化, 而在这个方向上观察到的 σ 组分是沿 y 轴极化的.

我们看到, 塞曼组分的相对强度完全取决于 J 和 M 的初值与终值, 而和能级的其它性质无关.

选择定则禁止同一能级的塞曼组分之间的电偶极跃迁, 因为它们具有相同的宇称. 这些跃迁是通过磁偶极跃迁实现的, 其原因和上节末对能级超精细结构组分之间的跃迁讨论结果相同. 由于 M 的选择定则, 跃迁只发生在相邻的组分之间 ($M' - M = \pm 1$).[①]

原子能级在弱电场中的分裂 (**斯塔克效应**) 不同于在磁场中的分裂, 它不能完全解除角动量方向上的简并. 除了 $M = 0$ 以外的所有能级仍然是二重简并的: 每一能级都有角动量分量为 M 和 $-M$ 的两个状态.

一条光谱线的斯塔克组分的相对强度的计算和上面对塞曼效应给出的计算完全类似[②]. 这时必须注意, π 分量的强度中包含着 ($M \neq 0$ 时) $M \to M$ 和 $-M \to -M$ 跃迁的贡献, σ 组分的强度中包含着 ($M \neq 0$ 时) $M \to M \pm 1$ 和 $-M \to -(M \pm 1)$ 跃迁的贡献. 因此, 当对这个效应进行横向观察时, π 组分的强度正比于

$$2\begin{pmatrix} J' & 1 & J \\ M & 0 & -M \end{pmatrix}^2,$$

而 σ 分量的强度正比于

$$\frac{1}{2}\begin{pmatrix} J' & 1 & J \\ M\pm 1 & \mp 1 & -M \end{pmatrix}^2 + \frac{1}{2}\begin{pmatrix} J' & 1 & J \\ -M\mp 1 & \pm 1 & M \end{pmatrix}^2 = \begin{pmatrix} J' & 1 & J \\ M\pm 1 & \mp 1 & -M \end{pmatrix}^2$$

(请记住, 第二行的所有量子数改变符号时, $3j$ 符号只可能变号, 因而它们的平方不变).

在外场中 (哪怕是很弱的外场), 总角动量 $\boldsymbol{J}$ 不再严格守恒; 在均匀场中, 只有角动量分量 M 是严格守恒的. 所以, 在弱场中发生辐射跃迁时, 角动量

① 这些跃迁的频率一般在厘米波段, 可以在吸收和受激辐射 (电子顺磁共振) 中观察到; 吸收原子处于恒定强磁场 (产生塞曼分裂的磁场) 和共振频率的弱射频场中.

② 这里所指的是一切原子 (除氢以外) 所固有的二次斯塔克效应 (参见第三卷 §76). 假定场很弱, 它所引起的能级分裂甚至比精细结构间隔还小.

守恒不是严格遵守的, 在原子光谱中可能出现通常的选择定则所禁戒的一些谱线.

这些谱线强度的计算, 等价于计算偶极矩矩阵中的修正, 这又要求确定对定态波函数的修正. 在微扰论的第一级近似中 (对弱外场而言), 波函数中出现了由非零微扰矩阵元 (在电场中为 $-\boldsymbol{E} \cdot \boldsymbol{d}$) 与初态相联系的一些态的"混合": 在一个态 ψ_1 中混入了另一个态 ψ_2:

$$\frac{-\boldsymbol{E} \cdot \boldsymbol{d}_{21}}{E_1 - E_2} \psi_2.$$

结果, 在"禁戒"跃迁的矩阵元中出现了一项

$$\frac{-(\boldsymbol{E} \cdot \boldsymbol{d}_{21}) \boldsymbol{d}_{32}}{E_1 - E_2},$$

如果由"中间态"2 跃迁到初态 1 和终态 3 是容许的, 这一项便不等于零.

§52 原子辐射: 氢原子

氢原子是跃迁矩阵元能够完全用解析方法计算的唯一例子 (W. Gordon, 1929).

氢原子状态的宇称为 $(-1)^l$, 也就是说, 它可以由电子的轨道角动量唯一地确定 (确定状态宇称的量子数 l 在精确的相对论性波函数中, 即考虑自旋轨道相互作用时, 仍然是有意义的). 所以, 宇称选择定则严格禁戒 l 不变的电偶极跃迁, 只有 $l \to l \pm 1$ 的跃迁才是可能的. 主量子数 n 的改变则不受限制.

氢原子的偶极矩等价于电子的径矢: $\boldsymbol{d} = e\boldsymbol{r}$. 由于氢原子中电子的波函数是角度部分和径向函数 R_{nl} 的乘积, 所以, 位矢的约化矩阵元也可以写成积的形式:

$$\langle n', l-1 \| r \| nl \rangle = \langle l-1 \| \nu \| l \rangle \int_0^\infty R_{n',l-1} r R_{nl} r^2 \mathrm{d}r.$$

其中 $\langle l-1 \| \nu \| l \rangle$ 是 $\boldsymbol{r}$ 方向上的单位矢量 $\boldsymbol{\nu}$ 的约化矩阵元, 它等于

$$\langle l-1 \| \nu \| l \rangle = \langle l \| \nu \| l-1 \rangle^* = \mathrm{i}\sqrt{l}$$

(参见第三卷 (29.14) 式). 所以,

$$\langle n', l-1 \| r \| nl \rangle = -\langle nl \| r \| n', l-1 \rangle = \mathrm{i}\sqrt{l} \int_0^\infty R_{n',l-1} R_{nl} r^3 \mathrm{d}r. \tag{52.1}$$

氢原子离散谱的非相对论性径向函数由第三卷的 (36.13) 式给出[①]:

$$R_{nl} = \frac{2}{n^{l+2}(2l+1)!}\sqrt{\frac{(n+l)!}{(n-l-1)!}}(2r)^l e^{-r/n} \times F\left(-n+l+1, 2l+2, \frac{2r}{n}\right).$$
(52.2)

含有两个合流超几何函数之积的积分 (52.1), 可以利用第三卷 §f 中的公式计算[②], 结果是

$$\langle n', l-1\|r\|nl\rangle = i\sqrt{l}\frac{(-1)^{n'-1}}{4(2l-1)!}\sqrt{\frac{(n+l)!(n'+l-1)!}{(n-l-1)!(n'-l)!}}\frac{(4nn')^{l+1}(n-n')^{n+n'-2l-2}}{(n+n')^{n+n'}}$$

$$\times \left\{ F\left(-n+l+1, -n'+l, 2l, -\frac{4nn'}{(n-n')^2}\right)\right.$$

$$\left. -\left(\frac{n-n'}{n+n'}\right)^2 F\left(-n+l-1, -n'+l, 2l, -\frac{4nn'}{(n-n')^2}\right)\right\}, \quad (52.3)$$

其中 $F(\alpha, \beta, \gamma, z)$ 为超几何函数. 由于参量 α, β 在此情形为负整数或零, 这些函数就简化为多项式[③].

为引用方便, 下面列出一些在特殊情形下, 由 (52.3) 式得到的表示式 (l 值用光谱符号 $s, p, d, \cdots$ 表示):

$$\begin{aligned}
|\langle 1s\|r\|np\rangle|^2 &= \frac{2^8 n^7 (n-1)^{2n-5}}{(n+1)^{2n+5}}, \\
|\langle 2s\|r\|np\rangle|^2 &= \frac{2^{17} n^7 (n^2-1)(n-2)^{2n-6}}{(n+2)^{2n+6}}, \\
|\langle 2p\|r\|nd\rangle|^2 &= \frac{2^{19} n^9 (n^2-1)(n-2)^{2n-7}}{3(n+2)^{2n+7}}, \\
|\langle 2p\|r\|ns\rangle|^2 &= \frac{2^{15} n^9 (n-2)^{2n-6}}{3(n+2)^{2n+6}}.
\end{aligned}$$
(52.4)

(52.3) 式不适用于主量子数 n 不变的跃迁 (能级的精细结构组分之间的跃迁). 为了在此情形下 ($n = n'$) 进行积分, 我们将径向函数表示成广义拉盖尔多项式:

$$R_{nl} = -\frac{2}{n^2}\sqrt{\frac{(n-l-1)!}{[(n+l)!]^3}}e^{-r/n}\left(\frac{2r}{n}\right)^l L_{n+l}^{2l+1}\left(\frac{2r}{n}\right).$$
(52.5)

[①] 本节采用原子单位. 在通常的单位中, 下面所写出的坐标矩阵元的表达式应该乘以 $\hbar^2/me^2$ (如果是原子序数为 Z 的类氢离子, 则应乘以 $\hbar^2/mZe^2$).

[②] 在那里所用的标记中, 必须计算积分 $J_{2l+2}^{12}(-n+l+1, -n'+l)$, 完成这个积分用到了公式 (f.12)—(f.16).

[③] 氢的跃迁矩阵元和跃迁概率的数值可以在下列书中找到: H. A. Bethe, E. E. Salpeter, *Handbuch der Physik* **35**, 88–436, Springer, Berlin, 1957.

在积分

$$\int_0^\infty R_{n,l-1}R_{nl}r^3\mathrm{d}r \propto \int_0^\infty \mathrm{e}^{-\rho}\rho^{2l+2}\mathrm{L}_{n+1}^{2l+1}(\rho)\mathrm{L}_{n+l-1}^{2l-1}(\rho)\mathrm{d}\rho$$

中, 我们把其中的一个多项式用其母函数表示 (参见第三卷 §d):

$$\mathrm{L}_{n+1}^{2l+1}(\rho) = -\frac{(n+l)!}{(n-l-1)!}\mathrm{e}^{\rho}\rho^{-2l-1}\left(\frac{\mathrm{d}}{\mathrm{d}\rho}\right)^{n-l-1}\mathrm{e}^{-\rho}\rho^{n+l}.$$

作 $(n-l-1)$ 次分部积分后, 我们得到如下形式的积分:

$$\int_0^\infty \mathrm{e}^{-\rho}\rho^{n+l}\left(\frac{\mathrm{d}}{\mathrm{d}\rho}\right)^{n-l-1}\rho\mathrm{L}_{n+l-1}^{2l-1}(\rho)\mathrm{d}\rho,$$

在此积分中, 可将拉盖尔多项式写成其显函数形式:

$$\mathrm{L}_n^m(\rho) = (-1)^m n!\sum_{k=0}^{n-m}\binom{n}{m+k}\frac{(-\rho)^k}{k!}.$$

在求和中进行微分后, 只剩下三项初等积分. 给出简单的结果为:

$$\langle n,l-1\|r\|nl\rangle = \mathrm{i}\sqrt{l}\cdot\frac{3}{2}n\sqrt{n^2-l^2}. \tag{52.6}$$

积分

$$\int_0^\infty R_{n',l-1}R_{nl}r^3\mathrm{d}r = \int_0^\infty \chi_{n',l-1}(r\chi_{nl})\mathrm{d}r$$

(其中 $\chi_{nl} = rR_{nl}$) 是函数 $r\chi_{nl}$ 按照正交函数系 $\chi_{n',l-1}$ $(n' = 1,2,\cdots)$ 展开的系数. 这些系数的模的平方和等于被展函数平方的积分[①]. 所以

$$\sum_{n'}|\langle n',l-1\|r\|nl\rangle|^2 = l\int_0^\infty r^2\chi_{nl}^2\mathrm{d}r. \tag{52.7}$$

利用态 nl 中 r 的平方平均的熟知的表示式 (参见第三卷 (36.16) 式), 我们求出如下求和法则:

$$\sum_{n'}|\langle n',l-1\|r\|nl\rangle|^2 = l\frac{n^2}{2}[5n^2+1-3l(l+1)]. \tag{52.8}$$

在给定 n,l 值且 n' 值较大的条件下, $nl \to n'l'$ 的跃迁矩阵元按如下规律衰减:

$$|\langle n'l'\|r\|nl\rangle|^2 \propto \frac{3}{n'^3}, \tag{52.9}$$

这既可以从特殊表示式 (52.4) 看出, 也可以从一般公式 (52.3) 看出来. 这个结果是理所当然的: 当 n' 值较大时, 库仑能级 $E' = -1/2n'^2$ 的分布几乎是连续

---

① 求和既可对离散谱状态进行, 也可对连续谱状态进行.

的, 跃迁到间隔 dE' 内的能级上的跃迁概率和这些能级的分布密度成正比, 而能级的分布密度又正比于 n'^{-3}.

我们知道, 氢中的斯塔克效应是独特的 (见第三卷 §77): 能级分裂和电场的一次幂成正比. 这里假定场足够弱可应用微扰论, 但又能使能级分裂比精细结构要大. 在这种条件下, 角动量的大小一般是不守恒的, 能级将按照抛物线量子数 n_1, n_2, m 分类. 磁量子数 m 仍然用来确定轨道角动量在 z 轴 (场的方向) 上的分量, 当忽略自旋轨道相互作用时, 这个分量是守恒的. 因此, 对磁量子数 m 仍有通常的选择定则

$$m' - m = 0, \quad \pm 1. \tag{52.10}$$

对 n_1 与 n_2 的改变则没有限制.

偶极矩的矩阵元在抛物坐标系中还可以解析地计算. 但是, 所得到的公式很繁, 这里就不给出了 [①].

习　　题

1. 求氢能级的斯塔克分裂, 假设分裂比精细结构的间隔小 (但又比兰姆移位大).

解: 在所给条件下, 只剩下 $l = j \pm \dfrac{1}{2}$ 非微扰能级的二重简并, 并且, 斯塔克分裂在场中仍为线性的. 分裂的大小 Δ 由如下久期方程确定:

$$\begin{vmatrix} -\Delta & -E(d_z)_{12} \\ -E(d_z)_{21} & -\Delta \end{vmatrix} = 0, \quad \Delta = \pm E|(d_z)_{12}|$$

(指标 1,2 对应 $l = j \pm \dfrac{1}{2}$ 与给定磁量子数 m 的状态, 微扰 $V = -Ed_z$ 对于 m 是对角化的, 对于 l 则没有对角元素). 轨道量 d_z 的矩阵元可利用第三卷的 (29.7) 与 (109.3) 式计算:

$$\langle j, l-1, m | d_z | jlm \rangle = \frac{m}{\sqrt{j(j+1)(2j+1)}} \langle j, l-1 \| d \| jl \rangle,$$

$$\langle j, l-1 \| d \| jl \rangle = -(2j+1) \begin{Bmatrix} l-1 & j & 1/2 \\ j & l & 1 \end{Bmatrix} \langle l-1 \| d \| l \rangle,$$

其中我们必须设 $l = j + \dfrac{1}{2}$; 量 $\langle l-1 \| d \| l \rangle$ 根据 (52.6) 式取值. 结果我们得到

$$\Delta = \pm \frac{3}{4} \sqrt{n^2 - (j+1/2)^2} \, \frac{nm}{j(j+1)} E.$$

---

① 这些公式和相应的数表, 可在前面引用过的 H. A. Bethe 和 E. E. Salpeter 的书中找到.

2. 试求氢原子在跃迁 $2s_{\frac{1}{2}} \to 1s_{\frac{1}{2}}$ 中发射光子的概率 (G. Breit, E. Teller, 1940).

解: 对 $E1$ 跃迁, 这个过程是宇称选择定则严格禁戒的; 对 $E2$ 跃迁, 这个过程是选择定则 (46.15) 严格禁戒的. 因此, 我们必须计算 $M1$ 跃迁的概率, 这由 (47.5) 式给出. 但是, 在现在的情形下 $(l = 0)$, 磁矩是纯粹的自旋量, 当忽略自旋轨道相互作用时, 其矩阵元为零, 由于不同主量子数的轨道波函数互相正交. 这意味着为了得到非零的结果, 泡利方程近似已经显得不够了, 必须从完整的狄拉克方程出发讨论.

在波函数的标准表示中, 跃迁流为[1]

$$j_{fi} = \psi_f^* \boldsymbol{\alpha} \psi_i = \varphi_f^* \boldsymbol{\sigma} \chi_i + \chi_f^* \boldsymbol{\sigma} \varphi_i.$$

按照 (35.1), (24.2) 与 (24.8) 式, $l = 0, j = \dfrac{1}{2}$ 态的波函数为

$$\psi = \begin{pmatrix} \varphi \\ \chi \end{pmatrix} = \frac{1}{4\pi} \begin{pmatrix} f(r)w(m) \\ -\mathrm{i}g(r)(\boldsymbol{\sigma} \cdot \boldsymbol{n})w(m) \end{pmatrix},$$

其中 $\boldsymbol{n} = \boldsymbol{r}/r$, 而 $w(m)$ 为三维单位旋量, 和自旋投影值 m 相对应. 因此

$$j_{fi} = \frac{1}{4\pi \mathrm{i}} \{ f_f g_i w_f \boldsymbol{\sigma}(\boldsymbol{\sigma} \cdot \boldsymbol{n})w_i - g_i f_i w_f (\boldsymbol{\sigma} \cdot \boldsymbol{n})\boldsymbol{\sigma} w_i \}.$$

将此式代入 (47.4) 并对方向 $\boldsymbol{n}$ 积分, 我们得到

$$\mu_{fi} = -\frac{e}{6\mathrm{i}} w_f (\boldsymbol{\sigma} \times \boldsymbol{\sigma})w_i I = -\frac{e}{3} w_f \boldsymbol{\sigma} w_i I$$

(根据泡利矩阵的对易法则: $\boldsymbol{\sigma} \times \boldsymbol{\sigma} = 2\mathrm{i}\boldsymbol{\sigma}$); 这里

$$I = \int_0^\infty (f_f g_i + f_i g_f)r^3 \mathrm{d}r. \tag{1}$$

光子的发射概率 (47.5), 对 m_f 求和后为

$$w = \frac{4e^2\omega^3}{27} w_i \boldsymbol{\sigma}^2 w_i I^2 = \frac{4e^2\omega^3}{9} I^2. \tag{2}$$

根据 (35.4) 式, 我们有 (当 $\varkappa = -1$ 时)

$$g = \frac{f'}{\varepsilon + m + \alpha/r} \approx \frac{f'}{2m} - \left(\varepsilon - m + \frac{\alpha}{r}\right)\frac{R'}{4m^2};$$

在第二项中, 精确函数 f 换成非相对论性的径向函数 R. 如果取近似 $g = R'/2m$, 由于函数 R_f 和 R_i 正交, 积分为

$$I = \frac{1}{2m} \int_0^\infty (R_f R_i)' r^3 \mathrm{d}r = -\frac{3}{2m} \int_0^\infty R_f R_i r^2 \mathrm{d}r = 0 \tag{3}$$

---

[1] 本题中我们采用相对论单位.

在下一级近似中, 考虑到 (3), 我们求出

$$I = \frac{1}{2m} \int_0^\infty (f_f f_i)' r^3 \mathrm{d}r + \frac{1}{4m^2} \int \left\{ R_f' R_i (\varepsilon_i - \varepsilon_f) - \frac{\alpha}{r} (R_f R_i)' \right\} r^3 \mathrm{d}r. \quad (4)$$

由精确函数 ψ_i 和 ψ_f 的正交性, 当 $\varkappa_i = \varkappa_f$ 时, 我们有

$$\int_0^\infty (f_i f_f + g_i g_f) r^2 \mathrm{d}r = 0,$$

分部积分后, (4) 中的第一项可写成

$$-\frac{3}{2m} \int_0^\infty f_f f_i r^2 \mathrm{d}r = \frac{3}{2m} \int_0^\infty g_f g_i r^2 \mathrm{d}r \approx \frac{3}{8m^3} \int_0^\infty R_f' R_i' r^2 \mathrm{d}r.$$

在计算积分中利用函数

$$R_f = 2(m\alpha)^3 \mathrm{e}^{-m\alpha r}, \quad R_i = \frac{(m\alpha)^3}{\sqrt{2}} \left(1 - \frac{m\alpha r}{2} \right) \mathrm{e}^{-m\alpha r/2}$$

(参见第三卷 §36), 以及能量差

$$\omega = \varepsilon_i - \varepsilon_f = \frac{m\alpha^2}{2} \left(1 - \frac{1}{2^2} \right) = \frac{3}{8} m\alpha^2$$

给出 $I = 2^{3/2} \alpha^2 / 9m$. 因此跃迁概率为 (用通常的单位)

$$\omega = \frac{2^5 \alpha^5 \hbar^2 \omega^3}{3^6 m^2 c^4} = \frac{mc^2 \alpha^{11}}{2^4 \times 3^3 \hbar} = 5.6 \times 10^{-6} \mathrm{s}^{-1}.$$

对应的 $2s_{\frac{1}{2}}$ 态的寿命是很长的, 实际上, 同时发射两个光子的概率还要大得多 (参见 §59 的注).

§53　双原子分子的辐射: 电子光谱

分子光谱的特征, 主要是由于分子能量分为电子能量、振动能量和转动能量三部分, 并且, 每个后一部分都比前一部分小. 双原子分子的能级结构在第三卷第十一章中已经详细研究过了. 这里我们将研究这种能级结构所产生的光谱图, 并计算谱线强度.[①]

我们先讨论一般情形, 其中分子的电子态在跃迁时改变 (一般来说, 同时还伴有振动态和转动态的改变). 这种跃迁的频率处于光谱的可见区和紫外区.

[①] 下面的讨论基于第三卷的 §78,§82–88. 为简洁起见, 下面我们将不再列出对这些章节的引用.

它们的总体叫做分子的**电子光谱**. 我们将总是考虑电偶极跃迁, 其它类型的跃迁在分子光谱中一般是不重要的.

和任何系统中的偶极跃迁一样, 分子的总角动量 J 遵从如下选择定则:

$$|J' - J| \leqslant 1 \leqslant J + J'. \tag{53.1}$$

在现在这个情形, 系统宇称的严格选择定则对应于**符号**的选择定则. 用分子光谱学中常用的术语来说, 在反演时 (即电子或原子核的坐标改变符号时) 波函数不改变符号的状态称为**正状态**, 改变符号的叫**负状态**. 因此, 有严格的选择定则:

$$+ \to -, \quad - \to +. \tag{53.2}$$

如果分子由全同原子 (其核为相同同位素) 组成, 按交换原子核坐标时波函数的对称性质, 能级可分为**对称能级** (s) 和**反对称能级** (a). 前者的波函数对这种变换不改变符号, 而后者的波函数改变符号. 由于电偶极矩算符不受这种变换的影响, 所以只对不改变这种对称性的跃迁:

$$s \to s, \quad a \to a, \tag{53.3}$$

其矩阵元才不为零[①]. 但是, 由于能级的对称性取决于分子中核的总自旋 I 的取值, 这个法则并非绝对严格的. 尽管原子核的自旋和电子的相互作用十分微弱, 因而很好地保持了总自旋 I 的守恒, 但是, 仍然不是严格的. 当考虑这种相互作用时, I 将不再具有确定值, 对称性 (s 或 a) 不再保持, 选择定则 (53.3) 也不再适用.

由相同原子组成的分子的电子谱项也可以用它们的宇称 (g 或 u) 描述, 即用核坐标保持不变而电子坐标 (由分子中心算起) 变号时波函数的行为描述. 电子谱项的这种性质一方面和原子核的对称性密切相关, 另一方面又和这个电子谱项转动能级的符号有紧密的联系. 属于偶 (g) 电子谱项的能级可以是 $s+$ 或 $a-$, 而属于奇 (u) 电子谱项的能级可以是 $s-$ 或 $a+$. 因而, 由选择定则 (53.2) 或 (53.3) 还可以得到如下选择定则

$$g \to u, \quad u \to g. \tag{53.4}$$

对于由同种元素的不同同位素组成的分子, 选择定则 (53.4) 依然近似成立. 由于核电荷相等, 在研究不动核的电子谱项时, 所处理的是一个处在具有对称中心 (位于原子核连线的中点) 的电场中的电子系统. 电子波函数在空间反演下的对称性确定该电子谱项的宇称. 由于电偶极矩矢量在这种变换下变

[①] 显然, 这一法则也适用于任一多极跃迁.

号, 于是我们得到选择定则 (53.4). 但是, 用这种方法得到的选择定则是近似的, 因为必须把原子核看成是不动的. 因此, 当考虑电子态和分子转动之间的相互作用时, 这个选择定则将不再适用.

进一步的选择定则有赖于对分子中各种相互作用的相对大小 (即分子的耦合模型) 做某种具体的假设, 因而这些选择定则只能是近似的.

双原子分子的大多数电子谱项属于 a 型耦合或 b 型耦合. 这两种耦合类型的特点是: 轨道角动量和轴的耦合 (分子中两个原子的电相互作用) 比所有其它的相互作用都大, 所以存在量子数 Λ 和 S(电子的轨道角动量在分子轴线上的分量和电子的总自旋). 轨道量 (电子的轨道角动量) 算符和自旋算符对易, 因而

$$S' - S = 0 \quad (\text{情形 } a \text{ 和 } b). \tag{53.5}$$

量子数 Λ 的改变必须满足如下选择定则

$$\Lambda' - \Lambda = 0, \quad \pm 1 \quad (\text{情形 } a \text{ 和 } b), \tag{53.6}$$

对于 $\Lambda = 0$ 的状态 (Σ 谱项) 之间的跃迁, 还有一个附加的选择定则:

$$\Sigma^+ \to \Sigma^+, \quad \Sigma^- \to \Sigma^- \quad (\text{情形 } a \text{ 和 } b). \tag{53.7}$$

(态 Σ^+ 和 Σ^- 对于分子轴线的平面内的反射变换的性质不同). 选择定则 (53.6)、(53.7) 是在固定于核上的坐标系中研究分子时得到的 (参见第三卷 §87); 选择定则 (53.6) 类似于原子中磁量子数的选择定则.

a 型耦合和 b 型耦合的区别是 "自旋–轴" 相互作用能和转动能 (转动能级之差) 之间的关系不同. 前者在 a 型耦合中比较大, 而在 b 型耦合中则小得多. 下面我们来分别研究这两种情形.

情形 a. 这时存在量子数 Σ —— 总自旋沿分子轴的分量 (以及量子数 $\Omega = \Sigma + \Lambda$ —— 总角动量的分量). 如果初态和终态二者都属于情形 a, 就有选择定则

$$\Sigma' - \Sigma = 0 \quad (\text{情形 } a), \tag{53.8}$$

它是根据偶极矩和自旋算符的对易性得出的, 这种对易性已在前面指出过. 由 (53.6) 和 (53.8) 式得出[①]:

$$\Omega' - \Omega = 0, \pm 1. \tag{53.9}$$

---

① 在情形 c (轨道角动量和轴的耦合比 "自旋轨道" 耦合小) 时, 这个选择定则仍成立, 尽管量子数 Λ 和 Σ 不能分别单独存在.

如 $\Omega = \Omega' = 0$, 则除了一般选择定则 (53.1) 外, $J' = J$ 的跃迁也是被禁戒的[①]:

$$J' - J = \pm 1 当 \Omega = \Omega' = 0 \quad (情形\ a). \tag{53.10}$$

现在研究属于两个不同电子谱项 (a 型) 的任意两个给定的振动能级之间的跃迁. 当考虑电子谱项的精细结构时, 这两个能级都分裂为若干个组分. 根据 (53.5) 式, 这两个能级的分裂数 $(2S+1)$ 相同. 按照选择定则 (53.8), 一个能级的每一个组分只和相同 Σ 值的另一能级的一个组分结合.

其次, 我们取具有相同 Σ 的一对能级. 它们的 Ω 和 Ω' 值 (和 Λ 和 Λ' 一样) 相差 0 或 ± 1. 当考虑转动时, 其中的每一个都分裂成一系列能级, 每个能级有不同的 J 值和 J' 值. J 和 J' 的取值范围为 $J \geqslant |\Omega|$, $J' \geqslant |\Omega|$. 跃迁概率对这些量子数的依赖关系可以按照一般的方法推出 (H. Hönl, F. London, 1925).

跃迁 $n\Lambda\Omega J M_J \rightarrow n'\Lambda'\Omega'J'M'_J$ (其中 n 代表除 Ω 和 Λ 以外的电子谱项特征) 的矩阵元为

$$
\begin{aligned}
&|\langle n'\Lambda'\Omega'J'M'_J|d_q|n\Lambda\Omega J M_J\rangle| \\
&= \sqrt{(2J+1)(2J'+1)}
\begin{pmatrix} J' & 1 & J \\ -\Omega' & q' & \Omega \end{pmatrix}
\begin{pmatrix} J' & 1 & J \\ -M'_J & q & M_J \end{pmatrix} \\
&\quad \times |\langle n'\Lambda'|\overline{d}_{q'}|n\Lambda\rangle|,
\end{aligned}
\tag{53.11}
$$

其中 d_q 与 $d_{q'}$ 分别为偶极矩矢量在静止坐标系 xyz 与动坐标系 $\xi\eta\zeta$ (ζ 轴沿分子轴线) 中的球分量. 这个公式是用第三卷 (110.6) 式推出的. 矩阵元 $\langle n'\Lambda'|d_{q'}|n\Lambda\rangle$ 和转动量子数 J, J' 无关, 而仅仅依赖于电子谱项的特征 (并且在此情形下也不依赖于量子数 Σ [②]), 所以在矩阵元的标记中略去了指标 $\Omega' = \Lambda' + \Sigma$ 和 $\Omega = \Lambda + \Sigma$.

跃迁 $n\Lambda\Omega J \rightarrow n'\Lambda'\Omega'J'$ 的概率和矩阵元 (53.11) 对 M'_J 求和后的平方成正比. 利用第三卷的公式 (106.12):

$$
\sum_{M'_j} \begin{pmatrix} J' & 1 & J \\ -M'_J & q & M_J \end{pmatrix}^2 = \frac{1}{2J+1},
$$

---

① 这个选择定则类似于原子情形下当 $M = M' = 0$ 时禁戒 $J = J'$ 的跃迁 (§51), 不过在那里只有在存在外场时才有意义. 而在这里此选择定则直接来源于 (53.12) 式. 由于 $J' + J + 1$ 为奇数, 当 $J' = J$ 时, $3j$ 符号 $\begin{pmatrix} J'1J \\ 000 \end{pmatrix}$ 为零.

② 这一点的证明类似于第三卷 §29 开头对标量 f 所做的证明. 在现在这个情形, 矢量 $\boldsymbol{d}$ 的算符和守恒的矢量 $\boldsymbol{S}$ 的算符对易, 而 Σ 是 $\boldsymbol{S}$ 在转动坐标系中 ζ 轴上的分量, 在这个转动坐标系中, 必须考虑 $\boldsymbol{d}$ 和 $\boldsymbol{S}$ 的对易性.

我们求出

$$w(n\Lambda\Omega J \to n'\Lambda'\Omega'J') = (2J'+1)\begin{pmatrix} J' & 1 & J \\ -\Omega' & \Omega'-\Omega & \Omega \end{pmatrix}^2 B(n',n;\Lambda',\Lambda),$$

$$(53.12)$$

其中系数 B 不依赖于 J 与 J' (当然, 我们忽略了不同 J、J' 的跃迁概率的差别, 这些差别相对而言是非常小的). [①]

如果将 (53.12) 式对 J' 求和, 则由于 $3j$ 符号的正交性 (第三卷 (106.13) 式), 结果简单地是 $B(n',n;\Lambda',\Lambda)$. 因此, 从 Ω 态的转动能级 J 跃迁到 Ω' 态的所有能级 J' 的总概率和 J 无关.

情形 b. 这里, 除总角动量 J 外, 还存在一个量子数 K, 它是不考虑自旋时分子的角动量. 这个量子数的选择定则和任何轨道矢量 (例如电偶极矩) 的一般选择定则相同:

$$|K'-K| \leqslant 1 \leqslant K+K' \quad \text{(情形 } b), \tag{53.13}$$

另外当 $\Lambda = \Lambda' = 0$ 时还禁止 $K = K'$ 的跃迁 (对应 (53.10)):

$$K'-K = \pm 1 \quad \text{当} \quad \Lambda = \Lambda' = 0. \tag{53.14}$$

对属于 b 型的两个电子态的确定的振动能级, 我们来研究它们的转动分量之间的跃迁. 这种跃迁的概率由公式 (53.12) 决定, 只是其中的 J、Ω 由 K、Λ 代替. 当考虑精细结构时 (对于 $S \neq 0$), 每一个转动能级 K 分裂成 $2S+1$ 个组分: $J = |K-S|, \cdots, K+S$, 结果, $J \to J'$ 不再是一条谱线, 而是多重谱线. 由于在此情形下, 我们将 $\boldsymbol{K}$ 和 $\boldsymbol{S}$ 这两个自由的 (未与分子轴线耦合的) 角动量相加, 多重线中不同谱线的相对跃迁概率公式与原子光谱中精细结构组分的对应公式 (49.15) 相同, 在那里, 相应的角动量 (在 LS 耦合中) 为 $\boldsymbol{L}$ 与 $\boldsymbol{S}$.

这样, 我们对双原子分子中可能出现的各种基本情形考察了选择定则, 这些选择定则支配着在各种情形中会出现怎样的光谱线.

两个给定的电子-振动能级转动分量之间的跃迁产生的谱线群, 在光谱学中叫**光谱带**. 由于转动能级的间隔很小, 带中的谱线分布很密. 这些谱线的频率由下式给出:

$$\hbar\omega_{JJ'} = \text{const} + BJ(J+1) - B'J'(J'+1), \tag{53.15}$$

[①] 当考虑 Λ 加倍时, 每一个转动能级还要分裂为两个能级, 其中一个是正的, 另一个是负的. 这样根据选择定则 (53.2), 将有两个跃迁 (而不再只是 $J \to J'$ 一个跃迁): 一个是由能级 J 的正组分跃迁到能级 J' 的负组分, 另一个是由能级 J 的负组分跃迁到能级 J' 的正组分. 这两个跃迁的概率相等.

式中 B 与 B' 为两个电子态中的转动常数 (为避免不必要的复杂, 电子谱项假设是单态的). 当 $J' = J, J \pm 1$ 时, (53.15) 式由三条抛物线分支表示 (图 2), 曲线上和整数 J 对应的点决定频率的数值 (图 2 中三条曲线的分布对应着 $B' < B$ 的情形. 当 $B' > B$ 时, 曲线的开放端指向 ω 值小的方向, 而且最上面的曲线为 $J' = J-1$)[1]. 由图可见, 弯曲分支的存在使得谱线越来越密地趋于某个极限位置 (谱带头).

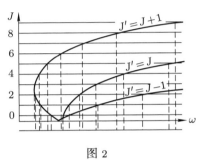

图 2

和谱线强度相联系, 还应该提及在相同同位素双原子分子的电子光谱中一种奇特的**强度交变效应** (W. Heisenberg, F. Hund, 1927). 由核自旋固有的对称性条件得到如下结果, 在电子的 Σ 谱项中, K 值为偶数和奇数的转动组分相对于核的对称性是相反的, 因此有不同的核统计权重 g_s 和 g_a (参见第三卷 §86). 按照选择定则 (53.14), 两个不同的 Σ 谱项之间的跃迁, 只有 $J' = J \pm 1$ 是允许的, 并且由于 (53.4), 一个 Σ 谱项应该是偶的, 另一个是奇的. 其结果是, 对给定的 $J'-J$ 值, 在两个对称能级和两个反对称能级之间交替地发生 J 相继取值的跃迁 (图 3 给出了 Σ_g^+ 态和 Σ_u^+ 态的例子). 另一方面, 所观察到的谱线强度正比于该初态中的分子数, 因而正比于它的统计权重. 这样, 相继谱线 ($J = 0, 1, 2, \cdots$) 的强度将大小交替地改变, 交替地正比于 g_s 和 g_a(此行为叠加在由 (53.12) 式所给的单调变化上).[2]

当两个不同的电子谱项之间发生跃迁时, 振动量子数的改变没有任何严格的选择定则. 但有一个定则 (弗兰克–康登原理) 可以用来预言振动态最可能的改变. 其根据是: 因为原子核的质量比较大, 其运动是准经典的 (比较第三卷 §90 中对预离解所作的讨论[3]).

在确定电子谱项为 $U(r)$ 和 $U'(r)$ 振动能级 E 和 E' 之间的跃迁矩阵元的积分中 $r = r_0$ 的邻域的贡献最为重要, 在此邻域,

$$U(r_0) - U'(r_0) = E - E' \tag{53.16}$$

---

[1] 和跃迁 $J' = J+1, J, J-1$ 所对应的一族曲线分别叫 P、Q 和 R 分支.
[2] 这里假定总核自旋值不同的所有状态是均匀占据的.
[3] 严格来说, 还需要振动量子数足够大.

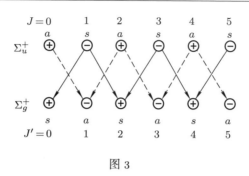

图 3

(即在两个状态中原子核相对运动的动量相等: $p = p'$). 对于给定的 E 值, 跃迁概率作为终态能量 E' 的函数在差 $E - U$ 与 $E' - U'$ 减小时将增大, 并在

$$E - U(r_0) = E' - U'(r_0) = 0 \tag{53.17}$$

时, 即当 "转变点" r_0 (方程 (53.16) 的根) 和核的经典转折点重合时, 跃迁概率达到最大值 (图 4 画出了 E 和最概然的 E' 之间的这个关系). 更直观地可表述为, 在核的经典转折点附近, 跃迁是概率最大的, 核在那里的停留时间相对来说比较长.

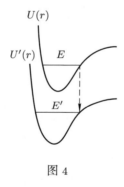

图 4

§54　双原子分子的辐射: 振动光谱和转动光谱

对于分子的电子态不变的跃迁, 上节所给出的选择定则和跃迁概率公式仍然成立[1]. 这里我们仅讨论这些跃迁的若干特点.

首先, 在由相同原子组成的分子中, 选择定则 (53.4) 禁戒所有电子态不变的偶极跃迁, 因为在这种跃迁中, 电子谱项的宇称保持不变. 由 §53 中的讨论

---

[1] 振动态 (以及转动态) 改变的跃迁构成分子的**振动光谱**; 它处于近红外区域 (波长 $< 20\mu m$). 而仅有转动态改变的跃迁构成**转动光谱**, 它处于远红外区 (波长 $> 20\mu m$).

可知, 只有当考虑核自旋和电子的相互作用时, 或者分子是由同一元素的不同同位素组成时, 由于转动对电子态的影响, 这样的跃迁才是允许的.

偶极矩矩阵元的计算可以在随分子一起转动的坐标系中得到简化 (按照第三卷 §87 的公式). 在此坐标系中, 分子的波函数为两部分之乘积: 一部分是核间距离 r 给定时电子的波函数, 另一部分是在电子和核的有效场 $U(r)$ 中核的振动波函数. 当完全忽略原子核运动对电子态的影响时, 所研究的跃迁中, 初态和终态的电子波函数是相同的. 因而, 对电子坐标的积分在矩阵元中只给出分子的平均偶极矩 $\bar{d}$ (显然, 它沿着其轴线方向), 它是距离 r 的函数. 由于振动很小, 函数 $\bar{d}(r)$ 可以展开成振动坐标 $q = r - r_0$ 的幂级数. 当跃迁包括振动态的改变时, 由于同一个场 $U(q)$ 中的振动波函数互相正交, 矩阵元中不会出现级数的零次项, 因而只剩下和 q 成正比的项. 如将振动看成谐振动, 则按照线性振子的已知性质 (第三卷 §23), 只有相邻振动态之间的跃迁矩阵元才不为零. 所以, 对于振动量子数 v, 将有选择定则

$$v' - v = \pm 1. \tag{54.1}$$

然而, 在考虑到振动的非简谐性和函数 $\bar{d}(q)$ 的高次项时, 这个选择定则将不再成立.

对于纯粹的转动跃迁 (振动态也不改变), 可以认为, 偶极矩沿动坐标轴 ζ 的分量的矩阵元等于分子的平均偶极矩 $\bar{d} = \bar{d}(0)$.[①] 结果, 对 $J \to J-1$ 跃迁的概率, 我们得到公式

$$w(nJ \to n, J-1) = \frac{4\omega^3}{3\hbar c^3} \bar{d}^2 \frac{J^2 - \Omega^2}{J(2J+1)}, \tag{54.2}$$

由此公式我们不仅可以计算相对概率 (如在 (53.12) 式中), 而且可以用来计算绝对概率. ((54.2) 式是对情形 a 写出的; 在情形 b 中, J 与 Ω 必须换成 K 与 Λ.)

纯转动跃迁的频率由转动能量 $BJ(J+1)$ 之差给出:

$$\hbar\omega_{J,J-1} = 2BJ. \tag{54.3}$$

相邻两条谱线的间隔相等, 为 $2B$.

§55 核辐射

对于核的 γ 辐射, 通常系统的线度 (核的半径 R) 确实比光子波长小. 但是, 核的能级间的间隔 (因此也是 γ 量子的能量) 一般要比核中每个核子的能

---

① 在相同原子组成的分子中, 由于对称性, 很明显 $\bar{d} = 0$.

量小. 所以, 量 R/λ 并不直接和核子在核中的速度 v/c 相联系, 并且, 它一般要比 v/c 小得多. 因此, Ml 辐射的概率通常比 $E, l+1$ 辐射的概率大 (比较 §50 的开头).

对于核辐射, 总角动量 ("自旋") 和宇称的一般选择定则, 和任何系统的辐射是一样的. 核辐射的特征在于其通常会发生高阶多极跃迁. 和原子辐射一般是电偶极辐射不同, 在核辐射中, 由于选择定则的存在, 低能级的电偶极跃迁比较少.

如果可以将核的辐射跃迁看成单粒子跃迁 —— 核中一个核子的状态改变时, 其余部分的状态不变, 那么对这个核子的角动量有附加的选择定则. 不过, 这样的 "单粒子" 选择定则实际上只是近似成立的.

同位旋的选择定则是核所特有的. 同位旋分量 T_3 由原子量和核电荷数决定:
$$T_3 = \frac{1}{2}(Z - N) = Z - \frac{A}{2}.$$

在给定 T_3 值后, 同位旋的绝对值可取 $T \geq |T_3|$ 的任何值. 在辐射跃迁中将出现关于量子数 T 的选择定则, 这是因为当用核子的同位旋算符表示时, 核的电矩和磁矩算符是一个标量与一个矢量在同位旋空间中的 x_3 分量之和 (参见第三卷 §116), 因此它们的矩阵元只在

$$T' - T = 0, \pm 1 \tag{55.1}$$

时才不为零. 但是这个选择定则并没有对轻核中的跃迁加以任何特别的限制 (只有对于轻核才能以合理的精确度讲同位旋守恒); 问题在于这些核的低能级中实际上就没有 $T > 1$ 的能级.

但是, 对于 $E1$ 跃迁, 还有一附加的选择定则. 这是因为电偶极矩中没有同位旋标量部分, 其算符简单地只是同位旋矢量的 x_3 分量 (参见第三卷 §116). 所以, 若 $T_3 = 0$, 则 $\triangle T = 0$ 的跃迁也是禁戒的. 换句话说, 在中子数和质子数相等的核中 $(N = Z, A = 2Z)$, 只有当

$$T' - T = \pm 1 \quad (T_3 = 0) \tag{55.2}$$

时, $E1$ 跃迁才是可能的. 当然, 遵守这个选择定则的准确度取决于核同位旋守恒的精确度.

核中 $E1$ 跃迁的概率大小, 还要受到一个特定核子运动时核的其余部分反冲效应的影响. 这种反冲效应使得质子的有效电荷变为 $e(1 - Z/A)$ 而不是 e, 中子的有效电荷为 $-eZ/A$ 而不是 0 (参见第三卷 §118). 质子有效电荷的减小将使 $E1$ 跃迁的概率有所减小.

非球形核的能级具有转动结构, 因而这种核的 γ 辐射谱将显示出一种特有的转动结构.

核子在 "固定的" 非球形 (轴向) 核中运动时场的对称性, 和电子在 "固定的" 同核双原子分子中运动时场的对称性是相同的 (点群 $C_{\infty h}$). 因此, 非球形核能级的对称性 (以及与之相关的矩阵元的选择定则) 和双原子分子能级的对称性相似 (参见第三卷 §119). 特别是, 和同核双原子分子一样, 同一转动谱带内的电偶极跃迁 (即核的内禀状态不变的跃迁) 是禁戒的 (比较 §54). 所以, 这时的跃迁是作为 $E2$ 或 $M1$ 跃迁出现的. 在第一种情形下, 原子核的总角动量 J 可以改变 2 或 1, 而在第二种情形下改变 1.

按照 (46.9) 式, 四极跃迁概率对终态核总角动量的分量值 M' 求和结果为

$$w_{E2} = \frac{\omega^5}{15\hbar c^5} \sum_{M'} |\langle J'\Omega M'|Q_{2,-m}^{(E)}|J\Omega M\rangle|^2$$

(J 为核的总角动量, Ω 为总角动量在核轴线上的分量, $m = M - M'$). 利用第三卷 (110.8) 式, 这个求和可以表示为给定量的平方, 这个给定的量为对核的内禀态对角化的跃迁四极矩 $\overline{Q}_{2\lambda}$, $\overline{Q}_{2\lambda}$ 是对核坐标轴 $\xi\eta\zeta$ 定义的. 这里, $\lambda = \Omega - \Omega'$, 所以, 在所考虑的情形 ($\Omega' = \Omega$) 下出现的只有分量 $\overline{Q}_{20}$. 按照定义, 量

$$eQ_0 = e \int \rho_{ii}(2\zeta^2 - \xi^2 - \eta^2)\mathrm{d}\xi\mathrm{d}\eta\mathrm{d}\zeta = -2e(\overline{Q}_{20})_{ii}$$

简单地称为核的四极矩. 因此得到

$$w_{E2}(\Omega J \to \Omega J') = \frac{\omega^5}{60\hbar c^5}Q_0^2(2j'+1)\begin{pmatrix} J' & 2 & J \\ -\Omega & 0 & \Omega \end{pmatrix}^2. \tag{55.3}$$

写成明显形式为

$$w_{E2}(\Omega J \to \Omega, J-1) = \frac{\omega^5}{20\hbar c^5}Q_0^2\frac{\Omega^2(J^2-\Omega^2)}{(J-1)J(J+1)(2J+1)},$$

$$w_{E2}(\Omega J \to \Omega, J-2) = \frac{\omega^5}{40\hbar c^5}Q_0^2\frac{(J^2-\Omega^2)[(J-1)^2-\Omega^2]}{(J-1)J(2J-1)(2J+1)}.$$

但是, 对这些公式必须作如下说明. 这些公式中的矩阵元是用形如

$$\psi_{J\Omega M} = \text{const} \cdot \chi\Omega D_{\Omega M}^{(J)}(\boldsymbol{n})$$

的波函数计算的 (x_Ω 为核内禀态的波函数). 这些函数和角动量在 ζ 轴上的分量的确定值 (大小与符号都确定) 相对应. 但是, 在核中, 只有状态的宇称和角

动量的分量值是确定的 (后者通常取为 Ω). 所以当 $\Omega \neq 0$ 时, 初态和终态的波函数应该是如下形式的组合:

$$\frac{1}{\sqrt{2}}(\psi_{J\Omega M} \pm \psi_{J,-\Omega,M}), \quad \frac{1}{\sqrt{2}}(\psi_{J'\Omega M'} \pm \psi_{J',-\Omega,M'}).$$

第一项的乘积与第二项的乘积将给出和前面对四极矩矩阵元相同的值; 但是若 $2\Omega \leqslant 2$, 截面将给出非零的积分.[①] 因此, 严格来说, 当 $\Omega = \frac{1}{2}$ 或 1 时, (55.3) 式并非精确成立的. 在这些情形下, 跃迁概率中将出现一个附加项, 它是不可能用四极矩平均值表示的.[②]

由类似于 (55.3) 式的推导, 我们对 $M1$ 跃迁概率得到

$$
\begin{aligned}
w_{M1}(\Omega J \to \Omega, J-1) &= \frac{4\omega^3}{3\hbar c^3}\mu^2(2J-1)\begin{pmatrix} J-1 & 1 & J \\ -\Omega & 0 & \Omega \end{pmatrix}^2 \\
&= \frac{4\omega^3}{3\hbar c^3}\mu^2\frac{J^2-\Omega^2}{J(2J+1)}.
\end{aligned}
\tag{55.4}
$$

其中 μ 为核的磁矩 (此公式在 $\Omega = \frac{1}{2}$ 时不成立).

§56　光电效应: 非相对论情形

在 §49—§52 中, 我们研究了离散谱原子能级之间的辐射跃迁 (带有光子发射或吸收). 光电效应和这种光子吸收过程的区别只是其终态是属于连续谱的.

对氢原子和类氢离子 (核电荷数 $Z \ll 137$), 光电效应的截面可以用解析方法精确计算.

在初态中, 电子在离散能级 $\varepsilon_i \equiv -I$ (其中 I 为原子的电离势) 上, 光子具有确定的动量 $\boldsymbol{k}$. 在终态, 电子具有动量 $\boldsymbol{p}$ (和能量 $\varepsilon_f \equiv \varepsilon$). 由于 $\boldsymbol{p}$ 取一系列连续值, 所以光电效应的截面公式为

$$\mathrm{d}\sigma = 2\pi|V_{fi}|^2\delta(-I+\omega-\varepsilon)\frac{\mathrm{d}^3 p}{(2\pi)^3} \tag{56.1}$$

---

① 对于 2^l 极矩的矩阵元, 被积函数中将包含乘积

$$D^{(J')*}_{-\Omega M'}D^{(l)}_{q'q}D^{(J)}_{\Omega M}.$$

当 $q' = -2\Omega$ 时, 角度积分将不为零, 而且 q' 只能取 $-l$ 到 l 的值. 所以必定有 $2\Omega \leqslant l$.

② 事实上, 只有在 $\Omega = \frac{1}{2}$ 时, 核的转动和内禀态之间的耦合特别大, 这一项才给出较为重要的修正 (参见第三卷 §119).

(和 (44.3) 式比较), 并且电子终态的波函数归一化为在体积 $V = 1$ 中有一个粒子. 光子波函数仍然按以前的方式归一化; 为得到截面 $\mathrm{d}\sigma$, 概率 $\mathrm{d}w$ 应该除以光子的通量密度 (等于 $c/V = c$), 但是当用相对论单位时, 将不影响 (56.1) 式的形式.

和 (45.2) 式一样, 我们取光子的三维横向规范. 这时

$$V_{fi} = -e\boldsymbol{A} \cdot \boldsymbol{j}_{fi} = -e\sqrt{4\pi}\frac{1}{\sqrt{2\omega}}M_{fi},$$

其中

$$M_{fi} = \int \psi'^{*}(\boldsymbol{\alpha} \cdot \boldsymbol{e})\mathrm{e}^{\mathrm{i}\boldsymbol{k}\cdot\boldsymbol{r}}\psi \mathrm{d}^3x \tag{56.2}$$

($\psi \equiv \psi_i$ 和 $\psi' \equiv \psi_f$ 是电子的初态和终态波函数). 在 (56.1) 式中令 $\mathrm{d}^3p \to \boldsymbol{p}^2\mathrm{d}|\boldsymbol{p}|\mathrm{d}o = \varepsilon|\boldsymbol{p}|\mathrm{d}\varepsilon\mathrm{d}o$, 并对 $\mathrm{d}\varepsilon$ 积分消去 δ 函数, 这个公式可改写为

$$\mathrm{d}\sigma = e^2\frac{\varepsilon|\boldsymbol{p}|}{2\pi\omega}|M_{fi}|^2\mathrm{d}o. \tag{56.3}$$

我们将对以下两种情形进行计算, 这两种情形的区别在于光子的能量大小不同, 即 $\omega \gg I$ 与 $\omega \ll m$. 由于 $I \sim me^4Z^2 \ll m$, 所以, 这两个区域部分重叠 (当 $I \ll \omega \ll m$ 时), 因此, 研究了这两种情形, 实质上就给出了光电效应的完全描述.

首先我们来研究

$$\omega \ll m \tag{56.4}$$

的情形. 这时无论在初态还是在终态, 电子速度都很小, 因而对电子而言, 完全属于非相对论问题. 所以, 我们可以用速度的非相对论算符 $\hat{\boldsymbol{v}} = -\mathrm{i}\nabla/m$ 代替 (56.2) 式中的 $\boldsymbol{\alpha}$ (比较 §45). 此外, 我们还可以取偶极子近似, 令 $\mathrm{e}^{\mathrm{i}\boldsymbol{k}\cdot\boldsymbol{r}} \approx 1$, 即和电子动量相比较忽略光子的动量. 于是,

$$\mathrm{d}\sigma = e^2\frac{m|\boldsymbol{p}|}{2\pi\omega}|\boldsymbol{e} \cdot \boldsymbol{v}_{fi}|^2\mathrm{d}o, \quad \boldsymbol{v}_{fi} = -\frac{\mathrm{i}}{m}\int \psi'^{*}\nabla\psi \cdot \mathrm{d}^3x. \tag{56.5}$$

我们将从氢原子 (或类氢离子) 的基态能级研究光电效应. 这时

$$\psi = \frac{(Ze^2m)^{3/2}}{\sqrt{\pi}}\mathrm{e}^{-Ze^2mr} \tag{56.6}$$

(在通常的单位中, $me^2 \to 1/a_0$, 这里 $a_0 = \hbar^2/me^2$ 为玻尔半径).

波函数 ψ' 必须取为使其渐近形式包含一个平面波 $\mathrm{e}^{\mathrm{i}\boldsymbol{p}\cdot\boldsymbol{r}}$ 与一个入射的球面波 (参见第三卷 §136, 在那里这个函数标记为 $\psi_{\boldsymbol{p}}^{(-)}$). 由于 l 的选择定则, 以

s 态为初态的跃迁只可能以 p 态为终态 (偶极子情形). 于是, 在展开式[1]

$$\psi_{\boldsymbol{p}}^{(-)} = \frac{1}{2p} \sum_{l=0}^{\infty} \mathrm{i}^l (2l+1) \mathrm{e}^{-\mathrm{i}\delta_l} R_{pl}(r) P_l(\boldsymbol{n} \cdot \boldsymbol{n}_1) \tag{56.7}$$

中 $(\boldsymbol{n} = \boldsymbol{p}/p, \boldsymbol{n}_1 = \boldsymbol{r}/r)$ 只保留 $l=1$ 的项就够了. 略去无关紧要的相因子, 我们有

$$\psi' = \frac{3}{2p}(\boldsymbol{n} \cdot \boldsymbol{n}_1) R_{pl}(r). \tag{56.8}$$

采用 (56.6) 和 (56.8) 式给出的函数 ψ 和 ψ', 我们有

$$\begin{aligned}
\boldsymbol{e} \cdot \boldsymbol{v}_{fi} &= \frac{3(Ze^2 m)^{5/2}}{2\sqrt{\pi} m p} \iint (\boldsymbol{n} \cdot \boldsymbol{n}_1)(\boldsymbol{n}_1 \cdot \boldsymbol{e}) \mathrm{e}^{-Ze^2 mr} R_{p1}(r) \mathrm{d}o_1 \cdot r^2 \mathrm{d}r \\
&= \frac{\sqrt{2\pi}(Ze^2 m)^{5/2}}{pm}(n \cdot e) \int_0^{\infty} r^2 \mathrm{e}^{-Ze^2 mr} R_{p1}(r) \mathrm{d}r.
\end{aligned}$$

按照第三卷 (36.18) 与 (36.24) 式, 径向函数 (在此所用的单位中) 为

$$R_{pl} = \frac{\sqrt{8\pi} Ze^2 m}{3} \sqrt{\frac{1+\nu^2}{\nu(1-\mathrm{e}^{-2\pi\nu})}} pr \mathrm{e}^{-\mathrm{i}pr} \mathrm{F}(2+\mathrm{i}\nu, 4, 2\mathrm{i}pr),$$

其中

$$\nu = \frac{Ze^2 m}{p} \left(= \frac{Ze^2}{\hbar v} \right). \tag{56.9}$$

所需要的积分可利用下式计算:

$$\int_0^{\infty} \mathrm{e}^{-\lambda z} z^{\gamma-1} \mathrm{F}(\alpha, \gamma, kz) \mathrm{d}z = \Gamma(\gamma) \lambda^{\alpha-\gamma} (\lambda-k)^{-\alpha}$$

(参见第三卷 (f.3)). 再注意到

$$\left(\frac{\nu+\mathrm{i}}{\nu-\mathrm{i}} \right)^{\mathrm{i}\nu} = \mathrm{e}^{-2\nu \operatorname{arccot} \nu},$$

我们得到

$$\boldsymbol{e} \cdot \boldsymbol{v}_{fi} = \frac{2^{7/2} \pi \nu^3 (\boldsymbol{n} \cdot \boldsymbol{e})}{\sqrt{p} m (1+\nu^2)^{3/2}} \frac{\mathrm{e}^{-2\nu \operatorname{arccot} \nu}}{\sqrt{1-\mathrm{e}^{-2\pi\nu}}}.$$

氢原子 (或类氢离子) 基态能级的电离能为 $I = Z^2 e^4 m/2$. 因此

$$\omega = \frac{p^2}{2m} + I = \frac{p^2}{2m}(1+\nu^2). \tag{56.10}$$

---

[1] 在本节的余下部分, 用 p 标记 $|\boldsymbol{p}|$.

应用这个关系式, 我们得到在立体角元 do 内发射一个电子的光电效应截面的最后表示式:

$$d\sigma = 2^7\pi\alpha a^2 \left(\frac{I}{\hbar\omega}\right)^4 \frac{e^{-4\nu\,\mathrm{arccot}\,\nu}}{1 - e^{-2\pi\nu}}(\boldsymbol{n}\cdot\boldsymbol{e})^2 do, \tag{56.11}$$

其中 $a = \hbar^2/mZe^2 = a_0/Z$ (此处和以后都采用通常的单位). 我们看到, 光电子的角分布由因子 $(\boldsymbol{n}\cdot\boldsymbol{e})^2$ 决定. 这个因子在和入射光子的极化方向平行的方向上最大, 而在和 $\boldsymbol{e}$ 垂直的方向上 (包括入射方向) 为零. 对于非极化光子, (56.11) 式应该对方向 $\boldsymbol{e}$ 求平均, 这等价于作代换

$$(\boldsymbol{n}\cdot\boldsymbol{e})^2 \to \frac{1}{2}(\boldsymbol{n}_0\times\boldsymbol{n})^2$$

式中 $\boldsymbol{n}_0 = \boldsymbol{k}/k$ (参见 (45.4b) 式).

将 (56.11) 式对所有角度积分, 就得到光电效应的总截面

$$\sigma = \frac{2^9\pi^2}{3}\alpha a^2 \left(\frac{I}{\hbar\omega}\right)^4 \frac{e^{-4\nu\,\mathrm{arccot}\,\nu}}{1 - e^{-2\pi\nu}} \tag{56.12}$$

(M. Stobbe, 1930).

当 $\hbar\omega \to I$ (即 $\nu \to \infty$) 时, σ 的极限值为

$$\sigma = \frac{2^9\pi^2}{3e^4}\alpha a^2 = \frac{2^9\pi^2}{3e^4}\frac{\alpha a_0^2}{Z^2} = 0.23\frac{a_0^2}{Z^2} \tag{56.13}$$

(分母中的 e 为自然对数的底 $2.71\cdots$!). 光电效应在其阈值附近趋于一个恒定的极限, 这正是一个产生带电粒子的反应所必须的 (参见第三卷 §147).

$\hbar\omega \gg I$ (但仍有 $\hbar\omega \ll mc^2$) 的情形对应于玻恩近似 ($\nu = Ze^2/\hbar v \ll 1$). (56.12) 式变为

$$\sigma = \frac{2^8\pi}{3}\alpha a_0^2 Z^5 \left(\frac{I_0}{\hbar\omega}\right)^{7/2} \tag{56.14}$$

($I_0 = e^4m/2\hbar^2$ 为氢原子的电离能).

和光电效应相反的过程是电子与静止离子的辐射复合过程. 此过程的截面 (σ_{rec}) 可以利用细致平衡原理 (第三卷 §144) 由光电效应截面 (σ_{ph}) 求出. 按照细致平衡原理, 过程 $i \to f$ 和过程 $f \to i$ (在 i 和 f 状态都有两个粒子) 的截面有如下关系:

$$g_i p_i^2 \sigma_{i \to f} = g_f p_f^2 \sigma_{f \to i},$$

其中 p_i 与 p_f 为粒子相对运动的动量, g_i 与 g_f 为 i 和 f 态的自旋统计权重. 考虑到光子的 $g = 2$ (有两个极化方向), 而自由电子和离子的统计权重等于氢原子基态的统计权重, 对这个状态, 我们得到

$$\sigma_{\mathrm{rec}} = \sigma_\gamma \frac{2\boldsymbol{k}^2}{\boldsymbol{p}^2} \tag{56.15}$$

($\boldsymbol{p} = m\boldsymbol{v}$ 为入射电子的动量, $\boldsymbol{k}$ 为所发射的光子的动量).

习　题

1. 试直接利用非相对论情形中的玻恩近似推出 (56.14) 式.

解: 在玻恩近似中, (56.5) 式中的 ψ' 就是平面波 $\psi' = \mathrm{e}^{\mathrm{i}\boldsymbol{p}\cdot\boldsymbol{r}}$, 而 ψ 仍为函数 (56.6). 这时

$$\boldsymbol{v}_{fi} = \boldsymbol{v}_{if} = \frac{1}{m}\int \psi \widehat{\boldsymbol{p}}\psi'\mathrm{d}^3x = \frac{\boldsymbol{p}}{m}\frac{(Ze^2m)^{3/2}}{\sqrt{\pi}}(\mathrm{e}^{-Ze^2mr})_{\boldsymbol{p}}.$$

傅里叶分量由 (57.6b) 给出, 因而

$$\boldsymbol{v}_{fi} \approx 8\sqrt{\pi}p^{-3}m^{3/2}(Ze^2)^{5/2}\boldsymbol{n}.$$

代入 (56.5) 式并对 do 积分, 便得到 (56.14) (这时, $p^2/2m \approx \omega$ 足够准确成立).

2. 试计算快速但仍为非相对论性的电子 $(I \ll mv^2 \ll mc^2)$ 和 $Z \ll 137$ 的原子核的辐射复合的总截面.

解: 将 (56.14) 代入 (56.15) 就可以得出俘获到 K 壳层 (主量子数为 $n=1$) 上的截面:

$$\sigma_1^{\mathrm{rec}} = \frac{2^7\pi}{3}Z^5\alpha^3a_0^2\left(\frac{I_0}{\varepsilon}\right)^{5/2}$$

$(\varepsilon = mv^2/2$ 为入射电子的能量; $\hbar\omega \approx \varepsilon)$. 在所得到的原子的其余状态中只有 s 态是重要的: 在计算玻恩近似的矩阵元时, 小 r 的束缚态波函数的值比较重要 (在 §57 中将要看到), 这个函数值在 $l > 0$ 时比 $l = 0$ 时小. 将 ψ 按 r 的幂展开, 只取前两项就够了. 对于 $l=0$ 且 n 为任意值的状态, 这两项为

$$\psi = \frac{1}{\sqrt{\pi}a^{3/2}n^{3/2}}\left(1 - \frac{r}{a}\right),$$

即 n 仅仅以公因子 $n^{-3/2}$ 的形式出现 (此式是通过展开第三卷的函数 (36.13) 得到的). 所以, 总复合截面为

$$\sigma^{\mathrm{rec}} = \sum_{n=1}^{\infty}\sigma_n^{\mathrm{rec}} = \sigma_1^{\mathrm{rec}}\sum_{n=1}^{\infty}\frac{1}{n^3} = \zeta(3)\sigma_1^{\mathrm{rec}}.$$

(ζ 函数值为: $\zeta(3) = 1.202$).

§57　光电效应: 相对论情形

现在我们来研究

$$\omega \gg I \tag{57.1}$$

的情形. 这时我们仍有 $\varepsilon = \omega - I \gg I$, 因此, 原子核的库仑场对光电子波函数 ($\psi'$) 的影响可以用微扰论计算. 我们将 ψ' 写成如下形式:

$$\psi' = \frac{1}{\sqrt{2\varepsilon}}(u'\mathrm{e}^{\mathrm{i}\boldsymbol{p}\cdot\boldsymbol{r}} + \psi^{(1)}). \tag{57.2}$$

光电子可以是相对论性的, 因此将 (57.2) 式中的非微扰波函数写成相对论性的平面波形式 (23.1).

虽然在初态中电子是非相对论性的, 但是由于下面的原因, 其波函数 ψ 必须包含相对论修正项 ($\sim Ze^2$). 这个函数由下式给出 (参见 §39 的习题):

$$\psi = \left(1 - \frac{\mathrm{i}}{2m}\gamma^0\boldsymbol{\gamma}\cdot\nabla\right)\frac{u}{\sqrt{2m}}\psi_{\mathrm{non-r}}, \tag{57.3}$$

式中的 $\psi_{\mathrm{non-r}}$ 为非相对论性束缚态波函数 (56.6), u 为静止电子的双旋量振幅, 归一化条件为 $\bar{u}u = 2m$.

将函数 (57.2) 和 (57.3) 代入矩阵元 (56.2)[①]:

$$M_{fi} = \frac{1}{2\sqrt{m\varepsilon}}\int\left\{\overline{u}'(\boldsymbol{\gamma}\cdot\boldsymbol{e})\left[\left(1 - \frac{\mathrm{i}}{2m}\gamma^0\boldsymbol{\gamma}\cdot\nabla\right)u\psi_{\mathrm{non-r}}\right]\mathrm{e}^{-\mathrm{i}(\boldsymbol{p}-\boldsymbol{k})\cdot\boldsymbol{r}}\right.$$
$$\left. + \overline{\psi}^{(1)}(\boldsymbol{\gamma}\cdot\boldsymbol{e})\mathrm{e}^{\mathrm{i}\boldsymbol{k}\cdot\boldsymbol{r}}u\psi_{\mathrm{non-r}}\right\}\mathrm{d}^3x. \tag{57.4}$$

为了推出此量按 Ze^2 的幂展开的第一项, 可用常数 $(Ze^2m)^{3/2}/\sqrt{\pi}$ 替换大括号中第二项的 $\psi_{\mathrm{non-r}}$. 当 $\boldsymbol{p} - \boldsymbol{k} \neq 0$ 时, 这样处理则第一项将消失 (正是由于这个原因, 在 ψ 中还必须考虑正比于 Ze^2 的第一级相对论修正. 当 $v \sim 1$ 时, 这个修正对截面的贡献和 $\psi_{\mathrm{non-r}}$ 按 Ze^2 展开的第二项的贡献有相同的数量级).

对 (57.4) 式的第一项进行分部积分, 使算符 ∇ 从作用于 $\psi_{\mathrm{non-r}}$ 上转到作用于指数因子上. 结果得到

$$M_{fi} = \frac{(Ze^2m)^{3/2}}{2(\pi m\varepsilon)^{1/2}}\left\{\overline{u}'(\boldsymbol{\gamma}\cdot\boldsymbol{e})\left[1 + \frac{1}{2m}\gamma^0\boldsymbol{\gamma}\cdot(\boldsymbol{p}-\boldsymbol{k})\right]u(\mathrm{e}^{-Ze^2mr})_{\boldsymbol{p}-\boldsymbol{k}}\right.$$
$$\left. + \overline{\psi}^{(1)}_{-\boldsymbol{k}}(\boldsymbol{\gamma}\cdot\boldsymbol{e})u\right\}, \tag{57.5}$$

---

① 函数 (57.3) 是对距离 $r \sim 1/mZe^2$ 推出的, 在这个距离, 修正项的相对数量级为 Ze^2. 但是对于基态 (以及所有的 s 态, 由于指数函数 (56.6) 的导数 (因而 (57.3) 中的修正项) 总是和 Ze^2 成正比的, (57.3) 式对任何 r 都适用, 因此可以应用于现在所研究的问题 (这时, 很小的 r 都不能忽视; 当 $v \sim 1$ 时, $r \sim 1/m$ 就不能忽略).

其中, 矢量的下标标记空间的傅里叶分量. 精确到 Ze^2 项, 我们有[①]:

$$(e^{-Ze^2mr})_{\boldsymbol{p}-\boldsymbol{k}} = \frac{8\pi Ze^2 m}{(\boldsymbol{p}-\boldsymbol{k})^4}. \tag{57.6}$$

为计算傅里叶分量 $\psi_{\boldsymbol{k}}^{(1)}$, 我们写出函数 $\psi^{(1)}$ 所满足的方程:

$$(\gamma^0\varepsilon + i\boldsymbol{\gamma}\cdot\nabla - m)\psi^{(1)} = e(\gamma^\mu A_\mu)u'e^{i\boldsymbol{p}\cdot\boldsymbol{r}}$$
$$= -\frac{Ze^2}{r}\gamma^0 u'e^{i\boldsymbol{p}\cdot\boldsymbol{r}},$$

(它是将 (57.2) 代入 (32.1) 得到的). 对此方程的两边用算符 $(\gamma^0\varepsilon + i\boldsymbol{\gamma}\cdot\nabla + m)$ 作用, 我们得到:

$$(\Delta + \boldsymbol{p}^2)\psi^{(1)} = -Ze^2(\gamma^0\varepsilon + i\boldsymbol{\gamma}\cdot\nabla + m)(\gamma^0 u')\frac{1}{r}e^{i\boldsymbol{p}\cdot\boldsymbol{r}}.$$

对此方程两边乘以 $e^{-i\boldsymbol{k}\cdot\boldsymbol{r}}$ 并对 d^3x 积分, 同时在含 Δ 和 ∇ 的项中进行分部积分, 可以得到

$$(\boldsymbol{p}^2 - \boldsymbol{k}^2)\psi_{\boldsymbol{k}}^{(1)} = -Ze^2(\gamma^0\varepsilon - \boldsymbol{\gamma}\cdot\boldsymbol{k} + m)(\gamma^0 u')\left(\frac{1}{r}\right)_{\boldsymbol{k}-\boldsymbol{p}}$$
$$= -Ze^2(2\varepsilon\gamma^0 - \boldsymbol{\gamma}\cdot(\boldsymbol{k}-\boldsymbol{p}))(\gamma^0 u')\frac{4\pi}{(\boldsymbol{k}-\boldsymbol{p})^2}.$$

在最后一行中, 考虑到振幅 u' 满足方程

$$(\varepsilon\gamma^0 - \boldsymbol{p}\cdot\boldsymbol{\gamma} - m)u' = 0, \quad \text{或 } (\varepsilon\gamma^0 + \boldsymbol{p}\cdot\boldsymbol{\gamma} - m)\gamma^0 u' = 0.$$

由此我们求出

$$\overline{\psi}_{-\boldsymbol{k}}^{(1)} = \psi_{\boldsymbol{k}}^{(1)*}\gamma^0 = 4\pi Ze^2\overline{u}'\frac{2\varepsilon\gamma^0 + \boldsymbol{\gamma}\cdot(\boldsymbol{k}-\boldsymbol{p})}{(\boldsymbol{k}^2 - \boldsymbol{p}^2)(\boldsymbol{k}-\boldsymbol{p})^2}\gamma^0. \tag{57.7}$$

将 (57.6) 和 (57.7) 代入矩阵元 (57.5), 可以把它写成

$$M_{fi} = \frac{4\pi^{1/2}(Ze^2m)^{5/2}}{(\varepsilon m)^{1/2}(\boldsymbol{k}-\boldsymbol{p})^2}\overline{u}'Au,$$

[①] 在方程

$$(\Delta - \lambda^2)\frac{e^{-\lambda r}}{r} = -4\pi\delta(\boldsymbol{r})$$

的两边取傅里叶分量, 我们得到

$$\left(\frac{e^{-\lambda r}}{r}\right)_{\boldsymbol{q}} = \frac{4\pi}{\boldsymbol{q}^2 + \lambda^2}. \tag{57.6a}$$

此式对参数 λ 微分给出

$$(e^{-\lambda r})_{\boldsymbol{q}} = \frac{8\pi\lambda}{(\boldsymbol{q}^2 + \lambda^2)^2}. \tag{57.6b}$$

式中

$$A = a(\boldsymbol{\gamma} \cdot \boldsymbol{e}) + (\boldsymbol{\gamma} \cdot \boldsymbol{e})\gamma^0(\boldsymbol{\gamma} \cdot \boldsymbol{b}) + (\boldsymbol{\gamma} \cdot \boldsymbol{c})\gamma^0(\boldsymbol{\gamma} \cdot \boldsymbol{e}),$$

$$a = \frac{1}{(\boldsymbol{k} - \boldsymbol{p})^2} + \frac{\varepsilon}{m}\frac{1}{\boldsymbol{k}^2 - \boldsymbol{p}^2}, \quad \boldsymbol{b} = -\frac{\boldsymbol{k} - \boldsymbol{p}}{2m(\boldsymbol{k} - \boldsymbol{p})^2}, \quad \boldsymbol{c} = \frac{\boldsymbol{k} - \boldsymbol{p}}{2m(\boldsymbol{k}^2 - \boldsymbol{p}^2)}.$$

截面为

$$\mathrm{d}\sigma = \frac{8e^2(Ze^2m)^5|\boldsymbol{p}|}{\omega(\boldsymbol{k} - \boldsymbol{p})^4 m}(\overline{u}'Au)(\overline{u}\overline{A}u')\mathrm{d}o,$$

其中 $\overline{A} = \gamma^0 A^+ \gamma^0$ (参见 §65). 此式还必须对电子自旋的终态方向求和并对初始方向求平均; 求和与求平均时, 用到 §65 中的规则以及初态与终态的极化密度矩阵:

$$\rho = \frac{1}{2}m(\gamma^0 + 1), \quad \rho' = \frac{1}{2}(\gamma^0\varepsilon - \boldsymbol{\gamma} \cdot \boldsymbol{p} + m);$$

(在初态中 $\boldsymbol{p} = 0, \varepsilon = m$). 得到的表示式为

$$\mathrm{d}\sigma = \frac{16e^2(Ze^2m)^5|\boldsymbol{p}|}{m\omega(\boldsymbol{k} - \boldsymbol{p})^4}\mathrm{tr}\,(\rho' A\rho\overline{A})\mathrm{d}o.$$

其中阵迹的计算 (利用 (22.22) 式) 是纯代数运算, 结果为

$$\mathrm{tr}\,(\rho' A\rho\overline{A}) = \frac{m}{\varepsilon + m}[a\boldsymbol{p} - (\boldsymbol{b} - \boldsymbol{c})(\varepsilon + m)]^2 + 4m(\boldsymbol{b} \cdot \boldsymbol{e})[(\varepsilon + m)(\boldsymbol{c} \cdot \boldsymbol{e}) + a(\boldsymbol{p} \cdot \boldsymbol{e})].$$

(假定矢量 $\boldsymbol{e}$ 为实的, 即假设光子是线性极化的).

光电效应截面公式的最终形式, 将采用极角 θ 和 $\boldsymbol{p}$ 的方位角 φ 来表示, 这时方向 $\boldsymbol{k}$ 就是 z 轴, 而平面 $\boldsymbol{k}, \boldsymbol{e}$ 就是平面 xz (因此 $\boldsymbol{p} \cdot \boldsymbol{e} = |\boldsymbol{p}|\cos\varphi\sin\theta$). 当 $\omega \gg I$ 时, 能量守恒可以写成 $\varepsilon - m = \omega$ 的形式 (而不是 $\varepsilon - m = \omega - I$). 容易证明, 这时

$$\boldsymbol{k}^2 - \boldsymbol{p}^2 = -2m(\varepsilon - m), \quad (\boldsymbol{k} - \boldsymbol{p})^2 = 2\varepsilon(\varepsilon - m)(1 - v\cos\theta),$$

其中 $\boldsymbol{v} = \boldsymbol{p}/\varepsilon$ 为光电子的速度. 经过简单计算最后得到

$$\mathrm{d}\sigma = Z^5\alpha^4 r_e^2 \frac{v^3(1 - v^2)^3 \sin^2\theta}{(1 - \sqrt{1 - v^2})^5(1 - v\cos\theta)^4}$$

$$\times \left\{ \frac{(1 - \sqrt{1 - v^2})^2}{2(1 - v^2)^{3/2}}(1 - v\cos\theta) \right.$$

$$\left. + \left[2 - \frac{(1 - \sqrt{1 - v^2})(1 - v\cos\theta)}{1 - v^2} \right]\cos^2\varphi \right\}\mathrm{d}o, \tag{57.8}$$

其中 $r_e = e^2/m$.

在极端相对论情形下 $(\varepsilon \gg m)$, 光电效应截面在小角度 $(\theta \sim \sqrt{1-v^2})$ 有一尖峰, 即电子主要在光子入射方向上发射. 在此峰值附近,

$$1 - v\cos\theta \approx \frac{1}{2}[(1-v^2) + \theta^2],$$

(57.8) 式的首项给出

$$d\sigma \approx 4Z^5\alpha^4 r_e^2 \frac{(1-v^2)^{3/2}}{(1-v^2+\theta^2)^3} d\theta d\varphi. \tag{57.9}$$

(57.8) 式对角度的积分是初等的, 但很冗长; 积分给出如下的总截面 (F. Sauter, 1931):

$$\sigma = 2\pi Z^5\alpha^4 r_e^2 \frac{(\gamma^2-1)^{3/2}}{(\gamma-1)^5}$$
$$\times \left\{ \frac{3}{4} + \frac{\gamma(\gamma-2)}{\gamma+1} \left(1 - \frac{1}{2\gamma\sqrt{\gamma^2-1}} \ln\frac{\gamma+\sqrt{\gamma^2-1}}{\gamma-\sqrt{\gamma^2-1}} \right) \right\}, \tag{57.10}$$

为简洁计, 式中引入了 "洛伦兹因子":

$$\gamma = \frac{1}{\sqrt{1-v^2}} = \frac{\varepsilon}{m} \approx \frac{m+\omega}{m}. \tag{57.11}$$

在极端相对论情形下, 此式可简化为

$$\sigma = 2\pi Z^5\alpha^4 r_e^2/\gamma. \tag{57.12}$$

在 $I \ll \omega \ll m$ 情形下, (57.10) 式中的 $\gamma-1$ 很小, 其极限值给出我们已知的结果 (56.14).

§58　氘核的光致蜕变

氘核的一个独特的性质是其结合能小 (和势阱深度相比). 这就使我们在描述有氘核参加的反应时不需要有关核力行为的知识, 只要用结合能就可以了 (参见第三卷 §133). 这里假设碰撞粒子的波长大于核力的作用力程 a.

这也适用于 $ka \ll 1$ 的 γ 量子引起的氘核的光致蜕变. 同时还假定 $pa \ll 1$, $\boldsymbol{p}$ 为所释放的中子和质子相对运动的动量 (这个条件比 $ka \ll 1$ 更强[①]).

将光电效应截面的非相对论公式 (56.5) 对所有方向积分, 得到

$$\sigma = \frac{e^2 p}{2\pi\omega}\frac{M}{2}\frac{4\pi}{3}|(\boldsymbol{v}_p)_{fi}|^2.$$

[①] $pa \approx 1$ $(a = 1.5 \times 10^{-13}\text{cm})$ 时光子的能量为 15MeV.

其中 $\boldsymbol{p}$ 为质子和中子相对运动的动量[1], 而 (56.5) 式中的 m 换成它们的折合质量 $M/2$ (M 为核子质量). 矩阵元为质子速度 $\boldsymbol{v}_p$ 的矩阵元, 因为只有质子和光子有相互作用. 将 $\boldsymbol{v}_p$ 用动量 $\boldsymbol{p}$ 表示 ($\boldsymbol{v}_p = \boldsymbol{v}/2 = \boldsymbol{p}/M$), 我们有

$$\sigma^{(\mathrm{E})} = \frac{e^2 p}{3M\omega}|\boldsymbol{p}_{fi}|^2. \tag{58.1}$$

上标 (E) 表示此式对应于电偶极跃迁: $ep/M = e\boldsymbol{v}_p = \boldsymbol{d}$, 因此 $e\boldsymbol{p}_{fi}/M = \mathrm{i}\omega\boldsymbol{d}_{fi}$.

氘核初态 (基态) 的归一化波函数为

$$\psi = \sqrt{\frac{\varkappa}{2\pi}}\frac{\mathrm{e}^{-\varkappa r}}{r}, \quad \varkappa = \sqrt{MI}, \tag{58.2}$$

其中 $I = 2.23 MeV$ 为结合能 (参见第三卷 §133)[2]. 终态波函数可以取为自由运动波函数, 即平面波

$$\psi' = \mathrm{e}^{\mathrm{i}\boldsymbol{p}\cdot\boldsymbol{r}}. \tag{58.3}$$

其原因在于: 在我们所考虑的理论中, "氘核的线度" $1/\varkappa$ 和相互作用的有效半径 a 相比是很大的. 因而, 质子和中子之间的相互作用只在 S 态中才必须考虑, 而在 $l \neq 0$ 的态中可以略去, 因为其波函数在小距离上很小. 然而按照选择定则, 两个 S 态 (基态和连续谱的 S 态) 之间的电偶极跃迁是禁止的, 所以, 在此情形下忽略终态中核子间的相互作用是可能的.

利用分部积分法求出矩阵元

$$\boldsymbol{p}_{fi} = -\mathrm{i}\sqrt{\frac{\varkappa}{2\pi}}\int \mathrm{e}^{-\mathrm{i}\boldsymbol{p}\cdot\boldsymbol{r}}\nabla\frac{\mathrm{e}^{-\varkappa r}}{r}\mathrm{d}^3 x = \sqrt{\frac{\varkappa}{2\pi}}\boldsymbol{p}\left(\frac{\mathrm{e}^{-\varkappa r}}{r}\right)_{\boldsymbol{p}} = \sqrt{\frac{\varkappa}{2\pi}}\frac{4\pi\boldsymbol{p}}{p^2+\varkappa^2}$$

(参见 §57 第 2 个注解).

在利用表示能量守恒的方程:

$$\frac{1}{M}(\varkappa^2 + \boldsymbol{p}^2) = I + \frac{\boldsymbol{p}^2}{M} = \omega,$$

我们最后得到光致蜕变的截面 (用通常单位) 为

$$\sigma^{(\mathrm{E})} = \frac{8\pi}{3}\alpha\frac{\hbar^2}{M}\frac{\sqrt{I}(\hbar\omega - I)^{3/2}}{(\hbar\omega)^3} \tag{58.4}$$

---

[1] 在本节中, p 代表 $|\boldsymbol{p}|$.

[2] 引入一个和 a 的有限性相关的修正, 可以使此函数更准确些, 为此, 只要将 (58.2) 式中的归一化系数换成

$$\sqrt{\frac{\varkappa}{2\pi(1-a\varkappa)}}$$

即可 (参见第三卷 (133.13)). 相应地, 在截面公式中也会出现因子 $1/(1-a\varkappa)$. 应该说, 这个修正实际上是很大的: 对于氘核基态, $a\varkappa \approx 0.4$.

氘核基态是 $^3S_1$ 态和少量 $^3D_1$ 态的 "混合", 这是由于张量核力作用的结果 (参见第三卷 §117). 我们将不考虑这种混合, 因此将忽略张量力.

(H. A. Bethe, R. Peierls, 1935). 它在 $\hbar\omega = 2I$ 时, 有一个极大值; 而在 $\hbar\omega \to I$ 或 $\hbar\omega \to \infty$ 时, 趋于零.

然而, 用 (58.4) 式描述的光子的电偶极吸收对光电效应阈附近 ($\hbar\omega$ 接近于 I) 的截面并没有多大贡献. 这是因为: 在这个区域内, 主要的影响来自到 S 态的跃迁, 而在电偶极吸收中不出现这种跃迁. 在电四极吸收中也不出现这种跃迁: 虽然在此情形下到 S 态的跃迁并不违反有关宇称的选择定则, 但却为轨道角动量的选择定则所不容 (因为我们忽略了张量力, 所以 $\boldsymbol{L}$ 和 $\boldsymbol{S}$ 分别守恒). 因此, 要计算阈值附近的光致蜕变截面, 我们就必须考虑磁偶极吸收, 磁偶极吸收所遵从的选择定则容许 S 态之间的跃迁 (E. Fermi, 1935).

在 (58.1) 式中用磁矩代替电矩, 我们有

$$\sigma^{(\mathrm{M})} = \frac{1}{3}\omega M p |\boldsymbol{\mu}_{fi}|^2. \tag{58.5}$$

轨道运动的磁矩对 $\boldsymbol{\mu}_{fi}$ 没有贡献, 因为轨道角动量 $\boldsymbol{L}$ 对 S 态之间的跃迁没有矩阵元. 自旋磁矩

$$\boldsymbol{\mu} = 2\mu_p \boldsymbol{s}_p + 2\mu_n \boldsymbol{s}_n = 2(\mu_p - \mu_n)\boldsymbol{s}_p + 2\mu_n \boldsymbol{S},$$

其中 $\boldsymbol{S} = \boldsymbol{s}_p + \boldsymbol{s}_n$, 而 μ_p 与 μ_n 分别为质子与中子的磁矩. 当忽略张量核力时, 总自旋守恒, 因此其算符不会引起跃迁. 所以

$$\boldsymbol{\mu}_{fi} = 2(\boldsymbol{s}_p)_{fi}(\mu_p - \mu_n).$$

在相同近似下 (忽略张量力), 自旋与坐标变量是分离的. 和波函数一样, 矩阵元是自旋部分与坐标部分的乘积:

$$\boldsymbol{\mu}_{fi} = 2(\mu_p - \mu_n)\langle s_p S' M' | \boldsymbol{s}_p | s_p S M \rangle \int \psi'^*(r)\psi(r)\mathrm{d}^3 x.$$

但是, 自旋–自旋核力的存在使得坐标函数 $\psi(r)$ 满足的波动方程包含自旋值 S 作为一个参量. 若 $S' = S$, 则 $\psi'(r)$ 与 $\psi(r)$ 为同一算符的本征函数, 因而它们是正交的. 因此, 从初态 ^3S 只能光致蜕变到连续谱的 ^1S 态.

当然, (58.5) 中的平方 $|\boldsymbol{\mu}_{fi}|^2$ 应该对初态中自旋 S 的分量 M 求平均. 于是问题归结为计算量

$$\frac{1}{2S+1}\sum_M |\langle s_p S' M' | \boldsymbol{s}_p | s_p S M \rangle|^2,$$

其中 $s_p = s_n = \frac{1}{2}$, $S = 1$, $S' = 0$. 按照角动量相加时矩阵元的普遍公式, 此量

等于

$$\frac{1}{(2S+1)(2S'+1)}|\langle s_p S'\|s_p\|s_p S\rangle|^2 = \begin{Bmatrix} s_p & S' & s_n \\ S & s_p & 1 \end{Bmatrix}^2 |\langle s_p\|s_p\|s_p\rangle|^2$$

$$= \frac{1}{6}|\langle s_p\|s_p\|s_p\rangle|^2$$

(此处用到第三卷的 (107.11), (109.3) 式). 约化矩阵元为

$$\langle s_p\|s_p\|s_p\rangle = \sqrt{s_p(s_p+1)(2s_p+1)} = \sqrt{3/2}.$$

于是 (58.5) 式变为

$$\sigma^{(\mathrm{M})} = \frac{1}{3}\omega M p(\mu_p - \mu_n)^2 \left| \int \psi'^* \psi \mathrm{d}^3 x \right|^2. \tag{58.6}$$

初态波函数 ψ 由 (58.2) 式给出; 而终态波函数为

$$\psi' = \frac{1}{2p}R_{p0}(r).$$

这就是展开式 (56.7) 的第一项 ($l = 0$), 该函数的渐近形式由一个平面波与一个入射球面波组成; 略去不重要的相因子. 由于积分是对核力作用力程范围外区域进行的, 所以径向函数为

$$R_{p0}(r) = 2\frac{\sin(pr+\delta)}{r}.$$

相角 δ 和 "质子 + 中子" 系统在 $S = 0$ 时的虚能级值 ($I_1 = 0.067\mathrm{MeV}$) 相联系:

$$\cot\delta = \frac{\varkappa_1}{p}, \quad \varkappa_1 = \sqrt{MI_1}$$

(参见第三卷 §133). 于是

$$\int \psi'^* \psi \mathrm{d}^3 x = (2\pi)^{3/2}\frac{\sqrt{\varkappa}}{p\pi}\mathrm{Im}\int \mathrm{e}^{-\varkappa r+ipr}\mathrm{e}^{i\delta}\mathrm{d}r = (2\pi)^{3/2}\frac{\sqrt{\varkappa}}{p\pi}\mathrm{Im}\,\frac{\mathrm{e}^{i\delta}}{\varkappa - ip}.$$

经过简单的代数简化, 我们对光致蜕变截面得到如下表示式 (用通常单位):

$$\sigma^{(\mathrm{M})} = \frac{8\pi}{3\hbar c}(\mu_p - \mu_n)^2 \frac{\sqrt{I(\hbar\omega - I)}(\sqrt{I} + \sqrt{I_1})^2}{\hbar\omega(\hbar\omega - I + I_1)}. \tag{58.7}$$

当 $\hbar\omega \to I$ 时, 此截面因 $\sqrt{\hbar\omega - I}$ 而趋于零, 这和反应阈能附近截面行为的一般性质一致 (见第三卷 §147).

光致蜕变的逆过程是质子被中子辐射俘获. 俘获截面 σ_c 可以借助细致平衡原理由光电效应截面 σ_γ 得到 (比较 (56.15) 的推导过程). 中子与质子的

自旋统计权重等于 $2 \times 2 = 4$. 氘核 (在 $S = 1$ 的态中) 与光子的统计权重等于 $3 \times 2 = 6$. 所以

$$\sigma_c = \frac{3}{2} \frac{(\hbar\omega)^2}{c^2 p^2} \sigma_\gamma = \frac{3(\hbar\omega)^2}{2Mc^2(\hbar\omega - I)} \sigma_\gamma. \tag{58.8}$$

第六章
光 的 散 射

§59 散射张量

一个电子系统 (为确切起见, 下面我们就指的是原子) 对光子的散射包括吸收一个初态光子 k, 并同时发射另一个光子 k'. 散射后, 原子的状态有两种可能: 或仍处在初态能级, 或处在另一个离散能级. 在第一种情形下, 光子的频率不变 (**瑞利散射**), 而在第二种情形, 光子的频率发生改变:

$$\omega' - \omega = E_1 - E_2, \tag{59.1}$$

其中 E_1 与 E_2 分别为原子的初态与终态能量[1] (**拉曼散射***). 如果原子的初态是基态, 在拉曼散射时, $E_2 > E_1$, 因而 $\omega' < \omega$: 散射使频率降低 (所谓**斯托克斯情形**). 在受激原子上的散射既可能是斯托克斯情形, 也可能是**反斯托克斯**情形 ($\omega' > \omega$).

由于电磁微扰算符对同时改变两个光子占有数的跃迁没有矩阵元, 因此散射效应只有在微扰论的二级近似才出现. 必须将散射看成是通过某个中间态发生的, 中间态可能有两种类型:

(I) 光子 k 被吸收且原子跃迁到其一个可能的状态 E_n; 接着再跃迁到终态, 同时发射一个光子 k';

(II) 原子发射光子 k' 且跃迁到 E_n 态, 接着跃迁到终态, 同时吸收一个光子 k.

---

[1] 在本章中, 下标 1 与 2 分别用来标记散射系统初态与终态的量.

* 译者注: 俄文原文将无谱线移动的散射称为 "非混合散射"; 而将有谱线移动的散射称为 "组合散射" 或 "混合散射". 我们按照中国的《物理学名词 1996》(科学出版社 1997 年 2 月), 将前者译为 "瑞利散射"; 而将后者译为 "拉曼散射".

在此过程中, 矩阵元表示为如下求和

$$V_{21} = \sum_n{}' \left(\frac{V'_{2n} V_{n1}}{\mathcal{E}_1 - \mathcal{E}_n^{\mathrm{I}}} + \frac{V_{2n} V'_{n1}}{\mathcal{E}_1 - \mathcal{E}_n^{\mathrm{II}}} \right), \tag{59.2}$$

(参见第三卷 (43.7) 式), 其中 "原子 + 光子" 系统的初态能量为 $\mathcal{E}_1 = E_1 + \omega$, 而中间态能量则为

$$\mathcal{E}_n^{\mathrm{I}} = E_n, \quad \mathcal{E}_n^{\mathrm{II}} = E_n + \omega + \omega',$$

V 为吸收光子 $\boldsymbol{k}$ 的矩阵元, V' 为发射光子 $\boldsymbol{k}'$ 的矩阵元; 对 n 求和不包括初态 (由求和号上的撇号表示). 散射截面为

$$\mathrm{d}\sigma = 2\pi |V_{21}|^2 \frac{\omega'^2 \mathrm{d}o'}{(2\pi)^3}, \tag{59.3}$$

这里的 $\mathrm{d}o'$ 为 $\boldsymbol{k}'$ 方向上的立体角元. 单位时间内散射到立体角 $\mathrm{d}o'$ 内的光能量 $\mathrm{d}I'$ 可通过入射光强度 I (能流密度) 表示:

$$\mathrm{d}I' = I \frac{\omega'}{\omega} \mathrm{d}\sigma.$$

我们假设初态与终态光子的波长比散射系统的线度 a 大. 因此, 所有跃迁都按偶极近似处理. 如果用平面波描述光子态, 那么这个近似相当于用 1 代替因子 $\mathrm{e}^{\mathrm{i}\boldsymbol{k} \cdot \boldsymbol{r}}$. 这时, 光子波函数 (在三维横向规范中) 为

$$\boldsymbol{A}_{e\omega} = \sqrt{4\pi} \frac{\boldsymbol{e}}{\sqrt{2\omega}} \mathrm{e}^{-\mathrm{i}\omega t}, \quad \boldsymbol{A}_{e'\omega'} = \sqrt{4\pi} \frac{\boldsymbol{e}'}{\sqrt{2\omega'}} \mathrm{e}^{-\mathrm{i}\omega' t}.$$

在上述条件下, 电磁相互作用算符可以写成

$$\widehat{V} = -\widehat{\boldsymbol{d}} \cdot \boldsymbol{E}, \tag{59.4}$$

其中 $\widehat{\boldsymbol{E}} = -\dot{\widehat{\boldsymbol{A}}}$ 为场强算符, $\widehat{\boldsymbol{d}}$ 为原子的偶极矩算符 (类似于电场中一个小尺度系统能量的经典表达式; 参见第二卷 §42). $\widehat{V}$ 的矩阵元为

$$V_{n1} = -\mathrm{i}\sqrt{2\pi\omega}(\boldsymbol{e} \cdot \boldsymbol{d}_{n1}), \quad V'_{2n} = \mathrm{i}\sqrt{2\pi\omega'}(\boldsymbol{e}'^* \cdot \boldsymbol{d}_{2n}).$$

将这两个式子代入 (59.2) 与 (59.3), 我们得到散射截面 (用通常的单位)[①]:

$$\mathrm{d}\sigma = \left| \sum_n \left\{ \frac{(\boldsymbol{d}_{2n} \cdot \boldsymbol{e}'^*)(\boldsymbol{d}_{n1} \cdot \boldsymbol{e})}{\omega_{n1} - \omega - \mathrm{i}0} + \frac{(\boldsymbol{d}_{2n} \cdot \boldsymbol{e})(\boldsymbol{d}_{n1} \cdot \boldsymbol{e}'^*)}{\omega_{n1} + \omega' - \mathrm{i}0} \right\} \right|^2 \frac{\omega\omega'^3}{\hbar^2 c^4} \mathrm{d}o', \tag{59.5}$$

$$\hbar\omega_{n1} = E_n - E_1, \quad \omega' - \omega = \omega_{12}.$$

[①] 这个公式是 H. A. Kramers 和 W. Heisenberg 在量子力学建立之前首次推导出来的 (H. A. Kramers, W. Heisenberg, 1925).

求和对所有可能的原子态进行, 包括连续谱的态 (这时态 1 与态 2 从求和中自然消去, 因为对角矩阵元 $d_{11} = d_{22} = 0$). 分母中的无限小虚项来自微扰论中通常的极点绕行法则 (参见第三卷 §43): 在求和变量 E_n (中间态的能量) 上附加一负的无限小虚部; 当 (59.5) 式中变量 E_n 的极点落入连续谱区时, 绕行规则很重要 (例如, 若 1 态是原子基态, 当 $\hbar\omega$ 超过原子的电离阈值时, 就出现这种情况)[①].

我们引入符号 (通常的单位)[②]

$$(c_{ik})_{21} = \frac{1}{\hbar}\sum_n \left[\frac{(d_i)_{2n}(d_k)_{n1}}{\omega_{n1} - \omega - i0} + \frac{(d_k)_{2n}(d_i)_{n1}}{\omega_{n1} + \omega' - i0}\right] \tag{59.6}$$

($i, k = x, y, z$, 为三维矢量指标). 利用这个符号, (59.5) 式可以改写成

$$d\sigma = \frac{\omega(\omega + \omega_{12})^3}{c^4}|(c_{ik})_{21}e_i'^* e_k|^2 do'. \tag{59.7}$$

标记 (59.6) 的好处在于能将这个求和表示成某个张量的矩阵元. 最简单的证明方法是定义一个矢量 $\boldsymbol{b}$, 其算符满足方程

$$i\dot{\widehat{\boldsymbol{b}}} + \omega\widehat{\boldsymbol{b}} = \widehat{\boldsymbol{d}}.$$

其矩阵元为

$$\boldsymbol{b}_{n1} = \frac{\boldsymbol{d}_{n1}}{\omega - \omega_{n1}}, \quad \boldsymbol{b}_{2n} = \frac{\boldsymbol{d}_{2n}}{\omega + \omega_{n2}},$$

因此

$$(c_{ik})_{21} = (b_k d_i - d_i b_k)_{21}. \tag{59.8}$$

矩阵元 $(c_{ik})_{21}$ 称为光的**散射张量**.

由此可以得出, 散射的选择定则和任意二秩张量的矩阵元的选择定则相同. 我们立即可以看到, 如果系统具有对称中心 (因而它的态可以按宇称分类), 那么跃迁只能发生在宇称相同的态之间 (其中包括态没有变化的跃迁). 这个选择定则和 (电偶极) 辐射的宇称选择定则相反, 因而产生交错禁戒: 在辐射中所容许的跃迁在散射中是禁戒的, 而散射中所容许的跃迁在辐射中却是禁戒的.

张量 c_{ik} 可以分解成几个不可约的部分:

$$c_{ik} = c^0\delta_{ik} + c_{ik}^s + c_{ik}^a, \tag{59.9}$$

---

① 对分子而言, 电离阈就是离解成原子的阈能.
② 以下 §59—§61 中所引用的大部分结果来自 G. Placzek 的工作 (G. Placzek, 1931—1933).

其中

$$c^0 = \frac{1}{3}c_{ii}, \quad c_{ik}^s = \frac{1}{2}(c_{ik} + c_{ki}) - c^0\delta_{ik}, \quad c_{ik}^a = \frac{1}{2}(c_{ik} - c_{ki}) \tag{59.10}$$

分别为标量、对称张量 (阵迹为 0) 与反对称张量, 它们的矩阵元分别为

$$(c^0)_{21} = \frac{1}{3}\sum_n \frac{\omega_{n1} + \omega_{n2}}{(\omega_{n1} - \omega)(\omega_{n2} + \omega)}(d_i)_{2n}(d_i)_{n1}, \tag{59.11}$$

$$(c_{ik}^s)_{21} = \frac{1}{2}\sum_n \frac{\omega_{n1} + \omega_{n2}}{(\omega_{n1} - \omega)(\omega_{n2} + \omega)}[(d_i)_{2n}(d_k)_{n1} + (d_k)_{2n}(d_i)_{n1}]$$
$$- (c^0)_{21}\delta_{ik}, \tag{59.12}$$

$$(c_{ik}^a)_{21} = \frac{2\omega + \omega_{12}}{2}\sum_n \frac{(d_i)_{2n}(d_k)_{n1} - (d_k)_{2n}(d_i)_{n1}}{(\omega_{n1} - \omega)(\omega_{n2} + \omega)} \tag{59.13}$$

(为简单起见, 略去了极点绕行符号).

我们来研究在低频光子和高频光子的极限情形下散射张量的一些性质[①].

对于瑞利散射 ($\omega_{12} = 0$), 当 $\omega \to 0$ 时散射张量的反对称部分趋于零 (由于 (59.13) 式中求和号前 ω 的存在), 但是, 当 $\omega \to 0$ 时散射张量的标量部分和对称部分趋于有限值. 因此, 当 ω 很小时, 截面和 ω^4 成正比.

在相反的情形下, 当频率 ω 比 (59.6) 式中所有重要的频率 ω_{n1}, ω_{n2} 都大时 (当然仍应保证波长 $\gg a$), 应该回到经典理论的公式. 散射张量若按 $1/\omega$ 的幂次展开, 展开式的第一项等于

$$\frac{1}{\omega}\sum_n [(d_k)_{2n}(d_i)_{n1} - (d_i)_{2n}(d_k)_{n1}] = \frac{1}{\omega}(d_k d_i - d_i d_k)_{21},$$

且为零, 因为 $\widehat{d_i}$ 和 $\widehat{d_k}$ 对易. 展开式的第二项为

$$(c_{ik})_{21} = \frac{1}{\omega^2}\sum_n [\omega_{2n}(d_k)_{2n}(d_i)_{n1} - (d_i)_{2n}\omega_{n1}(d_k)_{n1}] = \frac{1}{i\omega^2}(\dot{d}_k d_i - d_i \dot{d}_k)_{21}.$$

根据定义 $\boldsymbol{d} = \sum e\boldsymbol{r}$ (求和对原子中所有电子进行) 和动量与坐标的对易关系, 我们得到

$$(c_{ik})_{11} = -\frac{Ze^2}{m\omega^2}\delta_{ik}, \quad (c_{ik})_{21} = 0, \tag{59.14}$$

其中 Z 为系统中的总电子数, m 为电子质量. 于是, 在高频极限下, 散射张量中只剩下标量部分, 而且散射时系统的状态不变 (即散射是完全相干的, 参见下面). 在此情形下, 散射截面为

$$d\sigma = r_e^2 Z^2 |\boldsymbol{e}'^* \cdot \boldsymbol{e}|^2 do', \tag{59.15}$$

[①] 共振情形 (当 ω 接近 ω_{n1} 或 ω_{2n}) 将在 §63 中研究.

其中 $r_e = e^2 m$. 在对终态光子的极化求和以后, 我们得到:

$$d\sigma = r_e^2 Z^2 \{1 - (\boldsymbol{e} \cdot \boldsymbol{n}')^2\} do'$$
$$= r_e^2 Z^2 \sin^2\theta \cdot do', \tag{59.16}$$

这实际上就是经典汤姆孙公式 (见第二卷 (80.7)); θ 为散射方向和入射光子极化矢量之间的夹角.

我们来研究光被一组 N 个全同原子集合的散射, 这些原子处在一个线度小于波长的区域内. 相应的散射张量将等于每个原子的散射张量之和. 然而必须注意, 一起考虑的几个相同原子的波函数 (用来计算偶极矩的矩阵元) 不能简单地认为是同一函数. 波函数本质上只能精确确定到任意相因子的程度, 即每个原子都有各自不同的相因子. 散射截面应该分别对每个原子的相因子求平均.

每个原子的散射张量 $(c_{ik})_{21}$ 都包含因子 $e^{i(\varphi_1-\varphi_2)}$, 其中 φ_1 与 φ_2 分别为初态与终态波函数的相位. 对拉曼散射来说, 态 1 与态 2 是不同的, 并且这个因子不等于 1. 在模的平方

$$\left| e_i'^* e_k \sum (c_{ik})_{21} \right|^2$$

中 (求和对全部 N 个原子进行), 属于不同原子的项之乘积将包含这样一些相因子, 在对各原子的相位独立求平均时, 这些相因子将消失, 因而只剩下每一项的平方模. 这意味着, N 个原子的散射总截面是一个原子散射截面的 N 倍 (散射是不相干的).

但是, 如果原子的初、终态相同, 那么因子 $e^{i(\varphi_1-\varphi_2)} = 1$. 在这种情形下, 一组原子的散射振幅将是一个原子的散射振幅的 N 倍, 因此散射截面将相差一个 N^2 的因子 (散射是相干的)[①]. 如果原子能级是非简并的, 那么瑞利散射是完全相干的. 如果能级是简并的, 那么由于原子中各种相互简并的态之间跃迁, 将会产生不相干的瑞利散射. 值得指出, 这是一种纯量子的效应: 在经典理论中, 任何频率不变的散射都是相干散射.

相干散射张量由对角化矩阵元 $(c_{ik})_{11}$ 给出, 记作 α_{ik}(为简单起见, 略去了表示原子状态的下标). 按照 (59.6) 式,

$$\alpha_{ik}(\omega) \equiv (c_{ik})_{11} = \sum_n \left[\frac{(d_i)_{1n}(d_k)_{n1}}{\omega_{n1} - \omega - i0} + \frac{(d_k)_{1n}(d_i)_{n1}}{\omega_{n1} + \omega - i0} \right]. \tag{59.17}$$

---

① 我们看到, (59.15) 和 (59.16) 中的因子 Z^2 的来源相同: 一个原子中 Z 个电子相干散射的截面为一个电子散射截面的 Z^2 倍.

这个表示式也可写成

$$\alpha_{ik}(\omega) = \frac{e^2}{m\omega^2}\left\{-Z\delta_{ik} + \frac{1}{m}\sum_n\left[\frac{(p_i)_{1n}(p_k)_{n1}}{\omega_{n1}-\omega-\mathrm{i}0} + \frac{(p_k)_{1n}(p_i)_{n1}}{\omega_{n1}+\omega-\mathrm{i}0}\right]\right\}, \quad (59.18)$$

用到极限表示式 (59.14). 其中 p 为一个原子中电子的总动量. 以上两式的等价性是不难看出的, 只要注意到动量矩阵元和偶极矩矩阵元之间的如下关系式

$$e\boldsymbol{p}_{1n}/m = \mathrm{i}\omega_{1n}\boldsymbol{d}_{1n},$$

再利用推导 (59.14) 时用过的关系式.

如果和与差 $E_1 \pm \omega$ 不等于任何一个原子能级 E_n (其中包括连续谱区域内的能级), 则可略去分母中的 i0 项. 既然 $p_{1n}^* = p_{n1}$, 就可将张量 α_{ik} 看成是厄米的[①]:

$$\alpha_{ik} = \alpha_{ki}^*. \quad (59.19)$$

这意味着其标量部分与对称部分是实的, 而反对称部分是虚的. 如果原子处于非简并态, 反对称部分显然等于零. 这种状态的波函数是实的, 因而对角矩阵元也是实的.

张量 α_{ik} 和原子在外电场中的极化度有关. 为了找到这个关系, 我们来计算系统在处于如下外电场时其偶极矩平均值的修正

$$\frac{1}{2}(\boldsymbol{E}\mathrm{e}^{-\mathrm{i}\omega t} + \boldsymbol{E}^*\mathrm{e}^{\mathrm{i}\omega t}). \quad (59.20)$$

为此, 可利用已知的微扰论公式 (参见第三卷 §40). 如果系统受到的微扰为

$$\widehat{V} = \widehat{F}\mathrm{e}^{-\mathrm{i}\omega t} + \widehat{F} + \mathrm{e}^{\mathrm{i}\omega t},$$

那么, 对某个量 f 的对角矩阵元的一级修正为

$$f_{11}^{(1)}(t) = -\sum_n\left\{\left[\frac{f_{1n}^{(0)}F_{n1}}{\omega_{n1}-\omega-\mathrm{i}0} + \frac{f_{n1}^{(0)}F_{1n}}{\omega_{n1}+\omega+\mathrm{i}0}\right]\mathrm{e}^{-\mathrm{i}\omega t}\right.$$
$$\left. + \left[\frac{f_{1n}^{(0)}F_{1n}^*}{\omega_{n1}+\omega-\mathrm{i}0} + \frac{f_{n1}^{(0)}F_{n1}^*}{\omega_{n1}-\omega+\mathrm{i}0}\right]\mathrm{e}^{\mathrm{i}\omega t}\right\}$$

(微扰 $\widehat{V}$ 应该看成是从 $t = -\infty$ 时无限缓慢地加上去的, 因而在第一项中的 ω 应该理解成 $\omega + \mathrm{i}0$, 而在第二项中则应理解成 $\omega - \mathrm{i}0$; 分母中的虚部就是这样加上去的).

[①] 这个结果是由于忽略了光谱线的自然宽度, 因而也忽略了入射光被吸收的可能性 (参见 §62).

在现在这个情形下, $\widehat{F} = -\boldsymbol{d} \cdot \boldsymbol{E}/2$, 对偶极矩对角矩阵元的修正为

$$\boldsymbol{d}_{11}^{(1)} = \frac{1}{2}(\overline{\boldsymbol{d}}e^{-i\omega t} + \overline{\boldsymbol{d}}^* e^{i\omega t}), \tag{59.21}$$

其中 $\overline{\boldsymbol{d}}$ 是一个矢量, 其分量为

$$\overline{d}_i = \alpha_{ik}^{(p)} E_k, \tag{59.22}$$

张量 $\alpha_{ik}^{(p)}(\omega)$ 的表示式不同于 α_{ik} 的表示式 (59.17), 区别是第二项分母中的虚部的符号相反. 按照定义, $\alpha_{ik}^{(p)}(\omega)$ 是原子在频率为 ω 的场中的**极化张量**. 如果频率值使得分母中的虚部可以略去, 从而使张量 α_{ik} 成为厄米的, 而张量 α_{ik} 和 $\alpha_{ik}^{(p)}$ 彼此相合. 特别是, 当 $\omega = 0$ 时, (59.22) 式就变成第三卷中的 (76.4) 式, 而由 (59.17) 得到的 $\alpha_{ik}(0)$ 就和第三卷中静态极化张量的表示式 (76.5) 相同. 我们还会看到, 如果 1 态是基态[①], 则所有的 $\omega_{n1} > 0$, (59.17) 中第一项的绕行规则只有当 $\omega > 0$ 时才是重要的, 而第二项的绕行规则只在 $\omega < 0$ 时才重要. 在这种情形下,

$$\alpha_{ik}(\omega) = \alpha_{ik}^{(p)}(|\omega|). \tag{59.23}$$

散射理论的公式无疑有 $\omega > 0$; 因此, 张量 α_{ik} 和极化张量相同.

我们不仅需要知道截面, 还需要知道光子的散射振幅 f. 和通常在微扰论中一样, 它和取相反符号的矩阵元 (59.2) 只相差一个归一化因子. 归一化因子的选取应该使截面 (59.7) 能够写成 $d\sigma = |f|^2 do'$ 的形式, 对于弹性散射振幅, 我们求出

$$f = \omega^2 \alpha_{ik} e_i'^* e_k. \tag{59.24}$$

按照光学定理(参见以下的 (71.10) 式), 向前散射振幅 (动量和极化都没有变化) 的虚部决定对给定的光子初态所有可能的弹性和非弹性过程的总截面 σ_t:

$$\sigma_t = \frac{4\pi}{\omega} \mathrm{Im}\,(\omega^2 \alpha_{ik} e_i^* e_k) = 4\pi\omega \frac{\alpha_{ik} - \alpha_{ki}^*}{2i} e_i^* e_k. \tag{59.25}$$

由此可见, 总截面由散射张量的反厄米部分确定.

(59.25) 式有简单的经典含义. 电场 $\boldsymbol{E}$ 在单位时间内对电荷系统所做的功为 $\sum e\boldsymbol{v} \cdot \boldsymbol{E} = \boldsymbol{E} \cdot \dot{\boldsymbol{d}}$. 将场写成 (59.20) 的形式, 而将偶极矩写成 (59.21) 和 (59.22) 的形式, 这个功对时间求平均, 得到

$$\frac{1}{2}\omega|E|^2 e_i^* e_k \frac{\alpha_{ik} - \alpha_{ki}^*}{2i}$$

[①] 因为激发态寿命有限, 所以只有这种情形 (以后我们将遇到) 才能进行精确处理. 参见 §62.

($E = eE$). 另一方面, 如果 E 是入射光的场, 那么平均能流密度为 $|E^2|/8\pi$, 而原子所吸收的能量为

$$\frac{1}{8\pi}|E|^2\sigma_{\mathrm{t}}.$$

令上面两式彼此相等, 我们就得到 (59.25) 式.

如果原子基态的角动量 J 为零, 则由于球对称性, $\alpha_{ik} = \alpha\delta_{ik}$, 并因此

$$\sigma_{\mathrm{t}} = 4\pi\omega\mathrm{Im}\,\alpha. \tag{59.26}$$

对于角动量不为零的系统, 对角动量的所有空间方向求平均的量也有类似的关系式 (参见 §60).

当光子能量超过原子的电离阈时, 对总截面 σ_{t} 的主要贡献来自电离过程 (在光电效应中吸收光子). 散射截面是 e^2 的更高阶的量 (试比较, 例如, (56.13) 与 (59.16) 式).

如果光子能量低于电离阈 (但又距离共振较远, 即离原子的任何一个离散的激发频率较远), 那么截面 (此时可化为散射截面) 与振幅的虚部, 和振幅的实部相比, 是更高阶的小量. 略去虚部, 我们就重新得到 (59.19). 在共振的邻域情形就不同了, 在这里截面将增大; 这个情形将在 §63 中讨论.

和散射一样, 二级微扰论中出现的双光子过程也包括**二重发射**, 即一个原子同时发射两个光子.

这个过程的概率表达式和 (59.5) 式的区别仅仅是作了代换 $\omega \to -\omega, e \to e^*$ (发射光子 ω 而不是吸收) 和一个额外的因子

$$\frac{\mathrm{d}^3k}{(2\pi)^3} = \frac{\omega^2\mathrm{d}\omega\mathrm{d}o}{(2\pi)^3},$$

这是在频率 ω 与方向 k 的给定范围内发射光子的量子态数; 第二个光子的频率 ω 由等式 $\omega + \omega' = \omega_{12}$ 确定. 因此, 在单位时间内的发射概率为 [①]

$$\mathrm{d}w = |(b_{ik})_{21}e_i'^*e_k^*|^2\frac{\omega^3\omega'^3}{(2\pi)^3c^6\hbar^2}\mathrm{d}o\mathrm{d}o'\mathrm{d}\omega, \tag{59.27}$$

其中

$$(b_{ik})_{21} = \sum_n\left[\frac{(d_i)_{2n}(d_k)_{n1}}{\omega_{n1} + \omega - \mathrm{i}0} + \frac{(d_k)_{2n}(d_i)_{n1}}{\omega_{n1} + \omega' - \mathrm{i}0}\right]$$

和 (59.6) 式中 $(c_{ik})_{21}$ 的区别只是 ω 符号的改变. 将此式对光子的极化求和并对其发射方向积分[②], 我们得到

$$\mathrm{d}w = \frac{8\omega^3\omega'^3}{9\pi\hbar^2c^6}|(b_{ik})_{21}|^2\mathrm{d}\omega. \tag{59.28}$$

---

① 这里和本节的后半部分都采用通常的单位.

② 这个运算包括对方向 e 的平均: $\overline{e_ie_k^*} = \frac{1}{3}\delta_{ik}$, 再乘以 $2 \times 2 \times 4\pi \times 4\pi$.

和发射频率为 $\omega + \omega'$ 的单一光子的概率比较, 发射频率分别为 ω 和 ω' 的两个光子的概率通常是很小的. 选择定则禁止单光子发射过程而又允许发射双光子时出现一些例外情形. 例如, $J = 0$ 的两个状态之间的跃迁就是这样的. 在这个例子中, 发射一个光子的任何过程都被严格禁戒. 另一个例子是从氢原子的第一激发态 $(2s_{\frac{1}{2}})$ 到基态 $(1s_{\frac{1}{2}})$ 的跃迁. 不论是对 $E1$ 辐射, 还是对 $M1$ 辐射, 这个过程都被禁戒 (参见 §52 的习题 2)[①].

如果原子处于一个入射光子 ω, $\boldsymbol{k}$ 流的场中, 那么除了自发二重发射外 (其概率为 (59.27)), 还存在受激二重发射: 在这个场的影响下, 除了发射一个 ω', $\boldsymbol{k}'$ 光子外, 还发射一个和外场一样的光子. 这个过程的概率和自发发射的概率相差一个因子 $N_{\boldsymbol{k}\cdot e}$, 它是给定 $\boldsymbol{k}$, e 的入射光子数密度. 入射光子流密度为

$$dI = cN_{\boldsymbol{k}\cdot e}\frac{d^3 k}{(2\pi)^3} = N_{\boldsymbol{k}\cdot e}\frac{\omega^2}{8\pi^3 c^2}d\omega do.$$

用 dI 表示 $N_{\boldsymbol{k}\cdot e}$ 并用 dI 去除以过程的概率, 我们得到其截面

$$d\sigma = \frac{\omega\omega'^3}{\hbar^2 c^4}|(b_{ik})_{12}e_i'^* e_k^*|^2 do'. \tag{59.29}$$

类似地, 如果原子处在 ω', $\boldsymbol{k}'$ 光子的场中, 那么当光子 ω, $\boldsymbol{k}$ 入射在它上面时, 就会产生**受激拉曼散射**, 其截面和光子 ω', $\boldsymbol{k}'$ 的数密度成正比.

对具体原子计算张量 $(c_{ik})_{12}$ 或 $(b_{ik})_{12}$ 时, 要求计算如下形式的求和:

$$(M_{ik}^{(2)})_{21} = \sum_n \frac{(d_i)_{2n}(d_k)_{n1}}{E_n - E - i0}, \tag{59.30}$$

E 的取值为 $E_1 \pm \hbar\omega$ 或 $E_1 \pm \hbar\omega'$. 为简洁计, 假定我们讨论的是氢原子. 我们将 (59.30) 式的求和写成积分形式:

$$(M_{ik}^{(2)})_{21} = \int \psi_2^*(\boldsymbol{r})d_i G(\boldsymbol{r}, \boldsymbol{r}'; E)d_k'\psi_1(\boldsymbol{r}')d^3 x d^3 x', \tag{59.31}$$

其中

$$G(\boldsymbol{r}, \boldsymbol{r}'; E) = \sum_n \frac{\psi_n(\boldsymbol{r})\psi_n^*(r')}{E_n - E - i0}. \tag{59.32}$$

将算符 $\widehat{H} - E$ 作用于函数 G 上, 其中 $\widehat{H}$ 为原子的哈密顿算符. 由于 $\widehat{H}\psi_n = E_n\psi_n$, 我们得到

$$(\widehat{H} - E)G = \sum_n \psi_n(\boldsymbol{r})\psi_n^*(\boldsymbol{r}').$$

---

① 对于二重发射, 能级 $2s_{\frac{1}{2}}$ 的寿命约为 0.15 s.

由于波函数系 ψ_n 是完备的, 这个求和为 δ 函数 $\delta(\boldsymbol{r}-\boldsymbol{r}')$. 因此, 函数 G 满足方程

$$(\widehat{H}-E)G(\boldsymbol{r},\boldsymbol{r}';E)=\delta(\boldsymbol{r}-\boldsymbol{r}'),\qquad(59.33)$$

即函数 G 为薛定谔方程的格林函数 ((59.32) 式的绕行规则决定了这个方程的解应该如何选取). 于是, (59.30) 式的求和问题就归结为求解原子的格林函数. 然而, 只有当齐次薛定谔方程的精确解已知时, 才可能有方程 (59.33) 的精确解. 所以, 实际上只有对氢原子才能写出方程 (59.33) 的精确解[①].

习　　题

计算一个电子 (非相对论性的) 被近似单色光的驻波弹性散射的概率 (П. Л. Капица, P. A. M. Dirac, 1933).

解: 驻波可以看成是动量为 $\boldsymbol{k}$ 和 $-\boldsymbol{k}$ 而极化相同的光子的组合. 电子的散射可以看成是吸收一个动量为 $\boldsymbol{k}$ 的光子再发射一个动量为 $-\boldsymbol{k}$ 的光子. 结果, 电子的动量 $\boldsymbol{p}$ 增加 $2\hbar\boldsymbol{k}$ 并转一个角度 θ (大小不变), θ 满足关系 $|\boldsymbol{p}|\sin\dfrac{\theta}{2}=\dfrac{\hbar\omega}{c}$. 这个过程的概率可由汤姆孙散射截面 (59.15)

$$\mathrm{d}\sigma=r_e^2|\boldsymbol{e}'^*\cdot\boldsymbol{e}|^2\mathrm{d}o'=r_e^2\mathrm{d}o',$$

乘以动量为 $\boldsymbol{k}$ 的光子流密度和动量为 $-\boldsymbol{k}$ 的光子数得到.

频率在 $\mathrm{d}\omega$ 内的光子流密度等于

$$cU_\omega\mathrm{d}\omega/(2\hbar\omega),$$

其中 $U_\omega\mathrm{d}\omega$ 为驻波在谱间隔 $\mathrm{d}\omega$ 内的能量密度 (因子 $\dfrac{1}{2}$ 是由于考虑到波的能量被在相反方向上运动的光子平分). 形成驻波的所有光子的动量 $\boldsymbol{k}$ 都平行于一定的方向 $\boldsymbol{n}$ (驻波的 "方向"). 换句话说, 能量密度是频率和光子方向 $\boldsymbol{n}'$ 的函数: $U_{\omega\boldsymbol{n}'}=U_\omega\delta^{(2)}(\boldsymbol{n}'-\boldsymbol{n})$. 因此, 动量为 $-\boldsymbol{k}$ 的光子数等于

$$\int N_{-\boldsymbol{k}}\mathrm{d}o'=\frac{8\pi^3c^3}{\hbar\omega^3}\frac{U_\omega}{2}.$$

(比较 (44.8)). 这样, 我们就得到单位时间内电子的散射概率为

$$w=\frac{2\pi^3e^4}{m^2\hbar^2\omega^4}\int U_\omega^2\mathrm{d}\omega.$$

由于已假定非单色性 $\Delta\omega$ 很小, 故将因子 ω^{-4} 提到积分号外. 积分的数值和 $\Delta\omega$ 成反比 (在给定总强度的情形下).

[①] 参见 L. Hostler, Journal of Mathematical Physics **5**, 591, 1964. 用此格林函数计算氢原子的散射振幅, 请参见 Я. И. Г. рановский, ЖЭТФ. **56**, 605, 1969.

§60 自由取向系统的散射

假如原子的能级是非简并的, 则相干散射的极化率与强度由同一张量 $\alpha_{ik} \equiv (c_{ik})_{11}$ 决定. 但假如能级是简并的, 则这两个量的观察值由对该能级所有状态求平均得到. 极化率必须定义为平均值

$$\alpha_{ik} = \overline{(c_{ik})_{11}}.$$

观察到的散射强度由如下乘积的平均值决定:

$$\overline{(c_{ik})_{11}(c_{lm})_{11}}.$$

极化率和散射之间的联系变得较为间接.

我们指出, 尽管每个 $(c_{ik})_{11}$ 可能是复数, 它们的平均值却是实数 (假定没有吸收, α_{ik} 为厄米张量). 实际上, 求平均时可以任意选择 (与给定简并能级相对应的) 一组独立的波函数, 这时总可以使得所有的函数都是实数.

对自由 (未处于外场中) 原子或自由分子而言, 能级的简并通常是和角动量在空间的取向自由相联系的. 设散射时初态的角动量为 J_1, 而终态的为 J_2. 如通常那样, 散射截面应该对所有的 M_1 分量值求平均, 并对 M_2 值求和. 求平均后, 截面不再依赖于 M_2, 因而, 紧接着的求和等价于乘以 $(2J_2 + 1)$. 所以, 平均散射截面为

$$\mathrm{d}\overline{\sigma} = \omega\omega'^3 c_{iklm}^{(21)} e_i'^* e_k e_l' e_m^* \mathrm{d}o', \tag{60.1}$$

其中

$$c_{iklm}^{(21)} = \frac{1}{2J_1 + 1} \sum_{M_1 M_2} (c_{ik})_{21}(c_{lm})_{21}^* = (2J_2 + 1)\overline{(c_{ik})_{21}(c_{lm})_{21}^*}^1, \tag{60.2}$$

带上标 1 的横线表示对 M_1 求平均.

对于瑞利散射, 态 1 和态 2 属于同一能级 ($\omega_{12} = 0$). 如果只考虑相干散射, 态 1 和态 2 必定完全相同, 所以, $M_1 = M_2$. 在这种情形下, 要对 M_2 求和且因此 (60.2) 中的因子 $2J_2 + 1$ 不再出现:

$$c_{iklm}^{\mathrm{coh}} = \overline{(c_{ik})_{11}(c_{lm})_{11}^*}^1. \tag{60.3}$$

这个平均的结果并不需要进一步的计算就可以写出来, 因为对 M_1 求平均等价于对系统的所有取向平均, 此平均值只能通过单位张量 δ_{ik} 表示. 这时, 只有散射张量的标量部分、对称部分与反对称部分的分量之积的平均值可以不为零. 显然, 由单位张量不可能得到具有交叉乘积对称性的表示式, 因此

$$c_{iklm}^{(21)} = G_{21}^0 \delta_{ik}\delta_{lm} + c_{iklm}^{(21)s} + c_{iklm}^{(21)a}, \tag{60.4}$$

其中

$$G_{21}^0 = (2J_2 + 1)\overline{|(c^0)_{21}|^2}^1,$$
$$c_{iklm}^{(21)s} = (2J_2 + 1)\overline{(c_{ik}^s)_{21}(c_{lm}^s)_{21}^*}^1, \tag{60.5}$$
$$c_{iklm}^{(21)a} = (2J_2 + 1)\overline{(c_{ik}^a)_{21}(c_{lm}^a)_{21}^*}^1.$$

换句话说, 自由取向系统的散射截面 (以及散射强度) 是三个独立部分之和, 它们分别为 **标量散射**、**对称散射** 与 **反对称散射**.

(60.4) 式三项中的每一项都可用一个独立量表示: 标量散射用 G_{21}^0 表示; 而对于对称散射和反对称散射, 我们有

$$c_{iklm}^{(21)s} = \frac{1}{10}G_{21}^s\left(\delta_{il}\delta_{km} + \delta_{im}\delta_{kl} - \frac{2}{3}\delta_{ik}\delta_{lm}\right).$$
$$G_{21}^s = (2J_2 + 1)\overline{(c_{ik}^s)_{21}(c_{ik}^s)_{21}}^1;$$
$$c_{iklm}^{(21)a} = \frac{1}{6}G_{21}^a(\delta_{il}\delta_{km} - \delta_{im}\delta_{kl}), \tag{60.6}$$
$$G_{21}^a = (2J_2 + 1)\overline{(c_{ik}^a)_{21}(c_{ik}^a)_{21}}^1$$

(单位张量的组合根据对称性推出, 公共因子由成对指标 i, l 与 k, m 的缩并求出).

将 (60.4)—(60.6) 式代入 (60.1) 式, 就得到散射截面的表示式:

$$\mathrm{d}\bar{\sigma} = \omega\omega'^3\left\{G_{21}^0|e'^* \cdot e|^2 + \frac{1}{10}G_{21}^s\left(1 + |e' \cdot e|^2 - \frac{2}{3}|e'^* \cdot e|^2\right)\right.$$
$$\left. + \frac{1}{6}G_{21}^a(1 - |e' \cdot e|^2)\right\}\mathrm{d}o'. \tag{60.7}$$

此式明显表示出散射的角度依赖性与极化性质.

通过对终态光子的极化求和并对初态光子的极化与入射方向求平均, 不难从 (60.1) 式直接得出任何方向上散射的总截面, 注意到, 如果不仅对光子的极化求平均, 而且对光子的传播方向求平均, 则有

$$\overline{e_i^* e_k} = \delta_{ik}/3,$$

(对这些量的求和将使结果增大一个因子 $2 \times 4\pi$). 结果为

$$\bar{\sigma} = \frac{8\pi}{9}\omega\omega'^3 c_{ikik}^{(21)} = \frac{8\pi}{9}\omega\omega'^3(3G_{21}^0 + G_{21}^s + G_{21}^a). \tag{60.8}$$

我们已经指出过, 散射的选择定则和任意二秩张量矩阵元的选择定则相同. 由于散射强度可分解成三个独立部分, 所以对其每个部分分别讨论这个规则是方便的.

对称散射的选择定则和电四极辐射的选择定则相同, 因为后者也由不可约对称张量 (电四极张量) 决定. 反对称散射的选择定则和磁偶极辐射的选择定则相同, 因为二者都由轴矢量决定 (反对称张量等价于 (或对偶于) 轴矢量)[1]. 但是这里有一个差别: 在辐射情形中给出电矩和磁矩平均值 (且不和辐射跃迁对应) 的那些对角矩阵元, 在散射情形中是非常重要的, 这是因为它们和相干散射相联系.

标量散射的选择定则和标量矩阵元的选择定则相同. 这意味着只有对称性相同的状态之间才有可能发生跃迁. 特别是, 总角动量 J 及其分量 M 的值必须相同 (并且 M 的对角矩阵元和 M 无关; 参见第三卷 (29.3)). 因此, 对瑞利散射, 态 1 和态 2 必须完全相同 (不仅能量相同, 而且 M 也相同), 而且瑞利标量散射是完全相干的. 相反, 由于标量散射中的所有状态总是由它们互相组合的, 因此在相干散射中总存在一个标量部分.

对于在空间中自由取向的系统, 和上面对散射截面求平均一样, 极化张量也必须对角动量 J_1 的方向求平均. 这个平均非常简单: 显然, 我们有

$$\alpha_{ik} \equiv \overline{(c_{ik})_{11}}^1 = \overline{(c^0)_{11}}^1 \delta_{ik}.$$

由于 δ_{ik} 是唯一的二秩各向同性张量, 散射张量的对称部分和反对称部分在平均时消失.

上面说过, 标量的对角矩阵元不依赖于 M_1, 因此 $(c^0)_{11}$ 上的求平均符号可以略去 (这个量对任何 M_1 值都能计算), 因此极化率为

$$\alpha_{ik} \equiv (c^0)_{11}\delta_{ik}. \tag{60.9}$$

由于同样原因, 决定相干散射标量部分的量 G^0_{11} 中的求平均符号也可略去:

$$G^0_{11} = \overline{|(c^0)_{11}|^2}^1 = (c^0)^2_{11} \tag{60.10}$$

(略去了因子 $2J_2 + 1$, 和 (60.3) 式一致). 这样一来, 平均极化率和相干散射的标量部分之间有一个简单关系. 二者都由下面的量确定:

$$(c^0)_{11} = \frac{2}{3}\sum_n \frac{\omega_{n1}}{\omega^2_{n1} - \omega^2}|\boldsymbol{d}_{n1}|^2. \tag{60.11}$$

习　题

1. 求线偏振光散射时的角分布和退偏振度.

---

[1] 当然, 这里指的是和对称性相联系的选择定则, 而不是辐射情形中和轴矢量的具体形式相联系的选择定则; 磁矩矢量包含自旋部分, 而在散射情形中所说的是纯轨道 (坐标) 量的矩阵元.

解: 设 θ 为散射方向 $\boldsymbol{n}'$ 和入射光的偏振方向 $\boldsymbol{e}$ 之间的夹角. 散射光包含两个独立分量: 一个是在平面 $\boldsymbol{n}'$, $\boldsymbol{e}$ 内的偏振分量 (强度为 I_1), 另一个是与此平面垂直的分量 (强度为 I_2); 退偏振度为 I_2/I_1. 强度 I_1 和 I_2 由 $\boldsymbol{e}'$ 取适当方向时的公式 (60.7) 确定.

在标量散射中, 光在同一平面内保持完全偏振 ($I_2 = 0$), 强度的角分布为

$$I = \frac{3}{2}\sin^2\theta.$$

此处及以下, $I = I_1 + I_2$ 的归一化是使得对方向求平均时为 1.

在对称散射中

$$I = \frac{3}{20}(6 + \sin^2\theta), \quad \frac{I_2}{I_1} = \frac{3}{3 + \sin^2\theta}.$$

在反对称散射中,

$$I = \frac{3}{4}(1 + \cos^2\theta), \quad \frac{I_2}{I_1} = \frac{1}{\cos^2\theta}.$$

2. 同上题, 但是将线偏振光改为自然光.

解: (60.7) 式要应用于入射 (非偏振) 自然光, 必须作代换

$$e_i e_k^* \to \frac{1}{2}(\delta_{ik} - n_i n_k),$$

这相当于在给定入射方向 $\boldsymbol{n}$ 的条件下, 对偏振方向 $\boldsymbol{e}$ 求平均. 散射光将是部分偏振的, 从对称性考虑, 很明显, 其两个独立分量为散射平面 $\boldsymbol{n}$, $\boldsymbol{n}'$ 内的线偏振光 (强度为 $I_{\parallel}$) 与和此平面垂直方向上的线偏振光 (强度为 $I_{\perp}$). 散射角 ($\boldsymbol{n}$ 和 $\boldsymbol{n}'$ 间的夹角) 用 θ 表示.

对于标量散射,

$$I = I_{\perp} + I_{\parallel} = \frac{3}{4}(1 + \cos^2\theta), \quad \frac{I_{\parallel}}{I_{\perp}} = \cos^2\theta;$$

对于对称散射,

$$I = \frac{3}{40}(13 + \cos^2\theta), \quad \frac{I_{\parallel}}{I_{\perp}} = \frac{6 + \cos^2\theta}{7};$$

对于反对称散射,

$$I = \frac{3}{8}(2 + \sin^2\theta), \quad \frac{I_{\parallel}}{I_{\perp}} = 1 + \sin^2\theta.$$

3. 试确定圆偏振光散射中的反转因子 ("反转" 方向上圆偏振分量强度和 "正常" 方向上偏振分量的强度之比).

解: 圆偏振入射光的角分布与退偏振度 ($I_{\parallel}/I_{\perp}$) 和自然光散射中是相同的.

设入射光的矢量 $\boldsymbol{e}$ 具有分量 $(1, i, 0)/\sqrt{2}$ (坐标系取法如下: xz 平面为散射平面, z 轴为 $\boldsymbol{n}$ 方向), 这时, 散射光的 "反转" 和 "正常" 圆偏振分量的极化矢量分别为

$$e' = \frac{1}{\sqrt{2}}(\cos\theta, -i, -\sin\theta) \quad \text{和} \quad e' = \frac{1}{\sqrt{2}}(\cos\theta, i, -\sin\theta).$$

利用 (60.7) 式计算强度, 便求得三种散射的反转因子 P:

$$P^0 = \tan^4\frac{\theta}{2}, \quad P^s = \frac{13 + \cos^2\theta + 10\cos\theta}{13 + \cos^2\theta - 10\cos\theta}, \quad P^a = \frac{1 - \cos^4(\theta/2)}{1 - \sin^4(\theta/2)}$$

(θ 为散射角).

4. 计算低频光子被基态氢原子散射的截面.

解: 低频光子只可能受到弹性散射. 由于氢原子基态的轨道角动量 $L = 0$, 选择定则 (忽略自旋轨道耦合) 只允许标量散射. 原子的静态极化 (用通常的单位) 为:

$$\alpha = \frac{9}{2}\left(\frac{\hbar^2}{me^2}\right)^3$$

(参见第三卷 §76 习题 4). 将其代入 (60.8) 式, 便得到所求的截面:

$$\sigma_t = 54\pi\left(\frac{\omega}{c}\right)^4\left(\frac{\hbar^2}{me^2}\right)^6.$$

5. 计算氘核对 γ 射线弹性散射的截面 (H. A. Bethe, R. Peierls, 1935).

解: 氘核基态及其连续谱态 (离解的氘核) 的波函数为

$$\psi_0 = \sqrt{\frac{\varkappa}{2\pi}}\frac{e^{-\varkappa r}}{r}, \quad \psi_{\boldsymbol{p}} = e^{i\boldsymbol{p}\cdot\boldsymbol{r}}, \quad \varkappa = \sqrt{MI}$$

(参见 (58.2) 和 (58.3) 式). 偶极矩矩阵元 $\boldsymbol{d}_{\boldsymbol{p}0} = -ie\boldsymbol{p}_{\boldsymbol{p}0}/(M\omega_{\boldsymbol{p}0})$ 已在 §58 中计算过:

$$\boldsymbol{d}_{\boldsymbol{p}0} = -\frac{4\pi ie}{M\omega_{\boldsymbol{p}0}}\sqrt{\frac{\varkappa}{2\pi}}\frac{\boldsymbol{p}}{\varkappa^2 + \boldsymbol{p}^2},$$

并且频率为 $\omega_{\boldsymbol{p}0} = (\boldsymbol{p}^2 + \varkappa^2)/M$. 极化张量为

$$\alpha_{ik} = \left\{\frac{2}{3}\int\frac{\omega_{\boldsymbol{p}0}}{\omega_{\boldsymbol{p}0}^2 - \omega^2}|\boldsymbol{d}_{0\boldsymbol{p}}|^2\frac{d^3p}{(2\pi)^3} - \frac{e^2}{2M\omega^2}\right\}\delta_{ik}.$$

第一项和氘核内部自由度的虚激发有关, 可写成 (60.11) 的形式. 第二项则和波场对氘核的整体平移运动的作用有关. 由于此运动是准经典的, 因而散射张量的相应部分由 (59.14) 给出 (须将 m 换成氘核的质量 $2M$).

α_{ik} 的计算归结为求积分

$$J = \frac{1}{2} \int_{-\infty}^{\infty} \frac{z^4 \mathrm{d}z}{(z^2+1)^3[(z^2+1)^2-\gamma^2]}, \quad z = \frac{p}{\varkappa}, \quad \gamma = \frac{M\omega}{\varkappa^2} = \frac{\omega}{I}.$$

我们有

$$J = \frac{1}{8} \frac{\mathrm{d}}{\mathrm{d}\lambda} \left(\frac{1}{\lambda} \frac{\mathrm{d}J_0}{\mathrm{d}\lambda} \right) \bigg|_{\lambda=1}, \quad J_0 = \frac{1}{2} \int_{-\infty}^{\infty} \frac{z^4 \mathrm{d}z}{(z^2+\lambda^2)[(z^2+1)^2-\gamma^2]}.$$

当 $\gamma < 1$ 时, 被积函数在复变量 z 的上半平面内有极点 $\mathrm{i}\lambda$, $\mathrm{i}\sqrt{1+\gamma}$, $\mathrm{i}\sqrt{1-\gamma}$; 由这些极点的留数可计算积分 J_0. 结果为

$$J = \frac{\pi}{2} \left\{ \frac{(1+\gamma)^{3/2}}{2\gamma^4} + \frac{(1-\gamma)^{3/2}}{2\gamma^4} - \left(\frac{3}{8\gamma^2} + \frac{1}{\gamma^4} \right) \right\}.$$

用 α_{ik} 表示总散射截面, 根据 (60.8) 和 (60.10), 它等于 (用通常单位):

$$\sigma = \frac{8\pi}{3} \left(\frac{e^2}{Mc^2} \right)^2 \left| -1 - \frac{4}{3\gamma^2} + \frac{2}{3\gamma^2} [(1+\gamma)^{3/2} + (1-\gamma)^{3/2}] \right|^2 \quad \text{当 } \gamma = \frac{\hbar\omega}{I} < 1.$$

当 $\gamma > 1$ 时 (即在氘核电离阈以上) 的散射振幅可通过解析延拓由 $\gamma < 1$ 时的散射振幅得到; 这个振幅有一虚部, 且必定为正的 (按照 (59.17) 的绕行法则):

$$\sigma = \frac{8\pi}{3} \left(\frac{e^2}{Mc^2} \right)^2 \left| -1 - \frac{4}{3\gamma^2} + \frac{2}{3\gamma^2} (\gamma+1)^{3/2} + \mathrm{i}\frac{2}{3\gamma^2} (\gamma-1)^{3/2} \right|^2 \quad \text{当 } \gamma > 1.$$

当 $\gamma \gg 1$ 时, 我们得到 $\sigma = (8\pi/3)(e^2/Mc^2)^2$. 如应该的那样, 它和一个自由质子的 (非相对论) 散射一致.

辐射的角分布为

$$\mathrm{d}\sigma = \sigma \frac{3}{4}(1 + \cos^2\theta) \frac{\mathrm{d}o}{4\pi},$$

其中 θ 为散射角. 根据 (59.24) 确定散射振幅后, 我们有

$$\operatorname{Im} f(0) = \frac{2e^2}{3Mc^2} \frac{(\gamma-1)^{3/2}}{\gamma^2}, \quad \gamma > 1.$$

按照光学定理 (59.26), 此量应当等于 $\omega\sigma_t/4\pi$, 其中 σ_t 为光致离解的总截面 (58.4). 由于弹性散射截面 ($\sim e^4$) 是比离解截面 ($\sim e^2$) 更高阶的小量 (参见 (58.4)), 因此 σ_t 等于离解截面. 由于同样原因, 在此近似中, 当 $\gamma < 1$ (即在离解阈以下) 时, 散射振幅为实数.

§61 分子散射

分子散射的特殊性质和构成分子光谱理论的基础的性质是同样的, 即可以将原子核不动时的电子状态和原子核在给定电子有效场中的运动分开来处理.

设入射光的频率 ω 小于电子第一激发能量 ω_e. 于是在散射过程中, 电子谱项不可能被激发. 散射将是瑞利散射, 或是存在转动 (或振动) 能级激发的拉曼散射.

其次, 我们假设分子的电子基项是非简并的 (且没有精细结构). 也就是说, 我们假设电子的总自旋和电子的总轨道角动量在分子轴线上的分量都等于零 (对于对称陀螺型分子). 对于双原子分子, 这意味着电子基项必定是 $^1\Sigma$. 我们知道, 大多数分子的基态都能满足这些条件 [1].

最后, 我们假设频率 ω 比基项的核 (转动与振动) 能级之间的间隔大, 而差 $\omega_e - \omega$ 和激发项的核能级结构有类似关系. 于是, 入射光的频率必定离共振相当远. 正是这些条件使我们在计算散射张量时从一开始就不考虑核的运动, 而根据给定的核的组态来讨论问题.

在这类问题中, 散射张量就是极化张量 $\alpha_{ik} \equiv (c_{ik})_{11}$, 并且原则上能够按照一般公式 (59.17) 计算; 在 (59.17) 式中, 求和是对所有激发电子谱项进行的. 这样得到的 α_{ik} 是原子核组态坐标 q 的函数 (这些坐标是电子谱项的能量和波函数的参数). 由于态是非简并的, 张量 $\alpha_{ik}(q)$ 为实的并且是对称的.

张量 $\alpha_{ik}(q)$ 为分子在给定原子核组态下的电子极化率. 要求解实际的散射问题, 还必须考虑初态与终态中原子核的运动. 设 $\psi_{s_1}(q)$ 与 $\psi_{s_2}(q)$ 为这两个态的核波函数, s_1 与 s_2 为振动与转动量子数组. 所求的散射张量为张量 $\alpha_{ik}(q)$ 对这两个函数的矩阵元:

$$\langle s_2 | \alpha_{ik} | s_1 \rangle = \int \psi_{s_2}^*(q) \alpha_{ik} \psi_{s_1} \mathrm{d}q. \tag{61.1}$$

由于张量 $\alpha_{ik}(q)$ 是对称的, 张量 (61.1) 也是对称的 (不管 s_1, s_2 是否相同). 于是, 我们得出结论: 在上述条件下, 不论是在瑞利散射中, 还是在拉曼散射中, 都没有反对称部分, 散射将只包含标量部分与对称部分.

极化率的标量部分 $\alpha^0(q)$ 和分子的取向无关, 而只依赖于分子中原子的内部组态. 设 v 为分子的振动量子数组, r 为转动量子数组 (磁量子数 m 除

---

[1] 然而, 下面给出的结果也以一定的近似性适用于如下情况: 电子基项的简并是非零自旋引起的, 但是自旋轨道相互作用很小 (因而由它们所引起的精细结构可以忽略). 在这个近似中, 具有不同自旋方向的态不能合并, 从这个意义上讲, 它们的行为看起来又是非简并的. 例如, 具有基项 $^3\Sigma$ 的分子 O_2 就属于这种类型.

外). 那么矩阵元为

$$\langle v_2 r_2 m_2 | \alpha^0 | v_1 r_1 m_1 \rangle = \langle v_2 | \alpha^0 | v_1 \rangle \delta_{r_1 r_2} \delta_{m_1 m_2}. \tag{61.2}$$

对量子数 r, m 的对角性对任何标量都成立. (61.2) 式的特点是: 这个矩阵元和这两个量子数完全无关. 因此, 标量散射只对纯振动跃迁才发生, 而与转动态无关.

对称散射由张量 α_{ik}^s 的矩阵元决定. 它在固定坐标系 xyz 中的分量可以通过随分子一起运动的坐标系 $\xi\eta\zeta$ 中的分量 $\overline{\alpha}_{i'k'}^s$ 表示:

$$\alpha_{ik}^s = \sum_{i'k'} \overline{\alpha}_{i'k'}^s D_{i'i} D_{k'k}, \tag{61.3}$$

其中 $D_{i'i}$ 为新坐标轴对旧坐标轴的方向余弦. $\overline{\alpha}_{i'k'}^s$ 和分子的取向无关, 而 $D_{i'i}$ 和分子的内部坐标无关. 因此

$$\langle v_2 r_2 m_2 | \alpha_{i'k'}^s | v_1 r_1 m_1 \rangle = \sum_{i'k'} \langle v_2 | \overline{\alpha}_{i'k'}^s | v_1 \rangle \langle r_2 m_2 | D_{i'i} D_{k'k} | r_1 m_1 \rangle.$$

不难证明, 这些量模的平方对 $r_2 m_2, ik$ 求和等于[①]

$$\sum_{r_2 m_2} \sum_{ik} |\langle v_2 r_2 m_2 | \alpha_{ik}^s | v_1 r_1 m_1 \rangle|^2 = \sum_{i'k'} |\langle v_2 | \overline{\alpha}_{i'k'}^s | v_1 \rangle|^2. \tag{61.4}$$

这意味着, 对于从给定振动–转动能级 v_1, r_1 到振动态 v_2 的所有转动能级的跃迁, 总的散射强度和 r_1 无关.

对于对称陀螺型分子来说, 还可进一步求出散射强度和每个跃迁 $v_1 r_1 \rightarrow v_2 r_2$ 的转动量子数之间的关系. 在这种情形下, 量子数 r 是角动量 J 及其在分子轴线上的分量 k. 我们将 α_{ik}^s 的笛卡儿分量用相应的二秩球张量代替, 其分量用 α_λ 表示 ($\lambda = 0, \pm 1, \pm 2$). 按照第三卷 (110.7) 式, 这个量的模平方为

$$|\langle v_2 J_2 k_2 m_2 | \alpha_\lambda | v_1 J_1 k_1 m_1 \rangle|^2$$

$$= (2J_1 + 1)(2J_2 + 1) \begin{pmatrix} J_2 & 2 & J_1 \\ -k_2 & \lambda' & k_1 \end{pmatrix}^2 \begin{pmatrix} J_2 & 2 & J_1 \\ -m_2 & \lambda & m_1 \end{pmatrix}^2 |\langle v_2 | \overline{\alpha}_{\lambda'} | v_1 \rangle|^2,$$

---

① 对求和作变换时, 我们用到如下等式

$$\sum_{ik} \sum_{r_2 m_2} \langle r_1 m_1 | D_{il} D_{kg} | r_2 m_2 \rangle \langle r_2 m_2 | D_{il'} D_{kg'} | r_1 m_1 \rangle$$

$$= \langle r_1 m_1 | \sum_{ik} D_{il} D_{kg} D_{il'} D_{kg'} | r_1 m_1 \rangle = \langle r_1 m_1 | \delta_{ll'} \delta_{gg'} | r_1 m_1 \rangle = \delta_{ll'} \delta_{gg'}.$$

此式表明矩阵 D_{ik} 的幺正性.

其中 $\alpha_{\lambda'}(q)$ 是对固定在分子上的坐标轴的球极化张量, 且 $\lambda' = k_2 - k_1$. 对 m_2 与 $\lambda = m_2 - m_1$ 求和 (m 固定), 我们得到 (比较第三卷 (110.8) 式):

$$\sum_{m_2\lambda} |\langle v_2 J_2 k_2 m_2 | \alpha_\lambda | v_1 J_1 k_1 m_1 \rangle|^2 = (2J_2 + 1) \begin{pmatrix} J_2 & 2 & J_1 \\ -k_2 & \lambda' & k_1 \end{pmatrix} |\langle v_2 | \overline{\alpha}_{\lambda'} | v_1 \rangle|^2.$$
$$(61.5)$$

这个量决定振动-转动跃迁 $v_1 J_1 k_1 \to v_2 J_2 k_2$ 的散射强度. 由于矩阵元 $\langle v_2 | \overline{\alpha}_{\lambda'} | v_1 \rangle$ 一般不依赖于分子的振动, 因而, (61.5) 式也确定了强度与 J_1, J_2 和 k_1, k_2 的依赖关系. 我们看到, (61.5) 式的右端只含极化张量的一个球分量.

将 (61.5) 式对 J_2 和 k_2 求和, 我们得到[①]

$$\sum_{\lambda} \sum_{J_2 k_2 m_2} |\langle v_2 J_2 k_2 m_2 | \alpha_\lambda | v_1 J_1 k_1 m_1 \rangle|^2 = \sum_{\lambda'} |\langle v_2 | \overline{\alpha}_{\lambda'} | v_1 \rangle|^2,$$

于是, 我们回到了求和法则 (61.4).

对称陀螺的一种特殊情形是转子 —— 一种线状分子 (例如双原子分子). 角动量在这种分子的轴线上的分量等于零 (在电子轨道角动量为零的非简并电子态中)[②]. 因此在此情形下, (61.5) 式中我们必须取 $k_1 = k_2 = 0$.

最后, 我们来考虑振动拉曼散射中的选择定则以及分子振动光谱发射谱 (或吸收谱) 中的同类问题[③].

对于散射, 问题简单地归结为求出张量 $\alpha_{ik}(q)$ 对振动波函数 $\psi_v(q)$ 的矩阵元非零的条件; 这时, 标量 α^0 (对于标量散射) 和不可约对称张量 α_{ik}^s (对于对称散射) 应该分别考虑. 在发射 (或吸收) 中起相应作用的是矢量 $\boldsymbol{d}(q)$ 的矩阵元, $\boldsymbol{d}(q)$ 为原子核位置给定时分子偶极矩对电子态的平均值 (对于双原子分子, 这一点在 §54 中已经讲过了).

多原子分子的振动可以按照对称类型分类, 即按照相应点群的不可约表示 D_a 分类, a 为表示的编号 (参见第三卷 §100). 这些表示也可用来确定分子振动波函数的对称性 (参见第三卷 §101). 第一振动态 (量子数 $v_a = 1$) 波函数的对称性和振动模式的对称性 D_a 相同. 较高态 ($v_a > 1$) 的对称性的表示为 $[D_a^{v_a}]$, 这是表示 D_a 自乘 v_a 次的对称积. 最后, 不同振动 a 和 b 同时被激发的

---

① 在给定 k_1 和 λ' (因而 $k_2 = k_1 + \lambda'$ 给定) 的条件下对 J_2 求和, 我们有

$$\sum_{J_2} (2J_2 + 1) \begin{pmatrix} J_2 & 2 & J_1 \\ -k_2 & \lambda' & k_1 \end{pmatrix}^2 = 1$$

(参见第三卷 (106.13)). 然后在给定 k_1 的条件下对 k_2 (或等价地对 $\lambda' = k_2 - k_1$) 求和.

② 这里我们没考虑由于分子的振动与转动之间相互作用引起的效应 (参见第三卷 §104).

③ 这些光谱在红外区, 一般在吸收谱中观察到.

态的对称性由直积 $[D_a^{v_a}] \times [D_b^{v_b}]$ 给出①. 各种量 (标量、矢量、张量) 按不同对称类型的选择定则已在第三卷 §97 中讲述过了.

　　由分子的对称性质得到的选择定则是很严格的. 此外还有一些建立在如下假设基础上的近似选择定则: 振动是谐振动, 函数 $\alpha_{ik}(q)$ 或 $d(q)$ 可以展成振动坐标 q 的幂级数. 这些近似选择定则来源于谐振子的已知选择定则; 按照谐振子的选择定则, 只有对振动量子数改变 $\Delta v = \pm 1$ 的跃迁, 谐振子坐标 q 的矩阵元才不为零.

§62　谱线的自然宽度

　　迄今为止, 我们在研究光的辐射和散射时, 都将系统 (例如, 原子) 的所有能级看成是严格离散的. 但事实上激发能级由于发射而有一定的衰变概率, 所以其寿命是有限的. 按照量子力学的一般原理, 可以得出结论: 能级是准离散的, 具有某种有限 (当然是很小的) 的宽度 (参见第三卷 §134), 可写成 $E - \mathrm{i}\Gamma/2$ 的形式, $\Gamma(\Gamma = \Gamma/\hbar)$ 为单位时间内该状态所有可能的 "衰变" 过程的总概率.

　　我们来研究这个情形是如何影响辐射过程的 (V. Weisskopf, E. Wigner, 1930). 显然, 由于能级有一定的宽度, 因而发出的光不是严格单色的, 其频率是有一定范围的 $\Delta\omega \sim \Gamma \, (= \Gamma/\hbar)$. 这时, 由于辐射系统初态的寿命是有限的, 自然就提出寻求发射给定频率光子的总概率的问题, 而不是单位时间内的发射概率, 首先, 我们对原子从某个激发能级

$$E_1 - \frac{\mathrm{i}}{2}\Gamma_1$$

到基态能级 E_2 的跃迁计算这个总概率. 基态能级 E_2 的寿命为无限大, 因此是严格离散的.

　　设 Ψ 为原子和光子场的波函数, $\widehat{H} = \widehat{H}^{(0)} + \widehat{V}$ 为这个系统的哈密顿算符, 而 $\widehat{V}$ 为原子和光子场的相互作用算符. 我们来求解薛定谔方程:

$$\mathrm{i}\frac{\partial \Psi}{\partial t} = (\widehat{H}^{(0)} + \widehat{V})\Psi \tag{62.1}$$

写成按系统非微扰态波函数的展开的形式:

$$\Psi = \sum_\nu a_\nu(t)\Psi_\nu^{(0)} = \sum_\nu a_\nu(t)\mathrm{e}^{-\mathrm{i}\mathcal{E}_\nu t}\psi_\nu^{(0)}. \tag{62.2}$$

---

　　① 当然, 振动波函数的对称性质和振动势能的具体形式无关, 特别是和第三卷 §101 中有关振动为谐振动的假设无关.

对系数 $a_\nu(t)$, 我们得到如下方程组:

$$i\frac{\partial a_\nu}{\partial t} = \sum_{\nu'} \langle \nu|V|\nu' \rangle a_{\nu'} \exp\{i(\mathcal{E}_\nu - \mathcal{E}_{\nu'})t\}. \tag{62.3}$$

设 $|\nu\rangle$ 为具有能量 $E_\nu = E_2 + \omega$ 的态, 在这个态中, 原子处于基态能级 E_2, 且有一个确定频率 ω 的光量子; 这个态我们用 $|\omega 2\rangle$ 表示. 在初始时刻, 系统处于 $|1\rangle$ 态, 这个态是原子被激发到能级 E_1, 且没有光子. 也就是说, 在 $t = 0$ 时我们必定有

$$a_1 = 1, \quad a_{\nu'} = 0 \; \text{对} \; |\nu'\rangle \neq |1\rangle). \tag{62.4}$$

方程 (62.3) 在此初始条件下的解 (波函数经适当的归一化) 给出 t 时刻原子产生跃迁 $1 \to 2$ 并发射一个在频率间隔 $d\omega$ 内光子的概率:

$$|a_{\omega 2}(t)|^2 d\omega.$$

我们感兴趣的是 $t \to \infty$ 时的极限:

$$dw = |a_{\omega 2}(\infty)|^2 d\omega. \tag{62.5}$$

为使问题更为明确, 我们回顾一下: 在一级近似中求跃迁 $1 \to 2$ 在单位时间内的通常发射概率 (忽略能级宽度) 时, 必须把方程 (62.3) 右端所有的 $a_{\nu'}(t)$ 换成 (62.4) 的值, 然后将这样得到的解对大的 t 值进行检验 (比较第三卷 §42). 现在, 我们可以更准确地阐明这个方法: 它所涉及的时间比激发能级的寿命短; 而所谓大的 t 是指比时间 $1/(E_1 - E_2)$ 大, 但仍比 $1/\Gamma_1$ 小.

在现在的情形下, 所考虑的时间可以和 $1/\Gamma_1$ 相近, 函数 $a_1(t)$ 按如下规律随时间衰减:

$$a_1(t) = e^{-\Gamma_1 t/2}. \tag{62.6}$$

但是, 对于原子发射产生的态 $|\nu'\rangle$, 函数 $a_{\nu'}(t)$ 随时间递增. 如果从给定能级 E_1 不但能跃迁到能级 E_2, 还能够跃迁到原子的各个不同能级, 那么将有很多递增函数 $a_{\nu'}(t)$, 其中每一个都对应着一个态, 在这个态原子处于一定能级且有一个适当能量的光子. 然而, 在方程 (62.3) 的右边仍只保留了一项 ($|\nu'\rangle = 1$ 项). 实际上, 非零矩阵元仅存在于这样的跃迁中: 其中有相同能量的光子数目改变 1. 因此, 若各个态包含能量不同的光子, 矩阵元必定等于零.

这样, 对于 $a_{\omega 2}(t)$, 我们有方程:

$$i\frac{da_{\omega 2}}{dt} = \langle \omega 2|V|1 \rangle e^{i(E_2+\omega-E_1)t} a_1 = \langle \omega 2|V|1 \rangle \exp\left\{ i(\omega - \omega_{12})t - \frac{\Gamma_1}{2}t \right\}, \tag{62.7}$$

其中 $\omega_{12} = E_1 - E_2$. 在 $a_{\omega 2}(0) = 0$ 的初条件下积分, 求得

$$a_{\omega 2} = \langle \omega 2 | V | 1 \rangle \frac{1 - \exp\{i(\omega - \omega_{12})t - \Gamma_1 t / 2\}}{\omega - \omega_{12} + i\Gamma_1 / 2}. \tag{62.8}$$

因此概率 dw (62.5) 为:

$$dw = |\langle \omega 2 | V | 1 \rangle|^2 \frac{d\omega}{(\omega - \omega_{12})^2 + \Gamma_1^2 / 4}.$$

由于宽度 $\Gamma_1 \ll \omega_{12}$, 所以在因子 $|\langle \omega 2 | V | 1 \rangle|^2$ 中可取 $\omega = \omega_{12}$. 于是, 量 $2\pi |\langle \omega 2 | V | 1 \rangle|^2$ 为发射频率为 ω_{12} 的光子的通常概率 (单位时间内), 所发射的光子除频率外还有其它特征量, 如运动方向与极化, 为简洁计, 我们尚未提及这些量. 我们看到, 概率对这些特征量的依赖关系完全由因子 $|\langle \omega 2 | V | 1 \rangle|^2$ 决定. 因此, 允许能级有宽度并不影响辐射的极化性质或角分布.

对光子的极化与运动方向求和

$$\Gamma_{1 \to 2} = 2\pi \sum |\langle \omega 2 | V | 1 \rangle|^2, \tag{62.9}$$

得到通常的总发射概率. 这也是能级 E_1 中由跃迁 $1 \to 2$ 引起的宽度部分 (能级分宽度), 它和总宽度 Γ_1 不同, 总宽度 Γ_1 是由该准稳态所有可能的 "衰变" 方式的贡献而产生的[1].

对概率 dw 进行类似的求和, 我们得到如下发射光频率分布的最后表示式:

$$dw = w_t \frac{\Gamma_1}{2\pi} \frac{d\omega}{(\omega_{12} - \omega)^2 + \Gamma_1^2 / 4}, \tag{62.10}$$

其中 $w_t = \Gamma_{1 \to 2} / \Gamma_1$ 为跃迁 $1 \to 2$ 的总相对概率. 这是一种色散型分布. (62.10) 式所描写的谱线形状是孤立不动的原子所固有的, 称为**自然**形状[2].

现在设原子的能级 E_2 也是一个有有限宽度 Γ_2 的激发态能级. 为简单起见, 我们假设这个宽度是由于原子跃迁到基态 E_0 并发射一个光子而产生的 (最后结果 (62.12) 将和此假设无关). 这时态 1 的衰变过程可以看成在 §59 中研究过的双光子发射过程. 这个过程的矩阵元 (暂不考虑态 2 寿命有限) 由如下公式给出:

$$\langle \omega \omega' 0 | V^{(2)} | 1 \rangle = \frac{\langle \omega \omega' 0 | V | \omega 2 \rangle \langle \omega 2 | V | 1 \rangle}{E_0 - E_2 + \omega' + i0} \tag{62.11}$$

---

[1] 当然, 公式 (62.6), (62.9) 还可通过对 $a_1(t)$ 求解类似于 (62.7) 的方程得出.

我们看到, 跃迁到连续谱的态 (产生一个有限的能级宽度) 不一定有光子发射. 高激发 (X 射线) 能级在衰变时可以发射一个电子并形成一个处于基态的正离子 (俄歇效应).

[2] 它不同于原子与其它原子相互作用所引起的增宽 (碰撞增宽), 或者由辐射源中原子的不同速度所引起的增宽 (多普勒增宽).

公式 (59.2) 中的态 2 变为态 0, 在对 n 的求和中只剩下和态 2 的原子所对应的项, 当 ω' 接近 $E_2 - E_0$ 时由于共振, 这一项变得很大. 现在如果考虑到态 2 的寿命有限, 只需在 (62.11) 中进行代换 $E_2 \to E_2 - \mathrm{i}\Gamma_2/2$ 即可, 这就给出

$$\langle \omega\omega'0|V^{(2)}1|\rangle = \frac{\langle\omega\omega'0|V|\omega2\rangle\langle\omega2|V|1\rangle}{E_0 - E_2 + \omega' + \mathrm{i}\Gamma_2/2}.$$

将此矩阵元值代入 $a_{\omega\omega'2}(t)$ 的方程 (该方程和 (62.7) 的差别只是符号不同), 经过和 (62.8) 完全类似的推导, 我们得到:

$$a_{\omega\omega'0}(\infty) = \frac{\langle\omega\omega'0|V|\omega2\rangle\langle\omega2|V|1\rangle}{(\omega' - \omega_{20} + \mathrm{i}\Gamma_2/2)(\omega + \omega' - \omega_{10} + \mathrm{i}\Gamma_1/2)}.$$

发射 ω 与 ω' 光子的概率为

$$\begin{aligned}
\mathrm{d}w &= |a_{\omega\omega'0}(\infty)|^2 \mathrm{d}\omega\mathrm{d}\omega' \\
&= \frac{\Gamma_{1\to2}}{2\pi}\frac{\Gamma_{2\to0}}{2\pi}\frac{\mathrm{d}\omega\mathrm{d}\omega'}{[(\omega'-\omega_{20})^2 + \Gamma_2^2/4][(\omega+\omega'-\omega_{10})^2 + \Gamma_1^2/4]}. \quad (62.12)
\end{aligned}$$

此式当 $\omega' \approx \omega_{20}$ 与 $\omega \approx \omega_{12}$ 时有尖锐的峰值, 这也是应该期待的.

和跃迁 $1 \to 2$ 对应的谱线形状可以由 (62.12) 式对 $\mathrm{d}\omega'$ 积分得到 (积分区域可以扩展为从 $-\infty$ 到 $+\infty$). 如果利用复变量 ω' 在复平面上半部的无限大半圆封闭积分路径, 则积分的计算变得非常简单, 其结果由被积函数在极点

$$\omega' = \omega_{20} + \frac{\mathrm{i}\Gamma_2}{2} \text{ 和 } \omega' = \omega_{10} - \omega + \frac{\mathrm{i}\Gamma_1}{2}$$

的留数之和决定. 结果为

$$\mathrm{d}w = w_t\frac{\Gamma_1 + \Gamma_2}{2\pi}\frac{\mathrm{d}\omega}{(\omega - \omega_{12})^2 + (\Gamma_1 + \Gamma_2)^2/4}, \quad (62.13)$$

其中 $w_t = \Gamma_{1\to2}\Gamma_{2\to0}/\Gamma_1\Gamma_2$ 为二重跃迁 $1 \to 2 \to 0$ 的总概率[①].

谱线形状 (62.13) 和 (62.10) 的区别只是作了一个代换 $\Gamma_1 \to \Gamma_1 + \Gamma_2$: 谱线宽度等于初态和终态宽度之和.

一般来说, 谱线宽度不等于跃迁 $1 \to 2$ 本身的概率 $\Gamma_{1\to2}$, 也就是说, 它并不与谱线强度成正比 (如在经典理论中那样). 由于 $\Gamma_1 + \Gamma_2 > \Gamma_{1\to2}$, 因此, 谱线可以有较大的宽度, 而强度相对较小.

[①] 在更复杂的情形下, w_t 为从跃迁 $1 \to 2$ 开始并在能级 0 上结束的所有级联跃迁的总概率.

§63　共振荧光

在光的散射问题中, 当入射光的频率 ω 接近一个 "中间" 频率 ω_{n1} 或 ω_{n2} 时, 考虑能级的有限宽度是很重要的; 这就是所谓的**共振荧光** (V. Weisskopf, 1931).

我们来研究系统 (如原子) 处于基态时的瑞利散射, 这时初态与终态能级相同并且是严格离散的. 设光的频率接近某个频率 ω_{n1}, 这里 n 为一个激发能级并因此是准离散的.

解决这个问题可以用上节所阐述的方法, 但在这里不需要那样做, 因为这个问题和准离散能级的非相对论共振散射问题完全相似, 请参见第三卷 §134. 根据那里得到的结果, 散射振幅必定包含一个极点因子

$$\left[\omega - \left(E_n - \mathrm{i}\frac{\Gamma_n}{2} - E_1 \right) \right]^{-1}.$$

另一方面, 当 $|\omega - \omega_{n1}| \gg \Gamma_n$ 时, 公式应该过渡到非共振公式 (59.5). 由此可见, 所求的散射截面可由 (59.5) 式作简单代换 $E_n \to E_n - \mathrm{i}\Gamma_n/2$ 得到, 并且对 n 的求和仅限于共振项:

$$\mathrm{d}\sigma = \frac{\left| \sum_{M_n} (\boldsymbol{d}_{2n} \cdot \boldsymbol{e}'^*)(\boldsymbol{d}_{n1} \cdot \boldsymbol{e}) \right|^2}{(\omega_{n1} - \omega)^2 + \Gamma_n^2/4} \omega^4 \mathrm{d}o'. \tag{63.1}$$

求和对所有与共振能级 E_n 相对应的状态 (具有不同的角动量分量值 M_n) 进行. 态 1 和态 2 属于同一 "基态" 能级, 但可用 M_1 和 M_2 加以区分.

截面 (63.1) 在 $\omega = \omega_{n1}$ 时有极大值. 其数量级为 $\sigma_{\max} \sim \omega^4 d^4/\Gamma_n^2$. 由于自发跃迁 $n \to 1$ 的概率并因此宽度 $\Gamma_n \sim \omega^3 d^2$, 所以此值等于

$$\sigma_{\max} \sim \omega^{-2} \sim \lambda^2, \tag{63.2}$$

此值和光波长的平方有相同数量级, 且和精细结构常数无关, 这一点和共振区域外的典型值 $\sim r_e^2$ 可作比较.

必须强调指出, 由于散射前后原子都处在严格的离散能级 (基态能级) 上, 因此初级光子和次级光子的频率是完全相同的. 所以, 如果入射光是单色的, 那么散射光也是单色的. 如果入射光具有谱强度分布 $I(\omega)$, 而且函数 $I(\omega)$ 在宽度 Γ_n 内变化很小, 那么散射光强度将正比于

$$\frac{I(\omega_{n1})\mathrm{d}\omega}{(\omega - \omega_{n1})^2 + \Gamma_n^2/4}. \tag{63.3}$$

这样一来, 散射谱线的形状就和能级 E_n 的自发发射谱线的自然形状完全一样.

截面 (63.1) 所对应的散射张量为

$$(c_{ik})_{21} = \frac{\sum_{M_n}(d_i)_{2n}(d_k)_{n1}}{\omega_{n1} - \omega - \mathrm{i}\Gamma_n/2}. \tag{63.4}$$

特别是, 极化张量为

$$\alpha_{ik} = (c_{ik})_{11} = \frac{\sum_{M_n}(d_i)_{1n}(d_k)_{n1}}{\omega_{n1} - \omega - \mathrm{i}\Gamma_n/2}. \tag{63.5}$$

可以立即看到, 中间激发态能级上增加的虚部破坏了极化张量的厄米性 (甚至当频率低于电离阈时), 而虚部的出现直接和光的吸收相联系.

原子吸收一个光子后, 迟早要重新回到基态并发射一个或数个光子. 所以, 从这个观点看, 吸收截面不过是所有可能的散射过程的总截面 σ_t [①]. 另一方面, 按照光学定理 (59.25), 这个截面可由极化张量的反厄米部分表示.

由 (63.5) 式计算出张量 α_{ik}, 代入 (59.25) 式, 我们求出吸收一个频率为 ω(接近 ω_{n1}) 的光子的截面公式:

$$\sigma_a = 4\pi^2 \sum_{M_n}|\boldsymbol{d}_{n1}\cdot\boldsymbol{e}|^2\omega\frac{\Gamma_n/2}{\pi[(\omega-\omega_{n1})^2+\Gamma_n^2/4]}. \tag{63.6}$$

在 $\Gamma_n \to 0$ 的情形, 这个公式中最后的因子趋于 δ 函数 $\delta(\omega-\omega_{n1})$. 这一点和以下事实是一致的: 在此情形, 只能吸收一个具有特定频率的光子. 设具有给定能谱与方向的能流密度 $I_{\boldsymbol{ke}}$ (和 (44.7) 式比较) 的光入射在原子上. 于是光子数通量密度为 $\frac{I_{\boldsymbol{ke}}}{\omega}\mathrm{d}\omega\mathrm{d}o$, 所以吸收概率为

$$\mathrm{d}w_a = \sigma_a\frac{I_{\boldsymbol{ke}}}{\omega}\mathrm{d}\omega\mathrm{d}o. \tag{63.7}$$

如果函数 $I_{\boldsymbol{ke}}(\omega)$ 在宽度 Γ_n 上变化很小, 那么, 对频率积分后, 我们得到

$$\mathrm{d}w_a = 4\pi^2 \sum_{M_n}|\boldsymbol{d}_{n1}\cdot\boldsymbol{e}|^2 I_{\boldsymbol{ke}}(\omega_{n1})\mathrm{d}\omega\mathrm{d}o.$$

按照 (45.5) 式,

$$\mathrm{d}w_{\mathrm{sp}} = \frac{\omega^3}{2\pi}\sum_{M_n}|\boldsymbol{d}_{n1}\cdot\boldsymbol{e}^*|^2\mathrm{d}o = \frac{\omega^3}{2\pi}\sum_{M_n}|\boldsymbol{d}_{n1}\cdot\boldsymbol{e}|^2\mathrm{d}o$$

为自发发射一个频率为 ω_{n1} 的光子的概率, 于是我们回到了 (44.9) 式.

---

① 必须强调指出, 这里所说的是系统处于稳定基态中的吸收. 对于激发态, 这个问题必须有不同的说法, 这是因实验时间是有限的.

第七章

散 射 矩 阵

§64 散射振幅

碰撞问题的一般提法是: 对给定的系统初态 (一组自由粒子), 求各种可能的终态 (另一组自由粒子) 的概率. 如果用符号 $|i\rangle$ 标记初态, 碰撞结果可写成如下叠加:

$$\sum_f |f\rangle\langle f|S|i\rangle, \tag{64.1}$$

其中的求和对各种可能的终态 $|f\rangle$ 进行. 这个展开式的系数 $\langle f|S|i\rangle$ (更简单地写成 S_{fi}) 组成**散射矩阵**或 **S 矩阵**[①], 其平方 $|S_{fi}|^2$ 就是跃迁到状态 $|f\rangle$ 的概率.

只要粒子之间没有相互作用, 系统的态就不会改变, 这种情况相当于单位 S 矩阵 (无散射情形). 在任何情形下, 总可以方便地把单位矩阵分离出来, 将散射矩阵写成如下形式:

$$S_{fi} = \delta_{fi} + \mathrm{i}(2\pi)^4 \delta^{(4)}(P_f - P_i) T_{fi}, \tag{64.2}$$

其中 T_{fi} 为另一矩阵. 在第二项中分出了一个表达四维动量守恒定律的四维 δ 函数 (P_i 和 P_f 分别为初态和终态中所有粒子的四维动量之和), 其余因子则是为以后方便而引入的. 在非对角矩阵元中, (64.2) 式的第一项不再出现, 因而对于 $i \to f$ 跃迁, S 矩阵元和 T 矩阵元之间有如下关系:

$$S_{fi} = \mathrm{i}(2\pi)^4 \delta^{(4)}(P_f - P_i) T_{fi}. \tag{64.3}$$

① 源自英文 Scattering 或德文 Streuung.

分出 δ 函数后剩下的矩阵元 T_{fi} 称为**散射振幅**.

当取模 $|S_{fi}|$ 的平方时会出现 δ 函数的平方, 这可以做如下解释: δ 函数来自积分

$$\delta^{(4)}(P_f - P_i) = \frac{1}{(2\pi)^4} \int e^{i(P_f - P_i)x} d^4x. \tag{64.4}$$

如果对 $P_f = P_i$ 计算另一个同样的积分 (由于已经有了一个 δ 函数), 且积分遍及某个很大但又有限的体积 V 和时间间隔 t, 我们将得到 $Vt/(2\pi)^4$ 的结果.[①] 于是, 我们可以写出

$$|S_{fi}|^2 = (2\pi)^4 \delta^{(4)}(P_f - P_i)|T_{fi}|^2 Vt.$$

此式除以 t, 就得到单位时间的跃迁概率

$$w_{i \to f} = (2\pi)^4 \delta^{(4)}(P_f - P_i)|T_{fi}|^2 V. \tag{64.5}$$

每个 (初态和终态的) 自由粒子都用其自己的波函数 —— 振幅为 u 的平面波 —— 描述 (对于电子 u 为双旋量; 对于光子则为四维矢量; 等等). 散射振幅 T_{fi} 的结构为如下形式

$$T_{fi} = u_1^* u_2^* \cdots Q u_1 u_2 \cdots, \tag{64.6}$$

其中左边为终态粒子波函数的振幅, 右边为初态粒子波函数的振幅; Q 为某个矩阵 (它与所有粒子波函数振幅的分量的下标相关).

最重要的情形是初态只有一个粒子或两个粒子的情形. 第一种情形为衰变, 第二种情形则为两个粒子的碰撞.

先研究一个粒子衰变成任意个动量为 $\boldsymbol{p}_a'$ (在动量空间体积元 $\Pi d^3 p_a'$ 中) 的粒子的情形; 其中下标 a 为终态粒子编号, 因此 $\sum \boldsymbol{p}_a' = \boldsymbol{P}_f$. 在这个体积元且在归一化体积 V[②] 中的状态数为

$$\prod_a \frac{V d^3 p_a'}{(2\pi)^3}.$$

表示式 (64.5) 必须乘以此量得到:

$$d\omega = (2\pi)^4 \delta^{(4)}(P_f - P_i)|T_{fi}|^2 V \prod_a \frac{V d^3 p_a'}{(2\pi)^3}. \tag{64.7}$$

---

① 这一点可以用另一种方法来证明: 首先在有限范围内计算 (64.4) 式中每一个坐标的积分, 然后利用第三卷的 (42.4) 式, 取其趋于无限大时的极限:

$$\lim_{\xi \to \infty} \frac{\sin^2 \alpha \xi}{\xi \alpha^2} = \pi \delta(\alpha).$$

② 为使计算更直观起见, 在本节中我们不假设归一化体积等于 1.

计算矩阵元时用到的所有粒子的波函数, 都应该归一化为 "体积 V 中有一个粒子". 对于电子, 这就是平面波 (23.1); 对于自旋为 1 的粒子, 就是 (14.12) 式; 对于光子则为 (4.3) 式. 所有这些函数都含有因子 $1/\sqrt{2\varepsilon V}$, ε 为一个粒子的能量. 但是, 为以后计算方便, 在粒子的波函数中都不写出这个因子, 而将其包含在概率的表示式中. 于是, 电子平面波为

$$\psi = u\mathrm{e}^{-\mathrm{i}px}, \quad \overline{u}u = 2m, \tag{64.8}$$

光子波函数为

$$A = \sqrt{4\pi}\, e\mathrm{e}^{-\mathrm{i}kx}, \quad ee^* = -1, \quad ek = 0. \tag{64.9}$$

用这些函数计算的散射振幅用 M_{fi} 表示 (以便和 T_{fi} 区别). 很明显,

$$T_{fi} = \frac{M_{fi}}{(2\varepsilon_1 V \cdots 2\varepsilon_1' V \cdots)^{1/2}}; \tag{64.10}$$

对每一个初态或终态粒子, 分母中都有一个因子 $\sqrt{2\varepsilon V}$. 特别是, 我们可以将 (64.7) 式的衰变概率写成

$$\mathrm{d}w = (2\pi)^4 \delta^{(4)}(P_f - P_i)|M_{fi}|^2 \frac{1}{2\varepsilon} \prod_a \frac{\mathrm{d}^3 p_a'}{(2\pi)^3 2\varepsilon_a'}, \tag{64.11}$$

其中 ε 为衰变粒子的能量; 如我们所期待的, 归一化体积在此公式中不再出现.[①]

如果衰变产生两个粒子 (动量为 $\boldsymbol{p}_1'$, $\boldsymbol{p}_2'$, 能量为 ε_1', ε_2'), (64.11) 式可以通过消去 δ 函数得到更确定的形式. 在衰变粒子的静止参考系中, $\boldsymbol{p}_1' = -\boldsymbol{p}_2' \equiv \boldsymbol{p}'$, $\varepsilon_1' + \varepsilon_2' = m$. 我们有

$$\mathrm{d}w = \frac{1}{(2\pi)^2}|M_{fi}|^2 \frac{1}{2m} \frac{1}{4\varepsilon_1'\varepsilon_2'} \delta(\boldsymbol{p}_1' + \boldsymbol{p}_2')\delta(\varepsilon_1' + \varepsilon_2' - m)\mathrm{d}^3 p_1'\mathrm{d}^3 p_2'.$$

第一个 δ 函数在对 $\mathrm{d}^3 p_2'$ 积分时消去; 微分 $\mathrm{d}^3 p_1'$ 可改写成

$$\mathrm{d}^3 p' = \boldsymbol{p}'^2 \mathrm{d}|\boldsymbol{p}'|\mathrm{d}o = |\boldsymbol{p}'|\mathrm{d}o \frac{\varepsilon_1'\varepsilon_2'\mathrm{d}(\varepsilon_1' + \varepsilon_2')}{\varepsilon_1' + \varepsilon_2'} \tag{64.12}$$

这个公式的正确性很容易从 $\varepsilon_1'^2 - m_1'^2 = \varepsilon_2'^2 - m_2'^2 = \boldsymbol{p}'^2$ 看出. 对 $\mathrm{d}(\varepsilon_1'^2 + \varepsilon_2'^2)$ 积分消去第二个 δ 函数, 我们得到

$$\mathrm{d}w = \frac{1}{32\pi^2 m^2}|M_{fi}|^2|\boldsymbol{p}'|\mathrm{d}o'. \tag{64.13}$$

[①] 如果终态粒子中有 N 个是全同的, 为求总概率, 对它们的动量积分时应该引入因子 $1/N!$; 这个因子考虑了仅仅用粒子的交换来区别的态的全同性.

现在我们来研究动量为 $\boldsymbol{p}_1$, $\boldsymbol{p}_2$ 能量为 ε_1, ε_2 的两个粒子的碰撞, 碰撞的结果, 它们变成动量为 $\boldsymbol{p}'_a$ 的一组任意数目的粒子. 代替 (64.11) 式, 现在我们有

$$\mathrm{d}w = (2\pi)^4 \delta^{(4)}(P_f - P_i)|M_{fi}|^2 \frac{1}{4\varepsilon_1\varepsilon_2 V} \prod_a \frac{\mathrm{d}^3 p'_a}{(2\pi)^3 2\varepsilon'_a}.$$

然而, 在此情形下我们感兴趣的量不是概率, 而是截面 $\mathrm{d}\sigma$. 对洛伦兹变换不变的截面可由 $\mathrm{d}\omega$ 除以量

$$j = \frac{I}{V\varepsilon_1\varepsilon_2} \tag{64.14}$$

得到, 其中 I 表示四维标量

$$I = \sqrt{(p_1 p_2)^2 - m_1^2 m_2^2} \tag{64.15}$$

(参见第二卷 §12).[①] 在质心坐标系中 $(\boldsymbol{p}_1 = -\boldsymbol{p}_2 \equiv \boldsymbol{p})$,

$$I = |\boldsymbol{p}|(\varepsilon_1 + \varepsilon_2), \tag{64.16}$$

因此

$$j = \frac{|\boldsymbol{p}|}{V}\left(\frac{1}{\varepsilon_1} + \frac{1}{\varepsilon_2}\right) = \frac{v_1 + v_2}{V}, \tag{64.17}$$

这和碰撞粒子流密度的通常定义相同 (v_1, v_2 为碰撞粒子的速度[②]). 这样一来, 我们就得到截面公式

$$\mathrm{d}\sigma = (2\pi)^4 \delta^{(4)}(P_f - P_i)|M_{fi}|^2 \frac{1}{4I} \prod_a \frac{\mathrm{d}^3 p'_a}{(2\pi)^3 2\varepsilon'_a}. \tag{64.18}$$

在终态也只有两个粒子的情形下, 由上式消去 δ 函数, 可以将其写成最终形式. 我们在质心坐标系中研究这个过程. 设 $\varepsilon = \varepsilon_1 + \varepsilon_2 = \varepsilon'_1 + \varepsilon'_2$ 为总能量, $\boldsymbol{p}_1 = -\boldsymbol{p}_2 \equiv \boldsymbol{p}$ 与 $\boldsymbol{p}'_1 = -\boldsymbol{p}'_2 \equiv \boldsymbol{p}'$ 为初态动量与终态动量. 如同推导 (64.13) 式那样消去 δ 函数, 我们就得到结果为

$$\mathrm{d}\sigma = \frac{1}{64\pi^2}|M_{fi}|^2 \frac{|\boldsymbol{p}'|}{|\boldsymbol{p}|\varepsilon^2}\mathrm{d}o' \tag{64.19}$$

---

① 为今后引用方便, I 也可写成另一种形式:

$$I^2 = 1/4[s - (m_1 + m_2)^2][s - (m_1 - m_2)^2], \tag{64.15a}$$

其中 $s = (p_1 + p_2)^2$.

② 在任意参考系中,

$$j = (1/V)\sqrt{(\boldsymbol{v}_1 - \boldsymbol{v}_2)^2 - (\boldsymbol{v}_1 \times \boldsymbol{v}_2)^2}.$$

此式可化为 $\boldsymbol{v}_1$ 和 $\boldsymbol{v}_2$ 平行情形下的一般的流密度: $j = |\boldsymbol{v}_1 - \boldsymbol{v}_2|/V$.

(在弹性散射的特殊情形, 碰撞中粒子的性质不变: $|\boldsymbol{p}'| = |\boldsymbol{p}|$).

这个公式还可以通过引入如下不变量改写成另一种形式:

$$
\begin{aligned}
t \equiv (p_1 - p_1')^2 &= m_1^2 + m_1'^2 - 2(p_1 p_1') \\
&= m_1^2 + m_1'^2 - 2\varepsilon_1 \varepsilon_1' + 2|\boldsymbol{p}_1||\boldsymbol{p}_1'|\cos\theta,
\end{aligned} \tag{64.20}
$$

其中 θ 为 $\boldsymbol{p}_1$ 和 $\boldsymbol{p}_1'$ 之间的夹角. 在质心坐标系中, 动量 $|\boldsymbol{p}_1| \equiv |\boldsymbol{p}|$ 和 $|\boldsymbol{p}_1'| \equiv |\boldsymbol{p}'|$ 仅由总能量 ε 决定, 并且当给定 ε 后, 我们有

$$
\mathrm{d}t = 2|\boldsymbol{p}||\boldsymbol{p}'|\mathrm{d}\cos\theta. \tag{64.21}
$$

因此, 在 (64.19) 式中可作代换,

$$
\mathrm{d}o' = -\mathrm{d}\varphi \mathrm{d}\cos\theta = \frac{\mathrm{d}\varphi \mathrm{d}(-t)}{2|\boldsymbol{p}||\boldsymbol{p}'|},
$$

其中 φ 为 $\boldsymbol{p}_1'$ 对 $\boldsymbol{p}_1$ 的方位角[①]. 于是,

$$
\mathrm{d}\sigma = \frac{1}{64\pi}|M_{fi}|^2 \frac{\mathrm{d}t}{I^2}\frac{\mathrm{d}\varphi}{2\pi} \tag{64.22}
$$

其中 I 为不变量 (64.16). 方位角 φ 以及截面 (64.22) 在不改变粒子相对运动方向的洛伦兹变换下是不变的. 如果截面不依赖于方位角, (64.22) 式将取特别简单的形式:

$$
\mathrm{d}\sigma = \frac{1}{64\pi}|M_{fi}|^2 \frac{\mathrm{d}t}{I^2}. \tag{64.23}
$$

如果有一个碰撞粒子非常重 (其状态不因碰撞而改变), 那么它在碰撞过程中所起的作用就是一个不动的恒定场源, 另一个粒子就在这个场中被散射. 由于在恒定场中系统的能量 (不是动量) 守恒, 当散射过程可以这样处理时, 就可将 S 矩阵元写成:

$$
S_{fi} = \mathrm{i} \cdot 2\pi\delta(E_f - E_i)T_{fi}. \tag{64.24}
$$

在 $|S_{fi}|^2$ 的表示式中, 一维 δ 函数的平方必须理解为

$$
[\delta(E_f - E_i)]^2 \to \frac{1}{2\pi}\delta(E_f - E_i)t.
$$

然后 (如同推导 (64.11) 式那样) 将 T_{fi} 换成 M_{fi}, 就得到在恒定场中一个粒子被散射并在终态产生一定数目其它粒子的过程的概率:

$$
\mathrm{d}w = 2\pi\delta(E_f - \varepsilon)|M_{fi}|^2\frac{1}{2\varepsilon V}\prod_a \frac{\mathrm{d}^3 p_a'}{(2\pi)^3 2\varepsilon_a'}.
$$

---

① 在此类情形中, 微分的正负号是显而易见的. 为简洁计, 我们将把 $\mathrm{d}(-t)$ 简写成 $\mathrm{d}t$, 等等.

这里，$\varepsilon(= E_i)$ 仍为初态粒子的能量. p'_a 与 ε'_a 为终态粒子的动量与能量. 散射截面由 dw 除以流密度 $j = v/V$ 得到, $v = |p|/\varepsilon$ 为散射粒子的速度. 最后, 从结果中消去归一化体积, 我们得到

$$\mathrm{d}\sigma = 2\pi\delta(E_f - \varepsilon)|M_{fi}|^2\frac{1}{2|p|}\prod_a\frac{\mathrm{d}^3p'_a}{(2\pi)^32\varepsilon'_a}. \tag{64.25}$$

在弹性散射的特殊情形下, 终态只有一个粒子, 且具有相同的动量 (数值上) 和相同的能量. 进行代换 $\mathrm{d}^3p' \to p'^2\mathrm{d}|p'|\mathrm{d}o' = |p'|\varepsilon'\mathrm{d}\varepsilon'\mathrm{d}o'$, 并对 d$\varepsilon'$ 积分消去 $\delta(\varepsilon' - \varepsilon)$, 我们得到截面

$$\mathrm{d}\sigma = \frac{1}{16\pi^2}|M_{fi}|^2\mathrm{d}o'. \tag{64.26}$$

最后, 如果外场依赖于时间 (譬如说, 作给定运动的粒子系的场), S 矩阵中也就没有能量的 δ 函数. 这时, $S_{fi} = \mathrm{i}T_{fi}$, 将 T_{fi} 按 (64.10) 式换成 M_{fi} 后, 场产生给定的一组粒子 (例如说) 过程的概率为

$$\mathrm{d}w = |M_{fi}|^2\prod_a\frac{\mathrm{d}^3p'_a}{(2\pi)^32\varepsilon'_a}. \tag{64.27}$$

§65 极化粒子的反应

在这一节中, 我们将通过一个简单例子说明, 在计算散射截面时如何考虑参加反应的粒子的极化态.

设初态和终态各有一个电子. 于是, 散射振幅有如下形式

$$M_{fi} = \bar{u}'Au(\equiv \bar{u}'_iA_{ik}u_k), \tag{65.1}$$

其中 u 与 u' 为初态与终态电子的双旋量振幅, A 为某个矩阵 (和参加反应的其它粒子 —— 如果有的话 —— 的动量和极化有关).

散射截面和 $|M_{fi}|^2$ 成正比. 我们有

$$(\bar{u}Au)^* = u'\gamma^{0*}A^*u^* = u^*A^+\gamma^{0+}u',$$

或者

$$(\bar{u}'Au)^* = \bar{u}\bar{A}u', \tag{65.2}$$

其中①

$$\overline{A} = \gamma^0 A^+ \gamma^0.$$

于是

$$|M_{fi}|^2 = (\overline{u}' A u)(\overline{u} \overline{A} u') \equiv u_i' \overline{u}_k' A_{kl} u_l \overline{u}_m \overline{A}_{mi}. \tag{65.3}$$

如果初态电子处于密度矩阵为 ρ 的混合态 (部分极化), 如果我们想求出终态电子处于某指定极化态 ρ' 的过程的截面, 就必须对双旋量振幅分量之积作如下代换:

$$u_i' \overline{u}_k' \to \rho_{ik}', \quad u_l \overline{u}_m \to \rho_{lm}.$$

这时

$$|M_{fi}|^2 = \mathrm{tr}\,(\rho' A \rho \overline{A}). \tag{65.4}$$

密度矩阵 ρ 与 ρ' 由 (29.13) 式给出:

$$\rho = \frac{1}{2}(\gamma p + m)[1 - \gamma^5(\gamma a)] \tag{65.5}$$

(ρ' 与此相似).

如果初态电子是未极化的, 那么

$$\rho = \frac{1}{2}(\gamma p + m). \tag{65.6}$$

此代换等价于对电子的极化求平均. 如果想要确定终态电子具有任意极化的散射截面, 还必须假设 $\rho' = (\gamma p' + m)/2$, 并将结果乘以 2; 这个运算等价于对电子的极化求和. 这样我们得到:

$$\frac{1}{2}\sum_{\mathrm{polar}} |M_{fi}|^2 = \frac{1}{2}\mathrm{tr}\,\{(\gamma p' + m)A(\gamma p + m)\overline{A}\}, \tag{65.7}$$

其中 $\sum$ 表示对初态与终态的极化求和, 而因子 $\frac{1}{2}$ 则将一个求和变为求平均.

(65.4) 式中的密度矩阵 ρ' 是一个辅助量, 本质上, 它表征将终态电子的两种极化分开的检测器的性质, 而不是这种散射过程本身的性质. 于是就出现了一个由散射过程本身产生的电子极化态的问题. 如果 $\rho^{(f)}$ 为表示这种态的密度矩阵, 那么在 ρ' 态中检测到电子的概率可以由 $\rho^{(f)}$ 在 ρ' 上的投影即

---

① 由于构成矩阵 $\overline{A}$ 的需要, 为以后引用方便, 我们给出以下容易推出的等式:

$$\overline{\gamma}^\mu = \gamma^\mu, \overline{\gamma^\mu \gamma^\nu \cdots \gamma^\rho} = \gamma^\rho \cdots \gamma^\nu \gamma^\mu, \overline{\gamma}^5 = -\gamma^5, \overline{\gamma^5 \gamma^\mu} = \gamma^5 \gamma^\mu. \tag{65.2a}$$

$\mathrm{tr}\,(\rho^{(f)}\rho')$ 得到. 这个量和相应的截面即 $|M_{fi}|^2$ 成正比. 和 (65.4) 式比较, 我们得到

$$\rho^{(f)} \sim A\rho\overline{A}. \tag{65.8}$$

既然我们知道 $\rho^{(f)}$ 必须有 (65.5) 形式, 其中有某个四维矢量 $a^{(f)}$, 因此我们只需要确定这个量. 为此, 可利用 (29.14) 式, 但用下述方法则更为简单.

我们在 §29 中看到, 四维矢量 a 的分量可用三维矢量 $\boldsymbol{\zeta}$ 的分量表示, $\boldsymbol{\zeta}$ 是电子在其静止参考系中自旋 (二倍) 平均值. 电子的极化态完全由这些矢量确定, 并且用它们表示散射截面也很方便. 显然, 无论是对初态电子的矢量 $\boldsymbol{\zeta}$, 还是对终态电子的矢量 $\boldsymbol{\zeta}'$, $|M_{fi}|^2$ 都是线性的. 作为 $\boldsymbol{\zeta}'$ 的函数, 它有如下形式:

$$|M_{fi}|^2 = \alpha + \boldsymbol{\beta}\cdot\boldsymbol{\zeta}', \tag{65.9}$$

其中 α 与 $\boldsymbol{\beta}$ 本身都是 $\boldsymbol{\zeta}$ 的线性函数.

(65.9) 式中的矢量 $\boldsymbol{\zeta}'$ 是由检测器分出来的终态电子的特定极化. 和密度矩阵 $\rho^{(f)}$ 对应的矢量 $\boldsymbol{\zeta}^{(f)}$ 不难用以下方法求出. 根据以上论证,

$$|M_{fi}|^2 \sim \mathrm{tr}\,(\rho'\rho^{(f)}).$$

由于这个量是相对论不变的, 可以在任何参考系中计算它. 在终态电子的静止参考系中, 根据 (29.20) 式, 我们有

$$\rho'\rho^{(f)} \sim (1+\boldsymbol{\sigma}\cdot\boldsymbol{\zeta}')(1+\boldsymbol{\sigma}\cdot\boldsymbol{\zeta}^{(f)}).$$

因此

$$|M_{fi}|^2 \sim 1+\boldsymbol{\zeta}'\cdot\boldsymbol{\zeta}^{(f)},$$

和 (65.9) 式比较, 我们求出

$$\boldsymbol{\zeta}^{(f)} = \boldsymbol{\beta}/\alpha. \tag{65.10}$$

由此可见, 计算出作为参数 $\boldsymbol{\zeta}'$ 的函数的截面, 也就同时给出了极化 $\boldsymbol{\zeta}^{(f)}$.

在初态电子数或终态电子数大于 1 的较为复杂的情形下, 计算方法和上述方法类似.

例如, 初态和终态各有两个粒子, 散射振幅将有如下形式:

$$M_{fi} = (\overline{u}_1' A u_1)(\overline{u}_2' B u_2) + (\overline{u}_2' C u_1)(\overline{u}_1' D u_2),$$

其中 u_1, u_2 为初态电子的双旋量振幅, u_1', u_2' 为终态电子的双旋量振幅. $|M_{fi}|^2$ 将包含形如

$$|\overline{u}_1' A u_1|^2 |\overline{u}_2' B u_2|^2$$

与

$$(\overline{u}'_1 A u_1)(\overline{u}'_2 B u_2)(\overline{u}'_2 C u_1)^*(\overline{u}'_1 D u_2)^*$$

的项, 前者可化为形如 (65.4) 的两个阵迹的乘积, 后者则可化为如下形式的阵迹:

$$\mathrm{tr}\,(\rho'_1 A \rho_1 \overline{C} \rho'_2 B \rho_2 \overline{D}).$$

正电子用 "负频率" 的振幅 $u(-p)$ 描述. 在有正电子参加的反应中, 和上述分析唯一的区别是密度矩阵的表示式中 m 前的符号和 (65.5)、(65.6) 式中的不同 (比较 (29.16) 与 (29.17) 式).

现在研究参加反应的光子的极化态.

每个初态光子的极化以一个四维矢量 e 的形式线性地出现在散射振幅中, 而每个终态光子则以 e^* 的形式出现. 在每一种情形下, 四维张量 $e_\mu e_\nu^*$ 都出现在截面中 (即在 $|M_{fi}|^2$ 中). 为得到任意的部分极化态, 这个张量必须换成四维密度矩阵, 四维张量 $\rho_{\mu\nu}$:

$$e_\mu e_\nu^* \to \rho_{\mu\nu}. \tag{65.11}$$

特别是, 对于非极化光子, 按照 (8.15),

$$\rho_{\mu\nu} = -\frac{g_{\mu\nu}}{2}. \tag{65.12}$$

于是对光子极化的平均等价于在 $|M_{fi}|^2$ 中对相应的两个张量指标 μ, ν 进行缩并[①].

如果要对光子的极化求和而不是求平均, 那就必须将 $e_\mu e_\nu^*$ 换成一个大二倍的量:

$$e_\mu e_\nu^* \to -g_{\mu\nu}. \tag{65.13}$$

极化光子的密度矩阵由 (8.17) 式给出. 其中所出现的四维矢量 $e^{(1)}, e^{(2)}$ 的选择通常由问题的具体条件决定. 在有些情形中, 这些矢量和给定参考系中某个特定的空间方向相关; 在另一些情形中, 将这些矢量和表征问题的四维矢量, 即粒子的四维动量联系起来更为方便.

在 (8.17) 式中, 光子的极化用构成 "矢量" $\boldsymbol{\xi} = (\xi_1, \xi_2, \xi_3)$ 的斯托克斯参量描述. 和电子的情形一样, 必须将终态光子的极化 $\boldsymbol{\xi}^{(f)}$ 和检测器分出来的极化 $\boldsymbol{\xi}'$ 区别开来. 如果已知散射振幅的平方是参数 $\boldsymbol{\xi}'$ 的函数:

$$|M_{fi}|^2 = \alpha + \boldsymbol{\beta} \cdot \boldsymbol{\xi}',$$

那么, 极化为 $\boldsymbol{\xi}^{(f)} = \boldsymbol{\beta}/\alpha$, 和 (65.10) 式完全一样.

[①] (65.12) 式将对光子的两个实际可能的极化求平均简化为对四维矢量 e 的四个独立的方向求平均.

§66　运动学不变量

我们来研究初态与终态都只有两个粒子的散射过程中一些运动学关系. 这些关系式是从普遍的守恒定律推导出来的, 因此; 它们对所有粒子都成立, 也对粒子间相互作用的所有规律都成立.

将四维动量守恒定律写成普遍形式, 这里, 我们没有预先规定哪个动量属于初态粒子, 哪个动量属于终态粒子:

$$q_1 + q_2 + q_3 + q_4 = 0. \tag{66.1}$$

此处, $\pm q_a$ 为四维动量矢量, 其中两个属于入射粒子, 另外两个属于散射粒子, 散射粒子的动量为 $-q_a$. 于是对两个 q_a, 时间分量 $q_a^0 > 0$; 对另外两个 q_a, 时间分量 $q_a^0 < 0$.

除了四维动量守恒外, 还必须遵从荷的守恒定律. 这里的 "荷" 不仅仅理解为通常的电荷, 而且还可理解为任何其它守恒量, 其符号对粒子和反粒子是相反的.

当参加过程的粒子类型给定后, 四维矢量 q_a 的平方就是粒子质量的平方 $(q_a^2 = m_a^2)$. 按照时间分量 q_a^0 取的不同数值以及荷的不同, 可发生三种不同的反应. 这三种反应过程可写成

$$
\begin{aligned}
&\text{I.} 1 + 2 \to 3 + 4, \\
&\text{II.} 1 + \bar{3} \to \bar{2} + 4, \\
&\text{III.} 1 + \bar{4} \to \bar{2} + 3.
\end{aligned}
\tag{66.2}
$$

这里, 数字代表粒子的编号, 数字上的短划线表示对应的反粒子. 将一种反应变成另一种反应, 即把粒子从公式一端移到另一端, 相当于改变对应时间分量 q_a^0 的符号及荷的符号 (即将粒子换成反粒子). 过程 (66.2) 的逆反应自然也是可能的.

(66.2) 式的三个过程是一个单一的 (广义的) 反应的三个**交叉道**.

我们来举几个例子. 如果粒子 1 与 3 为电子, 2 与 4 为光子, 则通道 I 为光子被电子散射; 由于光子是真中性粒子, 通道 III 与 I 相同. 通道 II 是电子–正电子对变成两个光子. 如果四个粒子都是电子, 则通道 I 为电子–电子散射, 通道 II 和 III 为正电子–电子散射. 如果 1 与 3 是电子, 2 与 4 是 μ 子, 则通道 I 为 $\text{e} - \mu$ 散射, 通道 III 为 $\text{e} - \bar{\mu}$ 散射, 通道 II 为电子对 $\text{e}\bar{\text{e}}$ 变成 μ 子对 $\mu\bar{\mu}$.

在散射过程的研究中, 由四维动量组成的不变量是特别重要的. 不变散射振幅就是这些量的函数 (§70).

由四个四维动量可以构成两个独立的不变量, 因为, 按 (66.1) 式, 只有三个四维矢量 q_a 是独立的. 设它们是 q_1, q_2, q_3. 由它们可以构成六个不变量: 三个平方量 q_1^2, q_2^2, q_3^2 和三个乘积 q_1q_2, q_1q_3, q_2q_3. 但是, 前三个是给定的质量平方, 后三个则满足由如下等式

$$(q_1 + q_2 + q_3)^2 = q_4^2 = m_4^2$$

得出的一个关系式①.

然而, 为使表示更为对称, 采用三个 (而非两个) 不变量是更加方便的. 这三个不变量可取为

$$
\begin{aligned}
s &= (q_1 + q_2)^2 = (q_3 + q_4)^2, \\
t &= (q_1 + q_3)^2 = (q_2 + q_4)^2, \\
u &= (q_1 + q_4)^2 = (q_2 + q_3)^2.
\end{aligned}
\tag{66.3}
$$

容易看出, 它们满足关系式

$$s + t + u = h, \tag{66.4}$$

其中

$$h = m_1^2 + m_2^2 + m_3^2 + m_4^2. \tag{66.5}$$

在主道 (I) 中, 不变量 s 有简单的物理意义: 它是碰撞粒子 (1 与 2) 在其质心坐标系中总能量的平方 (当 $\boldsymbol{p}_1 + \boldsymbol{p}_2 = 0$ 时, $s = (\varepsilon_1 + \varepsilon_2)^2$). 在 II 道中 t 起着相同的作用, 而在 III 道中则是 u 起着同一作用. 因此, 通常将 I, II, III 道分别称为 s, t 和 u 道.

用每一个道中碰撞粒子的能量与动量来表示每个不变量 s, t, u 是很容易的. 我们来研究 s 道. 在粒子 1 与 2 的质心坐标系中, 四维动量 q_a 的时间分量与空间分量为

$$
\begin{aligned}
q_1 &= p_1 = (\varepsilon_1, \boldsymbol{p}_s), &\quad q_2 &= p_2 = (\varepsilon_2, -\boldsymbol{p}_s), \\
q_3 &= -p_3 = (-\varepsilon_3, -\boldsymbol{p}_s'), &\quad q_4 &= -p_4 = (-\varepsilon_4, \boldsymbol{p}_s')
\end{aligned}
\tag{66.6}
$$

---

① 在有 $n(n \geqslant 4)$ 个粒子参加反应的一般情形下, 独立的不变量数等于 $3n - 10$. 实际上, 这时共有 $4n$ 个量: n 个四维动量 q_a 的分量. 它们之间有 n 个函数关系式 $q_a^2 = m_a^2$, 守恒定律 $\sum q_a = 0$ 给出四个关系式. 可以任意取值的有六个量, 这个数目和定义一般洛伦兹变换 (一般的四维转动) 的参量数目是一致的. 所以, 独立的不变量数为 $4n - n - 4 - 6 = 3n - 10$.

$(\boldsymbol{p}_s, \boldsymbol{p}'_s$ 中的下标 s 表示这些动量属于 s 道的反应). 这时

$$s = \varepsilon_s^2, \quad \varepsilon_s = \varepsilon_1 + \varepsilon_2 = \varepsilon_3 + \varepsilon_4; \tag{66.7}$$

$$\begin{aligned} 4s\boldsymbol{p}_s^2 &= [s - (m_1 + m_2)^2][s - (m_1 - m_2)^2], \\ 4s\boldsymbol{p}_s'^2 &= [s - (m_3 + m_4)^2][s - (m_3 - m_4)^2]; \end{aligned} \tag{66.8}$$

$$\begin{aligned} 2t &= h - s + 4\boldsymbol{p}_s \cdot \boldsymbol{p}'_s - \frac{1}{s}(m_1^2 - m_2^2)(m_3^2 - m_4^2), \\ 2u &= h - s - 4\boldsymbol{p}_s \cdot \boldsymbol{p}'_s + \frac{1}{s}(m_1^2 - m_2^2)(m_3^2 - m_4^2). \end{aligned} \tag{66.9}$$

对弹性散射 $(m_1 = m_3, m_2 = m_4)$, 我们有 $|\boldsymbol{p}_s| = |\boldsymbol{p}'_s|$, 因此, $\varepsilon_1 = \varepsilon_3, \varepsilon_2 = \varepsilon_4$. 这时取代 (66.9) 式, 我们得到更加简单的公式:

$$\begin{aligned} t &= -(\boldsymbol{p}_s - \boldsymbol{p}'_s)^2 = -2\boldsymbol{p}_s^2(1 - \cos\theta_s), \\ u &= -2\boldsymbol{p}_s^2(1 + \cos\theta_s) + (\varepsilon_1 - \varepsilon_2)^2, \end{aligned} \tag{66.10}$$

其中 θ_s 为 $\boldsymbol{p}_s$ 和 $\boldsymbol{p}'_s$ 之间的夹角. 在此, 不变量 $-t$ 是碰撞中动量 (三维) 转移的平方.

对于 t 与 u 道, 只要简单地交换一下指标就可得到类似的公式: 对于 t 道, 只要在 (66.6)—(66.10) 式中交换 s 与 t, 2 与 3; 对于 u 道则应交换 s 与 u, 2 与 4.

§67　物理区域

当我们把散射振幅看成独立变量 s, t, u 的函数时 (它们仅由关系式 $s + t + u = h$ 相联系), 我们必须划分物理上它们容许取值的区域和不容许取值的区域. 和散射物理过程对应的值必须满足一些条件, 这些条件来自四维动量守恒定律和每个四维矢量 q_a 的平方都是给定的量 $q_a^2 = m_a^2$ 这个事实.

两个四维动量的乘积为

$$p_a p_b \geqslant m_a m_b. \tag{67.1}$$

所以, 如果 $q_a = p_a, q_b = p_b$ (或 $q_a = -p_a q_b = -p_b$), 就有

$$(q_a + q_b)^2 = (p_a + p_b)^2 \geqslant (m_a + m_b)^2,$$

或者如果 $q_a = p_a, q_b = -p_b$, 就有

$$(q_a + q_b)^2 = (p_a - p_b)^2 \leqslant (m_a - m_b)^2,$$

因此, 对于 s 道中的反应,

$$
\begin{aligned}
(m_1 + m_2)^2 &\leqslant s \geqslant (m_3 + m_4)^2, \\
(m_1 - m_3)^2 &\geqslant t \leqslant (m_2 - m_4)^2, \\
(m_1 - m_4)^2 &\geqslant u \leqslant (m_2 - m_3)^2
\end{aligned}
\tag{67.2}
$$

(在 t 道和 u 道中, 也有类似的不等式).

为了找到其余的条件, 我们构造一个和任意三个四维矢量 q_a 之积对偶的四维矢量 L, 例如

$$
L_\lambda = e_{\lambda\mu\nu\rho} q_1^\mu q_2^\nu q_3^\rho.
\tag{67.3}
$$

在一个粒子 (譬如说, 粒子 1) 的静止参考系中, $q_1 = (q_1^0, 0)$. 这时 L 只有空间分量: $L_i = e_{i0kl} q_1^0 q_2^k q_3^l$. 所以, L 是类空矢量, 在任意参考系中, $L^2 \leqslant 0$. 将 L^2 显式写出来, 我们得到条件

$$
\begin{vmatrix}
q_1^2 & q_1 q_2 & q_1 q_3 \\
q_2 q_1 & q_2^2 & q_2 q_3 \\
q_3 q_1 & q_3 q_2 & q_3^2
\end{vmatrix} \geqslant 0.
\tag{67.4}
$$

此条件可通过不变量 s, t, u 对所有道表示成相同形式:

$$
stu \geqslant as + bt + cu,
\tag{67.5}
$$

其中

$$
\begin{aligned}
ah &= (m_1^2 m_2^2 - m_3^2 m_4^2)(m_1^2 + m_2^2 - m_3^2 - m_4^2), \\
bh &= (m_1^2 m_3^2 - m_2^2 m_4^2)(m_1^2 + m_3^2 - m_2^2 - m_4^2), \\
ch &= (m_1^2 m_4^2 - m_2^2 m_3^2)(m_1^2 + m_4^2 - m_2^2 - m_3^2)
\end{aligned}
\tag{67.6}
$$

(T. W. B. Kibble, 1960).

为了图示变量 s, t, u 的取值区域, 比较方便的办法是利用平面内的三角坐标 (称为曼德尔施塔姆平面, S. Mandelstam, 1958). 坐标轴是三条直线, 相交构成等边三角形. 沿着和这三条直线垂直的方向计算坐标 s, t, u (指向三角形内部的方向为正, 如图 5 中的箭头所示). 换句话说, 平面内的每一个点都有对应的 s, t, u 值, 其大小 (连同符号) 由该点到三个轴的垂线长度表示. 按照熟知的几何定理, 条件 $s + t + u = h$ 是成立的 (h 为等边三角形的高)[①].

---

① 例如, 如果将图 5 的 P 点和三角形 ABC 的三个顶点连接起来, 我们得到高分别为 s, t, u 的三个三角形, 其面积之和等于三角形 ABC 的面积, 于是我们得到所求的关系式. 当 P 点在三角形 ABC 外时, 也可以用同样的方法证明.

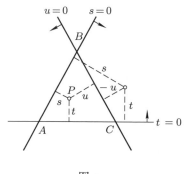

图 5

我们来研究主道 (s) 为弹性散射的重要情形; 这时, 粒子的质量是两两相等的:

$$m_1 = m_3 \equiv m, \quad m_2 = m_4 \equiv \mu. \tag{67.7}$$

设 $m > \mu$. 在条件 (67.5) 中我们有

$$h = 2(m^2 + \mu^2), \quad a = c = 0, \quad b = (m^2 - \mu^2)^2,$$

于是

$$sut \geqslant (m^2 - \mu^2)^2 t. \tag{67.8}$$

由此不等式确定的区域的边界包括直线 $t = 0$ 和双曲线

$$su = (m^2 - \mu^2)^2, \tag{67.9}$$

此双曲线的两个分支分别在扇形 $u < 0, s < 0$ 和扇形 $s > 0, u > 0$ 内, 而轴 $s = 0$ 和 $u = 0$ 为双曲线的渐近线. (67.8) 式现在可写成

$$t > 0, \quad su > (m^2 - \mu^2)^2$$

或

$$t < 0, \quad su < (m^2 - \mu^2)^2.$$

此外, 根据条件 (67.2), 在 s 道中还必定有不等式 $s > (m + \mu)^2$, 在 u 道中还必定有 $u > (m + \mu)^2$; 这时, 其余不等式也必定满足. 于是我们发现, 道 I, II, III (s, t, u) 对应于图 6 中的阴影部分, 称其为 **物理区域**.

如果 $\mu = 0$, (粒子 2,4 为光子), 双曲线的下支和轴 $t = 0$ 相切, 物理区域如图 7 所示.

如果 $m = \mu$, 区域 (67.8) 的边界和坐标轴重合, 物理区域为图 8 所示的三个扇形.

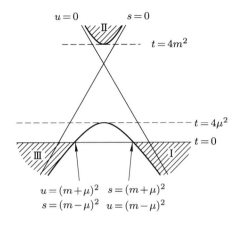

图 6

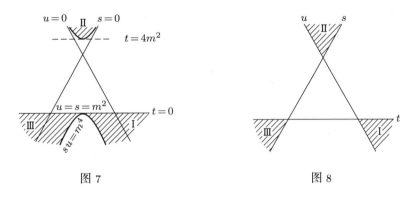

图 7　　　　　　　　　　　　图 8

在四个质量都不相等的一般情形下, 方程

$$stu = as + bt + cu \tag{67.10}$$

确定一个三次曲线, 其分支就是三个道物理区域的边界, 如图 9 所示. 设

$$m_1 \geqslant m_2 \geqslant m_3 \geqslant m_4.$$

这时

$$a \geqslant b \geqslant c, \quad a > 0, \quad b > 0.$$

曲线 (67.10) 和坐标轴的交点在直线

$$as + bt + cu = 0$$

上 (见图 9 中的虚线). 这条直线和 c 的符号的关系如图 9 所示. 当 $c < 0$ 时, u 道的物理区域包含一部分坐标三角形的面积. 因而, 在这种情形下, s, t, u

可以同时为正. 边界曲线的三支都以相应的坐标轴作为渐近线 (利用关系式 $s+t+u=h$ 从方程 (67.10) 中消去一个变量, 然后令其余两个变量中的一个趋于无穷大, 就能证明这一点). 一般来说, 除了方程 (67.10) 所确定的边界以外, 条件 (67.2) 不会再给出任何新东西. 和 (67.2) 中的等号相应的直线与图 9 中画阴影线的物理区域不相交, 其中有的与这些区域的边界相切, 对应于变量 s, t 或 u 在相应道中的极值.

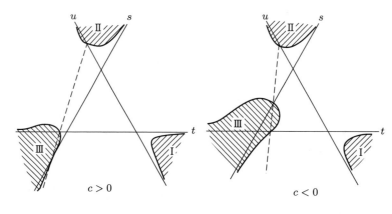

图 9

当一个粒子的质量大于其余三个粒子的质量之和时 ($m_1 > m_2 + m_3 + m_4$), 除了道 I, II, III 以外, 还可能有第四个反应道, 它对应于衰变

$$\text{IV.} \ 1 \to \bar{2} + 3 + 4, \tag{67.11}$$

对这个道, 在衰变粒子的静止参考系中,

$$q_1 = (m_1, 0), \quad q_2 = (-\varepsilon_2, -\boldsymbol{p}_2), \quad q_3 = (-\varepsilon_3, -\boldsymbol{p}_3), \quad q_4 = (-\varepsilon_4, -\boldsymbol{p}_4),$$
$$\varepsilon_2 + \varepsilon_3 + \varepsilon_4 = m_1, \quad \boldsymbol{p}_2 + \boldsymbol{p}_3 + \boldsymbol{p}_4 = 0.$$

不变量为

$$\begin{aligned}
s &= m_1^2 + m_2^2 - 2m_1\varepsilon_2, \\
t &= m_1^2 + m_3^2 - 2m_1\varepsilon_3, \\
u &= m_1^2 + m_4^2 - 2m_1\varepsilon_4.
\end{aligned} \tag{67.12}$$

由 (67.1) 式我们可以得到:

$$\begin{aligned}
(m_3 + m_4)^2 &\leqslant s \leqslant (m_1 - m_2)^2, \\
(m_2 + m_4)^2 &\leqslant t \leqslant (m_1 - m_3)^2, \\
(m_2 + m_3)^2 &\leqslant u \leqslant (m_1 - m_4)^2.
\end{aligned} \tag{67.13}$$

于是, 所有三个不变量都是正的, 即衰变道的物理区域在坐标三角形的内部.

习　　题

1. 三个粒子的质量相同的情形求物理区域: $m_1 \equiv m$, $m_2 = m_3 = m_4 \equiv \mu$ (例如, 反应 $K + \pi \to \pi + \pi$).

解: 方程 (67.10) 可写成

$$stu = \mu^2 (m^2 - \mu^2)^2, \tag{1}$$

而且

$$s + t + u = 3\mu^2 + m^2.$$

区域 I, II, III 以形状相同的三条曲线为边界 (对于 I: $s > 0, t < 0, u < 0$; 对于 II 和 III 也类似). 如果 $m > 3\mu$, 则方程 (1) 还有一个分支 (闭合曲线): $s > 0, t > 0$, $u > 0$, 它构成道 IV 的物理区域边界 (图 10).

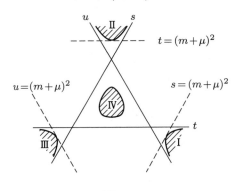

图 10

2. 同上题, 但对情形: $m_1 \equiv m$, $m_2 \equiv \mu, m_3 = m_4 = 0$, $m > \mu$ (例如, 反应 $\mu + \nu \to e + \nu$).

解: 条件 (67.5) 可写成

$$stu \geqslant m^2 \mu^2 s,$$

而且 $s + t + u = m^2 + \mu^2$. 物理区域的边界为轴 $s = 0$ 和双曲线 $tu = m^2 \mu^2$ 的两支 (图 11).

3. 同上题, 但对情形: $m_1 = m_3 \equiv m$, $m_2 = 0, m_4 = \mu$, 并且 $m > 2\mu$ (例如, 反应 $p + \gamma \to p + \pi^0$).

解: 边界方程 (67.10) 变成

$$stu = a(s + u) + bt, \quad ah = m^2 \mu^4,$$
$$bh = m^4 (2m^2 - \mu^2), \quad h = 2m^2 + \mu^2.$$

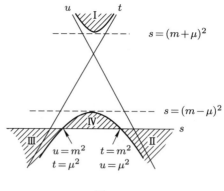

图 11

消去 u, 我们得到

$$t^2 + \left(\frac{b-a}{s} + s - h\right)t + \frac{ah}{s} = 0.$$

对给定的 s, 这是 t 的二次方程. 在 $s > (m+\mu)^2$ 的条件下 (s 道的区域), 每一个 s 对应着两个负的 t 值. 当 $s = (m+\mu)^2$ 时, 二次方程的两个根相等: $t = -m\mu^2/(m+\mu)$. s 道的区域边界如图 12 所示. 边界曲线的下面一支以轴 $u = 0$ 为渐近线, 而上面一支和此轴相交于点 $t = \mu^4/(\mu^2 - m^2)$.

u 道的区域和 s 道的区域是对称的, 而 t 道的区域如图 12 所示.

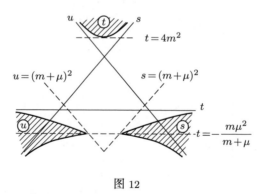

图 12

§68　按分波振幅展开

在分析如下类型的反应时

$$a + b \to c + d \tag{68.1}$$

一个很重要的步骤是将散射振幅展开成分波振幅, 每一个分波振幅 (在给定总能量 ε 下) 在粒子的质心坐标系中, 都对应着粒子的一个确定的总角动量值 J.[①]

因此, 这些分波振幅是角动量表象中的 S 矩阵元:

$$\langle \varepsilon J'M'|S|\varepsilon JM\rangle.$$

由于角动量 J 及其在给定 z 轴上的分量 M 是守恒量, 所以 S 矩阵对它们 (以及能量 ε) 是对角化的. 由于空间的各向同性, 对角元素和 M 值无关. 对给定的 J, M, ε, 散射矩阵仍然是一个对自旋量子数的矩阵, 我们将此矩阵的元素写成更加紧凑的形式:

$$\langle \varepsilon JM\lambda'|S|\varepsilon JM\lambda\rangle \equiv \langle \lambda'|S^J(\varepsilon)|\lambda\rangle, \tag{68.2}$$

其中 λ 与 λ' 为自旋量子数组. 将其取为粒子的螺旋性是最自然的. 和自旋在空间任意轴上的分量不同, 螺旋性对自由粒子也是守恒量. 它既和粒子的动量对易, 又和粒子的角动量对易 (§16). 因此, 在散射矩阵的动量表象和角动量表象中, 螺旋性均可应用.

按照螺旋性指标写出的 S 矩阵元叫做**螺旋性散射振幅**, 因此 λ 与 λ' 分别代表初态与终态粒子的螺旋性: $\lambda = (\lambda_a, \lambda_b)$, $\lambda' = (\lambda_c, \lambda_d)$.

在动量表象中, 散射矩阵元是对态 $|\varepsilon \boldsymbol{n}\lambda\rangle$ 定义的 (其中 $\boldsymbol{n} = \boldsymbol{p}/|\boldsymbol{p}|$ 为质心坐标系中相对运动的动量方向); 而在角动量表象中是对态 $|\varepsilon JM\lambda\rangle$ 定义的. 它们可通过展开式

$$|JM\lambda\rangle = \int |\boldsymbol{n}\lambda\rangle\langle \boldsymbol{n}\lambda|JM\lambda\rangle \mathrm{do}_{\boldsymbol{n}} \tag{68.3}$$

互相联系, 其中的积分是对方向 $\boldsymbol{n}$ 进行的 (为简单计, 在态的符号中略去了能量 ε). 由于此变换为幺正变换 (参见第三卷 §12), 逆变换的系数为

$$\langle JM\lambda|\boldsymbol{n}\lambda\rangle = \langle \boldsymbol{n}\lambda|JM\lambda\rangle^*. \tag{68.4}$$

按照矩阵变换的一般法则, 这两个系数给出两个表象中的 S 矩阵元之间的关系:

$$\langle \boldsymbol{n}'\lambda'|S|\boldsymbol{n}\lambda\rangle = \sum_{JM} \langle \boldsymbol{n}'\lambda'|JM\lambda'\rangle\langle JM\lambda'|S|JM\lambda\rangle\langle JM\lambda|\boldsymbol{n}\lambda\rangle. \tag{68.5}$$

利用 §16 的结果, 不难求出展开式 (68.3) 的系数.

设所有态的波函数都在动量表象中表示, 即可表示成动量方向的函数 (对给定能量). 作为一个独立参数, 这个方向用 $\boldsymbol{\nu}$ 表示, 以区别作为态的量子数的

---

① §68,§69 中的大部分结果都来源于 M. Jacob 与 G. C. Wick 的工作 (1959).

方向 $\boldsymbol{n}$. 在这个表象中, 波函数具有 (16.2) 的形式:

$$\psi_{\boldsymbol{n}\lambda}(\boldsymbol{\nu}) = u^{(\lambda)}\delta^{(2)}(\boldsymbol{\nu} - \boldsymbol{n}). \tag{68.6}$$

将 (68.6) 代入 (68.3) 式, 后者化为一项:

$$\psi_{JM\lambda} = \langle \boldsymbol{\nu}\lambda|JM\lambda\rangle u^{(\lambda)}. \tag{68.7}$$

两个粒子的螺旋性 λ_a 和 λ_b 定义为粒子自旋在各自的动量方向上的分量. 如果粒子的动量为 $\boldsymbol{p}_a \equiv \boldsymbol{p}$, $\boldsymbol{p}_b = -\boldsymbol{p}$, 则第一个粒子的动量方向为 $\boldsymbol{n}$, 第二个粒子的动量方向为 $-\boldsymbol{n}$. 现在如将系统看成在方向 $\boldsymbol{n}$ 上具有螺旋性 Λ 的一个单一粒子, 则 $\Lambda = \lambda_a - \lambda_b$. 按照 (16.4) 式, 它在动量表象中的波函数可以写成

$$\psi_{JM\lambda}(\boldsymbol{\nu}) = u^{(\lambda)}D_{\Lambda M}^{(J)}(\boldsymbol{\nu})\sqrt{\frac{2J+1}{4\pi}}. \tag{68.8}$$

比较 (68.7) 和 (68.8), 并将 $\boldsymbol{\nu}$ 换成 $\boldsymbol{n}$, 就得到所要的系数:

$$(\boldsymbol{n}\lambda|JM\lambda) = \sqrt{\frac{2J+1}{4\pi}}D_{\Lambda M}^{(J)}(\boldsymbol{n}). \tag{68.9}$$

将这些系数代入 (68.5) 式, 我们有

$$\langle \boldsymbol{n}'\lambda'|S|\boldsymbol{n}\lambda\rangle = \sum_{JM}\frac{2J+1}{4\pi}D_{\Lambda'M}^{(J)}(\boldsymbol{n}')D_{\Lambda M}^{(J)*}(\boldsymbol{n})\langle\lambda'|S^J|\lambda\rangle, \tag{68.10}$$

$$\Lambda = \lambda_a - \lambda_b, \quad \Lambda' = \lambda_c - \lambda_d,$$

式中采用了简化符号 (68.2). 如果取方向 $\boldsymbol{n}$ 作为 z 轴, 则

$$D_{\Lambda M}^{(J)}(\boldsymbol{n}) = \delta_{\Lambda M}$$

且 (68.10) 式变为如下形式:

$$\langle \boldsymbol{n}'\lambda'|S|\boldsymbol{n}\lambda\rangle = \sum_{J}\frac{2J+1}{4\pi}D_{\Lambda'\Lambda}^{(J)}(\boldsymbol{n}')\langle\lambda'|S^J|\lambda\rangle. \tag{68.11}$$

我们看到, 按分波振幅展开的表示式中, 函数 $D_{\Lambda'\Lambda}^{(J)}$ 是作为系数出现的. 对于 (68.1) 式那样的反应, 较为方便的做法是定义一个散射振幅 f, 使质心坐标系中的截面为

$$\mathrm{d}\sigma = |\langle \boldsymbol{n}'\lambda'|f|\boldsymbol{n}\lambda\rangle|^2\mathrm{d}o' \tag{68.12}$$

和 (64.19) 式比较, 可以将这个振幅和矩阵元 M_{fi} 联系起来. 散射振幅按分波振幅展开时可写成

$$\langle \boldsymbol{n}'\lambda'|f|\boldsymbol{n}\lambda\rangle = \sum_{JM}(2J+1)D_{\Lambda'M}^{(J)}(\boldsymbol{n}')D_{\Lambda M}^{(J)*}(\boldsymbol{n})\langle\lambda'|f^J|\lambda\rangle, \tag{68.13}$$

或将 z 轴选在 $\boldsymbol{n}$ 方向上,

$$\langle \boldsymbol{n}'\lambda'|f|\boldsymbol{n}\lambda\rangle = \sum_J (2J+1)D_{\Lambda'\Lambda}^{(J)}(\boldsymbol{n}')\langle \lambda'|f^J|\lambda\rangle. \tag{68.14}$$

此式为无自旋粒子的散射按分波振幅展开的推广 (参见第三卷 (123.14)). 由于 $D_{00}^{(L)} = \mathrm{P}_L(\cos\theta)$, 当粒子自旋为零时, (68.14) 简化为按勒让德多项式的展开

$$f(\theta) = \sum_L (2L+1)f_L\mathrm{P}_L(\cos\theta).$$

截面 (68.12) 对所有粒子均有确定螺旋性的情形都成立. 如果粒子处于混合极化态, 则截面可由下列乘积

$$\langle \lambda_c\lambda_d|f|\lambda_a\lambda_b\rangle\langle \lambda_c'\lambda_d'|f|\lambda_a'\lambda_b'\rangle^*$$

对粒子的极化密度矩阵

$$\langle \lambda_a|\rho^{(a)}|\lambda_a'\rangle\langle \lambda_b|\rho^{(b)}|\lambda_b'\rangle\langle \lambda_c'|\rho^{(c)}|\lambda_c\rangle\langle \lambda_d'|\rho^{(d)}|\lambda_d\rangle$$

求平均给出 (参见 §48 的第一个脚注). 例如, 当非极化粒子 a, b 之间的反应生成非极化粒子 c, d 时, 我们有

$$\mathrm{d}\sigma = \frac{\mathrm{d}o}{(2s_a+1)(2s_b+1)}\sum_{(\lambda)}\sum_{JJ'}(2J+1)(2J'+1)\langle \lambda_c\lambda_d|f^J|\lambda_a\lambda_b\rangle$$
$$\times\langle \lambda_c\lambda_d|f^{J'}|\lambda_a\lambda_b\rangle^* D_{\Lambda'\Lambda}^{(J)}(\boldsymbol{n}')D_{\Lambda'\Lambda}^{(J')*}(\boldsymbol{n}') \tag{68.15}$$

(z 轴在 $\boldsymbol{n}$ 方向上, $\sum$ 表示对 λ_a, λ_b, λ_c, λ_d 求和). 对函数 $D_{\Lambda'\Lambda}^{(J')*}$ 采用第三卷的 (58.19) 式的表示, 然后利用第三卷 (110.2) 的展开式, 最后我们得到

$$\mathrm{d}o = \frac{\mathrm{d}o}{(2s_a+1)(2s_b+1)}\sum_{(\lambda)JJ'}(-1)^{\Lambda-\Lambda'}(2J+1)(2J'+1)$$
$$\times\langle \lambda_c\lambda_d|f^J|\lambda_a\lambda_b\rangle\langle \lambda_c\lambda_d|f^{J'}|\lambda_a\lambda_b\rangle^*\sum_L(2L+1)$$
$$\times\begin{pmatrix} J & J' & L \\ \Lambda & -\Lambda & 0 \end{pmatrix}\begin{pmatrix} J & J' & L \\ \Lambda' & -\Lambda' & 0 \end{pmatrix}\mathrm{P}_L(\cos\theta) \tag{68.16}$$

(θ 为 $\boldsymbol{n}'$ 和 z 轴之间的夹角); 对 L 的求和则是对 $\boldsymbol{J}$ 和 $\boldsymbol{J}'$ 作矢量相加时出现的所有整数值进行.

散射振幅按分波振幅的展开式, 给出和空间转动对称性相关联的散射角分布的所有性质的完全表示. 但是, 这个展开式并没有清楚地展现出和空间反演对称性相关联的性质. 如果相互作用还具有 P 不变性, 则将导致不同的螺旋性振幅之间存在某些关系 (参见 §69).

§69　螺旋性散射振幅的对称性

P, T, C 变换的对称性 (如果粒子的相互作用过程确实具有这种对称性) 导致螺旋性散射振幅之间存在一些确定的联系, 并因此减少了独立振幅的数目[①].

为了确立这种联系, 我们首先确定二粒子系统的螺旋性状态的对称性质.

我们在二粒子的质心坐标系中进行研究. 设一个粒子的动量为 $p_1 \equiv p$, 对方向 p 的螺旋性为 λ_1; 另一个粒子的动量为 $p_2 = -p$, 对方向 $-p$ 的螺旋性为 λ_2. 如果两个粒子的螺旋性都对同一方向 p 定义, 其值为 λ_1 和 $-\lambda_2$, 因此, 两个粒子将分别用振幅为 $u_p^{(\lambda_1)}$ 和 $u_p^{(-\lambda_2)}$ 的平面波描述, 而二粒子系统将用由 $u_p^{(\lambda_1)}$ 和 $u_p^{(-\lambda_2)}$ 之积组成的 (多分量) 的波函数 $u_p^{(\lambda_1 \lambda_2)}$ 描述.

现在, 我们将系统看成在 $n = p/|p|$ 方向上具有螺旋性 $\Lambda = \lambda_1 - \lambda_2$ 的一个粒子. 于是可以对 $J, M, \lambda_1, \lambda_2$(以及总能量 ε) 具有确定值的态写出波函数 (在动量表象中, 即作为 n 的函数):

$$\psi_{JM\lambda_1\lambda_2} = u_p^{(\lambda_1\lambda_2)} D_{\Lambda M}^{(J)}(n) \sqrt{\frac{2J+1}{4\pi}}, \quad \Lambda = \lambda_1 - \lambda_2 \tag{69.1}$$

(比较 (68.8)). 由于 Λ 是总角动量在 p 方向上的分量, 我们必须有

$$|\Lambda| \leqslant J. \tag{69.2}$$

根据 (16.14) 式, 在反演变换下,

$$\widehat{P} u^{(\lambda_1\lambda_2)}(n) = \eta_1\eta_2 u^{(\lambda_1\lambda_2)}(-n) = \eta_1\eta_2(-1)^{s_1+s_2-\lambda_1+\lambda_2} u^{(-\lambda_1-\lambda_2)}(n), \tag{69.3}$$

其中 η_1, η_2 为粒子的内禀宇称. 利用 (16.10) 式可以求出函数 (69.1) 的变换规律:

$$\widehat{P}\psi_{JM\lambda_1\lambda_2} = \eta_1\eta_2(-1)^{s_1+s_2-J}\psi_{JM-\lambda_1-\lambda_2}. \tag{69.4}$$

如果两个粒子是全同的, 还有交换对称性问题. 粒子的交换意味着交换它们的动量与自旋. 为了说明对函数 (69.1) 应用这一运算的含义, 我们注意到在交换的定义中包含着一个不对称性, 即两个粒子的角动量在同一矢量 $p_1 \equiv p$ (第一个粒子的动量) 上取投影. 交换以后, 这个矢量换成 $p_2 \equiv -p$, 角动量 j_1 与 j_2 在此矢量上的分量将是 $-\lambda_1$ 与 λ_2 (而不是在 p 上的分量 λ_1 与 $-\lambda_2$). 因此, 粒子的交换算符 $\widehat{P}_{12}$ 对函数 (69.1) 作用的结果可写成

$$\widehat{P}_{12}\psi_{JM\lambda_1\lambda_2} = u^{(-\lambda_1-\lambda_2)}(-n) D_{\Lambda M}^{(J)}(-n) \sqrt{\frac{2J+1}{4\pi}},$$

[①] 当然, 独立振幅的数目本身并不依赖于 S^J 矩阵的具体表象, 它对任意选择的自旋变量都一样.

其中仍有 $\Lambda = \lambda_1 - \lambda_2$. 于是, 利用 (69.3) 与 (16.10) 式, 我们求出

$$\widehat{P}_{12}\psi_{JM\lambda_1\lambda_2} = (-1)^{2s-J}\psi_{JM\lambda_2\lambda_1}, \tag{69.5}$$

其中 $s_1 = s_2 \equiv s$.

对于全同粒子, 允许的状态只能是交换对称态 (对玻色子) 或交换反对称态 (对费米子). 由于前者出现在粒子的自旋 s 为整数时, 而后者出现在自旋 s 为半整数时, 因此在两种情形下, 二粒子系统所容许的螺旋性状态可以写成如下线性组合的形式:

$$[1 + (-1)^{2s}\widehat{P}_{12}]\psi_{JM\lambda_1\lambda_2},$$

或者根据 (69.5) 式, 写成

$$\psi_{JM\lambda_1\lambda_2} + (-1)^J\psi_{JM\lambda_2\lambda_1}. \tag{69.6}$$

值得强调指出, 此式对玻色子与费米子是同样的.

对于由粒子与反粒子组成的系统, 交换的结果也可以用 (69.5) 式表示. 不过, 和全同粒子的情形不同, 在这里, 两种交换对称态都是允许的, 即两种组合

$$\psi^{\pm} = \psi_{JM\lambda_1\lambda_2} \pm (-1)^J\psi_{JM\lambda_2\lambda_1} \tag{69.7}$$

都可出现. 这两种态具有确定的电荷宇称 C. 电荷共轭运算可以看成两个粒子的所有参数 (电荷和宇称) 完全交换接着自旋变量 (螺旋性) 反向交换的结果. 第一次运算的结果相当于两个全同粒子系统内的交换. 由此可见, 当 (69.7) 式取上面的符号 (在全同粒子所容许的态 (69.6) 中取相同符号) 时, 系统为电荷偶宇称态, 而取下面的符号则为电荷奇宇称态:

$$\widehat{C}\psi^{\pm} = \pm\psi^{\pm}.$$

最后, 我们来研究时间反演运算. 自旋为 s, 其分量为 σ 的静止粒子的波函数按照下式变换:

$$\widehat{T}\psi_{s\sigma} = (-1)^{s-\sigma}\psi_{s,-\sigma}$$

(参见第三卷 (60.2)). 两个粒子在其质心参考系中的波函数 (在变换性质方面) 也可看成角动量为 J、分量为 M 的"静止粒子"的波函数. 螺旋性 λ_1, λ_2, 是不变的: 时间反演同时改变了动量矢量和角动量矢量的符号, 因此乘积 $\boldsymbol{j}\cdot\boldsymbol{p}$ 不受影响. 所以,

$$\widehat{T}\psi_{JM\lambda_1\lambda_2} = (-1)^{J-M}\psi_{JM\lambda_1\lambda_2}. \tag{69.8}$$

现在我们可以直接写出螺旋性振幅的对称关系式.

如果相互作用是 P 不变的, 那么, 对于反应

$$a + b \to c + d$$

来说, 跃迁振幅

$$|\lambda_a \lambda_b\rangle \to |\lambda_c \lambda_d\rangle \ \text{与} \ \widehat{P}|\lambda_a \lambda_b\rangle \to \widehat{P}|\lambda_c \lambda_d\rangle$$

必须相同 (对给定的 J 与 ε). 因此, 利用 (69.4) 式, 我们求出

$$\langle \lambda_c \lambda_d | S^J | \lambda_a \lambda_b \rangle = \frac{\eta_c \eta_d}{\eta_a \eta_b} (-1)^{s_c + s_d - s_a - s_b} \langle -\lambda_c, -\lambda_d | S^J | -\lambda_a, -\lambda_b \rangle. \tag{69.9}$$

如果选择有确定宇称的态, 即选取组合

$$\frac{1}{\sqrt{2}} (\psi_{JM\lambda_1\lambda_2} \pm \widehat{P}\psi_{JM\lambda_1\lambda_2})$$

(其中 $\lambda_1 \lambda_2 = \lambda_a \lambda_b$ 或 $\lambda_c \lambda_d$) 而不是有确定螺旋性的状态, 那么, 宇称不守恒时, 跃迁振幅为零.

时间反演使每一个态都按照 (69.8) 式变换, 并且使初态和终态交换. 因此, T 不变性导致关系式

$$\langle \lambda_c \lambda_d | S^J(\varepsilon) | \lambda_a \lambda_b \rangle = \langle \lambda_a \lambda_b | S^J(\varepsilon) | \lambda_c \lambda_d \rangle. \tag{69.10}$$

然而, 这两个振幅属于不同的过程 (反应和逆反应). 只有在弹性散射的情形下, 这两个过程才是实质上一样的, 于是 (69.10) 式才是同一反应的螺旋性振幅之间的关系.

在两个全同粒子的弹性散射中, 由于交换对称性, 不同振幅的数目进一步减少. 我们看到, 对给定的 J, 可能出现的态或者是 λ_1, λ_2 的完全对称态, 或者是 λ_1, λ_2 的完全反对称态. 因此, 角动量守恒意味着对螺旋性交换的对称性必然守恒.

类似的情形出现在粒子与其反粒子的弹性散射中 (或者一对粒子–反粒子变成另一对粒子–反粒子, 即 $a + \bar{a} \to b + \bar{b}$ 类型的反应). 对给定的 J, 既可能出现对 λ_1, λ_2 对称的态, 又可能出现对 λ_1, λ_2 反对称的态. 但是, 这两种态所对应的系统的电荷宇称是不同的. 由此得出, 如果粒子的相互作用是 C 不变的, 因而电荷宇称守恒, 那么, 对 λ_1, λ_2 有不同对称性的态之间的跃迁是禁戒的[1]. 然而, 必须强调指出, 有一个和全同粒子的情形完全不同的地方. 在全同粒子的情形, 对于任何给定的 J, 只有一种对称性的态是不存在的. 在 "粒

---

① 非全同粒子相互作用的各向同性的不变性也可以产生一个类似的禁戒. 例如, 在质子–中子散射中, 只要这种不变性成立, 那么, 对 λ_1, λ_2 有不同对称性的态之间的跃迁是被禁戒的.

子–反粒子"的情形, 只禁止对称性不同的态之间的跃迁; 但这些态本身 (对于每一个 J) 却是存在的.

由于普适的 CPT 不变性, T 不变性的存在也就意味着存在 CP 不变性的存在. CP 不变性使如下两种反应的振幅相等: 一种反应是将另一种反应中的粒子全部换成反粒子 (并改变螺旋性的符号), 并且 $\lambda_{\bar{a}} = -\lambda_a, \cdots$[①]:

$$\langle \lambda_c \lambda_d | S^J | \lambda_a \lambda_b \rangle = \langle \lambda_{\bar{c}} \lambda_{\bar{d}} | S^J | \lambda_{\bar{a}} \lambda_{\bar{b}} \rangle. \tag{69.11}$$

独立振幅的数目对同一广义反应的所有交叉道都是同样的, 因此可以由任何一个道确定这个数目. 例如, 可以用同样数目的独立振幅描述弹性散射 $a+b \to a+b$ 和湮没过程 $a+\bar{a} \to b+\bar{b}$. 这时, 前者由 T 不变性所加的限制等价于后者由 C 不变性所加的限制.

现在我们再考虑一个粒子衰变成两个粒子的反应: $a \to b+c$. 在质心系 (即粒子 a 的静止系) 中, 我们有 $\boldsymbol{p}_b = -\boldsymbol{p}_c$. 将等式 $\boldsymbol{j}_a = \boldsymbol{j}_b + \boldsymbol{j}_c$ 两边点乘以 $\boldsymbol{p}_b$, 我们得到

$$\lambda_a = \lambda_b - \lambda_c \tag{69.12}$$

(粒子 a 的螺旋性 λ_a 定义为其自旋在一个次级粒子动量方向上的分量). 这个关系式是该过程所具有的附加对称性的结果, 即绕方向 $\boldsymbol{p}_b$ 和 $\boldsymbol{p}_c$ 的轴对称性. 如果粒子 a 的自旋 s_a 小于 s_b+s_c, 那么 (69.12) 式将使得 $\lambda_a, \lambda_b, \lambda_c$ 所容许的组合的数目减少, 从而使衰变的独立螺旋性振幅的数目减少. 这时, 总角动量 J 等于初级粒子的自旋 s_a, 因而是一个固定值.

衰变中的 P 不变性由下式表示:

$$\langle \lambda_b \lambda_c | S^J | \lambda_a \rangle = \frac{\eta_b \eta_c}{\eta_a} (-1)^{s_a-s_b-s_c} \langle -\lambda_b, -\lambda_c | S^J | -\lambda_a \rangle \tag{69.13}$$

(这里我们除用到 (69.4) 式外, 还用到了单粒子波函数的变换规则 (16.16)).

如果初级粒子是真中性粒子, 那么 C 宇称守恒还要导致进一步的限制. 这里必须区别三种不同情形. 如果衰变产物也是真中性粒子, 必定有 $C_a = C_b C_c$; 这个条件要么完全禁止衰变, 要么就是被满足而不导致新的限制. 如果粒子 b 和粒子 c 是不同的, 那么 C 不变性将在不同过程 ($a \to b+c$ 和 $a \to \bar{b}+\bar{c}$) 的振幅之间确立一种关系. 最后, 对于衰变 $a \to b+\bar{b}$ 有一种限制, 因为对给定的电荷宇称 C 和给定的总角动量 $J = s_a$, 系统要么处于螺旋性对称态, 要么处于螺旋性反对称态, 这由 J 值的奇偶和 C 的符号决定.

---

① 既然这两个振幅属于不同的反应, 它们之间就不会互相干涉; 因此, (69.11) 中的相因子就没有意义了, 可以假设它等于 1. 只有从 (69.11) 推出的截面公式才有实际意义.

CP 不变性意味着衰变 $a \to b + c$ 和 $\bar{a} \to \bar{b} + \bar{c}$ 的振幅相等:

$$\langle \lambda_b \lambda_c | S^J | \lambda_a \rangle = \langle \lambda_{\bar{b}} \lambda_{\bar{c}} | S^J | \lambda_{\bar{a}} \rangle \tag{69.14}$$

(这里 $\lambda_{\bar{a}} = -\lambda_a, \cdots$), 即粒子和反粒子的衰变概率相等. 如果粒子的衰变方式不止一种 (即可通过不同的道衰变), 此式对每个道都是适用的. 但是, 我们着重指出, 这个结论是基于 CP 不变性, 而 CP 不变性并非自然界的普适性质, 只有 CPT 不变性才是普适的, 这一要求本身只能导致等式

$$\langle \lambda_b \lambda_c | S^J | \lambda_a \rangle = \langle \lambda_{\bar{a}} | S^J | \lambda_{\bar{b}} \lambda_{\bar{c}} \rangle,$$

此式右边是衰变的逆过程. 我们在 §71 将看到, CPT 不变性条件将和幺正性要求一起, 在粒子和反粒子的衰变概率之间会导致一个关系, 尽管这个关系要受到更多的限制.

习 题

1. 利用 (69.6) 式, 对双光子系统可能的状态进行分类.

解: 在这个情形, $\lambda_1, \lambda_2 = \pm 1$. 当 $J(> 0)$ 为偶数时, 根据 (69.6), 允许有三个对 λ_1, λ_2 对称的态:

  a) ψ_{JM11}, b) $\psi_{JM-1-1'}$, c) $\psi_{JM1-1} + \psi_{JM-11}$.

当 $J(> 1)$ 为奇数时, 只允许有一个反对称态:

  d) $\psi_{JM1-1} - \psi_{JM-11}$.

态 c) 和态 d) 也具有确定的宇称 (+1): 按照 (69.4)

$$\widehat{P}(\psi_{JM1-1} \pm \psi_{JM-11}) = \pm (-1)^J (\psi_{JM1-1} \pm \psi_{JM-11});$$

因子 $\pm(-1)^J = 1$, 因为括号前的 "+" 对应着 J 的偶数值, 而 "−" 对应着 J 的奇数值. 态 a) 与态 b) 本身没有确定的宇称, 但是, 可以由它们的组合

  a') $\psi_{JM11} + \psi_{JM-1-1}$, b') $\psi_{JM11} - \psi_{JM-1-1}$,

组成偶宇称态与奇宇称态. 当 $J = 0$ 时只允许 $\lambda_1 = \lambda_2$ (根据条件 $|\lambda_1 - \lambda_2| \leqslant J$, 因而态 c) 不出现, 只有一个偶宇称态 a') 和一个奇宇称态 b'). 最后, 当 $J = 1$ 时, 对奇数 J 唯一可能的态 d) 也被禁戒, 因为这时 $\lambda = 2 > J$. 这样一来, 我们就得到允许状态的表 (9.5).

2. 在非相对论性近似下, 系统的总角动量 J 由自旋 S 和轨道角动量 L 的相加求出. 试对二粒子系统求态 $|JLSM\rangle$ 和态 $|JM\lambda_1\lambda_2\rangle$ 之间的联系.

解: 按照角动量相加时波函数构成的法则, 我们有

$$\psi_{JLSM} = \sum \{\psi_{s_1\sigma_1}\psi_{s_2\sigma_2}\langle\sigma_1\sigma_2|SM_S\rangle\}\psi_{LM_L}\langle M_LM_S|JM\rangle. \tag{1}$$

其中 $\psi_{s\sigma}$ 为自旋 s(在固定 z 轴上的分量为 σ) 的本征函数, ψ_{LM_L} 为轨道角动量 L(分量为 M_L) 的本征函数; 大括号内的表示式对应于 s_1 加 s_2 给出 S, 然后 S 和 L 相加给出 J; 求和对所有的 m 型指标进行. 在动量表象中将所有函数都写成 (动量 $\boldsymbol{p} \equiv \boldsymbol{p}_1$ 的) 方向 $\boldsymbol{n}$ 的函数, 并利用第三卷 (58.7) 式将波函数 $\psi_{s\sigma}$ 通过螺旋性态的波函数 $\psi_{\boldsymbol{n}\lambda}$ 表示:

$$\psi_{s_1\sigma_1} = \sum_{\lambda_1} D^{(s_1)}_{\lambda_1\sigma_1}(\boldsymbol{n})\psi_{\boldsymbol{n}\lambda_1},$$

$$\psi_{s_2\sigma_2} = \sum_{\lambda_2} D^{(s_2)}_{-\lambda_2\sigma_2}(\boldsymbol{n})\psi_{\boldsymbol{n}-\lambda_2}.$$

对于函数 ψ_{LM_L}, 我们有

$$\psi_{LM_L} = Y_{LM_L}(\boldsymbol{n}) = i^L\sqrt{\frac{2L+1}{4\pi}}D^{(L)}_{0M_L}(\boldsymbol{n})$$

(这里用到了第三卷的 (58.25) 式和定义 (16.5)). 将这些函数代入 (1), 并两次使用第三卷中的展开式 (110.1) 和克莱布希–高登系数的正交性公式 (第三卷 (106.13) 式), 就得到 ψ_{JLSM} 的展开式:

$$\psi_{JLSM} = \sum_{\lambda_1\lambda_2} \psi_{JM\lambda_1\lambda_2}\langle JM\lambda_1\lambda_2|JLSM\rangle, \tag{2}$$

其中

$$\psi_{JM\lambda_1\lambda_2} = \psi_{\boldsymbol{n}\lambda_1}\psi_{\boldsymbol{n},-\lambda_2}D^{(J)}_{\Lambda M}(\boldsymbol{n})\sqrt{\frac{2J+1}{4\pi}}, \quad \Lambda = \lambda_1 - \lambda_2,$$

系数为

$$\langle JM\lambda_1\lambda_2|JLSM\rangle = (-i)^L(-1)^{s_1-s_2+S}\sqrt{(2L+1)(2S+1)}$$

$$\times \begin{pmatrix} s_1 & s_2 & S \\ \lambda_1 & -\lambda_2 & -\Lambda \end{pmatrix}\begin{pmatrix} L & S & J \\ 0 & \Lambda & -\Lambda \end{pmatrix}. \tag{3}$$

由于变换 (2) 是幺正的, 我们有

$$\langle JLSM|JM\lambda_1\lambda_2\rangle = \langle JM\lambda_1\lambda_2|JLSM\rangle^*.$$

§70　不变振幅

在螺旋性振幅中使用了一个特别的参考系, 即质心坐标系. 但为了利用协变微扰论计算散射振幅 (以及为研究它们的一般解析性质), 将散射振幅写成明显的协变形式是较为方便的.

如果参加反应的粒子没有自旋, 那么散射振幅只和粒子四维动量的不变乘积有关. 对于反应:

$$a + b \to c + d \tag{70.1}$$

这些不变量取为 §66 中所定义的量 s, t, u 中的任意两个量. 于是, 散射振幅简化为一个单一的函数 $M_{fi} = f(s, t)$.

如果粒子有自旋, 那么, 除了动力学不变量 s, t, u 外, 还应存在由粒子的波幅组成的不变量 (双旋量, 四维张量等). 这时, 散射振幅的形式必定是

$$M_{fi} = \sum_n f_n(s, t) F_n, \tag{70.2}$$

其中 F_n 是一个和所有参加反应的粒子的波幅 (以及它们的四维动量) 线性相关的不变量. 系数 $f_n(s, t)$ 称为**不变振幅**.

通过选择波幅使其对应于有确定螺旋性的粒子, 我们就能得到确定的不变量值 $F_n = F_n(\lambda_i, \lambda_f)$. 于是, 螺旋性散射振幅就是不变振幅 f_n 的线性齐次组合. 由此看到, 独立函数 $f_n(s, t)$ 的数目等于独立的螺旋性振幅的数目. 由于独立的螺旋性振幅数容易确定 (如 §69 中所阐述的), 不变量 F_n (其数目已预先知道) 的构成也就容易了.

下面我们举几个例子. 在这些例子中, 我们假定相互作用都是 T 不变和 P 不变的. P 不变性意味着不变量 F_n 应该是真标量 (而不是赝标量).

零自旋粒子被 $\dfrac{1}{2}$ 自旋粒子的散射

为了计算不变量的数目 (即独立螺旋性振幅的数目), 我们注意到这时 S^J 矩阵元的总数 (即不同的 λ_1, λ_2, λ_1', λ_2' 的组合数) 等于 $4(\lambda_1 = \lambda_1' = 0,$ $\lambda_2, \lambda_2' = \pm\dfrac{1}{2})$. 考虑到 P 不变性, 独立矩阵元的数目减少为 2, 并且 T 不变性不会改变这个数目.

两个独立的不变量可以取为

$$F_1 = \overline{u}' u, \quad F_2 = \overline{u}'(\gamma K) u. \tag{70.3}$$

其中 $u = u(p)$，$u' = u(p')$ 分别为初态与终态费米子的双旋量振幅；$K = k + k'$，其中 k, k' 分别为初态与终态玻色子的四维动量 [①].

量 (70.3) 的 T 不变性是很明显的，如果注意到在时间反演下，乘积 $\overline{u}'u$ 与 $\overline{u}'\gamma^\mu u$ 和算符 $\widehat{\overline{\psi}\psi}$ 与 $\widehat{\overline{\psi}\gamma^\mu\psi}$ 按照同样规律 (28.6) 变换，且前者是后者的矩阵元：乘积 $\overline{u}'u$ 本身是不变的，而四维矢量 $\overline{u}'\gamma u$ 按下式变换：

$$\overline{u}'\gamma^0 u \to \overline{u}'\gamma^0 u, \quad \overline{u}'\gamma u \to -\overline{u}'\gamma u.$$

四维动量也按照类似的方式变换：$(K^0, \boldsymbol{K}) \to (K^0, -\boldsymbol{K})$，因此，标量积 $F_2 = K_\mu(\overline{u}'\gamma^\mu u)$ 是不变的.

两个 $\dfrac{1}{2}$ 自旋的全同粒子的弹性散射

为了计算独立的螺旋性振幅数，比较方便的做法是从螺旋性态的线性组合出发：

$$\psi_{1g} = \psi_{++} + \psi_{--}, \quad \psi_{2g} = \psi_{++} - \psi_{--},$$
$$\psi_{3g} = \psi_{+-} + \psi_{-+}, \quad \psi_u = \psi_{+-} - \psi_{-+},$$

其中下标 $\pm$ 标记两个粒子的螺旋性量子数 $\left(\pm\dfrac{1}{2}\right)$. 对两个粒子的交换，$1g, 2g, 3g$ 为偶态，而 u 为奇态. 可见跃迁 $g \leftrightarrow u$ 是禁戒的，因此，考虑交换对称性后，还剩下 $16 - 6 = 10$ 个矩阵元. 函数 ψ_{1g}, ψ_{3g} 对于反演 P 的宇称和 ψ_{2g} 相反，所以它们之间的跃迁是被禁戒的，这使得独立振幅的数目减少到 6. 最后，T 不变性使得跃迁 $1g \to 3g$ 和 $3g \to 1g$ 的振幅相等，这样总共只剩下 5 个独立振幅. 可选如下 5 个独立的不变量：

$$
\begin{aligned}
&F_1 = (\overline{u}'_1 u_1)(\overline{u}'_2 u_2), \quad F_2 = (\overline{u}'_1\gamma^5 u_1)(\overline{u}'_2\gamma^5 u_2),\\
&F_3 = (\overline{u}'_1\gamma^\mu u_1)(\overline{u}'_2\gamma_\mu u_2), \quad F_4 = (\overline{u}'_1\gamma^\mu\gamma^5 u_1)(\overline{u}'_2\gamma_\mu\gamma^5 u_2), \qquad (70.4)\\
&F_5 = (\overline{u}'_1\sigma^{\mu\nu} u_1)(\overline{u}'_2\sigma_{\mu\nu} u_2),
\end{aligned}
$$

其中 u_1, u_2 为初态粒子的双旋量振幅，而 u'_1, u'_2 为终态粒子的双旋量振幅. 初态 (或终态) 粒子间的交换不会引出新的不变量：新的不变量可通过先前的不变量表示 (参见 §28 的习题). 但是，表示式 (70.2) (其中的 F_n 由 (70.4) 给出) 显

---

① 乍看起来，似乎还可以组成诸如 $\overline{u}'\sigma_{\mu\nu}k^\mu k'^\nu u$ 这样的不变量 (矩阵 $\sigma_{\mu\nu}$ 的定义见 (28.2))，但是，如果考虑守恒定律 $k' = p + k - p'$ 和双旋量振幅所满足的方程：

$$(\gamma p)u = mu, \quad \overline{u}'(\gamma p') = m\overline{u}',$$

就会发现，这样的不变量可简化为 (70.3) 式.

然没有考虑到两个全同费米子的交换必须改变散射振幅的符号这个要求. 满足这个要求的表示式可写成

$$M_{fi} = [(\overline{u}'_1 u_1)(\overline{u}'_2 u_2)f_1(t,u) - (\overline{u}'_2 u_1)(\overline{u}'_1 u_2)f_1(u,t)] + \cdots \tag{70.5}$$

当 p'_1 与 p'_2(或 p_1 与 p_2) 交换时, 运动学不变量 $s \to s, t \to u, u \to t$, 这样上述要求必定得到满足.

光子被自旋为 0 或 $\dfrac{1}{2}$ 的粒子的弹性散射

这类过程的振幅用满足下列条件的类空四维单位矢量 $e^{(1)}, e^{(2)}$ 来表示是比较方便的:

$$e^{(1)2} = e^{(2)2} = -1, \quad e^{(1)}e^{(2)} = 0,$$
$$e^{(1)}k = e^{(2)}k = 0, \quad e^{(1)}k' = e^{(2)}k' = 0 \tag{70.6}$$

(对于两个光子中的每一个, 这些四维矢量都可以作为四维单位矢量, 用以对光子极化性质作不变描述 (参见 §8)).

设 k 和 k' 分别为光子的初态与终态的四维动量, 而 p 和 p' 分别为散射粒子的初态与终态的四维动量. 四维矢量

$$P^\lambda = p^\lambda + p'^\lambda - K^\lambda \frac{pK + p'K}{K^2},$$
$$N^\lambda = e^{\lambda\mu\nu\rho}P_\mu q_\nu K_\rho, \tag{70.7}$$

其中

$$K = k + k', \quad q = p - p' = k' - k$$

显然是互相正交的, 和四维矢量 K, q 也是正交的, 并因此还和 k, k' 正交. 既然它们和类时的四维矢量 K 正交 ($K^2 = 2kk' > 0$), 它们自身必定是类空的 (实际上, 在 $\boldsymbol{K} = 0$ 的参考系中, 由 $KP = 0$ 可以推出 $P_0 = 0$, 因此 $P^2 < 0$). 通过取

$$e^{(1)\lambda} = \frac{N^\lambda}{\sqrt{-N^2}}, \quad e^{(2)\lambda} = \frac{P^\lambda}{\sqrt{-P^2}}, \tag{70.8}$$

将 P 和 N 归一化, 我们得到满足所有要求的一对四维矢量. 可以看出, $e^{(2)}$ 为真矢量, $e^{(1)}$ 为赝矢量.

借助初态与终态光子的四维极化矢量 e 与 e', 光子的散射振幅可以写成

$$M_{fi} = F^{\lambda\mu}e'^*_\lambda e_\mu, \tag{70.9}$$

光子的螺旋性只能取两个值 (± 1). 因此, 对光子被一个零自旋粒子的散射, 独立的螺旋性振幅数等于 2, 这和零自旋粒子与 $\frac{1}{2}$ 自旋粒子的相互散射是一样的. (70.9) 式中的张量 $F^{\lambda\mu}$ 必定仅由粒子的四维动量构成. 它可写成如下形式:

$$F^{\lambda\mu} = f_1 e^{(1)\lambda} e^{(1)\mu} + f_2 e^{(2)\lambda} e^{(2)\mu}, \tag{70.10}$$

其中 f_1, f_2 为不变振幅. 应该指出, $F^{\lambda\mu}$ 中没有包含乘积 $e^{(1)\lambda} e^{(2)\mu}$ 的项, 因为这个乘积是赝张量, 当代入 (70.9) 式中时将得到赝标量.

最后, 我们来研究光子被一个 $\frac{1}{2}$ 自旋粒子的散射. 为了计算独立的螺旋性振幅的数目, 我们注意到, 在此情形下, S^J 矩阵元的总数为 16 (两个初态粒子和两个终态粒子中的每一个都可有两个螺旋性的值). P 不变性的要求使这个数减少到 8, 最后, T 不变性要求进一步使这个数减少到 6.

这里, 我们将张量 $F_{\lambda\mu}$ 写成如下形式

$$\begin{aligned} F_{\lambda\mu} = {} & G_0(e_\lambda^{(1)} e_\mu^{(1)} + e_\lambda^{(2)} e_\mu^{(2)}) + G_1(e_\lambda^{(1)} e_\mu^{(2)} + e_\lambda^{(2)} e_\mu^{(1)}) \\ & + G_2(e_\lambda^{(1)} e_\mu^{(2)} - e_\lambda^{(2)} e_\mu^{(1)}) + G_3(e_\lambda^{(1)} e_\mu^{(1)} - e_\lambda^{(2)} e_\mu^{(2)}), \end{aligned} \tag{70.11}$$

其中 G_0 与 G_3 为真标量, G_1 与 G_2 为赝标量, 这四个量都是费米子双旋量振幅 $\bar{u}(p')$ 和 $u(p)$ 的双线性式:

$$G_n = \bar{u}(p') Q_n u(p). \tag{70.12}$$

矩阵 Q_n 的一般形式 (对双旋量指标) 为

$$\begin{aligned} Q_0 = f_1 + f_2(\gamma K), \quad & Q_1 = \gamma^5[f_3 + f_4(\gamma K)], \\ Q_2 = \gamma^5[f_5 + f_6(\gamma K)], \quad & Q_3 = f_7 + f_8(\gamma K), \end{aligned} \tag{70.13}$$

其中 $K = k + k'$. 系数 $f_1, \cdots, f_8$ 为不变振幅, 在此有 8 个 (而非 6 个), 因为还没有考虑 T 不变性的要求.

时间反演交换粒子的初态和终态的四维动量, 还改变它们空间分量的符号:

$$(k_0, \boldsymbol{k}) \leftrightarrow (k_0', -\boldsymbol{k}'), \quad (p_0, \boldsymbol{p}) \leftrightarrow (p_0', -\boldsymbol{p}'); \tag{70.14}$$

光子的四维极化矢量按下式变换:

$$(e_0, \boldsymbol{e}) \leftrightarrow (e_0'^*, -\boldsymbol{e}'^*) \tag{70.15}$$

(比较 (8.11a)), 因此

$$(e_0'^* e_0, e_i'^* e_0, e_i'^* e_k) \rightarrow (e_0'^* e_0, -e_0'^* e_i, e_k'^* e_i).$$

由于这个变换, 散射振幅 (70.9) 的不变性条件等价于

$$(F_{00}, F_{i0}, F_{ik}) \to (F_{00}, -F_{0i}, F_{ki}).$$

另一方面, 变换 (70.14) 意味着

$$(K_0, \boldsymbol{K}) \to (K_0, -\boldsymbol{K}), \quad (q_0, \boldsymbol{q}) \to (-q_0, \boldsymbol{q}),$$
$$(P_0, \boldsymbol{P}) \to (P_0, -\boldsymbol{P}), \quad (N_0, \boldsymbol{N}) \to (N_0, -\boldsymbol{N}),$$

于是

$$(e_0^{(1,2)}, \boldsymbol{e}^{(1,2)}) \to (e_0^{(1,2)}, -\boldsymbol{e}^{(1,2)}). \tag{70.16}$$

因此, 从表示式 (70.11) 出发, 我们必定有

$$G_{0,1,3} \to G_{0,1,3}, \quad G_2 \to -G_2.$$

在时间反演下,

$$\overline{u}'\gamma^5 u \to -\overline{u}'\gamma^5 u, \quad \overline{u}'\gamma^5(\gamma K)u \to \overline{u}'\gamma^5(\gamma K)u,$$

从赝标量和轴矢量双线性式的变换规则 (28.6) 来看, 这也是很明显的. 从表示式 (70.12) 和 (70.13) 明显可见, 由于散射振幅的 T 不变性, 必定有

$$f_3 = f_6 = 0. \tag{70.17}$$

§71　幺正性条件

散射矩阵必定是幺正的: $\widehat{S}\widehat{S}^+ = 1$, 或用矩阵元表示为:

$$(SS^+)_{fi} = \sum_n S_{fn} S_{in}^* = \delta_{fi}, \tag{71.1}$$

其中下标 n 表示所有可能的中间态[①]. 这是 S 矩阵最普遍的性质, 它保证了状态的归一性和正交性在反应中得以保持 (比较第三卷 §125, §144). 特别是, (71.1) 式中的对角元简单地表达了如下事实: 由给定的初态到所有终态的跃迁概率之和等于 1, 即

$$\sum_n |S_{ni}|^2 = 1.$$

---

① 当然, (71.1) 中 δ_{fi} 的实际意义与量子数的具体选择以及系统波函数的归一化有关. 后者应如此确定, 以便 $\sum_f \delta_{if} = 1$.

将 (64.2) 形式的矩阵元代入 (71.1), 我们得到

$$T_{fi} - T_{if}^* = \mathrm{i}(2\pi)^4 \sum_n \delta^{(4)}(P_f - P_n) T_{fn} T_{in}^*$$
$$= \mathrm{i}(2\pi)^4 \sum_n \delta^{(4)}(P_f - P_n) T_{nf}^* T_{ni}. \tag{71.2}$$

在等式右边我们写出幺正性条件的两种等价的形式, 分别为 $\widehat{S}\widehat{S}^+ = 1$ 与 $\widehat{S}^+\widehat{S} = 1$, 即因子 $\widehat{S}$ 和 $\widehat{S}^+$ 的次序相反.

应该注意到, 此等式的左边是 T 矩阵元的线性式, 而右边是二次式. 因此, 如果相互作用 (例如, 电磁相互作用) 包含一个小参数, 那么左边将是一级小量, 而右端是二级小量. 在一级近似中, 后者可略去; 于是有

$$T_{fi} = T_{if}^*, \tag{71.3}$$

即矩阵 T 是厄米的.

为使幺正性条件 (71.2) 有更具体的形式, 必须弄清楚对 n 求和的含义. 我们对两个粒子的碰撞来研究此问题, 并假设守恒定律只容许弹性散射. 这时, (71.2) 式中的所有中间态也都是 "二粒子" 态. 对它们的求和意味着对中间动量 $\boldsymbol{p}_1''$, $\boldsymbol{p}_2''$ 积分, 并对两个粒子的自旋量子数 (例如螺旋性) λ'' 求和:

$$\sum_n \to \int \frac{V^2 \mathrm{d}^3 p_1'' \mathrm{d}^3 p_2''}{(2\pi)^6} \sum_{\lambda''}.$$

用 §64 的相同方法消去 δ 函数, 便得到 "二粒子的" 幺正性条件

$$T_{fi} - T_{if}^* = \frac{\mathrm{i}V^2}{(2\pi)^2} \sum_{\lambda''} \frac{|\boldsymbol{p}|}{\varepsilon} \int T_{fn} T_{in}^* \varepsilon_1'' \varepsilon_2'' \mathrm{d}o'',$$

其中 $\boldsymbol{p}$ 与 ε 为质心系中的动量与总能量. 按照 (64.10) 式将振幅从 T_{fi} 变换成 M_{fi} 后, 归一化体积便不再出现:

$$M_{fi} - M_{if}^* = \frac{\mathrm{i}}{(4\pi)^2} \sum_{\lambda''} \frac{|\boldsymbol{p}|}{\varepsilon} \int M_{fn} M_{in}^* \mathrm{d}o''. \tag{71.4}$$

我们这样来定义弹性散射振幅, 使得

$$\mathrm{d}\sigma = |\langle \boldsymbol{n}'\lambda'|f|\boldsymbol{n}\lambda\rangle|^2 \mathrm{d}o' \tag{71.5}$$

其中 $\boldsymbol{n}$ 与 $\boldsymbol{n}'$ 分别为初态与终态动量的方向; λ 与 λ' 则分别为初态与终态的自旋量子数. 和 (64.19) 式比较, 就可看出

$$\langle \boldsymbol{n}'\lambda'|f|\boldsymbol{n}\lambda\rangle = \frac{1}{8\pi\varepsilon} M_{fi}, \tag{71.6}$$

幺正性条件 (71.4) 变为

$$\langle \boldsymbol{n}'\lambda'|f|\boldsymbol{n}\lambda\rangle - \langle \boldsymbol{n}\lambda|f|\boldsymbol{n}'\lambda'\rangle^*$$
$$= \frac{\mathrm{i}|\boldsymbol{p}|}{2\pi} \sum_{\lambda''} \int \langle \boldsymbol{n}'\lambda'|f|\boldsymbol{n}''\lambda''\rangle \langle \boldsymbol{n}\lambda|f|\boldsymbol{n}''\lambda''\rangle^* \mathrm{d}o'', \tag{71.7}$$

此式是非相对论性理论中的常用公式 (第三卷 (125.8) 式) 的推广.

零角度弹性散射的振幅是对角矩阵元 T_{ii}, 在此矩阵元中, 粒子的终态与初态相同[①]. 对此振幅, 幺正性条件 (71.2) 变为如下形式:

$$2\mathrm{Im}\, T_{ii} = (2\pi)^4 \sum_n |T_{in}|^2 \delta^{(4)}(P_i - P_n). \tag{71.8}$$

此式右边和给定初态 i 所有可能的散射过程的总截面只相差一个因子; 我们将此总截面记作 σ_t. 事实上, 概率 (64.5) 对态 f 求和并除以流密度 j, 就得到

$$\sigma_t = \frac{(2\pi)^4 V}{j} \sum_n |T_{in}|^2 \delta^{(4)}(P_i - P_n),$$

因此

$$\frac{2V}{j} \mathrm{Im}\, T_{ii} = \sigma_t.$$

通过取 $T_{ii} = M_{ii}/(2\varepsilon_1 V \cdot 2\varepsilon_2 V)$ (其中 ε_1, ε_2 为粒子在质心系中的能量), 并将 (64.17) 的 j 代入, 消去归一化体积, 于是有

$$\mathrm{Im}\, M_{ii} = 2|\boldsymbol{p}|\varepsilon \sigma_t. \tag{71.9}$$

这个公式就是**光学定理**的表示. 如果采用弹性散射振幅 (71.6), 便得到光学定理通常的形式:

$$\mathrm{Im}\, \langle \boldsymbol{n}\lambda|f|\boldsymbol{n}\lambda\rangle = \frac{|\boldsymbol{p}|}{4\pi}\sigma_t \tag{71.10}$$

(比较第三卷 (142.10) 式).

如果 S 矩阵是在动量表象中给出的 (分波振幅), 那么, 由于它对 J 是对角的, 幺正性条件可以对每一个 J 值分别写出.

例如, 若只有弹性散射是可能的, 幺正性条件可写成如下形式:

$$\sum_{\lambda''} \langle \lambda'|S^J|\lambda''\rangle \langle \lambda|S^J|\lambda''\rangle^* = \delta_{\lambda\lambda'}. \tag{71.11}$$

[①] 必须强调指出, 我们所说的正是 T 的矩阵元, 而不是 S 的矩阵元, 即从 S 中减去单位矩阵以后的对角元素.

由于 T 不变性, 弹性散射矩阵是对称的 (比较 (69.10) 式), 因此可化成对角形式. 这时, 幺正性条件要求对角元素的模等于 1, 因此, 通常可写成

$$S_n^J = \exp(2\mathrm{i}\delta_{Jn}), \tag{71.12}$$

其中 δ_{Jn} 为和能量有关的实常数, (下标 n 标记给定 J 的一个对角元素). 在一般情形下, 当独立振幅数 N 超过 (方) 矩阵 S^J 的阶数时, 使 S^J 对角化的变换系数依赖于 J 与 E (这些系数不仅包括矩阵的主值, 而且还包括和原始的 N 个量等价的独立量). 然而, 如果 N 等于矩阵 S^J 的阶数 (因而等于矩阵主值的数目), 则对角化系数是普适常数. 这时, 对角化状态具有确定的宇称 (当然, 没有确定的螺旋性).

用分波振幅 $\langle\lambda|f^J|\lambda'\rangle$ 表示, 条件 (71.11) 可写成

$$\langle\lambda'|f^J|\lambda\rangle - \langle\lambda|f^J|\lambda'\rangle^* = 2\mathrm{i}|\boldsymbol{p}| \sum_{\lambda''} \langle\lambda'|f^J|\lambda''\rangle \lambda|f^J|\lambda''\rangle^*, \tag{71.13}$$

只要将展开式 (68.13) 代入 (71.7), 并利用 D 函数的正交归一性, 就不难证明这一点. 如果存在 T 不变性, 矩阵 $\langle\lambda'|f^J|\lambda\rangle$ 是对称的, (71.13) 式就变成

$$\mathrm{Im}\,\langle\lambda'|f^J|\lambda\rangle = |\boldsymbol{p}|\langle\lambda'|f^J f^{J+}|\lambda\rangle. \tag{71.14}$$

如将此矩阵对角化, 其对角元素就是

$$f_n^J = \frac{1}{2\mathrm{i}|\boldsymbol{p}|}(\exp(2\mathrm{i}\delta_{Jn}) - 1) = \frac{1}{|\boldsymbol{p}|}\exp(\mathrm{i}\delta_{Jn})\sin\delta_{Jn}. \tag{71.15}$$

最后, 我们给出一些由幺正性条件和 CPT 不变性得到的结论. CPT 不变性给出:

$$T_{fi} = T_{\bar{i}\bar{f}}, \tag{71.16}$$

其中 $\bar{i}$ 与 $\bar{f}$ 态和 i 与 f 态的区别在于将所有的粒子都换成了它们的反粒子 (且在动量不变的条件下, 角动量矢量变号). 特别是, 对于对角元素,

$$T_{ii} = T_{\bar{i}\bar{i}}.$$

因此, 由 (71.8) 和 (71.9) 得出, 对于粒子之间和反粒子之间的反应, 初态给定的所有可能过程的总截面都是相同的.

特别是, 粒子和反粒子的总衰变概率 (即寿命) 相同. 这些结果连同粒子和反粒子质量相等 (§11), 是由相互作用的 CPT 不变性得出的最重要的结果. 我们记得 (参见 §69 末), 对每一可能的衰变道单独而言, 要类似的结论也成立, 则还要要求 CP 不变性也成立.

习 题

由幺正性条件, 求核子光生 π 介子 $(\gamma + N \to \pi + N)$ 的分波振幅和核子 $-\pi$ 介子弹性散射 $(\pi + N \to \pi + N)$ 的相位之间的关系. 这时请注意: πN 散射属于强相互作用, 而光生反应和 γN 散射属于电磁相互作用.

解: 分波振幅记作:

$$\langle \pi N|S|\gamma N\rangle = S_{\pi\gamma}, \quad \langle \gamma N|S|\gamma N\rangle = S_{\gamma\gamma}, \quad \langle \pi N|S|\pi N\rangle = S_{\pi\pi},$$

(略去了下标 J 和螺旋性下标). 光生反应是电荷 e 的一级过程, 而 γN 散射属于二级过程; 因此 $S_{\pi\gamma} \sim e$, $S_{\gamma\gamma} - 1 \sim e^2$. 振幅 $S_{\pi\pi}$ 不含小量, 精确到 $\sim e$ 项, 条件 (71.1) 给出

$$S_{\pi\gamma}S_{\gamma\gamma}^* + S_{\pi\pi}S_{\gamma\pi}^* \approx S_{\pi\gamma} + S_{\pi\pi}S_{\gamma\pi}^* = 0, \tag{1}$$

$$S_{\pi\gamma}S_{\pi\gamma}^* + S_{\pi\pi}S_{\pi\pi}^* \approx S_{\pi\pi}S_{\pi\pi}^* = 1 \tag{2}$$

(等式 (2) 右边的 1 应该记住是标记自旋变量的单位矩阵). 由于 T 不变性, 矩阵 $S_{\pi\pi}$ 是对称的, 且 $S_{\gamma\pi} = S_{\pi\gamma}$. 取矩阵 $S_{\pi\pi}$ 的对角形式, 即对应于具有确定宇称的 π 介子态. 这时由 (2) 可以得出, 对角元素的形式为 $e^{2i\delta_\pi}$ (具有不同的常数 δ_π). 于是, 对于矩阵 $S_{\pi\gamma}$ 的每一个元素, (1) 式给出

$$S_{\pi\gamma}/S_{\pi\gamma}^* = -e^{2i\delta\pi},$$

由此得出

$$S_{\pi\gamma} = \pm|S_{\pi\gamma}|ie^{i\delta\pi}.$$

因此, 光生反应的分波振幅相位 (在一个具有确定宇称的态中) 由 πN 弹性散射的相位决定.

第八章
协变微扰论

§72 编时乘积

如果粒子间的相互作用可以看作小量, 那么, 粒子碰撞时所发生的各种过程的概率就可以用微扰论来计算. 不过, 通常的非相对论量子力学中的微扰论形式有一个明显的缺陷: 它没有直接显现出相对论不变性. 尽管将这种理论形式应用到相对论性问题时, 最终结果满足相对论不变性条件, 但由于中间公式不是协变形式, 使得计算十分复杂. 在这一章, 我们将阐述一种克服上述缺陷的自洽的相对论性微扰论, 这个理论是由费曼建立的 (R. P. Feynman, 1948—1949).

在系统的二次量子化描述中, 我们用 Φ 标记系统在自由粒子各个状态的占有数 "空间" 中的波函数. 系统的哈密顿算符为 $\widehat{H} = \widehat{H}_0 + \widehat{V}$, 其中 $\widehat{V}$ 为相互作用算符. 设 Φ_n 为未扰动哈密顿算符的本征函数, 每一个本征函数对应于某个确定的占有数. 任意函数 Φ 可以展开成 $\Phi = \sum_n C_n \Phi_n$. 于是, 精确的波动方程

$$i\frac{\partial \Phi}{\partial t} = (\widehat{H}_0 + \widehat{V})\Phi \tag{72.1}$$

变成对系数 C_n 的一个方程组:

$$i\dot{C}_n = \sum_m V_{nm} \exp[i(E_n - E_m)t]C_m, \tag{72.2}$$

其中 V_{nm} 为算符 $\widehat{V}$ 的与时间无关的矩阵元, E_n 为未扰动系统的能级 (比较第三卷 §40).

按照定义, 算符 $\widehat{V}$ 不显含时间. 另一方面, 量

$$V_{nm}(t) = V_{nm} \exp[\mathrm{i}(E_n - E_m)t] \tag{72.3}$$

可以看成与时间有关的算符

$$\widehat{V}(t) = \exp(\mathrm{i}\widehat{H}_0 t)\widehat{V}\exp(-\mathrm{i}\widehat{H}_0 t) \tag{72.4}$$

的矩阵元. 我们称 $\widehat{V}(t)$ 为**相互作用绘景**中的算符, 以区别于原来的与时间无关的薛定谔算符 $\widehat{V}$. [①] 我们用同一字母 $\varPhi$ 代表新绘景中的波函数, 就可将方程 (72.2) 写成如下符号形式:

$$\mathrm{i}\dot{\varPhi} = \widehat{V}(t)\varPhi. \tag{72.5}$$

在此绘景中, 波函数的变化是完全由于微扰的作用, 即由粒子的相互作用引起的过程.

如果 $\varPhi(t)$ 与 $\varPhi(t + \delta t)$ 是两个相继时刻的 $\varPhi$ 值, 那么, 方程 (72.5) 表明:

$$\varPhi(t + \delta t) = [1 - \mathrm{i}\delta t\widehat{V}(t)]\varPhi(t) = \exp[-\mathrm{i}\delta t \cdot \widehat{V}(t)]\varPhi(t).$$

从而, 任一时刻 t_f 的 $\varPhi$ 值可以用某一初始时刻 $t_i(t_f > t_i)$ 的 $\varPhi$ 值表示:

$$\varPhi(t_f) = \left\{\prod_{i}^{f} \exp[-\mathrm{i}\delta t_\alpha \cdot \widehat{V}(t_\alpha)]\right\} \varPhi(t_i), \tag{72.6}$$

其中乘积 $\prod$ 是对 t_i 和 t_f 之间所有无穷小间隔 δt_α 求积的极限. 如果 $V(t)$ 是一个普通函数, 这个极限就简化为

$$\exp\left\{-\mathrm{i}\int_{t_i}^{t_f} V(t)\mathrm{d}t\right\}.$$

不过, 这个结果能否成立, 还要看 (72.6) 式的乘积变为指数上的求和时, 属于不同时刻的因子之间是否可对易. 算符 $\widehat{V}(t)$ 没有这样的可对易性, 因而不可能化成通常的积分.

我们可以将 (72.6) 式写成符号形式:

$$\varPhi(t_f) = \mathrm{T}\exp\left\{-\mathrm{i}\int_{t_i}^{t_f} \widehat{V}(t)\mathrm{d}t\right\} \varPhi(t_i), \tag{72.7}$$

---

① 必须强调指出, 定义 (72.4) 用到的 $\widehat{H}_0$ 为非扰动的哈密顿算符, 这一点和算符的海森伯绘景不同. 在海森伯绘景中,

$$\widehat{V}^{\mathrm{H}}(t) = \exp(\mathrm{i}\widehat{H}t)\widehat{V}\exp(-\mathrm{i}\widehat{H}t)$$

(参见第三卷 §13 以及本书后面的 §102).

其中 T 为**编时符号**, 它表示乘积 (72.6) 中各个相继因子的某个 ("编时的") 时间顺序. 特别是, 当 $t_i \to -\infty$, $t_f \to +\infty$ 时, 我们有

$$\Phi(+\infty) = \widehat{S}\Phi(-\infty), \tag{72.8}$$

其中

$$\widehat{S} = \mathrm{T}\exp\left\{-\mathrm{i}\int_{-\infty}^{\infty}\widehat{V}(t)\mathrm{d}t\right\}. \tag{72.9}$$

写出波动方程形式上的精确解 (72.7)—(72.9) 的意义在于, 我们能够很容易地得出微扰的幂级数

$$\widehat{S} = \sum_{k=0}^{\infty}\frac{(-\mathrm{i})^k}{k!}\int_{-\infty}^{\infty}\mathrm{d}t_1\int_{-\infty}^{\infty}\mathrm{d}t_2\cdots\int_{-\infty}^{\infty}\mathrm{d}t_k\cdot\mathrm{T}\{\widehat{V}(t_1)\widehat{V}(t_2)\cdots\widehat{V}(t_k)\}. \tag{72.10}$$

这里, 每一项中积分的第 k 次幂可以写成 k 重积分, 符号 T 表示在变量 t_1, t_2, $\cdots$, t_k 的值的每个范围中, 相应的算符按照从右到左 t 值增长的编时次序排列[①].

由定义 (72.8) 可见, 如果系统在碰撞前处于态 Φ_i (自由粒子态的某种集合), 那么它跃迁到态 Φ_f (自由粒子态的另一种集合) 的概率振幅为矩阵元 S_{fi}. 于是, 这些矩阵元组成 S 矩阵.

在 §43 中已经给出了电磁相互作用算符:

$$\widehat{V} = e\int(\widehat{j}\widehat{A})\mathrm{d}^3x. \tag{72.11}$$

将它代入 (72.9) 式, 我们得到

$$\widehat{S} = \mathrm{T}\exp\left\{-\mathrm{i}e\int(\widehat{j}\widehat{A})\mathrm{d}^4x\right\}. \tag{72.12}$$

值得指出的是, 算符 (72.12) 是相对论不变的. 这可以从被积函数是标量这个事实看出, 对 d^4x 的积分是相对论不变的, 并且编时运算也是不变的. 然而对最后这点, 需要作进一步的解释.

我们知道, 只要 t_1 和 t_2 两个时刻所对应的世界点 x_1 和 x_2 是被类时间隔分开的: $(x_2 - x_1)^2 > 0$, 那么, 这两个时刻的先后顺序 (即差 $t_2 - t_1$ 的符号) 和参考系的选择无关. 在这种情况下, 编时顺序必定是不变的. 但是如果 $(x_2 - x_1)^2 < 0$ (是类空间隔), 那么, 在不同的参考系中, 既可以有 $t_2 > t_1$, 也可以有 $t_2 < t_1$[②]. 但是, 这样的两个点所对应的事件之间不可能有因果关系. 因

[①] 利用展开式 (72.10) 导出相对论性微扰论的规则是戴森的工作 (F. J. Dyson, 1949).

[②] 为简洁计, 我们常常说光锥以内和光锥以外的区域, 而不说类时间隔和类空间隔: 距 x' 点的间隔 $(x - x')^2 > 0$ 的所有点 x 都在以 x' 为顶点的双光锥以内, 而间隔 $(x - x')^2 < 0$ 的所有点都在这个光锥以外.

此, 和这两个点相关的两个物理量的算符显然是可对易的. 这是因为从物理的观点讲, 两个算符的不可对易性意味着相应的两个量不可能同时被测量, 而这一点是以两个测量之间存在物理联系为必要条件的. 因此, 上面谈到的乘积的时序仍然是不变的: 虽然洛伦兹变换可能颠倒两个时刻的顺序, 但由于两个因子是可对易的, 因而它们能够恢复到编时顺序 ①.

不难看出, 本节所给的 S 矩阵的定义必定满足幺正性条件. 将 $\hat{S}$ 写成 (72.6) 式那样的编时乘积, 再运用 $\hat{V}$ 的厄米性, 就可以得出如下结果: $\hat{S}^+$ 可以表示为 $\exp[\mathrm{i}\delta t_\alpha \cdot \hat{V}(t_\alpha)]$ 形式的因子乘积 (指数上的符号相反), 在编时顺序上是相反的. 所以, 当 $\hat{S}$ 和 $\hat{S}^+$ 相乘时, 所有因子就成对地相消.

应当指出, 算符 $\hat{S}$ 的幺正性在此情形是得到保证的, 因为哈密顿算符是厄米的. 幺正性条件实际上要比这里所述的理论的基本假定更为普遍. 即使在不用哈密顿算符和波函数概念的量子力学描述中, 幺正性条件也必须满足.

§73　电子散射的费曼图

我们用几个具体例子来说明如何计算散射矩阵元. 这些例子将有助于对协变性微扰论的普遍规则作进一步的公式化.

流算符 $\hat{\jmath}$ 包含两个电子的 ψ 算符的乘积. 因此, 在一级微扰论中可能发生的过程的初态与终态只有三个粒子参加: 两个电子 (算符 $\hat{\jmath}$) 和一个光子 (算符 $\hat{A}$). 但是, 不难看出, 自由粒子之间不可能发生这样的过程, 它们被能量和动量守恒定律所禁止. 设 p_1 和 p_2 为电子的四维动量, k 为光子的四维动量, 则四维动量守恒可以表示为 $k = p_2 - p_1$ 或 $k = p_2 + p_1$. 但是, 这样的等式不可能成立, 因为对于光子, $k^2 = 0$, 而 $(p_2 \pm p_1)^2$ 肯定不等于零. 如果我们在其中一个电子静止的参考系中计算不变量 $(p_2 \pm p_1)^2$ 的数值, 我们有

$$(p_2 \pm p_1)^2 = 2(m^2 \pm p_1 p_2) = 2(m^2 \pm \varepsilon_1 \varepsilon_2 \mp \boldsymbol{p}_1 \cdot \boldsymbol{p}_2) = 2m(m \pm \varepsilon_2).$$

而且由于 $\varepsilon_2 > m$, 于是有

$$(p_2 + p_1)^2 > 0, \quad (p_2 - p_1)^2 < 0. \tag{73.1}$$

---

① 对这一说法需要补充一点, 以避免将它应用于乘积 $\hat{V}(t_1)\hat{V}(t_2)\cdots$ 时发生误解. 既然算符 $\hat{V}$ 本身不具有规范不变性 (随 $\hat{A}$ 而变), 那么因子 $\hat{V}(t_1)\hat{V}(t_2)\cdots$ 虽然在势的一种规范中是可对易的, 但在另一种规范中就可能不可对易. 因而, 上面的说法必须表述为: 可以选择势的一种规范, 使得 $\hat{V}(t_1)$ 和 $\hat{V}(t_2)$ 在光锥之外是可对易的. 显然, 这一说法不会影响 S 矩阵的协变性: 散射振幅是实际的物理量, 它和势的规范无关 (这种独立性在形式上来自 §43 所讲的作用量积分的规范不变性).

因此, 第一个非零的 (非对角的)S 矩阵元只能出现在二级微扰论中. 所有的相关过程都包含在 (72.12) 式展开时得到的二级算符中:

$$\widehat{S}^{(2)} = -\frac{e^2}{2!} \iint \mathrm{d}^4x\mathrm{d}^4x' \cdot \mathrm{T}\big(\widehat{j}^{\mu}(x)\widehat{A}_{\mu}(x)\widehat{j}^{\nu}(x')\widehat{A}_{\nu}(x')\big).$$

由于电子和光子算符互相可对易, 这里的 T 乘积可一分为二:

$$\widehat{S}^{(2)} = -\frac{e^2}{2!} \iint \mathrm{d}^4x\mathrm{d}^4x' \cdot \mathrm{T}\big(\widehat{j}^{\mu}(x)\widehat{j}^{\nu}(x')\big)\mathrm{T}\big(\widehat{A}_{\mu}(x)\widehat{A}_{\nu}(x')\big). \tag{73.2}$$

作为第一个例子, 我们来研究两个电子的弹性散射. 初态中两个电子的四维动量为 p_1 和 p_2, 终态中两个电子的四维动量为 p_3 和 p_4. 假设所有电子都处于一定的自旋态; 为简洁计, 自旋变量的指标一律略去.

由于初态和终态都没有光子, 因此, 所要求的光子算符 T 乘积的矩阵元是对角元素 $\langle 0|\cdots|0\rangle$, 其中 $|0\rangle$ 标记光子真空态. T 乘积对真空态的平均值 (对每对指标 μ,ν 而言) 是两个点 x 和 x' 坐标的确定函数. 由于四维空间是均匀的, 因而坐标只能以差 $x - x'$ 的形式出现. 张量

$$D_{\mu\nu}(x - x') = \mathrm{i}\langle 0|\mathrm{T}A_{\mu}(x)A_{\nu}(x')|0\rangle \tag{73.3}$$

称为**光子传播函数** (或**光子传播子**), 我们将在 §76 中对其作具体计算.

对于电子算符的 T 乘积, 我们必须计算矩阵元

$$\langle 34|\mathrm{T}j^{\mu}(x)j^{\nu}(x')|12\rangle, \tag{73.4}$$

其中符号 $|12\rangle$, $|34\rangle$ 标记具有相应动量的电子对的态. 这个矩阵元也可利用明显的关系式

$$\langle 2|F|1\rangle = \langle 0|a_2 F a_1^+|0\rangle,$$

表示为真空期望值, 其中 $\widehat{F}$ 为任意算符, $\widehat{a}_1^+$ 与 $\widehat{a}_2$ 分别为第一个电子的产生算符与第二个电子的湮没算符. 于是, 代替 (73.4) 式, 我们可计算量

$$\langle 0|a_3 a_4 \mathrm{T}(j^{\mu}(x)j^{\nu}(x'))a_2^+ a_1^+|0\rangle \tag{73.5}$$

指标 $1,2,\cdots$ 为 $p_1, p_2, \cdots$ 的简写.

两个流算符中的每一个都是一个乘积 $\widehat{j} = \widehat{\overline{\psi}}\gamma\widehat{\psi}$, 而每一个 ψ 算符是一个求和:

$$\widehat{\psi} = \sum_{\boldsymbol{p}}(\widehat{a}_{\boldsymbol{p}}\psi_{\boldsymbol{p}} + \widehat{b}_{\boldsymbol{p}}^+\psi_{-\boldsymbol{p}}), \quad \widehat{\overline{\psi}} = \sum_{\boldsymbol{p}}(\widehat{a}_{\boldsymbol{p}}^+\overline{\psi}_{\boldsymbol{p}} + \widehat{b}_{\boldsymbol{p}}\overline{\psi}_{-\boldsymbol{p}}) \tag{73.6}$$

(两式的第二项都包含正电子的算符, 在现在这个问题中, 它们 "不工作"). 于是, 乘积 $\widehat{j}^{\mu}(x)\widehat{j}^{\nu}(x')$ 可写成一些项的求和, 其中每一项都包含两个 $\widehat{a}_{\boldsymbol{p}}$ 算符和

两个 $\hat{a}_{\boldsymbol{p}}^{+}$ 算符的乘积. 这些算符应能保证湮没电子 1, 2 并产生电子 3, 4. 即它们必定是 $\hat{a}_1,\ \hat{a}_2,\ \hat{a}_3^{+},\ \hat{a}_4^{+}$. 这些算符可以和 (73.5) 式中的 "额外" 算符 $\hat{a}_1^{+},\ \hat{a}_2^{+}$, $\hat{a}_3,\ \hat{a}_4$ 收缩且按等式

$$\langle 0|a_{\boldsymbol{p}}a_{\boldsymbol{p}}^{+}|0\rangle = 1 \tag{73.7}$$

约去. 由于 $\hat{a}_1,\ \hat{a}_2,\ \hat{a}_3^{+},\ \hat{a}_4^{+}$ 是从 ψ 算符中来的, 于是, 在 (73.5) 式中产生四项:

$$(73.5) = \overbrace{a_3 a_4 (\overline{\psi}\gamma^{\mu}\psi)}(\overline{\psi}'\gamma^{\nu}\psi')a_2^{+}a_1^{+} + \overbrace{a_3 a_4 (\overline{\psi}\gamma^{\mu}\psi)}(\overline{\psi}'\gamma^{\nu}\psi')a_2^{+}a_1^{+}$$
$$+ \overbrace{a_3 a_4 (\overline{\psi}\gamma^{\mu}\psi)}(\overline{\psi}'\gamma^{\nu}\psi')a_2^{+}a_1^{+} + \overbrace{a_3 a_4 (\overline{\psi}\gamma^{\mu}\psi)}(\overline{\psi}'\gamma^{\nu}\psi')a_2^{+}a_1^{+}, \tag{73.8}$$

其中 $\psi = \psi(x)$, $\psi' = \psi(x')$, 用括号连接收缩的算符, 即: 这些算符中的一对 $\hat{a}$, $\hat{a}^{+}$ 按照 (73.7) 式约去. 在 (73.8) 式的每一项中, 只要连续交换算符 $\hat{a}_1, \hat{a}_2, \cdots$ 的位置, 就能使共轭算符两两靠拢 ($\hat{a}_1\hat{a}_1^{+}$, 等), 因此, 它们的乘积的平均值就等于 (73.7) 的平均值的乘积. 考虑到这些算符都是反对易的 (1,2,3,4 是不同的态)[①], 我们求出矩阵元 (73.4) 为

$$\langle 34|\mathrm{T}j^{\mu}(x)j^{\nu}(x')|12\rangle = (\overline{\psi}_4\gamma^{\mu}\psi_2)(\overline{\psi}'_3\gamma^{\nu}\psi'_1) + (\overline{\psi}_3\gamma^{\mu}\psi_1)(\overline{\psi}'_4\gamma^{\nu}\psi'_2)$$
$$- (\overline{\psi}_3\gamma^{\mu}\psi_2)(\overline{\psi}'_4\gamma^{\nu}\psi'_1) - (\overline{\psi}_4\gamma^{\mu}\psi_1)(\overline{\psi}'_3\gamma^{\nu}\psi'_2). \tag{73.9}$$

我们看到, 这个总和的符号依赖于 (73.5) 式中 "额外" 电子算符的顺序. 这与以下事实一致: 全同费米子散射时矩阵元的符号本身是任意的. (73.9) 式中各项的相对符号自然就和 "额外" 算符的顺序无关.

(73.9) 式的每一行中的两项, 区别仅仅是同时交换了指标 $\mu,\ \nu$ 和宗量 x, x'. 显然, 这种交换对矩阵元 (73.3) 没有影响 (在 (73.3) 中因子的顺序仍然由符号 T 决定). 因此, 当 (73.3) 式和 (73.9) 相乘并对 $\mathrm{d}^4x\mathrm{d}^4x'$ 积分时, (73.9) 式中的四项给出两对相同的结果, 因此, 矩阵元为

$$S_{fi} = \mathrm{i}e^2 \iint \mathrm{d}^4x\mathrm{d}^4x' \cdot D_{\mu\nu}(x-x')\{(\overline{\psi}_4\gamma^{\mu}\psi_2)(\overline{\psi}'_3\gamma^{\nu}\psi'_1)$$
$$- (\overline{\psi}_4\gamma^{\mu}\psi_1)(\overline{\psi}'_3\gamma^{\nu}\psi'_2)\} \tag{73.10}$$

(注意: 这里因子 $\dfrac{1}{2}$ 没有了!).

[①] 由于这种反对易性, 算符 $\hat{j}(x)$ 与 $\hat{j}(x')$ 在此可认为 (在计算矩阵元时) 是对易的, 因此可略去 T 乘积的符号.

电子波函数是平面波 (64.8), 因此, 大括号中的表示式为

$$\{\cdots\} = (\overline{u}_4\gamma^\mu u_2)(\overline{u}_3\gamma^\nu u_1)\mathrm{e}^{-\mathrm{i}(p_2-p_4)x-\mathrm{i}(p_1-p_3)x'}$$
$$-(\overline{u}_4\gamma^\mu u_1)(\overline{u}_3\gamma^\nu u_2)\mathrm{e}^{-\mathrm{i}(p_1-p_4)x-\mathrm{i}(p_2-p_3)x'}$$
$$= \{(\overline{u}_4\gamma^\mu u_2)(\overline{u}_3\gamma^\nu u_1)\mathrm{e}^{-\mathrm{i}[(p_2-p_4)+(p_3-p_1)]\xi/2}$$
$$-(\overline{u}_4\gamma^\mu u_1)(\overline{u}_3\gamma^\nu u_2)\mathrm{e}^{-\mathrm{i}[(p_1-p_4)+(p_3-p_2)]\xi/2}\}\mathrm{e}^{-\mathrm{i}(p_1+p_2-p_3-p_4)X},$$

其中 $X = (x+x')/2, \xi = x-x'$. 对 $\mathrm{d}^4x\mathrm{d}^4x'$ 积分变成对 $\mathrm{d}^4\xi\mathrm{d}^4X$ 积分. 对 d^4X 积分给出 δ 函数 (因此, $p_1+p_2 = p_3+p_4$). 然后, 由 S 矩阵过渡为 M 矩阵 (§64), 最后, 我们得到散射振幅

$$M_{fi} = e^2\{(\overline{u}_4\gamma^\mu u_2)D_{\mu\nu}(p_4-p_2)(\overline{u}_3\gamma^\nu u_1) - (\overline{u}_4\gamma^\mu u_1)D_{\mu\nu}(p_4-p_1)(\overline{u}_3\gamma^\nu u_2)\}. \tag{73.11}$$

这里我们引用了动量表象中的光子传播函数

$$D_{\mu\nu}(k) = \int D_{\mu\nu}(\xi)\mathrm{e}^{\mathrm{i}k\xi}\mathrm{d}^4\xi. \tag{73.12}$$

振幅 (73.11) 中的两项中的每一项都可以图像地用**费曼图**表示.

第一项的费曼图为

$$e^2(\overline{u}_4\gamma^\mu u_2)D_{\mu\nu}(k)(\overline{u}_3\gamma^\nu u_1) = \qquad\qquad\qquad \tag{73.13}$$

图中的每个交点 (图的**顶点**) 对应一个因子 γ. "入线", 指向顶点的实线代表初态电子, 对应于相应电子态的双旋量振幅的因子 u. "出线", 离开顶点的实线代表终态电子, 对应于因子 $\overline{u}$. "读"图的时候, 这些因子按自左至右的顺序对应着沿实线逆箭头方向移动的顺序写出. 两个顶点用虚线连接, 虚线代表一个中间态 "虚" 光子, 它从一个顶点 "发射" 出来而在另一个顶点被 "吸收", 对应于因子 $-\mathrm{i}D_{\mu\nu}(k)$. 虚光子的四维动量 k 由顶点上的 "四维动量守恒" 决定: 入线和出线的总动量相等. 在现在这个情形, $k = p_1 - p_3 = p_4 - p_2$. 除了上面所说的因子外, 还应赋予整个图一个因子 $(-\mathrm{i}e^2)$ (幂指数为图形的顶点数), 并代表 $\mathrm{i}M_{fi}$ 中的一项. 类似地, (73.11) 式中第二项的费曼图为

$$e^2(\overline{u}_4\gamma^\mu u_1)D_{\mu\nu}(k')(\overline{u}_3\gamma^\nu u_2) = \qquad\qquad\qquad \tag{73.14}$$

(请注意: $k' = p_1 - p_4 = p_3 - p_2$). 由于张量 $D_{\mu\nu}$ 是对称的, 不管是从 p_3 端还是从 p_4 端开始读图都没关系, 所得到的表示式完全一样. 同样, 由于函数 $D_{\mu\nu}(k)$ 具有偶宇称 (参见 §76), 虚光子线的方向也是无所谓的, 方向的改变只不过使 k 变号罢了.

初态粒子和终态粒子所对应的线称为图的 "**外线**" 或图的 **自由端**, (73.13) 和 (73.14) 式两个费曼图的区别仅仅在于交换了两个电子的自由端 (p_3 和 p_4). 两个费米子的这种交换改变了费曼图的符号. 这一法则相当于散射振幅 (73.11) 式中的两项有不同的符号.

以后我们都采用动量表象中的费曼图. 但是, 它们也可与原来坐标表象中的散射振幅的各项相对应 (参见积分 (73.10)). 这时, 电子振幅由相应的坐标波函数代替, 传播子也在坐标表象中. 每一个顶点对应一个积分变量 ((73.10) 中的 x 或 x'); 相交于一个顶点的各条线所代表的因子也是相应变量的函数.

现在我们来研究一个电子和一个正电子的散射. 它们的初态动量分别用 p_- 和 p_+ 表示, 而终态动量用 p'_- 和 p'_+ 表示.

在 ψ 算符 (73.6) 中, 正电子的产生与湮没算符分别和电子的湮没与产生算符同时出现. 在前面讨论的情形下, 算符 $\hat{\psi}$ 湮没两个初态粒子, 算符 $\hat{\overline{\psi}}$ 产生两个终态粒子; 而现在这两个算符对电子和正电子的作用却是相反的. 因此, 共轭函数 $\overline{\psi}(-p_+)$ 现在描述初态正电子. 而终态正电子用 $\psi(-p'_+)$ 描述 (两个都是四维动量的函数而符号相反). 考虑到这一差别, 我们就得到散射振幅[①]

$$M_{fi} = -e^2(\overline{u}(p'_-)\gamma^\mu u(p_-))D_{\mu\nu}(p_- - p'_-)(\overline{u}(-p_+)\gamma^\nu u(-p'_+))$$
$$+ e^2(\overline{u}(-p_+)\gamma^\mu u(p_-))D_{\mu\nu}(p_- + p_+)(\overline{u}(p'_-)\gamma^\nu u(-p'_+)). \quad (73.15)$$

这个表示式中两项用如下费曼图表示:

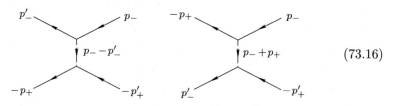

$$(73.16)$$

[①] 在非全同粒子散射的情况下, 整个振幅的符号是确定的, 其确定方法是: 在 (73.5) 中, "额外" 算符的排列顺序应该使两个电子的算符在两头:

$$\langle 0|a'b' \cdots b^+ a^+|0\rangle$$

(或者都在中间); 这一条件保证了真空的初态和终态有 "相同的符号". 振幅的符号也可以由非相对论极限加以证明: 后面 (§81) 我们将看到, 在这个极限, (73.15) 中的第二项趋于零, 而第一项趋于卢瑟福散射的玻恩振幅.

作图法则的变化仅限于和正电子有关的部分. 实的入线和出线仍然分别表示因子 u 和 $\bar{u}$, 不过现在入线代表终态正电子, 出线代表初态正电子, 并且, 所有正电子的动量都取相反符号.

应该注意到 (73.16) 两个图的区别. 在第一个图中, 初态电子线和终态电子线相交于一个顶点, 初态正电子线和终态正电子线相交于另一个顶点. 而在第二个图形中, 初态电子线和初态正电子线相交于一个顶点, 终态电子线和终态正电子线相交于另一个顶点; 上顶点表示一个电子对湮没同时发射一个虚光子, 而下顶点表示由此虚光子产生一个电子对.

这个区别使两个图形中虚光子的性质有所不同. 在第一个图中 ("散射"型), 虚光子的四维动量等于两个电子 (或者电子) 的四维动量之差, 因此, $k^2 < 0$(参见 (73.1)). 而在第二个图中 ("湮没"型), $k' = p_- + p_+$, 因此, $k'^2 > 0$. 在这里应该指出, 对于虚光子, 总有 $k^2 \neq 0$, 这一点和实光子是不同的; 对于实光子, $k^2 = 0$.

如果碰撞粒子不是全同粒子, 也不是一个粒子和它的反粒子, 譬如说, 一个电子和一个 μ 子, 那么散射振幅只需用一个图表示

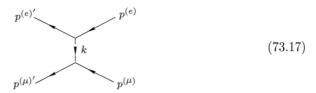

$$(73.17)$$

在这种情形下, 费曼图不可能是湮没型或交换型的. 我们可以用解析方法得出这个结果: 将流算符写成电子流和 μ 子流之和:

$$\widehat{j} = \widehat{j}^{(e)} + \widehat{j}^{(\mu)} = (\widehat{\overline{\psi}}^{(e)}\gamma\widehat{\psi}^{(e)}) + (\widehat{\overline{\psi}}^{(\mu)}\gamma\widehat{\psi}^{(\mu)})$$

并且在乘积 $\widehat{j}^{(\mu)}(x)\widehat{j}^{\nu}(x')$ 中取能给出所要求的粒子的湮没和产生的那些项的矩阵元.

现在我们来研究一级过程, 我们在本节开始曾指出, 这种过程是被四维动量守恒定律禁止的. 这种跃迁的算符

$$\widehat{S}^{(1)} = -\mathrm{i}e \int \widehat{j}(x)\widehat{A}(x)\mathrm{d}^4x \qquad (73.18)$$

的矩阵元对应于 "在同一点 x" 产生或湮没三个真实粒子: 两个电子和一个光子. 它们因算符 $\widehat{\psi}(x)$ 和 $\widehat{\overline{\psi}}(x)$ 在同一点 x 收缩而出现, 并且 (例如, 在发射光子的情况下) 表示为积分

$$S_{fi} = -\mathrm{i}e \int \overline{\psi}_2(x)\psi_1(x)(\gamma A^*(x))\mathrm{d}^4x,$$

由于被积函数中包含着指数不为零的因子 $\exp[-i(p_1 - p_2 - k)x]$, 这个积分为零. 用费曼图的语言来说, 这意味着具有三个自由端的图

$$(73.19)$$

等于零.

　　由于同样的原因, 在初态或终态中有六个粒子参加的二级过程是不可能的. 在这类跃迁的矩阵元 S_{fi} 中, 对 $\mathrm{d}^4x\mathrm{d}^4x'$ 的积分将分成对 d^4x 和对 d^4x' 的两个等于零的积分的乘积 (这两个积分的被积函数是在同一点上所取的三个波函数的乘积). 换句话说, 相应的费曼图分成如 (73.19) 那样的两个独立的图.

§74　光子散射的费曼图

　　我们来研究另一种二级效应 —— 电子对光子的散射 (**康普顿效应**). 设初态中光子和电子的四维动量为 k_1 和 p_1, 而终态中为 k_2 和 p_2 (而且光子和电子都有确定的极化, 为简单计, 我们将它略去).

　　光子的矩阵元为

$$\langle 2|\mathrm{T}A_\mu(x)A_\nu(x')|1\rangle = \langle 0|c_2\mathrm{T}A_\mu(x)A_\nu(x')c_1^+|0\rangle, \tag{74.1}$$

式中

$$\widehat{A} = \sum_k (\widehat{c}_k A_k + \widehat{c}_k^+ A_k^*).$$

将其中的外算符和内算符收缩, 我们得到

$$(74.1) = \underbrace{c_2 A_\mu}\, \underbrace{A_\nu' c_1^+} + \underbrace{c_2 \overline{A_\mu A_\nu' c_1^+}} = A_{2\mu}^* A_{1\nu}' + A_{1\mu} A_{2\nu}'^* \tag{74.2}$$

(这里用了算符 $\widehat{c}_1$, $\widehat{c}_2^+$ 的对易性; 由于同样的原因, 符号 T 在这里也可以略去).

　　电子的矩阵元为

$$\langle 2|\mathrm{T}j^\mu(x)j^\nu(x')|1\rangle = \langle 0|a_2\mathrm{T}(\overline{\psi}\gamma^\mu\psi)(\overline{\psi}'\gamma^\nu\psi')a_1^+|0\rangle. \tag{74.3}$$

式中包含 4 个 ψ, 其中只有两个与电子 1 的湮没和电子 2 的产生有关, 即与算符 $\widehat{a}_1^+$ 及 $\widehat{a}_2$ 一起收缩. 这两个算符可以是 $\overline{\psi}'$, $\widehat{\psi}$ 或 $\widehat{\psi}'$, $\overline{\widehat{\psi}}$ (而不是 $\widehat{\psi}$, $\overline{\widehat{\psi}}$ 或 $\widehat{\psi}'$, $\overline{\widehat{\psi}'}$; 在同一点 x 或 x' 上产生和湮没两个实电子和一个实光子将给出一个等于

零的表达式). 用两种可能的方法进行收缩, 我们就在矩阵元 (74.3) 中得到两项. 假设 $t > t'$, 可以首先写出这两项:

$$(74.3) = \underbrace{a_2(\overline{\psi}\gamma^\mu\psi)(\overline{\psi}'\gamma^\nu\underbrace{\psi'})a_1^+}_{} + \underbrace{a_2(\overline{\psi}\gamma^\mu\psi)(\overline{\psi'}\gamma^\nu\psi')a_1^+}_{}. \tag{74.4}$$

在第一项中被收缩的算符为

$$\widehat{a}_2\overline{\widehat{\psi}} \to \widehat{a}_2\widehat{a}_2^+\overline{\psi}_2, \quad \widehat{\psi}'\widehat{a}_1^+ \to \widehat{a}_1\widehat{a}_1^+\psi_1'.$$

由于算符 $\widehat{a}_2\widehat{a}_2^+$ 和 $\widehat{a}_1\widehat{a}_1^+$ 是对角化的且出现在乘积的两头, 因而可以用它们的真空平均值 1 代替. 为了对 (74.4) 式中的第二项进行类似的变换, 首先必须把算符 $\widehat{a}_2^+$ "拉" 到左端, 把 $\widehat{a}_1$ "拉" 到右端. 这可以借助于算符 $\widehat{a}_{\boldsymbol{p}}$, $\widehat{a}_{\boldsymbol{p}}^+$ 的对易法则

$$\{\widehat{a}_{\boldsymbol{p}}, \widehat{\psi}\}_+ = \{\widehat{a}_{\boldsymbol{p}}^+, \overline{\widehat{\psi}}\}_+ = 0,$$
$$\{\widehat{a}_{\boldsymbol{p}}, \overline{\widehat{\psi}}\}_+ = \overline{\psi}_p, \quad \{\widehat{a}_{\boldsymbol{p}}^+, \widehat{\psi}\}_+ = \psi_p \tag{74.5}$$

来实现. 结果, (74.4) 式变为

$$\langle 0|(\overline{\psi}_2\gamma^\mu\widehat{\psi})(\overline{\widehat{\psi}}'\gamma^\nu\psi_1') - (\overline{\widehat{\psi}}\gamma^\mu\psi_1)(\overline{\psi}_2'\gamma^\nu\widehat{\psi}')|0\rangle, \quad t > t' \tag{74.6}$$

(当然, 只是算符因子取平均值). 类似地, 当 $t < t'$ 时, 我们得到的表达式和 (74.6) 的区别仅仅是交换了指标 μ, ν 和带撇与不带撇的记号:

$$\langle 0| - (\overline{\widehat{\psi}}'\gamma^\nu\psi_1')(\overline{\psi}_2\gamma^\mu\widehat{\psi}) + (\overline{\psi}_2'\gamma^\nu\widehat{\psi}')(\overline{\widehat{\psi}}\gamma^\mu\psi')|0\rangle, \quad t < t'. \tag{74.7}$$

(74.6) 和 (74.7) 两个表达式可以写成统一的形式. 为此, 可以利用 ψ 算符的编时乘积

$$\mathrm{T}\widehat{\psi}_i(x)\overline{\widehat{\psi}}_k(x') = \begin{cases} \widehat{\psi}_i(x)\overline{\widehat{\psi}}_k(x'), & t' < t, \\ -\overline{\widehat{\psi}}_k(x')\widehat{\psi}_i(x), & t' > t \end{cases} \tag{74.8}$$

(i, k 为双旋量指标). 于是, (74.6) 和 (74.7) 式中的第一项和第二项可以合并成

$$\overline{\psi}_2\gamma^\mu\langle 0|\mathrm{T}\psi\cdot\overline{\psi}'|0\rangle\gamma^\nu\psi_1' + \overline{\psi}_2'\gamma^\nu\langle 0|\mathrm{T}\psi'\cdot\overline{\psi}|0\rangle\gamma^\mu\psi_1 \tag{74.9}$$

(其中 $\psi\cdot\overline{\psi}$ 标记矩阵 $\psi_i\overline{\psi}_k$).

应该指出, 在自然的定义 (74.8) 中, 算符乘积在 $t < t'$ 和 $t > t'$ 时取相反的符号. 这一点不同于对算符 $\widehat{A}$ 与 $\widehat{j}$ 所使用的 T 乘积的定义. 这一区别的根源在于费米子算符 $\widehat{\psi}, \overline{\widehat{\psi}}$ 在光锥外面是反对易的 (和对易的玻色算符 $\widehat{A}$ 以及双

线性算符 $\hat{j} = \widehat{\overline{\psi}}\gamma\widehat{\psi}$ 不同)[①]. 这样做保证了定义 (74.8) 的相对论不变性 (ψ 算符对易规则的形式证明将在 §75 中给出)[②].

我们引入**电子传播函数** (或称为**电子传播子**), 这是一个二秩双旋量 $G_{ik}(x-x')$, 其定义为

$$G_{ik}(x - x') = -\mathrm{i}\langle 0|\mathrm{T}\psi_i(x)\overline{\psi}_k(x')|0\rangle. \tag{74.10}$$

这时电子的矩阵元写成如下形式

$$\langle 2|\mathrm{T}j^\mu(x)j^\nu(x')|1\rangle = \mathrm{i}\overline{\psi}_2\gamma^\mu G\gamma^\nu\psi_1' + \mathrm{i}\overline{\psi}_2'\gamma^\nu G\gamma^\mu\psi_1. \tag{74.11}$$

在将其乘以光子的矩阵元 (74.1) 并对 $\mathrm{d}^4x\mathrm{d}^4x'$ 积分后, (74.11) 式中的两项给出相同的结果, 因此我们得到

$$\begin{aligned}S_{fi} = -\mathrm{i}e^2\iint \mathrm{d}^4x\mathrm{d}^4x'\overline{\psi}_2(x)\gamma^\mu G(x - x')\gamma^\nu\psi_1(x')\\ \times\{A_{2\mu}^*(x)A_{1\nu}(x') + A_{2\nu}^*(x')A_{1\mu}(x)\}.\end{aligned} \tag{74.12}$$

电子与光子的波函数分别用平面波 (64.8) 与 (64.9) 代入, 并如同在 (73.10) 式中那样分出 δ 函数, 我们最后得到散射振幅

$$M_{fi} = -4\pi e^2\overline{u}_2\{(\gamma e_2^*)G(p_1 + k_1)(\gamma e_1) + (\gamma e_1)G(p_1 - k_2)(\gamma e_2^*)\}u_1, \tag{74.13}$$

其中 e_1, e_2 为光子的四维极化矢量, $G(p)$ 为动量表象中的电子传播子.

[①] 我们知道, ψ 算符本身并不对应任何可测量的物理量, 因此, 在光锥外面不需要对易.

[②] 任意数目的 ψ 算符的 T 乘积都可类似地定义. 它等于按时间增大顺序自右至左排列的所有这些算符的乘积. 由 T 乘积符号下的顺序变成上述顺序时, 交换次数的奇偶性决定乘积的符号. 由此可知, 交换任意两个 ψ 算符, T 乘积的符号都要改变. 例如:

$$\mathrm{T}\widehat{\psi}_i(x)\widehat{\overline{\psi}}_k(x') = -\mathrm{T}\widehat{\overline{\psi}}_k(x')\widehat{\psi}_i(x).$$

这个表示式中的两项可用下面两个费曼图表示:

$$4\pi e^2 \bar{u}_2(\gamma e_2^*) G(f)(\gamma e_1) u_1 =$$

(74.14)

$$4\pi e^2 \bar{u}_2(\gamma e_1) G(f')(\gamma e_2^*) u_1 =$$

图的虚线自由端对应着真实光子; 入线 (初态光子) 和因子 $\sqrt{4\pi}e$ 相联系, 出线 (终态光子) 和因子 $\sqrt{4\pi}e^*$ 相联系, 其中 e 为四维极化矢量. 在第一个图形中, 初态光子和初态电子一起被吸收, 终态光子和终态电子一起被发射出来. 在第二个图形中, 发射终态光子的同时湮没初态电子, 而吸收初态光子的同时产生终态电子.

连接两个顶点的内实线代表虚电子, 其四维动量由顶点上的四维动量守恒决定. 这条线和因子 $iG(f)$ 相联系. 与真实粒子的四维动量不同, 虚电子的四维动量的平方不等于 m^2. 例如, 在电子的静止参考系中研究不变量 f^2 的时候, 容易求出:

$$f^2 = (p_1 + k_1)^2 > m^2, \quad f'^2 = (p_1 - k_2)^2 < m^2. \tag{74.15}$$

§75　电子的传播子

在 §73 和 §74 中定义的传播函数 (传播子) 的概念在量子电动力学的体系中起着基础的作用. 光子传播子 $D_{\mu\nu}$ 是表征两个电子相互作用的基本量. 这可以从它在电子散射振幅中所占的位置看出来: 在电子散射振幅中, $D_{\mu\nu}$ 与两个粒子的跃迁流是相乘的. 在电子与光子的相互作用中, 电子传播子起着类似的作用.

现在来进行这些传播子的实际计算, 我们从电子情形开始.

将算符 $\gamma\hat{p} - m$ (其中 $\hat{p}_\mu = i\partial_\mu$) 作用于函数

$$G_{ik}(x - x') = -i\langle 0|T\psi_i(x)\overline{\psi}_k(x')|0\rangle \tag{75.1}$$

(其中 i 和 k 为双旋量指标). 由于 $\widehat{\psi}(x)$ 满足狄拉克方程 $(\gamma\widehat{p}-m)\widehat{\psi}(x)=0$, 因而我们发现, 除了 $t=t'$ 以外的所有点 x 上, 结果都为零. 其原因是当 $t\to t'+0$ 和 $t\to t'-0$ 时 $G(x-x')$ 趋于不同的极限: 根据定义 (74.8), 这些极限分别为

$$-\mathrm{i}\langle 0|\psi_i(\boldsymbol{r},t)\overline{\psi}_k(\boldsymbol{r}',t)|0\rangle \quad \text{和} \quad +\mathrm{i}\langle 0|\overline{\psi}_k(\boldsymbol{r}',t)\psi_i(\boldsymbol{r},t)|0\rangle$$

并且, 如我们将看到的, 它们在光锥上是不一样的. 这在导数 $\partial G/\partial t$ 中产生一个附加的 δ 函数项:

$$\frac{\partial G}{\partial t}=-\mathrm{i}\left\langle 0\Big|\mathrm{T}\frac{\partial\psi_i(x)}{\partial t}\overline{\psi}_k(x')\Big|0\right\rangle+\delta(t-t')(G|_{t\to t'+0}-G|_{t\to t'-0}). \tag{75.2}$$

由于算符 $\gamma\widehat{p}-m$ 中对 t 的导数是以 $\mathrm{i}\gamma^0\partial/\partial t$ 的形式出现的, 因此我们有

$$(\gamma\widehat{p}-m)_{ik}G_{kl}(x-x')=\delta(t-t')\gamma^0_{ik}\langle 0|\{\psi_k(\boldsymbol{r},t),\overline{\psi}_l(\boldsymbol{r}',t)\}_+|0\rangle. \tag{75.3}$$

反对易子的计算如下. 将算符 $\widehat{\psi}(\boldsymbol{r},t)$ 和 $\widehat{\overline{\psi}}(\boldsymbol{r}',t)$ 相乘 (见 (73.6)), 利用费米子算符 $\widehat{a}_{\boldsymbol{p}},\widehat{b}_{\boldsymbol{p}}$ 的对易规则, 我们得到

$$\{\widehat{\psi}_i(\boldsymbol{r},t),\widehat{\overline{\psi}}_k(\boldsymbol{r}',t)\}_+=\sum_{\boldsymbol{p}}[\psi_{pi}(\boldsymbol{r})\overline{\psi}_{pk}(\boldsymbol{r}')+\psi_{-pi}(\boldsymbol{r})\overline{\psi}_{-pk}(\boldsymbol{r}')], \tag{75.4}$$

其中 $\psi_{\pm p}(\boldsymbol{r})$ 为没有时间因子的波函数 (同 §73 和 §74, 为简单计, 略去了极化指标). 电子哈密顿算符的所有本征函数 $\psi_{\pm p}(\boldsymbol{r})$ 的集合构成一个正交归一化函数的完全集. 根据这种系统的普遍性质 (比较第三卷 (5.12)), 我们有

$$\sum_{\boldsymbol{p}}[\psi_{pi}(\boldsymbol{r})\psi^*_{pk}(\boldsymbol{r}')+\psi_{-pi}(\boldsymbol{r})\psi^*_{-pk}(\boldsymbol{r}')]=\delta_{ik}\delta(\boldsymbol{r}-\boldsymbol{r}'). \tag{75.5}$$

(75.4) 式右边的求和与 (75.5) 式中求和的区别在于 ψ^*_k 换成了 $(\psi^*\gamma^0)_k$, 并且其值为 $\gamma^0_{ik}\delta(\boldsymbol{r}-\boldsymbol{r}')$. 于是,

$$\{\widehat{\psi}_i(\boldsymbol{r},t),\widehat{\overline{\psi}}_k(\boldsymbol{r}',t)\}_+=\delta(\boldsymbol{r}-\boldsymbol{r}')\gamma^0_{ik}. \tag{75.6}$$

我们指出, 特别是, 由此式可以得出我们在 §74 中说过的结论: 算符 $\widehat{\psi}$ 与 $\widehat{\overline{\psi}}$ 在光锥外面是反对易的. 当 $(x-x')^2<0$ 时, 总存在一个参考系, 在此参考系中 $t=t'$; 这时如果 $\boldsymbol{r}\neq\boldsymbol{r}'$, 反对易子 (75.6) 事实上等于零.

将 (75.6) 代入 (75.3) 式 (并略去双旋量指标), 我们最后求得[①]

$$(\gamma\widehat{p}-m)G(x-x')=\delta^{(4)}(x-x'). \tag{75.7}$$

---

① 包含双旋量指标的公式为

$$(\gamma\widehat{p}-m)_{il}G_{lk}(x-x')=\delta^{(4)}(x-x')\delta_{ik}. \tag{75.7a}$$

这样一来, 电子传播子就满足右边有一个 δ 函数的狄拉克方程, 所以, 电子传播子就是狄拉克方程的**格林函数**.

后面我们关心的将不是函数 $G(\xi)(\xi = x - x')$ 本身, 而是其傅里叶分量

$$G(p) = \int G(\xi) e^{ip\xi} d^4\xi \qquad (75.8)$$

(动量表象中的传播子). 对 (75.7) 式的两边取傅里叶分量, 我们看到, $G(p)$ 满足代数方程

$$(\gamma p - m) G(p) = 1. \qquad (75.9)$$

这个方程的解为

$$G(p) = \frac{\gamma p + m}{p^2 - m^2}. \qquad (75.10)$$

$G(p)$ 中的四维矢量 p 的四个分量是独立的变量 (不存在相互联系的关系式 $p^2 \equiv p_0^2 - \boldsymbol{p}^2 = m^2$). 如果将 (75.10) 式中的分母写成 $p_0^2 - (\boldsymbol{p}^2 + m^2)$, 我们看到, $G(p)$ 作为给定 $\boldsymbol{p}^2$ 时 p_0 的一个函数, 在 $p_0 = \pm\varepsilon$ 有两个极点, 其中 $\varepsilon = \sqrt{\boldsymbol{p}^2 + m^2}$. 因此, 在积分

$$G(\xi) = \frac{1}{(2\pi)^4} \int e^{-ip\xi} G(p) d^4 p = \frac{1}{(2\pi)^4} \int d^3 p \cdot e^{i\boldsymbol{p}\cdot\boldsymbol{r}} \int dp_0 \cdot e^{-ip_0\tau} G(p) \quad (75.11)$$

中 $(\tau = t - t')$, 对 dp_0 积分时出现了如何避开极点的问题. 不解决这个问题, 表示式 (75.10) 实质上仍然是不确定的.

为解决这个问题, 我们回到原始定义 (75.1). 在 (75.1) 中代入 ψ 算符的求和形式 (73.6), 并注意到非零的真空平均值只能是产生算符和湮没算符的下列乘积

$$\langle 0|a_{\boldsymbol{p}} a_{\boldsymbol{p}}^+|0\rangle = 1, \quad \langle 0|b_{\boldsymbol{p}} b_{\boldsymbol{p}}^+|0\rangle = 1.$$

(由于真空态中没有任何粒子, 所以一个粒子在被算符 $\hat{a}_{\boldsymbol{p}}$ 或 $\hat{b}_{\boldsymbol{p}}$ "湮没" 之前, 必须先由算符 $\hat{a}_{\boldsymbol{p}}^+$ 或 $\hat{b}_{\boldsymbol{p}}^+$ 产生). 我们得到

$$\begin{aligned} G_{ik}(x - x') &= -i \sum_{\boldsymbol{p}} \psi_{pi}(\boldsymbol{r}, t) \overline{\psi}_{pk}(\boldsymbol{r}', t) \\ &= -i \sum_{\boldsymbol{p}} e^{-i\varepsilon(t-t')} \psi_{pi}(\boldsymbol{r}) \overline{\psi}_{pk}(\boldsymbol{r}'), \quad t - t' > 0; \\ G_{ik}(x - x') &= i \sum_{\boldsymbol{p}} \overline{\psi}_{-pk}(\boldsymbol{r}', t) \psi_{-pi}(\boldsymbol{r}, t) \\ &= i \sum_{\boldsymbol{p}} e^{i\varepsilon(t-t')} \psi_{-pi}(\boldsymbol{r}) \overline{\psi}_{-pk}(\boldsymbol{r}'), \quad t - t' < 0 \end{aligned} \qquad (75.12)$$

(对于 $t > t'$, 只有电子谱项对 G 有贡献; 对于 $t < t'$, 则只有正电子谱项对 G 有贡献).

如果将对 p 的求和换成对 $\mathrm{d}^3 p$ 的积分, 比较 (75.12) 和 (75.11) 表明, 积分

$$\int \mathrm{e}^{-\mathrm{i}p_0\tau} G(p)\mathrm{d}p_0 \tag{75.13}$$

必须有一个相因子 $\mathrm{e}^{-\mathrm{i}\varepsilon\tau}$ (对 $\tau > 0$) 和 $\mathrm{e}^{\mathrm{i}\varepsilon\tau}$ (对 $\tau < 0$). 为了满足这个条件, 只要在复变量 p_0 的平面上从上面绕过极点 $p_0 = \varepsilon$, 而从下面绕过极点 $p_0 = -\varepsilon$ 就行了:

$$\tag{75.14}$$

实际上, 当 $\tau > 0$ 时, 积分路径由下半平面上的无限大半圆闭合, 因此积分 (75.13) 的值由极点 $p_0 = +\varepsilon$ 的留数给出; 当 $\tau < 0$ 时, 积分路径由上半平面上的无限大半圆闭合, 积分由极点 $p_0 = -\varepsilon$ 的留数给出. 这样就得到了两种情况下所要求的结果.

极点的这一绕行规则 (**费曼规则**) 可用另一种方法表述如下: 积分处处沿实轴进行, 但粒子的质量 m 有一无穷小的负虚部:

$$m \to m - \mathrm{i}0. \tag{75.15}$$

实际上, 这时我们有

$$\varepsilon \to \sqrt{\boldsymbol{p}^2 + (m - \mathrm{i}0)^2} = \sqrt{\boldsymbol{p}^2 + m^2 - \mathrm{i}0} = \varepsilon - \mathrm{i}0.$$

换句话说, 极点 $p_0 = \pm\varepsilon$ 从实轴上向下和向上被移开:

$$\tag{75.16}$$

因此沿这个轴的积分等价于沿着路径 (75.14) 的积分[①]. 运用规则 (75.15), 传播子 (75.10) 可写成

$$G(p) = \frac{\gamma p + m}{p^2 - m^2 + \mathrm{i}0}. \tag{75.17}$$

对被移极点的积分法则可利用关系式

$$\frac{1}{x + \mathrm{i}0} = \mathrm{P}\frac{1}{x} - \mathrm{i}\pi\delta(x) \tag{75.18}$$

加以证明. 这个关系式的意义应理解为: 对它乘以任意函数 $f(x)$ 并进行积分, 则有

$$\int_{-\infty}^{\infty} \frac{f(x)}{x + \mathrm{i}0}\mathrm{d}x = \int_{-\infty}^{\infty} \frac{f(x)}{x}\mathrm{d}x - \mathrm{i}\pi f(0), \tag{75.19}$$

---

① 值得指出, 极点的移动规则相应于 $G(x - x')$ 对 $|\tau| \equiv |t - t'|$ 的一个无穷小衰减. 实际上, 如果在被移动的极点处将 p_0 的值写成 $-(\varepsilon - \mathrm{i}\delta)$ 和 $+(\varepsilon - \mathrm{i}\delta)$, 而 $\delta \to +0$, 那么, 积分 (75.13) 中的时间因子将变成 $\exp(-\mathrm{i}\varepsilon|\tau| - \delta|\tau|)$.

其中积分号上加一短划 (或者积分号前加一个 P) 表示取主值.

格林函数 (75.10) 是双旋量因子 $\gamma p + m$ 和标量:

$$G^{(0)}(p) = \frac{1}{p^2 - m^2} \qquad (75.20)$$

的乘积. 相应的坐标函数 $G^{(0)}(\xi)$ 显然是方程

$$(\hat{p}^2 - m^2)G^{(0)}(x - x') = \delta^{(4)}(x - x') \qquad (75.21)$$

的解. 也就是说, 它是方程 $(\hat{p}^2 - m^2)\psi = 0$ 的格林函数. 在这个意义上可以说, $G^{(0)}(x - x')$ 是标量粒子的传播子. 通过与上面类似的计算不难看出, 标量场的传播函数可利用 ψ 算符 (11.2) 表示为

$$G^{(0)}(x - x') = -\mathrm{i}\langle 0|\mathrm{T}\psi(x)\psi^+(x')|0\rangle. \qquad (75.22)$$

这类似于定义 (75.1). 这时, 编时乘积被定义为 (对所有玻色算符而言):

$$\mathrm{T}\widehat{\psi}(x)\widehat{\psi}^+(x') = \begin{cases} \widehat{\psi}(x)\widehat{\psi}^+(x'), & t > t' \\ \widehat{\psi}^+(x')\widehat{\psi}(x), & t < t'. \end{cases} \qquad (75.23)$$

($t > t'$ 和 $t < t'$ 时有相同的符号).

§76 光子的传播子

迄今为止, 我们只是在求实光子数有变化情形下的矩阵元时 (§43 和 §74), 才用到电磁场算符 $\widehat{A}$ 的明显形式. 为此, 我们只需将自由场的势用横向平面波表示 (§2) 就足够了.

但是, 这个表示并没有对任意一个场给出完全的描述. 很明显, 散射图 (73.13) 和 (73.14) 必须考虑电子的库仑相互作用. 这种相互作用由标量势 Φ 描述, 并且肯定不能化成横向虚光子之间的交换 (虚光子用一个满足 $\mathrm{div}\boldsymbol{A} = 0$ 的矢量势描述)[①].

所以, 从本质上说, 我们还没有算符 $\widehat{A}$ 的完备定义, 而没有这个完备的定义, 我们就不可能按照公式

$$D_{\mu\nu}(x - x') = \mathrm{i}\langle 0|\mathrm{T}A_\mu(x)A_\nu(x')|0\rangle \qquad (76.1)$$

---

① 由于条件 $\mathrm{div}\boldsymbol{A} = 0$, 麦克斯韦方程组导致 $\boldsymbol{A}$ 和 Φ 的下列方程

$$\Box\boldsymbol{A} = -4\pi\boldsymbol{j} + \nabla\frac{\partial\Phi}{\partial t}, \quad \nabla\Phi = -4\pi\rho.$$

在此规范中, Φ 满足静态的泊松方程 (和下面在同一规范下 D_{00} 的 (76.13) 式比较).

直接计算光子的传播子. 另一方面, 势的规范不唯一性使得电磁场的完全量子化所必须引进的那些算符在很大程度上失去其物理意义.

不过, 这些困难只是形式上的, 而不是物理的, 并且可利用传播子的某些一般性质加以避免, 传播子的这些性质从相对论不变性和规范不变性的要求来看, 这是很明显的.

仅依赖于四维矢量 $\xi = x - x'$ 的二秩四维张量的最普遍的形式为

$$D_{\mu\nu}(\xi) = g_{\mu\nu}D(\xi^2) - \partial_\mu\partial_\nu D^{(l)}(\xi^2), \tag{76.2}$$

其中 $D, D^{(l)}$ 为不变量 ξ^2 的标量函数①. 我们指出, 这个张量必定是对称的.

在动量表象中, 我们相应地有

$$D_{\mu\nu}(k) = D(k^2)g_{\mu\nu} + k_\mu k_\nu D^{(l)}(k^2), \tag{76.3}$$

其中 $D(k^2), D^{(l)}(k^2)$ 是函数 $D(\xi^2), D^{(l)}(\xi^2)$ 的傅里叶分量.

在物理量 (散射振幅) 中, 光子传播函数需乘以两个电子的跃迁流, 即以 $j_{21}^\mu D_{\mu\nu} j_{43}^\nu$ 的组合形式出现 (例如, 可参见 (73.13) 式). 但是, 由于流守恒 ($\partial_\mu j^\mu = 0$), 其矩阵元 $j_{21} = \overline{\psi}_2\gamma\psi_1$ 满足四维横向性条件

$$k_\mu(j^\mu)_{21} = 0, \tag{76.4}$$

其中 $k = p_2 - p_1$ (与 (43.13) 式比较). 因此很明显, 任何物理结果都不会在代换

$$D_{\mu\nu} \to D_{\mu\nu} + \chi_\mu k_\nu + \chi_\nu k_\mu \tag{76.5}$$

下改变. 其中 χ_μ 为 $\boldsymbol{k}$ 和 k_0 的任意函数. 选取 $D_{\mu\nu}$ 的这种任意性和电磁场势的规范任意性相对应.

如果量 χ_μ 不构成一个四维矢量, 任意规范变换 (76.5) 会破坏 (76.3) 式中所假设的相对论不变形式 $D_{\mu\nu}$. 但是, 即使只考虑传播子的相对论不变形式, 我们也会看到, 在 (76.3) 式中函数 $D^{(l)}(k^2)$ 的选择是完全任意的. 这样的选择可以采取任何方便的形式而不影响任何物理结果 (Л. Д. Ландау, А. А. Абрикосов, И. М. Халатников, 1954).

这样一来, 确定传播函数就归结为确定一单个规范不变函数 $D(k^2)$. 如果取 k^2 的一个给定值且选 z 轴沿 $\boldsymbol{k}$ 方向, 变换 (76.5) 将不影响分量 $D_{xx} = D_{yy} = -D(k^2)$. 所以, 采用势的任意规范来计算分量 D_{xx} 就够了.

---

① 这些函数在宗量的以下三个区域是不同的 (这三个区域在洛伦兹变换下是不相互交换的): 光锥以外的区域 ($\xi^2 < 0$), 光锥上部的区域 ($\xi^2 > 0, \xi_0 > 0$) 和光锥下部的区域 ($\xi^2 > 0, \xi_0 < 0$).

我们采用一个规范, 其中 $\operatorname{div}\widehat{\boldsymbol{A}} = 0$, 且算符 $\widehat{\boldsymbol{A}}$ 由展开式 (2.17) 和 (2.18) 给出:

$$\widehat{\boldsymbol{A}} = \sum_{\boldsymbol{k}\alpha} \sqrt{\frac{2\pi}{\omega}}(\widehat{c}_{\boldsymbol{k}\alpha}\boldsymbol{e}^{(\alpha)}\mathrm{e}^{-\mathrm{i}kx} + \widehat{c}_{\boldsymbol{k}\alpha}^{+}\boldsymbol{e}^{(\alpha)*}\mathrm{e}^{\mathrm{i}kx}), \quad \omega = |\boldsymbol{k}| \tag{76.6}$$

(指标 $\alpha = 1, 2$ 代表极化态). 算符 $\widehat{c}, \widehat{c}^{+}$ 乘积对真空的期望值中, 非零的只有

$$\langle 0 | c_{\boldsymbol{k}\alpha} c_{\boldsymbol{k}\alpha}^{+} | 0 \rangle = 1.$$

于是, 由定义 (76.1), 我们有

$$D_{ik}(\xi) = \frac{1}{(2\pi)^3} \int \frac{2\pi\mathrm{i}\mathrm{d}^3k}{\omega} \left(\sum_{\alpha} e_i^{(\alpha)} e_k^{(\alpha)*} \right) \mathrm{e}^{-\mathrm{i}\omega|\tau| + \mathrm{i}\boldsymbol{k}\cdot\boldsymbol{\xi}} \tag{76.7}$$

(其中 i, k 为三维矢量指标; 对 $\boldsymbol{k}$ 的求和已化成对 $\mathrm{d}^3k/(2\pi)^3$ 的积分). 由于 (76.1) 式中算符的乘积是编时的, 所以, 在指数上出现差 $\tau = t - t'$ 的绝对值.

由 (76.7) 式明显看出, 被积函数 (除去 $\mathrm{e}^{\mathrm{i}\boldsymbol{k}\cdot\boldsymbol{\xi}}$ 因子) 是函数 $D_{ik}(\boldsymbol{r}, t)$ 的三维傅里叶展开式的分量. 对于 $D_{xx} = -D$, 它等于

$$\frac{2\pi\mathrm{i}}{\omega}\mathrm{e}^{-\mathrm{i}\omega|\tau|}\sum_{\alpha}|e_x^{(\alpha)}|^2 = \frac{2\pi\mathrm{i}}{\omega}\mathrm{e}^{-\mathrm{i}\omega|\tau|}.$$

为了求出 $D_{xx}(k^2)$, 我们必须将此函数表示为对时间的傅里叶积分. 这个展开由如下公式给出

$$\frac{2\pi\mathrm{i}}{\omega}\mathrm{e}^{-\mathrm{i}\omega|\tau|} = -\frac{1}{2\pi}\int_{-\infty}^{\infty}\frac{4\pi}{k_0^2 - \boldsymbol{k}^2 + \mathrm{i}0}\mathrm{e}^{-\mathrm{i}k_0\tau}\mathrm{d}k_0.$$

在上一节中已解释过, 这个积分的回路是从极点 $k_0 = |\boldsymbol{k}| = \omega$ 下面经过, 并从极点 $k_0 = -|\boldsymbol{k}| = -\omega$ 上面经过; 对 $\tau > 0$, 积分值由极点 $k_0 = +\omega$ 的留数决定; 对 $\tau < 0$, 则由极点 $k_0 = -\omega$ 的留数决定.

于是, 我们最后求出

$$D(k^2) = \frac{4\pi}{k^2 + \mathrm{i}0}. \tag{76.8}$$

由此论证得到的分母中的 $+\mathrm{i}0$ 是和规则 (75.15) 一致的: 由光子的质量 (等于零) 减去 $\mathrm{i}0$. 从 (76.8) 式明显看出, 相应的坐标函数 $D(\xi^2)$ 满足方程

$$-\partial_\mu\partial^\mu D(x - x') = 4\pi\delta^{(4)}(x - x'), \tag{76.9}$$

也就是说, 它是波动方程的格林函数.

我们通常取 $D^{(l)} = 0$, 即采用传播函数

$$D_{\mu\nu} = g_{\mu\nu}D(k^2) = \frac{4\pi}{k^2 + \mathrm{i}0}g_{\mu\nu} \tag{76.10}$$

(**费曼规范**).

还有另外一些规范, 它们在某些应用中会比较方便.

令 $D^{(l)} = -D/k^2$, 我们得到形如

$$D_{\mu\nu} = \frac{4\pi}{k^2}\left(g_{\mu\nu} - \frac{k_\mu k_\nu}{k^2}\right) \tag{76.11}$$

的传播子 (**朗道规范**), 且有 $D_{\mu\nu}k^\nu = 0$. 这种选择类似于势的洛伦兹规范 $(A_\mu k^\nu = 0)$.

与势的三维规范条件 $\mathrm{div}\boldsymbol{A} = 0$ 相类似的传播子规范条件为

$$D_{il}k^l = 0, \quad D_{0l}k^l = 0.$$

这些条件和等式 $D_{xx} = -D = -4\pi/k^2$ 一起给出

$$D_{il} = \frac{4\pi}{\omega^2 - \boldsymbol{k}^2}\left(\delta_{il} - \frac{k_i k_l}{\boldsymbol{k}^2}\right). \tag{76.12}$$

为了得到这个 D_{il}, 必须对传播子 (76.10) 作变换 (76.5), 并取

$$\chi_0 = -\frac{4\pi\omega}{2(\omega^2 - \boldsymbol{k}^2)\boldsymbol{k}^2}, \quad \chi_i = \frac{4\pi k_i}{2(\omega^2 - \boldsymbol{k}^2)\boldsymbol{k}^2}.$$

于是求出 $D_{\mu\nu}$ 的其余分量为

$$D_{00} = -4\pi/\boldsymbol{k}^2, \quad D_{0i} = 0. \tag{76.13}$$

这样的规范叫做**库仑规范** (E. Salpeter, 1952). 此处的 D_{00} 为库仑势的傅里叶分量.

最后, 与势的规范条件 $\varPhi = 0$ 相类似的传播子规范为

$$D_{il} = -\frac{4\pi}{\omega^2 - \boldsymbol{k}^2}\left(\delta_{il} - \frac{k_i k_l}{\omega^2}\right), \quad D_{0i} = D_{00} = 0. \tag{76.14}$$

这个形式用于非相对论性问题是很方便的 (И. Е. Дзялошинский, Л. П. Питаевский, 1959).

所有以上表示式都和传播子的动量表象相联系. 在有些情况下, 使用混合的频率–坐标表象, 即函数

$$D_{\mu\nu}(\omega, \boldsymbol{r}) = \int D_{\mu\nu}(\omega, \boldsymbol{k})\mathrm{e}^{\mathrm{i}\boldsymbol{k}\cdot\boldsymbol{r}}\frac{\mathrm{d}^3 k}{(2\pi)^3} \tag{76.15}$$

会比较方便. 在费曼规范 (76.10) 中,

$$D_{\mu\nu}(\omega, \boldsymbol{r}) = g_{\mu\nu}D(\omega, \boldsymbol{r}),$$

其中

$$D(\omega, \boldsymbol{r}) = 4\pi \int \frac{\mathrm{e}^{\mathrm{i}\boldsymbol{k}\cdot\boldsymbol{r}}}{\omega^2 - \boldsymbol{k}^2 + \mathrm{i}0} \frac{\mathrm{d}^3 k}{(2\pi)^3} = -\frac{\mathrm{i}}{\pi r} \int_0^\infty \frac{\mathrm{e}^{\mathrm{i}kr} - \mathrm{e}^{-\mathrm{i}kr}}{\omega^2 - k^2 + \mathrm{i}0} k\mathrm{d}k,$$

或者, 在被积函数的第二项中将 k 换成 $-k$:

$$D(\omega, \boldsymbol{r}) = -\frac{\mathrm{i}}{\pi r} \int_{-\infty}^\infty \frac{\mathrm{e}^{\mathrm{i}kr} k\mathrm{d}k}{\omega^2 - k^2 + \mathrm{i}0}.$$

此处积分回路是复变量 k 的上半平面内的无限大圆, 积分等于取极点 $k = |\omega| + \mathrm{i}0$ 的留数. 最后结果为

$$D(\omega, \boldsymbol{r}) = -\mathrm{e}^{\mathrm{i}|\omega|r}/r. \tag{76.16}$$

对此表示式我们可作如下评论. 图 (73.13) 和 (73.14) 所描写的过程可以直观地看成是电子 2 在电子 1 的场中 (或电子 1 在电子 2 的场中) 的散射. 只有当 $\omega > 0$ 时, 函数 (76.16) 才对应于通常的 "推迟" 势 $\propto \mathrm{e}^{\mathrm{i}\omega r}$ (参见第二卷 (64.1) 和 (64.2) 式). 但是, ω 的符号依赖于图中箭头 k 的方向的选择. 函数 $D(\omega, r)$ 的上述性质意味着, 在量子电动力学中, 场源被看成为损失能量并发射一个虚光子的粒子.

作为本节的结尾, 我们来讨论自旋为 1 而质量不为零的粒子的传播子问题. 在此情形下, 不存在规范的任意性, 传播子的选择是唯一的.

将 ψ 算符 (14.16) 代入定义式

$$G_{\mu\nu} = -\mathrm{i}\langle 0|\mathrm{T}\psi_\mu(x)\psi_\nu^+(x')|0\rangle, \tag{76.17}$$

得到一个表示式, 该式和 (76.7) 式的差别只是被积函数中对极化的求和换成为

$$\sum_\alpha u_\mu^{(\alpha)} u_\nu^{(\alpha)*}.$$

对极化的求和等价于求平均并乘以独立极化数 3. 求平均给出非极化粒子的密度矩阵 (14.15). 于是, 我们求得矢量粒子传播子的表示式

$$G_{\mu\nu}(p) = -\frac{1}{p^2 - m^2 + \mathrm{i}0} \left(g_{\mu\nu} - \frac{p_\mu p_\nu}{m^2} \right). \tag{76.18}$$

传播子 (75.17) 和 (76.18) 有类似的结构: 分母中包含差 $p^2 - m^2$, 分子为给定自旋的非极化粒子的密度矩阵 (相差一个因子).

§77　图技术的一般规则

在 §73 和 §74 中, 我们对几个简单情形中的散射矩阵元所进行的计算包含了一般方法的所有基本特征. 进一步推导相应的一般规则以计算任意级微扰论的矩阵元, 已经没有特别的困难.

如上所述, 任意初态与终态之间跃迁的散射算符 $\hat{S}$ 的矩阵元等于 $\hat{S}$ 右乘以所有初态粒子的产生算符、左乘以所有终态粒子的湮没算符后所得到算符的真空平均值 (期望值).

这样处理的结果, 第 n 级微扰论中的 S 矩阵元取如下形式:

$$
\begin{aligned}
\langle f|S^{(n)}|i\rangle = {} & \frac{1}{n!}\langle 0|\cdots b_{2f}b_{1f}\cdots a_{1f}\cdots c_{1f}\\
& \times \int \mathrm{d}^4x_1\cdots \mathrm{d}^4x_n \mathrm{T}\{(\overline{\psi}_1(-\mathrm{i}e\gamma A_1)\psi_1)\cdots\\
& (\overline{\psi}_n(-\mathrm{i}e\gamma A_n)\psi_n)\} \times c_{1i}^+\cdots a_{1i}^+\cdots b_{1i}^+\cdots|0\rangle
\end{aligned}
\tag{77.1}
$$

下标 $1i, 2i$ 表征初态粒子 (分别为正电子、电子、光子), 下标 $1f, 2f$ 表征终态粒子; 算符 $\hat{\psi}$ 与 $\hat{A}$ 的下标 $1,2,\cdots$ 意味着: $\hat{\psi}_1 = \hat{\psi}(x_1),\cdots$. 这里出现的算符 $\hat{\psi}$ 与 $\hat{A}$ 是各种状态中相应粒子的产生算符和湮没算符的线性组合. 于是, 我们得到矩阵元的表示式, 其形式为粒子的产生和湮没算符的乘积及其线性组合的真空期望值. 这些期望值的计算可利用下述结果, 这些结果构成了**威克定理** (G. C. Wick, 1950):

(1) 多个玻色算符 $\hat{c}^+, \hat{c}$ 的乘积的真空期望值等于这些算符的所有可能配对的期望值 (收缩) 乘积之和. 每一对中因子的次序和原来的乘积中相同.

(2) 对相同粒子或不同粒子的费米算符 $\hat{a}^+, \hat{a}, \hat{b}^+, \hat{b}$, 规则的不同之处只是, 求和中每一项的符号是正还是负, 取决于将所有成对的费米算符放到一起所需交换的次数是偶数还是奇数.

显然, 只有当乘积中每个因子 $\hat{a}, \hat{b}, \hat{c}$, 都有对应的因子 $\hat{a}^+, \hat{b}^+, \hat{c}^+$ 也出现在乘积中, 对真空的平均值才不为零. 另外, 收缩的算符对 $(\hat{a}, \hat{a}^+),\cdots$ 必须属于同一状态, 而且只能是 $\hat{a}^+,\cdots$ 在 $\hat{a},\cdots$ 的右边: 粒子先被产生, 然后被湮没 (反之, 则期望值 $\langle 0|\hat{a}^+\hat{a}|0\rangle = 0, \cdots$).

如果每个算符对 $(\hat{a}, \hat{a}^+),\cdots$ 在乘积中只出现一次, 威克定理明显是正确的, 这时, 期望值可以化为诸配对期望值的单一乘积. 如果乘积中所有湮没算符都在产生算符的右边, 威克定理的正确性也显然是正确的. 这样的乘积称为**正规乘积**. 这时期望值为零. 至于同一对算符在乘积中出现 k 次的一般情形, 威克定理的正确性则不难用归纳法予以证明.

我们来考虑玻色算符对出现 k 次的期望值 $\langle 0|\cdots \widehat{c}\widehat{c}^{+}\cdots|0\rangle=0$ (对于费米算符, 以下的论证是完全类似的). 如果在某个配对中交换因子 $\widehat{c}$ 和 $\widehat{c}^{+}$, 根据对易规则, 我们有

$$\langle 0|\cdots cc^{+}\cdots|0\rangle=\langle 0|\cdots c^{+}c\cdots|0\rangle+\langle 0|\cdots 1\cdots|0\rangle. \tag{77.2}$$

期望值 $\langle 0|\cdots 1\cdots|0\rangle=0$ 包含 $k-1$ 个配对, 且假定威克定理对其是正确的. 另一方面, 若按威克定理将期望值 $\langle 0|\cdots cc^{+}\cdots|0\rangle=0$ 展开, 它与 $\langle 0|\cdots c^{+}c\cdots|0\rangle=0$ 之差恰好是

$$\langle 0|\cdots 1\cdots|0\rangle\langle 0|cc^{+}|0\rangle=\langle 0|\cdots 1\cdots|0\rangle$$

(在 $\langle 0|\cdots c^{+}c\cdots|0\rangle=0$ 的展开式中, 相应的项 $\langle 0|\cdots 1\cdots|0\rangle\langle 0|c^{+}c|0\rangle$ 为零). 因此, 由 (77.2) 式得出, 如果威克定理对矩阵元 $\langle 0|\cdots c^{+}c\cdots|0\rangle=0$ 成立, 则交换 $\widehat{c}$ 和 $\widehat{c}^{+}$ 以后定理仍然成立. 既然威克定理对因子的一个特定序列 (正规乘积) 成立, 那么在任何情形下这个定理都将成立.

由于威克定理对算符 $\widehat{a},\widehat{b},\cdots$ 的乘积成立, 因此对含有 $\widehat{a},\widehat{b},\cdots$ 以及它们线性组合 $\widehat{\psi},\widehat{\overline{\psi}},\widehat{A}$ 的任何乘积也成立. 将此定理应用于矩阵元 (77.1), 就使它成为求和形式. 其中的每一项将是若干个配对的期望值的乘积. 这些期望值中将包括算符 $\widehat{\psi},\widehat{\overline{\psi}},\widehat{A}$ 和 "外" 算符 (即产生初态粒子或湮没终态粒子的算符) 的收缩. 这些收缩可借助初、终态粒子的波函数用如下公式表示:

$$\begin{aligned}
\langle 0|Ac_{\boldsymbol{p}}^{+}|0\rangle &= A_p, & \langle 0|c_{\boldsymbol{p}}A|0\rangle &= A_p^*, \\
\langle 0|\psi a_{\boldsymbol{p}}^{+}|0\rangle &= \psi_p, & \langle 0|a_{\boldsymbol{p}}\overline{\psi}|0\rangle &= \psi_p^*, \\
\langle 0|b_{\boldsymbol{p}}\psi|0\rangle &= \psi_{-p}, & \langle 0|\overline{\psi}b_{\boldsymbol{p}}^{+}|0\rangle &= \overline{\psi}_{-p},
\end{aligned} \tag{77.3}$$

其中 A_p 和 ψ_p 是动量为 $\boldsymbol{p}$ 的光子与电子的波函数 (和 §73, §74 中一样. 为简单计, 略去了极化指标). 还将会出现 T 乘积中 "内" 算符的收缩. 既然在应用威克定理时每次收缩配对中因子的次序都保持不变, 这些收缩就将保持算符的编时次序不变, 因此它们可由相应的传播子代替[1].

运用威克定理从矩阵元得到的求和式中的每一项, 都可以用一个确定的费曼图表示. 在第 n 级近似图中有 n 个顶点, 每个顶点上有三条线相交; 两条

---

[1] 对后一论断需要作如下说明. 在证明威克定理时, 我们用了算符 $\widehat{c}$ 和 $\widehat{c}^{+}$ 的对易规则. 这些规则只对实光子 ("横向" 光子) 有意义. 自然, "外" 算符 $\widehat{c}_i^{+},\widehat{c}_f$ 正是对应这样的初态与终态光子. 但是, 在 §76 看到, T 乘积中出现的算符 $\widehat{A}$ 不只是描述横向光子. 这里出现的情形和 $D_{\mu\nu}$ 的计算 (§76) 相类似. 由于相对论不变性和规范不变性, 定理的正确性只需对那些由势的横向部分决定的乘积 (即张量的分量 ($\langle 0|TA_\mu A_\nu\cdots|0\rangle$)) 加以证明就够了. 因此, 定理对任何乘积都成立.

实线 (电子线) 和一条虚线 (光子线), 分别对应着电子算符 ($\widehat{\psi}$ 和 $\widehat{\overline{\psi}}$) 和光子算符 ($\widehat{A}$). 它们是同一变量 x 的函数. 算符 $\widehat{\psi}$ 对应入线, 而 $\widehat{\overline{\psi}}$ 则对应出线.

为了具体说明, 我们举几个三级近似的矩阵元的项与费曼图间相互对应的例子. 略去积分号、算符记号、算符 T 以及因子 $-ie\gamma$, 也不写出算符的宗量, 我们把这些项写成

$$
\begin{aligned}
&\text{(a) } (\overline{\psi}A\psi)(\overline{\psi}A\psi)(\overline{\psi}A\psi) = \\
&\text{(b) } (\overline{\psi}A\psi)(\overline{\psi}A\psi)(\overline{\psi}A\psi) = \\
&\text{(c) } (\overline{\psi}A\psi)(\overline{\psi}A\psi)(\overline{\psi}A\psi) = \\
&\text{(d) } (\overline{\psi}A\psi)(\overline{\psi}A\psi)(\overline{\psi}A\psi) =
\end{aligned}
\tag{77.4}
$$

为清楚起见, 电子的收缩和光子的收缩分别用实线和虚线画出. 电子收缩的箭头方向从 $\widehat{\overline{\psi}}$ 到 $\widehat{\psi}$, 如图所示. 对于内光子收缩, 其方向无关紧要 (光子传播子为 $x - x'$ 的偶函数).

这样得到了一些相互等价的项, 它们之间的差别只是交换了顶点编号, 即顶点和变量 $x_1, x_2, \cdots$ 之间的对应关系改变. 简单地说, 是积分变量重新命名. 这些置换数是 $n!$. 它正好消去了 (77.1) 式中的因子 $1/n!$, 这样就不需要考虑差别仅仅是交换顶点的那些图. 在 §73 和 §74 中我们已经指出过这一点. 例如, 在二级近似中有两个等价图:

$$
\begin{aligned}
(\overline{\psi}A\psi)(\overline{\psi}A\psi) &= \\
(\overline{\psi}A\psi)(\overline{\psi}A\psi) &=
\end{aligned}
\tag{77.5}
$$

在 (77.4) 和 (77.5) 中只画出了和图内线相对应的内部收缩 (虚电子与虚光子). 仍然自由的算符和外算符收缩, 并由此可建立图的自由端和某些初、终态粒子之间的对应关系. 于是, $\widehat{\overline{\psi}}$ (与 $\widehat{a}_f$ 或 $\widehat{b}_i^+$ 收缩) 给出终态电子线或初态正电子线, 而 $\widehat{\psi}$ (与 $\widehat{a}_i^+$ 或 $\widehat{b}_f$ 收缩) 给出初态电子线或终态正电子线. 自由算符 $\widehat{A}$ (与 $\widehat{c}_i^+$ 或 $\widehat{c}_f$ 收缩) 可以和一个初态光子或一个终态光子相对应. 这样, 我们就得到一些拓扑上全同的图形 (即图形有同样数目的线并且它们的配置方式也相同), 差别仅仅是交换了入、出自由端之间的初态粒子和终态粒子.

显然, 每一个这样的交换等价于 (77.1) 式中外算符 $\widehat{a}, \widehat{b}, \cdots$ 的某种交换. 因此, 可以很明显, 如果初态粒子或终态粒子中包含全同费米子, 以自由端的

奇数次交换区别的费曼图必定有相反的符号.

图中实线的不间断序列构成一条箭头保持恒定方向的电子线. 这样的一条线或者有两个自由端, 或者形成闭合圈. 例如, 图

$$\overrightarrow{(\overline{\psi}A\psi)(\overline{\psi}A\psi)} = {-}{-}{-}\!\!\!\!\bigcirc\!\!\!\!{-}{-}$$

是具有两个顶点的一个圈. 电子线方向不变是电荷守恒的图表示: "进入"每个顶点的电荷等于从该顶点"出去"的电荷.

连续电子线上双旋量指标的排列, 相当于将逆箭头方向移动时遇到的矩阵自左至右写出来. 不同电子线的双旋量指标绝不会弄乱. 沿一条非闭合线, 指标序列终止于具有电子 (或正电子) 波函数的自由端. 在一个闭合圈上, 指标序列本身是闭合的, 即圈对应于它上面的矩阵之阵迹. 不难看出, 此阵迹应该取负号.

实际上, 具有 k 个顶点的一个圈对应着一组 k 个收缩

$$\overrightarrow{(\overline{\psi}A\psi)(\overline{\psi}A\psi)\cdots(\overline{\psi}A\psi)}$$

(或等价的另一组收缩, 差别仅仅是交换了顶点). 在第 $k-1$ 个收缩中, 算符 $\widehat{\psi}$ 和 $\widehat{\overline{\psi}}$ 按它们在电子传播子中的次序 ($\widehat{\overline{\psi}}$ 在 $\widehat{\psi}$ 的右边) 排列在一起. 两头的算符可通过与其它 ψ 算符的偶数次交换移在一起, 并按次序 $\widehat{\overline{\psi}}\widehat{\psi}$ 排列.

由于

$$\langle 0|\mathrm{T}\overline{\psi}'\psi|0\rangle = -\langle 0|\mathrm{T}\psi\overline{\psi}'|0\rangle$$

(参见 §74 第二个注释), 用相应的传播子取代这一收缩, 就意味着整个表示式改变符号.

一般来说, 过渡到动量表象的方法和 §73, §74 中完全类似. 除了一般的四维动量守恒定律外, 在每一个顶点上也必须遵守"守恒定律". 然而, 要唯一地确定图中所有内线的动量, 上述这些定律还是不够的. 在这种情况下, 仍需通过 $\mathrm{d}^4p/(2\pi)^4$ 对所有不确定的内部动量积分. 积分在整个 p 空间进行, 其中 p_0 从 $-\infty$ 到 $+\infty$.

在上面的讨论中, 微扰是由"主动"参加反应的粒子 (即在此过程中状态改变的粒子) 间的相互作用来表示的. 对于存在外电磁场的情形 (即存在由反应过程中状态不改变的"被动"粒子产生的场), 可作类似的处理.

设外场的四维势为 $A^{(e)}(x)$. 它以 $\widehat{A}+A^{(e)}$ (乘以流算符 $\widehat{j}$) 的形式和光子算符 $\widehat{A}$ 一起出现在相互作用的拉格朗日中. 由于 $A^{(e)}$ 不包含任何算符, 它不能与其它算符收缩. 换句话说, 在费曼图中只有外线与外场对应.

如果将 $A^{(e)}$ 表示成傅里叶积分:

$$\left.\begin{array}{l} A^{(e)}(x) = \displaystyle\int A^{(e)}(q)\mathrm{e}^{-\mathrm{i}qx}\dfrac{\mathrm{d}^4 q}{(2\pi)^4}, \\[3mm] A^{(e)}(q) = \displaystyle\int A^{(e)}(x)\mathrm{e}^{\mathrm{i}qx}\mathrm{d}^4 x. \end{array}\right\} \tag{77.6}$$

在动量表象的矩阵元表示式中, 四维动量 q 与代表真实粒子的其它外线的四维动量一起出现. 每一条这样的外场线可与一个因子 $A^{(e)}(q)$ 相关联, 并且该线被看成为 "入" 线 —— 与因子 $\mathrm{e}^{-\mathrm{i}qx}$ 中指数的符号相对应 (在傅里叶积分中, $\mathrm{e}^{-\mathrm{i}qx}$ 总伴随着 $A^{(e)}(q)$ 出现); "出" 线则与因子 $A^{(e)*}(q)$ 相关联. 如果所有外场线的四维动量不能用四维动量守恒定律单值地确定 (给定所有实粒子的四维动量), 那就还需要通过 $\mathrm{d}^4 p/(2\pi)^4$ 对所有 "自由的" q 积分, 并对所有其余未确定的图线的四维动量积分.

如果外场与时间无关, 那么

$$A^{(e)}(q) = 2\pi\delta(q^0)A^{(e)}(\boldsymbol{q}), \tag{77.7}$$

其中 $A^{(e)}(\boldsymbol{q})$ 为三维傅里叶分量:

$$A^{(e)}(\boldsymbol{q}) = \int A^{(e)}(\boldsymbol{r})\mathrm{e}^{-\mathrm{i}\boldsymbol{q}\cdot\boldsymbol{r}}\mathrm{d}^3 x. \tag{77.8}$$

在这种情形下, 外线与因子 $A^{(e)}(\boldsymbol{q})$ 相关联, 且赋予其一个四维动量 $q^\mu = (0, \boldsymbol{q})$; 和场线一起相交于一个顶点的电子线的能量由于守恒定律而相等. 还需要通过 $\mathrm{d}^3 p/(2\pi)^3$ 对内线的其它未确定的三维动量 $\boldsymbol{p}$ 积分. 例如, 这样得到的振幅 M_{fi} 可以通过 (64.25) 决定散射截面.

下面我们列出 **图技术** 的最后规则, 采用这些规则可以得到动量表象中散射振幅 (或更确切地说, $\mathrm{i}M_{fi}$) 的表示式.

(1) 微扰论的第 n 级近似对应着有 n 个顶点的图. 每一个顶点是一条进入的和一条出去的电子线 (实线) 与一条光子线 (虚线) 的相交点. 散射过程的振幅中包括自由端 (外线) 的数目等于初、终态粒子数的所有图.

(2) 每一条进入的实外线与一个初态电子的振幅 $u(p)$ 或一个终态正电子的振幅 $u(-p)$ 相联系 (p 是粒子的四维动量). 每一条出去的实线与一个终态电子的振幅 $\bar{u}(p)$ 或一个初态正电子的振幅 $\bar{u}(-p)$ 相关联.

(3) 每一个顶点与一个四维矢量 $-\mathrm{i}e\gamma^\mu$ 相关联.

(4) 每一条进入的虚外线与一个初态光子的振幅 $\sqrt{4\pi}e_\mu$ 相关联, 而每一条出去的虚外线与一个终态光子的振幅 $\sqrt{4\pi}e_\mu^*$ 相关联, e 为四维极化矢量. 这个矢量的指标 μ 与对应顶点的矩阵 γ^μ 的指标相同 (因而得到标量积 γe 或 γe^*).

(5) 每一条实内线与因子 $iG(p)$ 相关联. 每一条虚内线与因子 $-iD_{\mu\nu}(p)$ 相关联. 张量指标 μ, ν 与虚线所连接的两个顶点的矩阵 γ^μ, γ^ν 的指标相同.

(6) 沿着电子线的任一连续序列, 箭头方向保持不变, 且双旋量指标的配置相应于按这样的顺序自左至右写出矩阵, 即逆着箭头方向移动时, 将按顺序遇到这些矩阵. 一条闭合的电子圈图相应于它上面所有矩阵相乘的阵迹.

(7) 相交于每个顶点的线的四维动量满足一条守恒定律, 即进入线的动量之和等于出去线的动量之和. 自由端的动量是给定的量 (服从一般的守恒定律), 且赋予正电子线以动量 $-p$. 对每个顶点应用守恒定律后仍不能确定的内线的动量, 还应该对 $\mathrm{d}^4 p/(2\pi)^4$ 进行积分.

(8) 一个与外场相对应的自由进入端与因子 $A^{(e)}(q)$ 相关联. 四维动量 q 通过顶点上的守恒定律与其它线的四维动量相关联. 如果场与时间无关, 则自由端与因子 $A^{(e)}(\boldsymbol{q})$ 相关联. 对尚不确定的内线的三维动量, 还应该对 $\mathrm{d}^3 p/(2\pi)^3$ 积分.

(9) 对图形中的每一条闭合的电子圈和每一对正电子外线 (如果这些外线是单一实线序列的始端和终端), iM_{fi} 的表示式中都有一个附加因子 -1. 如果初态粒子或终态粒子包含一个以上的电子或正电子, 那么交换奇数次全同粒子 (即与之相应的外线交换奇数次) 必定有相反的符号.

为阐明最后一条规则, 我们附带提一下: 具有相同实线的图形 (即除去光子线后是全同的图形), 其符号必然相同. 还应当注意: 如果有全同的费米子, 则振幅的总符号是任意的.

§78 交叉对称性

由费曼积分所表示的散射振幅 M_{fi} 显现出如下值得注意的对称性质.

费曼图中任一进入的外线可以看成一个初态粒子或一个终态反粒子 (不改变箭头方向); 而任一出去线可以看成一个终态粒子或一个初态反粒子. 从粒子变成反粒子时该线所代表的四维动量 p 的意义也发生了变化: 例如, 对电子 $p = p_{\mathrm{e}}$, 对正电子 $p = -p_{\mathrm{p}}$. 对粒子所赋予的极化也发生了变化. 由于进入的外线必定对应于振幅 u, 出去线对应于 u^*, 因而对电子 $u = u_{\mathrm{e}}$, 而对正电子 $u = u_{\mathrm{p}}^*$. 从 u 到 u^* 的变化意味着粒子的自旋分量 (或螺旋性) 变号.

对于真实中性粒子光子而言, 外线含义的变化不过是从发射光子变成吸收光子, 反之亦然: 动量为 k 的一条光子外线或对应于吸收一个动量为 $k_{\mathrm{ab}} = k$ 的光子, 或对应于发射一个动量为 $k_{\mathrm{em}} = -k$ 且螺旋性相反的光子.

外线含义的这种改变等价于从一个交叉反应通道变到其它通道. 由此可

见, 作为图形自由端的动量的函数, 同一振幅描述了该反应的所有通道①. 只有函数宗量的含义随通道变化: 从粒子变成反粒子意味着 $p_i \to -p_f$, 这里 p_i 是初态粒子的四维动量 (在一个通道), 而 p_f 是终态粒子的四维动量 (在另一通道). 散射振幅的这个性质称为**交叉对称性**或**交叉不变性**.

在 §70 将不变性振幅定义为运动学不变量的函数, 据此可以说, 这些函数对所有通道将是相同的, 但对每一通道而言, 其宗量将在相应的物理区域内取值. 于是, 费曼积分将不变振幅确定为解析函数; 其在各个物理区域内的取值是在一个区域确定的函数的解析延拓. 因为费曼积分的被积函数有奇点, 所以, 不变振幅也有奇点. 这些奇点可以应用避开极点的规则由费曼积分的表示式确定. 如果对任意一个通道从费曼积分求得不变振幅, 向其它通道的解析延拓必须考虑这些奇点.

应该强调的是, 交叉不变性超越了由时空对称性的普遍要求得到的散射矩阵的性质. 后者意味着初态和终态交换、所有粒子换成反粒子 (所有粒子的动量 p 不变而它们的角动量分量变号) 时, 过程的振幅不变. 这是 CPT 不变性的要求②. 然而, 交叉不变性不仅允许同时对所有粒子做这种变换, 而且允许对任意一个粒子单独地做这种变换.

§79　虚粒子

费曼图中的内线在协变微扰论中所起的作用类似于 "通常" 理论中的中间态, 但是, 这些中间态的本性在两种理论中是不一样的. 在通常理论中的中间态, (三维) 动量是守恒的, 而能量是不守恒的. 正是在这个意义上, 这些中间态被说成是**虚态**. 在协变性理论中, 动量和能量是平等的: 中间态四维动量的各分量都守恒 (这是由于 S 矩阵元中的积分既对坐标进行, 又对时间进行, 从而保证了理论的协变性). 但是, 能量和动量之间的关系对实粒子成立并用 $p^2 = m^2$ 表示, 在中间态不再成立, 因此这些中间态被称为中间**虚粒子**. 虚粒子的动量和能量之间的关系是任意的, 它可以是满足顶点处四维动量守恒要求的任何东西.

我们来考虑这样一个费曼图: 它由 I 和 II 两部分组成, 这两部分由一条单

---

① 如果某一特定通道为四维动量守恒定律所禁止, 那么, 作为公共因子出现在 (64.5) 式中的 δ 函数将使该跃迁概率必定为零.

② 应当注意, 改变费曼图中所有四维动量的符号, 从上述的一种反应变成另一种反应, 这种形式描写的意义相当于作为四维反演的 CPT 变换.

线连接. 不考虑这两部分的内部结构, 我们可以把这个图形表示成如下形式

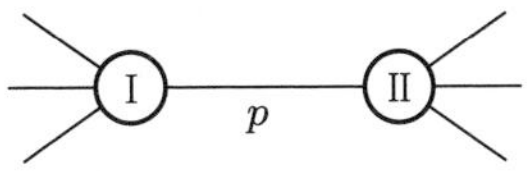

$$
\begin{array}{c}
\text{(I)} \overset{p}{\longrightarrow} \text{(II)}
\end{array}
\tag{79.1}
$$

(每一条线可以是实线, 也可以是虚线). 根据普遍的守恒定律, 外线的四维动量之和对部分 I 与部分 II 是相等的. 由于在每个顶点处守恒, 它们也等于连接 I 与 II 的内线的四维动量. 换句话说, 这个动量是唯一确定的, 因而在矩阵元中没有对它的积分.

量 p^2 可能为正, 也可能为负, 视反应通道而定. 总有这样一个通道, 其中 $p^2 > 0$ [①]. 这时, 就其形式上的性质而言, 虚粒子与一个具有实质量 $M = \sqrt{p^2}$ 的真粒子完全类似, 可以定义它的静止参考系, 可以确定它的自旋, 等等.

光子传播子 (76.11) 的张量结构和一个自旋为 1、质量不为零的非极化粒子的密度矩阵的张量结构相同:

$$
\rho_{\mu\nu} = -\frac{1}{3}\left(g_{\mu\nu} - \frac{p_\mu p_\nu}{m^2}\right)
$$

(参见 (14.15) 式). 另一方面, 对一个虚粒子来说, 传播子 (由场算符的二次组合得到的量) 的作用与一个真粒子的密度矩阵相类似. 所以, 和实光子一样, 必须赋予虚光子以自旋 1. 然而, 与具有两个独立极化的实光子不同, 作为一个有限质量的 "粒子", 虚光子可以有三种极化.

电子的传播函数为

$$
G \propto \gamma p + m,
$$

其中 m 为实电子的质量, 而虚粒子的 "质量" 为 $M = \sqrt{p^2}$. 取

$$
\gamma p + m = \frac{M+m}{2M}(\gamma p + M) + \frac{M-m}{2M}(\gamma p - M),
\tag{79.2}
$$

我们看到, 第一项相当于一个质量为 M、自旋为 $\frac{1}{2}$ 的粒子的密度矩阵, 第二项与一个类似的 "反粒子" 的密度矩阵相当 (比较 (29.10) 和 (29.17)). 由于粒子和反粒子有不同的内禀宇称 (§27), 我们得出结论: 必须赋予虚电子以同样的 $\frac{1}{2}$ 自旋, 但不能赋予它确定的宇称.

图 (79.1) 的显著特点是, 只要切断一条内线, 就可以将它分成互不相连的两个部分 [②]. 在这种情形下, 这条线对应着一个**单粒子**中间态, 即仅有一个虚

[①] 例如, 有这样一个通道 (如果它在能量上是允许的), 其中部分 I 的所有自由端对应初态粒子, 而部分 II 的所有自由端对应终态粒子. 这时, $p = P_i$ (所有初态粒子四维动量之和), 在质心坐标系中, $p = (P_i^0, 0)$, 因而 $p^2 > 0$.

[②] 第一级非零近似中几乎所有过程的图都有这个性质.

粒子的态. 与这样的图对应的散射振幅包含着一个特征因子 (它无须积分)

$$\frac{1}{p^2 - m^2 + \mathrm{i}0},$$

这个特征因子是由内线 p 产生的 (对电子线, m 为电子质量; 对光子线, $m = 0$). 换句话说, 在 p 的取值使得虚粒子变成真实粒子时 $(p^2 = m^2)$, 散射振幅有极点. 在非相对论量子力学中, 也有与此类似的情形; 当能量值与碰撞粒子系统的束缚态相对应时, 散射振幅有极点 (第三卷 §128).

我们来研究图 (79.1) 中下面这样的一种反应通道, 其中所有右边的自由端对应初态粒子, 所有左边的自由端对应终态粒子; 于是 $p^2 > 0$. 这时我们可以说, 在中间态, 初态粒子转化成一个虚粒子. 这只有当这种转化不与必要的守恒定律 (不包括四维动量守恒) 相抵触时才是可能的, 也就是说, 在这种转化中, 角动量、电荷、电荷宇称等等都是守恒的. 这是出现所谓**极点图**的必要条件. 如果这些条件对一个反应通道存在, 那么由于交叉对称性它对其余通道也同样存在.

例如, 所说的守恒定律不排除按照 $e + \gamma \to e$ 产生一个虚电子. 这对应于康普顿效应振幅的一个极点 (因而也对应于这个反应的其它通道的一个极点, 即电子–正电子对的双光子湮没). 按照 $e^- + e^+ \to \gamma$ 产生一个虚光子, 对应于一个电子被一个正电子散射的振幅的一个极点, 因而也对应于电子–电子散射的振幅的一个极点. 两个光子既不能转化成一个虚电子, 也不能转化成一个虚光子: $\gamma + \gamma \to e$ 被电荷守恒与角动量守恒所禁戒, 而 $\gamma + \gamma \to \gamma$ 则被电荷宇称守恒所禁戒. 因此, 光子–光子散射振幅不可能有极点图.

上面我们基于费曼积分讨论了散射振幅极点奇异性的根源, 实际上这是具有普遍性的性质, 而与微扰论无关. 我们将会看到, 这种奇异性只是作为幺正性条件 (71.2) 的结果而出现的.

我们假定, (71.2) 式中出现的中间态 n 包含一个单粒子态. 这个态的贡献是

$$(T_{fi} - T_{if}^*)^{(\text{one-}p)} = \mathrm{i}(2\pi)^4 \sum_\lambda \int \delta^{(4)}(P_f - p) T_{fn} T_{in}^* \frac{V \mathrm{d}^3 p}{(2\pi)^3},$$

其中 p 与 λ 为中间粒子的四维动量与螺旋性. 对 $\mathrm{d}^3 p$ 的积分换成了对 $\mathrm{d}^4 p$ 的积分 (在 $p^0 \equiv \varepsilon > 0$ 的区域):

$$\mathrm{d}^3 p \to 2\varepsilon \delta(p^2 - M^2) \mathrm{d}^4 p$$

(M 为中间粒子的质量). 积分消去 δ 函数 $\delta^4(P_f - p)$, 然后, 按照 (64.10) 由振幅 T_{fi} 变到振幅 M_{fi}, 我们得到

$$(M_{fi} - M_{if}^*)^{(\text{one-}p)} = 2\pi \mathrm{i} \delta(p^2 - M^2) \sum_\lambda M_{fn} M_{in}^*. \tag{79.3}$$

若假定 T 和 P 的不变性成立, 我们就有 $M_{fi} = M_{f'i'}$ (精确到相差一个相因子), 其中状态 i', f' 与状态 i, f 的区别只是粒子螺旋性的符号不同 (在具有相同动量的条件下). 将方程 (79.3) 和 $M_{f'i'} = M^*_{i'f'}$ 的相应方程相加. 我们得到

$$\mathrm{Im}\, \overline{M}^{(\text{one-}p)}_{fi} = -\pi\delta(p^2 - M^2)R, \tag{79.4}$$

其中

$$\overline{M}_{fi} = M_{fi} + M_{f'i'}, \quad R = -\sum_\lambda (M_{fn}M^*_{in} + M_{f'n}M^*_{i'n}).$$

由此得出, $\overline{M}_{fi}$ 作为 $p^2 = P_i^2 = P_f^2$ 的解析函数, 在 $p^2 = M^2$ 有一极点. 按照 (75.18) 式, 极点部分为

$$\overline{M}^{(\text{one-}p)}_{fi} = \frac{R}{p^2 - M^2 + i0}. \tag{79.5}$$

实际跃迁到一个单粒子态只对 $P_i^2 = P_f^2$ 的一个值即 M^2 才有可能. 于是, 我们确实得到了对应于 (79.1) 形式图的散射振幅结构.

最后, 我们来研究包含闭合电子圈的费曼图的一个重要性质. 这个性质很容易通过对虚光子运用电荷宇称的概念推导出来: 与实光子一样, 必须赋予虚光子以确定的 (负) 的电荷宇称[①].

如果某个图包含一个闭合圈 (顶点数 $N > 2$), 那么该过程的振幅除了包括这个图外, 还必定包括另一个区别只是绕行方向不同的图 (若 $N = 2$, 显然就谈不到绕行方向问题了). 如果沿从这些圈引出的虚线将圈 "切断", 从而得到两个圈, Π_I 与 Π_II:

$$\tag{79.6}$$

可以认为它们决定着一组光子 (实光子或虚光子) 转换成另一组光子的过程的振幅: N 为初态光子数与终态光子数之和. 但是, 电荷宇称守恒禁止偶数个光子转换成奇数个光子. 因此, 当 N 为奇数时, 与圈 (79.6) 对应的表示式的和必定为零. 结果以这些圈为其组成部分的两个图形对散射振幅的总贡献也为零. 这一结果被称为 **弗里定理** (W. H. Furry, 1937).

这样, 在对某一给定过程构造振幅时, 我们可以完全略去包含奇数个顶点的圈的那些图.

[①] 这可以从 §13 结尾对实光子给出的关于作用在每个顶点上的电磁相互作用算符的同样论证得出.

我们来更详尽地考查一下这样做的根据. 一条闭合的电子圈对应于一个表示式 (给定光子线的动量 $k_1, k_2, \cdots, k_N$)

$$\int \mathrm{d}^4 p \cdot \mathrm{tr}\left[(\gamma e_1) G(p)(\gamma e_2) G(p+k_1) \cdots\right], \tag{79.7}$$

其中 $p, p+k_1, \cdots$ 为电子线的动量 (考虑了各顶点上的守恒定律后, 这些动量仍不能完全确定). 对所有矩阵 γ^μ 和 G 进行电荷共轭变换, 即用 $U_c^{-1}\gamma^\mu U_c$ 和 $U_c^{-1}G U_c$ 替换 γ^μ 和 G. 由于矩阵乘积之阵迹不受这种变换的影响, 表示式 (79.7) 不会改变. 另一方面, 按照 (26.3) 式,

$$U_C^{-1}\gamma^\mu U_C = -\widetilde{\gamma}^\mu, \tag{79.8}$$

因此

$$U_C^{-1}G(p)U_C = \frac{-p\widetilde{\gamma} + m}{p^2 - m^2} = \widetilde{G}(-p). \tag{79.9}$$

但是, 用改变符号的 p 的转置矩阵替代 $G(p)$, 显然等效于改变圈的绕行方向, 即所有箭头反向. 于是, 这个变换将一个圈变成为另一个圈, 且从每个顶点上的代换 (79.8) 得到一个因子 $(-1)^N$. 因此

$$\Pi_\mathrm{I} = (-1)^N \Pi_\mathrm{II}, \tag{79.10}$$

这就是说, 当顶点数是偶数时, 两个圈的贡献是相同的; 当顶点数为奇数时, 两个圈的贡献是相反的 (即相差一个负号).

第九章
电子的相互作用

§80 电子在外场中的散射

电子在恒定外场中的弹性散射是一个简单的过程, 它在微扰论的第一级近似 (一级玻恩近似) 就已出现. 这个过程对应具有一个顶点的图:

$$ \text{(80.1)} $$

其中 p 和 p' 分别为电子的初态和终态的四维动量, 而 $q = p' - p$. 由于电子在恒定场的散射中保持能量守恒 ($\varepsilon = \varepsilon'$), 我们有 $q = (0, \boldsymbol{q})$. [①]

相应的散射振幅为

$$ M_{fi} = -e\overline{u}(p')[\gamma A^{(e)}(\boldsymbol{q})]u(p), \qquad (80.2) $$

其中 $A^{(e)}(\boldsymbol{q})$ 为外场的空间傅里叶展开的分量. 按照 (64.26), 散射截面为

$$ \mathrm{d}\sigma = \frac{1}{16\pi^2}|M_{fi}|^2\mathrm{d}o'. \qquad (80.3) $$

对一个静电场, $A^{(e)} = (A_0^{(e)}, 0)$, 因此

$$ M_{fi} = -e\overline{u}(p')\gamma^0 u(p)A_0^{(e)}(\boldsymbol{q}) = -eu^*(p')u(p)A_0^{(e)}(\boldsymbol{q}). \qquad (80.4) $$

[①] 当然, 在有外场时, 这样的图并不被四维动量守恒定律所禁戒, 如同在有实光子的图 (73.19) 那样, q^2 与实光子的四维动量平方不同, 不一定为零, q 的分量由表示外场的傅里叶积分自动得到.

在非相对论情形, 平面波的双旋量振幅 $u(p)$ 简化为非相对论 (二分量) 振幅. 对于极化不变的散射, 通过适当选择归一化条件有: $u' = u$ 和 $u^*u = 2m$. 于是

$$d\sigma = \left| -\frac{m}{2\pi} U(\boldsymbol{q}) \right|^2 do',$$

其中 $U(\boldsymbol{q}) = eA_0^{(e)}(\boldsymbol{q})$ 为电子在此场中位势的傅里叶分量; 这个表示与通常的玻恩近似公式相同 (第三卷, (126.4)).

在普遍的相对论情形, 非极化电子的散射截面由 $|M_{fi}|^2$ 对初态极化平均并对终态极化求和得到, 即

$$\frac{1}{2} \sum_{\text{polar}} |M_{fi}|^2,$$

其中求和对初、终态电子的自旋方向进行; 因子 $\frac{1}{2}$ 将求和变成了平均. 按照 §65 的规则, 我们得到

$$\frac{1}{2} \sum_{\text{polar}} |M_{fi}|^2 = 2\text{tr}\,\rho'(\gamma A_0^{(e)})\rho(\gamma A_0^{(e)*})$$

$$= \frac{1}{2}|A_0^{(e)}(\boldsymbol{q})|^2 \text{tr}\,(m + \gamma p')\gamma^0(m + \gamma p)\gamma^0.$$

为了计算其中的阵迹, 我们注意到 $\gamma^0(\gamma p)\gamma^0 = (\gamma\widetilde{p})$, 其中 $\widetilde{p} = (\varepsilon, -\boldsymbol{p})$, 所以

$$\frac{1}{4}\text{tr}\,(m + \gamma p')\gamma^0(m + \gamma p)\gamma^0 = \frac{1}{4}\text{tr}\,(m + \gamma p')(m + \gamma\widetilde{p})$$

$$= m^2 + p'\widetilde{p} = \varepsilon^2 + m^2 + \boldsymbol{p} \cdot \boldsymbol{p}' = 2\varepsilon^2 - \frac{1}{2}\boldsymbol{q}^2.$$

因此, 截面为

$$d\sigma = \frac{e^2|A_0^{(e)}(\boldsymbol{q})|^2}{4\pi^2}\varepsilon^2\left(1 - \frac{\boldsymbol{q}^2}{4\varepsilon^2}\right)do'. \tag{80.5}$$

对于由静态电荷分布密度 $\rho(\boldsymbol{r})$ 所产生的场, 我们有

$$A_0^{(e)}(\boldsymbol{q}) = \frac{4\pi\rho(\boldsymbol{q})}{\boldsymbol{q}^2}, \tag{80.6}$$

其中 $\rho(\boldsymbol{q})$ 为电荷分布密度 $\rho(\boldsymbol{r})$ 的傅里叶变换 (形状因子). 特别是, 对点电荷 Ze 的库仑场, 我们有 $\rho(\boldsymbol{q}) = Ze$. 于是, 截面为

$$d\sigma = do'\frac{4(Ze^2)^2\varepsilon^2}{\boldsymbol{q}^4}\left(1 - \frac{\boldsymbol{q}^2}{4\varepsilon^2}\right) \tag{80.7}$$

(N. F. Mott, 1929). 平方量

$$\boldsymbol{q}^2 = 4\boldsymbol{p}^2\sin^2(\theta/2),$$

其中 θ 为散射角. 因此, 括弧前量的角度依赖性为卢瑟福截面的角分布:

$$d\sigma_{\text{Ru}} = do\,\frac{4(Ze^2)^2\varepsilon^2}{\boldsymbol{q}^4} = do\,\frac{4(Ze^2)^2\varepsilon^2}{4\boldsymbol{p}^4}\sin^{-4}\frac{\theta}{2} \tag{80.8}$$

(在非相对论极限, 系数 $\varepsilon^2/\boldsymbol{p}^4 \to 1/m^2v^4$). 因此,[①]

$$d\sigma = d\sigma_{\text{Ru}}\left(1 - v^2\sin^2\frac{\theta}{2}\right). \tag{80.9}$$

在极端相对论情形, 角分布与非相对论情形的区别是向后散射有相当大的减小: 当 $\theta \to \pi$ 时, $d\sigma/d\sigma_{\text{Ru}} \to m^2/\varepsilon^2$.

在极端相对论情形, 公式 (80.7) 对小角度散射给出

$$d\sigma = \frac{4(Ze^2)^2}{\varepsilon^4\theta^4}do'. \tag{80.10}$$

尽管这个公式是在玻恩近似下推出的 (即假设 $Ze^2 \ll 1$), 但它在 $Ze^2 \sim 1$ 时仍然保持成立 (对于角度 $\theta \lesssim m/\varepsilon$). 这可以从极端相对论波函数 $\psi_{\varepsilon\boldsymbol{p}}^{(+)}$ (39.10) 看出, 它可以精确地看成 Ze^2. 这个解在范围 (39.2) 内成立, 当然在渐近区域 $r \to \infty$ 仍保持正确. 这里

$$F \propto 1 + \text{const} \cdot e^{i(pr - \boldsymbol{p}\cdot\boldsymbol{r})}, \quad \frac{\boldsymbol{\alpha}\cdot\nabla F}{\varepsilon} \sim 1 - \cos\theta - \theta^2 \ll 1,$$

所以, 如应该的那样, 修正项仍然是小的. 形如 $e^{i\boldsymbol{p}\cdot\boldsymbol{r}}F$ 的波函数, 它与非相对论波函数有同样的形式 (当然参量有明显的变化), 也有同样的渐近表示, 因此截面由卢瑟福公式给出.

为了计算有极化的电子的散射截面, 可以按照一般的步骤, 采用密度矩阵 (29.13). 然而, 在此情形, 可以通过公式 (23.9) 表示的双旋量振幅 $u(p')$ 和 $u(p)$ 更容易地得到结果. 二者相乘给出

$$u^*(p')u(p) = w'^*\{\varepsilon + m + (\varepsilon - m)(\boldsymbol{n}'\cdot\boldsymbol{\sigma})(\boldsymbol{n}\cdot\boldsymbol{\sigma})\}w,$$

或者利用 (33.5) 式,

$$u^*(p')u(p) = w'^*\widehat{f}w, \tag{80.11}$$

[①] 由此公式表示的 $d\sigma$ 与 $d\sigma_{\text{Ru}}$ 的区别是专指自旋 $\frac{1}{2}$ 的粒子. 在自旋为 0 的粒子的散射中, 若它们在电磁场中的运动由波动方程描述, 则结果为 $d\sigma = d\sigma_{\text{Ru}}$. 乍一看来, 可能会有疑问, 为什么一个表示纯粹量子效应的因子怎么不包含 $\hbar$. 然而, 应当记得, 玻恩近似成立的条件 ($e^2/\hbar v \ll 1$) 和在库仑场中准经典运动的条件是相反的, 而因此, 公式 (80.9) 不可能取经典极限.

其中①

$$\widehat{f} = A + B\boldsymbol{\nu} \cdot \boldsymbol{\sigma},$$

$$A = (\varepsilon + m) + (\varepsilon - m)\cos\theta, \quad B = -\mathrm{i}(\varepsilon - m)\sin\theta, \qquad (80.12)$$

$$\boldsymbol{\nu} = \frac{\boldsymbol{n} \times \boldsymbol{n}'}{\sin\theta}.$$

二分量量 (三维旋量) w 为电子的非相对论波函数. 因此, 变换到部分极化态可通过将乘积 $w_\alpha w_\beta^*$ (α, β 为旋量指标) 换成非相对论二列密度矩阵 $\rho_{\alpha\beta}$ 来完成. 因此我们必须取

$$|M_{fi}|^2 \to e^2 |A_0^{(e)}(\boldsymbol{q})|^2 \mathrm{tr}\, \rho(A - B\boldsymbol{\nu} \cdot \boldsymbol{\sigma})\rho'(A + B\boldsymbol{\nu} \cdot \boldsymbol{\sigma}),$$

其中

$$\rho = \frac{1}{2}(1 + \boldsymbol{\sigma} \cdot \boldsymbol{\zeta}), \quad \rho' = \frac{1}{2}(1 + \boldsymbol{\sigma} \cdot \boldsymbol{\zeta}'),$$

并且 $\boldsymbol{\zeta}$, $\boldsymbol{\zeta}'$ 分别为探测器选择的初态与终态的极化矢量. 计算阵迹的结果为

$$\mathrm{d}\sigma = \mathrm{d}\sigma_0 \left\{ 1 + \frac{(A^2 - |B|^2)\boldsymbol{\zeta} \cdot \boldsymbol{\zeta}' + 2|B|^2(\boldsymbol{\nu} \cdot \boldsymbol{\zeta})(\boldsymbol{\nu} \cdot \boldsymbol{\zeta}') + 2A|B|\boldsymbol{\nu} \cdot \boldsymbol{\zeta} \times \boldsymbol{\zeta}'}{A^2 + |B|^2} \right\},$$
$$(80.13)$$

其中 $\mathrm{d}\sigma_0$ 为非极化电子的散射截面.

将 (80.13) 式中括号内的量表示成 $1 + \boldsymbol{\zeta}^{(f)} \cdot \boldsymbol{\zeta}^{(i)}$ 形式, 我们求出终态电子的极化本身 $\boldsymbol{\zeta}^{(f)}$, 它和探测的极化 $\boldsymbol{\zeta}'$ 是不同的 (见 §65): ②

$$\boldsymbol{\zeta}^{(f)} = \frac{(A^2 - |B|^2)\boldsymbol{\zeta} + 2|B|^2(\boldsymbol{\nu} \cdot \boldsymbol{\zeta})\boldsymbol{\nu} + 2A|B|\boldsymbol{\nu} \times \boldsymbol{\zeta}}{A^2 + |B|^2} \qquad (80.14)$$

我们看到, 只有当入射电子是极化的时候, 散射的电子才是极化的. 当然这是一级玻恩近似的一个普遍性质 (见第三卷 §140).

在非相对论情形 ($\varepsilon \to m$), (80.14) 式给出 $\boldsymbol{\zeta}^{(f)} = \boldsymbol{\zeta}$, 也就是说, 电子在散射中保留其极化, 这是忽略自旋轨道耦合作用的一个自然结果.

在相反的极端相对论情形, 我们有

$$A = \varepsilon(1 + \cos\theta), \quad B = -\mathrm{i}\varepsilon\sin\theta,$$

与一般公式 (38.2) 一致.

---

① 这里采用的 $\widehat{f}$ 的定义和在 §37 与 §38 中的定义相差一个因子.

② (80.14) 式对应于在第三卷 §140 问题 1 中推出的式子, 并由该式取 A 为实、B 为虚得到.

如果入射电子有确定的螺旋性 $\left(\boldsymbol{\zeta} = 2\lambda\boldsymbol{n}, \lambda = \pm\dfrac{1}{2}\right)$, 经简单计算, (80.14) 式给出

$$\zeta^{(f)} = 2\lambda\boldsymbol{n}'.$$

因此电子在散射后保持其螺旋性不变, 即有相同的螺旋性值 (λ).

如在 §38 所指出的, 出现这个性质是因为当忽略质量时, 旋量表示的狄拉克方程可分成两个独立的方程, 它们分别对于函数 ξ 与 η. 这个结果还有更普遍的意义, 因为流

$$\widehat{j} = (\xi^*\xi + \eta^*\eta, \xi^*\boldsymbol{\sigma}\xi - \eta^*\boldsymbol{\sigma}\eta)$$

和电磁微扰算符 $\widehat{V} = e\widehat{j}\widehat{A}$ 并不包含 ξ 与 η 的混合项, 而因此没有 ξ 态和 η 态之间过渡的矩阵元. 所以, 假如极端相对论电子有确定的螺旋性, (即假如 η 或 ξ 非零), 那么在对应于完全忽略电子质量的近似下, 这个螺旋性在相互作用过程中是守恒的.

§81 电子和正电子被电子的散射

我们来考虑一个电子被一个电子散射的过程, 两个四维动量分别为 p_1, p_2 的电子相碰撞, 而出射四维动量分别为 p_1', p_2'. 四维动量守恒表示为

$$p_1 + p_2 = p_1' + p_2'. \tag{81.1}$$

我们采用 §66 的运动学不变量, 其定义为

$$\left.\begin{aligned}
s &= (p_1 + p_2)^2 = 2(m^2 + p_1p_2), \\
t &= (p_1 - p_1')^2 = 2(m^2 - p_1p_1'), \\
u &= (p_1 - p_2')^2 = 2(m^2 - p_1p_2'), \\
s &+ t + u = 4m^2.
\end{aligned}\right\} \tag{81.2}$$

所讨论的过程可用两个费曼图 (73.13) 和 (73.14) 表示, 其振幅为[①]

$$M_{fi} = 4\pi e^2 \left\{ \frac{1}{t}(\overline{u}_2'\gamma^\mu u_2)(\overline{u}_1'\gamma_\mu u_1) - \frac{1}{u}(\overline{u}_1'\gamma^\nu u_2)(\overline{u}_2'\gamma_\nu u_1) \right\}. \tag{81.3}$$

按照 §65 对于用极化密度矩阵 ρ_1, ρ_1', $\cdots$ 描述的粒子初态与终态给出的

[①] M_{fi} 的这个形式与一般公式 (70.5) 一致. 在微扰论的第一级非零近似下, 5 个不变振幅中只有一个是非零的: $f_3(t, u) = 4\pi e^2/t$.

规则, 我们必须作改变

$$|M_{fi}|^2 \to 16\pi^2 e^4 \left\{ \frac{1}{t^2} \mathrm{tr}\,(\rho_2' \gamma^\mu \rho_2 \gamma^\nu) \mathrm{tr}\,(\rho_1' \gamma_\mu \rho_1 \gamma_\nu) + \frac{1}{u^2} \mathrm{tr}\,(\rho_1' \gamma^\mu \rho_2 \gamma^\nu) \mathrm{tr}\,(\rho_2' \gamma_\mu \rho_1 \gamma_\nu) \right.$$
$$\left. - \frac{1}{tu} \mathrm{tr}\,(\rho_2' \gamma^\mu \rho_2 \gamma^\nu \rho_1' \gamma_\mu \rho_1 \gamma_\nu) - \frac{1}{tu} \mathrm{tr}\,(\rho_1' \gamma^\mu \rho_2 \gamma^\nu \rho_2' \gamma_\mu \rho_1 \gamma_\nu) \right\}. \tag{81.4}$$

对于非极化电子的散射 (不管其散射后的极化), 我们必须取所有密度矩阵为 $\rho = \frac{1}{2}(\gamma p + m)$, 并将结果乘以 $2 \times 2 = 4$ (对两个初态电子的极化平均并对两个终态电子求和). 散射截面由 (64.23) 式给出, 在该式中由 (64.15a) 得到 $I^2 = \frac{1}{4} s(s - 4m^2)$. 我们可以写出

$$\left. \begin{aligned} &\mathrm{d}\sigma = \mathrm{d}t \frac{4\pi e^4}{s(s - 4m^2)} \{f(t, u) + g(t, u) + f(u, t) + g(u, t)\}, \\ &f(t, u) = \frac{1}{16t^2} \mathrm{tr}\,[(\gamma p_2' + m)\gamma^\mu (\gamma p_2 + m)\gamma^\nu] \mathrm{tr}\,[(\gamma p_1' + m)\gamma_\mu (\gamma p_1 + m)\gamma_\nu], \\ &g(t, u) = -\frac{1}{16tu} \mathrm{tr}\,[(\gamma p_2' + m)\gamma^\mu (\gamma p_2 + m)\gamma^\nu (\gamma p_1' + m)\gamma_\mu (\gamma p_1 + m)\gamma_\nu]. \end{aligned} \right\}$$
$$\tag{81.5}$$

在 $f(t, u)$ 中, 先计算阵迹 (用 (22.9) 和 (22.10) 式), 然后对 μ, ν 求和;[①]而在 $g(t, u)$ 中则先对 μ, ν 求和 (利用 (22.6) 式). 结果为

$$f(t, u) = \frac{2}{t^2} [(p_1 p_2)^2 + (p_1 p_2')^2 + 2m^2 (m^2 - p_1 p_1')],$$
$$g(t, u) = \frac{2}{tu} (p_1 p_2 - 2m^2)(p_1 p_2),$$

或者, 采用不变量 (81.2),

$$\left. \begin{aligned} f(t, u) &= \frac{1}{t^2} \left[\frac{s^2 + u^2}{2} + 4m^2 (t - m^2) \right], \\ g(t, u) &= g(u, t) = \frac{2}{tu} \left(\frac{s}{2} - m^2 \right) \left(\frac{s}{2} - 3m^2 \right). \end{aligned} \right\} \tag{81.6}$$

因此, 截面为

$$\mathrm{d}\sigma = r_e^2 \frac{4\pi m^2 \mathrm{d}t}{s(s - 4m^2)} \left\{ \frac{1}{t^2} \left[\frac{s^2 + u^2}{2} + 4m^2 (t - m^2) \right] \right.$$
$$\left. + \frac{1}{u^2} \left[\frac{s^2 + t^2}{2} + 4m^2 (u - m^2) \right] + \frac{4}{tu} \left(\frac{s}{2} - m^2 \right) \left(\frac{s}{2} - 3m^2 \right) \right\}, \tag{81.7}$$

---

① 为以后引用给出如下公式:

$$1/4\,\mathrm{tr}\,(\gamma p_1 + m)\gamma^\mu (\gamma p_2 + m)\gamma^\nu = g^{\mu\nu}(m^2 - p_1 p_2) + p_1^\mu p_2^\nu + p_1^\nu p_2^\mu.$$

其中 $r_e = e^2/m$.

在质心系中, 我们有

$$s = 4\varepsilon^2, \quad t = -4\boldsymbol{p}^2 \sin^2 \frac{\theta}{2}, \quad u = -4\boldsymbol{p}^2 \cos^2 \frac{\theta}{2},$$
$$-\mathrm{d}t = -2\boldsymbol{p}^2 \mathrm{d}\cos\theta = \frac{\boldsymbol{p}^2}{\pi}\mathrm{d}o, \tag{81.8}$$

其中 $|\boldsymbol{p}|$ 与 ε 为电子的动量与能量的大小, 它们在散射中保持不变, 而 θ 为散射角. 在非相对论情形 $(\varepsilon \approx m)$, [1] 我们得到截面为

$$\begin{aligned}
\mathrm{d}\sigma &= r_e^2 \frac{\pi m^4 \mathrm{d}t}{\boldsymbol{p}^2} \left(\frac{1}{t^2} + \frac{1}{u^2} - \frac{1}{tu} \right) \\
&= \left(\frac{e^2}{mv^2} \right)^2 \left(\frac{1}{\sin^4 \frac{\theta}{2}} + \frac{1}{\cos^4 \frac{\theta}{2}} - \frac{1}{\sin^2 \frac{\theta}{2} \cos^2 \frac{\theta}{2}} \right) \mathrm{d}o \\
&= \left(\frac{e^2}{mv^2} \right)^2 \frac{4(1 + 3\cos^2\theta)}{\sin^4\theta} \mathrm{d}o \ (\text{非相对论}),
\end{aligned} \tag{81.9}$$

其中 $v = 2\boldsymbol{p}/m$ 为电子的相对速度, 与非相对论理论一致 (见第三卷 §137). 在任意速度的一般情形, (81.7) 式作代换 (81.8) 后不难得到如下公式

$$\mathrm{d}\sigma = r_e^2 \frac{m^2(\varepsilon^2 + \boldsymbol{p}^2)^2}{4\boldsymbol{p}^4 \varepsilon^2} \left[\frac{4}{\sin^4\theta} - \frac{3}{\sin^2\theta} + \left(\frac{\boldsymbol{p}^2}{\varepsilon^2 + \boldsymbol{p}^2} \right)^2 \left(1 + \frac{4}{\sin^2\theta} \right) \right] \mathrm{d}o \quad (81.10)$$

(Ch. Möller, 1932). 在极端相对论情形 $(\boldsymbol{p}^2 = \varepsilon^2)$,

$$\mathrm{d}\sigma = r_e^2 \frac{m^2}{\varepsilon^2} \frac{(3 + \cos^2\theta)^2}{4\sin^4\theta} \mathrm{d}o \ (\text{极端相对论}) \tag{81.11}$$

在实验室系, 一个电子 (比如电子 2) 碰撞前静止, 截面可通过如下量表示

$$\Delta = \frac{\varepsilon_1 - \varepsilon_1'}{m} = \frac{\varepsilon_2' - m}{m}, \tag{81.12}$$

这是入射电子 (电子 1) 传递给电子 2 的能量 (以 m 为单位). [2] 不变量为

$$s = 2m(m + \varepsilon_1), \quad t = -2m^2\Delta,$$
$$u = -2m(\varepsilon_1 - m - m\Delta). \tag{81.13}$$

将这些表示式代入 (81.7) 式, 对于在快速初始电子的散射中产生的次级电子 (所谓的 $\boldsymbol{\delta}$ **电子**) 的能量分布给出如下公式:

$$\mathrm{d}\sigma = 2\pi r_e^2 \frac{\mathrm{d}\Delta}{\gamma^2 - 1} \left\{ \frac{(\gamma - 1)^2 \gamma^2}{\Delta^2(\gamma - 1 - \Delta)^2} - \frac{2\gamma^2 + 2\gamma - 1}{\Delta(\gamma - 1 - \Delta)} + 1 \right\}, \tag{81.14}$$

---

[1] 假设速度 v 较小 $(v \ll 1)$, 但仍满足微扰论适用的条件: $e^2/v (= e^2/\hbar v) \ll 1$.
[2] 对弹性碰撞, 不同参考系中的运动学关系在第二卷 §13 中已经给出.

其中 $\gamma = \varepsilon_1/m$. 量 $m\Delta$ 与 $m(\gamma - 1 - \Delta)$ 分别为两个电子碰撞后的动能; 两个电子的全同性在这里表现为此公式对这些量的对称性. 假如 "反冲电子" 指定为较小能量的电子, Δ 取值从 0 到 $\frac{1}{2}(\gamma - 1)$. 当 Δ 小时, (81.14) 式变成

$$d\sigma = 2\pi r_e^2 \frac{\gamma^2}{\gamma^2 - 1} \frac{d\Delta}{\Delta^2} = \frac{2\pi r_e^2}{v_1^2} \frac{d\Delta}{\Delta^2}, \quad \Delta \ll \gamma - 1. \tag{81.15}$$

这个公式假如用入射电子的速度 ($v_1 = |\boldsymbol{p}_1|/\varepsilon_1$) 表示, 在非相对论情形保持相同形式. 因此, 其形式自然与非相对论理论 (参见第三卷 (148.17)) 给出的结果相同.

现在我们来研究正电子被电子的散射 (H. J. Bhabha, 1936). 这是电子–电子散射普遍反应的另一个交叉道. 如果 p_-, p_+ 为电子与正电子的初始动量, 而 p'_-, p'_+ 为它们的终态动量, 那么从一个情形变到另一个情形可通过如下代换完成

$$p_1 \to -p'_+, \quad p_2 \to p_-, \quad p'_1 \to -p_+, \quad p'_2 \to p'_-.$$

运动学不变量 (81.2) 变为

$$s = (p_- - p'_+)^2, \quad t = (p_+ - p'_+)^2, \quad u = (p_- - p_+)^2. \tag{81.16}$$

如果 ee 散射是 s 道, 那么 $\bar{e}e$ 散射就是反应的 u 道. 用 s, t 和 u 表示的散射振幅的平方与前面相同; 在 (81.5) 的分母中, 应该作代换 $s \to u$. 这样, 正电子被一个电子散射的截面为 (代替 (81.7) 式):

$$d\sigma = r_e^2 \frac{4\pi m^2 dt}{u(u - 4m^2)} \left\{ \frac{1}{t^2} \left[\frac{s^2 + u^2}{2} + 4m^2(t - m^2) \right] \right.$$
$$\left. + \frac{1}{u^2} \left[\frac{s^2 + t^2}{2} + 4m^2(u - m^2) \right] + \frac{4}{tu} \left(\frac{s}{2} - m^2 \right) \left(\frac{s}{2} - 3m^2 \right) \right\}. \tag{81.17}$$

在质心系中, 不变量 s, t, u 和 (81.8) 式的区别只是将 s 与 u 交换:

$$s = -4\boldsymbol{p}^2 \cos^2 \frac{\theta}{2}, \quad t = -4\boldsymbol{p}^2 \sin^2 \frac{\theta}{2}, \quad u = 4\varepsilon^2. \tag{81.18}$$

在非相对论极限, (81.17) 式化为卢瑟福公式:

$$d\sigma = \left(\frac{e^2}{mv^2} \right)^2 \frac{do}{\sin^4(\theta/2)} \text{ (非相对论)}, \tag{81.19}$$

其中 $\boldsymbol{v} = 2\boldsymbol{p}/m$. 它来自 (81.17) 式括号里的第一项, 源于 "散射" 型的图 (见 §73). "湮没" 图 ((81.17) 式的第二项) 以及它与散射图的干涉 (第三项) 的贡献在非相对论极限趋于零.[①]

[①] 关于散射振幅中散射项和湮没项如何过渡到非相对论极限见 (83.4) 和 (83.20) 式. 湮没项包含一个因子 $1/c^2$, 因此趋于零.

在任意速度的一般情形, (81.17) 式中所有三项贡献有相同的数量级; 其中第一项仅在小角度占主导, 由于其中有因子 $t^{-2} \propto \sin^{-4}\frac{1}{2}\theta$. 在引入类似的项后, 可以将正电子被电子的散射截面 (在质心系中) 写成如下形式

$$
\mathrm{d}\sigma = \mathrm{d}o \frac{r_e^2}{16}\frac{m^2}{\varepsilon^2} \left\{ \frac{(\varepsilon^2 + \boldsymbol{p}^2)^2}{\boldsymbol{p}^2} \frac{1}{\sin^4(\theta/2)} - \frac{8\varepsilon^4 - m^4}{\boldsymbol{p}^2\varepsilon^2}\frac{1}{\sin^2(\theta/2)} \right.
$$
$$
\left. + \frac{12\varepsilon^4 + m^4}{\varepsilon^4} - \frac{4\boldsymbol{p}^2(\varepsilon^2 + \boldsymbol{p}^2)}{\varepsilon^4}\sin^2\frac{\theta}{2} + \frac{4\boldsymbol{p}^4}{\varepsilon^4}\sin^2\frac{\theta}{2} \right\}. \tag{81.20}
$$

对 $\theta \to \pi - \theta$ 的对称性对于全同粒子散射是很典型的, 但在正电子被电子的散射中自然是没有的. 在极端相对论极限, 公式 (81.20) 与电子–电子散射截面的区别只是因子 $\cos^4\frac{1}{2}\theta$:

$$
\mathrm{d}\sigma_{e\bar{e}} = \cos^4\frac{\theta}{2}\mathrm{d}\sigma_{ee} \text{ (极端相对论)}. \tag{81.21}
$$

在实验室系中, 一个粒子 (例如电子) 在碰撞前是静止的, 我们仍定义

$$
\Delta = \frac{\varepsilon_+ - \varepsilon'_+}{m} = \frac{\varepsilon'_- - m}{m}, \tag{81.22}
$$

即等于正电子传给电子的能量. 如在 (81.13) 中一样, 我们现在有

$$
s = -2m(\varepsilon_+ - m - m\Delta), \quad t = -2m^2\Delta, \quad u = 2m(m + \varepsilon_+).
$$

将这些表示式代入 (81.17) 式, 作简单的变换后, 不难对次级电子的能量分布得到如下公式:

$$
\mathrm{d}\sigma = 2\pi r_e^2 \frac{\mathrm{d}\Delta}{\gamma^2 - 1} \left\{ \frac{\gamma^2}{\Delta^2} - \frac{2\gamma^2 + 4\gamma + 1}{\gamma + 1}\frac{1}{\Delta} \right.
$$
$$
\left. + \frac{3\gamma^2 + 6\gamma + 4}{(\gamma + 1)^2} - \frac{2\gamma}{(\gamma + 1)^2}\Delta + \frac{1}{(\gamma + 1)^2}\Delta^2 \right\}, \tag{81.23}
$$

其中 $\gamma = \varepsilon_+/m$; Δ 从 0 变到 $\gamma - 1$. 当 $\Delta \ll \gamma - 1$ 时, (81.23) 式导致与电子散射同样的公式 (81.15).

在电子或正电子散射中的极化效应用 §65 给出的普遍方法计算. 除了几个特殊情形外, 所得公式一般是很长的. 这里我们仅作某些评论.[①]

在所考虑的 (微扰论第一个非零近似) 近似中, 截面不包含初态或终态粒子极化矢量的线性项. 如同非相对论理论 (第三卷 §140) 一样, 这样的项由于要求散射矩阵是厄米的而被禁戒. 因此, 如果只有一个碰撞粒子是极化的, 那么散射截面不变; 而未极化粒子也不会由于散射而变成极化的.

---

① 进一步的细节见 W. H. McMaster, Reviews of Modern Physics 33, 8, 1961.

同样的要求还禁戒了在截面中出现参加过程的粒子 (初或终) 三个极化乘积的关联项. 然而, 截面确实包含二重和四重的关联项. 在不同粒子 (电子与正电子, 电子与 μ 粒子) 的散射中, 这些项在非相对论极限由于没有自旋轨道相互作用而消失了. 然而, 在相同粒子的散射中, 由于交换效应, 即使在非相对论极限也有关联项.

习　题

1. 求非相对论极限下极化电子的散射截面.

解: 在非相对论极限, 在标准表示中双旋量振幅有两个分量, 密度矩阵为两列矩阵 (29.20). 在散射振幅 (81.3) 中, 只有 $\mu = \nu = 0$ 的项是非零的, 它包含的矩阵 γ^0 是对角的 (在标准表示中). 代替 (81.4), 我们有

$$
\begin{aligned}
\sum_{\text{polar}} |M_{fi}|^2 &= 16\pi^2 e^4 \cdot 4m^4 \bigg\{ \left(\frac{1}{t^2} + \frac{1}{u^2} \right) \operatorname{tr}(1 + \boldsymbol{\sigma} \cdot \boldsymbol{\zeta}_1) \operatorname{tr}(1 + \boldsymbol{\sigma} \cdot \boldsymbol{\zeta}_2) \\
&\quad - \frac{2}{tu} \operatorname{tr}(1 + \boldsymbol{\sigma} \cdot \boldsymbol{\zeta}_1)(1 + \boldsymbol{\sigma} \cdot \boldsymbol{\zeta}_2) \bigg\} \\
&= 16\pi^2 e^4 \cdot 4m^4 \cdot 4 \left[\frac{1}{t^2} + \frac{1}{u^2} - \frac{1}{tu}(1 + \boldsymbol{\zeta}_1 \cdot \boldsymbol{\zeta}_2) \right],
\end{aligned}
$$

求和对终态电子的极化进行. 因此, 散射截面为

$$
\mathrm{d}\sigma = \mathrm{d}\sigma_0 \left(1 - \frac{\sin^2\theta}{1 + 3\cos^2\theta} \boldsymbol{\zeta}_1 \cdot \boldsymbol{\zeta}_2 \right),
$$

其中 θ 为质心系中的散射角, $\mathrm{d}\sigma_0$ 为非极化粒子的散射截面 (81.9). 对完全极化的电子, 此公式与第三卷 §137 习题的结果相同, 其中 $|\boldsymbol{\zeta}_1| = |\boldsymbol{\zeta}_2| = 1$, $\boldsymbol{\zeta}_1 \cdot \boldsymbol{\zeta}_2 = \cos\alpha$, α 为电子极化方向间的夹角.

对于正电子被电子的散射, 在此近似下与极化没有关系 ($\mathrm{d}\sigma = \mathrm{d}\sigma_0$); 这容易从在非相对论极限, 在电子和正电子振幅 u_p 与 u_{-p} 中不同对的分量非零看出.

2. 在非相对论情形, 求非极化束被极化靶散射中散射电子的极化.

解: 我们可以计算对给定初始极化 $\boldsymbol{\zeta}_2$ 与探测的终态极化 $\boldsymbol{\zeta}_1'$ 的散射截面; 只测一个终态电子的极化. 采用习题 1 同样的方法, 我们求出

$$
\mathrm{d}\sigma = \frac{1}{2} \mathrm{d}\sigma_0 \left[1 - \boldsymbol{\zeta}_1' \cdot \boldsymbol{\zeta}_2 \frac{2\cos\theta(1 - \cos\theta)}{1 + 3\cos^2\theta} \right].
$$

因此, 散射电子的极化矢量为

$$
\boldsymbol{\zeta}_1^{(f)} = -\boldsymbol{\zeta}_2 \frac{2\cos\theta(1 - \cos\theta)}{1 + 3\cos^2\theta}.
$$

3. 在非相对论情形, 求一个完全极化电子被非极化电子散射的自旋反转概率.

解: 我们类似地求出给定极化 $\boldsymbol{\zeta}_1$ 与 $\boldsymbol{\zeta}_1'$ 的截面:

$$\mathrm{d}\sigma = \frac{1}{2}\mathrm{d}\sigma_0\left[1 + \boldsymbol{\zeta}_1 \cdot \boldsymbol{\zeta}_1'\frac{2\cos\theta(1+\cos\theta)}{1+3\cos^2\theta}\right].$$

取 $\boldsymbol{\zeta}_1 \cdot \boldsymbol{\zeta}_1' = -1$, 于是就求出自旋反转的概率:

$$\frac{\mathrm{d}\sigma}{\mathrm{d}\sigma_0} = \frac{(1-\cos\theta)^2}{2(1+3\cos^2\theta)}.$$

4. 求在极端相对论情形下, 平行自旋与反平行自旋的螺旋性电子散射截面之比.

解: 按照 (29.22) 式, 在 (81.4) 式中我们必须取

$$\rho_1 = \frac{1}{2}(\gamma p_1)(1-2\lambda_1\gamma^5), \quad \rho_2 = \frac{1}{2}(\gamma p_2)(1-2\lambda_2\gamma^5),$$

$$\rho_1' = \frac{1}{2}\gamma p_1', \quad \rho_2' = \frac{1}{2}\gamma p_2',$$

其中 $\lambda_1, \lambda_2 = \pm\frac{1}{2}$. 阵迹可用 §22 给出的公式计算, 特别是,

$$\mathrm{tr}\left[\gamma^5(\gamma a)\gamma^\mu(\gamma b)\gamma^\nu\right]\mathrm{tr}\left[\gamma^5(\gamma c)\gamma_\mu(\gamma d)\gamma_\nu\right]$$
$$= \mathrm{i}^2(e^{\rho\mu\lambda\nu}a_\rho b_\lambda)(e_{\sigma\mu\tau\nu}c^\sigma d^\tau) = 2(\delta_\sigma^\rho\delta_\tau^\lambda - \delta_\tau^\rho\delta_\sigma^\lambda)a_\rho b_\lambda c^\sigma d^\tau = 2(ac)(bd) - 2(ad)(bc).$$

结果为

$$\frac{\mathrm{d}\sigma}{\mathrm{d}t} \propto \left(\frac{s^2+u^2}{t^2} + \frac{s^2+t^2}{u^2} + \frac{2s^2}{tu}\right) + 4\lambda_1\lambda_2\left(\frac{s^2-u^2}{t^2} + \frac{s^2-t^2}{u^2} + \frac{2s^2}{tu}\right).$$

由于 (在质心系中) 碰撞电子的动量是方向相反的, 反平行自旋对应于相同螺旋性情形 ($\lambda_1 = \lambda_2$), 而平行自旋对应于相反螺旋性情形 ($\lambda_1 = -\lambda_2$). 由 (81.8) 代入 s, t, u (且 $\boldsymbol{p}^2 \approx \varepsilon^2$), 我们求出所要求的截面比:

$$\frac{\mathrm{d}\sigma_{\uparrow\uparrow}}{\mathrm{d}\sigma_{\uparrow\downarrow}} = \frac{1}{8}(1 + 6\cos^2\theta + \cos^4\theta). \tag{1}$$

当 $\theta = \frac{1}{2}\pi$ 时, 取其极小值 $\frac{1}{8}$.

5. 同习题 4, 但换成正电子被电子散射的情形.

解: 在此情形代替 (81.4), 我们必须计算,

$$|M_{fi}|^2 \to 16\pi^2 e^4\left\{\frac{1}{t^2}\mathrm{tr}\,(\rho_-'\gamma^\mu\rho_-\gamma^\nu)\mathrm{tr}\,(\rho_+\gamma_\mu\rho_+'\gamma_\nu)\right.$$
$$\left. -\frac{1}{tu}\mathrm{tr}\,(\rho_-'\gamma^\mu\rho_-\gamma^\nu\rho_+\gamma_\mu\rho_+'\gamma_\nu) + \cdots\right\};$$

其余项由交换 ρ_+ 与 ρ'_- 得到. 密度矩阵为

$$\rho_- = \frac{1}{2}(\lambda p_-)(1 - 2\lambda_-\gamma^5), \quad \rho_+ = \frac{1}{2}(\gamma p_+)(1 + 2\lambda_+\gamma^5),$$

$$\rho'_- = \frac{1}{2}\gamma p'_-, \qquad\qquad \rho'_+ = \frac{1}{2}\gamma p'_+,$$

其中 $\lambda_+, \lambda_- = \pm\frac{1}{2}$ (与电子一样, 对正电子, $\lambda_+ = \frac{1}{2}$ 标记自旋与动量平行). 计算结果为

$$\frac{\mathrm{d}\sigma}{\mathrm{d}t} \propto \left(\frac{s^2 + u^2}{t^2} + \frac{s^2 + t^2}{u^2} + \frac{2s^2}{tu}\right) - 4\lambda_+\lambda_-\left(\frac{s^2 - u^2}{t^2} + \frac{s^2 - t^2}{u^2} + \frac{2s^2}{tu}\right).$$

于是, 我们求出与习题 4 同样的截面比.

6. 求 μ 子被电子散射的截面.

解: 这个过程用图 (73.17) 描述. 代替 (81.5) 式, 我们有

$$\mathrm{d}\sigma = \frac{\pi e^4 \mathrm{d}t}{(p_e p_\mu)^2 - m^2\mu^2}f(t, u) = \frac{4\pi e^4 \mathrm{d}t}{[s - (m+\mu)^2][s - (m-\mu^2)^2]}f(t, u), \quad (1)$$

$$f(t, u) = \frac{1}{16t^2}\mathrm{tr}\left[(\gamma p'_\mu + \mu)\gamma^\lambda(\gamma p_\mu + \mu)\gamma^\nu\right]\mathrm{tr}\left[(\gamma p'_e + m)\gamma_\lambda(\gamma p_e + m)\gamma_\nu\right]$$

p_e, p_μ 与 p'_e, p'_μ 为电子与 μ 子的初态与终态的四维动量, m, μ 为它们的质量. 不变量为

$$s = (p_e + p_\mu)^2 = m^2 + \mu^2 + 2p_e p_\mu,$$

$$t = (p_e - p'_e)^2 = 2(m^2 - p_e p'_e) = 2(\mu^2 - p_\mu p'_\mu),$$

$$u = (p_e - p'_\mu)^2 = m^2 + \mu^2 - 2p_e p'_\mu,$$

$$s + t + u = 2(m^2 + \mu^2).$$

计算结果为

$$f = \frac{2}{t^2}\left\{(p_e p_\mu)^2 + (p_e p'_\mu)^2 + \frac{1}{2}(m^2 + \mu^2)t\right\}$$

$$= \frac{1}{t^2}\left\{\frac{s^2 + u^2}{2} + (m^2 + \mu^2)(2t - m^2 - \mu^2)\right\}. \quad (2)$$

公式 (1) 与 (2) 给出了问题的解. 在质心系,

$$\mathrm{d}\sigma = \frac{e^4 \mathrm{d}o}{8(\varepsilon_e + \varepsilon_\mu)^2 \boldsymbol{p}^4 \sin^4(\theta/2)}$$

$$\times[(\varepsilon_e\varepsilon_\mu + \boldsymbol{p}^2)^2 + (\varepsilon_e\varepsilon_\mu + \boldsymbol{p}^2\cos\theta)^2 - 2(m^2 + \mu^2)\boldsymbol{p}^2\sin^2(\theta/2)],$$

其中 $\mathrm{d}o = 2\pi \sin\theta \mathrm{d}\theta$; $\varepsilon_e, \varepsilon_\mu$ 为电子与 μ 子的能量; $\boldsymbol{p}^2 = \varepsilon_e^2 - m^2 = \varepsilon_\mu^2 - \mu^2$. 如果 $\boldsymbol{p}^2 \ll \mu^2$, 我们就回到对固定库仑力心的散射公式 (80.9). 在极端相对论情形 $(\boldsymbol{p}^2 \gg \mu^2)$,

$$\mathrm{d}\sigma = \frac{e^4}{8\boldsymbol{p}^2} \frac{1 + \cos^4(\theta/2)}{\sin^4(\theta/2)} \mathrm{d}o.$$

在实验室系 (在此系中电子在碰撞前是静止的),

$$\mathrm{d}\sigma = 2\pi \left(\frac{e^2}{m}\right)^2 \frac{\mathrm{d}\Delta}{\boldsymbol{v}_\mu^2 \Delta^2} \left(1 - \boldsymbol{v}_\mu^2 \frac{\Delta}{\Delta_{\max}} + \frac{m^2}{2\varepsilon_\mu^2} \Delta^2\right),$$

其中 ε_μ 为入射 μ 子的能量, $\boldsymbol{v}_\mu = \boldsymbol{p}_\mu/\varepsilon_\mu$ 为其速度; $m\Delta = \varepsilon_e' - m = \varepsilon_\mu - \varepsilon_\mu'$ 为反冲电子的能量; 而

$$\Delta_{\max} = \frac{2\boldsymbol{p}_\mu^2}{m^2 + \mu^2 + 2m\varepsilon_\mu}$$

为 Δ 的最大值.

7. 求在极端相对论情形下 $(\varepsilon_\mu \gg \mu, \varepsilon_e \gg m)$, 平行自旋与反平行自旋的螺旋性电子和 μ 子互相散射的截面比.

解: ①和习题 4 同样方法, 我们求出

$$\frac{\mathrm{d}\sigma_{\uparrow\uparrow}}{\mathrm{d}\sigma_{\uparrow\downarrow}} = \cos^4 \frac{\theta}{2},$$

其中 θ 为质心系中的散射角.

8. 求一个电子对变成 μ 子对的截面 (В. Б. Берестецкий, И. Я. Померанчук, 1955).

解: 这是 μe 散射所属反应的另一个交叉道. 在这个道,

$$s = (p_e - \overline{p}_\mu)^2, \quad t = (p_e - \overline{p}_e)^2, \quad u = (p_e - p_\mu)^2,$$

其中 $p_e, \overline{p}_e$ 为电子与正电子的四维动量, 而 $p_\mu, \overline{p}_\mu$ 为 μ 子与反 μ 子的四维动量. 反应阈对应于电子对 (在质心系中) 的能量 2μ, 所以我们必须有 $t > 4\mu^2$. 在实验室系, 电子在碰撞前是静止的并且正电子有能量 ε_+,

$$t = 2m(\varepsilon_+ + m) \approx 2m\varepsilon_+,$$

因此我们必须有 $\varepsilon_+ > \varepsilon_t$, 其中阈能为 $\varepsilon_t = 2\mu^2/m$; 这里及以后都作了不等式 $\mu \gg m$ 所容许的所有近似.

微分截面 (代替习题 6 的公式 (1)(2)) 为

$$\mathrm{d}\sigma = \frac{4\pi e^4 \mathrm{d}s}{(t - 4m^2)t} f(t, u) \approx 4\pi e^4 \frac{\mathrm{d}s}{t^4} \left[\frac{s^2 + u^2}{2} + 2\mu^2 t - \mu^4\right].$$

———————————————
① 解此问题的另一方法在 §144 的末尾给出.

对给定的 t, 量 s 取值在由方程 $su \approx \mu^4$ 和 $s + t + u \approx 2\mu^2$ 确定的上下限之间, 即

$$\mu^2 - \frac{t}{2} - \frac{1}{2}\sqrt{t(t - 4\mu^2)} \leqslant s \leqslant \mu^2 - \frac{t}{2} + \frac{1}{2}\sqrt{t(t - 4\mu^2)}.$$

作一个初等积分给出

$$\sigma = \frac{4\pi}{3} r_e^2 \frac{m^2}{t} \sqrt{1 - \frac{4\mu^2}{t}} \left(1 + \frac{2\mu^2}{t}\right), \quad r_e = \frac{e^2}{m}; \tag{1}$$

在实验室系中, $t = 2m\varepsilon_+$. 这个公式在阈的邻域不成立: 当 $\varepsilon_+ - \varepsilon_t \sim \mu e^4$ 时, 形成的 μ 子不能看成是自由粒子; 考虑它们之间的库仑相互作用, 当 $\varepsilon_+ \to \varepsilon_t$ 时截面并不趋于零而趋于一个恒定值 (见第三卷 §147).

截面 (1) 在 $\varepsilon_+ = 1.7\varepsilon_t$ 时有最大值. 其最大值大约比同样能量的两个光子湮没的截面小 20 倍.

§82 快速粒子的电离损失

考虑一个快的相对论粒子和一个原子的碰撞, 并伴随有原子的激发和电离. 这样的非弹性碰撞的非相对论情形已经在第三卷 §148-§150 中讨论过了; 这里我们将推导第三卷得到的公式的相对论推广 (H. A. Bethe, 1933).

假设入射到原子的粒子的速度与原子内电子的速度相比是很大的; 于是我们总假设 $Z\alpha \ll 1$, 即原子序数很小. 这个条件保证了玻恩近似可以应用于所考虑的过程. 问题的解某种程度上依赖于快速粒子是轻的 (电子或正电子) 还是重的 (介子, 质子, α 粒子, 等等). 后一情形较为简单, 我们将在这里研究.

设 $p = (\varepsilon, \boldsymbol{p})$ 与 $p' = (\varepsilon', \boldsymbol{p}')$ 分别为实验室系中快速粒子的初态与终态动量, 在此坐标系中原子在碰撞前是静止的; 差 $q = p' - p$ 给出粒子给原子的能量与动量转移. 可能的动量转移范围可以分为两个部分:

$$(\text{I}) \ \frac{\boldsymbol{q}^2}{m} \ll m, \quad (\text{II}) \ \frac{\boldsymbol{q}^2}{m} \gg I, \tag{82.1}$$

其中 m 为电子质量而 I 为原子的平均能量, 即其电离势. 这两部分在 $I \ll \boldsymbol{q}^2/m \ll m$ 时重叠; 这使得两部分分别的结果得以精确的连接. 该两部分范围的动量转移可分别说成是小动量转移与大动量转移.

小动量转移

在此范围, 初态与终态原子的电子都可以看成是非相对论的. 这个过程的振幅为

$$M_{fi}^{(n)} = e^2 J_{n0}^{\mu}(-q) J_{p'p}^{\nu}(q) D_{\mu\nu}(q), \tag{82.2}$$

其中 J_{n0} 为原子从初态 (0) 到终态 (n) 的四维跃迁流, 而 $J_{p'p}$ 为快粒子的四维跃迁流; 此处的这些流代替了 $\bar{u}'\gamma u$, 它会出现在例如两个 "基本" 粒子 (如 (73.17) 式中的电子与 μ 子) 的散射振幅中; 可比较 (139.3) 式. 跃迁流在动量表象中表示 (参见 (43.11)). 在实验室系中这个过程的截面为

$$d\sigma_n = 2\pi\delta(\varepsilon - \varepsilon' - \omega_{n0}) \left| M_{fi}^{(n)} \right|^2 \frac{d^3p'}{2|\boldsymbol{p}| \cdot 2\varepsilon'(2\pi)^3}, \tag{82.3}$$

其中 $\omega_{n0} = E_n - E_0$ 为原子两个态之间的跃迁频率. 终态既可以属于离散谱也可以属于连续谱, 分别对应于原子的激发和电离情形. 在能量守恒 (由 (82.3) 式中的 δ 函数表示) 方程中, 原子的反冲能量可以忽略; 这对于小动量转移肯定是允许的.

这里光子传播子可方便地在规范 (76.14) 中表示, 这时只有其空间分量是非零的:

$$D_{ik}(q) = -\frac{4\pi}{\omega^2 - \boldsymbol{q}^2} \left(\delta_{ik} - \frac{q_i q_k}{\omega^2} \right). \tag{82.4}$$

于是, 在 (82.2) 中类似地也只需要跃迁流的空间分量.

原子的跃迁流 $\boldsymbol{J}_{n0}(\boldsymbol{q})$ 在这里为通常的非相对论表示的傅里叶分量:

$$\boldsymbol{J}_{n0}(\boldsymbol{q}) = \frac{i}{2m} \int e^{-i\boldsymbol{q}\cdot\boldsymbol{r}} (\psi_0 \nabla \psi_n^* - \psi_n^* \nabla \psi_0) d^3x, \tag{82.5}$$

其中 ψ_0 与 ψ_n 为原子波函数; 为简洁计, 以后对原子中电子的求和号略去不写, 即公式的写法好像原子中只有一个电子. 对第一项分部积分, 我们可以将此表示式重写为矩阵元:

$$\boldsymbol{J}_{n0}(\boldsymbol{q}) = \frac{1}{2}(\boldsymbol{v}e^{-i\boldsymbol{q}\cdot\boldsymbol{r}} + e^{-i\boldsymbol{q}\cdot\boldsymbol{r}}\boldsymbol{v})_{n0}, \tag{82.6}$$

其中 $\boldsymbol{v} = -(i/m)\nabla$ 为电子的速度算符.

由于散射粒子的动量损失是相对小的 ($|\boldsymbol{q}| \ll |\boldsymbol{p}|$), 这个粒子的跃迁流可以简单地换成为对角元:

$$\boldsymbol{J}_{pp}(0) = 2\boldsymbol{p}z, \tag{82.7}$$

对应于经典的直线运动 (参见 (99.5)); 包含一个因子 z 是考虑粒子电荷 ze 电子电荷 e 的可能差别.

因为 $\boldsymbol{q}$ 是小的, 粒子的偏转角 ϑ 也是小的. $\boldsymbol{q}$ 的纵向与横向分量 (相对于 $\boldsymbol{p}$) 分别为:

$$-q_{\parallel} \approx \frac{dp}{d\varepsilon}\omega_{n0} = \frac{\omega_{n0}}{v}, \quad q_{\perp} \approx |\boldsymbol{p}|\vartheta, \tag{82.8}$$

因此, $\boldsymbol{q} \cdot \boldsymbol{p} \approx -\varepsilon\omega_{n0}$.

将 (82.4)—(82.8) 代入 (82.2), 并考虑到 $\omega = \omega_{n0}$ 就得出:

$$M_{fi}^{(n)} = -\frac{4\pi ze^2}{q^2}\langle n|\frac{\varepsilon}{\omega_{n0}}(\boldsymbol{q}\cdot\boldsymbol{v}\mathrm{e}^{-\mathrm{i}\boldsymbol{q}\cdot\boldsymbol{r}} + \mathrm{e}^{-\mathrm{i}\boldsymbol{q}\cdot\boldsymbol{r}}\boldsymbol{q}\cdot\boldsymbol{v}) + (\boldsymbol{p}\cdot\boldsymbol{v}\mathrm{e}^{-\mathrm{i}\boldsymbol{q}\cdot\boldsymbol{r}} + \mathrm{e}^{-\mathrm{i}\boldsymbol{q}\cdot\boldsymbol{r}}\boldsymbol{p}\cdot\boldsymbol{v})|0\rangle.$$

在第一项中, 由于

$$\boldsymbol{q}\cdot\widehat{\boldsymbol{v}}f + f\boldsymbol{q}\cdot\widehat{\boldsymbol{v}} = 2\mathrm{i}\widehat{\dot{f}},$$

其中 $f \equiv \mathrm{e}^{-\mathrm{i}\boldsymbol{q}\cdot\boldsymbol{r}}$ (见第三卷 §149), 这个算符的矩阵元为 $2\mathrm{i}(\dot{f})_{n0} = 2\omega_{n0}f_{n0}$. 在第二项中, 因为 $\boldsymbol{q}$ 是小量, $\mathrm{e}^{-\mathrm{i}\boldsymbol{q}\cdot\boldsymbol{r}}$ 可取为 1. 于是

$$M_{fi}^{(n)} = -\frac{8\pi ze^2}{q}\{\varepsilon(\mathrm{e}^{-\mathrm{i}\boldsymbol{q}\cdot\boldsymbol{r}})_{n0} - \mathrm{i}\boldsymbol{p}\cdot\boldsymbol{r}_{n0}\omega_{n0}\}.$$

模平方为

$$|M_{fi}^{(n)}|^2 = \frac{64\pi^2(ze^2)^2}{(q^2)^2}\{\varepsilon^2|(\mathrm{e}^{-\mathrm{i}\boldsymbol{q}\cdot\boldsymbol{r}})_{n0}|^2 + 2(\boldsymbol{q}\cdot\boldsymbol{r}_{n0})(\boldsymbol{p}\cdot\boldsymbol{r}_{n0})\varepsilon\omega_{n0} + (\boldsymbol{p}\cdot\boldsymbol{r}_{n0})^2\omega_{n0}^2\};$$

$$\text{(82.9)}$$

这里, 在第二项, 我们已取 $\mathrm{e}^{-\mathrm{i}\boldsymbol{q}\cdot\boldsymbol{r}} \approx 1 - \mathrm{i}\boldsymbol{q}\cdot\boldsymbol{r}$, 但在第一项中不能这样做, 其原因将在下面第三个脚注中解释.

快速粒子在与原子的非弹性碰撞中的能量损失为 [1]

$$\varkappa = \sum_n \int \omega_{n0}\mathrm{d}\sigma_n = \frac{1}{16\pi^2}\sum_n \int \omega_{n0}|M_{fi}^{(n)}|^2\mathrm{d}o', \qquad \text{(82.10)}$$

其中求和对原子所有可能的终态进行, 而积分对散射粒子的方向进行; 这个量将称为**有效滞阻** ($\varkappa/\varepsilon$ 为熟知的**能量损失截面**).

(82.10) 式中的积分可以分两步完成, 第一步对 $\boldsymbol{p}'$ 相对于 $\boldsymbol{p}$ 方向的极角求平均, 然后对 $\mathrm{d}o' \approx 2\pi\vartheta\mathrm{d}\vartheta$ 积分, 其中 ϑ 为小散射角. 第一步作了如下改变

$$\boldsymbol{q}\cdot\boldsymbol{r}_{n0} \to q_\parallel x_{n0} = -\frac{\omega_{n0}}{v}x_{n0},$$

其中 x_{n0} 为原子电子的一个笛卡儿坐标的矩阵元 [2]. 对 $\mathrm{d}\vartheta$ 的积分可以用对 q^2 积分代替, 因为

$$-q^2 = -\omega_{n0}^2 + \boldsymbol{q}^2 \approx -\omega_{n0}^2 + \frac{\omega_{n0}^2}{v^2} + \boldsymbol{p}^2\vartheta^2 = \frac{\omega_{n0}^2M^2}{\boldsymbol{p}^2} + \boldsymbol{p}^2\vartheta^2, \qquad \text{(82.11)}$$

因此 $2\vartheta\mathrm{d}\vartheta = \mathrm{d}|q^2|/\boldsymbol{p}^2$, M 为快速粒子的质量. 结果为

$$\varkappa = 4\pi(ze^2)^2\sum_n\int\left\{|(\mathrm{e}^{-\mathrm{i}\boldsymbol{q}\cdot\boldsymbol{r}})_{n0}|^2\frac{\omega_{n0}}{v^2} - \omega_{n0}^3|x_{n0}|^2\left|\frac{M^2}{\boldsymbol{p}^2} + \frac{1}{v^2}\right|\right\}\frac{\mathrm{d}|q^2|}{|q^2|^2}. \qquad \text{(82.12)}$$

---

[1] 这通常称为**电离损失**, 尽管它们来自原子的激发和电离.

[2] 哪个坐标是无所谓的: 在对终态原子角动量方向求和后, 矩阵元就与 x 轴的方向无关了.

对 q^2 的积分下限为:

$$|q^2|_{\min} = \frac{M^2}{\boldsymbol{p}^2} \omega_{n0}^2.$$ (82.13)

我们取一个 $|q^2|_1$ 值作为积分的上限, 使得

$$I \ll \frac{|q^2|_1}{m} \ll m,$$ (82.14)

于是, 它处于范围 I 和范围 II 重叠的区域 (82.1).

(82.12) 式中的积分和求和采用与第三卷 §149 对非相对论情形同样的方法进行. 整个积分范围分成两部分: (a) 从 $|q^2|_{\min}$ 到 $|q^2|_0$; (b) 从 $|q^2|_0$ 到 $|q^2|_1$, 其中 $|q^2|_0$ 的取值使得

$$\frac{IM}{|\boldsymbol{p}|} \ll \sqrt{|q^2|_0} \ll m\alpha,$$ (82.15)

右边的量 $m\alpha$ 为原子电子动量的数量级. 在范围 (a) 我们可以取 $\mathrm{e}^{-\mathrm{i}\boldsymbol{q}\cdot\boldsymbol{r}} \approx 1 - \mathrm{i}\boldsymbol{q}\cdot\boldsymbol{r}$, 这部分对 $\varkappa$ 的贡献为

$$4\pi(ze^2)^2 \sum_n \int_{|q^2|_{\min}}^{|q^2|_0} \left\{ \frac{1}{v^2}\omega_{n0}|x_{n0}|^2\frac{1}{|q^2|} - \frac{M^2}{\boldsymbol{p}^2}\omega_{n0}^3|x_{n0}|^2\frac{1}{|q^2|^2} \right\} \mathrm{d}|q^2|$$

$$\approx \frac{4\pi(ze^2)^2}{v^2} \sum \omega_{n0}|x_{n0}|^2 \left[\ln\frac{|q^2|_0\boldsymbol{p}^2}{M^2\omega_{n0}^2} - v^2 \right].$$

其中第二项的积分可以扩展到无穷大.

求和则利用如下公式进行

$$\sum_n \omega_{n0}|x_{n0}|^2 = \frac{Z}{2m},$$ (82.16)

其中 Z 为原子中的电子数; 见第三卷 (149.10). 结果可写成

$$\frac{2\pi(ze^2)^2Z}{mv^2} \left[\ln\frac{|q^2|_0\boldsymbol{p}^2}{M^2I^2} - v^2 \right],$$ (82.17)

其中 I 为原子的平均能量, 定义为

$$\ln I = \frac{\sum_n \omega_{n0}|x_{n0}|^2\ln\omega_{n0}}{\sum_n \omega_{n0}|x_{n0}|^2} = \frac{2m}{Z}\sum_n \omega_{n0}|x_{n0}|^2\ln\omega_{n0}.$$ (82.18)

在范围 (b), (82.11) 式表明 $|q^2| \approx \boldsymbol{p}^2\vartheta^2$, 也就是说, $|q^2|$ 与原子的特定终态 n 无关, 积分限也与 n 无关. 因此, 对 n 的求和可以在 (82.12) 式的积分号内进行. 在第一项, 求和利用下式进行

$$\sum_n |(\mathrm{e}^{-\mathrm{i}\boldsymbol{q}\cdot\boldsymbol{r}})_{n0}|^2\omega_{n0} = \frac{Z}{2m}\boldsymbol{q}^2$$ (82.19)

(见第三卷 (149.5)), 并且积分为[①]

$$\frac{2\pi Z(ze^2)^2}{mv^2} \ln \frac{|q^2|_1}{|q^2|_0}.$$

(82.12) 式中第二项对这个范围的积分对 $\varkappa$ 的贡献可以忽略.

将最后的式子加到 (82.17) 中, 我们求出整个小动量转移范围对 $\varkappa$ 的贡献为

$$\frac{2\pi Z(ze^2)^2}{mv^2} \left[\ln \frac{|q^2|_1 \boldsymbol{p}^2}{M^2 I^2} - v^2 \right]. \tag{82.20}$$

大动量转移

现在我们来考虑动量转移比原子电子动量大得多 ($q^2 \gg mI$) 的碰撞. 很明显, 这时我们可以忽略原子对电子的束缚, 而将它们看成是自由的. 因此, 快速粒子与原子的碰撞可处理成与 Z 个原子电子的弹性碰撞. 由于粒子高速, 原子电子可假设原来是静止的.

设 $m\Delta$ 为快速粒子转移给原子电子的能量, $\mathrm{d}\sigma_\Delta$ 为以这个能量转移作弹性散射的截面. 于是, 整个原子的微分有效滞阻为

$$\mathrm{d}\varkappa = Zm\Delta\mathrm{d}\sigma_\Delta. \tag{82.21}$$

由一个质量为 $M \gg m$ 的粒子的撞击能够转移给一个静止电子的最大能量为

$$m\Delta_{\max} = \frac{2m\boldsymbol{p}^2}{m^2 + M^2 + 2m\varepsilon} \approx \frac{2m\boldsymbol{p}^2}{M^2 + 2m\varepsilon},$$

其中 ε 与 $\boldsymbol{p}$ 为入射粒子的能量与动量; 见第二卷 (13.13). 我们还假设能量 ε 尽管是极端相对论的 ($\varepsilon \gg m$), 仍然使得

$$\varepsilon \ll \frac{M^2}{m}. \tag{82.22}$$

因此即使最大能量转移

$$m\Delta_{\max} \approx \frac{2m\boldsymbol{p}^2}{M^2} = 2mv^2\gamma^2, \quad \gamma = \frac{\varepsilon}{M} = \frac{1}{\sqrt{1 - v^2}} \tag{82.23}$$

与入射粒子的初始动能相比也是小的 ($m\Delta_{\max} \ll \varepsilon - M$). 相应地, 动量转移 $\boldsymbol{q}$ 与粒子的初始动量 $\boldsymbol{p}$ 相比也总是小的. 这使得我们可以将粒子的运动看成没有因碰撞而改变, 也就是说, 粒子本身看成有无穷大质量. 于是散射截面简单

[①] 此积分在上限的对数发散正是 (82.12) 式的第一项中的 $e^{-i\boldsymbol{q}\cdot\boldsymbol{r}}$ 不能展开为 $\boldsymbol{q}$ 的级数的原因.

地通过将对固定中心电子散射截面 (80.7) 变换到实验室系就可求出, 在实验室系电子初始时是静止的. 这是容易做到的, 只要注意到, 在所采用的近似下,

$$-q^2 \approx \boldsymbol{q}^2 = 4\boldsymbol{p}^2 \sin^2 \frac{\vartheta}{2}, \quad \mathrm{d}o' = \frac{\pi \mathrm{d}|q^2|}{\boldsymbol{p}^2},$$

并且在两个参考系中相对速度为 v. (80.7) 式变成

$$\mathrm{d}\sigma = \frac{4\pi(ze^2)^2}{v^2}\left(1 - \frac{|q^2|}{4m^2\gamma^2}\right)\frac{\mathrm{d}|q^2|}{|q^2|^2}.$$

能量转移 $\varDelta$ 用相同的不变量 q^2 表示: $-q^2 = 2m^2\varDelta$, 并因此[①]

$$\mathrm{d}\sigma_\varDelta = \frac{2\pi(ze^2)^2}{m^2v^2}\left(1 - v^2\frac{\varDelta}{\varDelta_{\max}}\right)\frac{\mathrm{d}\varDelta}{\varDelta^2}. \tag{82.24}$$

这个范围的动量转移对有效滞阻的贡献可通过对 (82.21) 从上面定义的下限 $|q^2|_1$ 到 $|q^2|_{\max} = 2m^2\varDelta_{\max}$ 的积分求出. 结果为

$$\frac{2\pi(ze^2)^2 Z}{mv^2}\left(\ln\frac{2\varDelta_{\max}m^2}{|q^2|_1} - v^2\right). \tag{82.25}$$

最后, 将 (82.20) 和 (82.25) 相加, 我们得到快速重粒子的总电离损失为 (通常单位)

$$\varkappa = \frac{4\pi Z(ze^2)^2}{mv^2}\left(\ln\frac{2mv^2}{I(1 - v^2/c^2)} - \frac{v^2}{c^2}\right). \tag{82.26}$$

在非相对论情形, 回到了第三卷 (150.10) 式:

$$\varkappa = \frac{4\pi Z(ze^2)^2}{mv^2}\ln\frac{2mv^2}{I}, \tag{82.27}$$

而在极端相对论情形

$$\varkappa = \frac{4\pi Z(ze^2)^2}{mc^2}\left(\ln\frac{2mc^2}{I(1 - v^2/c^2)} - 1\right). \tag{82.28}$$

滞阻仅依赖于快速粒子的速度, 而与其质量无关. 随着速度增加, 滞阻减小 (82.27), 而在极端相对论情形则变为缓慢 (对数) 地增长.

---

① 当然, 当重粒子为强子时, 这个表示没有考虑强相互作用的特殊效应. 然而这种效应 (对应于强子的形状因子) 仅当 $|q^2| \propto 1/M^2$ 时才是重要的, 而这样大的动量转移被条件 (82.22) 排除了.

习　题

1. 求相对论性电子的有效滞阻.

解: 小动量转移范围的贡献仍由 (82.20) 式给出. 对大动量转移, (82.24) 式必须换成 (81.14) 式, 此式包括交换效应. 对 $\mathrm{d}\Delta$ 从 $|q^2|_1/2m^2$ 到 $\frac{1}{2}(\gamma-1)$ 积分 $\Delta \cdot \mathrm{d}\sigma_\Delta$ 并加到 (82.20) 式中, 我们得到

$$\varkappa = \frac{2\pi Z e^4}{mv^2}\left[\ln\frac{m^2(\gamma^2-1)(\gamma-1)c^4}{2I^2} - \left(\frac{2}{\gamma}-\frac{1}{\gamma^2}\right)\ln 2 + \frac{1}{\gamma^2} + \frac{(\gamma-1)^2}{8\gamma^2}\right], \quad (1)$$

其中

$$\gamma = (1-v^2/c^2)^{-1/2}.$$

在非相对论情形, 我们得到在第三卷 §149 的习题中的公式, 而在极端相对论情形 $(\gamma \gg 1)$ 则有

$$\varkappa = \frac{2\pi Z e^4}{mc^2}\left(\ln\frac{m^2c^4\gamma^3}{2I^2} + \frac{1}{8}\right). \tag{2}$$

2. 对正电子求解习题 1 同样问题.

解: 对大动量转移范围的 $\mathrm{d}\sigma_\Delta$, 必须采用 (81.23) 式, Δ 的上限为 $\gamma-1$. 在极端相对论情形, 结果为

$$\varkappa = \frac{2\pi Z e^4}{mc^2}\left(\ln\frac{2m^2c^4\gamma^3}{I^2} - \frac{23}{12}\right).$$

§83　布雷特方程

在经典电动力学中, 一个相互作用的多粒子系统可以用仅依赖于粒子坐标与速度的拉格朗日函数描述, 并且精确到 $\sim 1/c^2$ 级 (第二卷 §65). 这是因为辐射的效应只以 $1/c^3$ 级出现.

在量子理论中, 这对应于用包含二阶项的薛定谔方程描述系统的可能性. 对一个在外电磁场中运动的电子, 这样的方程已经在 §33 中推出. 现在我们将推出一个类似的方程来描述相互作用的粒子系统.

我们从两个粒子散射振幅的相对论表示开始. 在非相对论近似中, 这变成通常的玻恩振幅, 它和两个电荷静电作用的傅里叶分量成正比. 通过计算振幅到二级项, 我们可以建立相应势的形式, 并考虑到 $\sim 1/c^2$ 项.

我们先假设两个粒子是不同的, 质量分别为 m_1 与 m_2 (比如一个电子与

一个 μ 子). 于是这个散射过程可用单一的费曼图表示,

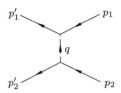

相应的振幅为

$$M_{fi} = e^2(\overline{u}_1'\gamma^{\mu}u_1)D_{\mu\nu}(q)(\overline{u}_2'\gamma^{\nu}u_2), \quad q = p_1' - p_1 = p_2 - p_2' \tag{83.1}$$

(这里假设电荷有相同符号. 如果符号不同, 则 e^2 变为 $-e^2$).

如果光子传播子 $D_{\mu\nu}$ 不采用通常的规范而采用库仑规范 (76.12), (76.13), 那么接下来的计算就变得相当简单: [①]

$$D_{00} = -\frac{4\pi}{q^2}, \quad D_{0i} = 0, \quad D_{ik} = \frac{4\pi}{q^2 - \omega^2/c^2 - i0}\left(\delta_{ik} - \frac{q_iq_k}{q^2}\right). \tag{83.2}$$

于是散射振幅为

$$M_{fi} = e^2\{(\overline{u}_1'\gamma^0u_1)(\overline{u}_2'\gamma^0u_2)D_{00} + (\overline{u}_1'\gamma^iu_1)(\overline{u}_2'\gamma^ku_2)D_{ik}\}. \tag{83.3}$$

如果忽略所有包含 $1/c$ 的项, 括弧中的第二项就将消失, 而第一项给出

$$M_{fi} = -2m_1 \cdot 2m_2(w_1^{(0)'*}w_1^{(0)})(w_2^{(0)'*}w_2^{(0)})U(\boldsymbol{q}), \tag{83.4}$$

其中

$$U(\boldsymbol{q}) = \frac{4\pi e^2}{\boldsymbol{q}^2}, \tag{83.5}$$

$w_1^{(0)}, w_2^{(0)}, \cdots$ 用来标记在 §23 中所定义的非相对论平面波的 (二分量) 旋量振幅. 函数 $U(\boldsymbol{q})$ 为库仑相互作用势 $U(r) = e^2/r$ 的傅里叶分量.

在下一级近似 (对 $1/c$), 自由粒子的 "薛定谔" 波函数 φ_{Sch} (用积分 $\int|\varphi_{\text{Sch}}|^2\mathrm{d}^3x$ 归一化) 满足如下方程

$$\widehat{H}^{(0)}\varphi_{\text{Sch}} = (\varepsilon - mc^2)\varphi_{\text{Sch}}, \quad \widehat{H}^{(0)} = \frac{\widehat{\boldsymbol{p}}^2}{2m} - \frac{\widehat{\boldsymbol{p}}^4}{8m^3c^2}, \quad \widehat{\boldsymbol{p}} = -i\nabla, \tag{83.6}$$

其中包括动能的相对论表示展开的下一项. 这个平面波的 (旋量) 振幅用 w 标记, 它在 $1/c \to 0$ 时趋近于 $w^{(0)}$. 所求的散射振幅必须用这些振幅表示, 以便从其形式可以在所考虑的近似下确定粒子的 "薛定谔" 相互作用势.

---

① 在本节因子 c 将在所有公式中写出, 而因子 $\hbar$ 则在最后的公式中写出.

按照 (33.11) 式, 自由粒子的双旋量振幅 u 可以以足够的精确性用 "薛定谔" 振幅 w 描述:

$$u = \sqrt{2m}\left(\begin{array}{c} \left(1 - \dfrac{\boldsymbol{p}^2}{8m^2c^2}\right)w \\[2mm] \dfrac{\boldsymbol{\sigma}\cdot\boldsymbol{p}}{2mc}w \end{array} \right). \tag{83.7}$$

这个公式给出

$$\begin{aligned}
\overline{u}_1'\gamma^0 u_1 &= u_1'^* u_1 \\
&= 2m_1\left(1 - \frac{\boldsymbol{p}_1'^2 + \boldsymbol{p}_1^2}{8m_1^2c^2}\right)w_1'^* w_1 + \frac{1}{2m_1c^2}w_1'^*(\boldsymbol{\sigma}\cdot\boldsymbol{p}_1')(\boldsymbol{\sigma}\cdot\boldsymbol{p}_1)w_1 \\
&= 2m_1 w_1'^*\left\{1 - \frac{\boldsymbol{q}^2}{8m_1^2c^2} + \frac{\mathrm{i}\boldsymbol{\sigma}\cdot\boldsymbol{q}\times\boldsymbol{p}_1}{4m_1^2c^2}\right\}w_1, \\
\overline{u}_1'\gamma u_1 &= u_1'^* \boldsymbol{\alpha} u_1 \\
&= (1/c)w_1'^*\{\boldsymbol{\sigma}(\boldsymbol{\sigma}\cdot\boldsymbol{p}_1) + (\boldsymbol{\sigma}\cdot\boldsymbol{p}_1')\boldsymbol{\sigma}\}w_1 \\
&= (1/c)w_1'^*\{\mathrm{i}\boldsymbol{\sigma}\times\boldsymbol{q} + 2\boldsymbol{p}_1 + \boldsymbol{q}\}w_1.
\end{aligned}$$

其中 $\boldsymbol{q} = \boldsymbol{p}_1' - \boldsymbol{p}_1 = \boldsymbol{p}_2 - \boldsymbol{p}_2'$. 对 $(\overline{u}_2'\gamma^0 u_2)$ 与 $(\overline{u}_2'\gamma u_2)$ 的相应表示与此公式的区别只是下标 1 换成 2 且 $\boldsymbol{q}$ 换成 $-\boldsymbol{q}$.

现在我们将这些公式代入 (83.3). 由于乘积 $(\overline{u}_1'\gamma u_1)(\overline{u}_2'\gamma u_2)$ 已经包含因子 $1/c^2$, 在 D_{ik} 的分母中可以忽略 ω^2/c^2 项. 因此散射振幅为

$$M_{fi} = -2m_1\cdot 2m_2(w_1'^* w_2'^* U(\boldsymbol{p}_1, \boldsymbol{p}_2, \boldsymbol{q})w_1 w_2), \tag{83.8}$$

其中

$$\begin{aligned}
U(\boldsymbol{p}_1, \boldsymbol{p}_2, \boldsymbol{q}) = 4\pi e^2 &\left\{ \frac{1}{\boldsymbol{q}^2} - \frac{1}{8m_1^2c^2} - \frac{1}{8m_2^2c^2} + \frac{(\boldsymbol{q}\cdot\boldsymbol{p}_1)(\boldsymbol{q}\cdot\boldsymbol{p}_2)}{m_1 m_2 \boldsymbol{q}^4} \right. \\
&- \frac{\boldsymbol{p}_1\cdot\boldsymbol{p}_2}{m_1 m_2 \boldsymbol{q}^2} + \frac{\mathrm{i}\boldsymbol{\sigma}_1\cdot\boldsymbol{q}\times\boldsymbol{p}_1}{4m_1^2c^2\boldsymbol{q}^2} - \frac{\mathrm{i}\boldsymbol{\sigma}_1\cdot\boldsymbol{q}\times\boldsymbol{p}_2}{2m_1 m_2 c^2\boldsymbol{q}^2} - \frac{\mathrm{i}\boldsymbol{\sigma}_2\cdot\boldsymbol{q}\times\boldsymbol{p}_2}{4m_2^2c^2\boldsymbol{q}^2} \\
&\left. + \frac{\mathrm{i}\boldsymbol{\sigma}_2\cdot\boldsymbol{q}\times\boldsymbol{p}_1}{2m_1 m_2 c^2\boldsymbol{q}^2} + \frac{(\boldsymbol{\sigma}_1\cdot\boldsymbol{q})(\boldsymbol{\sigma}_2\cdot\boldsymbol{q})}{4m_1 m_2 c^2\boldsymbol{q}^2} - \frac{\boldsymbol{\sigma}_1\cdot\boldsymbol{\sigma}_2}{4m_1 m_2 c^2} \right\}; \tag{83.9}
\end{aligned}$$

泡利矩阵的下标 1 与 2 指明其作用的旋量指标, $\boldsymbol{\sigma}_1$ 作用于 ω_1, $\boldsymbol{\sigma}_2$ 作用于 ω_2.

函数 $U(\boldsymbol{p}_1, \boldsymbol{p}_2, \boldsymbol{q})$ 为动量表象中的粒子相互作用算符. 与坐标表象中的算符 $\widehat{U}(\widehat{\boldsymbol{p}}_1, \widehat{\boldsymbol{p}}_2, \boldsymbol{r})$ 的关系为

$$\begin{aligned}
\int &\mathrm{e}^{-\mathrm{i}(\boldsymbol{p}_1'\cdot\boldsymbol{r}_1 + \boldsymbol{p}_2'\cdot\boldsymbol{r}_2)}\widehat{U}(\widehat{\boldsymbol{p}}_1, \widehat{\boldsymbol{p}}_2, \boldsymbol{r})\mathrm{e}^{\mathrm{i}(\boldsymbol{p}_1\cdot\boldsymbol{r}_1 + \boldsymbol{p}_2\cdot\boldsymbol{r}_2)}\mathrm{d}^3 x_1 \mathrm{d}^3 x_2 \\
&= (2\pi)^3\delta(\boldsymbol{p}_1 + \boldsymbol{p}_2 - \boldsymbol{p}_1' - \boldsymbol{p}_2')U(\boldsymbol{p}_1, \boldsymbol{p}_2, \boldsymbol{q}). \tag{83.10}
\end{aligned}$$

如果算符 $\widehat{U}$ 简单地是一个函数 $U(r)(r = r_1 - r_2)$, 那么 $U(p_1, p_2, q)$ 就和 p_1 与 p_2 无关, 公式 (83.10) 简化为通常的傅里叶分量的定义:

$$\int e^{-iq\cdot r} U(r) d^3x = U(q).$$

因此, 很明显, 要求出 $\widehat{U}(\widehat{p}_1, \widehat{p}_2, r)$, 我们必须计算积分

$$\int e^{iq\cdot r} U(p_1, p_2, q) \frac{d^3q}{(2\pi)^3},$$

然后将算符 p_1 与 p_2 换成 $\widehat{p}_1 = -i\nabla_1, \widehat{p}_2 = -i\nabla_2$, 并写在所有其它因子的右边.

所要求的积分可通过对如下公式微分求出:

$$\int e^{iq\cdot r} \frac{4\pi}{q^2} \frac{d^3q}{(2\pi)^3} = \frac{1}{r}. \tag{83.11}$$

例如, 对它取梯度给出

$$\int e^{iq\cdot r} \cdot \frac{4\pi q}{q^2} \frac{d^3q}{(2\pi)^3} = -i\nabla \frac{1}{r} = \frac{ir}{r^3}. \tag{83.12}$$

再如, 对常矢量 a 与 b, 我们有

$$\int \frac{4\pi(a\cdot q)(b\cdot q)}{q^4} e^{iq\cdot r} \frac{d^3q}{(2\pi)^3} = \frac{1}{2} i \left(a \cdot \frac{\partial}{\partial r} \right) \int e^{iq\cdot r} \left(b \cdot \frac{\partial}{\partial q} \right) \frac{1}{q^2} \frac{d^3q}{(2\pi)^3};$$

分部积分后, 得到的积分简化为 (83.12) 式, 因此有

$$\int \frac{4\pi(a\cdot q)(b\cdot q)}{q^4} e^{iq\cdot r} \frac{d^3q}{(2\pi)^3} = \frac{1}{2}(a\cdot\nabla) \frac{b\cdot r}{r}$$
$$= \frac{1}{2r} \left[a\cdot b - \frac{(a\cdot r)(b\cdot r)}{r^2} \right]. \tag{83.13}$$

最后,

$$\int \frac{4\pi(a\cdot q)(b\cdot q)}{q^2} e^{iq\cdot r} \frac{d^3q}{(2\pi)^3} = -(a\cdot\nabla)(b\cdot\nabla) \frac{1}{r}.$$

在对微商作展开时, 必须记得这些式子中包含 δ 函数 $\delta(r)$. 为了将其分离出来, 我们注意到, 在对 r 的方向平均后,

$$\overline{-(a\cdot\nabla)(b\cdot\nabla) \frac{1}{r}} = -\frac{1}{3}(a\cdot b)\Delta \frac{1}{r} = \frac{4\pi}{3}(a\cdot b)\delta(r).$$

现在, 用通常的方式展开微商, 我们求出

$$\int \frac{4\pi(a\cdot q)(b\cdot q)}{q^2} e^{iq\cdot r} \frac{d^3q}{(2\pi)^3} = \frac{1}{r^3} \left\{ a\cdot b - 3\frac{(a\cdot r)(b\cdot r)}{r^2} \right\} + \frac{4\pi}{3} a\cdot b\delta(r); \tag{83.14}$$

在对 $\boldsymbol{r}$ 的方向平均后, 第一项消失, 只剩下 δ 函数项.

$$
\begin{aligned}
&\widehat{U}(\widehat{\boldsymbol{p}}_1, \widehat{\boldsymbol{p}}_2, \boldsymbol{r}) \\
&= \frac{e^2}{r} - \frac{\pi e^2 \hbar^2}{2c^2}\left(\frac{1}{m_1^2} + \frac{1}{m_2^2}\right)\delta(\boldsymbol{r}) \\
&\quad - \frac{e^2}{2m_1 m_2 c^2 r}\left[\widehat{\boldsymbol{p}}_1 \cdot \widehat{\boldsymbol{p}}_2 + \frac{\boldsymbol{r} \cdot (\boldsymbol{r} \cdot \widehat{\boldsymbol{p}}_1)\widehat{\boldsymbol{p}}_2}{r^2}\right] - \frac{e^2 \hbar}{4m_1^2 c^2 r^3}\boldsymbol{r} \times \widehat{\boldsymbol{p}}_1 \cdot \boldsymbol{\sigma}_1 \\
&\quad + \frac{e^2 \hbar}{4m_2^2 c^2 r^3}\boldsymbol{r} \times \widehat{\boldsymbol{p}}_2 \cdot \boldsymbol{\sigma}_2 - \frac{e^2 \hbar}{2m_1 m_2 c^2 r^3}\{\boldsymbol{r} \times \widehat{\boldsymbol{p}}_1 \cdot \boldsymbol{\sigma}_2 - \boldsymbol{r} \times \widehat{\boldsymbol{p}}_2 \cdot \boldsymbol{\sigma}_1\} \\
&\quad + \frac{e^2 \hbar^2}{4m_1 m_2 c^2}\left\{\frac{\boldsymbol{\sigma}_1 \cdot \boldsymbol{\sigma}_2}{r^3} - 3\frac{(\boldsymbol{\sigma}_1 \cdot \boldsymbol{r})(\boldsymbol{\sigma}_2 \cdot \boldsymbol{r})}{r^5} - \frac{8\pi}{3}\boldsymbol{\sigma}_1 \cdot \boldsymbol{\sigma}_2 \delta(\boldsymbol{r})\right\}. \quad (83.15)
\end{aligned}
$$

在此近似下, 两粒子系统的总哈密顿量为

$$
\widehat{H} = \widehat{H}_1^{(0)} + \widehat{H}_2^{(0)} + \widehat{U}, \quad (83.16)
$$

其中 $\widehat{H}^{(0)}$ 为自由粒子的哈密顿量 (83.6).

两 个 电 子

　　如果入射的两个粒子是全同粒子 (两个电子), 那么散射振幅包含一个第二项, 它用"交换"图表示

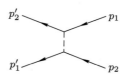

然而, 并不需要计算这一项对相互作用算符的贡献. 原因是用薛定谔方程描述全同粒子系统可采用类似于非全同粒子的相互作用算符, 只要将方程的解对称化即可. 特别是, 对粒子散射, 这个对称化由考虑两个费曼图对振幅的贡献而自动进行.

　　于是, 两电子系统的哈密顿量由 (83.15), (83.16) 式简单地取 $m_1 = m_2$ 得到:[①]

$$
\widehat{H} = \frac{1}{2m}(\widehat{\boldsymbol{p}}_1^2 + \widehat{\boldsymbol{p}}_2^2) - \frac{1}{8m^3 c^2}(\widehat{\boldsymbol{p}}_1^4 + \widehat{\boldsymbol{p}}_2^4) + \widehat{U}(\widehat{\boldsymbol{p}}_1, \widehat{\boldsymbol{p}}_2, \boldsymbol{r}),
$$

$$
\widehat{U}(\widehat{\boldsymbol{p}}_1, \widehat{\boldsymbol{p}}_2, \boldsymbol{r}) = \frac{e^2}{r} - \pi\left(\frac{e\hbar}{mc}\right)^2 \delta(\boldsymbol{r}) - \frac{e^2}{2m^2 c^2 r}\left(\widehat{\boldsymbol{p}}_1 \cdot \widehat{\boldsymbol{p}}_2 + \frac{\boldsymbol{r} \cdot (\boldsymbol{r} \cdot \widehat{\boldsymbol{p}}_1)\widehat{\boldsymbol{p}}_2}{r^2}\right)
$$

[①] 哈密顿量为 (83.17) 的波动方程首先由 G. Breit (1929) 推出的; 而严格的量子力学推导是由 Л. Д. Ландау (1932) 给出的.

$$+\frac{e^2\hbar}{4m^2c^2r^3}\{-(\boldsymbol{\sigma}_1+2\boldsymbol{\sigma}_2)\cdot\boldsymbol{r}\times\widehat{\boldsymbol{p}}_1+(\boldsymbol{\sigma}_2+2\boldsymbol{\sigma}_1)\cdot\boldsymbol{r}\times\widehat{\boldsymbol{p}}_2\}$$

$$+\frac{1}{4}\left(\frac{e\hbar}{mc}\right)^2\left\{\frac{\boldsymbol{\sigma}_1\cdot\boldsymbol{\sigma}_2}{r^3}-\frac{3(\boldsymbol{\sigma}_1\cdot\boldsymbol{r})(\boldsymbol{\sigma}_2\cdot\boldsymbol{r})}{r^5}-\frac{8\pi}{3}\boldsymbol{\sigma}_1\cdot\boldsymbol{\sigma}_2\delta(\boldsymbol{r})\right\} \quad (83.17)$$

存在 δ 函数当然并不意味着有特别强的相互作用. 积分后所有修正项的值都有相同数量级, 按照所用展开的含义, 它们与第一项 (库仑作用) 相比都可看成小量.

相互作用算符 (83.17) 中不同的项组有不同的类型. 前三项纯粹起因于轨道. 第四项与粒子的自旋算符成线性关系, 对应于自旋轨道相互作用. 最后一项是自旋算符的平方项, 它描述自旋–自旋相互作用.[①]

电子和正电子

电子–正电子系统需要特别考虑. 这种情形的散射振幅由两项组成:

$$M_{fi}=-e^2[\overline{u}(p'_-)\gamma^\mu u(p_-)]D_{\mu\nu}(p_--p'_-)[\overline{u}(-p_+)\gamma^\nu u(-p'_+)]$$

$$+e^2[\overline{u}(-p_+)\gamma^\mu u(p_-)]D_{\mu\nu}(p_-+p_+)[\overline{u}(p'_-)\gamma^\nu u(-p'_+)] \quad (83.18)$$

(第一项对应散射图而第二项对应湮没图). 由于 "电子 + 正电子" 系统的波函数不需要反对称化, 这两项对相互作用算符有独立的贡献.

第一项 (它与振幅 (83.1) 有相同的结构) 自然导致一个与 (83.17) 仅仅符号不同的算符. 现在我们考虑第二项的变换.

这里我们采用通常规范下的光子传播子:

$$D_{\mu\nu}=\frac{4\pi}{k^2}g_{\mu\nu}=\frac{4\pi}{\omega^2/c^2-k^2}g_{\mu\nu}.$$

在现在的情形 $k=p_++p_-$, 由于粒子是 "几乎非相对论" 的, 我们有

$$\frac{\omega^2}{c^2}\equiv\frac{(\varepsilon_++\varepsilon_-)^2}{c^2}\approx 4m^2c^2\gg(\boldsymbol{p}_++\boldsymbol{p}_-)^2\equiv\boldsymbol{k}^2. \quad (83.19)$$

因此, 对光子传播子写出如下式子就足够了

$$D_{\mu\nu}\approx\frac{\pi}{m^2c^2}g_{\mu\nu}.$$

这已经包含因子 $1/c^2$. 因此在零级近似取如下振幅就足够了:

$$u(p_-)=\sqrt{2m}\begin{pmatrix}w^{(0)}_-\\0\end{pmatrix},\quad u(-p_+)=\sqrt{2m}\begin{pmatrix}0\\w^{(0)}\end{pmatrix},$$

---

① 这个相互作用已经在第三卷 §72 中与原子能级的精细结构相联系研究过, 电子与原子核之间的自旋–自旋相互作用也在第三卷 §121 中与原子能级的超精细结构相联系研究过. 特别是, 第三卷 (121.9) 式对应自旋–自旋相互作用算符的 δ 函数项.

其中 $w_-^{(0)}$, $w^{(0)}$ 为 (23.12) 式中出现过的三维旋量; 指标 (0) 以后可略去. 利用这些振幅, 我们有

$$\overline{u}(-p_+)\gamma^0 u(p_-) = u^*(-p_+)u(p_-) = 0,$$

$$\overline{u}(-p_+)\boldsymbol{\gamma} u(p_-) = u^*(-p_+)\boldsymbol{\alpha} u(p_-) = 2m(w^*\boldsymbol{\sigma} w_-).$$

通过这些表示式的代换, 散射振幅中的 "湮没" 项变成

$$M_{fi}^{(\mathrm{ann})} = -e^2\frac{\pi}{m^2c^2}(2m)^2(w^*\boldsymbol{\sigma} w_-)(w_-'^*\boldsymbol{\sigma} w'). \tag{83.20}$$

然而, 由此还不可能对相互作用算符的形式得出任何直接的结论. 首先, 表示振幅 $u(-p_+)$ 的旋量 w 还不能确定是正电子的旋量. 正电子振幅由 $u(-p_+)$ 通过电荷共轭得到, 并且按照 (26.6) 式, 相应的旋量 (我们记作 w_+) 与 w 通过 $w_+ = \sigma_y w^*$ 相联系, 因此

$$w^* = \sigma_y w_+ = -w_+\sigma_y, \quad w = -\sigma_y w_+^*. \tag{83.21}$$

其次, 散射振幅必须是电子旋量 (w_- 与 w_-') 收缩掉的形式, 并且正电子旋量 (w_+ 与 w_+') 也类似. 这可以通过如下公式实现

$$(w^*\boldsymbol{\sigma} w_-)(w_-'^*\boldsymbol{\sigma} w') = \frac{3}{2}(w_-'^*w_-)(w^*w') - \frac{1}{2}(w_-'^*\boldsymbol{\sigma} w_-)(w^*\boldsymbol{\sigma} w'), \tag{83.22}$$

此式由 (28.17) 式得出.

最后, 用 w_+ 与 w_+' 通过 (83.21) 表示 w 与 w', 不难求出

$$(w^*w') = (w_+'^*w_+), \quad (w^*\boldsymbol{\sigma} w') = -(w_+'^*\boldsymbol{\sigma} w_+). \tag{83.23}$$

将 (83.23) 代入 (83.22) 再代入 (83.20), 我们对散射振幅的湮没部分得到最后的表示式:

$$M_{fi}^{(\mathrm{ann})} = -4m^2\left(w_-'^*w_+'^*\left[\frac{\pi e^2}{2m^2c^2}(3+\boldsymbol{\sigma}_+\cdot\boldsymbol{\sigma}_-)\right]w_-w_+\right),$$

矩阵 $\boldsymbol{\sigma}_-$ 与 $\boldsymbol{\sigma}_+$ 分别作用于 w_- 与 w_+. 方括号中的式子为动量表象中的相互作用算符. 相应的坐标算符为

$$\widehat{U}^{(\mathrm{ann})}(\boldsymbol{r}) = \frac{\pi\hbar^2 e^2}{2m^2c^2}(3+\boldsymbol{\sigma}_+\cdot\boldsymbol{\sigma}_-)\delta(\boldsymbol{r}), \quad \boldsymbol{r} = \boldsymbol{r}_- - \boldsymbol{r}_+ \tag{83.24}$$

(J. Pirenne, 1947; В. Б. Берестецкий, Л. Д. Ландау, 1949). 总的电子–正电子相互作用算符为

$$-\widehat{U} + \widehat{U}^{(\mathrm{ann})},$$

其中 $\widehat{U}$ 由 (83.17) 式给出.

§84 电子偶素

在 §83 得到的结果可以应用于**电子偶素**, 这是一种由一个电子和一个正电子组成的类氢原子系统.

在质心系, 电子偶素中的电子与正电子动量算符为 $\widehat{\boldsymbol{p}}_- = -\widehat{\boldsymbol{p}}_+ \equiv \widehat{\boldsymbol{p}}$, 其中 $\widehat{\boldsymbol{p}} = -i\hbar\nabla$ 为对应于相对位置矢量 $\boldsymbol{r} = \boldsymbol{r}_- - \boldsymbol{r}_+$ 的相对运动的动量算符. 电子偶素的总哈密顿量为[1]

$$
\left.
\begin{aligned}
\widehat{H} &= \frac{\widehat{\boldsymbol{p}}^2}{m} - \frac{e^2}{r} + \widehat{V}_1 + \widehat{V}_2 + \widehat{V}_3, \\
\widehat{V}_1 &= -\frac{\widehat{\boldsymbol{p}}^4}{4m^3c^2} + 4\pi\mu_0^2\delta(\boldsymbol{r}) - \frac{e^2}{2m^2c^2r}\left\{\widehat{\boldsymbol{p}}^2 + \frac{\boldsymbol{r}\cdot(\boldsymbol{r}\cdot\widehat{\boldsymbol{p}})\widehat{\boldsymbol{p}}}{r^2}\right\}, \\
\widehat{V}_2 &= 6\mu_0^2\frac{1}{r^3}\widehat{\boldsymbol{l}}\cdot\widehat{\boldsymbol{S}}, \\
\widehat{V}_3 &= 6\mu_0^2\frac{1}{r^3}\left\{\frac{(\widehat{\boldsymbol{S}}\cdot\boldsymbol{r})(\widehat{\boldsymbol{S}}\cdot\boldsymbol{r})}{r^2} - \frac{1}{3}\widehat{\boldsymbol{S}}^2\right\} + 4\pi\mu_0^2\left(\frac{7}{3}\widehat{\boldsymbol{S}}^2 - 2\right)\delta(\boldsymbol{r}).
\end{aligned}
\right\}
\tag{84.1}
$$

这里 $\mu_0 = e\hbar/2mc$ 为玻尔磁子, $\hbar\widehat{\boldsymbol{l}} = \boldsymbol{r}\times\widehat{\boldsymbol{p}}$ 为轨道角动量算符, $\widehat{\boldsymbol{S}} = \frac{1}{2}(\boldsymbol{\sigma}_+ + \boldsymbol{\sigma}_-)$ 为系统的总自旋算符, 其平方为 $\widehat{\boldsymbol{S}}^2 = \frac{1}{2}(3 + \boldsymbol{\sigma}_+\cdot\boldsymbol{\sigma}_-)$. $\widehat{V}_1$ 包括所有的纯轨道修正项, $\widehat{V}_2$ 为自旋轨道相互作用, 而 $\widehat{V}_3$ 为自旋–自旋和"湮没"相互作用.

"未微扰"的哈密顿量为

$$
\widehat{H} = \frac{\widehat{\boldsymbol{p}}^2}{m} - \frac{e^2}{r},
$$

与氢原子哈密顿量的区别自然仅仅是电子质量换成约化质量 $\frac{1}{2}m$. 因此, 电子偶素的能级的绝对值为氢原子能级的一半:

$$
E = -\frac{me^4}{4\hbar^2n^2},
\tag{84.2}
$$

其中 n 为主量子数.

(84.1) 式中其余的项引起能级 (84.2) 的分裂, 即出现了精细结构. 得到的能级主要按总角动量 j 的值分类. 我们还看到在哈密顿量 (84.1) 中, 粒子自旋算符只能通过总自旋 $\widehat{\boldsymbol{S}}$ 出现. 这意味着哈密顿量与总自旋算符的平方 $\widehat{\boldsymbol{S}}^2$ 可对易, 也就是说, 总自旋值在所考虑的近似 (对 $1/c$ 的二级近似) 下继续守恒. 因此, 电子偶素的能级可以按总自旋来分类, 总自旋的可能取值为 $S = 0$ 与

---

① 采用通常的单位.

$S = 1$. $S = 0$ 的能级称为**仲态电子偶素**, 而总自旋为 1 的能级称为**正态电子偶素**.

必须强调指出, 电子偶素中的总自旋守恒实际上是精确的, 并不依赖于对 $1/c$ 的任何特殊近似; 这可以从电磁相互作用的 CP 不变性得出. 电子偶素是一种严格中性的系统, 因此, 它的态有确定的电荷宇称与组合宇称. 后者等于 $(-1)^{S+1}$ (见 §27 习题); 由于 S 只能取两个值, 0 与 1, 组合宇称守恒等价于总自旋守恒.

当 $S = 0$ 时, 总角动量 j 等于轨道角动量, 但是, 当 $S = 1$ 且 j 给定时, l 的可能取值为 j 与 $j \pm 1$, 因此一般来说, 正态电子偶素的每个能级 (n, j) 分裂为三个能级. 由于 $l = j$ 和 $l = j \pm 1$ 对应的态的宇称相反, 哈密顿量在这些态之间没有矩阵元. 但微扰算符 ($\widehat{V}_3$ 中的第一项) 一般说来在 $l = j + 1$ 和 $l = j - 1$ 的态之间有非对角矩阵元, 当然, l 不再是严格意义上的轨道角动量.

电子偶素中的塞曼效应具有一些特殊的性质 (В. Б. Берестецкий, И. Я. Померанчук, 1949).

电子偶素的轨道磁矩永远为零: 因为在电子偶素中 $\boldsymbol{r}_+ \times \boldsymbol{p}_+ = \boldsymbol{r}_- \times \boldsymbol{p}_-$, 我们有算符

$$\widehat{\boldsymbol{\mu}}_l = \mu_0 (\boldsymbol{r}_+ \times \widehat{\boldsymbol{p}}_+ - \boldsymbol{r}_- \times \widehat{\boldsymbol{p}}_-) = 0.$$

自旋磁矩算符为

$$\widehat{\boldsymbol{\mu}}_s = \mu_0 (\boldsymbol{\sigma}_+ - \boldsymbol{\sigma}_-), \tag{84.3}$$

它并不正比于总自旋算符 $\widehat{\boldsymbol{S}} = \frac{1}{2}(\boldsymbol{\sigma}_+ + \boldsymbol{\sigma}_-)$, 并且算符 $\widehat{\boldsymbol{S}}^2$ 和 $\widehat{\boldsymbol{\mu}}^2$ 不对易. 因此, 具有确定总自旋 S 及其分量 S_z 的态一般不是磁矩的本征态.

给定 S 与 S_z 的态用自旋函数 χ_{SS_z} 描述:

$$
\begin{aligned}
\chi_{11} &= \alpha_+ \alpha_-, \quad \chi_{1-1} = \beta_+ \beta_-, \\
\chi_{10} &= \frac{1}{\sqrt{2}} (\alpha_+ \beta_- + \alpha_- \beta_+), \\
\chi_{00} &= \frac{1}{\sqrt{2}} (\alpha_+ \beta_- - \alpha_- \beta_+),
\end{aligned}
\tag{84.4}
$$

其中 α 与 β 为对应自旋投影为 $+\frac{1}{2}$ 与 $-\frac{1}{2}$ 的单粒子自旋函数; 下标 $+$ 与 $-$ 分别指明自旋函数属于正电子与电子. 前两个自旋函数 χ_{11} 与 $\chi_{1,-1}$ 还是算符 μ_z 对应本征值为零的本征函数. 函数 χ_{10} 与 χ_{00} 不是 μ_z 的本征函数, 但下面的组合为本征函数:

$$\frac{1}{\sqrt{2}} (\chi_{10} + \chi_{00}) = \alpha_+ \beta_-, \quad \frac{1}{\sqrt{2}} (\chi_{10} - \chi_{00}) = \alpha_- \beta_+. \tag{84.5}$$

不难看出, 由函数 (84.4) 计算的唯一的非零矩阵元 $\langle S'S_z'|\mu_z|SS_z\rangle$ 为:

$$\langle 00|\mu_z|10\rangle = \langle 10|\mu_z|00\rangle = 2\mu_0. \tag{84.6}$$

在弱磁场 (当 $\mu_0 H \ll \Delta$, 其中 Δ 为 $S=0$ 与 $S=1$ 的能级之差), 计算塞曼分裂的初级近似由具有确定总自旋值的态构成. 在一级近似, 这个分裂由微扰能量算符的平均值给出:

$$\widehat{V}_H = -\widehat{\mu}_z H.$$

但是, 由函数 (84.4) 计算得到的算符 $\widehat{\mu}_z$, 并因此 $\widehat{V}_H$ 的所有对角矩阵元都为零. 于是, 在弱场中, 电子偶素没有线性的塞曼效应.

在相反的强场 ($\mu_0 H \gg \Delta$) 的极限情形, 我们可以忽略造成确定 S 值的自旋相互作用. 于是, 分裂能级的分量对应有确定 $\mu_z = \pm 2\mu_0$ 值的态 (用函数 (84.5) 描述), 而这些分量的能级移动为 $\pm 2\mu_0 H$.

习 题

1. 求仲态电子偶素能级的精细结构 (В. Б. Берестецкий, 1949).[1]

解: 所要求的能级分裂能量由哈密顿量 (84.1) 中的修正项的平均值给出, 用不同 $j = l (= 0, 1, \cdots, n-1)$ 值的未微扰态的波函数来计算. 当 $S = 0$ 时, 仅有的非零贡献来自 $\widehat{V}_1$ 和 $\widehat{V}_3$ 的第二项.

未微扰的波函数, 我们记作 ψ, 满足薛定谔方程[2]

$$\widehat{\boldsymbol{p}}^2 \psi = -\Delta\psi = \left(E + \frac{1}{r}\right)\psi, \quad E = -\frac{1}{4n^2}.$$

因此

$$\begin{aligned}
\widehat{\boldsymbol{p}}^4 \psi &= \widehat{\boldsymbol{p}}^2\left(E + \frac{1}{r}\right)\psi = \left(E + \frac{1}{r}\right)^2\psi - \psi\Delta\frac{1}{r} - 2\left(\nabla\frac{1}{r}\right)(\nabla\psi) \\
&= \left(E + \frac{1}{r}\right)^2\psi + 4\pi\delta(\boldsymbol{r})\psi + \frac{2}{r^2}\frac{\partial\psi}{\partial r}.
\end{aligned}$$

平均值为

$$\overline{\boldsymbol{p}^4} = \overline{\left(E + \frac{1}{r}\right)^2} + 4\pi|\psi(0)|^2 + \iint_0^\infty \frac{\partial|\psi|^2}{\partial r}\mathrm{d}r\mathrm{d}o.$$

积分等于 $-\int|\psi(0)|^2\mathrm{d}o$; 由于除 $l = 0$ 外, 都有 $\psi(0) = 0$, 并且, S 态波函数是球对称的, 这个积分等于 $-4\pi|\psi(0)|^2$ 并和第二项相消.

---

[1] 正态电子偶素的精细结构参见 А. А. Соколов, В. Н. Цытович, ЖЭТФ. 1953. Т. 24, С. 253.

[2] 在计算中采用原子单位较为方便.

利用轨道角动量算符 $\widehat{\boldsymbol{l}} = \widehat{\boldsymbol{r}} \times \widehat{\boldsymbol{p}}$, 我们可以写出

$$-\widehat{\boldsymbol{p}}^2\psi = \frac{\partial^2\psi}{\partial r^2} + \frac{2}{r}\frac{\partial\psi}{\partial r} - \frac{\widehat{\boldsymbol{l}}^2\psi}{r^2} = -\left(E + \frac{1}{r}\right)\psi.$$

因此, 所要求的其余平均值为

$$\int \psi^* \frac{\boldsymbol{r}}{r^3} \cdot (\boldsymbol{r} \cdot \widehat{\boldsymbol{p}})\widehat{\boldsymbol{p}}\psi\mathrm{d}^3 x = -\int \psi^* \frac{1}{r}\frac{\partial^2\psi}{\partial r^2}\mathrm{d}^3 x = \overline{\frac{1}{r}\left(E+\frac{1}{r}\right)} - 4\pi|\psi(0)|^2 - l(l+1)\overline{r^{-3}},$$

如果 $l = 0$, 最后一项将不出现.

按照氢原子理论中熟悉的公式 (第三卷 (36.14), (36.16)), 将电子质量 m 换成 $\frac{1}{2}m$, 我们有

$$|\psi(0)|^2 = \frac{1}{8\pi n^3}\delta_{l0},$$

$$\overline{r^{-1}} = \frac{1}{2n^2}, \quad \overline{r^{-2}} = \frac{1}{2n^3(2l+1)}, \quad \overline{r^{-3}} = \frac{1}{4n^3 l(l+1)(2l+1)}(l \neq 0).$$

由这些公式, 我们得到所要求的仲态电子偶素的能级为:

$$E_{nl} = -\frac{1}{4n^2} - \alpha^2\frac{me^4}{\hbar^2}\frac{1}{2n^3}\left(\frac{1}{2l+1} - \frac{11}{32n}\right).$$

2. 求正态电子偶素与仲态电子偶素的基态 $(n=1, l=0)$ 能级之差.

解: 当 $l=0$ 时, 能量与总自旋 S 的依赖性仅来自 $\widehat{V}_3$ 中第二项的平均值; 第一项球对称 S 态对角度平均后给出零.[①] 正态电子偶素的基态 ($^3S_1$) 比仲态电子偶素的基态 ($^1S_0$) 高出

$$E(^3S_1) - E(^1S_0) = \frac{7}{12}\alpha^2\frac{me^4}{\hbar^2} = 8.2 \times 10^{-4}\mathrm{eV}.$$

§85　原子在大距离下的相互作用

两个相隔距离 r 比原子尺寸大得多的中性原子之间的作用是吸引力. 然而, 对这些力通常的量子力学计算 (见第三卷 §89) 不适用于很大的距离, 因为这个计算只考虑了静电相互作用, 而忽略了推迟效应. 这样的处理方法仅适用于距离 r 与相互作用原子的特征长度 λ_0 相比是小的情形. 在本节我们将给出一个不受此限制的计算.

[①] 对角度的积分必须先于对 r 的积分, 正如在计算积分 (83.14) 的方式中明显看到的, 此积分得到 $\widehat{V}_3$ 的第一项.

这个步骤与 §83 中几乎相同: 两个不同原子的弹性散射振幅 (不改变内部状态的散射) 在第一级非零近似下计算. 得到的公式和原子间相互作用用势能 $U(r)$ 描述的振幅相比较.

在后一情形, 描述此过程的第一个非零 S 矩阵元将是一级近似矩阵元

$$S_{fi} = -\mathrm{i} \int \psi_1'^*(\boldsymbol{r}_1)\psi_2'^*(\boldsymbol{r}_2)U(r)\psi_1(\boldsymbol{r}_1)\psi_2(\boldsymbol{r}_2)\mathrm{d}^3x_1\mathrm{d}^3x_2$$

$$\times \int \exp\{-\mathrm{i}(\varepsilon_1 + \varepsilon_2 - \varepsilon_1' - \varepsilon_2')t\}\mathrm{d}t. \tag{85.1}$$

其中 ψ_1, ψ_2 与 ψ_1', ψ_2' 为相应波函数 (平面波) 中与时间无关的部分, 它们描述有初态与终态动量的两个原子的平移运动; $\varepsilon_1, \varepsilon_2$ 与 $\varepsilon_1', \varepsilon_2'$ 为平移运动的动能; 原子作为整体的坐标 $\boldsymbol{r}_1$ 与 $\boldsymbol{r}_2$ 可看成为其原子核的坐标, 而距离为 $r = |\boldsymbol{r}_1 - \boldsymbol{r}_2|$. 在 (85.1) 式中对时间的积分, 如通常那样, 给出 δ 函数, 它是能量守恒定律的表示. 然而, 为方便接下来要作的比较, 考虑形式上的无穷大原子质量的极限情形更好一些; 对给定的动量, 这个极限对应零能量 ε. 或者我们可以说, 考虑的时间与周期 $1/\varepsilon$ 比较是小的. 于是 (85.1) 式变成

$$S_{fi} = -\mathrm{i}t \int \psi_1'^*\psi_2'^*U(r)\psi_1\psi_2\mathrm{d}^3x_1\mathrm{d}^3x_2, \tag{85.2}$$

其中 t 为时间积分的范围.

在这些假设下, 弹性散射振幅的实际计算可以分成两步. 首先, 我们将 S 算符对两个原子未改变状态 (基态) 的波函数 (给定原子核坐标 $\boldsymbol{r}_1$ 与 $\boldsymbol{r}_2$) 和光子真空求平均: 在过程的开始与结束都没有光子存在. 然后, 我们得到一个量, 它是原子核之间距离的函数, 我们将它记作 $\langle S(r) \rangle$.[①] 于是, 为了找到所要求的跃迁矩阵元, 我们必须计算积分

$$S_{fi} = \int \psi_1'^*\psi_2'^*\langle S(r) \rangle\psi_1\psi_2\mathrm{d}^3x_1\mathrm{d}^3x_2. \tag{85.3}$$

与 (85.2) 式比较表明, 如果 $\langle S(r) \rangle$ 得到的是如下形式 $\langle S(r) \rangle = -\mathrm{i}tU(r)$, 那么函数 $U(r)$ 就是所要求的原子的相互作用能.

由于我们在这里研究的不是基本粒子间的碰撞而是较复杂系统 (即原子) 间的碰撞, 它在中间态可能被激发, 费曼图技术通常的规则不能直接应用, 我们将从 S 算符的展开式 (72.10) 开始讨论.

在原子的相互作用中, 重要的场分量是频率为原子频率量级或更小的. 对应的波长比原子尺寸要大. 因此, 电磁相互作用算符可取如下形式

$$\widehat{V} = -\widehat{\boldsymbol{E}}(\boldsymbol{r}_1) \cdot \widehat{\boldsymbol{d}}_1 - \widehat{\boldsymbol{E}}(\boldsymbol{r}_2) \cdot \widehat{\boldsymbol{d}}_2, \tag{85.4}$$

---

① 以代替较繁的标明原子和光子场状态的对角矩阵元的标记.

其中 $\widehat{\boldsymbol{d}}_1$, $\widehat{\boldsymbol{d}}_2$ 为原子的偶极矩算符 (即时间相关的海森伯算符) 而 $\widehat{\boldsymbol{E}}(\boldsymbol{r})$ 为在相应原子的位置的电场算符.

原子在其定态的偶极矩平均值为零 (第三卷 §75). 由此得出, 非零振幅仅出现在微扰论的第四级近似, 即下列算符的矩阵元

$$\widehat{S}^{(4)} = \frac{(-\mathrm{i})^4}{4!} \int \mathrm{d}t_1 \cdots \int \mathrm{d}t_4 \cdot \mathrm{T}\{\widehat{V}(t_1)\widehat{V}(t_2)\widehat{V}(t_3)\widehat{V}(t_4)\}. \tag{85.5}$$

实际上, 在更低级的展开中, 算符 $\widehat{V}$ 乘积的每一项都将至少包含一个一次的算符 $\widehat{\boldsymbol{d}}_1$ 和 $\widehat{\boldsymbol{d}}_2$, 在对相应原子状态平均后的结果为零.

现在我们将算符 (85.5) 对光子真空平均. 按照威克定理, 四个场算符 $\widehat{\boldsymbol{E}}$ 乘积的期望值为配对期望值 (收缩) 乘积之和. 这个配对可以有三种方式, 可用如下费曼图表示

$$\tag{85.6}$$

其中破折线表示收缩而数字分别对应宗量 t_1, t_2, t_3, t_4. 而且, 空间坐标 $\boldsymbol{r}_1$ 或 $\boldsymbol{r}_2$ 可以对应每个点, 两个点为 $\boldsymbol{r}_1$, 两个点为 $\boldsymbol{r}_2$, 因为否则在求和的相关项, 算符 $\widehat{\boldsymbol{d}}_1$ 和 $\widehat{\boldsymbol{d}}_2$ 中将有一个以一次方出现, 其对原子状态平均得到零. 很清楚, 在每条线的终点必须有一个 $\boldsymbol{r}_1$ 与一个 $\boldsymbol{r}_2$, 因为否则此图 (即矩阵元的相应项) 将变为 $\boldsymbol{r}_1$ 与 $\boldsymbol{r}_2$ 的独立函数的乘积, 而不是差 $\boldsymbol{r}_1 - \boldsymbol{r}_2$ 的函数; 这样的项不适用于散射.[①] 按照这些条件, 宗量 $\boldsymbol{r}_1$ 与 $\boldsymbol{r}_2$ 在图中可以有四种方式指定为四个点. 再利用算符 $\widehat{\boldsymbol{d}}_1$ 和 $\widehat{\boldsymbol{d}}_2$ 的可对易性, 并对每个原子的状态平均, 我们发现得到的所有 $3 \times 4 = 12$ 项都是相等的, 区别只是积分变量的名字不同. 结果为

$$\begin{aligned}
\langle S(r) \rangle = \frac{1}{2} \int \mathrm{d}t_1 \cdots \int \mathrm{d}t_4 \cdot & \langle \mathrm{T}(E_i(\boldsymbol{r}_1, t_1)E_k(\boldsymbol{r}_2, t_2)) \rangle \\
\times & \langle \mathrm{T}(E_l(\boldsymbol{r}_2, t_3)E_m(\boldsymbol{r}_1, t_4)) \rangle \langle \mathrm{T}(d_{1i}(t_1)d_{1m}(t_4)) \rangle \\
\times & \langle \mathrm{T}(d_{2k}(t_2)d_{2l}(t_3)) \rangle,
\end{aligned} \tag{85.7}$$

其中 i, k, l, m 为三维矢量指标.

为了计算量

$$D_{ik}^E(x_1 - x_2) = \langle \mathrm{T}(E_i(x_1)E_k(x_2)) \rangle \tag{85.8}$$

我们采用的规范使得标量势 $\varPhi = 0$. 于是 $\widehat{\boldsymbol{E}} = -\partial \widehat{\boldsymbol{A}}/\partial t$, 我们有

$$D_{ik}^E(x_1 - x_2) = \frac{\partial^2}{\partial t_1 \partial t_2} \langle \mathrm{T}(A_i(x_1)A_k(x_2)) \rangle = \mathrm{i}\frac{\partial^2}{\partial t^2} D_{ik}(x),$$

---

① 它们给出每个原子能量平均值的修正, 在这里对此没有兴趣.

其中 $x = x_1 - x_2$ 而 $D_{ik}(x)$ 为在此规范中光子的传播子. [1]

我们发现更方便的是采用混合 ω–r 表象中的传播子 $D_{ik}(\omega, \boldsymbol{r})$, 它和 $D_{ik}(t, \boldsymbol{r})$ 的关系为

$$D_{ik}(t, \boldsymbol{r}) = \int D_{ik}(\omega, \boldsymbol{r}) \mathrm{e}^{-iwt} \frac{\mathrm{d}\omega}{2\pi}.$$

其中

$$D_{ik}^E(t, \boldsymbol{r}) = -\mathrm{i} \int \omega^2 D_{ik}(\omega, \boldsymbol{r}) \mathrm{e}^{-iwt} \frac{\mathrm{d}\omega}{2\pi}. \tag{85.9}$$

量

$$\alpha_{ik}(t_1 - t_2) = \mathrm{i}\langle \mathrm{T}(d_i(t_1) d_k(t_2)) \rangle \tag{85.10}$$

可以表示为傅里叶积分

$$\alpha_{ik}(t) = \int_{-\infty}^{\infty} \mathrm{e}^{-iwt} \alpha_{ik}(\omega) \frac{\mathrm{d}\omega}{2\pi}.$$

为方便起见, 取 $t_2 = 0, t_1 = t$, 并采用 T 乘积的定义, 我们可以写出

$$\alpha_{ik}(\omega) = \int_{-\infty}^{\infty} \mathrm{e}^{iwt} \alpha_{ik}(t) \mathrm{d}t = \mathrm{i} \int_{-\infty}^{0} \mathrm{e}^{iwt} \langle d_k(0) d_i(t) \rangle \mathrm{d}t + \mathrm{i} \int_{0}^{\infty} \mathrm{e}^{iwt} \langle d_i(t) d_k(0) \rangle \mathrm{d}t. \tag{85.11}$$

这里出现的平均值 (对原子的基态) 可以用偶极矩的矩阵元表示为:

$$\langle d_k(0) d_i(t) \rangle = \sum_n (d_k)_{0n}(d_i)_{n0} \mathrm{e}^{i\omega_{n0}t},$$

$$\langle d_i(t) d_k(0) \rangle = \sum_n (d_i)_{0n}(d_k)_{n0} \mathrm{e}^{-i\omega_{n0}t}.$$

为使 (85.11) 中的积分收敛, 必须在第一个积分中将 ω 取成 $\omega - i0$, 而第二个取成 $\omega + i0$. 完成这个积分, 我们得到

$$\alpha_{ik}(\omega) = \sum_n \left\{ \frac{(d_i)_{0n}(d_k)_{n0}}{\omega_{n0} - \omega - i0} + \frac{(d_k)_{0n}(d_i)_{n0}}{\omega_{n0} + \omega - i0} \right\}. \tag{85.12}$$

如果基态是一个 S 态, 此张量简化为一个标量, $\alpha_{ik}(\omega) = \alpha \delta_{ik}$, 其中

$$\alpha(\omega) = \frac{1}{3} \sum_n |\boldsymbol{d}_{0n}|^2 \left(\frac{1}{\omega_{n0} - \omega - i0} + \frac{1}{\omega_{n0} + \omega - i0} \right). \tag{85.13}$$

然而, 假如原子有角动量, 那么对角动量的方向平均后得到同样的结果, 并且将假设确实已经如此做的; 当然, 我们感兴趣的是原子对它们相互取向作平均的相互作用.

---

[1] 一级微商 $\partial D_{ik}(x)/\partial t$ 在 $t = 0$ 点有有限的跳跃. 因此二级微商, 即函数 $D_{ik}^E(t)$, 包含一个 δ 函数项 $\sim \delta^{(4)}(x_2 - x_1)$. 然而, 这一项对所有的 $\boldsymbol{r}_1 \neq \boldsymbol{r}_2$ 都为零, 因而这里没有兴趣.

将 (85.12) 式与 (59.17) 比较表明, $\alpha_{ik}(\omega)$ 与频率为 ω 的光子被原子相干散射的张量相同. 按照 (59.23), 对 $\omega > 0$, $\alpha(\omega)$ 为原子的极化. 其 $\omega < 0$ 的值可用 $\omega > 0$ 的值表示, 此关系式为 $\alpha(-\omega) = \alpha(\omega)$, 由 (85.13) 式可明显看出, 此关系式是成立的.

将这些表示式代入 (85.7) 给出

$$\langle S(r) \rangle = \frac{1}{2} \int dt_1 \cdots dt_4 \frac{d\Omega_1}{2\pi} \frac{d\Omega_2}{2\pi} \frac{d\omega_1}{2\pi} \frac{d\omega_2}{2\pi}$$
$$\times \alpha_1(\Omega_1) \alpha_2(\Omega_2) \omega_1^2 D_{ik}(\omega_1, \boldsymbol{r}) \omega_2^2 D_{ik}(\omega_2, \boldsymbol{r})$$
$$\times \exp\{-i\omega_1(t_1 - t_2) - i\omega_2(t_3 - t_4) - i\Omega_1(t_1 - t_4) - i\Omega_2(t_2 - t_3)\}$$

其中 $\boldsymbol{r} = \boldsymbol{r}_1 - \boldsymbol{r}_2$, 并且我们已经用到 $D_{ik}(\omega, \boldsymbol{r})$ 为 $\boldsymbol{r}$ 的偶函数这个事实. 对三个时间积分给出 δ 函数 (由此 $-\Omega_1 = \Omega_2 = \omega_2 = \omega_1$, 而对第四个时间积分给出一个因子 t:

$$\langle S(r) \rangle = -itU(r),$$

其中

$$U(r) = \frac{i}{2} \int_{-\infty}^{\infty} \omega^4 \alpha_1(\omega) \alpha_2(\omega) [D_{ik}(\omega, \boldsymbol{r})]^2 \frac{d\omega}{2\pi}. \tag{85.14}$$

这个公式给出两个原子在比原子尺寸 a 大的任何距离上的相互作用能. 现在我们必须找到并插入 $D_{ik}(\omega, \boldsymbol{r})$ 的一个明显的表示式.

将 (76.14) 式与 (76.8) 式比较表明

$$D_{ik}(\omega, \boldsymbol{k}) = \left(\delta_{ik} - \frac{k_i k_k}{\omega^2} \right) D(\omega, \boldsymbol{k}),$$

其中 $D(\omega, \boldsymbol{k})$ 由 (76.8) 给出. 在 $\omega - \boldsymbol{r}$ 表象中, 对应的关系式为

$$D_{ik}(\omega, \boldsymbol{r}) = -\left(\delta_{ik} + \frac{1}{\omega^2} \frac{\partial^2}{\partial x_i \partial x_k} \right) D(\omega, \boldsymbol{r}). \tag{85.15}$$

将 (76.16) 的 $D(\omega, \boldsymbol{r})$ 代入, 并进行微商给出

$$D_{ik}(\omega, \boldsymbol{r}) = \left[\delta_{ik} \left(1 + \frac{i}{|\omega|r} - \frac{1}{\omega^2 r^2} \right) + \frac{x_i x_k}{r^2} \left(\frac{3}{\omega^2 r^2} - \frac{3i}{|\omega|r} - 1 \right) \right] \frac{e^{i|\omega|r}}{r}. \tag{85.16}$$

将此式代入 (85.14), 通过简单的计算, 并利用 $\alpha(\omega)$ 为偶函数这个事实, 我们对原子的相互作用能求出最终的表示式为:

$$U(r) = \frac{i}{\pi r^2} \int_0^{\infty} \omega^4 \alpha_1(\omega) \alpha_2(\omega) e^{2i\omega r} \left[1 + \frac{2i}{\omega r} - \frac{5}{(\omega r)^2} - \frac{6i}{(\omega r)^3} + \frac{3}{(\omega r)^4} \right] d\omega. \tag{85.17}$$

这个普遍结果可以在"小"距离 $(a \ll r \ll \lambda_0)$ 和"大"距离 $(r \gg \lambda_0)$ 的极限情形下作简化.

当 $r \ll \lambda_0$ 时, 积分中重要的值在 (见下面) $\omega \sim \omega_0$ 处, 其中 $\omega_0 \sim c/\lambda_0$ 为原子频率, 因此 $\omega r \ll 1$. 于是, 括弧中只有最后一项需要保留, 且指数函数用 1 代替. 将积分写成从 $-\infty$ 到 ∞ 的积分 (见接下来的计算), 我们求出

$$U(r) = \frac{3\mathrm{i}}{2\pi r^6} \int_{-\infty}^{\infty} \alpha_1(\omega)\alpha_1(\omega)\mathrm{d}\omega. \tag{85.18}$$

在这些距离的相互作用规律证明为 $1/r^6$, 如应该的那样. 在 (85.18) 中的积分容易计算, 将 (85.13) 的 $\alpha(\omega)$ 代入后, 通过在 ω 复平面的下半面的无穷大半圆的闭合回路积分; 积分由被积函数在极点 $\omega = \omega_{n0} \sim \omega_0$ 的留数决定. 假设 (为简化结果) 两个原子是全同的, 我们求出 (用通常单位)

$$U(r) = -\frac{2}{3r^6} \sum_{n,n'} \frac{|\boldsymbol{d}_{0n}|^2 |\boldsymbol{d}_{0n'}|^2}{\hbar(\omega_{n0} + \omega_{n'0})}, \tag{85.19}$$

与熟知的伦敦公式 (见第三卷 §89 的习题) 相同.

在大距离的极限 $(r \gg \lambda_0)$, 积分中的重要值在 $\omega \lesssim c/r \ll \omega_0$ 区域; 当 $\omega \gtrsim \omega_0$ 时, 积分由于因子 $\exp(2\mathrm{i}\omega r)$ 剧烈震荡而变得很小. 因此我们可以将极化 $\alpha_1(\omega)$ 与 $\alpha_2(\omega)$ 用其静止值 $\alpha_1(0)$ 与 $\alpha_2(0)$ 代替. 于是积分是初等的. (为了保证收敛, 指数的 r 应当换成 $r + \mathrm{i}0$.) 最终结果为 (用通常单位)

$$U(r) = -\frac{23}{4\pi} \frac{\hbar c \alpha_1(0)\alpha_2(0)}{r^7} \tag{85.20}$$

(H. B. G. Casimir, D. Polder, 1948).[①]

[①] 这里给出的推导由 И. Е. Дзялошинский (1956) 给出.

第十章
电子与光子的相互作用

§86 光子被电子散射

光子被自由电子散射 (**康普顿效应**) 中的四维动量守恒可用如下方程描述

$$p + k = p' + k', \tag{86.1}$$

其中 p 与 k 分别为碰撞前电子与光子的四维动量, 而 p' 与 k' 为碰撞后电子与光子的四维动量. §66 所定义的运动学不变量为

$$
\begin{aligned}
s &= (p+k)^2 = (p'+k')^2 = m^2 + 2pk = m^2 + 2p'k', \\
t &= (p-p')^2 = (k'-k)^2 = 2(m^2 - pp') = -2kk', \\
u &= (p-k')^2 = (p'-k)^2 = m^2 - 2pk' = m^2 - 2p'k, \\
s &+ t + u = 2m^2.
\end{aligned}
\tag{86.2}
$$

这个过程可用两个费曼图 (74.14) 表示, 其振幅为

$$M_{fi} = -4\pi e^2 e'^*_\mu e_\nu (\overline{u}' Q^{\mu\nu} u), \tag{86.3}$$

其中

$$Q^{\mu\nu} = \frac{1}{s-m^2} \gamma^\mu (\gamma p + \gamma k + m) \gamma^\nu - \frac{1}{u-m^2} \gamma^\nu (\gamma p - \gamma k' + m) \gamma^\mu. \tag{86.4}$$

此处 e, e' 为初态与终态光子的极化四维矢量; u 与 u' 为初态与终态电子的双旋量振幅.

按照 §65 给出的规则, 对于粒子的任意极化态, $|M_{fi}|^2$ 应该换成

$$|M_{fi}|^2 \to 16\pi^2 e^4 \mathrm{tr}\,\{\rho^{(e)\prime}\rho^{(\gamma)\prime}_{\lambda\mu} Q^{\mu\nu}\rho^{(e)}\rho^{(\gamma)}_{\nu\sigma}\overline{Q}^{\lambda\sigma}\}. \tag{86.5}$$

其中 $\rho^{(e)}$ 与 $\rho^{(e)\prime}$ 为初态与终态电子的密度矩阵, $\rho^{(\gamma)}$ 与 $\rho^{(\gamma)\prime}$ 则为初态与终态光子的密度矩阵. 光子的 (张量) 指标已经明显标出, 但电子的 (双旋量) 指标没有标出. 阵迹的符号取决于后一指标. 此外, 在定义厄米共轭量 $\overline{Q}_{\mu\nu} = \gamma^0 Q^+_{\mu\nu}\gamma^0$ 中这些指标也决定其符号.

现在来考虑非极化光子被非极化电子的散射, 不管它们散射后的极化. 对所有粒子极化的平均由密度矩阵给出:

$$\rho^{(\gamma)}_{\lambda\mu} = \rho^{(\gamma)\prime}_{\lambda\mu} = -\frac{1}{2}g_{\lambda\mu}, \quad \rho^{(e)} = \frac{1}{2}(\gamma p + m), \quad \rho^{(e)\prime} = \frac{1}{2}(\gamma p' + m);$$

转到对终态粒子的极化的求和, 要进一步乘以 $2 \times 2 = 4$.

在 (64.23) 式中必须取 $I^2 = \frac{1}{4}(s - m^2)^2$ (见 (64.15a)), 由此我们求出截面为

$$\mathrm{d}\sigma = \frac{\pi e^4}{4}\frac{\mathrm{d}t}{(s - m^2)^2}\mathrm{tr}\,\{(\gamma p' + m)Q^{\lambda\mu}(\gamma p + m)\overline{Q}_{\lambda\mu}\}.$$

由 (65.2a) 式, $\overline{Q}_{\mu\lambda} = Q_{\lambda\mu}$. 将只是由于变换 $k \leftrightarrow -k'$ (并因此 $s \leftrightarrow u$) 而不同的项分离出来, 我们可以取截面为如下形式

$$\mathrm{d}\sigma = \mathrm{d}t\frac{\pi e^4}{(s - m^2)^2}[f(s, u) + g(s, u) + f(u, s) + g(u, s)],$$

其中用到标记

$$f(s, u) = \frac{1}{4(s - m^2)^2}$$
$$\times \mathrm{tr}\,\{(\gamma p' + m)\gamma^\mu(\gamma p + \gamma k + m)\gamma^\nu(\gamma p + m)\gamma_\nu(\gamma p + \gamma k + m)\gamma_\mu\},$$
$$g(s, u) = \frac{1}{4(s - m^2)(u - m^2)}$$
$$\times \mathrm{tr}\,\{(\gamma p' + m)\gamma^\mu(\gamma p + \gamma k + m)\gamma^\nu(\gamma p + m)\gamma_\mu(\gamma p - \gamma k' + m)\gamma_\nu\};$$

这个标记已经考虑了结果将只依赖于不变量这个事实.

对 μ 与 ν 的求和用到公式 (22.6); 然后略去包含奇数个 γ 因子的项, 得到

$$f(s, u) = \frac{1}{(s - m^2)^2}\mathrm{tr}\,\{(\gamma p')(\gamma p + \gamma k)(\gamma p)(\gamma p + \gamma k)$$
$$+ 4m^2(\gamma p + \gamma k)(\gamma k - \gamma p') + m^2(\gamma p)(\gamma p') + 4m^4\}.$$

阵迹的计算用到 (22.13) 式; 所有的量都用不变量 s 与 u 表示, 我们不难得到

$$f(s, u) = \frac{2}{(s - m^2)^2}\{4m^2 - (s - m^2)(u - m^2) + 2m^2(s - m^2)\}.$$

类似地有,

$$g(s, u) = \frac{2m^2}{(s - m^2)(u - m^2)} \{4m^2 + (s - m^2) + (u - m^2)\}.$$

因此截面为

$$\mathrm{d}\sigma = 8\pi r_e^2 \frac{m^2 \mathrm{d}t}{(s - m^2)^2} \left\{ \left(\frac{m^2}{s - m^2} + \frac{m^2}{u - m^2} \right)^2 \right.$$
$$\left. + \left(\frac{m^2}{s - m^2} + \frac{m^2}{u - m^2} \right) - \frac{1}{4} \left(\frac{s - m^2}{u - m^2} + \frac{u - m^2}{s - m^2} \right) \right\}, \qquad (86.6)$$

其中 $r_e = e^2/m$. 这个公式用不变量表示截面, 并可以很容易在任何指定的参考系中用碰撞参量来表示截面.

我们在实验室系中来具体做这件事, 在此参考系中碰撞前电子是静止的: $p = (m, 0)$. 这里

$$s - m^2 = 2m\omega, \quad u - m^2 = -2m\omega'. \qquad (86.7)$$

将四维动量守恒的方程 $p + k - k' = p'$ 的两边取平方, 我们有

$$pk - pk' - kk' = 0,$$

因此 (在实验室系中)

$$m(\omega - \omega') - \omega\omega'(1 - \cos\vartheta) = 0,$$

其中 ϑ 为光子散射角. 这个方程给出光子能量变化与散射角之间的关系:

$$\frac{1}{\omega'} - \frac{1}{\omega} = \frac{1}{m}(1 - \cos\vartheta). \qquad (86.8)$$

不变量 t 为

$$t = -2kk' = -2\omega\omega'(1 - \cos\vartheta).$$

对于给定的能量 ω, 利用 (86.8), 我们求出

$$\mathrm{d}t = 2\omega'^2 d\cos\vartheta = \frac{1}{\pi}\omega'^2 \mathrm{d}o', \quad \mathrm{d}o' = 2\pi\sin\vartheta\mathrm{d}\vartheta.$$

把这些表示代入 (86.6) 式, 对实验室系中的散射截面给出如下公式:

$$\mathrm{d}\sigma = \frac{r_e^2}{2} \left(\frac{\omega'}{\omega} \right)^2 \left(\frac{\omega}{\omega'} + \frac{\omega'}{\omega} - \sin^2\vartheta \right) \mathrm{d}o' \qquad (86.9)$$

(O. Klein, Y. Nishina, 1929; И. Е. Тамм, 1930).

由于 ϑ 角和 ω' 有单值的关系 (86.8) 式, 截面就可用散射光子的能量 ω' 表示:

$$\mathrm{d}\sigma = \pi r_e^2 \frac{m\mathrm{d}\omega'}{\omega^2}\left[\frac{\omega}{\omega'} + \frac{\omega'}{\omega} + \left(\frac{m}{\omega'} - \frac{m}{\omega}\right)^2 - 2m\left(\frac{1}{\omega'} - \frac{1}{\omega}\right)\right], \tag{86.10}$$

其中 ω' 的变化范围为:

$$\frac{\omega}{1 + 2\omega/m} \leqslant \omega' \leqslant \omega. \tag{86.11}$$

当 $\omega \ll m$ 时, 我们可在 (86.9) 式中取 $\omega' \approx \omega$, 结果如所期待的, 为经典的非相对论汤姆森公式

$$\mathrm{d}\sigma = \frac{1}{2}r_e^2(1 + \cos^2\vartheta)\mathrm{d}o' \tag{86.12}$$

见第二卷 (78.7) 式.

为计算总截面, 我们回到 (86.6) 式. 不变量 s, t, u 的取值满足不等式:

$$s \geqslant m^2, \quad t \leqslant 0, \quad us \leqslant m^4. \tag{86.13}$$

这些式子已经在 §67 中推出; 相应的物理区为图 7 (§67) 中的 I 区. 它们也可以很容易从质心系中的不变量表示直接得到. 在此参考系中 $\boldsymbol{p} + \boldsymbol{k} = 0$, 而电子能量 ε 与光子能量 ω 的关系为 $\varepsilon = \sqrt{\omega^2 + m^2}$. 不变量为:

$$\begin{aligned}
s &= (\varepsilon + \omega)^2 = m^2 + 2\omega(\omega + \varepsilon), \\
u &= m^2 - 2\omega(\varepsilon + \omega\cos\theta), \\
t &= -2\omega^2(1 - \cos\theta),
\end{aligned} \tag{86.14}$$

其中 θ 为散射角 ($\boldsymbol{p}$ 与 $\boldsymbol{p}'$ 间或 $\boldsymbol{k}$ 与 $\boldsymbol{k}'$ 间的夹角). 于是, (86.13) 的三个不等式可以从条件 $\omega \geqslant 0$ 和 $-1 \leqslant \cos\theta \leqslant 1$ 得出.

对于给定的 s (即给定粒子的能量), 对 t 的积分可以换成对 $u = 2m^2 - s - t$ 的积分, 积分范围为

$$m^4/s \geqslant u \geqslant 2m^2 - s.$$

用下列量来代替 s 与 u

$$x = \frac{s - m^2}{m^2}, \quad y = \frac{m^2 - u}{m^2}, \tag{86.15}$$

我们得到

$$\sigma = \frac{8\pi r_e^2}{x^2}\int_{x/(x+1)}^{x}\left[\left(\frac{1}{x} - \frac{1}{y}\right)^2 + \frac{1}{x} - \frac{1}{y} + \frac{1}{4}\left(\frac{x}{y} + \frac{y}{x}\right)\right]\mathrm{d}y$$

在进行初等积分后得到

$$\sigma = 2\pi r_e^2 \frac{1}{x}\left\{\left(1 - \frac{4}{x} - \frac{8}{x^2}\right)\ln(1+x) + \frac{1}{2} + \frac{8}{x} - \frac{1}{2(1+x)^2}\right\}. \qquad (86.16)$$

此式在 $x \ll 1$ (非相对论情形) 时展开的第一项为

$$\sigma = \frac{8\pi r_e^2}{3}(1 - x) \quad \text{(非相对论情形)}. \qquad (86.17)$$

这正是经典汤姆森截面公式的第一项. 相反, 在极端相对论情形 $(x \gg 1)$, (86.16) 式给出

$$\sigma = 2\pi r_e^2 \frac{1}{x}\left(\ln x + \frac{1}{2}\right) \quad \text{(极端相对论情形)}. \qquad (86.18)$$

在实验室系中,

$$x = 2\omega/m, \qquad (86.19)$$

于是, 公式 (86.16)—(86.18) 直接给出了光子被静止电子散射时, 散射截面与光子能量的依赖关系. 图 13 给出 σ 作为 ω/m 的函数的图形.

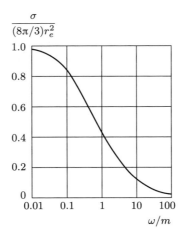

图 13

这里我们指出, 在极端相对论情形, 在实验室系 $(\sigma \propto \omega^{-1}\ln\omega)$ 和质心系 $(x \approx 4\omega^2/m^2, \sigma \propto \omega^{-2}\ln\omega)$ 中, 截面都随能量增加而减少. 但是极端相对论情形的角分布在这两个坐标系中有完全不同的形式.

在实验室系中, 微分截面在向前方向有一个尖锐的峰. 在一个窄的锥 $(\vartheta \lesssim \sqrt{m/\omega})$ 中, 我们有 $\omega \sim \omega'$, 且截面为 $d\sigma/do' \sim r_e^2$, 并在 $\vartheta \to 0$ 时达到值

r_e^2. 在这个锥的外面, 截面减小, 且在 $\vartheta^2 \gg m/\omega$ (其中 $\omega' \approx m/(1-\cos\vartheta)$) 范围, 我们有

$$\frac{\mathrm{d}\sigma}{\mathrm{d}o'} = \frac{r_e^2}{2}\frac{m}{\omega(1-\cos\vartheta)},$$

即截面减小了一个因子 $\sim \omega/m$.

另一方面, 在质心系中, 微分截面在向后方向有一个峰. 对 $\pi - \theta \ll 1$, 由 (86.14) 式, 我们有

$$\frac{s-m^2}{m^2} \approx \frac{4\omega^2}{m^2}, \quad \frac{m^2-u}{m^2} \approx 1 + \frac{\omega^2}{m^2}(\pi-\theta)^2.$$

在截面 (86.6) 中, 最大的项为

$$\mathrm{d}\sigma \approx 8\pi r_e^2 \frac{m^2 \mathrm{d}t}{4(s-m^2)(m^2-u)},$$

因此

$$\mathrm{d}\sigma = \frac{r_e^2}{2}\frac{\mathrm{d}o'}{1+(\pi-\theta)^2\omega^2/m^2}. \tag{86.20}$$

截面 $\mathrm{d}\sigma/\mathrm{d}o' \sim r_e^2$ 将局限于一个窄圆锥 $\pi - \theta \lesssim m/\omega$ 内; 在此圆锥外, 截面将减小一个数量级为 $\sim \omega^2/m^2$ 的因子.

§87　光子被电子散射. 极化效应

现在我们回到 §86 的原始公式, 试图表明要考虑初态与终态光子与电子的极化, 必须如何进行计算.

光子的密度矩阵, 按照 (8.17) 可以用一对满足条件 (8.16) 的单位四矢 $e^{(1)}$, $e^{(2)}$ 表示. 在现在的情形, 对两个光子这些矢量都可以取为 §70 定义的四矢[①]

$$e^{(1)} = \frac{N}{\sqrt{-N^2}}, \quad e^{(2)} = \frac{P}{\sqrt{-P^2}}, \tag{87.1}$$

其中

$$P^\lambda = (p^\lambda + p'^\lambda) - K^\lambda \frac{pK + p'K}{K^2}, \quad N^\lambda = e^{\lambda\mu\nu\rho}P_\mu q_\nu K_\rho,$$

$$K^\lambda = k^\lambda + k'^\lambda, \quad q^\lambda = k'^\lambda - k^\lambda = p^\lambda - p'^\lambda. \tag{87.2}$$

---

① 另一种方法是从一个特殊的参考系 (例如实验室系) 出发, 对每个光子取 $e^{(1)}$, $e^{(2)}$ 为纯空间的单位矢量 $e = (0, \boldsymbol{e})$, 它与光子动量正交, 并互相正交. 然而, 在此情形, 计算将完全以三维形式进行, 结果将不是协变的.

(86.5) 式中的量 $Q^{\mu\nu}$ 由 (86.4) 式给出. 可以将它们看成一个四维张量的分量 (在它们构成的四维张量与旋量收缩为量 $\overline{u'}Q^{\mu\nu}u$ 的意义上). 一个四维张量的所有分量可以由将其投影到四个互相正交的四维矢量来得到, 比如投影到前面定义的 P, N, q 和 K 上. 由于张量 $\rho_{\mu\nu}^{(\gamma)'}$, $\rho_{\mu\nu}^{(\gamma)}$ 仅包含沿 P 和 N 方向的分量, 事实上我们只需要 $Q_{\mu\nu}$ 沿这两个四维矢量的分量. 换句话说, 求出如下形式的 $Q_{\mu\nu}$ 就够了

$$Q_{\mu\nu} = Q_0(e_\mu^{(1)}e_\nu^{(1)} + e_\mu^{(2)}e_\nu^{(2)}) + Q_1(e_\mu^{(1)}e_\nu^{(2)} + e_\mu^{(2)}e_\nu^{(1)})$$
$$-iQ_2(e_\mu^{(1)}e_\nu^{(2)} - e_\mu^{(2)}e_\nu^{(1)}) + Q_3(e_\mu^{(1)}e_\nu^{(1)} - e_\mu^{(2)}e_\nu^{(2)}); \qquad (87.3)$$

其余项在代入 (86.5) 式时将消失. 量 Q_0 与 Q_3 在与 $Q_{\mu\nu}$ 为一个四维张量的同样意义上为一个标量; 因此它们仅在 "不变" 组合 γK 等量中包含 γ 矩阵. 在同样意义上, Q_1 与 Q_2 为赝标量 (N 为赝矢量), 因此必定包含 γ^5 矩阵.

通过直接投影张量 $Q_{\mu\nu}$, 我们求出

$$Q_0 = \frac{1}{2}Q^{\mu\nu}(e_\mu^{(1)}e_\nu^{(1)} + e_\mu^{(2)}e_\nu^{(2)})$$

等等. 在此计算中, 较方便的是先将 $Q_{\mu\nu}$ 用互相正交的四维矢量 P, N, q, K 表示:

$$Q^{\mu\nu} = \gamma^\mu\frac{\gamma P/2 + m}{s - m^2} + \gamma^\nu\frac{\gamma P/2 + m}{u - m^2}\gamma^\nu - \frac{1}{t}[\gamma^\mu(\gamma K)\gamma^\nu - \gamma^\nu(\gamma K)\gamma^\mu].$$

剩下的就是作一些利用 §22 中的公式进行的纯代数运算. 还有可能对 $Q^{\mu\nu}$ 作一些变化而并不影响在构成乘积 $\overline{u'}Q^{\mu\nu}u$ 后的结果. 比如, 因为

$$\overline{u'}(\gamma p + \gamma p')u = 2m\overline{u'}u,$$
$$\overline{u'}\gamma^5(\gamma q)u = \overline{u'}[\gamma^5(\gamma p) + (\gamma p')\gamma^5]u = 2m\overline{u'}\gamma^5 u,$$

我们可以对 $Q^{\mu\nu}$ 作如下变化

$$\gamma p + \gamma p' \to 2m, \quad \gamma^5(\gamma q) \to 2m\gamma^5. \qquad (87.4)$$

这里略去详细的计算过程; 最后结果为[1]

$$Q_0 = -ma_+, \quad Q_1 = \frac{i}{2}a + \gamma^5(\gamma K),$$
$$\qquad (87.5)$$
$$Q_2 = -ma_+\gamma^5, \quad Q_3 = ma_+ + \frac{1}{2}a_-(\gamma K),$$

---

[1] 取 (87.5) 的值的 (87.3) 式对应于在 §70 由普遍的考虑推出的公式 (70.11)—(70.13). 除了由 T 不变性得出的方程 $f_3 = f_6 = 0$ 外, 另一个不变振幅 (f_2) 这里也为零. 这是这里用到的微扰论近似的一个性质, 在更高级的近似中不会发生.

其中

$$a_\pm = \frac{1}{s - m^2} \pm \frac{1}{u - m^2}.$$

在接下来的计算中, 与 §8 中所描述过的对光子密度矩阵同样的形式处理可以很方便地应用于 $Q_{\mu\nu}$: 张量 (87.3) 在 $e^{(1)}$, $e^{(2)}$ 方向的四个分量组合形成一个二列矩阵 Q, 于是可用泡利矩阵展开. 与 (81.8) 式类似, 我们得到

$$Q = Q_0 + \boldsymbol{Q} \cdot \boldsymbol{\sigma}, \quad \boldsymbol{Q} = (Q_1, Q_2, Q_3) \tag{87.6}$$

(86.5) 式中的张量 $\overline{Q}_{\mu\nu} = \gamma^0 Q_{\mu\nu}^+ \gamma^0$ 不难从 (87.3), (87.5) (借助于规则 (65.2a)) 看出, 其分量可由 $Q_{\mu\nu}$ 的分量用 $\overline{Q}_0, \overline{Q}_1, \cdots$ 替代 $Q_0, Q_1, \cdots$ 并同时交换指标 μ, ν 来求出,[①] 其中

$$\overline{Q}_0 = Q_0, \quad \overline{Q}_1 = -Q_1, \quad \overline{Q}_2 = -Q_2, \quad \overline{Q}_3 = Q_3, \tag{87.7}$$

矩阵形式为

$$\overline{Q} = \overline{Q}_0 + \overline{\boldsymbol{Q}} \cdot \widetilde{\boldsymbol{\sigma}}. \tag{87.8}$$

现在我们来更精确地确定与光子极化相联系的四维矢量 $e^{(1)}$, $e^{(2)}$ 的含义. 对每个光子, 独立的极化方向由垂直于光子动量 $\boldsymbol{k}$ 的三维矢量分量 $e^{(1)}$, $e^{(2)}$ 确定.[②]容易看到, 在质心系与实验室系 (在该系中初始电子是静止的) 中, 矢量 $\boldsymbol{P}$ 都在 $\boldsymbol{k}$ 与 $\boldsymbol{k}'$ 的平面上, 并且 $\boldsymbol{N}$ 都垂直于该平面. 因此方向 $e^{(1)}$ 为垂直于散射平面的极化, 而 $e^{(2)}$ 为散射平面上的极化. 还必须注意到斯托克斯参量 ξ_1, ξ_2, ξ_3 是相对于以 $\boldsymbol{k}$ 方向为 z 轴的右手参考系 xyz 来定义的. 容易看出, 对初始光子, 矢量 $\boldsymbol{N}, \boldsymbol{P}_\perp, \boldsymbol{k}$ 构成一组这样的坐标系, 而对终态光子, 矢量 $\boldsymbol{N}, -\boldsymbol{P}'_\perp, \boldsymbol{k}'$ (其中 $\boldsymbol{P}_\perp$ 与 $\boldsymbol{P}'_\perp$ 分别为 $\boldsymbol{P}$ 的垂直于 $\boldsymbol{k}$ 与 $\boldsymbol{k}'$ 的分量). 光子密度矩阵 (8.17) 中 $e^{(2)}$ 符号的改变等价于 ξ_1 与 ξ_2 符号改变. 于是, 初态与终态光子的密度矩阵 (相对于单位四维矢量 $e^{(1)}$ 与 $e^{(2)}$) 为

$$\rho^{(\gamma)} = \frac{1}{2}(1 + \boldsymbol{\xi} \cdot \boldsymbol{\sigma}), \quad \boldsymbol{\xi} = (\xi_1, \xi_2, \xi_3);$$
$$\rho^{(\gamma)\prime} = \frac{1}{2}(1 + \boldsymbol{\xi}' \cdot \boldsymbol{\sigma}), \quad \boldsymbol{\xi} = (-\xi_1', -\xi_2', \xi_3'). \tag{87.9}$$

现在, 张量迹

$$\rho^{(\gamma)\prime}_{\lambda\mu} Q^{\mu\nu} \rho^{(\gamma)}_{\nu\rho} \widetilde{Q}^{\rho\lambda}$$

[①] 对于原始形式 (86.4) 的矩阵 $Q_{\mu\nu}$, 我们应该简单地有 $\overline{Q}_{\mu\nu} = Q_{\nu\mu}$. 但是, 这个性质由于 (87.4) 类型的变换而失去了.

[②] e 的纵向分量, 如同四维矢量 e 的时间分量一样, 这里可以简单地略去, 由于规范不变性这是允许的.

可作为矩阵 (87.6)—(87.9) 矩阵积的阵迹, 利用 (33.5) 式来计算. 结果为

$$
\begin{aligned}
|M_{fi}|^2 = 8\pi^2 e^4 \mathrm{tr}\,\{&(\rho^{(e)\prime} Q_0 \rho^{(e)} \overline{Q}_0 + \rho^{(e)\prime} \boldsymbol{Q} \cdot \rho^{(e)} \overline{\boldsymbol{Q}}) \\
&+(\boldsymbol{\xi}+\boldsymbol{\xi}') \cdot (\rho^{(e)\prime} Q_0 \rho^{(e)} \overline{\boldsymbol{Q}} + \rho^{(e)\prime} \boldsymbol{Q} \rho^{(e)} \overline{Q}_0) - \mathrm{i}(\boldsymbol{\xi}-\boldsymbol{\xi}') \cdot \rho^{(e)\prime} \boldsymbol{Q} \times \rho^{(e)} \overline{\boldsymbol{Q}} \\
&+(\boldsymbol{\xi}\cdot\boldsymbol{\xi}')(\rho^{(e)\prime} Q_0 \rho^{(e)} \overline{Q}_0 - \rho^{(e)\prime} \boldsymbol{Q} \cdot \rho^{(e)} \overline{\boldsymbol{Q}}) \\
&+\rho^{(e)\prime}(\boldsymbol{\xi}'\cdot\boldsymbol{Q})\rho^{(e)}(\boldsymbol{\xi}\cdot\overline{\boldsymbol{Q}}) + \rho^{(e)\prime}(\boldsymbol{\xi}\cdot\boldsymbol{Q})\rho^{(e)}(\boldsymbol{\xi}'\cdot\overline{\boldsymbol{Q}}) \\
&-\mathrm{i}\boldsymbol{\xi}\times\boldsymbol{\xi}' \cdot (\rho^{(e)\prime} Q_0 \rho^{(e)} \overline{\boldsymbol{Q}} - \rho^{(e)\prime} \boldsymbol{Q} \rho^{(e)} \overline{Q}_0)\}.
\end{aligned}
\tag{87.10}
$$

非极化电子的散射

我们来完成极化光子被非极化电子散射截面的计算, 并对终态电子极化求和. 为此, 我们必须在 (87.10) 式中取

$$
\rho^{(e)} = \frac{1}{2}(\gamma p + m), \quad \rho^{(e)\prime} = \frac{1}{2}(\gamma p' + m),
$$

将结果加倍, 并代入截面的公式 (64.22) 以替代 $|M_{fi}|^2$:

$$
\mathrm{d}\sigma = \frac{1}{32\pi^2} \frac{\mathrm{d}t\,\mathrm{d}\varphi}{(s-m^2)^2} |M_{fi}|^2,
$$

其中 φ 为质心系或实验室系的方位角. (87.10) 式中的一些项恒等于零; 另一些项的计算给出最后结果 (用 (86.15) 的标记):

$$
\begin{aligned}
\mathrm{d}\sigma = \frac{1}{2}\mathrm{d}\overline{\sigma} + 2r_e^2 \frac{\mathrm{d}y\,\mathrm{d}\varphi}{x^2} \Bigg\{ &(\xi_3+\xi_3')\left[-\left(\frac{1}{x}-\frac{1}{y}\right)^2 - \left(\frac{1}{x}-\frac{1}{y}\right)\right] \\
&+\xi_1\xi_1'\left(\frac{1}{x}-\frac{1}{y}+\frac{1}{2}\right) + \xi_2\xi_2' \cdot \frac{1}{4}\left(\frac{x}{y}+\frac{y}{x}\right)\left(1+\frac{2}{x}-\frac{2}{y}\right) \\
&+\xi_3\xi_3'\left[\left(\frac{1}{x}-\frac{1}{y}\right)^2 + \left(\frac{1}{x}-\frac{1}{y}\right)+\frac{1}{2}\right]\Bigg\},
\end{aligned}
\tag{87.11}
$$

这里 $\mathrm{d}\overline{\sigma}$ 为由 (86.9) 给出的非极化光子的散射截面; 出现因子 $\frac{1}{2}$ 是因为在 (87.11) 中并没有对终态光子的极化求和.

在实验室系中, (87.11) 式变成

$$
\mathrm{d}\sigma = \frac{r_e^2}{4}\left(\frac{\omega'}{\omega}\right)^2 \mathrm{d}o'\{F_0 + F_3(\xi_3+\xi_3') + F_{11}\xi_1\xi_1' + F_{22}\xi_2\xi_2' + F_{33}\xi_3\xi_3'\},
\tag{87.12}
$$

$$
\mathrm{d}o' = \sin\vartheta\,\mathrm{d}\vartheta\,\mathrm{d}\varphi,
$$

其中

$$F_0 = \frac{\omega}{\omega'} + \frac{\omega'}{\omega} - \sin^2\vartheta, \quad F_3 = \sin^2\vartheta,$$

$$F_{11} = 2\cos\vartheta, \quad F_{22} = \left(\frac{\omega}{\omega'} + \frac{\omega'}{\omega}\right)\cos\vartheta, \quad F_{33} = 1 + \cos^2\vartheta \tag{87.13}$$

(U. Fano, 1949). 尽管 (87.12) 式表明与散射平面的方位角 φ 没有明显的依赖关系, 但是有一个隐含的关系, 因为参量 ξ_1, ξ_2, ξ_3 是相对于 x, y, z 轴定义的, 它们固定在散射平面上. x 轴对两个光子是相同的且垂直于散射平面:

$$x \| \boldsymbol{k} \times \boldsymbol{k}',$$

而 y 轴则在此平面上:

$$y \| \boldsymbol{k} \times (\boldsymbol{k} \times \boldsymbol{k}'), \quad y' \| \boldsymbol{k}' \times (\boldsymbol{k} \times \boldsymbol{k}').$$

对 ξ' 符号不同的截面求和 (即取 $\xi' = 0$ 并将结果加倍), 我们得到极化光子被非极化电子散射的总截面 (对终态光子的极化求和). 将此截面记作 $d\sigma(\boldsymbol{\xi})$, 我们有

$$d\sigma(\boldsymbol{\xi}) = \frac{1}{2}r_e^2\left(\frac{\omega'}{\omega}\right)^2 F do', \tag{87.14}$$

其中

$$F = F_0 + \xi_3 F_3 = \frac{\omega}{\omega'} + \frac{\omega'}{\omega} - (1 - \xi_3)\sin^2\vartheta. \tag{87.15}$$

我们看到, 极化垂直于散射平面 ($\xi_3 = 1$) 的光子的散射截面要比极化在散射平面 ($\xi_3 = -1$) 的光子大. 这个截面与圆极化无关, 也和参量 ξ_1 无关. 因此, 如果没有相对于 x 轴与 y 轴 ($\xi_3 = 0$) 的线极化, 或者甚至有与这些轴成 45° 方向上的极化, 其散射截面也都等于非极化光子的散射截面.

用极化光子探测的非极化光子的散射截面具有类似的性质. 这个截面, 我们记作 $d\sigma(\boldsymbol{\xi}')$, 可由 (87.12) 式通过取 $\boldsymbol{\xi} = 0$ 而得到:

$$d\sigma(\boldsymbol{\xi}') = \frac{1}{4}r_e^2\left(\frac{\omega'}{\omega}\right)^2 F' do', \quad F' = F_0 + \xi_3' F_3. \tag{87.16}$$

由 (87.12) 式还可以求出二级光子的极化本身; 我们将把这个极化参量记作 $\boldsymbol{\xi}^{(f)}$ 以便与探测的极化 $\boldsymbol{\xi}'$ 相区别. 按照 §65 中给出的规则, 量 $\xi_i^{(f)}$ 等于 ξ_i' 的系数和一个与 $\boldsymbol{\xi}'$ 无关的项之比:

$$\xi_1^{(f)} = \frac{F_{11}}{F}\xi_1, \quad \xi_2^{(f)} = \frac{F_{22}}{F}\xi_2, \quad \xi_3^{(f)} = \frac{F_3 + F_{33}\xi_3}{F}. \tag{87.17}$$

特别是, 对于非极化光子的散射

$$\xi_1^{(f)} = \xi_2^{(f)} = 0, \quad \xi_3^{(f)} = \frac{\sin^2 \vartheta}{\omega/\omega' + \omega'/\omega - \sin^2 \vartheta}. \tag{87.18}$$

这里 $\xi_3^{(f)} > 0$, 即二级光子的极化垂直于散射平面. 二级光子的圆极化仅发生在原始光子为圆极化的情形: 仅当 $\xi_2 \neq 0$ 时才有 $\xi_2^{(f)} \neq 0$.

我们来研究入射光子完全线极化的情形 ($\xi_2 = 0, \xi_1^2 + \xi_3^2 = 1$), 并求出线极化的二级光子探测的散射截面. 用光子极化矢量 e 与 e' 的分量表示参量 ξ_i 与 ξ_i', 我们得到散射截面的如下表示:

$$d\sigma = \frac{r_e^2}{4} \left(\frac{\omega'}{\omega} \right)^2 \left(\frac{\omega}{\omega'} + \frac{\omega'}{\omega} - 2 + 4\cos^2 \Theta \right) do', \tag{87.19}$$

其中 Θ 为入射光子极化与散射光子极化之间的夹角.[①]

按照这个公式, 截面的行为在极化 e 与 e' 相垂直和相平行两种情形是完全不同的. 用下标 $\perp$ 与 $\parallel$ 区分这两种情形, 在非相对论极限 ($\omega \ll m, \omega' \approx \omega$) 我们有

$$d\sigma_\perp = 0, \quad d\sigma_\parallel = r_e^2 \cos^2 \Theta do' \tag{87.20}$$

这和经典公式一致. 相反, 在极端相对论情形, 我们有 $\omega \gg m, \omega' \approx m/(1-\cos\vartheta)$. 这里, 必须区别大角度和小角度的两个范围 (即 ω/ω' 大和小):

$$d\sigma_\perp = d\sigma_\parallel = \frac{1}{4} r_e^2 \frac{\omega'}{\omega} do' = \frac{1}{4} r_e^2 \frac{m do'}{\omega(1 - \cos\vartheta)}, \quad \vartheta^2 \gg \frac{m}{\omega};$$

$$d\sigma_\perp = 0, \quad d\sigma_\parallel = r_e^2 \cos^2 \Theta do', \quad \vartheta^2 \ll \frac{m}{\omega}. \tag{87.21}$$

我们看到, 散射截面在很小的角度时与其经典值一致. 在不是很小的角度时 $d\sigma_\perp$ 与 $d\sigma_\parallel$ 两个量近似相等意味着在此范围, 在极端相对论情形, 散射辐射是非极化的; 但是, 必须强调指出, 这个结论专门适用于线极化的入射光子. 由 (87.17) 式很明显, 对于圆极化的光子, 在极端相对论情形, $\xi_2^{(f)} \approx \xi_2 \cdot \cos\vartheta$.

极化电子的散射

对极化电子, (87.10) 式中阵迹的计算变得很麻烦, 尽管原则上并没困难. 这里我们将仅给出这个计算的一些结果.[②]

[①] 公式 (87.19) 本身可以更简单地通过在散射振幅 (86.3) 中代入 $e = (0, e), e' = (0, e')$, 然后计算三维形式的平方振幅来推出 (即将四维矢量的时间与空间部分分离).

将 $\cos^2 \Theta = (e \cdot e')^2$ 对方向 e 与 e' 平均 (用 (45.4a) 式), 并将截面 (对 e' 求和) 加倍, 我们自然回到 (86.9) 式.

[②] 进一步的细节可以在以下评论性论文中找到: H. A. Tolhoek, Reviews of Modern Physics, **28**, 277, 1956; W. H. McMaster, ibid. **33**, 8, 1961.

一般来说, 截面和初态与终态光子的极化参量 $\boldsymbol{\xi}$ 与 $\boldsymbol{\xi}'$ 都有关系, 也和初态与终态电子的极化 (用矢量 $\boldsymbol{\zeta}$ 与 $\boldsymbol{\zeta}'$ 描述) 有关. 截面形式为

$$d\sigma = \frac{1}{2}d\sigma(\boldsymbol{\xi}, \boldsymbol{\xi}') + \frac{1}{8}r_e^2\left(\frac{\omega'}{\omega}\right)^2 do'\{\boldsymbol{f}\cdot\boldsymbol{\zeta}\xi_2 + \boldsymbol{f}'\cdot\boldsymbol{\zeta}\xi_2' + \boldsymbol{g}\cdot\boldsymbol{\zeta}'\xi_2 + \boldsymbol{g}'\cdot\boldsymbol{\zeta}'\xi_2' + G_{ik}\zeta_i\zeta_k' + \cdots\},$$
(87.22)

其中 $d\sigma(\boldsymbol{\xi}, \boldsymbol{\xi}')$ 为截面 (87.12). 所有包含两个极化参量乘积的项都在 (87.22) 式中写出. 而包含三个或四个参量的项则略去; 它们是不重要的, 可看成是两个粒子的极化之间的关联, 并且在另外两个粒子的极化参量等于零时消失. 以下为实验室系中一些系数的数值:

$$\boldsymbol{f} = -\frac{1-\cos\vartheta}{m}(\boldsymbol{k}\cos\vartheta + \boldsymbol{k}'),$$

$$\boldsymbol{f}' = -\frac{1-\cos\vartheta}{m}(\boldsymbol{k} + \boldsymbol{k}'\cos\vartheta),$$

$$\boldsymbol{g} = -\frac{1-\cos\vartheta}{m}\left[(\boldsymbol{k}\cos\vartheta + \boldsymbol{k}') - (1+\cos\vartheta)\frac{\omega+\omega'}{\omega-\omega'+2m}(\boldsymbol{k}-\boldsymbol{k}')\right],$$

$$\boldsymbol{g}' = -\frac{1-\cos\vartheta}{m}\left[(\boldsymbol{k} + \boldsymbol{k}'\cos\vartheta) - (1+\cos\vartheta)\frac{\omega+\omega'}{\omega-\omega'+2m}(\boldsymbol{k}-\boldsymbol{k}')\right].$$
(87.23)

截面 (87.22) 不包含 $\boldsymbol{G}\cdot\boldsymbol{\xi}$ 形式的项. 这意味着电子的极化对非极化光子散射的总截面 (对 $\boldsymbol{\xi}'$, $\boldsymbol{\zeta}'$ 求和) 没有影响. 截面中也没有 $\boldsymbol{G}'\cdot\boldsymbol{\xi}'$ 形式的项. 这意味着, 在非极化光子的散射中, 反冲电子没有极化.

我们还看到, 在电子与光子极化的双线性项中只包含参量 ξ_2 与 ξ_2', 它们对应光子的圆极化. 电子的极化矢量 $\boldsymbol{\zeta}$ 与 $\boldsymbol{\zeta}'$ 以标量积 $\boldsymbol{f}\cdot\boldsymbol{\zeta}$ 等的形式出现, 它只包含这些矢量在散射平面上的投影. 因此, 例如, 极化光子被极化电子的散射截面

$$d\sigma(\boldsymbol{\xi}, \boldsymbol{\zeta}) = d\sigma(\boldsymbol{\xi}) + \frac{1}{2}r_e^2\left(\frac{\omega'}{\omega}\right)^2\xi_2\boldsymbol{f}\cdot\boldsymbol{\zeta}do'$$
(87.24)

与 $d\sigma(\boldsymbol{\xi})$ 的差别只是在光子为圆极化的而电子的平均自旋在散射平面上有非零的投影. 由于同样的原因, 反冲电子只有当光子为圆极化时才是极化的; 由此所得到的电子极化矢量应在散射平面上:

$$\boldsymbol{\zeta}^{(f)} = \frac{1}{F}\xi_2\boldsymbol{g}.$$
(87.25)

对 称 关 系

最后, 我们将从普遍的对称性要求得出一些关于光子被电子散射时极化效应的定性性质.

圆极化的参量 ξ_2 是一个赝矢量 (见 §8). 因此, 从 P 不变性要求得出, 在散射截面中与 ξ_2 (或与 ξ_2') 成正比的项只能出现在 ξ_2 与某个由矢量 k 与 k' 构成的赝标量的乘积中.[①] 但是一个赝标量是不可能由两个极矢量构成的. 因此得出结论, 在截面中不可能出现这样的项.

线极化参量 ξ_1 与 ξ_3 是和如下二维对称张量的 (在与 k 垂直的平面上) 分量相联系的:

$$S_{\alpha\beta} = \frac{1}{2}(\rho^{(\gamma)}_{\alpha\beta} + \rho^{(\gamma)}_{\beta\alpha}) = \frac{1}{2}\begin{pmatrix} 1+\xi_3 & \xi_1 \\ \xi_1 & 1-\xi_3 \end{pmatrix}.$$

在现在的情形, 一个极化轴取为沿矢量 $\boldsymbol{\nu} = \boldsymbol{k} \times \boldsymbol{k}'$ 的方向, 另一个则在 $\boldsymbol{k}$ 与 $\boldsymbol{k}'$ 的平面上 (一个光子沿 $\boldsymbol{k} \times \boldsymbol{\nu}$ 方向, 而另一光子则沿 $\boldsymbol{k}' \times \boldsymbol{\nu}$ 方向). 与 ξ_1 成正比的项只能作为乘积 $S_{\alpha\beta}\nu_\alpha(\boldsymbol{k}' \times \boldsymbol{\nu})_\beta$ (或等价地 $S_{\alpha\beta}\nu_\alpha k'_\beta$) 等出现在截面中. 但是由于 $\boldsymbol{\nu}$ 是一个轴矢量, $\boldsymbol{k}$ 是一个极矢量, 并且 $S_{\alpha\beta}$ 为真张量, 因此, 这样的乘积对反演不是不变的. 因此, 在截面中也没有与 ξ_1 (或与 ξ_1') 成正比的项. 然而, 与 ξ_3 (或与 ξ_3') 成正比的项则可作为乘积 $S_{\alpha\beta}\nu_\alpha\nu_\beta$ 等出现, 而不被对称性考虑所禁戒.

在截面中与电子极化 $\boldsymbol{\zeta}$ 成正比的项并不被宇称所禁戒: 这样的项可以由两个轴矢量的乘积 $\boldsymbol{\zeta} \cdot \boldsymbol{\nu}$ 产生. 然而, 它们必须不出现在微扰论第一级非零近似中, 因为散射矩阵在这个近似下是厄米的 (§71). 由于这个性质, 散射振幅的平方 (和截面) 在初态与终态交换时是不变的. 与此同时, 截面必须在时间反演下不变, 即交换初态与终态同时改变所有粒子的动量与角动量矢量的符号; 因此, 斯托克斯参量 ξ_1, ξ_2, ξ_3 是不变的 (见 §8). 将这两个要求结合起来, 我们发现在所考虑的近似下, 截面必须在改变所有动量与角动量符号而不交换初态与终态下是不变的, 即在 $\boldsymbol{\xi}$ 与 $\boldsymbol{\xi}'$ 不变下作变换:

$$\boldsymbol{k} \to -\boldsymbol{k}', \quad \boldsymbol{k}' \to -\boldsymbol{k}', \quad \boldsymbol{\zeta} \to -\boldsymbol{\zeta}' \quad \boldsymbol{\zeta}' \to -\boldsymbol{\zeta}' \tag{87.26}$$

这个变换 (87.26) 改变乘积 $\boldsymbol{\zeta} \cdot \boldsymbol{\nu}$ 的符号, 因此这样的项不可能出现在截面中. 然而, 必须强调指出, 这个禁戒并非对称性严格要求的结果, 因此, 在微扰论的更高级近似中不再能够应用.

在光子极化之间的双关联的项中, 只有形为 $\xi_1\xi_3$ 与 $\xi_2\xi_3$ 的项被宇称所禁止, 而光子-电子关联中没有一项是被禁戒的. 但是, 所有形为 $\xi_1\xi_2$, $\xi_1\zeta$, $\xi_3\zeta$ 的项在一级近似都被在变换 (87.26) 下不变的要求所禁止. 比如, 形为 $\xi_1\xi_2'$ 与 $\xi_1\zeta$ 的项可以构成 (至今仅涉及宇称) 诸如 $\xi_2'S_{\alpha\beta}k'_\alpha\nu_\beta$ 与 $S_{\alpha\beta}k'_\alpha\nu_\beta\boldsymbol{\zeta} \cdot \boldsymbol{k}$ 这样的标量, 但是, 这样的组合在变换 (87.26) 下将变号.

---

① 我们在实验室系中考虑这个过程, 这时 $\boldsymbol{p} = 0$, $\boldsymbol{p}' = \boldsymbol{k} - \boldsymbol{k}'$. 很明显, 对称性要求的有关结论 (在截面中存在或不存在某些特殊项) 并不依赖于参考系的选择.

容许的形为 $\xi_2\zeta$ 的关联项是可以构成的, 作为 $\xi_2\zeta \cdot \boldsymbol{k}$ 类型的乘积. 电子极化矢量在其中仅作为在散射平面上的投影出现.

最后, 从交叉对称的要求可以得出容许项的系数之间的一系列关系. 差别只是交换初态与终态光子的反应道对应于同一过程 —— 光子被一个电子散射. 其振幅的模平方, 并因此其散射截面必须在从一个反应道变到另一反应道的变换下是不变的:

$$k \leftrightarrow -k', \quad e \leftrightarrow e'^*$$

电子动量和极化不变. 这个变换的三维形式为

$$\begin{aligned}
\omega &\leftrightarrow -\omega', \quad \boldsymbol{k} \leftrightarrow -\boldsymbol{k}', \\
\xi_1 &\leftrightarrow \xi_1', \quad \xi_2 \leftrightarrow -\xi_2', \quad \xi_3 \leftrightarrow \xi_3'.
\end{aligned} \tag{87.27}$$

ξ_2 变号由表示式 $\xi_2 = \mathrm{i} e \times e^* \cdot \boldsymbol{n}$ 看是明显的, 其中的矢量 $e \times e^*$ 在 e 与 e^* 交换时将变号, 而矢量 $\boldsymbol{n} = \boldsymbol{k}/\omega$ 在变换 $\boldsymbol{k} \leftrightarrow -\boldsymbol{k}$, $\omega \leftrightarrow -\omega$ 时保持不变. 变换 (87.27) 不影响电子动量并因此保持实验室系不变. 所以, 截面 (87.22) 在此变换下不可能改变其形式, 而且事实上, (87.12), (87.22), (87.23) 式也遵从这个要求.

§88　电子对的双光子湮没

电子与正电子 (其四维动量分别为 p_- 与 p_+) 湮没生成两个光子 (k_1 与 k_2) 对应如下两个费曼图

$$\tag{88.1}$$

这些图与光子被电子散射的图的区别如下:

$$p \to p_-, \quad p' \to -p_+, \quad k \to -k_1, \quad k' \to k_2. \tag{88.2}$$

这两个过程是同一 (广义的) 反应的两个交叉道. 在作变换 (88.2) 后, 运动学不变量 (86.2) 变为

$$\begin{aligned}
s &= (p_- - k_1)^2, \\
t &= (p_- + p_+)^2 = (k_1 + k_2)^2, \\
u &= (p_- - k_2)^2.
\end{aligned} \tag{88.3}$$

如果光子散射是 s 道, 那么湮没就是 t 道.

对于湮没过程的量 $|M_{fi}|^2$ (对电子极化平均并对光子极化求和), 在用不变量 s 与 u 表示时, 是和散射对应的量相同的, 只是不变量的含义改变了.[①] 在截面的公式 (64.23) 中, $|M_{fi}|^2$ 的系数需要作改变 $s \leftrightarrow t$, 而按照 (64.15a) 式, I^2 等于 $\frac{1}{4} t(t - 4m^2)$. 在公式 (86.6) 中作适当的替代, 我们求出湮没截面为

$$\mathrm{d}\sigma = 8\pi r_e^2 \frac{m^2 \mathrm{d}s}{t(t-4m^2)} \left\{ \left(\frac{m^2}{s-m^2} + \frac{m^2}{u-m^2} \right)^2 \right.$$
$$\left. + \left(\frac{m^2}{s-m^2} + \frac{m^2}{u-m^2} \right) - \frac{1}{4} \left(\frac{s-m^2}{u-m^2} + \frac{u-m^2}{s-m^2} \right) \right\} \qquad (88.4)$$

湮没道的物理区为 §67 中图 7 的区域 II. 对给定的 t (给定的质心系能量), s 的变化范围由边值方程 $su = m^4$ 确定. 和关系式 $s + t + u = 2m^2$ 一起, 这给出

$$-\frac{t}{2} - \frac{1}{2}\sqrt{t(t-4m^2)} \leqslant s - m^2 \leqslant -\frac{t}{2} + \frac{1}{2}\sqrt{t(t-4m^2)}. \qquad (88.5)$$

(88.4) 的积分是初等的; 考虑到两个终态粒子 (光子) 的全同性, 结果必须除以 2. 于是, 我们有

$$\sigma = \frac{\pi r_e^2}{2\tau^2(\tau-1)} \left[\left(\tau^2 + \tau - \frac{1}{2} \right) \ln \frac{\sqrt{\tau}+\sqrt{\tau-1}}{\sqrt{\tau}-\sqrt{\tau-1}} - (\tau+1)\sqrt{\tau(\tau-1)} \right], \qquad (88.6)$$

其中 $\tau = \frac{1}{4} t / m^2$ (P. A. M. Dirac, 1930).

在非相对论极限 ($\tau \to 1$), 这给出

$$\sigma = \frac{\pi r_e^2}{2\sqrt{\tau-1}} \quad (\text{非相对论情形}). \qquad (88.7)$$

而在极端相对论极限 ($\tau \to \infty$),

$$\sigma = \frac{\pi r_e^2}{2\tau} (\ln 4\tau - 1) \quad (\text{极端相对论情形}). \qquad (88.8)$$

在实验室系, 一个粒子 (比如电子) 碰撞前是静止的, 不变量 τ 为

$$\tau = \frac{1}{2}(1+\gamma), \quad \gamma = \frac{\varepsilon_+}{m}. \qquad (88.9)$$

公式 (88.6)—(88.8) 给出总截面与入射正电子能量的依赖关系

$$\sigma = \frac{\pi r_e^2}{2\gamma+1} \left[\frac{\gamma^2 + 4\gamma + 1}{\gamma^2 - 1} \ln(\gamma + \sqrt{\gamma^2-1}) - \frac{\gamma+3}{\sqrt{\gamma^2-1}} \right]. \qquad (88.10)$$

---

① 这考虑到光子和电子有相同的独立极化数目 (2), 因此对哪一个平均哪一个求和是不重要的.

特别是, 在非相对论极限[1]

$$\sigma = \pi r_e^2 / v_+ \quad \text{(非相对论情形)}, \tag{88.11}$$

其中 v_+ 为正电子的速度.

在质心系中, 电子, 正电子和两个光子有相等的能量, $\varepsilon = \omega$. 不变量为

$$m^2 - s = 2\varepsilon(\varepsilon - |\boldsymbol{p}|\cos\theta), \quad m^2 - u = 2\varepsilon(\varepsilon + |\boldsymbol{p}|\cos\theta),$$
$$t = 4\varepsilon^2, \tag{88.12}$$

其中 θ 为电子动量与一个光子动量间的夹角. 将 (88.12) 代入 (88.4), 得到湮没光子的角分布:

$$\mathrm{d}\sigma = \frac{r_e^2 m^2}{4\varepsilon|\boldsymbol{p}|}\left[\frac{\varepsilon^2 + \boldsymbol{p}^2(1 + \sin^2\theta)}{\varepsilon^2 - \boldsymbol{p}^2\cos^2\theta} - \frac{2\boldsymbol{p}^4\sin^4\theta}{(\varepsilon^2 - \boldsymbol{p}^2\cos^2\theta)^2}\right]\mathrm{d}o. \tag{88.13}$$

在极端相对论情形, 在 $\theta = 0$ 与 $\theta = \pi$ 方向有对称的极大值. 在 $\theta = 0$ 附近, 我们有

$$\mathrm{d}\sigma \approx \frac{r_e^2 m^2 \mathrm{d}o}{2\varepsilon^2(\theta^2 + m^2/\varepsilon^2)} \quad \text{(极端相对论情形)}. \tag{88.14}$$

由 (88.6) 得到的总截面为:

$$\sigma = \pi r_e^2 \frac{1 - v^2}{4v}\left[\frac{3 - v^4}{v}\ln\frac{1+v}{1-v} - 2(2 - v^2)\right], \tag{88.15}$$

其中 $v = |\boldsymbol{p}|/\varepsilon = \sqrt{\varepsilon^2 - m^2}/\varepsilon$ 为碰撞粒子的速度.

我们不在这里讨论湮没中的极化效应的细节,[2] 而只是讨论这些效应在碰撞粒子速度 v 大与小的极限情形下的某些定性特征. 讨论将在质心系中进行.

在 $v \to 0$ 的极限, 只有相对运动轨道角动量 $l = 0$ 的态对截面有非零的贡献. 但是, 电子 + 正电子系统的 S 态的宇称为负的 (§27, 习题). 在双-光子系统的奇态, 它们的极化是互相正交的 (§9). 因此在非相对论极限, 湮没光子也必定是同样的.

如果电子和正电子是极化的, 它们的湮没 (仍然在非相对论极限) 只有当它们的自旋反平行时才是可能的: 因为湮没发生在 S 态, 系统的总角动量等于粒子的总自旋, 而此总自旋在自旋平行时为 1. 然而, 双-光子系统不存在总角动量为 1 的态 (见 §9).

---

[1] 然而, 在 $v_+ \lesssim \alpha$ 与电子对内部的库仑作用不能忽略时, 这个公式不再适用; 参见 §94 的末尾.

[2] 参见 W. H. McMaster, *Reviews of Modern Physics* **33**, 8, 1961.

在极端相对论极限 $(v \to 1)$, 纵向极化 (螺旋性) 的电子与正电子的湮没只有当它们的螺旋性有相反符号时才有可能发生.[①] 在此极限, 螺旋性粒子的行为如同中微子 (见 §80 末尾), 湮没的电子与正电子必须类似于中微子与反中微子, 因此得到如下结论.

在极端相对论情形, 具有相同螺旋性的电子与正电子只有当考虑包含 m 的项才会发生湮没. 这个过程的振幅与平行自旋的一对粒子的湮没在数量级上相差一个因子 m/ε; 因而截面相差一个因子 $(m/\varepsilon)^2$.

习　题

求在两个光子的碰撞中生成一个电子对的截面 (G. Breit, J. A. Wheeler, 1934).

解: 这是一个电子对湮没为两个光子的逆过程. 这两个过程的平方振幅是相同的, 它们与截面的关系差别只是在后一过程 $I^2 = (k_1 k_2)^2 = \dfrac{1}{4} t^2$. 因此

$$\mathrm{d}\sigma_{\text{form}} = \mathrm{d}\sigma_{\text{ann}} \frac{t - 4m^2}{t}.$$

在质心系中 $(t = 4\varepsilon^2 = 4\omega^2)$,

$$\mathrm{d}\sigma_{\text{form}} = v^2 \mathrm{d}\sigma_{\text{ann}},$$

其中 v 为这个电子对组分的速度. 在积分得到总截面时, 结果不必除以 2 (如在湮没情形一样), 因为两个终态粒子 (电子与正电子) 不是全同粒子. 因此, 在质心系中,

$$\sigma_{\text{form}} = 2v^2\sigma_{\text{ann}} = \frac{1}{2}\pi r_e^2(1 - v^2)\left\{(3 - v^4)\ln\frac{1 + v}{1 - v} - 2v(2 - v^2)\right\}. \tag{1}$$

在两个光子 k_1 与 k_2 相反方向运动的任意参考系 K 中, 我们有 (由 $k_1 k_2$ 的不变性)

$$\omega_1\omega_2 = \omega^2,$$

其中 ω 为质心系中的光子能量. 由于这个能量等于电子对组分的能量, 我们有 $\omega = \varepsilon = m/\sqrt{(1 - v^2)}$. 因此为了变到 K 参考系, 我们必须在 (1) 中取

$$v = \sqrt{1 - \frac{m^2}{\omega_1\omega_2}}.$$

---

① 因为粒子动量的方向相反 (在质心系中), 相反符号的螺旋性对应平行自旋.

§89 电子偶素的湮没

　　由于动量守恒, 电子偶素中电子与正电子的湮没必定伴随至少两个光子的发射. 然而, 这样的衰变 (在基态) 仅对仲电子偶素才是可能的. 在 §9 我们已经证明, 一个双光子系统的总角动量不可能是 1. 因此, 处于 $^3S_1$ 态的正电子偶素不可能衰变为两个光子. 而且, 由于 $^3S_1$ 态的电子偶素为电荷宇称–奇的系统 (见 §27 习题), 弗里定理 (§79) 表明它不可能衰变为任何偶数个光子. 另一方面, 在 $^1S_0$ 态电子偶素为电荷宇称–偶的系统, 因此仲电子偶素衰变为任何奇数个光子是被禁戒的.

　　因此, 决定电子偶素寿命的主要过程对仲态电子偶素为双光子湮没, 而对正态电子偶素则为三光子湮没 (И. Я. Померанчук, 1948). 衰变概率可以和自由电子对的湮没截面相联系.

　　在电子偶素中电子与正电子的动量为 $\sim me^2/\hbar$, 即与 mc 相比是小的. 因此, 在计算湮没概率时, 我们可以取两个粒子静止处于原点的极限. 设 $\bar{\sigma}_{2\gamma}$ 为一个自由电子对的双光子湮没截面对两个粒子的自旋方向平均的结果. 在非相对论极限, 按照 (88.11) 式,[①]

$$\bar{\sigma}_{2\gamma} = \pi \left(\frac{e^2}{mc^2} \right)^2 \frac{c}{v}, \tag{89.1}$$

其中 v 为粒子的相对速度. 湮没概率 $\bar{w}_{2\gamma}$ 由 $\bar{\sigma}_{2\gamma}$ 乘以流密度 $v|\psi(0)|^2$ 得出. 这里 $\psi(r)$ 为电子偶素基态归一到 1 的波函数:

$$\psi(r) = \frac{1}{\sqrt{\pi a^3}} e^{-r/a}, \quad a = \frac{2\hbar^2}{me^2} \tag{89.2}$$

电子偶素的玻尔半径 a 为氢原子玻尔半径的两倍, 因为其约化质量为氢原子的一半. 然而, 这个概率对应于初态对自旋的平均, 而在电子偶素中一个双粒子系统的四个可能的自旋态中只有一个 (总自旋为 0) 态可能发生双光子湮没过程. 因此, 平均衰变概率 $\bar{w}_{2\gamma}$ 与仲电子偶素衰变概率 w_0 的关系为 $\bar{w}_{2\gamma} = \frac{1}{4} w_0$, 并因此

$$w_0 = 4|\psi(0)|^2 (v\bar{\sigma}_{2\gamma})_{v\to 0}. \tag{89.3}$$

将 (89.1), (89.2) 式的值代入, 我们得到仲电子偶素的寿命:

$$\tau_0 = \frac{2\hbar}{mc^2 \alpha^5} = 1.23 \times 10^{-10} \text{s}. \tag{89.4}$$

---

① (89.1)—(89.7) 式采用通常的单位.

应该指出, 能级的宽度 $\Gamma_0 = \hbar/\tau_0$ 与能级的能量

$$|E_{\mathrm{gr}}| = \frac{me^4}{4\hbar^2} = mc^2\frac{\alpha^2}{4}$$

相比较是小的. 由于这个原因, 电子偶素可以看成为一个准稳定态.

用类似方法, 我们求出正电子偶素的衰变概率与一个自由电子对的三–光子湮没的自旋平均截面之间的关系:

$$w_1 = \frac{4}{3}\overline{w}_{3\gamma} = \frac{4}{3}|\psi(0)|^2(v\overline{\sigma}_{3\gamma})_{v\to 0} \tag{89.5}$$

(自旋为 1 的统计权重为 $\frac{3}{4}$). 我们可以预先给出结果

$$\overline{\sigma}_{3\gamma} = \frac{4(\pi^2-9)c}{3v}\alpha\left(\frac{e^2}{mc^2}\right)^2. \tag{89.6}$$

因此, 正电子偶素的寿命为

$$\tau_1 = \frac{9\pi}{2(\pi^2-9)}\frac{\hbar}{mc^2\alpha^6} = 1.4\times 10^{-7}\mathrm{s}. \tag{89.7}$$

不等式 $\Gamma_1 \ll |E_{\mathrm{gr}}|$ 在这里可以比在仲电子偶素中更好地得到满足.

现在我们来计算一个自由电子对的三–光子湮没的截面 (A. Ore, J. L. Powell, 1949). 按照 (64.18) 式, 在质心系中这个截面用平方振幅表示为

$$\begin{aligned}
\mathrm{d}\sigma_{3\gamma} = {} & \frac{(2\pi)^4|M_{fi}|^2}{4I}\delta(\boldsymbol{k}_1+\boldsymbol{k}_2+\boldsymbol{k}_3)\delta(\omega_1+\omega_2+\omega_3-2m) \\
& \times \frac{\mathrm{d}^3k_1\mathrm{d}^3k_2\mathrm{d}^3k_3}{(2\pi)^9 2\omega_1\cdot 2\omega_2\cdot 2\omega_3},
\end{aligned} \tag{89.8}$$

其中, 按照 (64.16) 式, $I = 2m\cdot\frac{1}{2}mv = m^2v$, v 为电子与正电子的相对速度 (假设很小); $\boldsymbol{k}_1, \boldsymbol{k}_2, \boldsymbol{k}_3$ 与 $\omega_1, \omega_2, \omega_3$ 为生成光子的波矢与频率; δ 函数表示能量与动量守恒定律. 由于这些定律, 三个频率 $\omega_1, \omega_2, \omega_3$ 必须由一个周长为 $2m$ 的三角形表示. 于是, $\boldsymbol{k}_1, \boldsymbol{k}_2, \boldsymbol{k}_3$ 的大小和它们之间的夹角由指定两个频率而完全确定.

三光子湮没过程对应的费曼图为

以及由此图交换光子 k_1, k_2, k_3 得到的五个图. 振幅可写成

$$M_{fi} = (4\pi)^{3/2} e_\lambda^{(3)*} e_\mu^{(2)*} e_\nu^{(1)*} \overline{u}(-p_+) Q^{\lambda\mu\nu} u(p_-), \tag{89.9}$$

其中

$$Q^{\lambda\mu\nu} = \sum_{\text{int.}} \gamma^\lambda G(k_3 - p_+) \gamma^\mu G(p_- - k_1) \gamma^\nu, \tag{89.10}$$

求和对光子序号 1, 2, 3 的所有交换并同时交换对应的张量指标 λ, μ, ν 进行. 振幅的模平方要对电子与正电子的极化求平均并对光子的极化求和, 结果为

$$\frac{1}{4} \sum_{\text{polar.}} |M_{fi}|^2 = (4\pi)^3 \text{tr} \{\rho_+ Q^{\lambda\mu\nu} \rho_- \overline{Q}_{\lambda\mu\nu}\}, \tag{89.11}$$

其中

$$\rho_- = \frac{1}{2}(\gamma p_- + m), \quad \rho_+ = \frac{1}{2}(\gamma p_+ - m).$$

矩阵 $\overline{Q}^{\lambda\mu\nu}$ 和矩阵 $Q^{\lambda\mu\nu}$ 的区别在于其中求和的每一项中的因子的顺序是倒过来的. 在所考虑的极限情形下, 电子和正电子速度是小的, 其三维动量 $\boldsymbol{p}_-$ 与 $\boldsymbol{p}_+$ 可以取为零, 设 $\boldsymbol{p}_- = \boldsymbol{p}_+ = (m, 0)$. 于是电子的格林函数为

$$G(p_- - k_1) = \frac{\gamma p_- - \gamma k_1 + m}{(p_- - k_1)^2 - m^2} \approx \frac{-\gamma k_1 + m(\gamma^0 + 1)}{-2m\omega_1}$$

等等, 密度矩阵则简化为

$$\rho_{\mp} = \frac{m}{2}(\gamma^0 \pm 1).$$

在 (89.11) 式中的乘法运算将产生大量的项, 但是通过运用交换光子的对称性可以使需要计算的项数大大减少. 比如, 在 $Q^{\lambda\mu\nu}$ (89.10) 中乘得的 6 项每个只需要与 $\overline{Q}_{\lambda\mu\nu}$ 中的一项相乘即可. 于是在其余 6 个阵迹中, 我们又可以选择某个部分通过各种互相交换光子而变换得出. 在阵迹展开时出现的四维矢量 p, k_1, k_2, k_3 的乘积都可以用频率 ω_1, ω_2, ω_3 表示. 因为 $p = (m, 0)$, 我们有 $pk_1 = m\omega_1, \cdots$. 乘积 $k_1 k_2, \cdots$ 由四维动量守恒方程: $2p = k_1 + k_2 + k_3$ 确定; 比如, 将此方程写成 $2p - k_3 = k_1 + k_2$ 形式并取平方, 我们有

$$k_1 k_2 = 2m(m - \omega_3), \cdots \tag{89.12}$$

计算依然相当冗长, 其结果为

$$\frac{1}{4} \sum_{\text{polar.}} |M_{fi}|^2 = (4\pi)^3 e^6 \cdot 16 \left[\left(\frac{m - \omega_1}{\omega_2 \omega_3}\right)^2 + \left(\frac{m - \omega_2}{\omega_1 \omega_3}\right)^2 + \left(\frac{m - \omega_3}{\omega_1 \omega_2}\right)^2 \right].$$

将此式代入 (89.8), 我们得到三光子湮没的微分截面:

$$d\overline{\sigma}_{3\gamma} = \frac{e^6}{\pi^2 m^2 v}\left[\left(\frac{m-\omega_1}{\omega_2\omega_3}\right)^2 + \left(\frac{m-\omega_2}{\omega_1\omega_2}\right)^2 + \left(\frac{m-\omega_3}{\omega_1\omega_2}\right)^2\right]$$

$$\times \delta(\boldsymbol{k}_1 + \boldsymbol{k}_2 + \boldsymbol{k}_3)\delta(\omega_1 + \omega_2 + \omega_3 - 2m)\frac{d^3 k_1 d^3 k_2 d^3 k_3}{\omega_1\omega_2\omega_3}. \quad (89.13)$$

其中的 δ 函数仍有待消去. 第一个 δ 函数通过对 $d^3 k_3$ 积分移去, 于是我们可写出

$$d^3 k_1 d^3 k_2 \to 4\pi\omega_1^2 d\omega_1 \cdot 2\pi\omega_2^2 d(\cos\theta_{12})d\omega_2,$$

其中 θ_{12} 为 $\boldsymbol{k}_1$ 与 $\boldsymbol{k}_2$ 间的夹角; 假设对 $\boldsymbol{k}_1$ 的方向以及对 $\boldsymbol{k}_2$ 相对于 $\boldsymbol{k}_1$ 的辐角的积分已经完成. 对如下方程微商

$$\omega_3 = \sqrt{\omega_1^2 + \omega_2^2 + 2\omega_1\omega_2\cos\theta_{12}},$$

我们求出

$$d\cos\theta_{12} = \frac{\omega_3}{\omega_1\omega_2}d\omega_3.$$

第二个 δ 函数通过对 $d\omega_3$ 积分移去. 得到的生成有指定能量光子的湮没截面为

$$d\overline{\sigma}_{3\gamma} = \frac{1}{6}\frac{8e^6}{vm^2}\left\{\left(\frac{m-\omega_3}{\omega_1\omega_2}\right)^2 + \left(\frac{m-\omega_2}{\omega_1\omega_3}\right)^2 + \left(\frac{m-\omega_1}{\omega_2\omega_3}\right)^2\right\}d\omega_1 d\omega_2; \quad (89.14)$$

包括因子 1/6 是考虑到在对频率的积分中光子的全同性 (参见 §64 的第三个脚注).

每个频率 $\omega_1, \omega_2, \omega_3$ 都可以在 0 和 m 间取值; 这后一数值可以被两个频率达到, 当第三个频率为零时. 对给定的 ω_1, 频率 ω_2 在 $m-\omega$ 与 m 间变化. 将 (89.14) 式对 $d\omega_2$ 在这两个值之间积分, 我们就得到衰变光子的谱分布:

$$d\overline{\sigma}_{3\gamma} = \frac{8e^6}{3vm^3}F(\omega_1)d\omega_1,$$

$$F(\omega_1) = \frac{\omega_1(m-\omega_1)}{(2m-\omega_1)^2} + \frac{2m-\omega_1}{\omega_1} + \left[\frac{2m(m-\omega_1)}{\omega_1^2} - \frac{2m(m-\omega_1)^2}{(2m-\omega_1)^3}\right]\ln\frac{m-\omega_1}{m}.$$

函数 $F(\omega_1)$ 单调地从零 (当 $\omega_1 = 0$) 增加到 1 (当 $\omega_1 = m$), 如图 14 所示.

总的湮没截面由 (89.14) 式对两个频率积分得到:

$$\overline{\sigma}_{3\gamma} = \frac{4e^6}{3vm^2}\cdot 3\int_0^m\int_{m-\omega_1}^m \frac{(\omega_1 + \omega_2 - m)^2}{\omega_1^2\omega_2^2}d\omega_1 d\omega_2.$$

积分得到的数值为 $(\pi^2 - 9)/3$, 于是我们回到了 (89.6) 式.

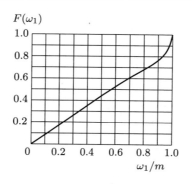

图 14

§90　同步辐射

　　按照经典理论 (第二卷, §74), 一个在恒定磁场 H 中运动的极端相对论电子将发射出准连续谱的光, 其最大频率为

$$\omega \sim \omega_0 \left(\frac{\varepsilon}{m}\right)^3, \tag{90.1}$$

其中

$$\omega_0 = \frac{v|e|H}{|\boldsymbol{p}|} \approx \frac{|e|H}{\varepsilon} \tag{90.2}$$

为具有能量 ε 的电子在垂直于磁场的平面的圆轨道上的回转频率.[1] 我们将假设电子的纵向速度 (平行于磁场 $\boldsymbol{H}$) 为零, 这一点通过适当选择参考系总能做到.

　　在同步辐射中的量子效应来自两个方面: 电子运动的量子化和发射光子时的量子反冲. 后者由比值 $\hbar\omega/\varepsilon$ 决定, 并且若要让经典理论可以应用, 这个值必须是小的. 因此采用如下参量是方便的:

$$\chi = \frac{H}{H_0} \frac{|\boldsymbol{p}|}{m} \approx \frac{H\varepsilon}{H_0 m} \approx \frac{\hbar\omega_0}{\varepsilon}\left(\frac{\varepsilon}{m}\right)^3, \tag{90.3}$$

其中 $H_0 = m^2/|e|\hbar (= m^2 c^3/|e|\hbar) = 4.4 \times 10^{13}$G. 在经典情形, $\chi \sim \hbar\omega/\varepsilon \ll 1$. 在相反的极限 ($\chi \gg 1$), 发射光子的能量 $\hbar\omega \sim \varepsilon$, 并且 (我们下面将看到) 光谱的有效区域扩展到这样一个频率, 在此频率发射光子后的电子能量为

$$\varepsilon' \sim m\frac{H_0}{H}. \tag{90.4}$$

---

[1] 在本节中, 我们取 $c = 1$, 但保留因子 $\hbar$.

假如电子保持为极端相对论的, 磁场必须满足如下条件:

$$\frac{H}{H_0} \ll 1. \tag{90.5}$$

电子运动的量子化本身由比值 $\hbar\omega_0/\varepsilon$ 表示; $\hbar\omega_0$ 为电子在一个磁场中运动时, 其相邻能级的间隔. 由于

$$\frac{\hbar\omega_0}{\varepsilon} = \frac{H}{H_0}\left(\frac{m}{\varepsilon}\right)^2,$$

由 (90.5) 式得出 $\hbar\omega_0 \ll \varepsilon$, 即对所有的 χ 值, 电子运动都是准经典的. 也就是说, 电子的动力学变量算符间的不可对易性 (量级为 $\hbar\omega_0/\varepsilon$) 可以忽略, 但是, 这些算符与光子场算符的不可对易性 (量级为 $\hbar\omega/\varepsilon$) 却是不可忽略的.[①]

在外场中一个电子的定态准经典波函数可写成如下符号形式

$$\psi = (2\widehat{H})^{-1/2} u(\widehat{p}) \exp\left(-\frac{\mathrm{i}}{\hbar}\widehat{H}t\right)\varphi(\boldsymbol{r}), \tag{90.6}$$

其中 $\varphi(\boldsymbol{r}) \sim \exp(\mathrm{i}S/\hbar)$ 为无自旋粒子的准经典波函数 ($S(\boldsymbol{r})$ 为其经典作用量); $u(\widehat{p})$ 为双旋量算符:

$$u(\widehat{p}) = \begin{pmatrix} (\widehat{H}+m)^{1/2}w \\ (\widehat{H}+m)^{-1/2}(\boldsymbol{\sigma}\cdot\widehat{\boldsymbol{p}})w \end{pmatrix},$$

它由双旋量平面波振幅 $u(p)$ (23.9) 式, 将其中 $\boldsymbol{p}$ 与 ε 换成如下算符得出:[②]

$$\widehat{\boldsymbol{p}} = \widehat{\boldsymbol{P}} - e\boldsymbol{A} = -\mathrm{i}\hbar\nabla - e\boldsymbol{A}, \quad \widehat{H} = (\widehat{\boldsymbol{p}}^2 + m^2)^{1/2},$$

其中 $\boldsymbol{P}$ 为粒子在矢势为 $\boldsymbol{A}(\boldsymbol{r})$ 的场中的广义动量. ψ 中算符因子的顺序是不重要的, 因为它们的不可对易性是可忽略的, 电子的自旋态由三维旋量 w 决定.

为了计算准经典情形光子发射的概率, 较方便的是不从微扰论的最后公式 (44.3) 出发, 而从一个尚未对时间进行积分的公式出发. 对于总的 (覆盖所

---

① 同步辐射量子问题的完全解首先是由 Н. П. Клепиков (1954) 给出的, 而第一个对经典公式作量子修正的是 А. А. Соколов, Н. П. Клепиков 与 И. М. Тернов (1952). 这里给出的推导, 明显地用到了运动是准经典的事实, 是由 В. Н. Байер, В. М. Катков (1967) 给出的. 类似的方法 J. Schwinger (1954) 较早曾在推导辐射强度的量子修正中用过.

② 与第四章不同, 在本节中广义动量用大写字母 $\boldsymbol{P}$ 标记, 而 $\boldsymbol{p}$ 则用来标记通常的 (运动学) 动量.

有时间) 微分概率, 我们有①

$$dw = \sum_f |a_{fi}|^2 \frac{d^3k}{(2\pi)^3}, \quad a_{fi} = \int_{-\infty}^{\infty} V_{fi}(t)dt \tag{90.7}$$

(参见第三卷 (41.2) 式); 求和对电子的终态进行.

利用 (90.6) 式, 我们可以用算符形式写出发射一个光子 $\omega, \boldsymbol{k}$ 的矩阵元 $V_{fi}(t)$

$$V_{fi}(t) = -\frac{e\sqrt{4\pi}}{\sqrt{2\hbar\omega}} \int \left[\varphi_f^* \exp\left(\frac{i}{\hbar}\widehat{H}t\right) \frac{u^+(\widehat{p})}{(2\widehat{H})^{1/2}} \right]$$
$$\times e^{i\omega t - i\boldsymbol{k}\cdot\boldsymbol{r}} (e^* \cdot \boldsymbol{\alpha}) \frac{u(\widehat{p})}{(2\widehat{H})^{1/2}} \exp\left(-\frac{i}{\hbar}\widehat{H}t\right) \varphi_i d^3x,$$

其中方括号中的算符作用于左边; 光子场取三维横向规范的表示. 两个因子 $\exp(\pm i\widehat{H}t/\hbar)$ 将它们之间的薛定谔算符转化为海森伯绘景与时间明显相关的算符. 我们可将 $V_{fi}(t)$ 写成如下形式

$$V_{fi}(t) = e\sqrt{\frac{2\pi}{\hbar\omega}} \langle f|Q(t)|i\rangle e^{i\omega t},$$

其中 $\widehat{Q}(t)$ 标记海森伯算符

$$\widehat{Q}(t) = \frac{u_f^+(\widehat{p})}{(2\widehat{H})^{1/2}} (\boldsymbol{\alpha} \cdot e^*) e^{-i\boldsymbol{k}\cdot\widehat{\boldsymbol{r}}(t)} \frac{u_i(\widehat{p})}{(2\widehat{H})^{1/2}}, \tag{90.8}$$

矩阵元是相对于函数 φ_f, φ_i 而取的.

在 (90.7) 式中的求和是对所有终态波函数 φ_f 进行的, 并用到方程

$$\sum_f \varphi_f^*(\boldsymbol{r}')\varphi_f(\boldsymbol{r}) = \delta(\boldsymbol{r}' - \boldsymbol{r}),$$

此式表示函数 φ_f 的完备性. 结果为

$$dw = \frac{e^2}{\hbar\omega} \frac{d^3k}{4\pi^2} \int dt_1 \int dt_2 \cdot e^{i\omega(t_1-t_2)} \langle i|Q^+(t_2)Q(t_1)|i\rangle. \tag{90.9}$$

如果积分对足够长的时间间隔进行, t_1, t_2 可换成新的变量:

$$\tau = t_2 - t_1, \quad t = \frac{t_1 + t_2}{2},$$

---

① 取 $V_{fi}(t) = V_{fi}\exp(iw_{fi}t)$, 我们求出 $a_{fi} = 2\pi V_{fi}\delta(w_{fi})$, 而因为 δ 函数的平方取为 $[\delta(w)]^2 \to (t/2\pi)\delta(w)$, 其中 t 为总的观测时间 (参见 (64.5) 式的推导), 我们由 (90.7) 式对单位时间的概率得到公式 (44.3).

并且在对 t 的积分中, 被积函数可以看成是单位时间的发射概率. 乘以 $\hbar\omega$, 我们就得到强度

$$\mathrm{d}I = \frac{e^2}{4\pi^2}\mathrm{d}^3 k \int \mathrm{e}^{-\mathrm{i}\omega\tau}\langle i|Q^+\left(t+\frac{\tau}{2}\right)Q\left(t-\frac{\tau}{2}\right)|i\rangle\mathrm{d}\tau. \tag{90.10}$$

一个极端相对论的电子的辐射进入一个相对于其速度 $\boldsymbol{v}$ 角度为 $\theta \sim m/\varepsilon$ 的窄光锥内. 因此, 在给定方向 $\boldsymbol{n} = \boldsymbol{k}/\omega$ 的辐射是在一段轨迹上形成的, 这段路径上 $\boldsymbol{v}$ 转了一个角度 $\sim m/\varepsilon$. 这段轨迹在这样一段时间 τ 内走过, 它使得 $\tau|\dot{\boldsymbol{v}}| \approx \tau\omega_0 \sim m/\varepsilon \ll 1$. 正是这个区域对于按 τ 的积分给出了主要贡献. 因此, 在接下来的计算中, 我们将所有的量展开为 $\omega_0\tau$ 的级数. 但是, 在展开式中必须保留比领头项更多的项, 由于 $1 - \boldsymbol{n}\cdot\boldsymbol{v} \sim \theta^2 \sim (m/\varepsilon)^2$, 其中会有项的相消发生.

如果将算符 $\widehat{Q}^+\widehat{Q}$ 简化为可对易算符的乘积 (到必要的精确程度), 那么, 取对角矩阵元 $\langle i|\cdots|i\rangle$ 就等价于用对应量的经典 (与时间相关) 值代替这些算符. 这个目标可用如下方法达到.

按照前面的讨论, 在 $\widehat{Q}(t)$ 的表示式中只需要考虑电子算符与光子场算符 $\exp(-\mathrm{i}\boldsymbol{k}\cdot\widehat{\boldsymbol{r}}(t))$ 之间的不可对易性. 我们有

$$\begin{aligned}
\widehat{\boldsymbol{p}}\mathrm{e}^{-\mathrm{i}\boldsymbol{k}\cdot\widehat{\boldsymbol{r}}} &= \mathrm{e}^{-\mathrm{i}\boldsymbol{k}\cdot\widehat{\boldsymbol{r}}}(\widehat{\boldsymbol{p}}-\hbar\boldsymbol{k}), \\
H(\widehat{\boldsymbol{p}})\mathrm{e}^{-\mathrm{i}\boldsymbol{k}\cdot\widehat{\boldsymbol{r}}} &= \mathrm{e}^{-\mathrm{i}\boldsymbol{k}\cdot\widehat{\boldsymbol{r}}}H(\widehat{\boldsymbol{p}}-\hbar\boldsymbol{k}).
\end{aligned} \tag{90.11}$$

得到这些公式是由于 $\mathrm{e}^{-\mathrm{i}\boldsymbol{k}\cdot\widehat{\boldsymbol{r}}}$ 为动量空间的位移算符. 利用 (90.11) 式, 我们可以将 (90.8) 中的算符 $\mathrm{e}^{-\mathrm{i}\boldsymbol{k}\cdot\widehat{\boldsymbol{r}}(t)}$ 向左移到外边, 并将 $\widehat{Q}(t)$ 写成

$$\widehat{Q}(t) = \exp[-\mathrm{i}\boldsymbol{k}\cdot\widehat{\boldsymbol{r}}(t)]\widehat{R}(t), \quad \widehat{R}(t) = \frac{u_f^+(\widehat{p}')}{(2\widehat{H}')^{1/2}}(\boldsymbol{\alpha}\cdot\boldsymbol{e}^*)\frac{u_i(\widehat{p})}{(2\widehat{H})^{1/2}}, \tag{90.12}$$

其中 $\widehat{H}' = \widehat{H} - \hbar\omega$, $\widehat{\boldsymbol{p}}' = \widehat{\boldsymbol{p}} - \hbar\boldsymbol{k}$.

于是

$$\widehat{Q}_2^+\widehat{Q}_1 = \widehat{R}_2\mathrm{e}^{\mathrm{i}\boldsymbol{k}\cdot\widehat{\boldsymbol{r}}_2}\mathrm{e}^{-\mathrm{i}\boldsymbol{k}\cdot\widehat{\boldsymbol{r}}_1}\widehat{R}_1; \tag{90.13}$$

此处及以后, 下标 1 与 2 标记该量分别在 $t_1 = t - \frac{1}{2}\tau$ 与 $t_2 = t + \frac{1}{2}\tau$ 时刻的值. 剩下的事情是计算两个不对易算符 $\mathrm{e}^{\mathrm{i}\boldsymbol{k}\cdot\widehat{\boldsymbol{r}}_2}$ 与 $\mathrm{e}^{-\mathrm{i}\boldsymbol{k}\cdot\widehat{\boldsymbol{r}}_1}$ 的乘积. 这个乘积本身可以看成为与其余因子对易的算符.

我们写出

$$\widehat{L}(\tau) = \mathrm{e}^{-\mathrm{i}\omega\tau}\mathrm{e}^{\mathrm{i}\boldsymbol{k}\cdot\widehat{\boldsymbol{r}}_2}\mathrm{e}^{-\mathrm{i}\boldsymbol{k}\cdot\widehat{\boldsymbol{r}}_1}, \tag{90.14}$$

这是在 (90.10) 式中出现的算符的组合. 算符 $\mathrm{e}^{\mathrm{i}\widehat{H}\tau/\hbar}$ 为时间平移算符, 并且有

$$\mathrm{e}^{\mathrm{i}\boldsymbol{k}\cdot\widehat{\boldsymbol{r}}_2} = \mathrm{e}^{\mathrm{i}\widehat{H}\tau/\hbar}\mathrm{e}^{\mathrm{i}\boldsymbol{k}\cdot\widehat{\boldsymbol{r}}_1}\mathrm{e}^{-\mathrm{i}\widehat{H}\tau/\hbar}.$$

将此式代入 (90.14) 式, 并注意到 $e^{i\boldsymbol{k}\cdot\widehat{\boldsymbol{r}}_1}$ 为动量空间的平移算符, 我们求出

$$\widehat{L}(\tau) = \exp\left\{i[\widehat{H}-\hbar\omega]\frac{\tau}{\hbar}\right\}\exp\left\{-i\widehat{H}(\widehat{\boldsymbol{p}}_1-\hbar\boldsymbol{k})\frac{\tau}{\hbar}\right\}. \tag{90.15}$$

将 (90.15) 式对 τ 微商并再利用时间移动算符的性质, 我们有[①]

$$\frac{\mathrm{d}\widehat{L}}{\mathrm{d}\tau} = \frac{i}{\hbar}\exp\left\{i[\widehat{H}-\hbar\omega]\frac{\tau}{\hbar}\right\}[\widehat{H}-\hbar\omega-\widehat{H}(\widehat{\boldsymbol{p}}_1-\hbar\boldsymbol{k})]$$
$$\times\exp\left\{-i\widehat{H}(\widehat{\boldsymbol{p}}_1-\hbar\boldsymbol{k})\frac{\tau}{\hbar}\right\} = \frac{i}{\hbar}[\widehat{H}-\hbar\omega-\widehat{H}(\widehat{\boldsymbol{p}}_2-\hbar\boldsymbol{k})]\widehat{L}(\tau). \tag{90.16}$$

既然算符的不可对易性已经用过了, 我们就可以将所有算符换成对应的经典量 (哈密顿量 $\widehat{H}$ 换成电子的能量 ε). 我们有

$$\varepsilon(\boldsymbol{p}_2-\hbar\boldsymbol{k}) = [(\boldsymbol{p}_2-\hbar\boldsymbol{k})^2+m^2]^{1/2} = [(\varepsilon-\hbar\omega)^2+2\hbar(\omega\varepsilon-\boldsymbol{k}\cdot\boldsymbol{p}_2)]^{1/2}.$$

差

$$\omega\varepsilon-\boldsymbol{k}\cdot\boldsymbol{p}_2 = \omega\varepsilon(1-\boldsymbol{n}\cdot\boldsymbol{v}_2)$$

是小量, 因为由以上分析 $1-\boldsymbol{v}\cdot\boldsymbol{n}\sim(m/\varepsilon)^2$. 至于这个差的第一级, 为

$$\varepsilon(\boldsymbol{p}_2-\hbar\boldsymbol{k})\approx\varepsilon'+\frac{\varepsilon}{\varepsilon'}\hbar(\omega-\boldsymbol{k}\cdot\boldsymbol{v}_2),$$

其中 $\varepsilon'=\varepsilon-\hbar\omega$. 由 (90.16) 式, 我们得出 $L(\tau)$ 的微分方程:

$$i\hbar\frac{\mathrm{d}L}{\mathrm{d}\tau} = \frac{\varepsilon}{\varepsilon'}\hbar(\omega-\boldsymbol{k}\cdot\boldsymbol{v}_2)L. \tag{90.17}$$

这个方程用明显的初始条件 $L(0)=1$ 来解. 由于

$$\int_0^\tau \boldsymbol{v}_2\mathrm{d}\tau = \boldsymbol{r}_2-\boldsymbol{r}_1,$$

我们有

$$L(\tau) = \exp\{i(\varepsilon/\varepsilon')(\boldsymbol{k}\cdot\boldsymbol{r}_2-\boldsymbol{k}\cdot\boldsymbol{r}_1-\omega\tau)\}. \tag{90.18}$$

到现在为止, 还没有用到电子轨迹的特殊形式. 现在利用电子在垂直于 $\boldsymbol{H}$ 场的平面上运动的方程将 (90.18) 中的 $\boldsymbol{r}_2-\boldsymbol{r}_1$ 用 $\boldsymbol{p}_1$ 表示 (见第二卷, §21):

$$\boldsymbol{r}_2-\boldsymbol{r}_1 = \frac{\boldsymbol{p}_1}{eH}\sin\frac{eH\tau}{\varepsilon}+\frac{\boldsymbol{p}_1\times\boldsymbol{H}}{eH^2}\left(1-\cos\frac{eH\tau}{\varepsilon}\right),$$

并按 τ 的级数展开, 给出

$$\boldsymbol{k}\cdot(\boldsymbol{r}_2-\boldsymbol{r}_1)-\omega\tau\approx\omega\tau\left\{(\boldsymbol{n}\cdot\boldsymbol{v}_1-1)+\tau\frac{e\boldsymbol{n}\cdot\boldsymbol{p}_1\times\boldsymbol{H}}{2\varepsilon^2}-\tau^2\frac{e^2H^2}{6e^2}\right\}. \tag{90.19}$$

---

① 由于能量守恒, 海森伯算符 $\widehat{H}(\widehat{\boldsymbol{p}}_1)$ 与 $\widehat{H}(\widehat{\boldsymbol{p}}_2)$ 相同; 所以我们在此情形略去 $\widehat{H}$ 的宗量. 然而, $\widehat{H}(\widehat{\boldsymbol{p}}_1-\hbar\boldsymbol{k})$ 自然与 $\widehat{H}(\widehat{\boldsymbol{p}}_2-\hbar\boldsymbol{k})$ 是不同的.

其中最后一项我们已经取 $n \cdot v_1 \approx 1$.

我们再变换 (90.13) 式中剩下的因子. 直接展开 $R(t)$ 中的乘积, 并利用 (21.20) 的 $\boldsymbol{\alpha}$ 矩阵, 得到

$$
\begin{aligned}
R(t) &= w_f^* \boldsymbol{e}^* \cdot (\boldsymbol{A} + \mathrm{i}\boldsymbol{B} \times \boldsymbol{\sigma}) w_i, \\
\boldsymbol{A} &= \frac{\boldsymbol{p}}{2}\left(\frac{1}{\varepsilon} + \frac{1}{\varepsilon'}\right) = \frac{\varepsilon + \varepsilon'}{2\varepsilon'}\boldsymbol{v}, \\
\boldsymbol{B} &= \frac{1}{2}\left(\frac{\boldsymbol{p}}{\varepsilon + m} - \frac{\boldsymbol{p}'}{\varepsilon' + m}\right) \approx \frac{\hbar\omega}{2\varepsilon'}\left(\boldsymbol{n} - \boldsymbol{v} + \boldsymbol{v}\frac{m}{\varepsilon}\right),
\end{aligned}
\tag{90.20}
$$

其中 $\boldsymbol{p}'(t) = \boldsymbol{p}(t) - \hbar\boldsymbol{k}$; 忽略了比 m/ε 更高阶的项. 于是我们最后得到

$$
\begin{aligned}
\exp(-\mathrm{i}\omega t)\langle\mathrm{i}|Q_2^+ Q_1|\mathrm{i}\rangle &= R_2^* R_1 L(\tau), \\
R_2^* R_1 &= \mathrm{tr}\,\frac{1}{2}(1 + \boldsymbol{\zeta}_i \cdot \boldsymbol{\sigma})(\boldsymbol{A}_2 - \mathrm{i}\boldsymbol{B}_2 \times \boldsymbol{\sigma}) \cdot \boldsymbol{e} \cdot \frac{1}{2}(1 + \boldsymbol{\zeta}_f \cdot \boldsymbol{\sigma})(\boldsymbol{A}_1 + \mathrm{i}\boldsymbol{B}_1 \times \boldsymbol{\sigma}) \cdot \boldsymbol{e}^*.
\end{aligned}
\tag{90.21}
$$

因子 $\frac{1}{2}(1 + \boldsymbol{\zeta} \cdot \boldsymbol{\sigma})$ 为初态与终态电子的 2 列极化密度矩阵.

我们来考虑辐射强度对光子和终态电子的极化求和并对初态电子的极化平均. 在简单的计算后, 这些运算给出,[①]

$$
\frac{1}{2}\sum_{\text{polar.}} R_2^* R_1 = \frac{\varepsilon^2 + \varepsilon'^2}{2\varepsilon'^2}(\boldsymbol{v}_1 \cdot \boldsymbol{v}_2 - 1) + \frac{1}{2}\left(\frac{\hbar\omega}{\varepsilon'}\right)^2\left(\frac{m}{\varepsilon}\right)^2.
$$

我们可以以足够的精确程度取

$$
\boldsymbol{v}_1 \cdot \boldsymbol{v}_2 = \boldsymbol{v}^2 - \frac{\tau^2}{4}\dot{\boldsymbol{v}}^2 + \frac{\tau^2}{4}\boldsymbol{v}\cdot\ddot{\boldsymbol{v}} = 1 - \frac{m^2}{\varepsilon^2} - \frac{1}{2}\omega_0^2\tau^2.
$$

将这些表示代入 (90.21) 式, 再代入 (90.10) 式给出

$$
\begin{aligned}
\mathrm{d}I &= -\frac{e^2}{4\pi^2}\omega^2\mathrm{d}\omega\mathrm{d}o_{\boldsymbol{n}} \times \int_{-\infty}^{\infty}\left(\frac{m^2}{\varepsilon\varepsilon'} + \frac{\varepsilon^2 + \varepsilon'^2}{4\varepsilon'^2}\omega_0^2\tau^2\right) \\
&\quad \times \exp\left\{-\frac{\mathrm{i}\omega\tau\varepsilon}{\varepsilon'}\left(1 - \boldsymbol{n}\cdot\boldsymbol{v} + \frac{\tau^2}{24}\omega_0^2\right)\right\}\mathrm{d}\tau.
\end{aligned}
\tag{90.22}
$$

[①] 这个计算还利用了如下结果. 在对 $\boldsymbol{e}$ 求和时,

$$
\sum_{\boldsymbol{e}}(\boldsymbol{v}_1 \cdot \boldsymbol{e})(\boldsymbol{v}_2 \cdot \boldsymbol{e}^*) = \boldsymbol{v}_1 \cdot \boldsymbol{v}_2 - (\boldsymbol{v}_1 \cdot \boldsymbol{n})(\boldsymbol{v}_2 \cdot \boldsymbol{n}).
$$

将 (90.21) 代入 (90.10), 我们可以分部积分, 注意到

$$
(\boldsymbol{v}_1 \cdot \boldsymbol{n})\exp\left(-\mathrm{i}\frac{\varepsilon}{\varepsilon'}\boldsymbol{k}\cdot\boldsymbol{r}_1\right) = \frac{\mathrm{i}\varepsilon'}{\varepsilon\omega}\frac{\mathrm{d}}{\mathrm{d}t_1}\exp\left(-\mathrm{i}\frac{\varepsilon}{\varepsilon'}\boldsymbol{k}\cdot\boldsymbol{r}_1\right),
$$

以及对 $\boldsymbol{v}_2 \cdot \boldsymbol{n}$ 类似的结果. 结果, 在其余的积分中 $\boldsymbol{v}_1 \cdot \boldsymbol{n}$ 和 $\boldsymbol{v}_2 \cdot \boldsymbol{n}$ 可以用因子 1 来替代.

这个公式可给出辐射强度的频率分布与角分布.

为了求出频率分布, 我们对 $\mathrm{d}o_n$ 积分. 如将 v 的方向取为极轴, 并将 n 与 v 的夹角取为 ϑ, 则有

$$n \cdot v = v \cos \vartheta, \quad \mathrm{d}o_n = \sin \vartheta \mathrm{d}\vartheta \mathrm{d}\varphi,$$

和积分

$$\int \exp \left\{ \frac{\mathrm{i}\omega\tau\varepsilon}{\varepsilon'} n \cdot v \right\} \mathrm{d}o_n = \frac{2\pi\varepsilon'}{\mathrm{i}\omega\tau\varepsilon v} \left\{ \exp \left(\frac{\mathrm{i}\omega\tau\varepsilon v}{\varepsilon'} \right) - \exp \left(-\frac{\mathrm{i}\omega\tau\varepsilon v}{\varepsilon'} \right) \right\}.$$

当将此式代入 (90.22) 式时得到两项, 只有第一项需要保留, 因为第二项包含一个变化更快的指数函数 (用因子 $1 + v \approx 2$ 代替小量 $1 - v \approx m^2/2\varepsilon^2$). 因此

$$\frac{\mathrm{d}I}{\mathrm{d}\omega} = \frac{\mathrm{i}e^2\omega}{2\pi} \int_{-\infty}^{\infty} \left(\frac{m^2}{\varepsilon^2\tau} + \frac{\varepsilon^2 + \varepsilon'^2}{4\varepsilon\varepsilon'} \omega_0^2 \tau^2 \right) \exp \left\{ -\frac{\mathrm{i}\omega\tau\varepsilon}{\varepsilon'} \left(1 - v + \frac{\tau^2}{24} \omega_0^2 \right) \right\} \mathrm{d}\tau.$$

按照艾里函数 Φ 的积分表示 (见第三卷, §b), 第一项简化为艾里函数的积分, 第二项则简化为其微商. 最后结果为

$$\frac{\mathrm{d}I}{\mathrm{d}\omega} = -\frac{e^2 m^2 \omega}{\sqrt{\pi}\varepsilon^2} \left[\int_x^{\infty} \Phi(\xi)\mathrm{d}\xi + \left(\frac{2}{x} + \frac{\hbar\omega}{\varepsilon} \chi x^{1/2} \right) \Phi'(x) \right], \quad (90.23)$$

$$x = \left(\frac{\hbar\omega}{\varepsilon'\chi} \right)^{1/2} = \frac{m^2}{\varepsilon^2} \left(\frac{\varepsilon\omega}{\varepsilon'\omega_0} \right)^{2/3} \quad (90.24)$$

(А. И. Никишов, В. И. Ритус, 1967). 这个频率分布在 $x \sim 1$ 时有极大值; 对 $\chi \ll 1$, 我们得到 (90.1), 而对 $\chi \gg 1$ 得到 (90.4). 在经典极限, $\hbar\omega \ll \varepsilon' \approx \varepsilon$, $x \approx (\omega/\omega_0)^{\frac{2}{3}} (m/\varepsilon)^2$; 圆括号中的第二项是小量, (90.23) 变为经典公式 (第二卷, (74.13)).

图 15 给出不同 χ 值的频率分布. 此图画出量

$$\frac{1}{3/2 I_{\mathrm{cl}}} \frac{\mathrm{d}I}{\mathrm{d}(\omega/\omega_c)}$$

与 ω/ω_c 的依赖关系, 其中

$$\hbar\omega_c = \frac{\varepsilon\chi}{2/3 + \chi}, \quad I_{\mathrm{cl}} = \frac{2e^2 m^2 \chi^2}{3\hbar^2} = \frac{2e^4 H^2 \varepsilon^2}{3m^4}.$$

量 I_{cl} 为总辐射强度的经典值 (参见第二卷, (74.2)).

要计算总辐射强度, 必须将 (90.23) 式对 ω 从 0 积分到 ε. 我们将此积分变成对 x 的积分, 注意到

$$\hbar\omega = \varepsilon \left(1 - \frac{1}{1 + \chi x^{3/2}} \right),$$

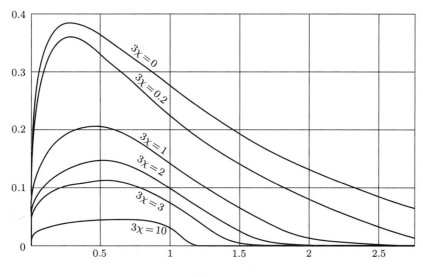

图 15

因此 x 从 0 变到 ∞. 在 (90.23) 式中的第一项进行两次分部积分, 我们得到

$$I = -\frac{e^2 m^2 \chi^2}{2\sqrt{\pi}\hbar^2} \int_0^\infty \frac{4 + 5\chi x^{3/2} + 4\chi^2 x^3}{(1 + \chi x^{3/2})^4} \Phi'(x) x \mathrm{d}x. \tag{90.25}$$

图 16 给出函数 $I(\chi)/I_{\mathrm{cl}}$ 的图形.

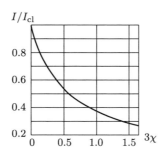

图 16

当 $\chi \ll 1$ 时, 积分中的重要区域为 $x \sim 1$ 附近. 将被积函数按 χ 的级数展开, 并利用如下公式进行积分

$$\int_0^\infty x^\nu \Phi'(x) \mathrm{d}x = -\frac{1}{2\sqrt{\pi}} 3^{(4\nu-1)/6} \Gamma\left(\frac{\nu}{3} + 1\right) \Gamma\left(\frac{\nu}{3} + \frac{1}{3}\right),$$

我们得到

$$I = I_{\mathrm{cl}} \left(1 - \frac{55\sqrt{3}}{16}\chi + 48\chi^2 - \cdots\right). \tag{90.26}$$

当 $\chi \gg 1$ 时, 积分中的重要区域在 $\chi x^{\frac{3}{2}} \sim 1$ 附近, 也就是, $x \ll 1$ 的区域. 因此, 在一级近似, 我们可以将 $\Phi'(x)$ 换成 $\Phi'(0) = -3^{1/6}\Gamma\left(\dfrac{2}{3}\right)/2\sqrt{\pi}$, 于是积分导致结果

$$I \approx \frac{32\Gamma(2/3)e^2m^2}{243\hbar^2}(3\chi)^{2/3} = 0.37\frac{e^2m^2}{\hbar^2}\left(\frac{H\varepsilon}{H_0m}\right)^{2/3}. \tag{90.27}$$

同步辐射还会引起在场中运动的电子出现极化 (A. A. Соколов, И. M. Тернов, 1963). 为了讨论这个问题, 我们必须求出带有自旋反转的辐射跃迁的概率.

在 (90.21) 式中取 $\boldsymbol{\zeta}_i = -\boldsymbol{\zeta}_f \equiv \boldsymbol{\zeta}$, $|\boldsymbol{\zeta}| = 1$, 我们有

$$R_2^*R_1 = \boldsymbol{B}_1 \cdot \boldsymbol{B}_2 - (\boldsymbol{e}^* \cdot \boldsymbol{B}_1)(\boldsymbol{e} \cdot \boldsymbol{B}_2) - (\boldsymbol{e}^* \cdot \boldsymbol{B}_1 \times \boldsymbol{\zeta})(\boldsymbol{e} \cdot \boldsymbol{B}_2 \times \boldsymbol{\zeta}) - \mathrm{i}(\boldsymbol{\zeta} \cdot \boldsymbol{e}^*)(\boldsymbol{e} \cdot \boldsymbol{B}_1 \times \boldsymbol{B}_2).$$

对光子的极化求和, 经简单的计算后给出,

$$\begin{aligned}
\sum_e R_2^*R_1 = {} & (\boldsymbol{B}_1 \cdot \boldsymbol{B}_2)(1 - (\boldsymbol{\zeta} \cdot \boldsymbol{n})^2) + (\boldsymbol{\zeta} \cdot \boldsymbol{n})(\boldsymbol{n} \cdot \boldsymbol{B}_1)(\boldsymbol{\zeta} \cdot \boldsymbol{B}_2) \\
& + (\boldsymbol{\zeta} \cdot \boldsymbol{n})(\boldsymbol{n} \cdot \boldsymbol{B}_2)(\boldsymbol{\zeta} \cdot \boldsymbol{B}_1) - \mathrm{i}(\boldsymbol{\zeta} - \boldsymbol{n}(\boldsymbol{n} \cdot \boldsymbol{\zeta})) \cdot \boldsymbol{B}_1 \times \boldsymbol{B}_2.
\end{aligned} \tag{90.28}$$

我们将假设 $\chi \ll 1$ 并且只求概率按 $\hbar$ 展开的级数中的主项. 由于表示式 (90.28) (由 (90.20) 给出的 $\boldsymbol{B}$) 已包含 $\hbar^2$, 所有其余的量 ε', 包括在 (90.18) 式中的指数上的量, 可以换成 ε.

利用展开式

$$\begin{aligned}
\boldsymbol{B}_1 &= \frac{\omega}{2\varepsilon}\left(\boldsymbol{n} - \boldsymbol{v} + \frac{\tau}{2}\dot{\boldsymbol{v}} + \boldsymbol{v}\frac{m}{\varepsilon}\right), \\
\boldsymbol{B}_2 &= \frac{\omega}{2\varepsilon}\left(\boldsymbol{n} - \boldsymbol{v} - \frac{\tau}{2}\dot{\boldsymbol{v}} + \boldsymbol{v}\frac{m}{\varepsilon}\right), \\
\boldsymbol{r}_2 - \boldsymbol{r}_1 &= \tau\boldsymbol{v} + \frac{\tau^3}{24}\ddot{\boldsymbol{v}}
\end{aligned}$$

将 (90.28) 代入 (90.21) 式并因此代入 (90.10) 式, 我们求出单位时间的微分跃迁概率 $(\mathrm{d}w = \mathrm{d}I/\hbar\omega)$. 对 d^3k 的积分利用如下公式完成

$$\int f(k_\mu)\mathrm{e}^{-\mathrm{i}kx}\frac{\mathrm{d}^3k}{\omega} = -f(\mathrm{i}\partial_\mu)\frac{4\pi}{(x_0 - \mathrm{i}0)^2 - \boldsymbol{x}^2}, \tag{90.29}$$

其中在此情形

$$x_0 = \tau, \quad \boldsymbol{x} = \boldsymbol{r}_2 - \boldsymbol{r}_1, \quad x^2 = x_0^2 - \boldsymbol{x}^2 = \tau^2\left(\frac{m^2}{\varepsilon^2} + \frac{\tau^2\omega_0^2}{12}\right).$$

计算结果为

$$w = \frac{\alpha}{\pi} \frac{\hbar^2}{m^2} \left(\frac{\varepsilon}{m}\right)^5 \omega_0^3 \oint \frac{\mathrm{d}z}{(1+z^2/12)^3}$$
$$\times \left[\frac{3}{z^4} - \frac{5}{12z^2} + \left(\frac{1}{z^4} + \frac{5}{12z^2}\right) (\boldsymbol{\zeta} \cdot \boldsymbol{v})^2 - \frac{2\mathrm{i}}{z^3\omega_0} \boldsymbol{\zeta} \cdot \dot{\boldsymbol{v}} \times \boldsymbol{v} \right],$$

其中 $z = \tau\omega_0\varepsilon/m$ 而且积分回路经过实轴下面, 且在下半平面闭合. 在完成此积分后, 我们最后得到带有自旋反转的辐射跃迁的总概率

$$w = \frac{5\sqrt{3}\alpha}{16} \frac{\hbar^2}{m^2} \left(\frac{\varepsilon}{m}\right)^5 \omega_0^3 \left(1 - \frac{2}{9}\zeta_\parallel^2 - \frac{8\sqrt{3}}{15} \frac{e}{|e|}\zeta_\perp\right), \tag{90.30}$$

其中 $\zeta_\parallel = \boldsymbol{\zeta} \cdot \boldsymbol{v}$, $\zeta_\perp = \boldsymbol{\zeta} \cdot \boldsymbol{H}/H$. 这个公式对电子 $(e < 0)$ 与正电子 $(e > 0)$ 都成立.

概率 (90.30) 与纵向极化 $\zeta_\parallel$ 的符号无关, 但与 $\zeta_\perp$ 的符号有关. 因此由辐射产生的极化是横向的.[①] 对于电子, 从自旋平行于这个场的态 $(\zeta_\perp = 1)$ 跃迁到反平行于这个场的态的概率要比相反跃迁的概率大. 因此, 电子的辐射极化反平行于这个场, 并且定态的极化率为 (当 $\zeta_\parallel = 0$ 时)

$$\frac{w(\zeta_\perp = -1) - w(\zeta_\perp = 1)}{w(\zeta_\perp = -1) + w(\zeta_\perp = 1)} = \frac{8\sqrt{3}}{15} = 0.92.$$

正电子则是平行于这个场极化的, 极化率相同.

§91 在磁场中由光子产生电子对

磁场中由一个光子产生电子–正电子对和同步辐射是同一反应的两个不同的道. 因此电子对产生过程的振幅 M_{fi} 可以由同步辐射振幅通过如下简单的变换得到

$$\varepsilon, \boldsymbol{p} \to -\varepsilon_+, -\boldsymbol{p}_+; \quad \varepsilon', \boldsymbol{p}' \to -\varepsilon_-, -\boldsymbol{p}_-; \quad \omega, \boldsymbol{k} \to -\omega, -\boldsymbol{k} \tag{91.1}$$

(这里 ε_-, $\boldsymbol{p}_-$ 与 ε_+, $\boldsymbol{p}_+$ 为电子和正电子的能量与动量; ε, $\boldsymbol{p}$ 与 ε', $\boldsymbol{p}'$ 为同步辐射中电子的初态与终态的能量和动量). 用角度和大小表示, 动量按照如下式子变换

$$|\boldsymbol{p}| \to |\boldsymbol{p}_+|, |\boldsymbol{p}'| \to |\boldsymbol{p}_-|, \theta \to \pi - \theta_+, \theta' \to \theta_-, \varphi \to \varphi - \pi, \tag{91.2}$$

其中 $\theta_\pm$ 为 $\boldsymbol{p}_\pm$ 与 $\boldsymbol{k}$ 之间的夹角, φ 为 $\boldsymbol{k}\boldsymbol{p}_+$ 平面与 $\boldsymbol{k}\boldsymbol{p}_-$ 平面之间的夹角.

---

① 这从以下事实也是显而易见的: 所得到的极化轴矢量必须沿 $\boldsymbol{H}$ 方向, 而它也是这个问题中出现的唯一轴矢量.

对于同步辐射, 截面用如下振幅给出[①]

$$\mathrm{d}\sigma = |M_{fi}|^2 \frac{1}{8|\boldsymbol{p}|\varepsilon'\omega}\delta(\varepsilon - \varepsilon' - \omega)\frac{\mathrm{d}^3p'\mathrm{d}^3k}{(2\pi)^5} \tag{91.3}$$

(见 (64.25) 式); δ 函数通过对 ε' 的积分消去. 因为在现在这个情形, $\boldsymbol{p}'$ 与 $\boldsymbol{k}$ 是独立的变量, 而且

$$\mathrm{d}^3p' = |\boldsymbol{p}'|\varepsilon'\mathrm{d}\varepsilon'\mathrm{d}o', \quad \mathrm{d}^3k = \omega^2\mathrm{d}\omega\mathrm{d}o_{\boldsymbol{k}},$$

我们简单的作替换

$$\delta(\varepsilon - \varepsilon' - \omega)\mathrm{d}^3p'\mathrm{d}^3k \to \omega^2|\boldsymbol{p}'|\varepsilon'\mathrm{d}o_{\boldsymbol{k}}\mathrm{d}o'\mathrm{d}\omega.$$

于是

$$\mathrm{d}\sigma = |M_{fi}|^2 \frac{\omega|\boldsymbol{p}'|}{8(2\pi)^5|\boldsymbol{p}|}\mathrm{d}o_{\boldsymbol{k}}\mathrm{d}o'\mathrm{d}\omega. \tag{91.4}$$

对于由光子产生电子对, 截面由如下振幅给出

$$\mathrm{d}\sigma = |M_{fi}|^2 \frac{1}{8\omega\varepsilon_-\varepsilon_+}\delta(\omega - \varepsilon_+ - \varepsilon_-)\frac{\mathrm{d}^3p_+\mathrm{d}^3p_-}{(2\pi)^5}$$

或者, 在消去 δ 函数后,

$$\mathrm{d}\sigma = |M_{fi}|^2 \frac{|\boldsymbol{p}_+||\boldsymbol{p}_-|}{8(2\pi)^5\omega}\mathrm{d}o_+\mathrm{d}o_-\mathrm{d}\varepsilon_+. \tag{91.5}$$

与 (91.4) 式比较表明, 为了由同步辐射截面得到电子对产生截面, 我们必须在 (91.4) 式中作变换 (91.1), 乘以

$$\frac{\boldsymbol{p}_+^2}{\omega^2}\frac{\mathrm{d}\varepsilon_+}{\mathrm{d}\omega} \tag{91.6}$$

并将 $\mathrm{d}o'\mathrm{d}o_{\boldsymbol{k}}$ 换成 $\mathrm{d}o_+\mathrm{d}o_-$.

在极端相对论情形 $\omega \gg m$,[②] 这可以在 §90 推导的公式中做. 这里假设电子对中的两个粒子都是极端相对论的; 因此, 很容易证实, 在 §90 所用过的所有近似都仍然是正确的.

特别是, 由非极化光子产生电子对的概率, 对电子与正电子自旋投影求和并对电子发射方向积分, 通过在 (90.22) 中作变换 (91.1) 得到 (或者在 $\mathrm{d}I/\mathrm{d}\omega$ 的表示式中), 将 $\mathrm{d}^3k = \omega^2\mathrm{d}\omega\mathrm{d}o_{\boldsymbol{n}}$ 换成 d^3p_+:

$$\mathrm{d}w = \frac{e^2}{4\pi^2}\frac{\mathrm{d}^3p_+}{\omega}\int_{-\infty}^{\infty}\left(\frac{m^2}{\varepsilon_+\varepsilon_-} - \frac{\varepsilon_+^2 + \varepsilon_-^2}{4\varepsilon_-^2}\omega_{0+}^2\tau^2\right)$$
$$\times \exp\left\{\mathrm{i}\frac{\omega\tau\varepsilon_+}{\varepsilon_-}\left(1 - \boldsymbol{n}\cdot\boldsymbol{v}_+ + \frac{\tau^2}{24}\omega_{0+}^2\right)\right\}\mathrm{d}\tau, \tag{91.7}$$

[①] 在本节我们仍取 $\hbar = 1, c = 1$.

[②] 更准确地说, 我们必须有 $\omega\sin\vartheta \gg m$, 其中 ϑ 为 $\boldsymbol{k}$ 与 $\boldsymbol{H}$ 之间的夹角; 因此, 当 $\vartheta = 0$ 时, 不会产生电子对. 以后我们将取 $\vartheta = \frac{1}{2}\pi$.

其中 $\omega_{0+} = |e| \boldsymbol{H} / \varepsilon_+$; 而 $\boldsymbol{n}$ 为平行于光子动量的单位矢量, 它处于垂直于磁场的平面内. 积分用与 §90 同样的方法完成, 并且 (由于 (91.7) 式仅依赖于 $\boldsymbol{n}$ 与 $\boldsymbol{v}_+$ 之间的夹角) 积分对 $\mathrm{d}o_+$ 还是对 $\mathrm{d}o_{\boldsymbol{n}}$ 进行是没有关系的. 因此, 结果可以直接与 (90.23) 类比而直接得到:

$$\mathrm{d}w = \frac{m^2 e^2}{\sqrt{\pi}} \frac{\mathrm{d}\varepsilon_+}{\omega^2} \left[\int_x^\infty \Phi(\xi)\mathrm{d}\xi + \left(\frac{2}{x} - \varkappa x^{1/2} \right) \Phi'(x) \right], \tag{91.8}$$

但现在其中

$$x = \left(\frac{m^3 \omega}{|e| H \varepsilon_+ \varepsilon_-} \right)^{2/3}, \quad \varkappa = \frac{|e| H \omega}{m^3} \left(= \frac{\hbar^2 |e| H \omega}{m^3 c^5} \right). \tag{91.9}$$

单位时间总的电子对产生概率可通过将 (91.8) 式对 ε_+ 积分求出; 由于 ε_+ 与 $\varepsilon_- = \omega - \varepsilon_+$ 有明显的对称性, 只要从 0 到 $\frac{1}{2}\omega$ 积分两次就足够了. 通过将变量从 ε_+ 变到 x 并在 (91.8) 的第一项进行分部积分, 我们得到

$$w = \frac{|e|^3 H}{m\varkappa\sqrt{\pi}} \int_{(4/\varkappa)^{2/3}}^\infty \left\{ \frac{(x^{3/2} - 4/\varkappa)^{1/2}}{x^{3/4}} \Phi(x) - \frac{3(x^{3/2} - 2/\varkappa)\Phi'(x)}{x^{11/4}(x^{3/2} - 4/\varkappa)^{1/2}} \right\} \mathrm{d}x \tag{91.10}$$

(А. И. Никишов, В. И. Ритус, 1967).

在弱场极限 ($\varkappa \ll 1$), 靠近下限的 x 值在积分 (91.10) 中是重要的. 因为这些值是大的, 我们可以采用艾里函数的渐近表示,

$$\Phi(x) \approx \frac{1}{2x^{1/4}} \exp\left(-\frac{2}{3} x^{3/2} \right)$$

(见第三卷的数学附录 §b). 积分变量为 $y = x^{3/2} - 4/\varkappa$, 并且只要可能就取 $y = 0$, 通过计算我们求出

$$w = \frac{3^{3/2} |e|^3 H}{2^{9/2} m} \exp\left(-\frac{8}{3\varkappa} \right), \quad \varkappa \ll 1. \tag{91.11}$$

概率当 $\varkappa \to 0$ 时指数衰减, 对应于在经典极限不可能产生电子对.

在相反的强场极限 ($\varkappa \gg 1$), 在 (91.10) 中只有第二项是重要的, x 的主要范围在使得 $x^{3/2} \sim 1/\varkappa \ll 1$ 的区域. 在此区域, $\Phi'(x)$ 可以换成 $\Phi'(0) = -3^{1/6}\Gamma\left(\frac{2}{3} \right) /2\pi^{\frac{1}{2}}$. 利用如下积分公式

$$\int_1^\infty y^{-\nu} (y-1)^{\mu-1} \mathrm{d}y = \frac{\Gamma(\nu-\mu)\Gamma(\mu)}{\Gamma(\nu)},$$

我们求出

$$w = \frac{3^{1/6} \cdot 5\Gamma^2(2/3)}{2^{4/3} \cdot 7\pi^{1/2}\Gamma(7/6)} \frac{|e|^3 H}{m\varkappa^{1/3}} = 0.38 \frac{|e|^3 H}{m\varkappa^{1/3}}, \quad \varkappa \gg 1. \tag{91.12}$$

函数 $mw(\varkappa)/|e|^3 H$ 在 $\varkappa \approx 11$ 处有一个最大值 0.11.

§92 电子–原子核轫致辐射. 非相对论情形

本节以及接着的几节, 我们将讨论一个重要现象 —— **轫致辐射**, 即在粒子间碰撞中发射的辐射. 我们将先考虑电子与原子核间的非相对论性碰撞, 假设原子核保持静止; 也就是说, 我们考虑电子在一个固定中心的库仑场散射的辐射 (A. Sommerfeld, 1931).

我们从偶极辐射概率公式 (45.5) 出发:

$$\mathrm{d}w = (\omega^3/2\pi)|e^* \cdot \boldsymbol{d}_{fi}|^2 \mathrm{d}o_{\boldsymbol{k}}. \tag{92.1}$$

在现在的情形, 电子的初态与终态均属于连续谱, 光子的频率

$$\omega = \frac{1}{2m}(\boldsymbol{p}^2 - \boldsymbol{p}'^2), \tag{92.2}$$

其中 $\boldsymbol{p} = m\boldsymbol{v}$ 与 $\boldsymbol{p}' = m\boldsymbol{v}'$ 为电子的初态与终态动量. 如果初态与终态波函数归一到 "每单位体积有一个电子" ($V = 1$) 表示式 (92.1) 在乘以 $\mathrm{d}^3p'/(2\pi)^3$ 并除以入射流密度 $v/V = v$ 后, 就将给出发射光子 $\boldsymbol{k}$ 进入立体角 $\mathrm{d}o_{\boldsymbol{k}}$ 同时电子散射进入态的范围 d^3p' 的截面 $\mathrm{d}\sigma_{\boldsymbol{k}\boldsymbol{p}'}$. 将偶极矩 $\boldsymbol{d} = e\boldsymbol{r}$ 的矩阵元换成动量的矩阵元:

$$\boldsymbol{d}_{fi} = -\frac{1}{\mathrm{i}\omega}\frac{e}{m}\boldsymbol{p}_{fi},$$

我们可将截面的表示式写成如下形式: [1]

$$\mathrm{d}\sigma_{\boldsymbol{k}\boldsymbol{p}'} = \frac{\omega e^2}{(2\pi)^4 mp}|e^* \cdot \boldsymbol{p}_{fi}|^2 \mathrm{d}o_{\boldsymbol{k}}\mathrm{d}^3 p', \tag{92.3}$$

其中

$$\boldsymbol{p}_{fi} = \int \psi_f^* \widehat{\boldsymbol{p}}\psi_i \mathrm{d}^3 x = -\mathrm{i}\int \psi_f^* \nabla \psi_i \mathrm{d}^3 x.$$

对 ψ_i 与 ψ_f 我们必须采用在一个吸引库仑场中运动的精确波函数, 其渐近形式由一个平面波和一个球面波构成. 球面波在 ψ_f 中必须是入射的, 而在 ψ_i 中则必须是射出的 (见第三卷, §136). 这些函数为

$$\psi_i = A_i \mathrm{e}^{\mathrm{i}\boldsymbol{p}\cdot\boldsymbol{r}}\mathrm{F}(\mathrm{i}\nu, 1, \mathrm{i}(pr - \boldsymbol{p}\cdot\boldsymbol{r})), \quad \nu = \frac{Ze^2 m}{p};$$

$$\psi_f = A_f \mathrm{e}^{\mathrm{i}\boldsymbol{p}'\cdot\boldsymbol{r}}\mathrm{F}(-\mathrm{i}\nu', 1, -\mathrm{i}(p'r + \boldsymbol{p}'\cdot\boldsymbol{r})), \quad \nu' = \frac{Ze^2 m}{p'}, \tag{92.4}$$

---

[1] 在本节中, p 与 p' 分别标记 $|\boldsymbol{p}|$ 与 $|\boldsymbol{p}'|$.

归一化因子为

$$A_i = \mathrm{e}^{\pi\nu/2}\Gamma(1-\mathrm{i}\nu),$$
$$A_f = \mathrm{e}^{\pi\nu'/2}\Gamma(1+\mathrm{i}\nu'). \tag{92.5}$$

由于

$$\nabla\mathrm{F}(\mathrm{i}\nu,1,\mathrm{i}(pr-\boldsymbol{p}\cdot\boldsymbol{r})) = \mathrm{i}(p\boldsymbol{r}/r-\boldsymbol{p})\mathrm{F}' = -\frac{p}{r}\left(\frac{\partial\mathrm{F}}{\partial\boldsymbol{p}}\right)_\nu,$$

我们可以将梯度 $\nabla\psi_i$ 写成

$$\nabla\psi_i = \mathrm{i}\boldsymbol{p}\psi_i - A_i\mathrm{e}^{\mathrm{i}\boldsymbol{p}\cdot\boldsymbol{r}}\frac{p}{r}\left(\frac{\partial\mathrm{F}}{\partial\boldsymbol{p}}\right)_\nu.$$

在乘以 ψ_f^* 并积分后, 由于 ψ_i 与 ψ_f 是正交的, 第一项消失了. 因此矩阵元 $\boldsymbol{p}_{fi}$ 为

$$\boldsymbol{p}_{fi} = \mathrm{i}A_iA_f p\frac{\partial J}{\partial\boldsymbol{p}}, \tag{92.6}$$

其中 J 用来标记如下积分:

$$J = \int\frac{\mathrm{e}^{-\mathrm{i}\boldsymbol{q}\cdot\boldsymbol{r}}}{r}\mathrm{F}(\mathrm{i}\nu',1,\mathrm{i}(p'r+\boldsymbol{p}'\cdot\boldsymbol{r}))\mathrm{F}(\mathrm{i}\nu,1,\mathrm{i}(pr-\boldsymbol{p}\cdot\boldsymbol{r}))\mathrm{d}^3x,$$
$$\boldsymbol{q} = \boldsymbol{p}' - \boldsymbol{p}. \tag{92.7}$$

符号 $\partial/\partial\boldsymbol{p}$ 已经移到积分号外边, 理解为在 J 的微商中, 量 $\nu, \nu', \boldsymbol{q}$ 被看成是独立的参量, ν 与 $\boldsymbol{q}$ 只是在微商以后才用 $\boldsymbol{p}$ 来表示.

积分通过将合流超几何函数的回路积分表示来计算. 这里我们将只给出结果:[①]

$$J = B\mathrm{F}(\mathrm{i}\nu',\mathrm{i}\nu,1,z)$$
$$B = 4\pi\mathrm{e}^{-\pi\nu}(-q^2-2\boldsymbol{q}\cdot\boldsymbol{p})^{-\mathrm{i}\nu}(q^2-2\boldsymbol{q}\cdot\boldsymbol{p}')^{-\mathrm{i}\nu'}(q^2)^{\mathrm{i}\nu+\mathrm{i}\nu'-1}, \tag{92.8}$$
$$z = 2\frac{q^2(pp'+\boldsymbol{p}\cdot\boldsymbol{p}')-2(\boldsymbol{q}\cdot\boldsymbol{p})(\boldsymbol{q}\cdot\boldsymbol{p}')}{(q^2-2\boldsymbol{q}\cdot\boldsymbol{p}')(q^2+2\boldsymbol{q}\cdot\boldsymbol{p})}.$$

这里 $\mathrm{F}(\mathrm{i}\nu',\mathrm{i}\nu,1,z)$ 为完全超几何函数.

在完成 (92.6) 式中的微商后, 我们可以取 $\boldsymbol{q} = \boldsymbol{p}' - \boldsymbol{p}$; 于是有

$$z = -2\frac{pp'-\boldsymbol{p}\cdot\boldsymbol{p}'}{(\boldsymbol{p}-\boldsymbol{p}')^2}, \quad q^2 = (p-p')^2(1-z) \tag{92.9}$$

[①] 这个计算是由 A. Nordsieck 给出的 (Phys. Rev 93, 785, 1954).

（$z < 0$）. 还要指出,

$$-\boldsymbol{q}^2 - 2\boldsymbol{q} \cdot \boldsymbol{p} = \boldsymbol{q}^2 - 2\boldsymbol{q} \cdot \boldsymbol{p}' = \boldsymbol{p}^2 - \boldsymbol{p}'^2 > 0.$$

这样, 我们就求出矩阵元的最终表示式为

$$\boldsymbol{p}_{fi} = A_i A_f \frac{8\pi \mathrm{i} e^{-\pi\nu}}{(p-p')^3(p+p')} \left(\frac{p+p'}{p-p'}\right)^{-\mathrm{i}(\nu+\nu')}$$
$$\times (1-z)^{\mathrm{i}(\nu+\nu')-1} [\mathrm{i}\nu p \boldsymbol{q} \mathrm{F}(z) + (1-z)\mathrm{F}'(z)(p'\boldsymbol{p} - p\boldsymbol{p}')], \quad (92.10)$$

其中为简洁起见, 我们已经取

$$\mathrm{F}(z) = \mathrm{F}(\mathrm{i}\nu', \mathrm{i}\nu, 1, z). \tag{92.11}$$

　　截面通过将 (92.10) 代入 (92.3) 得到, 但是普遍的公式很长而且不好理解. 因此我们将直接计算辐射的谱分布, 也就是将截面对光子与终态电子的方向积分.

　　对 $\mathrm{d}o_{\boldsymbol{k}}$ 积分和对光子极化求和等价于对所有方向 $\boldsymbol{e}$ 求平均并乘以 $2 \times 4\pi$, 也就是, 作代换

$$e_i e_k^* \mathrm{d}o_{\boldsymbol{k}} \to \frac{8\pi}{3} \delta_{ik}.$$

于是截面为

$$\mathrm{d}\sigma_{\boldsymbol{p}'} = \frac{4\omega e^2}{3mp} |\boldsymbol{p}_{fi}|^2 \frac{\mathrm{d}^3 p'}{(2\pi)^3} = \frac{\omega e^2 p'}{6\pi^3 p} |\boldsymbol{p}_{fi}|^2 \mathrm{d}\omega \mathrm{d}o_{\boldsymbol{p}'}. \tag{92.12}$$

$|\boldsymbol{p}_{fi}|^2$ 的数值用 (92.9)—(92.11) 式以及如下公式来计算:

$$|\Gamma(1 - \mathrm{i}\nu)|^2 = \frac{\pi\nu}{\sinh \pi\nu}.$$

结果为

$$|\boldsymbol{p}_{fi}|^2 = \frac{2^8 \pi^4 (Ze^2)^2 m^2}{(p+p')^2 (p-p')^4 (1 - e^{-2\pi\nu'})(e^{2\pi\nu} - 1)}$$
$$\times \left\{ \frac{\nu\nu'}{1-z} |\mathrm{F}|^2 - z|\mathrm{F}'|^2 + \mathrm{i}\frac{\nu+\nu'}{2} \frac{z}{1-z} (\mathrm{F}\mathrm{F}'^* - \mathrm{F}^*\mathrm{F}') \right\}. \tag{92.13}$$

　　为将截面 (92.12) 对 $\mathrm{d}o_{\boldsymbol{p}'} = 2\pi \sin\vartheta \mathrm{d}\vartheta$ 积分, 我们将变量从 ϑ (散射角) 变为

$$z = -\frac{2pp'}{(p-p')^2} (1 - \cos\vartheta), \quad \mathrm{d}o_{\boldsymbol{p}'} \to \frac{\pi(p-p')^2}{pp'} \mathrm{d}z.$$

为对 z 积分, 我们将 (92.13) 式括号中的表示式作如下变换. 按照超几何函数的微分方程 (见第三卷 (e.2) 式), 我们有

$$z(1-z)\mathrm{F}'' + [1 - (1 + \mathrm{i}\nu + \mathrm{i}\nu')z]\mathrm{F}' + \nu\nu'\mathrm{F} = 0,$$
$$z(1-z)\mathrm{F}''^* + [1 - (1 - \mathrm{i}\nu - \mathrm{i}\nu')z]\mathrm{F}'^* + \nu\nu'\mathrm{F}^* = 0.$$

将这两个方程分别乘以 F* 与 F 并相加, 我们得到

$$(1-z)\left[\frac{d}{dz}z(F'F^* + F'^*F) - 2z|F'|^2 + \frac{i(\nu+\nu')z}{1-z}(F'^*F + F'F^*) + \frac{2\nu\nu'}{1-z}|F|^2\right] = 0.$$

于是, (92.13) 式括号中的表示式变为

$$\{\cdots\} = -\frac{1}{2}\frac{d}{dz}z(F'F^* + F'^*F) \tag{92.14}$$

从而积分可简单直接进行.

综合以上公式, 我们求出在频率范围 $d\omega$ 内轫致辐射截面的最终表示式:[①]

$$d\sigma_\omega = \frac{64\pi^2}{3}Z^2\alpha r_e^2\frac{m^2c^2}{(p-p')^2}\frac{p'}{p}\frac{1}{(1-e^{-2\pi\nu'})(e^{2\pi\nu}-1)}\left(-\frac{d}{d\xi}|F(\xi)|^2\right)\frac{d\omega}{\omega}, \tag{92.15}$$

其中 $\nu = \dfrac{Z\alpha mc}{p} = \dfrac{Ze^2}{\hbar v}$, $\nu' = \dfrac{Ze^2}{\hbar v'}$, $p' = \sqrt{p^2 - 2m\hbar\omega}$,

$$F(\xi) = F(i\nu', i\nu, 1, \xi), \quad \xi = -\frac{4pp'}{(p-p')^2}.$$

我们来考虑一个极限情形, 当速度 v 与 v' 都很大使得 $\nu \ll 1$, $\nu' \ll 1$ (但是, 当然仍然有 $v \ll 1$, 所以 $Z\alpha \ll \nu \ll 1$; 只要 Z 足够小这是可能的). 为计算这个情形的微商 $F'(\xi)$, 我们用到如下公式

$$\frac{d}{dz}F(\alpha, \beta, \gamma, z) = \frac{\alpha\beta}{\gamma}F(\alpha+1, \beta+1, \gamma+1, z),$$

此式容易从超几何级数简单地作微商得到. 于是

$$F'(\xi) \approx i\nu \cdot i\nu' F(1, 1, 2, \xi) = \frac{\nu\nu'}{\xi}\ln(l-\xi)$$

最终的方程从直接比较对应的级数明显得出. 对于函数 $F(\xi)$ 本身, 我们简单地有

$$F(\xi) \approx F(0, 0, 1, \xi) = 1.$$

于是, 由 (92.15) 式得到

$$d\sigma_\omega = \frac{16}{3}Z^2\alpha r_e^2\frac{c^2}{v^2}\ln\frac{v+v'}{v-v'}\frac{d\omega}{\omega}, \quad \frac{Ze^2}{\hbar v} \ll 1, \quad \frac{Ze^2}{\hbar v'} \ll 1. \tag{92.16}$$

ν 与 ν' 小正好是库仑相互作用情形下玻恩近似成立的条件. 因此, 公式 (92.16) 式本身可以用微扰论更简单地直接得到 (见习题 1).

---

① 公式 (92.15)—(92.25) 是用通常单位给出的.

现在设有一个快速电子 ($\nu \ll 1$) 由于辐射而损失其相当大部分的能量, 因而 $v' \ll v$ 且 ν' 可以不很小. 于是

$$-\xi \approx 4p'/p = 4\nu/\nu' \ll 1, \quad \mathrm{F}(\xi) \approx \mathrm{F}(\mathrm{i}\nu', 0, 1, \xi) = 1,$$
$$\mathrm{F}'(\xi) \approx -\nu\nu'\mathrm{F}(1+\mathrm{i}\nu', 1, 2, \xi) \approx -\nu\nu',$$

截面为

$$\mathrm{d}\sigma_\omega = \frac{64\pi}{3} Z^3 \alpha^2 r_e^2 \left(\frac{c}{v}\right)^3 \frac{1}{1 - \exp(-2\pi Z e^2/\hbar v')} \frac{\mathrm{d}\omega}{\omega},$$
$$\frac{Ze^2}{\hbar v} \ll 1, \quad \frac{Ze^2}{\hbar v'} \gtrsim 1. \tag{92.17}$$

当 $\nu' \ll 1$, 这个公式得出与 (92.16) 在 $v' \ll v$ 时同样的极限表示式:

$$\mathrm{d}\sigma_\omega = \frac{32}{3} Z^2 \alpha r_e^2 \frac{c^2 v'}{v^3} \frac{\mathrm{d}\omega}{\omega},$$

这样一来, 公式 (92.16) 与 (92.17) 合起来就覆盖了 ν' 的整个范围 (当 $\nu \ll 1$ 时).

当 $\omega \to \omega_0$ 时, 其中 $\hbar\omega_0 = \frac{1}{2} mv^2$, 速度 $v' \to 0$, $\nu' \to \infty$. 在此极限情形下, (92.17) 式给出

$$\mathrm{d}\sigma_\omega = \frac{128\pi}{3} Z^3 \alpha^2 r_e^2 \left(\frac{c}{v}\right)^3 \frac{\hbar \mathrm{d}\omega}{mv^2}. \tag{92.18}$$

因此 $\mathrm{d}\sigma_\omega/\mathrm{d}\omega$ 在 $\omega \to \omega_0$ 时, 趋近于一个有限的极限. 这可以根据类似于第三卷 §147 给出的论据以一种普遍的方式加以解释. 其物理的原因是 ω_0 只是轫致辐射连续谱的极限. 电子还可以进到束缚态并发射更大频率 $\omega > \omega_0$ 的辐射. 但是库仑场的高激发束缚态几乎和靠近其极限的自由态相同. 因此, 连续谱与离散谱的边界并非物理上可严格区分的.

我们现在来考虑两个变量 $\nu, \nu' \gg 1$ 的情形. 初态与终态电子的运动都是准经典的. 假如条件 $\hbar\omega \ll p^2/2m$ 也满足, 那么矩阵元也是准经典的. 于是量子力学公式必定变为经典理论给出的结果 (见第二卷 §70). 然而, 我们将假设 $p^2/2m \sim \hbar\omega$, 因此我们需要函数 $\mathrm{F}(\xi)$ 当 $\nu, \nu' \to \infty$ 且 $\xi \sim 1$ 时的渐近表示式; 更精确的条件将在下面给出, (92.24) 式.

为了推导这个表示式, 我们从超几何函数的积分表示出发, 见第三卷, (e. 3) 式, 将其写成

$$\mathrm{F}(\mathrm{i}\eta\nu', \mathrm{i}\nu', 1, \xi) = \frac{\mathrm{e}^{-\pi\eta\nu'}}{2\pi\mathrm{i}} \oint_{C'} t^{\mathrm{i}\eta\nu'-1}(1-t)^{-\mathrm{i}\eta\nu'}(1-t\xi)^{-\mathrm{i}\nu'}\mathrm{d}t', \tag{92.19}$$

其中

$$\eta = \nu/\nu', \quad 0 < \eta < 1,$$

所以

$$\xi = -\frac{4\eta}{(1-\eta)^2}. \tag{92.20}$$

积分回路如图 17 所示, 沿实轴通过并避开 $t = 0$ 和 $t = 1$ 这两个点. ①

$$t = 0 \qquad\qquad t = 1$$

图 17

当 $\nu, \nu' \gg 1$, 在这个回路的下面部分的被积函数是小的, 可以略去. 在向下绕过 $t = 0$ 点时, 被积函数乘以一个小因子 $\exp(-2\pi\eta\nu')$, 而在向上绕过 $t = 1$ 点乘以 $\exp(2\pi\eta\nu')$. 积分

$$F = \frac{\mathrm{e}^{-\pi\eta\nu'}}{2\pi\mathrm{i}} \int \mathrm{e}^{\nu' f(t)} \frac{\mathrm{d}t}{t'}, \quad f(t) = \mathrm{i}\ln\frac{t^\eta}{(1-t)^\eta(1-\xi t)} \tag{92.21}$$

可用鞍点法计算. 鞍点 t_0 由条件 $f'(t_0) = 0$ 给出, 由此 $t_0 = \frac{1}{2}(1-\eta)$. 然而. 在这个点, 微商 $f''(t_0)$ 也为零, 因此我们必须写出

$$f(t) \approx f(t_0) + \frac{\mathrm{i}a}{3}\tau^3, \quad \tau = t - t_0,$$

其中

$$f(t_0) = 2\pi\eta + \mathrm{i}(1+\eta)\ln\frac{1-\eta}{1+\eta}, \quad a = \frac{1}{2\mathrm{i}}f'''(t_0) = \frac{16\eta}{(1-\eta^2)^2}.$$

被积函数中指数的系数 $1/t$ 可写成

$$\frac{1}{t} \approx \frac{1}{t_0} - \frac{\tau}{r_0^2}$$

(这里我们不能简单地只取项 $1/t_0$, 因为这会使得 (92.15) 式中的微商 $\mathrm{d}|F(\xi)|^2/\mathrm{d}\xi$ 变为零). 因此在积分中作明显的代换后, 我们有

$$F \approx \frac{1}{2\pi\mathrm{i}t_0(\alpha\nu')^{1/3}}\exp\{-\pi\eta\nu' + \nu'f(t_0)\}$$

$$\times \left[-\int_{-\infty}^{\infty}\mathrm{e}^{\mathrm{i}x^3/3}\mathrm{d}x + \frac{\mathrm{i}}{t_0(\alpha\nu')^{1/3}}\int_{-\infty}^{\infty}x\mathrm{e}^{\mathrm{i}x^3/3}\mathrm{d}x\right]. \tag{92.22}$$

---

① 对超几何函数 $\mathrm{F}(\alpha, \beta, \gamma, \xi)$ 回路的选取应该使得函数

$$V(t) = \mathrm{e}^t t^{\alpha-\gamma+1}(t-1)^{1-\alpha}$$

在通过回路时回到其初值. 当 γ 为整数时 (这里, $\gamma = 1$), 所选取的回路满足这个条件.

这里的两个积分分别为

$$2\int_0^\infty \cos\frac{x^3}{3}\mathrm{d}x = \frac{2\pi}{3^{2/3}\Gamma(2/3)}, \quad 2\int_0^\infty x\sin\frac{x^3}{3}\mathrm{d}x = 3^{1/6}\Gamma(2/3).$$

微商 $F'(\xi)$ 可类似地计算; 按照 (92.19) 式, 它由一个积分给出, 这个积分与 (92.21) 的区别仅仅是指数上的系数 $1/it$ 换成 $\nu'/(1-\xi t)$. 因此, 简单的计算就得到如下结果

$$-\frac{\mathrm{d}}{\mathrm{d}\xi}|F(\xi)|^2 = \frac{(1-\eta)^2\mathrm{e}^{2\pi\nu}}{4\sqrt{3}\pi\nu}.$$

最后, 将此代入 (92.15) 以必要的精确性给出简单的表示式

$$\mathrm{d}\sigma_\omega = \frac{16\pi}{3^{3/2}}Z^2\alpha r_e^2\frac{m^2c^2}{p^2}\frac{\mathrm{d}\omega}{\omega}. \tag{92.23}$$

此式成立, 即渐近表示式 (92.22) 成立的条件, 是 (92.22) 的第二项必须远远小于第一项: $(1-\rho)\nu \gg 1$, 或者, 将超几何函数的参量用物理量表示, 此条件为

$$\omega \gg \frac{v}{Ze^2}\frac{mv^2}{2}. \tag{92.24}$$

条件 (92.24) 与吸引库仑场的经典辐射理论的"高频极限"条件是一致的, 用 (92.23) 式中的 $\mathrm{d}\sigma_\omega$ 构成的量 $\hbar\omega\mathrm{d}\sigma_\omega$ 就和在此极限下经典的"有效滞阻"表示一致 (见第二卷 (70.22) 式). 对这个结果还需要作一点说明. 我们指出, 为了应用经典辐射理论, 除了要求运动是准经典的以外, 还要求光量子的能量比电子能量小得多, 即条件: $\hbar\omega \ll mv^2/2$, 但在推出 (92.23) 式时并没假定有此条件. 实际上, 量 $\hbar\omega$ 小并不是与电子在无穷远的能量相比的, 而是与电子在发生辐射的这段轨迹上的动能相比的. 由于电子在离子场中的加速, 这时的能量要比初始能量大得多.

事实上, 高频辐射主要发生在与离子的距离较小的散射中, 在此处

$$v(r)/r \sim \omega. \tag{92.25}$$

(我们用 $v(r)$ 标记与离子距离为 r 的电子速度, 以区别于电子在无穷远的速度 v). 考虑到此时 $Ze^2/r \sim mv^2(r)$, 我们求出, 在发生辐射的轨迹上, 电子的动能为:

$$\frac{mv^2(r)}{2} \sim \frac{m}{2}\left(\frac{\omega Ze^2}{m}\right)^{2/3} \sim \frac{mv^2}{2}\left(\frac{\omega Ze^2}{mv^3}\right)^{2/3} \gg \frac{mv^2}{2}.$$

因此, 即使发射数量级为 $mv^2/2$ 的光量子, 也不会对发生辐射的那段轨迹上的运动有大的影响, 所以, $\hbar\omega$ 小的补充条件也就不需要了.

我们还要指出, 在给定动量矩 $\hbar l$ 的条件下, 区间 (92.25) 内的运动是和初始能量无关的. 相应地, 飞行在此轨迹时辐射的能量 (在第二卷 §70 中用 $\mathrm{d}\mathcal{E}_\omega$

标记) 也仅与 l 有关. 将辐射概率 $\mathrm{d}\mathcal{E}_\omega/\hbar\omega$ 乘以 $2\pi\rho\mathrm{d}\rho$ (ρ 为瞄准距离), 再对所有的 ρ 积分就可得到截面 $\mathrm{d}\sigma_\omega$. 既然在准经典情形

$$\rho\mathrm{d}\rho = \hbar^2 l\mathrm{d}l/(m^2 v^2),$$

由此得到 $\mathrm{d}\sigma_\omega = 1/v^2$, 对应于 (92.23) 式. 以上讨论解释了为什么在此公式中出现的是电子的初速度 (而非末速度).

为了找到在如下整个范围: $(1-\eta)\nu \sim 1, \nu \gg 1$ 内的经典公式, 我们必须求出超几何函数在鞍点接近于奇点 $t = 0$ 时的渐近形式; 这里我们就不讨论了, 因为结果是明显的.

所有以上的公式都是用于吸引的库仑场中的. 对于在排斥势中发射的截面可以由 (92.15) 通过改变 ν 与 ν' 的符号得到. 特别是, 极限的玻恩公式 (92.16) 保持不变, 但是在极限 $\nu \ll 1, \nu' \to \infty$ 时, 代替 (92.18) 式, 我们有

$$\mathrm{d}\sigma_\omega = \frac{128\pi}{3} Z^3 \alpha^2 r_e^2 \left(\frac{c}{v}\right)^3 \exp\left(-\frac{\sqrt{2mc^2}\pi Z\alpha}{\sqrt{\hbar(\omega_0-\omega)}}\right) \frac{\hbar\mathrm{d}\omega}{mv^2}, \tag{92.26}$$

即微分截面在 $\omega \to \omega_0$ 时指数地趋于零. 这个结果也是合理的: 因为在排斥场中不存在束缚态, 于是, 频率 ω_0 就是辐射谱的真实边界.

习　　题

1. 在玻恩近似下, 求具有不同荷质比 e/m 的两个粒子非相对论性碰撞的韧致辐射截面.

解: 两个具有电荷 e_1, e_2 和质量 m_1, m_2 的粒子在其质心系中的偶极矩为

$$\boldsymbol{d} = \mu\left(\frac{e_1}{m_1} - \frac{e_2}{m_2}\right)\boldsymbol{r},$$

其中 $\mu = m_1 m_2/(m_1 + m_2)$, $\boldsymbol{r} = \boldsymbol{r}_1 - \boldsymbol{r}_2$. 因此

$$\ddot{\boldsymbol{d}} = \left(\frac{e_1}{m_1} - \frac{e_2}{m_2}\right)\mu\ddot{\boldsymbol{r}} = -\left(\frac{e_1}{m_1} - \frac{e_2}{m_2}\right)\nabla\frac{e_1 e_2}{r}.$$

矩阵元为

$$\boldsymbol{d}_{\boldsymbol{p'p}} = -\frac{1}{\omega^2}(\ddot{\boldsymbol{d}})_{\boldsymbol{p'p}}, \quad \omega = \frac{p^2 - p'^2}{2\mu}$$

其中 $\boldsymbol{p} = \mu\boldsymbol{v}$, $\boldsymbol{p}' = \mu\boldsymbol{v}'$ 为相对运动的动量, 这是由平面波[①]

$$\psi_{\boldsymbol{p}} = \mathrm{e}^{\mathrm{i}\boldsymbol{p}\cdot\boldsymbol{r}}, \quad \psi_{\boldsymbol{p}'} = \mathrm{e}^{\mathrm{i}\boldsymbol{p}'\cdot\boldsymbol{r}}$$

---

① 两个粒子用一个具有约化质量的粒子来代替, 当然这只有在非相对论情形才是允许的.

再利用如下公式计算得出的

$$\left(\nabla\frac{1}{r}\right)_{pp'} = \frac{4\pi i\boldsymbol{q}}{q^2}, \quad \boldsymbol{q} = \boldsymbol{p}' - \boldsymbol{p}.$$

结果为

$$d\sigma_{\boldsymbol{k}\boldsymbol{p}'} = \frac{e_1^2 e_2^2}{\pi^2}\left(\frac{e_1}{m_1} - \frac{e_2}{m_2}\right)^2 \frac{v'}{v}\frac{\mu^2}{q^4}(\boldsymbol{e}\cdot\boldsymbol{q})(\boldsymbol{e}^*\cdot\boldsymbol{q})\frac{d\omega}{\omega}do_{\boldsymbol{p}'}do_{\boldsymbol{k}}.$$

对极化求和后, 辐射的角分布由因子 $\sin^2\Theta$ 给出, 其中 Θ 为光子方向 $\boldsymbol{k}$ 与矢量 $\boldsymbol{q}$ 之间的夹角, 它位于散射平面内 (见 (45.4a) 式).

在对光子的方向积分后, 我们有

$$d\sigma_{\omega\theta} = \frac{16}{3}e_1^2 e_2^2\left(\frac{e_1}{m_1} - \frac{e_2}{m_2}\right)^2 \frac{v'}{v}\frac{d\omega}{\omega}\frac{\sin\theta d\theta}{v^2 + v'^2 - 2vv'\cos\theta},$$

其中 θ 为散射角. 最后, 对 θ 积分给出

$$d\sigma_\omega = \frac{16}{3}e_1^2 e_2^2\left(\frac{e_1}{m_1} - \frac{e_2}{m_2}\right)^2 \frac{1}{v^2}\ln\frac{v+v'}{v-v'}\frac{d\omega}{\omega}.$$

对于在固定中心的库仑场中的辐射, 这个公式等价于 (92.16) 式.

2. 在玻恩近似下, 求两个电子非相对论碰撞的韧致辐射截面.[①]

解: 在此情形, 没有偶极发射, 因此我们必须考虑四极辐射. 在经典理论中, 四极辐射总强度的谱分布为

$$I_\omega = (1/90)|(\dddot{D}_{ik})_\omega|^2,$$

其中 $D_{ik} = \sum e(3x_i x_k - r^2\delta_{ik})$ 为一个电荷系统的四极矩张量.[②] 对两个电子, 在质心系中, 我们有

$$D_{ik} = \frac{e}{2}(3x_i x_k - r^2\delta_{ik}), \quad \boldsymbol{r} = \boldsymbol{r}_1 - \boldsymbol{r}_2.$$

在量子理论中, 傅里叶分量必须换成矩阵元 (参见 §45 关于偶极发射的讨论), 对波函数作适当的归一化 (平面波) 并除以光子能量 ω, 我们得到电子散射进入态范围 d^3p' 发射辐射的截面:

$$d\sigma_{\boldsymbol{p}'} = \frac{1}{90\omega}|(\dddot{D}_{ik})_{\boldsymbol{p}'\boldsymbol{p}}|^2 \frac{d^3 p'}{v(2\pi)^3},$$

---

① 碰撞速度 v 满足条件 $\alpha \ll e^2/\hbar v \ll 1$. 经典情形 $(e^2/\hbar v \gg 1)$ 在第二卷 §71 的习题中讨论过了.

② 此公式是从第二卷 (71.5) 式用该书从 (67.8) 式推出 (67.11) 式的同样方法得到的.

其中 $v = 2p/m$ 为相对运动的初速度; 发射频率为 $\omega = (p^2 - p'^2)/m$.

算符 $\widehat{\ddot{D}}_{ik}$ 通过算符 $\widehat{D}_{ik}$ 与哈密顿量

$$\widehat{H} = \frac{\widehat{\boldsymbol{p}}^2}{m} + \frac{e^2}{r}$$

的三次对易来计算, 等于[①]

$$\widehat{\ddot{D}}_{ik} = \frac{2e^3}{m}\left[6\left(\frac{x_i}{r^3}\widehat{p}_k + \widehat{p}_k\frac{x_i}{r^3}\right) + 6\left(\frac{x_k}{r^3}\widehat{p}_i + \widehat{p}_i\frac{x_k}{r^3}\right)\right.$$
$$\left. - 9\left(\frac{x_ix_kx_l}{r^5}\widehat{p}_l + \widehat{p}_l\frac{x_ix_kx_l}{r^3}\right) - \delta_{ik}\left(\frac{x_l}{r^3}\widehat{p}_l + \widehat{p}_l\frac{x_l}{r^3}\right)\right].$$

由于两个粒子 (电子) 是全同的, 矩阵元由如下波函数计算

$$\psi_{\boldsymbol{p}} = \frac{1}{\sqrt{2}}(\mathrm{e}^{\mathrm{i}\boldsymbol{p}\cdot\boldsymbol{r}} \pm \mathrm{e}^{-\mathrm{i}\boldsymbol{p}\cdot\boldsymbol{r}}), \quad \psi_{\boldsymbol{p}'} = \frac{1}{\sqrt{2}}(\mathrm{e}^{\mathrm{i}\boldsymbol{p}'\cdot\boldsymbol{r}} \pm \mathrm{e}^{-\mathrm{i}\boldsymbol{p}'\cdot\boldsymbol{r}}),$$

其中符号 + 与 − 对应电子总自旋为 0 与 1 的态 (交换电子对应于改变 $\boldsymbol{r}$ 的符号).

经过冗长的计算, 对辐射的谱分布得到如下公式:

$$\mathrm{d}\sigma_\omega = \frac{4}{15}\alpha r_e^2\left\{17 - \frac{3x^2}{(2-x)^2}\right.$$
$$\left. + \frac{12(2-x)^4 - 7(2-x)^2x^2 - 3x^4}{(2-x)^3\sqrt{1-x}}\,\mathrm{arch}\,\frac{1}{\sqrt{x}}\right\}\frac{\sqrt{1-x}}{x}\mathrm{d}x,$$

其中 $x = \omega/\varepsilon$ 与 $\varepsilon = p^2/m$ 为电子相对运动的初始能量; 截面为其对电子的总自旋求平均得到. 由于辐射损失能量的截面为

$$\frac{1}{\varepsilon}\int_0^\varepsilon \omega\mathrm{d}\sigma_\omega = 8.1\alpha r_e^2$$

(Б. К. Федюшин, 1952).

3. 求一个原子核发射一个处于 s 态的非相对论电子产生的辐射能量.

解: 发射电子的波函数是归一到单位流量的射出的 s 波球面波:

$$\psi_i = \frac{1}{\sqrt{4\pi v}}\frac{\mathrm{e}^{\mathrm{i}pr}}{r}$$

[①] 这个表示式类似于经典公式:

$$\dddot{D}_{ik} = \frac{4e^3}{m^2}\left[6\frac{x_i}{r^3}p_k + 6\frac{x_k}{r^3}p_i - 9\frac{x_ix_k}{r^5}\boldsymbol{p}\cdot\boldsymbol{r} - \frac{1}{r^3}\delta_{ik}\boldsymbol{p}\cdot\boldsymbol{r}\right],$$

此式由对 D_{ik} 微商并利用经典运动方程得到:

$$\frac{m}{2}\ddot{\boldsymbol{r}} = \frac{e^2\boldsymbol{r}}{r^3}.$$

(见第三卷, (33.14)). 我们选取平面波作为电子的终态波函数 (在发射光子后):

$$\psi_f = \mathrm{e}^{\mathrm{i}\boldsymbol{p}' \cdot \boldsymbol{r}}.$$

跃迁矩阵元为

$$\boldsymbol{p}_{fi} = (\boldsymbol{p}_{if})^* = \left(\int \psi_i^* \widehat{\boldsymbol{p}} \psi_f \mathrm{d}^3 x \right)^* = \frac{\boldsymbol{p}'}{\sqrt{4\pi v}} \int \mathrm{e}^{-\mathrm{i}\boldsymbol{p}' \cdot \boldsymbol{r} + \mathrm{i}pr} \frac{\mathrm{d}^3 x}{r}$$

$$= \sqrt{\frac{4\pi}{v}} \frac{\boldsymbol{p}'}{\boldsymbol{p}'^2 - \boldsymbol{p}^2} = -\sqrt{\frac{\pi}{v}} \frac{\boldsymbol{v}'}{\omega}$$

(积分用 (57.6a) 来计算). 辐射能量由 (45.8) 乘以 $\mathrm{d}^3 p'/(2\pi)^3$ 再对 p' 的方向积分给出 (这等价于乘以 4π). 于是发射能量的谱分布为

$$\mathrm{d}E_\omega = \frac{2e^2 v'^3}{3\pi v} \mathrm{d}\omega.$$

当 $\omega \to 0$ 时, 电子的末速 v' 趋近于 v, 如应该的那样, 公式与经典结果的非相对论极限一致; 见第二卷 §69 习题. 总的发射能量为 (用通常的单位)

$$E = \frac{4}{15\pi} \alpha \left(\frac{v}{c} \right)^2 \varepsilon,$$

其中 $\varepsilon = \frac{1}{2} m v^2$ 为电子的初始能量.

4. 求非相对论电子从一个无穷高势垒反射产生的辐射的能量.

解: 设电子沿垂直于势垒的方向运动. 尽管光子可以朝任何方向发射, 在非相对论情形, 光子动量与电子动量相比是小的, 因此我们可以假设反射的电子也在垂直于势垒的平面内运动. 设势垒在 $x = 0$ 点, 电子朝 $x > 0$ 的方向运动. 归一化到 $\delta(p/2\pi)(p = p_x)$ 的一维运动的定态波函数有驻波的形式 (见第三卷, §21):

$$\psi_i = 2 \sin px, \quad \psi_f = 2 \sin p'x.$$

算符 $\widehat{p} = \widehat{p}_x$ 的矩阵元为

$$p_{fi} = -4\mathrm{i} \int_0^\infty \sin p'x \frac{\mathrm{d}}{\mathrm{d}x} \sin px \mathrm{d}x = -\frac{4\mathrm{i}pp'}{p^2 - p'^2}.$$

这个式子的积分应理解为在被积函数中包含因子 $\mathrm{e}^{-\delta x}$ 并取 $\delta \to +0$ 时的极限.

电子一次反射所辐射的能量可以由 (45.8) 式乘以 $\mathrm{d}p' = \mathrm{d}\omega/v'$ 再除以 $v/2\pi$ (初始函数 ψ_i 中到达势垒的波的流密度) 来求出:

$$\mathrm{d}E_\omega = \frac{4\omega^2 e^2}{3m^2} |p_{fi}|^2 \frac{2\pi \mathrm{d}\omega}{vv'} = \frac{8}{3\pi} e^2 vv' \mathrm{d}\omega. \tag{1}$$

在低频时 ($\omega \ll \varepsilon = \frac{1}{2}mv^2$) 我们有 $v' \approx v$, 公式 (1) 就变成经典公式 (第二卷, (69.5)), 还必须对角度积分, 利用 $v = \frac{1}{2}\Delta v$ 的事实, 其中 Δv 为电子在反射时的速度变化; 这是应该如此的, 因为碰撞时间小 (第二卷, (69.1)) 的条件在从势垒反射中总是满足的. 然而, 量子公式 (1) 还给出总的发射能量 (用通常的单位):

$$E = \int_0^\varepsilon \frac{\mathrm{d}E_\omega}{\mathrm{d}\omega}\mathrm{d}\omega = \frac{16}{9\pi}\alpha\varepsilon\frac{v^2}{c^2}$$

5. 求一个慢电子被一个原子散射时韧致辐射的能量.

解: 在条件 $pa \ll 1$ 下 (其中 a 标记原子大小), 电子被原子散射是各向同性的而且与电子的能量无关; 见第三卷 §132. 电子的初态与终态波函数可写成

$$\psi_i = \mathrm{e}^{\mathrm{i}\boldsymbol{p}\cdot\boldsymbol{r}} + f\frac{\mathrm{e}^{\mathrm{i}pr}}{r}, \quad \psi_f = \mathrm{e}^{\mathrm{i}\boldsymbol{p}'\cdot\boldsymbol{r}} + f\frac{\mathrm{e}^{-\mathrm{i}p'r}}{r},$$

其中 f 为恒定的实散射振幅. 这些公式在距离 $r \gg a$ 的渐近范围仍成立, 而在现在的情形是其重要区域: $r \sim 1/p \gg a$. 从这些波函数计算的矩阵元为

$$\boldsymbol{p}_{fi} = \frac{2\pi f}{\omega}(\boldsymbol{v} - \boldsymbol{v}')$$

(积分采用与习题 3 同样的方法计算). 将此表示代入 (92.12) 式, 我们得到电子在 $\boldsymbol{p}'$ 方向散射的辐射截面, 用通常单位,

$$\mathrm{d}\sigma_{\omega\boldsymbol{p}'} = \frac{2\alpha p'}{3\pi pc^2}(\boldsymbol{v} - \boldsymbol{v}')^2\mathrm{d}\sigma_{\mathrm{el}}\frac{\mathrm{d}\omega}{\omega}, \tag{1}$$

其中 $\mathrm{d}\sigma_{el} = f^2\mathrm{d}o_{\boldsymbol{p}'}$ 为弹性散射的微分截面. 当 $\hbar\omega \ll p^2/2m$ 时, 我们可以取 $p \approx p'$, 这个公式, 如应该的那样, 变为软光子发射的非相对论表示; 见 §98.[①]

将 (1) 式对 $\boldsymbol{p}'$ 的方向积分, 我们得到

$$\mathrm{d}\sigma_\omega = \frac{2\alpha p'}{3\pi pc^2 p}(v^2 + v'^2)\sigma_{\mathrm{el}}\frac{\mathrm{d}\omega}{\omega}, \tag{2}$$

其中 $\sigma_{el} = 4\pi f^2$ 为总的弹性散射截面. 最后, 乘以 $\hbar\omega$, 并对 ω 从 0 到 $p^2/2m = \varepsilon$ 积分, 我们便得到 "有效滞阻"

$$\varkappa_{\mathrm{rad}} = \int \hbar\omega\mathrm{d}\sigma_\omega = \frac{32}{45\pi}\alpha\sigma_{\mathrm{el}}\varepsilon\left(\frac{v}{c}\right)^2. \tag{3}$$

---

① 这里对任意 ω 出现的截面 "因子化" (分离出因子 σ_{el}) 在某种意义上是偶然的, 是由于散射振幅与能量无关而产生的.

§93　电子–原子核轫致辐射. 相对论情形

我们来考虑相对论电子速度情形的电子–原子核轫致辐射.[1]我们将假设玻恩近似成立的条件对初态与终态电子速度 (v 与 v') 都是满足的: $Ze^2/\hbar v \ll 1$, $Ze^2/\hbar v' \ll 1$. 原子核的电荷必须使得 $Z\alpha \ll 1$.

与 §92 相同, 我们将略去原子核的反冲, 这样, 原子核只起一个外场源的作用; 这样处理的合理性将在 §97 中讨论.

按照 (91.4) 式, 轫致辐射的截面由如下振幅给出:

$$\mathrm{d}\sigma = |M_{fi}|^2 \frac{\omega |\boldsymbol{p}'|}{8(2\pi)^5|\boldsymbol{p}|}\mathrm{do}_{\boldsymbol{k}}\mathrm{do}'\mathrm{d}\omega. \tag{93.1}$$

在第一级非零的近似下, 矩阵元 M_{fi} 对应下面两个费曼图:

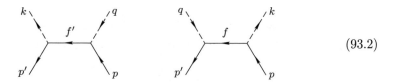

$$\tag{93.2}$$

自由端 q 对应于外场, 因此 $q = p' - p + k$ 为原子核的四维矢量动量转移. 由于忽略了反冲, 其时间分量 $q^0 = 0$.

按照图 (93.2),

$$M_{fi} = -e^2 A_0^{(e)}(\boldsymbol{q})\sqrt{4\pi}e_\mu^* \overline{u}' \left(\gamma^\mu \frac{\gamma f' + m}{f'^2 - m^2}\gamma^0 + \gamma^0 \frac{\gamma f + m}{f^2 - m^2}\gamma^\mu \right) u. \tag{93.3}$$

式中的四维动量为 $f = p - k$, $f' = p' + k$. 我们将采用如下标记:

$$f^2 - m^2 = -2kp \equiv -2\varkappa\omega, \quad f'^2 - m^2 = -2kp' \equiv -2\varkappa'\omega, \tag{93.4}$$

$A_0^{(e)}$ 为外场的标量势; 对一个纯的库仑场,

$$A_0^{(e)}(\boldsymbol{q}) = \frac{4\pi Ze}{\boldsymbol{q}^2}. \tag{93.5}$$

将此式代入 (93.1) 式给出截面

$$\mathrm{d}\sigma = \frac{Z^2 e^6}{4\pi^2} \frac{|\boldsymbol{p}'|\omega}{|\boldsymbol{p}||\boldsymbol{q}|^4}e_\mu^* e_\nu (\overline{u}'Q^\mu u)(\overline{u}\,\overline{Q}^\nu u')\mathrm{do}_{\boldsymbol{k}}\mathrm{do}'\mathrm{d}\omega, \tag{93.6}$$

---

① 以下给出的大多数结果是首先由 A. Bethe, W. Heitler (1934) 给出并由 F. Sauter (1934) 独立推出的.

其中

$$Q^\mu = \gamma^\mu \frac{\gamma f' + m}{2\omega\varkappa'}\gamma^0 - \gamma^0 \frac{\gamma f + m}{2\omega\varkappa}\gamma^\mu,$$

$$\overline{Q}^\nu = \gamma^0 Q^{\nu+}\gamma^0 = \gamma^0 \frac{\gamma f' + m}{2\omega\varkappa'}\gamma^\nu - \gamma^\nu \frac{\gamma f + m}{2\omega\varkappa}\gamma^0.$$

不考虑极化效应, 我们将截面对初态电子的自旋平均并对终态电子与光子的极化求和. 这等价于做如下代换:

$$e_\mu^* e_\nu (\overline{u}'Q^\mu u)(\overline{u}\overline{Q}^\nu u') \to -\frac{1}{2}\mathrm{tr}\, Q_\mu(\gamma p + m)\overline{Q}^\mu(\gamma p' + m).$$

阵迹的计算利用标准公式 (§22) 进行. 这个计算可通过如下方程而简化

$$\gamma^0(\gamma p)\gamma^0 = \gamma\widetilde{p},$$

其中 $\widetilde{p} = (\varepsilon, -\boldsymbol{p})$, 如果 $p = (\varepsilon, \boldsymbol{p})$. 而且, 一些项的计算可以利用对变换 $p \leftrightarrow p'$, $k \to -k$, $q \to -q$ 的对称性而简化; 这就是循环交换矩阵乘积中的因子, 保持阵迹不变.

对于在给定方向发射给定频率光子并且二次电子沿给定方向运动的韧致辐射, 微分截面的结果为如下表示式:[①]

$$\mathrm{d}\sigma = \frac{Z^2\alpha r_e^2}{4\pi^2}\frac{p'm^4}{pq^4}\frac{\mathrm{d}\omega}{\omega}\mathrm{do}_{\boldsymbol{k}}\mathrm{do}'$$
$$\times \left\{ \frac{q^2}{\varkappa\varkappa'm^2}(2\varepsilon^2 + 2\varepsilon'^2 - q^2) + q^2\left(\frac{1}{\varkappa} - \frac{1}{\varkappa'}\right)^2 \right.$$
$$\left. -4\left(\frac{\varepsilon}{\varkappa'} - \frac{\varepsilon'}{\varkappa}\right)^2 + \frac{2\omega q^2}{m^2}\left(\frac{1}{\varkappa'} - \frac{1}{\varkappa}\right) - \frac{2\omega^2}{m^2}\left(\frac{\varkappa'}{\varkappa} + \frac{\varkappa}{\varkappa'}\right)\right\}, \quad (93.7)$$

其中 $\varkappa = \varepsilon - \boldsymbol{n}\cdot\boldsymbol{p}$, $\varkappa' = \varepsilon' - \boldsymbol{n}\cdot\boldsymbol{p}'$, $\boldsymbol{n} = \boldsymbol{k}/\omega$, $\boldsymbol{q} = \boldsymbol{p}' + \boldsymbol{k} - \boldsymbol{p}$.

通过简单的变换, 这个表示式可以写成如下更便于分析的形式:

$$\mathrm{d}\sigma = \frac{Z^2\alpha r_e^2}{2\pi}\frac{\mathrm{d}\omega}{\omega}\frac{p'm^2}{pq^4}\sin\theta\mathrm{d}\theta\sin\theta'\mathrm{d}\theta'\mathrm{d}\varphi\left\{\frac{p'^2}{\varkappa'^2}(4\varepsilon^2 - q^2)\sin^2\theta'\right.$$
$$+ \frac{p^2}{\varkappa^2}(4\varepsilon'^2 - q^2)\sin^2\theta + \frac{2\omega^2}{\varkappa\varkappa'}(p^2\sin^2\theta + p'^2\sin^2\theta')$$
$$\left. -\frac{2pp'}{\varkappa\varkappa'}(2\varepsilon^2 + 2\varepsilon'^2 - q^2)\sin\theta\sin\theta'\cos\varphi\right\}, \quad (93.8)$$

---

① 这里以及 §93 其余部分, p, p' 与 q 用来标记三维矢量的大小: $p = |\boldsymbol{p}|$, $p' = |\boldsymbol{p}'|$, $q = |\boldsymbol{q}|$.

其中

$$\varkappa = \varepsilon - p\cos\theta, \quad \varkappa' = \varepsilon' - p'\cos\theta',$$

$$q^2 = p^2 + p'^2 + \omega^2 - 2p\omega\cos\theta + 2p'\omega\cos\theta' - 2pp'(\cos\theta\cos\theta' + \sin\theta\sin\theta'\cos\varphi),$$

θ 与 θ' 分别为 $\boldsymbol{k}$ 和 $\boldsymbol{p}$ 与 $\boldsymbol{p}'$ 之间的夹角; φ 为 $\boldsymbol{k}$ 与 $\boldsymbol{p}$ 的平面和 $\boldsymbol{k}$ 与 $\boldsymbol{p}'$ 平面之间的夹角.

(93.8) 式对光子与二次发射电子的方向的积分是冗长的. 通过这个积分得到辐射谱分布的如下公式: [①]

$$\mathrm{d}\sigma_\omega = Z^2\alpha\gamma_e^2\frac{\mathrm{d}\omega}{\omega}\frac{p'}{p}\left\{\frac{4}{3} - 2\varepsilon\varepsilon'\frac{p^2 + p'^2}{p^2p'^2}\right.$$
$$+ m^2\left(l\frac{\varepsilon'}{p^3} + l'\frac{\varepsilon}{p'^3} - \frac{ll'}{pp'}\right) + L\left[\frac{8\varepsilon\varepsilon'}{3pp'} + \frac{\omega^2}{p^3p'^3}(\varepsilon^2\varepsilon'^2 + p^2p'^2 + m^2\varepsilon\varepsilon')\right.$$
$$\left.\left.+ \frac{m^2\omega}{2pp'}\left(l\frac{\varepsilon\varepsilon' + p^2}{p^3} - l'\frac{\varepsilon\varepsilon' + p'^2}{p'^3}\right)\right]\right\}, \tag{93.9}$$

其中

$$L = \ln\frac{\varepsilon\varepsilon' + pp' - m^2}{\varepsilon\varepsilon' - pp' - m^2}, \quad l = \ln\frac{\varepsilon + p}{\varepsilon - p}, \quad l' = \ln\frac{\varepsilon' + p'}{\varepsilon' - p'}.$$

在这些公式中, 频率的允许值仅受到对终态电子速度所加的条件 $(Ze^2/v' \ll 1)$ 的限制: 电子必须几乎完全不损失其能量. 当 $\omega \to 0$ 时, 发射截面按 $\mathrm{d}\omega/\omega$ 发散; 这正是 §98 将讨论的普遍法则的一个例子.

在非相对论极限 $(p \ll m)$, 光子动量与电子动量相比较是小量, 因为

$$\omega = \frac{p'^2 - p^2}{2m} \ll p.$$

因此 $q^2 \approx (\boldsymbol{p}' - \boldsymbol{p})^2$. 在 (93.8) 式中取 $\varepsilon = \varepsilon' = m$ 并与 m 相比较略去 p, p' 与 ω, 我们求出

$$\mathrm{d}\sigma = \frac{2}{\pi}Z^2\alpha r_e^2\frac{\mathrm{d}\omega}{\omega}\frac{p'm^2}{pq^4}\sin\theta\mathrm{d}\theta\sin\theta'\mathrm{d}\theta'\mathrm{d}\varphi$$
$$\times(p^2\sin^2\theta + p'^2\sin^2\theta' - 2pp'\sin\theta\sin\theta'\cos\varphi),$$

或

$$\mathrm{d}\sigma = \frac{Z^2\alpha^3}{\pi^2}\frac{p'}{p}(\boldsymbol{n}\times\boldsymbol{q})^2\frac{\mathrm{d}o_{\boldsymbol{k}}\mathrm{d}o'}{q^4} - \frac{\mathrm{d}\omega}{\omega}, \tag{93.10}$$

① 只对一个次级电子方向的积分可以解析地完成; 见 R. L. Gluckstern, M. H. Hull, Jr., Physical Review **90**, 1030, 1953.

还可以引用由 H. W. Koch 与 J. W. Motz 给出的综述性论文: Reviews of Modern Physics **31**, 920, 1959, 此文还给出了表示轫致辐射的公式的图.

与 §92 习题 1 推出的玻恩近似公式一致. 相应地, 辐射的谱分布由已经推出的 (92.16) 式给出.[①]

在极端相对论情形, 当电子的初态与终态能量都很大时 ($\varepsilon, \varepsilon' \gg m$), 光子与次级电子的角分布是很不寻常的. 对小角 θ, θ', 出现在 (93.8) 式分母中的量 $\varkappa, \varkappa'$ 为

$$\varkappa \approx \frac{\varepsilon}{2}\left(\frac{m^2}{\varepsilon^2} + \theta^2\right), \quad \varkappa' \approx \frac{\varepsilon'}{2}\left(\frac{m^2}{\varepsilon'^2} + \theta'^2\right), \tag{93.11}$$

在 $\theta \lesssim m/\varepsilon$ 范围内变得很小. 在此范围, 矢量 $\boldsymbol{q}$ 也变得很小 ($q \sim m$). 于是, 在极端相对论情形, 光子与次级电子在一个孔径角为 $\sim m/\varepsilon$ 的很窄的圆锥内朝前运动.

极端相对论情形角分布的定量公式不难从 (93.8) 式通过代入 (93.11) 的 $\varkappa, \varkappa'$, 而在所有其它地方用 $\varepsilon, \varepsilon'$ 替换 p, p', 并与 ε^2 比较忽略 q^2 来得到. 采用通常的标记

$$\delta = \frac{\varepsilon}{m}\theta, \quad \delta' = \frac{\varepsilon'}{m}\theta', \tag{93.12}$$

我们可以将 (93.8) 式写成如下形式

$$\begin{aligned}
\mathrm{d}\sigma &= \frac{8}{\pi} Z^2 \alpha r_e^2 \frac{\varepsilon' m^4}{\varepsilon q^4} \frac{\mathrm{d}\omega}{\omega} \delta \mathrm{d}\delta \cdot \delta' \mathrm{d}\delta' \mathrm{d}\varphi \\
&\times \left\{ \frac{\delta^2}{(1+\delta^2)^2} + \frac{\delta'^2}{(1+\delta'^2)^2} + \frac{\omega^2}{2\varepsilon\varepsilon'} \frac{\delta^2+\delta'^2}{(1+\delta^2)(1+\delta'^2)} \right. \\
&\left. - \left(\frac{\varepsilon'}{\varepsilon} + \frac{\varepsilon}{\varepsilon'}\right) \frac{\delta\delta'\cos\varphi}{(1+\delta^2)(1+\delta'^2)} \right\}.
\end{aligned} \tag{93.13}$$

取 $\boldsymbol{q}^2 = (\boldsymbol{n} \times \boldsymbol{q})^2 + (\boldsymbol{n} \cdot \boldsymbol{q})^2 (\boldsymbol{n} = \boldsymbol{k}/\omega)$, 我们容易求出, 对小角度有

$$\frac{q^2}{m^2} = (\delta^2 + \delta'^2 - 2\delta\delta'\cos\varphi) + m^2\left(\frac{1+\delta^2}{2\varepsilon} - \frac{1+\delta'^2}{2\varepsilon'}\right)^2. \tag{93.14}$$

当 $\delta \sim \delta' \sim 1$ 时, (93.14) 式的第二项与第一项相比是小的. 在较小的角度, $\delta \sim m/e$, 这两项是可相比较的. 尽管 q 在这里变成特别小 ($q \sim m^2/\varepsilon \ll m$), 这个区域积分对截面的贡献与整个 $\delta \lesssim 1$ 区域的贡献相比仍然是小的 (这两个贡献之比容易看到为 m^2/ε^2). 但是当 $\delta \sim \delta' \sim 1$ 时, q 也可能达到 $q \sim m^2/\varepsilon$ 值, 如果

$$|\delta - \delta'| \lesssim \frac{m}{\varepsilon}, \quad \varphi \lesssim \frac{m}{\varepsilon}. \tag{93.15}$$

这个区域的贡献与整个积分截面有相同的数量级, 或者可以说是其中的主项 (见下面).

[①] 然而, 由于不同项的相消, 从 (93.9) 式取极限的公式推导是比较麻烦的.

(93.13) 式对 φ 与 δ' 的积分给出光子 (具有给定的频率) 的角分布, 不管次级电子的方向如何: [1]

$$\mathrm{d}\sigma = 8Z^2\alpha r_e^2 \frac{\mathrm{d}\omega}{\omega} \frac{\varepsilon'}{\varepsilon} \frac{\delta \cdot \mathrm{d}\delta}{(1+\delta^2)^2}$$

$$\times \left\{ \left[\frac{\varepsilon}{\varepsilon'} + \frac{\varepsilon'}{\varepsilon} - \frac{4\delta^2}{(1+\delta^2)^2} \right] \ln \frac{2\varepsilon\varepsilon'}{m\omega} - \frac{1}{2} \left[\frac{\varepsilon}{\varepsilon'} + \frac{\varepsilon'}{\varepsilon} + 2 - \frac{16\delta^2}{(1+\delta^2)^2} \right] \right\}. \quad (93.16)$$

对 δ 积分, 我们求出在极端相对论情形下辐射的谱分布:

$$\mathrm{d}\sigma_\omega = 4Z^2\alpha r_e^2 \frac{\mathrm{d}\omega}{\omega} \frac{\varepsilon'}{\varepsilon} \left[\frac{\varepsilon}{\varepsilon'} + \frac{\varepsilon'}{\varepsilon} - \frac{2}{3} \right] \left(\ln \frac{2\varepsilon\varepsilon'}{m\omega} - \frac{1}{2} \right), \quad (93.17)$$

这个公式当然也可以直接从 (93.9) 式得到.

应该对存在一个大的量 (比 $\varepsilon\varepsilon'/m\omega \sim \varepsilon'/m \gg 1$ 即使当 $\omega \sim \varepsilon$ 时) 的对数作一说明. 如果这个量太大使得其对数也很大, 那么对数项在这些公式中成为主项. 对数项是由于在范围 (93.15) 的积分而产生的.[2] 因此, 在对数近似下, 即当略去不包含大对数的项时, 次级电子沿着与入射方向成一个角 $\sim (m/\varepsilon)^2$ 的方向运动.

最后, 我们将给出靠近谱的硬端范围内的极限公式, 即当极端相对论电子几乎辐射其全部能量时: $\omega \approx \varepsilon \gg \varepsilon'$. 由 (93.9) 我们容易求出

$$\mathrm{d}\sigma_\omega = 2Z^2\alpha r_e^2 \frac{\mathrm{d}\omega}{\varepsilon} \left\{ \frac{\varepsilon'^2}{p'^2} \ln \frac{\varepsilon'+p'}{\varepsilon'-p'} - \frac{m^2\varepsilon'^2}{4p'^3} \ln^2 \frac{\varepsilon'+p'}{\varepsilon'-p'} - \frac{\varepsilon'}{p'} \right\}. \quad (93.18)$$

(93.17) 式与 (93.18) 式一起覆盖了一个极端相对论初态电子的 ω 值的全部范围, 并且在 $\omega \approx \varepsilon \gg \varepsilon' \gg m$ 时两式相符. 如果次级电子是非相对论的 ($p' \ll m$), 则有

$$\mathrm{d}\sigma_\omega = 2Z^2\alpha r_e^2 \frac{\sqrt{2m(\varepsilon - \omega)}}{m} \frac{\mathrm{d}\omega}{\varepsilon}. \quad (93.19)$$

---

[1] 先对 φ 从 0 到 2π 积分. 对 δ' 的积分可以方便地换成对差 $|\Delta| = |\delta' - \delta|$ 的积分, 再将这个区域分成两个部分, 从 0 到某个 Δ_0 再从 Δ_0 到 ∞, 其中 Δ_0 满足不等式 $m/\varepsilon \ll \Delta_0 \ll 1$. 在每个区域, 对被积函数都可作相应的近似.

[2] 这容易从考虑以下积分范围看出, 其间 φ 与 $\Delta = \delta' - \delta$ 满足条件: $m/\varepsilon \ll \Delta, \varphi \ll 1$. 在此范围, $q^2/m^2 \approx \Delta^2 + \varphi^2\delta^2$, (93.13) 式括号中的项正比于 φ^2 或 Δ^2 (当 $\varphi = 0$ 与 $\Delta = 0$ 时变为零). 如下形式的积分

$$\int \frac{\varphi^2\mathrm{d}\varphi\mathrm{d}\Delta}{(\Delta^2 + \delta^2\varphi^2)^2} \quad \text{或} \quad \int \frac{\Delta^2\mathrm{d}\varphi\mathrm{d}\Delta}{(\Delta^2 + \delta^2\varphi^2)^2}$$

是对数发散的; 它们在以上范围变量的上限被 "截断".

极 化 效 应

韧致辐射中的极化效应可以采用 §65 中描述的普遍方法加以研究. 这里四维矢量 $e^{(1)}$, $e^{(2)}$ 的选择特别简单. 由于只有一个参考系 (原子核的静止系) 有实际的重要性, 取 $e^{(1)} = (0, e^{(1)})$, $e^{(2)} = (0, e^{(2)})$, 其中 $e^{(1)}$, $e^{(2)}$ 为垂直于 k 的单位矢量, 一个在 k 与 p 的平面, 另一个则垂直于该平面.

这里我们将不给出相当冗长的运算及其定量的结果, 只是给出极化效应的一些定性性质. 这些性质可以从各种对称关系推出,[①] 如同在 §87 中对康普顿效应曾经做过的.

这里所采用的理论对应于微扰论的第一级非零近似. 在此近似下, 截面不可能包含正比于初态电子极化矢量 ζ 或终态电子极化矢量 ζ' 的项. 没有 $\propto \zeta$ 的项意味着总发射截面 (对光子与次级电子的极化求和) 和入射电子的极化无关.

在正比于光子极化参量 ξ_1', ξ_2', ξ_3' 的项中, 没有 $\propto \xi_2'$ 的项. 因此一个非极化电子所辐射的光子不是圆极化的. 然而, 这里与康普顿效应的对应结果有一个区别: 在后一情形这样的项是被空间宇称守恒所禁戒的, 因为不可能仅由两个独立矢量, k 与 k' 构成一个赝标量. 对于韧致辐射, 有三个独立动量 p, p' 与 k, 这些量足以构成赝标量 $k \cdot p \times p'$. 一个形如 $\xi_2' k \cdot p \times p'$ 的项并不破坏空间宇称守恒, 因此, 严格来说, 不必为零; 但它在所有动量改变符号时不是不变的 (参见 (87.26)), 而因此它在一级玻恩近似中不存在.

赝标量 $k \cdot p \times p'$ 的存在还有一个结果, 与和 ξ_3' 正比的项一起, 在截面中还允许有与 ξ_1' 成正比的项, 这与康普顿效应的情形不同. 这个项是作为如下形式的产物而产生的

$$S_{\alpha\beta} \nu_\alpha (k \times \nu)_\beta k \cdot p \times p'$$

(其中 $\nu = k \times p$), 它在空间反射与所有动量变号下都是不变的. 因此, 发射的光子有两种类型的线极化 (两个都沿 $e^{(1)}$ 与 $e^{(2)}$ 轴, 以及与这些轴成 45° 的 "对角" 方向). 然而, 这仅指次级电子的运动方向也被记录的情况. 在对 p' 的所有方向积分时, 截面中 $\propto \xi_1'$ 的项消失了. 这从对称性看是明显的, 因为积分后两个不重合的 "对角" 方向变为等价的, 因此没有一个如在 $\xi_1' \neq 0$ 时那样占优势的极化方向.

线极化的程度是与入射电子的极化状态无关的: 截面中形如 $\xi_1' \zeta$ 与 $\xi_3' \zeta$ 的关联项在一级玻恩近似下是被禁戒的. 然而, $\xi_2' \zeta$ 项是允许的, 因此由极化

[①] 对这些效应的进一步讨论见 W. H. McMaster, Review of Modern Physcs **33**, 8, 1961 或 В. Н. Байер, В. М. Катков, В. С. Фадин 的著作: Излучение релятивистских электронов, Атомиздат, 1973.

电子辐射的光子是圆极化的 (Я. Б. Зельдович, 1952).

屏　　蔽

以上推出的公式是对纯库仑场的. 如果辐射不是在与"裸"核碰撞而是在与整个原子碰撞发射的, 那就必须考虑核场被电子屏蔽, 这将会使截面减小. 为此, 我们必须在外场的势 $A^{(e)}(q)$ 中加上一个形状因子 $F(q)$; 见第三卷, §139. 按照第三卷 (139.2) 式, 这可以通过将 Z 换成 $Z - F(q)$ 来做到. 我们将表明在什么情况下屏蔽是重要的.

形状因子中给定的一个 q 值对应于原子电子电荷空间分布的一个距离 $r \sim 1/q$. 当 $q \lesssim 1/a$ 时 (其中 a 为原子大小), 形状因子变成几乎等于 Z (完全屏蔽).

在极端相对论情形, 如我们已经看到的, 对发射截面的重要贡献来自于靠近在给定初态与终态电子能量下最小可能 q 值的范围. 在极端相对论情形,

$$q_{\min} = p - p' - \omega = \sqrt{\varepsilon^2 - m^2} - \sqrt{\varepsilon'^2 - m^2} - (\varepsilon - \varepsilon') \approx \frac{m^2\omega}{2\varepsilon\varepsilon'}. \tag{93.20}$$

假如 $q_{\min} \lesssim 1/a$, 或者

$$\frac{\varepsilon\varepsilon'}{m\omega} \gtrsim \frac{a}{1/m}, \tag{93.21}$$

屏蔽是重要的. 这个条件当入射电子的能量足够大时总是满足的.

如果 $q_{\min} \ll 1/a$ ("完全屏蔽"), 我们可以直接以对数精确性写下辐射的谱分布. (93.17) 式中对数函数的宗量正好是不等式 $\varepsilon\varepsilon'/m\omega \gg am$ 的左边. 当此不等式满足时, 导致这个对数的对 $\mathrm{d}q$ 的积分在不等式右边的量级值截断. 按照托马斯–费米模型 $a \sim a_0 Z^{-1/3}$, 其中 $a_0 \sim 1/(me^2)$ 为玻尔半径 (见第三卷, §70), 于是 $am \sim 1/(\alpha Z^{1/3})$. 因此, 在完全屏蔽时, (93.17) 式中的对数应该换成 $\ln(1/a Z^{1/3})$.

能 量 损 失

电子辐射中的能量损失用"有效滞阻"表示

$$\varkappa_{\mathrm{rad}} = \int_0^{\varepsilon - m} \omega \mathrm{d}\sigma_\omega. \tag{93.22}$$

利用 (93.17) 式中的 $\mathrm{d}\sigma_\omega$ 计算这个积分, 给出[①]

$$\varkappa_{\mathrm{rad}} = Z^2 \alpha r_e^2 \varepsilon \left\{ \frac{12\varepsilon^2 + 4m^2}{3\varepsilon p} \ln \frac{\varepsilon + p}{m} - \frac{(8\varepsilon + 6p)m^2}{3\varepsilon p^2} \ln^2 \frac{\varepsilon + p}{m} - \frac{4}{3} \right.$$
$$\left. + \frac{2m^2}{\varepsilon p} \mathrm{F}\left(\frac{2p(\varepsilon + p)}{m^2} \right) \right\}, \tag{93.23}$$

[①] 尽管 (93.17) 式在上限附近是不适用的, 但由于积分是收敛的, 这件事并不重要.

其中函数 $F(\xi)$ 为 Spencer 函数 (131.19).

在非相对论情形, (93.23) 式变成

$$\varkappa_{\mathrm{rad}} = \frac{16}{3} Z^2 \alpha r_e^2 m, \quad (\text{非相对论}) \tag{93.24}$$

由于当 $\xi \ll 1$ 时, $F(\xi) \approx \xi$; 见 (131.23). 这个公式当然也可以通过对非相对论玻恩近似公式 (92.16) 直接积分得到.

在极端相对论情形,

$$\varkappa_{\mathrm{rad}} = 4 Z^2 \alpha r_e^2 \varepsilon \left(\ln \frac{2\varepsilon}{m} - \frac{1}{3} \right); \quad (\text{极端相对论}) \tag{93.25}$$

当 $\xi \gg 1$ 时, $F(\xi) \approx \frac{1}{2} \ln^2 \xi$; 见 (131.20). 于是 (93.23) 式中含 $\ln$ 和 $\ln^2$ 的两项可以略去.

比 $\varkappa_{\mathrm{rad}}/\varepsilon$ 也可以称为辐射的能量损失截面. 当 ε 变大时, 这个比值将对数增长. 然而, 当考虑屏蔽时, 这种增长将不再发生. 对完全屏蔽, $\varkappa_{\mathrm{rad}}/\varepsilon$ 趋近于一个常数极限 $\approx 4 Z^2 \alpha r_e^2 \ln(1/(\alpha Z^{1/3}))$.

对于与原子的碰撞, 必须记得, 有些辐射来自于电子, 还有些辐射来自于原子核. 以后 (§97) 我们将看到, 在极端相对论情形, 电子–电子发射截面与电子–原子核发射截面的差别只是没有了因子 Z^2. 因此, 在 Z 个原子电子的情形, 可允许用 $Z(Z+1)$ 近似地代替 Z^2.

在通过一个每单位体积包含 N 个原子的介质时, 一个快电子平均地在以下距离失去其能量:

$$l_{\mathrm{rad}} \sim \frac{\varepsilon}{N \varkappa_{\mathrm{rad}}} \sim \left[Z^2 \alpha N r_e^2 \ln \frac{1}{\alpha Z^{1/3}} \right]^{-1}; \tag{93.26}$$

这个距离称为**辐射长度**.

关 联 长 度

可以给公式 (93.20) 一个更普遍的不同解释. 为使以上推出的公式成立, 必须要求电子在其中运动的外场 (在运动方向上) 在如下距离应该变化很小

$$l_{\mathrm{coh}} \sim \frac{1}{q_{\min}} \sim \frac{\varepsilon \varepsilon'}{m^2 \omega} \left(= \frac{\varepsilon \varepsilon'}{c^3 m^2 \omega} \right); \tag{93.27}$$

这个距离称为**关联长度**.[①] 在玻恩近似下得到的值 (93.27) 实际上对极端相对论粒子几乎普遍成立: 在相反的准经典运动情形也不难推出这个结论, 因为由

---

① 这里的讨论是 М. Л. Тер-Микаэляну (1953) 给出的.

(93.22) 式①, 我们立刻看到, 对于与运动方向成小角度的辐射而言, 重要的时间为

$$\tau \sim \frac{\varepsilon'}{\varepsilon\omega(1-v)} \sim \frac{\varepsilon\varepsilon'}{m^2\omega},$$

它对应于长度为 $c\tau \sim l_{\text{coh}}$ 的一段轨迹.

对于给定的频率 ω, 关联长度随着电子能量增大. 只要没有再次光子发射或超过关联长度距离的电子散射, 对孤立原子的轫致辐射得到的公式对于通过介质也是正确的. 没有再次光子发射的条件为 $l_{\text{coh}} \ll l_{\text{rad}}$, 但是, 没有电子散射的条件很快就被破坏了: 在一个介质中在超过 $\sim l_{\text{rad}}$ 的距离上电子将被原子核多次散射.

为得到定量的条件, 我们回到对指数上的时间积分前的 (90.22) 式, 并将其写成

$$-\mathrm{i}\frac{\omega\varepsilon}{\varepsilon'}\int_{t_1}^{t_1+\tau}(1-\boldsymbol{n}\cdot\boldsymbol{v})\mathrm{d}t \approx -\frac{\mathrm{i}\omega\varepsilon}{\varepsilon'}\left\{(1-v)\tau+\frac{1}{2}\int_{t_1}^{t_1+\tau}\theta^2\mathrm{d}t\right\}, \qquad (93.28)$$

其中 θ 为 $\boldsymbol{v}$ 与 $\boldsymbol{n}$ 之间的小角度, 它来自于被原子核的散射. 对于库仑散射, θ 缓慢地变化, 因此, 其随时间的变化是一个缓慢的"角扩散". 电子在 $t-t_1$ 时间内的平均平方偏差的数量级为

$$\overline{\theta^2} \sim (t-t_1)/l_{\text{Coul}},$$

其中 l_{Coul} 为库仑碰撞的平均自由程, 它由下式给出,

$$\frac{1}{l_{\text{Coul}}} \sim \frac{NZ^2e^4}{\varepsilon}\ln\frac{\chi_{\max}}{\chi_{\min}},$$

其中 $\chi_{\max}$ 与 $\chi_{\min}$ 仍可看成为卢瑟福散射的一次碰撞过程中的最大与最小散射角 (参见第十卷, §41).② $\chi_{\min}$ 的值由原子尺寸 a 决定, 超过这个距离原子核的场就被屏蔽了: $\chi_{\min} \sim 1/pa$. 最大散射角受到原子核半径 R 量级距离的限制 (对极端相对论电子): $\chi_{\max} \sim 1/pR$. 如果我们取 $R \approx 1.5 \times 10^{-13}Z^{1/3}\text{cm} \sim r_e Z^{1/3}$, 我们求出

$$l_{\text{Coul}} \sim \frac{\varepsilon^2}{NZ^2e^4\ln(1/(\alpha Z^{1/3}))} \sim \frac{\alpha\varepsilon^2}{m^2}l_{\text{rad}}. \qquad (93.29)$$

---

① 在推出 (90.22) 式时仅基于轨迹曲率小的条件, 并且不依赖于磁场是在 §90 中考虑下特别指定的这样一个事实.

② 平均自由程由输运截面 $\sigma_{\text{tr}} = \int(1-\cos\chi)\mathrm{d}\sigma(\chi)$ 决定. 对库仑力心的极端相对论电子散射, 截面 $\mathrm{d}\sigma(\chi)$ 由 (80.10) 式给出.

(93.28) 式中的第二项覆盖了时间 $\tau \sim l_{\text{coh}}$, 可估计其为

$$\overline{\theta}^2 \tau \sim \frac{\omega\varepsilon}{\varepsilon'} \frac{l_{\text{coh}}^2}{l_{\text{Coul}}} \sim \frac{l_{\text{coh}}}{\alpha l_{\text{rad}}}.$$

由于轫致辐射公式是在不允许多次散射的条件下推出的, 这一项必须远远小于 1. 这样我们就找到条件

$$l_{\text{coh}} \ll \alpha l_{\text{rad}}, \tag{93.30}$$

这个条件要比 $l_{\text{coh}} \ll l_{\text{rad}}$ 更强 (Л. Д. Ландау, И. Я. Померанчук, 1953).

§94 在原子核场中由光子产生电子对

在一个光子与一个原子核之间碰撞中, 电子–正电子对的形成 ($Z + \gamma \to Z + e^- + e^+$) 和电子–原子核轫致辐射 ($Z + e^- \to Z + e^- + \gamma$) 是同一反应的两个不同的交叉道. 从后者变换到前者的规则在 §91 已经给出. 将这些规则应用于 (93.8), 我们对非极化光子产生电子对的微分截面求出如下表示式: [1]

$$\begin{aligned}
\mathrm{d}\sigma = {}& \frac{Z^2 \alpha r_e^2}{2\pi} \frac{m^2 p_+ p_- \mathrm{d}\varepsilon}{\omega^3 q^4} \sin\theta_+ \mathrm{d}\theta_+ \sin\theta_- \mathrm{d}\theta_- \mathrm{d}\varphi \\
& \times \left\{ \frac{p_+^2}{\varkappa_+^2}(4\varepsilon_-^2 - q^2)\sin^2\theta_+ + \frac{p_-^2}{\varkappa_-^2}(4\varepsilon_+^2 - q^2)\sin^2\theta_- \right. \\
& \quad - \frac{2\omega^2}{\varkappa_+ \varkappa_-}(p_+^2 \sin^2\theta_+ + p_-^2 \sin^2\theta_-) \\
& \quad \left. - \frac{2p_+ p_-}{\varkappa_+ \varkappa_-}(2\varepsilon_+^2 + 2\varepsilon_-^2 - q^2)\sin\theta_+ \sin\theta_- \cos\varphi \right\}, \tag{94.1} \\
& \varkappa_\pm = \varepsilon_\pm - p_\pm \cos\theta_\pm, \quad q^2 = (\boldsymbol{p}_+ + \boldsymbol{p}_- - \boldsymbol{k})^2, \quad \varepsilon_+ + \varepsilon_- = \omega
\end{aligned}$$

(H. A. Bethe, W. Heitler, 1934).

由 (93.9) 式作一类似的变换可推出电子对中各电子的能量分布:

$$\begin{aligned}
\mathrm{d}\sigma_{\varepsilon_+} = {}& Z^2 \alpha r_e^2 \frac{p_+ p_-}{\omega^3} \mathrm{d}\varepsilon_+ \left\{ -\frac{4}{3} - 2\varepsilon_+ \varepsilon_- \frac{p_+^2 + p_-^2}{p_+^2 p_-^2} + m^2 \left(l_- \frac{\varepsilon_+}{p_-^3} + l_+ \frac{\varepsilon_-}{p_+^3} - \frac{l_+ l_-}{p_+ p_-} \right) \right. \\
& + L\left[-\frac{8\varepsilon_+ \varepsilon_-}{3p_+ p_-} + \frac{\omega^2}{p_+^3 p_-^3}(\varepsilon_+^2 \varepsilon_-^2 + p_+^2 p_-^2 - m^2 \varepsilon_+ \varepsilon_-) \right. \\
& \quad \left. \left. - \frac{m^2 \omega}{2 p_+ p_-}\left(l_+ \frac{\varepsilon_+ \varepsilon_- - p_+^2}{p_+^3} + l_- \frac{\varepsilon_+ \varepsilon_- - p_-^2}{p_-^3} \right) \right] \right\}, \\
& L = \ln \frac{\varepsilon_+ \varepsilon_- + p_+ p_- + m^2}{\varepsilon_+ \varepsilon_- - p_+ p_- + m^2}, \quad l_\pm = \ln \frac{\varepsilon_\pm + p_\pm}{\varepsilon_\pm - p_\pm}. \tag{94.2}
\end{aligned}$$

---

[1] 光子产生电子对的极化效应在 §93 中与轫致辐射相联系所引用的论文中已经讨论过了.

由于以上公式是基于玻恩近似的, 它们在 $Ze^2/v_\pm \ll 1$ 的条件下成立. (94.1) 式与 (94.2) 式对电子和正电子的对称性本身就是玻恩近似的结果, 而且在更高级近似中不再出现.

在极端相对论情形 ($\varepsilon_\pm \gg m$), 电子与正电子相对于入射光子方向成角度 $\theta_\pm \sim m/\varepsilon_\pm$ 发射. 角分布由与 (93.13) 式类似的公式给出:

$$d\sigma = \frac{8}{\pi} Z^2 \alpha r_e^2 \frac{m^4 \varepsilon_+ \varepsilon_-}{\omega^3 q^4} d\varepsilon_+$$
$$\times \left\{ -\frac{\delta_+^2}{(1+\delta_+^2)^2} - \frac{\delta_-^2}{(1+\delta_-^2)^2} + \frac{\omega^2}{2\varepsilon_+\varepsilon_-} \frac{\delta_+^2 + \delta_-^2}{(1+\delta_+^2)(1+\delta_-^2)} \right.$$
$$\left. + \left(\frac{\varepsilon_+}{\varepsilon_-} + \frac{\varepsilon_-}{\varepsilon_+} \right) \frac{\delta_+ \delta_- \cos\varphi}{(1+\delta_+^2)(1+\delta_-^2)} \right\} \delta_+ \delta_- d\delta_+ d\delta_- d\varphi, \tag{94.3}$$

且

$$\frac{q^2}{m^2} = \delta_+^2 + \delta_-^2 - 2\delta_+ \delta_- \cos\varphi + m^2 \left(\frac{1+\delta_+^2}{2\varepsilon_+} + \frac{1+\delta_-^2}{2\varepsilon_-} \right)^2. \tag{94.4}$$

此情形的能量分布为

$$d\sigma = 4Z^2 \alpha r_e^2 \frac{d\varepsilon_+}{\omega^3} \left(\varepsilon_+^2 + \varepsilon_-^2 + \frac{2}{3}\varepsilon_+\varepsilon_- \right) \left(\ln \frac{2\varepsilon_+\varepsilon_-}{m\omega} - \frac{1}{2} \right) \text{(极端相对论情形)}. \tag{94.5}$$

(94.5) 式对 ε_+ 由 m 到 ω 的积分给出具有给定能量光子产生电子对的总截面:[①]

$$\sigma = \frac{28}{9} Z^2 \alpha r_e^2 \left(\ln \frac{2\omega}{m} - \frac{109}{42} \right), \quad \omega \gg m. \tag{94.6}$$

如同韧致辐射一样, 极端相对论截面的对数项是由如下范围的值引起的: $q \sim m^2/\varepsilon$. 现在这个范围对应的角度为

$$|\delta_+ - \delta_-| \lesssim \frac{m}{\varepsilon}, \quad |\pi - \varphi| \lesssim \frac{m}{\varepsilon}$$

而不是如在 (93.15) 式中的 $\varphi \lesssim m/\varepsilon$. 于是, 在对数近似下, 电子与正电子的方向和光子的方向成小角度, 并且几乎和光子方向是共面的但在相反的一侧.

当靠近反应阈时 ($\omega \to 2m$), 玻恩近似不再成立. 这个情形下定量公式的推导要求对终态三个带电粒子 (核与电子对) 的库仑作用进行精确的计算. 当然, 对电子 (被吸引到核) 与正电子 (被核排斥开) 的对称性不再存在.

如果

$$Z\alpha \ll \sqrt{\frac{\omega - 2m}{\omega}} \ll 1, \tag{94.7}$$

[①] 由于积分在两端都是收敛的, (94.5) 式对小 $\varepsilon_\pm - m$ 值不适用变得不重要了.

那么玻恩近似仍然成立. 在电子对非相对论能量时, $\omega \approx 2m \gg p_{\pm}$, 而因此, $q \approx \omega$. 在 (94.1) 式中我们到处可取 $\varepsilon_{\pm} = \varkappa_{\pm} = m$, $\omega = 2m$, 于是这个公式可简化为

$$d\sigma = \frac{Z^2 \alpha r_e^2}{64\pi^2} \frac{p_+ p_-}{m^5} (p_+^2 \sin^2 \theta_+ + p_-^2 \sin^2 \theta_-) do_+ do_- d\varepsilon_+. \tag{94.8}$$

在对角度积分后,

$$d\sigma = \frac{1}{6} Z^2 \alpha r_e^2 \frac{p_+ p_- (p_+^2 p_-^2)}{m^5} d\varepsilon_+ = \frac{2Z^2 \alpha r_e^2}{3m^3} (\omega - 2m) \sqrt{(\varepsilon_+ - m)(\varepsilon_- - m)} d\varepsilon_+. \tag{94.9}$$

最后, 对 ε_+ 从 m 到 $\omega - m$ 积分给出总截面

$$\sigma = \frac{\pi}{12} Z^2 \alpha r_e^2 \left(\frac{\omega - 2m}{m} \right)^3. \tag{94.10}$$

如果生成的电子对两电子的相对速度 (v_0) 很小, 则必须考虑其库仑作用 (А. Д. Сахаров, 1948). 这个相互作用在 v_0 为 (或小于) 电子–正电子束缚态 (电子偶素) 内速度的数量级时会变得重要:

$$v_0 \lesssim \alpha. \tag{94.11}$$

我们在电子对的质心系中研究这个过程. 虚动量为 $\sim m$ 时在表示这个过程的图中是重要的; 即, 在电子与正电子之间的距离为 $\sim 1/m$ 是重要的. 其相对运动的波函数 $\psi(r)$ 仅在距离 $r \sim 1/mv_0 \sim 1/m\alpha$ 时有大的变化, 这个距离与 $1/m$ 比较是大的. 因此, 对粒子的相互作用允许在跃迁矩阵元中包括一个因子 $\psi^*(0)$. 微分截面相应地要乘以 $|\psi(0)|^2$, 即乘以

$$\frac{2\pi\alpha/v_0}{1 - e^{-2\pi\alpha/v_0}} \tag{94.12}$$

见第三卷, (136.11). 两个粒子的相对速度为一个粒子在另一个粒子静止系中的速度. 比较不变量 $p_{+\mu} p_-^\mu$ 在此参考系及在实验室系 (核的静止系) 中的值, 我们求出

$$\frac{m^2}{\sqrt{1 - v_0^2}} = \varepsilon_+ \varepsilon_- - \boldsymbol{p}_+ \cdot \boldsymbol{p}_-,$$

于是 v_0 可由此求出. 如果 $\boldsymbol{p}_+$ 和 $\boldsymbol{p}_-$ 在大小与方向上相似, v_0 可由如下近似公式给出

$$v_0^2 = \frac{p^2}{m^2} \vartheta^2 + \frac{(p_+ - p_-)^2}{\varepsilon^2}, \tag{94.13}$$

此式在 $v_0 \ll 1$ 时成立; 这里 $p = \frac{1}{2}(p_+ + p_-)$, $\varepsilon = \frac{1}{2}(\varepsilon_+ + \varepsilon_-)$, 而 ϑ 为 $\boldsymbol{p}_+$ 与 $\boldsymbol{p}_-$ 间的夹角.

按照 (94.12) 与 (94.13) 式对截面的修正在产生的电子与正电子动量之间的关联中引起一个反常: 即它在 $\boldsymbol{p}_+ \approx \boldsymbol{p}_-$ 时有一个窄的极大峰.

§95　极端相对论情形电子对产生的精确理论

在 §93 与 §94 中我们用玻恩近似讨论了相对论情形下光子的轫致辐射与电子对产生问题, 玻恩近似的条件 $Z\alpha \ll 1$ 必须总是满足的. 在 §95 与 §96 中我们将描述这些过程的一个理论, 它不受上述条件的限制, 也就是说, 即使在 $Z\alpha \sim 1$ 时也是正确的 (H. A. Bethe, L. C. Maximon, 1954). 我们将假设两个粒子 (初态与终态电子, 或电子对的组分) 都是极端相对论的, 具有能量 $\varepsilon \gg m$.

我们已经看到, 在极端相对论情形, 两个粒子都与光子方向成小角度 (θ, θ' 或 θ_+, θ_-) 运动: $\theta \lesssim m/\varepsilon$. 这个性质在精确 (对 $Z\alpha$) 理论中仍然保持, 因此我们将只考虑这个角度范围.

在此范围到原子核的动量转移为 $q \sim m$. 这意味着在波函数中碰撞参量的重要值为 $\rho \sim 1/q \sim 1/m$, 即在 "大" 距离范围. 在这个距离范围, 可采用 §39 推出的波函数. 电子对产生的计算如下所示.

电子对产生截面形式上类似于光电效应截面 (参见 (56.1), (56.2) 式):

$$d\sigma = 2\pi \left| e\sqrt{4\pi} \frac{1}{\sqrt{2\omega}} M_{fi} \right|^2 \delta(\omega - \varepsilon_+ - \varepsilon_-) \frac{d^3p_+ d^3p_-}{(2\pi)^3}, \tag{95.1}$$

其中

$$M_{fi} = \int \psi^{(-)*}_{\varepsilon_- \boldsymbol{p}_-} (\boldsymbol{\alpha} \cdot \boldsymbol{e}) e^{i\boldsymbol{k}\cdot\boldsymbol{r}} \psi^{(+)}_{-\varepsilon_+ -\boldsymbol{p}_+} d^3x. \tag{95.2}$$

这里 $\psi^{(-)}_{\varepsilon_- \boldsymbol{p}_-}$ 为电子的波函数, 而 $\psi^{(+)}_{-\varepsilon_+ -p_+}$ 为具有负能量 $-\varepsilon_+$ 与动量 $-\boldsymbol{p}_+$ 粒子的波函数.

终态粒子的波函数 $\psi^{(-)}_{\varepsilon_- \boldsymbol{p}_-}$ 必须具有一定的渐近形式, 它包括 (除平面波外) 一个入射的球面波; 这由上标 $(-)$ 标明. 按照 (39.10) 式, 这个波函数为[1]

$$\left. \begin{aligned} &\psi^{(-)}_{\varepsilon_- \boldsymbol{p}_-} = \frac{C^{(-)}}{\sqrt{2\varepsilon_-}} e^{i\boldsymbol{p}_-\cdot\boldsymbol{r}} \left(1 - \frac{i\boldsymbol{\alpha}\cdot\nabla}{2\varepsilon_-}\right) F(-i\nu, 1, -i(p_-r + \boldsymbol{p}_-\cdot\boldsymbol{r})) u(p_-), \\ &C^{(-)} = e^{\pi\nu/2}\Gamma(1 + i\nu), \quad \nu = Z\alpha. \end{aligned} \right\} \tag{95.3}$$

波函数 $\psi^{(+)}_{-\varepsilon_+ -\boldsymbol{p}_+}$ 必须具有一定的渐近形式, 它包括一个射出的球面波 (用上标 $(+)$ 标明), 因为它标记一个 "具有负能量的初态" 的波函数. 正电子波函数的渐近形式由 $\psi^{(+)*}_{-\varepsilon_+ -\boldsymbol{p}_+}$ 得到, 因此有一个入射波, 这对终态粒子是正确的. 按照 (39.11) 式, 此函数为

$$\left. \begin{aligned} &\psi^{(+)}_{-\varepsilon_+ -\boldsymbol{p}_+} = \frac{C^{(+)}}{\sqrt{2\varepsilon_+}} e^{-i\boldsymbol{p}_+\cdot\boldsymbol{r}} \left(1 + \frac{i\boldsymbol{\alpha}\cdot\nabla}{2\varepsilon_+}\right) F(-i\nu, 1, i(p_+r + \boldsymbol{p}_+\cdot\boldsymbol{r})) u(-p_+), \\ &C^{(+)} = e^{-\pi\nu/2}\Gamma(1 + i\nu). \end{aligned} \right\} \tag{95.4}$$

---

[1] 在本节, $p_\pm = |\boldsymbol{p}_\pm|$, $q = |\boldsymbol{q}|$.

由于 M_{fi} ((95.2) 式) 的矩阵结构的要求, 在 (95.3) 与 (95.4) 中必须包括正比于 $\sim 1/\varepsilon$ 的项. 矩阵元 $(\boldsymbol{\alpha})_{fi}$ 为一个方向很靠近 $\boldsymbol{k}$ 方向的矢量. 因此 $(\boldsymbol{\alpha} \cdot \boldsymbol{e})_{fi}$ 的领头项是小的, 其修正项与该项为同一数量级.

将 (95.3) 与 (95.4) 代入 (95.2) 式, 并略去 $\sim 1/\varepsilon_+\varepsilon_-$ 的项, 我们求出

$$M_{fi} = \frac{N}{2\sqrt{\varepsilon_+\varepsilon_-}} u^*(p_-)\{(\boldsymbol{e}\cdot\boldsymbol{\alpha})I + (\boldsymbol{e}\cdot\boldsymbol{\alpha})(\boldsymbol{\alpha}\cdot\boldsymbol{I}_+) + (\boldsymbol{\alpha}\cdot\boldsymbol{I}_-)(\boldsymbol{e}\cdot\boldsymbol{\alpha})\}u(-p_+), \quad (95.5)$$

其中

$$N = C^{(+)}C^{(-)} = \pi\nu/(\sinh\pi\nu), \quad (95.6)$$

$$\left.\begin{aligned}
I &= \int e^{-i\boldsymbol{q}\cdot\boldsymbol{r}} F_-^* F_+ d^3x, \\
\boldsymbol{I}_+ &= \frac{i}{2\varepsilon_+} \int e^{-i\boldsymbol{q}\cdot\boldsymbol{r}} F_-^* \nabla F_+ d^3x, \\
\boldsymbol{I}_- &= \frac{i}{2\varepsilon_-} \int e^{-i\boldsymbol{q}\cdot\boldsymbol{r}} (\nabla F_-)^* F_+ d^3x, \\
\boldsymbol{q} &= \boldsymbol{p}_+ + \boldsymbol{p}_- - \boldsymbol{k};
\end{aligned}\right\} \quad (95.7)$$

为简洁计, 我们用 F_- 与 F_+ 标记在 (95.3) 式与 (95.4) 式中出现的超几何函数. 积分 $I, \boldsymbol{I}_+, \boldsymbol{I}_-$ 满足一个恒等关系; 由

$$\int \nabla(e^{-i\boldsymbol{q}\cdot\boldsymbol{r}} F_-^* F_+) d^3x = 0,$$

我们有

$$\boldsymbol{q}I + 2\varepsilon_+ \boldsymbol{I}_+ + 2\varepsilon_- \boldsymbol{I}_- = 0. \quad (95.8)$$

将 $|M_{fi}|^2$ 对入射光子的极化求平均并对电子与正电子的自旋方向求和.[①] 这可通过如下张量代换

$$e_i e_k^* \to \frac{1}{2}(\delta_{ik} - n_i n_k), \quad \boldsymbol{n} = \frac{\boldsymbol{k}}{\omega},$$

并按照如下规则变换双旋量乘积

$$u_\pm \bar{u}_\pm \to 2\rho_\pm = (\varepsilon_\pm \gamma^0 - \boldsymbol{p}_\pm \cdot \boldsymbol{\gamma} \mp m).$$

再取 $\boldsymbol{\alpha} = \gamma^0 \boldsymbol{\gamma}$ 来做, 我们求出

$$|M_{fi}|^2 \to \frac{N^2}{2\varepsilon_+\varepsilon_-}\{\operatorname{tr}\rho_- \boldsymbol{Q} \cdot \rho_+ \overline{\boldsymbol{Q}} - \operatorname{tr}\rho_-(\boldsymbol{n}\cdot\boldsymbol{Q})\rho_+(\boldsymbol{n}\cdot\overline{\boldsymbol{Q}})\},$$

$$\boldsymbol{Q} = \boldsymbol{\gamma}I - \gamma^0\boldsymbol{\gamma}(\boldsymbol{\gamma}\cdot\boldsymbol{I}_+) - \gamma^0(\boldsymbol{\gamma}\cdot\boldsymbol{I}_-)\boldsymbol{\gamma},$$

$$\overline{\boldsymbol{Q}} = \boldsymbol{\gamma}I^* - \gamma^0(\boldsymbol{\gamma}\cdot\boldsymbol{I}_+^*)\boldsymbol{\gamma} - \gamma^0\boldsymbol{\gamma}(\gamma\cdot\boldsymbol{I}_-^*).$$

---

① 允许所有粒子有极化的计算是由 H. Olsen, L. C. Maximon, Physical Review **114**, 887, 1959 给出的, 还可参见 §93 中引用过的 В. Я. Байер 等人的书.

对小角度

$$\theta_\pm \sim m/\varepsilon \ll 1 \tag{95.9}$$

的极端相对论情形, 作近似后的最后结果将在这里给出. 我们定义如下辅助矢量

$$\boldsymbol{\delta}_\pm = \frac{1}{m}(\boldsymbol{p}_\pm)_\perp, \quad \boldsymbol{\delta}_\pm = \frac{\varepsilon_\pm}{m}\theta_\pm, \tag{95.10}$$

其中下标 $\perp$ 标记垂直于 $\boldsymbol{k}$ 方向的分量. 于是有

$$|M_{fi}|^2 \to \frac{N^2}{4}\left\{\frac{m^2\omega^2}{2\varepsilon_+^2\varepsilon_-^2}|I|^2 + 2\left|I\frac{m\boldsymbol{\delta}_+}{2\varepsilon_+} + \boldsymbol{I}_+\right|^2 + 2\left|I\frac{m\boldsymbol{\delta}_-}{2\varepsilon_-} + \boldsymbol{I}_-\right|^2\right\}. \tag{95.11}$$

其中我们已经用到 $I \sim \varepsilon I_\pm/q \sim \varepsilon I_\pm/m$ 的事实 (如由 (95.8) 式所看到的), 并略去了比 m/ε 更高阶的项.

积分 $\boldsymbol{I}_\pm$ 可以表示成

$$\boldsymbol{I}_\pm = \mathrm{i}\frac{p_\pm}{2\varepsilon_\pm}\frac{\partial J}{\partial \boldsymbol{p}_\pm},$$
$$J = \int \frac{\mathrm{e}^{-\mathrm{i}\boldsymbol{q}\cdot\boldsymbol{r}}}{r}\mathrm{F}(-\mathrm{i}\nu, 1, \mathrm{i}(p_+r + \boldsymbol{p}_+ \cdot \boldsymbol{r}))\mathrm{F}(\mathrm{i}\nu, 1, \mathrm{i}(p_-r + \boldsymbol{p}_- \cdot \boldsymbol{r}))\mathrm{d}^3x. \tag{95.12}$$

积分 J 可用完全超几何函数写成:[①]

$$\left.\begin{array}{l} J = \dfrac{4\pi}{q^2}\left(\dfrac{q^2 - 2\boldsymbol{p}_+ \cdot \boldsymbol{q}}{q^2 - 2\boldsymbol{p}_- \cdot \boldsymbol{q}}\right)^{\mathrm{i}\nu}\mathrm{F}(-\mathrm{i}\nu, \mathrm{i}\nu, 1, z), \\ z = 2\dfrac{q^2(p_+p_- - \boldsymbol{p}_+ \cdot \boldsymbol{p}_-) + 2(\boldsymbol{p}_+ \cdot \boldsymbol{q})(\boldsymbol{p}_- \cdot \boldsymbol{q})}{(q^2 - 2\boldsymbol{p}_+ \cdot \boldsymbol{q})(q^2 - 2\boldsymbol{p}_- \cdot \boldsymbol{q})}. \end{array}\right\} \tag{95.13}$$

对 $p_\pm$ 微商必须在固定的 $\boldsymbol{q}$ 下进行, 然后再取 $\boldsymbol{q} = \boldsymbol{p}_+ + \boldsymbol{p}_- - \boldsymbol{k}$. 在作了对应于极端相对论情形的近似并采用条件 (95.9) 后的结果为

$$\boldsymbol{I}_\pm = \frac{4\pi}{q^2}\frac{\varepsilon_\mp}{m^2\omega}\left(\frac{\varepsilon_+\xi_+}{\varepsilon_-\xi_-}\right)^{\mathrm{i}\nu}\left\{\pm\nu\boldsymbol{q}\xi_\mp\mathrm{F}(z) + \mathrm{i}\frac{q^2}{m^2}\mathrm{F}'(z)(\boldsymbol{q}\xi_\mp - m\boldsymbol{\delta}_\pm)\right\}. \tag{95.14}$$

为简洁计, 采用标记

$$\xi_\pm = \frac{1}{1 + \delta_\pm^2}, \quad z = 1 - \frac{q^2}{m^2}\xi_+\xi_-,$$
$$\mathrm{F}(z) = \mathrm{F}(-\mathrm{i}\nu, \mathrm{i}\nu, 1, z), \tag{95.15}$$

其中 $\mathrm{F}(z)$ 为实函数. 于是积分 I 可直接从 (95.8) 式求出.

[①] 这个计算是由 A. Nordsieck 给出的, 见 §92 引用的文章.

将积分值代入 (95.11) 并代入 (95.1) 式, 我们求出所要求的截面:

$$\begin{aligned}
d\sigma &= \frac{4}{\pi}\left(\frac{\pi\nu}{\sinh\pi\nu}\right)^2 Z^2 \alpha\gamma_e^2 \frac{m^4}{q^4\omega^3}\delta_+ d\delta_+ \cdot \delta_- d\delta_- \cdot d\varphi d\varepsilon_+ \{F^2(z) \\
&\times[-2\varepsilon_+\varepsilon_-(\delta_+^2\xi_+^2 + \delta_-^2\xi_-^2) + \omega^2(\delta_+^2 + \delta_-^2)\xi_+\xi_- + 2(\varepsilon_+^2 + \varepsilon_-^2) \\
&\times\delta_+\delta_-\xi_+\xi_-\cos\varphi] + \frac{q^4}{m^4}\frac{\xi_+^2\xi_-^2}{\nu^2}F'^2(z)[-2\varepsilon_+\varepsilon_-(\delta_+^2\xi_+^2 + \delta_-^2\xi_-^2) \\
&+ \omega^2(1 + \delta_+^2\delta_-^2)\xi_+\xi_- - 2(\varepsilon_+^2 + \varepsilon_-^2)\delta_+\delta_-\xi_+\xi_-\cos\varphi]\}. \quad (95.16)
\end{aligned}$$

当 $\nu \to 0$ 时,

$$\frac{\pi\nu}{\sinh\pi\nu} \to 1, \quad F(z) \to 1, \quad F'(z) \approx \nu^2 \to 0.$$

于是表示式 (95.16), 如应该的那样, 可简化为 Bethe-Heitler 公式 (94.3), 这对应于玻恩近似. 如果电子对发射的角满足条件

$$|\delta_+ - \delta_-| \ll 1, \quad |\pi - \varphi| \ll 1,$$

则对任何 ν 都可简化为这个公式. 由于 $q \ll m$, (95.16) 式括号中的第二项与第一项相比有个额外的因子 $(q/m)^4$ 而可以略去, 而在第一项中我们有 (因为 $(1 - z) \sim q^2/m^2 \ll 1$)[①]

$$F(z) \to F(1) \equiv F(-i\nu, i\nu, 1, 1) = \frac{1}{\Gamma(1 - i\nu)\Gamma(1 + i\nu)} = \frac{\sinh\pi\nu}{\pi\nu}, \quad (95.17)$$

于是在括号前的类似因子消去了.

现在我们来考虑截面对电子对发射方向的积分. 对角度的积分可分成两个区域 I 与 II, 分别为

$$\text{(I)}\ 1 - z > 1 - z_1, \quad \text{(II)}\ 1 - z < 1 - z_1,$$

其中 z_1 为某个值, 它使得 $1 \gg 1 - z_1 \gg (m/\varepsilon)^2$. 由于在区域 II 中 $1 - z \ll 1$, $q^2 \ll m^2$, 由以上讨论得出, 在这个区域 $d\sigma \approx d\sigma_B \equiv d\sigma_{\nu=0}$, 其中 $d\sigma_B$ 为玻恩近似截面. 因此, 对角度的积分为

$$d\sigma_{\varepsilon_+} \equiv \int d\sigma = \int_I d\sigma + \int_{II} d\sigma|_{\nu\to 0} = (d\sigma_{\varepsilon_+})_B + \int_I (d\sigma - d\sigma|_{\nu\to 0}), \quad (95.18)$$

其中 $(d\sigma_{\varepsilon_+})_B$ 为玻恩截面 (94.5) 对角度的积分.

在区域 I 我们有

$$q^2/m^2 \approx \delta_+^2 + \delta_-^2 + 2\delta_+\delta_-\cos\varphi.$$

---

① 这个函数值可以从第三卷, (e.7) 得到, 该式将宗量为 z 与宗量为 $1 - z$ 的超几何函数联系起来.

我们将变量从 $\delta_+, \delta_-, \varphi$ 变换为 ξ_+, ξ_-, z. 直接计算此变换的雅可比量给出

$$\delta_+ \mathrm{d}\delta_+ \cdot \delta_- \mathrm{d}\delta_- \cdot \mathrm{d}\varphi \to \frac{\varepsilon_+ \varepsilon_-}{8m^2} \frac{\mathrm{d}\xi_+ \mathrm{d}\xi_- \mathrm{d}\varphi}{(\xi_+ \xi_-)^3 \sin\varphi},$$

其中

$$1 - z = \frac{q^2}{m^2} \xi_+ \xi_- = \xi_+ + \xi_- - 2\xi_+ \xi_- + 2\sqrt{\xi_+ \xi_- (1 - \xi_+)(1 - \xi_-)} \cos\varphi.$$

借助于这个公式用其它量表示 $\sin\varphi$ 与 $\cos\varphi$ 并代入 (95.16), 再进行一些简单的代数运算, 我们得到

$$\mathrm{d}\sigma = A\mathrm{d}\varepsilon_+ \frac{2\mathrm{d}\xi_+ \mathrm{d}\xi_- \mathrm{d}z}{[z(1-z) - (1-z)(\xi_+ + \xi_- - 1)^2 - z(\xi_+ - \xi_-)^2]^{1/2}}$$
$$\times \left\{ \frac{\mathrm{F}^2(z)}{(1-z)^2} [(\varepsilon_+^2 + \varepsilon_-^2)(1-z) + 2\varepsilon_+ \varepsilon_- (\xi_+ - \xi_-)^2] \right.$$
$$\left. + \left\{ \frac{\mathrm{F}'^2(z)}{\nu^2} [(\varepsilon_+^2 + \varepsilon_-^2)z + 2\varepsilon_+ \varepsilon_- (\xi_+ + \xi_- - 1)^2] \right\} \right\},$$
$$A = \left(\frac{\pi\nu}{\sinh \pi\nu} \right)^2 \frac{Z^2 \alpha r_e^2}{2\pi\omega^3}.$$

最后, 我们用新的 "球" 变量 χ 与 ψ 代替 ξ_+ 与 ξ_-:

$$\xi_+ + \xi_- - 1 = \sqrt{z} \sin\chi \cos\psi;$$
$$\xi_+ - \xi_- = \sqrt{1-z} \sin\chi \sin\psi;$$
$$0 \leqslant \chi \leqslant \pi/2, \quad 0 \leqslant \psi \leqslant 2\pi;$$
$$2\mathrm{d}\xi_+ \mathrm{d}\xi_- \to \sqrt{z(1-z)} \sin\chi \cos\chi \mathrm{d}\chi \mathrm{d}\psi.$$

变量 χ 与 ψ 的变化范围对应于 ξ_+ 与 ξ_- 从 0 到 1, 即对 δ_+ 与 δ_- (或等价地 θ_+ 与 θ_-) 从 0 到 ∞ 的范围; 这个积分很快收敛使得角度的变化范围可以以这个方式扩展. 在变换后, 分母的根变为 $\sqrt{z(1-z)} \cos\chi$; 对 χ 与 ψ 的积分是初等的, 结果为

$$\mathrm{d}\sigma = 2A \cdot 2\pi \mathrm{d}z \left(\varepsilon_+^2 + \varepsilon_-^2 + \frac{2}{3}\varepsilon_+ \varepsilon_- \right) \left[\frac{\mathrm{F}^2(z)}{1-z} + \frac{z}{\nu^2} \mathrm{F}'^2(z) \right] \mathrm{d}\varepsilon_+.$$

出现一个额外的因子 2 是因为对 z 的积分为是 0 到 z_1, 而当辐角 φ 从 0 变到 π 和从 π 变到 2π 时, 每个 z 值出现两次.

对 z 的积分利用 (92.14) 式进行, 由于 $\nu' = -\nu$ (且 $\mathrm{F}(z)$ 为实的), 该式变为

$$\frac{\mathrm{F}^2}{1-z^2} + \frac{z}{\nu^2} \mathrm{F}'^2 = \frac{1}{\nu^2} \frac{\mathrm{d}}{\mathrm{d}z} (z\mathrm{F}\mathrm{F}').$$

这个式子的积分为 $z_1 \mathrm{F}(z_1) \mathrm{F}'(z_1)/\nu^2$. 由 (95.17) 式取值 $z_1 \mathrm{F}(z_1) \approx \mathrm{F}(1)$, 而极限 $\mathrm{F}'(z_1 \to 1)$ 由下式给出为[①]

$$\frac{1}{\nu^2}\mathrm{F}'(z) = \mathrm{F}(1 - \mathrm{i}\nu, 1 + \mathrm{i}\nu, 2, z) \approx -[\ln(1 - z) + 2f(\nu)]\frac{\sinh \pi\nu}{\pi\nu},$$

其中

$$f(\nu) = \frac{1}{2}[\Psi(1 + \mathrm{i}\nu) + \Psi(1 - \mathrm{i}\nu) - 2\Psi(1)] = \nu^2 \sum_{n=1}^{\infty}\frac{1}{n(n^2 + \nu^2)},$$

$$\Psi(z) = \Gamma'(z)/\Gamma(z). \tag{95.19}$$

将以上表示式代入 (95.18), 我们得到最后的公式

$$\mathrm{d}\sigma_{\varepsilon_+} = 4Z^2\alpha r_e^2\left(\varepsilon_+^2 + \varepsilon_-^2 + \frac{2}{3}\varepsilon_+\varepsilon_-\right)\left[\ln\frac{2\varepsilon_+\varepsilon_-}{m\omega} - \frac{1}{2} - f(\alpha Z)\right]\frac{\mathrm{d}\varepsilon_+}{\omega^3}. \tag{95.20}$$

能量为 ω 的光子产生电子对的总截面为

$$\sigma = \frac{28}{9}Z^2\alpha r_e^2\left[\ln\frac{2\omega}{m} - \frac{109}{42} - f(\alpha Z)\right]. \tag{95.21}$$

我们看到, 这些公式的变化只是从对数项减去原子序数的一个通用的函数 $f(\alpha Z)$. 图 18 给出这个函数的图示. 对 $\nu \ll 1$ 情形, $f(\nu) \approx 1.2\nu^2$.

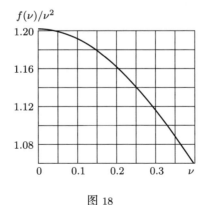

图 18

① 此公式的推导可以在下面这篇论文的附录中找到: H. Davies, H. A. Bethe, L. C. Maximon, Physical Review **93**, 788, 1954.

§96 极端相对论情形轫致辐射的精确理论

轫致辐射过程的矩阵元为

$$M_{fi} = \int \psi_{\varepsilon'\boldsymbol{p}'}^{(-)*}(\boldsymbol{\alpha} \cdot \boldsymbol{e}^*) e^{-i\boldsymbol{k}\cdot\boldsymbol{r}} \psi_{\varepsilon\boldsymbol{p}}^{(+)} d^3x; \tag{96.1}$$

初态电子 $(\varepsilon, \boldsymbol{p})$ 与终态电子 $(\varepsilon', \boldsymbol{p}')$ 的波函数在其渐近形式中分别包含出射与入射的球面波. 这个积分的计算类似于矩阵元 (95.2) 的计算, 但这里不将给出. 然而, 我们将描述另一种轫致辐射截面的计算方法, 它基于准经典方法并且没有用到原子核场中电子波函数的明显形式 (在此意义上是与场势的精确形式无关的) (В. Н. Байер, В. М. Катков, 1968).

在轫致辐射过程中, 原子核传递给电子与光子一个动量 $\boldsymbol{q} = \boldsymbol{p}' + \boldsymbol{k} - \boldsymbol{p}$. 如在电子对产生问题中一样, 我们必须区分垂直于 $\boldsymbol{p}$ 的动量转移 $\boldsymbol{q}_\perp$ 的两个范围:

$$(\text{I})\ m \gtrsim q_\perp \gg \omega m^2/\varepsilon^2, \quad (\text{II})\ q_\perp \sim \omega m^2/\varepsilon^2 \ll m. \tag{96.2}$$

很明显, 在区域 I, 发射截面等于玻恩值: 对这些 $\boldsymbol{q}_\perp$ 值, 核的反冲动量是不重要的, 如在 §98 中所表明的 (见条件 (98.10) 的推导). 因此在区域 I, 这个过程的截面为电子在静止核场散射的精确截面与发射概率的乘积, 而后者是与场的具体形式无关的. 但是因为按照 (80.10) 式, 库仑场中小角度的精确散射截面等于玻恩值, 所以它也就是区域 I 中整个过程的截面.

因此只需要考虑区域 II. 小动量转移对应于电子与核相距为大的距离: $\rho \sim 1/q_\perp \sim \varepsilon/m^2$. 但是, 在这个距离, 电子运动肯定是准经典的, 这一点容易通过将通常的准经典条件 (第三卷 (46.7)) 直接应用于极端相对论方程 (39.5) 看出.

由于运动是准经典的, 我们可以采用在 §90 对同步辐射用过的方法. 表示式 (90.7) 在此情形为电子在通过原子核一次发射的概率.

公式 (90.18) 对 §90 用到的函数 L 保持正确; 唯一的区别是准经典电子路径 $\boldsymbol{r} = \boldsymbol{r}(t)$ 的形式, 它是用来计算差 $\boldsymbol{r}_2 - \boldsymbol{r}_1$ 的.

对大的碰撞参量, 核场可看成是弱的. 在零级近似, 路径为由中心出发的距离为 ρ 的一条直线. 在下一级近似, 作为运动方程, 我们有 (参见第一卷, §20)

$$\frac{d\boldsymbol{p}}{dt} = -\frac{\boldsymbol{\rho}}{r}\frac{dU}{dr},$$

其中 $\boldsymbol{\rho}$ 为 xy 平面上垂直于电子初始动量的一个矢量, 而方程右边的 r 取为零级函数:

$$r \approx \sqrt{\rho^2 + v^2 t^2} \approx \sqrt{\rho^2 + t^2}.$$

因此

$$\boldsymbol{p}(t) - \boldsymbol{p}_1 = -\rho \int_{t_1}^t \frac{\mathrm{d}U}{\mathrm{d}t} \frac{\mathrm{d}t}{r}. \tag{96.3}$$

速度 $\boldsymbol{v}(t) = \boldsymbol{p}(t)/\varepsilon$ 可以以足够的精确性看成为常数 (其中能量 ε 仅与 $\boldsymbol{p}$ 的大小有关, 而与其方向无关). 进一步积分给出

$$\boldsymbol{r}(t) - \boldsymbol{r}_1 = \boldsymbol{v}_1(t - t_1) - \frac{1}{\varepsilon} \int_{t_1}^t [\boldsymbol{p}(t') - \boldsymbol{p}_1]\mathrm{d}t'. \tag{96.4}$$

我们将取 $t_1 = -\infty$, 因而量 $\boldsymbol{p}_1 = \boldsymbol{p}(-\infty) \equiv \boldsymbol{p}$ 与 $\boldsymbol{v} = \boldsymbol{p}/\varepsilon$ 为电子的初始动量与初速度.

我们可以将概率 (90.7) 取为如下形式

$$\mathrm{d}w = |a(\boldsymbol{\rho})|^2 \frac{\mathrm{d}^3 k}{(2\pi)^3}, \tag{96.5}$$

其中

$$a(\boldsymbol{\rho}) = e\sqrt{\frac{2\pi}{\omega}} \int_{-\infty}^{\infty} R(t) \exp\left\{\mathrm{i}\frac{\varepsilon}{\varepsilon'}[\omega t - \boldsymbol{k} \cdot \boldsymbol{r}(t)]\right\} \mathrm{d}t,$$
$$R(t) = \frac{u_{\varepsilon'\boldsymbol{p}'}^*}{\sqrt{2\varepsilon'}} \boldsymbol{\alpha} \cdot \boldsymbol{e}^* \frac{u_{\varepsilon\boldsymbol{p}}}{\sqrt{2\varepsilon}}, \tag{96.6}$$

而 $\varepsilon' = \varepsilon - \omega$, $\boldsymbol{p}'(t) = \boldsymbol{p}(t) - \boldsymbol{k}$. 经典函数 $\boldsymbol{p}(t)$ 由 (96.3) 给出. 如果用 $\boldsymbol{p}$ 标记粒子的初始动量, 对库仑场 ($U = -\nu/r$, $\nu = Z\alpha$) 我们有

$$\boldsymbol{p}(t) = \boldsymbol{p} - \frac{\nu\boldsymbol{\rho}}{\rho^2} \left[\frac{t}{\sqrt{\rho^2 + t^2}} + 1\right],$$

和

$$\boldsymbol{r}(t) = \frac{\boldsymbol{p}}{\varepsilon}t - \frac{\boldsymbol{\rho}}{\rho^2}\frac{\nu}{\varepsilon}\left[\sqrt{\rho^2 + t^2} + t\right].$$

利用经典散射中的动量改变,

$$\boldsymbol{\Delta} = \boldsymbol{p}(\infty) - \boldsymbol{p}(-\infty) = -2\boldsymbol{\rho}\nu/\rho^2, \tag{96.7}$$

我们可以将这些公式写成

$$\boldsymbol{p}(t) = \boldsymbol{p} + \frac{1}{2}\boldsymbol{\Delta}\left[\frac{t}{\sqrt{\rho^2 + t^2}} + 1\right],$$
$$\boldsymbol{r}(t) = \left(\boldsymbol{p} + \frac{1}{2}\boldsymbol{\Delta}\right)\frac{t}{\varepsilon} + \frac{\boldsymbol{\Delta}}{2\varepsilon}\sqrt{t^2 + \rho^2}. \tag{96.8}$$

现在利用 $R(t)$ 的公式 (90.20) 和对 $\boldsymbol{p}(t)$ 与 $\boldsymbol{r}(t)$ 的表示式 (96.8), 我们可以计算 (96.6) 式中对时间的积分. 这个积分通过将变量 t 换成

$$\xi = -\frac{\varepsilon}{\varepsilon'}[\omega t - \boldsymbol{k} \cdot \boldsymbol{r}(t)]$$

进行, 并采用如下公式

$$\int_{-\infty}^{\infty} \frac{\xi e^{-i\xi} d\xi}{\sqrt{\chi^2 + \xi^2}} = 2i\chi K_1(\chi),$$

其中 K_1 为麦克唐纳函数. 但是并不需要完成这个计算, 因为我们只需要对于小的独立参量 $\boldsymbol{\Delta}(\Delta \ll m)$ 时 $a(\boldsymbol{\rho})$ 的表达式. 此时,

$$a(\boldsymbol{\rho}) = w_f^* \boldsymbol{D}_{w_i} \cdot \boldsymbol{\Delta} \chi K_1(\chi), \tag{96.9}$$

其中

$$\chi = \rho \frac{\omega \varepsilon}{\varepsilon'} (1 - \boldsymbol{n} \cdot \boldsymbol{v}),$$

$\boldsymbol{n} = \boldsymbol{k}/\omega$, $\boldsymbol{D}$ 为 $\boldsymbol{p}, \varepsilon$ 与 $\boldsymbol{k}$ 的某个函数 (但不是 $\boldsymbol{\rho}$ 的函数), 其精确形式并不重要.[①] 因为, 在极端相对论情形, 光子以与电子速度方向成小角度 θ 发射, 我们有

$$\chi \approx \rho \frac{\varepsilon}{\varepsilon'} \omega \left(1 - v + \frac{\theta^2}{2}\right),$$

或者

$$\chi = \rho \frac{\omega m^2}{2\varepsilon\varepsilon'}(1 + \delta^2), \quad \delta = \frac{\theta\varepsilon}{m}. \tag{96.10}$$

我们已经指出过, (96.5) 式为一个电子以碰撞参量 ρ 单次通过原子核时发射光子的概率. 给定频率与方向的光子的发射截面为该式乘以 $v^{-1}d\rho_x d\rho_y \approx d\rho_x d\rho_y \equiv d^2\rho$ 并对碰撞参量积分得到:

$$d\sigma = \frac{d^3k}{(2\pi)^3} \int |a(\boldsymbol{\rho})|^2 d^2\rho. \tag{96.11}$$

然而, 不应该以为这个公式没有对 $d^2\rho$ 积分也会给出终态电子的方向分布. 在由外场唯一确定的经典轨迹上运动的电子的偏移肯定和非决定论的量子力学的偏移是不同的 (因此经典函数 $\boldsymbol{p}'(t)$ 的极限 $\boldsymbol{p}'(\infty)$ 也和电子实际的终态动量不同). 所以, 为了得到电子的角分布, 我们必须将其波函数重新按平面波展开.

从 (96.11) 式看出, $a(\boldsymbol{\rho})$ 为以碰撞参量 $\boldsymbol{\rho}$ 通过时光子的发射振幅. 然而, (96.5) 与 (96.6) 式确定这个振幅只到一个相因子, 这个相因子容易看出为

---

① 旋量 w_i 与 w_f 在积分中可以看成为常数, 即在经典极端相对论运动中可以忽略电子的极化的变化. 这一点可以从 §41 中推出的方程看出.

$e^{-i\boldsymbol{k}\cdot\boldsymbol{\rho}}$: 根据 $\boldsymbol{r}(t)$ 中与时间无关项 $\boldsymbol{r}_\perp(\infty) = \boldsymbol{\rho}$, 在 $V_{fi}(t)$ 中必然存在这个常数因子, 并可移到对时间积分号的外面. 因为它不是一个算符, 不受对易步骤的影响, 因此发射过程的振幅为

$$e^{-i\boldsymbol{k}\cdot\boldsymbol{\rho}}a(\boldsymbol{\rho}), \tag{96.12}$$

其中 $a(\boldsymbol{\rho})$ 由 (96.9) 式给出.

现在假设当 $z \to -\infty$ 时, 电子可以用具有沿 z 轴的动量 $\boldsymbol{p}$ 的平面波描述. 这意味着, 当 $z \to -\infty$ 时, 电子的波函数作为 x 与 y 的函数简化为一个常数, 可取为 1. 于是, 当 $z \to \infty$ 时, 通过这个场的电子的波函数为, [①]

$$\psi(\infty) = S(\boldsymbol{\rho}) = \exp\left\{-i\int_{-\infty}^{\infty} U(x,y,z)\mathrm{d}z\right\}. \tag{96.13}$$

按照跃迁振幅 (96.12) 的含义, 一个通过场并发射光子的电子的波函数为

$$e^{-i\boldsymbol{k}\cdot\boldsymbol{\rho}}a(\boldsymbol{\rho})S(\boldsymbol{\rho}). \tag{96.14}$$

电子进入具有确定动量 $\boldsymbol{p}'$ 的态的发射振幅由相应的 (96.14) 的傅里叶分量给出, 即

$$\begin{aligned}a(\boldsymbol{q}_\perp) &= \int e^{-i\boldsymbol{p}'\cdot\boldsymbol{\rho}}e^{-i\boldsymbol{k}\cdot\boldsymbol{\rho}}a(\boldsymbol{\rho})S(\boldsymbol{\rho})\mathrm{d}^2\rho \\ &= \int e^{-i\boldsymbol{q}_\perp\cdot\boldsymbol{\rho}}a(\boldsymbol{\rho})S(\boldsymbol{\rho})\mathrm{d}^2\rho,\end{aligned} \tag{96.15}$$

其中 $\boldsymbol{q}_\perp$ 为给予核的动量转移的横向分量; 参见第三卷 (131.7) 式. 给定动量转移 $\boldsymbol{q}_\perp$ 的散射截面为

$$\mathrm{d}\sigma = |a(\boldsymbol{q}_\perp)|^2 \frac{\mathrm{d}^3 k}{(2\pi)^3}\frac{\mathrm{d}^2 q_\perp}{(2\pi)^2}. \tag{96.16}$$

现在我们来计算 $S(\boldsymbol{\rho})$. 在这里考虑的库仑场情形, 指数上的积分是发散的, 这与库仑散射中的相位发散一致. 因此, 积分必须先在有限的积分限内进行:

$$\begin{aligned}\int_{-R}^{R} U\mathrm{d}z &= -2\nu\int_{-R}^{R}\frac{\mathrm{d}z}{\sqrt{\rho^2+z^2}} = -2\nu[\ln(R+\sqrt{R^2+\rho^2}) - \ln\rho] \\ &\approx -2\nu\ln 2R + 2\nu\ln\rho\end{aligned}$$

---

① 见第三卷 (131.4) 式; 请回忆起我们对方程 (39.5) (其中我们取 $\boldsymbol{p}^2 \approx \varepsilon^2$) 与非相对论薛定谔方程 (39.5a) 间作过类比. 记得这些方程中系数的含义的区别, 容易看到, 在我们这里的情形, 第三卷 (131.4) 式成立的条件即第三卷 (131.1) 式事实上是满足的. 而这个公式对任意大的 z 不再成立的事实, 由于第三卷 §131 中的同样理由而变得并不重要.

$(R \gg \rho)$. 第一项为常量, 是不重要的, 因此

$$S(\boldsymbol{\rho}) = \exp(-2\mathrm{i}\nu \ln \rho) = \rho^{-2\mathrm{i}\nu}. \tag{96.17}$$

将 (96.9) 与 (96.17) 式代入 (96.15) 式, 并对 xy 平面上的矢量 $\boldsymbol{\rho}$ 的方向积分, 我们求出

$$a(\boldsymbol{q}_\perp) \propto \nu \int_0^\infty \rho^{-2\mathrm{i}\nu} K_1(\chi) \mathrm{J}_1(q \perp \rho) \rho \mathrm{d}\rho, \tag{96.18}$$

其中 J_1 为贝塞尔函数. 不含 $\nu = Z\alpha$ 的因子这里没有写出来.

我们看到, 振幅 $a(\boldsymbol{q}_\perp)$ (并因此截面 (96.16)) 对 ν 的依赖关系包含在一个分开的因子中. 另一方面, 当 $\nu \to 0$ 时, 截面必定趋近于其玻恩近似值. 因此, 我们立即清楚看到, 截面与玻恩值只相差一个与电子极化无关的因子, 所以不会影响其极化效应.

积分 (96.18) 可以通过如下公式用超几何函数表示

$$\int_0^\infty x^{-\lambda} K_1(ax) \mathrm{J}_1(bx) x \mathrm{d}x$$
$$= \frac{b\Gamma(2 - \lambda/2)\Gamma(1 - \lambda/2)}{2^\lambda a^{3-\lambda}} \left(1 + \frac{b^2}{a^2}\right)^{-1+\lambda/2} \mathrm{F}\left(\frac{\lambda}{2}, 1 - \frac{\lambda}{2}, 2, \frac{b^2}{a^2 + b^2}\right).$$

这给出

$$a(\boldsymbol{q}_\perp) \propto \nu(1 - \mathrm{i}\nu)\left(\frac{q}{2}\right)^{2\mathrm{i}\nu} \Gamma^2(1 - \mathrm{i}\nu)\mathrm{F}(\mathrm{i}\nu, 1 - \mathrm{i}\nu, 2, z), \tag{96.19}$$

其中

$$z = 1 - \frac{m^4\omega^2}{4q^2\varepsilon^2\varepsilon'^2}(1 + \delta^2)^2, \quad \delta = \frac{\varepsilon\theta}{m}; \tag{96.20}$$

这里我们用到一个事实, 即在区域 II (见 (96.2) 式), 矢量 $\boldsymbol{q}$ 平行于 $\boldsymbol{p}$ 的分量为

$$q_\parallel^2 = q^2 - \boldsymbol{q}_\perp^2 \approx \frac{m^4\omega^2}{4\varepsilon^2\varepsilon'^2}(1 + \delta^2)^2. \tag{96.21}$$

这一点容易证明, 因为在该区域动量 $\boldsymbol{p}, \boldsymbol{p}'$ 与 $\boldsymbol{k}$ 之间满足条件 (93.15) 式.

(96.19) 式中的超几何函数可以通过如下公式简化为 (96.15) 中的 $\mathrm{F}(z)$

$$\mathrm{F}(a, b + 1, c + 1, z) = \frac{c}{c - a}\mathrm{F}(a, b, c, z) + \frac{c(1 - z)}{b(a - c)}\mathrm{F}'(a, b, c, z).$$

于是, 最后结果为

$$\mathrm{d}\sigma = \mathrm{d}\sigma_\mathrm{B}\frac{1}{\mathrm{F}^2(1)}\left[\mathrm{F}^2(z) + \frac{(1 - z)^2}{\nu^2}\mathrm{F}'^2(z)\right], \tag{96.22}$$

其中 $\mathrm{d}\sigma_\mathrm{B}$ 为玻恩截面 (93.13) 式 (H. A. Bethe, L. C. Maximon, 1954). 当 $q \gg m^2/\varepsilon$, 我们有 $z \approx 1$, $\mathrm{d}\sigma_\mathrm{B}$ 的整个系数趋近于 1; 在这个意义上, 在区域 II 推出

的公式 (96.22) 对所有的 $q \lesssim m$ 都自动满足. 当 $q \lesssim m^2/\varepsilon$ 且 (96.22) 式中的修正因子不同于 1 时, 矢量 $\boldsymbol{p}, \boldsymbol{p}'$ 与 $\boldsymbol{k}$ 几乎是共面的, 而且量 δ 与 δ' 也几乎相等; 这在 (96.22) 式中已经考虑了. 于是, z 的表示式 (96.20) 中的 q^2 可以写成

$$\frac{q^2}{m} = \delta^2 + \delta'^2 - 2\delta\delta'\cos\varphi + \frac{m^2\omega^2}{4\varepsilon^2\varepsilon'^2}(1+\delta^2)^2, \tag{96.23}$$

即, 我们可以在 (93.14) 式的第二项中取 $\delta = \delta'$, 但在第一项中不行, 因为它包含一个不小的系数 ($\sim m^2/\varepsilon^2$).

要得到对角度积分的截面, 并不需要重复这个积分: 我们可以用下面的方法进行 (H. Olsen, 1955). $\boldsymbol{p}'$ 的不同方向 (对给定能量 ε') 对应着电子终态的简并. 很明显, 对属于一个简并能级的态的求和结果和这些态的完备集合的选取是无关的. 因此, 在对 $\boldsymbol{p}'$ 的方向求和中可以将计算微分截面需要的完备组从 $\psi_{\varepsilon'\boldsymbol{p}'}^{(-)}$ 换成 $\psi_{\varepsilon'\boldsymbol{p}'}^{(+)}$, 即我们可以定义韧致辐射矩阵元为

$$M_{fi}^{\mathrm{br}} = \int \psi_{\varepsilon'\boldsymbol{p}'}^{(+)*}(\boldsymbol{\alpha}\cdot\boldsymbol{e}^*)\mathrm{e}^{-\mathrm{i}\boldsymbol{k}\cdot\boldsymbol{r}}\psi_{\varepsilon\boldsymbol{p}}^{(+)}\mathrm{d}^3x.$$

不难看到, 这个积分是与 $(M_{fi}^{pp})^*$ 相同的, 只要将后者中波函数的参量作如下变换:

$$\boldsymbol{p}_+, p_+, \varepsilon_+ \to -\boldsymbol{p}, -p, -\varepsilon; \boldsymbol{p}_-, p_-, \varepsilon_- \to \boldsymbol{p}', p', \varepsilon'; \boldsymbol{k} \to -\boldsymbol{k}$$

并将积分变量的符号反号: $\boldsymbol{r} \to -\boldsymbol{r}$.

因此, 很清楚, 韧致辐射截面对角度的积分可以从积分的电子对产生截面 (95.20) 再乘以下面的因子

$$\frac{\omega^2}{p_+^2}\frac{\mathrm{d}\omega}{\mathrm{d}\varepsilon_+} \approx \frac{\omega^2}{\varepsilon_+^2}\frac{\mathrm{d}\omega}{\mathrm{d}\varepsilon_+}$$

(参见 (91.6)) 并将 ε_+ 换成 $-\varepsilon$, ε_- 换成 ε' 得到. 于是我们有

$$\mathrm{d}\sigma = 4Z^2\alpha r_e^2\frac{\varepsilon'}{\varepsilon}\left[\frac{\varepsilon'}{\varepsilon} + \frac{\varepsilon}{\varepsilon'} - \frac{2}{3}\right]\left[\ln\frac{2\varepsilon\varepsilon'}{m\omega} - \frac{1}{2} - f(\alpha Z)\right]\frac{\mathrm{d}\omega}{\omega}. \tag{96.24}$$

我们看到, 积分的韧致辐射与电子对产生截面的玻恩近似的修正由相同的函数 $f(\alpha Z)$ 给出.

(96.24) 式与 $Z\alpha$ 值的任何限制无关, 它允许过渡到经典极限 ($\hbar \to 0, Z\alpha \to \infty$). 在此极限, 我们也必须取 $\varepsilon \approx \varepsilon'$. 记得当 $|z| \to \infty$ 时的渐近表示 $\Psi(z) \approx \ln z$ 和 $\Psi(1) = -C$ 值 (其中 C 为欧拉常数), 我们求出有效滞阻为

$$\hbar\omega\mathrm{d}\sigma = \frac{16Z^2r_e^2e^2}{3c}\left[\ln\frac{2\varepsilon^2}{mc\omega Ze^2} - \frac{1}{2} - C\right]\mathrm{d}\omega. \tag{96.25}$$

这个表示式不包含 $\hbar$, 为韧致辐射强度的经典频率分布.

§97　极端相对论情形的电子–电子轫致辐射

电子–电子轫致辐射过程可用 8 个费曼图表示: 4 个图为

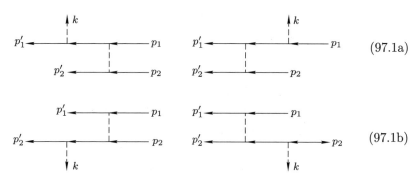

$$(97.1a)$$

$$(97.1b)$$

另外 4 个图是通过交换 p_1' 与 p_2' 而得到的 "交换" 图. 这里我们将给出极端相对论情形的计算结果 (G. Altarelli, F. Buccella, 1964; В. Н. Байер, В. С. Фадин, В. А. Хозе, 1966)[①].

在实验室系中 (初态两电子中一个 (例如第二个电子) 的静止系), 发射截面对光子方向的积分可以写成一个求和 $\mathrm{d}\sigma = \mathrm{d}\sigma^{(1)} + \mathrm{d}\sigma^{(2)}$, 其中

$$\mathrm{d}\sigma^{(1)} = 4\alpha r_e^2 \frac{\mathrm{d}\omega}{\omega} \frac{\varepsilon - \omega}{\varepsilon} \left[\frac{\varepsilon}{\varepsilon - \omega} + \frac{\varepsilon - \omega}{\varepsilon} - \frac{2}{3} \right] \left(\ln \frac{2\varepsilon(\varepsilon - \omega)}{m\omega} - \frac{1}{2} \right); \tag{97.2}$$

$$\mathrm{d}\sigma^{(2)} = \frac{2}{3} \alpha r_e^2 \frac{m\mathrm{d}\omega}{\omega^2} \left\{ \left(4 - \frac{m}{\omega} + \frac{m^2}{4\omega^2} \right) \ln \frac{2\varepsilon}{m} - 2 + \frac{2m}{\omega} - \frac{5m^2}{8\omega^2} \right\} \omega \geqslant \frac{m}{2}; \tag{97.3}$$

$$\mathrm{d}\sigma^{(2)} = \frac{2}{3} \alpha r_e^2 \frac{\mathrm{d}\omega}{\omega} \left\{ 8 \left(1 - \frac{\omega}{m} + \frac{\omega^2}{m^2} \right) \ln \frac{\varepsilon}{\omega} - \left(1 - \frac{2\omega}{m} \right) \ln \left(1 - \frac{2\omega}{m} \right) \right.$$

$$\left. \times \left[\frac{m^3}{4\omega^3} - \frac{m^2}{2\omega^2} + \frac{3m}{\omega} - 2 + \frac{4\omega}{m} \right] - \frac{m^2}{2\omega^2} + \frac{3m}{\omega} - 2 + \frac{2\omega}{m} - \frac{4\omega^2}{m^2} \right\} \omega \leqslant \frac{m}{2}; $$

$$(97.4)$$

(ε 为第一个电子的初始能量).

这些公式精确到相对数量级 m/ε. 到这个精确程度, 发现不同费曼图对截面的贡献是不相干的, 在这个意义上, $\mathrm{d}\sigma^{(1)}$ 与 $\mathrm{d}\sigma^{(2)}$ 分别对应两个电子中各个电子的发射: 快电子与反冲电子分别为图 (97.1a) 与图 (97.1b).

"交换" 图对截面给出与 "直接" 图同样的贡献. 由于电子是全同的, 直接图与交换图在总贡献中各占一半, 因此我们可以只考虑直接图的贡献并且不管粒子的全同性. 对电子–正电子碰撞, 交换图换成了湮没图, 但它们的相

---

① 这个计算还在 §93 中引用过的 В. Н. Байер 等人的书中给出.

对贡献为 m/ε 数量级, 故可略去. 因此, 电子–电子与电子–正电子轫致辐射截面到以上指定的精确程度是相同的.

对 $\omega \gg m$ 情形, 比

$$\frac{\mathrm{d}\sigma^{(2)}}{\mathrm{d}\sigma^{(1)}} \sim \frac{m}{\omega} \ll 1,$$

即反冲电子的发射与快电子的发射相比是很小的; 当这个比变成 m/ε 数量级时, (97.3) 式自然不再有意义. 另一方面, 当 $\omega \ll m$ 时, 截面的两个部分几乎是可以比较的:

$$\mathrm{d}\sigma^{(1)} = \frac{16}{3}\alpha r_e^2 \frac{\mathrm{d}\omega}{\omega} \ln\frac{2\varepsilon^2}{m\omega}, \quad \mathrm{d}\sigma^{(2)} = \frac{16}{3}\alpha r_e^2 \frac{\mathrm{d}\omega}{\omega} \ln\frac{\varepsilon}{\omega}, \quad \omega \ll m. \qquad (97.5)$$

为使公式 (97.2)—(97.5) 成立, 必须至少一个电子在发射辐射后应该保持为极端相对论的, 即光子频率必须离谱的硬边界 (可能发射的最大频率 $\omega_{\max}$) 足够远. 当发射辐射后两个电子在光子的方向上以相同速度运动时, 电子的终态能量最小, 而光子能量最大. 于是守恒定律给出

$$\varepsilon + m = \omega_{\max} + 2\varepsilon', \quad |\boldsymbol{p}| = \omega_{\max} + 2|\boldsymbol{p}'|.$$

于是, 消去 ε' 与 $\boldsymbol{p}'$, 我们有

$$(\varepsilon + m - \omega_{\max})^2 - (|\boldsymbol{p}| - \omega_{\max})^2 = 4m^2,$$

和

$$\omega_{\max} = \frac{m(\varepsilon - m)}{m + \varepsilon - |\boldsymbol{p}|}. \qquad (97.6)$$

当 $\varepsilon \gg m$ 时, $\omega_{\max} \approx \varepsilon$. 这样, 只要

$$\omega_{\max} - \omega \sim \varepsilon - \omega \gg m, \qquad (97.7)$$

公式 (97.2)—(97.4) 是成立的.

当核的 $Z = 1$ 时, 快电子发射截面 (97.2) 精确等于电子–原子核轫致辐射截面 ((93.17) 式). 这个一致不是偶然的, 可以用发射过程中反冲的作用来解释.

在推导 (93.17) 式时我们忽略了固定粒子 (核) 的反冲, 将它用一个恒定外场代替. 这等价于忽略动量转移四维矢量的时间分量 $q = p' - p + k$ (反冲能量). 我们将表明, 在极端相对论情形, 这样处理对电子–电子以及电子–正电子轫致辐射是允许的.

我们写出

$$-q^2 = -(\varepsilon' + \omega - \varepsilon)^2 + (p'_{\parallel} + \omega - p_{\parallel})^2 + (\boldsymbol{p}'_{\perp} - \boldsymbol{p}_{\perp})^2, \qquad (97.8)$$

其中下标标记矢量 $\boldsymbol{p}'$ 与 $\boldsymbol{p}$ (初态与终态电子的动量) 平行与垂直于光子方向 $\boldsymbol{k}$ 的分量. 在极端相对论情形, $\boldsymbol{k}$ 和 $\boldsymbol{p}$, $\boldsymbol{p}'$ 间的夹角 θ, θ' 分别为小量: $\theta \lesssim m/\varepsilon$, $\theta' \lesssim m/\varepsilon'$. 因此

$$|\boldsymbol{p}_\perp| \sim |\boldsymbol{p}|\theta \sim m, \quad p_\parallel \approx |\boldsymbol{p}| - \frac{\boldsymbol{p}_\perp^2}{2|\boldsymbol{p}|} \approx \varepsilon - \frac{m^2}{2\varepsilon} - \frac{\boldsymbol{p}_\perp^2}{2\varepsilon}, \tag{97.9}$$

对 $\boldsymbol{p}'_\perp$ 与 $p'_\parallel$ 有类似结果.

忽略反冲, 我们有 $\varepsilon' + \omega - \varepsilon = 0$; 和 $p'_\parallel + \omega - p_\parallel \sim m^2/\varepsilon$, 于是

$$-q^2 \approx (\boldsymbol{p}'_\perp - \boldsymbol{p}_\perp)^2 \sim m^2. \tag{97.10}$$

反冲能量 (电子–电子) 为

$$q_0 = \varepsilon' + \omega - \varepsilon \sim \boldsymbol{q}^2/(2m) \sim m. \tag{97.11}$$

其中忽略了由 ε' 的变化引起 $\boldsymbol{p}'_\perp$ 的变化. 因此, 反冲引起 q^2 的变化, 我们记作 Δq^2, 由 (97.8) 式的前两项给出. 利用 (97.9), 我们有

$$\Delta q^2 \approx (\varepsilon' + \omega - \varepsilon)\left(-\frac{m^2}{\varepsilon'} - \frac{\boldsymbol{p}_\perp'^2}{\varepsilon'} + \frac{m^2}{\varepsilon} + \frac{\boldsymbol{p}_\perp^2}{\varepsilon}\right) \sim m^2\frac{m}{\varepsilon}.$$

与 (97.10) 式比较表明 $\Delta q^2 \ll |q^2|$, 表明忽略反冲是正确的. [1]

快粒子的辐射只进入其运动方向上一个窄的圆锥 (孔径角为 $\sim m/\varepsilon$), 这个事实使我们能够通过一个简单的变换从实验室系的截面 (97.2) 得到质心系中的截面.[2]

在质心系中, 两个电子以相同方式发射, 每个都在其运动方向上. (可以指出这给予在两个粒子的辐射之间互相没有干涉一个直观的解释.) 在此参考系中极端相对论电子的能量 E 与其在实验室系中的能量 ε 的关系为: $2E^2 = m\varepsilon$; 相应的光子频率 Ω 与 ω 的关系为: $\omega/\varepsilon = \Omega/E$. 这些公式容易从比较不变量 $(p_1 p_2)$ 与 $(p_1 k)$ 在两个参考系中的值得到. 因此在质心系中每个电子的发射截面为

$$\begin{aligned}
d\sigma^{(1)} &= d\sigma^{(2)} \\
&= 4\alpha r_e^2 \frac{d\Omega}{\Omega}\frac{E-\Omega}{E}\left[\frac{E}{E-\Omega} + \frac{E-\Omega}{E} - \frac{2}{3}\right]\left(\ln\frac{4E^2(E-\Omega)}{m^2\Omega} - \frac{1}{2}\right).
\end{aligned} \tag{97.12}$$

---

[1] 这个结论在电子–原子核韧致辐射情形当然更是成立的: 这时反冲能量为 $q_0 \approx \boldsymbol{q}^2/2M \sim m^2/M$, 其中 M 为原子核的质量.

[2] 一般是不可能有这样的变换的, 因为对给定频率范围 $d\omega$ 谱的贡献来自于完全不同方向发射的光子.

要使 (97.12) 式成立还必须要求光子频率不靠近谱的边界. 对一个极端相对论粒子, 当 $\omega_{\max} \approx \varepsilon$ 时, 上述变换直接给出

$$\Omega_{\max} \approx \omega_{\max} E/\varepsilon \approx E. \tag{97.13}$$

因此, 在质心系中, 电子只能发射其总能量 $2E$ 的一半. $\Omega_{\max}$ 的直接计算是不难的, 只要注意到在发射一个光子后两个电子将以相同速度 (在该参考系中) 沿与光子相反方向运动. 我们有

$$2E = 2E' + \Omega_{\max}, \quad 2|\boldsymbol{p}'| = \Omega_{\max},$$

由此

$$\Omega_{\max} = \frac{\boldsymbol{p}^2}{E} = E - \frac{m^2}{E}, \tag{97.14}$$

并在极端相对论情形重新得到 (97.13). 于是 (97.12) 式可以在下述条件下应用

$$\Omega_{\max} - \Omega \sim E - \Omega \gg m \tag{97.15}$$

现在我们将给出在相反的极限情况下质心系中发射的一些公式, 即靠近谱边界的情形, 当[①]

$$\Omega_{\max} - \Omega \ll m. \tag{97.16}$$

因为在此情形反冲变得很重要, 结果就与固定中心的散射不同, 也与电子–电子散射和电子–正电子散射的结果不同 (В. Н. Байер, В. С. Фадин, В. А. Хозе, 1967).

在电子–电子散射中, 对靠近谱边界发射截面有贡献的, 除了图 (97.1) 的平方外, 还有直接图与交换图的乘积 (相干项), 但是是同一给定初始粒子的辐射, 比如, (97.1a) 的第二个图与以下这个图的乘积

这是因为, 靠近谱边界时终态粒子有相近的动量, 因此没有理由认为交换项是小的. 截面的最后结果为

$$\mathrm{d}\sigma = 2\alpha r_e^2 \frac{[E(\Omega_{\max} - \Omega)]^{1/2}}{m} \frac{\mathrm{d}\Omega}{\Omega_{\max}}. \tag{97.17}$$

[①] 当然, 玻恩近似得到的结果与通常一样只有当终态电子的相对速度与 α 相比很大时才成立. 否则必须考虑终态粒子的相互作用.

在电子–正电子散射中, 湮没图的平方对发射截面有一个对数大的贡献, 对应着初态粒子的辐射:

$$\begin{matrix} & k \uparrow & & & k \uparrow & \\ -p_+ & & p_- & -p_+ & & p_- \\ -p'_+ & & p'_- & -p'_+ & & p'_- \end{matrix} \tag{97.18}$$

精确到非对数项时, 其它图的平方也是重要的, 但相干项很小. 最后结果为

$$d\sigma = 2\alpha r_e^2 \frac{[E(\Omega_{\max} - \Omega)]^{1/2}}{m} \left(\ln \frac{2E}{m} + 1 \right) \frac{d\Omega}{\Omega_{\max}}. \tag{97.19}$$

因此电子–正电子散射中的发射与电子–电子散射中辐射相比, 是对数大的.

§98　碰撞中软光子的发射

设 $d\sigma_0$ 为给定的带电粒子散射过程的截面, 此过程可以伴随发射一定数量的光子. 与此过程一起, 我们将考虑另一个和它的差别只是额外发射一个光子的过程. 如果这个光子的频率 ω 足够小 (必要条件将在下面表述), 那么第二个过程的截面 $d\sigma$ 就以简单的方式与 $d\sigma_0$ 相联系.

当 ω 小时, 我们可以忽略发射此量子对散射过程的影响. 因此截面 $d\sigma$ 可以表示成两个独立因子 (截面 $d\sigma_0$ 和在碰撞中发射一个光子的概率 $d\omega$) 的乘积. 发射软光子是一个准经典过程; 因此这个概率与经典计算碰撞中发射的量子数相同; 即为发射的经典强度 (总能量) dI 除以 $\omega (= \hbar\omega)$. 于是

$$d\sigma = d\sigma_0 \frac{dI}{\omega}. \tag{98.1}$$

我们将表明这个公式可以从费曼图技术的一般规则推出 (J. M. Jauch, F. Rohrlich, 1954).

描述包含一个附加光子过程的费曼图可以由原来过程的费曼图加上一条外光子线得到, 这条光子线从某个 (外或内) 电子线 "分叉" 出去, 即作代换

$$\underset{p}{\longleftarrow} \quad \text{by} \quad \overset{k}{\underset{p-k \quad p}{\nwarrow}} \tag{98.2}$$

容易看出, 其中最重要的费曼图是在外电子线作此改变的图. 因为如果 p 为外线动量 $(p^2 = m^2)$, 对小的 k 我们也有 $(p - k)^2 \approx m^2$, 即加到图上的因子 $G(p - k)$ 是在其极点附近的.

对一个初始电子线 p, 代换 (98.2) 在反应振幅中引起如下的改变:

$$u(p) \to e\sqrt{4\pi}\, G(p-k)(\gamma e^*)u(p) = e\sqrt{4\pi}\,\frac{\gamma p - \gamma k + m}{(p-k)^2 - m^2}(\gamma e^*)u(p)$$

$$\approx -e\sqrt{4\pi}\,\frac{\gamma p + m}{2(pk)}(\gamma e^*)u(p).$$

由于 $(\gamma p)(\gamma e^*) = 2pe^* - (\gamma e^*)(\gamma p)$ 与 $\gamma p u(p) = mu(p)$, 我们得到如下规则:

$$u(p) \to -e\sqrt{4\pi}\,\frac{(pe^*)}{(pk)}u(p). \tag{98.3}$$

类似地, 对终态电子线 p', 费曼图中的改变

意味着振幅中的如下改变:

$$\bar{u}(p') \to e\sqrt{4\pi}\,\bar{u}(p')\frac{(p'e^*)}{(p'k)}. \tag{98.4}$$

在其余图中, 我们处处都可以忽略作为发射光子 k 结果的线的动量的改变. 这里假设光子能量 ω 与参加反应的所有粒子的能量相比总是一个小量 (还与硬光子相比, 如果有硬光子发射的话).

设 $d\sigma_0$ 指定为比如电子被固定核的散射截面 (可能有硬光子发射). 这个过程, 按通常惯例称为 "弹性的", 其振幅为

$$M_{fi}^{(\mathrm{el})} = \bar{u}(p')Mu(p).$$

作进一步代换 (98.3) 与 (98.4) 再加上这个结果, 我们就得到发射相同硬光子和一个软光子 k 的韧致辐射振幅: [①]

$$M_{fi} = M_{fi}^{(\mathrm{el})}e\sqrt{4\pi}\left(\frac{(p'e^*)}{(p'k)} - \frac{(pe^*)}{(pk)}\right). \tag{98.5}$$

相应地, 截面为

$$d\sigma = d\sigma_{\mathrm{el}} \cdot 4\pi e^2 \left|\frac{(p'e)}{(p'k)} - \frac{(pe)}{(pk)}\right|^2 \frac{d^3k}{(2\pi)^3 2\omega}. \tag{98.6}$$

对光子 k 的极化求和给出

$$d\sigma = -e^2 \left|\frac{p'}{(p'k)} - \frac{p}{(pk)}\right|^2 \frac{d^3k}{4\pi^2 \omega} d\sigma_{\mathrm{el}}. \tag{98.7}$$

---

① 应该指出这个公式的相减项是由规范不变性自然产生的: 反应振幅必须在极化四维矢量 e 换成 $e + \mathrm{constant} \times k$ 下保持不变.

用三维的量表示, 这个公式变成[1]

$$d\sigma = \alpha \left(\frac{\boldsymbol{v}' \times \boldsymbol{n}}{1 - \boldsymbol{v}' \cdot \boldsymbol{n}} - \frac{\boldsymbol{v} \times \boldsymbol{n}}{1 - \boldsymbol{v} \cdot \boldsymbol{n}} \right)^2 \frac{d\omega do_{\boldsymbol{k}}}{4\pi^2 \omega} d\sigma_{\mathrm{el}}, \tag{98.8}$$

其中 $\boldsymbol{n} = \boldsymbol{k}/\omega, \boldsymbol{v}$ 与 $\boldsymbol{v}'$ 为电子的初速度与末速度. 我们看到, $d\sigma_{\mathrm{el}}$ 的系数事实上与经典发射强度 (参见第二卷 (69.4) 式) 除以 ω 相同, 如在 (98.1) 式已经表明的.

以上公式可以应用的条件是不仅 ω 与 ε 相比是小的, 而且给核的动量转移 $\boldsymbol{q}$ 与由于发射软光子而引起的改变 $\delta\boldsymbol{q}$ 相比是大的. 我们有

$$\delta\boldsymbol{q} = (\boldsymbol{p}' - \boldsymbol{p} - \boldsymbol{k}) - (\boldsymbol{p}' - \boldsymbol{p})_{\omega=0} = \delta\boldsymbol{p}' - \boldsymbol{k},$$

其中 $|\delta\boldsymbol{p}'| \sim \omega \partial|\boldsymbol{p}'|/\partial\varepsilon \sim \omega/v, |\boldsymbol{k}| = \omega$. 在非相对论情形 ($v \ll 1$), 我们得到条件

$$\omega/|\boldsymbol{q}|v \ll 1. \tag{98.9}$$

对于库仑势 (或任何随距离增长而缓慢减小的势场) 的散射 $|\boldsymbol{q}| \sim 1/\rho$ (其中 ρ 为碰撞参量), 这个条件也可写成 $\omega\tau \ll 1$, 其中 $\tau \sim \rho/v$ 为碰撞的特征时间.

在极端相对论情形, 光子主要沿靠近 $\boldsymbol{v}$ 与 $\boldsymbol{v}'$ 的方向发射, 如从 (98.8) 式的分母所看到的. 如果电子散射角是小的, 三个矢量 $\boldsymbol{p}, \boldsymbol{p}', \boldsymbol{n}$ 的方向都靠近在一起. 于是

$$|\delta\boldsymbol{q}| = |\delta\boldsymbol{p}'| - |\boldsymbol{k}| = \omega \left(\frac{1}{v} - 1 \right) \sim \frac{\omega m^2}{\varepsilon^2},$$

并且, 由于 $|\boldsymbol{q}| \sim \varepsilon\theta$, 我们得到条件

$$\theta \gg \frac{\omega}{\varepsilon} \frac{m^2}{\varepsilon^2}. \tag{98.10}$$

因为公式 (98.5)—(98.8) 是准经典的, 它们对于发射任何带电粒子都是成立的, 而不一定是推导中所假设的电子. 一般来说, 当有几个这样的粒子参加反应时, 公式 (98.5) 必定取为如下形式

$$M_{fi} = M_{fi}^{(\mathrm{el})} e\sqrt{4\pi} \sum Z \left(\frac{(p'e^*)}{(p'k)} - \frac{(pe^*)}{(pk)} \right), \tag{98.11}$$

其中求和是对所有粒子 (带电荷 Ze) 进行的; 公式 (98.6)—(98.8) 式也作类似的改变.

特别是, 在非相对论情形

$$M_{fi} = M_{fi}^{(\mathrm{el})} \frac{e\sqrt{4\pi}}{\omega} \sum Z(\boldsymbol{v}' - \boldsymbol{v}) \cdot \boldsymbol{e}^*. \tag{98.12}$$

---

[1] 推导 (98.8) 式比较方便的方法是, 回到 (98.6) 式, 取 $p = (\varepsilon, e\boldsymbol{v}), pk = \varepsilon\omega(1 - \boldsymbol{v} \cdot \boldsymbol{n}), \cdots, e = (0, \boldsymbol{e})$, 并利用 (45.4a) 式对极化求和.

对两个粒子, 这个公式变成

$$M_{fi} = M_{fi}^{(\mathrm{el})} \frac{\sqrt{4\pi}}{\omega} \left(\frac{Z_1 e}{m_1} - \frac{Z_2 e}{m_2} \right) \boldsymbol{q} \cdot \boldsymbol{e}^*,$$

$$\boldsymbol{q} = m(\boldsymbol{v}' - \boldsymbol{v}), \quad m = \frac{m_1 m_2}{m_1 + m_2}, \tag{98.13}$$

其中 $\boldsymbol{v}$ 与 $\boldsymbol{v}'$ 为碰撞前后粒子的相对速度. 由此, 在 $|M_{fi}|^2$ 对光子发射的方向积分并对光子极化方向求和后, 我们求出该辐射的非相对论的频率分布为:

$$\mathrm{d}\sigma_\omega = \mathrm{d}\sigma_{\mathrm{el}} \frac{2e^2}{3\pi} \left(\frac{Z_1}{m_1} - \frac{Z_2}{m_2} \right)^2 \boldsymbol{q}^2 \frac{\mathrm{d}\omega}{\omega}.$$

以上结果可以推广到同时发射几个软光子的情形. 对每个光子在 M_{fi} 中有一个附加的因子, 类似于 $M_{fi}^{(\mathrm{el})}$ (98.5) 的系数. 这可以从比如两个光子的例子直接看出. 两个发射光子的线必须加到外电子线上, 并以两个不同的次序, 于是一个有外线 p 的图分别换成有如下线的两个图:

它们分别包含因子

$$\frac{1}{2(pk_1 + pk_2)} \frac{1}{2pk_1} \quad \text{和} \quad \frac{1}{2(pk_1 + pk_2)} \frac{1}{2pk_2}$$

(电子传播子的分母). 其和为

$$\frac{1}{2pk_1} \frac{1}{2pk_2},$$

即, 这是两个和第一与第二个光子相关的独立因子的乘积. 于是, 在将所有图求和时, 这些项 (由于规范不变性) 组合给出如下差的乘积:

$$\left(\frac{p'e_1^*}{p'k_1} - \frac{pe_1^*}{pk_1} \right) \left(\frac{p'e_2^*}{p'k_2} - \frac{pe_2^*}{pk_2} \right).$$

过程的截面按照振幅因子化步骤分成一些因子. 因此这些软光子是独立发射的. 发射 n 个软光子的截面可写成

$$\mathrm{d}\sigma = \mathrm{d}\sigma_{\mathrm{el}} \mathrm{d}w_1 \cdots \mathrm{d}w_n, \tag{98.14}$$

其中 $\mathrm{d}w_1, \mathrm{d}w_2, \cdots$ 为发射单个光子 $k_1, k_2, \cdots$ 的概率. 当这个公式对变量 (频率与方向) 有限范围的值积分时, 对所有量子相同, 都必须包含一个因子 $1/n!$ 以考虑光子的全同性.

如果将发射截面 (98.1) 对频率从 ω_1 到 ω_2 某个有限区域积分, 得到的表示为

$$d\sigma \sim \alpha \ln \frac{\omega_2}{\omega_1} d\sigma_{\text{el}} \tag{98.15}$$

(参见 (98.8)). 这里假设两个频率都是软的, 因此 ω_2 的可能值受到这个方法可以应用的条件的限制. 然而以对数精确性, 我们可取 $\omega_2 \sim \varepsilon$, 其中 ε 为发射粒子的初始能量. ω_1 的值没有下限, 但是当取 $\omega_1 \to 0$ 时, 我们看到发射所有可能软量子的截面是无穷大的. 我们来研究一下这个 "红外灾变" 的含义 (F. Bloch, A. Nordsieck, 1937).

当

$$\alpha \ln \frac{\varepsilon}{\omega_1} \gtrsim 1 \tag{98.16}$$

时, 我们有 $d\sigma \gtrsim d\sigma_{\text{el}}$. 然而, 这意味着微扰论不能应用, $d\sigma$ 不能作为比 $d\sigma_{\text{el}}$ 小的高阶小量来计算. 换句话说, 在此情形, 小参量必须取为 $\alpha \ln(\varepsilon/\omega_1)$, 而不是 α.

因此, 从微扰论推出的 (98.5) 与 (98.6) 式对足够低的频率是不再成立的. 另一方面, 强度 dI 的经典公式 (第二卷 (69.4)) 在 ω 越小时就越接近于正确. 因此公式 (98.1) 的含义应该越经典则越正确. 在公式 (98.1) 中, 假设有一个光子发射. 那么, 辐射时粒子损失的能量等于 ω 而 "相对能量损失截面" 为 $\omega d\sigma/\varepsilon$ 或

$$d\sigma_{\text{el}} \frac{dI}{\varepsilon}. \tag{98.17}$$

实际上, 对足够小的 ω, 发射概率并不小, 而发射两个或更多光子的概率要比发射一个光子的概率更大, 而不是更小. 在这些条件下, (98.17) 式仍保持正确, 但经典强度 dI 决定发射光子的平均数目, 而不再是发射一个光子的概率.

$$d\overline{n} = \frac{dI}{\omega}, \tag{98.18}$$

或者, 在有限的频率范围,

$$\overline{n} = \int_{\omega=\omega_1}^{\omega_2} \frac{dI}{\omega}. \tag{98.19}$$

由于软光子是以统计独立的方式发射的 (这在微扰论的每一级近似中都是对的), 泊松分布可以应用于这个多次发射过程: 因此发射 n 个光子的概率 $w(n)$ 可用平均数 $\overline{n}$ 给出为

$$w(n) = \frac{\overline{n}^n}{n!} \exp(-\overline{n}). \tag{98.20}$$

有光子发射的散射过程的截面可写成

$$d\sigma = d\sigma_{\text{el}} \cdot w(n). \tag{98.21}$$

由于 $\Sigma w(n) = 1$, $d\sigma_{el}$ 为有伴随任何软光子发射的总散射截面. 这从经典处理是很明显的; 然而, 按照微扰论 $d\sigma_{el}$ 为纯弹性散射的截面. 但微扰论这里是不能应用的. 因此我们发现用微扰论计算的 $d\sigma_{el}$ 作为弹性散射截面实际上包括了发射任意多软光子. 纯弹性散射截面的真实值为零: 当 $\omega_1 \to 0$, 平均数 $\overline{n} \to \infty$, 按照 (98.20) 式, 发射任何有限数目光子的概率变为零. [1]

习　题 [2]

1. 求极端相对论电子–原子核轫致辐射中发射的软光子的谱分布.

解: 将 (98.8) 对 $do_{\boldsymbol{k}}$ 积分给出

$$d\sigma = \alpha F(\xi)\frac{d\omega}{\omega}d\sigma_{el}, \tag{1}$$

其中

$$F(\xi) = \frac{2}{\pi}\left[\frac{2\xi^2+1}{\xi\sqrt{\xi^2+1}}\ln(\xi+\sqrt{\xi^2+1})-1\right], \quad \xi = \frac{|\boldsymbol{p}|}{m}\sin\frac{\theta}{2}, \tag{2}$$

$\boldsymbol{p}$ 为电子动量而 θ 为散射角. 在极端相对论情形, 最重要的角度范围为

$$\frac{m^2\omega}{\varepsilon^2} \ll \theta \ll \frac{m}{\varepsilon} \tag{3}$$

下限由条件 (98.10) 式给出, 上限将在下面讨论. 这里 $\xi \approx \varepsilon\theta/2m \ll 1$, 因此

$$F(\xi) \approx (8/(3\pi))\xi^2,$$

而电子–原子核弹性散射截面为 (见 (80.10) 式)

$$d\sigma_{el} \approx 4Z^2 r_e^2 \frac{m^2}{\varepsilon^2}\frac{do}{\theta^4}. \tag{4}$$

积分

$$d\sigma_\omega = \frac{16}{3}Z^2\alpha r_e^2 \frac{d\omega}{\omega}\int\frac{d\theta}{\theta}$$

对数发散; 它在角度 $\theta \sim m^2\omega/\varepsilon^3$ 下面和 $\xi \sim 1$ 上面截断, 即在角度 $\theta \sim m/\varepsilon$ 处截断. 当 $\xi \sim \infty$ 时, $F \sim (4/\pi)\ln\xi$ 且积分收敛. 因此, 以对数精确性我们有

$$d\sigma_\omega = \frac{16}{3}Z^2\alpha r_e^2 \frac{d\omega}{\omega}\ln\frac{\varepsilon^2}{m\omega}, \tag{5}$$

它与 (93.17) 式的对数部分一致 (其中我们必须取 $\varepsilon \approx \varepsilon'$). 非对数精确性只有在准经典范围以外才能达到.

---

[1] 我们将在 §130 与辐射修正相联系对这个问题作更详细的讨论.

[2] 公式 (98.7) 的以下应用研究属于 В. Н. Байер, В. М. Галицкий (1964).

2. 对两个极端相对论电子的碰撞, 求 (在质心系中) 同时在与电子动量成小角度的相反方向上发射两个软光子的截面.

解: 由不同电子发射相反方向运动的光子, 每个都沿其运动方向. 同时发射的截面为

$$\mathrm{d}\sigma = \mathrm{d}\sigma_{\mathrm{el}} \cdot \alpha\mathrm{F}(\xi)\frac{\mathrm{d}\omega_1}{\omega_1} \cdot \alpha\mathrm{F}(\xi)\frac{\mathrm{d}\omega_2}{\omega_2}, \quad \xi = \frac{\varepsilon}{m}\sin\frac{\theta}{2}, \tag{6}$$

其中 ε 为每个电子的能量, θ 为质心系中的散射角; θ 对每个电子是相同的. 在截面中不需要有因子 $\frac{1}{2}$, 因为光子肯定是在不同方向上发射的. 电子在质心系中经一小角度弹性散射的截面, 在极端相对论情形, 与 (4) 相同; (参见 (81.11) 式). 与 (1) 式不同, 截面 (6) 在 $\theta \to 0$ 时的行为为 $\theta\mathrm{d}\theta$, 并因此积分收敛. 一方面, 这使我们可以将积分扩展到 $\theta = 0$, 而且不会有此方法不能应用的任何困难出现. 另一方面, 积分截面的主要贡献来自区域 $\theta \sim m/\varepsilon$, 而不是 $\theta \ll m/\varepsilon$ 区域, 所以必须采用精确公式 (2). 截面对散射角积分的结果为

$$\mathrm{d}\sigma_{\omega_1\omega_2} = \frac{2}{\pi}\left[5 + \frac{7}{2}\zeta(3)\right]r_e^2\alpha^2\frac{\mathrm{d}\omega_1}{\omega_1}\frac{\mathrm{d}\omega_2}{\omega_2} = 5.9r_e^2\alpha^2\frac{\mathrm{d}\omega_1}{\omega_1}\frac{\mathrm{d}\omega_2}{\omega_2}.$$

黎曼 ζ 函数的值为 $\zeta(3) = 1.202$.

§99　等效光子方法

我们来比较由以下费曼图描述的两个过程

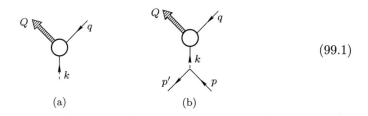

$$(99.1)$$

其中圆圈表示图的整个内部部分. 图 (a) 表示一个光子 k $(k^2 = 0)$ 和一个有四维动量 q (质量为 m; $q^2 = m^2$) 的粒子的碰撞. 碰撞形成的系统为一个有总四维动量 Q 的粒子或粒子组. 图 (b) 表示一个同样粒子 q 和另一个有四维动量 p 与质量 M $(p^2 = M^2)$ 的粒子之间的碰撞. 在碰撞后, 后一粒子有四维动量 p', 并形成相同的粒子系统 Q. 第二个过程可看成粒子 q 和一个由粒子 p 发射且动量为 $k = p - p'$ $(k^2 < 0)$ 的虚光子的碰撞. 如果 $|k|^2$ 很小, 虚光子与实光子没有很大的区别. 这样的情形在快粒子的碰撞中很明显是可能的: 以速度 $v \approx 1$

运动的带电粒子的电磁场几乎是横向的, 因此其性质类似于光波场. 在这些条件下, 过程 (b) 的截面可以用过程 (a) 的截面表示.[1]

我们将假设粒子 M 为极端相对论的, 具有能量 (在粒子 m 静止的参考系中) $\varepsilon \gg M$. 如碰撞粒子的质量 m 与 M 不同, 我们将取 $m < M$ 的情形.

过程 (a) 的振幅, 其中包含有一个实光子, 可写成

$$M_{fi}^{(r)} = -e\sqrt{4\pi}(e_\mu J^\mu), \tag{99.2}$$

其中 e_μ 为光子的四维极化矢量而 J^μ 为对应于图中顶点 (圆圈) 的跃迁流. 过程 (b) 的振幅为

$$M_{fi} = Ze^2\frac{4\pi}{k^2}(j_\mu J^\mu), \tag{99.3}$$

其中 j_μ 为粒子 m 的跃迁流 (图中下面的顶点), Ze 为这个粒子的电荷. 流 J 为 $k = Q - q$ 的函数, 因此在两种情形下是不同的, 因为在 (99.2) 式中 $k^2 = 0$, 而在 (99.3) 式中 $k^2 \neq 0$. 但是, 如果在第二种情形,

$$|k^2| \ll m^2, \tag{99.4}$$

这里我们也可以取 $k^2 = 0$ 时的 J.

粒子 M 在发射虚光子时动量的变化 $\boldsymbol{p} - \boldsymbol{p}' = \boldsymbol{k}$, 与其初始动量 $|\boldsymbol{p}| \approx \varepsilon$ 比较是小的; 因此我们可以在跃迁流 j 中取 $\boldsymbol{p} = \boldsymbol{p}'$. 也就是说, 粒子 M 的运动可以看成直线匀速运动. 由于这样的运动是准经典的, 相应的流与粒子的自旋无关:[2]

$$j_\mu = 2p^\mu. \tag{99.5}$$

现在流横向的条件 $(jk = 0)$ 给出 $\varepsilon\omega - p_x k_x = 0$, 取 $\boldsymbol{p}$ 的方向为 x 轴. 因此

$$\omega = vk_x, \tag{99.6}$$

其中 $v = p_x/\varepsilon$ 为粒子 M 的速度. 由于

$$-k^2 = -\omega^2 + k_x^2 + \boldsymbol{k}_\perp^2 \approx \omega^2(1 - v^2) + \boldsymbol{k}_\perp^2 \tag{99.7}$$

其中 $\boldsymbol{k}_\perp$ 为矢量 $\boldsymbol{k}$ 垂直于 x 轴的分量, 条件 (99.4) 等价于不等式 $|k_\perp| \ll m$ 和一个更弱得多的条件, 对 ω 的不等式: $\omega \ll m/\sqrt{(1 - v^2)}$.

---

[1] 下面给出的方法是属于 C. F. Weizsäcker, E. J. Williams (1934) 的; 其基本思想是较早由 E. Fermi (1924) 提出的.

[2] 当波函数归一为单位体积中有一个粒子时, 流 $j^\mu = (1, \boldsymbol{v})$, 其中 $\boldsymbol{v}$ 为速度. 但是, 我们决定 (§64) 略去波函数的归一因子 $1/\sqrt{2\varepsilon}$. 因此, 流 j^μ 必须包含一个因子 2ε, 从而给出 (99.5) 式.

由流 J 横向的条件 ($Jk = 0$) 并利用 (99.6) 式, 我们有,

$$J_0 = \frac{J_x}{v} + \frac{\boldsymbol{J}_\perp \cdot \boldsymbol{k}_\perp}{\omega}.$$

于是, 对标量积 jJ 我们得到

$$jJ = 2(J_0\varepsilon - J_x p_x) \approx 2\frac{\varepsilon}{\omega}\left(\boldsymbol{k}_\perp \cdot \boldsymbol{J}_\perp + \frac{\omega M^2}{\varepsilon^2}J_x\right). \tag{99.8}$$

(99.2) 式中的乘积 Je 可以作进一步的展开, 通过在三维横向规范: $ek = -\boldsymbol{e} \cdot \boldsymbol{k} = 0$ 中取实光子的四维极化矢量, 由此 $e_x \approx -\boldsymbol{e}_\perp \cdot \boldsymbol{k}_\perp/\omega$. 于是得到

$$je = -\boldsymbol{e}_\perp \cdot \left(\boldsymbol{J}_\perp - \frac{\boldsymbol{k}_\perp}{\omega}J_x\right). \tag{99.9}$$

如果忽略掉括号中的第二项, 表示式 (99.8) 与 (99.9) 是成正比的. 由于流 J 与图 (99.1b) 的上顶点相关, 它应当不依赖于 $\boldsymbol{p}$ 的方向; 因此 J_x 与 $\boldsymbol{J}_\perp$ 必取为同一级的量. 由于忽略了问题中的那些项, 我们必有 $|\boldsymbol{k}_\perp| \ll \omega$, 和 $\omega \ll \varepsilon^2|\boldsymbol{k}_\perp|/M^2$; 这些条件是和原来对 $\boldsymbol{k}_\perp$ 与 ω 的条件一致的.

假设在 (99.9) 式中光子的极化处于 x 与 $\boldsymbol{k}$ 的平面 (因此 $\boldsymbol{e}_\perp \| \boldsymbol{k}_\perp$) 并注意到所提出的条件意味着 $\boldsymbol{e}_\perp^2 \approx e^2 = 1$, 于是我们有

$$M_{fi} = M_{fi}^{(r)} = \frac{Ze\sqrt{4\pi}}{-k^2}\frac{2\varepsilon}{\omega}|\boldsymbol{k}_\perp|. \tag{99.10}$$

按照前面的讨论, 下面的条件在这里假设是满足的:

$$|\boldsymbol{k}_\perp| \ll \omega \ll m\gamma, \tag{99.11}$$

$$\frac{\omega}{\gamma^2} \ll |\boldsymbol{k}_\perp| \ll m, \tag{99.12}$$

其中用到如下标记

$$\gamma = \frac{\varepsilon}{M} = \frac{1}{\sqrt{1 - \boldsymbol{v}^2}}.$$

由此我们可以求出相应截面之间的关系. 按照普遍公式 (64.18) 我们有 (在粒子 m 的静止参考系)

$$\mathrm{d}\sigma_r = |M_{fi}^{(r)}|^2(2\pi)^4\delta^{(4)}(P_f - P_i)\frac{1}{4m\omega}\mathrm{d}\rho_Q,$$

$$\mathrm{d}\sigma = |M_{fi}|^2(2\pi)^4\delta^{(4)}(P_f - P_i)\frac{1}{4m\omega}\frac{\mathrm{d}^3 p'}{2\varepsilon(2\pi)^3}\mathrm{d}\rho_Q,$$

其中 $\mathrm{d}\rho_Q$ 表示粒子 Q 的统计权重. 利用 (99.10) 与 (99.7), 我们求出

$$\mathrm{d}\sigma = \mathrm{d}\sigma_r \cdot n(\boldsymbol{k})\mathrm{d}^3 p', \tag{99.13}$$

其中

$$n(\boldsymbol{k}) = \frac{Z^2 e^2}{\pi^2} \frac{\boldsymbol{k}_\perp^2}{\omega(\boldsymbol{k}_\perp^2 + \omega^2/\gamma^2)^2}. \tag{99.14}$$

这里 $\mathrm{d}\sigma_r$ 为过程 (a) 的截面, 它是由一个实光子与一个静止粒子之间的碰撞得到的, 其中形成的粒子系统 Q 有在某个范围的动量; $\mathrm{d}\sigma$ 则涉及过程 (b), 它是一个快粒子 (质量 M) 与一个静止的相同粒子碰撞时形成同样粒子系统 Q, 动量损失为 $\boldsymbol{p} - \boldsymbol{p}' = \boldsymbol{k}$, 且仍留在 $\boldsymbol{p}'$ 值附近的范围 $\mathrm{d}^3 p'$ 内的截面. (99.13) 式中的因子 $n(\boldsymbol{k})$ 可解释为与快粒子电磁场等价的光子 (在 $\boldsymbol{k}$ 空间中) 的数密度.

对 $\mathrm{d}^3 p'$ 的积分等价于对 $\mathrm{d}^3 k = \mathrm{d}\omega \mathrm{d}^2 k_\perp$ 的积分. 通过对 $\mathrm{d}^2 k_\perp$ 积分, 我们得到粒子系统 Q 的总能量在给定范围 $\mathrm{d}E = \mathrm{d}\omega$ ($E - m = \varepsilon - \varepsilon' = \omega$, 其中 ε, ε' 为粒子 M 的初态与终态能量) 内碰撞过程的截面. 对 $\boldsymbol{k}_\perp$ 方向积分意味着对入射光子的极化方向求平均 (并乘以 2π). 结果为

$$\mathrm{d}\sigma = n(\omega)\mathrm{d}\sigma_r \mathrm{d}\omega, \tag{99.15}$$

其中

$$n(\omega) = \int n(\boldsymbol{k}) \cdot 2\pi k_\perp \mathrm{d}k_\perp = \frac{2Z^2 e^2}{\pi \omega} \int \frac{k_\perp^3 \mathrm{d}k_\perp}{(k_\perp^2 + \omega^2/\gamma^2)^2}.$$

当 $k_\perp$ 很大时, 对 $\mathrm{d}k_\perp$ 的积分将发散, 但是这个发散只是对数的. 这使得我们 (在此方法成立的范围内) 可以在对数近似下得到一个结果: 假设不仅对数的宗量而且对数本身也是大的. 到这个精确程度, 取积分上限为 $k_{\perp\max} \sim m$, 即不等式 (99.12) 的上限就足够了. 于是这个积分给出等效光子的频率分布为 (用通常的单位)

$$n(\omega)\mathrm{d}\omega = \frac{2}{\pi} Z\alpha \ln \frac{\gamma mc^2}{\hbar\omega} \frac{\mathrm{d}\omega}{\omega}. \tag{99.16}$$

此处所采用的近似意味着对数函数宗量的数值系数仍然是不确定的. 包含这样一个系数意味着在大的对数上加了一个相对小的量 (~ 1) 因而对此方法的精确性没有什么影响.

习 题

1. 由光子–电子散射截面, 求一个快电子与原子核碰撞中的韧致辐射截面.

解: 在 K_1 参考系, 即电子碰撞前静止的参考系, 这个过程可看成为原子核场的等效光子被电子散射的过程.[①] 按照 (86.10) 式, 在 K_1 参考系光子被电

[①] 虚光子被原子核的散射 (在核静止的参考系) 由于原子核质量大而被排除: 散射截面随散射粒子的质量增大而趋于零.

子散射的截面为

$$\mathrm{d}\sigma_{\mathrm{sc}}(\omega_1, \omega_1') = \pi r_e^2 \frac{m\,\mathrm{d}\omega_1'}{\omega_1^2} \left[\frac{\omega_1}{\omega_1'} + \frac{\omega_1'}{\omega_1} + \left(\frac{m}{\omega_1'} - \frac{m}{\omega_1} \right)^2 - 2m\left(\frac{1}{\omega_1'} - \frac{1}{\omega_1} \right) \right], \quad (1)$$

其中 ω_1 与 ω_1' 为光子在该参考系中的初态与终态能量. 在 K_1 参考系中的韧致辐射截面为

$$\mathrm{d}\sigma_{\mathrm{br}}(\omega_1') = \int \mathrm{d}\omega_1 \cdot n(\omega_1)\mathrm{d}\sigma_{\mathrm{sc}} \quad (\omega_1, \omega_1'), \tag{2}$$

其中 $n(\omega_1)$ 为函数 (99.16). 由于截面是不变量, 变到核静止的参考系 K 仅频率 ω_1' 有改变. 在参考系 K_1 与 K 中的频率 ω_1' 与 ω' 之间由多普勒公式相联系

$$\omega' = \gamma\omega_1'(1 - v\cos\theta_1), \quad \gamma = \frac{1}{\sqrt{1-v^2}}, \tag{3}$$

其中 θ_1 为 K_1 参考系中的散射角. 相同的角度将 ω_1' 与 ω_1 通过 (86.8) 式联系起来:

$$\frac{1}{\omega_1'} - \frac{1}{\omega_1} = \frac{1}{m}(1 - \cos\theta_1). \tag{4}$$

由 (3) 与 (4) 式我们有

$$\omega_1' = \omega_1 \frac{\varepsilon'}{\varepsilon}, \tag{5}$$

其中 $\varepsilon\,(=m\gamma)$ 与 ε' 为电子在 K 参考系中初态与终态的能量 $(\varepsilon - \varepsilon' = \omega')$. 将 (5) 代入 (1) 我们求出

$$\mathrm{d}\sigma_{\mathrm{sc}} = \pi r_e^2 \frac{m\,\mathrm{d}\omega'}{\varepsilon\omega_1} \left(\frac{\varepsilon'}{\varepsilon} + \frac{\varepsilon}{\varepsilon'} + \frac{m^2\omega'^2}{\varepsilon'^2\omega_1^2} - \frac{2m\omega'}{\omega_1\varepsilon'} \right).$$

将此式代入 (2), 固定 ω' (即 ε') 对 $\mathrm{d}\omega_1$ 从 $\omega_{1,\min} = m\omega'/2\varepsilon'$ 到 $\omega_{1,\max} = 2\varepsilon\omega'/m$ 范围积分; 这些数值由 (3) 与 (4) 式通过取 $\theta_1 = 0$ 与 $\theta_1 = \pi$ 给出. 由于这个积分对大的 ω_1 很快收敛, 对其主要的贡献来自 ω_1 靠近下限的范围, 即我们可以取 $\omega_{1,\max} \to \infty$. 以对数精确性[①] 计算这个积分. 我们有

$$\mathrm{d}\sigma_{\mathrm{br}} = 4r_e^2 \alpha Z \frac{\mathrm{d}\omega'}{\omega'} \frac{\varepsilon'}{\varepsilon} \left(\frac{\varepsilon}{\varepsilon'} + \frac{\varepsilon'}{\varepsilon} - \frac{2}{3} \right) \ln \frac{\varepsilon\varepsilon'}{m\omega'}.$$

要此结果成立除了条件 $\varepsilon \gg m$ (极端相对论电子) 外, 还必须满足条件 (99.11): 积分中重要的频率 $\omega_1 \sim \omega_{1,\min}$ 必须满足 $\ll \varepsilon$. 因此, $\varepsilon - \varepsilon' = \omega' \ll \varepsilon\varepsilon'/m$. 在这些条件下, 结果与 (93.17) 式一致, 如应该的那样.

---

① 这意味着, 通过一个分部积分, 将包含大对数的项分离出去然后忽略其余的项. 这个运算等价于将对数 $\ln(\varepsilon/\omega_1)$ 移到积分号外, 并取 $\omega_1 = \omega_{1,\min}$.

2. 对电子–电子轫致辐射做与习题 1 相同的问题.

解: 在此情形, 虚光子要么被快电子散射要么被反冲电子散射; 等价于其中一个电子场的光子被另一个电子散射. 虚光子被快电子的散射给出截面 $\mathrm{d}\sigma_{\mathrm{br}}^{(1)}$, 它等于电子与一个 $Z = 1$ 的原子核的散射截面.

虚光子被反冲电子的散射给出截面

$$\mathrm{d}\sigma_{\mathrm{br}}^{(2)} = \int \mathrm{d}\omega \cdot n(\omega)\mathrm{d}\sigma_{\mathrm{sc}}(\omega, \omega'),$$

其中 $\mathrm{d}\sigma_{\mathrm{sc}}(\omega, \omega')$ 由 (1) 式给出, 只是频率的标记要作适当的改变. 对给定的 ω' 值, ω 值的范围为 (参见 (4) 式)

$$\omega' \leqslant \omega \leqslant \infty \quad \text{对} \ \omega' > \frac{m}{2};$$

$$\omega' \leqslant \omega \leqslant \frac{\omega'}{m - 2\omega'} \quad \text{对} \ \omega' < \frac{m}{2}.$$

当 $\omega' < \frac{1}{2}m$ 时, 对 ω 的积分给出

$$\mathrm{d}\sigma_{\mathrm{br}}^{(2)} = \frac{16}{3}\alpha r_e^2 \frac{\mathrm{d}\omega'}{\omega'}\left(1 - \frac{\omega'}{m} + \frac{\omega'^2}{m^2}\right)\ln\frac{\varepsilon}{\omega'},$$

与 (97.4) 式相符. 但是, 当 $\omega' > \frac{1}{2}m$ 时我们必须区分 $\omega' \sim m$ 与 $\omega' \sim \varepsilon \gg m$ 两种情形. 在前一情形,

$$\mathrm{d}\sigma_{\mathrm{br}}^{(2)} = \frac{2}{3}\alpha r_e^2 \frac{m\mathrm{d}\omega'}{\omega'^2}\left(4 - \frac{m}{\omega'} + \frac{m^2}{4\omega'^2}\right)\ln\frac{\varepsilon}{m},$$

与 (97.3) 相符; 在对数的宗量中我们已经以足够的精确性将 ε/ω' 换成了 ε/m. 在 $\omega' \sim \varepsilon$ 的情形, 等效光子方法不能用来计算 $\mathrm{d}\sigma_{\mathrm{br}}^{(2)}$. 虚光子的频率取值从 ω' 开始, 因此条件 (99.11) 在 $\omega = \omega' \sim \varepsilon$ 时不再满足.

3. 由两个光子碰撞产生的电子对截面求光子–原子核碰撞产生电子对的总截面.

解: 光子在原子核静止系 K 中的能量为 $\omega \gg m$. 如果我们变到参考系 K_0, 在该参考系中原子核以速度 v_0 运动迎面碰到光子, 且此速度满足 $1/\sqrt{(1 - v_0^2)} = \frac{1}{2}\omega/m$, 那么在该参考系中光子的能量为

$$\omega_0 = \omega\frac{1 - v_0}{\sqrt{1 - v_0^2}} \approx \frac{\omega}{2}\sqrt{1 - v_0^2} = m.$$

在参考系 K_0 计算所求的截面 σ 可看成一个入射光子 ω_0 与一个原子核场的等效光子 (其能量我们记作 ω') 碰撞时产生电子对的截面:

$$\sigma = \int \sigma_{\gamma\gamma}n(\omega')\mathrm{d}\omega',$$

其中 $\sigma_{\gamma\gamma}$ 为两个光子产生电子对的截面并已在 §88 习题的公式 (1) 给出, 应该取

$$v = \sqrt{1 - \frac{m^2}{\omega_0\omega'}} = \sqrt{1 - \frac{m}{\omega'}}.$$

用变量 v 取代 ω', 我们得到

$$\sigma = 2r_e^2\alpha Z \int_0^1 v \ln\left[\frac{\omega}{m}(1 - v^2)\right]\left[(3 - v^4)\ln\frac{1 + v}{1 - v} - 2v(2 - v^2)\right]dv.$$

由于上限的收敛性, 积分可以对从反应阈 $\omega' = m(v = 0)$ 到 $\omega' = \infty(v = 1)$ 的整个范围进行并达到对数精确性 (将 $\ln[\omega(1 - v^2)/m]$ 换成其在 $v = 0$ 的值并放到积分号外). 结果为

$$\sigma = \frac{28}{9}\alpha Z^2 r_e^2 \ln\frac{\omega}{m},$$

与 (94.6) 式相符; 这个公式在 $\ln(\omega/m) \gg 1$ 时成立.

§100 在粒子间碰撞中产生电子对

在两个带电粒子间碰撞中产生电子–正电子对可用下面两种类型的费曼图来描述:

$$(100.1)$$

每个图中上面的两根直线对应相碰撞的粒子, 而最下面的直线对应产生的电子对.

我们来研究极端相对论情形下两个重粒子 (原子核) 的碰撞. 在这种碰撞中, 粒子运动本身的变化可以忽略, 即可以将它们看成为外场源.[①]这对应第一种类型的两个图:

$$(100.2)$$

其中 $q^{(1)}, q^{(2)}$ 为两个粒子的场的傅里叶分量的 "动量".

---

① 两个轻粒子 (电子) 的碰撞, 其运动的变化不能忽略, 这是相当复杂的情形; 参见 §93 引用的 B. H. Байер 等人的著作.

一个以速度 v 匀速运动的经典粒子所产生的势 $A^\mu = (A_0, \boldsymbol{A})$ 满足方程

$$\Box A_0 = -4\pi Ze\delta(\boldsymbol{r} - \boldsymbol{v}t - \boldsymbol{r}_0),$$

$$\Box \boldsymbol{A} = -4\pi Ze\boldsymbol{v}\delta(\boldsymbol{r} - \boldsymbol{v}t - \boldsymbol{r}_0).$$

其傅里叶分量为

$$A_0(\omega, \boldsymbol{k}) = -\frac{8\pi^2 Ze}{\omega^2 - \boldsymbol{k}^2}e^{-i\boldsymbol{k}\cdot\boldsymbol{r}_0}\delta(\omega - \boldsymbol{k}\cdot\boldsymbol{v})$$

对 $\boldsymbol{A}(\omega, \boldsymbol{k})$ 有类似公式. 写成四维形式为

$$A^\mu(q) = -\frac{8\pi^2 Ze}{q^2}e^{iqx_0}U^\mu\delta(Uq),$$

其中 U 为粒子的四维速度, $x_0 = (0, \boldsymbol{r}_0)$ 为四维矢量. 如果核 1 静止处于原点 $(\boldsymbol{r}_0^{(1)} = 0)$, 那么 $\boldsymbol{\rho} \equiv \boldsymbol{r}_0^{(2)}$ 为碰撞参量矢量 (在垂直于核 2 运动方向的平面上). $A^\mu(q)$ 的这个表示式应用于解析地写出图 (100.2) 的表示.

然而, 现在情形的实际计算中并不需要采用这个方法. 电子对产生截面可以利用已知的光子–核产生电子对的截面用等效光子方法求出. 一个粒子 (比如, 第一个粒子) 的场换成等效光子的谱意味着在图 (100.2) 中将 $q^{(1)}$ 线看成实光子线. 于是这两个图就与光子在核 2 产生电子对所对应的图相同. 当 $\varepsilon_+, \varepsilon_- \gg m$ 时, 后一过程的截面由 (94.5) 式给出. 将这个截面乘以第一个核的等效光子的谱 (99.16), 我们得到 (以对数精确性) 粒子间碰撞中产生电子对的微分截面

$$d\sigma = \frac{8}{\pi}r_e^2(Z_1 Z_2\alpha)^2\frac{d\varepsilon_+ d\varepsilon_-}{(\varepsilon_+ + \varepsilon_-)^4}\left(\varepsilon_+^2 + \varepsilon_-^2 + \frac{2}{3}\varepsilon_+\varepsilon_-\right)$$

$$\times \ln\frac{2\varepsilon_+\varepsilon_-}{m(\varepsilon_+ + \varepsilon_-)}\ln\frac{m\gamma}{\varepsilon_+ + \varepsilon_-}, \tag{100.3}$$

其中 $\gamma = 1/\sqrt{(1 - v^2)} \gg 1$.

这里假设

$$m \ll \varepsilon_+, \quad \varepsilon_- \ll m\gamma; \tag{100.4}$$

右边的不等式是等效光子方法得以应用的条件. 不等式 (100.4) 确定的范围是和在积分 (100.3) 中重要的电子与正电子的能量范围一样的. 在给定和 $\varepsilon \equiv \varepsilon_+ + \varepsilon_-(\gg m)$ 的条件下对 $d\varepsilon_+$ 或 $d\varepsilon_-$ 的积分中, 重要的范围是靠近上限的区域; 略去不包含大对数的项, 我们求出

$$d\sigma = \frac{56}{9\pi}r_e^2(Z_1 Z_2\alpha)^2\ln\frac{\varepsilon}{m}\ln\frac{m\gamma}{\varepsilon}\frac{d\varepsilon}{\varepsilon}.$$

对 ε 在范围 (100.4) 的积分按对数的三次方发散, 但是在这个范围的边界只是按对数的平方发散. 因此, 在对数近似 $(\ln \gamma \gg 1)$ 下, 范围 (100.4) 实际上是最重要的区域, 积分可以取为从 m 到 $m\gamma$. 由于

$$\int_1^\gamma \ln \xi (\ln \gamma - \ln \xi) \frac{d\xi}{\xi} = \frac{1}{6} \ln^3 \gamma,$$

总的电子对产生截面为

$$\sigma = \frac{28}{27\pi} r_e^2 (Z_1 Z_2 \alpha)^2 \ln^3 \frac{1}{\sqrt{1-v^2}} \tag{100.5}$$

(Л. Д. Ландау, Е. М. Лифшиц, 1934).

我们现在来考虑碰撞核为非相对论速度的情形. 由于它们的相互作用引起其运动的改变变得很重要, 对电子对产生截面的主要贡献来自图 (100.1) 中的第二种类型. 有四个这样的图: 其中两个为

$$\tag{100.6}$$

另外两个是类似的, 区别只是虚光子 k(它产生电子对) 是由第一个核发射的而不是由第二个核发射的.[1]

我们将假设电子对的能量与原子核在它们的质心系中的相对运动动能相比很小:

$$\varepsilon_+ + \varepsilon_- \ll Mv^2/2 \tag{100.7}$$

其中 v 为初始的相对速度而 $M = M_1 M_2/(M_1 + M_2)$ 为核的约化质量. 电子对产生对原子核运动的反冲效应可以忽略. 如果将图 (100.6) 中的电子–正电子线删去, 剩下的图表示相碰撞的粒子发射一个低频的虚光子 $(\omega = \varepsilon_+ + \varepsilon_-)$. 于是我们回到 §98 讨论的发射实的软光子的情形, 可以采用在该节对非相对论情形推出的 (98.13) 式 (只是需将实光子的振幅 $\sqrt{4\pi} e^*$ 换成虚光子的传播子).[2] 因此整个电子对产生过程的振幅变成

$$M_{fi} = M_{fi}^{(el)} \frac{1}{\omega} \left(\frac{Z_1 e}{M_1} - \frac{Z_2 e}{M_2} \right) q^\lambda D_{\lambda\mu}(k) [-ie(\bar{u}_- \gamma^\mu u_+)], \tag{100.8}$$

---

[1] 对应两个电子之间碰撞的电子对产生一共有 36 个图: 类型 a 的 $2! \times 3! = 12$ 个图, 它们由交换 2 个初态电子和 3 个终态电子得到, 类型 b 的 $2 \times 2! \times 3! = 24$ 个图, 它们由 (100.6) 的两个图用类似的方法得到.

[2] 在非相对论情形, 光子动量与辐射粒子的动量改变 $(|\delta \boldsymbol{p}| \sim \omega/v)$ 相比是很小的, 因此可以忽略, 和 $\delta \boldsymbol{p}$ 相比, 即使当光子能量不能忽略时光子动量也可以忽略. 这个忽略更可以应用于虚光子, 对后者四维平方 $k^2 = (p_+ + p_-)^2 > 0$, 所以 $|\boldsymbol{k}| < \omega$. 在这些条件下, 实光子和虚光子没什么区别, (98.13) 式的应用是合法的.

其中 $q = (0, \boldsymbol{q}), \boldsymbol{q} = M(\boldsymbol{v}' - \boldsymbol{v})$.

如通常那样, 非相对论情形下的光子传播子采用规范 (76.14). 由振幅 (100.8) 我们求出这个过程的截面:

$$
\begin{aligned}
\mathrm{d}\sigma = \mathrm{d}\sigma_{\mathrm{el}} \cdot e^4 &\left(\frac{Z_1}{M_1} - \frac{Z_2}{M_2} \right)^2 \\
&\times \frac{\mathrm{d}^3 p_+ \mathrm{d}^3 p_-}{2\varepsilon_+ 2\varepsilon_- (2\pi)^6 \omega^2 (\omega^2 - \boldsymbol{k}^2)^2} (4\pi)^2 |\overline{u}_- \boldsymbol{\gamma} \cdot \boldsymbol{Q} u_+|^2,
\end{aligned}
\tag{100.9}
$$

其中

$$
\omega = \varepsilon_+ + \varepsilon_-, \quad \boldsymbol{k} = \boldsymbol{p}_+ + \boldsymbol{p}_-, \quad \boldsymbol{Q} = \boldsymbol{q} - \frac{1}{\omega^2} \boldsymbol{k}(\boldsymbol{q} \cdot \boldsymbol{k});
$$

$\mathrm{d}\sigma_{\mathrm{el}}$ 为一个原子核被另一个核弹性散射在质心系中的截面, 由卢瑟福公式给出:[①]

$$
\mathrm{d}\sigma_{\mathrm{el}} = 4(Z_1 Z_2 e^2)^2 \frac{M^2 \mathrm{d}o}{\boldsymbol{q}^4} \approx 4(Z_1 Z_2 e^2)^2 \frac{\mathrm{d}q_y \mathrm{d}q_z}{v^2 \boldsymbol{q}^4}
\tag{100.10}
$$

(最后的公式, 其中假设了原子核和原来运动方向 (x 轴) 的偏离是小的.) 将此表示式代入 (100.9) 式并对电子对极化以通常方式求和, 我们得到

$$
\begin{aligned}
\mathrm{d}\sigma_{\mathrm{el}} = (Z_1 Z_2 e^2)^2 \frac{e^4}{v^2} &\left(\frac{Z_1}{M_1} - \frac{Z_2}{M_2} \right)^2 \\
&\times \mathrm{tr} \left\{ (\gamma p_- + m)(\boldsymbol{\gamma} \cdot \boldsymbol{Q})(\gamma p_+ - m)(\boldsymbol{\gamma} \cdot \boldsymbol{Q}) \right\} \\
&\times \frac{\mathrm{d}^3 p_+ \mathrm{d}^3 p_- \mathrm{d}q_y \mathrm{d}q_z}{4\pi^4 \varepsilon_+ \varepsilon_- \boldsymbol{q}^4 (\omega^2 - \boldsymbol{k}^2)^2 \omega^2}.
\end{aligned}
\tag{100.11}
$$

剩下的计算在积分中出现的所有对数都很大的近似下进行. 我们将会看到, 到这个精确性, 电子对的能量 $\varepsilon_+, \varepsilon_- \gg m$ 并且 $\boldsymbol{p}_+$ 与 $\boldsymbol{p}_-$ 之间的角 θ 使得

$$
m/\varepsilon \ll \theta \ll 1
\tag{100.12}
$$

范围是最重要的. 采用适当的近似, 计算 (100.11) 式中的迹给出

$$
\begin{aligned}
\mathrm{tr}\{\cdots\} = 4 \Bigg[& (\varepsilon_+ \varepsilon_- - \boldsymbol{p}_+ \cdot \boldsymbol{p}_-) \left(\boldsymbol{q}^2 - \frac{(\boldsymbol{q} \cdot \boldsymbol{k})^2}{\omega^2} \right) + 2(\boldsymbol{p}_+ \cdot \boldsymbol{q})(\boldsymbol{p}_- \cdot \boldsymbol{q}) \\
& + \frac{2\varepsilon_+ \varepsilon_-}{\omega^2} (\boldsymbol{q} \cdot \boldsymbol{k})^2 - \frac{2\boldsymbol{q} \cdot \boldsymbol{k}}{\omega} (\varepsilon_+ \boldsymbol{q} \cdot \boldsymbol{p}_- + \varepsilon_- \boldsymbol{q} \cdot \boldsymbol{p}_+) \Bigg],
\end{aligned}
$$

其中我们也可以取 $|\boldsymbol{p}_+| = \varepsilon_+$, $|\boldsymbol{p}_-| = \varepsilon_-$. 在分母中,

$$
\omega^2 - \boldsymbol{k}^2 \approx \varepsilon_+ \varepsilon_- \theta^2 + m^2 \frac{(\varepsilon_+ + \varepsilon_-)^2}{\varepsilon_+ \varepsilon_-}.
$$

[①] 图 (100.6) 是在原子核散射的玻恩近似的假设下给出的. 但是由于卢瑟福公式是精确的 (对库仑相互作用), 因此, 所得结果的有效性事实上并不依赖于玻恩近似成立的条件是否满足.

对 p_+ 与 p_- 的方向积分 (在给定它们之间的角度下) 给出

$$
\mathrm{d}\sigma = \frac{8}{3\pi^2}(Z_1 Z_2 e^2)^2 \frac{e^4}{v^2}\left(\frac{Z_1}{M_1} - \frac{Z_2}{M_2}\right)^2 (\varepsilon_+^2 + \varepsilon_-^2)\mathrm{d}\varepsilon_+\mathrm{d}\varepsilon_-
$$
$$
\times \frac{\theta^3\mathrm{d}\theta}{\left[\theta^2 + \dfrac{m^2(\varepsilon_+ + \varepsilon_-)^2}{\varepsilon_+^2\varepsilon_-^2}\right]^2}\frac{\mathrm{d}q_y\mathrm{d}q_z}{\boldsymbol{q}^2}. \tag{100.13}
$$

与 θ 的依赖关系的形式证实了假设 (100.12), 并且对 θ 的积分给出 $\ln[\varepsilon_+\varepsilon_-/m(\varepsilon_+ + \varepsilon_-)]$. 对 (100.13) 式中最后的因子积分是从 $q_y = q_z = 0$ 到 $\sqrt{(q_y^2 + q_z^2)} \sim 1/R$, 其中 R 为一个核半径量级的量 (对应于最小的碰撞参量; 见下面). 这个积分给出

$$
\pi\ln(q_x^2 + q_y^2 + q_z^2)\left.\begin{array}{c} q_y = q_z = 1/R \\[4pt] \Big| \\[4pt] q_y = q_z = 0 \end{array}\right. \approx 2\pi\ln\frac{1}{Rq_x}.
$$

电子对的总能量, 等于原子核能量的改变, 为

$$
\varepsilon \equiv (\varepsilon_+ + \varepsilon_-) = \frac{M}{2}(\boldsymbol{v}'^2 - \boldsymbol{v}^2) \approx Mv(v_x' - v_x) = vq_x,
$$

由此 $q_x = \varepsilon/v$. 于是我们求出

$$
\mathrm{d}\sigma = \frac{16}{3\pi}(Z_1 Z_2 e^2)^2 \frac{e^4 m^2}{v^2}\left(\frac{Z_2}{M_2} - \frac{Z_1}{M_1}\right)^2 \frac{\varepsilon_+^2 + \varepsilon_-^2}{\varepsilon^4}\ln\frac{v}{R\varepsilon}\ln\frac{\varepsilon_+\varepsilon_-}{m\varepsilon}\mathrm{d}\varepsilon_+\mathrm{d}\varepsilon_-,
$$

在给定的总和 ε 下, 对 $\mathrm{d}\varepsilon_+$ 或 $\mathrm{d}\varepsilon_-$ 积分后得到

$$
\mathrm{d}\sigma = \frac{32}{9\pi}(Z_1 Z_2 e^2)^2 \frac{e^4 m^2}{v^2}\left(\frac{Z_2}{M_2} - \frac{Z_1}{M_1}\right)^2 \ln\frac{v}{R\varepsilon}\ln\frac{\varepsilon}{m}\frac{\mathrm{d}\varepsilon}{\varepsilon}. \tag{100.14}
$$

能量 ε 可以与碰撞参量 $\rho \sim v/\varepsilon$ 相联系; 电子对能量为对应于碰撞时间的频率的数量级. 因此在 (100.14) 中对 $\mathrm{d}\varepsilon$ 的积分的对数发散意味着对碰撞参量有类似的发散. 这意味着 ρ 大的值是重要的 (顺便提到, 这证实了使用核纯库仑场散射截面 (100.10) 是正确的). 因而, 能量的重要范围为 $m \ll \varepsilon \ll v/R$. (100.14) 的积分给出总的电子对产生截面; 结果为 (用通常的单位)

$$
\sigma = \frac{16}{27\pi}(Z_1 Z_2\alpha)^2 r_e^2\left(\frac{c}{v}\right)^2\left(\frac{Z_2 m}{M_2} - \frac{Z_1 m}{M_1}\right)^2 \ln^3\frac{\hbar v}{mc^2 R} \tag{100.15}
$$

(E. M. Lifshitz, 1935).[1]

───────────

① 公式中的一个数值错误是由 Л. Б. Окунь (1953) 更正的.

§101 电子在强电磁波的场中发射光子

微扰论应用于一个电子与辐射场之间的相互作用过程要求不仅作用常数 α 应该是小的, 而且还要求场应该是足够弱的. 如果 a 为一个电磁波场的经典四维矢量振幅, 这里的特征量为无量纲的不变量比

$$\xi = e\sqrt{-a^2}/m. \tag{101.1}$$

在本节我们将考虑一个电子与强电磁波的场作用中发生的辐射过程, 对此过程, ξ 可以有任何值. 所用的方法是基于这个相互作用的精确处理; 而电子与新发射的光子的作用, 与前同样, 可以看成为一个小的微扰 (А. И. Никишов, В. И. Ритус, 1964).

我们来考虑一个单色平面波, 比如一个圆极化的波. 其四维势可写成如下形式

$$A = a_1 \cos\varphi + a_2 \sin\varphi, \quad \varphi = kx, \tag{101.2}$$

其中 $k^\mu = (\omega, \boldsymbol{k})$ 为四维波矢 ($k^2 = 0$), 并且四维振幅 a_1 与 a_2 大小相等且互相正交:

$$a_1^2 = a_2^2 \equiv a^2, \quad a_1 a_2 = 0.$$

我们假设洛伦兹规范条件可以应用于这个势, 于是 $a_1 k = a_2 k = 0$.

电子在一个任意平面电磁波场中的精确波函数已经在 §40 推出过, 并由 (40.7) 与 (40.8) 式给出. 然而, 我们将把归一化变为, 使得 ψ_p 对应于粒子的单位平均空间的数密度, 这和采用将自由粒子波函数归一到 "单位体积内一个粒子" 相类似. 由于波函数 (40.7) 的平均密度为 $\bar{j}_0 = q_0/p_0$, 为了得到所要求的归一化, 这个波函数必须乘以 $\sqrt{p_0/q_0}$, 也就是说, 在 (40.7) 式中出现的因子 $1/\sqrt{2p_0}$ 必须换成 $1/\sqrt{2q_0}$. 对一个具有四维势 (101.2) 的波, 我们求出

$$\psi_p = \left\{ 1 + \frac{e}{2(kp)}[(\gamma k)(\gamma a_1)\cos\varphi + (\gamma k)(\gamma a_2)\sin\varphi] \right\} \frac{u(p)}{\sqrt{2q_0}}$$
$$\times \exp\left\{ -\mathrm{i}e\frac{(a_1 p)}{(kp)}\sin\varphi + \mathrm{i}e\frac{(a_2 p)}{(kp)}\cos\varphi - \mathrm{i}qx \right\}, \tag{101.3}$$

其中

$$q^\mu = p^\mu - e^2\frac{a^2}{2(kp)}k^\mu. \tag{101.4}$$

按照 (40.14) 式, 四维矢量 q 为电子的平均四维动量; 我们称它为**准动量**.

电子由 ψ_p 态跃迁到 $\psi_{p'}$ 态并发射具有四维动量 $k^{\mu'} = (\omega', \boldsymbol{k}')$ 和四维极化矢量 e' 的光子的 S 矩阵元为

$$S_{fi} = -\mathrm{i}e \int \overline{\psi}_{p'}(\gamma e'^*)\psi_p \frac{\mathrm{e}^{\mathrm{i}k'x}}{\sqrt{2\omega'}}\mathrm{d}^4 x. \tag{101.5}$$

(101.5) 式中的被积函数为如下几个量的线性组合:

$$\exp(-\mathrm{i}\alpha_1 \sin\varphi + \mathrm{i}\alpha_2 \cos\varphi) \cdot \begin{cases} 1, \\ \cos\varphi, \\ \sin\varphi, \end{cases}$$

其中

$$\alpha_1 = e\left(\frac{a_1 p}{kp} - \frac{a_1 p'}{kp'}\right), \quad \alpha_2 = e\left(\frac{a_2 p}{kp} - \frac{a_2 p'}{kp'}\right). \tag{101.6}$$

这些量与因子 $\exp[\mathrm{i}(k'+p'-p)x]$ 一起给出被积函数与 x 的依赖关系. 我们对它们作傅里叶展开, 并将展开系数分别记作 B_s, B_{1s}, B_{2s}; 比如,

$$\exp(-\mathrm{i}\alpha_1 \sin\varphi + \mathrm{i}\alpha_2 \cos\varphi) = \exp\left(-\mathrm{i}\sqrt{\alpha_1^2 + \alpha_2^2}\sin(\varphi - \varphi_0)\right) = \sum_{s=-\infty}^{\infty} B_s \mathrm{e}^{-\mathrm{i}s\varphi}.$$

这些系数可以用贝塞尔函数表示成如下公式

$$\begin{aligned}
B_s &= \mathrm{J}_s(z)\mathrm{e}^{\mathrm{i}s\varphi_0}, \\
B_{1s} &= \frac{1}{2}[\mathrm{J}_{s+1}(z)\mathrm{e}^{\mathrm{i}(s+1)\varphi_0} + \mathrm{J}_{s-1}(z)\mathrm{e}^{\mathrm{i}(s-1)\varphi_0}], \\
B_{2s} &= \frac{1}{2\mathrm{i}}[\mathrm{J}_{s+1}(z)\mathrm{e}^{\mathrm{i}(s+1)\varphi_0} - \mathrm{J}_{s-1}(z)\mathrm{e}^{\mathrm{i}(s-1)\varphi_0}],
\end{aligned} \tag{101.7}$$

其中

$$z = \sqrt{\alpha_1^2 + \alpha_2^2}, \quad \cos\varphi_0 = \alpha_2/z, \quad \sin\varphi_0 = \alpha_2/z.$$

函数 B_s, B_{1s}, B_{2s} 由如下关系式相联系

$$\alpha_1 B_{1s} + \alpha_2 B_{2s} = s B_s, \tag{101.8}$$

此式是从下面这个熟知的贝塞尔函数之间的关系式得出的

$$\mathrm{J}_{s-1}(z) + \mathrm{J}_{s+1}(z) = 2s\mathrm{J}_s(z)/z.$$

于是, 矩阵元 (101.5) 变成

$$S_{fi} = \frac{1}{(2\omega' \cdot 2q_0 \cdot 2q_0')^{1/2}} \sum_s M_{fi}^{(s)}(2\pi)^4 \mathrm{i}\delta^{(4)}(sk + q - q' - k'); \tag{101.9}$$

我们在这里将不给出振幅 $M_{fi}^{(s)}$ 的相当复杂的表示式.

这样, S_{fi} 就是一个无穷项的求和, 其中每项都对应守恒定律

$$sk + q = q' + k'. \tag{101.10}$$

由于

$$q^2 = q'^2 = m^2(1 + \xi^2) \equiv m_*^2 \tag{101.11}$$

(参见 (40.15)), 和 $k^2 = k'^2 = 0$, 公式 (101.10) 只有在 $s \geqslant 1$ 时才能够被满足. 求和中的第 s 项描述通过吸收具有四维动量 k 的 s 个光子的波而发射一个光子 k' 的过程. (101.10) 式表明, 在康普顿效应中出现的所有运动学关系都将可以应用于这里考虑的过程, 只要将电子动量换成准动量 q 同时将入射光子动量换成四维矢量 sk 即可. 特别是, 发射光子在电子静止的参考系中的频率平均 ($\boldsymbol{q} = 0, q_0 = m_*$) 为

$$\omega' = \frac{s\omega}{1 + (s\omega/m_*)(1 - \cos\theta)}, \tag{101.12}$$

其中 θ 为 $\boldsymbol{k}$ 与 $\boldsymbol{k}'$ 之间的夹角; (参见 (86.8)). 我们可以说, 频率 ω' 为 ω 的谐波.

用以前用过的标记 (§64), 发射第 s 谐波过程的振幅为 $M_{fi}^{(s)}$, 而表示式

$$dW_s = |M_{fi}^{(s)}|^2 \frac{d^3k' d^3q'}{(2\pi)^6 \cdot 2\omega' \cdot 2q_0 \cdot 2q_0'} \cdot (2\pi)^4 \delta^{(4)}(sk + q - q' - k') \tag{101.13}$$

给出相应的单位体积与单位时间的微分截面.[①]

振幅 $M_{fi}^{(s)}$ 有与平面波散射振幅类似的结构, $\bar{u}(p') \cdots u(p)$; 因此对粒子极化的求和运算可以用通常的方式进行. 在对终态电子与光子的极化求和并对初态电子的极化求平均后, 我们得到

$$dW_s = \frac{e^2 m^2}{4\pi} \frac{d^3k' d^3q'}{q_0 q_0' \omega'} \delta^{(4)}(sk + q - q' - k')$$

$$\times \left\{ -2J_s^2(z) + \xi^2 \left(1 + \frac{(kk')^2}{2(kp)(kp')} \right) (J_{s+1}^2 + J_{s-1}^2 - 2J_s^2) \right\} \tag{101.14}$$

为对此表示式积分, 我们指出, 由于圆极化波场的轴对称性, 微分概率是和绕 $\boldsymbol{k}$ 方向的辐角 φ 无关的. 这个事实和有 δ 函数存在一起, 使我们可以对除取作不变量的 $u = (kk')/(kp')$ 以外的所有变量积分. 于是在对 $d^3k d\varphi d(q_0' + \omega')$ 积分后, 我们求出

$$\delta^{(4)}(sk + q - q' - k')\frac{d^3q' d^3k'}{q_0' \omega'} \to \frac{2\pi du}{(1 + u)^2}.$$

[①] 应该指出, 波函数 ψ_p 归一化到单位密度对应于 "以 $q/2\pi$ 为单位" 的 δ 函数归一化; 参见 (40.17), 在该式右边的因子 q_0/p_0 将不存在. 正是由于这个原因, 电子终态的数目必须以 $d^3q'/(2\pi)^3$ 为单位来测量.

在质心系中 (在此参考系中 $s\boldsymbol{k}+\boldsymbol{q}=\boldsymbol{q}+\boldsymbol{k}'=0$), 这个积分给出 $2\pi|\boldsymbol{q}'|\mathrm{d}\cos\theta/E_s$, 其中 $E_s=s\omega+q_0=\omega'+q_0'$ 而 θ 为 $\boldsymbol{k}$ 与 $\boldsymbol{q}'$ 之间的夹角; 参见变换 (64.12). 而且, 在同一参考系中,

$$u=\frac{E_s}{q_0'-|\boldsymbol{q}'|\cos\theta}-1, \quad \mathrm{d}\cos\theta=\frac{E_s\mathrm{d}u}{|\boldsymbol{q}'|(1+u)^2}.$$

范围 $-1\leqslant\cos\theta\leqslant1$ 对应于

$$0\leqslant u\leqslant u_s\equiv\frac{E_s^2}{m_*^2}-1=\frac{2s(kp)}{m_s^2},$$

在作此变换时, 必须记住 $kp=kq$.

因此, 单位时间内辐射的总概率为

$$W=\sum_{s=1}^{\infty}W_s=\frac{e^2m^2}{4q_0}\sum_{s=1}^{\infty}\int_0^{u_s}\frac{\mathrm{d}u}{(1+u)^2}$$
$$\times\left\{-4\mathrm{J}_s^2(z)+\xi^2\left(2+\frac{u^2}{1+u}\right)(\mathrm{J}_{s+1}^2+\mathrm{J}_{s-1}^2-2\mathrm{J}_s^2)\right\}, \quad (101.15)$$

其中[1]

$$u=\frac{(kk')}{(kp')}, \quad u_s=2s\frac{(kp)}{m_*^2}, \quad z=2sm^2\frac{\xi}{\sqrt{1+\xi^2}}\sqrt{\frac{u}{u_s}\left(1-\frac{u}{u_s}\right)}. \quad (101.16)$$

当 $\xi\ll1$ (微扰论成立的条件) 时, (101.15) 式中的被积函数可以按 ξ 的级数展开. 例如, 在 W_1 的展开中的第一项为

$$W_1=\frac{e^2m^2}{4p_0}\xi^2\int_0^{u_1}\left[2+\frac{u^2}{1+u}-4\frac{u}{u_1}\left(1-\frac{u}{u_1}\right)\right]\frac{\mathrm{d}u}{(1+u)^2}$$
$$=\frac{e^2m^2}{4p_0}\xi^2\left[\left(1-\frac{4}{u_1}-\frac{8}{u_1^2}\right)\ln(1+u_1)+\frac{1}{2}+\frac{8}{u_1}-\frac{1}{2(1+u_1)^2}\right],$$
$$(101.17)$$

其中 $u_1\approx2(kp)/m^2$. 这个结果, 如应该的那样, 与光子被电子散射的 Klein-Nishina 公式一致: 在 (101.17) 中取 $-a^2=4\pi/\omega$, $\xi^2=4\pi e^2/m^2\omega$, 再除以入射流密度 (64.14), 我们回到 (86.16)(积分散射截面与光子的初始极化无关).[2]

---

[1] 为计算 z, 我们首先指出

$$z^2=(a_1Q)^2+(a_2Q)^2=a^2Q^2$$

其中 $Q=eq/(kq)-eq'/(kq')$. 为此可以选择一个参考系使得 $(a_1)_0=(a_2)_0=0$, 且取矢量 $\boldsymbol{a}_1, \boldsymbol{a}_2, \boldsymbol{k}$ 分别沿 x^1, x^2, x^3 轴方向, 并注意到由于 $kQ=0$, 应该有 $Q_0=Q_3$.

[2] a^2 的这个值对应于四维势归一化到 "单位体积内有一个粒子". 要确定它, ω 必须等于具有 (实) 四维势 (101.2) 的经典场的能量.

发射第二谐波概率的表示式 (W_2 对 $\xi \ll 1$ 情形展开的第一项) 为

$$
\begin{aligned}
W_2 &= \frac{e^2 m^2 \xi^4}{p_0} \int_0^{u_2} \frac{\mathrm{d}u}{(1+u)^2} \frac{u}{u_2} \left(1 - \frac{u}{u_2}\right) \left[2 + \frac{u^2}{1+u} - 4\frac{u}{u_2}\left(1 - \frac{u}{u_2}\right)\right] \\
&= \frac{e^2 m^2 \xi^4}{p_0} \left[\frac{1}{2} + \frac{1}{3u_1} - \frac{4}{u_1^2} - \frac{2}{u_1^3} - \frac{1}{2(1+2u_1)}\right. \\
&\quad \left. - \left(\frac{1}{2u_1} - \frac{3}{2u_1^2} - \frac{3}{u_1^3} - \frac{1}{u_1^4}\right)\ln(1+2u_1)\right].
\end{aligned} \tag{101.18}
$$

对足够小的 s, W_s 的领头项是与 ξ^{2s} 成正比的.

现在我们来考虑相反的情形 ($\xi \gg 1$). 参量 ξ 可以通过比如在固定场强的条件下减小频率 ω 来得到较大的值; 明显地有 $\xi = eF/m\omega$, 其中 F 为场强的振幅. 因此很明显, 情形 $\xi \gg 1$ 实质上指的是在一个恒定的均匀场中的过程, 这个场中 $\boldsymbol{E}$ 与 $\boldsymbol{H}$ 是互相正交且大小相等的; 这将称为**交叉场**. 这个场的发射概率可以通过取 $\xi \to \infty$ 的极限求出, 但更为简单的是在计算中假设一个恒定场, 取四维势为如下形式

$$
A^\mu = a^\mu \varphi, \quad \varphi = kx, \quad ak = 0 \tag{101.19}
$$

(因此 $F_{\mu\nu} = k_\mu a_\nu - k_\nu a_\mu = \text{constant}$). 这个场中电子的精确波函数可通过将 (101.19) 代入 (40.7), (40.8) 式得到:

$$
\psi_p = \left[1 + e\frac{(\gamma k)(\gamma a)}{2(kp)}\varphi\right] \frac{u(p)}{\sqrt{2p_0}} \exp\left\{-\mathrm{i}e\frac{(ap)}{2(kp)}\varphi^2 + \mathrm{i}e^2\frac{a^2}{6(kp)}\varphi^3 - \mathrm{i}px\right\}. \tag{101.20}
$$

用这个函数给出的结果对于在交叉场中任何能量的电子的发射是精确的. 然而, 在极端相对论情形下, 这个结果 (当取通用的形式; 见下面) 应用于电子的发射不只是在交叉场而且在任何恒定的均匀电磁场中, 包括 §90 讨论的恒定磁场都是正确的.

为了表述这个论断, 我们注意到在任何恒定均匀场中一个粒子的状态由与自由粒子状态数同样数目的量子数来确定, 这些量子数总可以选成当将场移走时自由粒子的那些量子数, 即其四维动量 $p^\mu (p^2 = m^2)$. 于是在恒定场中的粒子状态可以用一个恒定的四维矢量 p 来描述.

发射的总强度, 作为一个不变量, 仅依赖于由恒定的四维张量 $F_{\mu\nu}$ 与恒定的四维矢量 p^μ 能够构成的不变量. 由于在强度中 $F_{\mu\nu}$ 只能出现在与电荷 e 的组合中, 我们得到三个无量纲的不变量:

$$
\begin{aligned}
&\chi^2 = -\frac{e^2}{m^6}(F_{\mu\nu}p^\nu)^2 = -\frac{e^2}{m^6}a^2(kp)^2, \quad f = \frac{e^2(F_{\mu\nu})^2}{m^4}, \\
&g = \frac{e^2}{m^4}e_{\lambda\mu\nu\rho}F^{\lambda\mu}F^{\nu\rho}.
\end{aligned} \tag{101.21}
$$

在一个交叉场中 $f = g \equiv 0$, 而一般来说所有三个不变量是非零的. 如果电子是极端相对论的 $(p_0 \gg m)$, 并且矢量 $\boldsymbol{p}$ 使得角 $\theta \gg m/p_0$, 其中场为 $\boldsymbol{E}$ 与 $\boldsymbol{H}$, 于是 $\chi^2 \gg f, g$ (也就是说, 对一个极端相对论粒子任何恒定场对几乎所有方向 $\boldsymbol{p}$ 都表现为一个交叉场). 如果场还满足 $|\boldsymbol{E}|, |\boldsymbol{H}| \ll m^2/e(= m^2 c^3 / e\hbar)$, 那么就有 $|f|, |g| \ll 1.$[①] 在这些条件下对交叉场计算并用不变量 χ 表示的强度还可以应用于任何恒定场的发射.

不变量 χ 可用场 $\boldsymbol{E}$ 与 $\boldsymbol{H}$ 给出为

$$\chi^2 = \frac{e^2}{m^6}\{(\boldsymbol{p} \times \boldsymbol{H} + p_0 \boldsymbol{E})^2 - (\boldsymbol{p} \cdot \boldsymbol{E})^2\}.$$

对一个恒定磁场, χ 等于量 (90.3), 因此以上论断是另一种推导 §90 结果的工具.[②]

---

① 以同样的精确性, p 与 χ 可看成为粒子通常的四维动量.

② 在强场中各种过程理论的详细根据在下面这篇综述论文中给出: А. И. Никишов, В. И. Ритус, 文集《强场中的量子电动力学现象》(Труды ФИАН. -М.: Наука, 1979. -Т. Ⅲ).

第十一章
精确传播子和顶点部分

§102 海森伯表象中的场算符

到目前为止, 在考虑电动力学中各种特殊过程时, 我们只用到微扰论的第一级非零近似. 现在我们将讨论更高级近似中出现的效应. 这些效应称为**辐射修正**.

通过先考察精确散射振幅的一些普遍性质可以对更高级的近似有更好的理解 (即那些没有按 e^2 级数展开的项). 我们在 §72 已经看到微扰论级数的逐级项可以用相互作用表象的场算符表示, 在此表象中, 与时间的依赖关系由自由粒子系统的哈密顿量 $\widehat{H}_0$ 决定. 然而, 精确的散射振幅用海森伯表象的场算符表示更加方便, 在此表象, 与时间的依赖关系由相互作用粒子系统的精确哈密顿量 $\widehat{H} = \widehat{H}_0 + \widehat{V}$ 决定.

构造海森伯算符的一般规则给出

$$\widehat{\psi}(x) \equiv \widehat{\psi}(t, \boldsymbol{r}) = \exp(\mathrm{i}\widehat{H}t)\widehat{\psi}(\boldsymbol{r})\exp(-\mathrm{i}\widehat{H}t), \tag{102.1}$$

对 $\widehat{\overline{\psi}}(x)$ 有类似的表示, 而 $\widehat{A}(x)$, $\widehat{\psi}(\boldsymbol{r})$, 等为与时间无关的 (薛定谔) 算符.[①] 可以立即指出, 对给定时间的海森伯算符服从与薛定谔表象或相互作用表象同样的对易关系, 例如,

$$\{\widehat{\psi}_i(t, \boldsymbol{r}), \widehat{\overline{\psi}}_k(t, \boldsymbol{r}')\}_+ = \exp(\mathrm{i}\widehat{H}t)\{\widehat{\psi}_i(\boldsymbol{r}), \widehat{\overline{\psi}}_k(\boldsymbol{r}')\}_+ \exp(-\mathrm{i}\widehat{H}t)$$
$$= \gamma_{ik}^0 \delta(\boldsymbol{r} - \boldsymbol{r}') \tag{102.2}$$

[①] 在本章, 有时间宗量的算符属于海森伯表象, 相互作用表象的算符将以下标 int 表示.

参见 (75.6). 类似地, 算符 $\widehat{\psi}(t, \boldsymbol{r})$ 与 $\widehat{A}(t, \boldsymbol{r}')$ 是互相对易的:

$$\{\widehat{\psi}_i(t, \boldsymbol{r}), \widehat{A}(t, \boldsymbol{r}')\}_- = 0$$

但这对不同时间的算符**不能**成立.

海森伯 ψ 算符满足的 "运动方程" 可以从一般公式推出 (第三卷, (13.7) 式):

$$-\mathrm{i}\frac{\partial \widehat{\psi}(x)}{\partial t} = \widehat{H}\widehat{\psi}(x) - \widehat{\psi}(x)\widehat{H}. \tag{102.3}$$

薛定谔表象与海森伯表象的哈密顿量是相同的, 它用同样的方式用场算符表示. 这里为了计算 (102.3) 的右边, 我们可以从哈密顿量中略去仅依赖于算符 $\widehat{A}(x)$ 的部分 (自由电磁场的哈密顿量), 因为这部分与 $\widehat{\psi}(x)$ 是对易的. 按照 (21.13) 与 (43.3),

$$\begin{aligned}
\widehat{H} &= \int \widehat{\psi}^*(t, \boldsymbol{r})(\boldsymbol{\alpha} \cdot \widehat{\boldsymbol{p}} + \beta m)\widehat{\psi}(t, \boldsymbol{r})\mathrm{d}^3x \\
&\quad + e\int \widehat{\overline{\psi}}(t, \boldsymbol{r})(\gamma\widehat{A}(t, \boldsymbol{r}))\widehat{\psi}(t, \boldsymbol{r})\mathrm{d}^3x \\
&= \int \widehat{\overline{\psi}}(t, \boldsymbol{r})\{\gamma\widehat{p} + m + e(\gamma\widehat{A}(t, \boldsymbol{r}))\}\widehat{\psi}(t, \boldsymbol{r})\mathrm{d}^3x.
\end{aligned} \tag{102.4}$$

当用 (102.2) 式计算对易子 $\{\widehat{H}, \widehat{\psi}(t, \boldsymbol{r})\}_-$ 并通过对 d^3x 积分消去 δ 函数时, 我们就得到

$$(\gamma\widehat{p} - e\gamma\widehat{A} - m)\widehat{\psi}(t, \boldsymbol{r}) = 0. \tag{102.5}$$

如我们所期待的, 算符 $\widehat{\psi}(t, \boldsymbol{r})$ 满足一个形式上与狄拉克方程相同的方程.

电磁场算符 $\widehat{A}(t, \boldsymbol{r})$ 的方程从与经典情形的对应关系得出是显然的. 当应用于经典情形时, 即当占有数很大时 (见 §5), 算符方程在对场的状态平均后必须变成对势的经典麦克斯韦方程 (见第二卷 (30.2) 式). 因此很明显, 算符方程简单地与麦克斯韦方程相同, 因此我们有 (对任意规范)

$$\partial^\nu \partial_\mu \widehat{A}^\mu(x) - \partial^\mu \partial_\nu \widehat{A}^\nu(x) = -4\pi e\widehat{j}^\nu(x), \tag{102.6}$$

其中 $\widehat{j}^\nu(x) = \widehat{\overline{\psi}}(x)\gamma^\nu\widehat{\psi}(x)$ 为满足以下连续性方程的流算符

$$\partial_\nu \widehat{j}^\nu(x) = 0. \tag{102.7}$$

重要的是方程 (102.6) 对 $\widehat{A}^\mu$ 与 $\widehat{j}^\mu$ 是线性的, 因此不产生这些算符的顺序问题.

与波函数的类似方程一样, 算符方程 (102.6) 与 (102.7) 在规范变换下是不变的

$$
\begin{gathered}
\widehat{A}_\mu(x) \to \widehat{A}_\mu(x) - \partial_\mu \widehat{\chi}(x), \quad \widehat{\psi}(x) \to \widehat{\psi}(x) \exp(\mathrm{i}e\widehat{\chi}), \\
\widehat{\overline{\psi}}(x) \to \exp(-\mathrm{i}e\widehat{\chi}) \widehat{\overline{\psi}}(x),
\end{gathered}
\tag{102.8}
$$

其中 $\widehat{\chi}(x)$ 为 (在一个特定的时刻) 任一与 $\widehat{\psi}$ 对易的厄米算符.[①]

我们现在来弄清海森伯表象和相互作用表象中算符之间的关系. 为简化讨论, 形式上作个假设是方便的 (这个假设并不影响最后结果), 即假设相互作用 $\widehat{V}(t)$ 是从 $t = -\infty$ 浸渐地 "移入" 到有限时间. 于是海森伯表象和相互作用表象在 $t = -\infty$ 是相同的, 系统的波函数 $\varPhi$ 与 $\varPhi_{\mathrm{int}}$ 也是相同的:

$$
\varPhi_{\mathrm{int}}(t = -\infty) = \varPhi.
\tag{102.9}
$$

但是海森伯表象中的波函数是与时间无关的 (因为全部时间依赖性都放到算符中); 在相互作用表象中, 波函数的时间依赖性由 (72.7) 给出:

$$
\varPhi_{\mathrm{int}}(t) = \widehat{S}(t, -\infty) \varPhi_{\mathrm{int}}(-\infty),
\tag{102.10}
$$

其中

$$
\widehat{S}(t_2, t_1) = \mathrm{T} \exp \left\{ -\mathrm{i} \int_{t_1}^{t_2} \widehat{V}(t') \mathrm{d}t' \right\}
\tag{102.11}
$$

并且 $\widehat{S}$ 的下列性质是显然的:

$$
\widehat{S}(t, t_1) \widehat{S}(t_1, t_0) = \widehat{S}(t, t_0), \quad \widehat{S}^{-1}(t, t_1) = \widehat{S}(t_1, t).
\tag{102.12}
$$

比较 (102.10) 与 (102.9) 给出

$$
\varPhi_{\mathrm{int}}(t) = \widehat{S}(t, -\infty) \varPhi,
\tag{102.13}
$$

这就是两个表象中波函数之间的关系. 算符的变换公式可类似地推出为

$$
\widehat{\psi}(t, \boldsymbol{r}) = \widehat{S}^{-1}(t, -\infty) \widehat{\psi}_{\mathrm{int}}(t, \boldsymbol{r}) \widehat{S}(t, -\infty) = \widehat{S}(-\infty, t) \widehat{\psi}_{\mathrm{int}}(t, \boldsymbol{r}) \widehat{S}(t, -\infty), \tag{102.14}
$$

对 $\widehat{\overline{\psi}}$ 与 $\widehat{A}$ 也有同样的变换公式.

这里我们可以给出一个更加普遍的评论. 我们曾不止一次地指出, 在相对论量子理论中, 场算符的物理意义是很有限的, 因为零点涨落能是无限的. 对于海森伯表象中的算符则更是如此, 因为它还包含由于相互作用引起的发散. 在本章中, §102—§109 处理的是形式理论, 不去管这些奇异性如何消去的问题, 而将所有的量都当它们是有限的那样处理. 因此, 这样得到的结果主要有启发式价值: 它们导致对微扰论给出的展开的含义有更加完整的理解, 并且可能它们在没有目前这些困难的进一步的理论中也还保持正确.

---

① 这专指海森伯算符. 在相互作用表象, 电磁势的规范变换不影响 ψ 算符.

§103　精确的光子传播子

精确传播子的概念在精确理论 (即没有按 e^2 级数展开) 的表述中起了中心作用.[①]

精确的光子传播子 (用花体字母 $\mathcal{D}$ 标记) 定义为

$$\mathcal{D}_{\mu\nu}(x - x') = \mathrm{i}\langle 0|\mathrm{T}A_\mu(x)A_\nu(x')|0\rangle, \tag{103.1}$$

其中 $\widehat{A}_\mu(x)$ 为海森伯算符, 与定义 (76.1) 相对照:

$$D_{\mu\nu}(x - x') = \mathrm{i}\langle 0|\mathrm{T}A_\mu^{\mathrm{int}}(x)A_\nu^{\mathrm{int}}(x')|0\rangle, \tag{103.2}$$

其中采用的是相互作用表象中的算符. 函数 (103.2) 可称为**自由** (或**裸**) **- 光子传播子**以便区别于精确传播子 (103.1).

由于 (103.1) 式中的平均值不可能精确计算, 因此不可能得到 $\mathcal{D}_{\mu\nu}$ 的精确表示式, 尽管这个定义确实提供了这个函数一般性质的某些知识, 如我们将在 §111 中讨论的; 这里我们将用费曼图技术通过微扰论来计算 $\mathcal{D}_{\mu\nu}$. 为此, 我们必须对 $\mathcal{D}_{\mu\nu}$ 采用相互作用表象中的算符来作展开.

首先, 设 $t > t'$. 利用 $\widehat{A}(x)$ 与 $\widehat{A}_{\mathrm{int}}(x)$ 之间的关系 (参见 (102.14)), 我们可以写出

$$\begin{aligned}
\mathcal{D}_{\mu\nu}(x - x') &= \mathrm{i}\langle 0|A_\mu(x)A_\nu(x')|0\rangle \\
&= \mathrm{i}\langle 0|S(-\infty, t)A_\mu^{\mathrm{int}}(x)S(t, -\infty)S(-\infty, t')A_\nu^{\mathrm{int}}(x')S(t', -\infty)|0\rangle.
\end{aligned}$$

按照 (102.12) 我们可以作代换

$$\widehat{S}(t, -\infty)\widehat{S}(-\infty, t') = \widehat{S}(t, t')$$

$$\widehat{S}(-\infty, t) = \widehat{S}(-\infty, +\infty)\widehat{S}(\infty, t).$$

于是

$$\mathcal{D}_{\mu\nu}(x - x') = \mathrm{i}\langle 0|S^{-1}[S(\infty, t)A_\mu^{\mathrm{int}}(x)S(t, t')A_\nu^{\mathrm{int}}(x')S(t', -\infty)|0\rangle, \tag{103.3}$$

其中

$$\widehat{S} \equiv \widehat{S}(+\infty, -\infty). \tag{103.4}$$

由于按照定义 (102.11), $\widehat{S}(t_2, t_1)$ 只包含在 t_1 与 t_2 之间按时间顺序排列的算符, 很明显, 在 (103.3) 的括号中的所有算符因子从左到右是按时间递减的次

[①] 这些概念是由 F. J. Dyson (1949) 引入的, 他还实质上发展了本章给出的整个处理.

序排列的. 如果将时间排序符号 T 放在这个括号前面, 我们可以用任何方式
重新排列这些因子, 因为算符 T 将自动把它们按必需的顺序排列. 于是我们
将括号写成

$$[\ldots] = \mathrm{T}[\widehat{A}_\mu^{\mathrm{int}}(x)\widehat{A}_\nu^{\mathrm{int}}(x')\widehat{S}(\infty,t)\widehat{S}(t,t')\widehat{S}(t',-\infty)] = \mathrm{T}[\widehat{A}_\mu^{\mathrm{int}}(x)\widehat{A}_\nu^{\mathrm{int}}(x')\widehat{S}].$$

因此

$$\mathcal{D}_{\mu\nu}(x-x') = \mathrm{i}\langle 0|S^{-1}\mathrm{T}[A_\mu^{\mathrm{int}}(x)A_\nu^{\mathrm{int}}(x')S]|0\rangle. \tag{103.5}$$

通过类似的论证容易证明这个公式对 $t < t'$ 也是成立的.

现在我们将证明因子 $\widehat{S}^{-1}$ 可以放到对真空平均的外面变为一个相因子.
为此, 我们回忆起海森伯真空波函数 Φ 与同一状态在相互作用表象的波函数
的值 $\Phi_{\mathrm{int}}(-\infty)$ 是相同的 (见 (102.9)). 由 (72.8) 式,

$$\widehat{S}\Phi_{\mathrm{int}}(-\infty) \equiv \widehat{S}(+\infty,-\infty)\Phi_{\mathrm{int}}(-\infty) = \Phi_{\mathrm{int}}(+\infty).$$

真空是一个严格的定态, 其中不可能发生产生粒子的自发过程. 换句话说, 在
时间进程中真空保持为真空; 这意味着 $\Phi_{\mathrm{int}}(+\infty)$ 与 $\Phi_{\mathrm{int}}(-\infty)$ 只能相差一个
相因子 $\mathrm{e}^{\mathrm{i}\alpha}$. 因此

$$\widehat{S}\Phi_{\mathrm{int}}(-\infty) = \mathrm{e}^{\mathrm{i}\alpha}\Phi_{\mathrm{int}}(-\infty) = \langle 0|S|0\rangle\Phi_{\mathrm{int}}(-\infty), \tag{103.6}$$

或者, 取复共轭并利用算符 $\widehat{S}$ 的幺正性, 有

$$\Phi_{\mathrm{int}}^*(-\infty)\widehat{S}^{-1} = \langle 0|S|0\rangle^{-1}\Phi_{\mathrm{int}}^*(-\infty).$$

因此很清楚 (103.5) 式可写成

$$\mathcal{D}_{\mu\nu}(x-x') = \mathrm{i}\frac{\langle 0|\mathrm{T}A_\mu^{\mathrm{int}}(x)A_\nu^{\mathrm{int}}(x')S|0\rangle}{\langle 0|S|0\rangle}. \tag{103.7}$$

在分子与分母中代入对 $\widehat{S}$ 的展开式 (72.10) 并利用威克定理 (§77) 进行
平均运算, 我们得到 $\mathcal{D}_{\mu\nu}$ 按 e^2 的级数展开.

在 (103.7) 式的分子中, 被平均的量与 (77.1) 型的矩阵元的区别只是 "外"
光子产生与湮没算符换成了 $\widehat{A}_\mu^{\mathrm{int}}(x)$ 与 $\widehat{A}_\nu^{\mathrm{int}}(x')$. 由于在要平均的乘积中的所
有因子前面有一个时间排序符号, 这些算符与 "内" 算符 $\widehat{A}^{\mathrm{int}}(x_1)$, $\widehat{A}^{\mathrm{int}}(x_2)$, $\cdots$
的成对收缩将给出光子传播子 $\mathcal{D}_{\mu\nu}$. 于是平均的结果可用一组有两个自由端
的费曼图表示, 构造这些图采用 §77 的规则, 不同的只是对应外 (和内) 光子线
的不是实光子的振幅 e, 而是传播子 $\mathcal{D}_{\mu\nu}$. 在零级近似, $\widehat{S} = 1$, (103.7) 式的分

子简单地变成 $D_{\mu\nu}(x - x')$. 下一级非零项将是 e^2 级. 它们由一组有两个自由端和两个顶点的图表示:

$$\text{(103.8)}$$

（a）　　　　　　　　　　　　　　　（b）

这些图中的第二个由两个不连通的部分组成: 一条破折线 (对应于 $-iD_{\mu\nu}$) 与一个闭合圈. 图的部分分离意味着对应的解析表示分离成为两个独立的因子. 将零级图 (一条破折线) 加到图 (103.8) 上, 并 "放到括号外面", 我们发现 (103.7) 式的分子展开到二级项为,

(103.7) 式的分母中的表示式 $\langle 0|S|0 \rangle$ 为从真空 "跃迁" 到真空的振幅. 因此其展开只包含没有自由端的图. 在零级近似, $\langle 0|S|0 \rangle = 1$, 展开到二级项我们有

当分子被分母除时, 到同一级, 我们得到表示式

因此带有闭合圈的图不出现在结果中. 这是一个普遍的定理. 注意到构成对应 (103.7) 分子与分母的图的方法, 我们可容易看到, 分母 $\langle 0|S|0 \rangle$ 的作用简单地是保证在微扰论展开的所有级上, 精确传播子 $\mathcal{D}_{\mu\nu}$ 将只用不包含分离部分的图表示.

无自由端而形成闭合圈的图是没有物理意义的, 不需要加以考虑, 这和它们在传播子 $\mathcal{D}$ 中不出现也无关系. 这样的圈图表示对真空–真空跃迁的 S 矩阵元的辐射修正; 但是, 按照 (103.6), 所有这些圈的求和, 与零级近似给出的 1 一起只是给出一个不重要的相因子, 而它是不可能对物理结果有任何影响的.

从坐标表象到动量表象的变换是用通常的方式进行的. 比如, 在微扰论的二级近似, 传播子 $-i\mathcal{D}_{\mu\nu}(k)$, 用一根粗虚线表示, 为一个求和

$$\text{(103.9)}$$

其中所有的图都采用在 §77 给出的一般规则来计算, 只是因子 $-\mathrm{i}D_{\mu\nu}(k)$ 指定为外以及内光子线. 因此用解析形式, 我们有[1]

$$\mathcal{D}_{\mu\nu}(k) \approx D_{\mu\nu}(k) + \mathrm{i}e^2 D_{\mu\lambda}(k) \int \mathrm{tr}\,\gamma^\lambda G(p+k)\gamma^\rho G(p)\frac{\mathrm{d}^4 p}{(2\pi)^4} D_{\rho\nu}(k) \quad (103.10)$$

(矩阵 γ 和 G 的双旋量指标如通常那样被省略了).

下一级近似中的项用类似方式构造, 并用一团有两条外光子线和适当数目的顶点的图表示. 例如, e^4 级的项对应如下的四顶点图:

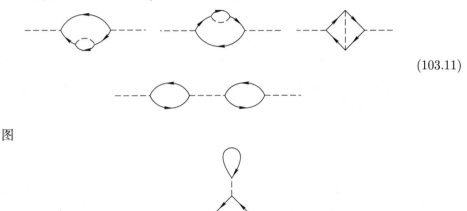

$$(103.11)$$

图

也有四个顶点; 其上面的部分为一个由单 "自 – 闭合" 电子线形成的圈. 这种圈对应收缩 $\widehat{\overline{\psi}}(x)\gamma\widehat{\psi}(x)$, 即流对真空的平均值: $\langle 0|j(x)|0\rangle$. 但是, 由真空的定义, 这个量必定恒等于零, 而且这个恒等于零不可能由于对圈图作任何进一步辐射修正而改变.[2] 因此, 在任何近似中都不需要考虑有 "自闭合" 电子线的图.

图中两个 (外或内) 光子线之间的部分称为**光子自能部分**. 一般情形下, 它本身可以分成由单光子线成对连接的部分, 即, 它有如下形式的结构

其中圆圈标记不可能用同样方式进一步分割的部分, 这样的部分称为是**紧致的**或**正规的**. 例如, 四阶自能部分 (103.11) 中的前三个图就是紧致的.

用 $\mathrm{i}\mathcal{P}_{\mu\nu}/(4\pi)$ 标记无穷多紧致自能部分的求和. 函数 $\mathcal{P}_{\mu\nu}(k)$ 称为**极化算符**. 将费曼图用其所包含的紧致部分的数目分类, 精确传播子 $\mathcal{D}_{\mu\nu}$ 即可写成如

---

[1] 在推导时必须考虑从闭合电子圈来的因子 -1.
[2] 尽管由图的直接计算会导致发散积分.

下级数形式

其中 $i\mathcal{P}_{\mu\nu}/(4\pi)$ 对应每个涂阴影的圈. 这个级数的解析形式为

$$\mathcal{D} = D + D\frac{\mathcal{P}}{4\pi}D + D\frac{\mathcal{P}}{4\pi}D\frac{\mathcal{P}}{4\pi}D + \cdots = D\left\{1 + \frac{\mathcal{P}}{4\pi}\left[D + D\frac{\mathcal{P}}{4\pi}D + \cdots\right]\right\} \quad (103.12)$$

为简洁计其中的指标都已略去. 括号内的级数又是 $\mathcal{D}$, 因此

$$\mathcal{D}_{\mu\nu}(k) = D_{\mu\nu}(k) + D_{\mu\lambda}(k)\frac{\mathcal{P}^{\lambda\rho}(k)}{4\pi}\mathcal{D}_{\rho\nu}(k). \quad (103.13)$$

将此方程左边乘以逆张量 $(D^{-1})^{\tau\mu}$ 而右边乘以 $(D^{-1})^{\nu\sigma}$ 并对指标重新命名, 我们就得到其等价形式

$$\mathcal{D}_{\mu\nu}^{-1} = D_{\mu\nu}^{-1} - \frac{\mathcal{P}^{\mu\nu}}{4\pi}. \quad (103.14)$$

必须强调指出, 将 $\mathcal{D}$ 写成 (103.12) 形式是假设了该图可以拆分成可用费曼图技术的一般规则计算的较简单的部分, 而且这些部分的组合给出整个图的正确表示. 允许费曼图的这种拆分是很重要的, 绝非图形技术的一个平凡性质, 它是由于图的整个数值因子不依赖于图的阶数这个事实产生的.

同样的性质使我们得以用函数 $\mathcal{D}$ (假设已知) 来简化对各种散射过程振幅的辐射修正: 不用每一次都重新去处理带有对内部光子线各种修正的图, 我们可以简单地将这些线变粗, 即在适当近似下指定它们为传播子 $\mathcal{D}$ (而不是 D).

假如光子线对应一个实光子而不是虚光子, 即如果这是整个图的一个自由端, 那么对其应用所有的自能修正就给出所谓**有效外线**. 它对应于由 (103.13) 将因子 D 换成实光子极化振幅得到的表示式:

$$e_\mu + \mathcal{D}_{\mu\rho}(k)\frac{\mathcal{P}^{\rho\lambda}(k)}{4\pi}e_\lambda. \quad (103.15)$$

对一个外场线, 此表示式中的 e_μ 要换成 $A_\mu^{(e)}$.

在 §76 中关于近似传播子 $D_{\mu\nu}$ 的张量结构与规范不唯一性的讨论也可应用于精确函数 $\mathcal{D}_{\mu\nu}$. 只考虑此函数的相对论不变表示, 我们可以将其写成一个普遍形式

$$\mathcal{D}_{\mu\nu}(k) = \mathcal{D}(k^2)\left(g_{\mu\nu} - \frac{k_\mu k_\nu}{k^2}\right) + \mathcal{D}^{(l)}(k^2)\frac{k_\mu k_\nu}{k^2}; \quad (103.16)$$

第一项对应朗道规范, 而在第二项中 $\mathcal{D}^{(l)}$ 为一个任意规范函数. 近似传播子的对应形式为[1]

$$D_{\mu\nu(k)} = D(k^2)\left(g_{\mu\nu} - \frac{k_\mu k_\nu}{k^2}\right) + D^{(l)}(k^2)\frac{k_\mu k_\nu}{k^2}. \tag{103.17}$$

传播子的纵向部分 $\mathcal{D}^{(l)}$ 与四维矢势的纵向部分相联系, 后者没有物理意义. 因此, 在相互作用中不涉及它, 也不受后者的影响, 所以

$$\mathcal{D}^{(l)}(k^2) = D^{(l)}(k^2). \tag{103.18}$$

按定义, 逆张量必须满足如下方程

$$\mathcal{D}_{\mu\nu}^{-1}\mathcal{D}^{\lambda\nu} = \delta_\mu^\lambda, \quad D_{\mu\nu}^{-1}D^{\lambda\nu} = \delta_\mu^\lambda.$$

当原始张量有 (103.16) 或 (103.17) 形式时, 由 (103.18) 式, 逆张量为

$$\begin{aligned}
\mathcal{D}_{\mu\nu}^{-1}(k) &= \frac{1}{\mathcal{D}}\left(g_{\mu\nu} - \frac{k_\mu k_\nu}{k^2}\right) + \frac{1}{\mathcal{D}^{(l)}}\frac{k_\mu k_\nu}{k^2}, \\
D_{\mu\nu}^{-1}(k) &= \frac{1}{\mathcal{D}}\left(g_{\mu\nu} - \frac{k_\mu k_\nu}{k^2}\right) + \frac{1}{\mathcal{D}^{(l)}}\frac{k_\mu k_\nu}{k^2}.
\end{aligned} \tag{103.19}$$

由此得出, 极化算符 $\mathcal{P}_{\mu\nu}$ 是一个横向张量:

$$\mathcal{P}_{\mu\nu} = \mathcal{P}(k^2)\left(g_{\mu\nu} - \frac{k_\mu k_\nu}{k^2}\right), \tag{103.20}$$

其中 $\mathcal{P} = k^2 - 4\pi/\mathcal{D}$, 或

$$\mathcal{D}(k^2) = \frac{4\pi}{k^2[1 - \mathcal{P}(k^2)/k^2]}. \tag{103.21}$$

因此极化张量, 和光子传播子本身不同, 是一个规范不变量.

§104 光子的自能函数

为了进一步考察光子传播子的解析性质, 与极化算符一起, 定义另一个辅助函数 $\Pi_{\mu\nu}(k)$ 是很有用的, 它被称为**光子自能函数**: $\mathrm{i}\Pi_{\mu\nu}/4\pi$ 定义为所有自能光子部分 (不只是紧致部分) 的求和. 如果将这个求和用图表示为一个正方形, 我们就可以将精确的传播子写成求和:

---

[1] 此式中的 $\mathcal{D}^{(l)}$ 和 (76.3) 式中的是不同的.

即

$$\mathcal{D}_{\mu\nu} = D_{\mu\nu} + D_{\mu\lambda}\frac{\Pi^{\lambda\rho}}{4\pi}D_{\rho\nu}. \tag{104.1}$$

因此, 将 $\Pi_{\mu\nu}$ 表示成

$$\frac{1}{4\pi}\Pi_{\mu\nu} = D^{-1}_{\mu\lambda}\mathcal{D}^{\lambda\rho}D^{-1}_{\rho\nu} - D^{-1}_{\mu\nu},$$

将 (103.16), (103.19) 和 (103.21) 式代入, 我们得到

$$\Pi_{\mu\nu} = \Pi(k^2)\left(g_{\mu\nu} - \frac{k_\mu k_\nu}{k^2}\right), \quad \Pi = \frac{\mathcal{P}}{1 - \mathcal{P}/k^2}. \tag{104.2}$$

因此, $\Pi_{\mu\nu}$ 与 $\mathcal{P}_{\mu\nu}$ 一样是一个规范不变的张量.

$\Pi_{\mu\nu}$ 的用处是其在坐标表象中的表示. 这容易由以下方程得出

$$\frac{1}{4\pi}\Pi_{\mu\nu}(k) = D^{-1}_{\mu\lambda}D^{-1}_{\rho\nu}\{\mathcal{D}^{\lambda\rho}(k) - D^{\lambda\rho}(k)\},$$

其中张量 $\mathcal{D}^{\lambda\rho} - D^{\lambda\rho}$ 由 (103.18) 式可知是横的, 上述方程在坐标表象中可以写成

$$\Pi_{\mu\nu}(x - x') = \frac{1}{4\pi}(\partial_\mu\partial_\lambda - g_{\mu\lambda}\partial_\sigma\partial^\sigma)(\partial'_\nu\partial'_\rho - g_{\nu\rho}\partial'_\sigma\partial'^\sigma)$$
$$\times\{\mathcal{D}^{\lambda\rho}(x - x') - D^{\lambda\rho}(x - x')\}.$$

为进行微分运算, 必须作代换

$$\mathcal{D}^{\lambda\rho}(x - x') - D^{\lambda\rho}(x - x') = \mathrm{i}\langle|\mathrm{T}A^\lambda(x)A^\rho(x') - \mathrm{T}A^\lambda_{\mathrm{int}}(x)A^\rho_{\mathrm{int}}(x')|0\rangle. \tag{104.3}$$

在 §75 我们已经看到, 一个 T 乘积的微分一般要很小心, 因为这个乘积是不连续的. 但是在 (104.3) 式中被平均的这个差是连续的, 而且它的一次微商也是连续的, 因为对易关系对同一时刻的算符 $\widehat{A}^\lambda(x)$ 与 $\widehat{A}^\lambda_{\mathrm{int}}(x)$ 的分量是相同的, 于是对应的不连续性相消 (参见 §75). 因此 (104.3) 式中的差可以在 T 符号下微分. 按照 (102.6) 式与对自由电磁场算符 $\widehat{A}^\mu_{\mathrm{int}}(x)$ 的右边为零的对应方程, 结果为

$$\Pi_{\mu\nu}(x - x') = 4\pi\mathrm{i}e^2\langle 0|\mathrm{T}j_\mu(x)j_\nu(x')|0\rangle. \tag{104.4}$$

这明显的显示 $\Pi_{\mu\nu}$ 的规范不变性, 因为流算符是规范不变的.

由 (104.4) 式我们可以推出这个函数的一个重要的积分形式. 按照 (104.2), 考虑标量函数 $\Pi = \frac{1}{3}\Pi^\mu_\mu$ 就足够了. 在坐标表象,

$$\Pi(x - x') = \frac{4\pi}{3}\mathrm{i}e^2\langle 0|\mathrm{T}j_\mu(x)j^\mu(x')|0\rangle$$
$$= \frac{4\pi}{3}\mathrm{i}e^2\begin{cases} \sum_n\langle 0|j_\mu(x)|n\rangle\langle n|j^\mu(x')|0\rangle, & t > t', \\ \sum_n\langle 0|j_\mu(x')|n\rangle\langle n|j^\mu(x)|0\rangle, & t < t', \end{cases} \tag{104.5}$$

其中 n 标记电磁场 + 电子 – 正电子场系统的状态.[1] 因为流算符 $\hat{j}(x)$ 依赖于 $x^\mu = (t, \boldsymbol{r})$, 其矩阵元也依赖于 x. 通过将状态 $|n\rangle$ 取作总四维动量有确定值的态可以找到其明显的关系式.

流矩阵元的时间依赖性, 如任何海森伯算符一样, 由下式给出

$$\langle n|j^\mu(t, \boldsymbol{r})|m\rangle = \langle n|j^\mu(\boldsymbol{r})|m\rangle e^{-i(E_m - E_n)t},$$

其中 E_n 与 E_m 为态 $|n\rangle$ 与态 $|m\rangle$ 的能量, $\hat{j}(\boldsymbol{r})$ 为薛定谔算符.

为确定矩阵元与坐标的依赖关系, 我们将算符 $\hat{j}(\boldsymbol{r})$ 看成算符 $\hat{j}(0)$ 平移距离 $\boldsymbol{r}$ 变换的结果. 这个平移的算符为 $\exp(i\boldsymbol{r} \cdot \hat{\boldsymbol{P}})$, 其中 $\hat{\boldsymbol{P}}$ 为系统的总动量算符 (见第三卷 (15.15) 式). 利用矩阵元变换的一般规则 (见第三卷 (12.7) 式), 我们有

$$\langle n|j^\mu(\boldsymbol{r})|m\rangle = \langle n|e^{-i\boldsymbol{r} \cdot \boldsymbol{P}} j^\mu(0) e^{i\boldsymbol{r} \cdot \boldsymbol{P}}|m\rangle$$
$$= \langle n|j^\mu(0)|m\rangle e^{i(\boldsymbol{P}_m - \boldsymbol{P}_n) \cdot \boldsymbol{r}}.$$

与前面的公式一起, 最后给出

$$\langle n|j^\mu(t, \boldsymbol{r})|m\rangle = \langle n|j^\mu(0)|m\rangle e^{-i(P_m - P_n)x}. \tag{104.6}$$

矩阵 $\langle n|j^\mu(0)|m\rangle$ 与整个算符 $\hat{j}^\mu(t, \boldsymbol{r})$ 的矩阵 (104.6) 一样是厄米的, 而且按照连续性方程 (102.7) 它满足横条件

$$(P_n - P_m)^\mu \langle n|j_\mu(0)|m\rangle = 0. \tag{104.7}$$

现在我们来计算函数 $\Pi(x - x')$. 将 (104.6) 代入 (104.5) 式得到

$$\Pi(\xi) = \frac{4\pi i e^2}{3} \sum_n \langle 0|j_\mu(0)|n\rangle \langle n|j^\mu(0)|0\rangle e^{\mp iP_n\xi}, \quad \tau \gtrless 0, \tag{104.8}$$

其中 $x - x' = \xi = (\tau, \xi)$. 令

$$\rho(k^2) = -\frac{4\pi e^2}{3}(2\pi)^3 \sum_n \langle 0|j_\mu(0)|n\rangle \langle 0|j^\mu(0)|n\rangle^* \delta^4(k - P_n). \tag{104.9}$$

求和对所有由具有四维动量 $k = (\omega, \boldsymbol{k})(\omega > 0)$ 的虚光子产生的实电子–正电子对和光子系统进行, 而且对每个这样的系统还要对内部变量 (粒子的极化与在质心系中的矩) 求和.[2] 在求和后, 函数 ρ 只依赖于 k, 而因为它是一个标量,

---

[1] 流算符使电荷守恒; 因此在 (104.5) 式中的状态 $|n\rangle$ 只能够包含同样数目的电子与正电子.

[2] 态 $|n\rangle$ 的定义明显地与其作为使得电荷宇称–奇的算符的矩阵元 $\langle 0|j|n\rangle$ 为非零的状态的定义是一样的.

它只能依赖于 k^2. 特别是, 它与 $\boldsymbol{k}$ 的方向无关. 利用 ρ 的这些性质, 我们可以将 (104.8) 式重写为

$$\Pi(\xi) = -\mathrm{i}\int_0^\infty \mathrm{d}\omega \int \frac{\mathrm{d}^3 k}{(2\pi)^3}\rho(k^2)\mathrm{e}^{\mathrm{i}\boldsymbol{k}\cdot\boldsymbol{\xi}-\mathrm{i}\omega|\tau|}$$

$$= -\mathrm{i}\int \frac{\mathrm{d}^3 k}{(2\pi)^3}\iint_0^\infty \mathrm{d}\omega\mathrm{d}(\mu^2)\delta(\mu^2-k^2)\rho(\mu^2)\mathrm{e}^{\mathrm{i}\boldsymbol{k}\cdot\boldsymbol{\xi}-\mathrm{i}\omega|\tau|}.$$

通过以下代换可变到动量表象

$$\mathrm{e}^{-\mathrm{i}\omega|\tau|} = 2\mathrm{i}\omega\int_{-\infty}^\infty \mathrm{e}^{-\mathrm{i}k_0\tau}\frac{1}{k_0^2-\omega^2+\mathrm{i}0}\frac{\mathrm{d}k_0}{2\pi} \tag{104.10}$$

(见 §76); 结果为

$$\Pi(k^2) = \int_0^\infty \mathrm{d}(\mu^2)\int_0^\infty \mathrm{d}(\omega^2)\delta(\mu^2-\boldsymbol{k}^2-\omega^2)\frac{\rho(\mu^2)}{k_0^2-\omega^2+\mathrm{i}0},$$

或, 最后,[①]

$$\Pi(k^2) = \int_0^\infty \frac{\rho(\mu^2)\mathrm{d}\mu^2}{k_0^2-\mu^2+\mathrm{i}0}. \tag{104.11}$$

积分号内的系数 ρ 称为函数 $\Pi(k^2)$ 的**谱密度**, 并具有以下性质

$$\begin{aligned}\rho(k^2) = 0 \ &对 k^2 < 0,\\ \rho(k^2) > 0 \ &对 k^2 > 0.\end{aligned} \tag{104.12}$$

由于能够产生一个实粒子系统的虚光子的四维动量 k 必定是类时的; k^2 等于粒子在其质心系中的总能量平方. 横条件 (104.7) 给出

$$P_n^\mu\langle 0|j_\mu(0)|n\rangle = 0.$$

四维矢量 $\langle 0|j|n\rangle$ 与类时四维矢量 P_n 是正交的, 因而必定是类空的:

$$\langle 0|j_\mu(0)|n\rangle\langle 0|j^\mu(0)|n\rangle^* < 0,$$

于是由定义 (104.9), $\rho > 0$.

---

① 和前面的一样, 此类形式的计算要小心, 因为存在以前提到的发散. 特别是, 这引起 (104.11) 式的右边出现附加的发散项, 而这些项并没有明显的相对论不变的形式, 称为 **Schwinger 项**. 这里没有写出这些项, 因为它们在重正化后将会消失且不影响后面的结果 (见 §110).

§105 精确的电子传播子

精确的电子传播子, 与光子的精确传播子类似, 定义为

$$\mathcal{G}_{ik}(x - x') = -\mathrm{i}\langle 0|\mathrm{T}\psi_i(x)\overline{\psi}_k(x')|0\rangle \tag{105.1}$$

其中 i 与 k 为双旋量指标, 它与自由粒子传播子定义 (75.1)

$$G_{ik}(x - x') = -\mathrm{i}\langle 0|\mathrm{T}\psi_i^{\mathrm{int}}(x)\overline{\psi}_k^{\mathrm{int}}(x')|0\rangle \tag{105.2}$$

的不同之处在于, 相互作用表象中的 ψ 算符换成了海森伯算符.

与推出 (103.7) 式用过的相同论据导致

$$\mathcal{G}_{ik}(x - x') = -\mathrm{i}\frac{\langle 0|\mathrm{T}\psi_i^{\mathrm{int}}(x)\overline{\psi}_k^{\mathrm{int}}(x')S|0\rangle}{\langle 0|S|0\rangle}. \tag{105.3}$$

将此式按 e^2 级数展开使得 $\mathcal{G}$ 函数可用一组有两条外电子线和不同数目顶点的费曼图表示. (105.3) 式分母的作用仍然是只计算没有附加“真空圈”的图的函数. 比如, 到 e^4 级的项, 传播子 $\mathcal{G}$ (用粗实线标记) 的费曼图表示为[1]

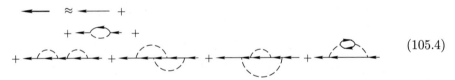

$$\tag{105.4}$$

粗实线对应动量表象中的函数 $\mathrm{i}\mathcal{G}(p)$, 方程右边图中的一组实线与虚线分别对应自由粒子传播子 $\mathrm{i}G$ 与 $-\mathrm{i}D$.

两条电子线之间的一段图称为**电子自能部分**. 与光子一样, 如果它不能够通过切割单个电子线进一步分成两个自能部分, 那就说它是紧致的. 所有可能的紧致部分的总和用 $-\mathrm{i}\mathcal{M}_{ik}$ 标记; 函数 $\mathcal{M}_{ik}(p)$ 称为**质量算符**. 比如, 到 e^4 级的项,

$$\tag{105.5}$$

---

[1] 在 §103 已经表明, 这里不需要考虑包含“自闭合”线的图; 这些图会在二级出现:

通过类似于推导 (103.13) 式的精确求和, 我们求出

$$\mathcal{G}(p) = G(p) + G(p)\mathcal{M}(p)\mathcal{G}(p) \tag{105.6}$$

(其中略去了双旋量指标) 或者, 对逆矩阵,

$$\mathcal{G}^{-1}(p) = G^{-1}(p) - \mathcal{M}(p) = \gamma p - m - \mathcal{M}(p). \tag{105.7}$$

在 §102 中已经指出, 海森伯 ψ 算符 (不像相互作用表象的算符那样) 在电磁势的规范变换下要有改变. 因此, 精确的电子传播子 $\mathcal{G}$ 也不是规范不变的. 其在规范变换下的行为可以推导如下 (Л. Д. Ландау, И. М. Халатников, 1952).

在规范变换下 $\mathcal{G}$ 的变化必须明显地用光子传播子在此变换时用到的量 $D^{(l)}$ 来表示. 这是很明显的, 因为在用微扰论图技术计算 $\mathcal{G}$ 时, 级数中的每一项都可用函数 D 表示, 而不包含任何其它电磁学量. 因此这个分析可以简化: 对于在变换 (102.8) 下对任意算符 $\hat{\chi}$ 的性质可以作任何特殊的假设, 只要结果可用 $D^{(l)}$ 表示即可.

变换 (102.8) 使传播子 D (103.1) 与 $\mathcal{G}$ (105.1) 有如下形式的变换:

$$\begin{aligned}
&\mathcal{D}_{\mu\nu} \to \mathrm{i}\langle 0|\mathrm{T}[A_\mu(x) - \partial_\mu\chi(x)][A_\nu(x') - \partial'_\nu\chi(x')]|0\rangle, \\
&\mathcal{G}_{ik} \to -\mathrm{i}\langle 0|\mathrm{T}\psi_i(x)\mathrm{e}^{\mathrm{i}e\chi(x)}\mathrm{e}^{-\mathrm{i}e\chi(x)'}\overline{\psi}_k(x')|0\rangle.
\end{aligned} \tag{105.8}$$

现在我们假设算符 $\hat{\chi}$ 的平均与 T 乘积中所有剩下的算符无关. 这是一个合理的假设, 因为 "场" $\hat{\chi}$ 没有参与相互作用, 由于规范不变性. 我们还假设算符 $\hat{\chi}$ 对真空的平均值为零: $\langle 0|\chi|0\rangle = 0$. 于是, (105.8) 式中 $\hat{\chi}$ 的项可以分离出来, 结果为

$$\mathcal{D}_{\mu\nu} \to \mathcal{D}_{\mu\nu} + \mathrm{i}\langle 0|\mathrm{T}\partial_\mu\chi(x) \cdot \partial'_\nu\chi(x')|0\rangle, \tag{105.9}$$

$$\mathcal{G}_{ik} \to \mathcal{G}_{ik}\langle 0|\mathrm{T}\mathrm{e}^{\mathrm{i}e\chi(x)}\mathrm{e}^{-\mathrm{i}e\chi(x')}|0\rangle. \tag{105.10}$$

剩下的推导将对无穷小变换的情形给出, 为强调这一点, 我们用 $\delta\hat{\chi}$ 代替 $\hat{\chi}$.

变换 (105.9) 式可写成[①] (这与 $\delta\hat{\chi}$ 小无关)

$$\mathcal{D}_{\mu\nu} \to \mathcal{D}_{\mu\nu} + \delta\mathcal{D}_{\mu\nu}, \quad \delta\mathcal{D}_{\mu\nu} = \partial_\mu\partial'_\nu d^{(l)}(x - x'), \tag{105.11}$$

[①] 公式 (105.11) 可从 (105.9) 推出, 如果函数 $d^{(l)}$ 及其对 t 的微商在 $t = t'$ 是连续的; 如果它们是不连续的, 这些式子的右边相差一个 δ 函数项 (参见 (75.2) 的推导). 在动量表象中, 这个条件等价于求和当 $|q^2| \to \infty$ 时 $d^{(l)}(q)$ 衰减得比 $1/q^2$ 快.

其中

$$d^{(l)}(x - x') = i\langle 0|T\delta\chi(x)\delta\chi(x')|0\rangle. \tag{105.12}$$

因此很清楚, $d^{(l)}$ 决定了光子传播子的纵向部分 $D^{(l)}$ 由规范变换产生的变化. 当然, 假设 $d^{(l)}$ 仅依赖于 $x - x'$ 意味着对算符 $\delta\hat{\chi}$ 的性质加上了一定的限制; 在完全任意规范变换的一般情形, 传播子在空间与时间上不再是均匀的.

在变换 (105.10) 中, 我们将指数因子展开成 $\delta\hat{\chi}$ 的级数到平方项:

$$\langle 0|Te^{ie\delta\chi(x)}e^{-ie\delta\chi(x')}|0\rangle \approx -\frac{1}{2}e^2\langle 0|\delta\chi^2(x) + \delta\chi^2(x') - 2T\delta\chi(x)\delta\chi(x')|0\rangle.$$

于是利用定义 (105.12), 我们对电子传播子找到如下变换规则:

$$\mathcal{G} \to \mathcal{G} + \delta\mathcal{G}, \quad \delta\mathcal{G} = ie^2\mathcal{G}(x - x')[d^{(l)}(0) - d^{(l)}(x - x')]. \tag{105.13}$$

在动量表象,[①] 我们有

$$\delta\mathcal{G}(p) = ie^2\int d^{(l)}(q)[\mathcal{G}(p) - \mathcal{G}(p - q)]\frac{d^4q}{(2\pi)^4}. \tag{105.14}$$

$d^{(l)}(q)$ 与函数 $D^{(l)}$ 的变化的关系为

$$\delta\mathcal{D}^{(l)}(q) = q^2 d^{(l)}(q). \tag{105.15}$$

可以对电子传播子推出一个与 (104.11) 类似的积分表示式, 利用对于 ψ 算符的矩阵元的如下表示式

$$\psi_{nm}(x) = \psi_{nm}(0)e^{-i(P_m - P_n)x} \tag{105.16}$$

类似于对流矩阵元的表示式 (104.6). 然而与流不同, ψ 算符不是规范不变的. 因此与坐标的依赖关系 (105.16) 并不是普遍的, 而只能应用于某些特殊的规范, 同样对基于 (105.16) 的积分表示式也如此. 这个情形更深刻的物理原因是零光子质量导致的红外灾变 (§98). 其结果是, 电子在相互作用时发射无限多的软量子, 而这意味着"单粒子"传播子 (105.1) 失去了其直接的意义.

---

① 如果函数 $f(x) = f_1(x)f_2(x)$, 其傅里叶分量为

$$f(p) = \int f(x)e^{ipx}d^4x$$

$$= \iiint d^4x\frac{d^4q_1 d^4q_2}{(2\pi)^8}e^{ix(p - q_1 - q_2)}f_1(q_1)f_2(q_2)$$

$$= \iint \frac{d^4q_1 d^4q_2}{(2\pi)^4}\delta^4(p - q_1 - q_2)f_1(q_1)f_2(q_2) = \int \frac{d^4q}{(2\pi)^4}f_1(q)f_2(p - q).$$

在从 (105.13) 推导 (105.14) 式中, 我们还用到结果

$$f(x = 0) = \int f(q)\frac{d^4q}{(2\pi)^4}.$$

§106　顶角部分

在复杂的图中有可能将自能部分和其它类型的与它们不等价的段分割出来. 这种段的一个重要类型可通过考虑以下函数找到

$$K_{ik}^{\mu}(x_1, x_2, x_3) = \langle 0|\mathrm{T}A^{\mu}(x_1)\psi_i(x_2)\overline{\psi}_k(x_3)|0\rangle \tag{106.1}$$

此式有一个四维矢量指标和两个双旋量指标; 由于空–时是均匀的, 这个函数只依赖于宗量 x_1, x_2, x_3 的差量. 当用相互作用表象的算符表示时, 函数 K 有如下形式

$$K_{ik}^{\mu}(x_1, x_2, x_3) = \frac{\langle 0|\mathrm{T}A_{\mathrm{int}}^{\mu}(x_1)\psi_i^{\mathrm{int}}(x_2)\overline{\psi}_k^{\mathrm{int}}(x_3)|0\rangle}{\langle 0|S|0\rangle}. \tag{106.2}$$

动量表象通过如下公式得到

$$(2\pi)^4\delta^4(p_1 + k - p_2)K_{ik}^{\mu}(p_2, p_1; k)$$
$$= \iiint K_{ik}^{\mu}(x_1, x_2, x_3)\mathrm{e}^{-\mathrm{i}kx_1 + \mathrm{i}p_2 x_2 - \mathrm{i}p_1 x_3}\mathrm{d}^4 x_1 \mathrm{d}^4 x_2 \mathrm{d}^4 x_3. \tag{106.3}$$

在费曼图技术中, 函数 K_{ik}^{μ} 对应三–端点 (一个光子与两个电子) 的如下形式的段

$$\tag{106.4}$$

其中动量由守恒定律相联系

$$p_1 + k = p_2. \tag{106.5}$$

这个函数的零级项为零; 第一级项在坐标表象中为

$$K^{\mu}(x_1, x_2, x_3) = e\int G(x_2 - x)\gamma_\nu G(x - x_3) \cdot D^{\nu\mu}(x_1 - x)\mathrm{d}^4 x$$

而在动量表象中为

$$K^{\mu}(p_2, p_1; k) = eG(p_2)\gamma_\nu G(p_1) \cdot D^{\nu\mu}(k) \tag{106.6}$$

(略去了双旋量指标); 对应的费曼图为

$$\tag{106.7}$$

在更高级的近似中, 费曼图由于加上新的顶点而变得复杂, 但不是所有这样的图都提供实质上新的信息. 例如, 在第三级我们有如下费曼图

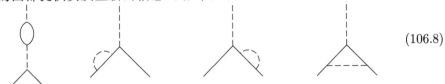

$$(106.8)$$

其中前三个图可以 (通过光子线或电子线) 切割成一个简单顶点 (106.7) 和一个二级自能部分; 第四个图则不可能这样处理. 这是一个普遍的情况. 第一种图的修正简单地将 (106.6) 中的因子 G 和 D 换成精确传播子 $\mathcal{G}$ 和 $\mathcal{D}$. 展开式中其余的项给出一个新的量替代 (106.6) 中的因子 γ^μ. 将此量记作 Γ^μ, 于是由定义我们有

$$K^\mu(p_2, p_1; k) = \{i\mathcal{G}(p_2)[-ie\Gamma_\nu(p_2, p_1; k)]i\mathcal{G}(p_1)\}[-i\mathcal{D}^{\nu\mu}(k)]. \qquad (106.9)$$

图中用一条光子线和两条电子线与其它部分连接的段称为**顶角部分**, 如果它不能再分成只用一条 (光子或电子) 线连接的部分. 量 Γ^μ 为无穷多顶点部分的求和, 包括简单顶角 γ^μ, 并称为**顶角算符**或**顶角函数**.

下面为到第五级量的所有顶角算符图:

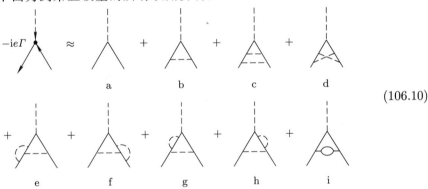

$$(106.10)$$

粗黑点表示精确的顶角算符 $-ie\Gamma$.

算符 Γ (与简单顶角的算符 γ 一样) 有两个矩阵 (双旋量) 指标和一个四维矢量指标; 这是一个两个电子动量 (p_1, p_2) 和一个光子动量 (k) 的函数. 这三个动量不可能同时都和实际粒子相联系: 图 (106.4) 本身 (不是作为更大图的一部分) 将对应光子被一个自由电子吸收, 但这个过程与实际粒子的四维动量守恒是不相容的. 因此图中三个自由端点中必定至少有一个属于虚粒子 (或属于外场).

顶角部分也可以分为**可约**与**不可约**两种. 不可约顶角不包含对内线自能修正并且不可能分割成对应内顶角 (较低级) 修正的几个部分. 比如, (106.10)

的图中, 只有 (b) 和 (d) 是不可约的 (除了简单顶角图 (a) 外). 图 (g), (h) 和 (i) 包含自能部分; 在图 (c) 中, 上面的水平虚线可看成对上顶角的修正, 在图 (e) 与 (f) 中侧面的虚线可看成对侧顶角的修正.

当不可约图的内线被对应的粗线代替, 且顶角被黑点代替, 即当近似的传播子 D 和 G 换成精确传播子 $\mathcal{D}$ 和 $\mathcal{G}$, 并且近似的顶角算符 γ 换成精确的顶角算符 Γ 时,[①] 我们明显地得到所有顶角部分的集合. 于是顶角算符的展开可写成

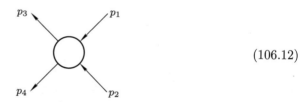

$$\tag{106.11}$$

这个方程是对 Γ 的一个积分方程, 其右边有无穷多项.

由以上讨论我们可以容易地推出构造有任意数目端点的图段精确表示的一些普遍原则. 它们可通过对海森伯算符的 T 乘积取真空平均值而得到, 其中每个初始电子有一个 $\widehat{\overline{\psi}}(x)$ 算符, 每个终态电子有一个 $\widehat{\psi}(x)$ 算符, 对每个光子有一个 $\widehat{A}(x)$ 算符.

进一步的例子通过以下形式的图给出

$$\tag{106.12}$$

它有四条外电子线. 它们由如下函数得到

$$K_{ik,lm}(x_1, x_2; x_3, x_4) = \langle 0|\mathrm{T}\psi_i(x_1)\psi_k(x_2)\overline{\psi}_l(x_3)\overline{\psi}_m(x_4)|0\rangle \tag{106.13}$$

当然, 它仅依赖于四个宗量的差值. 其傅里叶分量可写成

$$\int K_{ik,lm}(x_1, x_2; x_3, x_4)\mathrm{e}^{\mathrm{i}(p_3 x_1 + p_4 x_2 - p_1 x_3 - p_2 x_4)}\mathrm{d}^4 x_1 \mathrm{d}^4 x_2 \mathrm{d}^4 x_3 \mathrm{d}^4 x_4$$
$$= (2\pi)^4 \delta^4(p_1 + p_2 - p_3 - p_4)K_{ik,lm}(p_3, p_4; p_1, p_2), \tag{106.14}$$

其中

$$K_{ik,lm}(p_3, p_4; p_1, p_2)$$
$$= (2\pi)^{(4)}[\delta^{(4)}(p_1 - p_3)\mathcal{G}_{il}(p_1)\mathcal{G}_{km}(p_2) - (2\pi)^4\delta^{(4)}(p_2 - p_3)\mathcal{G}_{im}(p_1)\mathcal{G}_{kl}(p_2)]$$
$$+ \mathcal{G}_{in}(p_3)\mathcal{G}_{kr}(p_4)[-\mathrm{i}\Gamma_{nr,st}(p_3, p_4; p_1, p_2)]\mathcal{G}_{sl}(p_1)\mathcal{G}_{tm}(p_2). \tag{106.15}$$

---

① 这样得到的图称为**骨架图**.

在表示式 (106.15) 中, 前两项从函数 $\Gamma(p_3, p_4; p_1, p_2)$ 定义中排除掉那些可分成两个不连通的部分, 每个部分都有两个自由端的图:

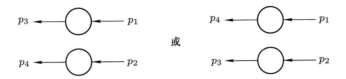

在第三项中, $\mathcal{G}$ 因子从 Γ 的定义中排除掉那些对外电子线有修正的部分的图.

还要指出, 由费米子 ψ 算符的 T 乘积的性质可得出结论, 函数 $\Gamma(p_3, p_4; p_1, p_2)$ 是反对称的:

$$\Gamma_{ik,lm}(p_3, p_4; p_1, p_2) = -\Gamma_{ki,lm}(p_4, p_3; p_1, p_2) = -\Gamma_{ik,ml}(p_3, p_4; p_2, p_1). \quad (106.16)$$

如果动量 p_1, p_2, p_3, p_4 对应实际粒子, 那么不可分割的 (即连通的) 图 (106.12) 就表示两个电子的散射. 散射振幅可通过对图的自由端给定粒子的波幅 (而不是传播子 $\mathcal{G}$) 来求出:[1]

$$iM_{fi} = \bar{u}_i(p_3)\bar{u}_k(p_4)[-ie\Gamma_{ik,lm}(p_3, p_4; p_1, p_2)]u_l(p_1)u_m(p_2). \quad (106.17)$$

按照 (106.16) 式, 这个振幅必须对交换电子有适当的反对称性.

§107 戴森方程

精确传播子和顶角部分满足一定的积分关系, 如采用费曼图技术其起源是特别清楚的.

在 §106 定义的可约与不可约概念不仅可用于顶角部分, 也可用于任何其它图或图的部分. 我们从这方面来考察紧致的电子自能图.

容易看到, 在无穷多的图中只有一个图是不可约的, 即如下的第二级图

按照 p ⌢ p

这个图的任何复杂化可以看成是对其内 (电子或光子) 线或其顶角部分所作的进一步修正. 这里重要的是要指出, 由于这个图有明显的对称性, 任何顶角

---

[1] 以后 (§110) 将看到, 自由端的自能部分在推导实际过程的振幅时可以略去.

修正只需要指定是对某个顶角的.①

因此, 由于只有一个紧致自能电子图部分是不可约的, 所有这样的部分的集合 (即质量算符 M) 只用一个骨架图表示:

$$\xleftarrow{p} \boxed{-i\mathcal{M}} \xleftarrow{p} \quad = \quad \xleftarrow{p} \underset{k}{\overset{p+k}{\bigodot}} \xleftarrow{p} \qquad (107.1)$$

这个图方程的解析形式变成 ②

$$\mathcal{M}(p) = G^{-1}(p) - \mathcal{G}^{-1}(p)$$
$$= -ie^2 \int \gamma^\nu \mathcal{G}(p+k) \Gamma^\mu(p+k,p;k) \cdot \mathcal{D}_{\mu\nu}(k) \frac{\mathrm{d}^4 k}{(2\pi)^4}. \qquad (107.2)$$

对极化算符 $\mathcal{P}$ 可以推出类似的方程. 仍然只有一个紧致的光子自能部分是不可约的, 因此 $\mathcal{P}$ 由一单个骨架图表示:

$$\xleftarrow{} \boxed{\frac{i\mathcal{P}}{4\pi}} \xleftarrow{} \quad = \quad \xleftarrow{k} \underset{p}{\overset{p+k}{\bigodot}} \xleftarrow{k} \qquad (107.3)$$

对应的解析方程为

$$\frac{\mathcal{P}_{\mu\nu}(k)}{4\pi} = D_{\mu\nu}^{-1}(k) - \mathcal{D}_{\mu\nu}^{-1}(k)$$
$$= ie^2 \mathrm{tr} \int \gamma_\mu \mathcal{G}(p+k) \Gamma_\nu(p+k,p;k) \mathcal{G}(p) \frac{\mathrm{d}^4 p}{(2\pi)^4} \qquad (107.4)$$

在 (107.2) 式与 (107.4) 式中双旋量指标都略去了.

关系式 (107.2) 与 (107.4) 称为**戴森方程**; 它们也可由直接计算得出. 比如, 要推出 (107.2) 式, 我们可考虑量

$$(\gamma\widehat{p} - m)_{il} \mathcal{G}_{lk}(x - x') = -i(\gamma\widehat{p} - m)_{il} \langle 0|\mathrm{T}\psi_l(x)\overline{\psi}_k(x')|0\rangle$$

---

① 为清楚起见, 应该强调指出, 尽管所有需要的图可通过只对某一顶角的修正找到, 但对任何特定的图修正部分的结构一般是和所指定的顶角有关的, 比如

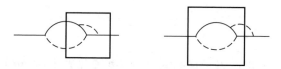

在同一图中, 方块包围的区域代表角部分, 可以分别指定是右边或左边的顶角.

② 在 (107.1) 中, 如果精确的顶点部分指定为左边顶角, 那么 (107.2) 因子 γ 与 Γ 互相交换. 当然, 两个方程实质上是等价的.

其中 $\hat{p} = i\partial$ 为对 x 的微分算符, 由 (102.5) 推出它的方法与对自由粒子传播子推出 (75.7) 式的方法完全相同. 结果为

$$(\gamma\hat{p} - m)_{il}\mathcal{G}_{lk}(x - x') = -ie\gamma_{il}^{\nu}\langle 0|TA_{\nu}(x)\psi_{l}(x)\overline{\psi}_{k}(x')|0\rangle + \delta_{ik}\delta^{(4)}(x - x');$$

右边的 δ 函数项与 (75.7) 中一样, 因为在 $t = t'$ 时刻的对易性质对海森伯表象与相互作用表象中的 ψ 算符是相同的. 第一项为 $-ie\gamma_{\nu}K_{lk}^{\nu}(x, x, x')$, 于是我们可以写出 (仍略去双旋量指标)

$$(\gamma\hat{p} - m)\mathcal{G}(x - x') = -ie\gamma^{\mu}K_{\mu}(x, x, x') + \delta^{(4)}(x - x'). \tag{107.5}$$

为得到傅里叶分量, 可将 (106.3) 式对 $d^4k d^4p_2/(2\pi)^8$ 积分, 结果为

$$\int K^{\mu}(p + k, p; k)\frac{d^4k}{(2\pi)^4} = \int K^{\mu}(0, 0, x_3)e^{-ipx_3}d^4x_3$$
$$= \int K^{\mu}(x, x, x')e^{ip(x - x')}d^4(x - x'), \tag{107.6}$$

由此看出, 左边的积分为 $K^{\mu}(x, x, x')$ 的傅里叶分量. 于是通过对 (107.5) 式的两边取傅里叶分量, 并利用定义 (106.9) 和公式 $\gamma p - m = G^{-1}(p)$, 我们求出

$$G^{-1}(p)\mathcal{G}(p) = 1 - ie^2 \int \gamma^{\nu}\mathcal{G}(p + k)\Gamma^{\mu}(p + k, p; k)\mathcal{G}(p) \cdot \mathcal{D}_{\mu\nu}(k)\frac{d^4k}{(2\pi)^4}.$$

最后, 对此式从右边乘以 $\mathcal{G}^{-1}(p)$, 我们就得到 (107.2) 式.

§108 沃德恒等式

光子传播子与顶角部分之间比戴森方程更为简单的另一关系式是从规范不变性得出的. 为推出这个关系式, 我们应用规范变换 (102.8), 假设 $\chi(x) \equiv \delta\chi(x)$ 是四维坐标 x 的一个无穷小非算符函数. 它引起电子传播子的改变为

$$\delta\mathcal{G}(x, x') = ie\mathcal{G}(x - x')[\delta\chi(x) - \delta\chi(x')]. \tag{108.1}$$

注意到这个规范变换破坏了空间–时间的均匀性, 并且函数 $\delta\mathcal{G}$ 分别地依赖于 x 与 x', 而不是只依赖于差 $x - x'$. 因此, 其傅里叶展开也必须分别对变量 x 与 x' 进行. 于是在动量表象中, $\delta\mathcal{G}$ 是两个四维动量的函数:

$$\delta\mathcal{G}(p_2, p_1) = \iint \delta\mathcal{G}(x, x')e^{ip_2 x - ip_1 x'}d^4x d^4x'$$

将 (108.1) 式代入并对 $d^4x d^4\xi$ 或 $d^4\xi d^4x'$ ($\xi = x - x'$) 积分, 我们得到

$$\delta\mathcal{G}(p + q, p) = ie\delta\chi(q)[\mathcal{G}(p) - \mathcal{G}(p + q)]. \tag{108.2}$$

用同样的规范变换, 算符 $\widehat{A}_\mu(x)$ 的增量为函数

$$\delta A_\mu^{(e)}(x) = -\frac{\partial}{\partial x^\mu}\delta\chi, \tag{108.3}$$

可将其看成是一个无穷小外场. 在动量表象中,

$$\delta A_\mu^{(e)}(q) = iq_\mu\delta\chi(q). \tag{108.4}$$

量 $\delta\mathcal{G}$ 也可作为传播子在这个场作用下的改变来计算. 到 $\delta\chi$ 的第一级量, 这个改变可以明显地用一个单骨架图来表示:

粗虚线为等效外场线, 对应因子为 (见 (103.15) 式)

$$\delta A_\mu^{(e)}(q) + \delta A_\lambda^{(e)}(q)\frac{\mathcal{P}^{\lambda\nu}(q)}{4\pi}\mathcal{D}_{\mu\nu}(q).$$

四维矢量 $\delta A_\lambda^{(e)}(q)$ 是纵的 (对 q) 而张量 $\mathcal{P}^{\lambda\nu}$ 是横的. 因此第二项为零, 留下

$$\tag{108.5}$$

其中细虚线简单地以通常的方式对应场 $\delta A^{(e)}$. 其解析形式为

$$\delta\mathcal{G} = e\mathcal{G}(p+q)\Gamma^\mu(p+q,p;q)\mathcal{G}(p)\cdot\delta A_\mu^{(e)}. \tag{108.6}$$

将 (108.4) 代入, 并与 (108.2) 式比较, 我们得到

$$\mathcal{G}(p+q) - \mathcal{G}(p) = -\mathcal{G}(p+q)\Gamma^\mu(p+q,p;q)\mathcal{G}(p)\cdot q_\mu$$

或, 用逆矩阵,

$$\mathcal{G}^{-1}(p+q) - \mathcal{G}^{-1}(p) = q_\mu\Gamma^\mu(p+q,p;q) \tag{108.7}$$

(H. S. Green, 1953).

将此方程取 $q \to 0$ 的极限, 并在 q_μ 为无穷小时使系数相等, 我们得到

$$\frac{\partial}{\partial p_\mu}\mathcal{G}^{-1}(p) = \Gamma^\mu(p,p;0) \tag{108.8}$$

这就是**沃德恒等式** (J. C. Ward, 1950). 我们看到 $\mathcal{G}^{-1}(p)$ 对动量的微商等于零动量转移的顶角部分.[①] 函数 $\mathcal{G}(p)$ 本身的微商为

$$-\frac{\partial}{\partial p_\mu}\mathrm{i}\mathcal{G}(p) = \mathrm{i}\mathcal{G}(p)[-\mathrm{i}\Gamma^\mu(p,p;0)]\mathrm{i}\mathcal{G}(p). \tag{108.9}$$

更高级的微商可以类似地通过继续计算到 $\delta\chi$ 的更高阶来求出, 但我们并不需要这些表示式.

现在我们来考虑极化算符的微商 $\partial\mathcal{P}(k)/\partial k_\mu$. 与 $\mathcal{G}(p)$ 不同, $\mathcal{P}(k)$ 是规范不变的并且在加上虚构的外场 (108.4) 时保持不变. 因此, 其微商不能够用同样方法计算, 但是对这个微商也可以得到一个图表示. 为此, 我们考虑 $\mathcal{P}$ 定义中的第一个图, 二阶图:

$$\tag{108.10}$$

实线对应因子 $\mathrm{i}G(p)$ 与 $\mathrm{i}G(p+k)$. 对 k 的微分将第二个因子换成 $\mathrm{i}\partial G(p+k)/\partial k$, 按照恒等式 (108.9) 这个改变等价于在电子线上再加上一个顶角:

$$\tag{108.11}$$

我们看到, 在第一级非零阶, 所求的微商是一个有三个光子端的 "三光子尾巴" 图表示. 必须立即强调, 这个图本身并不给出一个光子转换为两个光子的振幅. 这样的过程的振幅是 (108.11) 与一个圈转到其它方向的类似的图的求和, 而此求和按照弗里定理为零. 但图 (108.11) 本身并不是零.

用类似的方式, 我们可以通过在所有依赖于 k 的电子线上相继加入 $k'=0$ 的顶角来微分更复杂的图. 然而, 有一些图中内部光子线也具有与 k 的依赖性, 比如下一个方程左边的图:

[①] 在零级近似, 即对于自由粒子传播子, 恒等式是显然的: $G^{-1}(p) = \gamma p - m$, 因此 $\partial G^{-1}/\partial p_\mu = \gamma_\mu$.

括号中图的微商这里用一个新的图形符号以图的形式表示, 一个虚构的三光子顶角, 即有三条虚线在一个点相遇, 它对应的量为

$$4\pi\mathrm{i}\frac{\partial D^{-1}}{\partial k^\mu} = 2\mathrm{i}k_\mu \equiv v_\mu. \tag{108.12}$$

现在我们可以通过在依赖于 k 的电子线上加上顶角 v_μ 或 γ_μ 并按一般规则继续加顶角来对任何图微商. 这些更高级的修正的求和给出

$$-\frac{1}{4\pi}\frac{\partial\mathcal{P}_{\mu\nu}}{\partial k^\lambda} = \mathcal{V}_{\mu\lambda\nu}, \tag{108.13}$$

其中 $\mathrm{i}e\mathcal{V}_{\mu\lambda\nu}$ 为所有这样得到的带有三光子"尾巴"的图的内部部分的总和.

我们还需要极化算符的二阶微商. 用类似方式对方程 (108.13) 再一次微商, 我们有

$$\frac{1}{4\pi}\frac{\partial^2\mathcal{P}_{\mu\nu}}{\partial k^\rho\partial k^\sigma} = \mathcal{G}_{\mu\rho\sigma\nu} + \mathcal{G}_{\mu\sigma\rho\nu}, \tag{108.14}$$

其中 $\mathrm{i}e^2\mathcal{G}$ 为所有如下图所示的有四光子端的图的内部部分的总和

$$\tag{108.15}$$

当然, 其中包括了那些包含虚构的三粒子顶角 (108.12) 的图.

§109 外场中的电子传播子

如果系统处于一个给定的外场 $A^{(e)}(x)$ 中, 则精确的电子传播子采用与 (105.1) 式相同的公式表示, 但是在转换到算符的海森伯表象的哈密顿量 $\widehat{H} = \widehat{H}_0 + \widehat{V}$ 中, 也还有电子与外场之间的相互作用:

$$\widehat{V} = e\int\widehat{A}_\mu\widehat{j}^\mu\mathrm{d}^3x + e\int A^{(e)}_\mu\widehat{j}^\mu\mathrm{d}^3x. \tag{109.1}$$

由于外场使空间与时间不再是均匀的, 传播子 $\mathcal{G}(x, x')$ 将独立地依赖于两个宗量 x 与 x' 而不是只依赖于差 $x - x'$.

如果我们以通常的方式在相互作用表象中继续进行, 就会得到带有外场线以及虚光子线的通常的费曼图技术. 然而, 这个技术不适用于外场不能看成小的微扰的情形, 特别是当粒子处于这个场的束缚态的情形就更不适用. 而现在事实上外场中的电子传播子主要要用来分析束缚态的性质, 特别是用于确定有辐射修正时允许的能级. 为了推出这样的传播子, 我们必须从一种外场甚

至在电子–光子作用的"零级"近似中就被精确考虑的算符表示出发 (W. H. Furry, 1951).

今后我们将假设外场是与时间无关的. 所要求的 ψ 算符的表示由在外场中的二次量子化的公式 (32.9) 给出:

$$\widehat{\psi}^{(e)}(t, \boldsymbol{r}) = \sum_n \{\widehat{a}_n \psi_n^{(+)}(\boldsymbol{r}) \exp(-\mathrm{i}\varepsilon_n^{(+)}t) + \widehat{b}_n^+ \psi_n^{(-)}(\boldsymbol{r}) \exp(\mathrm{i}\varepsilon_n^{(-)}t)\},$$

$$\widehat{\overline{\psi}}^{(e)}(t, \boldsymbol{r}) = \sum_n \{\widehat{a}_n^+ \overline{\psi}_n^{(+)}(\boldsymbol{r}) \exp(\mathrm{i}\varepsilon_n^{(+)}t) + \widehat{b}_n \overline{\psi}_n^{(-)}(\boldsymbol{r}) \exp(-\mathrm{i}\varepsilon_n^{(-)}t)\},$$

$$(109.2)$$

其中 $\psi_n^{(\pm)}(\boldsymbol{r})$ 与 $\varepsilon_n^{\pm}$ 分别为电子与正电子的波函数与能级, 它们是单粒子问题的解, 即粒子在一个场中的狄拉克方程的解. 容易看到, 算符 (109.2) 是某个表象的 ψ 算符 (**弗雷表象**), 这是一个介于海森伯表象和相互作用表象之间的表象. 它们可写成

$$\widehat{\psi}^{(e)}(t, \boldsymbol{r}) = \exp(\mathrm{i}\widehat{H}_1 t)\widehat{\psi}(\boldsymbol{r}) \exp(-\mathrm{i}\widehat{H}_1 t),$$

$$\widehat{\overline{\psi}}^{(e)}(t, \boldsymbol{r}) = \exp(\mathrm{i}\widehat{H}_1 t)\widehat{\overline{\psi}}(\boldsymbol{r}) \exp(-\mathrm{i}\widehat{H}_1 t),$$

$$(109.3)$$

其中

$$\widehat{H}_1 = \widehat{H}_0 + e \int A_\mu^{(e)}(x)\widehat{j}^\mu(x)\mathrm{d}^3 x.$$

电磁场算符 $\widehat{A}_\mu$ 自然是和 $\widehat{H}_1$ 的第二项对易的, 因此弗雷表象对这个算符是与相互作用表象一样的.

在此新表象中电子传播子的零级近似定义为

$$G_{ik}^{(e)}(x, x') = -\mathrm{i}\langle 0|\mathrm{T}\psi_i^{(e)}(x)\overline{\psi}_k^{(e)}(x')|0\rangle. \tag{109.4}$$

算符 $\widehat{\psi}^{(e)}(t, \boldsymbol{r})$ 满足外场中的狄拉克方程:

$$[\gamma\widehat{p} - e\gamma A^{(e)}(x) - m]\overline{\psi}^{(e)}(t, \boldsymbol{r}) = 0, \tag{109.5}$$

函数 $G^{(e)}$ 相应地满足方程:

$$[\gamma\widehat{p} - e\gamma A^{(e)}(x) - m]G^{(e)}(x, x') = \delta^4(x - x'), \tag{109.6}$$

比较 (107.5) 式的推导.

精确传播子 $\mathcal{G}$ 表示为 e^2 级数的费曼图技术, 可以从海森伯表象变换到弗雷表象来得到, 与前面变换到相互作用表象的方式完全相同. 所得到的图有相同的形式, 只不过实线现在对应的是因子 $\mathrm{i}G^{(e)}$ 而不是因子 $\mathrm{i}G$.

在写图的解析表示的规则中有一个小的区别, 这是因为在坐标表象中 $G^{(e)}$ 不只是差 $x - x'$ 的函数. 然而, 在恒定的外场中时间的均匀性仍保持, 因此时间 t 与 t' 仍然将以差 $t - t' \equiv \tau$ 的形式出现:

$$G^{(e)} = G^{(e)}(\tau, \boldsymbol{r}, \boldsymbol{r}').$$

动量表象由对函数的每个宗量作傅里叶展开得到:

$$G^{(e)}(\tau, \boldsymbol{r}, \boldsymbol{r}') = \iiint \mathrm{e}^{\mathrm{i}(\boldsymbol{p_2} \cdot \boldsymbol{r} - \boldsymbol{p_1} \cdot \boldsymbol{r} - \varepsilon\tau)} G(\varepsilon, \boldsymbol{p_1}, \boldsymbol{p_2}) \frac{\mathrm{d}\varepsilon}{2\pi} \frac{\mathrm{d}^3 p_1}{(2\pi)^3} \frac{\mathrm{d}^3 p_2}{(2\pi)^3}. \tag{109.7}$$

对应因子 $\mathrm{i}G^{(e)}(\varepsilon, \boldsymbol{p_2}, \boldsymbol{p_1})$ 的每条线现在都必须指定一个虚能量值 ε 和两个动量值, 初值 $\boldsymbol{p_1}$ 与终值 $\boldsymbol{p_2}$:

$$\mathrm{i}G^{(e)}(\varepsilon, \boldsymbol{p_2}, \boldsymbol{p_1}) = \overset{\boldsymbol{p_2}\varepsilon\boldsymbol{p_1}}{\longleftarrow}. \tag{109.8}$$

由此得到写解析表示的规则, 其中对 $\mathrm{d}\varepsilon/2\pi$ 的积分是通常的, 而对 $\mathrm{d}^3 p_1/(2\pi)^3$ 与 $\mathrm{d}^3 p_2/(2\pi)^3$ 的积分是独立的, 要考虑每个顶角的动量守恒. 比如,

$$= e^2 \iiint G^{(e)}(\varepsilon, \boldsymbol{p_2}, \boldsymbol{p}'')\gamma^\mu G^{(e)}(\varepsilon - \omega, \boldsymbol{p}'' - \boldsymbol{k}, \boldsymbol{p}' - \boldsymbol{k})$$

$$\times \gamma^\nu G^{(e)}(\varepsilon, \boldsymbol{p}', \boldsymbol{p_1}) D_{\mu\nu}(\omega, \boldsymbol{k}) \frac{\mathrm{d}^4 k}{(2\pi)^4} \frac{\mathrm{d}^3 p'}{(2\pi)^3} \frac{\mathrm{d}^3 p''}{(2\pi)^3}. \tag{109.9}$$

重要的是要指出, 在这里讨论的计算中, 还必须考虑有"自闭合"电子线的图, 这种图在通常的技术中因与"真空流"相联系是被丢弃的. 但当存在一个外场时, 由于这个场引起的"真空极化", 这个流不一定为零. 比如, 在如下图中

$$\tag{109.10}$$

顶上的圈对应因子

$$\mathrm{i} \iint G^{(e)}(\omega, \boldsymbol{p} + \boldsymbol{k}, \boldsymbol{p}) \frac{\mathrm{d}^3 p}{(2\pi)^3} \frac{\mathrm{d}\omega}{2\pi}. \tag{109.11}$$

这里我们仍然必须明确对 $\mathrm{d}\omega$ 积分的含义. 这是因为函数 $G^{(e)}(\tau)$ 的傅里叶分量对 ω 的积分相当于取这个函数在 $\tau = 0$ 的值, 而 $G^{(e)}(\tau)$ 在 $\tau = 0$ 是不连续

的; 因此我们必须明确两个极限值中取的是哪一个值. 为此, 我们只需要指出, 积分 (109.11) 来自同一流算符中 ψ 算符的收缩:

$$\widehat{j}^{\mu} = \widehat{\overline{\psi}}^{(e)}(t, \boldsymbol{r}) \gamma^{\mu} \widehat{\psi}^{(e)}(t, \boldsymbol{r}),$$

其中 $\widehat{\overline{\psi}}^{(e)}$ 在 $\widehat{\psi}^{(e)}$ 的左边. 按照传播子的定义 (109.4), 如果 t' 理解为 $t' = t + 0$, 那么当 $t = t'$ 就得到因子的这个次序, 即如果取函数 $G^{(e)}(t - t')$ 在 $t - t' \to -0$ 的极限值. 换句话说, 在 (109.11) 中对 $\mathrm{d}\omega/2\pi$ 的积分取为

$$\int \cdots \mathrm{e}^{-\mathrm{i}\omega\tau} \frac{\mathrm{d}\omega}{2\pi}, \quad \tau \to -0. \tag{109.12}$$

外场中的质量算符如在 §105 中那样定义: $-\mathrm{i}\mathcal{M}$ 为紧致自能部分的总和. 现在这是一个在外线端点的能量 ε 与动量 $\boldsymbol{p}_1$ 与 $\boldsymbol{p}_2$ 的函数, 在这些端点它们分别进入或离开所研究的部分:

$$\tag{109.13}$$

和推出 (105.6) 完全一样进行推导, 我们得到方程

$$\mathcal{G}(\varepsilon, \boldsymbol{p}_2, \boldsymbol{p}_1) - G^{(e)}(\varepsilon, \boldsymbol{p}_2, \boldsymbol{p}_1)$$
$$= \iint G^{(e)}(\varepsilon, \boldsymbol{p}_2, \boldsymbol{p}'') \mathcal{M}(\varepsilon, \boldsymbol{p}'', \boldsymbol{p}') \mathcal{G}(\varepsilon, \boldsymbol{p}', \boldsymbol{p}_1) \frac{\mathrm{d}^3 p'}{(2\pi)^3} \frac{\mathrm{d}^3 p''}{(2\pi)^3}. \tag{109.14}$$

通过用谱变量回到坐标表象可以变成更自然的形式, 采用函数

$$\mathcal{G}(\varepsilon, \boldsymbol{r}, \boldsymbol{r}') = \iint \mathcal{G}(\varepsilon, \boldsymbol{p}_2, \boldsymbol{p}_1) \mathrm{e}^{\mathrm{i}(\boldsymbol{p}_2 \cdot \boldsymbol{r} - \boldsymbol{p}_1 \cdot \boldsymbol{r}')} \frac{\mathrm{d}^3 p_1 \mathrm{d}^3 p_2}{(2\pi)^6}, \tag{109.15}$$

以及对其它量的类似函数. 取 (109.14) 的逆傅里叶变换, 我们得到

$$\mathcal{G}(\varepsilon, \boldsymbol{r}, \boldsymbol{r}') - G^{(e)}(\varepsilon, \boldsymbol{r}, \boldsymbol{r}')$$
$$= \iint G^{(e)}(\varepsilon, \boldsymbol{r}, \boldsymbol{r}_2) \mathcal{M}(\varepsilon, \boldsymbol{r}_2, \boldsymbol{r}_1) \mathcal{G}(\varepsilon, \boldsymbol{r}_1, \boldsymbol{r}') \mathrm{d}^3 x_1 \mathrm{d}^3 x_2.$$

我们再在两边用如下算符作用

$$\gamma^0 \varepsilon - \boldsymbol{\gamma} \cdot \widehat{\boldsymbol{p}} - e\gamma^{\mu} A_{\mu}^{(e)}(x)$$

其中 ε 为一个数, 而 $\widehat{\boldsymbol{p}} = -\mathrm{i}\nabla$ 为对坐标 $\boldsymbol{r}$ 的微分算符. 这里必须指出, 由 (109.6) 式, 我们有

$$[\gamma^0 \varepsilon - \boldsymbol{\gamma} \cdot \widehat{\boldsymbol{p}} - e\gamma A^{(e)}(x)] G^{(e)}(\varepsilon, \boldsymbol{r}, \boldsymbol{r}') = \delta(\boldsymbol{r} - \boldsymbol{r}'). \tag{109.16}$$

得到的方程为

$$[\gamma^0\varepsilon - \boldsymbol{\gamma}\cdot\widehat{\boldsymbol{p}} - e\gamma A^{(e)}(x)]\mathcal{G}(\varepsilon,\boldsymbol{r},\boldsymbol{r}') - \int \mathcal{M}(\varepsilon,\boldsymbol{r},\boldsymbol{r}_1)\mathcal{G}(\varepsilon,\boldsymbol{r}_1,\boldsymbol{r}')\mathrm{d}^3x_1 = \delta(\boldsymbol{r}-\boldsymbol{r}').$$

$$(109.17)$$

函数 $\mathcal{G}(\varepsilon,\boldsymbol{r},\boldsymbol{r}')$ 有一个特别宝贵的性质, 就是其极点决定了电子在外场中的能级. 我们将先对近似函数 $G^{(e)}(\varepsilon,\boldsymbol{r},\boldsymbol{r}')$ 证明这一点. 将算符 (109.2) 代入传播子的定义 (109.4) 中, 与对自由粒子传播子的 (75.12) 式完全类似, 我们得到,

$$G_{ik}^{(e)}(t-t',\boldsymbol{r},\boldsymbol{r}') = \begin{cases} -\mathrm{i}\sum_n \psi_{ni}^{(+)}(\boldsymbol{r})\overline{\psi}_{nk}^{(+)}(\boldsymbol{r}')\exp\{-\mathrm{i}\varepsilon_n^{(+)}(t-t')\}, & t > t', \\ \mathrm{i}\sum_n \psi_{ni}^{(-)}(\boldsymbol{r})\overline{\psi}_{nk}^{(-)}(\boldsymbol{r}')\exp\{\mathrm{i}\varepsilon_n^{(-)}(t-t')\}, & t < t', \end{cases}$$

$$(109.18)$$

傅里叶时间分量为

$$G_{ik}^{(e)}(\varepsilon,\boldsymbol{r},\boldsymbol{r}') = \sum_n \left\{ \frac{\psi_{ni}^{(+)}(\boldsymbol{r})\overline{\psi}_{nk}^{(+)}(\boldsymbol{r}')}{\varepsilon - \varepsilon_n^{(+)} + \mathrm{i}0} + \frac{\psi_{ni}^{(-)}(\boldsymbol{r})\overline{\psi}_{nk}^{(-)}(\boldsymbol{r}')}{\varepsilon + \varepsilon_n^{(-)} - \mathrm{i}0} \right\}.$$

$$(109.19)$$

我们看到, $G^{(e)}(\varepsilon,\boldsymbol{r},\boldsymbol{r}')$ 作为 ε 的解析函数, 在正实轴上有与电子能级相符的极点, 而在负实轴上有与正电子能级相符的极点. $\varepsilon_n^{(\pm)} > m$ 的值构成一个连续谱,[①] 并且对应的极点在 ε 平面上构成从 $-\infty$ 到 $-m$ 与从 m 到 ∞ 的两条割线. $|\varepsilon| < m$ 的线段中所包含的极点给出离散的能级.

对于精确的传播子 $\mathcal{G}(\varepsilon,\boldsymbol{r},\boldsymbol{r}')$ 我们可以通过采用薛定谔算符的矩阵元表示它来对其作类似的展开; 海森伯 ψ 算符的矩阵元与它们的联系为

$$\langle m|\psi(t,\boldsymbol{r})|n\rangle = \langle m|\psi(\boldsymbol{r})|n\rangle \exp[-\mathrm{i}(E_n - E_m)t].$$

$$(109.20)$$

这里 E_n 为系统在外场中的精确能级 (即包括所有的辐射修正). 算符 $\widehat{\psi}$ 使得电荷增加 1 (即通过 $+|e|$), 而算符 $\widehat{\overline{\psi}}$ 使电荷减少 1. 这意味着在矩阵元 $\langle n|\psi|0\rangle$ 与 $\langle 0|\overline{\psi}|n\rangle$ 中, 态 $|n\rangle$ 必须对应系统电荷为 $+1$ 的态, 即, 它们除一个正电子外, 只能包含一定数目的电子–正电子对和一定数目的光子; 这些态的能量将标记为 $E_n^{(-)}$. 类似地, 在矩阵元 $\langle 0|\psi|n\rangle$ 与 $\langle n|\overline{\psi}|0\rangle$ 中, 态 $|n\rangle$ 包含一个电子与一些电子对和光子 (能量为 $E_n^{(+)}$). 代替 (109.18) 现在我们有

$$\mathcal{G}_{ik}(t-t',\boldsymbol{r},\boldsymbol{r}') = \begin{cases} -\mathrm{i}\sum_n \langle 0|\psi_i(\boldsymbol{r})|n\rangle\langle n|\overline{\psi}_k(\boldsymbol{r}')|0\rangle \exp[-\mathrm{i}E_n^{(+)}(t-t')], & t > t', \\ \mathrm{i}\sum_n \langle 0|\widehat{\psi}_k(\boldsymbol{r}')|n\rangle\langle n|\psi_i(\boldsymbol{r}')|0\rangle \exp[\mathrm{i}E_n^{(-)}(t-t')], & t < t', \end{cases}$$

$$(109.21)$$

---

① 我们假设, 外场在无穷远为零.

并因此

$$\mathcal{G}_{ik}(\varepsilon, \boldsymbol{r}, \boldsymbol{r}') = \sum_n \left\{ \frac{\langle 0|\psi_i(\boldsymbol{r})|n\rangle\langle n|\overline{\psi}_k(\boldsymbol{r}')|0\rangle}{\varepsilon - E_n^{(+)} + i0} + \frac{\langle 0|\widehat{\psi}_k(\boldsymbol{r}')|n\rangle\langle n|\psi_i(\boldsymbol{r})|0\rangle}{\varepsilon + E_n^{(-)} - i0} \right\},$$

(109.22)

设 ε 值接近于其中一个离散能级 $E_n^{(+)}$ (或 $-E_n^{(-)}$). 于是在 (109.22) 的求和中只需要保留对应的极点项. 代入 (109.17) 式表明依赖于第二个宗量 $\boldsymbol{r}'$ (当 $\boldsymbol{r} \neq \boldsymbol{r}'$) 的因子不出现在方程中. 结果是对函数 $\langle 0|\psi(\boldsymbol{r})|n\rangle$ (或 $\langle n|\psi(\boldsymbol{r})|0\rangle$) 的一个齐次积分–微分方程, 为简洁计, 我们将此函数记作 $\Psi_n(\boldsymbol{r})$.[1] 略去下标 n, 我们有

$$[\gamma^0\varepsilon + i\boldsymbol{\gamma} \cdot \nabla - e\gamma A^{(e)}(\boldsymbol{r})]_{ik}\,\Psi_k(\boldsymbol{r}) - \int \mathcal{M}_{ik}(\varepsilon, \boldsymbol{r}, \boldsymbol{r}_1)\,\Psi_k(\boldsymbol{r}_1)\mathrm{d}^3x_1 = 0 \quad (109.23)$$

(J. Schwinger, 1951). 离散能级 E_n 则是这个方程的本征值. 于是 (109.23) 式成为决定这些能级的常规基础.

比如, 它可以用来, 在 $\mathcal{M}$ 的第一级, 决定对解如下狄拉克方程给出的离散电子能级 ε_n 的修正:

$$[\gamma^0\varepsilon_n + i\boldsymbol{\gamma} \cdot \nabla - e\gamma A^{(e)}(\boldsymbol{r})]\psi_n(\boldsymbol{r}) = 0; \quad (109.24)$$

设波函数 $\psi_n(r)$ 的归一化条件为

$$\int \psi_n^*\psi_n\mathrm{d}^3x = 1. \quad (109.25)$$

方程 (109.23) 的本征函数可写成

$$\Psi_n(\boldsymbol{r}) = \psi_n(\boldsymbol{r}) + \psi_n^{(1)}(\boldsymbol{r}), \quad (109.26)$$

其中 $\psi_n^{(1)}$ 为对 $\psi_n(\boldsymbol{r})$ 的修正. 将 (109.26) 代入 (109.23), 再从左边乘以 $\overline{\psi}_n(\boldsymbol{r})$ 并对 d^3x 积分,[2] 我们就得到所要求的表示式

$$E_n - \varepsilon_n \approx \int \overline{\psi}_{ni}(\boldsymbol{r})\mathcal{M}_{ik}(\varepsilon_n, \boldsymbol{r}, \boldsymbol{r}_1)\psi_{nk}(\boldsymbol{r}_1)\mathrm{d}^3x\mathrm{d}^3x_1. \quad (109.27)$$

---

[1] 当忽略辐射修正时, $\Psi_n(\boldsymbol{r})$ 是与作为狄拉克方程解的波函数 $\psi_n^{(+)}$ 或 $\psi_n^{(-)}$ 相同的 (对一个电子或正电子的态).

[2] 在积分时我们用到 (109.24) 中的微分算符是自共轭的这一事实, 并因此将其作用从 $\psi_n^{(1)}$ 转到 $\overline{\psi}_n$ 上.

§110　重正化的物理条件

本章到目前为止讨论的理论大多是形式的. 我们处理的所有量好像都是有限的, 并且故意绕过在理论中出现的任何无穷大. 然而, 在用微扰论实际计算函数 $\mathcal{D}$, $\mathcal{G}$ 与 Γ 中, 出现了发散的积分, 不作进一步的考虑是不可能对它们赋予任何有限值的. 这些发散是现在的量子电动力学逻辑上不完备的表现. 尽管如此, 下面我们将看到, 在这个理论中有可能建立一定的规则, 使得可以明确地 "减去无穷大", 从而对所有有直接物理意义的量得到有限值. 这些规则基于如下明显的物理要求: 光子质量为零且电子电荷与质量等于它们的观察值.

我们先来弄清加在光子传播子上的条件, 并考虑通过有一个虚光子的单粒子中间态能够发生的散射过程. 这种过程的振幅必定在初始粒子的四维动量 P 的平方等于实光子质量平方时, 即 $P^2 = 0$ 时有一个极点; 我们在 §79 已经看到, 这个要求是从普遍的幺正性条件得来的. 振幅中的极点项来自 (79.1) 形状的图:

$$\left.\right\}P \tag{110.1}$$

而当考虑辐射修正时, 此图的两部分必定用粗虚线 (精确的光子传播子) 连接. 这意味着函数 $\mathcal{D}(k^2)$ 必定在 $k^2 = 0$ 处有一个极点, 即必定是这样的:

$$\mathcal{D} \to \frac{4\pi Z}{k^2} \quad \text{当} \quad k^2 \to 0, \tag{110.2}$$

其中 Z 为一个常数. 因此对于极化算符 $\mathcal{P}(k^2)$, (103.21) 给出

$$\mathcal{P}(0) = 0. \tag{110.3}$$

(110.2) 式中的系数由下式给出

$$\frac{1}{Z} = \left[1 - \frac{\mathcal{P}(k^2)}{k^2} \right]_{k^2 \to 0}.$$

对函数 $\mathcal{P}(k^2)$ 进一步的限制可以从对粒子电荷物理定义的分析得出: 两个相隔距离很大的静止的经典 (即无限重的) 粒子必定按照库仑定律, $U = e^2/r$ 相互作用. (此距离必须比 $1/m$ 大得多, 其中 m 为电子质量.) 这个相互作用也可用下图表示

$$\tag{110.4}$$

其中上面与下面的线对应经典粒子. 在虚光子线中考虑了光子的自能修正. 对重粒子线有影响的所有其它修正, 将使图等于零: 在图 (110.4) 中进一步加上任何内线, 比如在线 a 与 c 或 a 与 b 之间连上一根光子线, 就会产生虚的重粒子线, 带有相应的传播子. 但是粒子的传播子在分母中有其质量 M, 且当 $M \to \infty$ 时趋于零.

由图 (110.4) 的形式, 很清楚看出 (参见 §83), 其中的因子 $e^2\mathcal{D}(k^2)$ (除符号外) 必定是粒子相互作用位势的傅里叶变换. 由于相互作用是稳定的, 虚光子的频率 $\omega = 0$, 并且大的距离对应小的波矢 $\boldsymbol{k}$. 库仑位势的傅里叶变换为 $4\pi e^2/\boldsymbol{k}^2$. 由于 $\mathcal{D}$ 仅依赖于 $k^2 = \omega^2 - \boldsymbol{k}^2$, 最后我们得到条件

$$\mathcal{D} \to 4\pi/k^2, \quad k^2 \to 0, \tag{110.5}$$

也就是说, (110.2) 式中的系数必定是 $Z = 1$ (符号则是明显的, 由于 $\mathcal{D}(k^2)$ 趋近于自由光子传播子 $D(k^2)$). 因此, 极化算符 $\mathcal{P}(k^2)$ 必须满足条件:

$$\mathcal{P}(k^2)/k^2 \to 0, \quad k^2 \to 0. \tag{110.6}$$

这并不仅导致前面给出的条件 (110.3), 而且给出结果:

$$\mathcal{P}'(0) = 0. \tag{110.7}$$

在 §103 已经指出, 一条有效的外实光子线对应因子 (103.15) 或利用 (103.16) 与 (103.20), 对应

$$\left[1 + \frac{1}{4\pi}\mathcal{P}(0)\mathcal{D}(0) \right] e^\mu.$$

现在我们从 (110.5) 与 (110.6) 式看到, 修正项为零. 因此我们有一个重要结果: 在外光子线中不需要考虑辐射修正.

因此, 由自然的物理要求得出量 $\mathcal{P}(0)$ 与 $\mathcal{P}'(0)$ 有确定的值 (即为零). 由微扰论图技术计算这些量会导致发散积分, 我们还看到消除这种无穷大的方法是对发散表示式预先指定一些确定值, 而这些值由物理要求来确定. 这个步骤称为对这些量的**重正化**.[①]

这个步骤也可以用一种略为不同的方式表述. 比如, 在对电荷重正化时可以在形式的微扰论中定义一个非物理的内禀 (裸或未重正) 电荷 e_c 作为一个参量出现在原始的电磁作用算符的表示式中. 于是重正化条件变成 $e_c^2\mathcal{D}(k^2) \to 4\pi e^2/k^2$ (当 $k^2 \to 0$ 时), 其中 e 为实际的物理电荷. 因此, 我们有关系式 $e_c^2 Z = e^2$, 用此式于涉及观察效应的表示式中, 从而消去非物理的量 e_c.

[①] 这个途径的思想是由 H. A. Kramers (1947) 首先提出的: 在量子电动力学中系统地应用重正化方法由 Dyson, Tomonaga, Feynman 与 Schwinger 给出.

通过直接取 $Z = 1$, 重正化只是在"**途中**"进行, 这样甚至在中间步骤中也没有必要采用虚拟的量.

我们现在来研究电子传播子的重正化条件. 为此, 我们来研究通过一个带一虚电子的单粒子中间态能够发生的散射过程. 这种过程的振幅必定在初始粒子的总四维动量 P_i 的平方等于实际电子平方质量 (即 $P_i^2 = m^2$) 时有一个极点. 振幅中的极点项由如下形式的图产生

$$P_f \left\{ \begin{array}{c} \\ \end{array} \right. \underset{p=P_i=P_f}{} \left. \begin{array}{c} \\ \end{array} \right\} P_i \qquad (110.8)$$

而当考虑辐射修正时, 粗线为精确的电子传播子. 这意味着函数 $\mathcal{G}(p)$ 在 $p^2 = m^2$ 必定有一个极点, 即其极限形式必定为

$$\mathcal{G}(p) \approx Z_1 \frac{\gamma p + m}{p^2 - m^2 + i0} + g(p), \quad 当 p^2 \to m^2, \qquad (110.9)$$

Z_1 为一个标量常数, 并且当 $p^2 \to m^2$ 时 $g(p)$ 保持有限. (110.9) 式中极点项的矩阵结构 (与 $\gamma p + m$ 成正比) 是与引起极点存在同样的幺正性条件的结果. 我们将证明这个论断, 同时阐明外电子线重正化条件这个重要问题.

假如 $\mathcal{G}(p)$ 有极限形式 (110.9), 那么其逆矩阵为

$$\mathcal{G}^{-1}(p) \approx \frac{1}{Z_1}(\gamma p - m) - (\gamma p - m)g(\gamma p - m), \quad 当 p^2 \to m^2. \qquad (110.10)$$

质量算符为

$$\mathcal{M} = G^{-1} - \mathcal{G}^{-1} \approx \left(1 - \frac{1}{Z_1}\right)(\gamma p - m) + (\gamma p - m)g(\gamma p - m), \quad 当 p^2 \to m^2. \qquad (110.11)$$

有效的外 (比如入射) 电子线对应于 (参见 (103.15) 式) 因子

$$\mathcal{U}(p) = u(p) + \mathcal{G}(p)\mathcal{M}(p)u(p), \qquad (110.12)$$

其中 $u(p)$ 为通常电子波函数的振幅, 它满足狄拉克方程 $(\gamma p - m)u = 0$. 由于相对论不变性的要求 ($\mathcal{U}$, 与 u 一样为双旋量), $\mathcal{U}(p)$ 在 $p^2 \to m^2$ 时的极限值与 $u(p)$ 只可能相差一个恒定的标量因子:

$$\mathcal{U}(p) = Z'u(p). \qquad (110.13)$$

这个因子 Z' 以一定方式与 Z_1 相联系, 但是这个联系不可能简单地通过将 (110.10) 与 (110.11) 代入 (110.12) 来建立, 因为有不确定性; 结果依赖于在 (110.12) 中不同因子取极限的顺序.

　　然而, 通过正确的取极限方法而不采用图 (110.8) 描述的反应的幺正性条件有可能避免这个问题. 幺正性关系一般是应用于整个过程的振幅的, 而不是个别的图. 但是当 $p^2 \to m^2$ 时极点图 (110.8) 对相应的振幅 M_{fi} 给出主要的贡献, 于是可以略去与同一反应有关的其余的图.

　　如在 §79 已经表明的, 幺正性条件要求一个单粒子中间态在反应振幅中应该产生一个带有 δ 函数的虚部:

$$i\pi\delta(p^2 - m^2) \sum_{\text{polar.}} M_{fn}M_{in}^*, \tag{110.14}$$

其中下标 n 指有一个实电子的态, 求和是对实电子的极化指标进行的; 为避免附加的复杂性, 如在 §79 一样, 我们假设, 幺正性条件的两边对初态与终态的螺旋性是对称的, 因此 $M_{fi} = M_{if}$. 振幅 M_{fn} 对应下图表示的过程

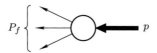

并且等于

$$M_{fn} = (M'_{fn}\mathcal{U}) = Z'(M'_{fn}u),$$

其中 M'_{fn} 为一个有双旋指标的因子.[①] 类似地, 振幅 M_{in}^* 的结构为

$$M_{in}^* = (\overline{\mathcal{U}}M_{in}'^*) = Z'(\overline{u}M_{in}'^*).$$

对电子极化的求和将乘积 $(M'_{fn}u) \times (\overline{u}M_{in}'^*)$ 换成为 $M'_{fn}(\gamma p + m)M_{in}'^*$, 于是在振幅 M_{fi} 中的项 (110.14) 变成

$$Z'^2 i\pi\delta(p^2 - m^2)[M'_{fn}(\gamma p + m)M_{in}'^*].$$

在虚部用这一项, 我们可以在散射振幅中重新构成整个极点项; 由 (79.5) 式,

$$M_{fi} = -\frac{Z'^2\{M'_{fn}(\gamma p + m)M_{in}'^*\}}{(p^2 - m^2 + i0)}, \quad p^2 \to m^2.$$

　　由图 (110.8) 直接计算同样的振幅给出

$$iM_{fi} = iM'_{fn} \cdot i\mathcal{G}(p) \cdot iM_{in}'^*.$$

___

　　[①] 有一点应该在这里阐明. 电子作为一个稳定粒子实际上不可能变为另外一组实粒子, 但是, 我们可以形式地将它看成一团虚粒子, 其质量值可允许作这种转换. 这样得到的关系式应理解为通过解析延拓达到实际粒子.

比较这两个公式证实上面对 $\mathcal{G}(p)$ ((110.9) 式中的第一项) 写出的极限表示式, 并表明

$$Z' = \sqrt{Z_1}. \tag{110.15}$$

现在我们将表明, 当电子传播子的极限形式已知后, 就没有必要对顶角算符再给出新的条件.

我们来考虑图:

$$\tag{110.16}$$

此图表示电子在一个外场 $A^{(e)}(k)$ 中的散射, 在相对于场的第一级, 并考虑了所有的辐射修正. 在 $k \to 0$, $p_2 \to p_1 \equiv p$ 的极限, 对外场线的自能修正为零 (因为它们对任何 $k^2 = 0$ 为零). 于是这个图对应振幅

$$M_{fi} = -e\overline{\mathcal{U}}(p)\Gamma(p, p; 0)\mathcal{U}(p)A^{(e)}(k \to 0), \tag{110.17}$$

即, 势 $A^{(e)}$ 与电子跃迁流 $\overline{\mathcal{U}}\Gamma\mathcal{U}$ 的乘积. 但是当 $k \to 0$ 时, 势 $A^{(e)}(x)$ 简化为和坐标与时间都无关的常数. 没有任何物理的场会对应这个势 (规范不变性的一个特殊情形), 因此不可能引起电子流有任何变化. 因此, 在所考虑的极限, 跃迁流 $\overline{\mathcal{U}}\Gamma\mathcal{U}$ 必定简单地变为自由流 $\overline{u}\gamma u$:

$$\overline{\mathcal{U}}(p)\Gamma^{\mu}(p, p; 0)\mathcal{U}(p) = Z_1\overline{u}(p)\Gamma^{\mu}u(p) = \overline{u}(p)\gamma^{\mu}u(p). \tag{110.18}$$

这一要求实质上也是电子的物理电荷的一个定义. 容易看到, 不管 Z_1 取什么值这一要求是都会满足的: 将 (110.10) 的 $\mathcal{G}^{-1}(p)$ 代入沃德恒等式 (108.8), 我们求出

$$\Gamma^{\mu}(p, p; 0) = Z_1^{-1}\gamma^{\mu} - \gamma^{\mu}g(p)(\gamma p - m) - (\gamma p - m)g(p)\gamma^{\mu},$$

且 (110.18) 式也是满足的, 因为 $(\gamma p - m)u = 0$, $\overline{u}(\gamma p - m) = 0$.

我们看到, 在计算物理过程的振幅时, "重正化常数" Z_1 消失了. 而且, 通过利用在计算 Γ 时的发散引起的不确定性, 我们可以简单地要求

$$\overline{u}(p)\Gamma^{\mu}(p, p; 0)u(p) = \overline{u}(p)\gamma^{\mu}u(p), \quad \text{当 } p^2 = m^2, \tag{110.19}$$

也就是取了 $Z_1 = 1$.

这个定义的方便之处在于对外电子线就不需要作任何修正了: 我们简单地有

$$\mathcal{U}(p) = u(p).$$

这一点还可以从 $Z_1 = 1$ 时质量算符 (110.11) 为如下形式而直接推出

$$\mathcal{M} = (\gamma p - m)g(\gamma p - m) \tag{110.20}$$

(110.12) 式中的第二项显然消失了. 因此就不再需要对任何实际粒子 (光子或电子) 的外线进行"重正化".[①]

§111 光子传播子的解析性质

从函数 $\Pi(k^2)$ 出发来研究光子传播子的解析性质是方便的. 原因是直接应用定义 (103.1) 于此目的是困难的, 因为算符 $\widehat{A}^\mu(x)$ 是规范–不定和由此产生的性质的不确定性.

函数 $\Pi(k^2)$ 的积分表示 (104.11) 是从光子自能函数借助于规范不变的流算符的矩阵元的表示式推出的. 将变量 k^2 记作 t,[②] 我们来考虑函数 $\Pi(t)$ 在复 t 平面上的性质.

由积分表示

$$\Pi(t) = \int_0^\infty \frac{\rho(t')\mathrm{d}t'}{t - t' + \mathrm{i}0} \tag{111.1}$$

我们看到 $\Pi(t)$ 在负实轴上是实的, 并且在其余平面到处都满足对称性关系

$$\Pi(t^*) = \Pi^*(t). \tag{111.2}$$

函数 $\Pi(t)$ 只可能在 $\rho(t)$ 的奇点有奇异性. 这些奇点的 $t = k^2$ 值为由一个虚光子产生各种实际粒子团的阈值. 在这些值, 新类型的中间态在 (104.9) 的求和中"出现". 在阈值以下它们的贡献为零, 但在阈值以上不为零, 而且在阈值本身产生奇异性. 当然, 这些阈值是实且非负的.[③] 因此, $\Pi(t)$ 的奇异性也在正的实 t 轴上. 如果沿这个轴作一割线, 那么 $\Pi(t)$ 就在切割后的平面上到处是解析的了.

在 (111.1) 式被积函数的分母中的 +i0 项表明, 我们必须在极点 $t' = t$ 的下面穿过. 这意味着 $\Pi(t)$ 对实 t 的值必须取其在割线上边界的值. 利用规则 (75.18):

$$\frac{1}{x \pm \mathrm{i}0} = P\frac{1}{x} \mp \mathrm{i}\pi\delta(x), \tag{111.3}$$

---

① 在重正化光子传播子中, 条件 $Z = 1$ 是作为一个必要的物理条件产生的, 此后对外光子线的修正自动消失了. 然而, 形式上, 这个情形对外光子线与外电子线是类似的: 当 $Z \neq 1$ 时, 一个带修正的实际光子的波幅 e_μ 要乘以 $\sqrt{Z}$.

② 注意不要和时间的符号相混淆.

③ 比如, $k^2 = 0$ 是产生三个 (或更多奇数个) 光子的阈; $k^2 = 4m^2$ 为产生电子–正电子对的阈, 等等.

对实的 t 我们求出

$$\text{Im}\,\Pi(t) \equiv \text{Im}\,\Pi(t+i0) = -\pi\rho(t). \tag{111.4}$$

在割线下边, $\text{Im}\,\Pi$ 有相反的符号; 而 $\text{Re}\,\Pi$ 在割线两边符号则是相同的. 于是 $\Pi(t)$ 在割线的跳跃为

$$\text{Im}\,\Pi(t+i0) - \text{Im}\,\Pi(t-i0) = -2\pi i\rho(t). \tag{111.5}$$

积分表示式 (111.1) 本身可以简单地看成解析函数 $\Pi(t)$ 的柯西公式: 应用这个公式

$$\Pi(t) = \frac{1}{2\pi i} \int_C \frac{\Pi(t')\mathrm{d}t'}{t'-t} \tag{111.6}$$

于如下回路

$$\tag{111.7}$$

这个回路绕割线通过, 假设 $\Pi(t)$ 在无穷远减小得足够快, 我们得出绕大圆的积分为零, 而沿割线的积分给出 $\Pi(t)$ 与其虚部之间的如下**色散关系**:

$$\Pi(t) = \frac{1}{\pi} \int_0^\infty \frac{\text{Im}\,\Pi(t'+i0)}{t'-t}\mathrm{d}t' = \frac{1}{\pi} \int_0^\infty \frac{\text{Im}\,\Pi(t')}{t'-t-i0}\mathrm{d}t'. \tag{111.8}$$

代入 (111.4) 给出 (111.1).[①]

函数 $\mathcal{P}(t)$ 与 $\mathcal{D}(t)$ 的解析性质是与 $\Pi(t)$ 相同的, 利用后者它们可以用简单的公式 (104.2) 与 (103.21) 表示. 对 $\mathcal{D}(t)$ 我们有

$$\mathcal{D}(t) = \frac{4\pi}{t}\left(1 + \frac{\Pi(t)}{t}\right). \tag{111.9}$$

在正的实 t 轴上, 如上所述, 我们必须将 t 取为 $t+i0$. 于是, $\mathcal{D}(t)$ 的虚部可由 (111.3) 与 (111.4) 式计算, 记得由 (110.6) 式, 当 $t \to 0$ 时, $\Pi(t)/t \to 0$. 于是我们求出

$$\text{Im}\,\mathcal{D}(t) = -4\pi^2\delta(t) + \frac{4\pi}{t^2}\text{Im}\,\Pi(t) = -4\pi^2\delta(t) - \frac{4\pi^2}{t^2}\rho(t). \tag{111.10}$$

现在将 (111.8) 形式的色散关系应用于函数 $\mathcal{D}(t)$, 我们就得到积分表示

$$\mathcal{D}(t) = \frac{4\pi}{t+i0} + 4\pi \int_0^\infty \frac{\rho(t')}{t'^2}\frac{\mathrm{d}t'}{t-t'+i0}. \tag{111.11}$$

---

① 在量子场论中是由 M. Gell-Mann, M. L. Goldberger 与 W. E. Thirring (1954) 首先应用色散关系的.

此式称为 Källén-Lehmann 展开式 (G. Källén, 1952; H. Lehmann, 1954).

一方面, 在函数 $\mathcal{D}(t)$ 的割线位置 (及因此割线的虚部) 和由图 (110.4) 表示的过程 $a + b \to c + d$ 振幅的幺正性条件之间有着紧密的联系; 另一方面, 这个反应自然纯粹是假想的, 但是它并不破坏守恒定律, 幺正性条件对其而言是形式上应该满足的一个条件.

在这个过程的初态有两个 "经典" 粒子 a 与 b, 而在终态有另外两个粒子 c 与 d. 幺正性条件为 (71.2):[①]

$$T_{fi} - T_{if}^* = \mathrm{i}(2\pi)^4 \sum_n T_{fn} T_{in}^* \delta^4(P_f - P_i); \tag{111.12}$$

右边的求和对所有的物理 "中间态" n 进行. 在现在的情形, 这些态明显地是由虚光子 k 能够产生的那些实粒子对与光子组成的系统的态, 即在函数 $\rho(k^2)$ 的定义 (104.9) 的矩阵元中出现的那些态. 振幅 M_{fi} 与 M_{if}^* 分别包括因子 $\mathcal{D}(k^2)$ 与 $\mathcal{D}^*(k^2)$, 二者之差包含虚部 $\operatorname{Im} \mathcal{D}(k^2)$. 因此我们看到, (111.4) 式给出的 $\mathcal{D}$ 的虚部与存在这些中间态之间的联系是必要的幺正性要求的一个结果.

以后我们将看到, 在用微扰论实际计算 $\mathcal{D}(t)$ (或等价地, $\mathcal{P}(t)$) 中, 从求 $\mathcal{P}$ 的虚部开始是方便的, 它不包含发散的表示式. 但是, 如果然后由 (111.8) 型的色散关系计算 $\mathcal{P}(t)$, 积分是发散的并且必须进一步作减除运算才能满足条件 $\mathcal{P}(0) = 0$ 与 $\mathcal{P}'(0) = 0$. 然而, 这个减除运算可以不明显地用到发散积分来进行. 为此, 我们只需要将色散关系 (111.8) 不是应用于 $\mathcal{P}(t)$ 本身而是应用于 $\mathcal{P}(t)/t^2$ 即可. 于是我们有

$$\mathcal{P}(t) = \frac{t^2}{\pi} \int_0^\infty \frac{\operatorname{Im} \mathcal{P}(t')}{t'^2(t' - t - \mathrm{i}0)} \mathrm{d}t'. \tag{111.13}$$

这个积分是收敛的, 并且这样得到的函数 $\mathcal{P}(t)$ 自动满足所要求的条件.

如 (111.13) 式这样的关系式称为 "双减除" 色散关系. 如果将 (111.13) 式写成如下形式, 那么变换到 $\mathcal{P}(t)/t^2$ 的含义就变得特别清楚了

$$\mathcal{P}(t) = \frac{1}{\pi} \int_0^\infty \frac{\operatorname{Im} \mathcal{P}(t') \mathrm{d}t'}{t' - t - \mathrm{i}0} - \frac{1}{\pi} \int_0^\infty \frac{\operatorname{Im} \mathcal{P}(t')}{t'} \mathrm{d}t' - \frac{1}{\pi} \int_0^\infty \frac{\operatorname{Im} \mathcal{P}(t')}{t'^2} \mathrm{d}t'. \tag{111.14}$$

如果将第一个 ("未正规化" 的) 积分记作 $\overline{\mathcal{P}}(t)$, 右边就可写成 $\overline{\mathcal{P}}(t) - \overline{\mathcal{P}}(0) - t\overline{\mathcal{P}'}(0)$.

[①] 振幅 T_{fi} 和振幅 M_{fi} 只相差一个因子 (参见 (64.10) 式).

§112　费曼积分的正规化

在 §110 讨论的重正化的物理条件使得我们可以在原则上对任何电动力学过程振幅在微扰论的任何近似上推出一个唯一的有限值.

我们首先来查明直接从费曼图推出的积分中出现发散的本质. 通过计算积分中出现的虚的四维动量的幂次可以相当大地有助于这个问题的解决.

我们来考虑一个 n 阶的图 (即包含 n 个顶角的图), 它有 N_e 条外电子线和 N_γ 条外光子线; N_e 为偶的, 并且电子线构成 $\frac{1}{2}N_e$ 个连续串, 每个串的起点与终点都是自由端. 在每个这种串中, 内电子线的数目比其中顶角的数目少一个; 因此图中内电子线的总数为

$$n - N_e/2.$$

每个顶角出来一条光子线; 在 N_γ 个顶角是外光子线, 其余 $n - N_\gamma$ 个顶角是内光子线. 由于每条内光子线连接两个顶角, 这种线的总数为

$$(n - N_\gamma)/2.$$

每条内光子线与一个因子 $D(k)$ 相联系, 它包含 k 的幂次为 -2. 每条内电子线与一个因子 $G(p)$ 相联系, 它包含 p 的幂次为 -1 (当 $p^2 \gg m^2$ 时). 因此在图的分母中四维动量的总幂次为

$$2n - N_e/2 - N_\gamma.$$

图中积分 (对 $\mathrm{d}^4 p$ 或 $\mathrm{d}^4 k$) 的数目等于内线的数目减去加在虚动量的附加条件 (n 个在顶角的守恒定律,1 与图的自由端的动量相联系) 的数目 $(n-1)$. 乘以 4, 我们得到对所有四维动量分量积分的数目为

$$2(n - N_e - N_\gamma + 2).$$

最后, 积分的数目与被积函数分母的动量幂次之差 r 为

$$r = 4 - 3/2N_e - N_\gamma. \tag{112.1}$$

顺便指出, 这个数目与图的阶 n 无关.

对这个图整个来说, 条件 $r < 0$ 一般不足以保证积分收敛: 必须要求对于从图中可以取出的内部部分所对应的数 r' 也是负的. 有 $r' > 0$ 的部分的存在就有发散, 尽管图中的其它积分将收敛得 "留有余地". 然而, 条件 $r < 0$ 足以保证最简单的图收敛, 其中 $n = N_e + N_\gamma$ 并且只有一个对 $\mathrm{d}^4 p$ 的积分.

如果 $r \geqslant 0$, 则积分总是发散的. 如果 r 是偶数其发散的阶至少是 r, 如果 r 是奇数则发散的阶至少是 $r-1$; 后一情形减 1 是由于对奇数个四维矢量乘积的所有四维空间的积分为零. 假如有 $r' > 0$ 的内部部分存在, 则发散的阶可能更高.

因为 N_e 与 N_γ 为正整数, 由 (112.1) 式我们看到, 只存在少数对的 N_e 与 N_γ 值使得 $r \geqslant 0$. 每个这种类型最简单的图都可以列举出来, 略去 $N_e = N_\gamma = 0$ (真空圈) 情形和 $N_e = 0$, $N_\gamma = 1$ (真空流的平均值) 情形, 由于它们没有物理意义并且对应的图应该丢掉, 如 §103 中所表明的. 剩下的情形只是:

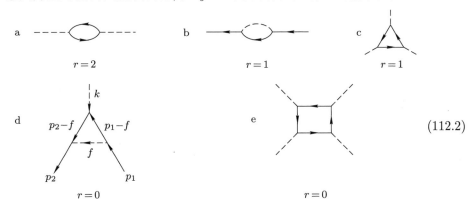

$$(112.2)$$

在 (a) 中发散是二次方的; 所有其它情形 ($r=0$ 与 $r=1$) 发散是对数的.

图 (112.2d) 是对顶角算符的第一级修正. 它必须满足条件 (110.19), 这里我们将此条件写成

$$\bar{u}(p)\Lambda^\mu(p, p; 0)u(p) = 0, \quad \text{当 } p^2 = m^2. \tag{112.3}$$

其中

$$\Lambda^\mu = \Gamma^\mu - \gamma^\mu. \tag{112.4}$$

设 $\overline{\Lambda}^\mu(p_2, p_1; k)$ 为直接从图中推出的费曼积分. 这个积分是对数发散的, 本身并不满足条件 (112.3), 但是我们可以通过取下面的差得到一个满足这个条件的量

$$\Lambda^\mu(p_2, p_1; k) = \overline{\Lambda}^\mu(p_2, p_1; k) - [\overline{\Lambda}^\mu(p_1, p_1; 0)]_{p_1^2 = m^2}. \tag{112.5}$$

在 $\overline{\Lambda}^\mu(p_2, p_1; k)$ 中领头的发散项通过将被积函数中虚光子四维动量 f 取为任意大来得到. 这就是[①]

$$-4\pi \mathrm{i}e^2 \int \frac{\gamma^\nu(\gamma f)\gamma^\mu(\gamma f)\gamma_\nu}{f^2 f^2 f^2} \frac{\mathrm{d}^4 f}{(2\pi)^4}$$

---

① 积分的完全表示在 (117.2) 式中给出.

并与外线的四维动量无关. 因此在差 (112.5) 中发散互相抵消, 留下一个有限的量. 这种通过减除来去掉发散的步骤称为积分的 **正规化**.

必须强调指出, 积分 $\overline{\Lambda}^\mu(p_2, p_1; k)$ 可以通过单次减除正规化, 是因为这里发散只是对数的, 即是最弱的. 假如积分包含各种阶的发散, 那么 $k = 0$ 的单次减除可能不足以消除所有的发散项.

当 Γ^μ 的一级修正 (即 Λ^μ 展开式的第一项) 已被确定, 电子传播子 (图 (112.2a)) 的一级修正就可以用沃德恒等式 (108.8) 来计算, 它也可写成如下形式

$$\frac{\partial \mathcal{M}(p)}{\partial p_\mu} = -\Lambda^\mu(p, p; 0), \tag{112.6}$$

其中以质量算符 $\mathcal{M}$ 替代 $\mathcal{G}$, 并以 Λ^μ 替代 Γ^μ. 这个方程将用如下边条件积分

$$\overline{u}(p)\mathcal{M}(p)u(p) = 0, \quad p^2 = m^2, \tag{112.7}$$

此式由 (110.20) 式得出.

最后, 为计算极化算符展开的第一项, 我们应用恒等式 (108.14), 该式在对两对指标收缩后给出

$$\frac{3}{4\pi}\frac{\partial^2 \mathcal{P}}{\partial k_\sigma \partial k^\sigma} = 2\mathcal{G},$$

这是标量函数 $\mathcal{P} = \frac{1}{3}\mathcal{P}^\mu_\mu$ 与 $\mathcal{G} = \mathcal{G}^{\rho\mu}_{\mu\rho}$ 之间的一个关系式. 这两个函数都只依赖于标量变量 k^2, 于是我们有

$$2k^2 \mathcal{P}''(k^2) + \mathcal{P}'(k^2) = \frac{4\pi}{3}\mathcal{P}(k^2), \tag{112.8}$$

其中的撇表示对 k^2 的微商. 加上条件 $\mathcal{P}'(0) = 0$, 此方程表明

$$\mathcal{P}(0) = 0. \tag{112.9}$$

在微扰论的第一级近似, $\mathcal{P}(k^2)$ 由图 (112.2e) 给出, 其自由端的四维动量为 $k, k, 0, 0$. 相应的费曼积分 $\overline{\mathcal{G}}(k^2)$ 对数发散, 并可通过单次减除正规化, 用到条件 (112.9):

$$\mathcal{G}(k^2) = \overline{\mathcal{G}}(k^2) - \overline{\mathcal{G}}(0).$$

于是通过解方程 (112.8) 可求出 $\mathcal{P}(k^2)$, 取边条件为 $\mathcal{P}(0) = 0, \mathcal{P}'(0) = 0$.

在微扰论的下一级近似, 对顶角算符 $\Lambda^{(2)}_\mu$ 的修正由图 (106.10, (c)–(i)) 确定. 不可约图 (d)–(f) 采用类似的积分正规化方法计算, 用到如在 (112.5) 中用过的单次减除, 采用与计算第一级近似修正 $\Lambda^{(1)}_\mu$ 同样的方法. 在可约图中, 低阶的内自能和顶角部分直接换成已知的 (已正规化的) 一级近似量 $(\mathcal{P}^{(1)},$

$\mathcal{M}^{(1)}$, $\Lambda_\mu^{(1)}$), 然后, 得到的积分再一次按照 (112.5) 式正规化.[①] 于是修正 $\mathcal{P}^{(2)}$ 与 $\mathcal{M}^{(2)}$ 可以由 (112.6) 与 (112.8) 来计算.

这个系统的方法在原则上将使我们能够对量 $\mathcal{P}$, $\mathcal{M}$ 与 Λ_μ 在微扰论的任何一级近似推出有限的值. 因此计算用包含量 $\mathcal{P}$, $\mathcal{M}$ 与 Λ_μ 的图作为组成部分的物理散射过程的振幅变为可能.

因此, 在 §111 推出的物理条件足以对理论中出现的所有费曼图作明确的正规化. 这个性质绝对不是量子电动力学的一个平凡性质, 我们将其称为**可重正性**.[②]

然而, 在辐射修正的实际计算中, 以上方法可能不是最简单、最合理的. 特别是, 在第十二章我们将看到, 一种方便的处理方法可以从计算相应量的虚部出发; 它们由不包含发散的积分给出. 于是这些量本身可利用色散关系用解析延拓求出. 因此有可能避免在通过减除直接正规化中需要的冗长计算.

---

① 在更高级近似的图中, "四条尾巴"的部分 $\mathcal{G}$ 可能也必须用已正规化的值代替.
② 量子电动力学中重正化的另一种途径由 Н. Н. Боголюбов 与 Д. В. Ширков 给出, 见 Н. Н. Боголюбов, Д. В. Ширков, Введение в теорию квантованных полей. – М.: Наука, 1984.

第十二章
辐 射 修 正

§113 极化算符的计算

现在来进行辐射修正的实际计算, 我们从极化算符的计算开始 (J. Schwinger, 1949; R. P. Feynman, 1949). 在微扰论的一级近似, 这由下图中的圈图给出

$$
\xrightarrow{\hspace{1.5cm}}_{k} \quad \overset{p}{\underset{p-k}{\bigcirc}} \quad \xrightarrow{\hspace{1.5cm}}_{k} \tag{113.1}
$$

如已经阐明的, 如果我们先计算所要求的函数的虚部, 这个问题就变得更容易处理了. 而这最方便的是用幺正性关系来做. 虚光子线被看成为对应于虚拟的 "实" 粒子, 一个质量为 $M^2 = k^2$ 的矢量玻色子, 它与电子的作用方式如同光子一样. 于是 (113.1) 就变成一个 "实" 过程的图, 因此可以应用幺正性条件.

我们将 (113.1) 看成为一个给出玻色子通过衰变为电子 – 正电子对再变到其自身 (S 矩阵的对角元) 的振幅的费曼图. 图中有叉号的两点表明在该处分成两部分以便表示出应用幺正性关系的中间态. 这个态包含一个四维动量为 $p_- = p$ 的电子和一个四维动量为 $p_+ = -(p - k)$ 的正电子.

对初态与终态重合的情形, 由两粒子中间态的幺正性关系 (71.4) 给出

$$
2\mathrm{Im}\, M_{ii} = \frac{|\boldsymbol{p}|}{(4\pi)^2 \varepsilon} \sum_{\text{polar.}} \int |M_{ni}|^2 \mathrm{d}o. \tag{113.2}
$$

这里的振幅 M_{ii}, 可由 (113.1) 式得出为

$$
\mathrm{i} M_{ii} = \sqrt{4\pi}\, e_\mu^* \sqrt{4\pi}\, e_\nu \frac{\mathrm{i}\mathcal{P}^{\mu\nu}}{4\pi}, \tag{113.3}
$$

其中 e_μ 为玻色子极化四矢, 按照 (14.13) 式, 它满足方程

$$e_\mu k^\mu = 0.$$

振幅 M_{ni} 对应玻色子衰变为电子 – 正电子对的图:

对应的表示式为

$$M_{ni} = -e\sqrt{4\pi}\, e_\mu j^\mu, \quad j^\mu = \overline{u}(p_-)\gamma^\mu u(-p_+). \tag{113.4}$$

将 (113.3) 与 (113.4) 代入 (113.2) 式给出

$$2e_\mu^* e_\nu \mathrm{Im}\, \mathcal{P}^{\mu\nu} = \frac{e^2}{4\pi}\frac{|\boldsymbol{p}|}{\varepsilon}\sum_{\text{polar}}\int j^{\mu*} j^\nu e_\mu^* e_\nu \mathrm{d}o. \tag{113.5}$$

其中 $\boldsymbol{p} = \boldsymbol{p}_- = -\boldsymbol{p}_+$ 与 $\varepsilon = \varepsilon_+ + \varepsilon_- = 2\varepsilon_+$ 分别为电子对在其质心系中的动量与总能量; 积分对 $\boldsymbol{p}$ 的方向进行, 而求和对两个粒子的极化进行.

现在我们将 (113.5) 式的两边对玻色子的极化求平均. 这可利用公式 (14.15) 来完成:

$$\overline{e_\mu^* e_\nu} = -\frac{1}{3}\left(g_{\mu\nu} - \frac{k_\mu k_\nu}{k^2}\right)$$

因为张量 $\mathcal{P}^{\mu\nu}$ 与矢量 j^μ 是横的 (即 $\mathcal{P}^{\mu\nu}k_\nu = 0$, $j^\mu k_\mu = 0$), 作为其结果, 我们有

$$2\mathrm{Im}\,\mathcal{P} = \frac{1}{12\pi}\frac{|\boldsymbol{p}|}{\varepsilon}\sum_{\text{polar.}}\int (jj^*)\mathrm{d}o. \tag{113.6}$$

其中 $\mathcal{P}_\mu^\mu = 3\mathcal{P}$.

对极化的求和用通常的方式进行, 对 $\mathrm{d}o$ 的积分简化为乘以 4π, 于是

$$2\mathrm{Im}\,\mathcal{P} = e^2\frac{|\boldsymbol{p}|}{3\varepsilon}\mathrm{tr}\,\gamma_\mu(\gamma p_- + m)\gamma^\mu(\gamma p_+ - m) = -e^2\frac{8|\boldsymbol{p}|}{3\varepsilon}(p_+ p_- + 2m^2).$$

借助于变量

$$t = k^2 = (p_+ + p_-)^2 = 2(m^2 + p_+ p_-). \tag{113.7}$$

我们有

$$\varepsilon^2 = t, \quad \boldsymbol{p}^2 = t/4 - m^2,$$

这样我们最后得到

$$\operatorname{Im}\mathcal{P}(t) = -\frac{\alpha}{3}\sqrt{\frac{t-4m^2}{t}}(t+2m^2), \quad t \geqslant 4m^2. \tag{113.8}$$

$t = 4m^2$ 为由一个虚光子产生电子–正电子对的阈值 (参见 §111 的注解); 在所考虑的近似 ($\sim e^2$) 下, 单个对的态是在幺正性条件 (113.2) 下唯一能够出现的中间态. 所以, 在此近似下, (113.2) 的右边对 $t < 4m^2$ 为零, 因此

$$\operatorname{Im}\mathcal{P}(t) = 0, \quad t < 4m^2. \tag{113.9}$$

由于同样的原因, 在此近似下, 函数 $\mathcal{P}(t)$ 在复 t 平面上的割线只是从 $t = 4m^2$ 开始沿实轴拓展, 并且这个点必定是色散积分 (111.13) 的下限. 因此

$$\mathcal{P}(t) = -\frac{\alpha}{3\pi}t^2\int_{4m^2}^{\infty}\frac{\mathrm{d}t'}{t'-t-\mathrm{i}0}\sqrt{\frac{t'-4m^2}{t'}}\frac{t'+2m^2}{t'^2}. \tag{113.10}$$

在此表示式中用变量 ξ 来替代变量 t 是方便的, 其定义如下:

$$t/m^2 = -(1-\xi)^2/\xi. \tag{113.11}$$

这个变换将 t 的上半平面映射为 ξ 的上半平面上的一个单位半径的半圆, 如图 19 所示, 其中两个平面上对应的线段用类似的标志标记.

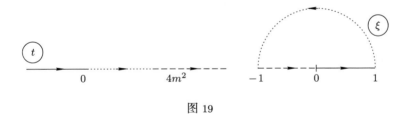

图 19

图中半圆 $\xi = \mathrm{e}^{\mathrm{i}\varphi}$, $0 \leqslant \varphi \leqslant \pi$, 对应于非物理区 $0 \leqslant t/m^2 \leqslant 4$. 实轴上左边与右边的半径对应于物理区 $t < 0$, $t/m^2 > 4$.

计算 (113.10) 式中积分的最简单方法是作代换

$$t'/(4m^2) = 1/(1-x^2),$$

我们先取 $t < 0$ 情形 (因此分母在积分范围内不消失, 且虚部 i0 可略去). 用变量 ξ 表示, 积分的结果为

$$\mathcal{P}(\xi) = \frac{\alpha m^2}{3\pi}\left\{-\frac{22}{3} + \frac{5}{3}\left(\xi + \frac{1}{\xi}\right) + \left(\xi + \frac{1}{\xi} - 4\right)\frac{1+\xi}{1-\xi}\ln\xi\right\}. \tag{113.12}$$

此公式的解析延拓还给出在 $t > 4m^2$ 范围的函数 $\mathcal{P}(t)$; 这可通过取 $\xi = |\xi|\mathrm{e}^{\mathrm{i}\pi}$ 来完成 (并且其对数给出对虚部的贡献: $\ln\xi = \ln|\xi| + \mathrm{i}\pi$).[①] 对于非物理区, 我们必须取 $\xi = \mathrm{e}^{\mathrm{i}\varphi}$, 于是

$$\mathcal{P}(t) = \frac{2\alpha m^2}{3\pi}\left\{-\frac{10}{3}\sin^2\frac{\varphi}{2} - 2 + \left(1 + 2\sin^2\frac{\varphi}{2}\right)\varphi\cot\frac{\varphi}{2}\right\}, \quad \frac{t}{4m^2} = \sin^2\frac{\varphi}{2}. \tag{113.13}$$

在小 $|t|$ 的极限 (即 $\xi \to 1$), 这些公式变成

$$\mathcal{P}(t) = -\frac{\alpha}{15\pi}\frac{t}{m^2}, \quad |t| \ll 4m^2. \tag{113.14}$$

在相反的大 $|t|$ 的极限 (即 $\xi \to 0$), 我们有

$$\mathcal{P}(t) = \begin{cases} -\dfrac{\alpha}{3\pi}|t|\ln\dfrac{|t|}{m^2}, & -t \gg 4m^2, \\[3mm] \dfrac{\alpha}{3\pi}t\left(\ln\dfrac{t}{m^2} - \mathrm{i}\pi\right), & t \gg 4m^2. \end{cases} \tag{113.15}$$

按照微扰论的含义, 如果 $\mathcal{P}/4\pi \ll D^{-1} = t/4\pi$, 则这些公式成立. 因此 (113.15) 式可以应用的条件为

$$\frac{\alpha}{3\pi}\ln\frac{|t|}{m^2} \ll 1. \tag{113.16}$$

包含 $\alpha\ln(|t|/m)$ 的辐射修正称为**对数修正**.

§114　库仑定律的辐射修正

我们将以上推出的公式应用于库仑定律的辐射修正问题. 这些修正可以直观地描述为是由于点电荷周围的真空极化而产生的.

如果忽略修正, 固定中心 (有电荷 e_1) 的场由库仑标势 $\Phi \equiv A_0^{(e)} = e_1/\boldsymbol{r}$ 给出. 其三维傅里叶展开的分量为

$$\Phi(\boldsymbol{k}) \equiv A_0^{(e)}(\boldsymbol{k}) = 4\pi e_1/\boldsymbol{k}^2.$$

在将辐射修正包括进来时, 这个场可用 "有效场" 代替

$$\mathcal{A}_0^{(e)} = A_0^{(e)} + \mathcal{D}_{0\rho}\frac{\mathcal{P}^{\rho\lambda}}{4\pi}A_\lambda^{(e)} = A_0^{(e)} + \frac{1}{4\pi}\mathcal{P}\mathcal{D}A_0^{(e)} \tag{114.1}$$

①这样得到的解析延拓, 如应该的那样, 是割线上边界的延拓, 因为 ξ 平面上的半圆对应 t 的上半平面.

(参见 (103.15) 式). 第二项给出我们要求解的标势的改变. 在对 $\mathcal{P}(k^2)$ 微扰论的一级近似, 我们必须取 §113 推出的表示式, 并将 $\mathcal{D}(k^2)$ 用零级近似代替:

$$\mathcal{D}(k^2) \approx D(k^2) = -4\pi/\boldsymbol{k}^2.$$

于是对势的辐射修正为

$$\delta\Phi(\boldsymbol{k}) = -\frac{4\pi e_1}{(\boldsymbol{k}^2)^2}\mathcal{P}(-\boldsymbol{k}^2). \tag{114.2}$$

为了确定这个修正在坐标表象中的表示, 我们必须作逆傅里叶变换:

$$\delta\Phi(\boldsymbol{r}) = \int e^{i\boldsymbol{k}\cdot\boldsymbol{r}}\delta\Phi(\boldsymbol{k})\frac{\mathrm{d}^3 k}{(2\pi)^3}. \tag{114.3}$$

由于 $\delta\Phi(\boldsymbol{k})$ 只是 $t = -\boldsymbol{k}^2$ 的函数, 对角度的积分给出

$$\delta\Phi(r) = \frac{1}{4\pi^2}\int_0^\infty \delta\Phi(t)\frac{\sin(r\sqrt{-t})}{r}\mathrm{d}(-t) = \frac{1}{4\pi^2 r}\mathrm{Im}\int_{-\infty}^\infty \delta\Phi(-y^2)e^{iry}y\mathrm{d}y$$

在最后的变换中, 我们用到被积函数是 $y = \sqrt{-t}$ 的偶函数这个事实. 积分回路可以被移到 y 的上半平面, 并使之与函数 $\mathcal{P}(-y^2)$ 的割线一致 (图 20).

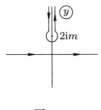

图 20

这条割线从点 $2im$ 开始沿虚轴向上延伸, 物理叶对应这条割线的左边. 将 y 换成新的变量, $y = ix$, 我们得到

$$\delta\Phi(r) = \frac{1}{2\pi^2 r}\int_{2m}^\infty \mathrm{Im}\,\delta\Phi(x^2)e^{-rx}x\mathrm{d}x.$$

最后, 回到对 $t = x^2$ 的积分, 我们有

$$\delta\Phi(r) = \frac{1}{4\pi^2 r}\int_{4m^2}^\infty \mathrm{Im}\,\delta\Phi(t)e^{-r\sqrt{t}}\mathrm{d}t. \tag{114.4}$$

虚部

$$\mathrm{Im}\,\delta\Phi(t) = -\frac{4\pi e}{t^2}\mathrm{Im}\,\mathcal{P}(t)$$

取自 (113.8) 式, 并在作明显的变量变换后, 我们有

$$\Phi(r) = \frac{e_1}{r} + \delta\Phi(r) = \frac{e_1}{r}\left\{1 + \frac{2\alpha}{3\pi}\int_1^\infty \mathrm{e}^{-2mr\zeta}\left(1 + \frac{1}{2\zeta^2}\right)\frac{\sqrt{\zeta^2-1}}{\zeta^2}\mathrm{d}\zeta\right\} \quad (114.5)$$

(E. A. Uehling, R. Serber, 1935).

这个积分可以在两个极限情形计算. 我们先取小 r 的极限 ($mr \ll 1$), 将括号中的第一项的积分分成两部分:

$$I = \int_1^\infty \mathrm{e}^{-2mr\zeta}\frac{\sqrt{\zeta^2-1}}{\zeta^2}\mathrm{d}\zeta = \int_1^{\zeta_1}\cdots\mathrm{d}\zeta + \int_{\zeta_1}^\infty\cdots\mathrm{d}\zeta \equiv I_1 + I_2,$$

其中选取 ζ_1 使得 $1/mr \gg \zeta_1 \gg 1$. 结果, 在第一个积分中我们可以取 $r = 0$, 因此

$$I_1 \approx \int_1^{\zeta_1}\frac{\sqrt{\zeta^2-1}}{\zeta^2}\mathrm{d}\zeta \approx \ln 2\zeta_1 - 1.$$

另一方面, 在 I_2 中, 可以从 $\zeta^2 - 1$ 中将 1 略去:

$$I_2 \approx \int_{\zeta_1}^\infty \mathrm{e}^{-2mr\zeta}\frac{\mathrm{d}\zeta}{\zeta} = -\ln\zeta_1 \cdot \mathrm{e}^{-2mr\zeta_1} + 2mr\int_{\zeta_1}^\infty \mathrm{e}^{-2mr\zeta}\ln\zeta\mathrm{d}\zeta.$$

在指数及积分的下限中, 允许取 $\zeta_1 = 0$. 于是, 做变量变换 $2mr\zeta = x$ 后, 我们有

$$I_2 = -\ln(2\zeta_1) + \ln\frac{1}{mr} + \int_0^\infty \mathrm{e}^{-x}\ln x\mathrm{d}x = -\ln(2\zeta_1) + \ln\frac{1}{mr} - C,$$

其中 $C = 0.577\cdots$ 为欧拉常数.

在 (114.5) 式第二项的积分中, 我们可以直接取 $r = 0$:

$$I_3 \approx \frac{1}{2}\int_1^\infty \frac{\sqrt{\zeta^2-1}}{\zeta^4}\mathrm{d}\zeta = \frac{1}{6}.$$

将这三个积分相加后, ζ_1 消失, 留下

$$\Phi(r) = \frac{e_1}{r}\left[1 + \frac{2\alpha}{3\pi}\left(\ln\frac{1}{mr} - C - \frac{5}{6}\right)\right], \quad r \ll \frac{1}{m}. \quad (114.6)$$

当 $mr \gg 1$ 时, 在积分中范围 $\zeta - 1 \sim 1/mr \ll 1$ 是重要的. 作变量变换 $\zeta = 1 + \xi$, 所用的变换将其简化为

$$\mathrm{e}^{-2mr}\int_0^\infty \mathrm{e}^{-2mr\xi}\cdot\frac{3}{2}\sqrt{2\xi}\mathrm{d}\xi = \frac{3}{8(mr)^{3/2}}\sqrt{\pi}\mathrm{e}^{-2mr}.$$

因此, 在此情形,[①]

$$\Phi(r) = \frac{e_1}{r}\left(1 + \frac{\alpha}{4\sqrt{\pi}}\frac{\mathrm{e}^{-2mr}}{(mr)^{3/2}}\right), \quad r \gg \frac{1}{m}. \quad (114.7)$$

---

① 在 $\delta\Phi(r)$ 中因子 e^{-2mr} 的来源从初始积分 (114.4) 的形式看是很明显的: 当 r 大时, 重要的 t 值在靠近积分下限处. 因此指数由函数 $\delta\Phi(t)$ 的第一个奇点位置决定.

我们看到, 真空极化改变了一个点电荷在 $r \sim 1/m \, (= \hbar/mc)$ 区域的库仑场, 其中 m 为电子质量. 而在此区域外面, 场的变化则随距离指数减小.

可以作一个更为普遍的评论. 迄今为止, 我们隐含地假设辐射修正是由于光子场与电子–正电子场之间的相互作用产生的. 因此, 我们通过将光子自能图中的内部闭合圈与电子相结合, 考虑了光子与"电子真空"的相互作用. 但是, 光子还与其它粒子的场有相互作用; 和这些场的"真空"的作用可用类似的自能图描述, 其中内部圈与相应的粒子相联系. 这些图的贡献在数量级上与电子图的贡献相差若干个 m_e/m 因子, 其中 m 为该粒子的质量而 m_e 为电子质量.

质量与电子质量最接近的粒子是 μ 子与 π 介子. 比值 m_e/m_μ 与 m_e/m_π 接近于 α. 因此, 由这些粒子产生的辐射修正必须和更高级的电子修正一起考虑. 对 μ 子, 辐射修正原则上可以用现有的理论计算, 但是对 π 介子 (有强相互作用的粒子) 则不可能.

这个情形给现有的量子电动力学中特殊效应的精确计算加上了基本的限制. 单单由光子–电子相互作用的任意高阶的修正将会是对所达到的精确性的不合理的夸张.

本节讨论的对库仑定律的辐射修正, 如我们看到的, 甚至在 $r \leqslant 1/m_e$ 距离也是正确的. 现在我们要加上一句话, 所得到的公式在 $r < 1/m_\mu$ (或 $1/m_\pi$) 距离不再成立, 这时其它粒子的真空极化变得也很重要了.

§115　由费曼积分计算极化算符的虚部

在由图 ((113.1) 中的圈图) 的直接计算中, 极化算符在微扰论一级近似由如下积分给出

$$\frac{\mathrm{i}\mathcal{P}^{\mu\nu}}{4\pi} \to -e^2 \int \mathrm{tr}\, \gamma^\mu G(p) \gamma^\nu G(p-k) \frac{\mathrm{d}^4 p}{(2\pi)^4}. \tag{115.1}$$

然而, 这个积分是对整个四维 p 空间进行的, 并且是平方发散的, 为了得到有限的结果必须用 §112 中描述的步骤对这个积分进行正规化.

这里我们不再给出完整的推导, 但是要表明如何用积分 (115.1) 来计算极化算符的虚部 (它在 §113 已经用幺正性条件确定); 这个推导包含一系列有启发意义的东西.

积分 (115.1) 的虚部并不发散因此不需要正规化. 对标量函数 $\mathrm{Im}\,\mathcal{P} = \frac{1}{3}\mathrm{Im}\,\mathcal{P}_\mu^\mu$ 我们有

$$\mathrm{Im}\,\mathcal{P} = \mathrm{Im}\left\{\mathrm{i}\frac{4\pi e^2}{3(2\pi)^4} \int \frac{\mathrm{tr}\, \gamma^\mu(\gamma p + m)\gamma_\mu(\gamma p + \gamma k + m)}{(p^2 - m^2 + \mathrm{i}0)[(p-k)^2 - m^2 + \mathrm{i}0]} \mathrm{d}^4 p\right\}.$$

在计算阵迹后, 我们得到

$$\operatorname{Im}\mathcal{P}(k^2) = \operatorname{Im}\int \frac{\mathrm{i}\varphi(p)\mathrm{d}^4 p}{(p^2 - m^2 + \mathrm{i}0)[(p-k)^2 - m^2 + \mathrm{i}0]},$$
$$\varphi(p) = \frac{2e^2}{3\pi^3}(2m^2 + pk - p^2). \tag{115.2}$$

设 $k^2 > 0$. 我们将采用一个参考系, 其中 $k = (k_0, 0)$ 并且

$$(p - k)^2 = (p_0 - k_0)^2 - \boldsymbol{p}^2.$$

还采用标记 $\varepsilon = \sqrt{(\boldsymbol{p} + m^2)}$ (这不是虚电子 p_0 的 "能量"), 我们可将 (115.2) 式写成如下形式

$$\operatorname{Im}\mathcal{P}(k^2) = \operatorname{Im}\int \mathrm{d}^3 p \int_{-\infty}^{\infty} \mathrm{d}p_0 \frac{\mathrm{i}\varphi(p_0, \boldsymbol{p})}{(p_0^2 - \varepsilon^2 + \mathrm{i}0)[(p_0 - k_0)^2 - \varepsilon^2 + \mathrm{i}0]},$$
$$\varphi(p_0, \boldsymbol{p}) = \frac{2e^2}{3\pi^3}(m^2 + \varepsilon^2 + p_0 k_0 - p_0^2). \tag{115.3}$$

这个被积函数在 p_0 的如下四个值有极点:

$$a)\; p_0 = \varepsilon - \mathrm{i}0, \qquad a')\; p_0 = -\varepsilon + \mathrm{i}0,$$
$$b)\; p_0 = k_0 - \varepsilon + \mathrm{i}0, \qquad b')\; p_0 = k_0 + \varepsilon - \mathrm{i}0.$$

图 21 表示出这些极点的位置; 我们将取 $k_0 > 0$ 的特殊情形, 但是最终的答案只依赖于 k_0^2, 而不依赖于 k_0 的符号.

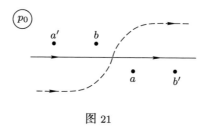

图 21

我们可以计算函数 $\mathcal{P}(t)$ 在整个 $t = k^2 = k_0^2$ 的复平面上割线或等价地在 k_0 平面的实轴上的跳跃. $\mathcal{P}(t)$ 的实部在割线处是连续的, 因此跳跃为

$$\Delta\mathcal{P}(t) = 2\mathrm{i}\operatorname{Im}\mathcal{P}(t). \tag{115.4}$$

首先, 我们将表明割线的位置可以从积分的形式来确定. 我们用 $I(\boldsymbol{p}, k_0)$ 标记 (115.3) 式中的内积分 (对 $\mathrm{d}p_0$). 只要图 21 中的上面与下面的极点相隔有限的距离, 对 $\mathrm{d}p_0$ 的积分路径就可以取成远离极点的, 如图中虚线所示. 因此,

很明显, 在此情形, 积分 $I(\boldsymbol{p}, k_0)$ 在极点 b 与 b' 分别离开实轴作向上或向下无限小运动时不改变, 即在变化 $k_0 \to k_0 \pm \mathrm{i}\delta, \delta \to 0$ 下不改变. 换句话说, 在 k_0 从上面或从下面趋近于其实值时, $I(\boldsymbol{p}, k_0)$ 的值是同样的, 因此它对跳跃 $\Delta \mathcal{P}$ 没有贡献. 与此不同的情形只有当两个极点 (当 $k_0 > 0$ 它们可以是 a 与 b) 精确地一个紧靠着另一个, 因而积分回路 "夹" 在它们之间并且不可能分开很大距离. 因而只有当条件 $k_0 - \varepsilon = \varepsilon$, 即 $k_0 = 2\varepsilon = 2\sqrt{(\boldsymbol{p}^2 + m^2)}$ 在对 $\mathrm{d}^3 p$ 积分的某个区域被满足时, 才有跳跃 $\Delta \mathcal{P} \neq 0$. 为做到这一点, 很明显我们必须有 $k_0 \geqslant 2m$, 即 $t \geqslant 4m^2$.[①]

积分 $I(\boldsymbol{p}, k_0)$ 可以写成如下形式

$$I(\boldsymbol{p}, k_0) = \int_G \frac{\mathrm{i}\varphi(p_0, \boldsymbol{p})\mathrm{d}p_0}{(p_0^2 - \varepsilon^2)[(p_0 - k_0)^2 - \varepsilon^2]}, \tag{115.5}$$

分母中略去 i0 项并将积分回路 C 作相应的改变, 如图 22 所示. 我们看到, 跳跃 $\Delta \mathcal{P}(t)$ 是由于不可能从极点 a 出发引出一条回路 (当它夹在 a 与 b 之间时). 因此回路 C 由 C' 代替, 后者在 a 的下面通过, 并加上一个以 a 为心的小圆 C''. 于是 C' 总可以毫无困难地从极点移走, 因此沿着它的积分仅对 $\mathcal{P}(t)$ 的正规部分有贡献. 为了确定所要求的跳跃, 我们只需要考虑沿小圆 C'' 的积分, 而这个积分可以通过计算在极点 a 的留数来做. 此计算可通过在被积函数中作如下代换来完成

$$\frac{1}{p_0^2 - \varepsilon^2} \to -2\pi\mathrm{i}\delta(p_0^2 - \varepsilon^2) \tag{115.6}$$

采用负号是由于绕这个极点的圆是沿负方向行进的. 在 δ 函数的宗量中, 只用到 $p_0 = +\varepsilon$ 这一个零点 (极点是 a 而不是 a'); 假如我们约定只对动量四维空间的一半 ($p_0 > 0$) 积分, 那么这一点将会自动做到.

在作代换 (115.6) 后, 积分 $I(\boldsymbol{p}, k_0)$ 的跳跃可以直接计算:

$$\Delta I = \{I(\boldsymbol{p}, k_0 + \mathrm{i}\delta) - I(\boldsymbol{p}, k_0 - \mathrm{i}\delta)\}_{\delta \to +0} = -2\pi\mathrm{i}$$
$$\times \int_0^\infty \delta(p_0^2 - \varepsilon^2)\mathrm{i}\varphi(p_0, \boldsymbol{p})\left[\frac{1}{(k_0 - p_0)^2 - \varepsilon^2 + \mathrm{i}\delta} - \frac{1}{(k_0 - p_0)^2 - \varepsilon^2 - \mathrm{i}\delta}\right]\mathrm{d}p_0.$$

由于方程

$$\frac{1}{(k_0 - p_0)^2 - \varepsilon^2 \pm \mathrm{i}\delta} = P\frac{1}{(k_0 - p_0)^2 - \varepsilon^2} \mp \mathrm{i}\pi\delta[(k_0 - p_0)^2 - \varepsilon^2]$$

[①] 可以类似地证明, 当 $t = k^2 < 0$ 时, 没有割线. 在一个参考系, 其中 $k = (0, \boldsymbol{k})$, 我们发现被积函数的极点在

$$p_0 = \pm(\varepsilon - \mathrm{i}0), \quad p_0 = \pm(\sqrt{(\boldsymbol{p} - \boldsymbol{k})^2 + m^2} - \mathrm{i}0).$$

两个下面的极点总在 p_0 的右半平面, 而两个上面的极点在左半平面, 所以没有一对是可以垂直一线排列的.

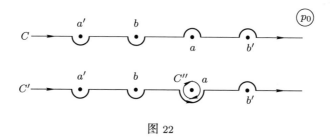

图 22

(见 (113.3)), 我们有

$$\Delta I = \mathrm{i}(2\pi\mathrm{i})^2 \int_0^\infty \delta(p_0^2 - \varepsilon^2)\delta[(k_0 - p_0)^2 - \varepsilon^2]\varphi(p_0, \boldsymbol{p})\mathrm{d}p_0.$$

δ 函数的宗量可以通过加减 $\boldsymbol{p}^2$ 改写为不变形式:

$$p_0^2 - \varepsilon^2 = p^2 - m^2, \quad (k_0 - p_0)^2 - \varepsilon^2 = (k - p)^2 - m^2.$$

于是, 最后我们得到

$$\Delta \mathcal{P}(k^2) = \mathrm{i}(2\pi\mathrm{i})^2 \int_{p_0 > 0} \mathrm{d}^4 p \cdot \varphi(p)\delta(p^2 - m^2)\delta[(p - k)^2 - m^2]. \tag{115.7}$$

由于 δ 函数, 此积分实际上只对如下超平面

$$p^2 = m^2, \quad (p - k)^2 = m^2 \tag{115.8}$$

的相交区域进行. 因为在此区域所有的四维矢量 p 都是类时的, 对 $p_0 > 0$ 积分的条件是不变的 (光锥 $p^2 = m^2$ 的上内区域).

现将 (115.7) 与原始公式 (115.2) 作一比较. 我们看到函数 $\mathcal{P}(t)$ 在 t 平面的割线上的跳跃可以得出, 如果在原始的费曼积分中作如下代换

$$\frac{1}{p^2 - m^2 + \mathrm{i}0} \to -2\pi\mathrm{i}\delta(p^2 - m^2) \tag{115.9}$$

在传播子中, 它对应费曼图 (113.1) 中相交的圈线 (S. Mandelstam, 1958; R. E. Cutkosky, 1960).

条件 (115.8) 选择的动量空间区域, 其中费曼图中的虚粒子线对应于实粒子 (因此, 四维动量 p 与 $p - k$ 说成是在**质量表面**上). 这里我们清楚地看出它与幺正性关系方法的联系, 在后一方法中这些线换成了中间态实粒子线.

我们还观察到图中虚部不发散的数学原因: 积分是对质量表面的有限区域进行的, 而不像原来费曼积分那样是对整个无限的四维空间进行的.

为了从 (115.7) 式推出 §113 中得到的公式, 我们回到 $\boldsymbol{k} = 0$ 的参考系并对

$$\mathrm{d}^4 p = |\boldsymbol{p}|\varepsilon\mathrm{d}\varepsilon\mathrm{d}p_0 \mathrm{d}o.$$

积分. 这个积分去掉了 δ 函数, 由于

$$\delta(p^2 - m^2)\mathrm{d}p_0 = \delta(p_0^2 - \varepsilon^2)\mathrm{d}p_0 \to \frac{1}{2\varepsilon}\delta(p_0 - \varepsilon)\mathrm{d}p_0$$

因此

$$\begin{aligned}\delta[(p-k)^2 - m^2]\mathrm{d}\varepsilon &= \delta[(p_0 - k_0)^2 - \varepsilon^2]\mathrm{d}\varepsilon \\ &= \delta(-2\varepsilon k_0 + k_0^2)\mathrm{d}\varepsilon \to \frac{1}{2k_0}\delta\left(\varepsilon - \frac{k_0}{2}\right)\mathrm{d}\varepsilon.\end{aligned}$$

结果是

$$\Delta\mathcal{P}(t) = -\frac{\mathrm{i}\pi^2}{2}\int\sqrt{\frac{t - 4m^2}{t}}\varphi(\varepsilon, \boldsymbol{p})\mathrm{d}o, \tag{115.10}$$

其中 $t = k^2 = k_0^2$, 而 φ 的取值, 由于

$$p_0 = \varepsilon = k_0/2, \quad \boldsymbol{p}^2 = \varepsilon^2 - m^2 = k_0^2/4 - m^2,$$

也就是

$$\varphi(\varepsilon, \boldsymbol{p}) = \frac{e^2}{3\pi^3}(2m^2 + t)$$

并与角度无关. 对 do 积分简化为乘以 4π, 于是我们回到 (113.8) 式.

在前面的推导中, 唯一的关键点是通过切割不多于两条的线来将图分为两个部分. 因此费曼规则对任何由两条 (电子或光子) 线连接的两部分组成的图保持有效. 于是通过代换 (115.9) 计算的积分给出对图虚部的贡献, 这是由 (在幺正性关系方法中) 对应的两粒子中间态产生的.

§116 电子的电磁形状因子

我们来研究两条电子线为外线而光子线为内线的情形的顶角算符 $\Gamma^\mu = \Gamma^\mu(p_2, p_1; k)$. 外电子线对应因子 $u_1 = u(p_1)$ 与 $\overline{u}_2 = \overline{u}(p_2)$, 因此 Γ 在费曼图的表示式中是作为如下乘积出现的:

$$j_{fi}^\mu = \overline{u}_2\Gamma^\mu u_1. \tag{116.1}$$

如在 §111 中已经指出的, 这是包含辐射修正的电子跃迁流. 相对论不变性与规范不变性条件使我们能够确定这个流普遍的矩阵结构.

电磁相互作用算符 $\hat{V} = e(\hat{j}\hat{A})$ 是一个真标量 (不是赝标量), 这与在此相互作用中宇称守恒一致. 因此, 跃迁流 j_{fi} 是一个真四维矢量 (不是赝矢量), 而因此只能用另外的由两个四维矢量 p_1 与 p_2 ($k = p_2 - p_1$ 是第三个) 和双旋

量 u_1 与 u_2 构成的真四维矢量来表示. 有三个独立的这类对 $\overline{u}_2$ 与 u_1 双线性的四维矢量:

$$\overline{u}_2\gamma u_1, \quad (\overline{u}_2 u_1)p_1, \quad (\overline{u}_2 u_1)p_2,$$

或, 等价地,

$$\overline{u}_2\gamma u_1, \quad (\overline{u}_2 u_1)P, \quad (\overline{u}_2 u_1)k, \tag{116.2}$$

其中 $P = p_1 + p_2$. 规范不变性条件要求跃迁流应该对光子四维矢量 k 是横的:

$$j_{fi}k = 0. \tag{116.3}$$

(116.2) 式中前两个四维矢量是满足这个条件的, 分别是因为狄拉克方程

$$(\gamma p_1 - m)u_1 = 0, \quad \overline{u}_2(\gamma p_2 - m) = 0, \tag{116.4}$$

以及 $Pk = 0$. 流 j_{fi} 由这两个四维矢量的线性组合给出:

$$j_{fi}^\mu = f_1(\overline{u}_2 u_1)P^\mu + f_2(\overline{u}_2\gamma^\mu u_1),$$

其中 f_1 与 f_2 为不变函数, 称为电子的**电磁形状因子**.

由于四维动量 p_1 与 p_2 是与自由电子相联系的, 所以 $p_1^2 = p_2^2 = m^2$, 而且由三个四维矢量 p_1, p_2 与 k (它们的关系是 $k = p_2 - p_1$) 我们只能构成一个独立的标量变量, 我们将其取为 k^2. 于是形状因子就应该是 k^2 的函数.

流的表示式还可通过对两个独立项的不同选择写成另外的形式. 利用方程 (116.4) 和 γ 矩阵的对易规则, 我们可以容易证明

$$(\overline{u}_2\sigma^{\mu\nu}u_1)k_\nu = -2m(\overline{u}_2\gamma^\mu u_1) + (\overline{u}_2 u_1)P^\mu, \tag{116.5}$$

其中 $\sigma^{\mu\nu} = \frac{1}{2}(\gamma^\mu\gamma^\nu - \gamma^\nu\gamma^\mu)$. 以后我们将看到这一项的系数有重要的物理意义, 于是我们有

$$\Gamma^\mu = \gamma^\mu f(k^2) - \frac{1}{2m}g(k^2)\sigma^{\mu\nu}k_\nu, \tag{116.6}$$

其中 f 与 g 是两个另外的形状因子; 写出因子 $1/2m$ 的原因以下将另作解释.[①] 为简洁计, 我们将总用顶角算符代替流, 但应将其理解为是放在 $\overline{u}_2$ 与 u_1 之间的.

为了确定形状因子的性质, 我们来考虑一个电子与外场相互作用的费曼图 (110.16). 相应的散射振幅为

$$M_{fi} = -ej_{fi}^\mu \mathcal{A}_\mu^{(e)}(k), \tag{116.7}$$

---

① 为避免误解, 需加点说明, 在定义 (116.6) 中, 假设 k 是入射到顶角的光子线的四维动量; 对出射线, 第二项的符号将反号.

其中 $\mathcal{A}_\mu^{(e)}$ 为等效外场 (考虑到真空极化).

振幅 (116.7) 描述了两个反应道. 在散射道中, 不变量 t 的取值使得

$$t = k^2 = (p_2 - p_1)^2 \leqslant 0.$$

将 p_2 取为 p_- 并将 p_1 取为 $-p_+$, 我们就将其变到湮没道, 它对应具有四维动量 p_- 与 p_+ 的电子对产生. 在这个道中,

$$t = (p_- + p_+)^2 \geqslant 4m^2.$$

范围 $0 < t < 4m^2$ 为非物理的.

现在我们来考虑幺正性条件 (111.12). 在散射道 ($t < 0$) 中, 在此情形没有物理的中间态: 一个自由电子是不可能改变其动量或产生任何其它粒子的. 当然在非物理区也没有中间态. 因此, 当 $t < 4m^2$ 时, (111.12) 式的右边为零, 因此矩阵 T_{fi} (或等价地, M_{fi}) 是厄米的:

$$M_{fi} = M_{if}^*.$$

交换初态与终态对应于交换 p_2 与 p_1, 而因此 k 的符号将反号. 将 M_{fi} 取为 (116.7) 的形式, 我们有

$$j_{fi}^\mu \mathcal{A}_\mu^{(e)}(k) = j_{if}^{\mu\,*} \mathcal{A}_\mu^{(e)\,*}(-k).$$

由于 $\mathcal{A}^{(e)}(-k) = \mathcal{A}^{(e)\,*}(k)$, 这可由跃迁流矩阵也是厄米的得出:

$$j_{fi} = j_{if}^* \quad \text{当 } t < 4m^2. \tag{116.8}$$

利用 γ 矩阵的性质 (21.7), 我们可以容易地证明

$$(\overline{u}_2 \gamma^\mu u_1) = (\overline{u}_1 \gamma^\mu u_2)^*, \quad (\overline{u}_2 \sigma^{\mu\nu} u_1) = -(\overline{u}_1 \sigma^{\mu\nu} u_2)^*.$$

于是 j_{if}^* 和 j_{fi} 的差别只是将函数 $f(t)$ 与 $g(t)$ 换成它们的复共轭, 于是由 (116.8) 得出这些函数是实的. 因此

$$\operatorname{Im} f(t) = \operatorname{Im} g(t) = 0, \quad \text{当 } t < 4m^2. \tag{116.9}$$

在湮没道 ($t > 4m^2$), f 态是可以变为有不同动量 (弹性散射) 的另一电子对或更复杂系统的电子对的. 因此, 幺正性条件的右边不是零, 矩阵 M_{fi} (并因此 j_{fi}) 不是厄米的, 所以其形状因子是复的.

函数 $f(t)$ 与 $g(t)$ 的解析性质完全类似于 §111 讨论的函数 $\mathcal{P}(t)$ 的解析性质, 尽管要直接证明这一点是很困难的. 这些函数在复 t 平面沿正实轴 $t > 4m^2$ 作割线后是解析的, 并且

$$f^*(t) = f(t^*), \quad g^*(t) = g(t^*).$$

将重正化条件 (110.19) 应用于顶角算符 (116.6) 导致要求:

$$f(0) = 1. \tag{116.10}$$

为将此条件 (当由其虚部计算 $f(t)$) 自动包括进来, 我们必须将 (111.8) 形式的色散关系不是应用于函数 $f(t)$ 而是应用于 $(f-1)/t$. 于是我们得到 "单次减除" 的色散关系:

$$f(t) - 1 = \frac{t}{\pi} \int_{4m^2}^{\infty} \frac{\operatorname{Im} f(t')}{t'(t' - t - \mathrm{i}0)} \mathrm{d}t'. \tag{116.11}$$

对于形状因子 $g(t)$, 没有任何值被物理条件预先设定. 因此其色散关系将写成 "不减除" 的形式:

$$g(t) = \frac{1}{\pi} \int_{4m^2}^{\infty} \frac{\operatorname{Im} g(t')}{t' - t - \mathrm{i}0} \mathrm{d}t'. \tag{116.12}$$

$g(0)$ 的值有一个重要的物理意义, 即它指定了对电子磁矩的修正. 为看出这一点, 我们来考虑一个非相对论性电子在空间几乎均匀的恒定磁场中的散射.

在散射振幅 (116.7) 中, 依赖于形状因子 $g(k^2)$ 的项为

$$\delta M_{fi} = \frac{e}{2m} g(k^2)(\bar{u}_2 \sigma^{\mu\nu} u_1) k_\nu A_\mu^{(e)}(k). \tag{116.13}$$

对于一个纯的磁场, $A^{(e)\mu} = (0, \boldsymbol{A})$; 由于这个场时间上是不变的, 四维矢量 $k^\mu = (0, \boldsymbol{k})$, 而且因为它在空间上是缓慢变化的, $\boldsymbol{k}$ 是个小量. 为了接下来要取极限 $\boldsymbol{k} \to 0$, 我们已经用 (116.13) 中的 $A^{(e)}$ 代替有效的 $\mathcal{A}^{(e)}$. 展开 (116.13) 式并用三维量表示, 我们求出

$$\delta M_{fi} = \frac{e}{2m} g(-\boldsymbol{k}^2)(\bar{u}_2 \boldsymbol{\Sigma} u_1) \mathrm{i} \boldsymbol{k} \times \boldsymbol{A}_{\boldsymbol{k}},$$

其中 $\boldsymbol{\Sigma}$ 为矩阵 (21.21). 乘积 $\mathrm{i}\boldsymbol{k} \times \boldsymbol{A}_{\boldsymbol{k}}$ 换成磁场 $\boldsymbol{H}_{\boldsymbol{k}}$, 于是我们可取极限 $\boldsymbol{k} \to 0$. 最后, 采用 (23.12) 给出的非相对论性旋量振幅 w_1, w_2:

$$\bar{u}_2 = \sqrt{2m}(w_2^* 0), \quad u_1 = \sqrt{2m} \begin{pmatrix} w_1 \\ 0 \end{pmatrix},$$

我们有

$$\delta M_{fi} = \frac{e}{2m} g(0) \boldsymbol{H}_{\boldsymbol{k}} \cdot 2m(w_2^* \boldsymbol{\sigma} w_1). \tag{116.14}$$

这个表示式可以与具有标量势 $\varPhi_{\boldsymbol{k}}$ 的恒定磁场中的散射振幅相比较:

$$M_{fi} = -e(\overline{u}_2\gamma^0 u_1)\varPhi_{\boldsymbol{k}} \approx -e\varPhi_{\boldsymbol{k}} \cdot 2m(w_2^* w_1).$$

我们看到, 在磁场中的一个电子可看成有一个附加的势能

$$-\frac{e}{2m}g(0)\boldsymbol{\sigma}\cdot\boldsymbol{H}_{\boldsymbol{k}}.$$

这意味着电子有一个"反常"磁矩 (用通常的单位):

$$\mu' = \frac{e\hbar}{2mc}g(0) \tag{116.15}$$

加到其"正常"的狄拉克磁矩 $e\hbar/2mc$ 上.

§117 电子形状因子的计算

现在我们继续进行电子形状因子的实际计算 (J. Schwinger, 1949). 在微扰论的零级近似, 顶角算符 $\varGamma^\mu = \gamma^\mu$, 即电子的形状因子为 $f = 1, g = 0$. 对此形状因子的第一级辐射修正由带有两个实外电子线和一个虚外光子线的如下顶角图给出

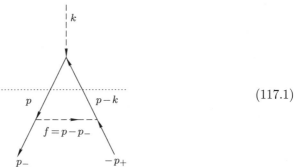

$$\tag{117.1}$$

我们先来计算形状因子的虚部. 如在 §116 已经表明的, 其非零的部分只在湮没道中 $(k^2 > 4m^2)$; 相应地, 在费曼图 (117.1) 中外电子线的四维动量对应于产生一个电子与一个正电子, 并记作 p_- 与 $-p_+$. 图 (117.1) 的解析表示为

$$-\mathrm{i}e\overline{u}(p_-)\varGamma^\mu u(-p_+)$$
$$= (-\mathrm{i}e)^3 \overline{u}(p_-)\gamma^\nu \mathrm{i}\int G(p)\gamma^\mu G(p-k)\gamma^\lambda D_{\lambda\nu}(f)\frac{\mathrm{d}^4 p}{(2\pi)^4}u(-p_+), \tag{117.2}$$

或写成展开的形式,

$$\gamma^\mu f(k^2) - \frac{1}{2m}g(k^2)\sigma^{\mu\nu}k_\nu = \int \frac{\mathrm{i}\varphi^\mu(p)\mathrm{d}^4 p}{(p^2 - m^2)[(p - k)^2 - m^2]}, \tag{117.3}$$

其中采用标记

$$\varphi^\mu(p) = -e^2 \frac{\gamma^\nu(\gamma p + m)\gamma^\mu(\gamma p - \gamma k + m)\gamma_\nu}{4\pi^3(p_- - p)^2} \tag{117.4}$$

为简洁计, 略去了因子 $\overline{u}(p_-)$, $u(-p_+)$; 必须将以下方程的两边理解为是放在这两个因子之间的.

费曼图 (117.1) 中的水平虚线将图分成了两个部分, 使得可以标明能够通过幺正性条件计算形状因子虚部的中间态: 即具有动量不同于 p_-, p_+ 的电子–正电子对的态. 这个交点还标明在什么地方极点因子被代换入积分 (117.2) 中以便在计算中采用规则 (115.9) (在 (117.3) 中, 这些因子在被积函数中是分开的).

(117.3) 中的积分与 (115.2) 有同样的形式, 因此我们可以如 (115.10) 中那样直接写出变换的结果:

$$2\gamma^\mu \mathrm{Im}\, f(t) - \frac{2}{2m}\sigma^{\mu\nu}k_\nu \mathrm{Im}\, g(t) = -\frac{\pi^2}{2}\sqrt{\frac{t-4m^2}{t}} \int \varphi^\mu(p)\mathrm{d}o_{\boldsymbol{p}}, \tag{117.5}$$

其中 $t = k^2$, 积分对矢量 $\boldsymbol{p}$ 的方向进行, 而且在函数 $\varphi^\mu(p)$ 的定义 (117.4) 中的四维矢量 $p'_- \equiv p$ 与 $p'_+ \equiv k - p$ 变成实 (而不是虚) 粒子的动量. 表示式 (117.5) 与 $\boldsymbol{k} = 0$ 的参考系相联系, 即电子对 p_-, p_+ 的质心系 (并因此是 "中间" 对 p'_-, p'_+ 的质心系). 在此参考系, $k = (k_0, 0)$, $p_- = (\frac{1}{2}k_0, \boldsymbol{p}_-)$, $p_+ = (\frac{1}{2}k_0, -\boldsymbol{p}_-)$, $p = (\frac{1}{2}k_0, \boldsymbol{p})$, 容易证明

$$f^2 = (p - p_-)^2 = -2\boldsymbol{p}^2(1 - \cos\theta) = -\frac{t - 4m^2}{2}(1 - \cos\theta), \tag{117.6}$$

其中 θ 为 $\boldsymbol{p}$ 与 $\boldsymbol{p}_-$ 间的夹角 (而且 $\boldsymbol{p}^2 = \boldsymbol{p}_-^2$). 现将 (117.4) 代入 (117.5) 并利用 (22.6) 式消去被积函数中的矩阵 $\gamma^\nu \cdots \gamma_\nu$, 我们有

$$\gamma^\mu \mathrm{Im}\, f(t) - \frac{1}{2m}\sigma^{\mu\nu}k_\nu \mathrm{Im}\, g(t)$$

$$= -\frac{e^2}{4\sqrt{t(t-4m^2)}} \int \frac{\mathrm{d}o_{\boldsymbol{p}}}{2\pi(1-\cos\theta)} \gamma^\nu(\gamma p + m)\gamma^\mu(\gamma p - \gamma k + m)\gamma_\nu$$

$$= -\frac{e^2}{4\sqrt{t(t-4m^2)}} \int \frac{\mathrm{d}o_{\boldsymbol{f}}}{2\pi(1-\cos\theta)} [-2m^2\gamma^\mu + 4m(P^\mu + 2f^\mu)$$

$$+ 2(\gamma p_+ - \gamma f)\gamma^\mu(\gamma p_- + \gamma f)], \tag{117.7}$$

其中的四维矢量为

$$f = p - p_- = (0, \boldsymbol{f}), \quad P = p_- - p_+ = (0, 2\boldsymbol{p}_-). \tag{117.8}$$

现在积分变为三个有不同分子的积分的计算

$$(I, I^\mu, I^{\mu\nu}) = \int \frac{(1, f^\mu, f^\mu f^\nu)}{1 - \cos\theta} \frac{do_{\boldsymbol{f}}}{2\pi} \tag{117.9}$$

当 $\theta \to 0$ 时积分 I 是对数发散的. 如果将它写成

$$I = \int_0^{t-4m^2} \frac{\mathrm{d}(\boldsymbol{f}^2)}{\boldsymbol{f}^2} = \int_0^{-(t-4m^2)} \frac{\mathrm{d}(f^2)}{f^2},$$

我们看到这个发散对应于虚光子的小"质量",即这是一个"红外"发散,以后在 §122 中我们将作进一步的讨论;这里我们只指出这个发散是虚构的,在下面的意义上,即当正确地考虑所有的物理效应时,这种类型的发散将被消去.因此我们可以将积分在任何较小的下限截断,然后进行实际物理效应的计算,最后将这个下限趋于零.

这里最简单的是以相对论不变的方式进行截断. 为此, 我们赋予虚光子 f 一个小的但是有限的质量 $\lambda\ (\ll m)$, 即在 (117.2) 的光子传播子 $D(f^2)$ 中作改变

$$f^2 \to f^2 - \lambda^2. \tag{117.10}$$

于是

$$I = \int_0^{-(t-4m^2)} \frac{\mathrm{d}(f^2)}{f^2 - \lambda^2} = \ln\frac{t - 4m^2}{\lambda^2}. \tag{117.11}$$

积分 I^μ, 其中 f^μ 为类空的四维矢量, 必须用四维矢量 P^μ 表示, 它 (不像 k^μ, 只不过是另一个四维矢量) 对所有的 p_+ 与 p_- 都是类空的. 因此, $I^\mu = AP^\mu$. 如果将这个方程乘以 P_μ, 并在电子对的质心系中计算积分 $P_\mu I^\mu$ (具有 (117.8) 给出的四维矢量 f 与 P 的分量), 则结果为

$$A = \frac{1}{2\boldsymbol{p}^2} \int_{-1}^1 \frac{\boldsymbol{f} \cdot \boldsymbol{p} - \mathrm{d}\cos\theta}{1 - \cos\theta} = -\frac{1}{2} \int_{-1}^1 \mathrm{d}\cos\theta = -1.$$

于是

$$I^\mu = -P^\mu. \tag{117.12}$$

我们可以类似地计算积分

$$I^{\mu\nu} = \frac{1}{4} P^2 \left(g^{\mu\nu} - \frac{P^\mu P^\nu}{P^2}\right) + \frac{1}{4} P^\mu P^\nu \tag{117.13}$$

为确定这个表示式中的系数, 我们仅需计算积分 I_μ^μ 与 $I^{\mu\nu} P_\mu P_\nu$.

继续计算如下进行: 将 (117.11)—(117.13) 式代入 (117.7) 以便得到一系列项, 它们是放在 $\bar{u}(p_-)$ 与 $u(-p_+)$ 之间的. 在每一项中我们采用 γ^μ 之间的对易

规则将因子 γp_+ 向右边 "推" 而将因子 γp_- 向左边 "推"; 然后我们可以作代换 $\gamma p_- \to m$, $\gamma p_+ \to -m$, 因为

$$\overline{u}(p_-)\gamma p_- = m\overline{u}(p_-), \quad \gamma p_+ u(-p_+) = -mu(-p_+).$$

于是, 在所得到的和中

$$-4(p_+p_-)I\gamma^\mu + 2mP^\mu - 3P^2\gamma^\mu,$$

我们可以将 P^μ 换成 $2m\gamma^\mu + \sigma^{\mu\nu}k_\nu$, 当将其放在因子 $\overline{u}$ 与 u 之间时二者是等价的; 参见 (116.5). 最后, 所有的量都用不变量 $t = k^2$ $(2p_+p_- = t - 2m^2$, $P^2 = 4m^2 - t)$ 表示并比较 (117.7) 的两边; 对形状因子的虚部得到如下表示式:

$$\operatorname{Im} g(t) = \frac{\alpha m^2}{\sqrt{t(t-4m^2)}}, \tag{117.14}$$

$$\operatorname{Im} f(t) = \frac{\alpha}{4\sqrt{t(t-4m^2)}}\left[-3t + 8m^2 + 2(t - 2m^2)\ln\frac{t-4m^2}{\lambda^2}\right]. \tag{117.15}$$

红外发散只在 $\operatorname{Im} f(t)$ 中出现.

函数 $f(t)$ 与 $g(t)$ 本身利用 (116.11) 与 (116.12) 式从它们的虚部得到, 其中积分由在 §113 中用于计算 $\mathcal{P}(t)$ 的同样代换实现. 形状因子借助于变量 ξ (113.11) 给出为

$$g(\xi) = \frac{\alpha}{\pi}\frac{\xi\ln\xi}{\xi^2 - 1}, \tag{117.16}$$

$$f(\xi) - 1 = \frac{\alpha}{2\pi}\left\{2\left(1 + \frac{1+\xi^2}{1-\xi^2}\ln\xi\right)\ln\frac{m}{\lambda} - \frac{3(1+\xi^2)+2\xi}{2(1-\xi^2)}\ln\xi \right.$$
$$\left. + \frac{1+\xi^2}{1-\xi^2}\left[\frac{\pi^2}{6} - \frac{1}{2}\ln^2\xi - 2\mathrm{F}(\xi) + 2\ln\xi\ln(1+\xi)\right]\right\}, \tag{117.17}$$

其中 $\mathrm{F}(\xi)$ 为 Spence 函数 (131.19).

在非物理区 $(0 < t/m^2 < 4)$, 我们必须取 $\xi = \mathrm{e}^{\mathrm{i}\varphi}$. 于是形状因子的表示式可以写成

$$f(\varphi) - 1 = \frac{\alpha}{\pi}\left\{\left(1 - \frac{\varphi}{\operatorname{tg}\varphi}\right)\ln\frac{m}{\lambda} + \frac{3\cos\varphi + 1}{2\sin\varphi}\varphi + \frac{2}{\tan\varphi}\int_0^{\varphi/2} x\tan x\,\mathrm{d}x\right\}, \tag{117.18}$$

$$g(\varphi) = \frac{\alpha}{2\pi}\frac{\varphi}{\sin\varphi}. \tag{117.19}$$

最后, 极限表示式如下: 对小的 $|t|$,

$$f(t) - 1 = \frac{\alpha t}{3\pi m^2}\left(\ln\frac{m}{\lambda} - \frac{3}{8}\right), \quad g(t) = \frac{\alpha}{2\pi}, \quad |t| \ll 4m^2, \tag{117.20}$$

而对大的 $|t|$,

$$
\begin{aligned}
f(t) - 1 = & -\frac{\alpha}{2\pi} \left(\frac{1}{2} \ln^2 \frac{|t|}{m^2} + 2 \ln \frac{m}{\lambda} \ln \frac{|t|}{m^2} \right) \\
& + \begin{cases} \mathrm{i}\dfrac{\alpha}{2} \ln \dfrac{t}{\lambda^2}, & t \gg 4m^2, \\ 0, & -t \gg 4m^2, \end{cases}
\end{aligned} \tag{117.21}
$$

$$
g(t) = -\frac{\alpha m^2}{\pi t} \ln \frac{|t|}{m^2} + \begin{cases} \mathrm{i}\dfrac{\alpha m^2}{t}, & t \gg 4m^2, \\ 0, & -t \gg 4m^2. \end{cases} \tag{117.22}
$$

公式 (117.21) (关于 Ref) 在所谓的双对数精确性内是成立的, 也就是精确到大对数的平方.[①]

§118 电子的反常磁矩

在 §116 已经阐明, $g(0)$ 的数值确定了对电子磁矩的辐射修正. 如果我们只是要计算这个量, 自然就没必要求整个函数 $g(t)$. 由 (117.14) 和 (116.12),

$$
g(0) = \frac{1}{\pi} \int_{4m^2}^{\infty} \frac{\mathrm{Im}g(t')}{t'} \mathrm{d}t' = \frac{\alpha}{4\pi} \int_{1}^{\infty} \frac{\mathrm{d}x}{x^{3/2}\sqrt{x-1}} = \frac{\alpha}{2\pi}. \tag{118.1}
$$

采用这个修正, 电子磁矩为

$$
\mu = \frac{e\hbar}{2mc} \left(1 + \frac{\alpha}{2\pi} \right). \tag{118.2}
$$

这个公式是由 Schwinger (1949) 首先推出的.

在下一级近似 (α^2 项), 形状因子中的辐射修正可用七个费曼图 (106.10, (c)—(i)) 表示. 在此近似, 即使要求出 $g(0)$ 的值也要求很冗长的计算. 这个计算的细节可以在原始文章中找到; 这里我们将只对第二级近似下的修正给出最后的值:[②]

$$
g^{(2)}(0) = \left(\frac{\alpha}{\pi} \right)^2 \left(\frac{197}{144} + \frac{\pi^2}{12} - \frac{\pi^2}{2} \ln 2 + \frac{3}{4}\zeta(3) \right) = -0.328\frac{\alpha^2}{\pi^2}, \tag{118.3}
$$

因此, 电子的磁矩为

$$
\mu = \frac{e\hbar}{2mc} \left(1 + \frac{\alpha}{2\pi} - 0.328\frac{\alpha^2}{\pi^2} \right) \tag{118.4}
$$

---

① 在一个虚电子线一个实的外电子线和一个实的外光子线情形的顶角算符的表示式是由 А. И. Ахиезер, В. Б. Берестецкий 在他们的著作中给出的, 参见 Квантовая злектро динамика.-М.: Наука, 1981. П.5.1.3.-С.330.

② 幺正性方法的计算是由 М. В. Терентьев 给出的, 参见 ЖЭТФ.-1962.-Т.43.-С.619.

(C. M. Sommerfield, 1957; A. Petermann, 1957).

真空极化对修正 $g^{(2)}(0)$ 的贡献要加以特别的考虑, 即费曼图

$$(118.5)$$

图中包含光子自能部分. 它与第一级近似的图的区别只是用如下乘积代替光子传播子 $D(f^2) = 4\pi/f^2$:

$$D(f^2)\frac{\mathcal{P}(f^2)}{4\pi}D(f^2) = \frac{4\pi}{f^2}\frac{\mathcal{P}(f^2)}{f^2},$$

其中 $\mathcal{P}(f^2)$ 为第一级近似 (α 项) 的极化算符, 在 §113 已经计算过. 考虑到这个差别, 重复 §117 的一些计算, 我们求出修正的 "极化部分"

$$\operatorname{Im}g^{(2)}_{\text{polar.}}(t) = \frac{\alpha m^2}{\sqrt{t(t - 4m^2)}}\int_{-1}^{1}\frac{\mathcal{P}(f^2)}{f^2}\frac{1 + 3\cos\theta}{2}\mathrm{d}\cos\theta, \tag{118.6}$$

其中

$$f^2 = \frac{t - 4m^2}{2}(1 - \cos\theta), \tag{118.7}$$

见 (117.6). 计算这个积分, 然后计算

$$g^{(2)}_{\text{polar.}}(0) = \frac{1}{\pi}\int_{4m^2}^{\infty}\operatorname{Im}g^{(2)}_{\text{polar.}}(t')\frac{\mathrm{d}t'}{t'}, \tag{118.8}$$

结果为

$$g^{(2)}_{\text{polar.}}(0) = \frac{\alpha^2}{\pi^2}\left(\frac{119}{36} - \frac{\pi^2}{3}\right) = 0.016\frac{\alpha^2}{\pi^2}; \tag{118.9}$$

它大约占总量 (118.3) 的 5%.

在 §114 的末尾我们已经指出, 其它粒子的真空极化也可以对辐射修正有贡献. μ 子真空对电子反常磁矩的贡献可从与 (118.6)—(118.8) 同样的公式得到, 在这些公式中 m 仍为电子质量 m_e (这也适用于变量 f^2 的定义), 但 $\mathcal{P}(f^2)$ 表示式中的参量 m 必须是 μ 子的质量 m_μ. 函数 $\mathcal{P}(f^2)/f^2$ 只依赖于比 f^2/m_μ^2. 在积分 (118.8) 中 t 的重要值 (因此也是 f^2 的重要值) 是与 m_e^2 可比较的那些值; 因此比 $f^2/m_\mu^2 \sim (m_e/m_\mu)^2 \ll 1$, 并且在计算积分时我们可采用极限公式 (113.14), 按照这个公式

$$\frac{\mathcal{P}(f^2)}{f^2} = -\frac{\alpha}{15\pi}\frac{f^2}{m_\mu^2}.$$

由此我们看到, μ 子的真空极化对 $g^{(2)}(0)$ 的贡献包含一个特别小的因子 $(m_e/m_\mu)^2$.

然而, 对 μ 子磁矩的修正则出现相反的情形. 由于粒子质量不在 (118.3) 式中出现, $g^{(2)}(0)$ 的这个值对 μ 子也是正确的, 它也考虑了 μ 子真空极化的贡献. 但是来自其它粒子如电子的真空极化的贡献在这里是相当大的. 它可以由公式 (118.6)—(118.8) 来计算, 将 m 换成 m_μ 并用电子极化算符代替 $\mathcal{P}(t)$. 与前述的情形不同, 现在重要的范围由 $f^2/m_e^2 \sim (m_\mu/m_e)^2 \gg 1$ 给出, 而且 $\mathcal{P}(f^2)$ 必须取极限表示 (113.15) 式:

$$\frac{\mathcal{P}(f^2)}{f^2} = \frac{\alpha}{3\pi} \ln \frac{|f^2|}{m_e^2}.$$

计算这个积分给出

$$[g^2(0)]_{\text{electr.polar.}} = \left(\frac{\alpha}{\pi}\right)^2 \left(\frac{1}{3}\ln\frac{m_\mu}{m_e} - \frac{25}{36}\right) = 1.09\frac{\alpha^2}{\pi^2} \tag{118.10}$$

(H. Suura, E. H. Wichmann, 1957; A. Petermann, 1957).

将 (118.10) 与 (118.3) 相加, 我们求出 μ 子的磁矩

$$\mu_{\text{muon}} = \frac{e\hbar}{2m_\mu c}\left(1 + \frac{\alpha}{2\pi} + 0.76\frac{\alpha^2}{\pi^2}\right). \tag{118.11}$$

μ 子真空极化的贡献 (118.9) 在这里约占 $g^{(2)}(0)$ 总值的 2%. π 介子真空极化也将给出同样数量级的贡献 (由于质量相近), 但是这不可能精确计算, 所以还没有办法求出 μ 子磁矩的 $\sim \alpha^3$ 级的修正.

§119 质量算符的计算

费曼积分的直接正规化方法可通过计算质量算符来演示. 第一级非零近似, 质量算符可用下图的圈表示

$$\tag{119.1}$$

对应于积分

$$-\mathrm{i}\overline{\mathcal{M}}(p) = (-\mathrm{i}e)^2 \int \gamma^\mu G(p-k)\gamma^\nu D_{\mu\nu}(k)\frac{\mathrm{d}^4 k}{(2\pi)^4};$$

在代入传播子并用公式 (22.6) 组合因子 $\gamma^\mu \cdots \gamma_\mu$, 我们得到

$$\overline{\mathcal{M}}(p) = -\frac{8\pi\mathrm{i}}{(2\pi)^4}e^2 \int \frac{2m - (\gamma p) + (\gamma k)}{[(p-k)^2 - m^2](k^2 - \lambda^2)}\mathrm{d}^4 k \tag{119.2}$$

($\mathcal{M}$ 上的横线标记积分的未正规化值). 虚拟的"光子质量" λ 用于光子传播子以消除红外发散 (如在 §117 中一样).

以 (119.2) 式分母的两个因子作为 a_1 与 a_2, 利用公式 (131.4) 对积分作变换. 对新的积分的分母中的项作一简单的重排列即给出

$$\overline{\mathcal{M}}(p) = -\frac{8\pi i}{(2\pi)^4}e^2 \int d^4k \int_0^1 dx \frac{2m - (\gamma p) + (\gamma k)}{[(k-px)^2 - a^2]^2}, \tag{119.3}$$

其中

$$a^2 = m^2 x^2 - (p^2 - m^2)x(1-x) + \lambda^2(1-x). \tag{119.4}$$

变量的改变 $k \to k + px$ 使得 (119.3) 的被积函数变成一个其分母只依赖于 k^2 的形式; 按照 (131.17), (131.18) 式, 给积分加上一个常数:

$$\overline{\mathcal{M}}(p) = -\frac{8\pi i}{(2\pi)^4}e^2 \left\{ \int d^4k \int_0^1 dx \frac{2m - (\gamma p)(1-x)}{(k^2 - a^2)^2} - \frac{i\pi^2}{4}(\gamma p) \right\}, \tag{119.5}$$

(这里略去了分子中的 γk 项, 因为此项对四维矢量 k 方向的积分结果为零; 参见 (131.8) 式.)

这个积分的正规化包含减除以便得以将其简化为 (110.20) 的形式. 后一表示式在乘以波幅 $u(p)$ 后结果为零, 如果 p 为实电子的四维动量. 我们不明显给出 $u(p)$ 的表示, 而将这个条件表述为当作以下代换时 $\mathcal{M}(p)$ 将消失

$$(\gamma p) \to m, \quad p^2 \to m^2. \tag{119.6}$$

积分 (119.5) 的形式的方便之处在于四维矢量 p 只以 γp 和 p^2 的形式出现, 而没有以 kp 形式出现.

由 (119.5) 式减除一个作 (119.6) 的代换后的类似表示式, 我们得到

$$-\frac{8\pi i e^2}{(2\pi)^4}\left\{ \int d^4k \int_0^1 dx \cdot [2m - (\gamma p)(1-x)]\left[\frac{1}{(k^2 - a^2)^2} - \frac{1}{(k^2 - a_0^2)^2}\right]\right.$$
$$\left. - \int d^4k \int_0^1 dx \frac{1-x}{(k^2 - a_0^2)^2}(\gamma p - m) - \frac{i\pi^2}{4}(\gamma p - m) \right\}, \tag{119.7}$$

其中 $a_0^2 = m^2 x^2 + \lambda^2(1-x)$.

然而, 要完成正规化还需要作进一步的减除: 按照 (110.20), 代换 (119.6) 应该不仅将 $\mathcal{M}(p)$ 本身变为零, 而且将没有因子 $\gamma p - m$ 的 $\mathcal{M}(p)$ 也变为零. 相应的减除将 (119.7) 式括号中的第二、三项完全去除.[①] 第一个积分通过结

[①] 因此, 在"顺路"重正化 (§110) 过程中, 我们略去了对重正化常数 Z_1 的修正. 对应的积分是对数发散的. 如果我们采用"截断参量" $\Lambda^2 \gg m^2, p^2$, 并且对 d^4k 的积分范围用条件 $k^2 \leqslant \Lambda^2$ 来加以限制; 结果为

$$Z_1 = 1 + Z_1^{(1)}, \quad Z_1^{(1)} = -\frac{\alpha}{2\pi}\left[\frac{1}{2}\ln\frac{\Lambda^2}{m^2} + \ln\frac{\lambda^2}{m^2} + \frac{9}{4}\right]. \tag{119.7a}$$

合进一步的积分 (用 (131.5)) 作变换, 并取 $n = 2$, $a = k^2 - a^2$ 与 $b = k^2 - a_0^2$. 于是 (119.7) 式变为

$$(\gamma p - m)\frac{16\pi\mathrm{i}}{(2\pi)^4}e^2\int\mathrm{d}^4k\int_0^1\mathrm{d}x\int_0^1\mathrm{d}z\frac{(\gamma p + m)[2m - (\gamma p)(1-x)]x(1-x)}{[k^2 - a_0^2 + (p^2 - m^2)x(1-x)z]^3},$$

其中我们还用到恒等式 $p^2 - m^2 = (\gamma p - m)(\gamma p + m)$. 对 d^4k 的积分是直截了当的: 假设 $p^2 - m^2 < 0$ 并利用 (131.14) 式, 我们有

$$(\gamma p - m)\frac{e^2}{2\pi}\int_0^1\mathrm{d}x\int_0^1\mathrm{d}z\frac{(\gamma p + m)[2m - (\gamma p)(1-x)]x(1-x)}{m^2x^2 + \lambda^2(1-x) + (m^2 - p^2)x(1-x)z}.$$

现在我们需要用代换 (119.6) 对类似的积分作减除, 暂时略去因子 $\gamma p - m$; 在作一些简单的计算后, 我们得到

$$\mathcal{M}(p) = (\gamma p - m)^2\frac{e^2}{2\pi}$$

$$\times\int_0^1\mathrm{d}x\int_0^1\mathrm{d}z\frac{m(1-x^2) - (\gamma p + m)(1-x)^2\left[1 - \dfrac{2x(1+x)z}{x^2 + (\lambda/m)^2}\right]}{m^2x + (m^2 - p^2)(1-x)z}$$

$$(119.8)$$

(共有的分母中略去了 λ^2 项, 因为它在现在的情形并不引起发散; 另外, 将 $\lambda^2(1-x)$ 换成 λ^2, 因为红外发散将对应于在 $x \to 0$ 时的发散).

(119.8) 式中的积分 (先对 $\mathrm{d}z$ 然后对 $\mathrm{d}x$) 是很冗长但也是初等的, 结果为

$$\mathcal{M}(p) = \frac{\alpha}{2\pi m}(\gamma p - m)^2\left\{\frac{1}{2(1-\rho)}\left(1 - \frac{2 - 3\rho}{1 - \rho}\ln\rho\right) - \frac{\gamma p + m}{m\rho}\right.$$

$$\left.\times\left[\frac{1}{2(1-\rho)}\left(2 - \rho + \frac{\rho^2 + 4\rho - 4}{1 - \rho}\ln\rho\right) + 1 + 2\ln\frac{\lambda}{m}\right]\right\}, \quad (119.9)$$

其中

$$\rho = \frac{m^2 - p^2}{m^2}$$

(R. Karplus, N. M. Kroll, 1950). 积分根据假设 $\rho > 0$ 并且 $\rho \gg \lambda/m$ 来计算. 按照绕过极点的规则, 将 (119.9) 解析延拓到 $\rho < 0$ 的区域, 对数的相位通过作代换 $m \to m - \mathrm{i}0$ 来求出; 于是 $\rho \to \rho - \mathrm{i}0$, 并且对 $\rho < 0$ 情形, $\ln\rho$ 必须取为

$$\ln\rho = \ln|\rho| - \mathrm{i}\pi, \quad \rho < 0. \quad (119.10)$$

现在我们来考虑当 $p^2 \gg m^2$ 时质量算符的行为. 于是 $-\rho \approx p^2/m^2 \gg 1$, 并且, 以对数的精确程度, 我们有

$$\mathcal{M}(p) = -[\mathcal{G}^{-1}(p) - G^{-1}(p)] \approx \frac{\alpha}{4\pi}(\gamma p)\ln\frac{p^2}{m^2}. \quad (119.11)$$

如在光子传播子情形那样 (参见极化算符情形的 (113.15) 与 (113.16) 式), 对 G^{-1} 的修正是小量的情形, 只有当能量是如此小使得满足

$$\frac{\alpha}{4\pi}\ln\frac{p^2}{m^2}\ll 1.$$

然而, 在现在的情形对数增长在某种意义上是虚构的, 并可通过适当地选择规范来消去, 即适当选择光子传播子中的函数 $D^{(l)}$ (Л. Д. Ландау, А. А. Абрикосов, И. М. Халатников, 1954). 为此目的, 我们取 (用 §103 的标记)

$$D^{(l)} = 0, \tag{119.12}$$

不过公式 (119.9) 是用如下规范推出的:

$$D^{(l)} = D. \tag{119.13}$$

规范 (119.12) 的这个性质使得它特别适用于研究 $p^2 \gg m^2$ 情形的理论, 我们将在 §132 给出.

为证明上述的结论, 我们注意到, 如果只关心 e^2 项, 从规范 (119.13) 到 (119.12) 的变换可看成是一个无穷小变换. 为此我们可以直接应用公式 (105.14), 取

$$d^{(l)}(q) = -\frac{D}{q^2} = -\frac{4\pi}{(q^2)^2},$$

并将被积函数中的 $\mathcal{G}$ 以必要的精确性换成 G. 在对 $\mathrm{d}^4 q$ 的积分中, 重要区域为 $q \gg p$ 的范围, 对此范围被积函数中的 $G(p-q)$ 比 $G(p)$ 小得多因而可略去. 于是

$$\delta\mathcal{G}^{-1} = -G^{-2}(p)\delta\mathcal{G}(p) = -\mathrm{i}e^2 G^{-1}(p)\int d^{(l)}(q)\frac{\mathrm{d}^4 q}{(2\pi)^4}.$$

最后, 用变换 (131.11) 与 (131.12), 我们有

$$\delta\mathcal{G}^{-1}(p) = -\frac{e^2}{4\pi}G^{-1}(p)\int\frac{\mathrm{d}(-q^2)}{-q^2} \approx -\frac{e^2}{4\pi}(\gamma p)\ln\frac{\Lambda^2}{p^2},$$

其中 Λ 为上限, 在此处发散通过重正化消除; 重正化由减除掉取 $p^2 \approx m^2$ 的同样表示式构成, 最后给出

$$\delta\mathcal{G}^{-1} = \frac{e^2}{4\pi}(\gamma p)\ln\frac{p^2}{m^2}.$$

这正好抵消了 (119.11) 式中的差 $\mathcal{G}^{-1} - G^{-1}$.

最后, 我们来考虑为什么在对积分 (119.2) 作正规化时必须采用有限的 "光子质量" λ, 该积分与其在 $p^2 \to m^2$ 时的行为紧密相关. 首先, 这个积分本

身在 $p^2 = m^2$ 与 $\lambda = 0$ 时是有限的; 为排除掉在 k 大时的发散, 这在这里是不重要的, 我们假设积分是对 k 空间一个大的但有限的区域进行的. 之所以需要用到 λ 是由于对重正化积分作减除而引起的, 否则这个积分在 $p^2 = m^2$ 是发散的. 因此我们来查明未正规化的质量算符在 $p^2 \to m^2$ 时有怎样的行为. 由于这个行为实质上依赖于规范的选取, 我们将考虑一个任意规范下的一般行为, 而积分 (119.2) 已经对特定的规范 (119.13) 写出.

我们再一次应用变换 (105.14). 写出

$$d^{(l)}(q) = -\frac{\delta D^{(l)}}{q^2} = \frac{4\pi}{(q^2)^2}\delta a(q^2), \tag{119.14}$$

我们假设 δa 是一个函数 $a(q^2)$ 的变分, 该函数只有在 $q^2 \to m^2$ 间隔内有明显的变化, 并且在 $q^2 \approx m^2$ 时是有限的. 在 (105.14) 右边的被积函数中, 差 $\mathcal{G}(p) - \mathcal{G}(p - q)$ 中的两项当 q 小时几乎相等, 并且积分收敛. 对小的 q, 有

$$\mathcal{G}(p - q) \sim \frac{1}{p^2 - m^2 - 2pq},$$

所以, 当 $q \gg (p^2 - m^2)/m$ 时, 与 $\mathcal{G}(p)$ 比较 $\mathcal{G}(p - q)$ 可以忽略. 积分

$$\delta\mathcal{G}(p) = \mathrm{i}e^2\mathcal{G}(p)\int d^{(l)}(q)\frac{\mathrm{d}^4 q}{(2\pi)^4} = -\frac{e^2}{4\pi}\mathcal{G}(p)\int \delta a(q^2)\frac{\mathrm{d}(-q^2)}{-q^2}$$

在以下范围是对数发散的

$$(p^2 - m^2)/m^2 \ll q^2 \ll m^2.$$

因此, 以对数精确性我们有,

$$\frac{\delta\mathcal{G}}{\mathcal{G}} = -\frac{e^2}{2\pi}\delta a(m^2)\ln\frac{m^2}{p^2 - m^2}.$$

这可以用如下方法积分. 当 $\alpha \equiv e^2 \to 0$ 时, 精确的传播子 $\mathcal{G}$ 必须与自由粒子传播子 G 相同, 并因此

$$\mathcal{G}(p) = \frac{1}{\gamma p - m}\left(\frac{m^2}{p^2 - m^2}\right)^{\frac{\alpha}{2\pi}(C - a_0)}, \tag{119.15}$$

其中 $a_0 = a(m^2)$ 且 C 为常数. 为确定 C, 我们将由 (119.15) 对 α 的一级近似得到的如下表示式

$$\mathcal{G}^{-1}(p) = (\gamma p - m)\left[1 + \frac{\alpha}{2\pi}(C - a_0)\ln\rho\right], \tag{119.16}$$

与由积分 (119.2) 当 $\lambda = 0$ 给出的对应表示式相比较:[①]

$$\mathcal{G}^{-1}(p) = (\gamma p - m) \left[1 + \frac{\alpha}{\pi} \ln \rho \right]. \tag{119.17}$$

按照定义 (119.14), 函数 $a(q^2)$ 等于比 $D^{(l)}/D$. 因此 (119.17) 所用的规范 (119.13) 对应于 $a = a_0 = 1$. 对 a_0 的这个值, 令 (119.16) 与 (119.17) 相等, 我们求出 $C = 3$.

于是, 最后我们对未重正化的电子传播子在 $p^2 \to m^2$ 时有如下极限 (**红外渐近**) 表示式

$$\mathcal{G}(p) = \frac{\gamma p + m}{p^2 - m^2} \left(\frac{m^2}{p^2 - m^2} \right)^{\frac{\alpha}{2\pi}(3-a_0)}. \tag{119.18}$$

(А. А. Абрикосов, 1955). 此公式的正确性仅依赖于不等式 $\alpha \ll 1, |\ln \rho| \gg 1$, 而微扰论公式还将要求 $\alpha |\ln \rho|/2\pi \ll 1$. 差 $p^2 - m^2$ 的符号在这里并不重要, 因为 (119.18) 式的虚部在超出其精确性的范围外也总能得到.

重正化传播子必定在 $p^2 = m^2$ 有一个简单极点. 我们看到, (119.18) 只在如下规范中满足这个条件

$$D^{(l)} = 3D \tag{119.19}$$

(所以 $a_0 = 3$). 于是费曼积分的正规化 (为防止其在上限的发散) 将不要求采用有限的 "光子质量". 在其它规范中, 光子的零质量将在 $p^2 = m^2$ 产生一个分支点, 而不是简单极点, 为了消除这个 "效应", 需要有限的参量 λ.

§120　非零质量软光子的发射

在 §117 中计算电子的形状因子时, 我们碰到过当虚光子频率小时积分发散的问题. 这个发散和 §98 中讨论的红外灾变有紧密的联系, 在该节还曾指出, 任何包含带电粒子过程的截面 (包括用如图 (117.1) 表示的电子被外场的散射) 本身是没有奇异性的, 只有当考虑同时发射任何数目的软光子时除外. 在 §122 我们将看到所有的发散在总截面中是互相抵消的, 其中包括发射软量子. 当然, 这里为得到正确的结果, 必须在求和的所有截面中以相同的方式对发散积分作初始的 "截断".

在 §117 中, 这个截断是借助于虚光子的虚拟有限质量 λ 来实施的. 因此现在我们必须以如此方式改变 §98 中的公式, 使得它们能够描述发射有非零质量软 "光子" 的过程.

---

① 为推出 (119.17), 并没有必要作重复的计算. 在 (119.9) 中的 $\ln \rho$ 项是由假设 $\rho \gg \lambda$ 得到的, 它允许取极限 $\lambda \to 0$. 而 $\ln(\lambda/m)$ 项则是由对重正化积分作减除产生的, 在原始的积分 (119.2) 中并不存在. 容易看到, 减除对 $\ln \rho$ 项没有任何影响.

形式上, 这样的光子是一个自旋为 1 的 "矢量" 粒子, 其自由场在 §14 已经讨论过. 这样的粒子用一个四维矢量的 ψ 算符描述

$$\widehat{\psi}_\mu = \sqrt{4\pi} \sum_{\boldsymbol{k}\alpha} \frac{1}{\sqrt{2\omega}} (\widehat{c}_{\boldsymbol{k}\alpha} e_\mu^{(\alpha)} \mathrm{e}^{-\mathrm{i}kx} + \widehat{c}_{\boldsymbol{k}\alpha}^+ e_\mu^{(\alpha)*} \mathrm{e}^{\mathrm{i}kx}), \quad \alpha = 1, 2, 3; \tag{120.1}$$

为了使其可用于光子情形, 这里的标记和归一化都与 (14.16) 式不同.

"光子"(120.1) 与电子的相互作用可用与真光子同样形式的拉格朗日描述:

$$-e\widehat{j}^\mu \widehat{\psi}_\mu, \tag{120.2}$$

势 $\widehat{A}_\mu$ 换成了 $\widehat{\psi}_\mu$. 于是发射有限质量光子过程的振幅由通常的费曼图规则给出, 唯一的区别是

$$k^2 = \lambda^2, \tag{120.3}$$

并且对发射光子极化的求和必须对三个独立的极化进行 (两个横的, 一个纵的) 而不是如通常光子那样仅对两个方向进行. 这等价于对非极化粒子的密度矩阵求平均

$$\rho_{\mu\nu} = -\frac{1}{3} \left(g_{\mu\nu} - \frac{k_\mu k_\nu}{\lambda^2} \right) \tag{120.4}$$

(参见 (14.15) 式), 然后乘以 3.

"有非零质量光子" 的传播子为

$$D_{\mu\nu} = \frac{4\pi}{k^2 - \lambda^2} \left(g_{\mu\nu} - \frac{k_\mu k_\nu}{\lambda^2} \right)$$

(参见 (76.18) 式), 但在有规范不变性的情形, 实际散射过程的振幅与光子传播子的纵向部分无关, 而且这个性质并不是横向部分形式特殊选择的结果. 因此括号中的第二项可以略去, 留下与通常光子相同类型的表示:

$$D_{\mu\nu} = \frac{4\pi}{k^2 - \lambda^2} g_{\mu\nu} \tag{120.5}$$

如在 §117 与 §119 中曾用过的一样.

现在我们来考虑软光子的发射 (在 §98 中解释的意义上). (98.5) 与 (98.6) 式的推导方法可应用于现在的情形, 唯一的区别是在电子传播子的分母中平方 $(p \pm k)^2$ 的展开里要加上 $k^2 = \lambda^2$ 的项. 于是代替 (98.6) 式, 我们有,

$$\mathrm{d}\sigma = \mathrm{d}\sigma_{\mathrm{el}} \cdot e^2 \left| \frac{p'e}{p'k + \lambda^2/2} - \frac{pe}{pk - \lambda^2/2} \right|^2 \frac{\mathrm{d}^3 k}{4\pi^2 \omega},$$

其中 $\mathrm{d}\sigma_{\mathrm{el}}$ 为没有软光子发射的同样过程的截面, 这个过程通常称为 "弹性过程". 在对 $\mathrm{d}^3 k$ 的积分中, 重要区域为 $|\boldsymbol{k}| \sim \lambda$ 的范围. 于是 $p'k \sim pk \gg \lambda^2$, 所

以分母中 λ^2 项可以忽略. 对光子极化的求和可用 (120.4) 进行, 如已经描述过的. 采用所声称的近似, (120.4) 式的第二项对截面没有贡献, 剩下[①]

$$d\sigma = -d\sigma_{\mathrm{el}} \cdot e^2 \left(\frac{p'}{(p'k)} - \frac{p}{(pk)} \right)^2 \frac{d^3k}{4\pi^2\omega}. \tag{120.6}$$

于是我们回到了 (98.7) 式, 但是 ω 现在必须取为

$$\omega = \sqrt{\boldsymbol{k}^2 + \lambda^2}. \tag{120.7}$$

(120.6) 式完全是普遍的: 它可应用于弹性与非线性两种情形, 甚至还有粒子类型改变的情形. 进一步对 d^3k 的积分依赖于四维矢量 p 与 p', 即基本散射过程的性质.

我们来考虑弹性散射的过程, 对此

$$|\boldsymbol{p}| = |\boldsymbol{p}'|, \quad \varepsilon = \varepsilon',$$

我们来确定发射频率小于某个 $\omega_{\max}$ 的光子的总概率, 作如下假设

$$\omega_{\max} \gg \lambda, \tag{120.8}$$

而 $\omega_{\max}$ 为由发射软光子理论成立的条件 (98.9) 与 (98.10) 所控制的上限. 我们先在非相对论极限计算对 d^3k 的积分. 由于 $|\boldsymbol{p}| = |\boldsymbol{p}'| \ll m$,

$$\left(\frac{p'}{(p'k)} - \frac{p}{(pk)} \right)^2 \approx \frac{(\boldsymbol{q} \cdot \boldsymbol{k})^2}{m^2\omega^4} - \frac{\boldsymbol{q}^2}{m^2\omega^2}$$

其中 $\boldsymbol{q} = \boldsymbol{p}' - \boldsymbol{p}$. 对 $\boldsymbol{k}$ 的方向积分给出

$$\frac{4\pi\boldsymbol{q}^2}{m^2\omega^2} \left(\frac{\boldsymbol{k}^2}{3\omega^2} - 1 \right).$$

于是, 由 (120.6) 式,

$$d\sigma = d\sigma_{\mathrm{el}} \cdot \frac{e^2\boldsymbol{q}^2}{\pi m^2} \int_0^{\omega=\omega_{\max}} \left[1 - \frac{\boldsymbol{k}^2}{3(\boldsymbol{k}^2 + \lambda^2)} \right] \frac{\boldsymbol{k}^2 d|\boldsymbol{k}|}{(\boldsymbol{k}^2 + \lambda^2)^{3/2}},$$

或, 在假设 $\omega_{\max}/\lambda \gg 1$ 下积分后得到,

$$d\sigma = d\sigma_{\mathrm{el}} \cdot \frac{2\alpha}{3\pi} \frac{q^2}{m^2} \left(\ln \frac{2\omega_{\max}}{\lambda} - \frac{5}{6} \right), \quad \boldsymbol{q}^2 \ll m^2. \tag{120.9}$$

[①] 开始可能对在作平均前略去 λ^2 项的正确性有怀疑, 因为它发生在 (120.4) 式第二项的分母, 但是, 我们可以容易直接证明, 平均来说, 这一项给出的贡献为 $\sim \lambda^4 \cdot 1/\lambda^2$, 这是可以略去的.

在普遍的相对论情形, 积分用 (131.4) 计算. 于是对角度的积分为

$$I = \int \frac{\mathrm{d}o_{\boldsymbol{k}}}{(pk)(p'k)} = \int_0^1 \mathrm{d}x \int \frac{\mathrm{d}o_{\boldsymbol{k}}}{[(pk)x + (p'k)(1-x)]^2},$$

或, 取 $p = (\varepsilon, \boldsymbol{p})$ 与 $p' = (\varepsilon, \boldsymbol{p}')$ 对标量积作展开,

$$I = \int_0^1 \mathrm{d}x \int \frac{\mathrm{d}o_{\boldsymbol{k}}}{\{\varepsilon\omega - \boldsymbol{k} \cdot [\boldsymbol{p}x + \boldsymbol{p}'(1-x)]\}^2}.$$

现在里面的积分容易在极轴沿矢量 $\boldsymbol{p}x + \boldsymbol{p}'(1-x)$ 方向的球坐标中进行, 给出

$$I = \int_0^1 \frac{4\pi\mathrm{d}x}{(\varepsilon\omega)^2 - [\boldsymbol{p}x + \boldsymbol{p}'(1-x)]^2\boldsymbol{k}^2} = \int_0^1 \frac{4\pi\mathrm{d}x}{[m^2 + \boldsymbol{q}^2x(1-x)]\boldsymbol{k}^2 + \varepsilon^2\lambda^2}.$$

其它两个积分, 分母中有 $(pk)^2$ 与 $(p'k)^2$, 可由此通过取 $\boldsymbol{q} = 0$ 推出. 还用到公式

$$pp' = \varepsilon^2 - \boldsymbol{p} \cdot \boldsymbol{p}' = m^2 + \boldsymbol{q}^2/2,$$

我们得到

$$
\begin{aligned}
\mathrm{d}\sigma = {} & \frac{2e^2}{\pi} \int_0^1 \mathrm{d}x \int_0^{\omega_{\max}} \frac{\boldsymbol{k}^2\mathrm{d}|\boldsymbol{k}|}{\sqrt{\boldsymbol{k}^2 + \lambda^2}} \\
& \times \left\{ \frac{m^2 + \boldsymbol{q}^2/2}{[m^2 + \boldsymbol{q}^2x(1-x)]\boldsymbol{k}^2 + \varepsilon^2\lambda^2} - \frac{m^2}{m^2\boldsymbol{k}^2 + \varepsilon^2\lambda^2} \right\} \mathrm{d}\sigma_{\mathrm{el}}. \quad (120.10)
\end{aligned}
$$

对 $\mathrm{d}|\boldsymbol{k}|$ 的积分要求计算如下形式的积分

$$
\begin{aligned}
& \int_0^{\omega_{\max}} \frac{\boldsymbol{k}^2\mathrm{d}|\boldsymbol{k}|}{(a\boldsymbol{k}^2 + \lambda^2)\sqrt{\boldsymbol{k}^2 + \lambda^2}} \\
= {} & \frac{1}{a} \int_0^{\omega_{\max}} \frac{\mathrm{d}|\boldsymbol{k}|}{\sqrt{\boldsymbol{k}^2 + \lambda^2}} - \frac{\lambda^2}{a} \int_0^{\omega_{\max}} \frac{\mathrm{d}|\boldsymbol{k}|}{(a\boldsymbol{k}^2 + \lambda^2)\sqrt{\boldsymbol{k}^2 + \lambda^2}} \\
\approx {} & \frac{1}{a} \ln \frac{2\omega_{\max}}{\lambda} - \frac{1}{a} \int_0^\infty \frac{\mathrm{d}z}{(az^2 + 1)\sqrt{z^2 + 1}}.
\end{aligned}
$$

在第二个积分中, 我们已经对 $|\boldsymbol{k}|$ 取为 λz 并用无穷大代替上限 $\omega_{\max}/\lambda$; 这是允许的, 因为这个积分是收敛的.

在 (120.10) 式中出现的对 $\mathrm{d}x$ 的积分不能完全借助于初等函数表示. 结果可写成如下形式

$$\mathrm{d}\sigma = \alpha \left[\mathrm{F}\left(\frac{|\boldsymbol{q}|}{2m}\right) \ln \frac{2\omega_{\max}}{\lambda} + \mathrm{F}_1 \right] \mathrm{d}\sigma_{\mathrm{el}}, \quad (120.11)$$

其中①

$$F(\xi) = \frac{2}{\pi} \left[\frac{2\xi^2 + 1}{\xi\sqrt{\xi^2 + 1}} \ln(\xi + \sqrt{\xi^2 + 1}) - 1 \right], \tag{120.12}$$

$$F_1 = \frac{2\varepsilon}{\pi|\boldsymbol{p}|} \ln \frac{\varepsilon + |\boldsymbol{p}|}{m} - \frac{2m^2 + \boldsymbol{q}^2}{\pi\varepsilon^2} \int_0^1 \frac{\mathrm{d}x}{a\sqrt{1-a}} \ln \frac{1 + \sqrt{1-a}}{\sqrt{a}}, \tag{120.13}$$

$$a = \frac{1}{\varepsilon^2}[m^2 + \boldsymbol{q}^2 x(1-x)].$$

如果假设不仅 $\varepsilon \gg m$ 而且 $|\boldsymbol{q}| \gg m$, 即散射角不是很小, 我们就可以得到极端相对论情形的一个渐近表示. 于是在 (120.13) 式积分中 x 值的重要范围是使得 $a \ll 1$ 的区域; 作适当的近似给出

$$F_1 \approx \frac{\boldsymbol{q}^2}{2\pi\varepsilon^2} \frac{\ln a}{a} \mathrm{d}x \approx \frac{1}{2\pi} \int \frac{\ln(\boldsymbol{q}^2/\varepsilon^2) + \ln x + \ln(1-x)}{x(1-x)} \mathrm{d}x.$$

此积分在 $a \sim 1$ 处截断, 即下限在 $x \sim m^2/\boldsymbol{q}^2$, 上限在 $1 - x \sim m^2/\boldsymbol{q}^2$. 因此

$$F_1 \approx \frac{1}{2\pi} \left[2 \ln \frac{\boldsymbol{q}^2}{\varepsilon^2} \ln \frac{\boldsymbol{q}^2}{m^2} - \ln^2 \frac{\boldsymbol{q}^2}{m^2} \right] = \frac{1}{2\pi} \left[\ln^2 \frac{\boldsymbol{q}^2}{m^2} - 4 \ln \frac{\varepsilon}{m} \ln \frac{\boldsymbol{q}^2}{m^2} \right].$$

这个公式精确到对数的平方级 (以双对数精确性). 到同样的精确程度, (120.11) 式的第一项作如下选取是足够的

$$F(\xi) \approx \frac{4}{\pi} \ln \xi, \quad \xi \gg 1.$$

最后结果为

$$\mathrm{d}\sigma = \frac{2\alpha}{\pi} \left[\ln \frac{\boldsymbol{q}^2}{m^2} \ln \frac{\omega_{\max}}{\lambda} - \ln \frac{\varepsilon}{m} \ln \frac{\boldsymbol{q}^2}{m^2} + \frac{1}{4} \ln^2 \frac{\boldsymbol{q}^2}{m^2} \right] \mathrm{d}\sigma_{\mathrm{el}}, \quad \boldsymbol{q}^2 \gg m^2. \tag{120.14}$$

---

① 函数 $F(\xi)$ 在 §98 的习题中已经出现过. 这并不奇怪, 因为 (120.11) 式可以通过将发射零质量光子的截面 (98.8) 对 $\mathrm{d}\omega$ 从 λ 到 $\omega_{\max}$ 积分以对数精确性推出.

如果将 ξ 换成变量 θ: $\xi = \sinh \frac{1}{2}\theta$, 则有

$$F(\theta) = \frac{2}{\pi}(\theta \coth\theta - 1). \tag{120.12a}$$

§121 电子在外场中的散射的二级玻恩近似

在对外场的前两级近似中, 一个电子的散射可用下面两个费曼图表示

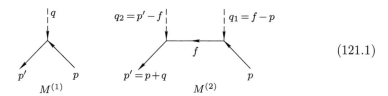

$$(121.1)$$

其中第一个图对应 §80 考虑的振幅 $M^{(1)} \sim Ze^2$. 第二级近似的振幅为 $M^{(2)} \sim (Ze^2)^2$.

容易看到, 与此同级的项从辐射修正也可产生的. 在微扰论的第三级, 对散射振幅的辐射修正用如下费曼图表示

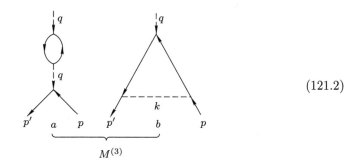

$$(121.2)$$

这里 $M^{(3)} \sim Ze^2 \cdot e^2$, 以及 $M^{(3)} \sim M^{(2)}$ (如果 $Z \sim 1$ 的话).

按照 (64.26) 式, 散射截面为

$$\mathrm{d}\sigma = |M_{fi}^{(1)} + M_{fi}^{(2)} + M_{fi}^{(3)}|^2 \frac{\mathrm{d}o'}{16\pi^2}. \tag{121.3}$$

在平方振幅中我们可以保留的不只有 $|M_{fi}^{(1)}|^2$, 还有 $M_{fi}^{(1)}$ 与 $M_{fi}^{(2)}$ 之间以及 $M_{fi}^{(1)}$ 与 $M_{fi}^{(3)}$ 之间的干涉项. 于是给出截面, 到 e^6 级, 为如下求和

$$\mathrm{d}\sigma = \mathrm{d}\sigma^{(1)} + \mathrm{d}\sigma^{(2)} + \mathrm{d}\sigma_{\mathrm{rad}}, \tag{121.4}$$

其中 $\mathrm{d}\sigma^{(1)}$ 为一级玻恩近似的截面 (§80), 修正为

$$\mathrm{d}\sigma^{(2)} = 2\mathrm{Re} M_{fi}^{(1)} M_{fi}^{(2)*} \frac{\mathrm{d}o'}{16\pi^2},$$
$$\mathrm{d}\sigma_{\mathrm{rad}} = 2\mathrm{Re} M_{fi}^{(1)} M_{fi}^{(3)*} \frac{\mathrm{d}o'}{16\pi^2}. \tag{121.5}$$

由 §80,

$$M_{fi}^{(1)} = |e|(\overline{u}'\gamma^0 u)\,\Phi(\boldsymbol{q}), \tag{121.6}$$

其中 $\Phi(\boldsymbol{q})$ 为恒定外场 ($\Phi \equiv A_0^{(e)}$) 的标量势的傅里叶分量, 我们已经用到电子电荷为 $e = -|e|$ 这个事实.

(121.5) 的两个表示式明显地可以独立计算. 第一个我们现在讨论, 而第二个在 §122 讨论.

第二级近似的振幅由图 (121.1) 给出, 为如下积分[①]

$$M_{fi}^{(2)} = -e^2 \int \left\{ \overline{u}(p')\gamma^0 \frac{\gamma f + m}{f^2 - m^2 + \mathrm{i}0}\gamma^0 u(p) \right\} \Phi(\boldsymbol{p}' - \boldsymbol{f})\Phi(\boldsymbol{f} - \boldsymbol{p})\frac{\mathrm{d}^3 f}{(2\pi)^3}; \tag{121.7}$$

恒定外场的 "四维动量" $q_1 = f - p$ 与 $q_2 = p' - f$ 没有时间分量. 因此

$$f_0 = \varepsilon = \varepsilon', \tag{121.8}$$

其中 ε 与 ε' 分别为初态与终态电子的能量, 它们在弹性散射中是相同的.

在一个稳定电荷 $Z|e|$ 的纯库仑场中,

$$\Phi(\boldsymbol{q}) = \frac{4\pi Z|e|}{\boldsymbol{q}^2}.$$

对这个位势, 积分 (121.7) 是对数发散的 (当 $\boldsymbol{f} \approx \boldsymbol{p}$ 与 $\boldsymbol{f} \approx \boldsymbol{p}'$ 时). 这个发散是库仑场特有的, 它是由于场在大距离上衰减得很慢而产生的. 其起源最容易从非相对论情形看出. 按照第三卷 (135.8) 式, 一个电子在库仑场中的波函数的渐近形式球面波 $\mathrm{e}^{\mathrm{i}|\boldsymbol{p}|r}/r$ 的系数为

$$f(\theta)\exp\left(-\mathrm{i}\frac{Z\alpha m}{|\boldsymbol{p}|}\ln|\boldsymbol{p}|r\right).$$

这个系数也是电子在此场中的散射振幅, 我们看到其相位包含有一项在 $r \to \infty$ 时发散的项. 当散射振幅按 $Z\alpha$ 级数展开时, 这一项引起展开中从第二项以上所有的项都发散 (因为函数 $f(\theta)$ 与 $Z\alpha$ 是成正比的). 在相对论情形, 自然也有类似的情况.

这些论据还表明, 发散项在计算散射截面时必须相消, 在散射截面中振幅的相位是不重要的. 正确计算的最简单方法是先考虑在一个屏蔽的库仑场中的散射, 取

$$\Phi(q) = \frac{4\pi Z|e|}{\boldsymbol{q}^2 + \delta^2} \tag{121.9}$$

其中引入一个小的屏蔽常数 $\delta \ll |\boldsymbol{p}|$. 这可以消除散射振幅中的发散, 我们可以在截面的最后公式中取 $\delta = 0$.

[①] 这里必须用到涉及外场的费曼图规则, 见 §77 的第 8 条规则.

将 (121.9) 代入 (121.7) 式, 我们有

$$M_{fi}^{(2)} = -\frac{2}{\pi} Z^2 \alpha^2 \overline{u}(p')[(\gamma^0 \varepsilon + m)J_1 + \boldsymbol{\gamma} \cdot \boldsymbol{J}]u(p),$$

其中采用标记

$$J_1 = \int \frac{\mathrm{d}^3 f}{[(\boldsymbol{p'} - \boldsymbol{f})^2 + \delta^2][(\boldsymbol{f} - \boldsymbol{p})^2 + \delta^2][p^2 - \boldsymbol{f}^2 + \mathrm{i}0]},$$

$$\boldsymbol{J} = \int \frac{\boldsymbol{f}\mathrm{d}^3 f}{[(\boldsymbol{p'} - \boldsymbol{f})^2 + \delta^2][(\boldsymbol{f} - \boldsymbol{p})^2 + \delta^2][p^2 - \boldsymbol{f}^2 + \mathrm{i}0]} \equiv \frac{\boldsymbol{p} + \boldsymbol{p'}}{2} J_2. \tag{121.10}$$

$p^2 = \varepsilon^2 - m^2 = p'^2$, 并且积分 $\boldsymbol{J}$ 对 $\boldsymbol{p}$ 与 $\boldsymbol{p'}$ 是对称的; 从矢量的对称性考虑很直接明显地得出: 矢量 $\boldsymbol{J}$ 必定平行于 $\boldsymbol{p} + \boldsymbol{p'}$. 现在用如下方程消去矩阵 $\boldsymbol{\gamma}$

$$\boldsymbol{\gamma} \cdot \boldsymbol{p}u = (\gamma^0 \varepsilon - m)u, \quad \overline{u}'\boldsymbol{\gamma} \cdot \boldsymbol{p'} = \overline{u}'(\gamma^0 \varepsilon - m),$$

我们得到

$$M_{fi}^{(2)} = -\frac{2}{\pi} Z^2 \alpha^2 \overline{u}(p')[\gamma^0 \varepsilon(J_1 + J_2) + m(J_1 - J_2)]u(p). \tag{121.11}$$

为继续计算, 我们 (如在 §80 那样) 从双旋量振幅 u 与 u' 变到三维旋量 w 与 w', 并按照 (23.9) 与 (23.11) 式来让它们互相对应. 直接相乘给出

$$\overline{u}'u = w'^*\{(\varepsilon + m) - (\varepsilon - m)\cos\theta + \mathrm{i}\boldsymbol{\nu} \cdot \boldsymbol{\sigma}(\varepsilon - m)\sin\theta\}w,$$

$$\overline{u}'\gamma^0 u = w'^*\{(\varepsilon + m) + (\varepsilon - m)\cos\theta - \mathrm{i}\boldsymbol{\nu} \cdot \boldsymbol{\sigma}(\varepsilon - m)\sin\theta\}w,$$

其中 $\boldsymbol{\nu} = \boldsymbol{n} \times \boldsymbol{n}/\sin\theta$, $\boldsymbol{n} = \boldsymbol{p}/|\boldsymbol{p}|, \boldsymbol{n}' = \boldsymbol{p'}/|\boldsymbol{p'}|$, $\cos\theta = \boldsymbol{n} \cdot \boldsymbol{n}'$. 于是振幅 (121.11) 可写成[①]

$$M_{fi}^{(2)} = 4\pi w'^*(A^{(2)} + B^{(2)}\boldsymbol{\nu} \cdot \boldsymbol{\sigma})w,$$

$$A^{(2)} = -\frac{1}{2\pi^2} Z^2 \alpha^2 \{[(\varepsilon + m) + (\varepsilon - m)\cos\theta]\varepsilon(J_1 + J_2)$$

$$+ [(\varepsilon + m) - (\varepsilon - m)\cos\theta]m(J_1 - J_2)\}, \tag{121.12}$$

$$B^{(2)} = \frac{\mathrm{i}}{2\pi^2} Z^2 \alpha^2 (\varepsilon - m)\sin\theta[\varepsilon(J_1 + J_2) - m(J_1 - J_2)].$$

采用相应的标记, 第一级近似的散射振幅为

$$M_{fi}^{(1)} = 4\pi w'^*(A^{(1)} + B^{(1)}\boldsymbol{\nu} \cdot \boldsymbol{\sigma})w,$$

$$A^{(1)} = \frac{Z\alpha}{\boldsymbol{q}^2}[(\varepsilon + m) + (\varepsilon - m)\cos\theta], \tag{121.13}$$

$$B^{(1)} = -\mathrm{i}\frac{Z\alpha}{\boldsymbol{q}^2}(\varepsilon - m)\sin\theta,$$

---

① A 与 B 的定义与 §37 以及第三卷 §140 中的一样, 而与 §80 中的相差一个因子.

其中 $q = p' - p$.

散射截面与极化效应可利用第三卷 §140 的公式借助于量 $A = A^{(1)} + A^{(2)}$ 与 $B = B^{(1)} + B^{(2)}$ 表示. 例如, 非极化电子的散射截面为

$$d\sigma = (|A|^2 + |B|^2)do' \approx d\sigma^{(1)} + 2(A^{(1)}\mathrm{Re}A^{(2)} - iB^{(1)}\mathrm{Im}B^{(2)})do'.$$

作代换 (121.12) 与 (121.13), 通过直截了当的计算得到

$$d\sigma^{(2)} = -do' \frac{Z^3\alpha^3\varepsilon^3}{\pi^2 \boldsymbol{p}^2 \sin^2(\theta/2)} \left[\left(1 - v^2\sin^2\frac{\theta}{2} \right) \mathrm{Re}(J_1 + J_2) + \frac{m^2}{\varepsilon^2}\mathrm{Re}(J_1 - J_2) \right],$$

$$(121.14)$$

其中 $\boldsymbol{v} = \boldsymbol{p}/\varepsilon$ 为电子速度而 θ 为散射角. 电子由于散射而被极化, 终态电子的极化矢量为

$$\boldsymbol{\zeta'} = \frac{2\mathrm{Re}(AB^*)}{|A|^2 + |B|^2}\boldsymbol{\nu} \approx \frac{2(A^{(1)}\mathrm{Re}B^{(2)} - iB^{(1)}\mathrm{Im}A^{(2)})}{|A^{(1)}|^2 + |B^{(1)}|^2}\boldsymbol{\nu},$$

或者, 作代换 (121.12) 与 (121.13), 给出

$$\boldsymbol{\zeta'} = \frac{4Z\alpha m\boldsymbol{p}^4}{\pi^2\varepsilon^2}\frac{\sin^3(\theta/2)\cos(\theta/2)}{1 - v^2\sin^2(\theta/2)}\mathrm{Im}(J_1 - J_2)\boldsymbol{\nu}. \tag{121.15}$$

现在来计算积分 J_1 与 J_2. 这更容易的是采用参量化方法 (131.2) 来做. 于是积分 J_1 变为

$$J_1 = -2\int_0^1\int_0^1\int_0^1\int \frac{d^3f d\xi_1 d\xi_2 d\xi_3 \cdot \delta(1 - \xi_1 - \xi_2 - \xi_3)}{\{[(\boldsymbol{p'} - \boldsymbol{f})^2 + \delta^2]\xi_1 + [(\boldsymbol{p} - \boldsymbol{f})^2 + \delta^2]\xi_2 + [\boldsymbol{f}^2 - \boldsymbol{p}^2 - i0]\xi_3\}^3}.$$

对 $d\xi_3$ 的积分消去了 δ 函数, 然后简化分母给出

$$J_1 = -2\int_0^1\int_0^{1-\xi_2}\int$$

$$\times \frac{d^3f d\xi_1 d\xi_2}{\{\delta^2(\xi_1 + \xi_2) + \boldsymbol{p}^2(2\xi_1 + 2\xi_2 - 1) - 2\boldsymbol{f}(\xi_1\boldsymbol{p'} + \xi_2\boldsymbol{p}) + \boldsymbol{f}^2 - i0\}^3}.$$

用一个新的变量 $\boldsymbol{k} = \boldsymbol{f} - \xi_1\boldsymbol{p'} - \xi_2\boldsymbol{p}$ 代替 $\boldsymbol{f}$, 我们可将对 d^3f 的积分简化为如下形式

$$\int \frac{d^3k}{(\boldsymbol{k}^2 - a^2 - i0)^3} = i\frac{\pi^2}{4a^3},$$

因此

$$J_1 = -\frac{i\pi^2}{2}\int_0^1\int_0^{1-\xi_2}$$

$$\times \frac{d\xi_1 d\xi_2}{\{\boldsymbol{p}^2(\xi_1^2 + \xi_2^2 - 2\xi_1 - 2\xi_2 + 1) + 2\xi_1\xi_2\boldsymbol{p}\cdot\boldsymbol{p'} - \delta^2(\xi_1 + \xi_2) - i0\}^{3/2}}.$$

我们用对称组合 $x = \xi_1 + \xi_2$ 与 $y = \xi_1 - \xi_2$ 代替 ξ_1 与 ξ_2. 对 $\mathrm{d}y$ 从 0 到 x 的积分是初等的, 给出

$$J_1 = -\frac{\mathrm{i}\pi^2}{2|\boldsymbol{p}|^3} \int_0^1 \frac{x\,\mathrm{d}x}{\left[bx^2 - 2x + 1 - \dfrac{\delta^2}{\boldsymbol{p}^2}x - \mathrm{i}0\right]\left[(1-x)^2 - \dfrac{\delta^2}{\boldsymbol{p}^2}x - \mathrm{i}0\right]^{1/2}},$$

其中

$$b = \frac{\boldsymbol{p}^2 + \boldsymbol{p}\cdot\boldsymbol{p}'}{2\boldsymbol{p}^2} = \cos^2\frac{\theta}{2}.$$

为了计算当 $\delta \to 0$ 时对 $\mathrm{d}x$ 的积分, 我们将积分区域分成两部分:

$$\int_0^1 \cdots \mathrm{d}x = \int_0^{1-\delta_1} \cdots \mathrm{d}x + \int_{1-\delta_1}^1 \cdots \mathrm{d}x, \quad 1 \gg \delta_1 \gg \frac{\delta}{|\boldsymbol{p}|}.$$

在第一个积分中我们可取 $\delta = 0$; 于是[①]

$$\int_0^{1-\delta_1} \cdots \mathrm{d}x = \frac{1}{2(1-b)}\left[\ln\frac{(1-x)^2}{bx^2 - 2x + 1 - \mathrm{i}0}\right]_0^{1-\delta_1} = \frac{1}{2(1-b)}\left[\ln\frac{\delta_1^2}{1-b} + \mathrm{i}\pi\right].$$

在第二个积分中, 我们可到处取 $x = 1$ 除了分母的第一个括号中的 $(1-x)^2$ 与 $\delta = 0$ 项. 因此[②]

$$\begin{aligned}
\int_{1-\delta_1}^1 \cdots \mathrm{d}x &= \frac{1}{1-b}\int_0^{\delta_1} \frac{\mathrm{d}x'}{(x'^2 - \delta^2/\boldsymbol{p}^2 - \mathrm{i}0)^{1/2}} \\
&= -\frac{1}{1-b}\left[\int_{\delta/|\boldsymbol{p}|}^{\delta_1} \frac{\mathrm{d}x'}{(x'^2 - \delta^2/\boldsymbol{p}^2)^{1/2}} + \mathrm{i}\int_0^{\delta/|\boldsymbol{p}|} \frac{\mathrm{d}x'}{(\delta^2/\boldsymbol{p}^2 - x'^2)^{1/2}}\right] \\
&= -\frac{1}{1-b}\left[\ln\frac{2|\boldsymbol{p}|\delta_1}{\delta} + \mathrm{i}\frac{\pi}{2}\right].
\end{aligned}$$

将两个积分相加, δ_1 如应该那样消失, 留下

$$J_1 = \frac{\mathrm{i}\pi^2}{2|\boldsymbol{p}|^3 \sin^2(\theta/2)} - \ln\left(\frac{2|\boldsymbol{p}|}{\delta}\sin\frac{\theta}{2}\right). \tag{121.16}$$

积分 J_2 用类似方法计算:

$$J_2 = J_1 - \frac{\pi^3[1 - \sin(\theta/2)]}{4|\boldsymbol{p}|^3 \cos^2\dfrac{\theta}{2}\sin\dfrac{\theta}{2}} - \frac{\mathrm{i}\pi^2}{2|\boldsymbol{p}|^3 \cos^2\dfrac{\theta}{2}}\ln\sin\frac{\theta}{2}. \tag{121.17}$$

---

① i0 项是从避免奇异性的规则来的, 它给出对数的宗量在 0 与 $1 - \delta_1$ 间的改变, 即当我们从分支点下面通过时从 0 到 $-\pi$ 的改变.

② 这里仍然是避免奇异性规则给出当我们从被开方的正值走到负值时平方根的符号.

现在我们仅须将这些表示代入 (121.14) 与 (121.15), 得到最后结果为

$$d\sigma^{(2)} = \frac{\pi(Z\alpha)^3\varepsilon}{4|\boldsymbol{p}|^3\sin\dfrac{\theta}{2}} \left(1 - \sin\frac{\theta}{2}\right)do', \tag{121.18}$$

$$\zeta' = \frac{2Z\alpha m|\boldsymbol{p}|}{\varepsilon^2} \frac{\sin^3\dfrac{\theta}{2}\ln\sin\dfrac{\theta}{2}}{\left(1 - v^2\sin^2\dfrac{\theta}{2}\right)\cos\dfrac{\theta}{2}}\boldsymbol{\nu} \tag{121.19}$$

(W. A. McKinley, H. Feshbach, 1948; R. H. Dalitz, 1950).

在第一级玻恩近似, 电子和正电子的散射截面是相同的 (在相同外场中); 在第二级近似中, 这个对称性不再出现. 在正电子 (电荷为 $+|e|$) 的散射中, 一级近似的振幅 (121.6) 有相反的符号, 但是 $M_{fi}^{(2)}$ 的符号不变. 因此截面 $d\sigma^{(2)}$, 作为 $M_{fi}^{(1)}$ 与 $M_{fi}^{(2)}$ 干涉项将变号. 极化矢量的表示式 (121.19) 也是同样的情况. 因此, 通过形式上的变换 $Z \to -Z$, 电子散射的公式就整个都转换为正电子散射的公式.

§122　电子在外场中的散射的辐射修正

现在, 我们来计算电子在外场中散射的辐射修正 (J. Schwinger, 1949). 散射振幅的对应部分用 (121.2) 的两个费曼图表示. 第一个图对振幅的贡献为

$$-(\overline{u}'\gamma^0 u)\frac{\mathcal{P}(-\boldsymbol{q}^2)}{4\pi}D(-\boldsymbol{q}^2) \cdot e\Phi(\boldsymbol{q}),$$

其中 $\mathcal{P}(-\boldsymbol{q}^2)$ 为对应于图中圈的极化算符. 第二个图的贡献为

$$-(\overline{u}'\Lambda^0 u)e\Phi(\boldsymbol{q}),$$

其中 Λ^0 为顶角算符 ($\Gamma^\mu = \gamma^\mu + \Lambda^\mu$) 的修正项; 按照 (116.6),

$$\Lambda^0 = \gamma^0[f(-\boldsymbol{q}^2) - 1] - \frac{1}{2m}\sigma^{0\nu}q_\nu g(-\boldsymbol{q}^2).$$

将这两个贡献相加, 我们有[①]

$$M_{fi}^{(3)} = -(\overline{u}'\gamma^0 Q_{\mathrm{rad}} u)e\Phi(\boldsymbol{q}),$$

$$Q_{\mathrm{rad}}(\boldsymbol{q}) = f(-\boldsymbol{q}^2) - 1 - \frac{1}{\boldsymbol{q}^2}\mathcal{P}(-\boldsymbol{q}^2) + \frac{1}{2m}g(-\boldsymbol{q}^2)\boldsymbol{q}\cdot\boldsymbol{\gamma}. \tag{122.1}$$

我们先考虑在形状因子 $f(-\boldsymbol{q}^2)$ 以及在散射振幅 (122.1) 中的红外发散. 在 §98 已经提到, 纯弹性散射振幅的精确值为零, 即它是没有意义的. 物理上

---

① 注意, 如 $q^\mu = (0, \boldsymbol{q})$, 则 $q_\mu = (0, -\boldsymbol{q})$, 因此 $\sigma^{0\nu}q_\nu = -\gamma^0\boldsymbol{q}\cdot\boldsymbol{\gamma}$.

唯一有意义的东西是定义为可以发射任何数目软光子过程的散射振幅, 其中每个光子的能量都小于一个特定值 $\omega_{\max}$, 此值为满足软光子理论成立条件的最大值. 也就是说, 只有求和

$$\mathrm{d}\sigma = \mathrm{d}\sigma_{\mathrm{el}} + \mathrm{d}\sigma_{\mathrm{el}} \int_0^{\omega_{\max}} \mathrm{d}w_\omega + \mathrm{d}\sigma_{\mathrm{el}} \frac{1}{2!} \int_0^{\omega_{\max}} \mathrm{d}w_{\omega_1} \int_0^{\omega_{\max}} \mathrm{d}w_{\omega_2} + \cdots \quad (122.2)$$

是有意义的, 其中 $\mathrm{d}\sigma_{\mathrm{el}}$ 为不发射光子的散射截面, 而 $\mathrm{d}w_\omega$ 为电子发射一个频率为 ω 的光子的微分概率. 这里假设 $\mathrm{d}\sigma_{\mathrm{el}}$ 本身是作为微扰论级数来计算的, 即作为 α 的级数展开.[①]因此, 将 (122.2) 中 α 的每一级的项代入, 我们就可得到 $\mathrm{d}\sigma$ 作为 α 的级数展开, 其中每一项都是有限的.

在一级玻恩近似, $\mathrm{d}\sigma_{\mathrm{el}} \sim \alpha^2$. 当然, 这项有一独立的意义. 然而如果考虑对 $\mathrm{d}\sigma_{\mathrm{el}}$ 的下一级修正 ($\sim \alpha^3$), 我们还必须包含求和 (122.2) 中的第二项: 因为 $\mathrm{d}w_\omega \sim \alpha$, 乘以 $\mathrm{d}\sigma_{\mathrm{el}} \sim \alpha^2$ 同样给出一个 $\sim \alpha^3$ 的量. 我们将表明, 当这两个量相加时红外发散将消失.

在形状因子 f (117.17) 中的发散项为[②]

$$-\frac{\alpha}{2}\mathrm{F}\left(\frac{|\boldsymbol{q}|}{2m}\right)\ln\frac{m}{\lambda}.$$

振幅 (122.1) 中对应的项为

$$\frac{\alpha}{2}\mathrm{F}\ln\frac{m}{\lambda} \cdot (\overline{u}'\gamma^0 u)e\varPhi(\boldsymbol{q}),$$

而在截面 (121.5) 中

$$\mathrm{d}\sigma^{\mathrm{infra}} = -\alpha\mathrm{F}\ln\frac{m}{\lambda} \cdot |\overline{u}'\gamma^0 u|^2 |e\varPhi(\boldsymbol{q})|^2 \frac{\mathrm{d}o'}{16\pi^2}.$$

与玻恩截面比较

$$\mathrm{d}\sigma^{(1)} = |\overline{u}'\gamma^0 u|^2 |e\varPhi(\boldsymbol{q})|^2 \frac{\mathrm{d}o'}{16\pi^2},$$

我们求出

$$\mathrm{d}\sigma^{\mathrm{infra}} = -\alpha\mathrm{F}\ln\frac{m}{\lambda} \cdot \mathrm{d}\sigma^{(1)}. \quad (122.3)$$

(122.2) 式的第二项, 采用 (120.11) 的 $\int \mathrm{d}w_\omega$, 给出

$$\mathrm{d}\sigma_{\mathrm{el}} \int_0^{\omega_{\max}} \mathrm{d}w_\omega = \alpha\mathrm{F}\ln\frac{2\omega_{\max}}{\lambda} \cdot \mathrm{d}\sigma^{(1)}. \quad (122.4)$$

---

① 在概率 $\mathrm{d}w_\omega$ 中需要考虑的辐射修正由 $\omega_{\max}$ 的值控制; 极限 $\omega \to 0$ 对应经典情形, 这时辐射修正为零, 所以, 通过取足够小的 $\omega_{\max}$, 总可以使辐射修正很小.

② 此表示式容易利用如下关系证实:

$$\frac{|\boldsymbol{q}|}{m} = \frac{1-\xi}{\sqrt{\xi}}$$

这是 $|\boldsymbol{q}|$ 与 (117.17) 式所用的量 ξ 之间的关系.

最后, 将 (122.3) 与 (122.4) 相加, 我们得到

$$-\mathrm{d}\sigma^{(1)} \cdot \alpha \mathrm{F}\left(\frac{|\boldsymbol{q}|}{2m}\right) \ln \frac{m}{2\omega_{\max}}. \tag{122.5}$$

我们看到, 软虚光子 ($|\boldsymbol{k}| \sim \lambda$) 对发散的贡献和发射相同类型实光子对发散的贡献相互抵消了. 在其它任何散射过程中也发生类似的结果.

散射截面还与 $\omega_{\max}$ 有依赖关系, 这是由于 $\omega_{\max}$ 出现在散射作为一个可发射任何数目软光子的过程的定义中. 这种过程的截面自然将随光子频率上限减少, 我们将这些光子的发射看成是属于该散射过程的.

现在我们来确定散射截面的完全的辐射修正. 按照标准的规则 (见 (65.7)) 进行, 对初态电子平均并对终态电子求和我们求出截面

$$\mathrm{d}\sigma = \mathrm{d}\sigma^{(1)} + \mathrm{d}\sigma_{\mathrm{rad}} = |e\varPhi(\boldsymbol{q})|^2 \mathrm{tr}\{(\gamma p' + m)(\gamma^0 + \gamma^0 Q_{\mathrm{rad}})$$
$$\times (\gamma p + m)(\gamma^0 + \overline{Q}_{\mathrm{rad}}\gamma^0)\}\frac{\mathrm{d}o'}{32\pi^2}. \tag{122.6}$$

按照 (122.1),

$$Q_{\mathrm{rad}} = a + b\boldsymbol{\gamma} \cdot \boldsymbol{q}, \qquad \overline{Q}_{\mathrm{rad}} = \gamma^0 Q_{\mathrm{rad}}^+ \gamma^0 = a + b\boldsymbol{\gamma} \cdot \boldsymbol{q},$$
$$a = f(-\boldsymbol{q}^2) - 1 - \frac{1}{\boldsymbol{q}^2}\mathcal{P}(-\boldsymbol{q}^2), \qquad b = \frac{1}{2m}g(-\boldsymbol{q}^2).$$

到与 a 与 b 成线性的项, (122.6) 的迹为

$$\frac{1}{4}\mathrm{tr}\{\cdots\} = 2\left(\varepsilon^2 - \frac{\boldsymbol{q}^2}{4}\right)(1 + 2a) - 2bm\boldsymbol{q}^2.$$

因此

$$\mathrm{d}\sigma_{\mathrm{rad}} = 2\left\{f_\lambda(-\boldsymbol{q}^2) - 1 - \frac{1}{\boldsymbol{q}^2}\mathcal{P}(-\boldsymbol{q}^2) - \frac{\boldsymbol{q}^2}{4\varepsilon^2 - \boldsymbol{q}^2}g(-\boldsymbol{q}^2)\right\}\mathrm{d}\sigma^{(1)}, \tag{122.7}$$

其中 $\mathrm{d}\sigma^{(1)}$ 为非极化电子散射的玻恩截面 (80.5), 形状因子 f 加了下标 λ 是为了明显地表明是在光子质量 λ 处截断的.

现在我们只需要在 (122.7) 式中加上发射软光子的截面. 如果我们将 f_λ 写成如下形式:

$$f_\lambda(-\boldsymbol{q}^2) = 1 - \frac{\alpha}{2}\mathrm{F}\left(\frac{|\boldsymbol{q}|}{2m}\right)\ln\frac{m}{\lambda} + \alpha\mathrm{F}_2, \tag{122.8}$$

那么由 (120.11), 这个相加简单地意味着将 (122.7) 中的 f_λ 换成

$$f_{\omega_{\max}} = 1 - \frac{\alpha}{2}\mathrm{F}\left(\frac{|\boldsymbol{q}|}{2m}\right)\ln\frac{m}{2\omega_{\max}} + \frac{\alpha}{2}\mathrm{F}_1 + \alpha\mathrm{F}_2. \tag{122.9}$$

通过此改变, (122.7) 式给出了最后的答案.

在非相对论极限, 我们有[1]

$$f_{\omega_{\max}} = 1 - \frac{\alpha \boldsymbol{q}^2}{3\pi m^2}\left(\ln\frac{m}{2\omega_{\max}} + \frac{11}{24}\right), \quad \boldsymbol{q}^2 \ll m^2. \tag{122.10}$$

外场的特殊形式只是通过 $d\sigma^{(1)}$ 才出现在对截面的辐射修正中的; 在 (122.7) 式括号中的因子是通用的. 在非相对论近似,

$$d\sigma_{\mathrm{rad}} = -d\sigma^{(1)} \cdot \frac{2\alpha}{3\pi}\frac{\boldsymbol{q}^2}{m^2}\left(\ln\frac{m}{2\omega_{\max}} + \frac{19}{30}\right), \quad \boldsymbol{q}^2 \ll m^2 \tag{122.11}$$

此式包括 (122.7) 式中所有项的贡献. 在相反 (极端相对论) 的极限, 主要贡献仅来自 $f_{\omega_{\max}} - 1$ 中的项:

$$d\sigma_{\mathrm{rad}} = -d\sigma^{(1)} \cdot \frac{2\alpha}{\pi}\ln\frac{\boldsymbol{q}^2}{m^2}\ln\frac{\varepsilon}{\omega_{\max}}, \quad \boldsymbol{q}^2 \gg m^2. \tag{122.12}$$

最后, 可以指出, 这里考虑的辐射修正并不引起任何附加的极化效应, 而这种极化效应在一级玻恩近似中是不存在的 (与 §121 中讨论的二级玻恩近似不同). 原因在于一级玻恩近似的这个特殊性质根本上是由于 S 矩阵是厄米的. 而这个性质即使在考虑以上描述的辐射修正时是仍然保持的, 因为在此近似, 在散射道中没有实际的中间态 (所以么正关系的右边为零).[2]

§123 原子能级的辐射移位

辐射修正使一个电子在外场中束缚态能级产生一个位移, 称为**兰姆移位**. 这个类型中最有兴趣的情形是氢原子 (或类氢离子) 的兰姆移位.[3]

---

[1] 此式与非相对论公式 (117.20) 的区别为有如下变化

$$\ln\lambda \to \ln 2\omega_{\max} - 5/6.$$

[2] 对于只在二级微扰论近似出现的过程的辐射修正的计算是相当繁难的, 这里就不给出了. 我们只简单地列出一些参考文献: L. M. Brown, R. P. Feynman, Phys. Rev. 85.231, 1952 (光子被电子散射的辐射修正); I. Harris, L. M. Brown, Phys. Rev., 105.1656, 1957 (对两光子对湮没的辐射修正); M. L. G. Redhead, Proc. Roy. Soc, A220, 219,1953, P. В. Половин, ЖЭТФ. 31.449, 1956; П. И. Фомин, ЖЭТФ. 35, 707, 1958 (对阻尼辐射的辐射修正).

[3] 氢原子能级的位移最早是由 H. A. Bethe (1947) 用非相对论处理到对数精确性而计算的; 这个工作对后来整个量子电动力学的发展提供了原始的动力. $2s_{1/2}$ 与 $2p_{1/2}$ 能级之差 (微扰论的第一级非零近似) 是由 N. M. Kroll 与 W. E. Lamb (1949) 精确计算的; 能级移位的完整公式则属于 V. F. Weisskopf 与 J. B. French (1949).

求能级修正的严格方法要用到外场中的电子传播子 (§109). 但是, 如果

$$Z\alpha \ll 1, \tag{123.1}$$

就有可能用较简单的方法处理, 在此方法中将外场看成一个微扰.

在对外场的一级近似中, 一个电子与恒定电场相互作用的辐射修正, 可用电子在这种场中的散射的两个图 (121.2) 描述; 这两个问题的相互转化至多只需要一个简单的变换即可 (见下面).

然而, 容易看到, 这个处理只能给出由于与足够高频率的虚光子相互作用产生的移位部分. 比如, 我们考虑对电子散射振幅的下面的辐射修正 (看成对外场的修正):

$$\tag{123.2}$$

(与 (121.2b) 不同, 此图包含两个外场顶角). 在对 d^4k 的积分范围中 (其中 k_0 足够大), 这个修正包含 $Z\alpha$ 更高的幂次, 因此是不重要的. 但是这个图中的第二个外场顶角将带入又一电子传播子 $G(f)$. 但当 k 小时, 自由端 p 与 p' 是非相对论的, 虚电子动量 f 的重要值为靠近传播子 $G(f)$ 极点的值. 因此出现的小分母就和额外的小因子 $Z\alpha$ 相消. 同样推论明显地可以应用于对外场的所有阶的修正. 于是在低频虚光子时, 外场必须精确考虑.

我们可以将所要求的能级位移[①] δE_s 分为两个部分:

$$\delta E_s = \delta E_s^{(\mathrm{I})} + \delta E_s^{(\mathrm{II})} \tag{123.3}$$

其右边两项分别代表和频率范围为 (I) $k_0 > \varkappa$ 与 (II) $k_0 < \varkappa$ 的软光子的相互作用; $\varkappa$ 的选取要使得

$$(Z\alpha)^2 m \ll \varkappa \ll m \tag{123.4}$$

其中 $Z^2\alpha^2 m$ 与原子中电子的束缚能有相同量级. 于是在区域 I, 一级近似考虑核场就足够了. 在区域 II, 核场必须精确处理, 但是另一方面, 由于 $\varkappa \ll m$, 我们可以在非相对论近似下解这个问题 —— 不只是对电子本身, 而且对所有的中间态都可以. 利用条件 (123.4), 两个计算方法的适用范围有重叠, 因此有可能将能级修正的两部分作精确的 "连接".

[①] 在这一节, E_s 用于标记原子中电子的能量, 不包括其静止能量. 下标 s 代表确定原子状态的所有量子数.

移位的高频部分

我们先考虑区域 I. 这里, 在去掉在区域 II 重要的虚光子的贡献后, 有可能将修正 (122.1) 应用于散射振幅. 这对形状因子 g 只有小的贡献, 因此它可以保持不变. 然而, 由于红外发散, 低频虚光子对 f 有较大贡献. 于是在 (122.1) 式中的 f 必须取为函数 $f_\varkappa$, 区域 $k_0 < \varkappa$ 已经被排除了.

这个计算可以直接通过对区域 $k_0 < \varkappa$ 积分的 f 作减除来完成, 但是所要求的结果并不需要重新计算, 利用 §122 的结果即可得到. 为此, 我们指出, 扣除 $k_0 < \varkappa$ 的频率可看成一种红外截断的方法. 而散射截面修正的结果, 是应该和所用的截断无关的, 为此只要对实的软光子发射概率用同样方式截断, 即将 "弹性" 散射概念包括发射频率为从 $\varkappa$ 到指定的 $\omega_{\max}$ 的光子. 如果取 $\omega_{\max} = \varkappa$, 就不需要明显地考虑光子的发射. 因此我们看到, $f_\varkappa$ 可从 §122 确定的 $f_{\omega_{\max}}$ 通过简单地将 $\omega_{\max}$ 换成 $\varkappa$ 来得到. 特别是, 在非相对论情形

$$f_\varkappa - 1 = -\frac{\alpha \boldsymbol{q}^2}{3\pi m^2}\left(\ln\frac{m}{2\varkappa} + \frac{11}{24}\right). \tag{123.5}$$

我们现在将修正 (122.1) 变换为散射振幅, 这可通过将它表示为对场中电子有效势能相应修正的结果来做. 将振幅 (122.1)

$$-e(u'^* Q_{\mathrm{rad}} \varPhi u)$$

和玻恩散射振幅 (121.6)

$$-e(u'^* \varPhi u)$$

比较, 我们看到修正由如下函数给出 (在动量表象中)

$$e\delta\varPhi(\boldsymbol{q}) = e Q_{\mathrm{rad}}(\boldsymbol{q})\varPhi(\boldsymbol{q}). \tag{123.6}$$

在非相对论情形, 由 (113.14) 与 (117.20) 取 $\mathcal{P}$ 与 g, 并用 (123.5) 的 $f_\varkappa$ 代替 f, 我们得到

$$\delta\varPhi(\boldsymbol{q}) = \left\{-\frac{\alpha\boldsymbol{q}^2}{3\pi m^2}\left(\ln\frac{m}{2\varkappa} + \frac{11}{24} - \frac{1}{5}\right) + \frac{\alpha}{4\pi m}\boldsymbol{q}\cdot\boldsymbol{\gamma}\right\}\varPhi(\boldsymbol{q}). \tag{123.7}$$

在坐标表象中的对应函数 $\delta\varPhi(\boldsymbol{r})$ 为[①]

$$\delta\varPhi(\boldsymbol{r}) = \frac{\alpha}{3\pi m^2}\left(\ln\frac{m}{2\varkappa} + \frac{11}{24} - \frac{1}{5}\right)\Delta\varPhi(\boldsymbol{r}) - \mathrm{i}\frac{\alpha}{4\pi m}\boldsymbol{\gamma}\cdot\nabla\varPhi(\boldsymbol{r}). \tag{123.8}$$

---

① 我们强调指出, 对势的这个修正和 §114 中讨论的不同, 后者仅包括对库仑场的真空极化效应 (图 (121.2a)). 修正 (123.8) 则与场和电子的相互作用相关联, 它还包括电子运动变化的影响 (图 (121.2b)).

能级位移 $\delta E_s^{(I)}$ 可通过 $e\delta\Phi(\boldsymbol{r})$ 对电子在原子中非微扰态的波函数平均来求出, 即为相应的对角矩阵元:[①]

$$\delta E_s^{(I)} = \frac{e\alpha}{3\pi m^2}\left(\ln\frac{m}{2\varkappa} + \frac{11}{24} - \frac{1}{5}\right)\langle s|\Delta\Phi|s\rangle - \mathrm{i}\frac{e\alpha}{4\pi m}\langle s|\boldsymbol{\gamma}\cdot\nabla\Phi|s\rangle. \qquad (123.9)$$

第一项中, 非相对论电子波函数足以满足平均的需要. 但在第二项中, 这个近似是不够的: 对非相对论函数的零级近似由于 γ 矩阵中无对角元而等于零. 因此我们必须采用 §33 推出的近似相对论波函数,

$$\psi = \begin{pmatrix} \varphi \\ \chi \end{pmatrix}$$

并保留小分量 χ (在标准表示中). 我们有

$$\psi^*\boldsymbol{\gamma}\psi = \varphi^*\boldsymbol{\sigma}\chi - \chi^*\boldsymbol{\sigma}\varphi$$

并由 (33.4) 式代入

$$\chi = \frac{1}{2m}\boldsymbol{\sigma}\cdot\widehat{\boldsymbol{p}}\varphi = -\frac{\mathrm{i}}{2m}\boldsymbol{\sigma}\cdot\nabla\varphi,$$

利用恒等式 (33.5) 并分部积分, 我们得到

$$\langle s|\boldsymbol{\gamma}\cdot\nabla\Phi|s\rangle = -\frac{\mathrm{i}}{2m}\int\{\varphi^*(\boldsymbol{\sigma}\cdot\nabla\Phi)(\boldsymbol{\sigma}\cdot\nabla\varphi) + (\nabla\varphi^*\cdot\boldsymbol{\sigma})(\boldsymbol{\sigma}\cdot\nabla\Phi)\varphi\}\mathrm{d}^3x$$
$$= \frac{\mathrm{i}}{2m}\int\{\varphi^*\Delta\Phi\cdot\varphi - 2\mathrm{i}\boldsymbol{\sigma}\cdot\varphi^*[\nabla\Phi\times\nabla\varphi]\}\mathrm{d}^3x.$$

由于 $\Phi = \Phi(r)$,

$$\nabla\Phi = \frac{\boldsymbol{r}}{r}\frac{\mathrm{d}\Phi}{\mathrm{d}r},$$

并因此

$$-\mathrm{i}\boldsymbol{\sigma}\cdot[\nabla\Phi\times\nabla] = \frac{1}{r}\frac{\mathrm{d}\Phi}{\mathrm{d}r}\boldsymbol{\sigma}\cdot\widehat{\boldsymbol{l}},$$

其中 $\widehat{\boldsymbol{l}} = -\mathrm{i}\boldsymbol{r}\times\nabla$ 为轨道角动量算符. 最后, 将所得的表示式一起代入 (123.9) 式, 我们有

$$\delta E_s^{(I)} = \frac{e^3}{3\pi m^2}\left(\ln\frac{m}{2\varkappa} + \frac{19}{30}\right)\langle s|\Delta\Phi|s\rangle + \frac{e^3}{4\pi m^2}\langle s\left|\boldsymbol{\sigma}\cdot\boldsymbol{l}\frac{1}{r}\frac{\mathrm{d}\Phi}{\mathrm{d}r}\right|s\rangle, \qquad (123.10)$$

其中两项的平均都是对非相对论波函数进行的.

[①] 严格来说, §117 定义的形状因子与有两条外电子线 $(p^2 = p'^2 = m^2)$ 的顶角算符相联系. 对原子中的电子, 能量 E_s 为与 $\boldsymbol{p}$ 无关的能级. 然而在区域 I, 这个区别可以忽略.

移位的低频部分

为计算能级位移的第二部分, 我们采用一种根本上基于么正性条件的方法.

由于可发射光子, 原子的激发态不是严格的稳定态, 而是准稳定态. 可以用一个复的能量值描述这种状态, 如果 w 为此态的衰变概率, 对应着总的光子发射概率, 则能量的虚部为 $-\frac{1}{2}w$ (见第三卷, §134). 在非相对论近似, 有偶极辐射, 并且由 (45.7) 式

$$\mathrm{Im}\delta E_s = -\frac{1}{2}w_s = -\frac{2}{3}\sum_{s'}|\boldsymbol{d}_{ss'}|^2(E_s - E_{s'})^3$$

其中求和对所有较低能级 ($E_{s'} < E_s$) 进行, 或等价地,

$$\mathrm{Im}\delta E_s = -\frac{2}{3}\int_0^\infty \mathrm{d}\omega \cdot \sum_{s'}|\boldsymbol{d}_{ss'}|^2(E_s - E_{s'})^3\delta(E_s - E_{s'} - \omega). \tag{123.11}$$

为求出 δE_s 的实部, 我们必须将 E_s 看成一个复变量并进行解析延拓. 为此可将 δ 函数处理成源自极点. 如通常那样, 避免极点的规则是在虚粒子的质量上加一个负的虚部, 这里就是加到原子中间态中的电子质量 $m_{s'}$ 上. 这就是 $m_{s'} = m + E_{s'}$, 所以我们必须取

$$E_{s'} \to E_{s'} - \mathrm{i}0,$$

因此

$$\delta(E_s - E_{s'} - \omega) = -\frac{1}{\pi}\mathrm{Im}\frac{1}{E_s - E_{s'} - \omega + \mathrm{i}0}; \tag{123.12}$$

参见 (111.3) 式.

将 (123.12) 代入 (123.11), 我们求出

$$\mathrm{Im}\delta E_s = \mathrm{Im}\frac{2}{3\pi}\int_0^\infty \mathrm{d}\omega \cdot \sum_{s'}|\boldsymbol{d}_{ss'}|^2\frac{(E_s - E_{s'})^3}{E_s - E_{s'} - \omega + \mathrm{i}0}.$$

所要求的解析延拓现在可以简单地通过略去符号 Im 来得到, 但是我们从 δE_s 中必须只取来自频率在区域 II ($\omega < \varkappa$) 的贡献的部分. 为此, 只需要将积分上限换成 $\varkappa$. 积分结果为

$$\delta E_s^{(\mathrm{II})} = \frac{2}{3\pi}\sum_{s'}|\boldsymbol{d}_{ss'}|^2(E_{s'} - E_s)^3\ln\frac{\varkappa}{E_{s'} - E_s + \mathrm{i}0}. \tag{123.13}$$

由于不等式 (123.4), 差 $E_s - E_{s'}$ 在上限与 $\varkappa$ 比较可忽略. 今后, 我们将只关心能级的实部, 它可通过用 $\varkappa/|E_{s'} - E_s|$ 作为 (123.13) 中对数的宗量来得到.

在表示式 (123.13) 中, $\ln \varkappa$ 项可通过将偶极矩 $\boldsymbol{d} = e\boldsymbol{r}$ 的矩阵元换成动量 $\boldsymbol{p} = m\boldsymbol{v}$ 及其微商 $\dot{\boldsymbol{p}}$ 的矩阵元作变换:

$$\sum_{s'} |\boldsymbol{d}_{ss'}|^2 (E_{s'} - E_s)^3 = -\frac{e^2}{m^2} \sum_{s'} |\boldsymbol{p}_{ss'}|^2 (E_{s'} - E_s)$$

$$= \frac{\mathrm{i}e^2}{2m^2} \sum_{s'} \{(\dot{\boldsymbol{p}})_{ss'} \cdot \boldsymbol{p}_{s's} - \boldsymbol{p}_{ss'} \cdot (\dot{\boldsymbol{p}})_{s's}\}.$$

现在按照电子的算符运动方程 $\widehat{\dot{\boldsymbol{p}}} = -e\nabla\varPhi$ 对 $\dot{\boldsymbol{p}}$ 作代换, 我们得到

$$\sum_{s'} |\boldsymbol{d}_{ss'}|^2 (E_{s'} - E_s)^3 = -\frac{\mathrm{i}e^3}{2m^2} \sum_{s'} \{(\nabla\varPhi)_{ss} \cdot \boldsymbol{p}_{s's} - \boldsymbol{p}_{ss'} \cdot (\nabla\varPhi)_{s's}\}$$

$$= \frac{\mathrm{i}e^3}{2m^2} \langle s|\boldsymbol{p} \cdot \nabla\varPhi - \nabla\varPhi \cdot \boldsymbol{p}|s\rangle$$

$$= \frac{e^3}{2m^2} \langle s|\Delta\varPhi|s\rangle. \tag{123.14}$$

因此代替 (123.13) 式, 我们可以写出

$$\delta E_s^{(\mathrm{II})} = \frac{e^3}{3\pi m^2} \langle s|\Delta\varPhi|s\rangle \ln\frac{2\varkappa}{m} + \frac{2e^2}{3\pi} \sum_{s'} |\boldsymbol{r}_{ss'}|^2 (E_{s'} - E_s)^3 \ln\frac{m}{2|E_s - E_{s'}|}. \tag{123.15}$$

总的能级移位

最后, 将两部分相加, 我们得到能级移位的如下公式:

$$\delta E_s = \frac{2e^2}{3\pi} \sum_{s'} |\boldsymbol{r}_{ss'}|^2 (E_{s'} - E_s)^3 \ln\frac{m}{2|E_s - E_{s'}|} + \frac{e^3}{3\pi m^2}\frac{19}{30}\langle s|\Delta\varPhi|s\rangle$$

$$+ \frac{e^3}{4\pi m^2} \langle s|\boldsymbol{\sigma} \cdot \boldsymbol{l}\frac{1}{r}\frac{\mathrm{d}\varPhi}{\mathrm{d}r}|s\rangle \tag{123.16}$$

如所期待的, 辅助量 $\varkappa$ 不再出现.[①]

(123.16) 式中的所有矩阵元都是对原子电子的非相对论波函数给出的. 对氢原子或类氢离子, 这些波函数只依赖于三个量子数: 主量子数 n, 轨道角动量 l 及其分量 m, 而与总角动量 j 无关; 对应的能级只依赖于 n. 引进如下表达式[②]

$$L_{nl} = \frac{n^3}{2m(Ze^2)^4} \sum_{n'l'm'} |\langle n'l'm'|\boldsymbol{r}|nlm\rangle|^2 (E_{n'} - E_n)^3 \ln\frac{m(Ze^2)^2}{2|E_{n'} - E_n|}. \tag{123.17}$$

---

① 确定能级移位的下一级修正包含很复杂的计算. 关于这个修正的最完整的综述与系统的推导以及相应的文献, 由 G. W. Erickson, D. R. Yennie, Annals of Physics, 35, 271, 447, 1965 给出

② $\boldsymbol{r}$ 的矩阵元对 j 是对角的并与 j 无关; 因此, (123.16) 式对 s 的求和简化为对 n, l 与 m 的求和. 由于空间各向同性, 求和 (123.17) 自然也与 m 无关.

能级正比于 $(Ze^2)^2$, 原子的特征长度正比于 Ze^2, 所以 (123.17) 式定义的 L_{nl} 与 Z 无关. 对它们可以进行数值计算.

我们将 $l = 0$ 情形与 $l \neq 0$ 情形分开讨论. 当 $l = 0$ 时, (123.16) 式中的最后一项为零. 在第二项中, 我们利用方程

$$e\Delta\Phi = 4\pi Ze^2\delta(\boldsymbol{r}),$$

核的库仑位势就满足此方程. 由此

$$\langle nlm|\Delta\Phi|nlm\rangle = 4\pi Ze^2|\psi_{nlm}(0)|^2 = \begin{cases} 4m^3(Ze^2)^4 n^{-3} & l = 0, \\ 0, & l \neq 0 \end{cases}$$

(参见 (34.3)). 在第一项, 用 (123.17) 的表达式和 (123.14) 式,

$$\sum_{n'l'm'} |\langle n'l'm'|\boldsymbol{r}|n00\rangle|^2 (E_{n'} - E_n)^3 = \frac{e}{2m^2}\langle n00|\Delta\Phi|n00\rangle = \frac{2m(Ze^2)^4}{n^3}.$$

这给出 s 谱项移位的如下表示式 (用通常单位):

$$\delta E_{n0} = \frac{4mc^2 Z^4 \alpha^5}{3\pi n^3}\left[\ln\frac{1}{(Z\alpha)^2} + L_{n0} + \frac{19}{30}\right] \tag{123.18}$$

L_{n0} 的一些数值为:

$$\begin{array}{cccccc} n = & 1 & 2 & 3 & 4 & \infty \\ L_{n0} = & -2.984 & -2.812 & -2.768 & -2.750 & -2.721 \end{array}$$

未微扰的能级为 $E_n = -mc^2(Z\alpha)^2/2n^2$, 所以, 辐射移位的相对大小为

$$\left|\frac{\delta E_{n0}}{E_{n0}}\right| \sim Z^2\alpha^3\ln\frac{1}{Z\alpha}. \tag{123.19}$$

当 $l \neq 0$ 时, (123.16) 式的第二项为零. 第三项可利用 §34 的公式计算, 并得到能级移位与数 j 的依赖关系. 结果为

$$\delta E_{nlj} = \frac{4mc^2 Z^4 \alpha^5}{3\pi n^3}\left[L_{nl} + \frac{3}{8}\frac{j(j+1) - l(l+1) - 3/4}{l(l+1)(2l+1)}\right], \quad l \neq 0. \tag{123.20}$$

因此, 辐射移位解除了在考虑自旋轨道耦合后剩下的最后简并, 即有相同 n 与 j 但 $l = j \pm \frac{1}{2}$ 不同的简并. 例如, L_{21} 的数值为 $+0.030$, 而公式 (123.18)—(123.20) 给出氢原子的 $2s_{1/2}$ 与 $2p_{1/2}$ 能级之差为

$$E_{20(1/2)} - E_{21(1/2)} = 0.41mc^2\alpha^5,$$

对应于频率 1050MHz.

§124　介原子能级的辐射移位

在 §118 的末尾, 我们已经指出, 电子真空极化在 μ 子磁矩的辐射修正 (二级近似) 中起着重要的作用. 这在 μ 氢介原子 (一种由一个质子和一个 μ 子组成的类氢原子系统) 的辐射移位中更是如此 (甚至在一级近似中) (А. Д. Галанин, И. Я. Померанчук, 1952).

在 §123 计算通常原子的能级移位中, 我们特别考虑了电子真空极化效应 (图 (121.2a) 中的电子圈). 假如在介原子中 μ 子的真空极化效应也作类似处理, 那么整个计算就可以应用于这里, 只要简单地将电子质量 $m = m_e$ 换成 μ 子质量 m_μ 即可. 由于能级的相对移位 (123.19) 与电子质量无关, 对氢介原子应该得到相同的结果.

不难看出, 电子真空极化效应对介原子的能级移位有大得多的影响, 因为图中的 μ 圈换成电子圈意味着 μ 极化算符换成电子极化算符; 而极化算符 $\mathcal{P}(q^2)$ 对非相对论的 q^2 值是和粒子质量平方成反比的. 因此上述改变将使效应增大一个因子 $(m_\mu/m_e)^2$, 正是这个贡献确定了能级移位的量级为:

$$\frac{\delta E}{|E|} \sim \alpha^3 \left(\frac{m_\mu}{m_e}\right)^2,$$

或者, 比通常的氢原子要大四个量级.[①]这个效应的起源可以更清楚地看出, 只要注意到库仑位势被真空极化的变形一直扩展到距离 $\sim 1/m_e$ 的范围 (§114). 在通常的氢原子中, 电子离原子核的距离为 $1/(m_e\alpha)$ 量级, 即在场受变形主要区域的外边, 而在介氢原子中 μ 子处在距离 $\sim 1/(m_\mu\alpha)$, 它处于变形的主要区域内.

然而, 为了精确地计算介原子中的能级移位, 对极化算符不可能采用近似的非相对论表示式, 如在通常原子中用 (123.7) 式求能级移位时所做的那样. 原因是在介氢原子中 μ 子的特征动量为 $|\boldsymbol{p}_\mu| \sim \alpha m_\mu$. 对于 μ 子而言, 这个动量是非相对论性的, 而对于电子则是相对论性的.

因此, 我们必须对被电子真空极化变形的核场的有效位势采用完全的相对论公式 (114.5). 通过对原子中 μ 子波函数平均求出能级移位:

$$\delta E_{nl} = -|e| \int |\psi_{nl}|^2 \delta\Phi(r)\mathrm{d}^3x = -|e| \int R_{nl}^2(r)\delta\Phi(r)r^2\mathrm{d}r, \tag{124.1}$$

其中 R_{nl} 为 (非相对论) 库仑波函数的径向部分. 对一个核电荷为 $Z|e|$ 的类氢离子, 函数 $R_{nl}(r)$ 只是通过一个无量纲组合 $\rho = Z\alpha m_\mu r$ (以库仑单位计量的

---

①由于类似的原因, μ 子真空极化效应对通常氢原子能级位移的贡献则相反是可以忽略的.

距离) 依赖于 r. 利用这个事实并代入 (114.5) 的 $\delta\Phi(r)$ (用电荷 $Z|e|$ 代替 e_1),
我们可以将积分 (124.1) 变为如下形式:

$$\delta E_{nl} = -\frac{2}{3\pi}\alpha^3 m_\mu Z Q_{nl}\left(\frac{m_e}{Z\alpha m_\mu}\right), \qquad (124.2)$$

其中

$$Q_{nl}(x) = \int_0^\infty \rho \, \mathrm{d}\rho \int_1^\infty R_{nl}^2(\rho) \mathrm{e}^{-2x\rho\zeta}\left(1 + \frac{1}{2\zeta^2}\right)\frac{\sqrt{\zeta^2-1}}{\zeta^2}\mathrm{d}\zeta.$$

于是, 氢介原子的前几个能级的数值计算给出如下相对移位:

$$\frac{\delta E_{10}}{|E_{10}|} = -6.4\times 10^{-3}, \qquad \frac{\delta E_{20}}{|E_{20}|} = -2.8\times 10^{-4}, \qquad \frac{\delta E_{21}}{|E_{21}|} = -2.0\times 10^{-5}.$$

§125 束缚态的相对论方程

在前节中用于计算原子能级辐射移位的方法不能用于对解决如像确定电子偶素能级修正这样的问题, 这种系统由两个同等的粒子组成, 其中任何一个粒子都不能看成是作用于另一个粒子的外场的源.

解决这个问题的系统方法, 是基于束缚态的能级是这两个粒子相互散射的精确振幅作为它们质心系总能量的函数的极点这一事实. 对任何一个离散能级, 电子偶素可以看成为一个有一定质量的 "中间态", 它能够在电子 – 正电子散射过程形成并作为其一个阶段, 而且每个 "单粒子" 中间态有散射振幅的一个极点与其对应; 这些极点自然处于参与散射的粒子的四维动量的非物理区内.

按照 (106.17) 式, 精确的散射振幅将精确的四端点顶角部分 $\Gamma_{ik,lm}$ 与粒子的极化振幅 u 组合在一起. 极化振幅明显地与极点奇异性没有联系, 因此, 更方便的是略去它们, 专注于顶角部分本身的极点, 即如下函数的极点

$$\Gamma_{ik,lm}(p'_-, -p_+; p_-, -p'_+), \qquad (125.1)$$

其中对图 (106.12) 的外线四维动量的标记对应于正电子被电子的散射.

应该强调指出, 声称极点存在是对精确的散射振幅或精确的顶角部分而言的; 在微扰论级数的任何单独项中都没有极点, 这可以从每一级近似的费曼图只包含电子线 (或光子线), 而没有属于组合粒子电子偶素作为一个整体的线这个事实看出. 因此可以得出结论, 计算靠近极点的散射振幅应当包含一个图的无穷级数的求和. 涉及的图可以用如下方法确定.

在微扰论的第一个非零近似 (对 α 的第一级近似) 下, 顶角部分 (125.1) 对应两个二级图:

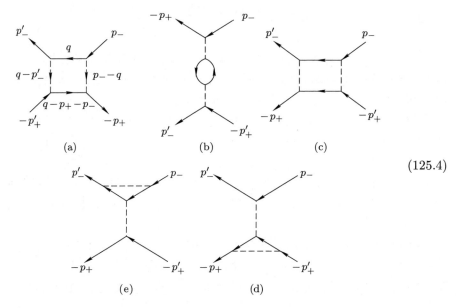

$$\Gamma_{ik,lm} = -e^2\gamma^\mu_{il}\gamma^\nu_{km}D_{\mu\nu}(p_- - p'_-) + e^2\gamma^\mu_{im}\gamma^\nu_{kl}D_{\mu\nu}(p_- + p_+). \tag{125.3}$$

在下一级近似 (对 α 的第二级近似) 有十个四级图:

以及由 (125.4) 通过交换 p_- 与 $-p'_+$ 得到的五个图. 与 (125.2) 式相比较, 所有这些图包含一个额外的 $e^2 = \alpha$ 的幂次, 但是我们将表明在图 (a) 中这个额外的小幂次与小的分母相消了, 即当电子与正电子动量很小的情况.

所有的量在质心系中取值, 但是由于图中外线的四维动量并不假设是物理的 (即 $p^2 \neq m^2$), 在这个系统中 $\varepsilon_+ \neq \varepsilon_-$, 尽管 $\boldsymbol{p}_+ = -\boldsymbol{p}_-$. 于是这些四维动量为

$$p_- = (\varepsilon_-, \boldsymbol{p}), \qquad p_+ = (\varepsilon_+, -\boldsymbol{p}),$$
$$p'_- = (\varepsilon'_-, \boldsymbol{p}'), \qquad p'_+ = (\varepsilon'_+, -\boldsymbol{p}'), \tag{125.5}$$
$$\varepsilon_- + \varepsilon_+ = \varepsilon'_- + \varepsilon'_+.$$

在电子偶素中电子与正电子的束缚能为 $\sim m\alpha^2$. 因此, 在我们涉及的散射振幅极点的邻域,

$$|\boldsymbol{p}| \sim |\boldsymbol{p}'| \sim m\alpha \ll m,$$
$$|\varepsilon_- - m| \sim |\varepsilon_+ - m| \sim \boldsymbol{p}^2/m \sim m\alpha^2, \cdots \tag{125.6}$$

图 (125.4a) 的顶角部分的贡献为

$$\Gamma^{(4a)}_{ik,lm} = -\mathrm{i}e^4 \int (\gamma^\lambda G(q)\gamma^\mu)_{il}(\gamma^\nu G(q - p_- - p_+)\gamma^\rho)_{km}$$
$$\times D_{\lambda\rho}(q - p'_-)D_{\mu\nu}(p_- - q)\frac{\mathrm{d}^4 q}{(2\pi)^4}. \tag{125.7}$$

在积分 (125.7) 中, $q^\mu = (q_0, \boldsymbol{q})$ 的重要范围为靠近同时是两个 G 函数极点的地方. 在此区域, $|\boldsymbol{q}|$ 与 $|q_0 - m|$ 是小的, 电子传播子为

$$G(q) = \frac{\gamma^0 q_0 - \boldsymbol{\gamma} \cdot \boldsymbol{q} + m}{(q_0 + m)(q_0 - m) - \boldsymbol{q}^2 + \mathrm{i}0} \approx \frac{\gamma^0 + 1}{2}\left[q_0 - m - \frac{\boldsymbol{q}^2}{2m} + \mathrm{i}0\right]^{-1},$$
$$G(q - p_- - p_+) \approx \frac{\gamma^0 - 1}{2}\left[q_0 - \varepsilon_- - \varepsilon_+ + m + \frac{\boldsymbol{q}^2}{2m} - \mathrm{i}0\right]^{-1}. \tag{125.8}$$

这两个表示式的极点在复变量 q_0 的实轴的相反两边; 靠近在上半平面 (例如) 回路沿这个轴的积分路径, 我们可以从在对应极点的留数计算对 $\mathrm{d}q_0$ 的积分.[①]结果为

$$\Gamma^{(4a)} \sim e^4 \int \frac{\mathrm{d}^3 q}{(q - p'_-)^2(p_- - q)^2(2m - \varepsilon_- - \varepsilon_+ + \boldsymbol{q}^2/m)}$$

于是, 利用 (125.6) 式, 我们有数量级为

$$\Gamma^{(4a)} \sim \alpha^2 \frac{(m\alpha)^3}{(m\alpha)^4 m\alpha^2} = \frac{1}{m^2\alpha}.$$

二级图 (125.2a) 对 Γ 的贡献 ((125.3) 式的第一项) 有相同数量级, 并且这证实了上面关于图 (125.4a) 量级小的论断. 类似情形在微扰论所有更高级的近似中都会出现.

因此, 靠近极点的相关顶角部分的计算要求对具有类似图 (125.4a) 内线的中间态的一个 "反常大" 的图的无穷序列求和. 这些图的一个典型性质是它们可以在端 $p_-, -p_+$ 和端 $p'_-, -p'_+$ 之间切开成仅由两个电子线连接的部分.[②]

---

① 对于图 (125.4c), 它和 (125.4a) 的区别只是电子线的相对方向不同, 两个极点将在实轴的同一边, 所以在所考虑的近似下积分为零.

② 这个定义包括所有反常大的图, 但同时也还有一些如 (125.4b) 那样的 "正常" 图.

不满足这个条件的所有图的集合称为"紧致"的顶角部分并用 $\widetilde{\Gamma}_{ik,lm}$ 标记; 因为它不包含反常大的图, 这样的量可用通常的微扰论计算. 例如, 在一级微扰论 Γ 由两个二级图 (125.2) 给出, 在二级近似由八个四级图 (125.4) 给出, 其中去掉了图 (a) 与图 (b).

假如非紧致顶角部分按"双键"的数目来分类, 我们可以将总的 Γ 表示为一个无穷序列:

$$(125.9)$$

其中实的粗内线为精确传播子 $\mathcal{G}$; 这个序列通常称为"梯形"序列. 为对其求和, 我们在左边进一步"乘以" $\widetilde{\Gamma}$:①

与原来的序列 (125.9) 式比较表明

$$(125.10)$$

这个图方程对应于积分方程

$$
\begin{aligned}
\mathrm{i}\Gamma_{ik,lm}(p'_-, -p_+; p_-, -p'_+) ={}& \mathrm{i}\widetilde{\Gamma}_{ik,lm}(p'_-, -p_+; p_-, -p'_+) \\
&+ \int \widetilde{\Gamma}_{ir,sm}(p'_-, q - p'_+ - p'_-; q, -p'_+)\mathcal{G}_{st}(q)\mathcal{G}_{nr}(q - p'_+ - p'_-) \\
&\times \Gamma_{tk,ln}(q, -p_+; p_-, q - p'_+ - p'_-)\frac{\mathrm{d}^4 q}{(2\pi)^4}.
\end{aligned}
\tag{125.11}
$$

函数 $\widetilde{\Gamma}$ 与 $\mathcal{G}$ 可用微扰论计算, 于是方程 (125.11) 就可以原则上以任意精确性确定 Γ.

为求出能级, 我们只需要知道 Γ 的极点位置. 在极点附近, $\Gamma \gg \widetilde{\Gamma}$, 所以, (125.11) 式右边的第一项 ((125.10) 右边第二个图) 可以略去, 于是方程就变成对 Γ 齐次的方程. 变量 p_+ 与 p_- 和下标 k 与 l 变成参量, 对它们的依赖关系是任意的, 且不由此方程本身确定. 略去这些参量和其余变量 p'_+, p'_- 的撇号,

---

① 这也就是, 在这个序列的每一项都乘以 $\widetilde{\Gamma}$ 与两个 $\mathcal{G}$, 并对新内键的四维动量积分.

我们有

$$
\mathrm{i}\Gamma_{i,m}(p_-; -p_+) = \int \widetilde{\Gamma}_{ir,sm}(p_-, q - p_+ - p_-; q, -p_+)\mathcal{G}_{st}(q)
$$
$$
\times \mathcal{G}_{nr}(q - p_+ - p_-)\Gamma_{t,n}(q; q - p_+ - p_-)\frac{\mathrm{d}^4 q}{(2\pi)^4} \quad (125.12)
$$

(E. E. Salpeter, H. A. Bethe, 1951).

方程 (125.12) 是在质心系中写出的 $(\boldsymbol{p}_+ + \boldsymbol{p}_- = 0)$, 它仅对于 $\varepsilon_+ + \varepsilon_-$ 的某些值有解, 这些值给出电子偶素的能级. 函数 $\Gamma_{i,m}$ 只起着辅助的作用. 引进另一个函数在实际计算中更为方便:

$$
\chi_{sr}(p_1, p_2) = \mathcal{G}_{st}(p_1)\Gamma_{t,n}(p_1; p_2)\mathcal{G}_{nr}(p_2). \quad (125.13)
$$

于是, 方程 (125.12) 式变为

$$
\mathrm{i}[\mathcal{G}^{-1}(p_-)\chi(p_-, -p_+)\mathcal{G}^{-1}(-p_+)]_{im}
$$
$$
= \int \widetilde{\Gamma}_{ir,sm}(p_-, q - p_+ - p_-; q, -p_+)\chi_{sr}(q, q - p_+ - p_-)\frac{\mathrm{d}^4 q}{(2\pi)^4}, \quad (125.14)
$$

其中 $\widetilde{\Gamma}$ 是作为积分算符的核出现的. 如已经指出的, $\widetilde{\Gamma}$ 可用微扰论计算, $\mathcal{G}^{-1}$ 自然也是如此.

现在我们将表明, 微扰论一级近似 (对 α) 下方程 (125.14), 如应该的那样, 简化为电子偶素的非相对论薛定谔方程.

在第一级非相对论近似, $\widetilde{\Gamma}$ 仅由图 (125.2a) 确定; 湮没型图 (125.2b) 在这个近似下为零.[①] 由于与 §83 中相同的原因, 在库仑规范 (76.12), (76.13) 中取光子传播子更为方便, 且在此规范中只需要留下 D_{00}. 于是

$$
\widetilde{\Gamma}_{ir,sm}(p_-, q - p_+ - p_-; q, -p_+) = -e^2\gamma_{is}^0\gamma_{rm}^0 D_{00}(q - p_-) = -U(\boldsymbol{q} - \boldsymbol{p}_-)\gamma_{is}^0\gamma_{rm}^0,
$$

其中

$$
U(\boldsymbol{q}) = -4\pi e^2/\boldsymbol{q}^2
$$

为正电子与电子间库仑相互作用势能的傅里叶分量. 方程 (125.14) 变为

$$
\mathrm{i}\chi_{im}(p_-, -p_+) = \left[G(p_-)\gamma^0 \int U(\boldsymbol{q} - \boldsymbol{p}_-)\chi(q, q - p_+ - p_-)\frac{\mathrm{d}^4 q}{(2\pi)^4} \cdot \gamma^0 G(-p_+) \right]_{im},
$$
$$
(125.15)
$$

_____

① 在电子偶素中的粒子速度为 $v/c \sim \alpha$. 在这个意义上, 按 α 的级数展开和按 $1/c$ 的级数展开是相互联系的.

其中我们还将精确的传播子 $\mathcal{G}$ 换成自由电子传播子 G. 后者由近似公式给出 (参见 (125.8))

$$G(p_-) \approx \frac{1+\gamma^0}{2} g(p_-), \quad G(-p_+) \approx \frac{1-\gamma^0}{2} g(p_+),$$

其中已将矩阵因子分离, $g(p)$ 为标量函数

$$g(p) = [\varepsilon - m - \boldsymbol{p}^2/(2m) + \mathrm{i}0]^{-1}. \tag{125.16}$$

在将这些表示式代入 (125.15) 中, 注意到所有非零矩阵元

$$\left[\frac{1+\gamma^0}{2}\gamma^0\chi\gamma^0\frac{1-\gamma^0}{2}\right]_{im} = \left[\frac{\gamma^0+1}{2}\chi\frac{\gamma^0-1}{2}\right]_{im}$$

都等于矩阵元 $-\chi_{im}$. 因此, 矩阵方程 (125.15) 等价于对标量函数的方程

$$\mathrm{i}\chi(p_-, -p_+) = -g(p_-)g(p_+)\int U(\boldsymbol{q}-\boldsymbol{p}_-)\chi(q, q-p_+-p_-)\frac{\mathrm{d}^4q}{(2\pi)^4}. \tag{125.17}$$

现在我们用如下变量代替 p_+ 与 p_-

$$p \equiv (\varepsilon, \boldsymbol{p}) = \frac{p_- - p_+}{2}, \quad P = p_- + p_+;$$

这些变量为粒子相对运动的四维动量与电子偶素整体的四维动量. 在质心系中, $P = (E + 2m, 0)$, 其中 $E + 2m$ 为总能量, 因此 E 为相对于静质量的能级. 用了这些变量, (125.17) 式变为

$$\begin{aligned}
\mathrm{i}\chi(p, P) &= -g\left(p + \frac{P}{2}\right)g\left(-p + \frac{P}{2}\right)\int U(\boldsymbol{q}-\boldsymbol{p}_-)\chi\left(q - \frac{P}{2}, P\right)\frac{\mathrm{d}^4q}{(2\pi)^4} \\
&= -g\left(p + \frac{P}{2}\right)g\left(-p + \frac{P}{2}\right)\int U(\boldsymbol{q}'-\boldsymbol{p})\chi(q', P)\frac{\mathrm{d}^4q'}{(2\pi)^4};
\end{aligned}$$

在此方程中, P 仅作为一个参量出现, 而 χ 仅以积分形式出现在等式右边

$$\psi(\boldsymbol{q}) = \int_{-\infty}^{\infty} \chi(q, P)\mathrm{d}q_0.$$

方程两边对 $\mathrm{d}\varepsilon$ 积分, 我们得到一个对 ψ 的如下闭合方程:

$$\psi(\boldsymbol{p}) = -\frac{1}{2\pi\mathrm{i}}\int_{-\infty}^{\infty} g\left(p + \frac{P}{2}\right)g\left(-p + \frac{P}{2}\right)\mathrm{d}\varepsilon \int U(\boldsymbol{q}-\boldsymbol{p})\psi(\boldsymbol{q})\frac{\mathrm{d}^3q}{(2\pi)^3},$$

其中

$$g\left(\pm p + \frac{P}{2}\right) = \left[\pm\varepsilon + \frac{E}{2} - \frac{\boldsymbol{p}^2}{2m} + \mathrm{i}0\right]^{-1}.$$

如果对 $\mathrm{d}\varepsilon$ 积分的路径通过复变量 ε 上半平面 (例如) 的回路闭合起来, 我们就可由对应极点的留数计算出这个积分, 得到

$$\left(\frac{\boldsymbol{p}^2}{2m} - E\right)\psi(\boldsymbol{p}) + \int U(\boldsymbol{p} - \boldsymbol{q})\psi(\boldsymbol{q})\frac{\mathrm{d}^3 q}{(2\pi)^3} = 0. \tag{125.18}$$

这正是动量表象中电子偶素的薛定谔方程; 见第三卷 (130.4) 式.

如果在 $\widetilde{\varGamma}$ 中只考虑图 (125.2), 但在其中 (和在 $\mathcal{G}$ 中) 保留按 $1/c$ 展开的下一级项, 我们应该得到布雷特方程 (§83). 包含图 (125.4) (与按 $1/c$ 展开的下一级的项一起) 将给出电子偶素能级的辐射修正, 但计算变得很复杂.

下面是正态电子偶素与仲态电子偶素基态之间的能级差, 包括了上述的修正:[1]

$$E(^3S_1) - E(^1S_0) = \alpha^2 \frac{me^4}{2\hbar^2}\left\{\frac{7}{6} - \left(\frac{16}{9} + \ln 2\right)\frac{\alpha}{\pi} - \mathrm{i}\frac{\alpha}{2}\right\}. \tag{125.19}$$

括号中的第一项为精细结构能级分裂本身 (见 §84, 习题 2). 第二项为能级差的辐射修正. 能级差的虚部则源自仲态电子偶素的湮没概率 (见 (89.4) 式), 即由于能级 $^1S_0$ 为复的这个事实; 对于仲态电子偶素, 能级宽度是与能级实部的辐射修正同一量级的.

§126 双色散关系

在有三个外线的顶角部分后面, 复杂程度下一级的就是有四个外线的部分. 在量子电动力学中, 这个类型的图有如下三种基本图是可能的:

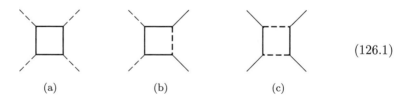

$$\tag{126.1}$$

(a)　　　　　　(b)　　　　　　(c)

第一个图描述光子被光子的散射; 其余的图为光子 (b) 与电子 (a) 被一个电子散射的辐射修正中的独立项.

本节研究这种图的一些普遍性质, 但是, 为简单和具体起见, 我们只讨论图 (126.1a).

对这种图的线的动量作如下标记:

---

[1] R. Karplus, A. Klein, Physical Review 87, 848, 1952.

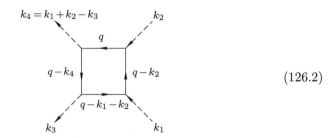

$$(126.2)$$

四维动量 k_1, k_2, k_3, k_4 对应于实光子, 因此它们的平方为零.

如果将对与光子极化的依赖关系分开写出, 对应图 (126.2) 的振幅 M_{fi} 可用光子四维动量的各种标量函数表示. 这些就是 §70 讨论的不变振幅; 我们将在 §127 中对指定的光子–光子散射情形推出这些不变振幅. 作为标量, 它们仅依赖于标量变量, 可以取为例如以下这些量中的任何两个:

$$s = (k_1 + k_2)^2, \quad t = (k_1 - k_3)^2, \quad u = (k_1 - k_4)^2, \quad s + t + u = 0; \quad (126.3)$$

下面我们将取 s 和 t 作为独立变量.

每个不变振幅, 它们在这里用同一字母 M 标记, 可写成一个积分:

$$M = \int \frac{iB\mathrm{d}^4 q}{[q^2 - m^2][(q - k_4)^2 - M^2][(q - k_1 - k_2)^2 - m^2][(q - k_2)^2 - m^2]},$$
$$m^2 \to m^2 - i0, \quad (126.4)$$

其中 B 为所有四维动量的某个函数; 分母中的因子来自四个虚电子的传播子.

当 s 和 t 足够小时, 振幅 M 是实的 (更确切地说, 它们可以通过适当选择相因子做成实的), 因为如果 s 小, 光子就不可能在 s 道产生实的粒子 (一个电子–正电子对), 而如果 t 小, 对 t 道也是同样情形.[①] 因此, 按照幺正性条件, 没有一个道可以有导致振幅虚部的实的中间态.

现在让 s 增大, 而 t 保持为一个小值. 当 $s \geqslant 4m^2$ 时, 振幅 M 由于在 s 道可能由两个光子产生粒子对而有一个虚部. 因此我们可将 M 写成变量 s 的一个色散关系:

$$M(s, t) = \frac{1}{\pi} \int_{4m^2}^{\infty} \frac{A_{1s}(s', t)}{s' - s - i0} \mathrm{d}s', \quad (126.5)$$

其中 $A_{1s}(s, t)$ 标记 $M(s, t)$ 的虚部.

[①] 如图 (126.2) 所示的外线方向对应 s 道. 在 t 道, 线 1 与 3 入射, 所以初态光子的四维动量为 k_1 与 $-k_3$. 变量 s, t, u 中光子–光子散射的物理区为图 8 (§67) 中的阴影部分. 例如, s 道对应于 $s > 0$, $t < 0$, $u < 0$ 的区域.

如在有以下形状的任何图中那样

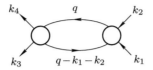

$A_{1s}(s,t)$ 可用规则 (115.9) 计算, 用 δ 函数代替积分 (126.4) 中的极点因子:

$$2\mathrm{i}A_{1s}(s,t) = (2\pi\mathrm{i})^2 \int \frac{\mathrm{i}B\delta(q^2 - m^2)\delta[(q - k_1 - k_2)^2 - m^2]}{[(q - k_4)^2 - m^2][(q - k_2)^2 - m^2]}\mathrm{d}^4q, \qquad (126.6)$$

其中的积分对 $q^0 > 0$ 的一半 q 空间进行.

注意到积分 (126.6) (极点因子) 的结构类似于如下图表示的反应振幅的结构, 我们可进而迈出重要的一步:

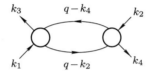

这样, $A_{1s}(s,t)$ 作为 t 的函数的解析性质类似于振幅的解析性质. 特别是, 只有当分母中的两个因子同时为零时, 函数 $A_{1s}(s,t)$ 才可获得一个虚部 (当 t 增大时). 然而, 一旦 t 达到值 $4m^2$ (在 t 道产生粒子对的阈), 情况就不同了. 原因是被积函数中 δ 函数的存在限制了 q 空间的积分区域, 它可能与值 $t = 4m^2$ 是不相容的. 积分区域的范围依赖于 s (包含 k_1 与 k_2 的 δ 函数的宗量), 因此, 在极限值 $t = t_c(s)$ 也如此, 超过这个极限值 $A_{1s}(s,t)$ 就变成复的了.

以同样的方式 $M(s,t)$ 通过 (126.5) 式用其虚部 $A_{1s}(s,t)$ 表示, 函数 $A_{1s}(s,t)$ 反过来通过 t 变量的色散关系用 $A_2(s,t) = \mathrm{Im}A_{1s}(s,t)$ 来表示:

$$A_{1s}(s,t) = \frac{1}{\pi}\int_{t_{cs}}^{\infty}\frac{A_2(s,t')}{t' - t - \mathrm{i}0}\mathrm{d}t'. \qquad (126.7)$$

现在, 如果将 (126.7) 代入 (126.5) 式, 我们就得到**双色散关系**或振幅 $M(s,t)$ 的**曼德尔施塔姆表示**:

$$M(s,t) = \frac{1}{\pi^2}\int_{4m^2}^{\infty}\int_{t_c(s')}^{\infty}\frac{A_2(s',t')}{(s' - s - \mathrm{i}0)(t' - t - \mathrm{i}0)}\mathrm{d}t'\mathrm{d}s', \qquad (126.8)$$

(S. Mandelstam, 1958).

函数 $A_2(s,t)$ 称为 $M(s,t)$ 的**双谱密度**. 可以从积分 (126.6) 通过两次应用代换规则 (115.9) 来得到它. 为简单计取

$$l_1 = q, \quad l_2 = q - k_4, \quad l_3 = q - k_2, \quad l_4 = q - k_1 - k_2, \qquad (126.9)$$

我们有

$$(2i)^2 A_2(s,t) = (2\pi i)^4 \int iB\delta(l_1^2 - m^2)\delta(l_2^2 - m^2)\delta(l_3^2 - m^2)\delta(l_4^2 - m^2)\mathrm{d}^4 q, \quad (126.10)$$

积分对 $q^0 > 0$ 的区域进行.

　　然而, 应该指出, 公式 (126.10) 纯粹是符号性的, 因为区域 $s > 0, t > 0$ 是非物理区, 因此当 q 是实值时, 在此区域 $l_1, l_2, \cdots$ 一般是复的; 而 δ 函数对一个复的宗量是没有很好定义的. 更精确的方法是直接取原始积分 (126.4) 在相应极点的留数. 然而, 在我们的情形, 这是不重要的. (126.4) 式中分母的四个表示式或 δ 函数的四个宗量为零的条件完全决定了四维矢量 q 的分量. 在变到对 $l_1^2, l_2^2, \cdots$ 的积分 (见下面) 并形式上应用通常的规则于 (126.10) 时, 我们就得到 A_2 的表示式 (除符号外).

　　为继续计算, 我们采用质心系 (在 s 道). 于是

$$k_1 = (\omega, \boldsymbol{k}), \quad k_2 = (\omega, -\boldsymbol{k}), \quad k_3 = (\omega, \boldsymbol{k}'), \quad k_4 = (\omega, -\boldsymbol{k}'), \quad (126.11)$$

$$s = 4\omega^2, \quad t = -(\boldsymbol{k} - \boldsymbol{k}')^2 = -4\omega^2 \sin^2(\theta/2),$$
$$u = -(\boldsymbol{k} + \boldsymbol{k}')^2 = -4\omega^2 \cos^2(\theta/2), \quad (126.12)$$

其中 θ 为 $\boldsymbol{k}$ 与 $\boldsymbol{k}'$ 之间的夹角 (散射角). 空间笛卡儿坐标的 x 轴沿矢量 $\boldsymbol{k} + \boldsymbol{k}'$ 方向, 而 y 轴沿 $\boldsymbol{k} - \boldsymbol{k}'$ 方向.[①]

　　现在我们将通过取 $l_1^2, l_2^2, \cdots$ 作为新的积分变量代替 q 的四个分量来变换积分 (126.10). 于是

$$\frac{\partial(l_1^2)}{\partial q^\mu} = 2l_{1\mu, \cdots},$$

因此这个变换的雅可比为

$$\frac{\partial(l_1^2, l_2^2, l_3^2, l_4^2)}{\partial(q^0, q_x, q_y, q_z)} = 16D,$$

其中 D 为由四个四维矢量 l_1, l_2, $\cdots$ 的 16 个分量组成的行列式. 在 (126.10) 中的积分简单地归结为将被积函数中的函数 B 与 D 用它们的数值代替,[②] 当

$$l_1^2 = l_2^2 = l_3^2 = l_4^2 = m^2. \quad (126.13)$$

由条件 $l_1^2 = l_4^2 = m^2$, 如在 §115 中那样, 我们有,

$$q^0 = \omega, \quad \boldsymbol{q}^2 = \omega^2 - m^2. \quad (126.14)$$

---

　　① 当 $t > 0, (\boldsymbol{k} - \boldsymbol{k}')^2 < 0$, 即 $\boldsymbol{k} - \boldsymbol{k}'$ 是虚的. 然而这个困难不难通过将所有 $t < 0$ 的矢量表示式展开并解析延拓到 $t > 0$ 区域来绕开.

　　② 这个积分方法自动考虑了 δ 函数的每个宗量中只有一个为零.

另外两个条件给出

$$(q - k_4)^2 - m^2 = -2qk_4 = -2\omega^2 - 2\boldsymbol{q} \cdot \boldsymbol{k}' = 0,$$

$$(q - k_2)^2 - m^2 = -2\omega^2 - 2\boldsymbol{q} \cdot \boldsymbol{k} = 0,$$

并因此

$$\boldsymbol{q} \cdot \boldsymbol{k} = \boldsymbol{q} \cdot \boldsymbol{k}' = -\frac{1}{4}S,$$

或, 以分量形式,

$$q^0 = \omega, \qquad q_x = -\frac{s}{2(s+t)}, \qquad q_y = 0,$$

$$q_z = \pm\sqrt{\omega^2 - m^2 - q_x^2} = \pm\left[\frac{st - 4m^2(s+t)}{4(s+t)}\right]^{1/2}. \tag{126.15}$$

于是积分 (126.10) 为

$$A_2(s,t) = \frac{\pi^4}{4D}\sum(-\mathrm{i}B), \tag{126.16}$$

其中求和对 (126.15) 给出的 q 的两个值进行.

行列式 D 可以用反对称单位张量写成:

$$D = e_{\mu\nu\rho\sigma}l_1^\mu l_2^\nu l_3^\rho l_4^\sigma = -e_{\mu\nu\rho\sigma}q^\mu k_4^\nu k_2^\rho k_1^\sigma = -e_{\mu\nu\rho\sigma}(q-k_1)^\mu(k_4-k_1)^\nu(k_2-k_1)^\rho k_1^\sigma$$

其中已经用到 $e_{\mu\nu\rho\sigma}$ 的反对称性. 由于四个因子中只有 k_1 有时间分量, 我们推出

$$D = -\omega\boldsymbol{q} \cdot (\boldsymbol{k} + \boldsymbol{k}') \times (\boldsymbol{k} - \boldsymbol{k}').$$

将此表示式在 $t < 0$ 展开, 然后延拓到 $t > 0$ 区域, 我们求出

$$D = -\omega q_z\sqrt{s+t}\sqrt{-t} \to \pm\frac{\mathrm{i}}{4}\{st[st - 4m^2(s+t)]\}^{1/2} \tag{126.17}$$

这里需要的符号选择可用如下方法来做. 为简洁计, 设 $B = 1$. 于是在物理区 $(s > 0, t < 0)A_{1s}(s,t) < 0$, 因为 (126.6) 式分母中的两个因子有相同的 (负的) 符号:

$$(q - k_4)^2 - m^2 = -2\omega^2 - 2\boldsymbol{q} \cdot \boldsymbol{k}' < -2\omega(\omega - |\boldsymbol{q}|) < 0,$$

$$(q - k_2)^2 - m^2 = -2\omega^2 - 2\boldsymbol{q} \cdot \boldsymbol{k} < -2\omega(\omega - |\boldsymbol{q}|) < 0$$

(这里我们用到结果 (126.14), 此结果由分子中存在两个 δ 函数得出, 而且这表明 $|\boldsymbol{q}| < \omega$).[1] 于是由 (126.7) 看出, 当 $s > 0$, $t > 0$ 时, $A_2(s,t)$ 也必须是负的

---

[1] 当然, 这不是偶然的: 事实上, A_{1s} 是负的, 是由于幺正性条件, 这在 $t = 0$ 时特别清楚, 并且 A_{1s} 确定了总截面.

(因为, 如由 (126.16) 式明显看到的, $A_2(s,t)$ 并不改变符号). 这意味着 (126.17) 式中必须取上面的符号, 最后给出

$$A_2 = -\pi^2 \frac{\sum B}{\{st[st - 4m^2(s+t)]\}^{1/2}}. \tag{126.18}$$

因为, 按其含义, $A_2(s,t)$ 必须是实的, 于是有进一步的条件: 表示式分母中括号内的表示式以及 s 与 t 都必须是正的:

$$st - 4m^2(s+t) \geqslant 0, \quad s > 0, t > 0. \tag{126.19}$$

这些不等式确定了双色散积分 (126.8) 中积分的区域 (图 23 中的阴影区). 这个区域的边界为曲线

$$st - 4m^2(s+t) = 0$$

以 $s = 4m^2$ 与 $t = 4m^2$ 为渐近线.

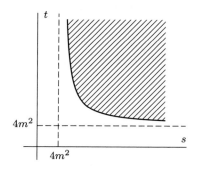

图 23

(126.5) 与 (126.8) 形式的色散关系尚未考虑可重正化条件; 如果直接应用它们, 积分将发散, 因此需要进行正规化. 对振幅 $M(s,t)$ 的重正化条件为

$$M(0,0) = 0. \tag{126.20}$$

当 $k_1 = k_2 = k_3 = k_4 = 0$ 时, 光子–光子散射振幅必须为零 (并因此 $s = t = 0$), 因为 $k = 0$ 意味着势在时间与空间上均为常数, 对应于没有物理的场; 这个条件将在 §127 中作进一步的讨论.

为了将此条件自动包含进来, 我们必须写 "减除" 的色散关系 (如由 (111.8) 式推出 (111.13) 式那样). 所要求的关系可通过先采用一个恒等变换以一种很自然的方式得到:

$$\frac{1}{(s'-s)(t'-t)} = \frac{st}{(s'-s)(t'-t)s't'} + \frac{s}{(s'-s)s't'} + \frac{t}{(t'-t)s't'} + \frac{1}{s't'}.$$

将此代入 (126.8) 式给出

$$M(s,t) = \frac{st}{\pi^2} \iint \frac{A_2(s',t')\mathrm{d}s'\mathrm{d}t'}{(s'-s)(t'-t)s't'} + \frac{s}{\pi} \int \frac{f(s')\mathrm{d}s'}{(s'-s)s'} + \frac{t}{\pi} \int \frac{g(t')\mathrm{d}t'}{(t'-t)t'} + C,$$

其中

$$f(s) = \frac{1}{\pi} \int \frac{A_2(s,t')}{t'}\mathrm{d}t', \qquad g(t) = \frac{1}{\pi} \int \frac{A_2(s',t)}{s'}\mathrm{d}s',$$

$$C = \frac{1}{\pi^2} \iint \frac{A_2(s',t')}{s't'}\mathrm{d}s'\mathrm{d}t'.$$

然而, 这些方程只有当所有积分收敛才有意义. 否则, 函数 $f(s)$ 与 $g(t)$ 和常数 C 必须按照重正化条件指定特定的值, 取

$$C = 0, \qquad f(s) = A_{1s}(s,0), \qquad g(t) = A_{1t}(0,t),$$

其中 A_{1t} 为 $M(s,t)$ 的虚部, 对给定的小 s 它将随 t 而增大 (正如 A_{1s} 为虚部, 对给定的小 t 它将随 s 而增大). 这些方程中的第一个是显然的: $C = M(0,0) = 0$. 第二个 (和类似地第三个) 由将方程

$$M(s,0) = \frac{s}{\pi} \int \frac{f(s')\mathrm{d}s'}{(s'-s)s'}$$

与按 (126.20) 写出的 "带减除" 的单色散关系 (126.5) 比较得出:

$$M(s,t) = \frac{s}{\pi} \int \frac{A_{1s}(s',t)}{(s'-s)s'}\mathrm{d}s'. \tag{126.21}$$

因此, "带减除" 的双色散关系最后为

$$M(s,t) = \frac{st}{\pi^2} \iint \frac{A_2(s',t')}{(s'-s)(t'-t)s't'}\mathrm{d}s'\mathrm{d}t'$$
$$+ \frac{s}{\pi} \int \frac{A_{1s}(s',0)}{(s'-s)s'}\mathrm{d}s' + \frac{t}{\pi} \int \frac{A_{1t}(0,t')}{(t'-t)t'}\mathrm{d}t'. \tag{126.22}$$

假如 s 与 t 本身在积分区域内, 积分 (126.21), (126.22) 必须如通常那样理解为如下含义

$$s \to s + \mathrm{i}0, \qquad t \to t + \mathrm{i}0. \tag{126.23}$$

§127 光子-光子散射

光被光的散射 (在真空中) 是一个量子电动力学特有的过程; 在经典电动力学中, 由于麦克斯韦方程是线性的这一事实, 它是不会发生的.[①]

[①] 在低频极限, 这个过程由 E. Euler (1936) 首先讨论, 而在极端相对论情形是由 A. И. Ахиезер (1937) 首先讨论的. 这个问题的完全解则属于 R. Karplus, M. Neumann (1951).

在量子电动力学中, 光子–光子散射被描写成两个初态光子产生一个虚的电子–正电子对, 然后这个电子对再湮没为终态光子. 这个过程的振幅 (在第一个非零近似) 用四条外线各种可能相对位置的六个 "正方形" 图表示. 这些图包括如下三个图

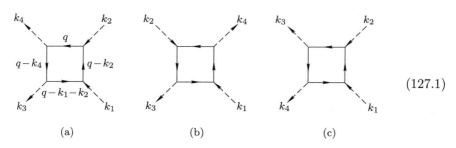

$$\text{(a)} \qquad\qquad \text{(b)} \qquad\qquad \text{(c)} \tag{127.1}$$

和另外三个区别只是内部电子线相反方向的图. 这后三个图的贡献和图 (127.1) 的贡献相同, 因此, 总的散射振幅为

$$M_{fi} = 2(M^{(a)} + M^{(b)} + M^{(c)}), \tag{127.2}$$

其中 $M^{(a)}$, $M^{(b)}$, $M^{(c)}$ 分别为图 (a), (b) 与 (c) 的贡献.

按照 (64.19), 散射截面为

$$d\sigma = \frac{1}{64\pi^2}|M_{fi}|^2 \frac{do'}{(2\omega)^2}, \tag{127.3}$$

其中 do' 为质心系中沿 $\boldsymbol{k}'$ 方向的立体角元. 在此参考系中的散射角记作 θ.

不 变 振 幅

将四个光子的极化因子分开写出, 我们有如下形式的 M_{fi}:

$$M_{fi} = e_1^{\lambda} e_2^{\mu} e_3^{\nu*} e_4^{\rho*} M_{\lambda\mu\nu\rho}; \tag{127.4}$$

四维张量 $M_{\lambda\mu\nu\rho}$ (称为**光子–光子散射张量**) 为所有光子的四维动量的函数. 如果将这个函数的宗量用对应图中外线方向的符号写出, 那么从组图 (127.1) 的对称性明显看出

$$M_{\lambda\mu\nu\rho}(k_1, k_2, -k_3, -k_4)$$

对四个宗量的任何交换并同时交换四个下标是对称的. 由于规范不变性, 振幅 (127.4) 在 e 换成 $e + \boldsymbol{constant} \cdot k$ 时是不变的. 因此我们有

$$k_1^{\lambda} M_{\lambda\mu\rho\sigma} = k_2^{\mu} M_{\lambda\mu\rho\sigma} = \ldots = 0. \tag{127.5}$$

由此不难推断, 特别是, 散射张量用四维动量 $k_1, k_2, \cdots$ 的展开必定从包含分量的四元乘积的项开始, 并且肯定地有

$$M_{\lambda\mu\nu\rho}(0,0,0,0) = 0. \tag{127.6}$$

然而, 为了确定实际的不变振幅, 可以从极化四维矢量 e 的一个特定规范出发, 其中

$$e_1^\mu = (0, \boldsymbol{e}_1), \quad e_2^\mu = (0, \boldsymbol{e}_2), \ldots \tag{127.7}$$

于是

$$M_{fi} = M_{iklm} e_{1i} e_{2k} e_{3l}^* e_{4m}^*, \tag{127.8}$$

其中 M_{iklm} 为三维张量.

我们对每个光子取相反转动方向的圆极化作为两个独立的极化, 即取螺旋性指标为 $\lambda = \pm 1$ 的两个螺旋性态.

于是张量 M_{iklm} 可写成

$$M_{iklm} = \sum_{\lambda_1\lambda_2\lambda_3\lambda_4} M_{\lambda_1\lambda_2\lambda_3\lambda_4} e_{1i}^{(\lambda_1)*} e_{2k}^{(\lambda_2)*} e_{3l}^{(\lambda_3)} e_{4m}^{(\lambda_4)}; \tag{127.9}$$

16 个量 $M_{\lambda_1\lambda_2\lambda_3\lambda_4}$ 为 s, t 与 u 的函数, 并可作为不变振幅, 但它们并不都是独立的.

量 $M_{\lambda_1\lambda_2\lambda_3\lambda_4}$ 为三维标量. 空间反演改变螺旋性的符号, 而不变量 s, t 与 u 保持不变. 因此 P 不变性的条件给出如下关系式:

$$M_{\lambda_1\lambda_2\lambda_3\lambda_4}(s,t,u) = M_{-\lambda_1-\lambda_2-\lambda_3-\lambda_4}(s,t,u). \tag{127.10}$$

时间反演交换初态与终态光子, 但不影响其螺旋性; s, t 与 u 也仍保持不变. 因此 T 不变性条件给出如下方程:

$$M_{\lambda_1\lambda_2\lambda_3\lambda_4}(s,t,u) = M_{\lambda_3\lambda_4\lambda_1\lambda_2}(s,t,u). \tag{127.11}$$

最后, 从振幅 M_{fi} 在交换两个初态或两个终态光子下的不变性可得出一个进一步的关系式. 如果做两个交换 $(k_1 \leftrightarrow k_2, k_3 \leftrightarrow k_4)$, 变量 s, t 与 u 保持不变, 极化指标交换导致

$$M_{\lambda_1\lambda_2\lambda_3\lambda_4}(s,t,u) = M_{\lambda_2\lambda_1\lambda_4\lambda_3}(s,t,u). \tag{127.12}$$

不难看出, 由于对称性 (127.10)—(127.12), 独立的不变振幅的数目只有五个, 它们可选取为, 例如

$$M_{++++}, \quad M_{++--}, \quad M_{+-+-}, \quad M_{+--+}, \quad M_{+++-}$$

(为简洁计, 用下标 $+$ 与 $-$ 标记螺旋性值为 $+1$ 与 -1).

如果用一个振幅 $M_{\lambda_1\lambda_2\lambda_3\lambda_4}$ 代换 (127.3) 中的 M_{fi}, 结果为指定初态与终态极化的光子散射截面. 将截面对终态极化求和并对初态极化求平均可通过如下替代得到:

$$|M_{fi}|^2 \to \frac{1}{4}\{2|M_{++++}|^2 + 2|M_{++--}|^2 + 2|M_{+-+-}|^2$$
$$+2|M_{+--+}|^2 + 8|M_{+++-}|^2\}. \tag{127.13}$$

对称性关系式 (127.10)—(127.12) 将不同的不变振幅作为相同变量的函数连接起来. 进一步的函数关系可由交叉不变性 (§78) 得出, 因为振幅 M_{fi} 描述了在每一个道中的同一反应 (光子–光子散射), 因此它必须对每个道都是相同的.

s 道 (对应于图 (127.1) 中箭头的方向) 可以通过交换四维动量 k_2 与 $-k_3$ (即通过改变变量 $s \leftrightarrow t$) 和交换螺旋性下标 $\lambda_2 \leftrightarrow -\lambda_3$ 变换到 t 道. 类似地, 可通过交换 k_2 与 $-k_4$ ($s \leftrightarrow u$) 与 $\lambda_2 \leftrightarrow -\lambda_4$ 变换到 u 道. 这导致如下关系式:

$$M_{+-+-}(s,t,u) = M_{++++}(u,t,s),$$
$$M_{+--+}(s,t,u) = M_{++++}(t,s,u), \tag{127.14}$$
$$M_{++++}(s,t,u) = M_{++++}(s,u,t),$$

M_{++--} 与 M_{+++-} 对 s, t 与 u 是完全对称的.[①] 因此只需要计算 16 个振幅中的三个就够了, 例如 M_{++++}, M_{++--} 与 M_{+++-}.

将关系式 (127.10)—(127.12) 与 (127.14) 应用于总振幅, 即将图 (127.1) 中的所有三个图的贡献求和. 但是这些贡献本身是以某种方式相联系的, 这种联系方式通过比较这些图可明显得出. 例如, 图 (b) 可从图 (a) 通过作代换 $k_2 \leftrightarrow -k_4, e_2 \leftrightarrow e_4^*$ 得到, 所以它们对不变振幅的贡献相互之间可从交换变量 $s \leftrightarrow u$ 和下标 $\lambda_2 \leftrightarrow -\lambda_4$ 得到; 类似地, 图 c 可从图 a 通过作变换 $t \leftrightarrow u$ 与 $\lambda_3 \leftrightarrow -\lambda_4$ 得到.

振幅的计算

对应于图 (127.1a) 的积分 $M_{fi}^{(a)}$ 有 (126.4) 的形式, 其中取

$$B^{(a)} = \frac{e^4}{\pi^2}\mathrm{tr}\{(\gamma e_1)(\gamma q - \gamma k_2 + m)(\gamma e_2)(\gamma q + m)$$
$$\times(\gamma e_4^*)(\gamma q - \gamma k_4 + m)(\gamma e_3^*)(\gamma q - \gamma k_1 - \gamma k_2 + m)\}. \tag{127.15}$$

---

① 这里我们已经用到对于两个终态光子的对称性. 因为三个变量 s, t 与 u 不是独立的, 写出两个宗量就足够了 (如前两个), 但我们仍留下所有三个变量, 这是为了使交换对称性更加清楚.

积分 (126.4) 是对数发散的. 按照条件 (127.6), 它们通过在 $k_1 = k_2 = \cdots = 0$ 时的值作减除来正规化.[①] 然而正规化积分的计算是非常繁杂的.

计算光子–光子散射振幅最直截了当的方法是采用双色散关系 (B. De. Tollis, 1964). 这个方法使得图的对称性得以最完全的保留并几乎完全消去积分的困难.

对任何给定的一组螺旋性指标 λ_1, λ_2, λ_3, λ_4, 函数 $A_{1s}^{(a)}(s,t)$ (以及类似的 $A_{1s}^{(a)}$) 可按 (126.6) 式计算; 由于在积分中存在两个 δ 函数, $B^{(a)}$ 的值只需要对如下情形给出

$$l_1^2 \equiv q^2 = m^2, \quad l_4^2 \equiv (q - k_1 - k_2)^2 = m^2; \quad (127.16)$$

这些公式可应用于计算 (127.15) 的阵迹. 在 (126.22) 式的代换中我们只需要 $t = 0$ 的 $A_{1s}^{(a)}$ 值. 这意味着 $\boldsymbol{k} = \boldsymbol{k}'$ 与 $k_2 = k_4$. 于是积分 (126.6) 变成

$$A_{1s}^{(a)}(s,0) = -\frac{\pi^2}{4} \sqrt{\frac{s - 4m^2}{s}} \int \frac{B^{(a)} \mathrm{d}o_{\boldsymbol{q}}}{[(q - k_2)^2 - m^2]^2} \quad (127.17)$$

参见 (115.10) 式的推导. 用 $\boldsymbol{q}$ 与 $\boldsymbol{k}$ 间的夹角 ϑ 表示, 我们有

$$(q - k_2)^2 - m^2 = -2\omega(1 - |\boldsymbol{q}| \cos\vartheta) = -\sqrt{s}\left[1 - \frac{1}{2}\sqrt{s - 4m^2} \cos\vartheta\right].$$

事实上, 积分 (127.17) 可以用初等函数表示. $A_2^{(a)}(s,t)$ 的计算由其定义 (126.18) 并不包含积分; 此处 $B^{(a)}$ 的表示式需要对 (126.15) 给出的 q 值确定, 它不仅满足 (127.16), 而且还满足条件 $(q - k_2)^2 = m^2$, $(q - k_4)^2 = m^2$.

当函数 A_{1s}, A_{1t} 与 A_2 计算出来后, 色散关系 (126.22) 直接给出振幅作为一个单重和二重的定积分. 我们将对三个不变振幅给出最后结果, 按照前面的

---

① 在对所有图贡献的求和中, 积分的发散部分相消了, 如在 $q \to \infty$ 时积分的渐近形式容易看到的:

$$M_{\lambda\mu\nu\rho}^{(a)} \propto \int \mathrm{tr}\{\gamma_\lambda(\gamma q)\gamma_\mu(\gamma q)\gamma_\rho(\gamma q)\gamma_\nu(\gamma q)\} \frac{\mathrm{d}^4 q}{(q^2)^4}.$$

在对 q 的方向求平均后 (参见 (131.10)), 其阵迹不难计算, 给出

$$M_{\lambda\mu\nu\rho}^{(a)} \propto (g_{\lambda\mu}g_{\nu\rho} + g_{\lambda\nu}g_{\mu\rho} - 2g_{\lambda\rho}g_{\mu\nu}) \int \frac{\mathrm{d}^4 q}{(q^2)^2}.$$

对图的求和等价于这个表示式对下标 λ, μ, ν 与 ρ 的对称化, 其结果为零. 然而, 这在一定意义上是偶然的, 并没有去除正规化的需要, 尽管后者归结为对一个有限量的减除.

讨论, 它对确定所有其余振幅是足够的:[①]

$$\frac{1}{8\alpha^2}M_{++++} = -1 - \left(2+\frac{4t}{s}\right)B(t) - \left(2+\frac{4u}{s}\right)B(u)$$

$$- \left[\frac{2(t^2+u^2)}{s^2} - \frac{8}{s}\right][T(t)+T(u)] + \frac{4}{t}\left(1-\frac{2}{s}\right)I(s,t)$$

$$+ \frac{4}{u}\left(1-\frac{2}{s}\right)I(s,u) + \left[\frac{2(t^2+u^2)}{s^2} - \frac{16}{s} - \frac{4}{t} - \frac{4}{u} - \frac{8}{tu}\right]I(t,u),$$

$$\tag{127.18}$$

$$\frac{1}{8\alpha^2}M_{+++-} = 1 + 4\left(\frac{1}{s}+\frac{1}{t}+\frac{1}{u}\right)[T(s)+T(t)+T(u)]$$

$$-4\left(\frac{1}{u}+\frac{2}{st}\right)I(s,t) - 4\left(\frac{1}{t}+\frac{2}{su}\right)I(s,u) - 4\left(\frac{1}{s}+\frac{2}{tu}\right)I(t,u),$$

$$\frac{1}{8\alpha^2}M_{++--} = 1 - \frac{8}{st}I(s,t) - \frac{8}{su}I(s,u) - \frac{8}{tu}I(t,u).$$

其中, $B(s)$, $T(s)$ 与 $I(s,t)$ 是用于标记函数

$$B(s) = \sqrt{1-\frac{4}{s}}\,\mathrm{arsh}\frac{\sqrt{-s}}{2} - 1, \quad s<0,$$

$$T(s) = \left(\mathrm{arsh}\frac{\sqrt{-s}}{2}\right)^2, \quad s<0,$$

$$\tag{127.19}$$

$$I(s,t) = \frac{1}{4}\int_0^1 \frac{\mathrm{d}y}{y(1-y)-\frac{s+t}{st}}\{\ln[1-\mathrm{i}0-sy(1-y)] + \ln[1-\mathrm{i}0-ty(1-y)]\},$$

在 $0<s<4$ 与 $s>4$ 范围的表示式由 (127.19) 式通过采用规则 $s\to s+\mathrm{i}0$ 的解析延拓得到, 即通过这些变量的上半平面的解析延拓得到. 为简化标记, 在 (127.18) 与 (127.19) 式中仅用 s 与 t 来标记 s/m^2 与 t/m^2.

散 射 截 面

低频 ($\omega \ll m$) 的极限情形对应变量 s,t 与 u 小值的情形. 不变振幅按这些变量的级数展开的第一项为

$$M_{++++} \approx \frac{11e^4}{45m^4}s^2, \quad M_{+--+} \approx \frac{11e^4}{45m^4}t^2, \quad M_{+-+-} \approx \frac{11e^4}{45m^4}u^2,$$

$$\tag{127.20}$$

$$M_{++--} \approx -\frac{e^4}{15m^4}(s^2+t^2+u^2), \quad M_{+++-} \approx 0.$$

---

　　① 有关积分的变换, 超越函数 B, T 与 I 的各种表示以及一些极限形式的进一步细节是由 B. De Tollis, Nuovo Cimento [10] 32, 757, 1964; 35, 1182, 1965; B. De Tollis, G. Pistoni, Nuovo Cimento [11] 2A, 733, 1971 给出的.

将这些值代入 (127.3), 我们求出极化光子的散射截面. 非极化光子的微分散射截面由 (127.13) 计算为 (用通常单位)

$$d\sigma = \frac{139}{4\pi^2(90)^2}\alpha^2 r_e^2 \left(\frac{\hbar\omega}{mc^2}\right)^6 (3+\cos^2\theta)do', \tag{127.21}$$

总截面为[1]

$$\sigma = \frac{973}{10125\pi}\alpha^2 r_e^2 \left(\frac{\hbar\omega}{mc^2}\right)^6 = 0.031\alpha^2 r_e^2 \left(\frac{\hbar\omega}{mc^2}\right)^6, \quad \hbar\omega \ll mc^2. \tag{127.22}$$

在相反的 (极端相对论) 情形, 非极化光子的总散射截面为 [2]

$$\sigma = 4.7\alpha^4 \left(\frac{c}{\omega}\right)^2, \quad \hbar\omega \gg mc^2. \tag{127.23}$$

最后, 极端相对论情形下小角度散射的微分截面为

$$d\sigma = \frac{\alpha^4 c^2}{\pi^2\omega^2}\ln^4\frac{1}{\theta}do, \quad \frac{mc^2}{\hbar\omega} \ll \theta \ll 1. \tag{127.24}$$

这个公式以对数精确性成立 (在下一级展开项中含大对数的幂次要低一级). 在 $\theta=0$ (向前散射) 的极限, (127.24) 式是不正确的, 应换成

$$d\sigma = \frac{\alpha^4 c^2}{\pi^2\omega^2}\ln^4\frac{\hbar\omega}{mc^2}do, \quad \theta \ll \frac{mc^2}{\hbar\omega}. \tag{127.25}$$

这个公式不难从普遍公式 (127.18) 推出, 取 $t=0$, 并注意到对 $s \gg 1$ 情形, 大对数的最高阶 (平方) 仅在如下函数中存在

$$T\left(\frac{s}{m^2}\right) \approx \frac{1}{4}\ln^2\frac{s}{m^2} \approx \ln^2\frac{\omega}{m}.$$

到这个精确程度, 仅有的非零振幅为

$$M_{++++} = M_{----} = M_{+-+-} = -16e^4\ln^2(\omega/m).$$

特别是, 在此情形, 光子极化在散射中保持不变.

图 24 给出总散射截面作为频率的函数, 是按双对数标度画出的. 截面沿低频与高频两个方向都是减小的, 而在 $\hbar\omega \approx 1.5mc^2$ 时达到极大值. 曲线在 $\hbar\omega = mc^2$ 的突变对应过程的性质有改变, 即可产生电子–正电子对了.

---

[1] 在从 $d\sigma$ 求 σ 的过程中, 考虑到两个终态光子的全同性, 必须包括一个因子 $\frac{1}{2}$.
[2] σ 与 ω 的依赖关系的起源将在 §134 的末尾作进一步讨论.

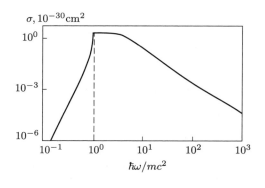

图 24

低 频 情 形

对于低频情形 $(\omega \ll m)$, 光子–光子散射振幅还可以用完全不同的方法推出, 这个方法基于弱电磁场的拉格朗日量的修正项 (§129).

对相互作用哈密顿量的小修正 $\widehat{V}'$ 和对拉格朗日的小修正的差别只是在符号上. 由 (129.21) 式,

$$\widehat{V}' = -\frac{e^4}{45 \times 8\pi^2 m^4} \int \{(\widehat{\boldsymbol{E}}^2 - \widehat{\boldsymbol{H}}^2)^2 + 7(\widehat{\boldsymbol{E}} \cdot \widehat{\boldsymbol{H}})^2\} \mathrm{d}^3 x. \tag{127.26}$$

由于这个算符对场是四级的, 因此它对相关的跃迁即使在一级近似也有矩阵元.

为进行计算, 我们在 (127.26) 式中作如下代换

$$\widehat{\boldsymbol{E}} = -\frac{\partial \widehat{\boldsymbol{A}}}{\partial t}, \quad \widehat{\boldsymbol{H}} = \mathrm{rot}\widehat{\boldsymbol{A}},$$

$$\widehat{\boldsymbol{A}} = \sqrt{4\pi} \sum_{\boldsymbol{k}\lambda} (\widehat{c}_{\boldsymbol{k}\lambda} \boldsymbol{e}_{\boldsymbol{k}\lambda} \mathrm{e}^{-\mathrm{i}kx} + \widehat{c}_{\boldsymbol{k}\lambda}^{+} \boldsymbol{e}_{\boldsymbol{k}\lambda}^{*} \mathrm{e}^{\mathrm{i}kx}) \tag{127.27}$$

其中 λ 为极化指标; 于是 S 矩阵元为

$$S_{fi} = -\mathrm{i}\langle f| \int V' \mathrm{d}t |i\rangle = -\mathrm{i}\langle 0| c_{\boldsymbol{k}_3\lambda_3} c_{\boldsymbol{k}_4\lambda_4} \int V' \mathrm{d}t\, c_{\boldsymbol{k}_1\lambda_1}^{+} c_{\boldsymbol{k}_2\lambda_2}^{+} |0\rangle \tag{127.28}$$

(参见 §72 与 §77). 当 $\widehat{\boldsymbol{A}}$ 按 (127.27) 式归一化时, 散射振幅 M_{fi} 直接由 S_{fi} 求出为:

$$S_{fi} = \mathrm{i}(2\pi)^4 \delta^{(4)}(k_3 + k_4 - k_1 - k_2) M_{fi} \tag{127.29}$$

(参见 §64). (127.28) 的平均值用威克定理计算, 利用 (77.3) 式, 只对"外"算符 $\widehat{c}_{\boldsymbol{k}\lambda}$, $\widehat{c}_{\boldsymbol{k}\lambda}^{+}$ 与内算符 $\widehat{\boldsymbol{A}}$ 进行收缩.

§128　光子在原子核场中的相干散射

其它如光子–光子散射那样可用 (127.1) 形式的方图描述的非线性过程, 还有一个光子在外场中衰变为两个光子 (和相反的过程两个光子合成为一个光子), 还有光子在外场中的散射. 前者对应于四个外光子线中有一个换成一条外场线的图; 后一过程对应有两条外实光子线和两条虚光子线的图.

这一类过程, 特别包括一个光子在稳定核的恒定电场中的相干 (弹性) 散射. 一般来说, 这个计算导致很长的包含多重平方项的公式.[①] 这里, 将仅给出一些估计.

由于规范不变性的要求, 散射振幅当 $\omega \to 0$ 时必定包含初始光子 (k) 与终态光子 (k') 四维动量分量的乘积, 正如光子–光子散射振幅的展开从所有光子的四维动量的分量的四元乘积开始一样. 因此低频光子的散射振幅正比于 ω^2. 由于这个振幅还包含二阶的外场 (电荷为 Ze 的核的场), 我们得出结论: 散射截面为

$$d\sigma \sim Z^4 \alpha^4 r_e^2 \left(\frac{\omega}{m}\right)^4 do, \quad \omega \ll m. \tag{128.1}$$

当然, 它与频率的依赖关系是和 §59 的普遍结果一致的.

(128.1) 式中的系数不可能由均匀电磁场的拉格朗日来计算得出 (如在光子–光子散射中那样). 原因是在这里考虑的过程中, 重要的范围是到核的距离在 $r \sim 1/m$ 的附近, 而在此范围是不可能将场看成是均匀的.

精确计算的结果为

$$\begin{aligned} d\sigma_{++} = d\sigma_{--} &= 1.004 \times 10^{-3} (Z\alpha)^4 r_e^2 \left(\frac{\omega}{m}\right)^4 \cos^4 \frac{\theta}{2} do, \\ d\sigma_{+-} = d\sigma_{-+} &= 3.81 \times 10^{-4} (Z\alpha)^4 r_e^2 \left(\frac{\omega}{m}\right)^4 \sin^4 \frac{\theta}{2} do, \end{aligned} \tag{128.2}$$

这里, 与在 §127 中一样, 下标 $+$ 与 $-$ 分别用来标记终态与初态光子的螺旋性 $+1$ 与 -1; θ 为核静止参考系中的散射角 (V. Costantini, B. De Tollis, G. Pistoni, 1971).

为估算高频下的散射截面, 我们利用光学定理 (§71). 这里出现在幺正性关系右边的中间态是电子–正电子对态 (对应于在外光子线之间两条内电子线的图的部分). 因此, 光学定理将一个光子以零度角的弹性散射振幅和光子在核的场中产生电子对的总截面 σ_{pair} 联系起来. 如果定义以散射角度为 θ 的

[①] 见 V. Costantini, B. De Tollis, G. Pistoni, Nuovo Cimento [11] 2A, 733, 1971; B. De Tollis, M. Lusignoli, G. Pistoni, Nuovo Cimento 32A. 227. 1976.

振幅 $f(\omega, \theta)$, 使得散射截面为 $\mathrm{d}\sigma = |f|^2 \mathrm{d}o$ (参见 (71.5) 式), 我们就有

$$\mathrm{Im} f(\omega, 0) = \frac{\omega}{4\pi} \sigma_{\mathrm{pair}}.$$

截面 σ_{pair} 自然为零, 除非 $\omega > 2m$. 在极端相对论情形, 取 (94.6) 式的 σ_{pair}, 我们得到

$$f''(\omega) \equiv \mathrm{Im} f(\omega, 0) = \frac{7}{9\pi}(Z\alpha)^2 r_e \frac{\omega}{m} \left[\ln \frac{2\omega}{m} - \frac{109}{42} \right], \quad \omega \gg m. \tag{128.3}$$

散射振幅的实部通过色散关系由其虚部确定. 后者在这里必须以 "单次减除" 的形式写出; 即对函数 f/t 写出 (其中 $t = \omega^2$), 由于当 $\omega \to 0$ 时, 振幅 $f \propto \omega^2$; 和 "二次减除" 的色散关系 (111.13) 可比较. 将色散积分的实部分出来 (对其取积分主值就足够了), 并将对 $t' = \omega'^2$ 的积分转换为对 ω' 的积分, 我们有

$$f'(\omega) \equiv \mathrm{Re} f(\omega, 0) = \frac{2\omega^2}{\pi} \mathrm{P} \int_{2m}^{\infty} \frac{f''(\omega') \mathrm{d}\omega'}{\omega'(\omega'^2 - \omega^2)}. \tag{128.4}$$

当 $\omega \gg m$ 时, 积分中的重要范围为 $\omega' \sim \omega \gg m$, 所以我们可以对 $f''(\omega')$ 应用表示式 (128.3); 于是, 积分下限可用零代替. 积分的主值可表示成沿复 ω' 平面正实轴的上边与下边的路径积分之和的一半; 然后这些路径可以在 ω' 平面分别转动到正和负的虚轴. 于是

$$f'(\omega) = -\frac{\omega^2}{\pi} \int_0^{\infty} \frac{f''(\mathrm{i}\xi) + f''(-\mathrm{i}\xi)}{\xi(\xi^2 + \omega^2)} \mathrm{d}\xi = \frac{7}{9\pi}(Z\alpha)^2 \frac{r_e}{m} \omega^2 \int_0^{\infty} \frac{\mathrm{d}\xi}{\xi^2 + \omega^2}$$

最后结果为

$$\mathrm{Re} f(\omega, 0) = \frac{7}{18}(Z\alpha)^2 r_e \frac{\omega}{m}. \tag{128.5}$$

注意到振幅的实部, 与虚部不同, 并不包含大的对数.

(128.3) 与 (128.5) 的平方和给出零度角的散射截面为

$$\mathrm{d}\sigma|_{\theta=0} = \frac{49}{81\pi^2}(Z\alpha)^4 r_e^2 \left(\frac{\omega}{m}\right)^2 \left\{ \ln^2 \frac{0.15\omega}{m} + \frac{\pi^2}{4} \right\} \mathrm{d}o \tag{128.6}$$

(F. Rohrlich, R. L. Gluckstern, 1952).

对精确向前散射推出的结果 (128.6) 在小角度的一定范围内也成立. 成立的条件可以证明为 $\theta \ll (m/\omega)^2$. 然而这个范围对总散射截面只有很小的贡献. 对其的主要贡献来自角度为 $\theta \lesssim m/\omega$ 的范围, 这容易从一般的 (不仅对零角度) 在光子–光子散射振幅和电子对产生截面之间的幺正性关系看出. 在该范围, 没有对数项, 于是总的散射截面为

$$\sigma \sim (Z\alpha)^4 r_e^2 \left(\frac{\omega}{m}\right)^2 \theta^2 \sim (Z\alpha)^4 r_e^2 \tag{128.7}$$

(H. A. Bethe, F. Rohrlich, 1952). 因此, 对大的 ω, 相干散射截面趋近于一个常数极限.

§129 电磁场方程的辐射修正

在电子–正电子场的量子化 (§25) 中, 我们曾表明真空能量的表示式包含一个无穷大常数, 可将其写成[①]

$$\varepsilon_0 = -\sum_{\boldsymbol{p}\sigma} \varepsilon_{\boldsymbol{p}\sigma}^{(-)}, \tag{129.1}$$

其中 $-\varepsilon_{\boldsymbol{p}\sigma}^{(-)}$ 为狄拉克方程的负频率解. 这个常数本身是没有物理意义的, 因为按照定义, 真空能量为零. 然而, 当存在电磁场时, 能级 $\varepsilon_{\boldsymbol{p}\sigma}^{(-)}$ 将改变. 这个改变是有限的并且是有物理意义的. 它们描述空间性质对场的依赖性, 并改变了真空中的电磁场方程.

场方程的改变对应于场拉格朗日的改变. 拉格朗日密度 L 是相对论不变量, 因此只依赖于不变量 $\boldsymbol{E}^2 - \boldsymbol{H}^2$ 与 $\boldsymbol{E} \cdot \boldsymbol{H}$. 通常的表示式

$$L_0 = \frac{1}{8\pi}(\boldsymbol{E}^2 - \boldsymbol{H}^2) \tag{129.2}$$

为按不变量级数展开的第一项.

我们来推出在场 $\boldsymbol{E}$ 与 $\boldsymbol{H}$ 当空间与时间都变化很慢以至于可看成均匀恒定的情形的拉格朗日. 可假设 L 不包含场的微商项. 对此的必要条件将在本节末讨论.

然而, 要使所提问题是有意义的, 我们还必须假设电场足够弱. 原因是一个均匀电场可以从真空产生电子对. 场本身可以处理成一个闭合系统, 只要电子对产生的概率足够小:

$$|\boldsymbol{E}| \ll \frac{m^2}{|e|} \left(= \frac{m^2 c^3}{|e|\hbar}\right) \tag{129.3}$$

即电荷 e 在通过距离 $\hbar/mc$ 时的能量变化必须比 mc^2 小得多. 我们下面将会看到 (还可参见习题 2), 这时电子对产生的概率确实是格外地小.

如果有电场又有磁场, 一般来说, 有可能选择一个参考系, 使得在其中 $\boldsymbol{E}$ 与 $\boldsymbol{H}$ 是平行的. 于是磁场并不影响电荷在 $\boldsymbol{E}$ 方向上的运动. 条件 (129.3) 在此参考系中是被满足的, 这也是在下面的计算中要采用的参考系.

拉格朗日的计算从真空能量的改变 W' 开始. 这由 "零点能" (129.1) 由于场引起的改变给出. 然而我们还必须从中减去电子在负能 "态" 中势能的平均值. 按定义, 这个减去简单地使得真空的总电荷为零.

[①] 这里我们将用 ε 代替 E 以避免与电场混淆.

在存在场时的零点能为

$$\mathcal{E}_0 = -\sum_{p\sigma} \varepsilon_{p\sigma}^{(-)} = \sum_{p\sigma} \int \psi_{p\sigma}^{(-)*} \mathrm{i} \frac{\partial}{\partial t} \psi_{p\sigma}^{(-)} \mathrm{d}^3 x, \tag{129.4}$$

其中 $\psi_{p\sigma}^{(-)}$ 为在该场中狄拉克方程的负频率解. 我们将假设积分对单位体积进行, 并且波函数归一化为在该体积中为一; $\mathcal{E}_0$ 为单位体积的能量. 按照前面的讨论我们必须从 $\mathcal{E}_0$ 中减去如下这个量

$$U_0 = \sum_{p\sigma} \int \psi_{p\sigma}^{(-)*} e\varphi \psi_{p\sigma}^{(-)} \mathrm{d}^3 x,$$

其中 $\varphi = -\boldsymbol{E} \cdot \boldsymbol{r}$ 为均匀场的位势. 按照算符对一个参量微分的定理 (见第三卷 (11.16) 式),

$$U_0 \equiv \boldsymbol{E} \cdot \sum_{p\sigma} \int \psi_{p\sigma}^{(-)*} \frac{\partial \widehat{H}}{\partial \boldsymbol{E}} \psi_{p\sigma}^{(-)} \mathrm{d}^3 x = -\boldsymbol{E} \cdot \sum_{p\sigma} \frac{\partial \varepsilon_{p\sigma}^{(-)}}{\partial \boldsymbol{E}} = \boldsymbol{E} \cdot \frac{\partial \mathcal{E}_0}{\partial \boldsymbol{E}}.$$

于是, 真空能量密度的总的改变为

$$W' = \left(\mathcal{E}_0 - \boldsymbol{E} \cdot \frac{\partial \mathcal{E}_0}{\partial \boldsymbol{E}} \right) - \left(\mathcal{E}_0 - \boldsymbol{E} \cdot \frac{\partial \mathcal{E}_0}{\partial \boldsymbol{E}} \right)_{\boldsymbol{E}=\boldsymbol{H}=0}. \tag{129.5}$$

我们用如下的普遍公式将 W' 与拉格朗日密度 ($L = L_0 + L'$) 的改变 L' 联系起来

$$W = \sum \dot{q} \frac{\partial L}{\partial \dot{q}} - L,$$

其中 q 表示场的 "广义坐标" (见第二卷 §32). 对一个电磁场, 量 q 为势 $\boldsymbol{A}$ 与 φ. 由于

$$\boldsymbol{E} = -\dot{\boldsymbol{A}} - \nabla\varphi, \quad \boldsymbol{H} = \mathrm{rot}\boldsymbol{A}, \tag{129.6}$$

$\dot{\boldsymbol{A}}$ 为在 L 中出现的唯一的 "速度" $\dot{q}$, 对 $\dot{\boldsymbol{A}}$ 微商等价于对 $\boldsymbol{E}$ 的微商; 因此

$$W' = \boldsymbol{E} \cdot \frac{\partial L'}{\partial \boldsymbol{E}} - L'. \tag{129.7}$$

比较 (129.5) 与 (129.7) 给出

$$L' = -[\mathcal{E}_0 - \mathcal{E}_0|_{\boldsymbol{E}=\boldsymbol{H}=0}]. \tag{129.8}$$

于是 L' 可用求和式 (129.1) 来计算.

我们先考虑只有磁场的情形. 电子 (电荷为 $e = -|e|$) 在一个恒定均匀场 $H_z = H$ 中的 "负" 能级为

$$-\varepsilon_{\boldsymbol{p}}^{(-)} = -\sqrt{m^2 + |e|H(2n-1+\sigma) + p_z^2}, \tag{129.9}$$

$$n = 0, 1, 2, \ldots; \sigma = \pm 1$$

(见 §32 习题). 为求出这个和式, 我们指出在间隔 dp_z 中的状态数为

$$\frac{|e|H}{2\pi}\frac{dp_z}{2\pi}$$

(见第三卷 §112); 第一个因子为有不同 p_x 值的状态数, 它对能量没有影响. 而且, 除了 $n=0, \sigma=-1$ 以外的所有能级都是二重简并的, 因为能级 $n, \sigma=+1$ 与 $n+1, \sigma=-1$ 是重合的. 因此

$$-\mathcal{E}_0 = \frac{|e|H}{(2\pi)^2}\int_{-\infty}^{\infty}\left\{\sqrt{m^2+p_z^2}+2\sum_{n=1}^{\infty}\sqrt{m^2+2|e|Hn+p_z^2}\right\}dp_z. \quad (129.10)$$

在 (129.10) 式中积分的发散性在计算 L' (129.8) 中由减去 $H=0$ 时这个和的值来消除. 为完成这个 "正规化", 方便的是先计算收敛的表示式

$$\Phi \equiv -\frac{\partial^2\mathcal{E}_0}{(\partial m^2)^2} = -\frac{|e|H}{2(2\pi)^2}$$

$$\times \int_0^{\infty}\left\{(m^2+p_z^2)^{-3/2}+2\sum_{n=1}^{\infty}(m^2+2|e|Hn+p_z^2)^{-3/2}\right\}dp_z$$

$$= -\frac{|e|H}{8\pi^2}\left\{\frac{1}{m^2}+2\sum_{n=1}^{\infty}\frac{1}{m^2+2|e|Hn}\right\}.$$

括号中的求和可简化为一个几何级数的求和, 如下所示:

$$\Phi = -\frac{|e|H}{8\pi^2}\int_0^{\infty}e^{-m^2\eta}\left[2\sum_{n=0}^{\infty}e^{-2|e|Hn\eta}-1\right]d\eta$$

$$= -\frac{|e|H}{8\pi^2}\int_0^{\infty}e^{-m^2\eta}\left[\frac{2}{1-e^{-2|e|H\eta}}-1\right]d\eta$$

$$= -\frac{|e|H}{8\pi^2}\int_0^{\infty}e^{-m^2\eta}\coth(|e|H\eta)d\eta. \quad (129.11)$$

为求出 L', 现在我们必须将 Φ 对 m^2 积分两次然后减去所得到的量在 $H=0$ 的值. 这给出

$$L' = -\frac{1}{8\pi^2}\int_0^{\infty}\frac{e^{-m^2\eta}}{\eta^3}\{\eta|e|H\coth(|e|H)-1\}d\eta+c_1+c_2m^2, \quad (129.12)$$

其中 c_1 与 c_2 依赖于 H 但与 m^2 无关.

很明显, 从量纲和对 $\boldsymbol{H}$ 的宇称考虑, L' 作为 H 与 m 的函数必定有如下形式

$$L' = m^4 f\left(\frac{H^2}{m^4}\right).$$

因此在 L' 中不可能有对 m^2 为奇数次的项, 所以 $c_2 = 0$. 系数 c_1 可由如下条件给出: L' 按 H^2 的级数展开是从 H^4 的项开始的: H^2 的一项会简单地改变原始拉格朗日 $L_0 = -H^2/8\pi$ 的系数, 而这实质上意味着场的定义的改变并因此意味着电荷定义的改变. H^2 项的消去对应电荷的重正化. 不难证实, 这可通过如下取值来做到:

$$c_1 = \frac{H^2 e^2}{3 \times 8\pi^2} \int_0^\infty \frac{e^{-\eta}}{\eta} \mathrm{d}\eta.$$

最后, 在 (129.12) 中作变量变换 $m^2\eta \to \eta$, 我们有

$$L'(H; E = 0) = \frac{m^4}{8\pi^2} \int_0^\infty \left\{ -\eta b \coth b\eta + 1 + \frac{b^2\eta^2}{3} \right\} e^{-\eta} \frac{\mathrm{d}\eta}{\eta^3}, \tag{129.13}$$

其中 $b = |e|H/m^2$.

我们现在转到不仅有磁场而且有与其平行的电场的普遍情形, 电场满足条件 (129.3).

在此情形为求出 L' 不需要重新确定电子在场中的能级 $\varepsilon_{\boldsymbol{p}}^{(-)}$; 我们只需要指出, 如果求出的波函数 (二阶方程 (32.7) 的解) 为如下乘积

$$\psi = \psi_E(z) \mathrm{e}^{\mathrm{i}p_x x} \chi_{n\sigma}(y),$$

其中 $\chi_{n\sigma}(y)$ 为磁场中当 $\boldsymbol{E} = 0$ 且 $p_z = 0$ 时的波函数, 于是在 $\psi_E(z)$ 的方程中的质量 m 和场 H 只能以如下组合形式出现

$$m^2 + |e|H(2n + 1 + \sigma).$$

现在如因子 $|e|H/2\pi$ 仍取自对 p_x 的求和 (能级是与 p_x 无关的), 则量纲分析表明

$$\Phi(H, E) \equiv \frac{\partial^2 L'}{(\partial m^2)^2}$$

可写成

$$\Phi(H, E) = -\frac{|e|H}{8\pi^2} \sum_{n=0}^\infty \sum_{\sigma=\pm 1} \frac{F\left(\dfrac{m^2 + |e|H(2n + 1 + \sigma)}{|e|H} \right)}{m^2 + |e|H(2n + 1 + \sigma)}$$

$$= -\frac{b}{8\pi^2} \left\{ F\left(\frac{1}{a} \right) + 2 \sum_{n=1}^\infty \frac{F\left(\dfrac{1 + 2bn}{a} \right)}{1 + 2bn} \right\}, \quad a = \frac{|e|E}{m^2}, \tag{129.14}$$

(求和中的每一项为 $-\mathrm{d}^2\varepsilon_{\boldsymbol{p}}^{(-)}/(\mathrm{d}m_2)^2$, 对除 n 以外的所有量子数求和.) 这里 F 为一个未知的函数, 它将从相对论不变性考虑推出.

Φ 必须是标量 $H^2 - E^2$ 与 $(EH)^2 = (\boldsymbol{E} \cdot \boldsymbol{H})^2$ 的一个函数:

$$\Phi(H, E) = f(H^2 - E^2, (EH)^2).$$

因此

$$\Phi(0, E) = f(-E^2, 0) = \Phi(iE, 0).$$

函数 $\Phi(iE, 0)$ 可由 (129.11) 式通过取 $H \to iE$ 得到; 在对积分变量的标记作改变后, 这给出

$$\Phi(iE, 0) = \frac{1}{8\pi^2} \int_0^\infty e^{-\eta/a} \cot \eta \mathrm{d}\eta. \tag{129.15}$$

函数 F 可以通过将此表示与由 (129.14) 式给出的极限 $\Phi(H \to 0, E)$ 相比较求出. 在 (129.14) 式过渡到 $H \to 0$ 的极限可以通过将对 n 的求和换成对 $\mathrm{d}n = \mathrm{d}x/2b$ 的积分变得更有效:

$$\Phi(0, E) = -\frac{1}{8\pi^2} \int_0^\infty F\left(\frac{1+x}{a}\right) \frac{\mathrm{d}x}{1+x} = -\frac{1}{8\pi^2} \int_{1/a}^\infty \frac{F(y)}{y} \mathrm{d}y. \tag{129.16}$$

令公式 (129.15) 与 (129.16) 相等并对 $1/a \equiv z$ 微商, 我们求出

$$\frac{F(z)}{z} = -\int_0^\infty e^{-\eta z} \eta \cot \eta \mathrm{d}\eta.$$

于是 (129.14) 中的求和又可简化为对一个几何级数的求和, 接下来的计算类似于前面给出的计算; 我们用 m^2, E 与 H 表示 Φ 并对 m^2 积分两次, 减去其在 $E = H = 0$ 的值, 并如在推导 (129.13) 中那样确定积分常数. 最后结果为[①]

$$L' = -\frac{m^4}{8\pi^2} \int_0^\infty \frac{e^{-\eta}}{\eta^3} \left\{ -(\eta a \cot \eta a)(\eta b \cot \eta b) + 1 - \frac{\eta^2}{3}(a^2 - b^2) \right\} \mathrm{d}\eta,$$
$$a = \frac{|e|E}{m^2} \left(= \frac{|e|\hbar E}{m^2 c^3} \right), \quad b = \frac{|e|H}{m^2} \left(= \frac{|e|\hbar H}{m^2 c^3} \right). \tag{129.17}$$

参量 a 与 b 可写成不变形式

$$a = -\frac{i|e|}{\sqrt{2}m^2}\{(\mathcal{F} + i\mathcal{G})^{1/2} - (\mathcal{F} - i\mathcal{G})^{1/2}\},$$
$$b = -\frac{|e|}{\sqrt{2}m^2}\{(\mathcal{F} + i\mathcal{G})^{1/2} + (\mathcal{F} - i\mathcal{G})^{1/2}\}, \tag{129.18}$$

其中 $\mathcal{F}$ 与 $\mathcal{G}$ 可表示为不变量

$$\mathcal{F} = \frac{1}{2}(\boldsymbol{H}^2 - \boldsymbol{E}^2), \quad \mathcal{G} = \boldsymbol{E} \cdot \boldsymbol{H}, \quad \mathcal{F} \pm i\mathcal{G} = \frac{1}{2}(\boldsymbol{H} \pm i\boldsymbol{E})^2. \tag{129.19}$$

[①] 此结果是由 W. Heisenberg, H. Euler (1935) 首先推出的. 以上给出的计算也用到了 V. F. Weisskopf (1936) 给出证明的思想.

当 (129.17) 用不变量 $\mathcal{F}$ 与 $\mathcal{G}$ 表示后, 它就变成在任何参考系都可应用的了 (不只是在 $\boldsymbol{E} \| \boldsymbol{H}$ 的参考系).

写出公式 (129.17) 的方式稍有点任意. 它只在电场小的时候成立: $a \ll 1$ (129.3); 这个条件没有在 (129.17) 式中明显表示, 但可以从 (129.17) 的被积函数在 $\eta = n\pi/a\ (n = 1, 2, \cdots)$ 有极点的事实看出, 并且以上写出的积分严格来说是没有意义的. 因此 (129.17) 实质上只能用于通过将 $\cot a$ 作形式上的展开来推导出按 a 的幂次的渐近级数 (见下面).

积分 (129.17) 可通过在复 η 平面绕过极点而给出其数学意义. 于是 L', 并因此 W' 会有一个虚部. 由于能量是复的, 有准稳定态存在.[①] 在现在这个情形, 稳定条件被电子对产生破坏, 而 $-2\mathrm{Im}W'$ 为每单位时间与单位体积电子对产生的概率 w; 由于 W 与 L 的小增量的差别只是符号不同, 这个概率 w 简单地可用 E 与 H 表示

$$w = 2\mathrm{Im}L'. \tag{129.20}$$

此量明显地与 $\mathrm{e}^{-\pi/a}$ 成正比 (见以下 (129.22)). 因为 $\mathrm{Im}W'$ 当 $a \ll 1$ 时指数减小, 一个保留任何有限项数的 a 的幂次的渐近级数是有意义的.

我们来考虑 (129.17) 式的极限情形. 在弱场 ($a \ll 1, b \ll 1$) 情形, 展开的领头项为

$$L' = \frac{m^4}{8\pi^2} \frac{(a^2 - b^2)^2 + 7(ab)^2}{45} = \frac{e^4}{45 \times 8\pi^2 m^4}(4\mathcal{F}^2 + 7\mathcal{G}^2). \tag{129.21}$$

特别是, 当 $b = 0$ 时, 相对修正为

$$\frac{L'}{L_0} = \alpha \frac{a^2}{45\pi}.$$

$a \ll 1$ 时 L' 的虚部由积分 (129.17) 通过取余切函数靠近原点的极点的留数的一半得到, 即在 $\eta a = \pi - \mathrm{i}0$ 的极点. 由 (129.20) 式, 这给出一个弱电场产生电子对的概率:

$$w = \frac{m^4}{4\pi^3} a^2 \mathrm{e}^{-\pi/\alpha},$$

或, 用通常单位,

$$w = \frac{1}{4\pi^3} \left(\frac{eE\hbar}{m^2 c^3} \right)^2 \frac{mc^2}{\hbar} \left(\frac{mc}{\hbar} \right)^3 \exp\left(-\frac{\pi m^2 c^3}{|e|\hbar E} \right). \tag{129.22}$$

在一个强磁场中 ($a = 0, b \gg 1$), 我们从 (129.13) 式出发, 写成 (取 $b\eta \to \eta$)

$$L' = \frac{m^4 b^2}{8\pi^2} \int_0^\infty \frac{\mathrm{e}^{-\eta/b}}{\eta} \left[\frac{1}{3} - \frac{\eta \coth \eta - 1}{\eta^2} \right] \mathrm{d}\eta.$$

①绕极点的方向的选取必须使得 $\mathrm{Im}W' < 0$; 这对应于通常的规则 $m^2 \to m^2 - \mathrm{i}0$ (即此处的 $a \to a + \mathrm{i}0$).

当 $b \gg 1$ 时, 这个积分的重要范围为 $1 \ll \eta \ll b$, 在此范围 $\mathrm{e}^{-\eta/b} \approx 1$, 我们可略去括号中的第二项, 积分范围终止于 $\eta \approx 1$ 与 $\eta \approx b$ (以对数精确性). 于是

$$L' = \frac{m^4 b^2}{24\pi^2} \ln b \tag{129.23}$$

(更精确的计算将 $\ln b$ 变成 $\ln b - 2.29$). 在这种情形

$$\frac{L'}{L_0} \approx \frac{\alpha}{3\pi} \ln b.$$

由此我们看到, 对场方程的辐射修正只有在如下指数强的场中才能使相对修正达到单位数量级:

$$H \approx \frac{m^2}{|e|} \mathrm{e}^{3\pi/\alpha}. \tag{129.24}$$

尽管如此, 以上计算的修正是有意义的: 它们使得麦克斯韦方程不再是线性的, 因此, 从原理上, 导致一些可观测的效应 (例如光被光或在外场中的散射).

按照定义, 场 $\boldsymbol{E}$ 与 $\boldsymbol{H}$ 和势 $\boldsymbol{A}$ 与 φ 的关系仍然保持如前 (129.6) 式那样, 因此第一对麦克斯韦方程没有变化:

$$\mathrm{div}\boldsymbol{H} = 0, \quad \mathrm{rot}\boldsymbol{E} = -\frac{\partial \boldsymbol{H}}{\partial t}. \tag{129.25}$$

第二对方程由作用量

$$S = \int (L_0 + L')\mathrm{d}^4 x$$

对 $\boldsymbol{A}$ 与 φ 作变分得到, 并可写成

$$\mathrm{rot}(\boldsymbol{H} - 4\pi\boldsymbol{M}) = \frac{\partial}{\partial t}(\boldsymbol{E} + 4\pi\boldsymbol{P}), \tag{129.26}$$

$$\mathrm{div}(\boldsymbol{E} + 4\pi\boldsymbol{P}) = 0, \tag{129.27}$$

其中采用标记:

$$\boldsymbol{P} = \frac{\partial L'}{\partial \boldsymbol{E}}, \quad \boldsymbol{M} = \frac{\partial L'}{\partial \boldsymbol{H}}. \tag{129.28}$$

方程 (129.25)—(129.27) 形式上与宏观介质中的麦克斯韦方程一致.[①] 由此看出, $\boldsymbol{P}$ 与 $\boldsymbol{M}$ 的物理意义为真空的电与磁极化矢量.

我们指出, 对于平面波的场 $\boldsymbol{P}$ 与 $\boldsymbol{M}$ 为零, 在此平面波中两个不变量 $\boldsymbol{E}^2 - \boldsymbol{H}^2$ 与 $\boldsymbol{E} \cdot \boldsymbol{H}$ 皆为零. 因此对一个平面波, 真空中的非线性修正为零.

---

① 在作此比较时必须记住, 在宏观电动力学中磁场的平均值由 $\boldsymbol{B}$ 表示, 而不是这里的 $\boldsymbol{H}$.

最后, 我们来研究以上公式成立的条件. 如果场可看成一个常量, 它们在通过 $1/m$ 量级的距离或时间的相对变化必定很小; 这就保证了对 L_0 的衍生修正比 L_0 本身要小. 例如, 如果场只与时间有关, 这就给出自然的条件

$$\omega \ll m. \tag{129.29}$$

但是, 对一个弱场则还有更严格的条件. 这是因为第四级项 (129.21) 必定比对 L_0 的衍生修正的平方项大得多, 否则四级项就变得没有意义. 例如, 在一个仅依赖于时间的电场中, 这导致条件

$$\omega \ll m\frac{|e|E}{m^2}, \tag{129.30}$$

这个条件要比 (129.29) 更为严格.

但是, 在 §128 的最后部分考虑的光子–光子散射问题中, 条件 (129.30) 并不需要. 那里, 我们从一开始就只关心四光子过程, 在拉格朗日中它用四级项描述, L' 中其余项的相对大小是无关的. 因此只要条件 (129.29) 满足就足够了.

习　　题

1. 求麦克斯韦方程的非线性对小的稳定电荷 e_1 的场的修正.

解: 对 $\boldsymbol{H} = 0$ 情形, (129.21) 式给出

$$\boldsymbol{P} = \frac{\partial L'}{\partial \boldsymbol{E}} = \frac{\alpha^2}{90\pi^2 m^4}\boldsymbol{E}E^2. \tag{1}$$

在中心对称情形, (129.27) 给出

$$(E + 4\pi P)r^2 = \text{const} = e_1 \tag{2}$$

其中常数的数值由如下条件得到, 即当 $r \to \infty$ 时, 场应变成电荷为 e_1 的库仑场. 方程 (2) 的近似解为

$$E = \frac{e_1}{r^2}\left(1 - \frac{2\alpha^2 e_1^2}{45\pi m^4 r^4}\right),$$

或

$$\Phi = \frac{e_1}{r}\left(1 - \frac{2\alpha^2 e_1^2}{225\pi m^4 r^4}\right). \tag{3}$$

修正 (3) 对 e_1 是非线性的, 这与 (114.6) 中的线性修正不同, 根本上是由于库仑场的非均匀性. 对 α 有更高的阶的修正 (3), 将随距离增加更缓慢地减少并随 e_1 增长得更快.

2. 在准经典近似下直接估计在一个弱均匀恒定电场中电子对产生的概率, 精确到指数精确性 (F. Sauter, 1931).

解: 在一个弱电场 E (有一个缓慢变化的位势 $\varphi = -\boldsymbol{E} \cdot \boldsymbol{r} = -Ez$) 中的运动是准经典的. 由于反应振幅中包含的终态正电子波函数可看成为初态"负频率"函数, 电子对产生可看成一个电子从"负频率"态到"正频率"态的跃迁. 在前一状态, 由于存在电场, 准经典动量由如下方程确定

$$\varepsilon = -\sqrt{p^2(z) + m^2} + |e|Ez, \tag{1}$$

而在后一状态, 由如下方程确定

$$\varepsilon = +\sqrt{p^2(z) + m^2} + |e|Ez, \tag{2}$$

从第一个态到第二个态的改变意味着通过一个势垒 ($p(z)$ 为虚的区域), 这个区域隔开了对给定的 ε 将实的 $p(z)$ 应用于函数 (1) 与 (2) 的区域. 这个势垒的边界 z_1 和 z_2 出现在 $p(z) = 0$ 的地方, 即

$$\varepsilon = -m + |e|Ez_1, \quad \varepsilon = +m + |e|Ez_2.$$

通过一个准经典势垒的概率为

$$w \propto \exp\left(-2\int_{z_2}^{z_1} |p(z)|\mathrm{d}z\right) = \exp\left(-4\frac{m^2}{eE}\int_0^1 \sqrt{1-\xi^2}\mathrm{d}\xi\right),$$

因此

$$w \propto \exp\left(-\frac{\pi m^2}{|e|E}\right),$$

与 (129.22) 一致.

§130 磁场中的光子分裂

电磁场方程的非线性修正在光子于外场的传播中产生了一系列特殊的效应.

为使这些方程以更熟悉的形式出现 (参见上节最后的注解), 在本节我们将用 E 与 B 标记电场与磁场; D 与 H 则用于标记下面的量

$$\boldsymbol{D} = \boldsymbol{E} + 4\pi\boldsymbol{P}, \quad \boldsymbol{H} = \boldsymbol{B} - 4\pi\boldsymbol{M}, \quad \boldsymbol{P} = \frac{\partial L'}{\partial \boldsymbol{E}}, \quad \boldsymbol{M} = \frac{\partial L'}{\partial \boldsymbol{B}}.$$

于是方程 (129.25)—(129.27) 变成

$$\begin{aligned}
\mathrm{div}\boldsymbol{B} = 0, \quad \mathrm{rot}\boldsymbol{E} = -\frac{\partial \boldsymbol{B}}{\partial t}, \\
\mathrm{div}\boldsymbol{D} = 0, \quad \mathrm{rot}\boldsymbol{B} = \frac{\partial \boldsymbol{D}}{\partial t}.
\end{aligned} \tag{130.1}$$

我们来考虑在一个恒定均匀磁场 $\boldsymbol{B}_0$ 中的光子传播子. 用撇标记与电磁波的弱场相联系的量, 对这些量我们有方程

$$\boldsymbol{k} \times \boldsymbol{H}' = -\omega \boldsymbol{D}', \quad \boldsymbol{k} \times \boldsymbol{E}' = \omega \boldsymbol{B}',$$

$$\boldsymbol{k} \cdot \boldsymbol{B}' = 0, \quad \boldsymbol{k} \cdot \boldsymbol{D}' = 0, \tag{130.2}$$

其中

$$D'_i = \varepsilon_{ik} E'_k, \quad B'_i = \mu_{ik} H'_k; \tag{130.3}$$

真空电容率与磁导率张量为外磁场 $\boldsymbol{B}_0$ 的函数. 假设这个场如此弱, 使得 $|e|B_0/m^2 \ll 1$, 我们由拉格朗日 (129.21) 求出

$$\varepsilon_{ik} = \delta_{ik} + \frac{2e^4}{45m^4} B_0^2 \left(-\delta_{ik} + \frac{7}{2} b_i b_k \right),$$

$$\mu_{ik} = \delta_{ik} + \frac{2e^4}{45m^4} B_0^2 \left(\delta_{ik} + 2b_i b_k \right), \tag{130.4}$$

其中 $\boldsymbol{b} = \boldsymbol{B}_0/B_0$.

假设光子频率如此小, 使得 $\omega \ll m$ (129.29). 然而, 张量 ε_{ik} 与 μ_{ik} 的结构并不依赖于这个假设; 这是由于量子电动力学方程在空间反射与电荷共轭下的不变性. 前者阻止了在 $\boldsymbol{D}'$ 中出现形如 constant $\times \boldsymbol{B}'$ 或 constant $\times \boldsymbol{B}_0(\boldsymbol{B}_0 \cdot \boldsymbol{B}')$ 的项 (因为反射改变 $\boldsymbol{E}$ 与 $\boldsymbol{D}$ 的符号而保持 $\boldsymbol{H}$ 与 $\boldsymbol{B}$ 不变); 后者阻止了在 ε_{ik} 与 μ_{ik} 中出现反对称项与对 $\boldsymbol{B}_0$ 奇数次的项, 以及形如 $e_{ikl}B_{0l}$ 的项 (因为电荷共轭改变所有场的符号).

由于所考虑的问题有一个特殊的平面, 即 $\boldsymbol{kb}$ 平面, 取线性极化在此平面与垂直于此平面作为光子两个独立极化是合理的. 下标 $\perp$ 与 $\parallel$ 分别用来标记矢量 $\boldsymbol{B}'$ 垂直于 $\boldsymbol{kb}$ 平面与在该平面的极化.

对垂直极化, 矢量 $\boldsymbol{H}'$, 如 $\boldsymbol{B}'$ 一样和 $\boldsymbol{kb}$ 平面成直角:

$$\boldsymbol{B}' = \left(1 + \frac{2e^4}{45m^4} B_0^2 \right) \boldsymbol{H}'.$$

矢量 $\boldsymbol{E}'$ 与 $\boldsymbol{D}'$ 则在此平面上. 于是, 由方程 (130.2), 我们得到光子的色散关系 $k = n_\perp \omega$, "折射率" (通常单位) 为

$$n_\perp = 1 + \frac{7e^4 \hbar}{90m^4 c^7} B_0^2 \sin^2 \theta, \tag{130.5}$$

其中 θ 为 $\boldsymbol{k}$ 与 $\boldsymbol{B}_0$ 间的夹角.[①]

---

① 在 (130.2) 的第二个方程中用 $\boldsymbol{H}'$ 表示 $\boldsymbol{B}'$, 将 $\boldsymbol{H}'$ 代入第一个方程, 然后取其在 $\boldsymbol{b}$ 方向上的投影. 乘积 $\boldsymbol{k} \cdot \boldsymbol{E}'$ 借助于方程 $\boldsymbol{k} \cdot \boldsymbol{D}' = 0$ 用 $\boldsymbol{b} \cdot \boldsymbol{E}'$ 表示.

在第二种情形, B' 与 H' 在 kb 平面上, 而 E' 与 D' 垂直于此平面. 求出折射率为

$$n_\parallel = 1 + \frac{2e^4\hbar}{45m^4c^7}B_0^2\sin^2\theta. \tag{130.6}$$

我们指出 $n_\perp \geqslant n_\parallel$. 等号出现在 $\theta = 0, n_\perp = n_\parallel = 1$ 时.

带辐射修正的麦克斯韦方程非线性最有兴趣的表现是光子在外磁场中的一分为二 (S. L. Adler, J. N. Bahcall, C. G. Callan, M. N. Rosenbluth, 1970).

在恒定的均匀场中, 这个过程满足能量与动量守恒.[①] 在光子 k 衰变为光子 k_1 与光子 k_2 的过程中, 我们有

$$\omega(\boldsymbol{k}) = \omega(\boldsymbol{k}_1) + \omega(\boldsymbol{k}_2), \quad \boldsymbol{k}_1 + \boldsymbol{k}_2 = \boldsymbol{k}. \tag{130.7}$$

对于真空中的光子, 在没有外场时, $\omega = k$ 与方程 (130.7) 只对于在同一方向上运动的三个光子才能成立. 然而, 在此情形, 该衰变被电荷共轭不变性严格禁止: 弗里定理 (§79) 表明有三光子自由端的费曼图之和为零.

存在外场使得光子衰变成为可能; 这个衰变用具有三个光子端和一个或多个外场线的图表示. 然而衰变的可能性依赖于光子极化的性质. 这个依赖关系可从守恒定律 (130.7) 和光子色散关系在外场中的改变推出.

色散关系可以写成

$$\omega = k + \beta(\boldsymbol{k}), \tag{130.8}$$

其中 $\beta(\boldsymbol{k})$ 为一个小的增量 (在弱场中). 它的存在原则上使得对于处在靠近 $\boldsymbol{k}$ 方向的某个窄光锥内的动量 $\boldsymbol{k}_1$ 与 $\boldsymbol{k}_2$, 满足方程 (130.7) 成为可能. 由于所有三个矢量 $\boldsymbol{k}$, $\boldsymbol{k}_1$, $\boldsymbol{k}_2$ 都靠近在一起, 在小项 $\beta(\boldsymbol{k})$ 中, 它们都可看成是平行于 $\boldsymbol{k}$ 的, 而且我们可以取 $k_1 + k_2 = k$. 于是能量守恒定律变成

$$\beta(\varkappa k) - \beta_1(\varkappa k_1) - \beta_2(\varkappa(k - k_1)) = k_1 + |\boldsymbol{k} - \boldsymbol{k}_1| - k$$

(其中 $\varkappa = \boldsymbol{k}/k$); 由于色散关系与光子极化有关, 函数 β, β_1, β_2 可以是不同的. 由于

$$|\boldsymbol{k} - \boldsymbol{k}_1| = [(k - k_1)^2 + 2kk_1(1 - \cos\vartheta)]^{1/2} \approx k - k_1 + \frac{kk_1}{2(k - k_1)}\vartheta^2$$

其中 ϑ 为 $\boldsymbol{k}$ 与 $\boldsymbol{k}_1$ 间的夹角, 我们有

$$\beta(\varkappa k) - \beta_1(\varkappa k_1) - \beta_2(\varkappa(k - k_1)) = \frac{kk_1\vartheta^2}{2(k - k_1)} > 0. \tag{130.9}$$

[①] 动量守恒是由于场的空间均匀性, 但当然只出现在包含不带电粒子的过程中. 带电粒子的拉格朗日不只包含场, 还包含位势, 而位势即使在均匀场中也依赖于坐标.

对衰变而言, 这个不等式是色散关系必须具有的特征.

对频率 $\omega \ll m$ 的情形, 色散关系由 (130.5) 与 (130.6) 给出, 因此 $\beta(\boldsymbol{k}) \approx -k[n(\varkappa) - 1]$, 其中函数 $n(\varkappa)$ 与矢量 $\boldsymbol{k}$ 的方向有关但与其大小无关. 于是我们必定有

$$k_1 n_1(\varkappa) + (k - k_1) n_2(\varkappa) - k n(\varkappa) > 0. \tag{130.10}$$

由于 $n_\perp > n_\parallel$, 这个条件直接排除了如下衰变

$$\gamma_\perp \to \gamma_\parallel + \gamma_\parallel, \qquad \gamma_\perp \to \gamma_\parallel + \gamma_\perp,$$

其中 γ 标记光子, 而 $\perp$ 与 $\parallel$ 对应上面定义的两个极化.[①]

对于衰变

$$\gamma_\perp \to \gamma_\perp + \gamma_\perp, \qquad \gamma_\parallel \to \gamma_\parallel + \gamma_\parallel$$

(130.10) 式的左边为零, 因为函数 n, n_1, n_2 是相同的. 为解决此情形的这个问题, 我们必须考虑当 ω 增大时折射率与 k 的依赖关系. 所要求的不等式为

$$k_1 n(\varkappa, k_1) + (k - k_1) n(\varkappa, k - k_1) - k n(\varkappa, k) > 0.$$

由普遍的论据可证明 $n(\varkappa, k)$ 是一个随 k 增加的函数, 所以这个不等式是不可能被满足的, 因此以上衰变也是不可能的: 事实上用 $n(k)$ 代替 $n(k - k_1)$ 与 $n(k_1)$ 肯定将增大这个求和, 而这一代替的结果是求和为零. 这个结论可应用于任何透明介质, 也是折射率的 Kramers-Kronig 公式的结果 (见第八卷 §64). 在现在的情形, 外场对所有频率 $\omega < 2m$ 直到电子对产生阈即光子吸收阈的光子是一种 "透明介质".

因此, 只有如下衰变过程是允许的

$$\gamma_\parallel \to \gamma_\perp + \gamma_\perp, \tag{130.11}$$

$$\gamma_\parallel \to \gamma_\parallel + \gamma_\perp. \tag{130.12}$$

我们曾指出过, 动量 $\boldsymbol{k}_1$ 与 $\boldsymbol{k}_2$ 和初始光子动量 $\boldsymbol{k}$ 成一个小的角度 ϑ. 如果这个角度可忽略, 即如果所有光子的动量假设为平行的 (共线近似), 那么衰变 (130.12) 是不可能的, 用如下方法可证明这一点.

类似于 (127.4), 我们将衰变振幅表示为

$$M_{fi} = M_{\lambda\mu\nu} e^\lambda e_1^{\mu*} e_2^{\nu*},$$

---

① 数值计算表明, $n_\perp > n_\parallel$ 不仅当 $\omega \ll m$ 和 (130.5) 与 (130.6) 成立时是对的, 而且对所有 $\omega < 2m$ 情形都成立, 即频率小于光子产生电子对的阈.

其中 e, e_1, e_2 为光子极化四维矢量, 如通常那样由其四维矢势 A 确定. 用三维势规范, $e = (0, \boldsymbol{e})$, 我们可以将其重写成

$$M_{fi} = M_{ikl} e_i e_{1k}^* e_{2l}^*.$$

两个独立的极化由如下单位矢量定义 [①]

$$\boldsymbol{e}_\| \| \boldsymbol{k} \times \boldsymbol{b}, \quad \boldsymbol{e}_\perp \| \boldsymbol{k} \times (\boldsymbol{k} \times \boldsymbol{b}). \tag{130.13}$$

不难看到, 在如下展开式中

$$M_{ikl} = \sum_{\lambda \lambda_1 \lambda_2} M_{\lambda \lambda_1 \lambda_2} e_i^{(\lambda)*} e_k^{(\lambda_1)} e_l^{(\lambda_2)}$$

其中 λ, λ_1, λ_2 取值为 $\perp$ 与 $\|$ (参见 (127.9)), 矢量 $\boldsymbol{e}_\perp$ 在每项中必定出现偶数 (0 或 2) 次. 振幅 M_{fi} 在 CP 变换下是不变的, 因为势 A (并因此 e) 为 CP 不变的, 张量 M_{ikl} 也必须如此. 在 CP 变换下 $\boldsymbol{e}_\| \to \boldsymbol{e}_\|$, $\boldsymbol{e}_\perp \to -\boldsymbol{e}_\perp$; 电荷共轭改变了 $\boldsymbol{b}$ 的符号, 空间反射改变了 $\boldsymbol{k}$ 的符号而轴矢量 $\boldsymbol{b}$ 则保持不变. 因此, 如果矢量 $\boldsymbol{e}_\perp$ 在任何展开项中出现一次, 对应的标量 $M_{\lambda \lambda_1 \lambda_2}$ 必定是 CP 奇的. 但是, 仅由两个矢量 (在共线近似下) $\boldsymbol{k} = \boldsymbol{k}_1 = \boldsymbol{k}_2$ 与 $\boldsymbol{b}$ 是不可能构造一个 CP 奇的标量的, 二者在 CP 变换下都变号. 这就证明了以上论断.

因此, 在共线近似下衰变 (130.12) 是被禁止的. 更详细的分析表明, 这个过程的振幅和衰变 (130.11) 振幅之比在共线近似下的允许值为

$$\frac{M_{\|\perp, \|}}{M_{\perp\perp, \|}} \sim \vartheta^2 \sim \alpha^2 \left(\frac{B_0}{B_{\mathrm{cr}}} \right), \tag{130.14}$$

其中

$$B_{\mathrm{cr}} = \frac{m^2}{|e|} \left(= \frac{m^2 c^3}{|e| \hbar} = 4.4 \times 10^{13} \mathrm{G} \right)$$

由 (130.9) 式估算, 角 ϑ 为 $\vartheta^2 \sim n_\perp \sim n_\|$.

唯一可能 (在主近似下) 的衰变为 $\gamma_\| \to \gamma_\perp + \gamma_\perp$ 的这个事实意味着在磁场中传播的未极化的光子束中最终产生了 $\perp$ 极化.

现在, 假设 $B_0 \ll B_{\mathrm{cr}}$, 我们用微扰论来计算衰变振幅 $M_{fi} \equiv M_{\perp\perp\|}$.

第一个非零费曼图 (对 α 与外场展开) 如下

$$\tag{130.15}$$

以及端点所有可能的置换, 三个端点对应光子而一个端点对应外场. 然而, 在共线近似下, 对应这些图的振幅为零. 因为, 作为规范不变性的一个结果, 外场只能作为其场强 $F_{\mu\nu}$ 的一个四维张量出现在这个过程的振幅中, 而光子极化四维矢量只在与四维波矢的反对称组合中出现

$$f_{\mu\nu} = k_\mu e_\nu - k_\nu e_\mu.$$

振幅的最后表示式由外场张量 $F_{\mu\nu}$, 三个光子的张量 $f_{\mu\nu}$, $f_{1\mu\nu}$ 与 $f_{2\mu\nu}$ 及其四维波矢 k_μ, $k_{1\mu}$, $k_{2\mu}$ 组成; 它对每个张量 $f_{\mu\nu}$ 必须是线性的, 并且由于图 (130.15) 它对 $F_{\mu\nu}$ 也必须是线性的. 在共线近似下, 四维矢量 k_1 与 k_2 可简化为 k: $k_1 = k\omega_1/\omega$, $k_2 = k\omega_2/\omega$. 在这些条件下, 任何按上面构成的标量积都恒等于零: 不难证明, 这样的乘积至少包含一个零因子 k^2 或 ke.

　　因此, 在共线近似下, 对衰变振幅的第一个非零贡献来自如下的六边形图

$$(130.16)$$

它有三根外场线.[①] 对应这种图的振幅包含三个因子 $F_{\mu\nu}$. 这种类型的标量积不必为零, 但是所有非零乘积包含只通过张量 $f_{\mu\nu}$ 的光子波矢: 不难看出, 再加一个因子 k 会导致在乘积中出现零因子 k^2 或 ke. 张量 $f_{\mu\nu}$ 的分量是和光子场 E' 与 B' 的分量相同的. 这意味着, 如果将对应图 (130.16) 的衰变振幅表示成一个算符的矩阵元, 那么该算符用光子场算符表示, 是和光子频率无关的. 因此, 反过来得出, 对应图 (130.16) 的散射振幅的计算, 利用拉格朗日 (129.17), 就给出不受 $\omega \ll m$ 情形限制的正确答案.

　　在 §127 结尾曾经表明, 相互作用哈密顿量如何从 §129 求出的拉格朗日 L 得到. 现在, 我们有一个包含三个光子的过程, 对应的相互作用算符从 L 的展开中包含产生三个光子场 E' 与 B' 乘积的项求出. 这里我们只需要考虑如下的项

$$(B' \cdot B_0)(E' \cdot B_0)^2, \tag{130.17}$$

其中每个矢量 B' 与 E' 都是以和 B_0 的标量积形式出现的: 而乘积 E'^2, B'^2 与 $E' \cdot B'$, 用四维标记, 是从 $f_{\mu\nu}f^{\mu\nu}$ 形式的标量产生的, 它们在共线近似下恒等于零. 选择包含一个 B' 因子和两个 E' 因子的项是因为所考虑的过程包含一个 $\|$ 的光子和两个 $\perp$ 的光子; 对于前者, 场 B' 有沿 B_0 的分量, 而对于后者, 场 E' 有这样的分量.

---

　　① 在图 (130.15) 中包含的非共线产生的修正会对振幅有贡献, 相对于 (130.16) 的贡献, 它有对 α 更高的一个量级.

拉格朗日 L 可用不变量 $\mathcal{F} = \dfrac{1}{2}(\boldsymbol{B}^2 - \boldsymbol{E}^2)$ 与 $\mathcal{G} = \boldsymbol{E} \cdot \boldsymbol{B}$ 表示. 在展开式中所要求的项来自与 $\mathcal{F}\mathcal{G}^2$ 成正比的项. 对此项用 (129.17) 式计算给出

$$-\frac{13e^6}{630\pi^2 m^8}\mathcal{F}\mathcal{G}^2.$$

设 $\boldsymbol{B} = \boldsymbol{B}_0 + \boldsymbol{B}'$, $\boldsymbol{E} = \boldsymbol{E}'$, 并由 $\mathcal{F}$ 取 $\boldsymbol{B}_0 \cdot \boldsymbol{B}'$ 和由 $\mathcal{G}$ 取 $\boldsymbol{B}_0 \cdot \boldsymbol{E}'$, 我们就得到所要求的 (130.17) 形式的展开项. 于是描述衰变 $\gamma_\parallel \to \gamma_{1\perp} + \gamma_{2\perp}$ 的三光子相互作用算符为

$$\widehat{V}^{(3)} = \frac{13e^6}{315\pi^2 m^8} \int (\boldsymbol{B}_0 \cdot \widehat{\boldsymbol{E}}_1')(\boldsymbol{B}_0 \cdot \widehat{\boldsymbol{E}}_2')(\boldsymbol{B}_0 \cdot \widehat{\boldsymbol{E}}')\mathrm{d}^3 x, \tag{130.18}$$

其中

$$\widehat{\boldsymbol{B}}' = \mathrm{i}\sqrt{4\pi}\boldsymbol{k} \times \boldsymbol{e}_\parallel \mathrm{e}^{\mathrm{i}(\boldsymbol{k}\cdot\boldsymbol{r}-\omega t)}\widehat{c}_{\boldsymbol{k}\parallel},$$

$$\widehat{\boldsymbol{E}}_1' = -\mathrm{i}\sqrt{4\pi}\omega_1\boldsymbol{e}_\perp \mathrm{e}^{-\mathrm{i}(\boldsymbol{k}_1\cdot\boldsymbol{r}-\omega_1 t)}\widehat{c}_{\boldsymbol{k}_1\perp}^+,$$

对 $\widehat{\boldsymbol{E}}_2'$ 有类似的结果; 参见 (127.26), (127.27) 式.[1]

按照 §64 给出的规则, 衰变振幅 M_{fi} 可从如下定义计算

$$S_{fi} = -\mathrm{i}\langle f|\int \widehat{V}^{(3)}\mathrm{d}t|i\rangle = \mathrm{i}(2\pi)^4\delta^{(4)}(k - k_1 - k_2)M_{fi}$$

结果为

$$M_{fi} = -\mathrm{i}\frac{13e^6}{315\pi^2 m^8}(4\pi)^{3/2}\omega\omega_1\omega_2 B_0^3 \sin^3\theta$$

其中 θ 为 $\boldsymbol{k}$ 与 $\boldsymbol{B}_0$ 的夹角. 单位时间的衰变概率为 (参见 (64.11) 式)

$$\mathrm{d}w = (2\pi)^4\delta(\boldsymbol{k} - \boldsymbol{k}_1 - \boldsymbol{k}_2)\delta(\omega - \omega_1 - \omega_2)|M_{fi}|^2\frac{\mathrm{d}^3 k_1 \mathrm{d}^3 k_2}{2\cdot 2\omega \cdot 2\omega_1 \cdot 2\omega_2 \cdot (2\pi)^6}$$

取额外的因子 $\dfrac{1}{2}$ 是考虑到由于两个终态光子的全同性使得相体积减少一半. 第一个 δ 函数由对 $\mathrm{d}^3 k_2$ 的积分消去. 为消去第二个 δ 函数我们指出, 如果忽略色散,

$$\omega - \omega_1 - \omega_2 = k - k_1 - |\boldsymbol{k} - \boldsymbol{k}_1| \approx -\frac{kk_1}{k - k_1}(1 - \cos\vartheta_1)$$

并因此[2]

$$\int_0^\omega \int_0^1 \omega\omega_1\omega_2\delta(\omega - \omega_1 - \omega_2)\mathrm{d}\cos\vartheta_1 \cdot 2\pi\omega_1^2\mathrm{d}\omega_1 = 2\pi\int_0^\omega \omega_1^2(\omega - \omega_1)^2\mathrm{d}\omega_1 = \frac{\pi}{15}\omega^5.$$

---

[1] (130.18) 式中的系数加了倍, 因为 $\boldsymbol{E}_1'$ 与 $\boldsymbol{E}_2'$ 可以取 L 中的两个因子 $\boldsymbol{E}'$ 中的任何一个.

[2] 这里假设, 考虑到色散, δ 函数的宗量事实上在某个 $\cos\vartheta_1 < 1$ 处为零. 于是, 这种色散对可能发生衰变是必要的, 但是衰变概率本身并不依赖于小色散的大小.

最后, 对每单位时间的总衰变概率 (用通常的单位), 我们有

$$w = \frac{\alpha^3}{15\pi^2} \left(\frac{13}{315}\right)^2 \frac{mc^2}{\hbar} \left(\frac{\hbar\omega}{mc^2}\right)^5 \left(\frac{B_0 \sin\theta}{B_{\mathrm{cr}}}\right)^6$$

$$= 0.18\alpha^6 \frac{mc^2}{\hbar} \left(\frac{B_0^2 \sin^2\theta}{8\pi mc^2}\right)^3 \left(\frac{\hbar}{mc}\right)^9 \left(\frac{\hbar\omega}{mc^2}\right)^5. \tag{130.19}$$

如已经指出过的, 此公式成立的条件 $\omega \ll m$ 是不必要的. 此公式成立仅由对应第 8 级图的项是小的条件所限制. 为得到一个估计, 我们指出第 8 级矩阵元可包含比如一个与第 6 级项相差一个 $(eF^{\mu\nu}k_\nu/m^3)^2$ 形式的无量纲不变因子. 要求它小是一个很弱的条件:

$$\omega \ll m(m^2/(|e|B_0)).$$

§131　对四维区域积分的计算

现在, 我们将给出在辐射修正理论产生的积分计算中一些有用的规则和公式.

与费曼图对应的积分的典型形式为

$$\int \frac{f(k)\mathrm{d}^4 k}{a_1 a_2 \cdots a_n}, \tag{131.1}$$

其中 $a_1, a_2, \cdots$ 为四维矢量 k 的二次多项式, $f(k)$ 为某个 n' 次的多项式, 积分是对整个四维 k 空间进行的.

计算这种积分的一个方便方法是由费曼 (1949) 提出的, 这个方法是基于在辅助变量 $\xi_1, \xi_2, \cdots$ 的积分前, 先对被积函数进行一个变换或参量化:

$$\frac{1}{a_1 a_2 \cdots a_n} = (n-1)! \int_0^1 \mathrm{d}\xi_1 \cdots \int_0^1 \mathrm{d}\xi_n \frac{\delta(\xi_1 + \xi_2 + \cdots + \xi_n - 1)}{(a_1\xi_1 + a_2\xi_2 + \cdots + a_n\xi_n)^n}. \tag{131.2}$$

这个变换将分母中 n 个不同的二次式变换成为单个二次多项式的 n 次方.

通过对 $\mathrm{d}\xi_n$ 的积分消去 δ 函数, 并采用如下定义的新变量

$$\xi_1 = x_{n-1}, \quad \xi_2 = x_{n-2} - x_{n-1}, \cdots, \quad \xi_{n-1} = x_1 - x_2,$$

$$\xi_1 + \xi_2 + \cdots + \xi_{n-1} = x_1,$$

我们得到一个与 (131.2) 式等价的公式

$$\frac{1}{a_1 a_2 \cdots a_n} = (n-1)! \int_0^1 \mathrm{d}x_1 \int_0^{x_1} \mathrm{d}x_2 \cdots$$

$$\int_0^{x_{n-2}} \mathrm{d}x_{n-1} \frac{1}{[a_1 x_{n-1} + a_2(x_{n-2} - x_{n-1}) + \cdots + a_n(1 - x_1)]^n}. \tag{131.3}$$

当 $n=2$ 时, 此公式变成

$$\frac{1}{a_1 a_2} = \int_0^1 \frac{\mathrm{d}x}{[a_1 x + a_2(1-x)]^2} \tag{131.4}$$

此式不难证实. 对任何 n 值, 公式可用归纳法证明: 在 (131.3) 式中对 $\mathrm{d}x_{n-1}$ 积分, 我们在右边得到同样形式的两个 $(n-2)$ 重积分之差. 假设公式对此成立, 我们有

$$\frac{1}{a_1 - a_2}\left[\frac{1}{a_2 a_3 \cdots a_n} - \frac{1}{a_1 a_3 \cdots a_n}\right],$$

此式等于 (131.3) 式的左边.

通过将 (131.3) 对 a_1, a_2 等微商, 我们可以推出类似的公式, 可用于分母包含任何超过一次多项式的积分的参量化.

发散积分可通过由其它类似形式的积分作减除来正规化. 为确定这个差, 先将被积函数之差 (其中每一个已经用 (131.2) 作了变换) 作如下变换可能是方便的:

$$\frac{1}{a^n} - \frac{1}{b^n} = -\int_0^1 \frac{n(a-b)\mathrm{d}z}{[(a-b)z + b]^{n+1}}. \tag{131.5}$$

在应用 (131.3) 式后, (131.1) 式的四维积分变成

$$\int \frac{f(k)\mathrm{d}^4 k}{[(k-l)^2 - \alpha^2]^n}, \tag{131.6}$$

其中 l 为一个四维矢量, 而 α^2 为一标量, 二者都依赖于参量 $x_1, \cdots, x_{n-1}$; 标量 α^2 将假设为正的.

如果积分 (131.6) 收敛, 我们可以作变量变换 $k - l \to k$ (原点移动), 它给出 (以不同的函数 $f(k)$)

$$\int \frac{f(k)\mathrm{d}^4 k}{(k^2 - \alpha^2)^n}, \tag{131.7}$$

现在分母只包含平方 k^2. 分子中我们只需要考虑标量函数 $f = F(k^2)$: 对任何其它形式分子的积分,

$$\int \frac{k^\mu F(k^2)\mathrm{d}^4 k}{(k^2 - \alpha^2)^n} = 0, \tag{131.8}$$

$$\int \frac{k^\mu k^\nu F(k^2)\mathrm{d}^4 k}{(k^2 - \alpha^2)^n} = \frac{1}{4}g^{\mu\nu}\int \frac{k^2 F(k^2)\mathrm{d}^4 k}{(k^2 - \alpha^2)^n}, \tag{131.9}$$

$$\int \frac{k^\mu k^\nu k^\rho k^\sigma F(k^2)\mathrm{d}^4 k}{(k^2 - \alpha^2)^n} = \frac{1}{24}(g^{\mu\nu}g^{\rho\sigma} + g^{\mu\rho}g^{\nu\sigma} + g^{\mu\sigma}g^{\nu\rho})\int \frac{(k^2)^2 F(k^2)\mathrm{d}^4 k}{(k^2 - \alpha^2)^n} \tag{131.10}$$

等等, 这可由积分对 k 的所有方向的对称性明显得出.

在原始的积分 (131.1) 中, 分母中的每个因子 a_1, a_2, $\cdots$ (作为 k_0 的函数) 有两个零点, 它们按照普遍规则 (§75) 应该在对 $\mathrm{d}k_0$ 的积分中避免. 在变换到 (131.7) 式后, 被积函数的 $2n$ 个简单极点用两个 n 阶极点代替, 它们按照同样 规则应于避免 (图 25 中的路径 C). 通过按箭头所示移动积分回路, 可以转换 到 k_0 平面的虚轴 (路径 C'). 于是变量 k_0 由 $\mathrm{i}k_0'$ 代替, k_0' 为实的. 于是, $\boldsymbol{k}$ 也写 成 $\boldsymbol{k}'$, 我们有

$$k^2 = k_0^2 - \boldsymbol{k}^2 \to -(k_0'^2 + \boldsymbol{k}'^2) = -k'^2, \tag{131.11}$$

其中 k' 为一个欧氏度规的四维矢量; 并且

$$\mathrm{d}^4 k \to \mathrm{i}\mathrm{d}^4 k' = \mathrm{i}k'^2 \mathrm{d}\frac{k'^2}{2}\mathrm{d}\Omega,$$

其中 $\mathrm{d}\Omega$ 为四维立体角元. 对 $\mathrm{d}\Omega$ 的积分给出 $2\pi^2$ (见第二卷, §111), 因此

$$\mathrm{d}^4 k \to \mathrm{i}\pi^2 k'^2 \mathrm{d}(k'^2). \tag{131.12}$$

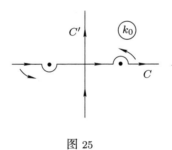

图 25

取 $k'^2 = z$, 我们最后有

$$\int \frac{F(k^2)\mathrm{d}^4 k}{(k^2 - \alpha^2)^n} = (-1)^n \mathrm{i}\pi^2 \int_0^\infty \frac{F(-z)z\mathrm{d}z}{(z + \alpha^2)^n}. \tag{131.13}$$

特别是,

$$\int \frac{\mathrm{d}^4 k}{(k^2 - \alpha^2)^n} = \frac{(-1)^n \mathrm{i}\pi^2}{\alpha^{2(n-2)}(n-1)(n-2)}. \tag{131.14}$$

积分 (131.7) 的对数发散部分可以分出来为

$$\int \frac{\mathrm{d}^4 k}{[(k-l)^2 - \alpha^2]^2}. \tag{131.15}$$

不难看出, 在这类积分中我们可用 $k+l$ 代替 k: 其差为

$$\int \left\{ \frac{1}{[(k-l)^2 - \alpha^2]^2} - \frac{1}{(k^2 - \alpha^2)^2} \right\} \mathrm{d}^4 k$$

这是一个收敛的积分, 所以变换 $k \to k + l$ 在此积分中肯定是允许的. 在这样做时还改变 k 的符号, 我们得到大小相同符号相反的两个量, 因此它必定为零.

一个线性发散的积分必定有如下形式

$$\int \frac{k^\mu \mathrm{d}^4 k}{[(k-l)^2 - \alpha^2]^2}, \tag{131.16}$$

但是, 事实上这样的积分只是对数发散的: 当 $k \to \infty$ 时, 积分渐近地趋近于 $k^\mu/(k^2)^2$ 并在对所有方向平均后给出零. 然而, 原点的改变给积分 (131.16) 加上一个常数. 这可以对无穷小改变 $k \to k + \delta l$ 证明, 通过计算差

$$\Delta^\mu = \int \left\{ \frac{k^\mu}{[(k-\delta l)^2 - \alpha^2]^2} - \frac{k^\mu + \delta l^\mu}{(k^2 - \alpha^2)^2} \right\} \mathrm{d}^4 k. \tag{131.17}$$

到 δl 的第一级,

$$\Delta^\mu = \int \left\{ \frac{4k^\mu (k\delta l)}{(k^2 - \alpha^2)^3} - \frac{\delta l^\mu}{(k^2 - \alpha^2)^2} \right\} \mathrm{d}^4 k.$$

在头一项中, 对方向的平均使其分子用 $k^2 \delta l^\mu$ 代替 (参见 (131.9)), 并因此①

$$\Delta^\mu = \alpha^2 \delta l^\mu \int \frac{\mathrm{d}^4 k}{(k^2 - \alpha^2)^3} = -\frac{\mathrm{i}\pi^2}{2} \delta l^\mu. \tag{131.18}$$

在辐射修正的最后表示中, 还经常出现一个用如下积分定义的超越函数

$$F(\xi) = \int_0^\xi \frac{\ln(1+x)}{x} \mathrm{d}x \tag{131.19}$$

有时将此函数称为 Spence 函数. 它的一些性质 (为引用方便在此列出) 如下

$$F(\xi) + F\left(\frac{1}{\xi}\right) = \frac{\pi^2}{6} + \frac{1}{2}\ln^2 \xi, \tag{131.20}$$

$$F(-\xi) + F(-1 + \xi) = -\frac{\pi^2}{6} + \ln \xi \ln(1 - \xi), \tag{131.21}$$

$$F(1) = \frac{\pi^2}{12}, \quad F(-1) = -\frac{\pi^2}{6}. \tag{131.22}$$

对小 ξ 的展开为

$$F(\xi) = \xi - \frac{\xi^2}{4} + \frac{\xi^3}{9} - \frac{\xi^4}{16} + \cdots \tag{131.23}$$

---

① 更繁的计算也可以得到有限 l 的同样结果.

第十三章
量子电动力学的渐近公式

§132 光子传播子在大动量时的渐近形式

极化算符 $\mathcal{P}(k^2)$ 展开的第一项 (对 α) 已经在 §113 中计算了, 并已发现, 对 $|k^2| \gg m^2$ 情形, 这一项为 (以对数精确性)

$$\mathcal{P}(k^2) = \frac{\alpha}{3\pi} k^2 \ln \frac{|k^2|}{m^2}. \tag{132.1}$$

我们还曾指出, 在这个公式的推导中 (作为传播子 $4\pi D^{-1} = k^2$ 的第一级近似修正) 假设了如下条件

$$\frac{\alpha}{3\pi} \ln \frac{|k^2|}{m^2} \ll 1, \tag{132.2}$$

这给出了 $|k^2|$ 允许取值的一个上限. 现在, 我们将证明 (132.1) 式事实上在如下这个弱得很多的条件下也是成立的

$$\frac{\alpha}{3\pi} \ln \frac{|k^2|}{m^2} \lesssim 1. \tag{132.3}$$

证明如下[①]. 首先, 我们指出, 尽管原则上条件 (132.3) 允许微扰论级数中所有级 (对 α) 的项对 $\mathcal{P}(k^2)$ 都有贡献, 但在每一级 n 中只需要考虑 $\sim \alpha^n \ln^n(|k^2|/m^2)$ 的项, 它包含与 α 相同阶的大的对数; 包含较低阶对数的项肯定是小的, 因为 $\alpha \ll 1$.

对 $\mathcal{P}$ 的微扰论级数的分析可简化为对级数 $\mathcal{G}$ 与 Γ^μ 的分析, 利用戴森方程

$$\mathcal{P}(k^2) = \mathrm{i} \frac{4\pi\alpha}{3} \mathrm{tr} \int \gamma_\mu \mathcal{G}(p+k) \Gamma^\mu(p+k, p; k) \mathcal{G}(p) \frac{\mathrm{d}^4 p}{(2\pi)^4} \tag{132.4}$$

[①] 这个表述与结论属于 Л. Д. Ландау, А. А. Абрикосов, И. М. Халатников (1954)

(见 (107.4) 式). 由于函数 $\mathcal{P}(k^2)$ 是规范不变的, 我们可以用任何规范来计算 $\mathcal{G}$ 与 Γ. 这里最方便的是朗道规范, 在此规范, 自由光子传播子有 (76.11) 的形式:

$$D_{\mu\nu}(k) = \frac{4\pi}{k^2}\left(g_{\mu\nu} - \frac{k_\mu k_\nu}{k^2}\right) \tag{132.5}$$

(在 (103.17) 式中取 $D^{(l)} = 0$). 我们发现, 在此规范下对 $\mathcal{G}$ 与 Γ^μ 的微扰论级数中一般不包含任何对数零级的项. 因此, 在 (132.4) 式中代入零级近似 $\mathcal{G} = G$, $\Gamma^\mu = \gamma^\mu$ 就足够了, 得到

$$\mathcal{P}(k^2) = \mathrm{i}\frac{4\pi\alpha}{3}\mathrm{tr}\int \gamma_\mu G(p+k)\gamma^\mu G(p)\frac{\mathrm{d}^4 p}{(2\pi)^4}. \tag{132.6}$$

这就是对应第一级近似 (对 α) 图 (113.1) 的费曼积分, 并导致 (在进行适当的重正化后) (132.1) 式.

为证明前面的论断, 我们先考察积分 (132.6) 中对数的来源. 不难看出, 对数项来自如下积分范围

$$p^2 \gg |k^2| \quad \text{当} \quad |k^2| \gg m^2. \tag{132.7}$$

将 G 形式上展开成 $1/\gamma p$ 的级数, 我们有

$$G(p) \approx \frac{1}{\gamma p} = \frac{\gamma p}{p^2},$$

$$G(p - k) \approx \frac{1}{\gamma p - \gamma k} \approx \frac{1}{\gamma p} + \frac{1}{\gamma p}\gamma k\frac{1}{\gamma p} + \frac{1}{\gamma p}\gamma k\frac{1}{\gamma p}\gamma k\frac{1}{\gamma p}$$

$$= \frac{\gamma p}{p^2} + \frac{(\gamma p)(\gamma k)(\gamma p)}{(p^2)^2} + \frac{(\gamma p)(\gamma k)(\gamma p)(\gamma k)(\gamma p)}{(p^2)^3}.$$

代入 (132.6) 式, 通过正规化去除与 k 无关的第一项 (与 $k^2 \to 0$ 的条件 $\mathcal{P}/k^2 \to 0$ 相一致); 第二项在对 p 的方向积分后给出零; 第三个积分对 p^2 是对数发散的, 并将其取为从 $p^2 \sim |k^2|$ (范围 (132.7) 的下限) 到某个 "截断参量" Λ^2, 我们得到

$$-\frac{\alpha}{3\pi}k^2 \ln\frac{\Lambda^2}{|k^2|}. \tag{132.8}$$

在正规化中, 我们必须从 $\mathcal{P}/k^2$ 减除其在 $k^2 = 0$ 的值. 但是, 由于对数精确性预设了条件 $|k^2| \gg m^2$, 在到此精确性的计算中, 正规化可通过减除其在 $|k^2| \sim m^2$ 的值来实现, 而在对数宗量中的 Λ^2 则用 m^2 代替, 就给出 (132.1) 式.

由于所要求的对 $\mathcal{G}$ 与 Γ^μ 的修正是对数的, 这些修正使得这些量和 G 与 γ^μ 相差一个缓慢变化的对数因子. 因此, 在精确的积分 (132.4) 中, 重要范围与近似积分 (132.6) 的重要范围 (132.7) 相同. 然而, 我们不能简单地在 $\Gamma^\mu(p+k, p; k)$

中取 $k = 0$: 因为积分是平方发散的, 其正规化还包含在 $\Gamma^\mu(p+k, p; k)$ 按 k 的级数展开的下两项. 这里我们将只考虑对 $\Gamma^\mu(p, p; 0)$ 的修正, 这充分清楚地表明选取规范的重要性以及由不同类型的图产生的积分的性质的差别. 还应该指出, 并不需要对 $\mathcal{G}$ 作类似的分析, 因为 Γ 与 $\mathcal{G}$ 的修正可通过沃德恒等式 (108.8) 相联系.

对 $\Gamma(p, p; 0)$ 的一级 (相对于 α 的) 修正对应如下费曼图

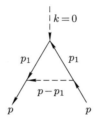

并因此对应积分[①]

$$\Gamma^{\mu(1)} = -\mathrm{i}\alpha \int \gamma^\lambda G(p_1)\gamma^\mu G(p_1)\gamma^\nu D_{\lambda\nu}(p-p_1)\frac{\mathrm{d}^4 p_1}{(2\pi)^4}. \tag{132.9}$$

在通常的规范中,

$$D_{\lambda\nu}(p-p_1) = g_{\lambda\nu}\frac{4\pi}{(p-p_1)^2},$$

积分的重要范围为 $p_1^2 \gg p^2$, 在此范围它是对数发散的. 通过计算积分

$$\Gamma^{\mu(1)} \approx -4\pi\mathrm{i}\alpha \int \frac{\gamma^\lambda(\gamma p_1)\gamma^\mu(\gamma p_1)\gamma\lambda}{(p_1^2)^3}\frac{\mathrm{d}^4 p_1}{(2\pi)^4} \tag{132.10}$$

和对对数正规化, 我们得到

$$\Gamma^{\mu(1)} \approx -\frac{\alpha}{4\pi}\gamma^\mu \ln\frac{p^2}{m^2}.$$

在朗道规范中, (132.10) 式换成

$$\Gamma^{\mu(1)} \approx -4\pi\alpha\mathrm{i} \int \{\gamma^\lambda(\gamma p_1)\gamma^\mu(\gamma p_1)\gamma_\lambda - p_1^2\gamma^\mu\}\frac{\mathrm{d}^4 p_1}{(p_1^2)^3(2\pi)^4}.$$

对 p_1 的方向平均并约化矩阵 γ, 我们求出这个积分为零, $\Gamma^{\mu(1)}$ 中的对数项消失了.[②]

在第二级修正 (相对于 α 的) 中, 我们采用费曼图

[①] 为了避免与 §117 的结果比较中有误解, 我们必须指出, 在 §117 图中的两个电子端假设是物理的, 而这里我们假设 $p^2 \gg |k^2| \gg m^2$, 因此, 这两条线肯定是非物理的.

[②] 在两个规范中对 G^{-1} 的修正, 可由修正 $\Gamma^{(1)}$ 通过恒等式 (108.8) 推出的, 当然是和 §119 的结果一致的.

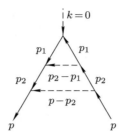

对应的积分为

$$\Gamma^{\mu(2)} = -\alpha^2 \int \gamma^\lambda G(p_2) \gamma^\nu G(p_1) \gamma^\mu G(p_1) \gamma^\rho G(p_2) \gamma^\sigma$$

$$\times D_{\nu\rho}(p_2 - p_1) D_{\lambda\sigma}(p - p_2) \frac{\mathrm{d}^4 p_1 \mathrm{d}^4 p_2}{(2\pi)^8}.$$

在 D 函数通常的规范中, 这个积分包含一个对数为平方的项, 它是由如下积分范围产生的

$$p_1^2 \gg p_2^2 \gg p^2. \tag{132.11}$$

在 $D_{\nu\rho}(p_2 - p_1)$ 的宗量中忽略掉 p_2, 对 $\mathrm{d}^4 p_1$ 的积分就变得和 (132.9) 式中的积分一样了, 并给出 $\ln p_2^2$, 而接下来对 $\mathrm{d}^4 p_2$ 的积分也类似地是对数的, 并给出 $\ln^2(p_2^2/m^2)$. 然而, 当对 D 函数采用朗道规范时, 这两个积分中的对数项即消失了.

类似情形在骨架图的所有其它图中出现

$$\tag{132.12}$$

其它类型的图, 带有光子线交叉的图. 例如, 在如下骨架图中

$$\tag{132.13}$$

(参见 (106.11) 式), 在任何规范中都不包含有对数必要幂次的项; 也不存在一个变量范围可使得在该范围的积分得以简化为几个接连的对数积分.

这些论据以及对 Γ 按 k 的级数展开的接下几项的类似论据证实, 在朗道规范中, 不存在包含对数必要幂次的对 $\mathcal{G}$ 与 Γ 的修正; 因此, 表示式 (132.1) 事实上甚至在条件 (132.3) 下仍然成立.

对应极化算符 (132.1) 的函数 $\mathcal{D}(k^2)$ 为

$$\mathcal{D}(k^2) = \frac{4\pi}{k^2} \frac{1}{1 - \dfrac{\alpha}{3\pi} \ln \dfrac{|k^2|}{m^2}}. \tag{132.14}$$

由于条件 (132.3) 式, 不需要将此式展开成 α 的级数.

§133 未重正化电荷和实际电荷之间的联系

(132.14) 式的应用仅限于在大的 $|k^2|$ 的一边, 由于分母减小. 该式的推导是建立在略去图 (132.13) 以及其它比图 (132.12) 有更多交叉的粗光子线的图的基础上的. 但是, 加上去的每条这种线都给图带入一个因子 $e^2\mathcal{D}$, 其中 $\mathcal{D}$ 为精确传播子. 因此, 小参量不再是 $\alpha = e^2$, 而是如下的量

$$\frac{\alpha}{1 - \dfrac{\alpha}{3\pi} \ln \dfrac{|k^2|}{m^2}} \ll 1. \tag{133.1}$$

当 $|k^2|$ 增加时, 这个量变得可与 1 相比较, 小参量实际上就从理论中消失了.

以上情形可以得到更清楚的理解, 如果在推导 (132.14) 式中的重正化不是 "按正路" 做的, 而是通过采用一个电子 "内禀" 电荷 e_c 来做的, 它在这里的选取使得可给出观测的物理电荷 e 的正确值 (§110). 如果积分如以前所做的是在某个上限 Λ^2 "截断" 的, 内禀电荷是一个函数 $e_c(\Lambda^2)$ 并在最后必须取极限 $\Lambda \to \infty$.

通过这样处理, 极化算符为

$$\mathcal{P}(k^2) = -\frac{e_c^2}{3\pi} k^2 \ln \frac{\Lambda^2}{|k^2|}$$

(表示式 (132.8) 式中用 e_c 代替 e), 因此

$$\mathcal{D}(k^2) = \frac{4\pi}{k^2} \frac{1}{1 + \dfrac{e_c^2}{3\pi} \ln \dfrac{\Lambda^2}{|k^2|}}. \tag{133.2}$$

现在由如下条件来确定物理电荷 e

$$e_c^2 \mathcal{D}(k^2) \to \frac{4\pi}{k^2} e^2, \quad k^2 \to \sim m^2,$$

我们有

$$e^2 = \frac{e_c^2}{1 + \dfrac{e_c^2}{3\pi} \ln \dfrac{\Lambda^2}{m^2}}, \qquad (133.3)$$

或

$$e_c^2 = \frac{e^2}{1 - \dfrac{e^2}{3\pi} \ln \dfrac{\Lambda^2}{m^2}}. \qquad (133.4)$$

如果我们在 (133.3) 式中形式上取极限 $\Lambda \to \infty$, 则无论函数 $e_c^2(\Lambda)$ 取什么形式, 都有 $e^2 \to 0$. 当然, 电荷的这种 "取零" 意味着不可能有严格的重正化. 然而, 不破坏在推导 (133.3) 式所作的假设, 就不可能取这个极限. 从 (133.4) 式不难看出, 当 Λ 增加时 (对给定的 e^2 值), e_c^2 也增加; 并且当 $e_c^2 \sim 1$ 时公式不再成立, 因为它们的推出是建立在如下假设基础上的

$$e_c^2 \ll 1 \qquad (133.5)$$

作为微扰论可应用于 "内禀" 相互作用的条件. 当 Λ 增加时, 不等式 (133.5) 不再满足这一点有基本的重要性. 它表明量子电动力学作为一个基于相互作用弱的理论在逻辑上是不完备的. 这实质上意味着现有的理论整体而言逻辑上都是不完备的, 因为其整个表述是建立在可以将电磁相互作用处理为一个弱的相互作用. 用这个理论计算的所有量都发现为 e_c^2 幂次的级数, 它实际上是一个渐近的级数. 为使它们在 e_c^2 不小时仍有确定的意义, 需要进一步的论据, 而这些论据并非来自现有理论的普遍原理.

然而, 还必须强调指出, 在量子电动力学中, 这些困难只有纯理论的意义. 这些困难是在没有实际意义的巨大能量时发生的.[①] 我们可以期待, 在现实中电磁相互作用将很快与弱相互作用和强相互作用 "合并" 在一起, 因此, 纯的电动力学就失去了意义.[②]

为了对本节作个结论, 我们将表明, 公式 (133.3) (133.4) 可以由对重正化的含义与量纲理解的简单论据推导出来 (M. Gell-Mann, F. E. Low, 1954).

我们来研究未重正化电荷的平方作为截断参量的函数, $e_c^2(\Lambda^2)$, 并定义一个函数 d 为两个不同宗量的 e_c^2 值之比: $e_c^2(\Lambda_2^2) = e_c^2(\Lambda_1^2)d$. 当 $\Lambda_1^2, \Lambda_2^2 \gg m$ 时,

---

[①] 例如, 方程 $(\alpha/\pi) \ln(\varepsilon^2/m^2) = 1$ 在 $\varepsilon \sim 10^{93}m$ 仍然是满足的.

[②] 相反的情形在粒子间相互作用不是由电磁场而由杨–米尔斯场作为中介的理论中出现. 在这种理论中, 重正化电荷与未重正化电荷之间的关系由一个 (133.4) 型的表示式给出, 但分母中的符号相反, 因此, 对给定的 e^2 值, 未重正化电荷 e_c^2 的值随 Λ 增大而减小. 这称为理论的**渐近自由**. 当然, 这种理论是和有电荷取零的理论根本上是不同的.

函数 d 与 m 无关, 并且是无量纲的, 它只能依赖于无量纲量 $e_{\mathrm{c}}^2(\varLambda_1^2)$ 与 $\varLambda_2^2/\varLambda_1^2$:

$$e_{\mathrm{c}}^2(\varLambda_2^2) = e_{\mathrm{c}}^2(\varLambda_1^2)d\left(e_{\mathrm{c}}^2(\varLambda_1^2), \frac{\varLambda_2^2}{\varLambda_1^2}\right). \tag{133.6}$$

由此函数关系, 我们可推出一个微分方程, 通过对无限接近的 $\varLambda_1^2$ 与 $\varLambda_2^2$ 值写出这个函数关系. 将 $\varLambda_1^2$ 记作 ξ 并取 $\varLambda_2^2 = \xi + \mathrm{d}\xi$, 我们对 $\alpha_{\mathrm{c}}(\xi) \equiv e_{\mathrm{c}}^2(\varLambda_1^2)$ 得到微分方程

$$\mathrm{d}\alpha_{\mathrm{c}} = \varphi(\alpha_{\mathrm{c}})\frac{\mathrm{d}\xi}{\xi}. \tag{133.7}$$

其中

$$\varphi(\alpha_{\mathrm{c}}) = \alpha_{\mathrm{c}}\left[\frac{\partial d(\alpha_{\mathrm{c}}, x)}{\partial x}\right]_{x=1} \tag{133.8}$$

我们已经用到由定义 (133.6) 得到的 $d(\alpha_{\mathrm{c}}, 1) \equiv 1$. 对 (133.7) 从 $\xi = \varLambda_1^2$ 积分到 $\xi = \varLambda_2^2$ 给出

$$\ln\frac{\varLambda_2^2}{\varLambda_1^2} = \int_{e_{\mathrm{c}}^2(\varLambda_1^2)}^{e_{\mathrm{c}}^2(\varLambda_2^2)} \frac{\mathrm{d}\alpha}{\varphi(\alpha)}. \tag{133.9}$$

在这整个积分范围内, e_{c}^2 处处是小的. 因此, 我们可以对 $\varphi(\alpha)$ 采用对应微扰论一级近似的表示式. 对未重正化电荷 e_{c}^2 的修正则为 $e_{\mathrm{c}}^2 k^2 \mathcal{P}(k^2)$. 对极化算符取一级近似 (132.1), 我们求出

$$d\left(\alpha_{\mathrm{c}}, \frac{\varLambda_2^2}{\varLambda_1^2}\right) = 1 + \frac{\alpha_{\mathrm{c}}}{3\pi}\ln\frac{\varLambda_2^2}{\varLambda_1^2}, \quad \varphi(\alpha) = \frac{\alpha_{\mathrm{c}}^2}{3\pi},$$

于是 (133.9) 式中的积分给出

$$\frac{1}{3\pi}\ln\frac{\varLambda_2^2}{\varLambda_1^2} = \frac{1}{e_{\mathrm{c}}^2(\varLambda_1^2)} - \frac{1}{e_{\mathrm{c}}^2(\varLambda_2^2)} \tag{133.10}$$

当 $\varLambda_1^2 \to\sim m^2$ 时, 未重正化电荷 $e_{\mathrm{c}}(\varLambda_1^2)$ 趋近于实际电荷 e, 于是 (133.10) 和 (133.3), (133.4) 一致.[①]

§134 散射振幅在高能下的渐近形式

我们来研究两粒子散射过程 $(1+2 \to 3+4)$ 的振幅与截面 (在高能下的) 的渐近形式. 对这个基本的电动力学过程, 在第一级非零近似 (对于 α), 这个问题可以利用前一章推出的特殊公式来解, 那些公式在所有能量下都是成立

[①] 基于传播子与顶角部分泛函性质的**重正化群方法** 在 §112 最后所引用的 H. H. Боголюбов, Д. В. Ширков 的书中有系统的阐述.

的. 然而, 这里我们将从更普遍的观点来讨论这个问题, 这使我们能够直接地推出这样的渐近形式.

如在 §66 中一样, 我们采用不变量

$$s = (p_1 + p_2)^2, \quad t = (p_1 - p_3)^2, \quad u = (p_1 - p_4)^2 \tag{134.1}$$

其中 $p_1 + p_2 = p_3 + p_4$; 这个标记对应这里要研究的 s 道反应. 在极端相对论情形, 当能量比粒子质量大得多时, 在质心系中两个粒子的能量几乎是相等的. 我们将用 ε 标记碰撞粒子能量之和, 于是在质心系中我们有 $p_1 = \left(\frac{1}{2}\varepsilon, \boldsymbol{p}_1\right)$, $p_2 = \left(\frac{1}{2}\varepsilon, -\boldsymbol{p}_1\right)$, $p_3 = \left(\frac{1}{2}\varepsilon, \boldsymbol{p}_3\right)$, $p_4 = \left(\frac{1}{2}\varepsilon, -\boldsymbol{p}_3\right)$, $\boldsymbol{p}_1^2 = \boldsymbol{p}_3^2 = \frac{1}{4}\varepsilon^2$, 并且

$$s = \varepsilon^2, \quad t = -\frac{s}{2}(1 - \cos\theta), \quad u = -\frac{s}{2}(1 + \cos\theta), \tag{134.2}$$

其中 θ 为 $\boldsymbol{p}_1$ 与 $\boldsymbol{p}_3$ 间的夹角.

我们先研究散射角 θ 固定的反应截面的渐近形式. 这时所有三个变量 s, t 与 u 是成正比的, 并且一起趋近于无穷大. 在极端相对论情形, 粒子质量不可能出现在结果中, 唯一有长度量纲的量为 $1/\varepsilon$ $(= \hbar c/\varepsilon)$. 因此, 从量纲分析得出, 两粒子反应的微分截面在渐近形式中随能量增加而减小

$$d\sigma/do \propto 1/s \quad \text{当} \quad s, |t|, |u| \to \infty. \tag{134.3}$$

如果将截面不与立体角元 do 相关联, 而与微分 dt 相关联, 则由于 $do \propto dt/s$, 我们有

$$d\sigma/dt \propto 1/s^2. \tag{134.4}$$

截面用散射振幅表示 (在极端相对论情形) 为 $d\sigma/do \propto |M_{fi}|^2/s$; 见 (64.22), (64.23) 式. 因此 (134.3) 式意味着, 在渐近极限下散射振幅与 s 无关:

$$M_{fi} = \text{const.} \tag{134.5}$$

从上面推导的方式可以很清楚地知道, 这些结果不仅可应用于微扰论的第一级非零近似, 而且, 如果略去对数因子 ($\ln s/m^2$ 的形式), 还可应用于更高级的近似 (考虑辐射修正) 中; 当然, 与无量纲对数的依赖关系是不可能从量纲分析确定的.[①]

假如对固定的 t, 即有固定的动量转移平方, s 增大, 则将出现一种不同的情形. 换句话说, 研究的是小角散射, 当能量增大时, 角度将减小:

$$s \to \infty, \quad |t| \sim s\theta^2 = \text{const}, \quad \theta \sim (|t|/s)^{1/2}. \tag{134.6}$$

---

① 包含对数修正的级数求和可能导致与对数的指数依赖性, 这会改变幂次律的指数. 然而, 只要 α 是小的, 这个改变也是小的.

在这种情形, 量纲分析使我们只能确定, 在 $d\sigma/dt$ 中 $1/s$ 与 $1/t$ 的组合幂次为 2 (而在振幅 M_{fi} 中为零).[①] 因此, 为了求出截面随 s 增大而较快减小的部分, 我们必须分离出比 $1/t$ 更高幂次的因子. 这样的因子只有当费曼图可通过在 1, 3 端和 2, 4 端之间切开虚粒子线将其分成两个部分的情形才可能出现. 这种线的总四维动量为 $p_1 - p_3$, 而这导致依赖于 $t = (p_1 - p_3)^2$ 的因子. 于是, 在范围 (134.6) 中图的渐近形式依赖于这个图在 t 道可能切割的性质.

类似地, 在如下范围的渐近行为

$$s \to \infty, \quad |u| \sim s(\pi - \theta)^2 = \text{const}, \quad |\pi - \theta| \sim (|u|/s)^{1/2}, \qquad (134.7)$$

这个范围对应于角度接近于 π 的散射, 此渐近行为由图在 u 道可能切割的性质决定, 即在 1, 4 端与 2, 3 端之间的切割.

最简单的例子是电子–电子散射, 它由图 (73.13) 与图 (73.14) 描述. 第一个图允许在 t 道在虚光子线上作切割, 并且它决定了散射振幅在范围 (134.6) 的渐近形式. 虚光子线对应于 D 函数, 它与 $1/t$ 成正比. 振幅与微分截面的渐近形式为

$$M_{fi} \propto s/t, \quad d\sigma \propto dt/t^2. \qquad (134.8)$$

在极限 (134.7), 接近于向后方向散射, 渐近形式由 "交换" 图 (73.14) 决定; 在该极限,

$$M_{fi} \propto s/u, \quad do \propto du/u^2.$$

对不同粒子的相互散射 (电子与 μ 子), 不存在交换图, 所以通过角度 $\theta \approx \pi$ 的散射截面按 (134.3), (134.4) 式减少.[②]

我们将表明, 对电子–电子散射渐近行为的这些结果并不受加入辐射修正的影响. 为此, 我们来考虑对图 (73.13) 不同级的修正.

已经表明, 对内部 D 函数的修正 (见 (113.11)) 或对顶角部分的修正 (见 (117.1)) 的图在振幅中只能导致对数修正; 这些修正并不改变幂次律 (134.8). 我们将表明这对允许在两条 (而不是一条) 内光子线切割的图也同样是对的:

$$
\begin{array}{c}
\overset{p_3}{\longleftarrow} \quad \overset{p_1+q}{\longrightarrow} \quad \overset{p_1}{\longleftarrow} \\
\underset{p_3-p_1-q}{\big|} \qquad \underset{q}{\big|} \\
\overset{p_4}{\longleftarrow} \quad \overset{p_2-q}{\longleftarrow} \quad \overset{p_2}{\longleftarrow}
\end{array}
\qquad (134.9)
$$

对应这个图的散射振幅和对应图 (73.13) 的散射振幅的区别在于因子 $1/t$ 换成为

$$\frac{(\gamma(p_1+q))(\gamma(p_2-q))}{(p_1+q)^2(p_2-q)^2 q^2(p_3-p_1-q)^2} d^4 q$$

[①] 这些论据假设常数 $|t| \gg m^2$. 这样得到的结果, 在与 s 的依赖关系 (即与能量的依赖关系) 上, 保持正确, 即使当 $|t| \sim m^2$ 时也还保持正确.

[②] 当然, 所有这些论断都与 §81 的结果一致; 见 (81.11) 式和该节的习题 6.

接下来是对 d^4q 的积分. 这个积分的重要范围为产生 $1/s$ 最低幂次的范围. 为此, q 与 p_1, p_2 比较必须总是小的. 于是抛弃在此意义上小的项 (还有项 $p_1^2 = p_2^2 = m^2$), 我们可以将此表示式重写成

$$\frac{(\gamma p_1)(\gamma p_2)}{(p_1 q)(p_2 q)q^2(p_3 - p_1 - q)^2}\mathrm{d}^4q. \tag{134.10}$$

如果 q_0 与 q_x (x 轴沿 $\boldsymbol{p}_1 = -\boldsymbol{p}_2$ 方向) 为 $\propto 1/\sqrt{s}$; q_y 与 q_z 可为 $\propto 1/\sqrt{t}$; 于是积分范围 $\propto 1/s$, 分母不包含 s. 分子的数量级为 $p_1 p_2 \propto s$. 因此, 费曼图中的一根内光子线换成两根并不影响该图与 s 的依赖关系 (对给定的 t).[①]也就是说, 图 (134.9) 对散射振幅的贡献与主图有同样的渐近行为 (134.8). 这个情形不受在图中加上其它平行的内光子线的影响, 也不受到加上对内电子线作修正的影响.

这个结果是有普遍意义的: 任何可以通过切割任何数目的内光子线在 t 道或 u 道分成两部分的图所对应的对振幅的贡献, 都有渐近形式 $M_{fi} \propto s/t$ (t 固定) 或 $M_{fi} \propto s/u$ (u 固定) (В. Г. Горшков, В. Н. Грибов, Л. Н. Липатов, Г. В. Фролов, 1967; H. Cheng, T. T. Wu, 1969).

作为第二个例子, 我们来考虑由 (74.12) 的两个图描述的康普顿散射. 这些图不允许在 t 道切割, 但第二个图允许在 u 道的一根内电子线作切割. 用本节的标记, 这就是

$$\tag{134.11}$$

这意味着散射大部分集中在向后方向附近 (如在 §86 最后已经指出过的; 见 (86.20)). 为找到此范围的渐近行为, 我们注意到对应于图 (134.11) 中内线的因子 G 有 $1/\gamma(p_1 - p_4) \propto 1/\sqrt{|u|}$ 量级. 因此, 散射振幅 $M_{fi} \propto \alpha(s/|u|)^{\frac{1}{2}}$; 其中包括一个因子 α, 这是因为图 (134.11) 为第二级的. 所以, 微分截面为 $\mathrm{d}\sigma/\mathrm{d}u \propto \alpha^2/|u|s$. 这个表示式对 $|u|$ 的积分主要范围为 $|u| \ll s$. 于是总截面随能量增加而减小 $\sigma \propto \alpha^2/s$ (或更精确地, 为 $\sigma \propto (\alpha^2/s)\ln(s/m^2)$; 参见 (86.20)).[②]

---

　　① 我们再次强调指出,我们只考虑幂次律的渐近形式,因此,我们不需要在积分中考虑对数发散. (134.9) 形式的图将在 §137 中作进一步研究.

　　② 截面和 $|u|$ 或 $|t|$ 的依赖关系的精确形式,当它们 $\lesssim m^2$ 时,当然不可能从这里给出的论据得到. 假设对 $|u|$ 或 $|t|$ 的积分在 $\sim m^2$ 是收敛的. 事实上,对除带电粒子的弹性散射外的所有过程都是如此的.

然而, 对这个过程, 辐射修正改变了其渐近行为. 这个变化是由于如下类型的第六级图引起的:

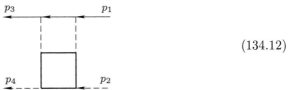

$$(134.12)$$

在 t 道, 这容许对两根内光子线作切割, 并因此对振幅贡献, 其渐近形式为 $M_{fi} \propto \alpha^3 s/t$; 因子 α^3 对应于第六级图. 当 s 足够大时, 振幅的这个部分变成为主要部分, 于是微分截面为

$$d\sigma/dt \propto \alpha^6/t^2.$$

这个表示式对 t 的积分以小的 $|t| \sim m^2$ 范围为主, 即散射角范围为 $\theta \sim m\sqrt{s}$ (注意到现在散射主要是向前的而不是向后的). 于是总截面不再随能量增加而减小:

$$\sigma \propto \alpha^6/m^2 = \alpha^4/r_e^2. \tag{134.13}$$

当 $\varepsilon = \sqrt{s} \propto m/\alpha^2$ 时, 截面减小的部分变得与此恒定部分可比较了.

类似的情形出现在光子–光子散射中. 在第一个非零近似下, 这个过程可用 "方形" 图 (127.1) 描述, 此图可穿过两个内电子线作切割. 完成对图中这些线的四维动量的积分; 动量 $\sim \sqrt{s}$ 是重要的, t 或 u 小值的范围不是特别有意义. 对任何恒定的 t 或 u, 这些图的渐近形式由 (134.5) 式给出: $M_{fi} = \text{constant} \propto \alpha^2$. 总截面随能量增加而减小: $\sigma \propto \alpha^4/s$ (参见 (127.23)); 这里接近于零或 π 的角度没有特殊的意义. 然而, 在第八级, 有可以穿过两根内光子线作切割 (在 t 或 u 道) 的图, 例如

$$(134.14)$$

这些图给出一个渐近的恒定截面: 当 $\sqrt{s} \gg m/\alpha^2$ 时, 截面 $\sigma \propto \alpha^8/m^2$. ①

总截面的渐近为恒定值是其图可以穿过内光子线作切割 (在 t 或 u 道) 的散射过程一个标志性特性. 甚至在反应终态有多于两个的粒子时也出现这个特性.

---

① 一个光子在核的场中相干散射的截面甚至在第一级非零近似下也渐近地趋近于恒定值, 这个过程用一个 "方形" 图描述, 其中两端为外场线; 见 (128.7) 式. 然而, 实际上这些图必须表示为 (134.12) 形式, 其中上面的实线为核线. 于是图中的外场线变成了内线, 并且渐近地趋近于恒定值的理由变得很明显了.

§135　顶角算符双重对数项的分离

在 §133 的最后已经指出过, $(\alpha L)^n$ 形式的修正 (其中 L 为大的对数) 只有在巨大能量时才变得重要, 并因此有纯理论的意义. 但是, 在实际散射过程的振幅中还有 $(\alpha L^2)^n$ 形式的大得多的修正. 这种包含对数平方的与 α 相同幂次的项称为**双重对数项**.

在双重对数修正中的特征展开参量为

$$\frac{\alpha}{\pi} \ln^2 \frac{\varepsilon^2}{m^2}, \tag{135.1}$$

其中 ε 标记问题中出现的能量 (例如, 质心系中碰撞粒子的总能量). 微扰论成立的条件是这个量为小量; 这个条件在如下能量下将不再满足:

$$\varepsilon \sim m \exp\left(\frac{1}{2}\sqrt{\frac{\pi}{\alpha}}\right) \sim 3 \times 10^4 m. \tag{135.2}$$

现在我们试图避开这个限制并推出在如下情形成立的公式

$$\frac{\alpha}{\pi} \ln^2 \frac{\varepsilon^2}{m^2} \lesssim 1. \tag{135.3}$$

这明显地要求对所有幂次 $(\alpha L^2)^n$ 修正的一个无穷级数求和.

双重对数修正在两种类型的情形出现. 一种情形是一个固定有限角度的散射; 如在 §134 中阐述过的, 截面在渐近高能范围总是减小的. 在这种情形, 双重对数修正与红外发散有紧密的联系. 特别是, 这些情形包括电子在外库仑场中的弹性散射; 对截面的第一级双重对数修正在 §122 中已经求出. 本节和 §136 将在条件 (135.3) 下完全确定这些修正.

另一类情形包括对给定的动量转移平方, 反应截面随能量增加而减少的情形, 即散射角渐近地趋近于零或 π 的散射; 如 §134 所示, 这出现在其图不能够穿过内光子线在 t 或 u 道作切割的过程中. 这里, 双重对数修正和红外发散没有联系. 作为一个例子, 我们将在 §137 中讨论电子 $-\mu$ 子的向后 ($u =$ constant) 散射.

首先, 由于条件 (135.3), 单对数修正为 $\sim (\alpha/\pi)\ln(\varepsilon^2/m^2) \lesssim \sqrt{(\alpha/\pi)} \ll 1$ 并因此可以略去. 由于双重对数修正不出现在 $\mathcal{G}$ 与 $\mathcal{D}$ 中, 这两个函数可简单地取为其非微扰值 G 与 D.

顶角算符 Γ 的计算包含由无穷序列的图产生的双重对数项的求和. 这个问题将在 §136 中分析, 但是, 在对其中所有变量实际进行积分前, 我们将先描述一个方法用于在各种费曼积分中将双重对数项分离出来 (В. В. Судаков, 1956).

我们来考虑对用图 (117.1) 表示的顶角算符的第一级修正 (对 α), 该图在这里通常习惯地取为 (对变量重命名) 如下形式

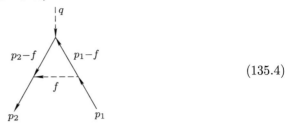

$$(135.4)$$

或用解析形式表示为

$$\Gamma^{\mu(1)}(p_2, p_1; q) = -\frac{\mathrm{i}e^2}{4\pi^3} \int \frac{\gamma^\nu(\gamma p_2 - \gamma f + m)\gamma^\mu(\gamma p_1 - \gamma f + m)\gamma_\nu \mathrm{d}^4 f}{[(p_2 - f)^2 - m^2 + \mathrm{i}0][(p_1 - f)^2 - m^2 + \mathrm{i}0][f^2 + \mathrm{i}0]}.$$

$$(135.5)$$

我们将假设

$$|q^2| \gg p_1^2, p_2^2, m^2,$$

$$(135.6)$$

并假设端 p_1, p_2 可以是物理的也可以是虚的. 由 (135.6) 式得出

$$|p_1 p_2| \approx \frac{1}{2}|q^2| \gg p_1^2, p_2^2, m^2,$$

$$(135.7)$$

即, 四维矢量 p_1 与 p_2 有大的分量但平方很小; 这是可能的, 因为四维度规是赝欧氏的. 双重对数项事实上在满足条件 (135.6) 时出现.

下面我们将看到, f 相对小的值在对 $\mathrm{d}^4 f$ 的积分中是重要的. 因此, 我们可忽略被积函数分子中的 f, 且 $\Gamma^{(1)}$ 变为

$$\Gamma^{\mu(1)} = -\frac{\mathrm{i}e^2}{4\pi^3}\gamma^\nu(\gamma p_2 + m)\gamma^\mu(\gamma p_1 + m)\gamma_\nu I_1,$$

$$(135.8)$$

其中

$$I_1 = \int \frac{\mathrm{d}^4 f}{[(p_2 - f)^2 - m^2 + \mathrm{i}0][(p_1 - f)^2 - m^2 + \mathrm{i}0][f^2 + \mathrm{i}0]}$$

$$(135.9)$$

(135.8) 中的矩阵因子可以简化, 利用如下事实, 在图中出现 Γ 实际上总是要乘以矩阵 $(\gamma p_2 + m)$ 与 $(\gamma p_1 + m)$ 的:

$$(\gamma p_2 + m)\Gamma(\gamma p_1 + m).$$

$$(135.10)$$

因为, 如果 p_1 与 p_2 电子线为虚的, 那么, 这些因子来自 $G(p_1)$ 与 $G(p_2)$; 而如果这些线对应实的电子, 那么, Γ 要乘以 $\bar{u}_2$ 与 u_1, 而狄拉克方程表明

$$\bar{u}_2 = \bar{u}_2 \frac{\gamma p_2 + m}{2m}, \quad u_1 = \frac{\gamma p_1 + m}{2m} u_1.$$

交换矩阵因子的次序, 并在每一步按照 (135.7), 与 p_1, p_2 相比较, 略去 p_1^2, p_2^2 与 m^2, 我们得到

$$(\gamma p_2 + m)\Gamma^{\mu(1)}(\gamma p_1 + m) \approx -\frac{\mathrm{i}e^2}{\pi^3}(p_1 p_2)(\gamma p_2 + m)\gamma^\mu(\gamma p_1 + m)I_1.$$

因此, 我们可以取 $\Gamma^{(1)}$ 的最后形式为

$$\Gamma^{\mu(1)} = \frac{\mathrm{i}e^2}{2\pi^3}\gamma^\mu t I_1, \tag{135.11}$$

其中

$$t = q^2 \approx -2(p_1 p_2). \tag{135.12}$$

当 f 大时, 积分 I_1 收敛, 因此不需要作正规化.

接下来的计算中的关键是引进新的更方便的积分变量.

将 f 分解为和 $p_1 p_2$ 平面相切与相垂直的分量:

$$f = u p_1 + v p_2 + f_\perp \equiv f_\parallel + f_\perp, \tag{135.13}$$
$$f_\perp p_1 = f_\perp p_2 = 0. \tag{135.14}$$

我们取系数 u, v 以及

$$\rho = -f_\perp^2 \tag{135.15}$$

作为新的变量. 由条件 (135.7) 明显看出, 在 $p_1 p_2$ 平面的度规是赝欧氏的. 因此, 时间轴可以取在这个平面, 于是 $f_\perp$ 为一个类空的四维矢量, 且 $\rho > 0$.

指标 $0, x$ 暂时用来标记四维矢量在 $p_1 p_2$ 平面上的分量; y 与 z 用来标记垂直平面上的分量. 将四维体积元 $\mathrm{d}^4 f = \mathrm{d}^2 f_\perp \mathrm{d}^2 f_\parallel$ 变换为新的变量, 我们写出

$$\mathrm{d}^2 f_\perp = |\boldsymbol{f}_\perp|\mathrm{d}|\boldsymbol{f}_\perp|\mathrm{d}\varphi = \frac{1}{2}\mathrm{d}\rho\mathrm{d}\varphi \to \pi\mathrm{d}\rho$$

(由于 (135.9) 式中的被积函数是与角 φ 无关的). 还有

$$\mathrm{d}^2 f_\parallel = \left|\frac{\partial(f_0, f_x)}{\partial(u, v)}\right|\mathrm{d}u\mathrm{d}v = |p_{10}p_{2x} - p_{20}p_{1x}|\mathrm{d}u\mathrm{d}v \approx \frac{1}{2}|q^2|\mathrm{d}u\mathrm{d}v.$$

实际上, 由于 p_2^2 是小量, 所以 $p_{2x}^2 \approx p_{20}^2$, 并因此

$$(p_{10}p_{2x} - p_{20}p_{1x})^2 \approx (p_{10}p_{20} - p_{2x}p_{1x})^2 = (p_1 p_2)^2 = (q^2/2)^2.$$

于是

$$\mathrm{d}^4 f = \frac{1}{2}|t|\mathrm{d}u\mathrm{d}v\mathrm{d}^2 f_\perp \to \frac{\pi}{2}|t|\mathrm{d}u\mathrm{d}v\mathrm{d}\rho. \tag{135.16}$$

现在, 计算依赖于 p_1^2, p_2^2 与 m^2 之间的关系; 我们将考虑两种情形.

虚电子线情形

设动量 p_1 与 p_2 对应虚电子, 并且

$$|p_1^2|, \quad |p_2^2| \gg m^2. \tag{135.17}$$

我们将看到, 在此情形导致双重对数表示的最重要积分范围由如下不等式给出

$$0 < \rho \ll |tu|, |tv|; \quad \left|\frac{p_1^2}{t}\right| \ll |v| \ll 1; \quad \left|\frac{p_2^2}{t}\right| \ll |u| \ll 1. \tag{135.18}$$

相应地, 在 (135.9) 式被积函数的分母中, 与 $(p_1 f), (p_2 f)$ 相比较, 我们可略去 m^2, p_1^2, p_2^2 与 f^2:

$$I_1 = \int \frac{\mathrm{d}^4 f}{2(p_2 f) \cdot 2(p_1 f)(f^2 + \mathrm{i}0)}. \tag{135.19}$$

量 $p_1 f, p_2 f$ 与 f^2 由下式给出

$$f^2 = (up_1 + vp_2)^2 - \rho \approx -tuv - \rho,$$
$$2(p_1 f) = 2p_1(up_1 + vp_2) \approx -tv,$$
$$2(p_2 f) \approx -tu.$$

于是

$$I_1 = -\frac{\pi}{2|t|} \int \frac{\mathrm{d}\rho}{\rho + tuv - \mathrm{i}0} \frac{\mathrm{d}u}{u} \frac{\mathrm{d}v}{v}. \tag{135.20}$$

按照条件 (135.18) 式, 对 $\mathrm{d}\rho$ 的积分从 0 到 $|tv|$ 与 $|tu|$ 中的较小者; 结果为

$$\int_0^{\min\{|tu|, |tv|\}} \frac{\mathrm{d}\rho}{\rho + tuv - \mathrm{i}0} = \ln \min \left\{ \frac{1}{|u|}, \frac{1}{|v|} \right\} + \begin{cases} \mathrm{i}\pi, & \text{当 } tuv < 0, \\ 0, & \text{当 } tuv > 0. \end{cases} \tag{135.21}$$

对 $\mathrm{d}v$ 的对数积分从 -1 到 $-|p_1^2/t|$ 和从 $|p_1^2/t|$ 到 1 (对 $\mathrm{d}u$ 的积分与此类似). 当将 (135.21) 代入 (135.20) 时, 第一项对 $\mathrm{d}u\mathrm{d}v$ 的积分为零, 因为被积函数为奇函数. 第二项的积分当 $t < 0$ 时对 u 与 v 有相同符号的范围进行, 而当 $t > 0$ 时是有相反符号的范围. 在任一情形 $v > 0$ 范围与 $v < 0$ 范围在对 $\mathrm{d}u$ 积分后给出相同的贡献, 结果为

$$I_1 = \frac{\mathrm{i}\pi^2}{2t} \cdot 2 \int_{|p_2^2/t|}^1 \frac{\mathrm{d}u}{u} \int_{|p_1^2/t|}^1 \frac{\mathrm{d}v}{v} = \frac{\mathrm{i}\pi^2}{t} \ln\left|\frac{t}{p_1^2}\right| \ln\left|\frac{t}{p_2^2}\right|, \tag{135.22}$$

符号与 t 相同.

最后, 代入 (135.11), 我们得到

$$\Gamma^{\mu(1)}(p_2, p_1; q) = -\frac{\alpha}{2\pi}\gamma^\mu \ln\left|\frac{q^2}{p_1^2}\right| \ln\left|\frac{q^2}{p_2^2}\right|,$$
$$|q^2| \gg |p_1^2|, \quad |p_2^2| \gg m^2. \tag{135.23}$$

物理的外电子线情形

现在设动量 p_1 与 p_2 对应实的电子, 于是

$$p_1^2 = p_2^2 = m^2. \tag{135.24}$$

于是, 积分的重要范围为

$$0 < \rho \ll |tu|, \quad |tv|; \quad 0 < |v|, \quad |u| \ll 1. \tag{135.25}$$

由于 $p_1^2 - m^2 = p_2^2 - m^2 = 0$, 和 $p_1 f$, $p_2 f$ 相比较, 我们可略去 p_1^2 与 p_2^2, 并且将积分 (135.9) 又一次变成 (135.19) 的形式. 然而, 为了消除要出现的红外发散, 我们必须在光子传播子中采用有限的光子质量 $\lambda \ll m$ (参见 §117):

$$I_1 = \int \frac{\mathrm{d}^4 f}{2(p_1 f) \cdot 2(p_2 f)(f^2 - \lambda^2 + \mathrm{i}0)}. \tag{135.26}$$

在此情形

$$f^2 \approx -tuv - \rho, \quad 2(p_1 f) \approx -tv + 2m^2 u, \quad 2(p_2 f) \approx -tu + 2m^2 v,$$

因此

$$I_1 = -\frac{\pi}{2|t|} \int \frac{\mathrm{d}\rho}{\rho + tuv + \lambda^2 - \mathrm{i}0} \frac{\mathrm{d}u}{u - \tau v} \frac{\mathrm{d}v}{v - \tau u}, \quad \tau = \frac{2m^2}{t} \ll 1. \tag{135.27}$$

其中 $\tau = 2m^2/t \ll 1$.

对 $\mathrm{d}\rho$ 积分后, 类似于 (135.21) 式, 我们得到

$$I_1 = -\frac{\mathrm{i}\pi^2}{2|t|} \iint \frac{\mathrm{d}u}{u - \tau v} \frac{\mathrm{d}v}{v - \tau u},$$

对此积分加了条件 $tuv + \lambda^2 < 0$. 范围 $v > 0$ 与 $v < 0$ 又给出相同的贡献, 对 $\mathrm{d}u$ 积分的结果为

$$I_1 = \frac{\mathrm{i}\pi^2}{t} \int_0^1 \mathrm{d}v \int_{\delta/v}^1 \frac{\mathrm{d}u}{(u - \tau v)(v - \tau u)} = \frac{\mathrm{i}\pi^2}{t} \int_0^1 \ln \left| \frac{\tau\delta - v^2}{(\delta - \tau v^2)(\tau - v)} \right| \frac{\mathrm{d}v}{v}, \tag{135.28}$$

其中 $\delta = \lambda^2 t$, $|\delta| \ll |\tau|$, 我们已经用到了不等式 $|\tau| \ll 1$.

在积分 (135.28) 中, v 的三个范围导致双重对数表示: (I) $|\tau| \ll v \ll 1$, (II) $\sqrt{(\delta/\tau)} \ll v \ll |\tau|$, (III) $\sqrt{(\tau\delta)} \ll v \ll \sqrt{(\delta/\tau)}$. (我们取特殊情形 $\sqrt{(\delta/\tau)} \ll |\tau|$; 结果与此假设无关.) 在每个范围采取适当的近似, 我们求出

$$I_1 = \frac{\mathrm{i}\pi^2}{2t} \left(\ln^2 \frac{|t|}{m^2} + 4 \ln \frac{|t|}{m^2} \ln \frac{m}{\lambda} \right). \tag{135.29}$$

最后, 代入 (135.11) 式, 我们有

$$\Gamma^{\mu(1)}(p_2, p_1; q) = -\frac{\alpha}{4\pi}\gamma^\mu\left(\ln^2\frac{|q^2|}{m^2} + 4\ln\frac{|q^2|}{m^2}\ln\frac{m}{\lambda}\right), \qquad (135.30)$$

$$|q^2| \gg |p_1^2| = |p_2^2| = m^2,$$

与 (117.21) 式一致.

§136　顶角算符的双重对数渐近形式

§135 计算的修正 $\Gamma^{(1)}$ 为 1 的量级时, 顶角算符必须由对 α 的所有级的双重对数的无穷序列求和来求出. 这个问题是可以解决的, 因为这样的项仅由一个特殊类型的图产生, 而由不同级图的贡献以简单的方式相联系. 如我们在以下将看到的, 产生双重对数项的所有图有如下形式

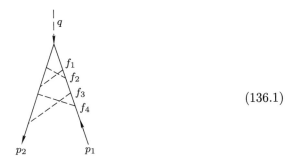

$$(136.1)$$

等等, 其中每根光子线连接两根电子线, 而且光子线本身可以以任何方式相交.

设光子动量 $f_1, f_2, \cdots$ 按其线的右手端的顺序来标号. 于是, 给定级的各个图将按光子线的左手端的序列区别. 在每个费曼积分中, 如 (135.5) 中那样, 我们略去分子与分母中的项, 然后以和推导 (135.11) 式同样方式处理分子. 之后对所有有 n 光子线的图求和, 给出 Γ 中 $\propto \alpha^n$ 的项, 为

$$\Gamma^{\mu(n)} = \gamma^\mu\left(\frac{\mathrm{i}\alpha}{2\pi^3}t\right)^n I_n, \qquad (136.2)$$

$$I_n = \sum_{\mathrm{int}}\int_2 \mathrm{d}^4 f_1 \cdots \mathrm{d}^4 f_n$$

$$\times\frac{1}{2(p_1 f_1)\cdot 2(p_1 f_1 + p_1 f_2)\cdots 2(p_1 f_1 + \cdots + p_1 f_n)\cdot 2(p_2 f_1)\cdots 2(p_2 f_1 + \cdots + p_2 f_n)}$$

$$\times\frac{1}{f_1^2 f_2^2 \cdots f_n^2}, \qquad (136.3)$$

其中求和对在乘积 $p_2 f_k$ 中下标 k 的所有交换 (置换) 进行; 为简洁计, 略去分母中的 i0 项与 λ^2 项.

很清楚, 如果在求和 (136.3) 中的乘积 $p_1 f_k$ 中下标 k 以任何方式交换, 这简单地等价于对动量重命名, 因此并不影响 I_n 的值. 因此我们可以将 (136.3) 的求和推广到在两个乘积 $p_2 f_k$ 与 $p_1 f_k$ 中因子 f_k 的所有交换, 并将结果除以 $n!$.

现在我们利用重要公式

$$\sum_{\text{int}} \frac{1}{a_1(a_1 + a_2) \cdots (a_1 + a_2 + \cdots + a_n)} = \frac{1}{a_1} \frac{1}{a_2} \cdots \frac{1}{a_n}, \tag{136.4}$$

其中求和对下标 $1, 2, \cdots, n$ 的交换进行.[①] 当将此公式两次应用于积分的求和时, 我们就得到一个形如 (135.19) (或 (135.26)) 的 n 个相同积分的乘积, 于是

$$I_n = I_1^n / n! \tag{136.5}$$

代入 (136.2) 并将 $\Gamma^{(n)}$ 对所有的 $n = 0, 1, 2, \cdots$ 求和, 最后给出

$$\Gamma^\mu(p_2, p_1; q) = \gamma^\mu \exp\left(\frac{ie^2}{2\pi^3} t I_1\right). \tag{136.6}$$

特别是, 代入由 (135.22) 的 I_1 给出带有虚外电子线的顶角算符的双重对数渐近形式:

$$\Gamma^\mu(p_2, p_1; q) = \gamma^\mu \exp\left\{-\frac{\alpha}{2\pi} \ln\left|\frac{q^2}{p_1^2}\right| \ln\left|\frac{q^2}{p_2^2}\right|\right\}, \tag{136.7}$$
$$|q^2| \gg |p_1^2|, \quad |p_2^2| \gg m^2$$

(B. B. Судаков, 1956).

代入由 (135.29) 的 I_1 则给出带有实外电子线的顶角算符的渐近形式:

$$\Gamma^\mu(p_2, p_1; q) = \gamma^\mu \exp\left\{-\frac{\alpha}{4\pi}\left(\ln^2\frac{|q^2|}{m^2} + 4\ln\frac{|q^2|}{m^2}\ln\frac{m}{\lambda}\right)\right\}, \tag{136.8}$$
$$|q^2| \gg p_1^2 = p_2^2 = m^2.$$

其中 Γ^μ 与其非微扰值 γ^μ 相差的因子同时还确定了电子在外场中的散射振幅与其玻恩值之间的相差值. 因此, 散射截面为

$$d\sigma = d\sigma_B \exp\left\{-\frac{\alpha}{2\pi}\left(\ln^2\frac{|q^2|}{m^2} + 4\ln\frac{|q^2|}{m^2}\ln\frac{m}{\lambda}\right)\right\}. \tag{136.9}$$

为消除红外发散, 我们仍必须将此表示式乘以发射各个数目能量不超过某个小值 $\omega_{\max}$ 的软光子的概率之和, 即乘以如下的量 (见 (122.2))

$$I + \int_0^{\omega_{\max}} dw_\omega + \frac{1}{2!}\int_0^{\omega_{\max}} dw_{\omega_1}\int_0^{\omega_{\max}} dw_{\omega_2} + \cdots = \exp\left\{\int_0^{\omega_{\max}} dw_\omega\right\}. \tag{136.10}$$

[①] 此公式对 $n = 2$ 明显成立, 于是不难用归纳法证明此公式.

指数中的积分由 (120.14) 给出 (在该式作为乘以 $d\sigma_{el}$ 的表示式), 最后结果是能量为 ε 的电子在高动量转移下的散射截面的如下渐近公式:

$$d\sigma = d\sigma_B \exp\left\{-\frac{2\alpha}{\pi}\ln\frac{|q^2|}{m^2}\ln\frac{\varepsilon}{\omega_{max}}\right\}, \tag{136.11}$$

$$|q^2| \gg m^2, \quad \frac{\alpha}{2\pi}\ln^2\frac{\varepsilon}{m} \sim 1$$

(А. А. Абрикосов, 1956). 在此表示式中的第一级项 (相对于 α) 当然是 (122.12) 式.

我们指出, 如果我们取 $\omega_{max} \sim \varepsilon$, (136.11) 中的一个对数就变成 1 的量级; 也就是说, 双重对数修正在同时发射任意能量光子的截面中消去了.[①] 于是, 在所采用的近似下, (136.11) 式中的指数因子变为 1, 而截面有其玻恩值, 这和 §98 末尾的普遍论断是一致的.

§137 电子 $-\mu$ 子散射振幅的双重对数渐近形式

作为第二种类型的一个例子, 我们考虑一个电子被负 μ 子散射的过程, 我们只考虑精确向后散射、散射角为 $\theta = \pi$ 的情形 (В. Г. Горшков, В. Н. Грибов, Л. Н. Липамов, Г. В. Фролов, 1967). 从两个方面看, 这都是一个简单的过程. 首先, 交换图不出现, 因为两个粒子不是全同粒子. 其次, 在向后散射中, 很少有软光子发射, 因此, 没有红外发散: 按照 (98.8) 式, 软光子的发射截面为

$$d\sigma = \alpha\left[\left(\frac{v'_e}{1-v'_e\cdot n} + \frac{v'_\mu}{1-v'_\mu\cdot n} - \frac{v_e}{1-v_e\cdot n} - \frac{v_\mu}{1-v_\mu\cdot n}\right)\times n\right]^2\cdot\frac{d\omega do_n}{4\pi^2\omega}d\sigma_{el}, \tag{137.1}$$

其中 v_e, v_μ 与 v'_e, v'_μ 为碰撞前后的粒子速度; 在极端相对论情形, 动量相等意味着速度相等, 并且到这个精确性, 在质心系中, 对向后散射, $v_e = -v_\mu = -v'_e = v'_\mu$, 所以 (137.1) 式的值为零.

如果所考虑的散射过程对应 s 道反应, 那么在 t 道就变成为电子-正电子对转换为 $\mu^+\mu^-$ 子对的反应. 在这个道, 条件 $\theta = \pi$ 意味着 e^- 与 μ^- (和 e^+ 与 μ^+) 的运动方向一致. 消除轫致辐射在这个道是特别明显的, 因为每个符号电荷的运动方向是不变的.

在发射截面中消去领头项的结果是, 其渐近形式不包含双重对数修正. 相应地, 也就没有 (以同样的双重对数精确性) 红外发散, 甚至在散射振幅中对虚光子动量积分时也没有红外发散.

[①] 对于有限角的散射, 在 §98 表述的光子是软光子的条件只要求 $\omega_{max} \ll \varepsilon$, 因此这里推出的公式可以以对数精确性使用, 甚至当 $\omega_{max} \sim \varepsilon$ 时.

如果用如下不变量来描述这个过程

$$s = (p_e + p_\mu)^2, \quad t = (p_e - p_e')^2, \quad u = (p_e - p_\mu')^2$$

在极端相对论情形, 对应向后散射的值为

$$s = -t \gg m_\mu^2, \quad u = 0. \tag{137.2}$$

在微扰论的一级 (相对于 α) 近似, 电子 $-\mu$ 子散射用下图描述

$$\tag{137.3}$$

相应的振幅为

$$M_{fi}^{(1)} = \frac{4\pi\alpha}{t} (\overline{u}^{(\mu)'} \gamma^\nu u^{(\mu)})(\overline{u}^{(e)'} \gamma_\nu u^{(e)}). \tag{137.4}$$

这个表示式在极限 (137.2) 的值可通过将矩阵四维矢量 γ^ν 换成其在垂直于 $p_e p_e'$ 平面 (或等价地, $p_\mu p_\mu'$ 平面, 因为在极端相对论的向后散射中有 $p_e \approx p_\mu'$, $p_e' \approx p_\mu$) 的平面上的 "投影" $\gamma_\perp^\nu$ 得到: 平行于 $p_e p_e'$ 平面的分量则为矩阵

$$\frac{1}{\sqrt{s}}(\gamma p_e + \gamma p_e'), \quad \frac{1}{\sqrt{s}}(\gamma p_e - \gamma p_e')$$

(第一个矩阵等于 γ^0, 第二个等于 $\boldsymbol{n}_e \cdot \boldsymbol{\gamma}$, 其中 $\boldsymbol{n}_e$ 为沿 $\boldsymbol{p}_e$ 方向的单位矢量), 对双旋量 $u^{(e)}$ 与 $u^{(\mu)}$ 采用狄拉克方程, 我们有

$$(\overline{u}^{(\mu)'} \gamma_\parallel^\nu u^{(\mu)})(\overline{u}^{(e)'} \gamma_{\nu\parallel} u^{(e)}) \sim 1/s$$

所以可略去这些项.

在下一级近似, 我们加上下面这个图

$$\tag{137.5}$$

以及有光子线 "交叉" 的图, 该图可方便地取为与图 (137.5) 的区别仅仅是一根实线方向不同的形式:

$$\tag{137.6}$$

对应积分的分析表明, 在这两个图中, 我们都有来自 "软" 虚光子区域: $|(f-p_e)^2| \ll m_e^2$ 或 $|(f-p_e')^2| \ll m_e^2$ 的双重对数贡献. 这些贡献由积分的红外发散产生, 按照前面的讨论, 这里肯定必须消去. 然而, 在图 (137.6) 中, 还有来自大动量: $|f^2| \gg m_\mu^2$ 的双重对数贡献, 并且这个贡献必须计算出来.

图 (137.6) 对应于积分

$$M_{fi}^{(2)} = -\mathrm{i}\frac{\alpha^2}{\pi^2} \int \frac{[\overline{u}^{(e)'}\gamma^\nu(\gamma f + m_e)\gamma_\lambda u^{(e)}][\overline{u}^{(\mu)'}\gamma^\lambda(\gamma f + m_\mu)\gamma_\nu u^{(\mu)}]}{(p_e' - f)^2(f^2 - m_e^2)(f^2 - m_\mu^2)(p_e - f)^2}\mathrm{d}^4 f, \quad (137.7)$$

其中我们已经用到 $p_e \approx p_\mu'$ 的事实. 我们仍取

$$f = u p_e + v p_e' + f_\perp \qquad (137.8)$$

(参见 (135.13) 式). 双重对数的贡献来自如下不等式确定的范围

$$|su|, \quad |sv| \gg \rho \gg m_\mu^2; \quad m_\mu^2/s \ll |u|, \quad |v| \ll 1, \qquad (137.9)$$

其中 $\rho = -f_\perp^2$. 四维矢量 $f_\perp$ 的定义使得 $f_\perp p_e = f_\perp p_e' = 0$; 在现在向后散射的情形, 由此得出在质心系中 $f_\perp^0 = 0$, 并因此 $\rho = \boldsymbol{f}_\perp^2$.

在 (137.7) 式的分子中, 我们可略去 m_e 与 m_μ, 以及所有包含 u 或 v 的项; 这里的因子 u 或 v 将会消去分母中相应的极点 (见下面), 于是, 所要求的对数平方将不出现. 由于

$$(p_e' - f)^2 \approx tu \approx -su, \quad (p_e - f)^2 \approx -sv, \quad f^2 \approx suv - \rho$$

我们可以按照 (135.16) 变换积分元 $\mathrm{d}^4 f$, 并将 (137.7) 式重写为

$$M_{fi}^{(2)} = -\mathrm{i}\frac{\alpha^2}{2\pi^2} \int \frac{[\overline{u}^{(e)'}\gamma^\nu(\gamma f_\perp)\gamma_\lambda u^{(e)}][\overline{u}^{(\mu)'}\gamma^\lambda(\gamma f_\perp)\gamma_\nu u^{(\mu)}]}{su \cdot sv(suv - \rho + \mathrm{i}0)^2} s\, \mathrm{d}u\, \mathrm{d}v\, \mathrm{d}^2 f_\perp.$$

被积函数的分子进一步通过对 $\boldsymbol{f}_\perp$ 的方向求平均以及将 γ^ν 与 γ^λ 变换为 $\gamma_\perp^\nu$ 与 $\gamma_\perp^\lambda$ (按与 (137.4) 中同样的原则) 作进一步变换. 简单的计算给出

$$M_{fi}^{(2)} = M_{fi}^{(1)} J^{(1)}, \quad J^{(1)} = -\mathrm{i}\frac{\alpha}{4\pi^2} \int \frac{\rho\, \mathrm{d}u\, \mathrm{d}v\, \mathrm{d}\rho}{uv(suv - \rho + \mathrm{i}0)^2}. \qquad (137.10)$$

最后, 在分子中利用恒等式 $\rho \equiv (\rho - suv) + suv$, 我们可略去第二项, 它会消去简单的极点并因此没有双重对数的贡献. 因此

$$J^{(1)} = -\mathrm{i}\frac{\alpha}{4\pi^2} \int \frac{\mathrm{d}u\, \mathrm{d}v\, \mathrm{d}\rho}{uv(\rho - suv - \mathrm{i}0)}. \qquad (137.11)$$

这个积分与 (135.20) 式有同样的形式, 因此, 对 $\mathrm{d}\rho$ 的积分可以用同样方式进行, 但是现在由于 $\rho \gg m_\mu^2$, 我们有条件 $suv \gg m_\mu^2$, 而不是 $suv > 0$. 结果为

$$J^{(1)} = \frac{\alpha}{2\pi} \int \frac{\mathrm{d}u\, \mathrm{d}v}{uv}, \qquad (137.12)$$

积分范围由如下不等式确定:

$$m_\mu^2/s < u, \quad v < 1 \quad suv > m_\mu^2$$

在此对数精确性的计算中, 强的不等式 $\gg$ 简单地换成了 $>$. 直截了当的计算给出

$$J^{(1)} = \frac{\alpha}{4\pi} \ln^2 \frac{s}{m_\mu^2}. \tag{137.13}$$

在微扰论更高级的近似中, 所要求的项 $\sim \alpha^n \ln^{2n} s$ 由与 (137.6) 类似的 "梯形" 图产生, 但 "梯级" 的数目要更多. 因此, 散射振幅完全的双重对数渐近形式由如下无穷的求和给出

$$\mathrm{i}M_{fi} = \begin{matrix} p'_e \longleftarrow \longleftarrow p_e \\ p_\mu \longrightarrow \longrightarrow p'_\mu \end{matrix} + \quad \cdots \quad + \quad \cdots \quad + \cdots \tag{137.14}$$

为确定这个求和中项的一般形式, 我们来考虑第三极近似的图 ((137.14) 序列中的第三项). 相应的积分可写成

$$M_{fi}^{(3)} = M_{fi}^{(1)} J^{(2)}, \quad J^{(2)} = \left(\frac{\alpha}{2\pi}\right)^2 \int \frac{\mathrm{d}u_1 \mathrm{d}v_1 \mathrm{d}u_2 \mathrm{d}v_2}{u_1 v_1 (u_1 + u_2)(v_1 + v_2)} \tag{137.15}$$

积分范围为

$$m_\mu^2/s < u_{1,2}, \quad v_{1,2} < 1, \quad su_1 v_1, \quad su_2 v_2 > m_\mu^2.$$

在此积分中的双重对数项可通过对积分变量加上如下进一步的条件来分离

$$v_2 \gg v_1, \quad u_2 \gg u_1. \tag{137.16}$$

于是

$$J^{(2)} = \left(\frac{\alpha}{2\pi}\right)^2 \int \frac{\mathrm{d}u_1 \mathrm{d}v_1 \mathrm{d}u_2 \mathrm{d}v_2}{u_1 u_2 v_1 v_2} = \left(\frac{\alpha}{2\pi}\right)^2 \int \mathrm{d}\xi_1 \mathrm{d}\eta_1 \mathrm{d}\xi_2 \mathrm{d}\eta_2,$$

其中 $\xi_i = \ln(su_i/m_\mu^2)$, $\eta_i = -\ln v_i$, 并且积分范围由如下不等式确定

$$\xi_1 > \eta_1; \quad \xi_2 > \eta_2; \quad \sigma > \xi_2, \quad \eta_2 > 0; \quad \sigma = \ln(s/m_\mu^2).$$

类似地, 该序列中的第 n 项可以写成 $M_{fi}^{(n)} = M_{fi}^{(l)} J^{(n)}$, 其中

$$J^{(n)}(\sigma) = \left(\frac{\alpha}{2\pi}\right)^2 \int \mathrm{d}\xi_1 \mathrm{d}\eta_1 \cdots \mathrm{d}\xi_n \mathrm{d}\eta_n, \tag{137.17}$$

积分范围为

$$\xi_i > \eta_i \quad (i = 1, 2, \cdots, n), \quad \sigma > \xi_n, \quad \eta_n > 0. \tag{137.18}$$

总散射振幅为

$$M_{fi} = M_{fi}^{(1)} \left[1 + \sum_{n=1}^{\infty} J^{(n)}(\sigma) \right]. \tag{137.19}$$

为计算这个求和, 我们引进一个辅助函数 $A^{(n)}(\xi, \eta)$, 它由与 (137.17) 同样的积分给出, 但积分范围为

$$\xi_i > \eta_i \quad (i = 1, 2, \cdots, n), \quad \xi > \xi_n > 0, \quad \eta > \eta_n > 0 \tag{137.20}$$

(即对 ξ_n 与 η_n 有不同的积分限, 而不像 (137.18) 式中那样有相同的积分限). 很明显, $M_{fi} = M_{fi}^{(1)} A(\sigma, \sigma)$, 其中

$$A(\xi, \eta) = \sum_{n=0}^{\infty} A^{(n)}(\xi, \eta), \quad A^{(0)} = 1. \tag{137.21}$$

函数 $A^{(n)}(\xi, \eta)$ 的定义表明, 它们满足如下递推关系:

$$A^{(n)}(\xi, \eta) = \frac{\alpha}{2\pi} \int d\xi_1 d\eta_1 A^{(n-1)}(\xi_1, \eta_1),$$

并且这个方程对 n 从 1 到 ∞ 的求和给出函数 $A(\xi, \eta)$ 的一个积分方程:

$$A(\xi, \eta) = 1 + \frac{\alpha}{2\pi} \int A(\xi_1, \eta_1) d\xi_1 d\eta_1, \tag{137.22}$$
$$\xi_1 > \eta_1, \quad \xi > \xi_1 > 0, \quad \eta > \eta_1 > 0.$$

为了下面的分析, 考虑在范围 $\xi > \eta$ 中的 $A(\xi, \eta)$ 就足够了. 于是方程 (137.22) 可写成

$$A(\xi, \eta) = 1 + \frac{\alpha}{2\pi} \int_0^{\eta} \int_{\eta_1}^{\xi} A(\xi_1, \eta_1) d\xi_1 d\eta_1. \tag{137.23}$$

将此式对 η 微分, 我们有

$$\frac{\partial A(\xi, \eta)}{\partial \eta} = \frac{\alpha}{2\pi} \int_{\eta}^{\xi} A(\xi_1, \eta) d\xi_1, \tag{137.24}$$

进一步再对 ξ 微分给出微分方程

$$\frac{\partial^2 A}{\partial \eta \partial \xi} - \frac{\alpha}{2\pi} A = 0. \tag{137.25}$$

这个方程必须用如下边条件来解

$$A(\xi, 0) = 1, \quad \left. \frac{\partial A}{\partial \eta} \right|_{\xi = \eta} = 0, \tag{137.26}$$

这个条件可直接从 (137.23) 与 (137.24) 得出.

方程的解可通过对 ξ 的拉普拉斯变换求出:

$$A(\xi, \eta) = \frac{1}{2\pi i} \int_C e^{p\xi} Q(p, \eta) \mathrm{d}p, \tag{137.27}$$

其中在复 p 平面的回路 C 为围绕 $p = 0$ 点的闭合曲线. 将 (137.27) 代入 (137.25) 式, 并令被积函数等于零, 我们有

$$p\frac{\partial Q}{\partial \eta} = \frac{\alpha}{2\pi} Q, \quad Q = \varphi(p) \exp\frac{\alpha\eta}{2\pi p},$$

其中 $\varphi(p)$ 为一个任意函数. 现在 (137.26) 的第一个边条件给出

$$\varphi(p) = 1/p + \psi(p)$$

其中 $\psi(p)$ 为解析函数, 在回路 C 内没有奇异性. (137.26) 的第二个条件通过取 $\psi(p) = -2\pi p/\alpha$ 可得到满足: 于是

$$\frac{\partial A}{\partial \eta}\bigg|_{\xi=\eta} = -\frac{1}{2\pi i \xi} \int_C \frac{\mathrm{d}}{\mathrm{d}p} \exp\xi\left(p + \frac{\alpha}{2\pi p}\right) \mathrm{d}p = 0.$$

将取 $\xi = \eta = \sigma$ 的这些表示式联立给出

$$A(\sigma, \sigma) = -\frac{1}{2\pi i}\frac{2\pi}{\alpha\sigma} \int_C p\frac{\mathrm{d}}{\mathrm{d}p} \exp\left[\sigma\left(p + \frac{\alpha}{2\pi p}\right)\right] \mathrm{d}p.$$

最后, 进行分部积分并利用熟悉的公式

$$\mathrm{I}_1(z) = \frac{1}{2\pi i} \int_C \exp\left[\frac{z}{2}\left(p + \frac{1}{p}\right)\right] \mathrm{d}p$$

(其中 $\mathrm{I}_1(z) = -i\mathrm{J}_1(iz)$ 为虚宗量贝塞尔函数), 我们求出散射振幅为

$$M_{fi} = M_{fi}^{(1)} \sqrt{\frac{2\pi}{\alpha\sigma^2}} \mathrm{I}_1\left(\sqrt{\frac{2\alpha}{\pi}}\sigma\right). \tag{137.28}$$

$\theta = \pi$ 的散射截面相应地等于

$$\mathrm{d}\sigma = \mathrm{d}\sigma^{(1)} \frac{2\pi}{\alpha \ln^2(s/m_\mu^2)} \mathrm{I}_1^2\left(\sqrt{\frac{2\alpha}{\pi}} \ln\frac{s}{m_\mu^2}\right), \quad \mathrm{d}\sigma^{(1)} = \frac{2\pi\alpha^2}{s^2}\mathrm{d}t, \tag{137.29}$$

这就是极端相对论情形的玻恩近似截面 (见 §81, 习题 6). [1]

――――――――――

[1] 关于双重对数渐近形式的进一步文献在 В. Г. Горшков 的综述性论文 (УФН. 1973. Т 110. С. 45) 中给出.

第十四章
强子的量子电动力学

§138　强子的电磁形状因子

迄今为止, 我们在本书中只讨论不参加强相互作用的粒子 (电子, 正电子与 μ 子) 的量子电动力学. 另外还有很多粒子是参加强相互作用的, 它们被称为强子 (**hadron**)[1]. 这些粒子包括例如自旋 $\frac{1}{2}$ 的质子与中子, 自旋为零的 π 介子, 以及其它粒子. 原子核由质子和中子组成, 自然也是强子.

目前的理论还不能推导出一个完备的强子量子电动力学. 显然, 不考虑强得多的强相互作用是不可能建立一个能确定强子电磁相互作用的方程的. 特别是, 为描述量子电动力学的相互作用就要得到强子流的明显形式, 而这就必须要包括强相互作用. 因此, 强子流只能作为一个唯象的量引进, 其结构只能由一般的运动学要求来确定, 而与关于相互作用动力学的任何假设无关.[2]

电磁相互作用算符将仍有如下形式

$$e(\widehat{J}\widehat{A}) \tag{138.1}$$

其中流用大写字母 J 表示, 以便与电子流 j 区分. 由于这个相互作用的数量级是用同样的基本电荷 e 标定的, 我们仍可采用微扰论方法.[3]

我们先来确立在一个自由运动强子的两个态 (强子本身没有任何变化) 之间的跃迁流的形式. 这个流出现在如下的三端点图中

---

[1] 这个词来自希腊语 hadros, 意思是 "大的, 有质量".
[2] 包含夸克模型的强子电动力学不在本书中讨论.
[3] 在本章, $e(>0)$ 用来标记单位电荷.

$$(138.2)$$

它本身可以是更复杂图的一部分 (例如, 电子被一个强子弹性散射的图). 图 (138.2) 中的虚线表示一个虚光子; 它不可能对应一个实光子, 因为一个自由粒子是不可能吸收 (或发射) 一个这样的光子的; 并且

$$q^2 = (p_2 - p_1)^2 < 0.$$

如果我们先考虑一个自旋为零的强子, 设 u_1 与 u_2 为该强子初态与终态的波幅, 其四维动量为 p_1 与 p_2; 对一个零自旋粒子, 这些波幅为标量 (或赝标量).[①] 在这两个态之间的强子跃迁流 J_{fi} 必定对 u_1, u_2^* 是双线性的. 我们可以写成

$$J_{fi} = u_2^* \Gamma u_1, \tag{138.3}$$

其中四维矢量 Γ 为未知的顶角算符 (图 (138.2) 中的圆点). 如我们取 $u_1 = u_2 = 1$, 则 $J_{fi} = \Gamma$.

由于理论的规范不变性, 流守恒在电动力学中是一个普适的性质, 在动量表象中, 它可用跃迁流的正交性表示并且光子的四维动量为 $q = p_2 - p_1$:

$$qJ_{fi} = 0. \tag{138.4}$$

这就意味着 Γ 必须为如下形式

$$\Gamma = PF(q^2), \tag{138.5}$$

其中 $P = p_1 + p_2$ 并且 $F(q^2)$ 为 q^2 的一个标量函数, 而 q^2 是唯一的不变的独立变量. 由于强子的类型在跃迁中是不变的, $p_1^2 = p_2^2 = M^2$, 其中 M 为强子的质量, 并因此 $Pq = 0$.

(138.5) 式给出的 Γ 的矩阵元, 以及算符 $\widehat{J}$ 为真四维矢量. 因此相互作用算符 (138.1) 为一个真标量. 于是, 零自旋强子的电磁相互作用必定是 P 不变的. 它还是 T 不变的. 时间反演交换了初态与终态的四维动量, 但保持其和 $P = p_1 + p_2$ 不变, 并改变四维动量的空间分量的符号, 而时间分量的符号不变. 而这也是四维势 A 分量的变换方式, 所以乘积 $\widehat{J}\widehat{A}$ 保持不变.

---

① 平面波可写成 $\psi = \dfrac{u}{\sqrt{2\varepsilon}} \mathrm{e}^{-\mathrm{i}px}$ 形式. 归一化到每单位体积一个粒子对应于 (对零自旋粒子) 标量用 $u^*u = 1$ 来归一化, 并且, 我们可简单地取 $u = 1$ (§10). 下面我们按照 §64 所采用的标记定义对波幅 u_1, u_2 的跃迁流.

不变函数 $F(q^2)$ 称为强子的**电磁形状因子**. 这个量的明显形式当然不可能在一个唯象理论中建立, 但是它肯定是实的 (在现在所考虑的区域 $q^2 < 0$ 内), 从在 §116 中对电子形状因子用过的同样论据可以得出: 当 $q^2 < 0$ 时, 没有中间态可以出现在幺正性关系的右边, 所以, 矩阵 M_{fi} (并因此 J_{fi}) 为厄米的.

如果 $q = 0$, 初态与终态相同, J_{fi} 变成一个对角矩阵元. 特别是, $e(J^0)_{ii}/2\varepsilon_i = eF(0)$ 为电荷密度, 由于归一化到每单位体积一个粒子, 它就等于粒子的总电荷 Ze.

对一个电中性粒子, $F(0) = 0$, 但必须强调指出, 这并不意味着它是一个严格中性的粒子. 如果粒子是严格中性的, 并有确定的电荷宇称, 则对所有的 q^2, $F(q^2) \equiv 0$; 由于流算符的电荷宇称为奇的 (见 §13), 其在同一强子的两个态之间的矩阵元为零. [①]

我们现在转到自旋 $\frac{1}{2}$ 的强子. 在此情形, 波幅 u_1 与 u_2 为双线性的, 强子流为

$$J_{fi} = \bar{u}_2 \Gamma u_1. \tag{138.6}$$

由 $\bar{u}_2$ 与 u_1 的双线性组合与四维矢量 p_1 与 p_2, 可以构造真四维矢量也可构造四维赝矢量 (满足条件 (138.4)). 因此, 相互作用对 P 的不变性条件并非必须满足的, 而必须是另外加上的条件. [②] 如在 §116 所表明的, 在这个条件下, 顶角算符包含两个独立的且为 (如果 $q^2 < 0$) 实的形状因子. 现在我们将其写成

$$\Gamma^\mu = 2M(F_e - F_m)\frac{P^\mu}{P^2} + F_m \gamma^\mu = 2M\left(F_e - \frac{q^2}{4M^2}F_m\right)\frac{P^\mu}{P^2} - \frac{F_m}{2M}\sigma^{\mu\nu}q_\nu$$

$$= (4M^2 F_e - q^2 F_m)\frac{\gamma^\mu}{P^2} + \frac{2M}{P^2}(F_e - F_m)\sigma^{\mu\nu}q_\nu, \tag{138.7}$$

其中 $F_e(q^2)$ 与 $F_m(q^2)$ 为不变的形状因子 (M 为强子质量). 由方程 $P^2 + q^2 = 4M^2$ 与 (116.5) 式不难看出, (138.7) 的三个表示式是等价的. [③]

[①] 当然, 这并不意味着这个强子和电磁场没有相互作用. 两个流算符的乘积, $\hat{J}(x)\hat{J}(x')$ 的电荷宇称是偶的, 其矩阵元对有相同电荷宇称的态之间的跃迁是非零的. 因此严格中性的强子可以散射一个光子或同时发射两个光子, 即它可以参与对 α 更高级的过程.

[②] 在电磁相互作用中我们将不考虑由于虚的弱相互作用引起宇称守恒可能的破坏.

[③] 将形状因子定义如 (138.7) 形式 (R. Sachs, 1962) 的方便之处将在下面说明. 在文献中, 还有用类似于在 (116.6) 式中的 f 与 g 那样定义的形状因子 F_1 与 F_2:

$$\Gamma^\mu = F_1 \gamma^\mu - \frac{F_2}{2M}\sigma^{\mu\nu}q_\nu.$$

它们和 F_e 与 F_m 的联系为

$$F_e = F_1 + F_2 \frac{q^2}{4M^2}, \quad F_m = F_1 + F_2.$$

电磁形状因子出现在 §70 定义的不变振幅中. 它们可以被看成是一个"反应"的振幅 (在其湮没道中), 此反应为一个虚光子衰变为一个强子和一个反强子. 虚光子是一个自旋为 1 的"粒子". 它衰变为两个自旋 $\frac{1}{2}$ 粒子必须用两个独立振幅描述的事实, 不难从相应的旋向性振幅 $\langle\lambda_b\lambda_c|S^J|\lambda_a\rangle$ 的计算看出 (见 §69): P 不变性意味着 S 矩阵的四个非零矩阵元必须成对地相等:

$$\langle 1/2 \ \ 1/2|S^1|1\rangle = \langle -1/2 - 1/2|S^1|-1\rangle,$$

$$\langle 1/2 - 1/2|S^1|0\rangle = \langle -1/2 \ \ 1/2|S^1|0\rangle.$$

T 不变性 (或在湮没道中的 C 不变性) 的要求没有对这些矩阵元之间给出进一步的联系. 这是和由顶角算符 (138.7) 描述的相互作用也必须是 T 不变的这个事实相联系的 (但这不能应用于更高自旋的粒子).

当 $q \to 0$ 时, (138.7) 式的零级与一级项 (对 q) 为

$$\Gamma^\mu = F_e(0)\gamma^\mu - \frac{1}{2M}[F_m(0) - F_e(0)]\sigma^{\mu\nu}q_\nu. \tag{138.8}$$

由此得出 (见 §116)$F_e(0) \equiv Z$ 为粒子的电荷 (以 e 为单位), 而 $F_m(0) - F_e(0)$ 为其反常磁矩(以 $e/2M$ 为单位). [①]

迄今为止, 我们只用到动量空间的形状因子. 当然, 这已足以描述观察到的现象. 然而, 纯粹作为一种说明, 我们将给出形状因子的一个更为直观的解释, 将其看成为某一坐标函数的傅里叶变换. 为此, 取一个 $\boldsymbol{P} = \boldsymbol{p}_1 + \boldsymbol{p}_2 = 0$ 的坐标系 (称为 **Breit** 坐标系) 是方便的; 这总是可能的, 因为 $P^2 > 4M^2 > 0$. 在此坐标系中, $\varepsilon_1 = \varepsilon_2 \equiv \varepsilon$, 所以 $P^0 = 2\varepsilon$, 四维矢量 q 的分量为 $q^0 = 0$, $\boldsymbol{q} = 2\boldsymbol{p}_2 = -2\boldsymbol{p}_1$.

对一个自旋为零的强子, 在 Breit 坐标系中的跃迁流有特别简单的形式:

$$\frac{J_{fi}^0}{2\varepsilon} = F(-\boldsymbol{q}^2), \quad \boldsymbol{J} = 0.$$

由此我们看到 $F(-\boldsymbol{q}^2)$ 可以解释为一个有如下密度的静止电荷分布的傅里叶变换

$$e\rho(\boldsymbol{r}) = e\frac{1}{(2\pi)^3}\int F(-\boldsymbol{q}^2)e^{i\boldsymbol{q}\cdot\boldsymbol{r}}d^3q. \tag{138.9}$$

在这个意义上, 可以说粒子具有一个空间的电磁结构: 当 $F = constant = Z$, 我们有 $\rho(\boldsymbol{r}) = Z\delta(\boldsymbol{r})$, 形状因子与 $\boldsymbol{q}$ 的依赖关系可解释成其电荷分布与一个点电荷的差别. 然而, 必须强调指出, 这个解释并非是字面上的意义. 函数 $\rho(\boldsymbol{r})$

[①] 例如, 质子有 $F_e(0) = 1$, $F_m(0) - F_e(0) = 1.79$; 中子则有 $F_e(0) = 0$, $F_m(0) = -1.91$ (磁矩是完全"反常"的).

并不和任何特殊的坐标系相联系, 因为对 q 的每一个值都有一个不同的坐标系.

Breit 坐标系是和粒子的静止坐标系相同的, 并与 q 无关, 只有在 $q^2 \ll M^2$ 的非相对论极限时, 粒子能量在散射中的改变才是可以忽略的. 在此近似下, 粒子的初态与终态是相同的, 所以, 跃迁流变成为对角矩阵元, 于是 $\rho(r)$ 成为实际的电荷空间分布. 然而, 对于基本粒子, 使得形状因子变化剧烈的 $|q|$ 值仅比 M 略小. 因此, 在对这些粒子的非相对论极限, 我们可以用 $F(0)$ 代替 $F(-q^2)$, 即将粒子看成为一个点. 这个情形对原子核则不同了. 原子核的质量 M 正比于其中核子的数目 A, $|q|$ 的典型值为 $\sim 1/R$, 即正比于 $A^{-1/3}$ (R 为核的半径). 因此, 对足够重的原子核, 典型的 $q^2 \ll M^2$, 所以, 在整个有意义的范围内, 非相对论处理是允许的. 因此原子核的电磁结构的概念是完全确定的.

对一个自旋 $\frac{1}{2}$ 的粒子, 在 Breit 坐标系中 (138.7) 式给出

$$J_{fi}^0 = (F_e - F_m)\frac{M}{\varepsilon}(\bar{u}_2 u_1) + F_m(\bar{u}_2 \gamma^0 u_1) = F_e(\bar{u}_2 \gamma^0 u_1), \qquad (138.10)$$

$$\boldsymbol{J}_{fi} = \frac{1}{2M}F_m i\boldsymbol{q} \times (\bar{u}_2 \boldsymbol{\Sigma} u_1), \qquad (138.11)$$

其中 $\boldsymbol{\Sigma}$ 为三维自旋算符 (矩阵) (21.21), 在 (138.10) 中用到如下方程

$$\varepsilon(\bar{u}_2 \gamma^0 u_1) = M(\bar{u}_2 u_1)$$

这不难用 $\boldsymbol{p}_1 = -\boldsymbol{p}_2$ 时对 u_1 与 $\bar{u}_2$ 的狄拉克方程证实.

跃迁流 (138.10) 的时间分量和一个 "点粒子" (电子) 的表示式的区别是相差一个因子 $F_e(-\boldsymbol{q}^2)$. 因此, 我们可以说形状因子 F_e (称为**电形状因子**) 描述了 "电荷的空间分布", 与 (138.9) 式一致.

类似地, 三维矢量 (138.11) 可以和电流密度 $e\boldsymbol{j}(\boldsymbol{r}) = \text{rot}\,\boldsymbol{\mu}(\boldsymbol{r})$ 的 "空间分布" 相联系, 其中

$$\boldsymbol{\mu}(\boldsymbol{r}) = \frac{e}{2M}\boldsymbol{\Sigma}\int F_m(-\boldsymbol{q}^2)\mathrm{e}^{\mathrm{i}\boldsymbol{q}\cdot\boldsymbol{r}}\mathrm{d}^3q$$

为 "磁矩密度". 于是, **磁形状因子** F_m 可解释为磁矩的空间分布密度, 当然也要有以上对电荷分布的同样说明. F_m 既包括 "正常" 的狄拉克磁矩也包括强子所特有的 "反常" 磁矩, "反常" 磁矩的 "密度" 对应于差 $F_m - F_e$.

我们可以合理地作如下假设, 强子电磁形状因子的 "奇异点", 如电子形状因子一样, 出现在宗量 $t = q^2 = -\boldsymbol{q}^2$ 为实的正值的情形. 由此我们可以对分布 $\rho(r)$ (与 $\boldsymbol{\mu}(\boldsymbol{r})$) 当 $r \to \infty$ 时的渐近行为推出一些结论. 对积分 (138.9) 进行与在 §114 中由 (114.3) 推出 (114.4) 式所采用的相同变换, 给出对大 r 的如下结果:

$$\rho(r) \propto \mathrm{e}^{-\varkappa_0 r}$$

其中 $\varkappa_0^2$ 为形状因子 $F(q^2)$ 第一个奇异性的横坐标; 参见 §114 的脚注. 假如最近的奇异性由虚光子产生强子对 (每个强子的质量为 M_0) 的阈给出, 那么 $\varkappa_0 = 2M_0$.

§139　电子–强子散射

在 §138 中推出的公式可以应用于电子被强子弹性散射的情形. 设强子的初态与终态的四维动量分别为 $p_{\rm h}$ 与 $p_{\rm h}'$, 电子的相应量分别为 $p_{\rm e}$ 与 $p_{\rm e}'$; 于是

$$p_{\rm e} + p_{\rm h} = p_{\rm e}' + p_{\rm h}'. \tag{139.1}$$

这个过程可用下图表示

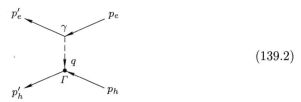

$$\tag{139.2}$$

电子发射虚光子对应于通常的顶角算符 γ, 而被强子吸收对应于算符 Γ.

我们考虑最感兴趣的情形, 即强子自旋为 $\dfrac{1}{2}$ 的情形 (例如, 电子被质子或中子散射). 图 (139.2) 对应于散射振幅

$$M_{fi} = -4\pi e^2 \frac{1}{q^2} (\overline{u}_{\rm e}' \gamma^\mu u_{\rm e})(\overline{u}_{\rm h}' \Gamma_\mu u_{\rm h}) \tag{139.3}$$

在本章, 电子电荷为 $-e$. 由此振幅计算截面实质上是与 §81 中的计算一样的; 算符 Γ 通常取为 (138.7) 的第一式的形式.

对非极化粒子的散射, 结果为

$$
\begin{aligned}
{\rm d}\sigma = {} & \frac{\pi\alpha^2 {\rm d}t}{[s-(M+m)^2][s-(M-m)^2]t^2(1-t/4M^2)} \\
& \times \Big\{ F_{\rm e}^2[(s-u)^2 + (4M^2 - t)t] - \frac{t}{4M^2} F_{\rm m}^2[(s-u)^2 \\
& - (4M^2 - t)(4m^2 + t)] \Big\}.
\end{aligned}
\tag{139.4}
$$

其中 M 为强子质量, m 为电子质量,

$$s = (p_{\rm e} + p_{\rm h})^2, \quad t = q^2 = (p_{\rm e} - p_{\rm e}')^2, \quad u = (p_{\rm e} - p_{\rm h}')^2,$$
$$s + t + u = 2m^2 + 2M^2.$$

下面是一些极限情形.

对电子被一个重核的散射, 一个重要情形是从电子到核的动量转移 $|\boldsymbol{q}|$ 与核的质量相比是小的, 但和 $1/R$ 相比并不小 (其中 R 为核的半径) 的情形, 因此, 这时不能将核看成为一个点. 在此情形, 质心系近似地与核的静止系一致, 核的反冲可以忽略, 电子能量不变. 于是有

$$-t = \boldsymbol{q}^2 \ll M^2, \quad \pi|\mathrm{d}t| = \boldsymbol{p}_\mathrm{e}^2 \mathrm{d}o'_\mathrm{e}, \quad s - M^2 \approx M^2 - u \approx 2M\varepsilon_\mathrm{e}$$

而公式 (139.4) 变成

$$\mathrm{d}\sigma = \frac{\alpha^2 \mathrm{d}o'_\mathrm{e}}{\boldsymbol{q}^4}(4\varepsilon_\mathrm{e}^2 - q^2)F_\mathrm{e}^2(-\boldsymbol{q}^2). \tag{139.5}$$

在这个近似下, 截面只有包含电形状因子的项, 并且 (139.5) 对应于公式 (80.5), 该公式应用于电子被一个静止的电荷分布散射的情形.

在电子被静止中子的散射情形, 在同样的极限情形 $\varepsilon_\mathrm{e} \ll M$ (其中 M 为中子质量), 形状因子可用其在 $\boldsymbol{q} = 0$ 的值代替, 因为, 如已经指出的, 对一个单个核子, 电荷分布的特征 "半径" 可与 $1/M$ 比较.[①] 由于中子是电中性的, $F_e(0) = 0$, 截面变成

$$\mathrm{d}\sigma = \alpha\mu^2 \left[\frac{4(\varepsilon_\mathrm{e}^2 - m^2)}{\boldsymbol{q}^2} + 1\right] \mathrm{d}o'_\mathrm{e} = \alpha\mu^2 \left(\frac{1}{\sin^2(\vartheta/2)} + 1\right) \mathrm{d}o'_\mathrm{e}, \tag{139.6}$$

其中 $\mu = (e/2M)F_\mathrm{m}(0)$ 为中子的磁矩, ϑ 为散射角. 这个公式对应一个电子被一个静止的点磁矩散射的过程.

最后, 我们将给出一个极端相对论电子被一个核子在 $|\boldsymbol{q}| \gg m$ 时的散射截面. 与前相同, $\boldsymbol{q}^2$ 标记在质心系中动量转移的平方, 并因此, 不变量 $t = -\boldsymbol{q}^2$. 在初始核子静止的坐标系 (实验室系) 中, 我们有

$$-t \approx 2(p_\mathrm{e}p'_\mathrm{e}) = 2\varepsilon_\mathrm{e}\varepsilon'_\mathrm{e}(1 - \cos\vartheta),$$

其中 ε_e 与 ε'_e 为电子的初态与终态能量, 而 ϑ 为在此参考系中的散射角. 在极端相对论情形, ε'_e 与 ϑ 的联系和光子散射中的公式相同 (参见 (86.8)):

$$\frac{1}{\varepsilon'_\mathrm{e}} - \frac{1}{\varepsilon_\mathrm{e}} = \frac{1}{M}(1 - \cos\vartheta).$$

因此,

$$-t = \frac{4\varepsilon_\mathrm{e}^2 \sin^2 \dfrac{\vartheta}{2}}{1 + \dfrac{2\varepsilon_\mathrm{e}}{M} \sin^2 \dfrac{\vartheta}{2}}, \tag{139.7}$$

$$\pi\mathrm{d}|t| = \frac{\varepsilon_\mathrm{e}^2 \mathrm{d}o'_\mathrm{e}}{\left(1 + \dfrac{2\varepsilon_\mathrm{e}}{M} \sin^2 \dfrac{\vartheta}{2}\right)^2}, \tag{139.8}$$

[①] 核子的方均 "半径" 的经验值约为 $3.5/M \approx 1/2m_\pi$ (其中 m_π 为 π 介子质量).

其中 $\mathrm{d}o'_e = 2\pi \sin\vartheta\,\mathrm{d}\vartheta$. 在公式 (139.4) 中, 我们到处都可以略去电子质量 m; 将所有的量用 t 与 $s - M^2 = 2M\varepsilon_e$ 表示, 我们有

$$\mathrm{d}\sigma = \frac{\pi\alpha^2\mathrm{d}|t|}{\varepsilon_e^2 t^2}\left\{F_e^2(t)\left[\frac{(4M\varepsilon_e + t)^2}{4M^2 - t} + t\right] - \frac{t}{4M^2}F_m^2(t)\left[\frac{(4M\varepsilon_e + t)^2}{4M^2 - t} - t\right]\right\},$$

$$(139.9)$$

或, 利用 (139.7) 与 (139.8) 式有

$$\mathrm{d}\sigma = \mathrm{d}o'_e\frac{\alpha^2}{4\varepsilon_e^2}\frac{\cos^2\dfrac{\vartheta}{2}}{\sin^4\dfrac{\vartheta}{2}}\frac{1}{1 + \dfrac{2\varepsilon_e}{M}\sin^2\dfrac{\vartheta}{2}}\left\{\frac{F_e^2 - \dfrac{t}{4M^2}F_m^2}{1 - \dfrac{t}{4M^2}} - \frac{t}{2M^2}F_m^2\tan^2\frac{\vartheta}{2}\right\}$$

$$(139.10)$$

(M. N. Rosenbluth, 1950).

注意到形状因子 F_e 与 F_m 对截面的贡献是互相独立的, 它们之间没有相干项. 这表明对形状因子的选择是合适的.

习　　题

1. 求电子被一个自旋为零的强子散射的截面.

解: 利用 (138.5), 代替 (139.3) 我们有

$$M_{fi} = -\frac{4\pi e^2}{q^2}(\overline{u}'_e(\gamma P_\mathrm{h})u_e)F(q^2).$$

求出截面为

$$\mathrm{d}\sigma = \frac{\pi\alpha^2\mathrm{d}t[(s - u)^2 + (4M^2 - t)t]}{[s - (M + m)^2][s - (M - m)^2]t^2}F^2(t)$$

此处采用与 (139.4) 式同样的标记. 当 $|t| \gg m^2$,

$$\mathrm{d}\sigma = \mathrm{d}o'_e\frac{\alpha^2}{4\varepsilon_e^2}\frac{\cos^2\dfrac{\vartheta}{2}}{\sin^4\dfrac{\vartheta}{2}}\frac{F^2(t)}{1 + \dfrac{2\varepsilon_e}{M}\sin^2\dfrac{\vartheta}{2}}$$

此处采用与 (139.10) 式同样的标记.

§140　轫致辐射的低能定理

在 §98 我们曾经研究过粒子碰撞中发射光子的问题, 我们发现, 在光子频率趋于零的极限, 这个过程的振幅是和 ω 成反比的, 并可简单地用不发射软光子的同样碰撞的振幅表示; 下面将按惯例仍将其称作 "弹性散射" 振幅, 并记作 $M_{fi}^{(\mathrm{el})}$. 在对 ω 的下一级近似,

$$M_{fi} = M_{fi}^{(-1)} + M_{fi}^{(0)}, \tag{140.1}$$

其中与 $\omega(\propto \omega_0)$ 无关的修正项已经加到主项 $(\propto \omega^{-1})$ 上. 我们将看到, 这个修正项, 如主项一样, 可用 $M_{fi}^{(\mathrm{el})}$ 表示, 并且不管强子的电磁结构是什么细节都如此. 这个结果称为韧致辐射的**低能定理** (F. E. Low, 1958).

在 §98 我们已经看到, 对发射一个软光子振幅的主要贡献 (对应于 (140.1) 式中的第一项) 来自光子由初态或终态粒子发射的图. 它们有如下形式

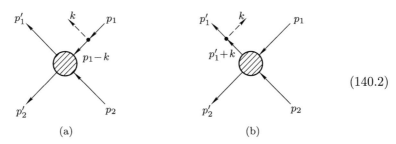

$$(140.2)$$

$$(a) \qquad\qquad (b)$$

和如下形式的图形成对比

$$(140.3)$$

其中光子线是由图的内部出来的. 图 (140.2) 的特征是它们可以通过只切割一根 (初态或终态) 虚强子线而分成两部分. 因此, 它们有一个重要性质: 存在具有一个强子的单粒子中间态. 在 §79 我们已经看到, 由于幺正性条件, 这个性质必然引起振幅有一个极点奇异性.

为简单计, 我们假设两个碰撞强子中只有一个 (用下标 1 标记) 有电荷, 因而可以辐射, 并且两个强子都没有自旋. 这种强子的波幅 u 为标量, 可取为 1. 于是, 图 (140.2a) 的极点部分对振幅的贡献为

$$\mathrm{i}M_{fi}^{(a)} = \sqrt{4\pi}e_\mu^*(2p_1^\mu - k^\mu)eF\frac{1}{(p_1-k)^2 - M^2}\mathrm{i}\Gamma. \qquad (140.4)$$

第一个因子对应光子 k (e_μ 为极化四维矢量). 第二个因子对应电磁强子顶角 (这个图中的黑圈部分), 并写成 (138.5) 的形式, 其中 F 为强子的形状因子. 第三个因子为虚强子 $p_1 - k$ 的传播子 (M 为其质量). 最后, 因子 $\mathrm{i}\Gamma$ 标记整个剩下的部分. 这和弹性散射过程

$$\mathrm{i}M_{fi}^{(\mathrm{el})} = \qquad\qquad\qquad\qquad (140.5)$$

的振幅的区别在于实强子 p_1 换成为虚强子 $p_1 - k$.

将 (140.4) 式按 ω 的幂次作级数展开的前几项可分为以下三种类型: (1) 和 ω 成反比的项, (2) 和 ω 无关但与 $\boldsymbol{k}$ 的方向有关的项, (3) 和 ω 与 $\boldsymbol{k}$ 都无关的项. 第三类型的项只可能由 (140.3) 类型的非奇异图 (没有一个极点奇异性) 和图 (140.2) 的非极点部分给出. 我们将看到, 当加上规范不变性条件后, 所有这种类型的项都毫无疑义地可由第一与第二类型的项给出, 因此, 这些项就没必要另外分开计算.

弹性过程 (140.5) 的振幅只依赖于两个不变量:

$$s = (p_1 + p_2)^2 = (p_1' + p_2')^2, \quad t = (p_2' - p_2)^2. \tag{140.6}$$

p_1 换成为 $p_1 - k$ 不仅将 s 变为 $(p_1 - k + p_2)^2$, 而且还产生与另外一个变量的依赖关系,

$$(p_1 - k)^2 - M^2 = -2(p_1 k),$$

此式表示动量 $p_1 - k$ 的 "非物理性". 但是, 按此新变量 (一个小量) 展开的第一项已经消去振幅 (140.4) 中的奇异性, 并因此在此振幅中只能得到与 k 无关的项, 按照前面所述, 我们对它们暂时没有兴趣. 这样, 我们就得到一个重要的结论, 在 (140.4) 式中的 Γ 可以换成物理振幅 $M_{fi}^{(\mathrm{el})}(s, t)$, 仅需作如下改变

$$s \to (p_1 + p_2 - k)^2 = s - 2k(p_1 + p_2). \tag{140.7}$$

展开式中的第一项由下式给出

$$\Gamma \to M_{fi}^{(\mathrm{el})}(s, t) - 2(kp_1 + kp_2)\left(\frac{\partial M_{fi}^{(\mathrm{el})}}{\partial s}\right)_t.$$

由于同样的原因, 电磁形状因子 F 这里与一个顶角相联系的事实是不重要的, 该顶角的两根外强子线 (p_1 与 $p_1 - k$) 中只有一根是物理的. 因此, 形状因子可用 §138 中所描述的形状因子代替, 其顶角有两根物理外线; 既然在此情形, 光子 k 是实光子, 我们就有 $F(k^2) = F(0) = Z_1$, 其中 eZ_1 为强子电荷.

这样一来, (140.4) 给出

$$M_{fi}^{(a)} = Z_1 e\sqrt{4\pi}\frac{2(e^* p_1)}{-2(kp_1)} M_{fi}^{(\mathrm{el})}$$

$$- Z_1 e\sqrt{4\pi} 2(e^* p_1)\frac{1}{-2(kp_1)} \cdot 2(p_2 k)\frac{\partial M_{fi}^{(\mathrm{el})}}{\partial s} + \cdots, \tag{140.8}$$

其中省略号表示与 $\boldsymbol{k}$ 无关的项 (而 (140.8) 式的第二项依赖于 $\boldsymbol{k}$ 的方向). 类似地, 我们发现, 图 (140.2b) 对 M_{fi} 的贡献和 (140.8) 的差别在于 p_1, p_2 与 k 换

成了 p_1', p_2' 与 $-k$. 展开式中的领头项是已经熟悉的表示式 (参见 (98.5))

$$M_{fi}^{(-1)} = Z_1 e \sqrt{4\pi} \left(\frac{(p_1' e^*)}{(p_1' k)} - \frac{(p_1 e^*)}{(p_1 k)} \right) M_{fi}^{(\text{el})} \qquad (140.9)$$

与 k 无关的项可从振幅整体是规范不变的条件求出: 它必须不受变换 $e^* \to e^* + \text{constant} \times k$ 的影响, 即其形式必定为 $M_{fi} = e_\mu^* J^\mu$, 且 $k_\mu J^\mu = 0$. 不难看出, 为此我们必须给 (140.8) 式加上与 k 无关的项

$$-2Z_1 e \sqrt{4\pi} (p_2 e^*),$$

对图 (140.2b) 也类似. 最后结果为

$$M_{fi}^{(0)} = 2Z_1 e \sqrt{4\pi} e_\mu^* \left[p_1^\mu \frac{(p_2 k)}{(p_1 k)} - p_2^\mu + p_1'^\mu \frac{(p_2' k)}{(p_1' k)} - p_2'^\mu \right] \frac{\partial M_{fi}^{(\text{el})}}{\partial s}. \qquad (140.10)$$

用这个公式可以解决所提的问题, 可用如下恒等式将其写成更加紧凑的形式

$$2p_{2\nu} \left(\frac{\partial}{\partial s} \right)_t \equiv \left(\frac{\partial}{\partial p_1^\nu} \right)_{p_1', p_2, p_2'}$$

(对 $\partial/\partial p_1'$ 有类似结果), 引进微分算符

$$\widehat{d}_{1\mu} = \frac{p_{1\mu}}{(p_1 k)} k^\nu \frac{\partial}{\partial p_1^\nu} - \frac{\partial}{\partial p_1^\mu} \qquad (140.11)$$

(对 $\widehat{d}_{1\mu}'$ 有类似结果). 于是

$$M_{fi}^{(0)} = Z_1 e \sqrt{4\pi} e_\mu^* (\widehat{d}_1^\mu + \widehat{d}_1'^\mu) M_{fi}^{(\text{el})}. \qquad (140.12)$$

截面由 $|M_{fi}|^2$ 给出; 到所要求的精确程度,

$$|M_{fi}|^2 = |M_{fi}^{(-1)}|^2 + 2\text{Re}\,(M_{fi}^{(-1)} M_{fi}^{(0)*}). \qquad (140.13)$$

第二项给出所要求的对发射截面的修正. 对光子极化求和给出这个修正的值为

$$-4\pi (Z_1 e)^2 \left(\frac{p'}{(p'k)} - \frac{p}{(pk)} \right)^\mu (\widehat{d}_1' + \widehat{d}_1)_\mu |M_{fi}^{(\text{el})}|^2. \qquad (140.14)$$

于是对发射截面的修正可用弹性过程的截面及其对 s 的微商表示.

如果带电强子有自旋 $\frac{1}{2}$, 计算原则上没有变化; 只是顶角与传播子的具体形式改变了. 人们发现, 在对强子与光子的极化平均后, 公式 (140.14) 仍保持成立 (T. H. Burnett, N. M. Kroll, 1968).

§141　光子 – 强子散射的低能定理

在低频极限, 一个光子被任何静止的带电粒子散射的截面趋近于由汤姆孙公式给出的经典值. 这个极限对应于一个与光子频率 ω 无关的振幅, 我们将其记作 $M_{fi}^{(0)}$. 然而, 人们发现不仅振幅按 ω 展开的第一项,

$$M_{fi} = M_{fi}^{(0)} + M_{fi}^{(1)}, \tag{141.1}$$

而且还有下一项 ($M^{(1)} \sim \omega$) 也都与散射光子的强子的电磁结构细节无关, (与在 §140 中讨论的轫致辐射一样) (F. E. Low, 1954; M. Gell-Mann, M. L. Goldberger, 1954).

这个过程可用如下三种类型的图表示:

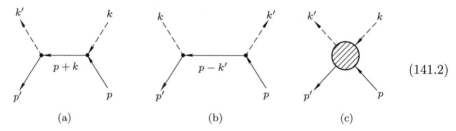

$$(141.2)$$

(a)　　　　　　　　　(b)　　　　　　　　　(c)

其中前两个图仍有单粒子中间态, 因此有极点奇异性.

计算的分析与原理和 §140 相同. 实际上, 我们只需要确定图 (141.2a) 与 (141.2b) 极点部分的贡献, 用静态形状因子 (电荷 Ze 与反常磁矩 μ_{an}) 表示其电磁顶角, 如在 (140.15) 中一样.

然而, 与轫致辐射不同, 对康普顿效应截面的修正仅对有自旋的粒子是重要的. 这是因为, 对轫致辐射, 与自旋有关的修正一起, 还有来自 "弹性" 过程的振幅与能量相关而引起的修正. 在光子散射中, 这个振幅由形状因子代替, 对 "物理外线", 后者是与能量无关的常数, 因此, 这个修正只是由磁矩产生的, 而无自旋粒子的磁矩为零. 我们将讨论光子被自旋 $\frac{1}{2}$ 强子的散射.

如果用 M_{fi} 标记极点图对散射振幅的贡献, 则有 (参见 (86.3), (86.4))

$$M_{fi} = -4\pi(Ze)^2 e_\mu'^{*} e_\nu (\overline{u}' Q^{\mu\nu} u), \tag{141.3}$$

其中

$$Q^{\mu\nu} = (\gamma^\mu + S'^\mu)\frac{\gamma p + \gamma k + M}{s - M^2}(\gamma^\nu - S^\nu)$$
$$+ (\gamma^\nu - S^\nu)\frac{\gamma p - \gamma k' + M}{u - M^2}(\gamma^\mu + S'^\mu), \tag{141.4}$$
$$s = (p + k)^2 = (p' + k')^2, \quad u = (p - k')^2 = (p' - k)^2$$

为简洁计, 我们取

$$\mu_{\rm an}\sigma^{\mu\lambda}k_\lambda = ZeS^\mu, \quad \mu_{\rm an}\sigma^{\mu\lambda}k'_\lambda = ZeS'^\mu. \tag{141.5}$$

通过交换算符 $\gamma p + M$, 并利用方程 $\overline{u}'(\gamma p' - M) = (\gamma p - M)u = 0$, 我们可将 (141.4) 式变换为

$$
\begin{aligned}
Q^{\mu\nu} = {} & \left[(\gamma^\mu + S'^\mu)\frac{(\gamma k)\gamma^\nu + 2p^\nu}{2(pk)} + \frac{\gamma^\nu(\gamma k) - 2p'^\nu}{2(p'k)}(\gamma^\mu + S'^\mu)\right] \\
& - \left[\frac{\gamma^\mu(\gamma k') + 2p'^\mu}{2(p'k')}S^\nu + S^\nu\frac{\gamma^\mu(\gamma k') - 2p^\mu}{2(pk')}\right] \\
& - \left[S'^\mu\frac{\gamma p + \gamma k + M}{2(pk)}S^\nu - S^\nu\frac{\gamma p - \gamma k' + M}{2(pk)'}S'^\mu\right].
\end{aligned} \tag{141.6}
$$

这个式子以及交换 k 与 k' 的相应公式清楚地表明, (141.3) 是规范不变的; 相关的条件为

$$k'_\mu(\overline{u}'Q^{\mu\nu}u) = (\overline{u}'Q^{\mu\nu}u)k_\nu = 0 \tag{141.7}$$

要证实此式, 必须记得 $(\gamma k)(\gamma k) = 0, kS = k'S' = 0$.

由于散射振幅的极点部分本身是规范不变的, 振幅的正规部分 (它包含图 (141.2c) 的贡献) 也必定是规范不变的. 因此, 由此反过来得出: 这个部分按 k 与 k' 的级数展开必定从平方项开始 (参见与条件 (127.5) 相关联的类似评注). 换句话说, 振幅的正规部分仅包含那些从正比于 $\omega\omega' \sim \omega^2$ 的项出发的项, 并且对这里关心的项没有贡献, 后者是和 ω^0 与 ω^1 成正比的. 因此这些项包含在 (141.3) 式中.

为实际计算这些项, 我们采用初态强子静止的实验室参考系. 对于光子, 我们取三维横向规范, 其中 $e_0 = e'_0 = 0$. 于是 $pe = 0$, $p'e'^* \sim |\boldsymbol{p}'| \sim \omega$, 且由 (141.6) 明显看出, M_{fi} 展开式中的领头项将正比于 ω^0, 并且 $\mu_{\rm an}$ 中的项将仅对 ω^1 项有贡献.

实验室系中初态与终态强子的波幅以必要的精确性为,

$$u = \sqrt{2M}\begin{pmatrix} w \\ 0 \end{pmatrix}, \quad \overline{u}' = \sqrt{2M}\left(w'^*, -\frac{w'^*}{2M}(\boldsymbol{k} - \boldsymbol{k}')\cdot\boldsymbol{\sigma}\right),$$

其中 w 与 w' 为三维旋量.

直接计算给出如下结果

$$M_{fi}^{(0)} = -8\pi(Ze)^2(\boldsymbol{e'}^* \cdot \boldsymbol{e})(\boldsymbol{w'}^*w), \tag{141.8}$$

$$\begin{aligned}
M_{fi}^{(1)} &= -16\pi \mathrm{i} M\mu_{\mathrm{an}}^2 \omega(\boldsymbol{w'}^* \boldsymbol{\sigma} w) \cdot (\boldsymbol{n'} \times \boldsymbol{e'}^*) \times (\boldsymbol{n} \times \boldsymbol{e}) \\
&\quad -4\pi \mathrm{i} Ze\mu_{\mathrm{an}}\omega(\boldsymbol{w'}^* \boldsymbol{\sigma} w) \cdot \{\boldsymbol{n}(\boldsymbol{n} \times \boldsymbol{e} \cdot \boldsymbol{e'}^*) \\
&\quad +(\boldsymbol{n} \times \boldsymbol{e})\boldsymbol{n} \cdot \boldsymbol{e'}^* - \boldsymbol{n'}(\boldsymbol{n'} \times \boldsymbol{e'}^* \cdot \boldsymbol{e}) \\
&\quad -(\boldsymbol{n'} \times \boldsymbol{e'}^*)\boldsymbol{n} \cdot \boldsymbol{e} - 2\boldsymbol{e'}^* \times \boldsymbol{e}\},
\end{aligned} \tag{141.9}$$

其中 $\boldsymbol{n} = \boldsymbol{k}/\omega$, $\boldsymbol{n'} = \boldsymbol{k'}/\omega'$.

散射截面为

$$\mathrm{d}\sigma = \frac{1}{64\pi^2}|M_{fi}|^2 \frac{\omega'^2}{M^2\omega^2}\mathrm{d}o' \tag{141.10}$$

见 (64.19) 式. 对于被带电粒子的散射, $M_{fi}^{(1)}$ 与 $M_{fi}^{(0)}$ 为非零的. 所采用的精确性使我们得以在 $|M_{fi}|^2$ 中保留 $|M_{fi}^{(0)}|^2$ 与 $\mathrm{Re}\,(M_{fi}^{(0)}M_{fi}^{(1)*})$ 项. 其中第一项给出汤姆孙散射. 第二项对光子与强子的极化平均后变为零. 因此, 在被带电强子的散射中, 所考虑的修正只在极化效应中出现.

对于被一个电中性强子的散射中, $M_{fi}^{(0)} = 0$ 并且截面由 $|M_{fi}^{(1)}|^2$ 确定. 在对终态粒子的极化平均并对初态粒子的极化求和后, 截面为 (采用通常的单位)

$$\mathrm{d}\sigma = \frac{2\mu^4\omega^2}{\hbar^2 c^4}(2 + \sin^2\vartheta)\mathrm{d}o'. \tag{141.11}$$

其中 ϑ 为光子散射角并且反常磁矩等于总磁矩 μ. 这个截面与角度的依赖关系是和反对称散射相同的 (见 §60, 习题 2).

§142　强子的多极矩

现在我们来考虑对应 (138.2) 同样类型费曼图:

$$\tag{142.1}$$

的跃迁流, 但此图的线 p_1 与 p_2 属于不同的粒子 (质量分别为 M_1 与 M_2); 光子线 $k = p_1 - p_2$ 在这里表示为从顶角出发更方便. 这个光子可以是虚的也可以是实的, 唯一的必要条件是 $k^2 < (M_1 - M_2)^2$, 于是, 值 $k^2 = 0$ 是允许的. 这样一来, 这个图的应用范围特别还包括在原子核以及其它粒子变化中发射光子的过程 (对原子核, 初态与终态粒子为处于不同状态的同一个核).

这里最有兴趣的情形是光子波长比粒子的特征"长度"(即在其形状因子中出现的长度,在核的情形等于核的"半径")大的情形. 这时跃迁流可以按 k 的级数展开.[①]

首先指出,我们必须有

$$J_{fi} = 0 \quad 当 \quad k = 0. \tag{142.2}$$

因为极限 $k \to 0$ 对应于位势在空间与时间都是常数的情形, 但是, 这样的位势是没有物理意义的, 且不可能成为任何实际过程的原因. 同样的结论可以用更为规范的论证得到: 在 §138 讨论的流对 $k = 0$ 情形, 根据与四维矢量 $P = p_1 + p_2$ 成正比的项, 是非零的, 但是当 $M_1 \neq M_2$ 时, 乘积 $(Pk) \neq 0$, 因此, 这种项被流是横的条件所禁止.

这个流 $J_{fi} = (\rho_{fi}, \boldsymbol{J}_{fi})$ 是横的条件的三维形式为

$$\boldsymbol{k} \cdot \boldsymbol{J}_{fi} = \omega \rho_{fi}, \tag{142.3}$$

并可以有两种方式满足:

$$\boldsymbol{J}_{fi} = \omega \boldsymbol{v}(\boldsymbol{k}, \omega), \quad \rho_{fi} = \boldsymbol{k} \cdot \boldsymbol{v}(\boldsymbol{k}, \omega) \tag{142.4}$$

或

$$\boldsymbol{J}_{fi} = \boldsymbol{k} \times \boldsymbol{a}(\boldsymbol{k}, \omega), \quad \rho_{fi} = 0. \tag{142.5}$$

这里 $\boldsymbol{v}$ 为极矢量, 而 $\boldsymbol{a}$ 为轴矢量. 流则分别称为电型与磁型. 按照 (142.2) 式, 当 $\boldsymbol{k}, \omega \to 0$ 时, $\boldsymbol{v}$ 与 $\boldsymbol{a}$ 是有限的或为零.

设光子能量 $\omega \ll M_1$. 于是可以忽略反冲效应, 终态粒子 M_2 也可看成是静止的 (在 M_1 的静止系中); $\omega = M_1 - M_2$ 为给定的量. 静止粒子 M_1 与 M_2 的状态用 $2s_1$ 与 $2s_2$ 阶的三维旋量 w_1 与 w_2 表征, 其中 s_1 与 s_2 为粒子的自旋. 跃迁流必定是 w_1 与 w_2^* 的双线性组合. 由这些旋量分量的乘积, 可构成阶为 $l = s_1 + s_2, \cdots, |s_1 - s_2|$ 的不可约张量 (对给定的 l, 按照粒子 M_1 与 M_2 不同的内部宇称, 它们可以是真张量或是赝张量). 除了这些张量, 我们只可能还有矢量 $\boldsymbol{k}$. 为得到跃迁流按 $\boldsymbol{k}$ 展开的第一项, 我们必须由这些量构成一个 $\boldsymbol{k}$ 最低可能幂次的矢量. 这可通过取最低阶的张量, 然后与矢量 $\boldsymbol{k}$ 缩并 $l-1$ 次来做. 这将给出极矢量 $\boldsymbol{v}$ 或轴矢量 $\boldsymbol{a}$.

设 Q_{lm} 为由粒子波幅构成的张量的球分量. 由 $\boldsymbol{k}$ 的分量构成的 $l-1$ 阶张量的球分量为 $|\boldsymbol{k}|^{l-1} Y_{l-1,m}(\boldsymbol{n})$, 其中 $\boldsymbol{n} = \boldsymbol{k}/\omega$. 由球张量相加的一般规则 (参

见第三卷, (107.3) 式), 矢量 $\boldsymbol{v}$ 的球分量可写成

$$
\boldsymbol{v}_\lambda = (-1)^{\lambda+1}\mathrm{i}^l \frac{\sqrt{4\pi}}{(2l-1)!!}\sqrt{\frac{2l+1}{l}}|\boldsymbol{k}|^{l-1}
$$
$$
\times \sum_m \begin{pmatrix} l-1 & l & l \\ \lambda+m & -\lambda & -m \end{pmatrix} Q_{l,-m} Y_{l-1,\lambda+m}(\boldsymbol{n}),
$$

其中 λ 取值为 0 与 ± 1; 公共因子的选择在下面解释. 利用公式 (7.16), 我们可用球谐矢量来表示 $\boldsymbol{v}$:

$$
\boldsymbol{v} = \mathrm{i}^l \frac{\sqrt{4\pi}|\boldsymbol{k}|^{l-1}}{(2l-1)!!\sqrt{l(2l+1)}} \sum_m (-1)^{l-m} Q_{l,-m}
$$
$$
\times [\sqrt{l+1}\,\mathbf{Y}_{lm}^{(\mathrm{E})}(\boldsymbol{n}) + \sqrt{l}\,\mathbf{Y}_{lm}^{(\mathrm{L})}(\boldsymbol{n})]. \tag{142.6}
$$

代入 (142.4) 式给出 El 跃迁流:

$$
\boldsymbol{J}_{fi} = \mathrm{i}^l \frac{\sqrt{4\pi}|\omega||\boldsymbol{k}|^{l-1}}{(2l-1)!!\sqrt{l(2l+1)}} \sum_m (-1)^{l-m} Q_{l,-m}^{(\mathrm{E})}
$$
$$
\times [\sqrt{l+1}\,\mathbf{Y}_{lm}^{(\mathrm{E})}(\boldsymbol{n}) + \sqrt{l}\,\mathbf{Y}_{lm}^{(\mathrm{L})}(\boldsymbol{n})], \tag{142.7}
$$
$$
\rho_{fi} = \mathrm{i}^l \frac{\sqrt{4\pi}|\boldsymbol{k}|^l}{(2l-1)!!\sqrt{l(2l+1)}} \sum_m (-1)^{l-m} Q_{l,-m}^{(\mathrm{E})} Y_{lm}(\boldsymbol{n})] \tag{142.8}
$$

在以上每个公式中都将 $|\boldsymbol{k}|$ 与 ω 加以区分, 因为有可能应用于实光子也可能用于虚光子, 而对后者这两个量是不相等的.

在 (142.7) 与 (142.8) 式中, 假设球张量 Q_{lm} (这里记作 $Q_{lm}^{(\mathrm{E})}$) 是一个真张量. 如果它是一个赝张量 (记作 $Q_{lm}^{(\mathrm{M})}$), 那么 (142.6) 式定义了一个赝矢量 $\boldsymbol{a}$, 并且代入 (142.5) 给出 Ml 跃迁流:

$$
\boldsymbol{J}_{fi} = \mathrm{i}^l \frac{\sqrt{4\pi}}{(2l-1)!!}\sqrt{\frac{l+1}{l(2l+1)}}|\boldsymbol{k}|^l \sum_m (-1)^{l-m} Q_{l,-m}^{(\mathrm{M})} \mathbf{Y}_{lm}^{(\mathrm{M})}(\boldsymbol{n}),
$$
$$
\tag{142.9}
$$
$$
\rho_{fi} = 0.
$$

量 $Q_{lm}^{(\mathrm{E})}$ 与 $Q_{lm}^{(\mathrm{M})}$ 分别为强子的电与磁多极跃迁矩. 它们在强子电动力学中的作用精确地类似于在电子电动力学中对应量的作用. 然而, 对于电子系统, 这些矩原则上是可以由波函数计算的 (作为对应算符的矩阵元), 但在强子电动力学中它们是作为唯象的量出现的, 其值要由实验来确定.

在 (142.7)—(142.9) 式中这些量的归一化的选取使得与其在 §46 中的定义一致. 这一点可以通过将流 (142.7)—(142.9) 看成为坐标表象中跃迁流的傅里

叶分量来得到证实. 例如, 将如下积分中的因子 $e^{-i\boldsymbol{k}\cdot\boldsymbol{r}}$

$$\rho_{fi}(\boldsymbol{k}) = \int \rho_{fi}(\boldsymbol{r})e^{-i\boldsymbol{k}\cdot\boldsymbol{r}}d^3x \tag{142.10}$$

利用 (46.3) 式作展开, 我们得到

$$\rho_{fi}(\boldsymbol{k}) = 4\pi i^l \sum_{l,m} Y_{lm}(\boldsymbol{n}) \int \rho_{fi}(\boldsymbol{r})Y_{lm}^*\left(\frac{\boldsymbol{r}}{r}\right) g_l(|\boldsymbol{k}|r)d^3x.$$

保留使得积分非零的 l 值最小的项, 并将函数 $g_l(|\boldsymbol{k}|r)$ (由于 $|\boldsymbol{k}|r \ll 1$) 换成其展开式 (46.5) 的第一项, 我们就回到了 (142.9) 式, 并且

$$Q_{lm}^{(E)} = \sqrt{\frac{4\pi}{2l+1}} \int r^l \rho_{fi}(\boldsymbol{r})Y_{lm}\left(\frac{\boldsymbol{r}}{r}\right) d^3x \tag{142.11}$$

这个结果和定义 (46.7) 是一致的.

还可以证明, 当应用于实光子发射时, 上面推出的公式给出了我们已知的结果.

发射动量为 $\boldsymbol{k} = \omega\boldsymbol{n}$、极化为 $e = (0, \boldsymbol{e})$ 的光子的跃迁振幅为

$$M_{fi} = -e\sqrt{4\pi}\boldsymbol{e}^* \cdot \boldsymbol{J}_{fi}. \tag{142.12}$$

如果原子核在初态与终态都有确定的角动量分量值 M_i 与 M_f, 则在 (142.7)—(142.9) 式中, 对 m 的每个求和中就只剩下了一项, 即 $m = M_i - M_f$ 的项. 既然按照 (16.23) 式, 乘积 $\mathbf{Y}_{lm}^{(E)} \cdot \boldsymbol{e}^{(\lambda)*}$ 与 $\mathbf{Y}_{lm}^{(M)} \cdot \boldsymbol{e}^{(\lambda)*}$ (其中 $\lambda = \pm 1$ 为光子的螺旋性, 且 $\boldsymbol{e}^{(\lambda)} \perp \boldsymbol{n}$) 正比于 D^l, 我们就又一次得到了 §48 中给出的公式.

微分发射概率为[①]

$$dw = 2\pi\delta[\omega - (E_i - E_f)]|M_{fi}|^2 \frac{d^3k}{2\omega(2\pi)^3} \tag{142.13}$$

(其中 E_i 与 E_f 分别为原子核的初态与终态能量). 通过对极化求和并对 d^3k 积分可求出总概率. 将 (142.7) 或 (142.9) 代入 (142.12) 然后代入 (142.13), 进行上述的运算, 我们就再次得到 (46.9) 或 (47.2).

公式 (142.7)—(142.9) 包括发射实光子的所有可能发生的情形. 对虚光子, 则还有其它可能发生的情形是这些公式没有包括进去的. (R. H. Fowler, 1930).

如果原子核的初态与终态的自旋与宇称是相同的, 我们可从它们的波幅得到一个标量 Q_0, 并利用它得到如下形式的跃迁流

$$\rho_{fi} = Q_0\boldsymbol{k}^2, \quad \boldsymbol{J}_{fi} = Q_0\omega\boldsymbol{k}. \tag{142.14}$$

---

① 此式中的因子 $2\pi\delta$, 取代 (64.11) 中的因子 $(2\pi)^4\delta^{(4)}$, 是由于在忽略核的反冲的近似下, 动量不再守恒, 所以只剩下能量守恒.

量 Q_0 被称为**单极**($E0$) 跃迁矩. 由于 $e^* \cdot k = 0$, 对应的发射一个实光子的跃迁振幅为零. 但是, 单极流可以引起包含发射一个虚光子的跃迁. 而且, 当 $s_1 = s_2 = 0$ 时, 它是唯一的来源, 这时所有的多极矩均等于零.

单极流 (142.14) 在和 ω 与 k 的依赖关系方面类似于电四极流. 据此, 矩 Q_0 也是一个与四极矩相同量级的量. 通过将 (142.14) 看成坐标表象中流的傅里叶分量也可得出同样的结论. 在 (142.10) 式中利用 $e^{-ik \cdot r}$ 按 $k \cdot r$ 的级数展开, 并假设 $\rho_{fi}(r)$ 是球对称的, 我们得到

$$\rho_{fi}(\boldsymbol{k}) = -\frac{1}{6}\boldsymbol{k}^2 \int \rho_{fi}(r) r^2 \mathrm{d}^3 x.$$

与 (142.14) 式比较表明:

$$Q_0 = -\frac{1}{6} \int \rho_{fi}(r) r^2 \mathrm{d}^3 x. \tag{142.15}$$

很明显, 是与四极矩相似的.

习　　题

1. 求在一个 Ml 核跃迁中, 由于核激发能 ω 引起 K 壳层原子电离 (称为 γ 射线内转换) 的概率, 忽略电子在原子中的束缚能以及核场对核波函数的影响.[①]

解: 这个过程可用下图描述

$$\tag{1}$$

其中 p_1 与 p_2 属于不同状态的静止原子核, 而 $p = (m, 0)$ 与 $p' = (m + \omega, \boldsymbol{p}')$ 为初态与终态电子的四维动量. 这个图对应于振幅

$$M_{fi} = -e^2 \frac{4\pi}{q^2} \overline{u}(p')(\gamma J_{fi}) u(p),$$

其中 J_{fi} 为原子核的跃迁流. 在对电子终态极化求和并对初态极化求平均后, 我们得到

$$\frac{1}{2} \sum_{\text{polar.}} |M_{fi}|^2 = e^4 \frac{16\pi^2}{(q^2)^2} \{q^2(J_{fi}J_{fi}^*) + 4(J_{fi}p)(J_{fi}^* p)\}$$

---

① 这个近似意味着核电荷是小的, 并且激发能 ω 足够大 (但假设 $1/\omega$ 与原子核尺寸相比是大的). 实际上, 这个近似并不令人满意, 更精确的计算还必须考虑原子核的库仑场.

其中用到 $J_{fi}q = 0$ 并因此 $J_{fi}p = J_{fi}p'$ 的事实. 转换概率由下式计算

$$\mathrm{d}w_{\mathrm{conv}} = 2|\psi_i(0)|^2 \left(\frac{|\boldsymbol{p}|}{m}\mathrm{d}\sigma\right)_{\boldsymbol{p}\to 0},$$

其中 $\mathrm{d}\sigma$ 为用图 (1) 表示的散射过程的截面, 且 $p = (\varepsilon, \boldsymbol{p})$, ψ_i 为原子电子的波函数; 对一个 K 电子 $|\psi_i(0)|^2 = (Z\alpha m)^3/\pi$. 因子 2 是考虑到原子的 K 壳层中有两个电子. 截面 $\mathrm{d}\sigma$ 为

$$\mathrm{d}\sigma = 2\pi\delta(\varepsilon + \omega - \varepsilon')|M_{fi}|^2 \frac{\mathrm{d}^3 p'}{2|\boldsymbol{p}|2\varepsilon'(2\pi)^3}$$

参见上面最近的脚注.

对 Ml 跃迁, 流 J_{fi} 必须取自 (142.9). $\mathrm{d}w_{\mathrm{conv}}$ 对 $\mathrm{d}\varepsilon'$ 的积分移去了 δ 函数, 而对 $\mathrm{d}o'$ 的积分将 $|Y_{lm}^{(m)}|^2$ 换成为 1. 因此转换概率可用 $|Q_{l,-m}^{(m)}|^2$ 表示. 但是, 按照 (46.9) 式, 在同一核跃迁中自发发射一个光子的概率 w_γ 可用同样的量表示. 最后结果为

$$\frac{w_{\mathrm{conv}}}{w_\gamma} = 2\alpha(Z\alpha)^3 \frac{m}{\omega} \left(1 + \frac{2m}{\omega}\right)^{l+1/2}$$

这个比称为转换系数.

2. 对 El 核跃迁求解与习题 1 相同问题.

解: 对 (142.7) 与 (142.8) 给出的跃迁流, 采用同样方法, 我们得到

$$\frac{w_{\mathrm{conv}}}{w_\gamma} = 2\alpha(Z\alpha)^3 \left(1 + \frac{4l}{l+1}\frac{m^2}{\omega^2}\right)^{l-1/2} \frac{m}{\omega}.$$

3. 对单极核跃迁求解与习题 1 相同问题.

解: 由 (142.14) 给出的跃迁流, 结果为

$$w_{\mathrm{conv}} = 4\alpha^2(Z\alpha)^3 m^3\omega^2 \left(1 + \frac{2m}{\omega}\right)^{3/2} |Q_0|^2.$$

由于一个光子的单极发射是不可能的, $|Q_0|^2$ 不可能被消去.

§143 电子–强子的非弹性散射

弹性的电子–强子散射在 §139 中讨论过了. 非弹性散射的问题可类似地表述. 唯一的区别是最后的强子态现在对应于其它强子或几个强子. 动量守恒定律 (139.1) 仍保持正确, 如果用 p'_h 标记终态强子的四维动量或散射过程形成的强子团的总动量. 因此我们现在有 $p'^2_h \neq p^2_h = M^2$, 其中 M 为初态强子的质量.

注意到这个区别, 非弹性散射过程可用同样的图 (139.2) 描述. 该图下面的顶角如在 §138 中一样用 J_{fi} 标记. 然而, 与 (138.3) 或 (138.6) 相反, 我们将不再用顶角算符与态的波幅表示跃迁流, 目的是不预先指定强子终态的性质.

现在我们可以将散射振幅写成类似于 (139.3) 的形式:

$$M_{fi} = -\frac{4\pi e^2}{(p_e - p'_e)^2}(\overline{u}'_e \gamma_\mu u_e)J^\mu_{fi} \tag{143.1}$$

(类似的振幅已经在 §142 的习题 1 中用过, 在那里考虑了给一个电子的能量转移, 并且这个振幅与在电子激发原子核的问题中的振幅有类似的结构).

我们将假设初态电子能量很大, 使得在终态可形成很多强子, 考虑 "单举" 截面, 即其中终态只有电子动量是指定的, 并对所有强子态求和.

这个微分截面按 §64 的公式写成如下形式:

$$d\sigma = \frac{d^3p'_e}{4I(2\pi)^3 2\varepsilon'_e}\sum_f (2\pi)^4 \delta^{(4)}(p_h + p'_h - p_e - p'_e)|M_{fi}|^2. \tag{143.2}$$

单举截面只依赖于三个运动学不变量, 它们可通过只对电子测量来确定. 这三个不变量为

$$t = q^2 \equiv (p_e - p'_e)^2, \quad s = (p_e + p_h)^2 \tag{143.3}$$

与 p'^2_h. 要包括第三个不变量是因为, 和弹性散射情形相反, 终态强子的 "质量" p'^2_h, 现在并没有指定. 然而, 取而代之采用另一个不变量更为方便, 即

$$\nu = qp_h. \tag{143.4}$$

ν 与 p'^2_h 之间的关系可由 $p'_h = p_h + q$ 得出:

$$p'^2_h = M^2 + t + 2\nu. \tag{143.5}$$

如果初态强子是稳定的 (例如, 质子), 终态的静止能量超过 M, 即 $p'^2_h \gg M^2$, 并且由 (143.5), 因为 $t < 0$, 我们有

$$\nu \geqslant |t|/2 \tag{143.6}$$

其中等号在弹性散射中出现.

运动学不变量可用初态与终态的电子能量 ε_e 与 ε'_e 和散射角 θ 表示. 我们将假设电子是极端相对论的 ($\varepsilon_e \gg m$, $\varepsilon'_e \gg m$), 并忽略其质量. 于是, 在初态强子的静止系 (实验室系) 中,

$$t = -4\varepsilon_e\varepsilon'_e \sin^2(\theta/2), \quad \nu = M(\varepsilon_e - \varepsilon'_e), \quad s - M^2 = 2M\varepsilon. \tag{143.7}$$

将 (143.1) 代入 (143.2) 并如通常一样对电子极化求和, 就得到非极化电子的散射截面, 我们将其写成

$$d\sigma = \frac{\alpha^2}{(q^2)^2} \frac{d^3 p_e'}{(2\pi)^3 \cdot 8M\varepsilon_e\varepsilon_e'} w_{\mu\nu} W^{\mu\nu}, \tag{143.8}$$

或

$$d\sigma = \frac{\alpha^2}{(q^2)^2} \frac{dt d\nu}{4(p_h p_e)^2} w_{\mu\nu} W^{\mu\nu}, \tag{143.9}$$

其中

$$w_{\mu\nu} = 4p_{e\mu}p_{e\nu}' - 2(p_{e\mu}q_\nu + p_{e\nu}q_\mu) + q^2 g_{\mu\nu}, \tag{143.10}$$

$$W^{\mu\nu} = \sum_f (2\pi)^4 \delta^{(4)}(p_h' - p_h - q) J_{fi}^\mu J_{fi}^{\nu*}. \tag{143.11}$$

当然, 张量 $W^{\mu\nu}$ 本质上依赖于强子流的性质, 一般来说, 和强子形状因子问题类似, 我们只能提出其唯象结构的问题. 首先, 我们利用 $W^{\mu\nu}$ 的张量结构必须只由与图 (139.2) 下面顶角有关的四维矢量 (即 p_h 与 q) 来确定的这个事实. 由这些矢量 (还有度规张量 $g_{\mu\nu}$) 可构成五个独立的张量. 要求在时间反演下不变意味着此张量必须是对称的, 并且, 有四个这样的张量. 最后, 流守恒条件, 即

$$W^{\mu\nu}q_\nu = 0, \quad W^{\mu\nu}q_\mu = 0,$$

将独立张量的数目缩减到 2. 它们可取为

$$\tau_{\mu\nu}^{(1)} = \frac{q_\mu q_\nu}{q^2} - g_{\mu\nu}, \quad \tau_{\mu\nu}^{(2)} = \left(p_{h\mu} - \frac{\nu}{t}q_\mu\right)\left(p_{h\nu} - \frac{\nu}{t}q_\nu\right) \tag{143.12}$$

并将 $W^{\mu\nu}$ 写成

$$W_{\mu\nu} = 4\pi M W_1 \tau_{\mu\nu}^{(1)} + \frac{4\pi}{M} W_2 \tau_{\mu\nu}^{(2)}. \tag{143.13}$$

将 (143.10) 与 (143.13) 式代入 (143.8) 式, 我们取截面为如下形式

$$d\sigma = (W_2 + 2W_1 \tan^2\frac{\theta}{2})d\varepsilon_e' do_{el} \tag{143.14}$$

其中

$$d\sigma_{el} = \frac{\alpha^2}{4\varepsilon_e^2} \frac{\cos^2(\vartheta/2)}{\sin^4(\vartheta/2)} do' $$

为极端相对论电子在库仑场中的散射截面; 参见 (80.7) 式.

我们看到, 截面由两个结构函数确定, 它们依赖于两个不变量 t 与 ν. 假如高能强子物理不包含有质量量纲的特征量 (标度不变性假设), 我们可以期

待, 这个结构函数在高能下只依赖于无量纲参量, t/ν. 于是函数 W_1, W_2 必定是单变量的函数:

$$W_1 = \frac{M}{\nu} F_1 \left(\frac{t}{\nu} \right), \quad W_2 = \frac{M}{\nu} F_2 \left(\frac{t}{\nu} \right) \tag{143.15}$$

比 M/ν 与 M 无关.

§144　由电子−正电子对生成强子

我们来考虑一个电子−正电子对变为强子的过程. 电子与正电子的四维动量用 p_- 与 p_+ 标记, 而强子的 (总) 四维动量用 p_h 标记, 则有 $p_- + p_+ = p_h$. 这个过程可用下图表示

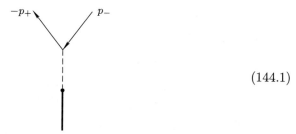

$$\tag{144.1}$$

此图下面的顶角对应从真空到一个强子态 $|n\rangle$ 的跃迁流, 与 §104 一样, 我们记作 $\langle n|J|0\rangle$.

图 (144.1) 对应如下散射振幅

$$M_n = -\frac{4\pi\alpha}{q^2} \overline{u}(-p_+)\gamma_\mu u(p_-)\langle n|J^\mu|0\rangle. \tag{144.2}$$

我们将考虑湮没为强子的总截面 σ_h, 即对所有终态 $|n\rangle$ 求和. 于是, 按照 (64.18),

$$\sigma_h = \frac{1}{4I} \sum_n |M_n|^2 (2\pi)^4 \delta^{(4)}(p_h - q), \tag{144.3}$$

其中 $q = p_- + p_+$. 电子质量今后将被忽略; 于是 $q^2 = 2(p_-p_+)$, $I = \frac{1}{2}q^2$.

如在 §143 中一样, 我们将截面写成如下形式

$$\sigma_h = \frac{(4\pi)^2}{2t^3} w^{\mu\nu} W_{\mu\nu}, \tag{144.4}$$

其中

$$w^{\mu\nu} = \alpha \left(p_-^\mu q^\nu + p_-^\nu q^\mu - 2p_-^\mu p_-^\nu - \frac{1}{2}q^2 g^{\mu\nu} \right), \tag{144.5}$$

$$W_{\mu\nu} = \alpha \sum_n (2\pi)^4 \delta^{(4)}(p_h - q)\langle 0|J_\nu|n\rangle\langle n|J_\mu|0\rangle \tag{144.6}$$

并且 $t = q^2 > 0$.

注意到 t 是此问题中唯一的运动学不变量, 由于三端点图 (144.1), q 为可能与 $W_{\mu\nu}$ 有关的唯一四维矢量. 因此, 考虑到流守恒的要求, 张量 $W_{\mu\nu}$ 可写成

$$W_{\mu\nu} = \frac{1}{2}\rho_h(t)\left(\frac{q_\mu q_\nu}{q^2} - g_{\mu\nu}\right), \tag{144.7}$$

其中 $\rho_h(t)$ 为依赖于强子流性质并确定湮没截面的唯一不变量函数. 将 (144.5)—(144.7) 式代入 (144.4) 式, 我们得到

$$\sigma_h = \frac{4\pi^2\alpha}{t^2}\rho_h(t). \tag{144.8}$$

我们指出, 函数 $\rho_h(t) = -\frac{2}{3}W_\mu^\mu$ 和 (104.9) 式定义的 $\rho(t)$ 完全相同, 只要将后一方程中的流取为强子流. 而且, $\rho(t)$ 为自能函数 $\Pi(t)$ 的谱密度:

$$\operatorname{Im}\Pi(t) = -\pi\rho(t)$$

在对此处考虑的 α 的最低级近似中, 函数 Π 与极化算符 $\mathcal{P}$ 相同. 因此, 在此近似下, $\rho_h(t)$ 也是强子对极化算符贡献的谱密度:

$$\operatorname{Im}\mathcal{P}_h(t) = -\pi\rho_h(t). \tag{144.9}$$

利用色散关系 (111.13) 并将 ρ_h 通过 (144.8) 用 σ_h 表示, 我们得到

$$\mathcal{P}_h(t) = -\frac{t^2}{4\pi^2\alpha}\int_0^\infty \frac{\sigma_h(t')\mathrm{d}t'}{t' - t - \mathrm{i}0}, \tag{144.10}$$

此式用所测量的湮没为强子的截面表示出强子对真空极化的贡献.

我们还可以用完全同样的方式解电子–正电子对湮没形成 μ 子对的问题 (在对 α 的第一级近似下, 只形成一个 μ 子对). 对应于公式 (144.8), 结果为

$$\sigma_\mu = \frac{4\pi^2\alpha}{t^2}\rho_\mu(t), \tag{144.11}$$

其中 $\rho_\mu(t)$ 为真空的 μ 子极化的谱密度. 它和电子极化的区别只是电子质量换成为 μ 子的质量, 并且, 由 (113.8) 式, 为

$$\rho_\mu(t) = \frac{\alpha}{3\pi}(t + 2\mu^2)\sqrt{1 - \frac{4\mu^2}{t}}.$$

在 (144.11) 式中作变量代换, 我们就回到在 §81 习题 8 中已经推出过的结果.

索　引

译 后 记

　　本书为朗道-栗弗席兹《理论物理学教程》(十卷本) 的第四卷。此书是在朗道院士去世后由其学生别列斯捷茨基、栗弗席兹和皮塔耶夫斯基合作所著。此书最初的书名为《相对论性量子理论》，包括了弱相互作用和强相互作用理论的内容，在 1979 年的第二版中作者将这些尚不成熟的内容去掉，只论述量子电动力学，并相应地将书名改为《量子电动力学》。尽管朗道院士没有亲身参加此书的写作，但本书依然保留了朗道-栗弗席兹教程的风格和水平，是这套《教程》的一个重要组成部分。

　　为使读者对《教程》的主要执笔者叶·米·栗弗席兹院士有进一步的了解，本书还特别收录了《叶·米·栗弗席兹小传》。

　　这个中译本使用的原本是俄文第四版 (2006 年版)，在翻译中参考了 J. B. Sykes 和 J. S. Bell 的英译本第二版 (1999年)。早在 1992 年，本书的前八章就由高建功、靳崇谦和汪方儒译成中文出版 (高等教育出版社:《量子电动力学(上册)》)，在这几章的翻译过程中参考了这个译本。

　　中国科学院理论物理研究所的庆承瑞先生担任了本书的校对，她对照俄文原著和英文译本认真仔细地修改了译稿，改正了一些错误和疏忽遗漏之处，在此表示由衷的感谢。在翻译过程中还得到马中骐和刘寄星二位师兄的帮助和鼓励。高等教育出版社的王超编辑加上了数学公式，并对全书作了仔细的编辑。他和北京大学力学系李植老师还提供了《叶·米·栗弗席兹小传》的俄、英文原稿。在此一并表示感谢。

　　由于专业和语文水平所限，此书的错误和问题在所难免，敬请各位读者予以指正，以便重印时修改。

朱允伦

北京大学物理学院理论物理研究所

2013 年 9 月 20 日

 # 诺贝尔物理学奖获得者著作选译

1991年诺贝尔物理学奖得者
P. G. DE GENNES 著作选译 第一辑
德热纳
SUPERCONDUCTIVITY OF METALS AND ALLOYS
金属与合金的超导电性
P. G. 德热纳 著　邵惠民 译

1991年诺贝尔物理学奖得者
P. G. DE GENNES 著作选译 第二辑
德热纳
THE PHYSICS OF LIQUID CRYSTALS
液晶物理学（第二版）
P. G. 德热纳 著　罗的的 译

1991年诺贝尔物理学奖得者
P. G. DE GENNES 著作选译 第三辑
德热纳
SCALING CONCEPTS IN POLYMER PHYSICS
高分子物理学中的标度概念
P. G. 德热纳 著　吴大成　刘杰　朱谦群 等校

ISBN: 978-7-04-036886-4　　　　ISBN: 978-7-04-038291-4

1991年诺贝尔物理学奖得者
P. G. DE GENNES 著作选译 第四辑
德热纳
CAPILLARITY AND WETTING PHENOMENA
DROPS, BUBBLES, PEARLS, WAVES
毛细和润湿现象
——液滴、气泡、液珠和表面波
P. G. 德热纳　F. 布罗沙尔-维亚尔　D. 奎雷 著

1991年诺贝尔物理学奖得者
P. G. DE GENNES 著作选译 第五辑
德热纳
SOFT INTERFACES
THE 1994 DIRAC MEMORIAL LECTURE
软界面
——1994年狄拉克纪念讲演录
P. G. 德热纳 著　吴大成　陈谊 译
CAMBRIDGE

1991年诺贝尔物理学奖得者
P. G. DE GENNES 著作选译 第六辑
德热纳
INTRODUCTION TO POLYMER DYNAMICS
高分子动力学导引
P. G. 德热纳 著　吴大诚　文婉元 译

ISBN: 978-7-04-038693-6　　　　ISBN: 978-7-04-038562-5

1997年诺贝尔物理学奖得者
C. COHEN-TANNOUDJI 著作选译 第一辑
科恩-塔诺季
MÉCANIQUE QUANTIQUE
TOME I
量子力学（第一卷）
C. Cohen-Tannoudji　B. Diu　F. Laloë 著　刘家谟　陈星奎 译

1997年诺贝尔物理学奖得者
C. COHEN-TANNOUDJI 著作选译 第二辑
科恩-塔诺季
MÉCANIQUE QUANTIQUE
TOME II
量子力学（第二卷）
C. Cohen-Tannoudji　B. Diu　F. Laloë 著

1983年诺贝尔物理学奖得者
S. CHANDRASEKHAR 著作选译
钱德拉塞卡
THE MATHEMATICAL THEORY OF BLACK HOLES
黑洞的数学理论
S. 钱德拉塞卡 著

ISBN: 978-7-04-039670-6

有ISBN号的截至本书出版时已出版